ECOLOGY
Concepts and Applications, Sixth Edition

认识生态

第 6 版

［美］小曼努埃尔·C. 莫里斯（Manuel C. Molles Jr.）　著

孙振钧　译

科学技术文献出版社
SCIENTIFIC AND TECHNICAL DOCUMENTATION PRESS
·北京·

图书在版编目（CIP）数据

认识生态：第 6 版 /（美）小曼努埃尔·C. 莫里斯（Manuel C. Molles Jr.）著；孙振钧译 . — 北京：科学技术文献出版社，2019.7（2022.12 重印）

（大学堂）

书名原文：Ecology Concepts and Applications, Sixth Edition

ISBN 978-7-5189-5543-5

Ⅰ. ①认… Ⅱ. ①小… ②孙… Ⅲ. ①生态学—研究 Ⅳ. ① X14

中国版本图书馆 CIP 数据核字（2019）第 091858 号

著作权合同登记号 图字：01-2018-8168

Manuel C. Molles Jr.

Ecology Concepts and Applications, Sixth Edition

ISBN 0-07-353249-5

Copyright © 2013 by McGraw-Hill Education

认识生态：第6版

责任编辑：李 丹 王梦莹	责任出版：张志平	筹划出版：银杏树下
出版统筹：吴兴元	营销推广：ONEBOOK	装帧制造：墨白空间

出 版 者 科学技术文献出版社

地 址 北京市复兴路15号 邮编 100038

编 务 部 （010）58882938，58882087（传真）

发 行 部 （010）58882868，58882870（传真）

邮 购 部 （010）58882873

销 售 部 （010）64010019

官 方 网 址 www.stdp.com.cn

发 行 者 科学技术文献出版社发行 全国各地新华书店经销

印 刷 者 天津联城印刷有限公司

版 次 2019 年 7 月第 1 版 2022 年 12 月第 2 次印刷

开 本 889×1194 1/16

字 数 1038千

印 张 37.25

书 号 ISBN 978-7-5189-5543-5

审 图 号 GS（2019）445号

定 价 268.00元

作者简介:

　　小曼努埃尔·C.莫里斯（Manuel C. Molles Jr.）是美国新墨西哥大学的生物学名誉教授。自 1975 年以来，他就在美国新墨西哥大学教书并担任西南生物博物馆的馆长，一直从事有关生态学的写作与研究。他在洪堡州立大学获得科学学士学位，并于亚利桑那大学生态与演化生物学系获得博士学位。为了扩大地理视角，他曾在拉丁美洲、欧洲和加勒比海地区教学，进行生态研究，并持富布赖特研究奖学金赴葡萄牙进行河流生态研究。他还曾在葡萄牙科英布拉大学动物学系、西班牙马德里理工大学水文实验室和蒙大拿大学弗拉特黑德湖生物实验站担任客座教授。

　　作为受过良好基础训练的海洋生态学家和渔业生物学家，小曼努埃尔·C.莫里斯在新墨西哥大学的工作着重于研究河流和河岸生态学。他的研究范围十分广泛，涵盖了生态学的不同分支，包括行为生态学、种群生物学、群落生态学、生态系统生态学、溪流昆虫生物地理学，以及大规模气候系统（厄尔尼诺）对美国西南部河流和河岸生态系统的动态影响。他目前的研究关注气候变化和气候变异如何影响美国西南部山脉的种群和群落沿温度和水分梯度分布。在他的职业生涯中，莫里斯力图把生态学研究、教学及服务有机结合起来，并把本科生和研究生纳入他的研究项目中。在新墨西哥大学，他的学生包括低年级到高年级的本科生和研究生，教授的课程包括生物学原理、演化与生态、河流生态学、湖沼学和海洋学、海洋生物学、群落和生态系统生态学。他曾在葡萄牙科英布拉大学教授全球变化与河流生态学，在弗拉特黑德湖生物站教授过普通生态学、地下水和河岸生态学。1995—1996 年，小曼努埃尔·C.莫里斯博士荣获新墨西哥大学"优秀教师"称号；2000 年，获得植物生态学的波特主席奖；2014 年，获得美国生态学会授予的尤金·奥德姆奖。

内容简介:

　　生态学是研究生物与环境之间关系的科学，涉及面非常宽广。本书共 23 章，分为六篇，从生物个体、种群、群落、生态系统到生物圈，逐层介绍各个生态学分支。

　　第一篇介绍了陆域和水域的生物群系以及群体遗传学和自然选择，是全书的基础；第二篇介绍生物通过各种方式适应环境，包括如何调节体温、如何获得水和节水、如何摄取能量和养分以及生物之间的社会关系；第三篇通过探讨种群的分布、多度、动态、增长及生活史，介绍种群生态学的相关概念；第四篇总结了生物间的交互作用，包括竞争、相互利用、互利共生；第五篇提升到群落和生态系统层面，介绍了环境和干扰对物种多度和多样性的影响、陆域和水域的初级生产模式和能量流动、生物圈的三大养分循环和养分固持，最后介绍群落的演替和演替机制；第六篇则介绍了大尺度生态学，包括景观生态学、地理生态学、全球生态学，帮助读者从大尺度视角了解生态学。

　　本书从概念出发，辅以大量经典研究和数据论述，使各个生态学概念变得更加清晰，增进了读者的理解。每章的"调查求证"专栏，为读者系统介绍了生态学研究中用到的方法和工具；应用案例则向读者介绍了如何应用生态学概念来解决实际的生态问题，这两部分内容的实用性非常强。

○ 封面图片：大熊猫。©Tim Flach（蒂姆·弗拉克）/《濒危：我们和它们的未来》

致中文版读者：

我很高兴能够特别为本书的中文版读者写序，以表达我对中国丰富的生态和中国生态学家工作的欣赏。领土广阔的中国是世界上生态最丰富的国家，有着各种各样的地质、环境、物种和生态系统，所以它是世界上最值得研究生态学的国家之一，不管是对于学生还是专业研究人员。例如，中国的自然地理，海拔高度从海平面一直延伸到地球的最高峰——8,844.43米的珠穆朗玛峰。此外，大海与珠穆朗玛峰之间还有广阔的高原地区。中国各地的气候变化很大，从热带潮湿的南方地区到冷温带以冬天的冰雪闻名的东北地区。中国还包括广阔的草原和沙漠，这些不同的地理环境在物理条件上的反映是各种明显不同的陆地植被和相关的动物物种。例如，中国是温带森林的家园，有着地球上种类最繁多的温带树木。目前已发现的动物物种不仅丰富而且极具特点，大熊猫就是中国的独特物种之一。中国还有着特别多的水域环境，包括各种各样的泉水、溪流、大江大河、沼泽和河口。水域环境中栖息着种类繁多的生物。和陆地一样，中国有着丰富的海域，从南方的珊瑚礁热带海洋到北方的冷温带海洋，敞开的太平洋亟待生态学家的探索。现在中国的生态学家正采用最先进的技术和数学工具，从区域生态系统到全球生态系统的角度来研究生态关系的作用，而且他们的研究在众多生态研究中发挥着带头作用。我希望本书能够帮助中国学生更好地理解和欣赏这个具有生态多样性的迷人国家，同时激励今天的中国生态学家继续开展优秀的研究工作。

译者简介：

孙振钧，现任中国农业大学资源环境学院生态系教授、博士生导师；美国俄亥俄州州立大学高级研究员、客座教授；美国生态学会会员；国际生态工程学会会员；欧洲环境毒理与化学学会会员；美国《应用土壤生态学》编委。

前　言

新发现的不断出现加速了生态学前进的步伐，使教授生态学这样一门不断变化的学科很具挑战性。对生态学老师和学生而言，更大的挑战是，环境问题威胁着各个层次的生态系统，为相关生态学研究带来压力。我们试图教授学生理解和解决各个方面与生态相关的问题。因此，一本理想的介绍生态学的书应该包括生态学所有主要分支学科的基本知识，然而涵盖如此广泛的内容且描述要达到一定深度，并不是件简单的事情。但是，经过细心的组织，从概念着手，这个任务会变得容易些。

致读者

本书为选修第一门生态学课程的本科生所写。我希望选修这门课程的学生具备化学和数学的基础知识，并了解包括生理学入门、生物多样性和演化在内的普通生物学知识。

我从学生那里得到了关于这本教材很好的反馈。在我授课过程中或当学生学完本课程后，一些主修其他学科的学生受到激发，对生态学产生兴趣，把生态学变为了主修科目。我相信他们是因这本书产生兴趣的。

——卡罗琳·迈耶教授（Carolyn Meyer）

怀俄明大学（University of Wyoming）

聚焦概念

1991年，在美国得克萨斯州圣安东尼奥（San Antonio）举办的美国生态学年会上，著名的生态学家保罗·里哲（Paul Risser）提醒教师们要关注生态学领域的主要概念。如果将一个庞大和动态的学科（如生态学）过于细分，我们无法在一两个学期教完。里哲建议教师集中在主要概念上，让学生获得坚固的生态学架构，从而为他们今后的学习打下基础。

本书特意针对里哲的挑战而写。**本书每章均围绕2～5个主要概念，为学生提供易懂易记的纵览说明。**我发现，刚开始学习生态学的学生通常吸收不了几个核心概念，容易在各种细节中迷失方向，所以每个概念均通过几个讨论来论证，它们也是对该概念的证明。本书还介绍生态学研究领域使用的各种研究方法，尽量把原创研究及进行该项研究的科学家也列入书中。让这些创建生态学的科学家现身，带领学生走进概念，有利于学生记住这些信息。

激发我采用《认识生态》的初始原因是：作者在每章均强调数个生态学概念，然后利用相关的研究论证科学家如何"发现"这些概念。我发现这种强调概念以及介绍概念背后的科学的方法，跳开了传统教科书以枯燥事实呈现生态学的方式，不愧为一个崭新的改变。我体会到，学生读后不但能更了解生态学，也了解开展科学研究的方法。

——蒂姆·马雷教授（Tim Maret）

宾州西盆斯贝格大学（Shippensburg University）

新版特点

概述中介绍了两个生态学前沿，它们的特征在后面几章的内容中陆续有具体介绍。其中的一个前沿是城市生态学。它之所以受到重点关注，是因为现在大多数人居住在城市中。截至 21 世纪中期，全球 80% 的人口将居住在城市。在这个全球城市化加快的时期，我们有必要了解城市生态学。第二个前沿是大气生态学。随着生态学家探索大气圈的新工具出现，该前沿也逐渐显现。空气层是大气圈最接近地球表面、比较薄的一层气体，富含生命。这个前沿是对生态学一直以来只重视岩石圈和水圈的补充。

各种概念的基础更清晰，并得到加强。现在每章的提纲都体现了本章的核心概念，目的是引起读者的注意。前面章节提到的概念会应用到后续章节中，这增强了主题概念。

第 6 版中引入了一个新的内容：生态化学计量学。生态化学计量学在第 7 章中引入，并与"能量与养分"有所联系，在第 19 章有关生态系统养分循环的内容中又有进一步论述。生态化学计量学的引入表明生态学领域充满活力，且逐渐引起人们的重视。

目前的版本要求学生开发学习成果。教育工作者逐渐被要求在课程教学过程中开发学生的学习成果，第 6 版的在线材料包括全部章节的学生学习成果。我们在本书中建议学生成果包括下列内容：（1）定义重要术语；（2）解释主要概念；（3）评价支撑主要概念的研究，包括评判研究设计；（4）解释概念的统计证据，以图表和数字形式表示；（5）应用主要概念，且在新条件下讨论。

新的补充材料放在了网上。建议的阅读材料、概念讨论和实证评论的问题的答案都放在网上。正如上面提到的，网上的补充材料包括了学生各章节的学习成果。另外，第 5 版和第 4 版中删去的实例现在也放到了网上。

每一章的开始新加了图片和图片说明。这些新图片以及附带的图片说明恰如其分地与每章的核心内容紧密相关，希望这些图片和说明能给读者提供一个链接正文内容的窗口。

关键概念的组织

演化是全书的基础，也有助于理解主要概念。本书的第 1 章简要介绍生态学的历史及特征，接着第一篇包括 3 章，前两章分别介绍了陆域生命和水域生命，第 4 章介绍了群体遗传学和自然选择。第二篇至第六篇则通过传统的生态学分支学科构建生态学的层次：第二篇侧重于环境适应；第三篇呈现的是种群生态学；第四篇介绍交互作用生态学；第五篇总结了群落与生态系统生态学；第六篇讨论了大尺度生态学，包括景观生态学、地理生态学和全球生态学。这些主题在第一篇的自然史中都有介绍。总之，本书从地球的自然史开始，在中间各章加入思考，然后以全球的视角结束。

第 6 版的显著变化

第 1 章：为强化本章的重要概念，后面各章的教学方法也加入到本章中。增加的内容包括：章节概念、概念讨论、各章小结及复习思考题。本章对城市生态学和大气生态学这两个生态前沿也做了介绍。

第 3 章：有关河流生态系统合成模型的讨论拓宽了河流生态学的讨论范围。另外，在修订河流续动概念时，增加了艺术性的描绘。

第 4 章：增加了两个描述稳定选择和分裂选择的实例研究，弥补原来只有一个定向选择实例的不足，另外遗传信息也整合到演化实例研究中。

第 5 章：本版增加了有关大气生态学的新照片。另外，能量分配原则作为一个新概念分离出来，与生物的体温和行为相关联。应用案例部分与城市生态学更紧密结合。

第 7 章：有关生态化学计量学的研究引入到"能量与养分"的内容中，这部分的讨论又与后面第 19 章的生态化学计量学相关。

第 8 章：通过结合文中的概念讨论，本章完善和拓展了核心概念。以目前有关真社会性膜翅目昆虫交配的信息和其他非单倍二倍性真社会物种的发现为依据，修正了单倍二倍性与真社会性的关系。

第 10 章：通过方程和介绍，加强和区分出生、迁入、死亡和迁出在种群动态中的作用。本章还展示物种的经纬度分布变化与气候变暖的关联，增加了一张图片展示蝴蝶集合种群。

第 11 章：通过限制它在逻辑斯蒂增长模型中的应用，弄清并修正了内禀增长率 r_{max}，而指数增长模型则采用简单的瞬时增长率。有关迁入和迁出对人口影响的讨论与第 10 章的"种群动态"相关；人口统计数据更新到 2011 年。

第 12 章：以恰尔诺夫的关于鸟类、哺乳类和蜥蜴类的新生活史分类平面替代了以前的生活史立方体。

第 14 章：在有关蝙蝠采食的内容中，有两处继续提到了大气生态学，并增加了几张新图片。第一处是限制鸟类与蝙蝠采食热带洼地森林叶片上的节肢动物，并对比结果；第二处是新应用案例，该处集中介绍蝙蝠控制害虫的经济价值。

第 16 章：新应用案例研究城市多样性，而城市多样性是城市生态学的内容之一。

第 19 章：增加了一个有关水域脊椎动物化学计量学的新讨论，深化了植物在养分动态中的作用，修改了哈柏溪实验。哈柏溪实验与黄石公园的研究非常相似，后者研究黄石公园发生火灾后植被在减少养分流失方面的重要作用。在新应用案例部分，通过城市对养分流动的影响继续研究城市生态学。

第 20 章：增加了两张新照片，说明冰川在长期历史中的消退，深化了有关阿拉斯加冰川湾演替的讨论。

第 23 章：有关北极臭氧空洞的数据更新到 2010 年，其中包括了美国航空航天局的 32 年数据。这些数据给出了很有意义的曲线，说明臭氧层正处于恢复阶段。

以学生为本的特色设计

本书的特色是独一无二的，内容的设计有利于加深学生对生态学的全面了解。所有章节按照特色学习系统展开，包括以下组成。

前言：每章的前言包括学生喜欢的主题及重要背景信息，有些章节的前言包括了与该章主题有关的历史事件，有些则介绍了关于某些生态过程的实例。引入这些内容的目的不外乎是引导学生进入后面的讨论。

概念：本书的目标是围绕重要概念建立生态学知识的基础。这些重要概念列在每章的前言之后，不仅可以提醒学生关注后述主题，也便于学生寻找每章的重点。在每节中，已发表的研究实例论证和加强了概念。这种引用实例的方法用证据支持所介绍的概念，引导学生了解创建生态学学科的方法和科学家，每小节后的概念讨论帮助学生检验学过的知识。

图表：作者为本书的图表（包括照片和线性图）付出了很大心血，其目的是通过专业化的设计和色彩应用，创造更有效的教学工具，为图表重新配置传统的信息说明。许多注解穿插在图表中，在最需要的地方为学生提供重要信息。

我喜欢本书的图例说明，这些说明有助于学生的阅读和理解。我认为这种图表方式的作用最显著。

——塔蒂亚娜·罗西教授（Tatiana Roth）

寇平州立学院（Coppin State College）

应用案例：许多大学生想知道如何把抽象的概念和广义的生态关系应用到当前我们所有人面临的生态问题中。他们关注生态学的应用，想知道更多有关科学工具的信息。本书每章的应用案例就是为了激发学生学习更多生态学原理而设置的。另外，环境问题层出不穷，迫在眉睫，过去界限分明的普通生态学与应用生态学现在已难以分清了。

应用案例中的每种想法太绝了。

——弗兰克·吉列姆教授（Frank S. Gilliam）

马歇尔大学（Marshall University）

"调查求证"栏：这些强调统计学和研究设计的重要阅读材料是介绍科学方法的微课程。该部分旨在呈现科学研究的过程，同时对每一步进行了具体解释。这一系列内容开始于第1章的科学方法概述，接下来的21章提供了更多的专业材料来说明，最后一篇阅读材料则是关于电子文献的讨论。每个"调查求证"栏的最后都提出了一个或几个问题，名为"实证评论"，这样的设计就是为了激励学生用批判思维思考专栏中的内容。

我真正喜欢的是分散于各章中的"调查求证"栏，这绝对是一个聪明的办法，可以鼓励定量化，特别是当课程没有实验时。

——彼得·布什教授（Peter E. Busher）

波士顿大学（Boston University）

每章的结束材料

· **本章小结**：每章的小结回顾了本章的主要内容。每章的主要概念用黑体标出并在小结中再定义，目的是再次强调本章的重点。

· **重要术语**

· **复习思考题**：设计的复习思考题是为了帮助学生以不同的思维去更深入思考每一个问题，同时提供了填补信息的平台，使学生获得超越每章主要内容的知识。

注：已更新的阅读材料全放在了本书的网站 www.mhhe.com/molles6e 上。

书末材料

· **参考文献**：参考文献是任何一本科学出版物的重要组成部分，但很多学生被书中大量的参考文献搞得心烦意乱。普通生态学课程的一个目标是：无须购买，学生就能了解这些基本文献。这些引用材料的数量已降到最低，即所有的这些材料都是支持本书研究的必需文献。

这本教科书整合得特别好，强调科学方法和过程如何进行，每个实例研究采用的方法都取得很好的效果。

——托马斯·普列斯克教授（Thomas Pliske）

佛罗里达国际大学（Florida International Univeristy）

致谢

我不可能在这里全部罗列对本书有帮助的人，但是在第 6 版的编写过程中，几位同事无私地分享了他们的想法和专业意见。他们复审了新章节，对我给予了鼓励，认为这样的书应该持续前行。他们分别是阿特·本克（Art Benke）、埃里克·恰尔诺夫（Eric Charnov）、斯科特·科林斯（Scott Collins）、克里夫·达姆（Cliff Dahm）、托马斯·孔兹（Thomas Kunz）、提姆·洛厄里（Tim Lowery）、威尔·博曼（Will Pockman）、乔恩·赖卡德（Jon Reichard）、吉姆·索普（Jim Thorpe）、埃里克·图尔森（Eric Toolson）、劳伦斯·沃克（Lawrence Walker）和克里斯蒂安娜·威特（Chris Witt）。我还要特别感谢邬建国教授，他花了许多时间，耐心地帮助我改进"景观生态学"那章的历史和概念框架。另外，我也很感激许多阅读过之前版本的学生，他们给我发来的问题和建议改进了这个版本。

我还要感谢在出版过程中麦格劳希尔的许多教授给予的专业指导。他们分别是：贝姬·奥尔森（Becky Olson）、洛丽·布拉德肖（Lori Bradshaw）、乔尔·韦伯（Joan Weber）、丹·华莱士（Dan Wallace）、塔拉·麦克德莫特（Tara McDermott）、凯利·海因里希斯（Kelly Heinrichs）、朱迪·戴维（Judi David）、卡丽·伯格（Carrie Burger）和劳拉·富勒（Laura Fuller）。

最后，我要感谢在编写此书过程中我的家庭给予我的支持，尤其是玛丽·安·埃斯帕扎（Mary Ann Esparza）、丹·埃斯帕扎（Dan Esparza）、阿尼·莫里斯（Hani Molles）、安德斯·莫里斯（Anders Molles）、玛丽·安·纳尔逊（Mary Ann Nelson）和米沙（Misha）。

我还要感谢在最后几次修订过程中，许多审稿人利用他们的时间和专业知识使这本教材发展到现在的第6版。作为研究者和老师，他们渊博的知识和丰富的经验令人折服。从他们身上，我学到了许多，如果没有他们，我无法继续修订本书。

小曼努埃尔·C.莫里斯

简　目

目 录

15

第四篇　交互作用

第13章

竞　争　301

第14章

生物间的交互利用：捕食、植食、寄生与
疾病　325

第 1 章

生态学简介
历史基础与发展前沿

何谓生态学？**生态学** (ecology) 可以定义为研究生物与环境的相互关系的科学。自人类作为一个物种存在以来，就开始学习生态学了。人类之所以能够幸存下来，是因为善于观察环境的变化以及预测生物对环境变化的响应。最早的猎人与采集者必须熟知兽类的习性，也必须清楚食物的分布地点及植物可采收的时期；后来的农民与牧民必须知道气候与土壤的变化，以及这两者如何影响农作物与家畜。

时至今日，地球上的人类大部分居住于城市中，很少直接接触自然。然而，与过去相比，人类这个物种的未来主要取决于我们能否更好地理解生物与环境之间的各种关系。我们必须学习这些关系，因为人类正在快速地改变地球的环境，却不完全知道这些改变会造成何种后果。例如，人类活动已经增加了生物圈内的氮循环量，改变了全球的土地覆盖，并增加了大气中二氧化碳（CO_2）的浓度。这类改变已经威胁地球的生物多样性，也将人类的生命维持系统置于危脸之中。由于 21 世纪初环境变化的步伐在加快，我们必须继续积极学习生态学。

在简单的定义背后，生态学实际是一个涉及面很宽的科学领域。生态学家研究生物个体、森林或湖泊，甚至整个地球。他们测量的项目包括生物个体的数量、繁殖率，或光合作用与分解作用等生态过程的速率。生态学家研究环境的非生物部分（温度和土壤化学）的时间与研究生物的时间一样长。同时，在某些生态研究中，生物的"环境"可能是指另一种物种。你可能认为生态学家都在野外做研究，然而实际上许多重要生态学概念的发展都来自生态学家建立的理论模型或实验室的研究。很明显，生态学的简单定义并不能涵盖该科学领域的范围或各种各样的专业研究者。为了对生态学有更好的了解，让我们先简要地回顾生态学的范畴。

◀ 一只林莺正在喂食幼鸟。有关林莺的生态研究为生态学的发展打下了基础。

1.1 生态学概览

生态学家研究环境中的各种关系，从个体之间的关系到影响整个生物圈过程的因素。在如此广泛的内涵下，本书将生态组织的层次分成各个不同的等级，图1.1就显示了生态学组织的不同等级。

历史上，个体生态学位于图1.1的最底层，是生理生态学和行为生态学的主要研究范畴。生理生态学总是强调解决生物因环境的物理变化和化学变化引起的生理与结构的**演化**（evolution，种群随时间变化的过程），而行为生态学则着重于动物应对环境变化的生存行为和繁殖行为的演化。生理生态学与行为生态学这两个领域都以演化理论为指导。

个体生态学与种群生态学密切相关，在演化过程中更是如此。种群生态学的研究重点是影响种群结构与生态过程的各种因素，种群是某物种栖息于特定区域内的全部个体的集合。种群生态学研究的生态过程包括物种的适应、灭绝、分布与多度、增长与调节，以及物种繁殖生态的各种变化。种群生态学家尤其感兴趣生态过程如何受环境中的非生物组成与生物组成影响。

谈到环境的生物组成时，我们看图1.1中的第三个组织层次，即捕食、寄生与竞争等交互作用生态学。研究物种间交互作用的生态学家往往强调交互作用对物种的演化影响，以及交互作用对种群结构或生态群落特征的影响。

生态群落 (ecological community) 是指交互作用的物种的集合，这些物种将群落生态学与交互作用生态学联系在一起。群落生态学与生态系统生态学之间的相同之处甚多，均涉及控制多物种系统的因素，但两者的研究目的略有差别，群落生态学的研究焦点为栖息于某区域的生物，而生态系统生态学不但研究影响群落的所有物理因素和化学因素，还侧重研究能量流动和分解等生态过程。

为了研究便利，生态学长久以来均尝试确定和研究独立的群落与生态系统，然而地球上所有的群落与生态系统均是开放式的系统，每个群落与生态

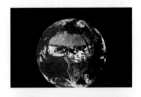

生物圈

大气 CO_2 浓度对全球温度调控起什么作用

区域

地质史如何影响某些生物群体的区域多样性

景观

植被廊道如何影响动物在隔离的森林斑块间的移动速率

生态系统

火灾如何影响草原生态系统的养分有效性

群落

在非洲大草原上，什么因素影响共同生活的大型哺乳动物的种类数目

交互作用

捕食者会影响斑马的摄食地点吗

种群

什么因素控制斑马种群

个体

斑马如何调控体内的水平衡

图1.1 生态组织的不同层次及生态学家对各层次提出的问题举例，这些生态层次将会在本书后面的章节中详述

系统内的物质、能量及生物均会与其他群落和生态系统发生交换。这类（尤其是生态系统之间）交换是景观生态学的研究范围，但所有的景观并非独立的系统，而是构成地理区域 (geographical region) 的一部分，进行着大规模、长期的区域性生态过程。区域性过程 (regional process) 是地理生态学 (geographic ecology) 的课题，而地理生态学引导我们了解空间尺度最大、层次最高的生态组织——**生物圈** (biosphere)。生物圈是地球的一部分，孕育着地球生命，包括陆域、水域和大气层的生命。

　　上述这些有关生态学的描述是对本书内容的简要说明，是本书的粗略框架和高度总结。要超越图 1.1 的摘要，我们要将它们与创建生态学的科学家的工作联系起来。为此，我们先简要地回顾一下生态学家的研究，他们在研究内涵广泛的生态学各层次的工作中，强调历史基础和某些发展前沿之间的联系（图 1.2）。

(a)

(b)

图 1.2　生态学中两个快速发展的前沿

（a）**大气生态学**（aeroecology）：研究地球–大气生态学的交叉学科。新的研究工具促进了这个生态学前沿的出现。例如，靛蓝梅林热成像摄像机可拍摄飞行中的巴西犬吻蝠（*Tadarida brasiliensis*）的热红外图像，描绘蝙蝠的体表温度变化。热红外技术不仅能够检测和记录到自由觅食的夜行生物的存在，也可以无创的方式观测生物的生理学和生态学特征（第 5 章）。

（b）**城市生态学**（urban ecology）：把城市作为复杂的、变化的生态学系统进行研究。城市受到紧密相关的生物、物理和社会组成的影响。随着生态学家研究大部分人类居住的环境（如巴尔的摩市），他们获得了有关城市生态学的意外发现（第 19 章，457 页）。

── **概念讨论 1.1** ──■

1. 生态学组织的层次划分和生态学家的研究如何影响生态学家提出的问题？

2. 当生态学家研究图 1.1 的某一生态学组织层次时，其他生态学层次是否与之有关系？例如，当生态学家研究限制斑马种群数量的因素时，是否要思考斑马种群与其他物种的交互作用的影响或食物对个体生存的影响？

1.2　生态学研究实例

　　生态学家根据他们研究的问题、时空尺度和可用的研究工具设计研究。由于生态学学科非常宽广，生态学研究与所有的物理科学和生物科学相关。下面，我们介绍一个关于生态学问题和研究方法的简单例子。

森林鸟类生态学：老法与新法

　　罗伯特·麦克阿瑟（Robert MacArthur）凝视着他的双筒望远镜，他正在观察一种名叫林莺的小鸟，它们正在云杉顶部寻找昆虫。在一般赏鸟者的眼中，麦克阿瑟似乎只是一个周末赏鸟人。当然，他确实在集中精神观察那群鸟，只不过他感兴趣的是验证生态学理论罢了。

　　1955年，麦克阿瑟研究共栖在北美洲北部云杉林中的5种林莺——栗颊林莺（*Dendroica tigrina*）、黄腰白喉林莺（*D. coronata*）、黑喉绿林莺（*D. virens*）、橙胸林莺（*D. fusca*）及栗胸林莺（*D. castanea*）。它们是体形大小与外形长相都非常相近且皆以昆虫

为食的鸟类。理论上，凡是生态需求相同的物种必会相互竞争，以至于它们最终不能生活在同一环境中。因此，麦克阿瑟想要知道这些生态需求相近的林莺如何共存于同一座森林中。

　　这些林莺主要觅食树皮与树叶上的昆虫。麦克阿瑟推测，如果每种林莺觅食树林内不同区域的昆虫，就不会发生竞争，便可在同一座森林共存。为了绘制各林莺群的觅食范围，他将树林划分成不同的垂直区域与水平区域，然后仔细地记录各种林莺在各区域的觅食时间。

　　事实证明，麦克阿瑟的推测正确无误。他的观察显示，这5种林莺在云杉林的不同区域觅食。如图1.3所示，栗颊林莺的觅食区主要是树顶的新生针叶区与嫩芽区；橙胸林莺与栗颊林莺的觅食范围虽然有相当大的重叠，但前者的范围延伸到树林更靠下的区域；黑喉绿林莺的觅食区是树林的中上部；栗胸林莺则更集中于树林的中部；最后，黄腰白喉林莺则主要在地面及树的下部觅食。麦克阿瑟的观察表明这些林莺虽然栖息于相同的森林，但它们觅食的区域却是森林内的不同区域。他的结论为：这种觅食行为是林莺在云杉林内竞争较少的原因。

栗颊林莺

在树顶的新生针叶区与嫩芽区

橙胸林莺

在顶部枝条的新生针叶区与嫩芽区

黑喉绿林莺

在中上部的新生针叶区、嫩芽区与较老针叶区

栗胸林莺

老针叶区、无地衣区及有地衣覆盖的中层枝条区

黄腰白喉林莺

无地衣区或有地衣覆盖的较低树干与中层枝条区

图1.3　林莺的觅食区（橙色）。北美洲北部森林中的数种林莺在树林内部的不同区域觅食

麦克阿瑟（MacArthur，1958）的林莺觅食行为研究的确是生态学研究史上的经典案例。但是和大部分研究一样，它引发的问题与解答的疑问一样多。科学研究的重要性在于：科学不但可以直接告诉我们自然的奥妙，而且可以激发其他研究，从而增进我们对科学的了解。麦克阿瑟的研究激发了无数关于生物群体(包括林莺)间竞争现象的研究。其中，一些研究验证了麦克阿瑟的实验结果，一些研究产生不同的结果。但无论如何，这些研究增进了人们对物种间的竞争及林莺生态学的了解。

在罗伯特·麦克阿瑟利用双筒望远镜观察林莺觅食生态学的半个世纪之后，阮·农里斯（Norris et al.，2005）率领一个由加拿大和美国科学家组成的科研小组，开发了一种新工具。它能够观测远距离迁徙鸟类的广阔觅食栖息地。他们的研究对象是林莺科的另一成员——橙尾鸲莺（*Setophaga ruticilla*）。橙尾鸲莺和麦克阿瑟研究的鸟相似，是一种远距离迁徙鸟类，在温带的北美洲筑巢繁殖，在热带的中美洲、南美洲北部和加勒比海岛度过冬天。

历史上，对橙尾鸲莺这种远距离迁徙鸟类的研究主要集中在它们的温带繁殖地。但已有证据表明，这种迁徙鸟类个体的繁殖成功取决于它们的热带越冬栖息地的环境条件。例如，早到达繁殖地的雄鸟通常比晚到的雄鸟具有较好的身体条件，能够更好地构筑繁殖区，所以它们的繁殖成功率也比较高。

鸟类到达时间和身体状况的变化促使生态学家思考越冬栖息地和鸟类在繁殖栖息地的繁殖成功率之间的联系。要回答这个问题，我们需要大量信息，包括鸟类个体的越冬栖息地在哪里、在迁徙过程中越冬栖息地环境如何影响林莺身体状况、越冬栖息地如何影响鸟类到达繁殖地的时间。但鸟类的越冬栖息地和繁殖栖息地之间相距几千千米（图1.4），这超过了一个人或一个大研究团队通过双筒望远镜观察到的范围。

随着研究问题越来越复杂，生态学家逐渐开发了一些更强大的研究工具。生态学家研究迁徙鸟类的工具是**稳定同位素分析**（stable isotope analysis，第6章，150页）。化学元素的同位素因中子数不同而具有不同的原子质量。例如，碳有3个不同的同位

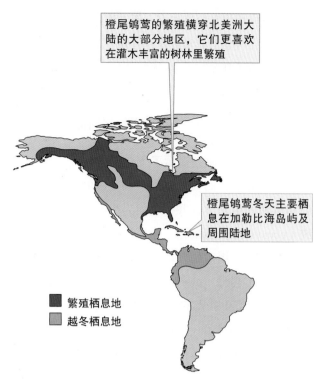

橙尾鸲莺的繁殖横穿北美洲大陆的大部分地区，它们更喜欢在灌木丰富的树林里繁殖

橙尾鸲莺冬天主要栖息在加勒比海岛屿及周围陆地

■ 繁殖栖息地
■ 越冬栖息地

图1.4 橙尾鸲莺的繁殖栖息地与越冬栖息地

素（按原子质量由小到大顺序排列）：^{12}C、^{13}C、^{14}C。其中，^{12}C 和 ^{13}C 是稳定同位素，因为它们不发生放射性衰变，而 ^{14}C 易发生放射性衰变，因此是不稳定的。稳定同位素已被证明是生态学中非常有用的研究工具。例如，稳定同位素可以确定食物来源，因为不同环境中各种同位素的比例是不同的。

稳定同位素分析为生态学家提供了一个新的"镜头"，使他们能够揭示存在但看不见的生态关系。例如，生态学家可以利用稳定性同位素分析追踪橙尾鸲莺的越冬栖息地。在牙买加，年长的雄橙尾鸲莺和雌橙尾鸲莺一起在生产力较高的红树林栖息地过冬，它们经常迫使大多数雌鸟和年轻雄鸟到较差的矮树丛中过冬。这两种环境中的优势植物和昆虫含有不同比例的碳同位素 ^{12}C 和 ^{13}C。因此，在红树林（低 ^{13}C）越冬的鸟类和在矮树丛（高 ^{13}C）越冬的鸟类的化学组成被标上了有效标签。当它们到达温带繁殖地，生态学家就可以通过分析橙尾鸲莺的极少量血液标本，知道它们在哪里过冬。阮·农里斯和他的研究小组做了这些测试之后，发现在高产红树林中越冬的雄橙尾鸲莺通常较早到达繁殖地，而且它们可以繁殖更多可存活到羽毛丰满阶段的幼鸟。

稳定同位素分析以及它在生物多样性生态学研究

中的重要作用将贯穿这本书。新方法创造了新的研究前沿，这在科学上非常普遍，另外一个前沿出现在森林树冠层的研究中。

森林树冠层研究：一个物理科学前沿

关于林莺的研究揭示了生态学家研究一个或几个物种的方法，而其他生态学家关注的是森林、湖泊和草地的生态学，并视它们为生态系统。**生态系统**（ecosystem）指的是一个区域的全部生物以及这些生物交互作用的物理环境。许多有关生态系统的研究侧重于**养分**（nutrient），即一个生物为了生存而必须从环境中获得的原始物质。

对生态学家而言，研究养分（如氮、磷或钙等）收支时，第一步便是查清这些养分在生态系统内的分布。纳里尼·纳德卡尔尼的研究改变了我们对热带及温带雨林的结构与运转的看法（Nadkarni，1981，1984a，1984b）。纳德卡尔尼利用登山设备攀爬至哥斯达黎加（Costa Rican）雨林的树冠层，成为全球少数（包括她）开发该领域的先驱者。她站在雨林的地面上，想知道头顶上的树冠层隐藏的生命多样性及生态关系。她的好奇心在不久之后变成了决心。她不但登上树冠层，而且成为第一位探究这个陌生世界的生态学家。

由于遭到暴雨的淋溶作用（leaching），许多雨林土壤的养分（如氮、磷）含量都很低。这么多雨林的土壤养分有效性都如此之低，生态学家不禁提出疑问：贫瘠的土壤如何维系雨林内惊人的生命？事实上，的确有许多因素共同维系雨林生物的密切活动。纳德卡尔尼的树冠层研究揭示了其中的一个因素，即雨林树冠层能储备大量养分。

雨林树冠层的养分储存与树冠层上的**附生植物**（epiphyte）有关。附生植物（如许多兰科植物与蕨类植物）是指附生在其他植物上的植物。它们不依靠附生植物的养分为生，因此它们并非寄生生物。附生植物附生在枝干上时，开始囤积有机物，最后形成一层厚达 30 cm 的厚垫。该厚垫形成了另一个复杂的结构，可维系多种动植物群落。

附生植物厚垫含有大量养分。纳德卡尔尼发现，一些热带雨林中的养分只是树冠层枝叶养分含量的一半。在美国华盛顿州奥林匹克半岛（Olympic Peninsula）的温带雨林中，附生植物的养分含量是其附生的树木枝叶量的 4 倍。

纳德卡尔尼的研究显示，在温带雨林与热带雨林中，乔木的枝干在高处长出根群，深入附生植物的厚垫中吸取养分。基于这个研究结果，若要了解雨林的养分经济学，生态学家必须冒险到达树顶。

由于使雨林树冠层研究更为便捷的设备不断更新，现在此类研究并非只有敢于冒险或身手敏捷的人才能开展了。抵达树冠层的新式设备有热气球、空中缆车、大型起重机等。在美国华盛顿州哥伦比亚河谷（Columbia River Gorge）附近的 2.3 hm² 针叶林中，科学家利用风河树冠层吊车（Wind River Canopy Crane）抵达 70 m 高的森林顶部（图 1.5）。这种吊车设备大大推进了科学家的研究，包括树冠层的候鸟生态学、附生植物在树冠层不同高度的光合作用、蝙蝠和甲虫的栖境的垂直分层现象（Ozanne et al.，2003）。截至 2006 年，全球共有 12 辆树冠层吊车装置在温带森林和热带森林工作（Stork，2007）。纳德卡尔尼指出，由于这些设备的发展，人们可以接触到树冠层这一新物理领域，但对这一新科学领域的探索却刚刚开始，尤其是当我们试图预测气候变化带来的生态结果时。

气候与生态变化：过去与将来

地球和地球上的生命总是在变化中，但是许多变化的形成时间非常长，或发生的空间尺度非常大，所以要研究它们非常困难。在有关湖底沉泥中的植物划分和生物演化的研究中，有两种方法增进了我们对长期过程和大尺度过程的了解。

玛格丽特·戴维斯（Davis，1983，1989）仔细地钻研了湖泊沉积样品中的花粉。该沉积样品来自阿帕拉契山脉（Appalachian Mountains）的一个湖泊。通过研究其中的花粉，她可以了解过去数千年来湖泊附近的植物的变迁。戴维斯是一位古生态学家，专门研究大空间与长时间的生态过程。在她的职业生涯里，她花费了大量时间研究第四纪植物的分布，

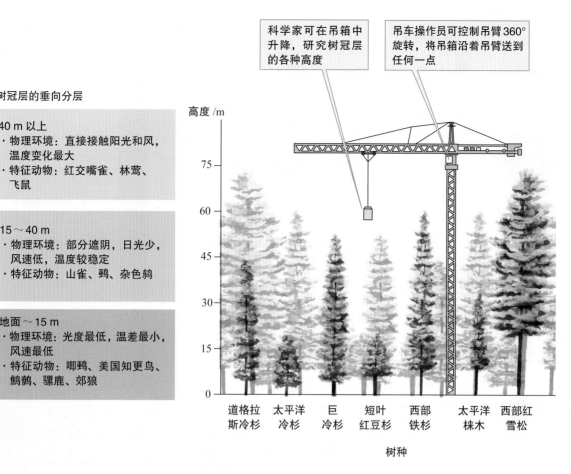

树冠层的垂直分层

40 m 以上
- 物理环境：直接接触阳光和风，温度变化最大
- 特征动物：红交嘴雀、林莺、飞鼠

15～40 m
- 物理环境：部分遮阴，日光少，风速低，温度较稳定
- 特征动物：山雀、鹀、杂色鸫

地面～15 m
- 物理环境：光度最低，温差最小，风速最低
- 特征动物：唧鹀、美国知更鸟、鹪鹩、骡鹿、郊狼

科学家可在吊箱中升降，研究树冠层的各种高度

吊车操作员可控制吊臂360°旋转，将吊箱沿着吊臂送到任何一点

高度 /m

道格拉斯冷杉　太平洋冷杉　巨冷杉　短叶红豆杉　西部铁杉　太平洋株木　西部红雪松

树种

图1.5　风河树冠层吊车提供了到达树冠层的方法，拓宽了生态学和生态学研究的范围

尤其是最近 2 万年发生的变化。

湖泊附近植物的花粉有些落入湖中，然后下沉，并埋入湖底沉泥内。数百年之后，湖泊沉积层形成，花粉被保存下来，成为湖旁植物种类的历史记录。当湖旁的植被发生变迁时，湖底沉泥内的花粉亦随之变化。在图 1.6 的例子中，最早出现的是云杉（*Picea* spp.）的花粉，埋在距今 12,000 年前的湖泥内；美洲山毛榉（*Fagus grandifolia*）的花粉在 8,000 年前开始出现；栗树（chestnut）花粉约在 2,000 年前才出现。这 3 种树木的花粉一直出现在湖泥中，直到 1920 年，湖旁的大部分栗树因栗黄枯病（chestnut blight）死亡。因此，保存在湖泊沉积中的各类花粉可用来重建该地区的植被史。玛格丽特·B. 戴维斯、路斯·G. 邵和朱莉·R. 爱特森讨论了大量植物在气候变化中演化和分布的证据（Davis and Shaw, 2001；Davis, Shaw and Etterson, 2005）。随着气候变化，植物种群的地理分布发生变化，经历了**适应**（adaptation）演化过程，这增

强了它们在新气候区的生存能力，同时表明气候变化的演化证据开始在各种动物群的研究中积累。威廉姆·布拉德肖和克里斯蒂娜·豪尔扎普费尔（Bradshaw and Holzapfei, 2006）总结了几个记录北方动物演化变化的研究。这些动物包括从小型哺乳动物、鸟类到昆虫（图 1.7）。面对全球变暖（第 23 章，546 页），它们的生长季变长了。戴维斯和她的同事们进行的这类研究对于预测和理解全球气候变化的生态反应非常重要。

本章提出了生态学的框架，具体内容将在本书的其他章节中介绍。这个简单的框架仅仅提示了生态学研究的概念基础。在本书中，我们将强调生态学的基本概念，每一章都会集中讨论几个生态学概念，我们还将拓展一些与概念相关的应用实例。当然，生态学家用到的最重要概念工具是科学方法，这将在第 9 页介绍。

在第一篇"自然史与演化"中，我们继续探索生态学。自然史（natural history）是生态学家建立

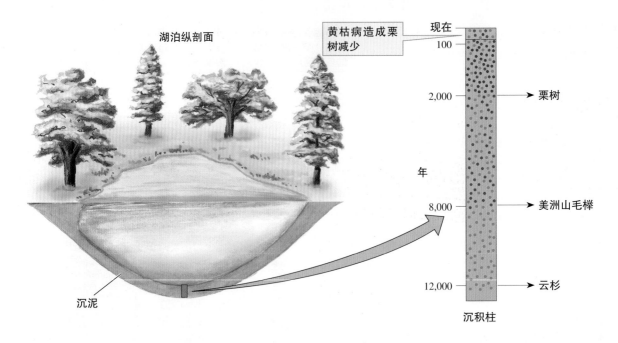

湖泊纵剖面

黄枯病造成栗树减少

现在

100

2,000 → 栗树

年

8,000 → 美洲山毛榉

12,000 → 云杉

沉泥

沉积柱

图1.6 利用湖泊沉积物中的花粉粒可以重建景观植被史

图1.7 相关研究指出，在加拿大的优肯高原地区，由于近期春季平均温度升高，北美红松鼠（*Tamiasciurus hudsonicus*）趋于提前繁殖（Réale et al., 2003）

当代生态学的基础，而演化提供了概念框架。本书基于的一个重要前提是自然史和演化促进了我们对生态关系的了解。

── 概念讨论 1.2 ──■

1. 罗伯特·麦克阿瑟的林莺研究和其他关于橙尾鸲莺的研究有什么相似之处？又有什么不同之处？

2. 纳里尼·纳德卡尔尼的研究的哪些方面可识别为生态学层次？请举一个森林树冠层研究实例，解释生态组织的其他层次（如图 1.1 的例子）。

3. 玛格丽特·戴维斯和同事的研究讨论中没有提到他们解决的问题。从上面有关他们工作的描述中，我们可以推断他们研究什么问题？

调查求证 1：科学方法——问题与假说

生态学家利用科学方法探索生物与环境之间的关系。本书各章中的一系列专栏被我们称为"调查求证"，专门探讨科学方法的各方面，以及科学方法在生态学上的应用。每一个专栏只描述科学方法的一小部分，若将所有专栏组合起来，便是对当代生态科学的哲学、科技与实践的实质性介绍。

下面从基本点出发开始讨论。"科学"一词源自拉丁语，意为"求知"（to know）。广义上，科学是利用某些过程获得自然界的知识，这些过程即为"科学方法"（图 1）。尽管科学研究的方法众多，但各种好方法皆有相同的特点。其中，最普遍与最关键的特点为：提出令人感兴趣的问题，然后形成可验证的假说。

问题与假说

科学家如何研究科学？简言之，科学家提出有关自然界的问题，并设法寻求答案。"问题"是科学过程的明灯，缺少了问题，探寻自然界便失去了焦点，我们就无法了解世界。我们在此先讨论本章中生态学家提出的问题。麦克阿瑟研究林莺时提出的主要问题（第 4～5 页）大约为："在一座森林里同时栖息着数种觅食昆虫的林莺，却没有一种林莺因竞争而被排斥，原因是什么？"乍看之下，这些问题太普通了，然而在专题研究会或科学会议上，科学家们最常听到的

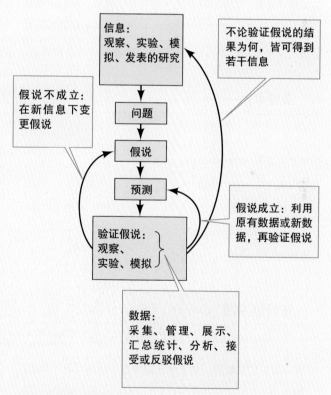

图 1　科学方法的概览图示。科学方法利用信息、提出假说，并通过观察、实验和模拟的方法来验证假说

话是："你提出什么问题？"

当科学家提出有关自然界的科学问题后，紧接着会由假说启动研究过程，而假说可能是该问题的答案。麦克阿瑟的主要假说（可能是该问题的答案）为："数种林莺能同时栖息

于一座树林中，是因为每种林莺在不同区域觅食。"

一旦科学家或科学团队提出一个假说（或数个假说），下一步便是利用科学方法，通过分析假说的预测结果来验证假说的正确性。验证假说的 3 种基本方法为：观察、实验与模拟。这些图 1 中提到的方法均会详细地呈现在以下各章的"调查求证"专栏中。

实证评论 1

诸如树冠层吊车装置和稳定同位素分析这样的新研究工具如何影响"调查求证"栏（图 1）中的科学过程？

——本章小结——

生态学家研究环境中的各种关系，从个体之间的关系到影响整个生物圈过程的因素。生态学家列出的研究重点及问题因生态组织的各个层次而不同。

生态学家根据他们研究的问题、时空尺度和可用的研究工具设计研究。简单综述生态学研究与主题后，我们回到第 1 章开始的问题："何谓生态学？"生态学当然是研究生物与环境之间关系的科学，但是正如之前简略提及的各种研究，生态学家采用不同的方法研究这类大尺度、长期的关系。生态学可以是戴维斯横跨整个北美洲大陆、历经数千年的植被变化研究，也可以是麦克阿瑟在当代森林中对鸟类的观察研究。生态学家可能只研究数平方厘米的小实验区，也可能像研究迁徙鸟类那样，研究横跨数千千米的区域。此外，纳德卡尔尼对雨林树冠层的探索以及一滴血的稳定同位素追踪均带来了重要的生态发现。总之，生态学包括无数研究方法。

——重要术语——

· 城市生态学 / urban ecology　3

· 大气生态学 /aeroecology　3

· 附生植物 / epiphyte　6

· 生态系统 / ecosystem　6

· 生物圈 / biosphere　3

· 生态学 / ecology　1

· 适应 / adaptation　7

· 稳定同位素分析 / stable isotope analysis　5

· 演化 / evolution　2

· 养分 / nutrient　6

——复习思考题——

1. 面对复杂的自然界，生态学家把生态学分成了若干分支，每个分支学科聚焦于图 1.1 中的一个生态学组织层次。这样划分分支学科具有什么优点？

2. 按图 1.1 的方法对自然细分类，有什么陷阱呢？关于自然，图 1.1 存在哪些误导？

3. 麦克阿瑟研究的林莺具有明显的觅食带，如何证明这是不同鸟类竞争的结果？你是否可以研究一下：一些雄橙尾鸲莺驱逐其他橙尾鸲莺到越冬栖息地中生产力较低的区域，竞争在其中起到什么作用？

4. 尽管纳里尼·纳德卡尔尼关于雨林树冠层的研究解决了生态系统的结构问题，然而树冠层养分的储存模式是生物、种群和群落共同作用的结果，请解释原因。

5. 关于阿帕拉契山脉过去 12,000 年的森林组成（图 1.6），玛格丽特·戴维斯的研究告诉我们什么信息？根据这个研究，对于这些森林的将来组成，你可以做出什么预测？

6. 回顾本章的课程学习，每位科学家或每个科学小组都测量了一些变量。玛格丽特·戴维斯及其同事的研究与其他研究相比，测量的主要变量有什么不同？

第一篇
自然史与演化

第 2 章

陆域生命

有关自然史的详细知识对于修复全球自然生态系统非常有用，哥斯达黎加的旱生林修复便是其中一个成功运用自然史知识修复森林的例子。丹尼尔·詹曾（Daniel Janzen）的目标是修复哥斯达黎加瓜纳卡斯特国家公园（Guanacaste National Park）的热带旱生林（tropical dry forest）。这座森林的物种丰富度可以媲美热带雨林。在他研究象耳豆（*Enterolobium cyclocarpum*）的过程中，詹曾了解到这座森林里缺少了某些东西。象耳豆是一种豆科植物，生产直径约10 cm、厚4～10 mm的碟状种子，且一棵大树每年可结5,000多颗种子，种子成熟时便掉落地面。詹曾非常疑惑：为什么象耳豆会生产这么多种子呢？答案是：促进动物传播种子。

可是詹曾观察旱生林时，却看不到具有传播象耳豆种子所需的体形与行为特征的本土动物。然而，若要加速整个瓜纳卡斯特国家公园热带旱生林的修复工作，必须有传播动物。事实上，许多大型食草动物食用象耳豆种子，再以粪便的方式传播种子。不过，这些传播动物多是西班牙殖民时期引进的牛和马。难道是因为没有动物帮助传播种子，象耳豆才演化出如此精致且产量丰富的种子吗？表面上看来确实如此。

詹曾的热带旱生林修复工作依赖于他的**自然史**知识，包括生物如何受各种因素（如气候、土壤、捕食者、竞争者与演化史）的影响。自然史知识使詹曾了解象耳豆的种子生物学。当他仔细思考中美洲热带旱生林的悠久自然史后，便知道要寻找什么了。他要寻找大型食草动物，包括地懒（ground sloth）、骆驼、马等。在过去，这片旱生林曾有许多能传播象耳豆种子的动物，但是这类大型动物大约在1万年前就灭绝了，而灭绝的主要原因是人类的过度捕猎。数千年后，虽然每年象耳豆的种子量很大，但是食用种子的大型动物却几乎不存在了。然后，大约在500年前，欧洲人引进了马和牛，它们以象耳豆种子为主要食物，并且在景观周围传播种子（图2.1）。认识到家畜具有传播种子的实用价值后，詹曾便将它们纳入热带旱生林修复计划中。

詹曾首先提出一个假说：马可以成为象耳豆种子的有效传播者。验证此假说后，詹曾把他的知识应用在马纳入瓜纳卡斯特国家公园的修复计划中。一旦象耳豆和其他处于相同困境的树木有了传播动物，热带旱生林的修复工作便可加速进行了。

◀ 虎生活在多个生物群系中。尽管它的历史分布范围很广，从土耳其到南亚的热带雨林和西伯利亚的温带森林，但在短短的100年内，栖息地的缩小和猎杀导致虎的数量由10万只降至3,000～5,000只。

与众不同的是，詹曾的热带旱生林自然史还包括了人。他与哥斯达黎加各个阶层的人共同工作，从国家元首到当地的学童。他深切地了解到，若要长期维护瓜纳卡斯特国家公园，修复工作必须对当地的经济发展与文化发展做出贡献。因此，詹曾的自然史中包括能保护象耳豆的人。詹曾称这种修复为"生物文化修复"（biocultural restoration），即从热带旱生林自身出发寻求保护。从供水到知识启发，热带旱生林为当地的广大居民提供利益。利用自然史作指引，詹曾与哥斯达黎加的居民正在修复瓜纳卡斯特国家公园的热带旱生林。

詹曾的工作（Janzen, l981a, 1981b）表明了如何利用自然史来处理解决问题。自然史也是当代生态学发展的基石，因为生态学研究正是持续建立在这个坚固的基础之上。我们将利用本章及下一章讨论生物圈的自然史。本章将研究陆域生命的自然史，但在讨论之前，应先介绍陆域生物群系，因为本章是根据这一概念构建的。除此之外，本章亦涉及陆域生物群系统的基础——土壤的发育与结构。

陆域生物群系

本章的焦点是陆域环境的生物大类，即**生物群系**（biome）。生物群系主要是根据优势（predominant）植被来划分，与特殊的气候有关。生物群系包含特殊的植物群系（plant formation），如热带雨林生物群系和沙漠生物群系。热带雨林与沙漠的植物和动物非常特殊，且分布在差异极大的气候区内，因此这两种生物群系的自然史极为不同。这类生物群系的主要特征是研究生态学的学生必须熟知的。

本章的主要目的是从自然大尺度视角着眼，而后续的章节再钻研较细微翔实的结构与过程。我们会特别关注主要生物群系的地理分布、气候、土壤、重要的生物关系，以及人类的影响程度等。

2.1 气候变化的大尺度模型

太阳对地表的不均匀加热及地轴的倾斜，综合产生了可预见的气候纬度变化和季节变化。在第1章，生态学被定义为研究生物与环境之间关系的科学。因此，温度与降水的地理差异及季节差异是陆域生态学与自然史的基础。在地球上，有些地区的气候特征是可预见的。例如，中、高纬度的气温变化较大；赤道的气温几乎没有季节性变化，但降水则有鲜明的季节性；而集中在地球某些纬度、呈窄带状分布的沙漠，不但降水稀少，降水的时空规律更难以预测。那么究竟是什么机制造成这些气候差异呢？

温度、大气环流与降水

地球的温度差异大多缘自太阳对地表的不均匀加热，而不均匀加热是由地球的圆球形状以及地球绕太阳旋转的轨道与地轴之间的角度造成的。由于地球是一个球体，太阳光最集中之处为太阳直射之处。不过，太阳直射的纬度会因季节而变化，这是因为地球的主轴并非垂直于地球绕太阳转动的轨道面，而是偏离垂直面23.5°（图2.2）。

由于地球绕太阳旋转的倾斜角维持不变，南、北半球获得的太阳能会发生季节变化。在夏季，北半球偏向太阳，故比南半球获得更多太阳能。北半球的夏至约在6月21日，在这一天，太阳直射北回归线（23.5° N）；而北半球的冬至约在12月21日，在这一天，太阳直射南回归线（23.5° S）。在冬季，因北半球偏离太阳，南半球获得的太阳能更多。春分与秋分大约分别在3月21日与9月23日，在这两天，太阳直射赤道，南、北半球获得的太阳辐射一样多。

太阳直射纬度的季节变化造成了季节轮回。在南、北半球的高纬度地区，太阳直射纬度的季节变化形成了平均气温低和昼短的冬季，以及平均气温高和昼长的夏季。在中、高纬度的许多地区，降水量亦有明显的季节变化。在南、北回归线之间的地区，气温与昼长的季节差异较小，但降水差异很大。降水存在时空差异的原因是什么呢？

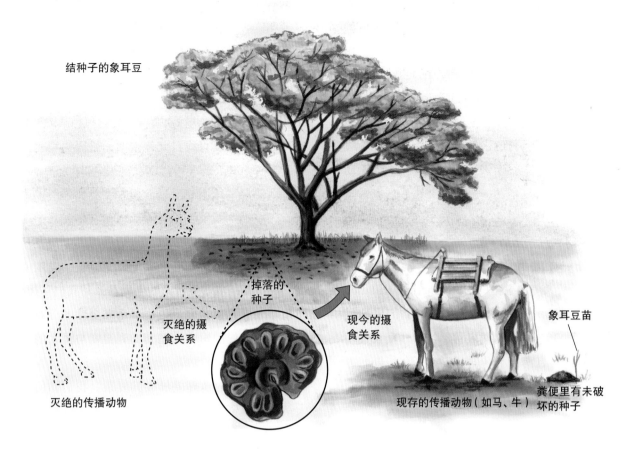

结种子的象耳豆

灭绝的传播动物

灭绝的摄食关系

掉落的种子

现今的摄食关系

象耳豆苗

粪便里有未破坏的种子

现存的传播动物（如马、牛）

图2.1 象耳豆种子的古今传播动物。传播象耳豆种子的原始动物已于1万年前灭绝，所以现在种子依靠引进的家畜传播

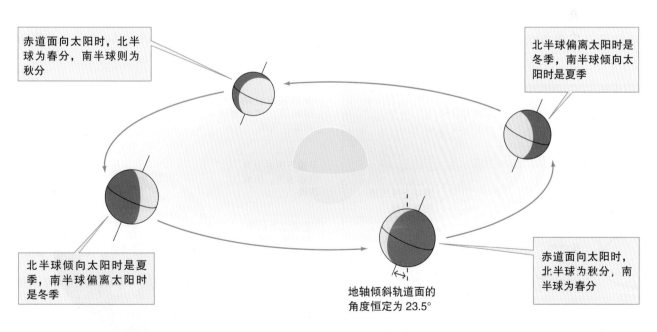

赤道面向太阳时，北半球为春分，南半球则为秋分

北半球偏离太阳时是冬季，南半球倾向太阳时是夏季

北半球倾向太阳时是夏季，南半球偏离太阳时是冬季

地轴倾斜轨道面的角度恒定为23.5°

赤道面向太阳时，北半球为秋分，南半球为春分

图2.2 北半球与南半球的四季变化

地表与大气的加热作用驱动了大气环流，并影响降水模式。如图2.3（a）所示，太阳加热赤道的空气，使之膨胀上升，该暖湿气团上升后变冷。由于冷气团所含的水汽少于暖气团，在上升过程中，气团内的水汽会凝结成云，在热带环境产生大雨。

最后，该赤道气团停止上升，并往南、北半球辐散。因为该气团所含的水汽已降落为热带雨，故高空的气团变得干燥。当该气团向南、北半球流动时，逐渐变冷，密度增加，最后在纬度30°左右下沉，并向南、北辐散。另外，该气团经过陆地时，会吸收陆地的水汽，从而形成沙漠。

气团分别在南北纬30°向赤道移动，然后在低纬度形成了大气环流圈（atmospheric circulation cell）。如图2.3（b）所示，赤道两侧各有3个环流圈。另外，空气从30°纬度向两极移动是中纬度大气环流圈的一部分。自南方上升的暖湿空气会与自北方上升的冷空气相遇，随着气团上升，水汽冷凝成云，为温带地区带来丰沛的降水。而自温带地区上升的空气分别向高纬度的南、北半球流动，形成中、高纬度的大气环流圈。

图2.3（b）的大气环流模式说明空气是直接往南、北方向移动的，然而，我们从地表观察不到这种现象，因为地球由西向东自转。热带地区的观察者可以观察到，北半球的风自东北方吹来，南半球的风自东南方吹来（图2.4），这就是东北信风

（northeast trade）与东南信风（southeast trade）。若在温带30°与60°纬度之间研究风向，研究者会发现风主要来自西方，这就是温带的西风（westerly）了。而在高纬区，观察者会发现盛行风来自东方，这就是极地东风（polar easterly）。

风向为何不是自北往南直吹？盛行风（prevailing wind）之所以不以直线自北往南吹，是因为**科里奥利效应**（Coriolis effect）。该效应使北半球的表面风向偏右，使南半球的表面风向偏左。我们之所以说"表面"偏向，是因为这是只在地表才能观测的现象；若是从太空中观察，风是直线移动的，而地球在风下方旋转。但是我们必须记住，地表的角度便是生态的角度，本章要讨论的生物群系和我们一样，站在地球表面观察风向。生物群系在全球的分布明显受到全球气候的影响，尤其受到温度与降水的地理差异影响。

温度与降水的地理差异极其复杂。我们如何不被大量的数据资料难倒，如何研究及表示气候变化的地理差异？这个困难可用生态气候图解来解决。

生态气候图解

生态气候图解（climate diagram）是海因里希·沃尔特（Walter，1985）发明的，可作为探索陆域植被分布与气候之间关系的工具。生态气候图解

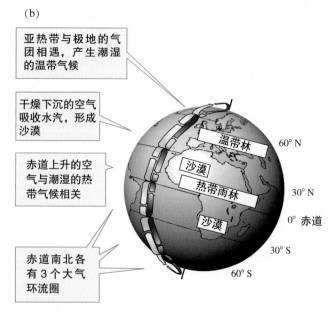

(a)

太阳加热赤道的空气

上升气团内的水汽凝结为云

若干上升气流往北移动

若干上升气流往南移动

暖空气上升

大雨

暖空气上升

沙漠（30°纬度）

赤道（0°纬度）

干燥空气经过地面上空时吸收水汽

沙漠（30°纬度）

(b)

亚热带与极地的气团相遇，产生潮湿的温带气候

干燥下沉的空气吸收水汽，形成沙漠

赤道上升的空气与潮湿的热带气候相关

赤道南北各有3个大气环流圈

温带林

沙漠

热带雨林

沙漠

60°N

30°N

0°赤道

30°S

60°S

图2.3　（a）太阳驱动的大气环流；（b）纬度与大气环流

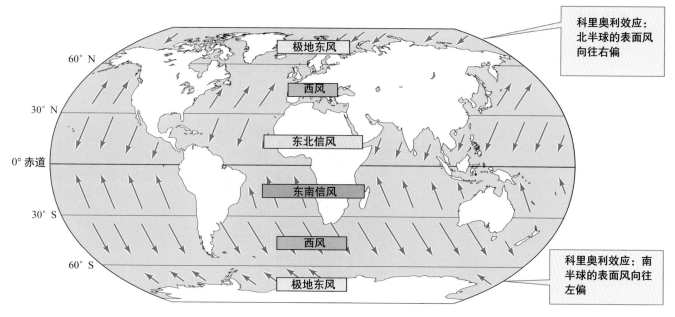

图2.4 科里奥利效应与风向

可以简要地表示许多有用的气候信息，如温度与降水的季节变异、干湿季的时长与强度、每年平均最低温高于或低于 0℃ 的时段。

图 2.5 为简要表示气候信息的标准生态气候图解。横轴为月份，北半球是从 1 月到 12 月，而南半球是从 7 月到翌年 6 月。左纵轴为温度，右纵轴为降水量。温度与降水量以不同的刻度表示：10℃ 对应降水量 20 mm，但在潮湿地区（如热带雨林）的生态气候图解中，当降水量超过 100 mm 时，降水量刻度须经过压缩，所以温度 10℃ 对应于降水量 200 mm。在极其潮湿的气候区，这种刻度的改变有利于将降水量曲线绘制成常规大小。请观察图 2.6（a）马来西亚吉隆坡生态气候图解的深色区。注意，吉隆坡全年每个月的降水量都超过 100 mm。

因为温度与降水量的刻度是以 10℃ 对应降水量的 20 mm，所以温度曲线与降水量曲线的相对位置就表示水有效性（water availability，可供植物使用的水量）。理论上，当降水量曲线高于温度曲线时，表示植物生长有充足的水可用，这种潮湿期以蓝色表示；当温度曲线高于降水量曲线时，则表示潜在蒸发率（potential evaporation rate）大于降水量，这种干旱期用金黄色表示。注意，图 2.6（b）为美国亚利桑那州尤马（Yuma）的生态气候图解，图中的金黄色表示尤马终年干旱，而 2.6（a）的蓝色则表示

吉隆坡终年潮湿。

蒙古国扎门乌德（Dzamiin Uuded）的生态气候图解［图 2.6（c）］比雨林或炎热沙漠的生态气候图解复杂许多，原因是寒冷沙漠气候的季节变异太过剧烈。扎门乌德当年 10 月到翌年 4 月为潮湿期，而 5 月到 9 月的温度曲线高于降水量曲线，表示这段时

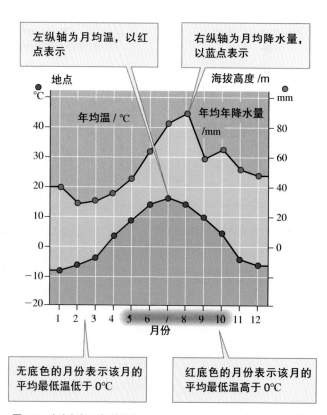

图2.5 生态气候图解的结构

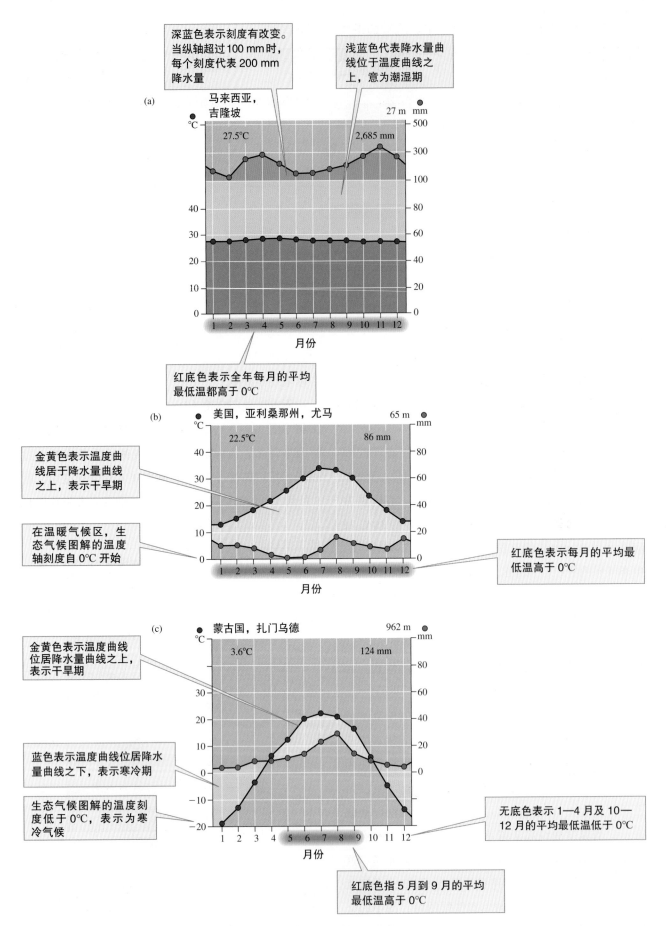

深蓝色表示刻度有改变。当纵轴超过100 mm时，每个刻度代表200 mm降水量

浅蓝色代表降水量曲线位于温度曲线之上，意为潮湿期

(a) 马来西亚，吉隆坡

红底色表示全年每月的平均最低温都高于0℃

(b) 美国，亚利桑那州，尤马

金黄色表示温度曲线居于降水量曲线之上，表示干旱期

在温暖气候区，生态气候图解的温度轴刻度自0℃开始

红底色表示每月的平均最低温高于0℃

(c) 蒙古国，扎门乌德

金黄色表示温度曲线位居降水量曲线之上，表示干旱期

蓝色表示温度曲线位居降水量曲线之下，表示寒冷期

生态气候图解的温度刻度低于0℃，表示为寒冷气候

无底色表示1—4月及10—12月的平均最低温低于0℃

红底色指5月到9月的平均最低温高于0℃

图2.6　（a）雨林的生态气候图解——马来西亚的吉隆坡；（b）热沙漠生态气候图解——美国亚利桑那州的尤马；（c）寒冷沙漠的生态气候图解——蒙古国的扎门乌德

18　认识生态

间是干旱期。从 10 月到翌年 4 月，扎门乌德的平均最低温均在冰点（0℃）以下，而 5 月到 9 月的平均最低温高于 0℃。

基本上，生态气候图解也包含年均温（mean annual temperature），该温度通常显示在左上角，如吉隆坡的 27.5℃；平均年降水量则显示在右上角，如亚利桑那州尤马的平均年降水量为 86 mm；同时每个地区的海拔高度也显示在右上角，如扎门乌德的海拔为 962 m。如你所见，生态气候图解有效地汇总了重要的环境变量（variable）。在下面的 2.3 节，我们借助生态气候图解表示主要陆域生物群系的所属气候。

概念讨论 2.1

1. 如果地球自转轴垂直于地球绕太阳旋转的轨道面，温度和降水量的季节性变化会受到怎样的影响？

2. 为什么北纬 23℃ 附近地区每年降雨的季节从 6 月份开始？

2.2 土壤：陆域生物群系的基础

土壤结构是气候、生物、地形与母质矿物长期交互作用的结果。土壤是生物与非生物的复杂混合体，是大部分陆域生命赖以生存的物质。本节简述土壤的结构与发育的一般特征，然后再讨论各生物群系的特殊土壤信息。

为了观察土壤结构（soil structure），我们自地表往下挖掘一个深 1～3 m 的土壤剖面（soil profile）。该剖面可呈现土壤结构的最明显特征，即纵向的分层现象。土壤结构往往随土壤深度递变，土壤学家一般根据这种递变将土壤划分为数个独立层。本书采用的分类是将土壤剖面划分为 O、A、B 及 C 土层（图 2.7）。其中，**O 土层或有机层（organic horizon）**位于剖面的最上方。O 土层的最表层由凋落不久的有机物构成，包括叶片、枝条及其他植物部分；较下层则由相当破碎及部分分解的有机物构成。O 土层有机物的破碎与分解主要依赖于土壤生物的活动。这类生物包括细菌、真菌和线虫类、螨类和挖甬道的哺乳动物。农田和沙漠往往缺少这层土壤。O 土层的最下层逐渐与 A 土层相接。

A 土层（A horizon）由矿物（如黏粒、粉粒与沙粒）及来自 O 土层的有机物混合构成。O 土层与 A 土层是生物活动较强烈的区域。甬道动物（如蚯蚓）将 O 土层的有机物混合到 A 土层内。A 土层一般含有丰富的矿物养分、黏粒、铁、铝、硅酸盐及腐殖质（指部分分解的有机物）常在淋溶作用下，缓慢地往下沉淀到 B 土层内。

B 土层（B horizon）包含从 A 土层通过水传输而来的黏粒、腐殖质和其他物质。这些物质的沉淀使 B 土层呈现特有的颜色与层状特征。该土层中还分布着许多植物的根系。B 土层往下逐渐与 C 土层相接。

C 土层（C horizon）是土壤剖面的最下层，由历经霜、水和植物深根作用的风化母质（parent material）构成。风化作用（weathering）缓慢地将母质分解，产生沙粒、粉粒与黏粒。由于 C 土层的分解不如 A 土层与 B 土层那么完全，C 土层可能包含许多碎石。C 土层之下是未风化的母质，它们通常被称为基岩（bedrock）。

自土壤剖面，我们可粗略地看到土壤结构，但土壤结构一直处于多种影响因素下的恒流状态。哈里斯·珍妮（Jenny, 1980）认为，这些影响因素包括气候、生物、地形、母质与时间。其中，气候会影响母质的风化速率、有机物与无机物的淋溶速率、矿物的冲蚀速率与传输速率，以及有机物的分解速率。同时，气候也会影响该地区的植物类型与动物类型，反过来，动植物不仅影响土壤的有机物含量与质量，也会影响甬道动物的土壤混合（soilmixing）速率。地形会影响水的流速与流向以及冲蚀模式。花岗岩、火山岩、风或水输送的沙等母质为所有其他影响因素创造条件。最后，时间因素——土壤年

土壤层

O 有机层。上半部包含松散、略为破碎的植物枝叶，下半部的枝叶相当破碎

A 混有若干有机物的矿质土。黏粒、铁、铝、硅酸盐、溶解性有机物慢慢自 A 土层淋溶而出

B 沉淀层。自 A 土层淋溶而来的物质沉积在 B 土层，沉积物可能呈明显的层状分布

C 已风化的母质，C 土层可能含有许多碎石，此层一般分布在基岩之上

图2.7 土壤剖面图，呈现 O 土层与 A、B、C 土层

龄影响土壤结构。

总之，土壤是一个复杂且动态的生命体，是生物生长及活动的媒介；反过来，生物也会影响土壤结构。和生态学的其他内涵一样，生物学家很难将生物与环境分开来讨论。接下来的生物群系探讨通过介绍土壤结构的各方面信息和每个生物群系的化学特征，为我们提供更多土壤的信息。

─── 概念讨论 2.2 ───■

由于耕地等人类活动掩埋了有机物，农田土壤通常缺少有机层，但为什么沙漠土壤通常也缺少有机层呢？

调查求证 2：确定样本平均值

处理资料时，最常用与最重要的步骤便是统计数据。首先，什么是统计？统计是科学家用来估计某种群的可测量特征的数值。生态学家感兴趣的种群特征包括平均质量（average mass）、生长率或本章提到的气温。为了确定种群特征的真正平均值，生态学家须测量种群中的每个个体，但很明显，测量或测试种群中每个个体的特征的可能性很低。例如，生态学家研究某鸟类种群的繁殖率时，要找到并研究该种群的所有鸟巢几乎是不可能的。因此，生态学家一般会对种群随机抽样，再估算鸟类种群的繁殖率或其他种群特征。生态学家研究一些罕见的植物种群时，例如研究本例的小苗，通常抽取 11 株小苗，再计算这 11 株小苗的平均高度，而该平均高度便为**样本平均值**（sample mean）。样本平均值是种群真实平均值的统计估算值。

样本平均值是统计中最常见与最有用的参数之一。当我们论及全球生物群系的平均温度或平均降水量时，样本平均值是用得最多的统计参数（图 2.6，18 页），但样本平均值是如何计算的呢？在此，以下列 11 株苗木的高度来做说明。

样本序号	1	2	3	4	5	6	7	8	9	10	11
高度 /cm	3	6	8	7	2	4	9	4	5	7	8

该研究种群的苗木平均高度是多少？由于我们没有种群中所有苗木的资料，无法得悉真正的种群平均值，但是从上述 11 株苗木样本的数据，我们可计算出样本平均值，公式为：

$$测量值的总和 = \sum X$$

$$\sum X = 3 + 6 + 8 + 7 + 2 + 4 + 9 + 4 + 5 + 7 + 8$$
$$= 63$$

样本平均值等于测量值的总和除以苗木株数：

$$样本平均值 = \overline{X}$$

$n =$ 样本大小（本例为 11）

$$\overline{X} = \frac{\sum X}{n}$$
$$= \frac{63}{11}$$
$$\approx 5.7 \text{ cm}$$

5.7 cm 即为样本平均值，是生态学家研究的整个苗木种群真实平均高度的估计值。

实证评论 2

1. 如果从假设种群中随机测量 100 株苗木，而不是上述例子中的 11 株，样本平均值还会是 5.7 cm 吗？

2. 100 株苗木的高度平均值是否比 11 株的高度平均值更接近真实的种群平均值？

2.3　自然史与陆域生物群系地理学

陆域生物群系的地理分布与气候（尤其是温度和降水量）的变化密切相关。20 世纪早期，许多植物生态学家研究气候与土壤如何影响植被分布。后来，生态学家转向研究植物生态学的其他方面。今日，我们面对的是全球变暖（global warming）的挑战（第 23 章），因此气候对植被分布的影响再度成为生态学家研究的重点。由生态学家、地理学家与气候学家组成的国际团队正从崭新的角度出发，使用更好的分析工具来探索气候对植被的影响。

在此，我们讨论地球主要生物群系的气候、土壤、生物，以及它们如何受人类影响。

热带雨林

热带雨林（tropical rain forest）是自然界最奢华的庭院（图 2.8）。沿着交错纷乱的林缘往内，在穿透层层绿叶的微暗绿光照耀下，雨林是一个令人惊讶的寛广之境。似巍峨塔顶的树冠层是许多雨林物种的家，也是勇敢的雨林生态学家的空中实验室。雨林由拱形顶棚与尖塔般的树顶构筑而成，足以媲美巍峨的大教堂或摩天大楼。但是这座教堂从高顶到地面全是鲜活的，它或许是全球最具生命力的生物群系。在雨林内，早晚的各种声音、明亮缤纷的色彩，以及潮湿夜空中散布的浓郁香气，无不宣告着丰富的生命力。

图 2.8　热带雨林。　与其他任何陆域生物群系相比，热带雨林三维空间内的生物多样性要丰富许多

地理学

热带雨林的分布横跨赤道两侧的三大地理区：东南亚、西非与南美洲（图 2.9）。大部分雨林分布在赤道附近南北纬 10° 内。除此之外，雨林还分布在中美洲与墨西哥、巴西的东南部、马达加斯加东部、印度南部、澳大利亚东北部。

气候

全球雨林分布在终年温暖多雨的地区（图 2.9）。

热带雨林每月的温度变化很小，每日的变化幅度与整年的变化幅度差不多。平均温度为 25～27℃，低于许多沙漠或温带地区夏季的平均最高温度；年降水量为 2,000～4,000 mm，有些雨林的降水量可能更多，若雨林某月的降水量低于 100 mm，即视为十分干旱了。

土壤

大雨逐渐导致雨林土壤的养分流失，因为温暖、潮湿的雨林气候会加速分解，导致土壤有机物含量降低。因此，雨林的土壤往往较贫瘠、偏酸性、较薄，且有机物含量低。许多雨林的养分都保存在活的生物组织内，而非土壤中。不过，有些雨林却分布在肥沃的土壤之上。例如，有些雨林孕育于年轻的火山土上，这种土壤的养分尚未因暴雨而流失；有些雨林分布在能带来新养分供给的洪水所经之处。雨林植物擅长保存养分，它们的根系与贫瘠土壤中的真菌一起合作来获取养分。真菌和根系的这种互惠关系称为**菌根**（mycorrhizae）。这些自主生活的真菌、细菌与土壤动物（如螨类、跳虫类）能迅速

地摄食植物凋落物（如叶、花等）及动物排泄物中的养分，进一步固守雨林的养分。

生物学

许多雨林生物利用树林提供的垂直空间进行演化。雨林景观系统的优势树种为乔木，它们的平均高度为 40 m，有的高达 50 m、60 m，甚至 80 m。这类雨林巨树数量众多，通常具有发育良好的板根（buttress）。雨林的树种多样性更是令人咋舌，1 hm²（100 m × 100 m）温带森林可能只有几十种树，但同面积的热带雨林却可能包含 300 种树木。

雨林的三维空间由乔木与其他植物生长型（growth form）组成。乔木是藤本植物的阶梯，亦是附生植物生长的居所，附生植物是指长在其他植物上的植物（图 2.10）。附生植物和藤本植物的多样性和规模让人对雨林的生物丰富度印象深刻，但若就近观察雨林动物，你的印象会更加深刻。热带雨林中的一棵树可能栖息着上千种昆虫，其中的许多尚未被科学家发现。

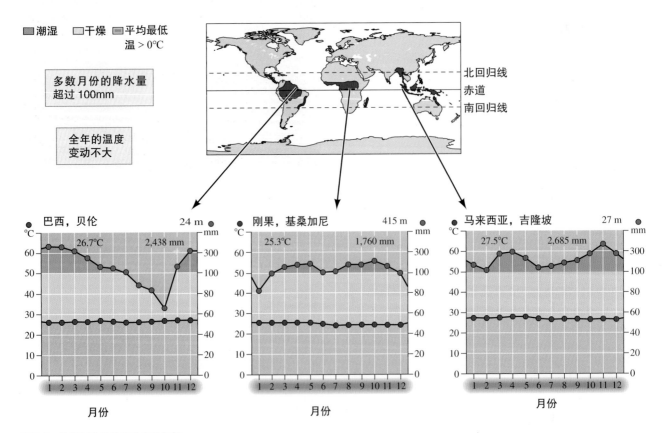

图2.9 热带雨林的地理分布及气候

兰

灌木

能保水的凤
梨科植物

累积的死有
机物

蕨

树木枝条上的根吸收 附生植物垫的养分	活植物与死有机物含有 养分

图2.10 热带雨林树冠层的附生植物垫。热带雨林内的附生植物垫储藏了大量养分，上面生存着多种植物与动物

不过，雨林并非不相关物种分散生长的大杂院，这些物种之间错综复杂的关系织成一匹充满生命力的绿色织锦。在热带雨林中，若无蚂蚁、螨等特殊动物，有些植物就无法生存。植物的花为这些动物提供栖息的场所，同时依靠蜂鸟的逐花寻访行为来传播花粉；而树木与藤蔓为了生存，会不停地竞争光与空间。

人类的影响

全球的人类低估了自己对热带雨林的依赖程度。玉米（在北美洲与大洋洲被称为玉蜀黍）、水稻、香蕉、甘蔗等主要粮食作物及大约25%的处方药都由热带植物演化而来。除此之外，还有更多可直接供人类利用的物种尚待人类发现。不幸的是，热带雨林正在快速消失中。若失去了它们，我们将无法揭开生物多样性和动态变化的神秘面纱。

热带旱生林

在旱季，**热带旱生林**呈现一片土褐色，在雨季，则如一团堆砌的绿宝石。热带旱生林的生命随着每年太阳周期活动带来的干湿季交替而悸动。在旱季，热带旱生林的多数林木呈休眠状态；当雨水降临，百树开花，昆虫在其间穿梭授粉，生命开始活跃。当雨季的第一场暴雨降临，树木长出新叶，景观的面貌也随之改变。

地理学

热带旱生林分布在10°～25°纬度，覆盖全球地表大部分面积（图2.11）。非洲热带旱生林分布于中非雨林的南北两侧；美洲热带旱生林的天然植被则广袤地分布在亚马孙雨林的南北两端，而且延伸到中美洲西岸，并沿着墨西哥西岸深入北美洲；亚洲热带旱生林的天然植被多数分布在印度及印尼半岛；大洋洲的热带旱生林则呈连绵不断的带状分布，横跨大洋洲大陆的北部和东北部。

气候

热带旱生林的气候比热带雨林更具季节性。如图2.11的3个生态生态气候图解解所示，旱季皆长达6～7个月，随后是雨量丰沛的雨季，雨季常会持续5～6个月。这些生态生态气候图解解也显示，热带旱生林的温度季节性变异远比热带雨林明显。

土壤

许多热带旱生林的土壤很古老，尤其是非洲、澳大利亚、印度、巴西的热带旱生林，这些地区过去均曾是冈瓦纳（Gondwana）古大陆的南部地区。热带旱生林的土壤酸性低于雨林土壤，养分含量较高，但是每年的暴雨使热带旱生林的土壤极易发生冲蚀。

生物学

热带旱生林的植物深受环境因素的影响，例如，旱生林的乔木高度与平均降水量相关，最高的乔木分布在最潮湿的地区。此外，在最干旱的地区，所有树木均在旱季落叶；在较潮湿的地区，50%以上的树木常绿。和热带雨林一样，热带旱生林的许多植物种子依靠动物传播，不过风传播种子的方式也非常普遍。许多旱生林鸟类、哺乳动物甚至昆虫都会沿河流季节性迁徙至潮湿的环境或邻近的雨林地带。

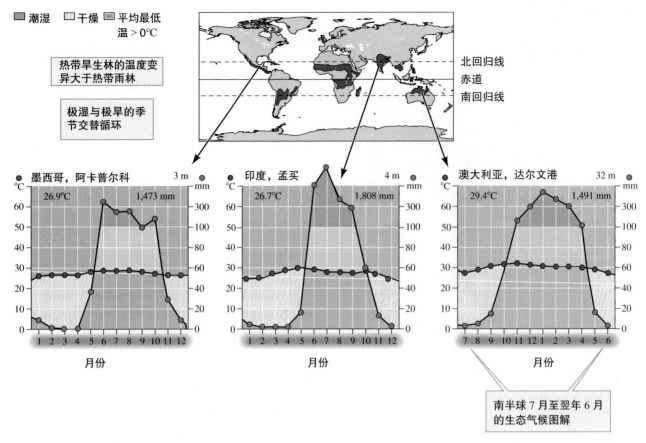

图2.11　热带旱生林的地理分布与气候

人类的影响

　　彼得·墨菲与阿里尔·卢戈（Murphy and Lugo，1986）研究了中美洲热带森林的人类居住模式。他们将热带森林细分成雨林、湿林（wet forest）、潮林（moist forest）、旱生林与极旱生林。如图 2.12 所示，热带旱生林与潮林的人口密度（每平方千米的人数）比湿林及雨林的人口密度高出 10 倍以上。

　　稠密的人口已彻底破坏了热带旱生林。当全球的注意力均集中在雨林的困境时，完整的热带旱生林几乎已消失殆尽。事实上，较肥沃的热带旱生林土壤早已吸引人类进行农耕，人类在上面饲养牲畜、种植谷物和棉花。热带旱生林比热带雨林更易受到人类的伤害，因为热带旱生林在旱季更容易燃烧，人类更容易开发它。

　　虽然雨林内的物种更多，但许多旱生林物种均为特有种，即别的区域没有的物种，因此，旱生林的损失更为严重。这类摧毁则促使哥斯达黎加瓜纳卡斯特国家公园成为热带旱生林的修复模型，因为

这种修复能够满足当地居民的文化需求和经济需求（见本章前言）。

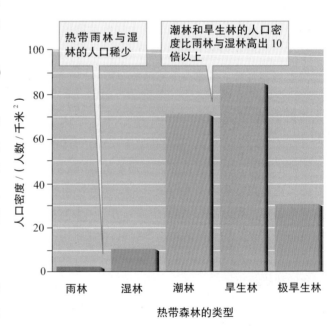

图2.12　中美洲热带森林的人口密度（资料取自 Murphy and Lugo，1986；根据 Tosi and Voertman，1964）

热带稀树大草原

当你站在热带稀树大草原的中央，周围是树木零星点缀的热带草地，风雨欲来，野生动物四处游荡，这些必定会深深吸引你的目光（图 2.13）。**热带稀树大草原**（tropical savanna）是变化的远古神秘王国，也是人类诞生的摇篮，更是地球上各个生物群系的源头。尽管今天多数人早已离开这里，迁徙他乡，然而热带稀树大草原的迷人之处并未随光阴荏苒而消退。

地理学

大部分热带稀树大草原分布在赤道 10°～20° 附近的热带旱生林的南北两侧。在非洲撒哈拉沙漠以南，热带稀树大草原自西直抵东岸，横跨东非的南北向高地，再现于非洲中南部(图 2.14)。在南美洲，热带稀树大草原分布在巴西中南部，占据了委内瑞拉与哥伦比亚的大部分面积。热带稀树大草原也是澳大利亚北部大部分地区的天然植被，分布在热带旱生林南部。此外，热带稀树大草原也分布在印度河（位于巴基斯坦东部与印度西北部）东部，是南亚的天然植被。

气候

和热带旱生林一样，稀树大草原的生命也随干湿季交替而发生变化（图 2.14），但是热带稀树大草原的季节性干旱与另一个重要的物理因素有关，那就是火灾。当夏季进入雨季时，强烈的闪电时常发生，引起火灾，尤其在雨季初期，稀树大草原干燥易燃。大火虽烧死小树，但禾草未死且迅速萌芽。因此，火灾维持了热带稀树大草原的景观：宽广的草地上，乔木点缀其间。

基本上，稀树大草原的气候比热带旱生林更为干旱，然而，委内瑞拉圣费尔南多（San Fernando）的生态气候图解（图 2.14）却显示，一些稀树大草原的降雨量可媲美热带旱生林，但其他稀树大草原则如沙漠般干燥。为何圣费尔南多附近的潮湿稀树大草原没有被森林替代？在沙漠般的气候下，稀树大草原如何维系呢？答案就藏在稀树大草原的土壤里。

土壤

低渗透土壤是维系许多热带稀树大草原的关键所在。例如，南非西部之所以存在稀树大草原，是因为近地表有一层密实、低渗透的心土（subsoil），它可储存水资源，否则该地区早已成为沙漠了。低渗透土壤也有助于稀树大草原分布在潮湿的环境，尤其是在南美洲。近地表的低渗透土壤在湿季会积水，导致树木无法生长。也正因如此，在这种景观系统内，只有零星的乔木生长在排水良好的土壤上。

图2.13 东非的热带稀树大草原和食草动物。周期性火灾有助于控制木本植物的密度，维持热带稀树大草原景观

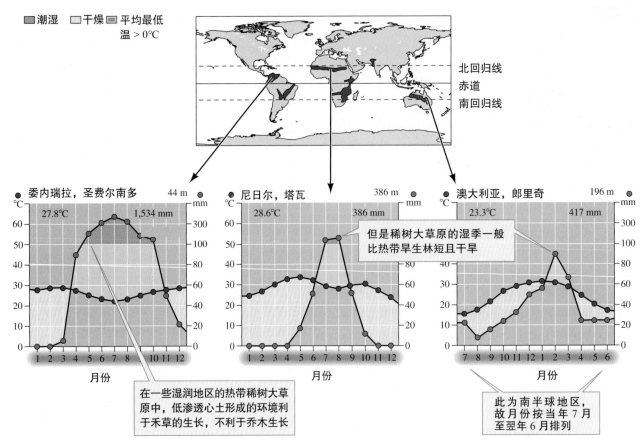

图2.14 热带稀树大草原的地理分布及其气候

图例:
■ 潮湿　□ 干燥　■ 平均最低温 > 0℃

委内瑞拉,圣费尔南多　44 m
27.8℃　1,534 mm

尼日尔,塔瓦　386 m
28.6℃　386 mm
但是稀树大草原的湿季一般比热带旱生林短且干旱

澳大利亚,郎里奇　196 m
23.3℃　417 mm

在一些湿润地区的热带稀树大草原中,低渗透心土形成的环境利于禾草的生长,不利于乔木生长

此为南半球地区,故月份按当年7月至翌年6月排列

北回归线
赤道
南回归线

月份

生物学

当你注视稀树大草原时,回头再想想热带雨林与旱生林,稀树大草原和它们到底有何不同呢?其中的一项不同是,该景观并没有完全被树木占领。因此,稀树大草原的生物活动大都发生在近地表。频繁的火灾使热带稀树大草原上出现了许多耐火植物,少数树种可以不受低强度火灾的影响而生存下来。

热带稀树大草原上多分布迁徙型动物种群,它们会随降水量与粮食供应量的季节变异和年度变异而迁徙。澳大利亚稀树大草原的迁徙型消费动物(consumer)包括袋鼠、大群鸟类,以及至少居住了5万年的人类。在旱季,部分澳大利亚物种会迁徙数千千米之遥,寻找适合的环境。非洲稀树大草原也是迁徙型消费动物的家园,它们分别为象、牛羚(wildebeest)、长颈鹿、斑马、狮以及人类(图2.13)。

人类的影响

人类是稀树大草原的产物,而稀树大草原也深受人类活动的影响。使人类与这个生物群系无法分离的一个因素是火。在人类尚未出现的远古时代,火即是热带稀树大草原的关键生态因素。后来,稀树大草原成为早期人类观察和学习利用、控制、管理火的课堂。再后来,人类开始有目的地放火,以维持与扩大稀树大草原的范围。至此,人类开始进入大规模操纵自然的大工业时代。

最初,人类靠狩猎与采集的方式在稀树大草原上谋生。一段时间后,人类从狩猎阶段进入放牧时代,以驯养食草动物(grazer)与食嫩叶的动物(browser)取代狩猎野生动物。今天,驯养家畜已是所有稀树大草原上的人类的主要谋生之道。在非洲,家畜与野生动物共处已有数千年的历史。在撒哈拉沙漠以南的非洲(sub-Saharan Africa),不断增长的人口与密集的家畜,加上干旱的发生,已经摧毁了著名的萨赫勒地区(Sahel)(图2.15)。

图2.15 非洲稀树大草原上的牛群等家畜对全球范围的热带稀树大草原产生了重大影响

图2.16 在生死边缘挣扎的生命

沙漠

广袤的**沙漠**（desert）景观形成于风蚀作用和水蚀作用。生态学家越来越关注沙漠的地质、水文及气候，就像关注沙漠的生物一样（图2.16）。在沙漠中，干旱与突发性洪水、炎热与酷寒往往紧密相随。但若有人将沙漠内的生命形容为"在生死边缘挣扎的生命"，那只能说明他们是门外汉，因为沙漠中的生命虽然不多，但不能就此认为沙漠的生存环境必然是恶劣的。对于许多物种而言，沙漠并非生存世界的边缘，

而是中心地带。许多沙漠物种以各自的方式在水资源有限、高温的盐渍土壤上繁衍生息。若要了解沙漠中的生命，生物学家必须从沙漠的自然栖息者角度切入。

地理学

沙漠面积约占全球陆地面积的20%。全球有两个带状沙漠，分别分布在南、北纬30°附近（图2.17）。这两个带状沙漠与干燥亚热带空气下沉的纬度相关。在这些地区，下沉的亚热带空气扩散到南、

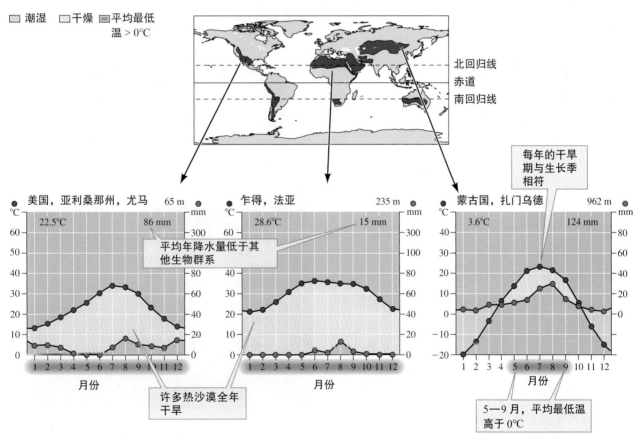

图2.17 沙漠的地理分布及气候

北半球时，抽干了景观上方的水汽（图 2.3）。此外，其他沙漠分布在大陆洲内部，如亚洲中部的戈壁滩（Gobi）或北美洲山脉雨影区的大盆地沙漠（Great Basin Desert）；沙漠还分布在寒冷的西海岸地区，如南美洲智利西海岸的阿塔卡马（Atacama）沙漠或非洲西南部纳米比亚共和国的纳米布沙漠（Namib Desert）。在这些地区，虽然气流循环穿过低温的海洋带来大量雾气，但是降水量仍然稀少。

气候

基本上，各沙漠的环境条件差异极大。例如，由于降水量皆极为稀少，阿塔卡马沙漠与撒哈拉沙漠中部是极干旱沙漠的代表；再例如，在北美洲的索诺拉沙漠（Sonoran Desert），年降水量可达 300 mm。然而，不论平均年降水量多少，在全年的大部分季节中，沙漠植物的蒸腾造成的水损失超过降水量。

图 2.17 为美国亚利桑那州的尤马及乍得（Chad）的法亚（Faya）沙漠的生态气候图解。在图中，所有月份皆干燥，而且一些月份的平均温度超过 30℃。根据相关记载，在北非与北美洲西部的沙漠，树荫下的温度高于 56℃。沙漠也可能异常寒冷，例如，在蒙古国的扎门乌德及中亚的戈壁滩沙漠，冬天的平均温度有时会低至 –20℃（图 2.17）。

土壤

沙漠中的动植物会将这种景观变成斑块状土壤。有时，沙漠土壤的有机物量非常低，形成石质土（lithosol），即多石土或矿质土，但沙漠灌木丛下的土壤却常含有大量有机物，是肥沃的"岛屿"。此外，沙漠动物也时常影响土壤性质。例如，北美的更格卢鼠类（kangaroo rat）打地洞与藏种子的习性往往改变表土的质地及养分含量。在中东的沙漠，北美豪猪（porcupine）与等足目动物（isopod）亦对土壤的多种性质产生极大影响。

沙漠土壤，尤其是排水不良的谷地与低地中的土壤，可能含有高浓度盐类。当水自地表蒸发后，之前溶于水的盐类便沉淀在表土上。盐类的沉淀会加重沙漠环境的干旱，增加植物从土壤吸水的难度。时间久了，沙漠土壤便会形成碳酸钙含量高、硬盘

状的**钙质层**（caliche）。然而，钙质层是一个有用的工具，可用来测定土壤的年龄。

生物学

沙漠景观系统对潮湿气候区的人而言是相当陌生的，因为沙漠中的许多地方都没有植被覆盖，不仅土壤裸露，还具有许多地质特点。即使有植被覆盖，植物的分布也很稀疏，植物外表亦非人们平常所见。例如，沙漠植被往往如灰绿色披幔般薄薄地覆盖在景观上。为了保护进行光合作用的表面，避免受到强光的伤害，同时减少水分蒸发，沙漠植被

(a)

(b)

图 2.18 相似的沙漠植物：（a）北美的仙人掌；（b）非洲的大戟属植物（*Euphorbia*）

长满浓密的植物绒毛。植物还通过其他方式适应干旱，如叶子很小、只在雨季才长叶、在旱季落叶或根本无叶（图2.18）。有些沙漠植物为避开干旱，一直以种子形态在土壤中休眠，只在偶尔的湿季才发芽与生长。

沙漠动物的多度虽然较低，但多样性较高。多数沙漠动物均以独特的行为方式避开极端的气候。在夏季，为了避开白昼的炎热，它们常在傍晚、清晨或夜晚活动；在冬季，这些物种会在白昼出没。为了减少在夏季承受的炎热，沙漠动物（其实也包括植物）会以身体为中心演化出各种适应方式。

人类的影响

沙漠中的人类虽繁衍于艰苦的自然环境，但若与真正的沙漠物种相比，人类是滥用水资源者。因此，沙漠地区的人口多集中分布在绿洲与河谷附近。由于盐类在土壤中沉淀，许多曾经是农业灌溉区的沙漠景观逐年扩大。

由于人类的活动，沙漠成为一个面积逐渐扩大的生物群系。人类面临的挑战是：必须阻止沙漠以牺牲其他生物群系的方式进行扩张，并建立平衡利用沙漠的模式，以保卫沙漠中的所有栖息者——人类和非人类。

地中海型林地与灌丛地

地中海型林地与灌丛地（Mediterranean woodland and shrubland）的气候是古希腊与古加州海岸美洲土著部落的气候，这种温和气候形成了高度的物种丰富度（图2.19）。地中海型植物群系的物种丰富度可由地中海地区的民谣一窥端倪："春的脚步已近，乡间的景色欣欣向荣，这是一场色彩缤纷的盛宴。"在该视觉盛宴中，地中海型林地与灌丛地增添了鸟语啁啾，以及迷迭香（rosemary）、百里香（thyme）和月桂（1aurel）的花香。

地理学

地中海型林地与灌丛地出现在除南极洲之外的其他大陆洲（图2.20），主要分布在地中海附近及北美洲（从加州延伸到墨西哥北部）。此外，地中海型林地与灌丛地也分布在智利（Chile）中部、澳大利亚南部和南非。以目前的气候条件而言，地中海型林地与灌丛地分布在纬度30°～40°。在此地理位置下，这个生物群系大多位于北半球亚热带沙漠的北方，以及南半球亚热带沙漠的南方。地中海型林地与灌丛地的广阔分布从该生物群系的多种名称上

图2.19 意大利南部的地中海型林地

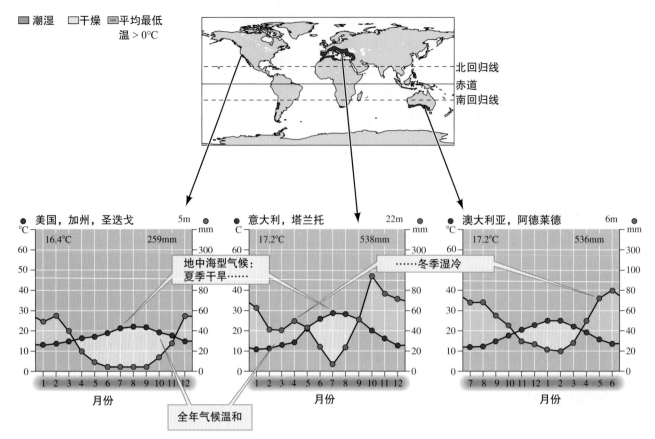

图2.20 地中海型林地与灌丛地的地理分布与气候

就可以反映出来。在北美洲西部，它被称为查帕拉尔群落（chaparral）；在西班牙，最常用的名称为灌丛（matoral）；在地中海盆地以西，它被称为加里格群落（garrigue）；在南半球的南非，它被称为芬博思丛地（fynbos）；在澳大利亚，其中的一类名为桉丛地（mallee）。虽然该类生物群系的名称各异，但气候均相同。

气候

地中海型林地与灌丛地的秋季、冬季与春季的气温较低，湿度高，但夏季则又干又热。地中海型林地与灌丛地的霜害因地区而存在极大差异，但即使有霜害，也不会太严重。在夏季干旱与茂密植被（油含量高）的综合影响下，地中海型林地与灌丛地频繁发生大火。

土壤

地中海型林地与灌丛地的土壤并不肥沃，且相当脆弱。例如，南非芬博思丛地的土壤便非常贫瘠。另外，土壤的侵蚀现象十分严重。大火加上过度放

牧，早已使地中海型林地与灌丛地的土壤受到严重侵蚀。但是在一些地方，在人类细心的管理下，这类景观数千年来仍维持完整。

生物学

地中海型林地与灌丛地的植物与动物呈现出高度多样性，而且它们和沙漠生物一样，适应了干旱的气候。乔木与灌木常绿，长着小且硬的叶子，这使得它们具有保持水分与养分的能力。此外，地中海型林地与灌丛地的许多植物与微生物产生互利共生关系，可固定大气中的氮。

分解作用在干旱的夏季会大幅减缓，待到秋冬的雨季又重新开始。奇怪的是，这种间断的分解作用反而加速了分解过程，因此地中海型林地与灌丛地的平均分解速率足以媲美温带森林。

地中海型林地与灌丛地经常发生大火，因此，在自然选择下出现了耐火植物，许多地中海型林地与灌丛地的乔木具有厚实耐火的树皮（图2.21）。与之相反，地中海型林地与灌丛地的灌木多脂易燃，但也会快速地发芽。大部分草本植物在又冷又湿的

季节荣发，在干旱的夏季枯死，从而逃避干旱与大火的伤害。

图2.21 地中海栓皮栎的厚树皮。厚树皮可保护树免于火烧。图中树干底部的树皮已经被人们剥去，只剩下树干上部的厚树皮

人类的影响

　　人类的活动显著地影响地中海型林地与灌丛地的景观结构。例如，西班牙与葡萄牙南部的栎林地（oak woodland）是数千年来农业管理的产物。在该景观中，牛群吃草，猪吃栎实，人类则贩售栓皮栎（cork oak）的软木以换取现金。某些地区每隔五六年会栽植小麦，其余时间则休耕。这种低集约度及长期可持续的农业方式，可作为其他地区发展长期可持续农业的参考。

　　稠密的人口以及人类长期的定居史在地中海型林与灌丛地景观上留下了不可抹灭的印记。早期人类的影响包括清除森林，将其变为农地、放火焚烧控制木本植物生长及促进禾草生长、采集灌丛为薪材，以及驯养家畜啃食禾草与嫩枝叶。现今，全球的地中海型林地与灌丛地均已被人类占据。

温带草原

　　从前，**温带草原**（temperate grassland）覆盖广袤的面积（图2.22）。在蔚蓝的苍穹之下，这类开阔的景观是一望无际的草原（prairie）。难怪从欧洲与北美洲东部森林迁徙过来的早期移民目睹北美洲中西部的草原后，异口同声地赞叹其为"浩瀚的草海"，并将横渡草原的篷车称为"草原帆船"。温带草原是欧亚与北美洲大陆的野牛（bison）、叉角羚（pronghorn）及游牧民族的家园。

图2.22 北美温带大草原上的原生食草动物——野牛

地理学

温带草原是北美洲最大的生物群系，而欧亚大陆的温带草原更加辽阔（图 2.23）。在北美洲，大平原草原北起加拿大南部，南至墨西哥湾，东从落基山脉延伸至落叶林。此外，温带草原还分布在爱达荷州（Idaho）的帕卢斯、华盛顿州及加州的中部峡谷与周边山麓。在欧洲大陆，温带草原生物群系形成连绵不断的条带，自欧洲东部延伸至中国大陆东部。南半球的温带草原则分布于阿根廷、乌拉圭、南巴西、新西兰。

气候

温带草原的年降水量为 300～1,000 mm，虽然多于沙漠的降水量，但温带草原仍偶发旱季，且连续数年不断。最大降水量通常出现在夏季的生长季节高峰（图 2.23）。温带草原的冬季多寒冷，夏季炎热。

土壤

温带草原的土壤源自多种母质。最好的温带草原土壤应该比较厚，呈碱性或中性，肥沃，并且含有大量有机物。在北美洲及欧亚大陆，大草原的黑土壤以肥沃及有机物丰富著称，而干旱草原的棕色土壤含较少有机物。

生物学

温带草原几乎全是草本植被。如同热带稀树大草原，由于大火的发生，木本植被无法生长，乔木与灌丛只分布于溪河岸缘。温带草原生物群系的植被除了禾草外，其他草本植被的多样性亦非常高。例如，春天，温带草原盛开着美艳的银莲花（anemone）、毛茛（ranunculus）、鸢尾（iris）及其他野花；在物种丰富的北美草原上，有多达 70 种草本植物同时开花。草原植物的高度从耐旱短草原的 5 cm 到湿高草原的 200 cm 以上，变化非常大。禾草类与杂草类的根系形成紧密的腐草层网，足以抵挡树木的入侵与耕犁的扰动。

温带草原曾分布着大量流浪的食草动物，如北美洲的野牛（图 2.22）和叉角羚，以及欧亚大陆的

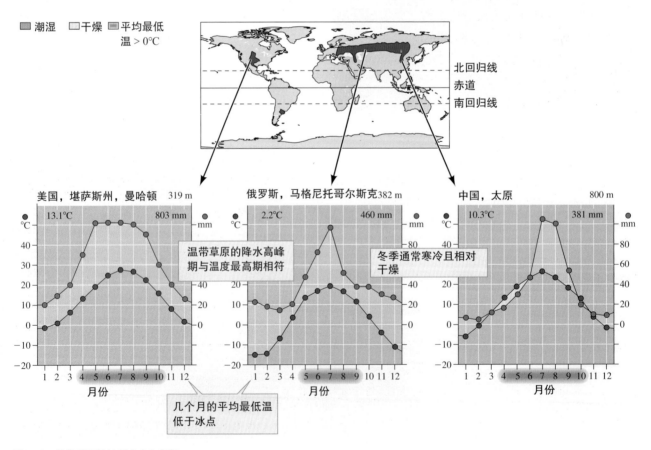

图2.23 温带草原的地理分布与气候

野马与赛加羚羊（Saiga antelope）。开阔的草原如同浩瀚的海洋，许多食草动物紧密结合成社会群体（social group），捕食性动物亦如此，例如，干草原（steppe）上常常出现郊狼（prairie wolf）。体形较小的动物，如蝗虫（grasshopper）与小鼠（mice），其数量远超过大型食草动物。

人类的影响

最早出现在温带草原的人类为游猎者，然后是游牧者，再后来是耕犁的农民。农民破坏草原，将其开发成肥沃的土壤，建立了数千年的文明。在耕犁下，温带草原成为全球最肥沃的农田，养育了世界上众多人口（图2.24）。但草原的生产力依赖于大量的无机肥料，因此，人类其实是在"开采"草原土壤的肥力。过去35～40年的农耕作业导致草原土壤的有机物丧失了35%～40%。此外，由于频繁的干旱，干草原已出现无法支持可持续农耕的警讯。

温带森林

北美洲西部的北美红杉（sequoia）与大洋洲南部的桉树（Eucalyptus）是全球体形最大、寿命最长的活体生命，生长在**温带森林**（temperate forest）。北美洲、欧洲与亚洲东部的温带森林孕育着令人难忘的古老乔木林。柔和的光线照射着这个清凉潮湿的世界，望着眼前种类繁多的蘑菇、腐叶，你会越发觉得自己渺小。

地理学

温带森林虽然分布于纬度30°～55°，但这类生物群系大部分位于纬度40°～50°（图2.25）。亚洲的温带森林主要分布在日本、中国东部、韩国与西伯利亚东部；西欧的温带森林自斯堪的纳维亚半岛的南端延伸到伊比利亚半岛北部，自英伦诸岛延伸到东欧；北美洲的温带森林则从大西洋海岸延伸到北美大平原，再以温带针叶林重现西海岸，从加州北部直抵阿拉斯加东南部；南半球的温带森林则分布在智利南部、新西兰及澳大利亚南部。

气候

针叶或落叶温带森林分布在温度不极端、年降水量为650～3,000 mm的地区（图2.25）。温带森林的冬季降水量高于温带草原的降水量。落叶乔木是温带森林的优势植被，它们的生长季多潮湿且超过4个月。落叶林的冬季持续3～4个月，其间虽然可能出现大雪，但落叶林的气候不极端。在冬季较严寒及夏季雨量较少的地区，温带森林植被以针叶乔木居多。例如，在北美洲太平洋海岸的针叶林，

图2.24 北美温带草原曾经是面积最广阔的生物群系，现在大部分已经被开垦为农田

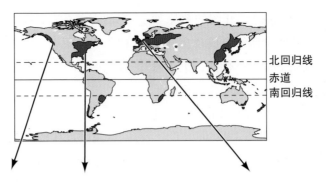

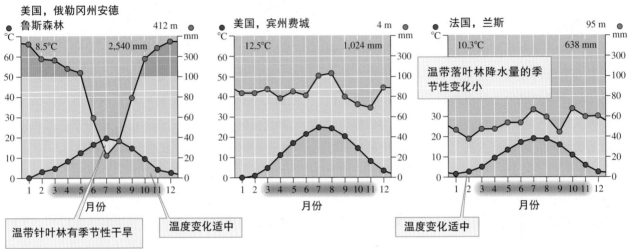

图2.25 温带森林的地理分布及气候

秋季、冬季及春季的降水最多，夏季多干旱。根据俄勒冈州安德鲁斯森林（H. J. Andrews Forest）的生态气候图解（图2.25），夏季干旱，但该处针叶林内有少数落叶乔木分布在溪岸地带，因为即使在干旱频发的季节，这里仍有许多水资源可用。

土壤

温带森林的土壤通常比较肥沃。最肥沃的土壤多分布在落叶林下，呈中性或微酸性，含有丰富的有机质与无机养分；针叶林的土壤有些很肥沃，有些贫瘠，呈酸性。针叶林的土壤与植被之间的养分移动较为缓慢，且量也较少；相对地，落叶林内的养分移动较为多变。

生物学

温带森林的乔木物种虽然少于热带森林，但生物量却与热带森林相当，有时甚至更多。如同热带雨林，温带森林亦具有垂直分层结构。最底层的植被为草本植物，往上为灌木层，再往上为耐阴的下木层（understory tree），最高层为大乔木形成的树冠层，其高度从40 m到超过100 m不等。从森林枯枝落叶层（forest floor）到树冠层，鸟类、哺乳动物及昆虫均巧妙地利用森林各层。其中最重要的消费生物为真菌与细菌，它们与极其多样化的小型无脊椎动物一起消费原始温带森林地表上堆积的大量木材（图2.26）。这些生物进行的养分循环活动是整个森林的健康仰赖的生态过程。

人类的影响

东京、北京、莫斯科、华沙、柏林、巴黎、伦敦、纽约、华盛顿特区、波士顿、多伦多、芝加哥与西雅图等地除了均为大都市之外，还有什么共同之处？答案是：它们都建立在曾为温带森林的土地上。最早定居在温带森林的人类多沿着河流分布在森林边缘。事实上，农业便建立在这些森林的空地上，而且人类从农田附近的森林中捕捉动物和采收植物。这种情景发生在数千年前的欧洲和亚洲，以及5个世纪前的北美洲。自从人类定居后，古老的森林便逐渐消失在人类的斧头与刀锯之下。在北美洲，古老森林的处境也好不到哪里去，曾经覆盖北

图2.26 温带森林的主要分解者。堆积在温带森林地表的大量朽木被真菌分解，这对于有机物进入森林土壤以及森林生态系统养分循环非常重要

美洲东部的原始落叶林现今只剩下几块林区；北美洲西部的原始森林只剩下 1%～2%，在利益团体的争夺中陷入绝境。

北方针叶林

北方针叶林（boreal forest 或 taiga）是树木和水的世界，占全球陆地面积的 11%（图2.27）。乍看之下，北方针叶林多为单调的树林，但若深入观察，你会发现其多样的面貌。有些地方乔木密生，人类无法穿过；有些地方遍地都是被风吹倒的树林，高出地面 1～2 m 的树干堆在地上连绵数千米。还有一些地区，森林内部空旷，你会踩到松软的针叶层与腐殖层，在阳光照射的地面，许多浆果灌木丛生。越过北方针叶林，便是湖滨或河岸，也是光亮无遮阴的空旷地带。湖边生长着柳树及其他喜水喜光的植物。森林在夏季被渲染成绿色、灰色和棕色，在秋季则被抹上斑斓的黄色和红色，漫长的北方冬季把北方针叶林变幻成银白、孤寂的世界。

地理学

"Boreal"在希腊语中为"北方"之义，顾名思义，北方针叶林只分布在北半球。北方针叶林从斯堪的纳维亚起，经过俄罗斯、西伯利亚，延伸至阿拉斯加中部，横跨加拿大中部（即北纬 50°～65°，图2.28）。北方针叶林的北部为冻原，南部为温带森林或温带草原。北方针叶林沿着北美洲山脊南部的

图2.27 北方针叶林

落基山脉呈指状分布。此外，还有大片北方针叶林出现于欧洲中南部和亚洲的山地。

气候

北方针叶林分布在冬季漫长（往往超过 6 个月）、夏季短暂以至于温带森林无法生长的地区（图 2.28）。北方针叶林的分布区也包括一些气候温和区，如瑞典的乌米亚（Umeå），受附近波罗的海的影响，该地气候温和。不过，在地球上气候多变的地区，亦可发现北方针叶林的踪迹。例如，位于俄罗斯、靠近西伯利亚中部的上扬斯克（Verkhoyansk），其温度变化从冬季的 −70℃ 到夏季的 30℃ 以上，年温差超过 100℃。北方针叶林的降水量中等，常为 200～600 mm。由于温度较低，冬季较长，蒸发速率低，旱季不常出现。不过，旱季一旦来袭，森林大火可能会烧毁大面积的北方针叶林。

土壤

北方针叶林的土壤贫瘠，土层薄并呈酸性。低温与低 pH 值阻碍了植物凋落物的分解，土壤形成速率亦随之减缓，因此，养分多固持在地表厚实的植物凋落物内。在北方针叶林内，大部分乔木的浅层根系形成密网，加上与菌根菌互利共生，能直接吸收地表腐殖层内的养分。地表腐殖层下的表土层很薄。在极端的北方针叶林气候下，心土埋在厚达数米的永冻层（permafrost layer）下，永不会消融。

生物学

北方针叶林的优势植被为常绿的针叶树，如云杉（spruce）、冷杉（fir）以及一些地方的松木（pine）。落叶松（larch）是一种落叶针叶树，是最极端的西伯利亚气候的优势树种；落叶的白杨（aspen）与桦木（birch）亦随处分布在成熟的针叶林内，是北方针叶林遭遇林火后处于恢复早期时的主要树种；柳树生长在河岸与湖滨。在浓密的北方针叶林树冠层下，草本植物稀少，但是蓝莓（blueberry）与灌丛状的刺柏（juniper）等小灌木非常常见。

北方针叶林是许多动物的栖息地，也是迁徙型

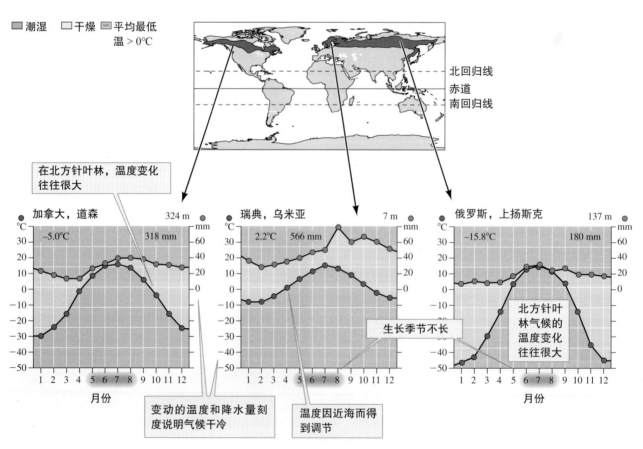

图2.28 北方针叶林的地理分布与气候

欧洲驯鹿（reindeer）或美洲驯鹿（caribou）的越冬胜地，驼鹿（moose）与林地野牛更是全年栖息于此。狼是北方针叶林中的主要捕食动物。在北美洲的北方针叶林，捕食动物还包括黑熊（black bear）与灰熊（grizzly bear）；欧洲则有棕熊（brown bear）。此外，舍猁（lynx）、熊貂（wolverine）、白靴兔（snowshoe hare）、豪猪和红松鼠（red squirrel）等小型哺乳动物也栖息在北方针叶林内。北方针叶林也是多种候鸟的栖息地，美洲红尾鸲（American redstart）等候鸟每年春季自热带迁徙至此筑巢。北方针叶林还是交嘴雀（crossbill）与云杉松鸡（spruce grouse）等鸟类的全年栖息地。

为了研究生物圈，我们远离了人类的起源地——热带雨林，现在让我们回头思考一下北方针叶林发生了什么变化。尽管我们仍生活在森林之中，但这里却是截然不同的。热带雨林内仅 1 hm² 就包含 300 多种乔木，而在北方针叶林内，优势种屈指可数。那么附生植物与藤本植物呢？北方针叶林内没有藤本植物，而附生植物只有地衣及一些槲寄生（mistletoe）。此外，热带雨林的物种之间具有极其紧密复杂的关系，但北方针叶林内却不存在这种关系。北方针叶林的所有植物皆靠风媒授粉，不会有香蕉或木瓜等浆果。如果在夜半倾听这两种森林，我们会发现热带雨林中合唱声回响，而北方针叶林中只闻几种动物的叫声，狼嗥，枭叫，潜鸟（loon）低泣，伴随着不断拂过林间的风。

人类的影响

根据法国南部与西班牙北部的古老洞穴画，在末次冰期的寒冷气候下，人类与北方针叶林的动物（如迁徙型欧洲驯鹿）生活了数万年。在欧亚大陆，自斯堪的纳维亚的拉普兰（Lapland）到西伯利亚，人类的生活方式已从狩猎欧洲驯鹿演变为驯养家畜和放牧。在加拿大北部与阿拉斯加，尚有北美洲原住民以捕猎野生美洲驯鹿为生，这是北方地区最早期人类的生存之道。除此之外，他们也会采集北方针叶林中的丰富浆果。

历史上，人类对北方针叶林的破坏并不大，但是现在人类对动植物的狩猎与采集愈来愈严重。北方针叶林也遭到了伐木取材与造桨的伤害（图2.29）。

图2.29　北方针叶林遭到砍伐

冻原

跟随驯鹿离开它们过冬的北方针叶林北上，我们抵达了一片空旷的景观系统。在这里，地面上生长着苔藓、地衣与矮柳，其间点缀着小水塘与清澈的小溪流（图 2.30），这个景观就是**冻原**（tundra）。若逢夏季表土解冻，行走在地衣层与苔藓织成的软毯上，我们的双脚会陷入潮湿的泥炭层（peat）中。忙于筑巢的鸟类在空中啁啾，它们飞到此地，利用短暂的夏季搜集这里丰富的动植物粮食。在漫长的酷寒冬季后，午夜的太阳为一年一度的阳光和生命庆祝着。

地理学

极地冻原和北方针叶林一样，环绕着地球的顶部，覆盖着北极圈北部的大部分地区（图 2.31）。冻原自斯堪的纳维亚的最北端起，横跨俄罗斯，穿过西伯利亚北部，然后横跨阿拉斯加北部与加拿大，往南直抵北极圈南端的加拿大哈德孙湾（Hudson

Bay）。此外，冻原也零星分布在格陵兰海滨和冰岛北部。

图2.30　冻原

气候

冻原的气候为典型的干冷气候，但是气温不如北方针叶林那般极端，冬季不是非常寒冷，夏季较为短暂（图 2.31）。冻原的降水量差异大，为 200～600 mm。由于年均温较低，降水量常大于蒸

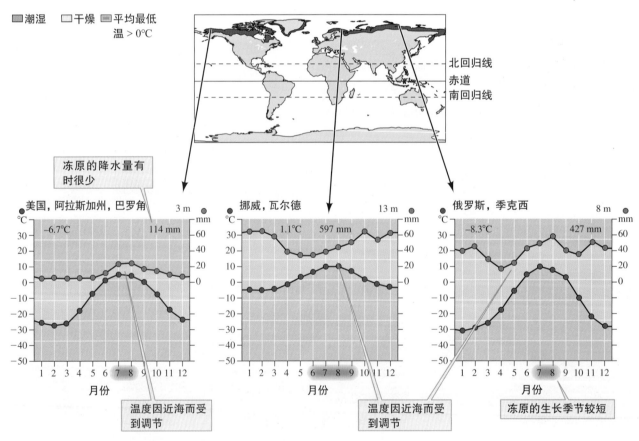

图2.31　冻原的地理分布与气候

发量，短暂的夏季比较潮湿，冻原景观内的池塘与溪流生机勃勃。

土壤

在酷寒的冻原气候下，土壤发育迟缓，再加上分解速率缓慢，有机物常沉积形成泥炭层与腐殖质。虽然表土逢夏解冻，但是其下常有厚达数米的永冻层。表土每年经历结冰与融化的交替，水流动与地心引力的综合作用产生了一系列其他地区没有、冻原特有的表土作用过程。导致土壤缓慢往下坡移动的**融冻泥流作用**（solifluction）便是其中之一。此外，冻融交替会把岩石挤到地面，使冻原表土呈现网状或多边形状。

生物学

开阔的冻原景观主要生长着丰富的多年生草本植物，尤其是禾草、莎草、苔藓、地衣类，形成错落有致的斑块状结构。与真菌和藻类互利共生的地衣是美洲驯鹿与欧洲驯鹿的主食物。冻原的木本植物包括矮柳、桦木及多种矮生灌木类。

冻原是地球上仅存的能孕育数种大型特有种哺乳动物的生物群系之一。冻原上的哺乳动物包括驯鹿、麝香牛、熊和狼等。白狐、鼬鼠、旅鼠、地松鼠等小型哺乳动物也很多样化；候鸟（如雷鸟、雪鸮）在每年夏天也加入鸟类的大群体中；昆虫的种类虽然没有南部的生物群系那么多，但也很丰富。每逢夏季，在冻原的池塘与溪流内，许多蚊子与黑蚊蜂拥而至。

人类的影响

直到最近，冻原上的人类仍只是小群的猎户与游牧者，因此，我们认为冻原是地球上最后一块原始地。然而，近期人类的侵扰愈演愈烈——他们看上了可密集开采的石油。空降农药与放射性核素（radionuclide）从遥远的人类活动核心带飘落到冻原上，有时会造成严重的破坏。例如，1986年，切尔诺贝利核电站的放射性物质——铯-137（cesium-137）随雨水落到2,000多千米外的挪威冻原上。一些地区的铯-137浓度如此之大，以至于铯-137经过食物链从地衣转递到驯鹿，导致驯鹿的肉与奶皆不适宜食用。人类一直认为冻原是不受人类影响的孤立生物群系，是最后的地球庇护所，但这类意外事故打破了这种想法。

山脉：空中的岛屿

虽然山脉并不是一个特殊的生物群系，但由于高度变化造成的环境差异，一座山脉可能同时含有数个生物群系。对于全球的山脉而言，环境与生物的多样性非常普遍。本章之所以介绍山脉，是因为全球许多地区的山脉存在特殊的环境与生物。

无论在何处，谈起山脉，人们总会想起地质条件、生物、气候多样变化的地方（图2.32）。在人类发明飞行器之前，唯有站在山顶高处，方可体会与鹏同高、俯视脚下平原的特殊感受。山脉一直是某些特殊植物群系、动物群系（fauna）及人类等生命的庇护所。正如汪洋中的岛屿，山脉也为理解演化过程与生态过程提供了独特的视角。

地理学

山脉由地质过程形成。地质过程（如火山作用及地壳运动）促使地表隆起，导致地层发生褶皱。有些地方的地质过程较为强烈，有些较为微弱，故山脉多集中分布在地质应力较强的地带。就西半球而言，地质作用在南、北美洲的西部尤其活跃，连绵的山脉从北美洲的阿拉斯加北部往南穿过北美洲西部，直抵南美洲南端的阿根廷火地岛（Tierradel Fuego），古老的矮山脉分布在这两块大陆的东部。在非洲，主要的山脉为非洲西北部的阿特拉斯山脉（Atlas Mountains）及东非的山脉。东非的山脉从埃塞俄比亚高原延伸到南非，犹如一串珍珠项链。大洋洲是最平坦的大陆，山脉分布在其东部。欧业大陆的山脉横贯东西，包括比利牛斯山脉（Pyrenees）、阿尔卑斯山脉（Alps）、高加索山脉（Caucasus），当然还有世界最高峰——喜马拉雅山脉（Himalayas）。

图2.32 东非的乞力马扎罗山。从山底的热带稀树大草原到山顶的冰川区，环境变化极大

气候

　　山脉的气候从低处往高处递变，但具体变化因纬度而异。中纬度山脉的气候较冷且潮湿（图2.33），与之相反，在两极山脉及一些热带山脉的高海拔处，降水较少。在其他热带地区，降水量随海拔升高而增加，直至中海拔，降水量开始递减。在热带高山，炎热的白昼之后紧随着寒冷的夜晚，因此生存于这类山脉中的生物，白天要承受夏日般的高温，入夜之后则要承受冬季般的低温。山脉两侧的气温变化剧烈，强烈地影响生物在山脉中的分布。

土壤

　　山脉的土壤随海拔高度改变，其性质与前述各种土壤虽有共同之处，但也有一些值得注意的特征。第一，由于地形陡峭，山脉土壤的排水性通常比较良好，土层浅薄，容易受到冲蚀。第二，风经常从低洼处吹来，将土粒与有机物堆积到山上，对山脉土壤的形成有重要的贡献。在落基山脉南端的一些

地带中，针叶林吸收的养分有部分是风携带而来的山谷物质，而非当地的基岩。

生物学

　　登高望远，我们可以看到山脉生物与气候的变化。不论山脚下的植被是什么，当我们往山上爬时，植被不断变化，空气也变得越来越冷。山坡的植被往高处递变呈现各种生物群系，使我们犹如经历了一番从赤道到极地之旅。在美国西南部干旱山脉的寒冷高地中，云杉与冷杉高耸矗立，让人仿佛置身遥远的北方针叶林。然而，这些干旱山脉的生物与北方针叶林截然不同，这些山脉上的生物种群早在1万年前便与北方针叶林的主体物种分离了。在过渡期，有的种群已灭绝，有的如风中残烛濒临灭绝，有的则演化成新物种或新亚种。在这些山脉上，时间与隔离作用形成了与其他地方明显不同的基因库和物种混生现象。

　　赤道山脉的物种更加不同。试想热带高山的地

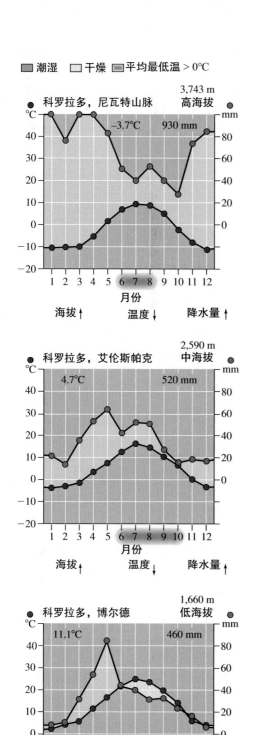

理环境：有些山脉分布在非洲，有些分布在亚洲高原，有些分布在南美洲的安第斯山脉（Andes）。非洲、南美洲与亚洲的高海拔群落共有的物种非常少。另一方面，尽管物种组成存在差异，这些山脉的生物结构却存在相似之处，这说明生物与环境之间的关联性有一定的规律可循。

人类的影响

　　由于山脉的气候、地质条件、生物群系（植物与动物）与周边的低地不同，山脉成为非常有价值的生产原材料（如木材、动物饲料、药用植物与矿物）产地。在山区，人类的一些利用行为（如饲养家畜）具有高度季节性。在温带地区，人们每逢夏季便把家畜赶到山地草原上放养，到冬季再把它们赶回低地。由于人类开发山地，许多山区的生态出现恶化（degradation）现象，有的地区则出现意外的平衡现象。人类给山区环境带来日益增加的压力，使不同的经济利益者、旅游爱好者、畜牧者，甚至不同专业领域的科学家之间产生冲突。由于山脉具有浓缩的气候梯度与生物多样性，它们成为鲜活的实验室，生态学家可以在山脉中研究气候变异产生的演化反应和生态反应。

图2.33 美国科罗拉多落基山脉的气候沿海拔高度发生变化。随海拔由低到高，中纬度山脉气温骤降，降水量骤增

概念讨论 2.3

1. 不管是热带地区、沙漠、还是温带地区，包括高山在内，为什么都有丰富的生物多样性？

2. 与温带森林的土壤相比，为什么热带雨林的土壤的养分通常减少得更快？

应用案例：气候的变异与帕尔默干旱严重性指数

在本章中，我们采用生态气候图解来表示地球生物群系的气候。生态气候图解记录各生物群系经历的重大气候差异，然而，它们侧重于平均气候，只强调气候的一个方面，因为生态气候图解是根据某地区的平均月降水量（以曲线表示，如图2.5）及月均温（以连接红点的曲线表示）绘制而成的。加入年均温与平均年降水量后，该图更加强调某地区的平均气候。但事实上，我们知道各地的气候与生态气候图解显示的平均气候存在极大差异。

本节介绍一个气候指数，即**帕尔默干旱严重性指数**（Palmer Drought Severity Index，PDSI）。该指数可表示气候的变异特征。虽然一直以来，该指数用于评估干旱环境，但亦可用于描述潮湿期。首先，我们定义干旱。**干旱**（drought）是指长期干燥的一段时期，降水量大幅下降，农作物受伤，自然生态系统的运行受到影响，或人类用水不足。尽管这一定义已满足一些需求，但气象学家仍设法创造可量化的干旱指数，所以PDSI应运而生。PDSI利用温度与降水量来计算出某地区相对于长期平均气候的潮湿程度。若PDSI为负值，表示干旱；若PDSI为正值，则表示较潮湿。但若PDSI为0，具有什么意义呢？它代表的是某地区的平均气候。

图2.34呈现了美国堪萨斯州曼哈顿地区1895—2004年的帕尔默干旱严重性指数图。为了便于解释，帕尔默干旱严重性指数的负值区被涂成红色，代表干旱；正值区涂上了蓝色，代表潮湿。根据堪萨斯州的气候数据（图2.34），该区属于温带草原生物群系。我们如何从图2.34中看出曼哈顿地区的水有效性？该图最明显的特征是变化非常大，因此该地区的水有效性并非稳定不变。现在，试比较曼哈顿地区的生态气候图解（图2.23）与PDSI图（图2.34），它们有何不同的意义？其实，两者均代表同一地理位置的气候，生态气候图解显示平均气候及气候稳定性，而PDSI图则显示曼哈顿地区的气候变异极大。

气候的时间变异有时会符合或大于气候的空间变异。气候的空间变异亦可用PDSI来表示。例如，图2.35为美国大部分地区2003年1月4日那一周的全国PDSI图。图中显示，美国大部分地区在那一周的气候变异极大。在西南部的沙漠与落基山脉的北部，部分地区的气候为严重干旱至极度干旱；其他地区则相当潮湿或极为潮湿；也有一些地区的气候接近正常状态。

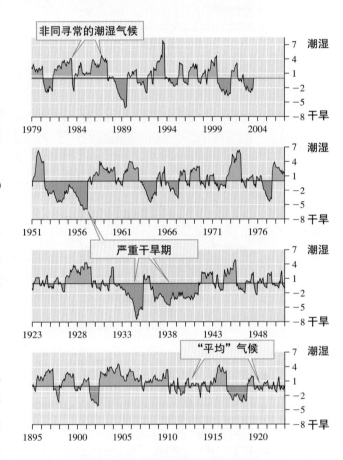

图2.34 美国堪萨斯州曼哈顿第三区1895—2004年的帕尔默干旱严重性指数图。该图显示了气候的巨大变异（资料取自www.drought.noaa.gov）

图2.34与图2.35的时间变异与区域变异并非特例，所有大陆的气候均发生这类空间变异。然而，就气候的时间变异来看，某些地区的气候变异大于另一些地区。例如，在受厄尔尼诺南方涛动现象影响的地区，气候变异尤其剧烈（第23章，535页）。由于生态学家研究的是生物与环境间的关系，他们必须考虑上述环境因素产生的平均现象与变异之间的关系。

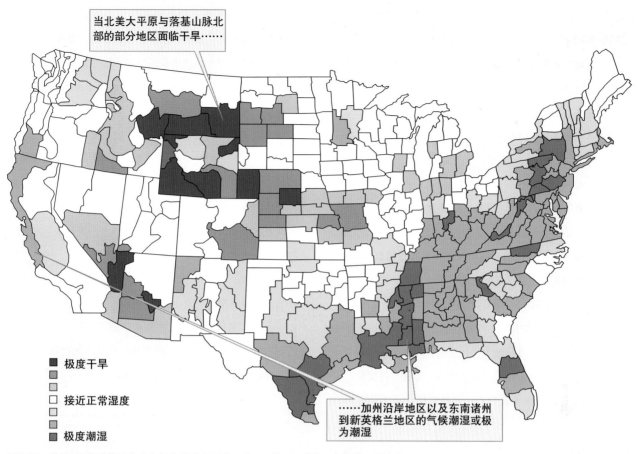

当北美大平原与落基山脉北部的部分地区面临干旱……

极度干旱
接近正常湿度
极度潮湿

……加州沿岸地区以及东南诸州到新英格兰地区的气候潮湿或极为潮湿

图2.35　以PDSI表示美国本土大部分地区2003年1月4日那一周的潮湿气候的区域变化

本章小结

　　自然史有助于研究者修复哥斯达黎加热带旱生林，也是现代生态学发展的基石。长久以来，生态学研究系统构建在这一坚固的基石上。因此，本章特别论述了陆域生物群系的自然史。一般来说，生物群系的划分主要基于优势植被及相关的特殊气候。

　　太阳对地表的不均匀加热及地轴的倾斜，综合产生了可预见的气候纬度变化和季节变化。由于地球为球形，在太阳直射的纬度，阳光最为集中。纬度的气候会发生季节性变化，因为地球的转动轴并非垂直于地球绕太阳转动的轨道面，而是偏离大约23.5°。在北半球夏至，太阳直射北回归线（23.5°N）；在北半球冬至，太阳直射南回归线（23.5°S）；到了春分与秋分，太阳则直射赤道。当北半球进入夏季，因倾向太阳，北半球获得的太阳能多于南半球；当北半球进入

冬季，由于北半球偏离太阳，南半球获得更多太阳能。

　　太阳对地球表面与大气的加热作用驱动了大气环流，并影响全球的降水模式。当太阳加热赤道上方的空气时，空气因膨胀而上升，在高空中向南、北半球移动。随着气团向两极移动，气团冷却，最后下沉到地球表面。地球自转将大气环流分成6个主要环流，南、北半球各3个。这6个环流包括赤道南北的信风、南纬或北纬30°～60°的西风，以及高于纬度60°的极地东风。这些盛行风受到科里奥利效应的影响，不会直接由北向南吹。

　　随着气团在热带地区上升冷却，其内所含的水汽会凝结成云，并为热带地区带来丰沛的降水。吹过纬度30°地区的干燥空气在全球形成环带状分布的广袤沙漠。当温暖潮湿的空气向两极移动，遇到寒冷的极地空气后，继续上升、冷

却，形成云团。该云团会产生降水，形成温带气候。平均气候的复杂差异可用生态气候图解简要表示。

土壤结构是气候、生物、地形与母质矿物长期交互作用的结果。 陆域生物群系构建在土壤之上。土壤是生物与非生物的混合体，具有垂直分层结构，是大部分陆域生命赖以生存的物质。土壤结构持续发生时间变动与空间变动。土壤一般可分为 O、A、B、C 土层：O 土层由新鲜落下的有机物（叶、枝条及其他植物部分）构成；A 土层由矿物质与有机物（从 O 土层而来）的混合物构成；B 土层由黏粒、腐殖质与其他来自 A 土层的物质组成；C 土层则由风化的母质构成。

陆域生物群系的地理分布与气候（尤其是温度与降水）的变化密切相关。 主要的陆域生物群系与气候类型包括以下几种。热带雨林：暖和、潮湿，气候的季节变化小，土壤贫瘠，具有极高的生物多样性与复杂的交互作用；热带旱生林：冷暖季节交替，季节性干旱，生物多样性高，和热带雨林一样受到人类威胁；热带稀树大草原：冷暖季节交替，有明显的干湿季，土壤渗透性差，火是维持禾草优势植被的重要因素，支持数量、种类众多的大型动物；沙漠：热或冷、干旱，降水无法预测，生产力低，但常常具有高的生物多样性，生物能完全适应该极端环境；地中海型林地与灌丛地：冬季寒冷潮湿，夏季炎热干旱，土壤低度至中度肥沃，生物适应季节性干旱与定期的大火；温带草原：冷暖季节交替，降水高峰期与生长季节相符，可发生连年干旱，土壤肥沃，火对于维持禾草优势植被很重要，是食草动物与捕食动物成群迁徙的栖息地；温带森林：冬季、生长季温暖且潮湿，土壤肥沃，生产力与生物量高，生长季潮湿、冬季温暖和土壤肥沃的地区的优势植被为落叶乔木，其他地区则为针叶乔木；北方针叶林：冬季漫长严寒，气候极端，降水量中等，土壤贫瘠，具有永冻层，偶有大火发生，优势植物为针叶乔木；冻原：寒冷，降水量低，夏季短且潮湿，土壤发育不良、永冻，植被低矮，动物物种多适应又长又冷的冬季，迁徙型动物（尤其是鸟类）能充分利用季节的交替；山脉：温度、降水量、土壤及生物因海拔而异，山脉为气候与生物岛屿。

重要术语

1. 丹尼尔·詹曾（Janzen，1981a，1981b）认为象耳豆的种子曾经依靠数种大型动物来传播，但这些动物在距今1万年前的更新世灭绝。过去应该也有其他植物物种与大型食草动物一直维持着类似的关系。从哺乳动物灭绝的更新世到其他大型食草动物（如马）的引进，这类植物的分布发生了什么变化？500年前马的引入如何影响这些植物的分布？如何验证你的看法？

2. 试绘一个典型的土壤剖面，并标示主要土层，叙述各土层的特征。

3. 试叙述大气加热作用与大气环流的全球特征。什么机制使热带的降水量较多？什么机制使温带的降水较多？又是什么机制使热带的降水少？

4. 试用你了解的大气环流以及地球相对太阳的方位季节性变化来解释热带旱生林与热带稀树大草原生物群系的明显季节性降雨。（提示：这两类生物群系的雨季为何发生在较温暖月份？）

5. 我们集中讨论了很多生物群系在不同纬度的分布，纬度、温度及降水量三者间的可预测关系为纬度与生物群系之间建立了联系。其他可能影响温度与降水量进而影响生物群系分布的地理因素是什么？试说明。

6. 你可能会因为纬度对气候的重要影响而建议上题的答案为纬度。一些有关植被地理分布的早期研究认为，纬度与海拔直接影响气候变异，而本章的讨论则强调纬度与海拔的气候变化具有相似性。试问中纬度高海拔地区与高纬度高海拔地区有哪些主要的气候差异？

7. 试问中纬度山脉与热带高山的物理环境有何相似之处？又有何差异？

8. 英语与其他欧洲语言将一年分为春、夏、秋、冬四季，这种表达方式充分说明温带中纬度地区的年气候变化。试问这种四季划分适用于其他地区的年气候变化吗？再参考本章的生态气候图解，每种环境可分为几个季节？试命名。

9. 生物学家已观察到北方针叶林、欧亚和北美洲冻原的物种组成的相似性大于全球热带雨林或地中海型林地与灌丛地的物种组成。试问你能否根据图2.9、图2.20、图2.28及图2.31显示的这些生物群系的全球分布，对这个比较结果进行解释？

10. 迄今为止，哪些生物群系受人类的影响最大？哪些生物群系受到的人类影响最小？如何评价人类造成的冲击？在21世纪，这种变化模式的走势又将如何？（或许你可以参考第11章应用案例中关于人口增长的讨论。）

第 3 章

水域生命

全球的人类为我们的星球所取的名字超越了文化差异而呈现出一致的观点，无论是英文"earth"、拉丁文的"*terra*"、希腊语的"Γεοσ, *geos*"，或是中文的"地球"，不外乎是指土地或土壤，这表明所有文化都以土地为中心。夏威夷的玻利尼西亚人居住在全球最隔离的地方，他们称这个星球为"*ka honua*"，意为平坦的登陆之地或土地。这种以土地为中心的普遍观点，可以解释为何自太空中传回来的地球影像会如此令人震惊。这些影像显示我们的星球是一颗闪耀的蔚蓝行星，覆盖这个星球大部分面积的并非陆地，而是水域，这些影像打破了我们对地球的认知（图3.1）。

生命其实源自水域，但从我们陆域生命的视角来看，水域王国仍然是异域，由陌生的规则主宰。在水域环境，如寒冷、浪花拍击的海岸，或严冬的湍急山泉，或河海交汇的幽暗水域，生命往往在不利于人类生存的环境中繁衍。本章的目的是让我们熟悉水域世界，通过观察水域环境及栖息于其中的动物，了解水域生命自然史，为更详尽地研究生态学铺路。

图3.1　自太空俯瞰的地球图像。地球大部分被水覆盖

◀ 一只斑点豹纹蛸（*Hapalochlaena maculosa*）游荡在马来西亚马布岛（Mabul Island）的中部水域。这只漂亮的小章鱼可以嘴释放出神经毒素来自卫，它只是大洋众多迷人物种中的一种。

3.1　水文循环

水文循环是各种水体间的水交换。 71% 的地球表面由水覆盖，而且这些水体并非均匀地分布在地球表面，其中大部分是海洋。在生物圈中，97% 水分布在海洋中，极地冰帽与冰川共含有 2% 水，而河流、湖泊与不断流动的地下水等淡水总共不到 1%。地球的环境正如塞缪尔·柯尔律治（Samuel Coleridge）所言："水、水、到处是水，却没有一滴能饮用。"

各种水环境，如湖泊、河流、海洋，以及大气、冰，甚至生物都可视为水文循环中的蓄水体。图 3.2 简略地呈现了蓄水体的动态交换，这种交换就是**水文循环**（hydrologic cycle）。在水文循环中，水不停地以降水、地表流（surface flow）或壤中流（subsurface flow）等方式进入每一个蓄水体，然后以蒸发或流动的方式离开蓄水体。太阳能是水文循环的动力，可驱动风和水汽，且主要在海洋表面进行。水汽从海面上升、冷却，然后凝结形成云；云则靠太阳能驱动的风在地球表面移动，最终产生雨或雪。有部分雨水或雪降落到海洋中，有部分则降落到陆地上。降落到地面的水有不同的命运：有的立即被蒸发返回到大气中；有的被陆域生命消耗；有的渗透到土壤中成为地下水；有的形成湖泊、水塘、河流，最后回到大海。

周转期（turnover time）是指某蓄水体内的所有水量更新一次所需的时间。由于各蓄水体容积及水更新速率不同，水周转期的差异也很大。大气中的水每 9 天更新一次；河水的周转期是 12～20 天，不算太长；湖泊的周转期稍长，大约数日到数百年，取决于湖泊的深度、面积和排水速率。最令人惊奇的是，最大蓄水体——海洋的周转期为 3,100 年。海洋总容水量超过 $13 \times 10^8 \, km^3$，在过去的 15 万年，从现代人类开始注意海洋起，海洋已经更新近 50 次了。

──**概念讨论 3.1**──────■

1. 全球变暖如何影响地球上大洋所占的水比例？

2. 建造蓄水大坝如何影响河流的水周转期？

3.2　水域环境自然史

水域环境的生物学与光、温度、水流等物理因素以及盐度、氧等化学因素的变化密切相关。 我们讨论水域环境的自然史从地球最大的水域环境——海洋的自然史开始，接着讨论海藻林、珊瑚礁、潮间带、盐沼等海洋边缘水域环境，然后探究陆域与水域间交换水的重要途径——河流与溪流，最后讨论内陆水域——湖泊，它们在许多方面与我们开始探讨的海洋相似。

海洋

每个人几乎都可以体会深蓝海洋的无边无际。在陆域生物群系中，能让我们产生这种感觉的只有辽阔的草原，或像纳米布那样一望无际、被称为"沙海"的沙漠。但是，这类陆域环境与海洋不同。无垠的汪洋大海尽是一片碧蓝，绵延到天际，呈现碧海连天的美景（图 3.3）。

关于陆域生物的知识经验并不能帮助我们了解深海。我们经常会梦到不知名的外太空生物，有些友善，有些如怪物一般，但都具有怪异和吓人的长相。当我们将这些外太空生物写入科幻小说和电影时，却不知道一群长相奇特、令人惊奇的动物与我们生活在同一个星球，栖息在大陆架（continental shelf）外的深蓝世界中，其中有些长相奇特超乎我们的想象。图 3.4 为深海中的一个物种——雌性深海鮟鱇鱼（anglerfish，又称琵琶鱼）和它的异性伴侣。

地理学

全球海洋覆盖地表超过 $3.6 \times 10^8 \, km^2$ 的面积，是

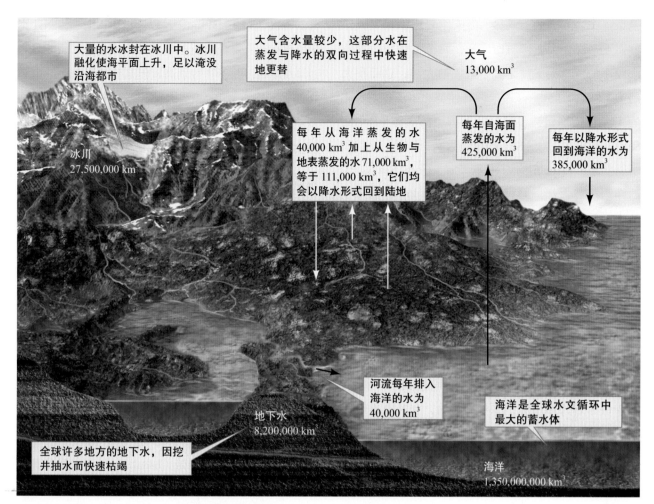

大量的水冰封在冰川中。冰川融化使海平面上升，足以淹没沿海都市

大气含水量较少，这部分水在蒸发与降水的双向过程中快速地更替

大气
13,000 km³

冰川
27,500,000 km³

每年从海洋蒸发的水40,000 km³加上从生物与地表蒸发的水71,000 km³，等于111,000 km³，它们均会以降水形式回到陆地

每年自海面蒸发的水为425,000 km³

每年以降水形式回到海洋的水为385,000 km³

河流每年排入海洋的水为40,000 km³

海洋是全球水文循环中最大的蓄水体

地下水
8,200,000 km³

全球许多地方的地下水，因挖井抽水而快速枯竭

海洋
1,350,000,000 km³

图3.2　水文循环示意图（资料取自Schlesinger，1991）

图3.3　蓝色世界。开阔的海洋是地球上最大的生物群系

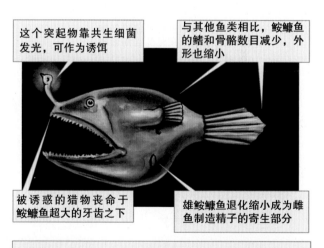

这个突起物靠共生细菌发光，可作为诱饵

与其他鱼类相比，鮟鱇鱼的鳍和骨骼数目减少，外形也缩小

被诱惑的猎物丧命于鮟鱇鱼超大的牙齿之下

雄鮟鱇鱼退化缩小成为雌鱼制造精子的寄生部分

在深海中，黑暗、食物有效性低与水压高等环境因素对生物施加的择汰压力，不同于浅海或陆域环境的生物受到的择汰压力。只有这种雌深海鮟鱇鱼还在深海活跃捕食

图3.4　深海鮟鱇鱼

一个连续、互通的大水体。海水主要集中在三大洋盆：太平洋、大西洋与印度洋，每个大洋皆包含几个较小的海。太平洋是其中最大的大洋，总面积大约为 $1.8 \times 10^8 \, km^2$，从南极洲延伸至北冰洋。太平洋的大海包括加州湾、阿拉斯加湾、白令海（Bering Sea）、鄂霍次克海（Sea of Okhotsk）、日本海、南海、塔斯曼海（Tasman Sea）及珊瑚海（Coral Sea）。大西洋为第二大洋，面积超过 $1.06 \times 10^8 \, km^2$，也几乎从南极延伸到北极。大西洋的大海包括地中海、黑海、北海、波罗的海（Baltic Sea）、墨西哥湾与加勒比海。三大洋中最小的是印度洋，总面积略小于 $7,500 \times 10^4 \, km^2$，只分布在南半球。印度洋的大海包括孟加拉湾（Bay of Bengal）、阿拉伯海、波斯湾和红海（图3.5）。

太平洋亦是最深的海洋，平均深度超过 4,000 m。大西洋与印度洋的平均深度相近，超过 3,900 m。深海中散布着许多山脉，有些是孤山，有些则连绵数千千米。海底还有许多深沟，有些又深又宽，直切海底。其中马里亚纳海沟（Marianas）位于西太平洋，深度超过 10,000 m，足以淹没珠穆朗玛峰，还富余 2,000 m。夏威夷莫纳罗亚山（Mauna Loa）高超过 4,000 m，并不算特别高，但是莫纳罗亚山的山脚在海平面以下 6,000 m。因此，若从山脚算起，莫纳罗亚山便是全球最高的山了。未来在这个海底斜坡上，还会有什么新生物等待科学家去发现呢？

结构

海洋可在纵向与横向上划分为许多区域（图3.6）。受到涨潮与退潮影响的浅水沿岸被称为**沿岸带**（littoral zone）或**潮间带**（intertidal zone）；**浅海带**（neritic zone）是指自海岸到大陆架边缘的区域，海水深约 200 m；大陆架以外的区域称为**大洋区**（oceanic zone）。此外，海洋也可根据深度做垂直划分：**上层带**（epipelagic zone）是海洋表层，深度可至 200 m；**中层带**（mesopelagic zone）是 200 ~ 1,000 m 的区域；1,000 ~ 4,000 m 的区域为**深层带**（bathypelagic zone）；4,000 ~ 6,000 m 的区域为**深渊带**（abyssal zone）；海洋的最深处称为**超深渊带**（hadal zone）。大洋及其他

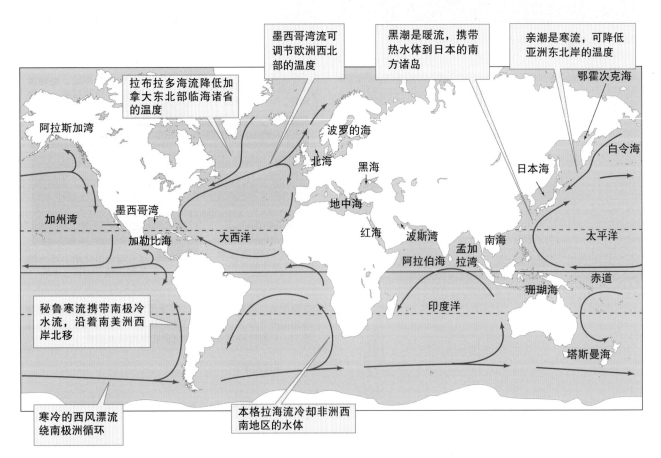

图3.5 海洋循环。海洋循环主要是由科里奥利效应下的盛行风驱动，调节全球气候

水域环境的底部，称为**底栖区**（benthic zone）；其余地方，不论深浅，均称为**水层区**（pelagic zone）。每一个区域都栖息着特殊的海洋生物。

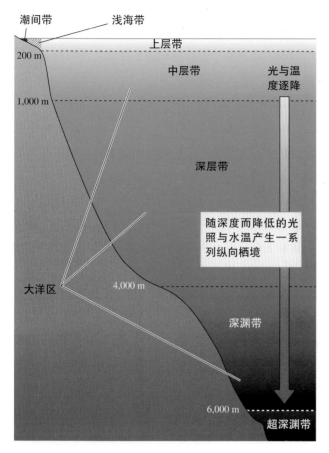

图3.6　海洋的纵向结构与随深度改变的温度和光照有关

物理环境

光

80% 照射至海洋的太阳光在海面以下 10 m 内就被吸收了，而大部分红外线与紫外线在数米内被吸收。由此可见，红光、橙光、黄光、绿光比蓝光更易被海水快速吸收，因此，海洋是蓝色的——蓝光的波长最易反射回到我们的眼睛。浅层 10 m 内的海洋明亮，呈现彩虹色，往下的 50 m 或 60 m 则呈微蓝色。图 3.7 为潜水员在深海与浅海看见的颜色，这说明水对光的吸收具有选择性。即使是最清澈的海洋在最明亮的晴天，穿透到 600 m 深的阳光也只相当于无云夜晚的星光。因此，在 3,400 m 左右的黑暗深海，大约只有生物发光鱼和无脊椎动物发出的光了。

温度

海水吸收了太阳能，便提高了动能（kinetic

(a)

(b)

图3.7　光随深度的变化：(a) 浅海珊瑚礁色彩缤纷；(b) 深海礁区只呈现蓝色

energy）——水分子的运动速率。基本上，我们可探测到，随着温度上升，动能增加。由于分子运动愈快，水的密度愈小，温水便浮在冷水上方。因此，受日光暖化的海水会浮在冷水之上，温水层与冷水层之间便形成了**温跃层**（thermocline）——温度随深度快速变化的海水层。温度造成海水柱（water column）的分层现象被称为热分层（thermal stratification），这是热带海洋普遍存在的现象。温带海洋的热分层只发生在夏季，因为海水在秋冬两季冷却，温跃层便消失了。热分层现象如果出现在高纬度的海洋，是相当微弱的。后文将说明不同纬度的热环境差异将产生深远的后果。

在海洋表层，年均温及温度的年变异虽然随纬度而异，但是不论在哪个纬度，海洋温度都比陆域温度稳定得多。海洋的最低水温约为 –1.5℃，出现在南极附近；最高平均海面水温略高于 27℃，出现在赤道附近。海洋表面水温的最大年变异为 7～9℃，出现在纬度 40° 以上的温带地区；在赤道，温度年变异约为 1℃。但是海洋温度最稳定处位于海面以下 100 m，其年变异往往不到 1℃。

水流

海洋永远生生不息地流动着。各种盛行风驱动洋流在全球流动，运输养分、氧气、热量及生物。这些洋流会调节气候，使大陆洲外海的表水肥沃，加速光合作用，并促进海洋生物种群间的基因流动。风驱动的表面洋流流过广阔的海洋，产生大的环流系统——流涡（gyre）。在科里奥利效应（16 页）影响下，北半球的大洋环流向右移动，南半球则向左移动（图 3.5）。流涡将高纬度的冷水运往赤道，将赤道的暖水送往南北两极，调节了中高纬度的气候。其中，墨西哥湾流（Gulf Stream）调节了欧洲西北部的气候。

除了表面洋流外，还有深水洋流。例如，在北极与南极，寒冷且密度大的海水下沉，沿海底流动。不过，深水也能上升到海面，这个过程称为**上升流**（upwelling）。上升流发生在大陆西海岸及南极洲四周。在这些区域，风会将近岸的表面海水吹往外海，使下方较冷的海水涌升到海面。这种水体移动如同海面下有风，唯一的差别是水远比空气重。

化学环境

盐度

水中溶解的盐量称为**盐度**（salinity）。盐度会随纬度及水与大洋边缘的距离而异。大洋的盐度为每千克海水含盐 34～36.5 g（或用‰表示）。盐度最低的地区位于赤道附近及南、北纬 40° 以上地区，因为这些地区的降水量超过蒸发量，而这种现象可从温带森林、北方针叶林与冻原的生态气候图解中一览无遗（图 2.25、图 2.28 与图 2.31）。盐度最高的地区位于亚热带的南、北纬 20°～30°。这些地区的降水量低，蒸发量高，因此也是沙漠分布区（图 2.17）。一般来说，沿大洋边缘分布的封闭小海湾的盐度变异极大。位于温带森林与北方针叶林生物群系之间的波罗的海，因

有大量淡水流入，局部地带的盐度为 7‰ 或更低；与之相反，红海的周围是沙漠，故红海表面海水的盐度超过 40‰。

尽管总盐度的差异不小，但是各大洋的主要离子（如 Na^+、Mg^{2+} 与 Cl^-）的相对浓度却大约相近。这种均匀的组成是整个海洋持续强烈混合作用的结果，强调了地球上各大洋间的联系。

氧

海洋的含氧量远低于大气的含氧量，变异也更大。1 L 空气中大约含氧 200 mL，而 1 L 海水含氧最多不超过 9 mL。通常，海洋表面的含氧量最高，然后逐渐往下递减；在中等深度 1,000 m 或更浅处，含氧量达到最小值；再往下至海底，含氧量随深度增加而逐渐上升，但有些海洋环境（如黑海及挪威的峡湾）的深海则不含氧。

生物学

海洋的物理环境和化学环境与海洋生物的多样性、组成、多度息息相关。例如，由于日光穿透海洋的深度有限，光合型自养生物只分布在能接受到光照的海洋上层带上部（图 3.6）。其中，能行最大光合作用的生物栖息带为透光带（photic zone）。栖息于该区域的微小植物为**浮游植物**（phytoplankton），它们在大洋中随波逐流；生长于该区域的微小动物为**浮游动物**（zooplankton）。虽然透光带下方不发生在生态上重要的光合作用，但深海中依然生机盎然。从微小的发光生物到硕大的鲨，从小体积的甲壳类到巨大的鱿鱼，各种鱼类和无脊椎动物浮游于整个海域。即使在 10,000 m 以下的最深海沟，也有生命存在。

不论位居食物链的哪个等级，深海生物所获得的养分均来自近海面光合作用固定的有机物。人们过去一直认为，从海面下沉的有机物是深海生物唯一的食物来源，但是在 30 年前，海洋让人类大开眼界。海床（seafloor）上的整个生物群落所需的养分并非来自海面的光合作用，而是来自海床上的化能合成作用（第 7 章，161 页）。这些生命绿洲与海底的热泉有关，该处栖息着许多科学家完全陌生的生命（图 3.8）。

深海中闪烁着蓝光，往往被称为生物沙漠

（biological desert）。这是真实的，因为每平方米海面的平均光合速率与陆域沙漠很相近。但由于海洋幅员辽阔，海洋的光合作用大约占生物圈总光合作用的1/2，海洋是全球碳收支与氧收支的重要组成部分。

图3.8 东太平洋隆起上的化能合成型生物群落

大洋是上千种生物的家——唯一的家，因为陆地上没有这些物种。陆域环境共支持11门（phyla）动物，其中只有1门（有爪动物门）属于陆域特有门，即此门仅存于陆域环境；淡水环境支持14门动物，但没有一门是淡水环境特有门；而海洋环境支持28门，其中13门只分布在海洋环境中（图3.9）。

在我们的印象中，热带雨林等生物群系的多样性非常高，而图3.9显示海洋环境中有如此多样的动物门，这是否与我们的印象矛盾？事实上并非如此。陆域环境物种的多样性之所以特别高，是因为部分动物门和植物门含众多物种，尤其是节肢动物与开花植物。然而，海洋物种也十分多。2000—2010年，2,700名科学家进行了海洋生物普查。根据普查结果，海洋至少包含100万种生物，其中只有1/4为科学

界所知。普查结果表明海洋具有高度生物多样性，它包含了数百万种与众不同的物种。显然，海洋仍是探索生物多样性的前沿地之一。

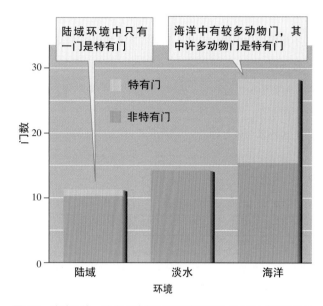

图3.9 陆域环境、淡水环境与海洋环境的动物门分布（资料取自Grassle，1991）

人类的影响

过去，与人类对生物圈其他部分造成的影响相比，人类对海洋的影响比较弱。从人类发展的大部分历史来看，广阔的海洋一直是人类无法侵犯的缓冲区，但是人类对它的影响日益增强。在南极洲和其他地区，大型鲸类种群不断减少，这是海洋系统对人类发出的警讯之一。尽管人类捕杀鲸的行为已大为收敛，但人类仍在捕食磷虾（krill）等小型浮游甲壳类，它们是大型鲸群的食物来源。尽管我们觉得磷虾远不如它们的捕食动物那样吸引人，但这些浮游动物的存在对于海洋中其他生命的重要性却可能有过之而无不及。今天，鲸类并不是唯一遭到威胁的海洋种群。过度捕捞导致许多重要鱼种的数量锐减，如纽芬兰大浅滩（Grand Banks）的鳕鱼。许多过去被认为取之不竭的海洋鱼类，现今都已踪迹杳然，捕鱼大船只能无所事事地停泊在港口中。

另一项对海洋生命的威胁是人类往深海倾倒各种废弃物，包括核废物与化学垃圾。近年来，海洋受到的化学污染大幅增加，而且化学污染物正逐渐在深海中累积。

调查求证 3：确定样本中值

第 2 章（20 页），我们确定了样本平均值。它虽然是统计中最常见和最有用的统计变量之一，但是在某些情况下，并不是最适宜的统计变量。采用样本平均值的假设条件为：利用观测值计算平均值时，该种群的观测值为正态分布或钟形（bell-shaped）分布。然而，当某种群的数值分布不满足正态分布时，最好采用另一个种群"平均"估计值，即统计学上的**样本中值**（sample median）。样本中值是位居样本中间的数值。这里再采用第 2 章确定样本平均值的样本来计算中值（表 1）。

表 1 某 11 株罕见植株的苗高

样本编号	1	2	3	4	5	6	7	8	9	10	11
苗木高度 /cm	3	6	8	7	2	4	9	4	5	7	8

确定样本中值的方法很简单，先将树苗按从低到高的顺序重新排列，如表 2 所示。

表 2 由低到高排列 11 株植物的苗高

样本：由低到高	1	2	3	4	5	6	7	8	9	10	11
苗木高度 /cm	2	3	4	4	5	6	7	7	8	8	9

由于该样本的大小为奇数（ $n = 11$ ），排列中只有 1 个中间数，5 个数值较高，5 个数值较低。因此，该样本中值居第 6 位，苗高刚好为 6 cm，故样本中值为 6 cm。注意，该数值与第 2 章的样本平均值 5.7 相当接近。因此就此例而言，该种群的样本平均值与样本中值对样本的估算相当接近。

然而，若某种群包含少数很大或很小的数值，样本中值

能更准确地估算该种群的平均值。试以某溪底 0.1m² 范围的蜉蝣若虫（mayfly nymph）的多度样本为例，该样本取自南落基山脉高山溪流的四节蜉（*Baetis bicaudatus*）种群。

表 3 溪底 0.1m² 范围的四节蜉若虫数量

样本：由低到高	1	2	3	4	5	6	7	8	9	10	11	12
样本所含幼虫数	2	2	2	3	3	4	5	6	6	8	10	126

在这个例子中，有一个样本含有 126 只若虫，导致样本中值与样本均值大为不同。由于该样本的观测数为偶数，所以样本中值为中间两观测值的平均值，即：

$$样本中值 = \frac{4 + 5}{2} = 4.5$$

而样本平均值为 $\overline{X} = \frac{\sum X}{n} = \frac{177}{12} \approx 14.8$ 。由此可见，此种群的样本平均值是样本中值的 3 倍。显而易见，样本中值仍是按序排列的观测样本的中间值，更接近于高山溪流中四节蜉若虫的数量。

实证评论 3

1. 假设你发现一种生物在大部分生境中的分布非常均匀，但有几个热点的生物数量高出 10 倍。在这种情况下，样本平均值和样本中值，哪个参数能更好地代表种群的密度？

2. 为什么在比较不同国家的人均收入时，通常比较收入中值，而不是收入平均值？

浅海生命：海藻林与珊瑚园

在大陆与群岛周围的浅海，海洋生物群落极其多样，生物量非常庞大。想象你正在潮间带外的海岸浮潜，如果位于温带纬度区的硬质海底，你会穿过一片褐色的海藻林（kelp）。在许多海岸中，有些地方的海藻高达 40 m，密度也非常高，如海洋森林一般（图 3.10）。

如果你是在热带海域浮潜，则可能会遇到多彩多姿的珊瑚礁，宛如置身一个精心管理的花园（图 3.11）。但是，这类海藻林与珊瑚园存在差异。在海

藻林，你会与鱼群同时升浮，游过藻林冠层，观赏优美的鲼（eagle ray）；在珊瑚园，你会与光顾珊瑚"花朵"的蝶鱼一同轻松自在地载浮载沉。

地理学

近岸海洋的环境及其生物因纬度而异。从温带到两极，只要泥底坚实，且无过度打捞，总有茂密的海藻林。在赤道附近，珊瑚礁增多，海藻林逐渐减少。珊瑚礁主要分布在南、北纬 30° 之间的低纬度地区（图 3.12）。

图3.10 加州海岸的大海藻林的结构特征与陆域森林相似

图3.11 珊瑚礁。图中为埃及海岸红海的珊瑚礁，它们孕育着地球上最丰富的生物集群

■ 珊瑚礁 　■ 海藻林

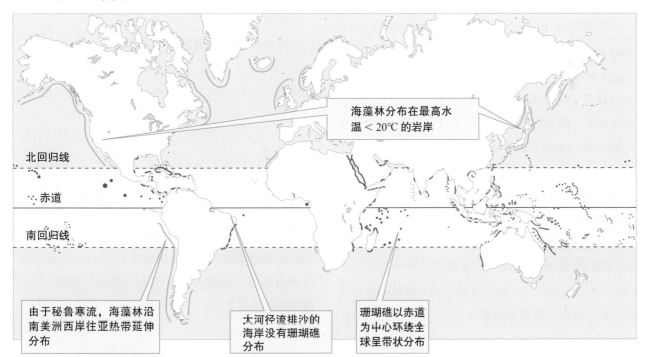

海藻林分布在最高水温 < 20℃ 的岩岸

北回归线

赤道

南回归线

由于秘鲁寒流，海藻林沿南美洲西岸往亚热带延伸分布

大河径流排沙的海岸没有珊瑚礁分布

珊瑚礁以赤道为中心环绕全球呈带状分布

图3.12 海藻林和珊瑚礁的分布图（资料来自Barnes and Hughes，1988；根据Schumacher，1976修改）

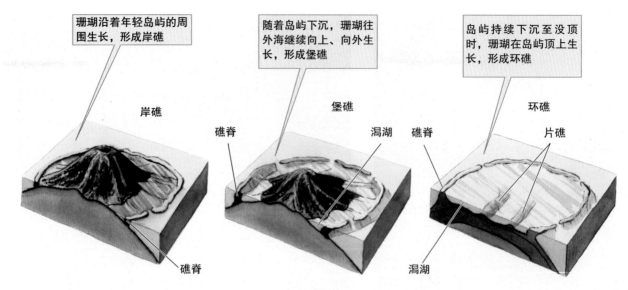

珊瑚沿着年轻岛屿的周围生长，形成岸礁

随着岛屿下沉，珊瑚往外海继续向上、向外生长，形成堡礁

岛屿持续下沉至没顶时，珊瑚在岛屿顶上生长，形成环礁

岸礁

堡礁

环礁

礁脊

礁脊

潟湖

片礁

礁脊

潟湖

图3.13 珊瑚礁的类型

结构

达尔文（Darwin，1842）最早将珊瑚礁分成岸礁、堡礁与环礁三类（图3.13）。**岸礁**（fringing reef）绕大陆或岛屿的岸边分布；**堡礁**（barrier reef），如澳大利亚东北岸延伸近 2,000 km 的大堡礁（the Great Barrier Reef），离岸非常远，堡礁分布在外海与潟湖之间；而点缀在热带太平洋与印度洋的**环礁**（atoll）则由自海底冒出的珊瑚小岛组成，环绕着潟湖分布。

与珊瑚礁相关的特殊栖息地包括礁脊（reef crest），该处的珊瑚生长在外海激浪形成的大浪带（surge zone）。礁脊往下延伸可达 15 m。礁脊之下为礁根带（buttress zone），该处的礁层与沙底峡谷交互成层。礁脊的后面是潟湖（lagoon），其中包含无数点礁（patch reef）和海藻床。

海藻床（尤其是巨型海藻）的结构特征与陆域森林的类似。在近海面处为藻冠，高度从海底算起可达 25 m；藻茎（stem）或藻柄（stipe）从藻冠延伸到海底，依靠固着器（holdfast）牢牢地锚固在海底；藻柄与藻叶（frond）上依附着无数的附生藻类（epiphytic algae）与无柄无脊椎动物。其他小型海藻则生长在海底，组成海藻林的下层（图3.14）。

物理环境

光

海藻与造礁珊瑚只能在近海面水域生长，因为该处有充足的光可进行光合作用。维系海藻及珊瑚生长的光的穿透深度从几米到 100 米，因地区而异。

温度

温度是限制海藻林与珊瑚礁分布的因素。海藻林只分布在冬季温度可能低于 10℃、夏季略高于 20℃ 的温带海岸；珊瑚礁则分布在最低温不低于 18～20℃，且平均温度通常为 23～25℃ 的温暖水域，如果温度高于 29℃，造礁珊瑚大多会死亡。

水流

海流不断冲刷珊瑚礁与海藻床，同时输送氧与养分，并带走废物。然而，在飓风期间，过于强烈的海流与涌浪有可能拔除整个海藻林，夷平整个珊瑚礁。

化学环境

盐度

珊瑚礁只能生长在盐度稳定的水域。暴雨或河流径流均会使海水盐度降低到27‰以下，从而对珊瑚产生致命影响。海藻林对淡水径流的耐受力较强。尽管温带海岸的海面盐度因大河径流而下降，但海藻林仍能生长良好。

氧

珊瑚礁与海藻床分布于富含氧的水域。

图3.14 珊瑚礁上的海胆。海胆的摄食行为对造礁珊瑚和底栖藻类的交互作用产生重要影响

生物学

珊瑚礁也面临强烈且复杂的生物扰动。例如，以珊瑚为食的棘冠海星（*Acanthaster planci*）的周期性暴发，曾经摧毁印度洋、太平洋的大面积珊瑚礁。另外，活跃于加勒比海珊瑚礁群落内的冠海胆（*Diadema antillarum*）种群是海星的亲缘物种，它们同时摄食海藻和珊瑚。然而，由于这些海胆对海藻的摄食，海藻种群密度降低，使幼珊瑚在与海藻的竞争中获得有利空间（图3.14）。

珊瑚礁与海藻床是生物圈内最具生产力、多样性最高的生态系统。据罗伯特·惠特克与吉恩·莱肯斯（Whittaker and Likens，1973）估计，珊瑚礁与海藻床的初级生产量超过热带雨林。这么高的生产力依赖于造礁珊瑚和虫黄藻之间的互利共生关系（第15章，365页）。珊瑚上青黄色的就是虫黄藻。造礁珊瑚多样性最高的地区位于西太平洋与东印度洋。这些区域的珊瑚有600余种，鱼类则超过2 000种。

人类的影响

基于各种不同目的，珊瑚礁与海藻林逐渐被开发。大量的海藻林被采集用于生产食品添加剂和制造肥料。幸运的是，海藻的迅速再生能力能够补偿人类的大量采集。但是，珊瑚礁若经大量采收与白化用于装饰之后，不易恢复。此外，海藻林与珊瑚礁内的鱼类与贝类动物也被大量捕捞。所以，再重申一遍，珊瑚礁是最脆弱、最易受伤的生命群体。为满足人类的口腹之欲及水族馆的需要，一些珊瑚礁被人类持续地采收，一些大型鱼类也变得稀少。不幸的是，许多破坏性渔猎行为（如炸鱼、毒鱼）也用在了珊瑚礁上，均产生灾难性后果。以菲律宾为例，该国超过60%的海域曾覆盖珊瑚礁。近年来，却由于上述破坏行为，大部分珊瑚礁被摧毁、污染，特别是人类引起的富营养化正在威胁珊瑚礁。另外，在最近几十年，由于海面温度升高，虫黄藻逐渐离开珊瑚，导致珊瑚礁失色，这被称为珊瑚白化，白化现象之后经常发生的是大量珊瑚死亡。

海岸：潮间带的生命

由于海潮的涨落，海岸成为生物圈内最具动态变化的环境。潮间带如磁石般吸引着众多好奇的博物学家，是研究生态学的最便利场所。试问在生物圈中，有哪个地方的景观每天会如此变化多端呢？又有哪一处能像潮间带这般，让人悠闲地探索整个水生群落？又有哪一处的环境和生物梯度变化能如此浓缩？潮间带布满潮池、盐沫，充满海藻的香味，生态学家从中汲取灵感，开展最好的实验，发现最能经受考验的生态学原理。涨潮时被海浪淹没、退潮时暴露于空气中的潮间带（图3.15）是海洋向世界展示自己的窗口。

图3.15 退潮后的岩岸。这些生长在岩石上的贻贝种群密度非常高，常见于空间竞争激烈的潮间带

地理学

全球绵延数千米的海岸皆存在潮间带。根据局部特征，潮间带分为裸露海岸与遮蔽海岸。经受海浪全力拍击的裸露海岸孕育的生物与陆岬内部或小海湾等遮蔽海岸的生物有很大差别。此外，潮间带亦可划分成岩岸与沙岸。

结构

尽管潮间带的环境连续多变，海洋生物学家还是将潮间带划分为几个垂直区间（图3.16）。最上层为顶潮缘（supratidal fringe）或飞溅带（splash zone），很少被高潮淹没，但有时会被海浪打湿。顶潮缘下方是潮间带的主要区域。上潮间带（upper intertidal zone）只在高潮时才被海水淹没，而下潮间带（lower intertidal zone）只在低潮期才露出海面。介于上、下潮间带之间的区域被称为中潮间带（middle intertidal zone）。该区在平均潮高时会被海水淹没，有时则会露出海面。下潮间带之下为潮下带（subtidal zone）。即使在最低潮期，该区亦浸没在海水中。

物理环境

光

潮间带生物处于光照强度（light intensity）变化极大的环境中。高潮时，湍流会降低光照强度；低潮时，潮间带生物会暴露于太阳的光照下。

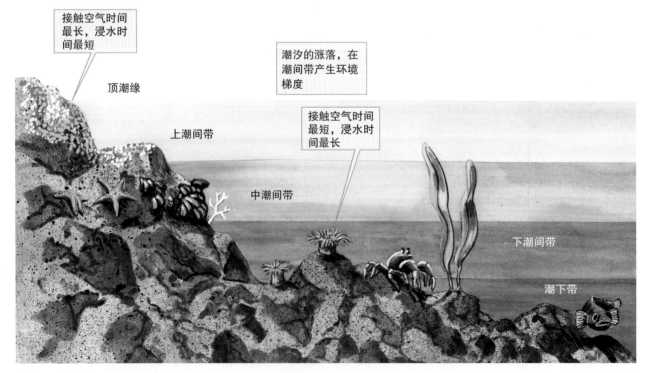

接触空气时间最长，浸水时间最短

潮汐的涨落，在潮间带产生环境梯度

接触空气时间最短，浸水时间最长

顶潮缘

上潮间带

中潮间带

下潮间带

潮下带

图3.16 潮间带的区带划分

温度

潮间带每日会有一次或两次机会与空气接触，因此水温会一直改变。在高纬度地区，水塘与小洼地在低潮期仍然有水，但水温会降到冰点；相较之下，在热带与亚热带地区，水塘的水温则会升至40°C以上。温度动态变化的潮间带与大部分稳定的海洋环境形成鲜明对比。

水流

影响潮间带生物的分布与多度的两个最重要水流运动是海浪与潮汐。潮汐的大小与频率会发生变化。大部分潮汐为半日潮（semidiurnal tide），即每日有两次低潮与高潮；但是墨西哥湾与中国南海等海洋的潮汐为全日潮（diurnal tide），即每日只有一次低潮与高潮。潮汐涨落的落差变化非常大，从一些海岸的数厘米到加拿大东北部芬迪湾（Bay of Fundy）的15 m。

太阳、月亮与局部地区的地理位置决定了潮汐的大小与发生时间，因为产生潮汐的主要力量是太阳与月亮对地球的引力。在这两股引力中，虽然太阳质量大得多，不过由于月亮更靠近地球，月亮对地球的引力更强。在太阳与月亮的合力作用下，潮汐的涨落幅度差异更大。潮差最大之时为太阳、月亮与地球成直线的满月期与新月期，此时潮汐为大潮（spring tide）。当太阳与月亮的地心引力呈反方向时，潮差最小，这时为上弦月或下弦月，潮汐为小潮（neap tide）。海湾、海洋或海岸的面积与地理位置，决定了太阳与月亮的作用是增强还是互相削弱，进而影响各处的潮差。

潮间带生物承受的海浪能量因海岸而异，这种能量差异会进而影响潮间带物种的分布与多度。没有屏障的陆岬不但要承受大浪的拍打（图3.17），还会遭遇强海流的冲击，其强度有时如湍急的河流。小海湾承受的海浪强度最弱，但即便是最隐蔽的地方，在暴风雨中，也可能会遭到强烈的海浪冲击。

化学环境

盐度

潮间带的盐度变异远大于海洋盐度，低潮期的

图3.17 拍打陆岬的海浪对潮间带生物的分布和多度有着重要影响

孤立潮池尤其如此。低潮期的快速蒸发导致沙漠海岸潮池的盐度增加。而在高纬度和热带的多雨海岸，潮池的盐度非常低。

氧

含氧量一般不会限制潮间带生物的分布，原因有二：第一，潮间带物种在低潮期皆可露出海面；第二，拍打海岸的海浪早已充分混合过，因此含氧量高。不过，沙岸或泥岸沉积中的间隙水（interstitial water）含氧量较低，尤其在水循环缓慢的隐蔽海湾。

生物学

潮间带的生物已适应半海半陆地的两栖环境。所有潮间带生物都习惯定期接触空气，但是有些物种的承受力更强，这是潮间带最明显的特征，即**物种分区**（zonation of species）现象。有些物种栖息在潮间带的最上层，几乎暴露在空气中，接触空气的时间最长；有些物种只在最低潮时才接触到空气，每月一次或两次，甚至更少。微地形也会影响潮间带生物的分布。与水流排干的潮间带相比，潮池的生物十分不同。此外，海水流过的水道（如咸水溪）在潮起潮落间又是另一种栖境。

生物栖息的基质也影响潮间带生物的分布。坚硬岩石基质上的生物与沙岸或泥岸的生物有差别。我们可以清楚地观察到大量生物在岩岸繁殖，因为多数物种附着在岩石表面（图3.15）。岩岸潮间带的栖息生物包括海星、藤壶、贻贝与海草。然而，大部分潮间带生物都不太引人注目，因为它们在低潮时会隐藏自己。有些藏在海藻的叶下或固着器上；有些藏在岩石下；有些甚至会钻孔，藏入岩石内部。生物间的交互作用也影响潮间带生物的分布，这在第13章讨论竞争与第14章讨论捕食时会再次提及。

在软基底上，大部分生物都是钻孔生物，藏在沙中或泥底。若要彻底研究沙岸生物，必须将泥沙中的生物取出，这或许就是岩岸生物比沙岸生物更吸引人的缘故。海滩和汪洋大海一样也曾被视为生物沙漠，但经过仔细研究后，我们发现沙岸生命的密度与多样性足以媲美所有的底栖水生群落（McLachlan and Dorvlo，2005）。

人类影响

人类在潮间带活动的历史悠久，先是在潮间带寻找食物，然后是进行娱乐、教育与研究等活动。从斯堪的纳维亚到南非，史前人类利用食用水产后丢弃的残骸堆砌成贝冢，这默默地说明了，潮间带物种在过去10万年来对人类的重要性。如今每到低潮期，仍然可以看到人们在这些地区拾取贻贝、牡蛎、蛤蜊及其他物种。虽然潮间带生物能承受每日两次的日照和汹涌的海浪而茁壮成长，却经不起少数人类的挖掘与践踏。人类毫不怜惜地强取豪夺，已经使潮间带生物种群锐减。获取食物并不是唯一的破坏行为，基于教育与研究的采集同样要担负部分责任。此外，潮间带也经不起漏油的蹂躏，几乎全球的潮间带都有遭受漏油侵害的记录。

河口、盐沼与红树林

河口（estuary）分布在河海交界处；盐沼（salt marsh）与红树林（mangrove forest）则多密集分布于低洼沙岸或河口处。它们都是一种环境到另一种环境的过渡带。盐沼与红树林是陆与海的过渡带；河口则为河与海的过渡带。由于这些地方都是两类极为不同环境间的过渡带，它们在物理、化学与生物学上存在许多相似之处。它们都随月亮驱动的潮汐而律动，充满繁盛的生命。图3.18为生物丰富的盐沼景观，图3.19则显示茂密的红树林及其支柱根组成的复杂环境。

图3.18 盐沼景观。盐沼景观的植物物种不多，但生产力很高

图3.19 红树林的支柱根为丰富多样的海洋鱼类和无脊椎动物提供了复杂的栖息环境

地理学

盐沼分布于从温带到高纬度的沙岸，优势种为草本植物。在热带或亚热带的盐沼，草本优势植物被红树林替代（图3.20）。由于红树林对霜非常敏感，红树林还分布于热带雨林、热带旱生林、热带稀树大草原及沙漠等陆域气候区。

结构

盐沼一般包括许多沟渠，它们被称为潮沟（tidal creek），潮来被淹没，潮去则泄空。蜿蜒的潮沟在盐沼内形成复杂的网络。潮水在潮沟内每日涨落一或两次，逐渐将盐沼雕塑成一片平缓起伏的景观（图3.21）。潮沟外缘一般是天然堤，堤外是泽浦（marsh flat），通常包括小盆地。这些小盆地周期性储存海水，海水蒸发后留下一层盐，因此它们被称为盐池（salt pan）。整个盐沼景观在最高潮时完全被海水淹没，在最低潮时则海水排尽。

不同红树林在潮间带的分布，一般取决于潮间带的位置高低（图3.22）。例如，在巴西里约热内卢（Rio de Janeiro）附近的红树林，最靠近水边的为红树属植物（*Rhizophora*），它们通常在平均高潮时被水淹没。红树科植物之上则分布着其他红树林，如海榄雌（*Avicennia*）。在平均大潮时，它们会被淹没。最高潮区生长着拉关木（*Laguncularia*）。

物理环境

光

河口、盐沼与红树林承受着明显的潮位（tidal level）涨落，因此，这些环境中的生物获得不同的光照。它们在低潮时完全曝露在日光下，在高潮时几乎接受不到光照。这些景观的水往往因潮水流动而浑浊，悬浮着微小的有机物或无机物。

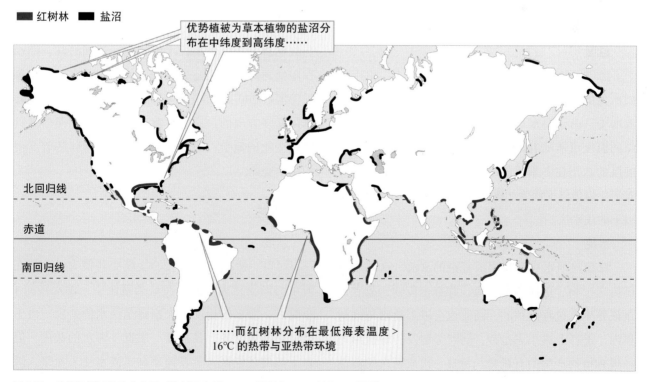

■ 红树林　■ 盐沼

优势植被为草本植物的盐沼分布在中纬度到高纬度……

北回归线

赤道

南回归线

……而红树林分布在最低海表温度 > 16℃ 的热带与亚热带环境

图3.20　盐沼与红树林的分布图（资料取自 Chapman,1977; Long and Mason,1983）

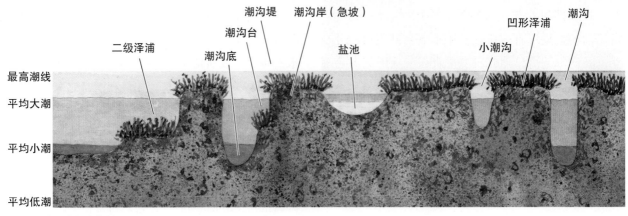

潮汐涨落切割盐沼，形成复杂的景观

二级泽浦　潮沟台　潮沟堤　潮沟岸（急坡）　盐池　小潮沟　凹形泽浦　潮沟

潮沟底

最高潮线
平均大潮
平均小潮
平均低潮

图3.21　盐沼沟渠的横剖面图

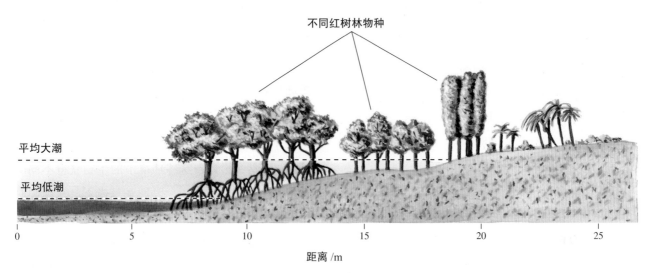

不同红树林物种

平均大潮
平均低潮

距离/m

图3.22　在红树林多样性较高的地区，红树林物种沿潮间带纵向呈现明显不同的分布

温度

河口、盐沼与红树林的温度差异很大。由于它们所处的位置水浅，尤其是在低潮期，水温会随气温而变。由于海水与河水的温度可能相差很大，河口的温度可能随着高潮、低潮的交替而变化。高纬度区的盐沼在冬季可能结冰。相反地，红树林多分布于年最低温度约为20℃的区域和水温可高至40℃以上的浅水区。

水流

海潮与河水在河口形成复杂的水流。这些水流可传送生物、更换养分与氧，并带走废物，故它们是该处生态过程的核心。潮流也会进入盐沼与红树林内，进行上述生态过程，同时分解及传输盐沼与红树林植物产生的有机物。每日一次或两次的高潮产生的盐水流会流向河口处的河流、盐沼内的沟渠

与红树林。在低潮期，水流逆向，流回海洋，潮水在距离河海交界很远处波动，例如潮水在距离哈德孙河河口200 km的上游波动。由于这种激烈的混合作用是多方向的，这类过渡环境成为生物圈内最具物理变化的地带，而且这种物理变异常伴随着高度的化学变异。

化学环境

盐度

河口、盐沼与红树林的盐度变动很大，尤其在河水与潮流很大之处。在这类系统中，潮水转向1小时后，海水的盐度会大幅降至淡水的盐度。由于河口是河海交界，其盐度一般低于海水的盐度。但在干热的气候区，蒸发速率高于淡水注入速率，因此，河口上游的盐度可能高于开放大洋的盐度。

此外，河口的水体有时会因盐度不同而出现分层现象。低盐度、低密度的水浮在盐度较高的水上方，将底部的水与空气隔绝。涨潮时，海水流入，而河水与之呈反方向流动；海水涌入河道后，逐渐与逆向河水混合，因此，河水表面的盐度逐渐从不到1‰增加到河口附近的海水盐度（图3.23）。

氧

在河口、盐沼与红树林内，氧浓度的差异极大，甚至会出现极端情况。大量有机物的分解消耗溶解氧，使氧浓度降低，而咸底水与空气隔绝，使水底的氧气更为枯竭。与此同时，高光合速率可增加溶解氧量，使水中的含氧量达到过饱和水平。由此可知，生物接触到的氧浓度会因每次来潮而改变。

生物学

世界上盐沼的优势植物多为禾草类，如米草属（*Spartina* spp.）、盐草属（*Distichlis* spp.）、杂草、盐角草属（*Salicornia* spp.）及灯心草（*Juncus* spp.）等。红树林的优势植物为红树林科的许多属种。红树林的物种因地区而异，但是在同一区域内，物种的组成则相当一致。

由于物理环境和化学环境高度变化，河口与盐沼内的物种多样性不高，但是物种的多度却很高。它们是渔业产量最高的地区，也是水生生物与陆域生物抚育幼儿的场所。河口的鱼类与无脊椎动物大部分演化自海洋的祖先，但河口也栖息着源自淡水的各种昆虫。不论源自何处，这些栖息在河口与盐沼的物种都必须具有适应性强的生理构造。河口与盐沼亦会吸引鸟类，尤其是水鸟。鸟类、鳄鱼与钝吻鳄共栖于红树林中，在印度次大陆的红树林中，还有老虎。

人类的影响

河口、盐沼与红树林极易受到人类扰动的伤害。一直以来，人们喜欢在海边生活与工作，但海边的建筑用地却有限。解决沿海土地高需求问题的一个办法是填补或疏浚盐沼，将野生动物栖境改为人类居所。由于靠海具有许多优点，波士顿、旧金山、伦敦等许多城市都建在河口附近。几个世纪以来，许多河口也因此被污染。排放到河口的有机废物在分解时不但直接消耗氧气，还增加养分（如氮），刺激初级生产，从而造成氧枯竭。此外，排放到河口与盐沼内的重金属会进入植物与动物的组织中，并累积成毒素。为了饲养虾和制作木炭，大片红树林被砍伐。总之，人类对河口与盐沼的开发利用已有漫长的历史，出现开发过度的现象。可喜的是，人们已经开始意识到河口和红树林的重要性。在2004年，经历了印度洋海啸的悲惨灾难后，亚洲南部的政府已经开始种植红树林，因为完整的红树林可以减少海啸造成的损失和丧生的人数。

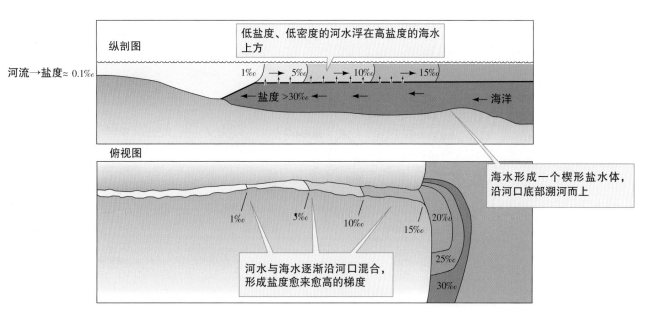

图3.23 盐楔河口的结构图

河流与溪流：大陆生命的血液与脉动

只要提起世界上的主要大河，如尼罗河、多瑙河、底格里斯河、幼发拉底河、育空河、印度河、台伯河、湄公河、恒河、莱茵河、密西西比河、密苏里河、长江、亚马孙河、塞纳河、刚果河、伏尔加河、泰晤士河及里奥格兰德河，我们就知道江河在人类历史和经济上的重要性了。这些赫赫有名的大河及其他大大小小的江河，对人类历史与经济的重要性是不可估量的。但是，河流生态学（river ecology）却远远落后于湖泊生态学与海洋生态学，是水域生态学诸多分支中最年轻的科学之一。然而，过去数十年，江河生态学迅速发展，学者们竞相开展许多研究，发表不同观点，还举行了许多国际研讨会。现在，在更成熟的生态学"堂弟"旁边，河流生态学已占有一席之地。

地理学

江河可以说是全球大部分景观的排水系统（图3.24）。当雨水落到某一景观上，一部分会成为地表径流或地下径流。一些径流流入小河道，再汇集成大水道，最后形成水道网，成为景观的排水系统。河流流域（river basin）是指河流排水网流经的大

陆或岛屿，如北美洲的密西西比河流域、非洲刚果河流域。河流最后会汇入大海或内陆盆地，如中亚的咸海（Aral Sea）及北美洲的大盐湖（Great Salt Lake）。河流流域通常被分水岭（地形高点）分开。例如，落基山脉的山峰分开了积雪融化形成的径流，山峰东部的径流汇入了大西洋，而山峰西部的径流汇入了太平洋。

结构

河流与溪流依据三维空间来分类（图3.25）。沿着河流从上往下，河流与溪流可分为深潭、急流、浅滩及激流。由于流量不同，河流又可依据宽度分为湿河道（wetted channel）与活水河道（active channel）。湿河道是指在枯水期仍然有水的河道，活水河道只有在每年的丰水期才会被淹没。活水河道之外是**河岸带**（riparian zone），是河流水域环境与陆域环境之间的过渡带。河流和溪流可在垂向上划分为水面区、水柱区与底栖区。底栖区包括底质表面与底质内部，底质内部仍有水流动。底栖区之下为**河底生物带**（hyporheic zone），即地表水与地下水之间的过渡带。河底生物带之下的地下水地带为**潜水带**（phreatic zone）。

河流与溪流可根据其在排水系统中的位置——

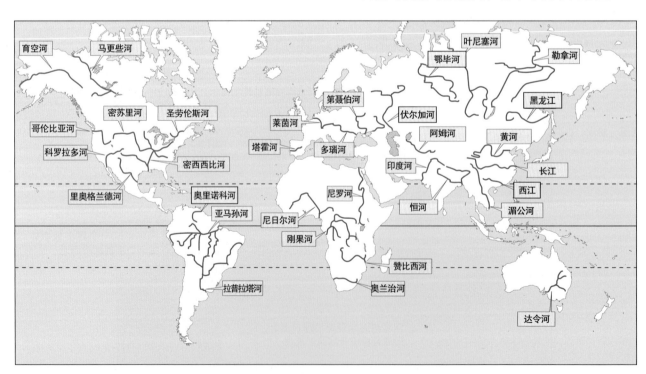

图3.24 全球主要大河的分布图

河域生物分布在潜水带到
水柱区之间的所有区域

湿河道终年有水

浅滩

浅滩

深潭
湿河道

活水河道

河岸带

水柱区

底栖区

河底生物带

潜水带

水流从河道流入地下水，
再从地下水流往河道

活水河道经常
（每年至少一次）
有洪水发生

地下水的
高度

河岸带的树的根常
自地下水吸收水分

图 3.25 河流结构的三维空间划分

河流等级（stream order）来分类。在该分类系统中，水源溪流为一级河流（first order stream），两条一级河流汇流成二级河流，两条二级河流汇流成三级河流，依此类推。但在该系统中，较低级河流（如一级河流）与较高级河流（如二级河流）汇流而成的河流的级数并不会提高。

物理环境

光

再清澈的河流也比清澈的湖泊和海洋混浊。造成河流清澈度下降，从而导致光穿透率低的因素有二。第一，河流与四周的景观紧密毗邻，因此无机物与有机物不断被冲入、落入或吹入其中。第二，河流的湍流冲蚀河底沉积物，形成悬浮物质，这在洪水泛滥期尤为严重。河流的源头一般被河岸植被遮阴［图 3.26（a）］。有时植被如此茂密，以至于水域初级生产者的光合作用不旺盛。河流越往下游，河道越宽，遮阴也越不明显。在干旱地区，上游河流一般接受到大量日辐射，足以支持高光合作用［图 3.26（b）］。

温度

河流水温紧随气温而变，但不会像陆域环境的温度那样发生极端变化。在高纬度与高海拔地区，河水水温可能低到 0℃；流经沙漠的河流的温度最高，但也很少超过 30℃。

水流

河水运送食物、去除废物、更新氧气，强烈地影响着河流生物的大小、形状及行为活动。静水流速可能只有每秒几毫米，但洪水期的湍急河水流速可达 6 m/s。超乎常人想象的是，大河的水流和上游水流一样湍急。

河流携带的水量称为河流流量（river discharge）。气候不同，河流流量也会有极大差别（图 3.27）。河流流量通常不易预知，在干旱地区与半干旱地区往往瞬息万变。暴雨之后，长期干旱可能接踵而至。热带地区的河流流量也会发生非常大的变化。许多河流在旱季时水位极低，在湿季时却成为滚滚洪流。在温带森林地区，河流流量比较稳定，年降水量也

(a)

(b)

图3.26 （a）田纳西州草木丛生的大烟山的河流源头；（b）犹他州干旱区的殿礁国家公园的河流源头。林草丛生的河流源头的消费者通常依赖周围森林产生的有机物；而干旱区的溪流源头阳光充足，可以支持藻类的高光合作用，所以藻类是干旱区河流消费者的食物主要来源

较为平均（图2.25）。森林景观在湿季时会吸收较多雨水，故河水流量的变化减少，在旱季时森林成为河流的储水库。

河流与溪流的健康与完整，取决于未受扰动区的自然流量。洪水的历史模式对河流生态过程具有非常重要的影响，对河道、洪泛平原和湿地之间的养分交换、能量交换等生态过程尤其重要。这个概念初次提出时被称为**洪水脉动概念**（flood pulse concept）。这个概念在各大洲的河流研究中均得到证明，所以逐渐被大家接受。

化学环境

盐度

河水流过景观或流经土壤时，会溶解可溶物质。河水的盐度可反映出该流域的盛行气候（图3.28）。如第2章所述，热带气候区的年降水量大，许多土壤内的大量可溶物质早被淋溶出来，故热带地区的河水盐度通常非常低，而沙漠河水的盐度一般很高。

氧

河水含氧量与水温为负相关关系。一般在水温低、河水充分混合的上游，含氧量最高；在温暖的下游，含氧量则较低。然而，河水不断地发生混合作用，故含氧量并非限制河流生物分布的因素，除非河流的某段被排放了都市或工业有机废料——高生化需氧量（biochemical oxygen demand, BOD）的废料。

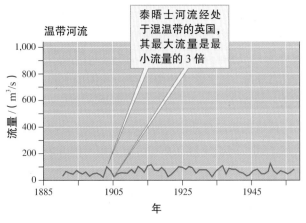

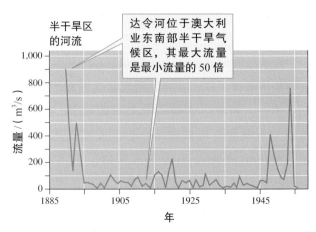

图3.27 潮湿的温带与半干旱区的河流流量（数据来自 Calow and Petts，1992）

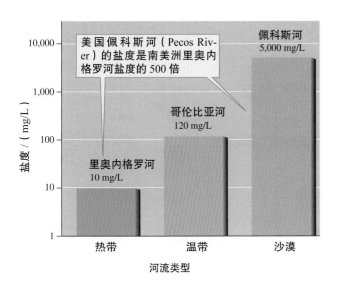

图3.28 热带、温带与干旱区的河流的盐度（资料来自Gibbs，1970）

生物学

如陆域生物群系一样，热带河流中的物种也很多，而且热带河流的鱼类种数远超过温带河流的鱼类种数。例如，密西西比河流域是温带鱼类最多样的河流，是300种鱼类的家园；热带的刚果河流域则有约669种鱼，其中558种是其他地区没有的特有种；亚马孙河流域的淡水鱼种数最惊人，超过2,000种，占全球总鱼类种数的10%。

大部分溪流或河流无脊椎生物栖息在沉泥表面或内部，为底栖生物。然而，河底生物带与潜水带的沉积物内栖息着大量和多样的无脊椎动物。这些物种可能会因河水的抽取而被送往数千米外的河流。

河流生物从源头到河口各不相同。基于生物沿河流分布的差异模式，各种理论纷纷出现，预测下游河流和栖息生物的改变。其中，河流连续体概念（river continuum concept，Varmote et al.，1980）认为，在温带气候区，枝叶与其他植物部分是河流生态系统的主要能量来源。当粗粒有机物（coarse particulate organic matter, CPOM）进入河流后，水生微生物（尤其是真菌）开始进行分解。真菌的繁殖使粗粒有机物成为河流无脊椎动物的重要养分源。在河流源头，无脊椎动物的优势种是两类摄食群：碎食者（shredder）和采食者（collector）。前者摄食粗粒有机物，后者专门摄食细粒有机物（fine

particulate organic matter, FPOM）。河流源头的鱼类（如鳟鱼）大都要求高溶解氧含量和低水温。

根据河流连续体概念，中等河流的主要能量来源为上游冲入的细粒有机物、藻类和水生植物。其中，藻类与水生植物大量生长在遮阴少的中等河流中。在这种河流中，底栖群落的优势种为采食者及食草者。中等河流的鱼类比河流源头的鱼类更能适应高水温和低溶解氧含量的河水。

大河流的主要能量来源为细粒有机物，部分为浮游植物。因此，大河流的优势底栖无脊椎生物为采食者。在温带地区，大河流中的鱼类（如鲤鱼与鲶鱼）较能忍受低含氧量与高水温。另外，由于大河流中生长着浮游生物群落，摄食浮游生物的鱼类亦栖息在大河流中（图3.29）。

观察一下河流系统，从源头到河口，河流并不是连续变化的。詹姆斯·索普，马丁·汤姆斯和来歇尔·德隆（Thorp，Thoms and Delong，2006，2008）提出了一个不同于河流连续体概念的模型。他们把这个模型称为河流生态系统合成（river ecosystem synthesis）模型。索普及其同事指出，整条河流的水流条件和地理结构差异不是连续的，而是呈斑块状分布。例如，一条河流会有几段是坡度较低的曲流河，而其他部分因受到峡谷峭壁阻挡变成湍流（图3.30）。河流生态系统合成模型的核心是，具有相似水流和地质特征的河流具有相似的生态特征。例如，蜿蜒的小溪与经过狭窄溪谷的高坡度水流具有不同的水流和地质特征。换句话说，河流生态系统合成模型认为，与河段的位置相比，水流条件和地质情况对于生态特征（如河流中的生物）的确定具有重大意义。最重要的是，从科学前景来看，河流生态系统合成模型的提出者在该理论框架下提出了许多可验证的假说。

人类的影响

人类对河流的影响不仅历史悠久，且影响甚大。对于人类的商业、运输、废物处理，河流发挥极其重要的作用。河流会有洪水泛滥之虞，故具有威胁性。在人类利用河流的过程中，河流被改道、污染、排入废水、筑坝、引进外来鱼种，甚至完全干枯。

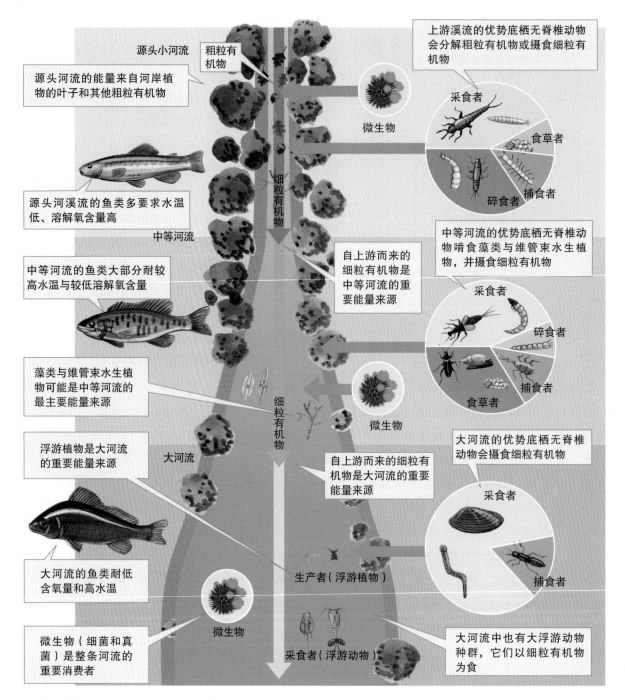

图 3.29 河流连续体概念

其中兴修水库对于河流的影响最大。水库减少了河流的自然流量和洪水的发生，改变水温，阻碍鱼类的迁徙。不过，因为河水的快速更新，河流具有巨大的恢复能力和更新能力。英国的泰晤士河在中世纪曾遭到严重污染，直到最近数十年，英国人减少了排入河中的污水量，泰晤士河才终于恢复生机，重新养育大西洋鲑鱼，更为全球所有治理污染河流的环保人士带来一线曙光。

湖泊：小型海洋

福雷尔（Forel，1892）将湖泊科学研究定义为湖泊海洋学（oceanography of lakes）。根据其毕生的研究，他得到"湖泊类似小型海"的结论。湖泊与海洋的差异主要在于湖泊的面积较小，且地理位置较孤立。或许是因为湖泊更具人性化的规模，湖泊一直以来都是人类（从诗人到科学家）向往的对象。

(a)   (b)

图 3.30 黄石公园的黄石河两个截然不同的河段：(a) 蜿蜒的河段流经广袤的海登山谷；(b) 在距离上游几千米的下游河段，河水咆哮着越过黄石瀑布，然后穿过狭窄的大峡谷

地理学

湖泊不过是景观内可以集水的凹陷。大部分湖泊分布在地质作用集中的区域，因为地质作用可以产生盆地。这些地质作用包括地壳漂移（板块）、火山作用与冰川活动。

世界上的大部分淡水分布在少数几个大湖内。其中，北美洲五大湖（Great Lakes）的面积超过 245,000 km²，蓄水量达 24,620 km³，约占全球总淡水量的 20%。此外，其他 20% 淡水分布在西伯利亚的贝加尔湖（Lake Baikal），该湖为全球最深（1,600 m）的湖泊，蓄水量达 23,000 km³。其余的淡水则多数分布于东非的裂谷湖群（rift lakes）中。非

洲的坦噶尼喀湖（Lake Tanganyika）为全球第二深湖泊（1,470 m），蓄水量为 23,100 km³，几乎与贝加尔湖的蓄水量一样多。此外，全球尚有数万个较小、较浅的湖泊。它们分布在几个湖泊集中区，如美国明尼苏达州北部、斯堪的纳维亚多处，以及加拿大中北部和西伯利亚的广大区域。图 3.31 即为全球主要湖泊的分布图。

结构

湖泊的结构与海洋的结构相似，只是规模较小而已（图 3.32）。水生植物生长的最浅湖岸被称为沿岸带。沿岸带之外的开阔水域被称为**湖沼带**（limnetic

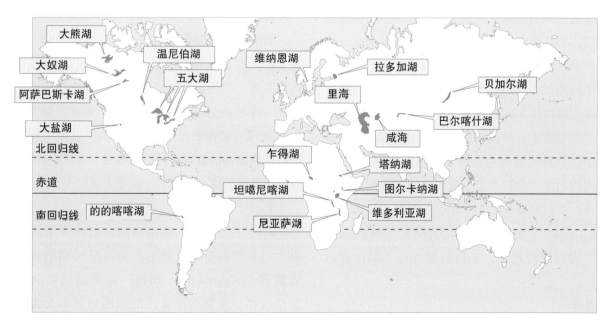

图 3.31 全球主要湖泊的分布图

zone）。湖泊在垂直方向上一般可分为：湖泊的表层为**湖上层**（epilimnion）；湖上层下方是温跃层或**变温层**（metalimnion），是水温随水深渐变的水域，一般深度每增加 1m，水温下降 1℃；再往下是又冷又黑的**湖下层**（hypolimnion）。

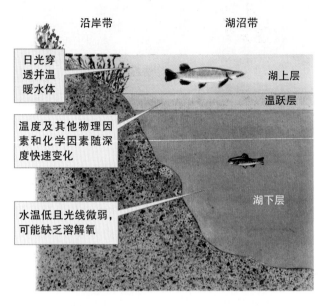

沿岸带　　　　　　湖沼带

日光穿透并温暖水体

温度及其他物理因素和化学因素随深度快速变化

水温低且光线微弱，可能缺乏溶解氧

湖上层

温跃层

湖下层

图3.32　湖泊的结构

物理环境

光

　　湖水的颜色从极为清澈的深蓝色到黄色、褐色、甚至红色，变化多端。湖水的颜色受许多因素影响，但最重要的因素是湖泊的化学组成与生物活动。周围的景观往湖泊中输入大量养分，故湖泊的初级生产量高，而且浮游植物种群降低了光的穿透度。这种生产力高的湖泊多呈深绿色，深度较浅，且周边为农田或都市。湖泊中的可溶有机化合物（如从森林土壤中淋溶出来的腐殖酸类）会提高湖水对蓝光和绿光的吸收率，使湖水的颜色呈现黄褐色。在深湖泊中，自景观输入的养分或可溶有机物比较少，浮游植物的生产量比较低，所以光能穿透到更深的湖水中。西伯利亚的贝加尔湖、美国加州的太浩湖（Lake Tahoe）、俄勒冈州的克雷特莱克湖（Crater Lake）均属此类湖泊，它们的湖水几乎如汪洋般湛蓝。

温度

　　与海洋相似，湖水一旦受热，也会出现热分层

现象。因此，当进入温暖的季节时，湖面的水温比其下的温跃层高。在温带地区，一般的湖泊在夏季会出现热分层现象，而热带低洼地区的湖泊则终年都有热分层现象。与温带的海洋相似，每逢秋季温度下降时，温带湖泊的热分层现象就会消失。温带湖泊的热分层和混合现象的季节性变化，可参见图3.33。在热带高海拔地区，湖泊在白昼每天都可能形成温跃层，到了夜晚，温跃层则会消失。

水流

　　由风驱动的水柱混合作用是湖泊内最具生态重要性的水体运动。如上所述，温带湖泊在夏季时会产生热分层现象，限制了温跃层上方的湖上层的风驱混合作用；进入冬季时，冰则成为阻止混合作用的表层屏障。在春、秋两季，热分层现象消失，风驱动的垂直水流使温带湖泊的水上下混合，这正是湖底的水注入新氧气而表面水补充养分之际。如热带海洋一般，低海拔的热带湖泊永远存在热分层现象，例如，在东非坦噶尼喀湖的 1,400 m 深湖水中，只有湖面以下 200 m 之内的湖水每年会循环流动。高海拔的热带湖泊在白昼被加热，产生热分层现象，如果夜晚足够冷的话，还会发生混合作用。对于湖泊的化学与生物学而言，混合作用的模式有不容小觑的影响力。

化学环境

盐度

　　湖泊的盐度变化远超过海洋的盐度变化。全球淡水的平均盐度为 120 mg/L（0.120‰），远远低于海水盐度。湖泊的盐度可低至一些高山湖泊的极稀浓度，亦可高至沙漠湖泊的盐卤水浓度。例如，美国犹他州大盐湖的盐度超过 200‰，远高于海水盐度。沙漠湖泊的盐度亦随时间改变，尤其是在降水、径流、蒸发的综合作用下，盐度变异更大。

氧

　　混合作用与生物活动对湖水的化学组成影响很大。充分混合、生物生产力量低的湖泊被称为**贫营养**（oligotrophic）湖泊，这类湖泊的含氧量总是很高；生物生产量高的湖泊则被称为**富营养**（eutrophic）湖泊，这类湖泊的含氧量低。在热分层

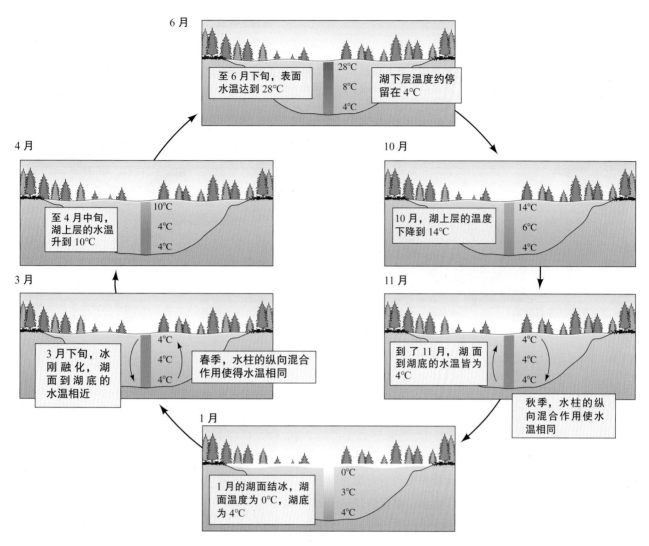

图3.33 温带湖泊水温的季节性变化（资料取自 Wetzel，1975）

作用期间，可分解的有机物在温跃层下方沉积时会消耗大量氧气，进而导致湖泊出现氧气不足的状况。在夜晚，尽管光合作用停止，但呼吸作用持续，富营养湖泊会出现缺氧现象。在冬季，尤其是在有冰覆盖的高生产力温带湖泊下方，氧气经常会被耗尽；在热带湖泊内，真光带下方湖水的缺氧现象则已是常态。

生物学

贫营养湖泊与富营养湖泊相比，除了氧有效性（oxygen availability）不同外，其他因素（如无机养分有效性、温度）也存在差异（图3.34）。由于不同的水生生物对于环境的要求差异极大，贫营养湖泊与富营养湖泊各自孕育特殊的生物群落。

热带湖泊的生产力很高，鱼类物种也相当多。

例如，在东非的3个湖泊——维多利亚湖（Lake Victoria）、马拉维湖（Lake Malawi）及坦噶尼喀湖中，鱼类超过700种，这个数目约等于美国和加拿大境内所有淡水鱼的种数。相比之下，欧洲及俄罗斯的淡水鱼一共只有400种。此外，尽管有关热带湖泊无脊椎动物与藻类的研究很少，但其物种数可能与温带湖泊的物种数相差不大。

人类的影响

人类对湖泊的生态造成了极大的负面影响。面对激烈的生态挑战和湖泊生态完整性的恢复，除了生态恶化，湖泊本身亦展现了令人惊讶的恢复力（resilience）与复原力（recovery）。由于民用水与工业用水多取自湖泊，许多人口中心均围绕湖泊建立，如美国与加拿大的人口绝大多数环聚在五大湖区。其

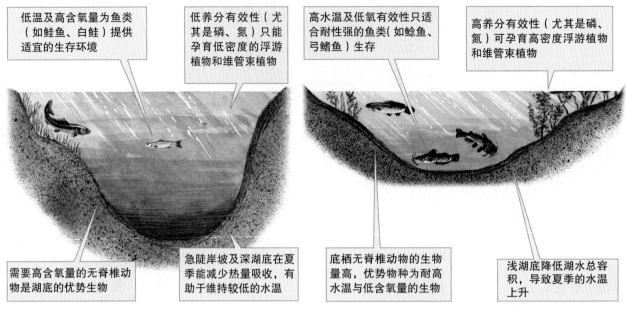

贫营养湖泊

低温及高含氧量为鱼类（如鲑鱼、白鲑）提供适宜的生存环境

低养分有效性（尤其是磷、氮）只能孕育低密度的浮游植物和维管束植物

需要高含氧量的无脊椎动物是湖底的优势生物

急陡岸坡及深湖底在夏季能减少热量吸收，有助于维持较低的水温

富营养湖泊

高水温及低氧有效性只适合耐性强的鱼类（如鲶鱼、弓鳍鱼）生存

高养分有效性（尤其是磷、氮）可孕育高密度浮游植物和维管束植物

底栖无脊椎动物的生物量高，优势物种为耐高水温与低含氧量的生物

浅湖底降低湖水总容积，导致夏季的水温上升

图3.34　贫营养湖泊与富营养湖泊

中，伊利湖（Lake Erie）是五大湖区中环境改变最大的湖泊。伊利湖周围的人口数量从19世纪80年代的250万增至20世纪80年代的1,300万。而这些人口增长造成的首要生态冲击就是大量养分与有毒废物排放到湖中。截至20世纪60年代中期，仅底特律河（Detroit River），每日就排放 15×10^8 US gal（1 US gal = 3.78541 dm^3）废水到伊利湖内。流经俄亥俄州克利夫兰市（Cleveland）的凯霍加河（Cuyahoga River）也曾于20世纪60年代因火灾而发生石油污染。这类生态挑战已经将健康、生机盎然的湖泊（如伊利湖，尤其是美国东部地区的湖泊）变成了只有耐受力强的鱼类才能生存的藻水湖。不过，在加强控制废弃物的排放后，湖泊的降解过程使其自身慢慢恢复。直到20世纪80年代，伊利湖逐渐恢复健康，重新充满生机。

　　然而，人类排放入湖中的并不只是养分而已，鱼类与外来物种也在有意或无意中被不断引入。如图3.35所示，截至1990年，入侵五大湖区的鱼类、无脊椎动物、植物和藻类已达139种。

　　外来物种种群量的暴增对湖泊的生态与经济造成了极大冲击。其中入侵的蚌类软体动物——斑马贻贝（Dreissena polymorpha）原是咸海、里海及黑海排水系统中的原生种。1988年，人们在连接休伦湖（Lake Huron）和伊利湖的圣克莱尔湖（Lake Saint Clair）中

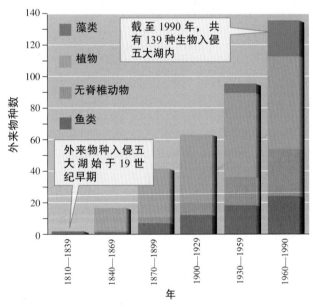

图3.35　五大湖的外来物种的入侵量（资料取自 Mills et al., 1994）

发现斑马贻贝的踪迹。不过短短3年的时间，它们的足迹就已遍布五大湖区及北美洲东部的主要河流了。

　　在五大湖的局部地区，斑马贻贝的种群密度非常高，有些湖边甚至堆积了30 cm厚的斑马贻贝空壳。如此稠密的种群不仅威胁五大湖的原生斑马贻贝，使它们几近灭绝，也破坏了电力厂与都市供水设备的进水结构，造成数十亿美元的经济损失。然而入侵物种带来的恶果仍在持续。斑马贻贝已被来自某栖境的一个近亲物种斑驴贻贝（Dreissena *bugensis*）取代（Ricciardi and Whoriskey, 2004）。这两种贻贝一起给五大湖的生态带来多方面的影响，如增加湖水的透明度和提高氮、磷的有效性，使藻类茂盛生长（Barbiero and Tuchman, 2004；Conroy et al.,2005）。斑马贻贝及其他物种的入侵使五大湖成为研究人为生态入侵行为的实验室（图 3.36）。

图 3.36　附着在船舵上的五大湖入侵者：斑马贻贝。这类入侵物种给全球的淡水生态系统带来了生态灾难

——概念讨论 3.2 ——

1. 在人们成功减少浮游生物的多年后，自从斑马贻贝入侵伊利湖，浮游生物又开始旺盛生长，为什么？

2. 为什么全球变暖会给珊瑚礁带来一系列威胁？

3. 为什么在河口或盐沼生长的是生理上耐受力强的物种，而不是敏感物种？

应用案例：生物完整性——评估水域生态系统的健康

　　我们该如何应用水域生物的自然史知识呢？生物学家通常面对的一个大疑问是：某特殊影响是否会损害某水域生态系统的健康？对此，自然史信息便成为判别的重要依据。考虑到人类对水域生态系统造成的冲击非常复杂，我们应该采用何种健康指标呢？詹姆斯·卡尔及其同事（Karr and Dudley, 1981）建议采用"生物完整性"（biological integrity）。他们将生物完整性定义为"一个平衡、完整及具有适应力的生物群落，其物种组成、多样性及功能结构应相当于该区域自然栖境中的群落"。他们认为，一个健康的水生群落应与该区域内未受干扰的群落相似，并且是平衡完整的群落。要判断是何种因素形成健康的水域生态系统，就必须充分了解该栖境以及栖境中的生物，即自然史。假如我们能按照卡尔的定义去评估水域生物群落的健康状态，这对于评估该群落所处的水域生态系统的健康状态将有相当大的帮助。

除了提出一般定义与广义目标之外，卡尔还提出了生物完整性指数（Index of Biological Integrity, IBI），并将它应用到鱼类群落上。卡尔选择鱼类群落的原因是，我们比较清楚鱼类及其栖境要求，而且采样鱼类群落也较为简单。卡尔的指数以3个范畴来确定河流的等级：

1. 物种数与物种组成，包括鱼类的种数、类别及耐受性。

2. 营养组成，即组成群落的鱼类的食性。

3. 鱼的多度与健康状态。

卡尔将上述3个范畴细化为12项属性。根据每项属性，对河流以5分、3分、1分来进行评分。其中，5分为最佳，1分为最差。所有属性的总分以12分为最低，表示生物完整性差；60分为最高，表示生物完整性优异。此外，卡尔为指标设置了一个双重保险：通过同时判别鱼类群落的几个属性，消除根据一个或少数属性评估造成的偶然偏差。下面，我们针对群落特征的3个范畴——加以分析。

物种数与物种组成

人类的过度冲击会减少群落中的本土物种数，增加非本土物种数。对组成群落的物种必须加以识别，因为有些鱼种（如鳝鱼）无法忍受差水质，有些鱼种（如鲤鱼）则对差水质有高度耐受性。因此，对于耐受物种与不耐受物种，生态学家必须根据局部环境的不同进行分类，并对当地水体的自然史有深入了解，而且对物种数和多度的评分也应该如此。

营养组成

群落内鱼类的食性可反映河流供应的食物种类及环境的质量。该范畴的属性为各种鱼类所占的比例，鱼类可分为：取食多种食物的**杂食动物**（omnivore），如鲤鱼；捕食昆虫的**食虫动物**（insectivore），如鳟鱼、蓝鳃鱼（bluegill）；捕食其他鱼类的**食鱼动物**（piscivore），如梭鱼（pike）、大嘴鲈（large mouth）。水域生态系统恶化时，杂食动物的比例会增加，食虫动物与食鱼动物的比例则会下降。

鱼的多度与健康状态

在差环境下，鱼的数量会减少，健康状态也大打折扣。因此，生物完整性指标将两个因素纳入考量：第一，杂交个体在不同物种中所占的比例；第二，患有明显疾病、肿瘤、鱼鳍破损、骨骼畸形的个体的比例，这些疾病都是指示环境质量很差的重要指标。图3.37描述了卡尔计算生物完整性指数的过程。

应用实例

保罗·伦纳德与唐纳德·奥思测试了几条支流的生物完整性指数。它们是流经西弗吉尼亚州阿巴拉契亚高原的纽河（New River）的7条支流（Lenoard and Orth, 1986）。他们调整了生物完整性指数来研究该区域的健康状态。在他们研究的支流内，如果鲈科（Percidae）的一种底栖性鱼类——

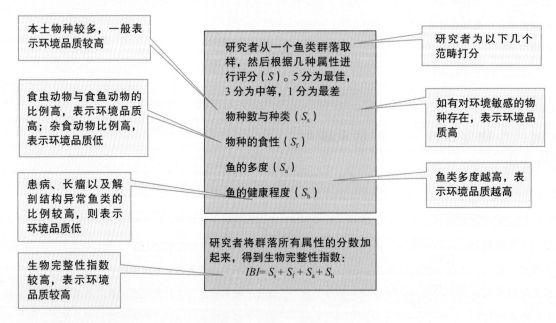

图3.37 生物完整性指数的计算过程

镖鲈（darter）的数量较多，表示环境质量高；如果溪鲦（creek chub）数量增加，则表示污染在加剧。此外，如果食虫动物比例高，表示环境状况优良；如果杂食动物比例高，则表示环境状况不良。如果鱼群的密度大，表示环境质量高；如果出现疾病或畸形个体，则表示环境出了问题。

伦纳德和奥思为他们所研究溪流的采样点制定打分标准，其中1分为条件最差，3分为条件尚可，5分为条件最佳。他们统计了7条支流的各采样点得分，求得生物完整性指数。分数最低为7分，表示环境质量最差；最高为35分，表示环境质量最佳。然后，他们以每天的都市废水排放量及当地的化粪池、道路、矿区的密度为基础，分别估算各采样点的污染程度。他们的研究结果显示，该地区的环境污染情况相当复杂，废水、采矿与都市发展都是造成污染的原因。伦纳德和奥思发现，测试区的生物完整性指数与污染程度的独立估计值高度吻合（图3.38）。

还有许多研究者测试了生物完整性指数是否能指示河流与湖泊的环境恶化程度。结果表明，该指数适用于许多地区与水域环境。本节重点说明了自然史有助于解决重要的环境问题。本章及第2章建立了自然史基础，有助于我们继续研究生物组织各个层次——从个体物种到整个生物圈的生态学。

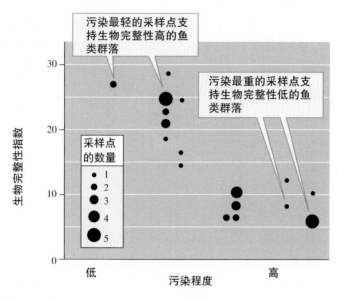

图3.38 污染程度与生物完整性指数（资料取自Leonard and Orth, 1986）

——本章小结——

居住在地球上的人类均以陆地为中心。因此，水域生命集中在最不适于人类居住的水域，如寒冷、波浪汹涌的海边和水流湍急的山区河流，以及河海交界的滚滚浊流。

水文循环是各种水体间的水交换。97%生物圈的水分布在海洋，2%分布在极地冰帽与冰川，剩下的不到1%为淡水。水文循环系统内各水体的水周转期差异很大，大气中的水周转期只有9天，海洋的水周转期则长达3,100年。

水域环境的生物学与光、温度、水流等物理因素以及盐度、氧等化学因素的变化密切相关。海洋是地球上最大的水域环境。海洋在垂向上可分成数个区域，每个区域都有其特定的海洋生物群。光的穿透度低，会限制进行光合作用的生物在透光带或上层带的分布，并形成热分层现象。海洋的温度变化比陆地的温度变化平稳。热带海洋的物理性质及化学性质不会有较大的变动；温带与高纬度的海洋的生产力较高，生产力最高之处为海岸线边缘地带。海洋孕育着种类繁多的物种，对全球的碳与氧收支发挥重要作用。

海藻林主要分布在温带纬度，而珊瑚礁只分布在南、北纬30°之间的热带与亚热带地区。珊瑚礁可分为岸礁、堡礁与环礁。海藻林的多种结构特征类似于陆域森林。海草与造礁珊瑚只生存于海洋表层水体，因为海洋表层水体有充足的光，便于它们进行光合作用。海藻林一般只分布在温度为 10～20℃ 的地区，而造礁珊瑚只分布于温度为 18～29℃ 的地区。珊瑚礁的多样性与生产力皆不亚于热带雨林。

潮间带位于全球的海岸线，依深度可分为几个区域：顶潮缘、上潮间带、中潮间带与下潮间带。潮汐的大小与时长，取决于太阳与月亮的地心引力的交互作用，以及海岸线和海湾的结构。潮水的涨退使得潮间带内的物理环境和化学环境产生急剧的变化。与海浪的接触程度、底部基质类型、潮间带的高度以及生物间的交互作用，决定了多数生物在潮间带的分布。

盐沼、红树林与河口位于淡水环境与海水环境的过渡带，以及海陆交界处。盐沼以草本植物为优势植被，主要分布于温带与高纬度地区；红树林分布在热带与亚热带。河口在物理、化学及生物上具有很强的动态性。河口、盐沼与红树林的物种多样性虽不如其他水域环境，但它们的生产力却高居第一。

河流与溪流是大部分陆地的排水系统，也反映流域内的土地利用状况。河流与溪流是非常动态的系统，可在横向、侧向和纵向上分成数个特别的环境。周期性的洪水影响河流和溪流生态系统的结构和运转。河流的水温虽然随气温而改变，但是不如陆域栖境那么极端。河水的流动与化学性质也会随气候而变化。水流速度、与上游源头的距离及河底沉积物的性质则是决定河流生物分布的重要因素。

湖泊是海洋的缩影，主要分布在板块作用、火山作用及冰川作用的区域。生物圈的大部分淡水分布在几个大湖泊中。湖泊的结构与海洋相似，只不过规模较小罢了。与海洋相比，湖泊的盐度变化很大，从很低到高达 200‰。湖泊的热分层作用与混合作用随纬度而变化。湖泊的植物群系与动物群系大致可反映湖泊的地理位置与养分含量。

所有水域环境的潜在威胁均包括人口过度膨胀与废物排放。水库建设和流量调节对于河流生态系统和生物多样性具有负面影响。淡水环境特别容易受到外来物种的入侵。鱼类群落的特征可用于评估淡水群落的"生物完整性"，而生物完整性指数的应用则依赖于人们对鱼类群系自然史的深入了解。

重要术语 ◼

- 堡礁 / barrier reef　56
- 变温层 / metalimnion　70
- 沿岸带 / littoral zone　50
- 潮间带 / intertidal zone　50
- 流涡 / gyre　52
- 大洋区 / oceanic zone　50
- 深渊带 / abyssal zone　50
- 底栖区 / benthic zone　51
- 浮游动物 / zooplankton　52
- 浮游植物 / phytoplankton　52
- 富营养 / eutrophic　70
- 河岸带 / riparian zone　64
- 河口 / estuary　60
- 河流连续体概念 / river continuum concept　67
- 河流生态系统合成 / river ecosystem synthesis　67

- 河底生物带 / hyporheic zone　64
- 洪水脉动概念 / flood pulse concept　66
- 红树林 / mangrove forest　60
- 湖上层 / epilimnion　70
- 湖沼带 / limnetic zone　69
- 湖下层 / hypolimnion　70
- 环礁 / atoll　56
- 浅海带 / neritic zone　50
- 贫营养 / oligotrophic　70
- 潜水带 / phreatic zone　64
- 岸礁 / fringing reef　56
- 上层带 / epipelagic zone　50
- 食虫动物 / insectivore　74
- 食鱼动物 / piscivore　74
- 深层带 / bathypelagic zone　50

- 超深渊带 / hadal zone　50
- 水层区 / pelagic zone　51
- 水文循环 / hydrologic cycle　48
- 物种分区 / zonation of species　60
- 河流等级 / stream order　65
- 温跃层 / thermocline　51

- 盐度 / salinity　52
- 盐沼 / salt marsh　60
- 样本中值 / sample median　54
- 上升流 / upwelling　52
- 杂食动物 / omnivore　74
- 中层带 / mesopelagic zone　50

复习思考题

1. 回顾主要水文循环水体中的水分布，淡水的主要来源有哪些？请解释为什么未来淡水的有效性（即可使用量）可能会限制人口的数量与人类活动。

2. 海洋面积约 $3.6 \times 10^8 \, km^2$，平均深度约 4,000 m。在此水域系统内，有多少区域可接受充足的光，以支持光合作用？大胆假设透光带的深度可达 200 m。

3. 600～1,000 m 之下的海洋没有光，但是在此深度栖息的许多鱼类与无脊椎动物却具有眼睛；相反地，洞穴内的鱼类却是盲的。试回答哪些选择力使深海鱼类保留眼睛功能？（提示：许多深海无脊椎动物是生物发光动物。）

4. 达尔文（Darwin, 1984）最先提出以下观点：岸礁、堡礁与环礁代表珊瑚礁发育的各个阶段，顺序依次是岸礁、堡礁，最后是环礁。试简述此发育过程，并验证你的看法。

5. 试说明为何海胆猎食幼小珊瑚却又能促使幼珊瑚成长。试用图简述海胆、珊瑚与藻类之间的交互作用，支持你的说明。

6. 与生存于潮下带、大洋区的亲缘物种相比，为什么大环境波动会影响潮间带生物的生理耐受性？不同潮间带的生物对盐度的耐受性如何变化？

7. 潮间带海水的溶解氧含量与沙质沉积或泥质沉积的颗粒大小有何关系？试比较隐蔽海湾的潮池的溶解氧含量和陆岬海岸的溶解氧含量。

8. 据河流连续体模型，在温带森林中，河流源头生物的主要能量来源是四周森林的有机物。根据该模型，光合作用只影响河流下游的生物，试解释原因。如何验证河流连续体模型的预测？

9. 湖泊的养分（如氮、磷）有效性影响湖泊的初级生产量与生物组成。试用实验来验证该观点，假设你有取之不尽的资源及几个可做实验的湖泊。

10. 生物的交互作用会影响湖泊生态系统。试用五大湖的近代史解释湖内的物种如何影响湖泊环境的特征及生物群落的组成。

第 4 章

群体遗传学和自然选择

第 2 章和第 3 章通过介绍生物圈的自然史，为生态学建立了基础。然而，从自然史到生态学的转变，需要在一个理论框架下组织包括自然史在内的大量信息。这个框架的另一个关键元素是演化理论，它是包括生态学在内的现代生命科学的核心。

达尔文的自然选择演化理论，为种群变异提供了一个机制，是达尔文在加拉帕戈斯群岛观察后才总结出来的。1835 年 10 月中旬，在赤道的烈日当空下，一叶扁舟缓缓离开一个火山岛，划向接应它的小船。小舟上有一位年轻的自然观察家，他刚在加拉帕戈斯群岛完成为期 1 个月的探索工作。加拉帕戈斯群岛位于距离南美洲大陆西部约 1,000 km 的赤道上。在船员们与大海搏斗之际，这位自然观察家查尔斯·达尔文正在思考他在岛上的发现。这次的观察证实了他在进入加拉帕戈斯群岛之前根据在其他群岛搜集到的信息所提出的想法。达尔文把这些想法发表在后来出版的论文（Darwin, 1842a）中：

> 假若一座岛上栖息着嘲鸫（mocking-thrush），
> 而另一座岛上却栖息着另一种不同属的鸫；又

或者一座岛上栖息着某属的蜥蜴，而另一座岛上栖息着另一种不同属的蜥蜴，或根本没有蜥蜴，那么该群岛上的生物分布就不会那么美妙了……但现实确实如此，一些岛上分布着特有的陆龟（tortoise）、嘲鸫、地雀（finch）和无数植物。它们有相似的习性，生活在类似的生境，且在这些群岛的自然经济中占据相同的位置，这让我倍感惊叹（作者特别加以强调）。

这些种群显然相关但又具有差异。达尔文对此感到疑惑，也尝试诠释这些差异的起源。他后来得到结论：这些种群虽来自共同的祖先，但它们的后代到达各岛后发生了变化。水手努力划着的船是英国军舰"贝格尔"号（H.M.S. Beagle），他们正在进行环绕世界的旅程。"贝格尔"号的主要任务是绘制南美洲的南部海岸图。虽然这个任务已被人们遗忘，但年轻的达尔文在这个旅程中构思的理论成为科学史上最重要的理论之一。达尔文的仔细推理加上他的毕生观察，汇集成了自然选择演化理论。这个理论对生命有了崭新的诠释，并重建了生物学的基础。

达尔文离开加拉帕戈斯群岛时，深信群岛上的各

◀ 开花植物在遗传机制的发现中扮演了重要角色。它的重要性包括几个方面：一个花园即可满足植物研究所需；另外，花便于观察，就像图中罂粟花的多彩颜色，利于研究者控制物理变异。

种不同种群是逐渐演变出不同于祖先的形态的。换言之，达尔文认为岛上的种群经历了**演化**——生物种群随时间改变的过程。尽管达尔文离开加拉帕戈斯群岛时确信岛上的种群经历了演化，不过他却无法提出任何机制来说明此演变过程。大约在达尔文离开加拉帕戈斯群岛3年后，他发现了一个能解释种群产生演化改变的合理机制。1838年10月，达尔文阅读了托马斯·马尔萨斯（Thomas Malthus）的人口（种群）论后，确信当种群个体竞争有限资源（如食物或空间）时，其中某些个体具有竞争优势。他认为产生优势的特征被"保留"，而产生劣势的特征被"消灭"，在环境选择的过程中，种群随着时间发生变化。有了这个演化机制，达尔文在1842年草拟了自然选择理论。他花了多年时间进行多次修稿，才打磨完成该理论的定稿，并积累了足够的信息来支持他的理论。达尔文的**自然选择**（natural selection）理论的重点如下：

1. 生物会孕育相似的生物（子代的外表、行为、功能等方面皆与亲代相似）。

2. 同一物种的个体间会产生机会变异（chance variation），其中有些变异（双亲间的差异）是可遗传的（即可传给子代）。

3. 每一代都生产了超出环境可以支持的子代数。

4. 有些个体的体形或行为性状（trait）使其在种群中存活和繁殖的机会高于同种群的其他个体。

达尔文认为，不同个体间存活和繁殖的机会差异使此种群随时间发生改变（Darwin，1859）。也就是说，环境会对种群个体产生不同作用，其结果是种群对环境的**适应**。适应是一个种群的骨骼、生理、行为发生改变，使种群的成员能在某种特殊环境中存活的演化过程。因此，达尔文获得了一个可以解释他在加拉帕戈斯群岛上观察到的种群差异的机制，但他一直深知自己的理论有一个重大缺陷。自然选择理论的基础是："优势"性状会遗传给下一代。问题是，在达尔文那个时代，遗传机制仍属未知，况且依据当时主流的混合遗传（blending inheritance）的看法，罕见性状再怎么具有优势，都将被种群融合，以防止变异的发生。

达尔文努力了将近半个世纪，想要揭示遗传定律，但是他并没有做到，因为他缺乏理解遗传定律所需的数学能力。在一篇自传中，达尔文（Darwin and Darwin，1896，第1卷40页）自己提道：

我试图学习数学，甚至在1828年夏天还请了一位家教……但我的进展缓慢。我不喜欢数学，主要是我从一开始就无法理解代数的意义，而这样的缺乏耐心是极为愚蠢的。多年后，我相当后悔自己没能了解一些重要的数学原理。具有这方面才能的人会多一些理解能力（作者特别加以强调）。

当达尔文在加拉帕戈斯群岛探索之际，在地球另一边的一个中欧学校，有位名叫约翰·孟德尔（Johann Mendel）的学生，在艰苦的环境下学习完善达尔文理论所需的数学。在孟德尔13岁——只有达尔文一半年纪的时候，他就已经为自己定下了终生的学习课程，而且以"贝格尔"号船员环绕世界的毅力来完成。在他的科学之旅结束后，孟德尔发现了遗传的基本机制。他在成为奥古斯丁修会（Augustinian）的修道士后，改名为格雷格·孟德尔（Gregor Mendel）。

为什么许多人都失败了而孟德尔成功了呢？孟德尔的成功归因于他的教育及个人的天赋。他在维也纳大学时就接触了物理领域中最优秀人士的思想，学到了注重科学实验的科学研究方法。他拥有进入物理领域所需的扎实数学基础，包括概率论及统计学。因此，他可以量化他的实验研究结果。

因为孟德尔在修道院打理庭院，所以他选择植物作为研究对象。他的研究中最知名且最具影响力的是豌豆（*Pisum sativum*，图4.1）研究。豌豆的许多本土品种具有极大的外观变异，可供孟德尔做研究。然而孟德尔没有把所有表型视为一体，而是将它们细分成各种容易处理的特征，如种子形态、茎长等，而这些特征实际上由不同染色体上的不同基因控制。他的分析使得他发现基因具有不同形式——**等位基因**（allele）。其中一些基因是显性的，另外一些是隐性的。孟德尔对他研究的生物有如此的分析观察力，可能得益于他受到的物理训练。除了其

图4.1 豌豆花。由于花是闭合的，豌豆通常是自花授粉，孟德尔才得以追踪和控制豌豆的授粉

4.1　种群内的变异

　　种群个体间的表型变异是基因与环境两者共同作用的结果。表型变异为自然选择过程中环境作用的基质，因此，确定种群内变异的程度与来源是演化研究中最基本的问题之一。达尔文的自然选择理论在生物学家中引发了一场思想革命。他们立即着手研究各种环境中生物个体的变异。早期的生物学家以植物开始深入地研究变异，并采用实验的方法进行验证。

广泛分布的植物的变异

　　加州斯坦福大学的延斯·克劳森（Jens Clausen）、大卫·凯克（David Keck）和威廉·希斯（William Hiesey）三人针对植物变异所进行的研究影响最大。他们探讨了植物种群形态变异的程度及来源，这其中包含了环境与遗传的影响。虽然这个研究团队和后继者研究了近 200 种植物，但其中最为知名的要算委陵菜（*Potentilla glandulosa*，图 4.2）的研究（Clausen，Keck and Hiesey，1940）。

　　克劳森和他的研究团队研究几个委陵菜种群的

良好的教育和天资之外，他还具有认真努力和持之以恒的精神（Orel，1996）。

　　达尔文与孟德尔完美地互补了彼此的研究。他们两人的自然理论从根本上改变了生物学。自然选择理论与遗传学的结合，为现代生物学提供了统一的概念基础，并催生了演化生态学。演化生态学是一门相当广泛的学科。在此，我们将探讨这一广泛学科的五大概念。

无性繁殖体（clone）。委陵菜分别生长在 3 个实验园：其中一个位于斯坦福的海岸附近，海拔 30 m；另外一个位于内华达山脉（Sierra Nevada）的马瑟（Mather）山区，海拔 1,400 m；第三个位于廷柏来恩（Timberline）高山，海拔 3,050 m（图 4.3）。通过克隆原生于低地、中海拔地区及高山的植物，并把它们种植于上述 3 个实验园，克劳森、凯克和希斯建立了可以揭示种群潜在遗传差异的实验条件。此外，由于他们研究所有植物种群对低地、中海拔和高山实验园不同环境的反应，该实验也显示了委

图4.2 黏性五叶型委陵菜的生长范围从海平面到海拔3,000 m以上。随生长的海拔梯度改变，委陵菜呈现明显的形态变异

陵菜种群对当地环境的适应情况。

图 4.3 总结了委陵菜在三种实验环境中的生长情况。植株高度具有显著差异，表明环境对植物形态有影响，但原生在低地、中海拔地区及高山的委陵菜对三种环境的反应各不同。例如，原生于中海拔地区和高山的植株在中海拔实验园长得最高，原生于低地的植株在低地实验园长得最高。低地、中海拔地区及高山的委陵菜开花数也因实验园而异。

低地、中海拔地区和高山的委陵菜无性繁殖种群间或种群内的不同反应提供了互补的信息。无性繁殖个体在同一花园中的生长情况和开花数的差异表明了低地、中海拔地区和高山的委陵菜种群间的遗传变异。在三个不同海拔高度实验园中，无性繁殖种群的生长情况和开花数的差异则是环境造成的结果，而不是遗传变异的结果。这是一个**表型可塑性**（phenotypic plasticity）的例子，即个体间形状和功

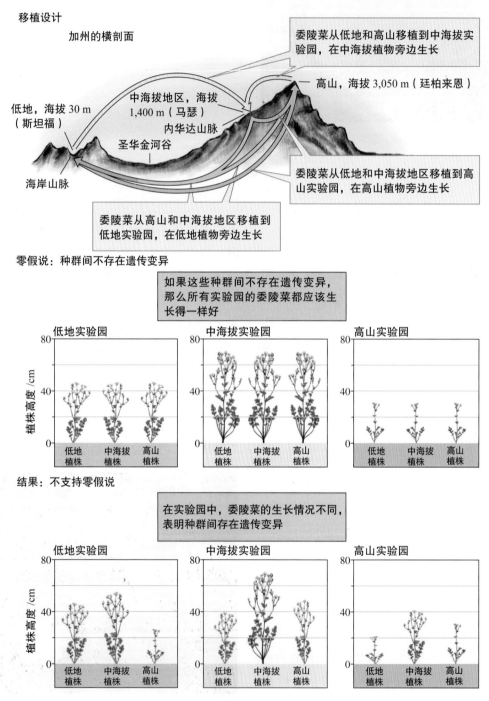

图4.3 采用实验园法研究黏性委陵菜种群的遗传变异（数据取自 Clausen，Keck and Hiesey，1940）

能的变异是环境影响的结果。

克劳森、凯克和希斯观测到的其他结果显示植物种群间的遗传变异与种群对当地环境的适应有关。例如，大部分低地植物在高山实验园的第一个冬季就死亡，就算存活，也无法结果。高山植物则表现相反，它们在低地实验园存活率低，并在低地植物仍活跃的冬季休眠。总体而言，克劳森、凯克和希斯的实验说明了种群间存在遗传差异，以及种群适应自然环境的能力有所差异。生态学者将这种能适应局部环境和具有遗传差异的种群称为物种的**生态型**（ecotype）。若采用这个名词，我们可以得到以下结论：克劳森、凯克和希斯所研究的低地、中海拔及高山种群都是生态型。

利用移植及共用实验园的方法，生态学家已获得许多有关植物种群内及种群间遗传变异的知识。这些经典的方法，加上现代分子生物技术，正快速地增进我们对自然种群间遗传变异的认识。

阿尔卑斯山鱼类种群的变异

阿尔卑斯山脉隆起于欧洲中南部的景观中，形成了潮湿且寒冷的高海拔环境。阿尔卑斯山上深厚的积雪及冰河是4条重要河流的源头。这4条河流分别是多瑙河、莱茵河、波河与隆河。正因为源头是冰冷的，这些河流成为冷水生物的庇护所。这些冷水生物自末次冰期即存留下来。到了大约12,000年前的更新世末期，随着附近低地的温度逐渐回升，这些冷水生物开始向河流源头及阿尔卑斯山四周的冰谷湖泊迁移，从而形成了地理上相互隔离的种群（图4.4）。这种隔离减少了个体在种群间的移动。正因为基因流（gene flow）的减少，种群才发生遗传上的分化。这种遗传分化（genetic divergence）增加了种群间的遗传变异。

阿尔卑斯山河水源头的鱼类种群间的形态差异，一直以来被认为是种群间存在遗传变异的结果。在有关种群间形态变异的研究及记录中，没有哪个比白鲑（whitefish）种群研究更彻底。白鲑是鳟鱼及鲑鱼的近亲，被归类为白鲑属（*Coregonus*，图4.5）。

马利斯·道格拉斯和帕特里克·布鲁纳（Douglas and Brunner，2002）探讨了阿尔卑斯山中部白鲑属种群间的遗传变异及表型变异。道格拉斯及布鲁纳指出，虽然鱼类学家已描述了阿尔卑斯山中部固有的19个白鲑属种群，但他们对于这些种群的分类却存在明显的分歧。他们对这些种群的分类千奇百怪，从单一物种包含19个不同种群到将19个种群细分为十几个不同物种。

图4.4 瑞士的卢塞恩湖位于阿尔卑斯山的中心地带，为包括白鲑种群在内的水生生物提供了广阔的冷水环境

图4.5 白鲑。和它们的近亲鳟鱼及鲑鱼一样，白鲑属喜欢寒冷、高氧的水域。由于它们是经济价值非常高的食用鱼，白鲑受到人类的集约管理，尤其是在阿尔卑斯山中部地区

阿尔卑斯山中部白鲑属种群的分类又因100多年的渔业管理而变得更加棘手。道格拉斯和布鲁纳回顾了这些历史，其中包括白鲑属的水产养殖及鱼群在湖泊间的迁移。他们研究的第一个主要目的是，通过描述现代白鲑属种群间的遗传变异，能否找到证据证明以往人类认为的种群间存在遗传变异。第二个目的则是检验白鲑属种群与它们的源种群之间的遗传相似性。利用这些信息，道格拉斯和布鲁纳试图为阿尔卑斯山中部地区的白鲑属管理及保护提出具体建议。

道格拉斯和布鲁纳从阿尔卑斯山中部的17个湖泊中收集了33个白鲑属种群的907个样本。他们采用解剖特征及遗传特征相结合的方法来记录收集的鱼群样本。其中，解剖特征包括背鳍、尾鳍、腹鳍、胸鳍的鳍条数、鳍的色素沉积（pigmentation）程度以及第一个鳃弓（gill arch）的鳃耙（gill raker）数。他们采用**微卫星DNA**（microsatellite DNA）研究种群的遗传特征。每个微卫星DNA是串联重复核DNA，含10～100个碱基对。

道格拉斯和布鲁纳的遗传分析显示，所有33个种群都存在中度到高度的遗传变异。他们也发现，遗传与形态的分析可以区分阿尔卑斯山中部一直存在的19个白鲑属种群。仅以种群间的遗传变异，就能以71%的正确率指出白鲑个体属于哪个种群；以鳍条数来鉴别，正确率为69%；以鳍的色素沉积程度来鉴别，正确率只有43%。若结合遗传数据与表型数据，则可将正确率提升至79%。白鲑属种群的遗传分析也显示它们与源种群具有遗传相似性，但与源种群相比，它们已逐渐产生遗传变异。

根据有关阿尔卑斯山中部白鲑属的研究结果，道格拉斯和布鲁纳得到一个结论：此物种由遗传高度分化的种群所组成。他们建议，这些种群应被视为一个"演化显著单元"（evolutionarily significant unit）。他们更进一步提出：本地白鲑属种群间的差异已大到足以将它们视为独立的单元来管理。因此他们两人建议，勿将白鲑属种群从一个湖泊迁移到另一个湖泊。

植物及动物的研究一再证明种群间存在遗传变异，这样的遗传变异是演化所需。但是为了更加了解种群如何演化，我们要先了解**群体遗传学**（population genetics）的一些知识。而群体遗传学的部分理论基础最早由哈迪（Hardy）和温伯格（Weinberg）两位研究者在20世纪初建立。

概念讨论 4.1 ▪

1. 我们是否可以确定不同海拔高度的委陵菜的生长差异不是遗传变异的结果？为什么？

2. 如果高山、中海拔地区和低地的委陵菜种群不存在遗传变异，那么图4.3应该是什么样子？

3. 自然种群普遍存在大量的遗传变异，这其中暗示的演化基础是什么？

4.2 哈迪－温伯格定律

哈迪－温伯格平衡模型有助于辨认改变种群基因频率的演化力量。我们之前将演化定义为种群随时间的改变，既然演化最终导致某种群内可遗传性状频率的改变，那么我们应该可以更精确地将演化定义为种群基因频率的改变。因此，在彻底认识演化前，须先了解一些群体遗传学的知识。虽然孟德尔并未研究种群的遗传学，但他的豌豆研究论文（Mendel，1866）涵盖了种群的遗传分析。在这篇名为《杂交的次代》（The Subsequent Generation from the Hybrids）的论文中，孟德尔从数学上演示了如果自交（self-fertilization）是某种群的唯一受精方式，此种群有三种基因型：AA——纯显性型（homozygous dominant）；Aa——杂合型（heterozygous）；aa——纯隐性型（homozygous recessive），且它们的比例为1AA∶2Aa∶1aa，那么种群内纯隐性基因型（aa）及纯显性基因型（AA）的个体频率将会增加。孟德尔并未考虑如果除了自交以外还有其他受精方式，他的理论种群的基因频率会发生何种改变。尽管如此，他的分析已为 42 年后的群体遗传学奠定了基础。

计算基因频率

以亚洲瓢虫中的异色瓢虫（*Harmonia axyridis*）种群为例。异色瓢虫种群的翅鞘（elytra）有许多种颜色花纹，目前已知的颜色花纹已超过 200 种。许多异色瓢虫的颜色花纹非常不同，以至于它们被早期的分类学者归类为不同种甚至不同属。在 20 世纪上半期，许多遗传学家，特别是谭嘉辰与李巨池（Tan and Li，1934，1946）及狄奥多西·杜布赞斯基（Dobzhansky，1937），认为异色瓢虫的颜色花纹变化其实是受 10 多种等位基因的影响所致。图 4.6 为其中两种等位基因引起的表型变异。异色瓢虫的纯合 "19-signata" 基因型在此以 SS 表示，它使黄翅鞘上出现黑斑；而纯合 "aulica" 基因型在此以 AA 表示，它使翅鞘上出现显眼的黑边及大椭圆形的黄色或橘色。谭嘉辰和李巨池两人利用他们在中国西南方收集的异色瓢虫进行大量繁殖实验，发现若将 19-signata 及 aulica 这两种基因型杂交，会产生杂合基因型（在此以 SA 表示），它使翅鞘上同时显现 19-signata 及 aulica 两亲代的花纹特征。而他们之所以能对异色瓢虫的颜色花纹遗传有如此多的认识，是因为从颜色花纹就可得知个体的基因型。

现在假设你位于亚洲某处森林中，发现异色瓢虫的各基因型频率如下：SS 为 0.81（81%），SA 为 0.18（18%），AA 为 0.01（1%），那么等位基因 S 及 A 在该种群中的频率是多少呢？

S 等位基因的频率是：

SS 的频率 +1/2（SA 的频率）

= 0.81 +（1/2）× 0.18 = 0.81 + 0.09 = 0.90

A 等位基因的频率是：

AA 的频率 +1/2（SA 的频率）

= 0.01 +（1/2）× 0.18 = 0.01 + 0.09 = 0.10

上述计算表明，在此瓢虫种群中，S 等位基因的

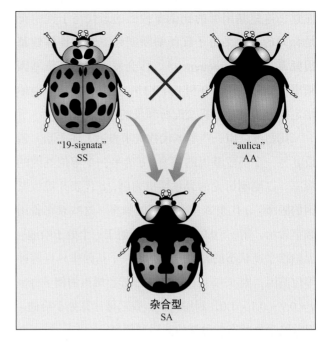

图 4.6 亚洲瓢虫异色瓢虫的颜色花纹遗传。关于异色瓢虫颜色花纹变异的遗传基础研究很深入，使异色瓢虫成为研究种群遗传和自然选择的有用物种（资料取自 Dobzhansky, 1937; Tan, 1946）

频率为 0.90，而 A 等位基因的频率为 0.10。

演化生态学家对于何种因素可能改变种群（如上述假设的异色瓢虫种群）的等位基因频率相当感兴趣。那些因素（我们也可说是演化力量）是由**哈迪 – 温伯格定律**（Hardy-Weinberg principle）间接揭露的。哈迪 – 温伯格定律可简述为：如果一个种群在没有演化力量的干预下进行随机交配，其等位基因的频率维持不变。

让我们回顾一下随机交配如何影响异色瓢虫种群的基因频率。假设 SS、SA 及 AA 三种基型具有相同的繁殖力，而种群内的 S 及 A 等位基因比例分别为 0.9 及 0.1，该比例亦为卵子与精子携带这两种等位基因的概率。在随机交配过程中，任何两个等位基因在合子（zygote）中配对的概率是由种群的等位基因频率决定的：

S 精子与 S 卵子配对的概率 = 0.9 × 0.9 = 0.81

S 精子与 A 卵子配对的概率 = 0.9 × 0.1 = 0.09

A 精子与 S 卵子配对的概率 = 0.1 × 0.9 = 0.09

A 精子与 A 卵子配对的概率 = 0.1 × 0.1 = 0.01

所以随机交配产生的三种基因型的比例分别为：

SS = 0.81；SA = 0.09 + 0.09 = 0.18；AA = 0.01。请

注意，这些基因型的比例在种群的亲代与子代中都是相同的。如果由子代的基因型频率来计算**等位基因频率**（allele frequency），你会发现这些等位基因频率仍然是 S = 0.90 和 A = 0.10，这正是哈迪－温伯格定律对于种群随机交配所预见的结果。

我们可以用一些基本代数式来表示上述关系。假设 p 为一个等位基因的频率，q 为另一个等位基因的频率。以刚刚讨论的异色瓢虫为例，p 代表 S 等位基因的频率，q 代表 A 等位基因的频率。这些频率若用数字表示，则 $p = 0.90$，$q = 0.10$。对于一个处于哈迪－温伯格平衡状态的种群而言，若一个基因座只有两种等位基因，则 $p + q = 1.0$。再参照异色瓢虫的例子，$p + q = 0.9 + 0.1 = 1.0$，利用此式，我们可计算处于哈迪－温伯格平衡状态的种群的基因型频率：

$$(p + q)^2 = (p + q) \times (p + q) = p^2 + 2pq + q^2 = 1.0$$

将数字代入上式会得到以下结果：

$$0.90^2 + 2 \times 0.90 \times 0.10 + 0.10^2$$
$$= 0.81 + 0.18 + 0.01 = 1.0$$

根据此算式，我们假设的异色瓢虫种群的各基因型频率为：

$$P^2 = 0.90^2 = 0.81 = \text{SS 基因型的频率}$$

$$2pq = 2 \times 0.90 \times 0.10 = 0.18 = \text{SA 基因型的频率}$$

$$q^2 = 0.10^2 = 0.01 = \text{AA 基因型的频率}$$

当异色瓢虫种群的个体进行随机交配时，这些计算值等同于等位基因两两结合的概率。哈迪－温伯格模型的数学分解见图4.7。

在我们刚才探讨的方程式中，随机交配即可维持固定的基因型频率与等位基因频率。但是，哈迪在1908年的论文中指出，在自然种群中，维持固定的等位基因频率还需要其他条件。举例来说，哈迪了解到非随机交配或各基因型繁殖力的差异都会改变种群中等位基因的频率。一个种群若要维持固定的等位基因频率，即达到所谓的哈迪－温伯格平衡（Hardy-Weinberg equilibrium），必须满足以下条件：

1. 随机交配。非随机交配或优先交配都会导致等位基因配对的概率高于或低于预期，从而改变基因型的频率。

2. 无突变。无论是新的等位基因加入种群中，还是等位基因由一种形式变成另一种形式，都可能

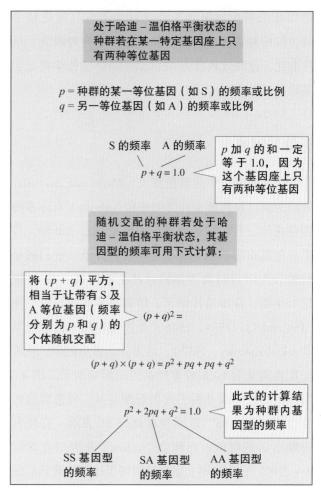

图4.7 哈迪－温伯格平衡公式的解析

改变种群的等位基因频率，并因此打破哈迪－温伯格平衡。

3. 大种群。单从机会这项因素考虑，小种群会提高等位基因频率在代与代之间改变的概率。由机会或随机事件引起的等位基因频率的改变被称为**遗传漂变**（genetic drift）。遗传漂变会增加某些等位基因的频率，同时降低其他等位基因的频率，甚至消除它们。长期下来，遗传漂变将会降低种群的基因变异。

4. 无迁入。迁入会引进新的等位基因到种群里，或迁入者之间的等位基因频率不同导致现有等位基因的频率改变。不管哪一情形，迁入皆会干扰哈迪－温伯格平衡。

5. 所有基因型具有相同的适合度。这里的适合度指的是个体对后代的遗传贡献。如果各基因型具有不同的存活率及繁殖率，则种群中的基因与基因型频率将会改变。

达到哈迪－温伯格平衡须满足以上5个条件，但在一个自然种群中，哈迪－温伯格平衡所需的5个条件皆存在的可能性有多大呢？在某些地方与某些时候，这些条件是存在的，但更可能出现的情况是，至少有一个或多个条件是不符合的，以至于等位基因的频率发生改变。乍看哈迪－温伯格定律对生物圈没有什么作用，但事实上它非常重要。在这些严苛的条件下，种群不会发生演化。因此，哈迪和温伯格的分析让我们得到一个结论：自然种群具有非常巨大的演化潜能。

在第4章接下来的几节中，我们将讨论几个例子。我们会看到，由于没有达到一个或多个哈迪－温伯格平衡的条件，种群发生了演化改变。我们就从自然选择过程开始讨论吧。

概念讨论 4.2 ■

1. 为什么小种群比大种群更容易发生遗传漂变？

2. 雌性的高选择性配对（图8.9）如何潜在地影响哈迪－温伯格平衡？

3. 在小种群中，迁入与遗传漂变对遗传多样性的影响有何不同？

4.3　自然选择过程

自然选择是由于各种表型具有不同的存活率和繁殖率。第4章前言提到，达尔文是最先察觉到种群个体间的变异具有重要生物意义的学者之一。他指出某些个体会因某种表型特征，如较大或较小的体形、较高或较低的新陈代谢率等，较其他具有不同表型特征的个体具有更高的繁殖率及存活率。换言之，一个种群中的某些个体因它们的表型特征可存活至产生更多子代。

虽然自然选择的概念很容易理解，但自然选择并不是在任何时间、任何地点都以相同方式进行的。相反地，自然选择在不同条件下，采取不同方式作用于种群的不同部分，进而产生迥然不同的结果。自然选择既可导致种群的改变，也可以成为一股保护力量，阻止种群的改变。总之，自然选择可以增加或减少某个种群的多样性。让我们从自然选择保护种群特征开始讨论吧！

稳定选择

我们从哈迪－温伯格平衡模型中获得的一个结论是，多数种群具有巨大的演化潜能，但我们看到的自然界却显示物种在代代相传间只能保留极少的变异。如果种群的演化潜能很高的话，那么为什么种群并没有一直在发生明显的演化变异呢？对此，有许多原因可以说明。举例来说，一种称为**稳定选择**（stabilizing selection）的自然选择方式就可以阻止种群的变异。

稳定选择会淘汰极端的表型，有利于一般表型。图4.8（a）利用某物种体形大小的正态分布（第19章，448页）来说明稳定选择的作用过程。在稳定选择的影响下，一般体形的个体比极大体形和极小体形的个体具有较高的存活率及繁殖率，而种群中最大个体或最小个体具有较低的存活率及繁殖率。换句话说，在稳定选择条件下，与极端体形的个体相比，一般体形的个体具有较高的达尔文适合度或演化**适合度**（fitness）。适合度可以定义为一个个体为后代贡献的子女或基因的数量。因此，稳定选择的结果会造成一个种群倾向于长期维持相同的表型。当某种群的个体对所处环境条件具有最佳适合度时，便会产生稳定选择。如果某个种群对一种环境条件适应良好，那么稳定选择可维持该环境与该种群一般表型之间的匹配。但是当环境发生改变，某个特别性状的稳定选择则会受到挑战。面对环境改变时，主要的自然选择可能具有方向性。

定向选择

如果我们检验化石资料或是追踪一些已被长期研究的种群的历史，便可以找到许多种群特征随时间改变的例子。比如说，在许多演化谱系中，种群的体形大小或身体比例发生明显的改变，这样的改变便可能是**定向选择**（directional selection）的结果。

定向选择对种群中的极端表型比较有利。图4.8（b）显示了定向选择，同样以正态分布的体形大小为例。在此假设条件下，种群中较大体形的个体具有较高的存活率和繁殖率，一般体形及较小体形的

个体则具有较低的存活率和繁殖率。由于存活率及繁殖率的差异，加上定向选择的作用，种群的一般表型随时间发生改变。由图4.8（b）可以看出，一般体形随时间变大了。当极端表型比其他表型更具优势时，定向选择就会发生。然而，在某些情况下，不止一种极端表型比一般表型具有优势，这时就会出现种群的多样化。

分裂选择

有些种群的特征（如体形大小）并非呈正态分

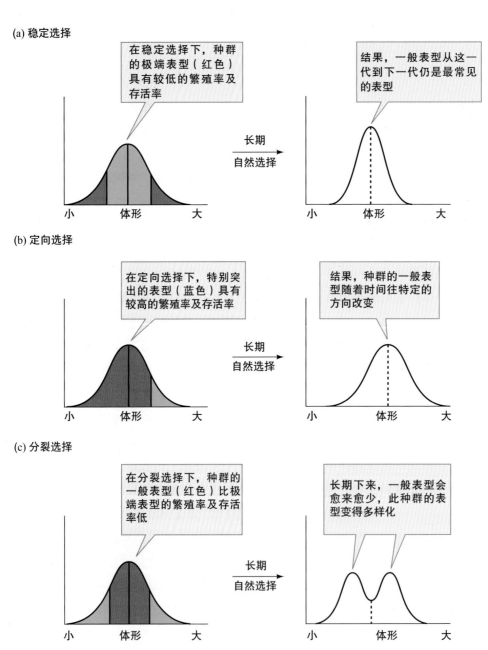

图4.8 自然选择的主要类型

布。如图 4.8（a）及图 4.8（b）所示，正态分布只有一个峰值，而且峰值与种群平均值相符合。也就是说，一般表型在种群中最普遍，而其他表型则较少见。不过，某些种群则可能含有两种或两种以上较普遍的表型。例如，许多雄性动物种群便可能有两种以上不同的体形。在某些动物种群中，大体形和小体形的雄性个体比中等体形的个体具有较高的生殖成功率。在这样的种群里，自然选择使雄性的体形产生了多样性。这种多样性主要是由**分裂选择**（disruptive selection）产生的。

在分裂选择中，某种群的两种或两种以上的极端表型要比一般表型更有优势。在图 4.8（c）中，与较大体形或较小体形的个体相比，一般体形的个体具有较低的存活率和繁殖率。长期下来，较小体形及较大体形的个体都增加了，以至于雄性体形的分布出现双峰。换言之，在此种群中，大体形及小体形的个体比较多，中等体形的雄性个体比较少。

图 4.8（b）及图 4.8（c）显示经过一段时间的自然选择后，这两个假设种群的表型频率发生改变。这一改变取决于自然选择作用的表型（由基因决定）的变异程度，这将在下一节重点讨论。

概念讨论 4.3 ▪

1. 如果你观察到一个种群的基因频率连续多代没有什么变化，是否可以得出结论：这个种群没有发生自然选择？

2. 为什么快速的人为环境改变会对自然种群产生威胁？

4.4　自然选择的演化

大量快速增长的自然种群研究为自然选择演化理论提供了强有力的支持。自然选择理论最普遍的主张是，环境决定生物的结构、生理及行为的演化。这是达尔文研究不同环境下的种群间和物种间的变异后得到的结论。但是达尔文敏锐地认识到，自然选择使种群产生演化变化的唯一途径是自然选择作用的表型性状可以一代代遗传下去。换句话说，自然选择产生的演化取决于性状的遗传率。

遗传率：演化的基础

我们可以这样定义性状的**遗传率**（heritability）：广义上指的是遗传变异产生的性状（如体形大小或色素深浅）占全部表型变异的比例，通常以符号 h^2 表示。遗传率可以数学式表示如下：

$$h^2 = V_G / V_P$$

式中，V_G 表示遗传变异，V_P 表示表型变异（我们将在本章 91 页中讨论如何计算变异）。影响种群表型变异的因子有许多，因此我们将表型变异分为两部分：由遗传因子造成的表型变异（V_G），以及由环境因子造成的表型变异（V_E）。将上述遗传率公式中的 V_P 以这两部分变异代入后，我们可得：

$$h^2 = V_G / (V_G + V_E)$$

这个高度简化的遗传率公式具有重要内涵，所以让我们花点工夫来理解它。首先，我们来看环境变异 V_E。环境对于生物表型的许多方面都产生实质影响。比如说，动物所吃的食物的品质会影响它的生长率，最终影响其体形大小。类似地，光、养分、温度等也会影响植物的生长型及大小。因此，在讨论动物或植物种群时，我们测量的某些表型正是环境影响的结果，这就是环境变异 V_E（环境影响表型变异的程度被称为表型可塑性，这一概念在本章的前面部分已经介绍过，见 82 页）。我们对于遗传造成的表型变异也同样熟悉。举例来说，我们在动物或植物种群身上见到的高度变异，通常都是种群个体间的遗传变异造成的结果，这就是遗传变异 V_G。

在上述公式中，某个性状的遗传率取决于遗传变异及环境变异的相对大小。遗传率会随着 V_G 的增大而变强，随着 V_E 的增大而变弱。请想象以下情形：个体间所有的表型变异均来自遗传变异，完全没有受到环境的影响。在此情形下，V_E 为 0，那么 $h^2 = V_G / (V_G + V_E)$ 变为 $h^2 = V_G / V_G$（因 $V_E = 0$），所以结果为 1.0。既然所有表型变异皆为遗传的影响结果，所以此性状是完全可遗传的。另外，我们也可想象另一种完全相反的情形：表型变异没有受到遗传的影响。在该情形下，V_G 为 0，所以 $h^2 = V_G / (V_G + V_E)$ 也等于 0。由于我们在此种群中看到的所有表型变异都来自环境影响，自然选择无法在此种群中产生演化改变。一般而言，某性状的遗传率通常介于这两种极端之间，环境与遗传二者皆会对种群的表型变异产生影响。例如，一个由荷兰科学家组成的研究团队研究水百合叶甲虫的外形变异后发现，甲虫的体长及下颚（mandible）宽度的遗传率为 0.53～0.83（Pappers et al., 2002）。如今我们已知道，要使一个性状发生演化，必须有可遗传的变异。接下来，就让我们来回顾一些揭示自然界中自然选择促成演化的研究。

长尾林鸮卵大小的稳定选择

卵的大小影响着后代的发育和存活，影响着生物繁殖的成功。这些生物从海胆、蜥蜴、鱼类到鸵鸟，种类繁多。在种群中，卵的大小差异很大。例如，在鸟类中，最大的鸟蛋是最小的两倍。芬兰赫尔辛基大学的鸟类生态学研究组的佩卡·孔蒂艾宁、乔恩·布罗姆、帕特里克·卡罗尔和汉努·皮提恩（Kontiainen et al., 2008）研究了长尾林鸮（*Strix uralensis*）的卵大小的遗传率、表型可塑性和演化。其中的关键问题是，在他们研究的种群中，卵大小的变异有多少是由雌性的遗传变异（遗传率）造成的，又有多少是由环境因素（表型可塑性）引起的。

1981—2005 年，研究组在芬兰南部一个面积为 1,500 km^2 的区域对长尾林鸮进行了研究。黑田鼠（*Microtus agrestis*）和欧䶄（*Clethrionomys glareolus*）是长尾林鸮的主要猎物，它们在研究区内进行着规律的种群循环。鼠类的种群密度随时间变化，上下波动可以相差 50 倍。由于鼠类种群的变动在整个区域不是同步的，有些猫头鹰物种在芬兰过着游牧生活，飞向鼠类种群增加的地方，当该地区的鼠类种群降至低点，它们就会离开（第 10 章，235 页）。

与它们相反，长尾林鸮是单配种。即使它们的猎物种群发生变化，它们并不飞走，而是继续留在伴侣的领地中。孔蒂艾宁和同事们称它们为"坚守阵地者"。

在他们的研究过程中，研究小组收集了 878 窝共 3,000 枚卵，重复测量了 344 只雌鸟的卵大小。猎物种群的巨大变化以及长尾林鸮对居住地的坚守为研究组提供了一个很好的机会。他们可以研究环境和遗传对繁殖率的影响，包括对卵大小的影响。有些卵是 59 只雌鸟在鼠类种群数量经历三个阶段（低点、增加和下降）的过程中产下的。根据 59 只雌鸟的卵的测量数据，孔蒂艾宁等人估计长尾林鸮种群的卵大小具有高遗传率——$h^2 = 0.60$。卵的大小具有高遗传率的发现是本研究最关键的部分，因为它说明这一性状会因受到自然选择作用发生潜在演化。

在其他部分的研究中，研究组还探索了卵大小和各种变异的相互关系，发现长尾林鸮种群的卵大小正在经历稳定选择（图 4.9）。他们的结果揭示了两个主要选择因子：孵化成功率的变异和雌性在生命期产下的离巢雏鸟的数量差异。结果显示，小卵和大卵的孵化成功率比中等大小的卵低得多。孔蒂艾宁和同事还发现，卵特别小或特别大的雌鸟产下

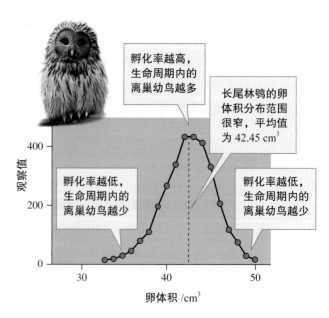

图 4.9　长尾林鸮的卵体积的稳定选择。小卵或大卵的低孵化率会导致雌性长尾林鸮在生命周期内的离巢幼鸟减少，这表明长尾林鸮种群的卵大小发生稳定选择（资料取自 Kontiainen et al., 2007）

的离巢幼鸟也比较少，这主要是因为产下极端大小的卵后，雌鸟的繁殖期会缩短。这些因素的影响综合起来，使长尾林鸮种群的卵大小发生稳定选择。

在其他地区，生态学家还证明了种群的定向选择。

调查求证 4：数据变异

我们在第 2 章计算了样本的平均值，在第 3 章讨论了如何确定样本的中值。平均值和中值以不同方式代表种群样本的中间水平或典型水平。我们要问的另一个重要问题是样本围绕着平均值有多大变异。这个问题很重要，原因很多。例如，两三个样本或许具有相同的平均值，但每个样本的测量值变异可能很大。知道样本的变异和它们的平均值或中值，有利于我们在统计学上比较它们（调查求证 17 和 18）。

假设你正在研究瑞士卢塞恩湖（图 4.4，83 页）的白鲑种群。作为研究的一部分，你需要估计从湖中采样的幼白鲑样本的长度变异。下面是测量值：

样本	1	2	3	4	5	6	7	8	9	10
总长度 /mm	60	62	56	53	53	59	62	41	58	58

最简单的参数是**范围**（range），即最大测量值和最小测量值的差异。在这个例子中，范围是：

$$62 - 41 = 21mm$$

范围并不能很好地代表样本的变异，因为几套非常不同的观测值可以有相同的范围。更好地代表样本变异的参数应该能表示所有观测值与样本平均值的相关性。最常用的一个参数叫作样本**方差**（variance）。方差的计算过程如下。

首先我们重复第 2 章的计算过程，计算样本的平均值：

$\overline{X}$ = 56.2 mm（你可以利用上述数据，进行样本平均值的计算练习）

计算方差，首先要计算样本平均值与每个观测值的差值的平方，然后把它们相加产生平方和，再除以样本数减 1。让我们一步步计算，首先计算平方和：

$$平方和 = \sum (X - \overline{X})^2$$

将上表中鱼长度的测量值代入上式：

$$
\begin{aligned}
\sum (X - \overline{X})^2 &= (60 - 56.2)^2 + (62 - 56.2)^2 \\
&+ (56 - 56.2)^2 + (53 - 56.2)^2 \\
&+ (53 - 56.2)^2 + (59 - 56.2)^2 \\
&+ (62 - 56.2)^2 + (41 - 56.2)^2 \\
&+ (58 - 56.2)^2 + (58 - 56.2)^2
\end{aligned}
$$

求差值：

$$
\begin{aligned}
\sum (X - \overline{X})^2 &= 3.8^2 + 5.8^2 + (-0.2)^2 + (-3.2)^2 + (-3.2)^2 \\
&+ 2.8^2 + 5.8^2 + (-15.2)^2 + 1.8^2 + 1.8^2
\end{aligned}
$$

差值的平方：

$$
\begin{aligned}
\sum (X - \overline{X})^2 &= 14.44 + 33.64 + 0.4 + 10.24 \\
&+ 10.24 + 7.84 + 33.64 + 231.04 + 3.24 + 3.24
\end{aligned}
$$

把差值的平方相加，求出平方和：

$$\sum (X - \overline{X})^2 = 347.6 \ mm^2$$

将平方和再除以样本数减 1 即求得方差，样本数在这个实例中为 10。

样本方差：$\dfrac{\sum (X - \overline{X})^2}{n-1}$

现在把数值代入：

$$s^2 = \frac{347.6 \ mm^2}{9}$$

然后相除得到结果：

$$s^2 \approx 38.6 \ mm^2$$

这就是样本的方差。请注意，样本方差的单位是平方毫米，而不是毫米，因为样本方差是用平方来计算的。通常我们对方差进行平方根计算，求得的结果为样本**标准偏差**（standard deviation）：

$$s = \sqrt{s^2}$$

计算我们数据的标准偏差：

$$s = \sqrt{38.6 \text{ mm}^2} \approx 6.2 \text{ mm}$$

计算出的标准偏差 6.2mm 为我们研究幼鱼种群的长度变异提供了标准指数。庆幸的是，一旦输入数据，大多数电子计算器可以自动做这些计算。有了样本平均值和样本标准偏差，我们可以对样本进行统计学上的比较。

实证评论 4

1. 与范围相比，为什么标准偏差和方差能更好地表示样本的变异？

2. 从两个不同种群抽取样本，它们是否可能产生大致相等的平均值（如体重）和不同的方差？为什么？

定向选择：无患子甲虫对新宿主植物的快速适应

如第 7 章（163 页）讨论的，食草动物必须克服植物演化产生的许多物理或化学防御。因此在理论上，植物会对食草动物的生理、行为和结构产生强烈的选择作用。一般有关食草动物如何适应植物防御功能的讨论都是从植物的防御性和食草动物的特征这两方面来论述的，鲜有研究记录食草动物的适应过程。但是，有一个值得注意的例外，那就是关于无患子甲虫在新宿主植物上的演化的研究。

红肩美姬缘蝽（*Jadera haematoloma*）主要摄食无患子科（Sapindaceae）植物的种子，常利用其细长的口器穿过植物果实的果皮。为了能吃到果实内的种子，口器必须长到足以从果实外部到达种子处。果皮外部到种子的距离因宿主植物不同而存在很大差异。因此，口器长度应是处于极强烈的选择作用下。

斯科特·卡罗尔与克里斯廷·博伊德（Carroll and Boyd，1992）回顾了红肩美姬缘蝽在新宿主中拓殖的历史和生物地理分布。在历史上，红肩美姬缘蝽栖息的无患子科宿主植物主要有 3 种，分别为：美国中南部的无患子（*Sapindus saponaria v. drummondii*）、得克萨斯州南部的塞战藤（*Serjania brachycarpa*）以及佛罗里达州南部的虎灯笼（*Cardiospermum corindum*）。在 20 世纪后半期，另外 3 种无患子科植物首度被引入美国西南部，包括东亚的栾树（*Koelreuteria paniculata*）、东南亚的泰棕（*K. elegans*）和亚热带的倒地铃（*Cardiospermum halicacabum*）。前两者皆作为装饰植物种植，后者则入侵路易斯安那州与密西西比州。在这些植物引进美国之后，部分红肩美姬缘蝽从它们的原生宿主

转移，开始以这些新引进的植物种类为食。

卡罗尔与博伊德特别感兴趣的是，红肩美姬缘蝽从原生宿主植物转移到新宿主植物后，它们的口器长度是否也随之改变。图 4.10 比较了佛罗里达州和美国中南部的原生宿主及引进宿主的果实半径。在佛罗里达州，原生宿主倒地铃的果实半径是 11.92 mm，引进的栾树的果实半径是 2.82 mm，前者比后者大得多。在美国中南部，红肩美姬缘蝽转移到

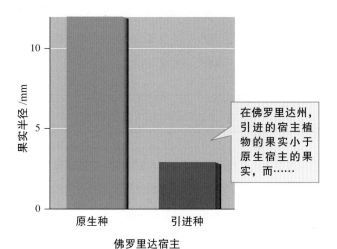

图 4.10 原生无患子科植物与引进的无患子科植物的果实半径比较（资料取自 Carroll and Boyd，1992）

新宿主时，所面临的情形则正好相反。该处的原生种无患子的果实半径为 6.05 mm，引进的泰棕和虎灯笼的果实半径分别是 7.09 mm、8.54 mm，前者比后两者小。

卡罗尔与博伊德的推论是，如果口器长度受到自然选择的影响，随宿主植物果实的半径变化，那么在佛罗里达州，那些改食引进植物的红肩美姬缘蝽的口器应该会变短；反之，在美国中南部，那些改食引进植物的红肩美姬缘蝽的口器会变长。图 4.11 显示了红肩美姬缘蝽口器长度与其宿主植物果实半径间的关系，你可以看到两者的确具有密切相关性。

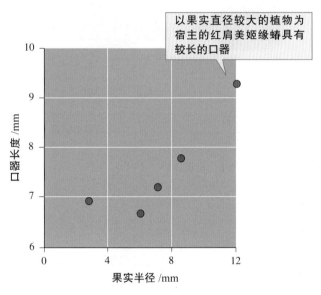

以果实直径较大的植物为宿主的红肩美姬缘蝽具有较长的口器

图 4.11 红肩美姬缘蝽种群的口器长度与宿主植物果实半径的相关性（资料取自 Carroll and Boyd，1992）

讨论至此，我们可能要问：卡罗尔和博伊德观察到的口器长度差异是否是针对不同宿主才产生的反应？换言之，到底口器长度差异是由红肩美姬缘蝽种群间的遗传变异引起的，还是由表型可塑性引发的？为解决这一问题，卡罗尔将各个种群的幼虫饲养于相反的宿主植物上。得到的结果是：当甲虫被饲养在相反的宿主上时，在原生宿主与引进宿主上观察到的口器长度差异依然存在。实验进行到这里，我们获得了遗传根据来诠释红肩美姬缘蝽种群间的差异。因此，我们可以得出以下结论：卡罗尔与博伊德所记录的口器长度差异是自然选择的结果。卡罗尔和博伊德记录了口器长度的遗传率大约是0.6，这表明遗传率很高，也证明了之前的演化改变

（Carroll and Boyd，2001）。

此外，斯科特·卡罗尔、史蒂芬·克拉森与休·丁格尔（Carroll, Klassen and Dingle，1997，1998）对红肩美姬缘蝽做了更多的研究，证实宿于原生无患子植物与引进植物的种群间存在极大的遗传变异。以自然选择的观点看来，这些红肩美姬缘蝽种群间的差异非常显著，以至于当它们被迫生活在相反宿主时，它们的繁殖率及存活率会降低。换句话说，将以原生宿主为食的红肩美姬缘蝽转移到引进植物上之后，其繁殖率及存活率皆降低。同样地，若将现在以引进植物为食的红肩美姬缘蝽移到其原生植物上，尽管它们的祖先在 30～100 年前以原生植物为食，它们的繁殖率及存活率仍会下降。显然，这些甲虫经历自然选择后产生了有利于它们生存及发育的性状，不管是在原生植物还是在引进植物上。

达尔文地雀种群的分裂选择

我们知道，加拉帕戈斯群岛和岛上的栖息者在达尔文自然选择理论的发展中扮演了重要角色。其中，14 种鸟类的变异让达尔文印象尤其深刻，这些鸟类现在被称为达尔文地雀，或被很多人称为加拉帕戈斯地雀。在他随后出版的"贝格尔"号航海记录中（Darwin，1842a），达尔文描述了这些鸟类对他思想的影响：

> 最奇特是地雀属（*Geospiza*）的喙大小呈现完美的梯度。这个梯度和多样结构发生在密切相关的小鸟群中。而真正让你称奇的是，从这个群岛上鸟类的缺乏可知，物种被取代或发生改变，产生了不同的结果。

达尔文思想和他的地雀研究的最伟大贡献是使我们了解了演化过程。例如，引起达尔文注意的鸟喙大小差异揭示了这个性状对于达尔文地雀摄食生态学的重要性。具有较大喙的地雀能够啄开和食用较大种子（第 13 章，306 页）。而有关勇地雀（*G. fortis*）种群喙大小变异的研究更是产生了许多令人瞩目的发现。在关于勇地雀的一个开拓性研究中，彼得·博格和彼得·格兰特（Boag and Grant，1978）

发现喙的长度、深度和宽度具有高度遗传性，其遗传率分别是 0.62、0.82 和 0.95。基于这个遗传率，博格和格兰特为后来达尔文地雀喙大小和形状的演化研究建立了基础。

最近一个勇地雀研究为自然种群的分裂选择提供了一个最清楚最完整的例子。安德鲁·亨德里、萨拉·休伯、路易斯·莱昂、安东尼·海莱尔和杰弗里·伯恩斯（Hendry et al., 2009）发现阿约拉港（El Garrapatero）、圣克鲁斯岛、加拉帕戈斯群岛的勇地雀种群的优势种是两个具有明显特征的种群——小喙群和大喙群（图 4.12）。同时，具有中等喙的勇地雀在阿约拉港不常见。亨德里和同事们发现分裂选择会影响喙大小的分布，因为他们的研究揭示中等喙的勇地雀在种群中具有较高死亡率或高迁出率。研究者们推断，高死亡率和高迁出率或许是由于缺乏合适的食物，又或者是由种群中数量更多的小喙个体和大喙个体与中等喙个体竞争所致。

正在进行的研究揭示了重要的生态细节——阿约拉港的鸟喙大小的分裂选择已被种群中的非随机交配强化。非随机交配本身是种群演化改变的原因之一（也见第 8 章），因为它违背了哈迪 – 温伯格平衡条件（86 页）。有些达尔文地雀选择配偶以喙大小和求偶鸣唱为依据。因为不同种类的达尔文地雀具有不同大小和形状的喙，鸣唱的求偶曲调也不一样，所以达尔文地雀种群个体很少与其他种群个体进行交配。阿约拉港的勇地雀走出了分裂选择的第一步，优先选择种群内具有相似喙大小的地雀为配偶。换句话说，种群中的小喙个体更喜欢与小喙个体交配，大喙个体也打破平衡，选择大喙个体为

配偶（de León et al., 2010）。另外，种群中不同喙大小的地雀鸣唱的求偶曲调也明显不同，这强化了非随机交配（Podos, 2010）。这些近期的研究也显示由非随机交配强化的分裂选择产生了阿约拉港的小喙和大喙勇地雀间的遗传变异，进一步推进这两种优势鸟喙形状的演化分化。

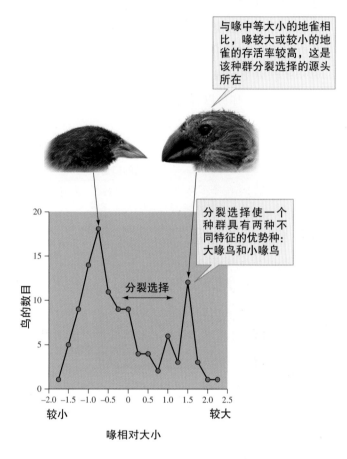

与喙中等大小的地雀相比，喙较大或较小的地雀的存活率较高，这是该种群分裂选择的源头所在

分裂选择使一个种群具有两种不同特征的优势种：大喙鸟和小喙鸟

分裂选择

较小　　　　　　　较大

喙相对大小

图 4.12　加拉帕戈斯群岛、圣克鲁斯岛和阿约拉港的勇地雀种群的分裂选择（数据来自 Hendry et al., 2009）

概念讨论 4.4

1. 没有遗传率即 $h^2 = 0$ 的性状是否可以演化？解释原因。

2. 在新的无患子植物引入到美国之前，红肩美姬缘蝽的口器长度在哪些方面一定是真实的？

3. 有一个遗传证据反映了分裂选择的作用，即大嘴地雀（*G. magnirostris*）和勇地雀交配（图 13.8，306 页）可使阿约拉港勇地雀种群的喙大小（图 4.12）产生足够多的遗传变异。请解释原因。

4.5　源于机会的变异

随机过程（如遗传漂变）可以改变种群（尤其是小种群）的基因频率。虽然我们经常认为演化变异是由可预见的力量造成的，例如自然选择对某种特定基因型有利或不利，但等位基因的频率也会因随机过程（如遗传漂变）而改变。理论上，遗传漂变对于改变小种群（如岛屿上的种群）的基因频率最有效。在下面的例子中，我们将探讨遗传漂变如何影响隔离山顶及岛屿上的种群。

奇瓦瓦云杉遗传漂变的证据

人类的土地利用造成自然生态系统的斑块化，使栖境有效性下降，从而导致动植物种群缩小，以至于遗传漂变降低了自然种群内的遗传多样性，这非常令人忧心。这样的担心有根据吗？答案是肯定的。哈迪－温伯格定律预测，小种群更容易发生遗传漂变（86页），从而降低遗传变异。

由于气候变迁及自然生境的碎片化，许多自然种群已出现斑块化现象。奇瓦瓦云杉（*Picea chihuahuana*）即为其中一例。此树种目前只生长在墨西哥北部的西马德雷山脉（Sierra Madre Occidental）的山顶上。在更新世的冰期，全球气候变冷，墨西哥以南的地方仍有云杉的踪迹，且种群更丰富。但是，随着冰期的结束，气候逐渐变暖，进入全新世时期，云杉种群开始往北部及高海拔处迁移。时至今日，墨西哥境内的所有云杉种群仅分布于奇瓦瓦州（Chihuahua）及杜兰戈州（Durango）中又小又分散的亚高山环境。在这些高山海拔2,200～2,700 m处，奇瓦瓦云杉沿着西马德雷山脉的山脊形成一道长800 km的生长带。在局部地区，此树种沿着水源充足的溪流，分布在较冷的北向山坡。在这样的微气候环境中，你或许可以找到冰期遗留的种群。在这些山区的保护下，奇瓦瓦云杉往南延伸至北纬23° 30 '，到达北回归线之南。

在杜兰戈州的奇瓦瓦云杉尚未被找到之前，所有奇瓦瓦州的奇瓦瓦云杉皆已被找到并列入计算了，其局部种群量为15～2,441棵。这种分布正好可

用来研究种群大小及生境碎片化对种群遗传多样性的影响。这项研究由美国及墨西哥的科学家合作进行（Ledig et al., 1997）。美国国家林务署（USDA Forest Service）的托马斯·莱迪希（F. Thomas Ledig）和保罗·霍奇斯基斯（Pauln D. Hodgskiss），以及墨西哥查平戈自治大学的弗吉尼亚·雅各布-塞万提斯（Virginia Jacob-Cervantes）和泰奥巴尔多·埃吉卢斯-彼德拉（Teobaldo Eguiluz-Piedra）等人一同研究：奇瓦瓦云杉失去遗传多样性，是否由于在冰期结束、气候渐暖之后奇瓦瓦云杉种群缩小。同时，他们也想知道遗传多样性的降低是否会导致此树种的持续衰减，甚至灭绝。

莱迪希等人对遗传多样性和种群大小的关系很感兴趣。他们利用淀粉胶电泳技术（starch gel electrophoresis）来确定16个酶系（enzyme system）中等位基因的数量。酶是基因的产物，酶的不同形式称为**等位酶**（allozyme）。等位酶的数量越多，表示种群的遗传多样性越高。该研究团队分析了7个种群（每个种群的个体数为17～2,441）的24个基因或**基因座**（loci）的等位酶多样性。

莱迪希等人在研究种群中发现，种群大小和基因多样性呈正相关。图4.13表明，最小奇瓦瓦云杉种群的遗传多样性远低于最大种群。这些结果与哈迪－温伯格定律的预测一致，即遗传漂变对小种群

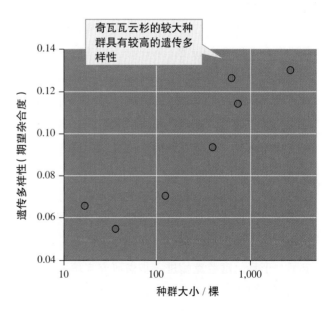

图4.13　奇瓦瓦云杉的种群大小与遗传多样性的相关性（资料取自Ledig et al., 1997）

的影响最大。

那么，墨西哥西部隔离山峰上的云杉种群又是如何产生遗传漂变的呢？遗传漂变又是如何降低云杉种群的遗传变异呢？想象一下，7月初，夏季降雨开始之际，西马德雷山顶峰有15棵奇瓦瓦云杉组成的种群。经历春季长期干旱后的森林非常干燥。在雷雨交加时，闪电正巧击中其中一棵云杉，它炸裂开来，树内的水分化成高热的蒸汽，随着碎木片向四周50 m范围内扩散。这棵云杉立即着火燃烧，倾盆大雨尚未来得及浇熄火苗，火焰已吞没附近另外2株云杉。结果，一场小火灾烧死了3棵树！对一个拥有数千棵树的种群而言，3棵树并不会造成太大差别，但对于一个只有15棵树的种群而言，3棵树代表了种群的20%。从一个非常小的种群中移走部分个体，往往会降低某些等位基因的频率。这样的事件最终会使某些等位基因从一个小种群中完全消失。

由此看来，遗传漂变似乎正在改变奇瓦瓦云杉的等位基因频率，并且降低种群整体的遗传多样性。不过，这只是一个占据北美洲特殊小环境的物种，当我们研究岛上或碎片化环境中的大种群时，是否仍可观察到遗传多样性降低的情形？我们将以植物和动物种群两者来探讨这一问题。

岛屿种群的遗传变异

澳大利亚悉尼的麦考瑞大学生物多样性和生物资源中心（Centre for Biodiversity and Bioresources）的理查德·富兰克翰（Frankham, 1997），比较了岛屿及大陆动植物种群的遗传多样性。自古以来，岛屿种群的灭绝速率远高于大陆种群，这一事实引发了他的研究。富兰克翰的想法是，种群的低遗传变异说明种群面对环境挑战的演化潜力较低，因此，岛屿种群比大陆种群容易灭绝的部分原因可能是岛屿种群的遗传变异低。可是当他回顾一些已知的岛屿种群与大陆种群的相对遗传变异时，他有些不确定了。于是，富兰克翰进一步做研究来填补这个信息缺口。他提出了两个主要问题：第一，相较于大陆种群，进行有性繁殖的岛屿种群是否有较低的遗传变异？第二，**特有**（endemic）岛屿种群长久隔离地栖息在岛屿上，以至于与大陆种群产生实质分化，那么其遗传变异是否低于非特有大陆种群的遗传变异？

为了回答以上问题，富兰克翰查找大量有关动植物遗传变异的文献，并找到了202组岛屿种群与大陆种群间遗传变异的比较，以及38组岛屿特有种群与相关大陆种群的比较，它们研究的对象包括驼鹿、狼、蟾蜍、昆虫和树木等。富兰克翰的分析结果支持岛屿种群遗传多样性较低的假设（图4.14）。在202组大陆种群与岛屿种群的比较中，165组显示大陆种群的遗传变异较高，37组显示岛屿种群的遗传变异较高。在比较岛屿特有种群与相近的大陆种群时，富兰克翰发现大陆种群的遗传变异较高的趋势更加明显（图4.15）。在38组岛屿特有种群与大陆种群的比较中，34组显示大陆种群具有较高的遗传变异，只有4组显示岛屿特有种群具有较高的遗传变异。

富兰克翰的分析让我们对种群大小与遗传变异的相关性有更深入的了解。他告诉我们的信息远多于奇瓦瓦云杉研究（Ledig et al., 1997）提示的信息。显然，隔离且较小的岛屿种群的遗传变异较低。富兰克翰另一个研究的目的是探讨较低的遗传变异是否会导致岛屿种群的灭绝率较高。由于岛屿种群的遗传变异低于大陆种群，不能排除是遗传因素导致岛屿种群灭绝率高的可能性。不过，虽然这项研究以遗传多样性为假设变量，但它本身并未显示灭绝率与基因多样性具有

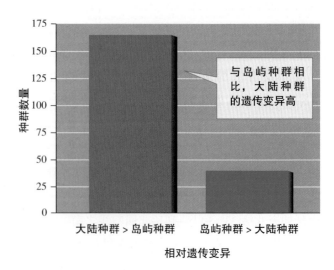

图4.14 大陆种群与岛屿种群的遗传变异的比较（资料取自Frankham, 1997）

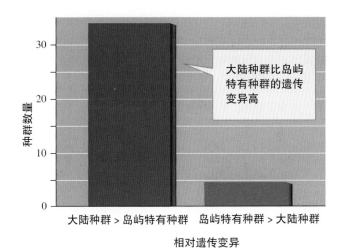

图 4.15 大陆种群与岛屿特有种群的遗传变异比较（资料取自 Frankham，1997）

相关性。直到富兰克翰的研究结果发表 1 年后，它们的相关性才在另一个研究中被发现。

遗传多样性与蝴蝶的灭绝

芬兰西南部的奥兰（Åland）错落有致地分布着湖泊、湿地、耕地、牧场、草甸（meadow）和森林（图 21.12）。在这个水源充足的地方，到处可见干草甸，上面长满长叶车前（*Plantago lanceolata*）和穗花婆婆纳（*Veronica spicata*）种群，它们是庆网蛱蝶（*Melitaea cinxia*）的饲草植物。如第 21 章中所讨论的，庆网蛱蝶栖息的草甸面积差异很大，而且其种群也随着草甸面积的增大而增大（图 21.13）。伊尔卡·汉斯基、米科·库萨里和马尔科·涅米宁（Hanski，Kuussaari and Nieminen，1994）对这些种群进行仔细的研究。他们发现，小草甸上的庆网蛱蝶小种群最有可能灭绝。

小种群易于灭绝的因素有许多，但是遗传因素，特别是遗传变异降低在其中到底扮演何种角色呢？理查德·富兰克翰与凯瑟琳·罗尔斯（Frankham and Ralls，1998）指出，小种群灭绝率较高的一个影响因素可能是**近交**（inbreeding）。近交是指近亲间的交配，常在小种群内发生。小种群的遗传变异原本就相当低，再加上过于频繁的近交，种群遭到数种

负面冲击，包括繁殖力降低、幼年存活率降低以及寿命缩短。

针对上述问题，伊利克·萨凯里和其他 5 位合作者（Saccheri et al.，1998）进行了研究。他们的研究是最早证实近交是导致野外种群灭绝的原因的研究之一。萨凯里等人研究了 1,600 个干草甸，并在 1993、1994、1995 和 1996 年分别从 524、401、384 和 320 个草甸中找到了庆网蛱蝶。在此期间，他们记录到每年平均有 200 个干草甸的庆网蛱蝶灭绝，以及 114 个草甸被庆网蛱蝶拓殖。由此可见，这些种群发生高度的动态变化。为了判断遗传因子，尤其是近交对灭绝的影响，萨凯里等人对 42 个草甸上的庆网蛱蝶种群进行了遗传研究。他们利用 7 种酶系统及 1 个微卫星核 DNA 座来估算杂合度（heterozygosity），这是表示遗传变异的一项指标。这些学者以各草甸种群内的杂合度高低说明近交程度，低杂合度表示近交程度高。

结果显示，近交对种群灭绝率的影响非常大：即近交程度最高（杂合度最低）的种群具有最高的灭绝率。萨凯里等人通过分析幼虫存活率、成虫寿命及卵孵化的情况，找到了杂合度与灭绝率之间的关联。杂合度较低的雌虫，产生的幼虫较小，且幼虫很少能活过冬眠期；如果雌虫的杂合度低，那么它处于蛹阶段的时间也较长，因而较易遭到寄生生物的攻击。此外，具有较低杂合度的雌成体的存活率较低，卵孵化率也比其他卵低 24%～46%。这些影响都可能降低庆网蛱蝶局部种群的生存力，因为它们很可能由低杂合度（低遗传变异）的个体组成，所以它们局部灭绝的风险也随之增加。

我们已经看到小种群和隔离的栖息环境如何影响许多生物种群的遗传结构。这些种群包括了墨西哥山脉潮湿微环境中的奇瓦瓦云杉，以及芬兰西南部干草甸中的庆网蛱蝶。在这些案例中，机会在决定种群的遗传结构方面扮演着重要的角色。

1. 在环境保护项目中，管理者捕获濒危物种，在它们繁殖后，再将它们释放回环境中，为什么管理者要努力保持濒危物种的高遗传多样性？

2. 富兰克翰发现在较小且隔离的岛屿中，种群的遗传变异较低。这个现象具有什么生态学意义？

应用案例：演化与农业

当达尔文发表他的自然选择演化论时，遭到了广泛的质疑，直到今天这种质疑还在社会的某些地方持续。讽刺的是，在达尔文于19世纪提出自然演化论之前的数千年，人类已经通过选择性繁殖，成为实现种群演化改变的设计师了。达尔文很清楚这个事实，在说到人类利用选择性繁育技术来产生或保持家养动植物的性状时，他以**人工选择**（artificial selection）区分自然选择。通过人工选择过程，动植物的野生祖先产生各种家养动植物品种。图4.16说明在驯化过程中，人工选择使大豆（*Glycine max*）了产生一些明显变化。达尔文将人工选择视为一种人工主导的类似自然选择的过程，他甚至写过一本书，名为《家养动植物的变异》（*The Variation of Animals and Plants Under Domestication*，Darwin，1868）。

动植物新品种的产生还在继续，甚至比以往更激烈。今天，达尔文时期的传统选择性繁殖技术结合**基因工程**（genetic engineering），通过引入或删除基因，改变生物的基因组成。例如，在农作物中引入细菌基因，可提高农作物对害虫的抵抗力，这样的农作物叫作**遗传修饰生物体**（genetically modified organisms，GMOs）。然而**农业**（agriculture）——人类消费的农作物和畜牧业的发展，也引起了人们意想不到的演化改变。

杂草抗除草剂的演化

随着农场主创造各种环境条件以适应特定农作物的种植，他们也给农田中或农田附近的野生动植物带来了选择压力（图4.17）。当农场主利用化学药剂来控制害虫或杂草，力图提高农作物产量时，会对害虫或杂草产生最强的选择压力。

用于控制杂草种群的药剂被称为除草剂。随着农场的除草由机械除草向化学除草转变，除草剂的使用频率迅速增加，这种转变也促使了人们应用基因工程开发包括抗除草剂大豆在内的抗除草剂农作物。在被称为免耕农业的栽培系统中，杂草与经过基因修饰的抗除草剂大豆一起生长，农场主用除草剂控制杂草的生长。对农场主来说，免耕农业有许多优点，包括降低生产成本、提高农作物产量、减少土壤流失和较好地控制杂草等，但是使用除草剂控制杂草生长，在某些情况下，除草剂的作用被证明只是暂时的。

除草剂之所以无法再控制杂草，原因是杂草种群的除草剂抵抗力发生演化。阿根廷大豆的农业历史就是一个快速演化的例子。马丁·维拉－阿乌毕（Martin Vila-Aiub）领导一个由阿根廷和澳大利亚科学家组成的研究小组，调查了杂草对草甘膦（glyphosate）的抗药演化。草甘膦是一种全球应用最广泛的

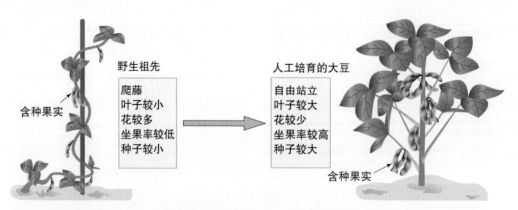

含种果实

野生祖先
爬藤
叶子较小
花较多
坐果率较低
种子较小

人工培育的大豆
自由站立
叶子较大
花较少
坐果率较高
种子较大

含种果实

图4.16　大豆。早在大约3,000年前，中国开始人工种植大豆。从那时开始，人工选择使大豆从其野生祖先中分化出来

图4.17 大豆田。通过人工种植方式，农业大规模集中种植一种农作物，大量使用农药，这样产生的环境与周围的自然生态系统完全不同。长时间之后，野生种群（包括害虫和杂草）通过自然选择，适应了这些环境

除草剂，出售时的商品名通常为农达（Roundup®）（Vila-Aiub et al.，2007）。维拉－阿乌毕及同事列出了草甘膦的一些优点：高效去除各种杂草；对哺乳类具有低毒性。随着抗草甘膦大豆品种的发展，阿根廷大豆的免耕面积已经扩大到1,600万公顷（3,950万英亩）；除草剂草甘膦的使用量增加了10倍，从1996年的14×10^6升增加到2006年的175×10^6升。在这么大的面积上使用这么多除草剂，对杂草种群产生了强烈的选择压力，使它们产生抵抗力。

维拉－阿乌毕和同事在阿根廷北部的萨尔塔省进行研究。他们集中研究一种在大豆地里生长很严重的杂草——石茅（Sorghum halepense）。这种杂草可以引起大豆减产90%。农场主在2000年开始使用草甘膦，在接下来的几年来，草甘膦使杂草得到有效控制。但是慢慢地，全省的农场主开始报告草甘膦对石茅的控制效果反复无常（不稳定）。研究小组以根茎培育石茅。根茎（rhizome）是某些植物的根状地下茎，可发育成新植物。研究小组分别从尚未接触高浓度草甘膦的地区和已经接触高浓度草甘膦的地区采集根茎来培育石茅。根茎被种植在盆中，置于室外。一旦根茎萌芽，它们会被悉心照料直至长到40 cm高，然后被分成三组：一组对照组喷洒水，两组实验组分别喷洒低浓度草甘膦和高浓度草甘膦。

实验结果支持"萨尔塔的石茅已经对除草剂草甘膦演化

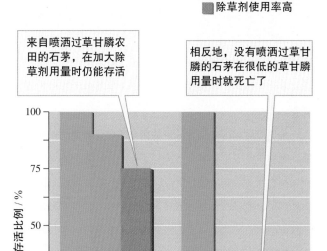

图4.18 石茅种群对草甘膦的敏感性差异。在阿根廷北部的萨尔塔省，接触过除草剂草甘膦的石茅种群已演化出对草甘膦很强的抵抗力，而没有接触过草甘膦的石茅种群仍对除草剂保持着高度敏感（资料取自 Vila-Aiub et al.，2007）

出抵抗力"的假说。如图4.18所示，所有石茅在对照条件下100%成活。与之相反，敏感种群根茎培育的石茅，不管喷洒高浓度草甘膦还是低浓度草甘膦，都没有存活；而来自大豆地、长期喷洒草甘膦的根茎培育的石茅大部分存活了下来。维拉－阿乌毕和他的研究小组得出结论：在阿根廷萨尔塔省，草甘膦无法再控制石茅是由于石茅对除草剂演化出遗传抵抗力。

石茅不是对草甘膦演化出抵抗力的唯一杂草物种。截至2007年，抗除草剂杂草以每年出现一种的速度被报告证实（Heap，2007）。在影响比较大的农业害虫中，抗杀虫剂演化也被证实。很显然，世界范围内的可持续农业生产需要采用新的策略来控制害虫，尤其要深入了解害虫种群通过自然选择适应环境的巨大潜力。在第二篇，我们将探索生物对所处环境的物理、化学和生物方面的适应性。

达尔文与孟德尔两人的研究完美互补，两人的自然界理论引起了生物学革命，自然选择论与遗传学的结合兴起了近代演化生态学。本章探讨了群体遗传学及自然选择的五大概念。

种群个体间的表型变异是基因与环境两者共同作用的结果。 最早研究表型变异及基因型变异并用实验方法验证的生物学家将重点放在植物研究上。克劳森、凯克和希斯探讨植物种群形态变异的程度及来源，包括环境及遗传的影响。分子遗传学研究（如道格拉斯和布鲁纳所主导的阿尔卑斯山白鲑种群研究），为评估种群的遗传变异提供了有效的方法。

哈迪－温伯格平衡模型有助于辨认改变种群基因频率的演化力量。 因为演化牵涉到种群内基因频率的改变，若要彻底认识演化，必须先了解一些群体遗传学知识。哈迪－温伯格定律是群体遗传学的最基本概念，叙述了当一个种群在无演化力量的情况下进行随机交配，其等位基因频率将维持不变。对于一个处于哈迪－温伯格平衡状态的种群而言，若一个基因座只有两种等位基因，则 $p + q = 1.0$。处于哈迪－温伯格平衡的种群的基因型频率为 $(p + q)^2 = (p + q) \times (p + q) = p^2 + 2pq + q^2 = 1.0$。若要维持种群的等位基因频率不变，条件如下：（1）随机交配；（2）无突变；（3）大种群；（4）无迁入；（5）所有基因型具有相同的存活率与繁殖率。若一个种群不处于哈迪－温伯格平衡状态，哈迪－温伯格定律可协助我们辨认可能存在的演化力量。

自然选择是由于各种表型具有不同的存活率和繁殖率。 自然选择可以导致一个种群发生变异，但它也是一股保护力量，可以防止种群变异。稳定选择不利于极端表型，有利于一般表型。也正因为如此，稳定选择降低了种群的多样性。定向选择对种群的极端表型有利，对其他表型不利。在它的影响下，被选择性状的一般表型随时间而改变。分裂选择则对一个种群中两种或两种以上的极端表型有利，从而增加了种群的表型多样性。

大量快速增长的自然种群研究为自然选择演化理论提供了强有力的支持。 自然选择理论最普遍的假设是环境决定生物的结构、生理和行为的演化。然而，要发生演化改变，选择作用下的性状变异必须是可遗传的。芬兰的一个研究小组发现长尾林鸮的卵大小保持着稳定选择。他们的结果指出了两个主要选择因素：孵化成功率的变异和雌鸟在生命期间产下的离巢幼鸟数。卡罗尔和同事的研究显示，栖息在原生宿主及引进宿主的红肩美姬缘蝽种群已经通过自然选择演化出有利于生存及繁殖的性状。勇地雀的研究提供了一个最清楚最完整的分裂选择实例。研究者们揭示了分裂选择如何影响阿约拉港、圣克鲁斯岛和加拉帕戈斯群岛的地雀的喙大小。他们的研究表明，在种群中，中等大小喙的鸟具有较高的死亡率或迁出率。阿约拉港鸟喙大小的分裂选择被种群的非随机交配强化。在达尔文发表他的演化论后的一个半世纪，数百个自然选择的实例已经被发现。

随机过程（如遗传漂变）可以改变种群（尤其是小种群）的基因频率。 遗传漂变在理论上对改变小种群（如小岛上的小种群）的基因频率最有效。由于人类的土地利用造成自然生态系统的斑块化，其中最令人忧心的是，有效栖地的缩小减少动植物的种群，以至于遗传漂变降低种群的遗传多样性。莱迪希等人研究了隔离山峰上的奇瓦瓦云杉种群，发现种群大小和遗传多样性呈显著的正相关关系。富兰克翰的研究则表明，岛屿种群的遗传变异一般低于大陆种群。萨凯里等研究庆网蛱蝶种群，探讨杂合度对幼虫存活率、成虫寿命和卵孵化率的影响，结果发现高杂合度（遗传多样性高）与低种群灭绝率有关。

动植物饲养者应用选择性繁殖——一个被达尔文称为"人工选择"的方法，从它们的野生祖先中培育出数千种家养动植物品种。大豆就是一个很好的人工选择例子。今天，达尔文时代的传统繁殖技术正与基因工程相结合，改变农作物的基因。阿根廷的石茅种群抗除草剂的快速演化则是一个通过自然选择演化适应现代农业环境的例子。

- 表型可塑性 / phenotypic plasticity 82
- 标准偏差 / standard deviation 91
- 等位基因 / allele 80
- 等位基因频率 / allele frequency 86
- 分裂选择 / disruptive selection 89
- 范围 / range 91
- 方差 / variance 91
- 定向选择 / directional selection 88
- 根茎 / rhizome 99
- 哈迪 – 温伯格定律 / Hardy-Weinberg principle 85
- 基因工程 / genetic engineering 98
- 遗传漂变 / genetic drift 86
- 遗传修饰生物体 / genetically modified organisms (GMOs) 98
- 基因座 / loci 95

- 演化 / evolution 80
- 近交 / inbreeding 97
- 农业 / agriculture 98
- 人工选择 / artificial selection 98
- 生态型 / ecotype 83
- 适应 / adaptation 80
- 适合度 / fitness 87
- 特有 / endemic 96
- 微卫星 DNA / microsatellite DNA 84
- 稳定选择 / stabilizing selection 87
- 遗传率 / heritability 89
- 等位酶 / allozyme 95
- 自然选择 / natural selection 80
- 群体遗传学 / population genetics 84

━━ 复习思考题 ━━ ▪

1. 比较达尔文和孟德尔的种群研究方法。达尔文的主要发现是什么？孟德尔的主要发现又是什么？达尔文和孟德尔的研究如何为第 4 章后面的研究铺路？

2. 道格拉斯和布鲁纳的研究如何补充了克劳森、凯克和希斯的早期研究？

3. 什么是哈迪 – 温伯格定律？何谓哈迪 – 温伯格平衡？要达到哈迪 – 温伯格平衡需要哪些条件？

4. 回顾哈迪 – 温伯格平衡公式。公式中的哪一部分表示基因频率？哪些变量代表基因型和表型的频率？基因型和表型的频率是否一直维持不变？试假设一个种群，并计算此种群的等位基因及其频率。

5. 何谓遗传漂变？何种情形下会发生遗传漂变？何种情形下，遗传漂变没有那么重要？遗传漂变是否会增加或减少种群的遗传变异？

6. 假设你是一位珍稀动物圈养繁殖项目的主管。西伯利亚虎等珍稀动物在世界各地许多动物园都可以看到，但野生西伯利亚虎越来越少。请你设计一个繁殖计划，降低圈养种群发生遗传漂变的可能性。

7. 如果种群个体随机交配，那么各种喙大小的鸟类分布会与图 4.12 有什么不同？

8. 斯科特·卡罗尔等人的研究如何显示红肩美姬缘蝽快速演化来适应新引进的无患子植物？在研究者研究自然选择时，选择小生物（如红肩美姬缘蝽）和较大生物（如奇瓦瓦云杉）作为研究对象分别有何优点。

9. 经典的研究方法（如共同实验园法）与现代的分子技术（如 DNA 序列分析法）如何互补？两者各有何优缺点？

第二篇
环境适应

第 5 章

生物与温度的关系

温度计是最早出现的科学研究仪器之一，至今仍被用于测量温度。然而，温度计真正定量的是什么呢？**温度**（temperature）是平均动能或大量分子运动能量的测量值。例如，水温由大量水分子的平均动能决定。物质的动能通常是指热能，简单地说就是**热量**（heat）。温度是最具生态学意义的环境因子之一。因此，许多生物演化出各种机制来调节身体或结构的温度。例如，在北极冻原带，许多植物调节其生殖结构的温度。彼得·凯万（Peter Kevan）曾到北纬80°的加拿大西北特区的爱尔斯米尔岛（Ellesmere Island），研究北极植物的花跟随阳光运动的行为。那时正值夏季，风很小，阳光 24 小时照耀在地平线上。当太阳在北极的天空中变动位置时，冻原上一种常见的仙女木（*Dryas integrifolia*）花会如同低纬度的向日葵那般，随太阳转动方向。

凯万发现仙女木花如同一个小型日光反射器，抛物线形状的花瓣可反射并集中太阳能于花的繁殖部位。凯万亦观察到数种小型昆虫受到这温暖的诱惑，在可随阳光移动的仙女木花上晒太阳，使它们的体温升高（图 5.1），而仙女木则可通过这些昆虫来传播花粉。

抛物线状的仙女木花瓣把阳光反射到花朵内部，提高花朵内部的温度

仙女木

气温 = 25℃

花的温度 = 25℃

晒太阳的昆虫的温度 = 25℃

仙女木花随太阳转动捕捉阳光的行为使其每天有数个小时面向太阳

图5.1　北极植物捕捉阳光的行为。仙女木花随太阳转动，捕捉阳光，使其繁殖部位受热，增加对授粉昆虫的吸引力

环境温度对人类也很重要，为什么呢？温度对包括人类在内的生物的重要性在于：温度影响着化学反应的速率，其中包括阳光控制生命的基本过程，例如光合作用和呼吸作用。而且我们都知道所有生物适应的温度范围很窄。人类和其他物种对极端温度的反应从最轻微的不适应到种群灭绝。温度的长期变化使得

◀ 一群日本猕猴在雪中挤在一起取暖。通过这种行为适应、结构适应和生理适应，这些猴子能够度过日本长野寒冷的冬天，这里曾是 1988 年冬季奥运会的举办地。

整个动植物群系横穿整个大陆运动。一些物种兴盛起来了，一些藏在狭小的庇护所中，其他的则灭绝了。现在支持温带物种生存的地区将来有可能是热带动物的家，也有可能是驯鹿和猛犸象的寒冷家园。

在我们面对全球温度的快速升高（第23章，547～549页）和它带来的潜在生态影响时，地球的环境变化史逐渐引起人们的关注。大量的研究资料揭示了物种对目前气候变暖的各种反应，包括春季

迁徙提前、繁殖期提早、在地理分布上向极地扩张以及向高海拔山区移动。某些反应归结于表型可塑性（第4章，82页），但许多研究指出生物对变暖气候的快速适应是自然选择的结果。

我们把生态学定义为研究生物与其环境之间关系的科学。在第5章，我们将论述生物与温度的关系，因为温度是最重要的环境因子之一，也是与现在气候快速变化最相关的问题之一。

5.1 微气候

大气候与局部景观交互作用，使温度产生微气候变异。微气候是环境变异的基本组成。何谓大气候与微气候？**大气候**（macroclimate）是指气象站的报道及第2章生态气候图解展示的信息。**微气候**（microclimate）则是数千米、数米，甚至数分米尺度的气候变动，一般是短时间的测定。当你于夏天站在阴凉处，于冬天站在阳光下，即可了解微气候。大气候与微气候通常是不同的，因为许多生物在某个时期（从几天到几个月）生活在一个很小的区域内。对这些生物而言，大气候可能不如微气候重要。微气候会受景观特征的影响，如海拔、方位、植被、地表颜色、漂砾（boulder）与洞穴等。水和土的物理性质会减少水域环境和洞穴中的温度变异。

海拔

如第2章（图2.33）所述，温度随海拔的升高而降低。由图2.33可以看出，在海拔高度1,660 m处，年均温为11.1℃；当海拔高度达到3,743 m时，年均温为 -3.7℃。海拔越高，年均温越低。原因很多，包括：第一，大气压力随着海拔高度递降，从山坡上升的空气四处扩散，而扩散气体必须从周围环境吸取能量，以维持空气分子的较大动能，因而导致周围空气冷却；第二，高海拔处的大气较为稀薄，无法保存热量，也无法将热量辐射回地面。

方位

相较于平坦景观，丘陵、山岳及谷地等地形会产生许多特殊的微气候。其中，山岳及山丘主要是在阴影处形成微气候。在北半球，阴影区域为丘陵、山岳及谷地背离赤道的北面，即北向（northern aspect）；在南半球，南向（southern aspect）背离赤道。

山岳或谷地的北向与南向也会产生截然相反的微气候，从而孕育截然不同的植被类型（图5.2）。在图5.2中的北坡，橡树林与灌木丛密生，该景象如同内盖夫沙漠（Negev Desert）沙丘南北向斜坡的缩影。内盖夫沙漠的北坡覆盖着高密度的苔藓。耶路撒冷希伯来大学的基德隆（G. Kidron）、巴尔齐莱（E. Barzilay）及萨许（E. Sachs）等地球科学家认为，该地之所以覆盖苔藓有其物理原因（Kidron, Barzilay and Sachs, 2000）。他们发现北向斜坡更冷，冬季中午，北坡的温度会下降7.8～9.2℃，夏天正

图5.2 北坡的植被为地中海型林地，而南坡的主要植被为禾草地植被

午，北坡的温度则会下降 1.8～2.5℃。同时，雨后北坡维持潮湿状态的时间比南坡长 2.5 倍，因而北坡的蒸发速率较低。

植被

植被也会产生景观阴影，进而形成微气候。例如，在沙漠地区，乔木、灌木及植物凋落物（落叶、小枝条和侧枝等）会产生重要的生态学微气候。因为沙漠景观通常由植被和裸露地表镶嵌而成，所以沙漠是温度截然不同的斑块区域。怀俄明州的凯默勒镇（Kemmerer）附近就出现过这样的斑块，其微气候在几米范围内就出现 27℃ 的温度差（图 5.3）。

地表颜色

另一个显著影响温度的因素是地表颜色。如果你来自温带或热带的潮湿气候区，这样的说法似乎有些怪异，因为这些地方的地表一般都被植物覆盖。但是与之相反，许多干旱或半干旱地区的景观地表裸露，地表颜色的变化很大。全球的沙漠通常以颜色来命名。例如，中亚的卡拉库姆沙漠（Kara Kum）在土耳其语中为黑沙之意；克齐尔库姆沙漠（Kyzyl Kum）意为红沙；新墨西哥州则有白沙（White Sands）沙漠［图 5.4（a）］。

海滩的主要环境也是裸露的地表。尼尔·哈德利及其同事（Hadley et al., 1992）研究了新西兰的

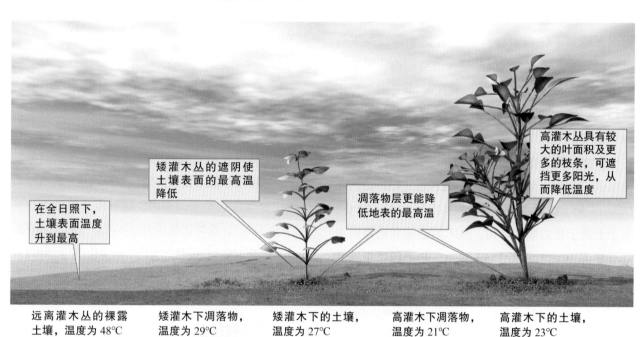

矮灌木丛的遮阴使土壤表面的最高温降低

凋落物层更能降低地表的最高温

高灌木丛具有较大的叶面积及更多的枝条，可遮挡更多阳光，从而降低温度

在全日照下，土壤表面温度升到最高

远离灌木丛的裸露土壤，温度为 48℃　矮灌木下凋落物，温度为 29℃　矮灌木下的土壤，温度为 27℃　高灌木下凋落物，温度为 21℃　高灌木下的土壤，温度为 23℃

图 5.3　在沙漠景观中，沙漠灌木形成独特的微气候（资料取自 Parmenter，Parmenter and Cheney，1989）

(a)　　　　　　　　　　　　　　　　　　(b)

图 5.4　地表颜色影响着微气候。例如，（a）白沙反射了大部分可见光，形成较冷的微气候；（b）相反地，黑沙吸收了大多数可见光

海滩。海滩的颜色从白色到黑色变化，为海滩生物形成了不同的微气候。当这些海滩沐浴在夏季阳光下，黑色海滩升温较快且易达到高温，主要原因是黑色海滩比白色海滩吸收更多可见光 [图 5.4（b）]。哈德利及其同事发现，当气温都在 30℃ 左右时，白色海滩的平均温度约为 45℃，而黑色海滩的平均温度高达 65℃。虽然白色海滩与黑色海滩处于相同的大气候下，但是微气候却截然不同。

漂砾与洞穴

许多小孩常常在石头下发现大量空地上不常见的生物，部分原因是石头可形成特殊的微气候。埃德尼（Edney，1953）研究了海边的等足目动物——大洋海蟑螂（*Ligia oceanica*），并记录了石头下的微气候。他发现，在仅仅几厘米的空间内，大洋海蟑螂可选择的环境范围很大，从气温 20℃ 的宽敞环境到气温 30℃ 的石头空隙环境，而石头温度高达 34～38℃。

动物的洞穴亦有微气候，穴中温度变化一般较土壤表层温和。例如，在奇瓦瓦沙漠（Chihuahuan Desert）的一株灌木下，白天的温度为 17.5～32℃；由于上覆土层的隔热作用，灌木附近哺乳动物的洞穴温度为 26～28℃。图 5.5 显示了新墨西哥中部的奇瓦瓦沙漠土壤的隔热作用。

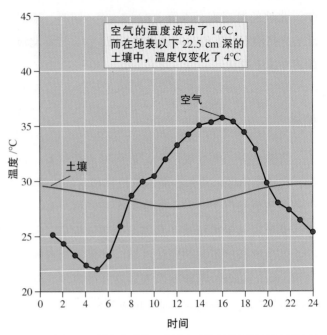

空气的温度波动了 14℃，而在地表以下 22.5 cm 深的土壤中，温度仅变化了 4℃

空气

土壤

图 5.5 新墨西哥州塞维利塔国家野生动物保护区 2005 年 7 月 3 日的气温变化和地表以下 22.5 cm 处的土壤的温度变化（资料取自新墨西哥大学塞维利塔长期生态研究中心）

水域温度

如第 3 章所示，气温的波动一般比水温的波动大。水域环境热稳定性较高的部分原因是水具有吸收热能使温度保持不变的能力，这种能力被称为比热（specific heat），水的比热约为同体积空气的 3,000 倍。1 cm³ 水上升 1℃，所需热能大约 1 cal（1cal = 4.1840 J），而等体积的空气上升 1℃，只需要大约 0.0003 cal。

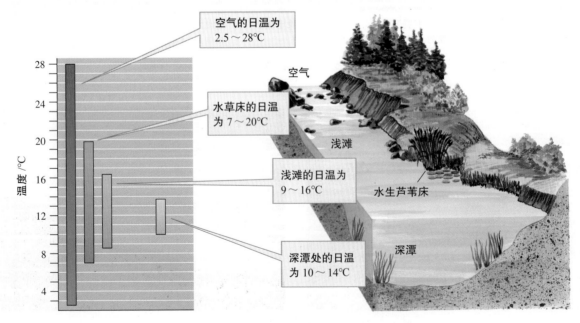

空气的日温为 2.5～28℃

水草床的日温为 7～20℃

浅滩的日温为 9～16℃

深潭处的日温为 10～14℃

空气

浅滩

水生芦苇床

深潭

图 5.6 水域环境的微气候。相较陆域环境，水域环境的温度变化较小（资料取自 Ward，1985）

水域环境热稳定性较高的第二个原因是，水蒸发时可吸收大量热能，这被称为汽化潜热（latent heat of vaporization）。1 g 水在 22℃ 时的汽化潜热约为 584 cal，在 35℃ 时约为 580 cal。因此，在 35℃ 下，沙漠河流、湖泊或潮塘的水表面每蒸发 1 g 水可带走周围 580 cal 热能。根据 1 cal 的定义，580 cal 能量足以使 580 g 水降低 1℃。

第三个原因则是，水结冰时会释放热能到环境中，这被称为融合潜热（latent heat of fusion）。当 1 g 水结成冰时，会释放 80 cal 热能。水分子脱离液态变成冰结晶分子时，其动能降低，所以 1 g 池塘水结

冰时释放的能量足以使 80 g 水升温 1℃，从而减缓进一步的降温。

热稳定性高的水域环境多是大容积水域，比如海洋。这种环境储存了大量热能，每天的温度变化经常小于 1℃。即使是小溪的水温变化，一般也小于邻近的陆域环境（图 5.6）。

除了水的物理性质外，其他因素也影响水域环境的温度。正如沙漠植物通过遮阴方式来调节沙漠土壤的温度，**河岸植被**（riparian vegetation）——沿着河流或溪流两旁生长的植被，也会影响溪流的温度。

概念讨论 5.1

1. 北极仙女木花中温和的微环境为受其吸引而来的昆虫带来什么好处？

2. 为什么各种动物的蒸发冷却那么有效？

3. 比较沙漠植物地上部的微环境和根部的微环境。

5.2 演化权衡

种群对一种环境条件的适应通常会降低该种群在其他环境的适合度。我们假设一种生物不仅能够在所有环境下生活，而且在所有环境条件下都能生存得很好。在演化术语中，这样一种生物对所有环境条件都具有高适合度。在日常用语中，我们把这种生物称为"超级生物"。不管我们怎样称呼它们，就目前所知，这种生物是不存在的。我们所知道的生物只能适应一定范围的环境条件，这其中的部分原因是能量限制。

能量分配原则

所有生物能获得的能量供应都是有限的。这里我们先介绍能量限制的概念，它的具体细节在后面介绍（第 7 章，169 页），因为它导致明显的演化结果。能量限制导致的结果之一就是分配到某一生命功能（如繁殖、防御疾病或生长）的能量，将会减少用于其他功能的能量。达尔文曾意识到能量限制

的演化暗示，并把它写进了自己的文章中。但理查德·莱文斯（Richard Levins）最先用数学方法分析了这种演化结果，并称之为**分配原则**（principle of allocation）（Levins，1968，p15）。在莱文斯的经典著作《在变化环境中演化》（*Evolution in Changing Environment*）中，他认为，当一个种群适应一种特殊环境后，它在其他环境中的适合度（第 4 章，87 页）会降低。

分配原则的验证

要演示证明能量分配原则引起的演化权衡，我们还面临着挑战。事实上，该原理的验证早在 40 年前就开始了。和其他所有演化问题一样，面临的主要困难是利用活生物做演化实验存在时间问题。阿尔贝特·本内特和理查德·伦斯基（Bennett and Lenski，2007）在研究微生物演化时解决了这个问题，因为微生物在一周内可以繁殖几百代。他们研究的核心问题是，微生物对低温条件（20℃）的适应是否导致它们失去高温条件（40℃）适合度。他们根据莱文斯的分配原则推断，会看到微生物在适合度上的权衡。

本内特和伦斯基的实验主要研究 24 个不同谱系的大肠杆菌群（*Escherichia coli*）。这些菌系来自一个古老的大肠杆菌菌株，它在 37℃（人体温度）条件下已经繁殖了 2,000 代。本内特和伦斯基利用这个古老菌株，在 4 种温度条件下培育了 6 个重复种群。这 4 种温度条件为：常温 32℃、37℃、42℃以及每天温度在 32～42℃变化。他们在上述温度条件下培育 24 个种群，使其繁殖 2,000 代以确保每个种群有足够的时间适应特定的温度。演化实验包含这么多代仅仅对微生物种群可行，因为它们的世代时间很短。例如，大肠杆菌在 40℃环境下的世代时间大约为 20 分钟。本内特和伦斯基接下来利用这 24 个种群的细菌细胞建立 24 个新种群，它们均于 20℃条件下繁殖 2,000 代。在这个过程中，理论上，它们已经适应了这个相对低的温度条件。

为了解决他们最初的问题——微生物低温环境（20℃）的适应是否会导致高温条件（40℃）适合度的丢失？本内特和伦斯基比较了低温菌系和古代菌系在 20℃及 40℃条件下的适合度。当两种菌系在一起共同培育时，与古老菌系相比，低温菌系的适合度使种群生长率翻了一倍。有两个主要结果比较显著。首先，与其间接祖先相比，20℃下培养的菌系具有较高的适合度（正值）。换句话说，本内特和伦斯基的实验揭示了在 20℃下繁殖 2,000 代的菌系的确适应了低温环境。然而，当它们在 40℃下培育

时，相较于它们的间接祖先，这些适应了 20℃环境的菌系具有低的适合度（负值）。因此，正如分配原则预测的那样，20℃环境的高适应性导致高温条件适合度的丢失（图 5.7）。

本内特和伦斯基的研究结果是第一个支持莱文斯分配原则的直接实验证据。反过来，分配原则也解释了为何多数物种在相当小的范围内（包括热条件）表现最佳。

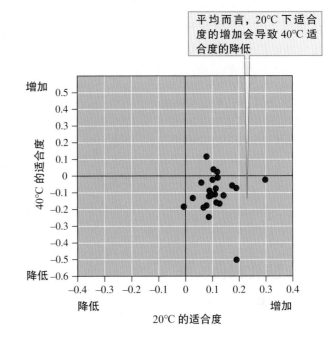

图5.7　在20℃下，繁殖2,000代的菌系与适应较高温度的祖先相比，具有较高适合度。然而，它们在40℃环境下的适合度则下降了（数据来自Bennett and Lenski，2007）

— 概念讨论 5.2 —

1. 如果在 20℃下繁殖 2,000 代的大肠杆菌系在 20℃时适合度增加，在 40℃时适合度也没有下降，那么图 5.7 中的点分布会如何变化？

2. 如果你的研究小组获得了问题 1 所描述的假设结果，根据分配原则，你能得出什么结论？

5.3　温度与生物的表现

大多数物种在相当小的温度范围内表现最佳。生态学家在有关个体生物的生态学研究中，关心环境因子（如温度、水及光）怎样影响生物的生理及行为，包括生物的生长率，产生的子代数量，跑步、

飞翔及游泳的速度，如何逃避捕食者等。概括这些现象，我们可以认为生态学家主要研究环境如何影响生物的"表现"。

不论物种面对温度、湿度、光或养分有效性（nutrient availability）等条件发生变动时的反应如何，大部分物种都是在变动不大的环境中才有最佳

表现，在复杂的环境中表现不好。

我们从介绍温度如何影响酶的作用开始探讨温度及动物表现的关系。酶一般在中等温度范围内达到最高效能。只有温度不太高也不太低，酶才可以维持适当的形状和足够的可塑性，结合基质，发挥特殊作用。换言之，酶一般有最适温度范围。如何确定一种酶的最适温度呢？分子生物学家确定酶表现最佳的条件的一个方法是，确定酶以特定速率发挥作用所需的基质浓度。如果酶可在低浓度的基质下表现良好，那就表示酶对该基质具有高亲和力。酶对基质的亲和力是酶表现的一个测定指标。

约翰·鲍德温及 P. W. 郝哲恰卡（Baldwin and Hochachka, 1970）研究温度对乙酰胆碱酯酶（acetylcholinesterase）活性的影响。它是一种在神经元间的突触（synapse）上产生的酶，能够促进神经递质乙酰胆碱（acetycholine）分解成乙酸（acetic acid）和胆碱（choline），导致神经元关闭。这是正常神经作用的一个关键过程。研究者发现，虹鳟（Oncorhynchus mykiss）会产生两种乙酰胆碱酯酶。其中一种在 2℃（冬季的温度）时对乙酰胆碱具有最高亲和力；然而，当温度高于 10℃ 时，这种酶对乙酰胆碱的亲和力便急速下降。第二种乙酰胆碱酯酶在 17℃（夏天的温度）时对乙酰胆碱有最高亲和力，但是，当温度升高或降低时，这种乙酰胆碱酯酶的亲和力会迅速下降。也就是说，这两种乙酰胆碱酯酶的最适温度为 2℃ 及 17℃（图 5.8）。

如果我们回想一下虹鳟的原生环境，就可明白温度对乙酰胆碱酯酶活性的影响了。虹鳟原本生长于北美洲西部清澈寒冷的溪水和河流中。冬季时，这些溪流的温度为 0～4℃，夏天则可达 20℃。这两种环境温度接近于虹鳟身体内的乙酰胆碱酯酶活性最佳时的温度。

爬行动物的研究，尤其是蜥蜴与蛇的研究，为我们观察温度对动物行为的影响提供了更有价值的资料。分布广泛的物种为研究生态关系的局部变异（包括温度对行为的影响）提供了机会。例如，东方强棱蜥（Sceloporus undulatus）几乎遍布美国 2/3 地区，生存于多种气候带（图 5.9）。利用这个分布范围大的特点，米歇尔·安吉莱塔（Angilletta, 2001）研究温度与东方强棱蜥的分布范围之间的关系。在他的一个研究中，安吉莱塔指出温度会影响代谢能摄入量（metabolizable energy intake, MEI）。他用消费的能量（C）减掉氮排泄物的能量（F）及尿酸能量（U），就能得到代谢能摄入量。代谢能摄入量的计算式为：

$$MEI = C - F - U$$

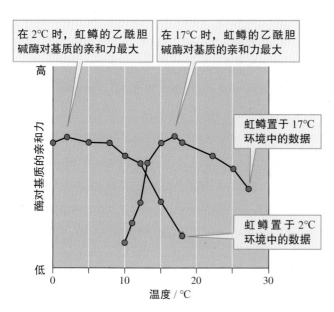

图5.8 温度影响酶的活性（资料取自 Baldwin and Hochachka, 1970）

图5.9 东方强棱蜥。东方强棱蜥是北美分布最广泛的蜥蜴之一

安吉莱塔研究了两个蜥蜴种群，它们分别来自气候截然不同的新泽西州及南卡罗来纳州。他收集蜥蜴的样本，并将两个种群样本分别置于 30℃、33℃ 及 36℃ 的环境中。此外，他还为它们提供重约 0.1 mg 的蟋蟀作为食物。由于他已知每只蟋蟀

的能量，安吉莱塔只须计算每只蜥蜴吃掉的蟋蟀数量，便可计算出总能量。他还收集每只蜥蜴的排泄物（F）及尿酸（U），烘干并称重，然后利用弹式热量计（bomb calorimeter）来估算排泄物和尿酸的平均能量。

安吉莱塔的研究结果（图 5.10）明确地显示，在中等温度 33℃ 环境中，两个蜥蜴种群的代谢能摄入量最高，但是请注意，南卡罗来纳州蜥蜴具有高的代谢能摄入量。尽管存在这些差异，这两个蜥蜴种群均在相当小的温度范围内表现最佳。温度对动物行为表现的影响也见于各种植物中。

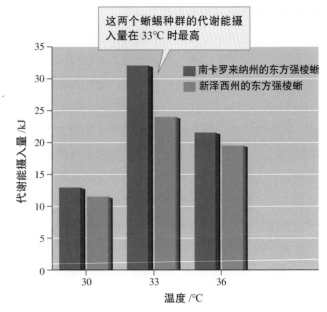

图5.10 两个东方强棱蜥种群的代谢能摄入量在同一温度达到峰值（资料取自 Angilletta，2001）

调查求证 5：实验室实验

验证一种假说最有力的方法是实验。生态学家开展的实验多从两方面着手——野外实验及实验室实验。这两种实验一般可提供互补的信息和证据，且在设计上多少有些不同。下面将讨论实验室实验的设计。

在实验室实验的设计中，研究者必须设法控制其他因子不变，只变动其中的一个因子。这个变动的因子就是实验者所感兴趣的，而实验者会视实验情况改变它。在此，我们以第 5 章（109 页）中曾讨论过的实验室实验为例。依据已发表的研究报告，安吉莱塔（Angilletta，2001）得到结论，认为东方强棱蜥的地理分布使得它们存在生理或行为上的差异。

安吉莱塔设计了一个实验室实验来验证以下假说：在两个气候明显不同地区，东方强棱蜥的代谢能摄入量因温度影响而表现出差异。他的结果如图 5.10 所示。在此要思考的是，如何设计才能获得这种结果。你认为在该实验中安吉莱塔想要控制的因子有哪些？首先，他从两个蜥蜴种群中抽取数量相近的样本进行实验。他各取其中的 20 只，将它们饲养于 33℃ 的环境中。另外，他将 13 只来自新泽西州的蜥蜴种群，以及 14 只来自南卡罗来纳州的蜥蜴种群饲养于 30℃ 及 36℃ 的环境。第二个控制因子是蜥蜴的大小。在实验中，这两个蜥蜴种群的平均体重约为 5.4 g。由于雄、雌蜥蜴在生理上存

在差异，安吉莱塔使用相同数量的雄、雌个体。同时，他也相当注意确保所有蜥蜴的光照质量、光照时长和处于黑暗中的时长都相同。他还把它们饲养于相似的培养箱中。此外，安吉莱塔还喂食蜥蜴相同的食材——活蟋蟀。上列条件须一直保持，因为它们是实验主要的控制因子。

接下来，安吉莱塔在实验中会改变什么因子？他改变的唯一因子是温度。在实验中，安吉莱塔将新泽西州或南卡罗来纳州的蜥蜴饲养在 30℃、33℃ 及 36℃ 条件下，并且估算它们在这些温度下的代谢摄入量。结果与设想相反，两蜥蜴种群在 33℃ 时的代谢能摄入量最高，这意味着它们摄食的最适温度并没有不同。但实验结果也显示，南卡罗来纳州的蜥蜴种群在 33℃ 环境下比新泽西州的蜥蜴种群有较高的代谢能摄入量。这个结果验证了安吉莱塔认为种群的分布存在地理差异的想法。在这个实验中，实验者控制其他显著因子和改变自己感兴趣的因子，并揭示了温度对蜥蜴表现的影响。在此案例中，主要因子是温度。

实证评论 5

1. 实验室实验在生态学研究中的优点是什么？

2. 为什么生态学家需要开展野外实验来补充实验室实验的实验结果？

极端温度与光合作用

植物最基本的一个特性是具备光合作用的能力。**光合作用**（photosynthesis）是光能转变成有机分子化学能的过程，是植物生命（生长、繁殖等）的基础，也是多数异养生物所需能源的来源。

光合作用可简略以下式表示：

$$6\ CO_2 + 12\ H_2O \xrightarrow{\text{光} \quad \text{叶绿素}} C_6H_{12}O_6 + 6\ O_2 + 6\ H_2O$$

该式表示在光与叶绿素的作用下，CO_2 与水会结合生成糖与氧气。

不过，极端温度往往会降低植物的光合速率。图 5.11 显示温度对北方针叶林中的赤茎藓（*Pleurozium schreberi*）以及沙漠灌木滨藜（*Atriplex lentiformis*）的光合速率的影响。赤茎藓与滨藜的光合速率在一个很小的温度范围内达到最高。当温度超出这个范围上升或下降时，两者的光合速率均会降低。

图 5.11 证实了赤茎藓与滨藜的光合作用具有不同的最适温度。在 15℃ 时，赤茎藓的光合速率最高，而此时滨藜的光合速率大约只有最大光合作用的 25%；在 44℃ 时，滨藜的光合速率达到最高，而赤茎藓几乎死亡。以上提到的生理差异清楚反映了

这些物种生存和适应的环境不同。赤茎藓生长于芬兰的北方针叶林，而沙漠灌木滨藜种群生存的沙漠位于加州舍莫尔（Thermal）附近，是全球最热的沙漠之一。

和动物一样，植物对温度的反应亦能反映短期的生理调节，这被称为**驯化**（acclimation）。驯化涉及动植物对温度的不可遗传的生理改变。当环境改变时，驯化是可逆的。罗伯特·皮尔西（Pearcy，1977）研究的滨藜清楚地呈现了光合作用的驯化效应。皮尔西在死亡谷中找到这种沙漠灌木种群，并且用扦插法繁殖他所需要的植物。通过扦插法繁殖植株，他能对基因相同的无性繁殖系进行实验。死亡谷滨藜的无性繁殖系被栽植于两种温度条件下：一种是白昼 43℃ 及夜间 30℃ 的热环境；另一种则为白昼 23℃ 及夜间 18℃ 的冷环境。

然后，皮尔西测定这两组植物的光合速率。生长于冷环境下的植物在 32℃ 时达到最高光合速率，而生长在热环境下的植物的最高光合速率发生在 40℃。两者光合作用的最适温度相差 8℃，皮尔西的实验结果请参见图 5.12。

滨藜的生理调节与其年周期的行为有关。不论是寒冬还是热夏，滨藜都是常绿，且常年进行光合作用。因此，生理上的调节说明滨藜的驯化可根据

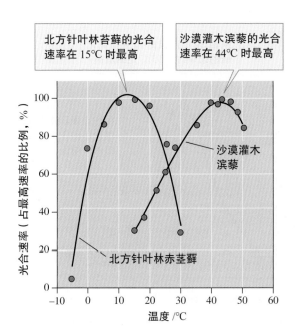

图5.11 北方针叶林苔藓与沙漠灌木滨藜光合作用的最适温度不同（资料取自 Kallio and Kärenlampi，1975；Pearcy and Harrison，1974）

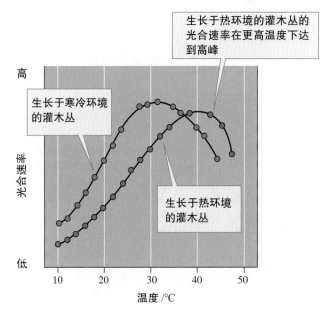

图5.12 同一种灌木生长在冷环境与热环境下，会改变其光合作用的最适温度，这种改变是驯化导致的生理上的短期调节（资料取自 Berry and Biorkman，1980；根据 Pearcy，1977）

环境温度的季节性变动来改变其光合作用的最适温度。

温度与微生物的活性

从南极严寒的冰冻水至滚烫的温泉水，微生物似乎已适应所有液态水的温度。这些环境均存在一种或多种微生物，但没有一种微生物能同时生存于所有环境之中。所有被研究过的微生物，如本节中讨论的动植物，它们的最佳表现都发生在小温度范围内。下面就让我们来观察生存于极端相反水域环境里的两种微生物。

在第 3 章，我们了解到海洋环境是全球最大的连通环境，位于阳光普照的水面下方。深海生物终年处于黑暗、寒冷（一般低于 5℃）的环境之中。在北极与南极，这种冷水环境虽然延伸到海水表层，但却有各种各样的生物生存于其中。温度如何影响这些生物的表现呢？

理查德·莫里塔以南极附近水域的海洋微生物为研究对象，研究温度对喜寒冷或**嗜冷**（psychrophilic）种群生长的影响（Morita，1975）。他分离并培育其中的一种弧菌（*Vibrio* spp.），将其置于温度变化的培养箱中培育 80 个小时。实验期间，培养箱内的温度变化范围为 −2～9℃。结果显示弧菌在大约 4℃

时生长最快。一旦培养箱的温度高于或低于此温度，弧菌种群的生长速率就会降低。如图 5.13 所示，莫里塔记录到一些弧菌种群在温度近于 −2℃ 时仍然在生长，然而一旦温度超过 9℃，种群便停止生长。同时，莫里塔也记录到一些嗜冷微生物种群在温度低于 −5.5℃ 时仍然生长。

某些微生物可生存于非常高的温度之下。根据已有研究，所有热泉都有微生物生存在其中。虽然有部分喜热或**嗜热**（thermophilic）微生物生长在温度超过 40℃ 的各种环境中，但大部分喜热微生物均属于超嗜热生物（hyperthermophile），其最适温度超过 80℃，某些超嗜热性微生物甚至在 110℃ 下生长。关于嗜热微生物和超嗜热生物，托马斯·布罗克与他的学生及同事（Brock et al.，1978）在黄石国家公园（Yellowstone National Park）进行的研究最为深入。他们研究的嗜热微生物是硫化叶菌属（*Sulfolobus*），是古菌域（Domain Archaea）的一员，可通过氧化硫元素获得能量。杰里·莫瑟及其同事（Mosser，Mosser and Brock，1974）利用硫化叶菌氧化硫的速率表征代谢活性，研究黄石国家公园 63～92℃ 热泉中的微生物。硫化叶菌属种群的最适温度为 63～80℃，这与其原生温泉的温度有关。例如，一种从 59℃ 泉水中分离的硫化叶菌氧化硫的最高速率出现在 63℃。这种硫化叶菌在温差 10℃ 的

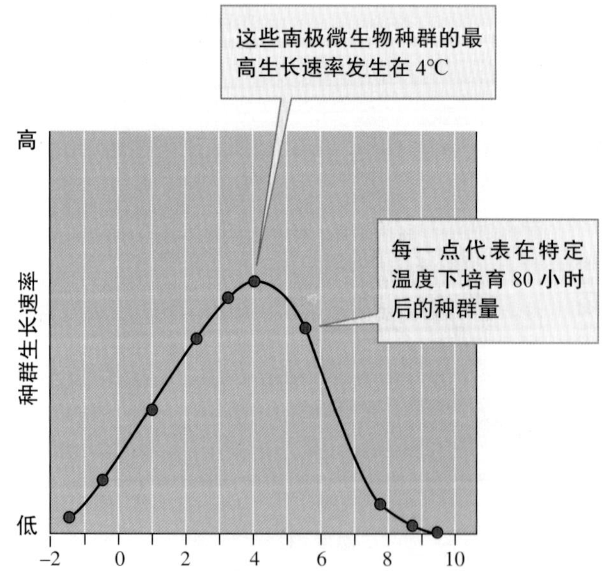

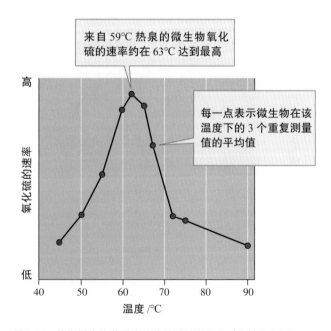

图5.13 南极微生物种群生长的最适温度极低（资料取自 Morita，1975）

图5.14 热泉微生物种群生长的最适温度极高（资料取自 Mosser，Mosser and Brock，1974）

范围内（图 5.14）以高速率氧化硫，若超出该温度范围，它们氧化硫的速率明显下降。

我们已回顾了温度如何影响微生物的活性、植物的光合作用及生物表现等。这些例子证实大部分生物在一个相当小的温差范围内表现最佳。回顾一下前几节的讨论——温度在很短的距离内便会有极大变化，再思考温度对生物表现的影响。另外，第 2 章所呈现的生态气候图解亦告诉我们，温度随时间而变的概念也是相当重要的。在下一个概念讨论中，我们会了解生物如何调节体温来应对环境温度的改变。

———概念讨论 5.3——————————■

1. 鱼的热应激症状包括侧面游和螺旋游。利用你了解的温度和乙酰胆碱酯酶的关系来解释这种现象。

2. 我们如何确定滨藜对温度产生的两种明显反应是驯化而不是遗传变异的结果（图 5.12）？

5.4 调节体温

许多生物演化出调节体温的方法来适应环境温度。 生物如何同时满足环境温度的异质性和自身狭窄的热量需求呢？它们是被动地接受环境温度的影响，还是主动地去适应环境温度呢？基本上，许多生物已演化出调节体温的方法来适应环境的温度变化。

热量取得与热量损失的平衡

事实上，生物可以巧妙地通过平衡热量取得和热量损失来调节体温。从施密特 - 尼尔森（Schmidt-Nielsen，1983）公式，我们可了解热量的组成：

$$H_s = H_m \pm H_{cd} \pm H_{cv} \pm H_r - H_e$$

上式中，H_s 表示一个生物储存的总热量，由代谢所获得的热量（H_m）、通过传导所获得或损失的热量（H_{cd}）、对流所获得或损失的热量（H_{cv}）、电磁辐射所损失或获得的热量（H_r）以及蒸发作用所损失的热量（H_e）组成。它们指出了热量在生物与环境间传递的方式。**代谢热**（metabolic heat）是生物在细胞呼吸过程中释放的能量。**传导**（conduction）是物体通过物理接触传送热量的过程，冬天人坐在石凳上便会发生传导。**对流**（convection）则是热量在固体与流体之间流动的过程，比如在寒冷天气中，热量在你和寒风之间流动。在传导或对流的过程中，热量的流动方向永远是由较暖处流向较冷处。

热量亦可通过电磁辐射传递，这种热量的传递方式一般简称为**辐射**（radiation）。所有物质在高于绝对零度（－273℃）时皆会放出电磁辐射，但在我们的环境中，太阳是最显著的辐射来源。奇怪的是，我们经常会忽略太阳带来的热通量，因为一半以上的太阳光在海平面超出了人类可见光的范围，这种不可见光正是光谱中的红外线。在我们周围的环境中，大部分物体（包含我们的身体）散发的电磁辐射都是红外线。你站在火前面感觉到温暖，或者冬天时站在建筑物向阳面感受到热辐射，都是接触红外线的缘故。当你身处清凉无风的夜晚中，你感到的寒意也是因为热辐射流动的影响——热流量从你的身体流向周围的空间。

此外，热量也可能通过生物的**蒸发作用**（evaporation）损失。一般来说，我们只考虑水分从生物表面蒸发时带走的热能。由于水蒸发时会吸收大量热量，水的蒸发可有效地冷却系统。图 5.15 简要地说明了热量在生物与环境间传递的可能路径。

那么生物如何调节体温呢？首先，**变温动物**（poikilotherm）的体温会随环境温度而改变，这是许多生物做不到的。大部分变温动物利用外在能量来源并结合身体构造和行为来巧妙地控制 H_c、H_r 和 H_e，以达到调节体温的效果。依靠外在能量来源调节体温的动物被称为**外温动物**（ectotherm）；依赖内在代谢热（H_m）调节体温的动物被称为**内温动物**（endotherm）。在内温动物中，鸟类及哺乳动物利用代谢热使体温增加，而其他内温动物（包括某些鱼及昆虫）则利用代谢热来为特定的器官提供热能。利用代谢热维持躯体恒温的内温动物被称为**恒温动物**（homeotherm）。只有鸟类及哺乳动物是恒温动物。

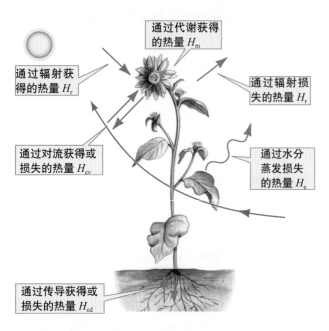

图5.15 生物与环境间交换热量的途径有多种

植物与外温动物的温度调节均面临相似的问题：这两类生物主要依赖外在能量来源来调节体温。除了大部分具有较大移动能力的外温动物外，植物与其他外温动物解决这个问题的方法极为相似。

植物的温度调节

哪种环境最适合研究植物的温度调节呢？植物生态学家主要研究极端的环境，如沙漠或冻原。这些地方的物理环境挑战较大，生态学家相信在这些地方可以找到最令人瞩目的体温调节。

沙漠植物

沙漠环境考验植物如何避免过度受热。也就是说，植物面临减少热量储存（H_s）的挑战。沙漠植物和其他环境的植物一样，会利用形态和行为来改变它们与环境的热量交换。通过蒸发来冷却叶片，虽可增加热量的损失（H_e），但却不是一种可行的方式，因为沙漠植物经常处于缺水的状态。对于植物，我们可以忽略 H_m，因为通过代谢产生的热量是微不足道的。因此，对于热沙漠环境的植物而言，我们

可将热平衡的公式简化为：

$$H_s = H_{cd} \pm H_{cv} \pm H_r$$

沙漠植物通过3种方式来避免过度受热：减少传导热（H_{cd}）、提高对流冷却的速率（H_{cv}），以及降低辐射热的速率（H_r）。许多沙漠植物的叶片会尽量远离地表，以减少传导热。许多沙漠植物亦演化出小叶及枝叶散开的生长方式，这种适应方式可以获得高对流冷却速率，因为它不仅可提高叶面积与总体积之比，还可以加快空气在茎及叶片四周的流动。某些沙漠植物获得辐射热（H_r）的速率比较低，因为它们演化出具反射功能的表皮。如第2章所述，许多沙漠植物长有白色绒毛，浓密地覆盖在叶片表面。这些叶毛通过反射可见光来降低辐射热（H_r）的获得，因为这些可见光所含的太阳能占阳光总能量的一半。

扁果菊属（*Encelia*）植物从加州海岸到死亡谷，沿着温度梯度和湿度梯度分布。我们可通过比较同一扁果菊属的不同物种来了解自然选择如何使植物适应不同的极端温度。詹姆斯·埃勒伦格（Ehleringer，1980）曾表示，加州扁果菊（*Encelia californica*）海岸种的叶片完全没有叶毛，大约只能反射15%的可见光；而生长于寒冷的加州海岸和死亡谷之间的其他两个物种则因叶片长有一些长软毛，可反射约26%的可见光。沙漠地区的银色扁果菊（*Encelia farinosa*）有两种叶子：夏季叶片长满软毛，可反射40%以上的太阳辐射；冬天的叶子没有软毛。

植物还通过改变叶片及茎的向阳面来减少辐射热（H_r）的获得。许多沙漠植物会改变叶面朝向，使其与光线平行，或在中午阳光最强烈时卷起叶片，降低受热。图5.16即为沙漠植物热平衡的主要过程。

北极与高山植物

正如你预测的那般，寒冷地区植物的体温调节方式与沙漠植物的调节体温方式相反。然而我们仍用沙漠植物调节热量的公式来模拟北极植物的体温调节：

$$H_s = H_{cd} \pm H_{cv} \pm H_r$$

然而，这里的主要问题是如何保温。北极植物及高山植物有两个主要选择：提高获得辐射热（H_r）

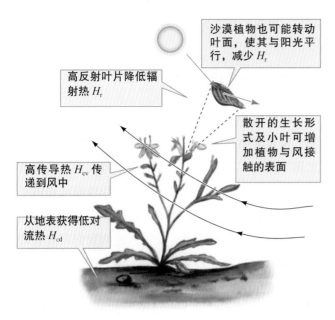

沙漠植物也可能转动叶面，使其与阳光平行，减少 H_r

高反射叶片降低辐射热 H_r

散开的生长形式及小叶可增加植物与风接触的表面

高传导热 H_{cv} 传递到风中

从地表获得低对流热 H_{cd}

图 5.16 沙漠植物的生长型及方向可减少从环境中获得热量，促进冷却

的速率，或减小对流冷却（H_{cv}）的速率。许多植物已演化出上述两种能力，使体温远超过气温。因此，沙漠植物反射日照，而北极植物与高山植物则在自然选择下，利用深色素吸收阳光，从而获得辐射热（H_r）。北极植物及高山植物（如图 5.1 的仙女木）也可转动叶片及花的方向，使其朝向阳光，来获得更多的 H_r。许多植物甚至会以垫伏（cushion）的方式"紧贴"地面，因为地表比较暖和，且能辐射被垫伏植物吸收的红外线。此外，垫伏生长的植物也可通过传导作用，获得温暖基质的热量（H_{cd}）。

垫伏生长的方式通过两种方法降低对流热（H_{cv}）的损失：第一，接近地面生长可避开风吹；第二，垫伏生长的植物呈紧密半球状，可降低叶表面积与体积之比，减缓空气在植物内部流通的速度。另外，减小叶表面积亦可降低辐射热的损失速率。

图 5.17 简要说明了垫伏生长植物的热调节方式。通过这些方式，垫伏植物通常比周围空气和其他生长型植物温暖。甘斯拉（Gauslaa，l984）研究斯堪的纳维亚多种植物的热量收支（heat budget），验证了垫伏生长型的热效果。他发现散开生长型植物的温度接近于气温，但垫伏生长型植物的温度则比气温高 10℃。甘斯拉的研究结果参见图 5.18。

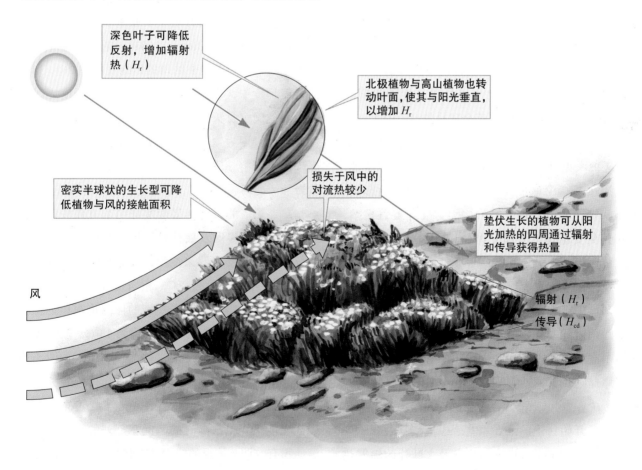

深色叶子可降低反射，增加辐射热（H_r）

北极植物与高山植物也转动叶面，使其与阳光垂直，以增加 H_r

密实半球状的生长型可降低植物与风的接触面积

损失于风中的对流热较少

垫伏生长的植物可从阳光加热的四周通过辐射和传导获得热量

风

辐射（H_r）

传导（H_{cd}）

图 5.17 北极植物与高山植物垫状生长的方式和方向可使植物从阳光及周遭景观获得和保存热量

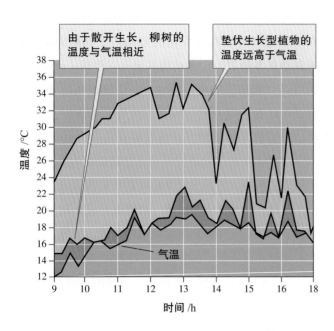

由于散开生长，柳树的温度与气温相近

垫伏生长型植物的温度远高于气温

气温

图5.18　相比散开生长型植物（如柳树），垫伏生长的北极植物能显著地维持较高温度（资料取自Fitter and Hay，1987；根据Gauslaa，1984）

热带高山植物

在广泛分布于世界热带高山的植物中，有许多令人惊奇的热调节例子。如第2章所述，热带高山地区环境独特，年均温变化极小，但昼夜温差极大。炎热的白昼过后，寒冷的夜晚便接踵而至。在此环境下，自然选择演化出最具代表性的趋同性（convergence）例子——覆盖全球热带高山的大型莲座状植物（rosette plant）。

这种大型莲座状植物的生长型具有多种特征，可缓冲热带高山地带的极端日变温对植物的影响。莲座状植物一般会保留死叶，因为死叶覆盖根茎，可使其免受冻害。大部分物种具有浓密的长软毛，厚约2～3 mm。软毛覆盖活叶，使叶面产生气体滞流的空间，减少对流热的损失，帮助植物在寒冷的高山环境下保存热量。在热带高山上，植物叶片软毛的作用就如同动物的皮毛一般。许多植物的花在大而中空的花序（inflorescence）中分泌液体，以增加花序储存热量的能力。若植物在白天储存较多的热量（H_s），就可降低在夜晚受冻的风险性。正如我们在本章开始讨论的仙女木花，一些植物的叶子形如抛物线状的镜子，可增加顶芽及大叶片的辐射热（H_r）。一些丛生的热带高山植物甚至会在夜间关闭

顶芽，以保护顶芽免于受冻。

外温动物的体温调节

和植物一样，大多数动物（包含鱼类、两栖动物、爬虫动物及无脊椎动物）也利用外在能量来源来调节体温。它们采用的方法与植物类似，包括改变体形大小、形状及色素等。植物与外温动物的不同之处在于，后者调节温度的选择更多，因为动物可利用行为来调节体温。是的，正如我们将要看到的，动物与植物在行为上的不同只是程度的不同，而非方式存在差异。

蜥蜴

东方强棱蜥是一种外温动物，它的体温调节方式是晒太阳温暖身体或寻找阴凉处降温（图5.9）。米歇尔·安吉莱塔的研究结果显示，东方强棱蜥的代谢能摄入量在温度为33℃时达到最高（图5.10）。后来，他又研究了东方强棱蜥的最适温度和偏爱温度的关系。安吉莱塔开展了实验室实验和野外实验探索这种关系（Angilletta，2001）。在实验室里，他将新泽西州与南卡罗来纳州的蜥蜴置放在26～38℃的温度梯度中，来测定最适温度与偏好温度之间的关系。他确定每天清晨测量到的蜥蜴体温为它们的偏好温度，因为这个体温能表明蜥蜴停留在哪个温度梯度，即它偏爱的温度。此外，安吉莱塔通过测量野外活动蜥蜴的体温，了解它们的温度调节方式。

安吉莱塔的研究结果确实证明东方强棱蜥的偏好温度、调节温度及最适温度是一致的（图5.19）。在新泽西州及南卡罗来纳州，东方强棱蜥的偏好温度分别为32.8℃及32.9℃，相当接近。同时，安吉莱塔在野外测得的东方强棱蜥的体温也很相近：新泽西州的东方强棱蜥的体温平均为34℃，而南卡罗来纳州的东方强棱蜥体温平均为33.1℃。如图5.19所示，不管是在实验室测得的东方强棱蜥的偏好温度，还是在野外测得的体温，都非常接近东方强棱蜥代谢能摄入量最高时的温度。下列的例子表明外温动物有效调节体温的能力并不是只有蜥蜴才具备。

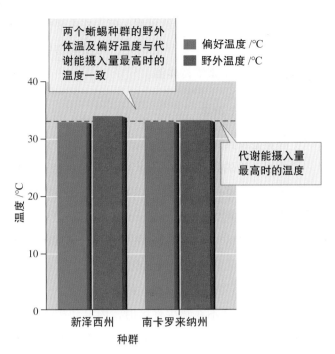

图5.19 两个东方强棱蜥种群均能调节体温，使其达到代谢能摄入量最高时的温度（资料取自 Angilletta，2001）

一组则处于阴暗中。光照下的那组蝗虫通过晒太阳，体温升高至高于气温 10℃，而处于阴暗中的蝗虫的体温仍接近于气温（图 5.21）。

图5.20 透翅蝗的饲养温度影响色素的形成

蝗虫：某些蝗虫喜热

许多蝗虫沐浴在阳光下，体温会升至 40℃，甚至更高。R. I. 卡拉瑟斯及其同事（Carruthers et al., 1992）描述了某些蝗虫物种如何在发育过程中改变色素浓度，调节辐射热（H_r）容量。在低温下，它们会产生深色素来补偿热量；处于高温时，它们会产生较浅色素（图 5.20）。为了应对发育过程中体温的变化，它们改变色素，那色素改变如何影响它们的体温呢？基本上，蝗虫若被饲养于低温中，会产生较深的色素，以增加 H_r 获得；若被饲养于高温下，蝗虫会产生较浅色素，降低 H_r 的获得。

透翅蝗（*Camnula pellucida*）栖息于亚利桑那州西部怀特山脉（White Mountains）的亚高山草原上。该地清晨温度较低，但在阳光照射下，温度很快上升。此时，透翅蝗会转动身躯，垂直于阳光，使体温快速增至 30～40℃。若有机会，幼透翅蝗的体温可维持在 38～40℃，这非常接近于它发育的最适温度。在实验室内，透翅蝗的体温比气温高出 12℃，并可在数小时内维持极小的温差（±2℃）。

卡拉瑟斯和同事将透翅蝗样本分成两组，并将它们放置于气温 18℃ 下，其中一组在光照下，另

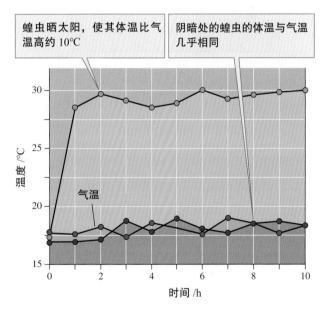

图5.21 透翅蝗晒太阳可使体温显著升高（资料取自 Carruthers et al., 1992）

为何透翅蝗在光照下可使体温高于气温呢？研究者认为通过日照，蝗虫的生长速度会快于体温与气温相同时的速率。此外，维持高体温还可让透翅蝗获得其他什么益处？透翅蝗将体温提升至 38～40℃，可以抑制蝗噬虫霉（*Entomophaga grylli*）的生长。这种蝗噬虫霉能感染并杀死蝗虫。

为了测定高温是否会抑制蝗噬虫霉的生长，研究者以人工方式在15℃、20℃、25℃、30℃、35℃及45℃下培养蝗噬虫霉。结果发现：在25℃时，蝗噬虫霉种群生长最快；温度超过或低于25℃时，蝗噬虫霉种群的生长皆较为缓慢；在35℃时，蝗噬虫霉停止生长；而在45℃时，蝗噬虫霉会死亡（图5.22）。

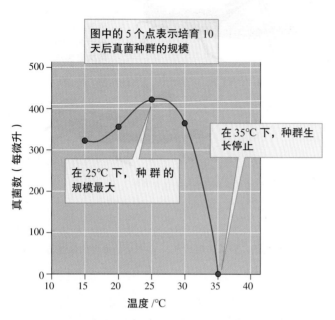

图5.22　高温可抑制蝗噬虫霉种群的生长（资料取自Carruthers et al.，1992）

通过人工培育的方式研究蝗噬虫霉的生长情况之后，研究者研究温度如何影响感染蝗噬虫霉的透翅蝗的死亡率。经研究发现，如果蝗虫每天暴露于40℃下至少4个小时，会显著减少受蝗噬虫霉感染而死亡的蝗虫。这些实验的结果支持以下假说：维持体温在38～40℃时，透翅蝗可产生不适合最严重病原体生存的环境。与图5.13及图5.14中温度对一般细菌种群生长的影响相比，温度如何影响蝗噬虫霉种群生长？

内温动物的体温调节

内温动物的体温调节是否与我们上述讨论的生物不同呢？基本上，内温动物利用其他生物采用过的身体结构与行为上的所有技巧，巧妙地与环境进行热量交换。因此，温度调节的基本公式 $H_s = H_m \pm H_{cd} \pm H_{cv} \pm H_r - H_e$ 仍然可用，但一些主要的组成有一些改变，而其中最显著的是，内温动物依赖大量代谢热（H_m）来维持体温。

环境温度与代谢率

薛蓝德及其同事（Scholander et al.，1950）研究了一些内温动物的体温调节。他们将内温动物置于某温度范围下，观察代谢率。恒温动物代谢率不变的环境温度范围为**热中性区**（thermal neutral zone）。当环境温度处于热中性区时，内温动物的代谢率与休眠状态的代谢率相同；若环境温度低于或高于热中性区，内温动物的代谢率会快速提高2倍，甚至3倍。

当环境温度不在热中性区时，内温动物代谢率快速增加的原因是什么呢？我们以人类为实验模型进行研究。在低温下，我们开始打颤，肌肉的收缩会产生热量。我们还会释放激素，提高代谢储藏能量（主要是脂肪）的速率。提高代谢率可提高代谢热（H_m）产生的速率。在高温下，心跳及血液流向皮肤的速度会加快。血液流动可将热量由身体核心传送到皮肤，从而使热量扩散到周围环境中。特殊的机体结构可以增加辐射热的损失。例如，巴西犬吻蝠在身体两侧有一特别区域，可以释放出飞行产生的代谢热。

基于出汗方式的蒸发冷却系统也可以使能量快速排向外部环境。许多大型内温动物（包括马、人及骆驼等），正是以出汗方式来降低体温的。其他内温动物虽不流汗，但会通过其他方法蒸发降温。例如，狗与鸟通过张嘴喘气来散热，有袋动物（marsupial）与啮齿动物（rodent）则通过舔吮湿润身体表面来降温。因此，在这些物种身上，体温调节和水平衡密切相关。

薛蓝德及其同事认为，内温动物的热中性区范围差异很大。根据他们的研究结果和热中性区的范围，他们将生物分为两类：一类是热带物种，热中性区的范围较窄；另一类是北极物种，热中性区的范围较宽。研究人员指出，人类的热中性区比较狭窄，与雨林中的哺乳动物、鸟类等许多物种相似。而北极物种，如北极狐（arctic fox）具有比较宽的热中性区，令人印象深刻。

　　大部分内温动物的体温通常为35～40℃，所以这个温度段落在热带物种与北极物种的热中性区内并不足为奇。而热带物种与北极物种之所以存在差别，是因为北极物种对寒冷有极大的忍耐力。例如，北极狐可忍耐环境温度低于–30℃而不需要提高任何代谢率；而一些热带物种在气温低于29℃时，即开始提高代谢率。图5.23比较了一些北极物种与热带物种的热中性区。

　　从演化和生态学的角度出发，这里论述的重点是热中性区外的温度调节需要消耗能量，而这些能量本可用在繁殖之上。那么这种能量消耗如何影响自然界生物的分布和多度？

水生动物

　　现在让我们转向探讨水生内温动物的体温调节。一般说来，水域环境会限制生物调节体温的方式，这是为什么？首先，如我们已了解的，水的比热约是空气的3,000倍。其次，传导热与对流热在水中的损失速度远快于在空气中的损失速度。在静水状态下，前者比后者快20倍；在流动状态下，前者比后者快100倍。因此，水生生物被庞大的热汇（heat sink）包围。这种热汇散热的潜力相当大，尤其是对于以鳃呼吸的物种而言，因为它们必须有大呼吸面

（respiratory surface），才能从水中获得足够的氧气。因此，面对这一艰难的环境，只有少数物种才是真正的内温动物。

　　水禽及水生哺乳动物（如企鹅、海豹及鲸鱼）能成为水域环境的内温动物，主要原因有两个：首先，它们皆为呼吸空气的动物，不需要大呼吸面；其次，许多内温水生动物（如企鹅、海豹及鲸鱼），利用厚脂肪层与吸热的外在环境绝缘，其他内温动物，如海獭（sea otter），利用毛发层滞留空气，从而与吸热的外在环境绝缘。但相比之下，这些动物的附肢（appendage）具有较差的绝缘效果，但附肢上具有可充当逆流热交换器（countercurrent heat exchanger）的血管结构，可降低热损失到周围水域环境的速率。图5.24显示了海豚鳍肢（flipper）上的逆流热交换器的构造与功能。

　　内温鱼类（如鲔鱼、灰鲭鲨等）的侧面游泳肌内分布着许多功能如同逆流热交换器的血管。当动脉血液携带氧气到侧面游泳肌时，该处的热交换器会加热冷的动脉血液。在这些动脉血管输送氧气和养分的同时，血液被加热至和运动肌相同的温度。当血液回流时，这些温暖血液的热能可加热新流入的血液；当血液再流出游泳肌时，血液的温度恢复与周围的水温大致相同。鲔鱼的逆流热交换器非常有效，可以保存热量，使游泳肌的温度升高至超过

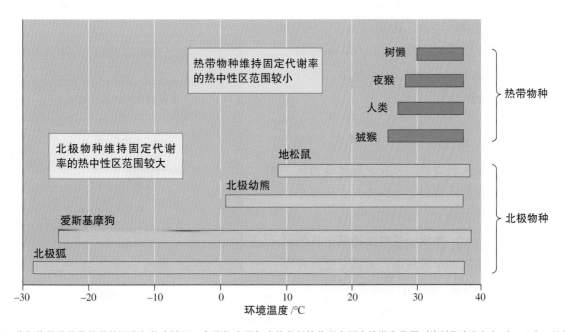

图5.23　北极物种及热带物种的温度与热中性区。条形柱表示每个物种保持代谢率不变的温度范围（资料取自Scholander et al., 1950）

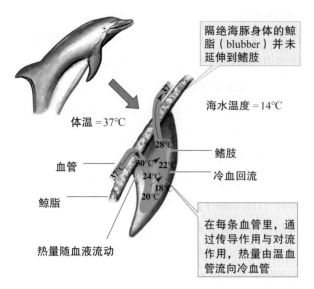

图5.24　海豚鳍肢的逆流热交换器可维持体温

隔绝海豚身体的鲸脂（blubber）并未延伸到鳍肢

海水温度＝14℃

体温＝37℃

血管

鲸脂

鳍肢

冷血回流

热量随血液流动

在每条血管里，通过传导作用与对流作用，热量由温血管流向冷血管

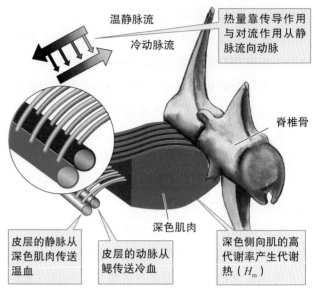

图5.25　蓝鳍鲔鱼肌肉的逆流热交换器

温静脉流

冷动脉流

热量靠传导作用与对流作用从静脉流向动脉

脊椎骨

深色肌肉

皮层的静脉从深色肌肉传送温血

皮层的动脉从鳃传送冷血

深色侧向肌的高代谢率产生代谢热（H_m）

周围水温 14℃。图 5.25 为蓝鳍鲔鱼（bluefin tuna）的逆流热交换器的解剖结构。

弗朗西斯·凯里及其同事（Carey et al., 1973）在蓝鳍鲔鱼的肌肉内植入可侦测和传送肌肉温度及周围水域温度的仪器。他们跟踪了携带温度感应器的鱼数个小时，收集大量与温度相关的资料。其中一条被监测的鱼游过水温变化 7～14℃ 的水域时，游泳肌的温度仍维持在 24℃（图 5.26）。这证明蓝鳍鲔鱼即使面对大范围的水温变动，依然能维持相当稳定的肌肉温度。最近的研究显示，蓝鳍鲔鱼的其他器官（如胃）的温度变化远大于肌肉温度（Stevens, Kanwisher and Carey, 2000）。

现在，我们将目光由海洋中重量达 1,000 kg 的大型蓝鳍鲔鱼转到陆地上的小动物。在陆地上，我们可找到最小的内温动物。

昆虫的飞行肌

在寒冷冬天或春天的清晨，只有少数昆虫仍在活动。你是否曾在这样的清晨走向户外？看到熊蜂（bumble bee）正在造访花儿，你感到惊奇吗？你可能对这种场景习以为常，然而，这些在清晨访花的动物必然有一些了不起的生理机能。大部分昆虫利用外在的能量源温暖身体，但仍有一些著名的例外。贝恩德·海因里希（Heinrich, 1979）发现，不论气温如何，熊蜂可将其胸甲内的飞行肌温度维持在

30～37℃。因为熊蜂能加热其飞行肌，所以它们在环境温度低至 0℃ 时仍能飞行。大型夜蛾等许多其他昆虫也会利用代谢热（H_m）来加热飞行肌。

海因里希（Heinrich, 1993）将大半的职业生涯都用来研究昆虫的体温调节。他开启这项研究起因于，他研究生时曾在新几内亚（New Guinea）高地记录蛾类体温，时间长达几个月。他提到如何利用灯笼捕捉飞向灯光照射的幕布的蛾类，当时的气温大约只有 9℃。纵使气温如此低，一些被捕捉到的大型蛾类的胸甲温度却达到 46℃，这比海因里希的体温还要高出 9℃。正因为如此，他确信某些昆虫可通

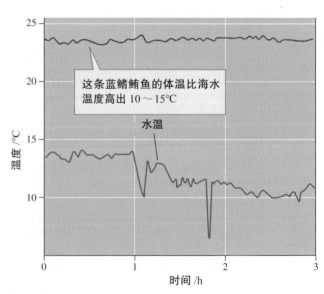

这条蓝鳍鲔鱼的体温比海水温度高出 10～15℃

水温

图5.26　活跃遨游的蓝鳍鲔鱼的肌肉温度高于周围海水温度（资料取自 Carey, 1973）

过内温方式来调控体温。然而，你并不需要到新几内亚的高地去寻找这种内温昆虫，因为海因里希对于温带蛾类的体温调节已做出一些杰出的研究了。

蛾的体温调节研究始于19世纪初，大部分研究的对象是天蛾科（Sphingidae）。天蛾非常适合于研究，因为许多天蛾的体形很大，甚至会让人误以为它们是蜂鸟。海因里希博士的论文主要研究烟草天蛾（*Manduca sexta*）的体温调节。这种天蛾的幼虫又大又绿，以烟草及番茄等多种植物为食。烟草天蛾属于大型天蛾，重量可达2～3 g，比鸟类及哺乳动物中最小的蜂鸟及鼩鼱（shrew）还要重。

自19世纪以来，许多研究者已经知道活动中的天蛾可提高其胸甲温度。早期的研究者也知道，胸甲温度的上升是由于飞行肌的活动——飞行肌的活动可使天蛾的翅膀振动。后来的研究者也发现，当天蛾飞行时，使翅膀上行和下冲的肌肉会相继收缩。然而，在飞行前的热身运动中，上行和下行的肌肉收缩几乎是同时的。因此，天蛾在加热飞行肌时，翅膀仅是颤动而已。一旦热身完成开始飞行，天蛾即可在温度差异巨大的环境中维持相对稳定的胸甲温度。

早在海因里希开始论文研究之前，许多研究已经揭示天蛾的体温调节。然而，仍有一个大问题尚未解决，那就是没有人知道天蛾如何做到体温调节。后来，菲利普·亚当斯及詹姆斯·希斯（Adams and Heath，1964）提出天蛾的肌肉通过改变代谢率，调节体温，应对环境温度的变动。对应之前提到的温度调节的公式，他们认为当环境温度下降时，天蛾会增加 H_m；当环境温度上升时，H_m 会减少。

基于许多观察结果，海因里希提出另一个假说：活动中的天蛾维持相当稳定的代谢率，即以固定的速率产生代谢热（H_m）。同时，海因里希也提出天蛾通过改变热量损失于环境中的速率来调节体温。在温度调节公式中，当环境温度下降时，天蛾会通过对流作用与传导作用降低冷却速率；当环境温度升高时，天蛾则会提高冷却速率。

海因里希利用一系列开拓性实验来证实他的设想：烟草天蛾利用循环系统将热量输送到腹部，从而降低胸甲温度。也就是说，天蛾的血液具有冷却的功效。在第一个实验中，海因里希固定一只天蛾，利用一道细光束加热其胸甲，然后测定胸甲温度和腹部温度。光束相当细，只会增加胸甲辐射热的获得（H_r）。利用光束来模拟飞行肌的代谢热产生，海因里希观察到这些天蛾的胸甲温度稳定维持在大约44℃，同时它们腹部的温度逐渐上升。

这些结果表明，胸甲的热量会传输到腹部。海因里希认为血液从胸甲流向腹部是热量传送的方式。为了证实这个想法，他进行了第二个实验。他利用纤细的人类毛发绑住流向胸甲的血管。由于血液无法流动，天蛾因过热而停止飞行，胸甲温度无法维持在44℃，而是接近于天蛾的致命极限——46℃。两个研究人员各自争论不休的假说最终由两个决定性的实验得到最终结果，如图5.27所示。

内温昆虫令许多生物学家惊奇万分，而内温植物的存在更让生物学家大开眼界。

产热植物的体温调节

罗杰·克努森（Knutson，1974，1979）在寒冷的2月到达艾奥瓦州东北部的一处沼泽，看到臭松（*Symplocarpus foetidus*）从冻结的地面冒出。每一株臭松的外围均环着一圈融雪，看起来就好像是臭松释放了足够的热量融化周围的雪。第二天，他带着温度计回到现场开始研究，并惊奇地发现一些植物也可调控温度。

几乎所有植物都为变温外温生物。然而，天南星科（Araceae）的植物却有不寻常的习性，可利用代谢热来温暖花。这些属于热带却生长于温带的物种利用这种能力保护花序免于受冻，并吸引授粉动物。在这些温带物种中，被人类研究最多的为臭松。它生长于北美东部的落叶林内，在气温 –15～15℃ 的2月、3月开花。在这个时期，臭松的花序重2～9 g，且体温维持在15～35℃，高于气温。根据克努森的观察，这个温度足以融化积雪。这种植物的花序可维持高温14天。在这期间，它的机能如同内温生物。

臭松究竟如何温暖花序？答案是它具有储存大量淀粉的粗根。淀粉被输送到花序，然后被快速代

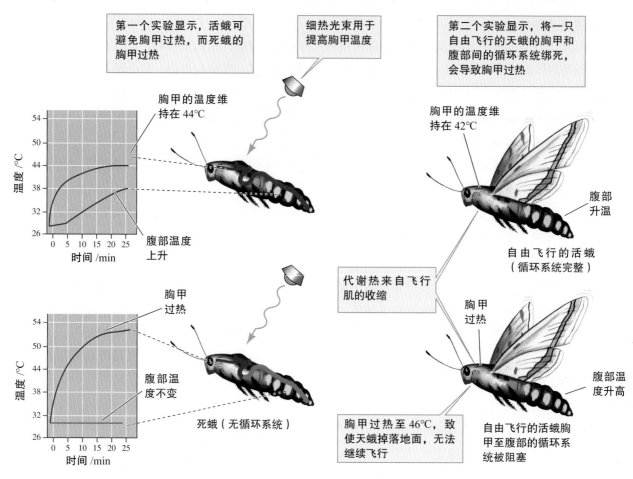

第一个实验显示,活蛾可避免胸甲过热,而死蛾的胸甲过热

细热光束用于提高胸甲温度

第二个实验显示,将一只自由飞行的天蛾的胸甲和腹部间的循环系统绑死,会导致胸甲过热

胸甲的温度维持在44℃

温度 /℃

时间 /min

腹部温度上升

胸甲过热

温度 /℃

时间 /min

腹部温度不变

死蛾(无循环系统)

胸甲的温度维持在42℃

腹部升温

自由飞行的活蛾(循环系统完整)

代谢热来自飞行肌的收缩

胸甲过热

腹部温度升高

胸甲过热至46℃,致使天蛾掉落地面,无法继续飞行

自由飞行的活蛾胸甲至腹部的循环系统被阻塞

图5.27 烟草天蛾的循环系统在体温调节上扮演关键角色(资料取自 Heinrich,1993)

谢,这个过程会产生大量热。这些热量除了保护花序免于受冻之外,还能吸引授粉者。植物散发的既温暖又香甜的气味通常会吸引许多授粉生物。图5.28显示了这种有趣植物的生物特征。

臭松的花序可维持高呼吸速率,其呼吸速率相当于同样大小的小型哺乳动物的呼吸速率。然而,臭松的代谢率并不固定,随环境温度发生改变。随着温度的降低,臭松的代谢率增加,从而提高代谢热的产生速率。通过这种代谢率调节,不管环境温度如何变动,该植物可将花序维持在相同的温度(图5.29)。

这一节,我们讨论了不同生物如何借助外在的能量来源、内在的能量来源或两者皆有来调节体温。当生物面对能忍受的环境温度时,便可进行体温调节。然而,在极端的环境温度下,体温调节并不是一个可行的办法。在这种条件下,生物需要采取另外的生存策略。

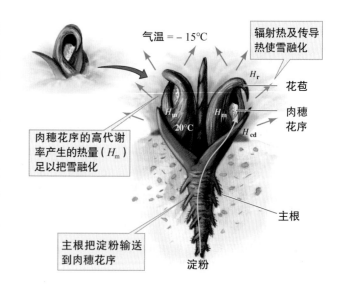

气温 = −15℃

辐射热及传导热使雪融化

H_r

花苞

肉穗花序

肉穗花序的高代谢率产生的热量(H_m)足以把雪融化

20℃

H_m

H_{cd}

主根

主根把淀粉输送到肉穗花序

淀粉

图5.28 臭松是一种内温植物,可融化覆盖在它上面的春雪(资料取自 Knutson,1974)

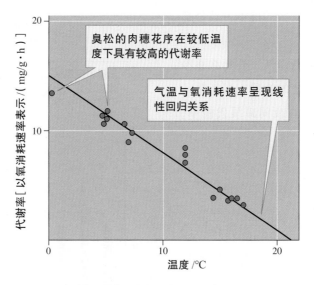

图 5.29　温度对臭松的代谢率有显著的影响（资料取自 Knutson，1974）

──概念讨论 5.4──◗

1. 为什么银色扁果菊的高反射率软毛叶片在炎热和寒冷的季节反而是个缺点？

2. 行为导致的体温调节能否精确？哪些证据支持你的答案？

3. 为什么所有内温鱼类体形都比较大？

5.5　极端温度下的生存

　　许多生物通过进入休眠期来避开极端温度。想象你身处一个非常严寒或酷热的环境（冬天的温带森林或盛夏的沙漠），你可能已注意到，与一年中的其他时间相比，严寒或酷热时期的生物活动明显偏少。事实上，许多植物都处于休眠状态，只有少数鸟类尚在活动，昆虫的活动也不明显。许多生物已演化出一些方法（如进入休眠期）来避开极端温度。在这种极端的环境下，许多生物可能只在隐秘的洞穴中休息，或尽可能从生理和行为上进行调节。下面让我们来探讨生物如何避开极端温度。

停止活动

　　避开极端温度的一个简单方法便是在最热或最冷的天气中寻找庇护所藏起来。让我们看看某些甲虫在中午时分如何寻找寻庇护所躲避高温。

　　包括小型捕食者虎甲在内的许多生物生存在新西兰的沙滩上，其中有一种黑色新虎甲（*Neocicindela perhispida campbelli*）生活在黑色沙滩上。正如本章前面所述，黑色沙滩在上午阳光的照射下快速升温，温度甚至高过邻近的白色沙滩（图5.4）。因此，黑色甲虫也快速地热起来。上午阳光的暴晒，让它们很快活跃起来，但不久之后，它们就必须努力避免过热了。

　　虎甲在阳光与阴凉处之间来回穿梭。面对太阳时，它们会转动身体，使之与阳光平行。通过上述方法，虎甲的体温维持在 36.4℃ 左右。同时，它们也会提高对流冷却的速率。它们用脚尖站立，并伸展腿使其在空中站得更高，通过这种"踩高跷"的方式来降低热量的获得。利用上述行为，虎甲可维持体温明显低于沙滩的温度。

　　然而在正午时，沙滩的温度高达70℃，调节体温变得非常困难。大部分虎甲就会躲到阴暗处，暂时避开高温。如图 5.30 所示，活跃的虎甲大部分都在阴暗处。

下面我们研究在夜间活动的蜂鸟。若要在寒冷的夜间维持体温，蜂鸟需要大量的能量。在某些环境下，为了节省能量，蜂鸟可在夜间减缓代谢率、降低体温，允许体温下降。

降低代谢率

蜂鸟是一种小型鸟，通过摄取花蜜或食用昆虫来维持高代谢率。它们的体温维持在 39℃ 左右。当食物充裕时，它们昼夜皆可维持高代谢率；然而，一旦食物缺乏且夜间寒冷，蜂鸟便会进入**蛰伏**（torpor）状态。蛰伏是一种低代谢率和低体温的状态。在此状态下，蜂鸟的体温从 39℃ 降至 12～17℃。这种较低体温是由代谢率低造成的，因而蜂鸟可在蛰伏状态下节省大量能量。不过，蜂鸟到底可以节省多少能量呢？卡彭特及其同事（Carpenter et al., 1993）估计，红蜂鸟维持一整晚的体温须代谢大约 0.24 g 脂肪，而处于蛰伏状态的蜂鸟只须消耗 0.02 g 脂肪即可。也就是说，蛰伏可节省 90% 以上的能量。

通过威廉·卡尔德（Calder, 1994）的研究，我们了解蜂鸟在何种情况下蛰伏。在他的研究开展之前，生物界主要存在两种假说：其一是"常态假说"（routine hypothesis），认为蜂鸟在每个夜晚均会有规律地进入蛰伏状态；其二是"紧急假说"（emergency-only hypothesis），认为只有当食物缺乏时，蜂鸟才会出现蛰伏现象。

然而，野生的蜂鸟不易追踪，卡尔德如何判定蜂鸟在夜间是否进入蛰伏状态？他在蜂鸟进入夜栖前对蜂鸟称重，然后在清晨时再称重一次。根据两次称重结果，他能评估蜂鸟在夜间代谢的脂肪量，因为蜂鸟在蛰伏状态下损失的重量非常少。为了称重，卡尔德用细网捕捉蜂鸟，或将电子秤安装在蜂鸟喂食器上。

卡尔德观测的宽尾蜂鸟的结果推翻了常态假说。

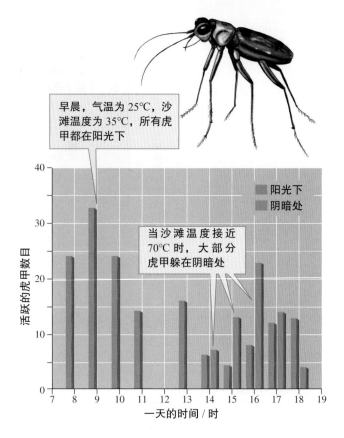

图 5.30　虎甲避开高温，以免体温超过身体可以承受的极限（资料取自 Hadley、Savill and Schultz，1992）

他指出蜂鸟损失的重量是蛰伏状态所需能量的 15 倍，也就是说蜂鸟在夜晚时通常会提高代谢率，偶尔才会进入蛰伏状态。此外，他也发现蜂鸟在两种环境下会进入蛰伏状态：（1）当它们在花盛开前到达繁殖地或越冬地时；（2）当它们的食物摄入量因花蜜产量或因暴风雨而减少时。如同海因里希研究的天蛾体温调节，卡尔德的观测解决了两种假说争论不休的问题（图 5.31）。

蜂鸟可能在每个夜晚维持蛰伏状态数个小时，而其他动物则可能维持低代谢状态数个月。如果这种状态发生在冬季，我们称之为**冬眠**（hibernation）；如果发生于夏季，我们称之为**夏蛰**（estivation）。冬眠时，北极地松鼠的体温可降至 2℃，而土拨鼠冬眠时的代谢率可能降至活动期代谢率的 3%；夏蛰时，长颈龟的代谢率可降至正常代谢率的 28%。这些动物通过降低代谢，度过北极或高山的漫长冬天或沙漠的旱热期。在此期间，它们完全依赖储备的能量。在某些情形下，热带物种也会冬眠。

热带物种的冬眠

大部分关于冬眠的研究均针对温带物种及寒带物种，但也有些热带动物会冬眠。肥尾倭狐猴（*Cheirogaleus medius*）便是一种会冬眠的灵长类动物，生长在马达加斯加岛（Madagascar）西部的热带旱生林，每年有5个月的活动期及7个月的冬眠期。正如其名，肥尾倭狐猴是一种矮小的灵长类动物，体长约20 cm，尾巴与体长相等，成年时重约140 g。尾巴是肥尾倭狐猴储藏脂肪的最主要部位，而脂肪一般是动物长期冬眠过程中的主要能量源。肥尾倭狐猴在树林间活动。白昼，它们成群（最多5只）在树洞中睡觉，夜晚则在树冠间搜寻食物。与白昼的成群栖息不同，肥尾倭狐猴在夜间独自搜寻食物。它们以果实及花朵为主要食物，但偶尔也会捕食昆虫及变色蜥蜴之类的小型脊椎动物。

为何这些热带灵长类动物需要冬眠呢？热带旱生林的湿季与干旱季图片及生态气候图解或许可以告诉人们答案（图2.11）。在潮湿季节，热带旱生林的果实与花朵非常多，足够肥尾倭狐猴食用；在干旱季节，这些食物相对缺乏。马达加斯加岛森林的干旱期长达8个月，这个时间对肥尾倭狐猴而言是一段相当长的食物缺乏期。

乔安纳·菲茨、卡特林·道斯曼、弗里达·塔塔鲁赫及约尔格·甘茨霍恩等人（Fietz, Dausmann, Tataruch and Ganzhorn, 2003）在马达加斯加岛西部的基林地森林（Kirindy forest）研究肥尾倭狐猴的冬眠生理机能。这个研究团队发现，肥尾倭狐猴在冬眠期间的体温变化极大，变化范围为18～31℃。通过降低体温，肥尾倭狐猴可在食物缺乏的干旱季节保存能量。由于能量需求降低，它们可依靠储存在尾巴及身体其他部位的脂肪维持生命。随着肥尾倭狐猴度过每年7个月的冬眠期，储存的脂肪也逐渐枯竭。菲茨等人发现肥尾倭狐猴在冬眠期间的体重会降低34%，其中尾巴的重量降低约58%。研究热带物种（如肥尾倭狐猴）的冬眠现象，有助于增进人们对冬眠现象的了解，也使人们认识到恒温动物为了维持体温必须获得充足能量。当能量供应不足以满足代谢需求时，冬眠及能量节约便具有优势，这种现象发生在寒带或热带地区。

生物与温度的关系是生态学的一个基本内容，也与全球气候变暖对生态的影响相关，所以更值得我们关注。虽然我们在第23章会详细讨论这个话题，但在下一节的应用案例中，我们会看到温度与气候变暖的研究如何帮助我们解释物种的局部灭绝。

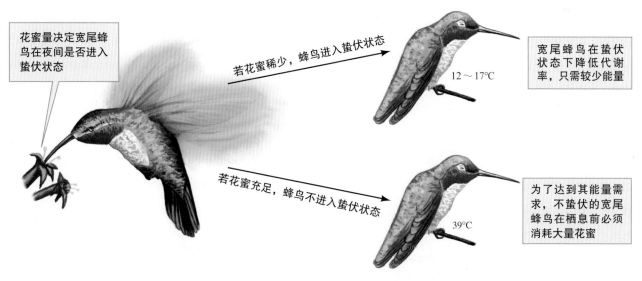

图5.31 花蜜的多少影响宽尾蜂鸟是否在夜晚进入蛰伏状态

1. 在食物非常丰富时，蜂鸟为什么不在夜间蛰伏来节约能量？换句话说，常态夜间蛰伏可能有什么缺点？

2. 为什么热带旱生林动物蛰伏和冬眠的频率高于热带雨林的动物？

应用案例：城市热岛中陆栖蜗牛的局部灭绝

1906—1908 年，一位名为博林格（Bollinger，1909）的博士生研究瑞士巴塞尔（Basel）的陆栖蜗牛。85 年之后，布鲁诺·鲍尔与安妮特·鲍尔（Baur and Baur，1993）到达博林格观察陆栖蜗牛的巴塞尔研究区再进行详细研究。在这个过程中，他们发现几个研究区中的灌丛蜗牛（*Arianta arbustorum*）已经消失了。这个发现促使这两位研究者探讨造成蜗牛种群局部灭绝的机制。

灌丛蜗牛是一种陆栖蜗牛，遍布欧洲中部和西北部的草甸、森林及其他潮湿的植被栖地，它们甚至栖息在阿尔卑斯山上海拔高达 2,700 m 的地方。这两位研究者指出，灌丛蜗牛在 2～4 岁时性成熟，可活到 14 岁，成熟蜗牛的壳直径为 16～20 mm。灌丛蜗牛为雌雄同体动物，可进行两性生殖，也能自行受精产卵。成熟蜗牛每年于凋落物下的苔藓或土壤中产下 1～3 窝卵，每窝 20～80 个卵。卵的孵化期为 2～4 个星期，视温度而定。在陆栖蜗牛的生命周期中，卵是特别敏感的时期。灌丛蜗牛常与森林葱蜗牛（*Cepea nemoralis*）同栖一处，后者的地理分布较为广阔，从斯堪的纳维亚南部延伸到伊比利亚半岛。

布鲁诺·鲍尔和安妮特·鲍尔如何记录灌丛蜗牛的局部灭绝呢？如果你稍微思考一下，便能了解一个物种的存在比灭绝更容易。假如你在调查时未曾发现任何一个该物种的个体，就表明你可能不够细心。幸运的是，这两位研究者对灌丛蜗牛的野外调查有超过 13 年的经验，十分了解蜗牛的自然史。他们知道暴雨过后是寻找蜗牛的最佳时机，因为此时 70% 的成年蜗牛种群会出来活动。因此，他们选择在大雨过后才到巴塞尔研究区寻找蜗牛。他们的结论是，如果在 2 个小时内无法找到某种蜗牛的存活个体或空壳，那么这个研究区就不存在该种蜗牛。

这两位研究者发现，在巴塞尔附近、博林格研究的 29 个研究区中，有 13 个研究区存在灌丛蜗牛的踪迹。其中，11 个研究区覆盖着落叶林，其他 2 个是河畔禾草地。然而，另外的 16 个研究区并未发现灌丛蜗牛的踪迹。自 1900—1990 年，巴塞尔的城市面积已增加了 500%，其中的 8 个研究区已被都市化，自然植被已被铲除，显然已不适合任何陆生蜗牛栖息。但其他 8 个灌丛蜗牛已消失的研究区仍然覆盖着植被，且适合蜗牛栖息，其中，4 个覆盖着落叶林，3 个位于河畔，1 个在铁路的路堤上。这些植被覆盖的研究区还栖息着其他 5 种陆栖蜗牛，包含森林葱蜗牛种群在内。

在其他蜗牛仍然生存的研究区，灌丛蜗牛却已灭绝，这是什么原因造成的呢？两位研究者比较了这些研究区与灌丛蜗牛没有灭绝的研究区的特征。他们发现不论是坡度、植被覆盖率、植被高度、距水源的距离，还是其他陆栖蜗牛的种数，这两种研究区并无不同。不过，他们发现一个主要差异，即海拔高度不同。灌丛蜗牛灭绝的研究区的平均海拔高度为 274 m，灌丛蜗牛仍存活的研究区海拔高度为 420 m，而且较为寒冷。

由卫星拍摄到的热成像图显示，在巴塞尔附近，夏季的地表温度为 17～32.5℃。在灌丛蜗牛仍存活的研究区，地表温度大约为 22℃，而灭绝区的地表温度约为 25℃，而且灭绝区更加靠近温度超过 29℃ 的极热地区。图 5.32 是巴塞尔附近地区的热影像图，图中显示了哪些地区灌丛蜗牛已经灭绝，哪些地区仍有灌丛蜗牛存活。

两位研究者认为，那 8 个蜗牛灭绝研究区的高温是受城市的热辐射影响。建筑物及石子铺设的道路储存的热量高于植被，而且植被蒸发的冷却效应随着建筑物的盖起而消失。热量储存的增加和冷却效应的降低使都市化景观变成热岛，都市中心储存的热量通过热辐射（H_r）释放到周围的景观中。

他们记录了巴塞尔附近灌丛蜗牛已灭绝地区的高温，且找到这些地区高温的原因。然而，他们观察的温度差异是否足以断定灌丛蜗牛无法在较温暖地区生存？为了寻找答案，研究人员比较了灌丛蜗牛与森林葱蜗牛的温度，并着重研究了温度对这两种蜗牛繁殖的影响。

两位研究者将两种蜗牛的卵置于 4 种温度——19℃、22℃、25℃ 和 29℃，它们均在卫星影像可观测范围内（图5.32）。结果发现，两种蜗牛的卵在 19℃ 环境中的孵化率高；但若提高温度，卵的孵化率即产生显著的差别。在 22℃ 时，森林葱蜗牛仍维持高孵化率，但灌丛蜗牛卵的孵化率已低于

50%；在 25℃ 时，森林葱蜗牛卵的孵化率约为 50%，而灌丛蜗牛的卵已不再孵化；在 29℃ 时，森林葱蜗牛卵的孵化率大幅度下降。图 5.33 简述了这一孵化实验的结果。

这个实验的结果显示，灌丛蜗牛卵比森林葱蜗牛卵对高温更为敏感。这种热敏感性可以解释为何灌丛蜗牛在某些研究区会灭绝，而森林葱蜗牛仍可存活。实验结果也暗示，气候变暖将导致物种局部灭绝。当我们面对全球大尺度的气候变暖时，有关生物和温度关系的研究显得更为重要。在下一章，我们将着重讨论另一个相关的主题——生物和水的关系。

图5.32　瑞士巴塞尔附近地区的地表温度与蜗牛的灭绝及存活（资料取自 Baur and Baur，1993）

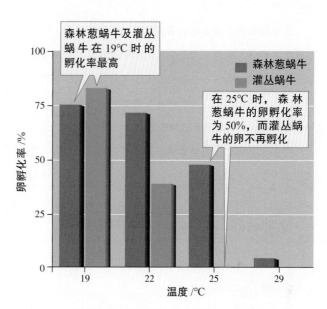

图5.33　温度与两种蜗牛的卵孵化率的关系。灌丛蜗牛的卵对高温较为敏感（资料取自 Baur and Baur，1993）

大气候与局部景观交互作用，使温度产生微气候变异。太阳对地球表面的不均匀加热作用和地球地轴的永久倾斜形成了大气候。大气候与局部景观（主要为海拔、方位、植被、地表颜色）及小尺度结构（如漂砾与洞穴等）的交互作用形成了微气候。对个体生物而言，微气候的影响比大气候显著。水的物理本质限制了水域环境的温度变动。

种群对一种环境的适应通常会降低该种群在其他环境的适合度。有关细菌种群研究的结果验证了能量分配原则。能量分配原则表明演化权衡不可避免，因为生物可获得的能量非常有限。

大多数物种在相当小的温度范围内表现最佳。由于极端温度会损害酶的功能，温度会影响生物的表现。光合速率及微生物的活性一般在一个狭小的温度范围内达到最高值；当温度超出此适温范围，光合速率与活性会明显降低。温度影响生物的表现经常反映在物种的现有分布及演化史上。

许多生物演化出调节体温的方法来适应环境温度。体温调节须平衡热量的获得与损失。植物与外温动物会利用特殊的形态与行为来调节自身与环境间的热交换速率，而鸟类与哺乳动物主要依赖代谢能调节体温。水域环境的物理性质降低水栖生物调节体温的可能性。某些生物（主要是飞行昆虫及一些大型海洋鱼类）通过选择性地加热身体的某些部位来增强活动能力。体温调节的能量需求会影响物种的地理分布。

许多生物通过进入休眠期来避开极端温度。在极端温度下，许多生物进入洞穴休息，或通过精巧的生理行为进行调节。蜂鸟可进入蛰伏状态。当食物缺乏或者夜晚寒冷时，蜂鸟会降低代谢率和体温进入蛰伏状态。其他动物可维持低代谢率长达几个月。如果这种状态发生在冬天，被称为冬眠；如果发生在夏季，被称为夏蛰。这种降低代谢率的方法可使动物依赖自身储存的物质在极端环境下存活。

研究者对瑞士巴塞尔地区陆生蜗牛种群的长期研究发现了陆栖蜗牛的局部灭绝。灭绝主要归咎于栖境的破坏及气候变暖。这些研究结果表明，气候变暖导致物种的局部灭绝。当我们面对全球大尺度的气候变暖时，有关生物和温度关系的研究将愈显重要。

── 重要术语 ──■

- 变温动物 / poikilotherm　113
- 传导 / conduction　113
- 大气候 / macroclimate　104
- 代谢热 / metabolic heat　113
- 冬眠 / hibernation　124
- 对流 / convection　113
- 辐射 / radiation　113
- 光合作用 / photosynthesis　111
- 河岸植物 / riparian vegetation　107
- 恒温动物 / homeotherm　114
- 内温动物 / endotherm　113
- 分配原则 / principle of allocation　107

- 热量 / heat　103
- 热中性区 / thermal neutral zone　118
- 嗜冷 / psychrophilic　112
- 嗜热 / thermophilic　112
- 外温动物 / ectotherm　113
- 微气候 / microclimate　104
- 温度 / temperature　103
- 夏蛰 / estivation　124
- 蛰伏 / torpor　124
- 驯化 / acclimation　111
- 蒸发作用 / evaporation　113

1. 许多分布于北方针叶林的植物和动物物种亦分布于距离北方针叶林很远的南方山脉。利用你已学习到的微气候相关知识，预测方位及海拔如何影响它们在南方山脉的分布。

2. 请思考当一只沙漠虎甲的体温超过 35℃ 时，它如何利用行为调节体温。这只虎甲对灌木丛、洞穴及空地的微气候的利用如何随季节改变？

3. 莫瑟及其同事（Mosser，1974）发现，硫化叶菌属种群生活在不同温度下，对硫的氧化具有不同的最适温度。试利用自然选择解释这些模式。假设你可以创造人工温泉及调节任何你希望的温度，请设计一个实验验证你的解释。

4. 图 5.8 显示了温度如何影响虹鳟体内的乙酰胆碱酯酶的活性。假设虹鳟的其他酶对温度也显现相同的反应，那么当环境温度升高到 20℃ 以上时，虹鳟的游泳速度会如何改变？

5. 在应用案例中，我们回顾了布鲁诺·鲍尔与安妮特·鲍尔如何研究灌丛蜗牛的局部灭绝。他们的研究指出，卵在高温下的低孵化率导致蜗牛的灭绝。是否可根据这些结果确定高温对孵化率的直接影响是灌丛蜗牛局部灭绝的主要原因？试提出其他假说并验证，但必须将两位研究者的所有观察考虑在内。

6. 蝴蝶是在白昼活动的外温生物，分布范围从热带雨林到北极。它们通过晒太阳来提高体温。随着飞行纬度的变化，蝴蝶如何调整晒太阳的时间？晒太阳的时间总长应该随日温变化而改变吗？

7. 在回顾一些生物如何通过蛰伏、冬眠及夏蛰来避开极端温度时，我们讨论了节省能量的方法。然而，生物并非总依靠一种方法节省能量。例如，当食物充裕时，蜂鸟不会在夜晚进入蛰伏状态。这个现象表明蛰伏可能会带来一些害处，试说明可能存在哪些害处呢？

8. 在"极端温度下的生存"的小节中，讨论主要集中在动物身上，那么植物是否也有对策避开极端温度呢？你的讨论必须包含冷环境和热环境，第 2 章的自然史可能能帮助你阐述答案。

9. 某些植物和蝗虫的体表在炎热的环境下可反射光线，降低辐射热的获得。假如你要设计一只能在黑色沙滩上克服热浪的虎甲（图 5.4），应该选用何种颜色？新西兰黑色沙滩上的虎甲是黑色的，白色沙滩上的虎甲是白色的。根据虎甲颜色与沙滩颜色的关系，温度调节与捕食压力在决定虎甲颜色方面发挥的作用是什么？这个例子对于自然选择优化生物特征的作用有何含义？

10. 在第 5 章讨论的大部分例子中，我们看到了生物特征与环境紧密匹配的情形。然而，自然选择并不会一直产生最完美或最优的特征使生物适应环境。为了证实这一点，你只须回想那些原本存在现已灭绝的物种。生物与环境不匹配的原因是什么？请利用环境、生物特征及自然选择的本质来加以解释。

生物与水的关系

水 在所有生物的生存中扮演着重要的角色，尤其是对于沙漠生物，水的获得及保存更是关键。因此，许多研究生物和水关系的生态学者把焦点放在沙漠物种上。在美国的索诺拉沙漠，蝉（*Diceroprocta apache*）持续的叫声仿佛更放大了令万物枯萎的酷热。遮阴处的气温高达 46℃，地表的温度则超过 70℃。除了一位生物学家拿着捕虫网独自走向蝉鸣的方向，没有任何生物在鸣叫或移动。它们全都找了庇护所，躲避沙漠的酷热。

这位生物学家便是埃里克·图尔森（Eric Toolson）。他非常熟悉这个地区所有蝉类的鸣叫声及自然史，了解各种蝉类何时最活跃、在何处觅食，也清楚它们的天敌。图尔森研究蝉的鸣叫声与沙漠一天中最酷热（气温高于它们的致命上限）时间的关系，想要了解这种特殊蝉的生态习性。如果能抓到鸣蝉，他会把它们放在实验室的环境箱中，测量它们在不同条件下的体温与失水率，然后再将它们释放，让它们继续中午的鸣唱。

当图尔森在酷热的沙漠中走向鸣蝉时，脑中不停涌现各种疑问。其中最重要的是，这种生物如何能活跃于这致命的高温之下？不过，我们也可能会对图尔森提出同样的问题。在如此炎热的沙漠中，他如何维持 37℃ 左右的体温？人类主要是靠排汗蒸发降温。如果我们在图尔森的皮肤表面放置湿度感应器，必定会发现当他穿越仙人掌沙漠时真是大汗淋漓。为了避免脱水，他不时地拿下身侧的水壶喝水，这可使他体内维持足够的水分，继续通过排汗散热。

但当他停下来喝水时，他的脑中涌现更多的疑问：蝉是否利用墨西哥柔黄花牧豆树（mesquite tree）上小而阴凉的微气候来乘凉？它们是否通过某种方式蒸发散热？但这似乎不可能，因为生物学家一直认为昆虫体形太小，无法以失水的方式散热。假如这种蝉真能利用蒸发来降温，又如何在酷热的沙漠中避免脱水？毕竟蝉不像图尔森般，腰间有水壶可以随时补充水分。

图尔森悄悄地接近蝉，他希望能获得更大的收获：了解蝉在如此极端的环境下如何调节体温与身体里的水。这第二个目的将引导图尔森发现这些沙漠昆虫的未知生理作用。就像贝恩德·海因里希发现天蛾调节体温的机制（第 5 章，120～121 页）那样，图尔森和他的两个学生——斯泰西·卡泽尔（Stacy

---

◀ 一只黑背豺。作为一种小型捕食者，黑背豺每次光顾水洞都要冒风险，因为它有可能成为大型捕食者（如豹）的猎物。黑背豺和大型捕食者共享着南非这片大陆景观。黑背豺必须承担这样的风险，因为没有水，它们无法生存。

Kaser）与乔恩·黑斯廷斯（Jon Hastings），是最先了解这种自然现象的人。这种现象一直未被任何研究者重视。很少有科学家做这种基础性的研究工作，但研究这种现象的人会对他们的发现永生难忘。图6.1说明了图尔森及其同事探索蝉生态学的极端物理环境（Toolson，1987；Toolson and Hadley，1987）。

在讨论这些沙漠蝉类的生态学之前，我们必须先介绍一些基础的背景知识。水与地球上的生命是紧密相连的，多数生物体内的含水量高达50%～90%，这表明水是生命的源泉。地球上的生命源自盐水水域环境，并在水介质中构建生物化学组成。生物的体内必须含有适当浓度的水和溶解质方能存活与繁殖。要维持体内的适当浓度，生物必须摄入足够的水才能平衡排放到环境中的水。生物维持体内水平衡的方式被称为水关系（water relation），这正是第6章的主题。

在某些环境中，生物面临失水的问题；而在一些地方，水却从环境中涌入生物体内。维持适当的水平衡对于像蝉这样生活在干旱陆域环境的生物而言，更是一个大问题。不过，类似的问题也同样考验着高盐水域环境中的生物。在这些极端环境里，生物与水的关系真是一件大事。大多数生物都必须消耗能量，才能保持体内的水分。在研究生物与环境关系的生态学中，有关生物与水的关系的研究是非常基础的一环。

气温为 46℃，已经超过蝉的致命温度

如果落到温度超过70℃的地面，蝉必死无疑

当环境温度超过致命温度时，蝉如何能继续活跃

图6.1 一个生态之谜：当气温高于蝉的致命温度时，它们却依然相当活跃

6.1 水的有效性

浓度梯度影响生物与环境之间的水移动。 水由高浓度向低浓度流动的趋势，以及生物与环境间的水浓度差，决定了生物从环境中获得水还是损失水。要了解生物与水的关系，我们得先了解水在陆域环境及水域环境中的基本物理性质。

在第2章，从终年雨水充沛的热带雨林（图2.9）到终年干旱的炎热沙漠（图2.17），我们看到水的有效性存在极大差异。在第3章，我们回顾了水域环境，从盐度极小的热带河流到高度风化的区域景观，再

到高盐湖泊，各地的盐度也存在相当大的差异。包含海洋在内的多数水域环境的盐度介于这些极端之间。正如以下我们将会看到的，盐度反映了水域环境的"相对干旱"程度。

第2章及第3章的初步叙述并未包括个体生物在微气候中面临的环境。这些微气候包括沙漠动物在水源充沛的绿洲中经历的微气候，也包括雨林树冠层的植物接触的全日照及干风微气候。和生物与温度的关系一样，要了解生物与水的关系，我们必须考虑它们所处的微气候，包括环境中水的总量。

空气中的含水量

正如我们在第3章回顾水文循环时看到的，水汽不断地通过海洋、湖泊及河川表面的蒸发进入空气中。在陆地上，蒸发也是生物失水的重要方式。这种水汽损失的潜力取决于生物的温度与四周空气中的含水量。随着周围水汽量增加，生物与周围的水浓度梯度缩小，生物体内的水流失到空气中的速率就会减缓，这也是蒸发空气冷却机在含水量高的潮湿环境下难以发挥功效的原因。在干旱环境下，内外空气的含水量差异巨大，冷却机最能发挥功效。也就是说，含水量的巨大差异导致高蒸发率。

我们知道如何测量温度，但如何测量空气的含水量呢？空气的含水量可以用简单的相对值来表示。因为空气不完全由水汽组成，所以我们可以用空气中水汽的饱和度作为含水量的相对测量值。最常用来表示空气含水量的参数是**相对湿度**（relative humidity），其定义是：

$$相对湿度 = \frac{水汽密度}{饱和水汽密度} \times 100$$

实际的空气含水量直接以单位体积内的水汽质量来测量，这个变量被称为水汽密度（water vapor density），是相对湿度公式中的分子，代表每升空气中的含水量（mg/L），或每立方米空气中的含水量（g/m^3）。在特定温度下，空气能保有的最大水量为相对湿度计算公式中的分母——饱和水汽密度（saturation water vapor density）。如图 6.2 的红色曲线所示，饱和水汽密度随着温度的升高而变大。

在表示空气含水量的诸多方法中，最有用的一个方法是以空气中的水压力来表示。如果以压力来表示空气中的含水量，我们就可以用同一个单位来表示空气、土壤和水中的生物与水的关系。利用压力作为共同的变量来表示生物与水的关系，这有助于我们统一理解生态学领域。大气中各种气体产生的压力和一般称为总大气压（total atmospheric pressure）。不过，我们也可以计算个别气体产生的压力，如氧气、氮气或水汽的压力。而其中最后一项，我们称为**水汽压**（water vapor pressure）。海

平面上的大气压力平均约为 760 mmHg，这是大气中所有气体分子综合产生的力（压力）所能支持的汞柱高度。然而，国际上惯用帕（Pa）来表示水汽压，1 Pa 等于 $1\ N/m^2$。如果采用这个惯用单位，那么 760 mmHg 或者 1 个大气压力约等于 101,300 Pa、101.3 kPa 或者 0.101 MPa（$1\ MPa = 10^6\ Pa$）。

当空气的含水量达到饱和时，水汽产生的压力被称为**饱和水汽压**（saturation water vapor pressure）。如图 6.2 黑色曲线所示，此压力会随着温度递升，且与红色曲线代表的饱和水汽密度曲线平行。

不过，我们也可以用水汽压来表示空气含水量的相对饱和度。在特定温度下，空气中的实际水汽压与饱和水汽压的差被称为**饱和水汽压差**（vapor pressure deficit）。在陆域环境中，水自生物流失到大气中的速率受到生物周围空气的饱和水汽压差的影响。图 6.3 显示了生物在饱和水汽压差很高和较低的情况下的相对失水率。再强调一下，饱和水汽压

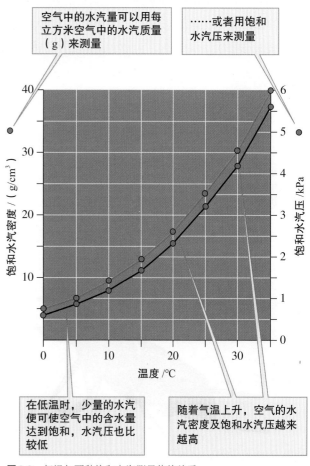

图6.2 气温与两种饱和水汽测量值的关系

差比较有用的原因是它能以压力的单位表示含水量，一般用 kPa 来表示。

水域环境中的水移动

在水域环境中，水由高浓度流向低浓度。在水域环境中谈论含水量或许有些奇怪，但正如第 3 章所提到的，所有的水域环境均含有溶解质，而这些溶解质会轻微稀释水。海洋学家及湖沼学家通常将重心放在含盐量或盐度上，我们为了统一，则从相反的角度去考虑空气、水及土壤中的生物与水的关系。从这个角度来看，淡水的水浓度高于海水的水浓度，每升海水的含水量高于死海或大盐湖这样的盐水湖。每种环境的相对水浓度，大大影响着其中生物的特征。

所有生物的体液中均含有水以及无机离子、氨基酸等溶解质。我们可以把生物的体内环境及周围的环境看成被选择透性膜（selectively permeable membrane）隔开的两种水溶液。当生物的体内环境与周围环境的水浓度和盐类浓度存在差异时，这些物质就会由高浓度向低浓度移动，这就是**扩散作用**（diffusion）。我们给水穿过半透膜的扩散作用起了一个特别的名称，叫作**渗透作用**（osmosis）。

在水域环境中，水由高浓度向低浓度移动会产生渗透压（osmotic pressure）。渗透压和气压一样，可用 Pa 来表示。水穿过像鱼鳃这样的半透膜时，半透膜两侧的水浓度梯度决定了渗透压的大小。生物与环境间的水浓度梯度愈大，产生的渗透压也愈大。

生物所处环境通常为三种状态：当生物体液内的水浓度等于外部环境中的水浓度时，该生物处于**等渗**（isosmotic）环境；当生物体液内的水浓度高于外部环境中的水浓度（即盐浓度低）时，该生物就处于**低渗**（hypoosmotic）环境，会失水到环境中；如果生物体液中的水浓度低于外部环境中的水浓度（即盐浓度高）时，该生物就处于**高渗**（hyperosmotic）环境，水将从外环境进入生物体内。面对这些渗透环境，水生生物必须耗费能量，方能维持一个适当的内部环境。而生物究竟要耗费多少

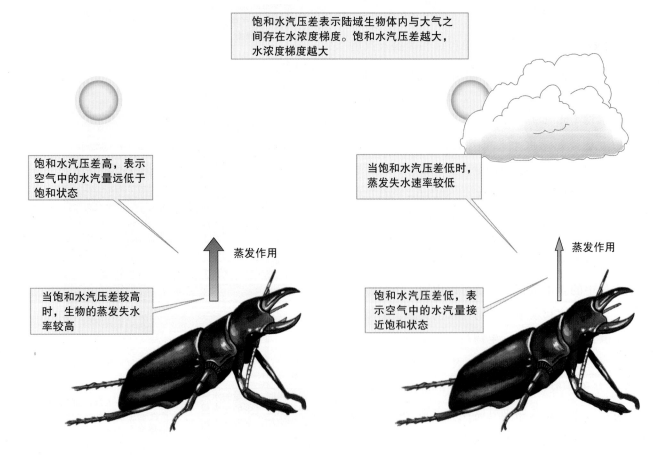

饱和水汽压差表示陆域生物体内与大气之间存在水浓度梯度。饱和水汽压差越大，水浓度梯度越大

饱和水汽压差高，表示空气中的水汽量远低于饱和状态

当饱和水汽压差较高时，生物的蒸发失水率较高

蒸发作用

当饱和水汽压差低时，蒸发失水速率较低

饱和水汽压差低，表示空气中的水汽量接近饱和状态

蒸发作用

图6.3 随着饱和水汽压差增大，陆生生物蒸发失水的可能性也增大

能量，则取决于生物与环境间的渗透压差大小及生物体表的渗透性。图6.4归纳了水及盐类在等渗生物、高渗生物及低渗生物的进出。

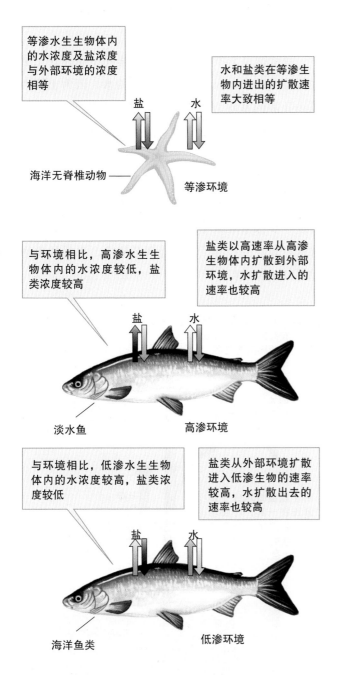

图6.4 水和盐类在等渗、高渗与低渗水生生物与环境间的移动

等渗水生生物体内的水浓度及盐浓度与外部环境的浓度相等

水和盐类在等渗生物内进出的扩散速率大致相等

盐　水

海洋无脊椎动物　　　　等渗环境

与环境相比，高渗水生生物体内的水浓度较低，盐类浓度较高

盐类以高速率从高渗生物体内扩散到外部环境，水扩散进入的速率也较高

盐　水

淡水鱼　　　　高渗环境

与环境相比，低渗水生生物体内的水浓度较高，盐类浓度较低

盐类从外部环境扩散进入低渗生物的速率较高，水扩散出去的速率也较高

盐　水

海洋鱼类　　　　低渗环境

水在土壤与植物间的移动

在陆地上，水在生物与大气圈之间的移动速率受生物周围大气的饱和水汽压差影响。在水环境中，水是流入还是流出生物体，取决于生物体液与周围

水体的水或溶质的相对浓度。同样地，水沿着浓度梯度流动。水顺着水势梯度从土壤通过植物进入大气中。我们可以把**水势**（water potential）定义为水做功的能力。运动的水具有做功的能力，比如驱动老式的水磨坊和水电场中的涡轮机。水做功的能力大小取决于它的自由能含量。水从高自由能处流向低自由能处。受地球引力的影响，水从高自由能的山顶流向低自由能的山脚。

在"水域环境中的水移动"一节中，我们看到水会沿着浓度梯度由高水浓度（低渗透）处向低水浓度（高渗透）处移动。水在该过程中产生渗透压，表明渗透压梯度产生的水流动具有做功的能力。水势与饱和水汽压差及渗透压一样，都以 Pa 为单位，常用的单位是 MPa。习惯上，水势以 ψ 这个符号表示。假设纯水的水势为 0，那么自然界的水势通常为负值。图 6.5 显示了水沿着水势梯度，由水势较大的土壤流经水势中等的植物，再进入水势较低的干燥空气中。

现在我们来看看产生水势梯度（图 6.5）的一

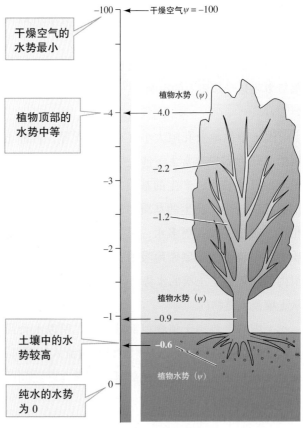

干燥空气的水势最小

植物顶部的水势中等

土壤中的水势较高

纯水的水势为 0

干燥空气 $\psi = -100$

植物水势（ψ）

植物水势（ψ）

植物水势（ψ）

-100
-4.0
-2.2
-1.2
-0.9
-0.6
0

图6.5 从土壤到植物再到空气，水势递减

些机制。我们可以用下面的式子来表示某一溶液的水势：

$$\psi = \psi_{溶质}$$

式中，$\psi_{溶质}$ 是溶解质造成的水势下降值，是一个负值。

小空间（如植物细胞内部或者土壤孔隙内）里也有其他力在做功，它们是**基质力**（matric force）。当水趋向附着于容器壁（如细胞壁或土壤孔隙中的土壤颗粒）时，就会产生基质力。它能使水势下降。植物细胞体液的水势大约是：

$$\psi_{植物} = \psi_{溶质} + \psi_{基质}$$

在这个表达式中，$\psi_{基质}$ 是植物细胞内的基质力造成的水势下降值。在整棵植物中，当水自叶面蒸发进入大气时，会产生另一种作用力。水从叶面的蒸发在叶面至根部的水柱上产生负压（或称为张力），这种负压降低了植物体液的水势。

由此看来，植物体液的水势受到溶质、基质力及水蒸发所产生的负压的影响。因此，我们可以将植物体液的水势表达成：

$$\psi_{植物} = \psi_{溶质} + \psi_{基质} + \psi_{负压}$$

式中，$\psi_{负压}$ 是水从叶面蒸发产生的负压所造成的水势下降值。

同时，土壤水中所含溶质非常少，所以土壤的水势主要是受基质力的影响：

$$\psi_{土壤} \backsimeq \psi_{基质}$$

因土壤质地及孔隙大小存在显著差异，各种土壤的基质力差异非常大。沙土及壤土等质地较粗的土壤的孔隙较大，产生的基质力较小；反之，细黏土的孔隙较小，产生的基质力较大。因此，与沙土相比，黏土能保存更多水，因为黏土具有较大的基质力，可将水分子紧密地吸附在其中。只要植物组织内的水势低于土壤的水势（$\psi_{植物} < \psi_{土壤}$），水就会从土壤流入植物内。

土壤的水势高于植物根部的水势，所以水会由土壤流向植物根部。当水从附近的土壤流入根部时，就进入水柱中。水柱是从根部延伸到茎与叶之间的导水细胞（即木质部）。水分子间的氢键使这条水柱内的水分子紧紧相连。因此，当水柱上方的水分子自叶面蒸发时，就会在水柱上产生张力（即负压）。负压有助于陆地植物的水吸收。图 6.6 归纳了水自土壤流向植物的机制。

当植物自土壤吸水时，会迅速耗尽储存在土壤大孔隙中的水，只留下小孔隙内的水，因为土壤中较小孔隙的基质力大于大孔隙的基质力。因此，随着土壤变干燥，土壤的水势降低，保留在土壤中的水越来越难被汲取。

这一节讲述了一个理论基础，让我们思考陆域生物和水域生物的水有效性。利用这个基础，我们将进一步探索陆域生物及水生生物与水的关系。面对水有效性的差异，只有能调节体内含水量的生物才可以存活下来。

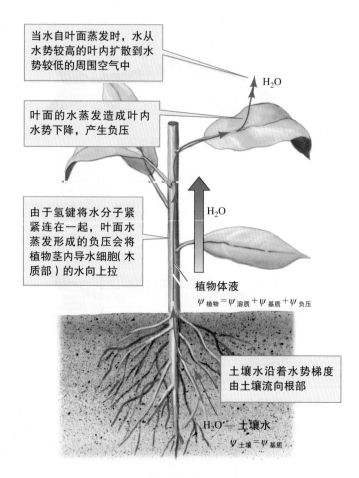

图6.6 水由土壤经过植物扩散到大气中的机制

1. 为什么图 6.2 中的两条曲线那么相似？

2. 淡水和海水相比，哪个具有更高的自由能？

3. 为什么自然界的水势通常为负值？

6.2 陆地上的水调节

　　陆域动植物通过平衡水的得与失来调节体内的水。当生物迁移至陆域环境时，面临两项重要的环境挑战：一是大量水通过蒸发作用流失至环境中；二是难以找到水的替代品。由自然选择演化而来的生物面对这些挑战时，具有调节体内含水量的能力。陆生动物的水调节可归纳成：

$$W_{ia} = W_d + W_f + W_a - W_e - W_s$$

　　这个式子简单地说明了动物体内的含水量（W_{ia}）是水的获得与损失的平衡结果。水的主要来源为：W_d 为通过饮水得到的水；W_f 为自食物中得到的水；W_a 为从空气中吸收的水。

失水的途径有：W_e 为蒸发失水；W_s 为各种分泌物和排泄物（如尿液、黏液及粪便等）损失的水。

　　我们可以将陆生植物的水调节用类似的方式归纳成：

$$W_{ip} = W_r + W_a - W_t - W_s$$

　　陆生植物体内的含水量（W_{ip}）也是水的获得与损失的平衡结果。植物的主要水来源为：W_r 为根部自土壤中吸收的水；W_a 为自空气中吸收的水。

　　植物失水的主要途径则为：W_t 为蒸腾失水；W_s 为各种分泌物及生殖器官（包括花蜜、果实、种子等）的失水。

　　图 6.7 归纳了陆域动植物获得水和失水的主要途径，是陆生生物与水的关系的概览图。但是，不同

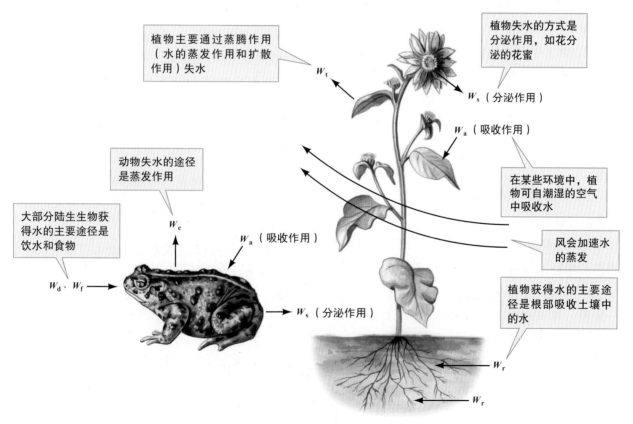

图6.7 陆生动植物与水的关系可以用相似的水获得和失水途径来归纳总结

环境中的生物面对不同的环境挑战，也演化出各种解决问题的方法，下面让我们看看陆生动植物调节体内含水量的多种方法。

动物的水获得

许多小型陆生动物可以自空气中吸收水，但多数陆生动物却必须通过饮水及进食，才能获得足够的水。一般而言，潮湿的环境有相当充足的水源，即使水变得稀少，动物的移动能力也能使它们找到可饮用的水源。在沙漠中，需要大量水的动物必须生活在绿洲附近，那些远离绿洲、生活在干旱沙漠中的动物都已演化出适应干旱环境的方法。

有些沙漠动物获得水的方法非常特别。例如，在一些沿海沙漠（如非洲西南部的纳米布沙漠），雨量非常稀少，但烟雾弥漫。因此，空气中的湿气是一些动物的水源。拟步甲科（Tenebrionidae）中一种 *Lepidochora* 属甲虫，以工程学的方法获得水分。这种甲虫会在沙堆中挖掘壕沟，目的是凝结和浓缩雾气。收集到的水向低处流动，而甲虫就在那里等着饮水。拟步甲科的另一种甲虫——沐雾甲虫（*Onymacris unguicularis*）以腹部向上、头部朝下的方法收集湿气。雾气在沐雾甲虫的身体上凝结，并流向它们的嘴部（图6.8）。不过，沐雾甲虫也可通过进食获得水分，其中一部分水来自食物的组织，其余的水则是在甲虫代谢食物中的碳水化合物、蛋白质及脂肪时产生的。如果我们看一下葡萄糖的氧化过程，便可看出代谢水的来源：

$$C_6H_{12}O_6 + 6O_2 \rightarrow 6CO_2 + 6H_2O$$

我们可以看出细胞的呼吸作用将光合作用中与CO_2结合的水释放出来（第5章，111页）。这种在呼吸作用中释放出来的水被称为**代谢水**（metabolic water）。

保罗·库珀（Cooper, 1982）估算了戈巴贝布（Gobabeb）地区附近的纳米布沙漠中沐雾甲虫的水收支。这种甲虫每天每克体重的摄水量平均为49.9 mg，其中39.8 mg来自雾气，1.7 mg来自食物所含的水，另外8.4 mg为代谢水。这种甲虫每天每克体重的失水量平均为41.3 mg，略低于摄水量。其

中2.3 mg通过粪便与尿液离开身体，另外的39 mg为蒸发失水，图6.9呈现了库珀所研究的沐雾甲虫的水收支。

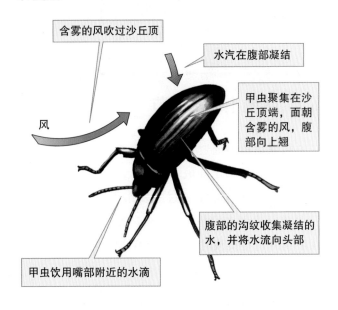

图6.8　纳米布沙漠的一些甲虫能从雾气中获得身体所需的水

沐雾甲虫获得的水大部分来自雾气，而其他沙漠小动物的水多数来自食物。异鼠科（Heteromyidae）更格卢鼠属（*Dipodomys*）的更格卢鼠可以完全依赖代谢水而无须饮水便可存活。克努特·薛密特-尼尔森（Schmidt-Nielsen, 1964）指出，一只麦利阿姆更格卢鼠（*D. merriami*）可以从100 g大麦中得到60 ml水，而60 ml水足以补充粪便和尿液失去的水以及代谢100 g大麦时所蒸发的水。在100 g大麦产生的60 ml水中，6 ml为吸附水（absorbed water）——在干燥过程中释放的水；其余54 ml则是麦利阿姆更格卢鼠在代谢糖类、脂肪及蛋白质时释放出来的水。从图6.10可看出代谢水对麦利阿姆更格卢鼠水收支的重要性。

动物一般可以通过饮水和进食来获得水，但是植物却没有这样的选择。虽然植物可以从空气中吸收水分，但是植物中的大部分水是根系从土壤中吸收的。

植物的水获得

植物根系的发育程度通常反映了水有效性的差别。不同气候区的根系研究显示，干旱气候区的植

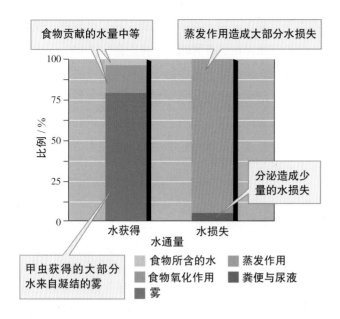

食物贡献的水量中等

蒸发作用造成大部分水损失

分泌造成少量的水损失

甲虫获得的大部分水来自凝结的雾

图例：
- 食物所含的水
- 食物氧化作用
- 蒸发作用
- 雾
- 粪便与尿液

图6.9　沐雾甲虫的水收支（资料取自Cooper，1982）

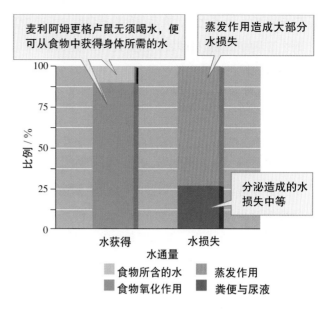

麦利阿姆更格卢鼠无须喝水，便可从食物中获得身体所需的水

蒸发作用造成大部分水损失

分泌造成的水损失中等

图例：
- 食物所含的水
- 食物氧化作用
- 蒸发作用
- 粪便与尿液

图6.10　麦利阿姆更格卢鼠的水收支（资料取自Schmidt-Nielsen，1964）

物根系多于潮湿气候区的植物根系。在干旱气候下，植物的根会更深入土壤，而且根所占的生物量比例也较高。一些沙漠灌木的主根深入土中9 m，甚至30 m，目的就是汲取深层的地下水。在沙漠及半干旱草原中，根所占的生物量可达90%，但针叶林的根生物量只占25%。

然而，并非一定要比较森林植物与沙漠植物才能看到根部发育的差异。库普兰与詹森（Coupland and Johnson，1965）比较了加拿大西部温带草原植物的根系特征。他们小心地挖起850多棵植物的根，其中有些根的深度超过了3 m。他们发现，微气候影响草原植物根系的发育。例如，冷蒿（*Artemesia frigida*）的根在干旱的地方深入土壤超过120 cm，而在潮湿的地方只深入60 cm左右（图6.11）。

深根有助于植物在干旱环境中从深层土壤吸收水分，关于日本常见的两种草类——升马唐（*Digitaria adscendens*）和牛筋草（*Eleusine indica*）的研究也支持这一说法。这两种草类在日本的分布范围存在很大的重叠，但是只有升马唐生长在日本干旱期最长的沿海沙丘环境。

Y. M. 帕克（Park，1990）对此非常感兴趣：为什么升马唐可以在沿海沙丘生长而牛筋草却不能？由于沿海沙丘存在干旱问题，帕克研究这两种草类对水分胁迫（water stress）的反应。他从东京大学

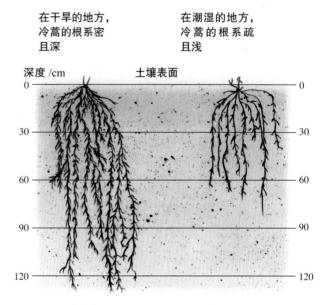

在干旱的地方，冷蒿的根系密且深

在潮湿的地方，冷蒿的根系疏且浅

深度/cm　　　土壤表面

图6.11　土壤湿度影响冷蒿的根系发育（资料取自Coupland and Johnson，1965）

植物园收集到这两种植物的种子并播种。它们在潮湿的沙中萌芽，然后小苗被移至10 cm×90 cm的PVC管中，PVC管中装满了沿海沙丘的沙子。他在一组的36根管子中各种植了2株升马唐小苗，在另一组的36根管子中各种植了2株牛筋草小苗。他每10天以营养液灌溉这72根管子，如此进行了40天，然后他将每组的36根管子分成两组，每组各18根管子。其中的一组在之后的19天仍给予良好的灌溉，另一组则不予以灌溉。

没有灌溉的升马唐和牛筋草有不同的反应。经历

没有灌溉的 19 天之后，升马唐的根质量增加了近 7 倍，而牛筋草的根质量只增加了 3 倍。此外，在实验结束时，升马唐的根仍继续生长，而牛筋草的根则在实验还未结束的 4 天前就已停止生长，结果参见图 6.12。

帕克发现根部在深层土壤中的生长差异最大。在生长管 60 cm 以下，没有灌溉的牛筋草的根不再生长，而升马唐的根没有受阻。由于升马唐具有质量大且穿透深的根部，即使 19 天没有灌溉，升马唐仍能维持很高的水势；而牛筋草叶子的水势则明显下降。在这 19 天内，升马唐和牛筋草的叶子水势变化见图 6.13。

帕克的研究结果显示，由于升马唐的根较长，升马唐可利用深层的土壤水，从而成功地在较干旱的沙丘上生长。即使在比较干旱的土壤中，升马唐仍能通过深根使其组织维持高水势。与之相反，牛筋草的水势很低。换言之，升马唐因发育较大的根部，可保持较高的水摄入量（W_r），从而保持较高的水势。

我们刚才回顾的例子探讨了植物根系在野外或实验室条件下的生长差异。但另一个重要的问题是：是否已有足够的研究对植物根部的生物学进行初步的归纳。约亨·申克与罗伯特·杰克逊（Schenk and Jackson，2002）分析了全世界 209 个地区的 475 种植物根部剖面（图 6.11）。在 90% 以上的根部剖面中，50% 的根分布在浅层 0.3 m 内的土壤中，95% 的根分

布在距地面 2 m 的土壤中。然而，他们也发现，根部生长的深度存在显著的地理差异。在纬度 80° ～ 30°，也就是从北极冻原到地中海型林地与灌丛地，再到沙漠地区，植物根部生长越来越深；但在热带地区，植物根部生长的深度却没有明显的趋势。因此，正如我们现在的讨论，较深的根部主要出现在水资源有限的生态系统中。

动物与植物的节水

另一种平衡水收支的方法就是减少水分的损失。在干旱环境中，减少水分损失的最普遍方法就是运用不透水层来减少蒸发失水。许多陆地植物和动物的表面都有一层蜡质不透水层，但是有些物种的不透水功能比其他物种强，而且不同动植物的蒸发失水率也存在很大差异。

为何生物的失水率会存在差异呢？其中的一个原因是在物种演化的环境里，水有效性差异非常大，所以某些环境保水的自然选择压力就大于其他环境。与在潮湿的热带或温带环境中演化的生物相比，在炎热沙漠中演化的生物通常更能抵抗失水。一般而言，在干旱环境中演化的种群的失水率较低。举例来说，温暖潮湿栖境的海龟的失水率比沙漠陆龟的失水率高得多（图 6.14）。然而，我们从下面的例子

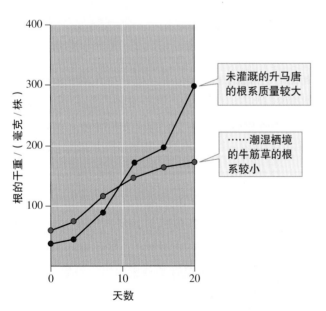

图6.12 干旱栖境的禾草与潮湿环境的禾草相比，前者在模拟的干旱环境下发育更大的根部（资料取自 Park，1990）

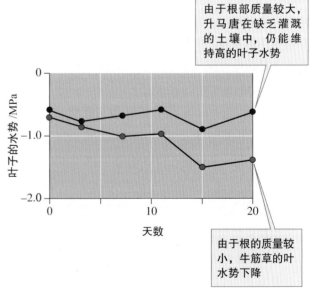

图6.13 干旱栖境的禾草和潮湿环境的禾草相比，前者在模拟的干旱环境下维持较高的水势（资料取自 Park，1990）

可以发现，即使是相似的物种，失水率也会存在巨大差别。

尼尔·哈德利和托马斯·薛尔兹（Hadley and Schultz，1987）研究了亚利桑那州的两种虎甲。它们栖息在不同的微气候，其中俄勒冈虎甲（*Cicindela oregona*）分布在潮湿的河流沿岸，在秋季及春季比较活跃；小虎甲（*Cicindela obsoleta*）则栖息在亚利桑那州中南部的半干旱草原，在夏天比较活跃。两位研究者怀疑，是微气候的差异造成了这两种虎甲不透水功能的不同。

哈德利和薛尔兹在实验生长箱中饲养这两种虎甲，通过比较它们的失水量来研究它们的不透水功能。他们将干燥的空气以固定的速率注入生长箱中，并将生长箱的温度维持在30℃。实验前，他们将每只虎甲称重，然后将虎甲放置在生长箱中3小时后再度称重。他们利用前后测得的质量差来估算每只虎甲的失水率。通过测量每种虎甲的几个个体的失水量，他们可以估算俄勒冈虎甲和小虎甲的失水率。哈德利和薛尔兹发现，俄勒冈虎甲的失水率是小虎甲的2倍（图6.15）。换言之，来自干旱微气候环境的小虎甲的不透水功能更好。

陆地昆虫表皮的不透水层由碳氢化合物（hydrocarbon）组成。碳氢化合物由脂（lipid）和蜡（wax）等有机化合物组成。由于这些物质影响不透水功能，哈德利和薛尔兹分析了这两种虎甲表皮的碳氢化合物含量。他们发现，与俄勒冈虎甲表皮的碳氢化合物含量相比，小虎甲表皮的碳氢化合物含量高出50%（图6.16）。此外，这两种甲虫表皮的碳氢化合物的氢饱和程度也不同。完全饱和的碳氢化合物不透水功能较好。小虎甲表皮的碳氢化合物100%饱和，而俄勒冈虎甲表皮的碳氢化合物只有50%饱和。这些结果支持以下假说：小虎甲因为含有较高浓度的防水碳氢化合物，所以失水率较小。

麦利阿姆更格卢鼠能够充分地节水，因此完全依赖食物中的水分及代谢水生存（图6.10），这种能

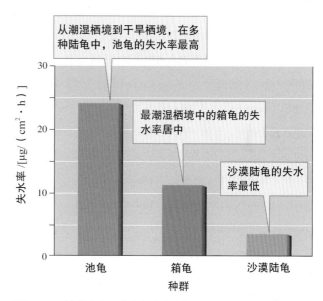

图6.14 两种海龟与一种陆龟的失水率显示栖境的干旱程度与失水率呈相反的关系（资料取自Schmidt-Nielsen，1969）

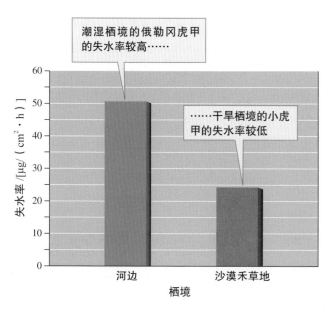

图6.15 与干旱栖境的虎甲相比，潮湿栖境的虎甲的失水率较高（资料取自Hadley and Schultz，1987）

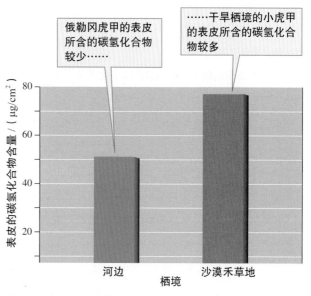

图6.16 与干旱栖境的虎甲相比，潮湿栖境的虎甲表皮的碳氢化合物含量较低（资料取自Hadley and Schultz，1987）

力一般被认为是对沙漠生存环境的适应力。经历漫长的岁月，美国西南部愈来愈干旱，现代麦利阿姆更格卢鼠的祖先面临自然选择，进而产生了多种适应干旱环境的方法，其中包括节水的方法。但麦利阿姆更格卢鼠是一种分布广泛的物种，其分布区域从北纬21°的墨西哥延伸到北纬42°的北内华达州。在这广阔的地理环境中，麦利阿姆更格卢鼠种群面对的环境差异非常大。

调查求证

调查求证6：样本大小

样本的观测数即样本的大小对于结论的置信水平有很大的影响，因为我们根据样本做出结论。且让我们以一个简单的例子，看看样本大小如何影响我们对生态特征的评估。在此，假设一位生态学家研究洪水的干扰如何影响河流底栖昆虫的物种数。特苏基河（Tesuque Creek）位于美国新墨西哥州圣达菲（Santa Fe）的3,000 m高山上，其中的一条支流被一次洪水完全破坏，而另一条大小相近的支流则未受干扰。山洪过后9个月，生态学家从这两条支流大小相近的河段中取样，检查其中的蜉蝣（蜉蝣目，Ephemeroptero）、石蝇（襀翅目，Plecoptera）、石蛾（毛翅目，Trichoptera）及甲虫（鞘翅目，Coleoptera）的物种数是否存在差异。他每隔5 m以索伯网采样器（Surber sampler）对底栖生物群落进行采样。索伯网采样器的金属网框（或称样方）面积为0.1 m²。河流生态学家通过扰动索伯网样方内的底层物质，使后端的网可捕捉到离开扰动处的底栖生物。在受扰动的支流中，每0.1 m²样方捕捉的底栖昆虫为1~6种；在未受扰动的支流中，捕获的昆虫为2~8种。不过，我们关心的是每个支流中的总物种数，以及对物种数做出准确估算所需的样本数。

图1中显示的数据点可以同时回答这两个问题。图中按照取样的顺序呈现了索伯网采集的样本。第1个样本是在每个支流下游采集的，最后第12个样本采集的位置是距离第1个样本55 m的上游。如图1所示，两条支流的前几个样本均使该研究区的物种数增加。物种数经历最初的快速上升后达到最大物种数，然后维持不变。在未受扰动支流的研究河段，样本达到7个样方时，总物种数停止增加；在受扰动支流的研究河段，总物种数则在第5个样方时停止增加。

研究者究竟该取多少样本呢？以上述测试的底栖生物群落为例，在落基山脉小型高山河流的河段中，7个重复的0.1 m²样方就足以估算底栖蜉蝣、石蝇、石蛾及甲虫的总物

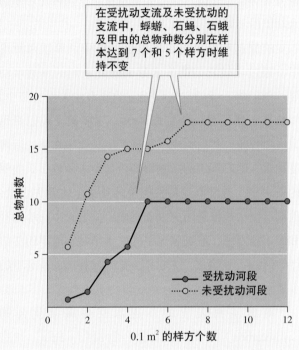

图1 在受扰动及未受扰动的支流中，物种数皆随着样方数目增加。最后样本数达到5~7时，总物种数维持不变

种数。我们会在调查求证16"估算群落的物种数"中重新讨论这个研究。相反地，为了总结全球植物根部的形态，申克与杰克逊（Schenk and Jackson，2002）需要采样209个地区（140页）的475个根部剖面。研究所需的样本数往往取决于所研究系统的变异度以及研究的时空范围。但不论研究的范围大还是小，样本大小是研究设计中最重要的参数之一。

实证评论6：

1. 当设计一个生态学研究时，为了验证研究的假说，获取足够的样本十分重要。为什么只需取足够的样本证明研究的假说即可，而不是取更多样本呢？

2. 根据图1的数据判断，山洪的干扰如何影响蜉蝣、石蝇、石蛾及甲虫的总物种数？

受麦利阿姆更格卢鼠广阔的地理分布范围以及它们对沙漠生活的绝佳适应能力所启发，理查德·崔西和格伦·渥斯伯格沿着气候梯度研究麦利阿姆更格卢鼠的 3 个种群。他们的主要目的是探讨不同的麦利阿姆更格卢鼠种群对干旱环境的适应程度是否有差异（Tracy and Walsberg，2000，2001，2002）。崔西和渥斯伯格研究的 3 个种群分别生活在亚利桑那州西南部的尤马附近、亚利桑那州中部及亚利桑那州中北部。这三处的海拔高度分别为 150 m、400 m 和 1,200 m，年平均最高温分别为 31.5℃、29.1℃ 和 23.5℃，年平均降水量分别为 10.6 cm、33.6 cm 和 43.6 cm。这三个地区的气候差异反映在植被上：最干旱的地区是稀疏灌木生长的沙丘地，气候居中的是沙漠灌丛地，最潮湿的则是矮松柏温带林地。

崔西和渥斯伯格要探讨的一个主要问题是，麦利阿姆更格卢鼠生活在干旱、气候居中及潮湿的地区，它们的蒸发失水率是否不同？他们的研究结果清楚地显示，这三个种群的蒸发失水率存在明显差异。在干旱地区，麦利阿姆更格卢鼠的蒸发失水率平均为 0.69 mg/(g·h)；在气候居中地及潮湿地，麦利阿姆更格卢鼠的平均蒸发失水率分别为 1 mg/(g·h) 及 1.08 mg/(g·h)（图 6.17）。崔西和渥斯伯格以每克体重的失水量来表示蒸发失水率，是因为这三个地区的麦利阿姆更格卢鼠的体形差异相当大。潮湿地区的麦利阿姆更格卢鼠的平均体重比干旱地区的麦利阿姆更格卢鼠重 33%。此外，他们两人也发现将它们饲养在实验室条件下，并不会消除种群间节水的差异。换言之，干旱地区的麦利阿姆更格卢鼠呆在受控的实验环境下，仍然继续保持较低的失水率。这些研究结果表明，这三个种群对沙漠生活的适应程度有所不同。

除了不透水外，动物适应干旱环境还有其他节水机制，包括排泄含水量很少的尿液或粪便、凝结并回收呼吸释放的水汽，以及在可减少失水的时间段与场所中活动。

植物也演化出许多节水的方法。一株植物能节约多少水，取决于叶面积与根面积（或根长度）之比。叶面积与根长度之比越大，蒸发失水率愈高。

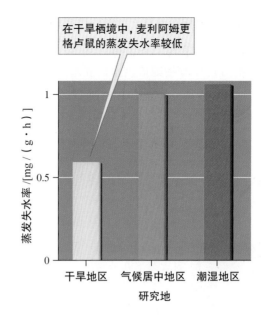

图6.17　跨越湿度梯度的更格卢鼠的蒸发失水率显示每一个种群都适应当地的气候（资料取自 Tracy and Walsberg，2001）

干旱区的植物与潮湿区的植物相比，前者的叶面积与根面积之比较小。面临干旱时，许多植物落叶的目的就是暂时缩小叶面积。有些沙漠植物只有在雨水浸泡时才长出叶子，在干旱时便落叶，它们的叶面积在干旱期会降到 0。北美索诺拉沙漠的墨西哥刺木便是这类植物之一。

此外，植物节水的方式还包括厚叶，因为厚叶光合组织单位体积的蒸发面积比薄叶小，且叶面的气孔数较稀少，气孔具有阻碍水移动的构造。另外，在无水可用时，植物呈休眠状态；进行光合作用时，选用节水路径（C_4 和 CAM，我们在第 7 章会讨论不同的光合作用路径）。

除了沙漠以外，其他陆域环境中的动植物也具备节水能力。例如，诺娜·基亚列洛和同事（Chiariello et al.，1987）就在潮湿的热带发现一个植物调整叶面积的有趣例子。墨西哥胡椒叶（*Piper auritum*）是一种长在雨林开阔地的植物，叶大如伞。由于生长在开阔地区，这种植物在中午经常面临干旱。然而，它以枯萎的方式来减少暴露在日晒下的叶面积。在中午时段，叶片枯萎，叶面积可以减少 55%，叶温可降低 4～5℃，进而使蒸腾速率降低 30%～50%，这是相当有效的节水方式。这种热带雨林植物的行为提醒我们，即使在雨林，也有相对干旱的微气候，如墨西哥胡椒叶生长的开阔地。图

6.18 是墨西哥胡椒叶面对干旱时的快速枯萎反应。

生物通过许多方法来平衡水收支，有些生物依靠节水的方法，有些则依赖水的获取。然而，每一位在自然环境中研究生物的生物学家都知道，自然是多样且充满反差的。要了解自然界的多样性，我们可以从回顾生物适应沙漠的各种方法着手。

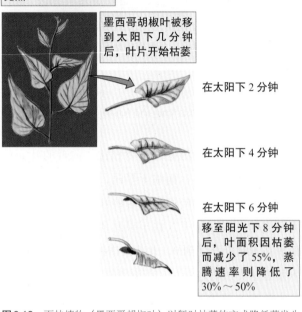

在遮阴的温室内，墨西哥胡椒叶的叶子没有枯萎，而是完全展开接受光照

墨西哥胡椒叶被移到太阳下几分钟后，叶片开始枯萎

在太阳下 2 分钟

在太阳下 4 分钟

在太阳下 6 分钟

移至阳光下 8 分钟后，叶面积因枯萎而减少了 55%，蒸腾速率则降低了 30%～50%

图 6.18　雨林植物（墨西哥胡椒叶）以暂时枯萎的方式降低蒸发失水率（资料取自 Chiariello，Field and Mooney，1987）

沙漠生活方式相似的不同生物

骆驼和巨柱仙人掌（saguaro cactus）在外观上完全不同，但如果你仔细观察两者的生物学特征，就会发现它们采用非常类似的方法来平衡水收支。在水源充足时，骆驼与巨柱仙人掌皆会汲取大量水，然后储存并节约用水。

骆驼可以在酷热的沙漠里行走 6～8 天而无须饮水，但人类面对这种状况时只要 1 天便会丧命。在这段时间内，骆驼主要依靠储存于组织内的水来维系生命，而且可忍受失水量达体重的 20% 而不受伤害。对人类而言，10%～12% 的体重损失已接近致命的边缘。只要有机会，骆驼就会饮用并储存大量水，一次饮水量可达体重的 1/3。

当没有机会喝水时，骆驼是节水大师。骆驼节

水的一个方法是减少热量的获得。和过热的虎甲（第 5 章，123 页）一样，骆驼会面朝太阳，减少被日光暴晒的面积；此外，它们身上的厚毛也可以隔绝炎热的太阳。骆驼的体温可上升 7℃ 而无须通过排汗来降低体温，这降低了它们与环境间的温差，进而减缓再升温的速率，降低蒸发失水率。

巨柱仙人掌也采用类似的方法。它的茎与掌就像骆驼的器官一般，可以储存大量水。在干旱时，骆驼可利用储存的水，因而能忍受长期缺水的环境。一旦下雨，巨柱仙人掌和骆驼一样，可以摄入大量水，只不过巨柱仙人掌是利用地表浅层的密集根网来吸收水分。这些根呈环状向外延伸，延伸的距离几乎等于仙人掌的高度。因此，以一棵高 15 m 的巨柱仙人掌为例，它的根覆盖的土壤面积超过 700 m²。

巨柱仙人掌也有数种方法降低蒸发失水率。首先，和其他仙人掌一样，巨柱仙人掌的气孔在蒸腾失水最严重的白天是关闭的。在全日照下，由于没有蒸腾作用，巨柱仙人掌内部的温度可以上升到超过 50℃，这是植物的最高温度纪录。然而，正如我们在介绍骆驼时所说的，体温较高反而是一种优势，因为它会减缓再升温的速率。在中午最热时，巨柱仙人掌主要以茎及掌的尖端正对太阳。而这些尖端上有一层具绝缘效果的绒毛与密刺，可以反射阳光，并遮住巨柱仙人掌的生长锥。

骆驼与巨柱仙人掌具有相似的沙漠生活方式，如图 6.19 所示。现在来看看另外两种生物，它们栖息在同一个沙漠中，但它们和水的关系非常不同。

沙漠生活方式相反的两种节肢动物

虽然蝉与蝎子都是节肢动物，而且生活在相距不过数米远的地方，但两者的沙漠生活方式截然相反。蝎子的方法是放慢步调、节水及避开日晒。蝎子是一种体形较大、寿命较长、代谢率极低的节肢动物。代谢率低说明它们吃的食物较少，而且呼吸作用所损失的水分也较少。此外，为了节水，蝎子大部分时间都待在比地表潮湿的地洞中，只在比较凉快的夜间才外出觅食与求偶。沙漠蝎子的不透水功能非常强，它们表皮的碳氢化合物会把水密封住。这些节水特征的综

图6.19　不同生物却有相似的沙漠生活方式。19世纪中期，美国军队引进骆驼作为驮畜，使原产于亚洲西南部的单峰骆驼和北美西部的巨柱仙人掌出现在同一地方

合作用使蝎子能通过消耗猎物体内的水来满足自身的需求。图6.20总结了沙漠蝎子的习性。

对比沙漠蝎子，蝉适应沙漠生活的方法似乎是不恰当的。正如我们在本章中介绍的，索诺拉沙漠的蝉活跃于一天中最热的时间，这时气温接近它的极限温度，它如何做到在这样的温度下活动而不会死亡呢？

埃里克·图尔森和尼尔·哈德利进行了一系列研究，并发表了论文。研究显示，蝉可利用蒸发作用来降低体温。在他们的一个研究中，图尔森（Toolson，1987）从一棵柔黄花牧豆树上捕捉了蝉，然后将它们放在环境箱中。环境箱的温度维持在45.5℃，然而蝉的体温却一直比环境箱温度低2.9℃。由于蝉在环境箱内无法找到比较凉快的微气候，图尔森推测它们利用蒸发作用来降低体温。为了证实这个假说，他将环境箱内的相对湿度提高至100%。很快蝉的体温就上升到和环境箱一样的温度。当图

尔森把相对湿度降到0%，蝉的体温在数分钟内下降了约4℃。这个实验的结果如图6.21所示。

图尔森的实验结果如何支持蒸发降温的假说呢？当空气的相对湿度为100%时，空气中的水汽已达到饱和（133页）。因此，将蝉周围环境的相对湿度提高到100%后，图尔森便杜绝了蝉利用蒸发作用降低体温的可能。当他再度输入干燥的空气时，便在蝉与周围的空气间产生一个水浓度梯度，于是蒸发降温作用恢复了。图尔森的这个实验类似于海因里希的实验。海因里希通过堵塞天蛾的循环系统，探讨循环系统对温度调节的重要性（第5章，121～122页）。

尽管图尔森得到的结果验证了"蝉利用蒸发作用降低体温"的假说，但却不能直接证明它们具有这种能力。因此，图尔森和哈德利（Toolson and Hadley，1987）进行了一项观察来直接验证。首先，他们将一只活蝉放在环境箱中，并在它的外皮上安

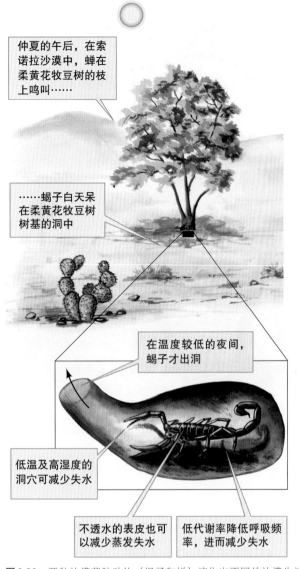

仲夏的午后，在索诺拉沙漠中，蝉在柔黄花牧豆树的枝上鸣叫……

……蝎子白天呆在柔黄花牧豆树树基的洞中

在温度较低的夜间，蝎子才出洞

低温及高湿度的洞穴可减少失水

不透水的表皮也可以减少蒸发失水

低代谢率降低呼吸频率，进而减少失水

图 6.20　两种沙漠节肢动物（蝎子和蝉）演化出不同的沙漠生活方式

装一个湿度感应器。如果蝉利用蒸发作用降低体温，那么当环境中的温度上升时，感应器应显示较高的湿度。这正是他们观察到的结果。当温度从 30℃ 上升到 43℃ 时，水穿过蝉外皮损失的速率分 3 个过程增加。当图尔森和哈德利把温度从 37℃ 调升到 39℃ 时，失水率由 5.7 mg/(m^2·h) 升高到 9.4 mg/(m^2·h)；41℃ 时，失水率由 9.4 mg/(m^2·h) 增加至 36.1 mg/(m^2·h)；43℃ 时，失水率则由 36.1 mg/(m^2·h) 增加至 61.4 mg/(m^2·h)。这些结果参见图 6.22。

蝉是陆地昆虫中失水率最高者之一。不过，水如何快速地穿过外皮呢？图尔森和哈德利在蝉的外皮上寻找水移动的路径，发现蝉的背部表面有 3 个地方的孔隙较大，这可能和蒸发降温有关（图 6.23）。当他们将这些孔隙堵住，蝉就无法利用蒸发作用来降低自身的温度。总而言之，图尔森和哈德利证实了一个前所未知的现象——蝉依靠蒸发作用降低体温。此外，他们还仔细地证明了该作用的机制。

原来蝉能在一天中最热的时候鸣叫数个小时，是因为它们可以通过排汗降温。因为有充足的水供应，所以蝉能维持这种看似不可能的生活方式。蝉是同翅目（Homoptera）昆虫的一员，也是蚜虫（aphid）的远亲，所以和蚜虫一样，蝉也以植物汁液为食。因此，蝉与蝎子虽然生存于相同的大气候，却进入完全不同的微气候。通过寄主柔黄花牧豆树

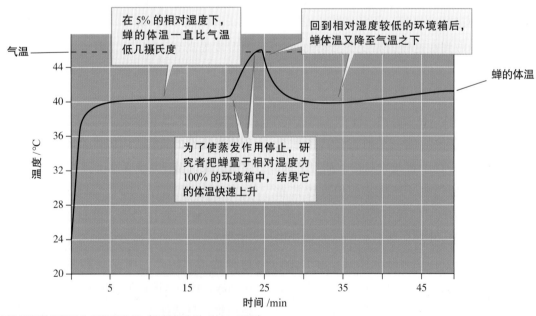

在 5% 的相对湿度下，蝉的体温一直比气温低几摄氏度

回到相对湿度较低的环境箱后，蝉体温又降至气温之下

蝉的体温

为了使蒸发作用停止，研究者把蝉置于相对湿度为 100% 的环境箱中，结果它的体温快速上升

气温

温度/℃

时间/min

图 6.21　实验证明蝉靠蒸发作用降低体温（资料取自 Toolson，1987）

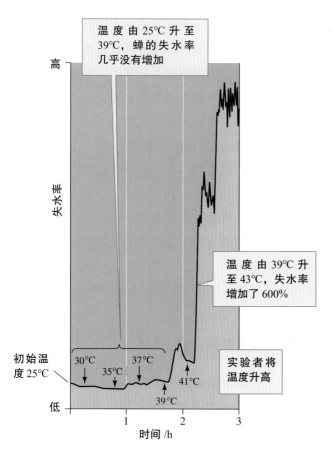

温度由25℃升至39℃，蝉的失水率几乎没有增加

温度由39℃升至43℃，失水率增加了600%

实验者将温度升高

失水率

高

低

初始温度25℃

30℃ 35℃ 37℃ 39℃ 41℃

时间 /h

1 2 3

图6.22 高温导致蝉的失水率极高（资料取自Toolson and Hadley, 1987）

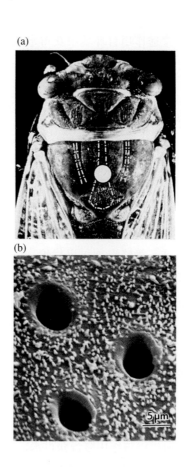

(a)

(b)

5μm

图6.23 蝉的放大图。（a）背部有3个区域密布小孔；（b）高分辨率下的背部小孔

的主根，蝉的取水范围可以深入土壤30 m，且蝉可通过高取水速率（W_d）来平衡高蒸发失水率（W_e）。

　　有时相似的生物通过完全不同的方法来平衡水收支，有时演化关系上非常疏远的生物却采用相似

的方法。简言之，陆生生物平衡水获得与水损失的方法就像物种本身一样多变，而水域生物也存在类似的情形。

概念讨论 6.2

1. 俄勒冈虎甲（图6.15和图6.16）的分布范围非常广泛，从亚利桑那州到阿拉斯加的温带雨林。为什么俄勒冈虎甲表皮的碳氢化合物含量会随着分布的地理位置而变化？

2. 在干旱严重的季节，灌木和乔木的一些树枝枯死了，有一些则活下来了。植物如何通过舍弃一些枝条的方法提高它们抵抗干旱的能力？

3. 对于许多陆栖生物，水调节和温度调节有何关系？

6.3　水域环境中水与盐分的平衡

　　海洋生物和淡水生物利用互补机制来调节体内的水及盐分。 水域生物和陆域亲缘种一样，也是通过平衡水的收支来调节体内的水（W_i）。我们可以将

陆域生物的水平衡公式做些修改，来表示水域生物的水调节：

$$W_i = W_d - W_s \pm W_o$$

　　饮水（W_d）对水域生物而言，是获得水的最简便方法；尿液排水（W_s）则是水损失的途径。水

域生物可以通过渗透作用自环境中获得水或失去水（W_o），这取决于生物与环境间的渗透压。

海洋鱼与无脊椎动物

　　大部分海洋无脊椎动物都将体内的溶质浓度维持与周围海水的浓度相当，那么与外在环境维持等渗状态对动物有什么好处呢？答案是：等渗透的动物不须耗费能量来克服渗透梯度（osmotic gradient）。然而这一策略也须付出代价，虽然动物身体内外的溶质总浓度相当，但个别溶质的浓度却存在差异，这种浓度差异须通过主动运输来维持，这就需要消耗能量。

　　鲨鱼及鳐类通常会将血液中的溶质浓度提升到比海水略高，形成高渗状态。但是无机离子只占鲨鱼血液中溶质的 1/3，其余部分则为有机尿素和三甲胺氧化物（trimethylamine oxide，TMAO）。由于高渗的关系，鲨鱼通过渗透作用缓慢获得水，即 W_o 略高于零。扩散进入鲨鱼体内的水流经鳃，然后被肾脏以尿液的形式排出体外。由于钠离子（Na^+）约占海水浓度的 2/3，海水中的 Na^+ 除了从鳃进入鲨鱼的体内之外，还有部分 Na^+ 随食物进入鲨鱼的体内。鲨鱼将过多的 Na^+ 从直肠的一个特别腺体——盐腺（salt gland）排出体外。这里的要点是，鲨鱼及其亲缘种通过降低身体内外的渗透压来减少**渗透调节**（osmoregulation）的能量支出，调节体内的盐类和水分（图 6.24）。

　　与大部分海洋无脊椎动物及鲨鱼相反，海洋硬骨鱼的体液相对于周围的海水是非常低渗的。因此，它们体内的水会经过鳃部排放到海水中。海洋硬骨鱼通过饮用海水来补充损失的水分，但饮用海水却会增加体内的盐分浓度。这些鱼以两种方式清除体内过多的盐分。鱼鳃基部有一个专门的"氯"细胞（chloride cell），可将 Na^+ 与 Cl^- 直接分泌到海水中，而肾则会排出镁离子（Mg^{2+}）及硫酸盐（SO_4^{2-}）。这些离子随着尿液排出鱼类体外。由于尿液相对鱼类的体液来说是低渗的，尿液也是水损失的一种形式。但由于尿量很少，经由肾排出的水量很少。

　　某些伊蚊属（*Aedes*）伊蚊的幼虫可以生活在盐水中。这些幼虫面对高盐环境的挑战时，采取了与海洋硬骨鱼类似的方法。和海洋硬骨鱼一样，盐水伊蚊幼虫相对于周围环境是低渗的，所以它们会失水。它们也饮用大量海水来补充损失的水分，它们的日饮海水量可高达体重的 130%～240%。大量饮水虽可解决失水问题，却衍生出另一个问题——必须排掉过多的盐分。盐水伊蚊幼虫利用直肠后端的特化细胞将盐分分泌到尿液中。在这里，盐水伊蚊幼虫做了一件海洋硬骨鱼做不到的事情，那就是它们排放的尿液相对于体液而言是高渗的，这就减少了随尿液排出的水分。图 6.25 显示了海洋硬骨鱼和盐水伊蚊幼虫调节水及盐分的方法相似。

淡水鱼与无脊椎动物

　　不过，淡水硬骨鱼面对的环境挑战与海洋硬骨鱼类相反。淡水鱼是高渗的。与周围的环境相比，它们的体液中含有较多的盐类及较少的水。因此，海水经由鳃流入鱼体内，而盐类则从鱼体内排放出来。随着大量稀尿液的排泄，淡水鱼体内过多的水也排出体外。淡水鱼以两种方式来补充失去的盐类：鱼类鳃丝基部的氯细胞可吸收 Na^+ 与 Cl^-；另外，淡水鱼还可以从食物中摄取其他盐类。

　　和淡水鱼一样，淡水无脊椎动物相对于周围环境也是高渗的。淡水无脊椎动物必须耗费能量，才能将涌入组织内的水排出去，才能主动吸收外部环境中的盐类。淡水鱼及无脊椎动物体液内的溶质浓度是海水亲缘种的 10%～50%。由于体内的溶质浓度较低，淡水无脊椎动物与周围环境的渗透梯度也降低了，这使得它们进行渗透调节时所需的能量减少。

　　淡水伊蚊幼虫是淡水无脊椎动物渗透调节的绝佳代表。大约 95% 的伊蚊幼虫都生活在淡水中，它们面临与淡水鱼非常相似的渗透挑战。和淡水鱼一样，伊蚊幼虫必须解决水获得与盐类失去的双重难题。它们的应对方法是喝少量的水。它们利用中肠及直肠上的细胞吸收盐类，并将盐类保存在食物中，排放稀尿液。淡水伊蚊幼虫利用肛门乳突上的细胞，主动吸收水中的 Na^+ 及 Cl^-，以补充随尿液失去的离

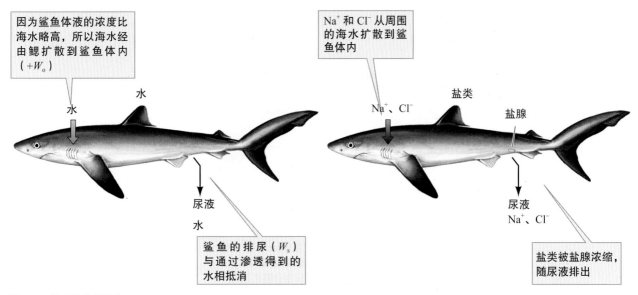

因为鲨鱼体液的浓度比海水略高,所以海水经由鳃扩散到鲨鱼体内($+W_o$)

Na^+ 和 Cl^- 从周围的海水扩散到鲨鱼体内

水

水

Na^+、Cl^- 盐类

盐腺

尿液

水

鲨鱼的排尿(W_s)与通过渗透得到的水相抵消

尿液
Na^+、Cl^-

盐类被盐腺浓缩,随尿液排出

图6.24 鲨鱼的渗透调节

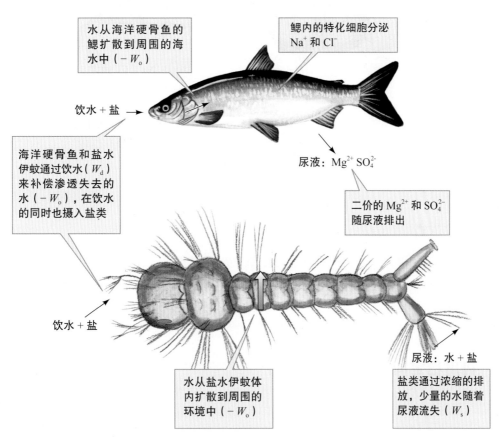

水从海洋硬骨鱼的鳃扩散到周围的海水中($-W_o$)

鳃内的特化细胞分泌 Na^+ 和 Cl^-

饮水 + 盐

海洋硬骨鱼和盐水伊蚊通过饮水(W_d)来补偿渗透失去的水($-W_o$),在饮水的同时也摄入盐类

尿液:Mg^{2+} SO_4^{2-}

二价的 Mg^{2+} 和 SO_4^{2-} 随尿液排出

饮水 + 盐

水从盐水伊蚊体内扩散到周围的环境中($-W_o$)

尿液:水 + 盐

盐类通过浓缩的排放,少量的水随着尿液流失(W_s)

图6.25 高渗海洋鱼类及盐水伊蚊的渗透调节途径

子。面对几乎相同的环境挑战,淡水伊蚊和淡水鱼应对的方法却截然不同。图 6.26 比较了淡水鱼和淡水伊蚊调节水与盐分的方法。

在第 6 章,我们回顾了生物个体与水的关系。

有关个体生物与环境间关系的研究是生态学的基础,随着强有力的分析工具的发展,这项研究正在快速发展中。

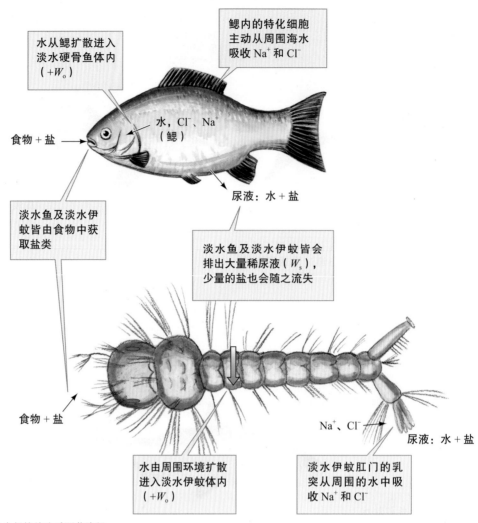

水从鳃扩散进入淡水硬骨鱼体内（$+W_o$）

鳃内的特化细胞主动从周围海水吸收 Na^+ 和 Cl^-

食物＋盐

水，Cl^-、Na^+（鳃）

尿液：水＋盐

淡水鱼及淡水伊蚊皆由食物中获取盐类

淡水鱼及淡水伊蚊皆会排出大量稀尿液（W_s），少量的盐也会随之流失

食物＋盐

水由周围环境扩散进入淡水伊蚊体内（$+W_o$）

Na^+、Cl^-

尿液：水＋盐

淡水伊蚊肛门的乳突从周围的水中吸收 Na^+ 和 Cl^-

图 6.26 淡水鱼与淡水伊蚊的渗透调节途径

—— 概念讨论 6.3 ——

1. 与高渗海洋鱼类相比，为什么等渗海洋无脊椎动物用于渗透调节的能量较少？

2. 在许多淡水无脊椎动物的体液中，盐类的浓度很低，这种稀体液有什么优点？

应用案例：利用稳定同位素研究植物的水吸收

为了充分了解植物个体的生态特征或者整个景观系统的动态变化，生态学家需要了解地下发生的事情，以及地表的结构与过程。然而，生态学家拥有的地表信息多于地下的信息，地下是土壤微生物、洞穴动物及根的王国。虽然许多生态学家致力于缩小这个差距，但是他们的地下生态学研究工作一直进行得相当缓慢。幸运的是，他们的研究在最近几年已有显著的进展。在这个过程中，新工具的发展功不可没，稳定同位素分析便是其一。稳定同位素分析是研究稳定同位素（如稳定同位素 ^{13}C 和 ^{12}C）在物质中的比值。稳定同位素分析在生态学中的应用与日俱增（Dawson et al., 2002）。正如我们在第 1 章看到的，稳定同位素分析对于追踪迁徙鸟类的栖息地非常有效。另外，稳定同位素分析也是研究植物水吸收非常有用的工具。但要了解这项分析技术的应用，我们必须对同位素本身以及它们在生态系统中的作用有一些认识。

稳定同位素分析

大部分化学元素都有几个稳定同位素，这些同位素在不同环境或不同生物个体中的浓度存在差异。H 的稳定同位素包括 ^1H 和 ^2H，后者又名氘，可缩写成 D；C 的稳定同位素有 ^{13}C 和 ^{12}C；N 的稳定同位素有 ^{15}N 和 ^{14}N；S 的稳定同位素有 ^{34}S 和 ^{32}S。这些稳定同位素的比值可以用来研究能量和物质在生态系统中的流动，因为在生态系统的不同区域，这些化学元素的轻同位素和重同位素的浓度往往不同。

由于化学元素的来源不同或生物偏好不同，又或者以上两种原因都有，不同生物的轻重稳定同位素的比值也不一样。例如，生物在合成蛋白质时会排出氮的轻同位素（^{14}N），所以该生物比它的食物含有更多 ^{15}N。因此，当物质由一个营养级传递至下一个营养级时，生物组织内的 ^{15}N 浓度就会增加，而最低营养级中的 ^{15}N 浓度则最低。稳定同位素分析也可以用来估测 C_3 植物和 C_4 植物（第 7 章，158～159 页）对某特定物种饮食的相对贡献（第 1 章，5 页），这是因为 C_4 植物富含 ^{13}C。另外，一些生态过程会影响硫稳定同位素的比值。在不同来源的水中，如浅层的土壤水和深层的土壤水，D 和 ^1H 的比值存在差异。因此，氢同位素分析有助于鉴定植物从何处获得水。

稳定同位素的浓度通常以样本的重同位素与标准物质的同位素的浓度差异来表示，测量的单位为每千分（‰）中的差异（±）。这些差异可以用以下式子来计算：

$$\delta X = \left[\left(\frac{R_{样本}}{R_{标准物}} - 1 \right) \right] \times 10^3$$

式中，

δ 代表 ±；

X 为重同位素的相对浓度，如 D、^{13}C、^{15}N 或 ^{34}S 的千分率（‰）；

$R_{样本}$ 为样本中的同位素比值，例如 D：^1H、^{13}C：^{12}C 或 ^{15}N：^{14}N；

$R_{标准物}$ 为标准物质中的同位素比值，例如 D：^1H、^{13}C：^{12}C 或 ^{15}N：^{14}N。

在 H、C、N、S 同位素分析中，作为标准物质的参考物质分别是标准平均海水（Standard Mean Ocean Water）中的 D：^1H、大气中的 ^{15}N：^{14}N、PeeDee 石灰岩的 ^{13}C：^{12}C，以及魔谷（Canyon Diablo）陨石中的 ^{34}S：^{32}S。

生态学者测定样本的稳定同位素比值，并与标准物质的同位素比值进行比较。如果 $\delta X = 0$，表示样本的同位素比值和标准物质相同；如果 $\delta X = -X‰$，表示样本中重同位素（如 ^{15}N）的浓度低于标准物质；如果 $\delta X = +X‰$，表示样本中重同位素（如 ^{15}N）的浓度高于标准物质。此处的重点是生态系统的不同区域的同位素比值不尽相同。因此，生态学者可以用同位素比来研究生态系统的结构与过程。以下是一个利用 H 同位素比值研究植物水获取的例子。

利用稳定同位素鉴别植物的水来源

同位素分析可以作为研究植物与生态环境之间的水关系的工具（Ehleringer, Roden and Dawson, 2000）。詹姆斯·伊尔林格的实验室在这种方法的运用上起到了带头作用。在早期的研究中，伊尔林格与同事（Ehleringer et al., 1991）利用 D：^1H 或 δD 来探索犹他州南部沙漠中各种植物生长型如何利用夏季降雨与冬季降雨。他们利用 δD 来确定植物对这两种水的利用，因为夏季降雨的 D 含量相对较为丰富，冬季降雨的 D 含量则相对较少。在伊尔林格进行研究时，犹他州南部的夏季降雨与冬季降雨的 δD 分别为 –25‰ 和 –90‰（图 6.27）。

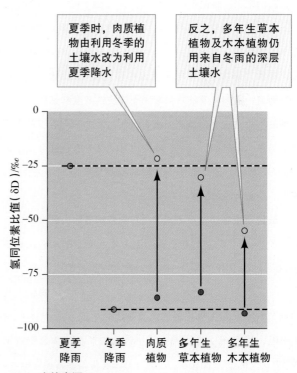

图 6.27　稳定同位素分析追踪三组沙漠植物在春季和夏季时体内的水来源（资料取自 Ehleringer et al., 1991）

针对数种植物的生长型，伊尔林格测量了木质部液中的 δD。春天，各个深度的土壤水皆来自冬天的降水；夏天，表层的土壤水来自夏季的降水，而深层的土壤水则主要为冬季的降水。伊尔林格及其研究团队发现，一种肉质植物、数种多年生草本植物及多年生木本植物在春天利用冬季降雨（图 6.27）；但在夏季，肉质植物完全依靠浅层的土壤水，而多

年生草本植物及木本植物仍继续利用前一个冬季的深层土壤水。因此，稳定同位素分析为研究植物和水的关系开启了一扇窗户。如果没有这个新工具，这项研究就无法完成。在第 18 章，我们会进一步探讨稳定同位素分析在生态系统能量流动研究中的应用。

——本章小结——■

浓度梯度影响生物与环境间的水移动。 表示空气含水量最常见的参数是相对湿度，其计算公式为：水汽密度除以饱和水汽密度，再乘以 100。在陆地上，水从生物流向大气的趋势可以用饱和水汽压差来估算。饱和水汽压差是实际水汽压与饱和水汽压的差值。

在水域环境中，水沿着浓度梯度，从水浓度高、盐含量低的（低渗）溶液向水浓度低、盐含量高（高渗）的溶液移动。水的移动会产生渗透压。生物与环境之间的渗透梯度越大，它们之间的渗透压也越大。

在土壤 – 植物的系统中，水从高水势处流向低水势处。纯水的水势依惯例设定为 0。水中的溶质和基质力使水势下降，基质力是指水分子吸附土壤颗粒及植物细胞壁的趋势。一般而言，植物体液的水势取决于溶质的浓度和基质力，而土壤的水势则主要由基质力决定。在盐渍土中，溶质对土壤的水势也有所影响。水势、渗透压及水蒸气压差都可以用帕（Pa）来表示。在讨论不同生物在不同环境中的水关系时，帕是一个通用的单位。

陆域动植物通过平衡水的得与失来调节体内的水。 陆生动物的水调节可以归纳成 $W_{ia} = W_d + W_f + W_a - W_e - W_s$，其中 W_d 为通过饮水得到的水，W_f 为自食物中得到的水，W_a 为从空气中吸收的水，W_e 为蒸发失水，W_s 为各种分泌物和排泄物损失的水。陆生植物的水调节可以归纳成 $W_{ip} = W_r + W_a - W_t - W_s$，其中 W_r 为根部自土壤中吸收的水，W_a 为自空气中吸收的水，W_t 为蒸发失水，W_s 为分泌物及生殖器官损失的水。

有些非常不同的陆生植物和动物（骆驼和仙人掌），以非常相似的方式适应干旱的气候；而有些生物（如蝎子和蝉）却利用完全不同的方式适应干旱的气候。这些比较表明自然选择是遵从机会主义。

海洋生物和淡水生物利用互补机制来调节体内的水和盐分。 海洋生物和淡水生物面临的渗透挑战正好相反。水域环境的水调节可归纳成：$W_i = W_d - W_s \pm W_o$，其中 W_d 为通过饮水获得的水，W_s 为各种分泌物和排泄物损失的水，W_o 为通过渗透作用得到或损失的水。水生生物可经由渗透作用得到水或失去水，这取决于生物与环境。许多海洋无脊椎动物利用与海水等渗的方法来减少水调节的问题，有些淡水无脊椎动物也会降低它们与环境间的渗透梯度。鲨鱼及鳐类提高体液内尿素及三甲胺氧化物的含量，使体液比海水高渗。海洋硬骨鱼和盐水伊蚊幼虫相对于它们所处的环境是低渗的，而淡水硬骨鱼和淡水伊蚊幼虫则是高渗的。

由于生物面临的环境挑战压力因不同的环境存在差异，水调节的细节也随生物不同而变化，但所有环境中的生物都必须耗费能量来维持体内的水浓度和溶质浓度。

稳定同位素分析是生态学的重要研究工具，可分析物质中不同稳定同位素的相对浓度。稳定同位素包括：H 的稳定同位素 ^2H（一般以 D 表示，也就是氘）和 ^1H，C 的稳定同位素 ^{13}C 和 ^{12}C。稳定同位素分析已被证明是研究植物水获得的一项利器。例如，D：^1H 或 δD 曾被用来确定犹他州南部沙漠中各种植物生长型对夏季降雨和冬季降雨的利用情况。

·饱和水汽压 / saturation water vapor pressure　133

·代谢水 / metabolic water　138

·等渗 / isosmotic　134

·低渗 / hypoosmotic　134

·高渗 / hyperosmotic　134

·基质力 / matric force　136

·扩散作用 / diffusion　134

·渗透调节 / osmoregulation　148

·渗透作用 / osmosis　134

·水势 / water potential　135

·水汽压 / water vapor pressure　133

·饱和水汽压差 / vapor pressure deficit　133

·相对湿度 / relative humidity　133

── 复习思考题 ────────■

1. 等足目动物大洋海蟑螂的体温在相对湿度为 100% 的石头下是 30℃，在阳光照射、相对湿度为 70% 的石头上是 26℃。埃德尼（Edney，1953）认为，在开阔的地方，这些等足目动物可以利用蒸发冷却来降低体温。请解释为何蒸发冷却在开阔地比较有效，在石头下方则几乎无法进行。

2. 说明饱和水汽压差、渗透压及水势有何不同？为何三者都可以用相同的单位（Pa）来表示？

3. 叶子的水势通常在日出前达到最高，然后逐渐下降，在中午降至最低。试问午间叶子的低水势是加快还是减缓水由土壤流向植物的速率？如果叶子在早上和中午的水势相同，那么植物的需水量在何时较高？

4. 试比较图 6.9 和图 6.10 中拟步甲科的沐雾甲虫和麦利阿姆更格卢鼠的水收支。在这两种生物中，哪种生物以代谢水为主要水源？哪种生物以凝结雾气为主要水源？依你看，哪种生物尿液损失的水较多？

5. 本章讨论了纳米布沙漠拟步甲科的水关系，但该科的昆虫也出现在潮湿的环境。拟步甲科的不同物种的失水率在不同环境下存在什么差异？你根据何种假说做出推测？如何验证你的推测？

6. 在索诺拉沙漠，蝉是该处已知生物中唯一能利用蒸发降温的生物。试解释为何蝉可以利用蒸发降温，而处于同一环境的其他数百种昆虫却不能。

7. 许多沙漠物种的不透水功能非常好，然而演化却不能消除蒸发失水，试说明理由。（提示：生物在环境中必须进行哪些交换。）

8. 虽然本章讨论了水和盐分的调节，但大部分海洋无脊椎动物是等渗的。等渗对生物有何潜在的优点呢？

9. 回顾一下淡水硬骨鱼及海洋硬骨鱼的水调节与盐分调节，在两者之中，相对于周围环境，何者是低渗的？何者是高渗的？有些鲨鱼生活在淡水中，试问淡水鲨鱼和海洋鲨鱼的肾如何发挥作用呢？

10. 罗纳德·尼尔森和他的同事（Neilson et al., 1992，1995）利用不同植物对环境的要求预测植物对气候变化的反应。在第 1 章，我们简要讨论了玛格丽特·戴维斯（Davis，1983，1989）的研究。她利用保存在湖底的花粉构建北美洲植被的变化过程。如何利用这种古生态学的研究结果来改善尼尔森基于环境需求的模型呢？（当植物发生历史性变迁时，假定你也可以合理地重建气候。）

第 7 章

能量与养分

动物和植物吸收养分与能量的例子在自然界随处可见。看，一条鲉（scorpion fish）半掩在珊瑚礁边部的海沙中。之所以可以发现它的存在，是因为它的鳃盖在警觉地晃动。由于它的头看起来像极了覆盖海藻的石头，一些小虾聚集在上面，随着水流悠闲地游着。在珊瑚礁附近的一条小鱼看见了小虾，飞快地游过去吞食了小虾；接着鲉张开大嘴巴，以迅雷不及掩耳之势吞下了这条小鱼。然而，就在鲉要躲回沙中之时，珊瑚礁中又冲出一条长约 2 m 的绿色海鳝（moray eel），用一口锐利如刀的牙齿紧紧地咬住了鲉，并把它吞入腹中（图 7.1）。

草本植物具有宽阔叶片及细长茎，生活在半日照雨林的地表层。我们很难理解这些生物为何能生活在如此黑暗的环境。然而，正如你所见，一小束强光穿透茂密的热带雨林树冠层，照射在树林下植物的一片叶子上，植物的光合作用机制便抓住这大好的机会。只不过数分钟的时间，植物便充分地利用了这豆大的太阳光。尽管这附近的一棵高耸巨树穿透热带雨林树冠层，与森林中的其他巨树并肩而立，占据着比树林下的草本植物更有利的位置。然而，一

图 7.1 海鳝高效地捕食鱼类，以获取身体所需的能量和养分

株小爬藤悄悄地沿着树干快速地向上生长，缠绕着树干爬向有光之处。不久，这株爬藤便会制伏并杀死这棵巨树，使巨树成为爬藤的棚架。

无论在珊瑚礁、雨林还是废弃的角落，生物都在忙于寻找能量与养分。大部分生物会将能量及养分转移到后代身上。养分是生物生存的原材料，生物必须从环境中获得。各种生物利用的能量主要来自阳光、有机物或无机物。

我们怎样将生物归类呢？我们一般根据它们在生物演化史中的地位，将其归类为脊椎动物、昆虫、

◀ 一条色彩鲜艳的毛毛虫正在啃食叶片。在南方越冬栖息地，毛毛虫从食物中吸收能量和养分，变成一只绚丽多彩的蝴蝶。毛毛虫很善于储存脂肪，并将脂肪用于长距离的南北迁徙。

针叶树以及兰花等等。不过，我们也可以根据**营养（摄食）生物学**［trophic（feeding）biology］来归类。其中，以无机物为碳和能量来源的生物被称为**自养生物**（autotroph）。自养生物又可分成两种类型，即光合型和化能合成型（chemosynthetic）。**光合型自养生物**（photosynthetic autotroph）以 CO_2 作为碳的来源，以阳光作为能量的来源，合成**有机化合物**（organic compound）——糖类、氨基酸和脂肪等含碳分子；**化能合成型自养生物**（chemosynthetic autotroph）利用 CO_2 合成有机分子作为碳的来源，利用无机化合物——H_2S 作为能量的来源。**异养生物**（heterotroph）则利用有机分子为碳及能量的来源。

原核生物（prokaryote）的营养多样性高于其他生物（图 7.2）。原核生物是指细胞核或细胞器外没有膜包围的生物，包括细菌与**古菌**。古菌与细菌的不同之处在于结构、生理与其他生物特征存在差异。尽管首次发现古菌的地方是极端环境，但目前已知古菌广泛分布于生物圈中，尤其是在海洋中。原生生物（protist）分为光合型和异养型。大部分植物是光合型，所有真菌与动物均为异养型。原核生物分为光合型、化能合成型及异养型三类，这使得原核生物成为生物圈中营养多样性最高的一类群。

关于原核生物营养多样性的最重要发现来自海洋原核生物研究。举例来说，蒙特雷湾海洋研究所（Monterey Bay Aquarium Research Institute）与得克萨斯大学医学院（University of Texas Medical School）的奥代德·贝雅（Oded Béjà）、爱德华·德隆（Edward Delong）组成的研究团队发现一种原核

生物广泛分布在海洋中。这种生物可以利用光和细菌的**视紫红质**（rhodopsin）产生能量（Béjà et al.，2000，2001）。视紫红质是一种能吸收光的色素，存在于动物的眼睛、细菌和古菌中。细菌与古菌内的视紫红质具有多种功能，可作为 ATP 合成中的质子泵。ATP 合成是产生高能量分子的过程。一个有趣的发现是，细菌视紫红质的感光敏感性会根据当地的光线品质而有所变化。例如，在深海透明水体中，细菌视紫红质吸收的最强光为可见光谱中的蓝光；在浅海岸水体中，细菌视紫红质吸收的最强光为可见光谱中的绿光。以上这些研究和其他发现（Kolber et al.，2000；Béjà et al.，2002）快速地更新我们对生物圈运转的认识。

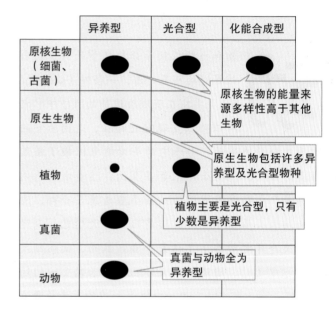

图7.2 主要生物群的营养多样性图显示原核细菌与古菌的营养多样性最高

7.1 光合型自养生物

光合型自养生物以 CO_2 为碳来源，以阳光为能量来源合成有机分子。因为光合型生物以光为能量来源，故我们先要了解光，这就是本节研究的主题。

太阳驱动的生物圈

如第 2 章与第 3 章所述，太阳能驱动风与洋流，光照强度的年变异驱动季节的变迁。在第 5 章，我们研究了生物如何利用光来调节体温。基于上述讨论，本章着重探讨以光为能量来源的光合作用。

光以波的形式在空中传播，具有频率、波长等各种属性。光是以粒子的形式与物质作用，而不是以波的形式。光的粒子——我们称之为光子（photon），是能量的最小计量单位。波长较长的光［如红外光（infrared light）］，携带的能量少于波长较短的光［如可见光（visible light）及紫外光（ultraviolet light）］。

正如第 5 章所讨论的（114 页），红外光对于生物的体温调节相当重要，因为红外光对物质的主要影响是提高所有分子的运动速率，进而使温度上升。然而，红外光携带的能量尚不足以驱动光合作用。太阳光谱另一端的紫外光携带大量能量，可以打断许多有机分子的共价键（covalent bond），从而分解有机分子，所以可以破坏进行光合作用的复杂生化组织。介于紫外光与红外光之间的是可见光，也称为**光合有效辐射**（photosynthetically active radiation），或 PAR。PAR 的波长为 400～700 nm，携带充足能量，可驱动依赖光的光合作用，却不会破坏有机分子。PAR 的能量占海平面以上太阳光谱总能量的 42%。然而，由于参与光合作用的色素不均匀地吸收可见光，真正用于光合作用的能量仅为 26%（Agrawal，2010）。另外，红外光能量约占太阳光谱总能量的 46%，其余的能量则为紫外光的能量。

PAR 的测定

生态学家以光子通量密度来量化 PAR。**光子通量密度**（photon flux density）是每秒击中每平方米面积的光子数量，光子的数量以微摩尔（micromoles，μmol）表示，1 摩尔是阿伏伽德罗常数（Avagadro）个光子，即 6.023×10^{23} 个。1 光子通量密度大约是 4.6 μmol/（m²·s），等于 1 W/m²。以光合光子通量密度来定量光具有生态学意义，因为光合叶绿素（chlorophyll）是以光子形式吸收光的。

光的数量和质量随着纬度、季节、天气及一天的不同时间而变化，也因景观、水体、甚至生物本身的不同而有所变化。例如，在水域环境（第 3 章）中，只有在浅层透光带，光合型生物才能获得充足的阳光来满足自身的需要。此外，在表层透光带（euphotic zone），光的数量和质量也会随着深度（从几米到大约 100 m）变化而变化（图 3.7）。

在海域中，阳光的改变就像它穿透森林树冠层的情形一样。成熟温带林或热带林的阻挡减少抵达林地表层的光量。最终抵达林地表层的光量仅占总光量的 1%～2%（图 7.3）。然而，森林也会改变光的质量。在光合有效辐射的范围内，叶片主要吸收蓝光及红光，并传播波长约为 550 nm 的绿光。和生活于深海的生物一样，生活于林地表层的生物仅能接受到微弱的阳光。不过也只有在此，这种微弱光才会呈现绿色。

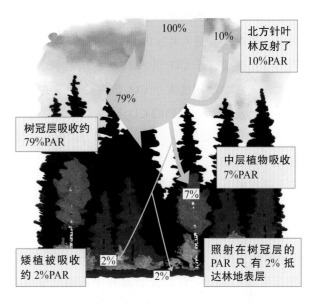

图7.3 光合有效辐射（PAR）在阳光穿过北方针叶林树冠层时，会大幅下降（资料取自 Larcher，1995；根据 Kairukstis，1967）

可选择的光合途径

进行光合作用时，植物、藻类或菌类的光合色素吸收光子，并将阳光的能量转移给电子，接着这些电子携带的能量合成腺苷三磷酸（ATP）及还原型烟酰胺腺嘌呤二核苷酸磷酸（NADPH），然后这些分子反过来变成电子及合成糖类所需能量的提供者。在这个过程中，光合型生物将光的电磁能转变成富含能量的有机分子，这些有机分子可供生物圈的大部分生物食用。在光合型生物体内，完成这种能量转换的特殊生化途径为碳-3 光合作用、碳-4 光合作用及景天酸代谢（CAM）光合作用。

碳-3 光合作用

生物学家经常说光合作用是"固碳作用"（carbon fixation），即将 CO_2 变成碳酸（carbon-containing acid）的反应。大部分植物及所有藻类的光合作用均先将 CO_2 与一个五碳化合物结合，这个五碳化合物名为核酮糖双磷酸（ribulose bisphosphate），即 RuBP。这个初始反应的产物是由 **RuBP 羧化酶**（rubisco）催化产生的，名为磷酸甘油酸（phosphoglyceric acid，PGA），它是一种三碳羧酸。因此，这种光合作用通常被称为**碳-3 光合作用**（C_3 photosynthesis），进行这种光合作用的植物被称为 C_3 植物，包括水稻、小麦和大豆等农作物（图 7.4）。

为了固定碳，植物必须张开气孔，使 CO_2 进入叶片内。随着 CO_2 进入叶片内，其中的水分会逸出。水汽的逸出速度快于 CO_2 进入的速度，原因在于叶片与大气的水浓度梯度大于 CO_2 浓度梯度，尤其是在干旱的气候中。C_3 植物的 CO_2 吸收率较低的另一个原因是，RuBP 羧化酶与 CO_2 的亲和力较低。在湿冷环境下，植物的失水率高不是什么严重问题，然而在干旱气候下，若失水率过大，植物会关闭气孔，停止光合作用。

催化 CO_2 和核酮糖双磷酸发生反应的光合酶，即 RuBP 羧化酶，也催化另外一个反应——O_2 与核酮糖双磷酸的结合。这是光合过程中的第一反应，被称为**光呼吸**（photorespiration）。它发生在有光情况下，会消耗能量，并产生 CO_2。由于消耗能量，光呼吸的净效应是降低光合作用的效率。由于 RuBP 羧化酶与 O_2 之间的亲和力较高，它能够催化光呼吸的初始反应，但 RuBP 羧化酶与 CO_2 之间的亲和力更高，所以当 CO_2 浓度降低时，光呼吸最明显。这主要发生在干热时期，植物为了节水关闭气孔。在这种情况下，光合作用会降低植物叶片周围的 CO_2 浓度，增加 O_2 浓度。然而，有些植物演化出了另外一种光合途径，可以降低光呼吸带来的问题。这些植物避免高度光呼吸的方法是浓缩 CO_2，这种光合途径是碳-4 光合作用。

碳-4 光合作用

植物演化出了另外两种在四碳羧酸中固定及储存 CO_2 的光合途径。这两种光合途径中，光在固碳方面不起作用，但后续的反应必须依赖光才能完成，所以这两种光合作用可将初始的固碳反应与依赖光的反应分离开来。

其中的一种光合作用就是**碳-4 光合作用**（C_4 photosynthesis）。它的固碳反应与依赖光的反应分别在不同细胞中进行（图 7.5）。C_4 植物通过磷酸烯醇丙酮酸（PEP）结合 CO_2，将 CO_2 固定在叶肉细胞内，并生产四碳酸，这也是碳-4 光合作用的名字来源。这个由 PEP 羧化酶催化的初始反应可以浓缩 CO_2。由于 PEP 羧化酶对 CO_2 的亲和力高，C_4 植物可以将体内的 CO_2 浓度降至很低。低 CO_2 浓度可以增加大气与叶片之间的 CO_2 浓度梯度，进而提高 CO_2 进入叶片的扩散速率。因此，与 C_3 植物相比，C_4 植物只需打开较少的气孔就可以将足够的 CO_2 传递给光合细胞。由于张开的气孔较少，C_4 植物也可节水。

在 C_4 植物中，固碳反应中产生的酸可扩散至被**维管束鞘**（bundle sheath）包围的特化细胞中。在叶片深层，四碳酸可分解为三碳酸与 CO_2。因此，C_4 植物在维管束鞘中积累的 CO_2 越来越多，进而提高 RuBP 羧化酶催化 CO_2 结合 RuBP 产生 PGA 的效率。这也是为什么在高温、高光密度和有限水量的条件下 C_4 植物的光合效率高于 C_3 植物。

C_4 光合作用有着非常复杂的生态学、地理分布和演化史（Ehleringer, Cerling and Helliker, 1997; Sage, 1999）。这种光合作用已经独立演化超过 30 次了。在相关研究中，文献记录的进行碳-4 光合作用的植物有 8,000～10,000 种，它们分别归属于 18 个植物科。目前，大概一半的禾本植物行碳-4 光合作用，以热带和亚热带的禾本植物为主。重返 800 万～500 万年前，热带草原和亚热带草原以 C_4 植物为优势植物，草原上食草哺乳动物及捕食者的高多样性与此有关。尽管大多数植物进行 C_3 光合作用，C_4 植物对全球初级生产量的贡献仍达到 20%。另外，它们还有着十分重要的经济意义，因为许多农作物（如玉米）以及有毒杂草都是 C_4 植物。在大气 CO_2

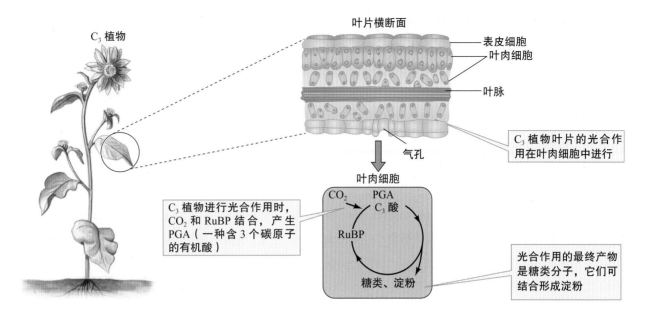

图7.4 C₃植物的光合作用

C₃ 植物

叶片横断面

表皮细胞
叶肉细胞
叶脉

气孔

C₃ 植物叶片的光合作用在叶肉细胞中进行

C₃ 植物进行光合作用时，CO_2 和 RuBP 结合，产生 PGA（一种含 3 个碳原子的有机酸）

叶肉细胞

CO_2 PGA
C₃ 酸
RuBP
糖类、淀粉

光合作用的最终产物是糖类分子，它们可结合形成淀粉

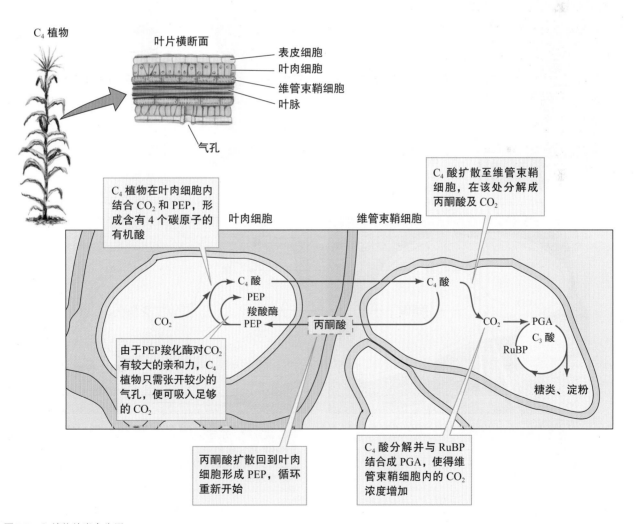

图7.5 C₄植物的光合作用

C₄ 植物

叶片横断面

表皮细胞
叶肉细胞
维管束鞘细胞
叶脉

气孔

C₄ 植物在叶肉细胞内结合 CO_2 和 PEP，形成含有 4 个碳原子的有机酸

叶肉细胞

维管束鞘细胞

C₄ 酸扩散至维管束鞘细胞，在该处分解成丙酮酸及 CO_2

C₄ 酸
PEP
羧酸酶
CO_2 PEP

丙酮酸

C₄ 酸

CO_2 PGA
C₃ 酸
RuBP
糖类、淀粉

由于PEP羧化酶对CO_2有较大的亲和力，C₄植物只需张开较少的气孔，便可吸入足够的 CO_2

丙酮酸扩散回到叶肉细胞形成 PEP，循环重新开始

C₄ 酸分解并与 RuBP 结合成 PGA，使得维管束鞘细胞内的 CO_2 浓度增加

浓度较低的条件下，C4 光合途径的效率高于 C3 光合途径，所以生态学家指出提高大气 CO2 浓度将有利于 C3 植物（第 23 章，图 23.17）。然而，C3 植物和 C4 植物的相对多度受大气中的 CO2 浓度、温度、湿度以及养分有效性等多种复杂因素的相互作用影响（Feggestad et al.，2004）。

CAM 碳光合作用

景天酸代谢光合作用（CAM photosynthesis）多见于干旱环境及半干旱环境中的肉质植物（succulent plant）和树冠层的附生植物。这种光合作用的固碳反应发生于夜间。夜间的温度较低，植物在摄入 CO2

的同时，失水率也在降低。CAM 植物通过 PEP 结合 CO2 产生四碳酸来固定碳。这些四碳酸可以储存至白昼，再分解为丙酮酸及 CO2，紧接着 CO2 进入 C3 光合作用（图 7.6）。在 CAM 植物中，所有这些反应均在同一细胞内进行。尽管 CAM 光合速率一般不是很高，但根据每千克水利用的 CO2 固定量，CAM 植物的水利用率却高于 C3 植物或 C4 植物。

若将最初的固碳反应和其他反应分开，则可以降低光合作用中的水分损失。每形成 1 g 组织（干重），C3 植物会损失 380～900 g 水，C4 植物会损失 250～350 g 水，而 CAM 植物则只损失约 50 g 水。这些数字告诉我们，为什么 C4 植物及 CAM 植物可

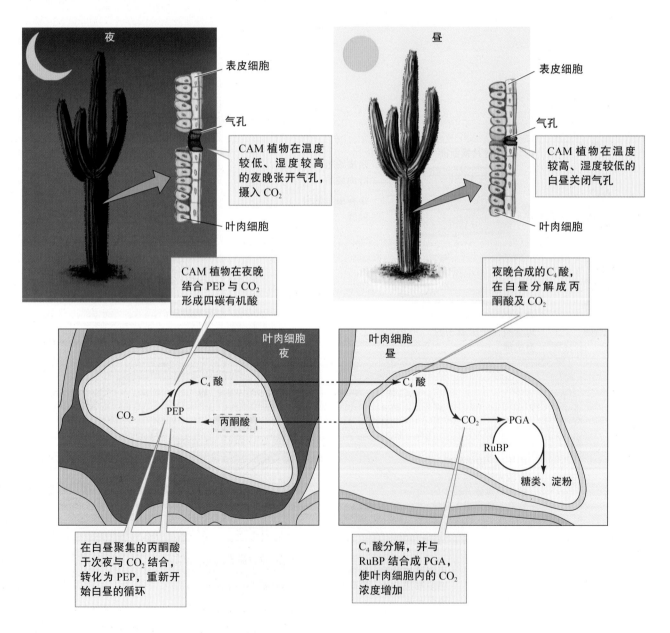

图 7.6 CAM 光合作用

以在干热环境下生长良好。

但不管是 CAM 光合作用、C_3 光合作用还是 C_4 光合作用，植物、光合藻类及细菌皆从阳光中获得能量、从 CO_2 得到碳。现在让我们从光合型自养生物转向从无机分子获得能量的自养生物——化能合成型自养生物。尽管我们对它们不太熟悉，但是化能合成或许是生命持续的最古老方式。

── 概念讨论 7.1 ──────■

1. 什么环境适合植物进行 C_3 光合作用？为什么？

2. C_4 光合作用和 CAM 光合作用有什么相似之处和不同之处？

3. 为什么当前正在升高的 CO_2 浓度（图 23.17）对 C_3 植物有利，对 C_4 植物不利？

7.2 化能合成型自养生物

化能合成型自养生物以 CO_2 为碳来源，以无机分子为能量来源合成有机分子。 1977 年，一艘小型潜艇载着科学家前往加拉帕戈斯裂谷探索，在此途中，科学家获得了重大发现。这项发现改变了我们对生物圈构成的认知。长久以来，生态学家都认为光合作用为所有海域生物提供能量。然而，毫不怀疑的科学家却发现了另一个完全依赖其他能量来源的世界——生物通过化能合成来获取能量。在这个世界中，有长 4 m 且无消化道的大型蠕虫，还有滤食性蛤蚌以及密密麻麻挤在一起的食肉蟹类。它们主要以大洋裂谷的深海火山运动释放的养分为生。裂谷是一种相互连接的环境，沿海底绵延数千千米。后续的探索发现，海底的许多火山喷发点都存在化能合成型自养生物群落。

这些海底绿洲所仰赖的自养生物是化能合成型自养细菌。它们多数是硫（S）的氧化者，利用 CO_2 作为碳来源，并通过氧化 S、H_2S、$S_2O_3^{2-}$ 来获取能量。在海底火山口，这些细菌栖息于富含硫酸盐的温水中。火山口周围的硫氧化菌有两种类型：自由生活型及寄生在无脊椎动物组织内的生活型（包括大型管蠕虫，图 7.7）。其他依赖硫氧化菌的群落的踪迹出现于深淡水湖的热泉喷口，或温泉表水层及洞穴中。

其他化能合成自养细菌可氧化铵离子（NH_4^+）、亚硝酸根离子（NO_2^-）、亚铁离子（Fe^{2+}）、H_2 或 CO。其中，硝化细菌可将 NH_4^+ 氧化为 NO_2^-，再将 NO_2^- 氧化为 NO_3^-。毫无疑问，这类细菌在生态学上是生物圈中最重要的生物。图 7.8 显示了硝化细菌产生能量的过程。这些细菌的重要性在于它们在氮循环中发挥着重要作用。正如我们将在第 7 章所述（163 页），氮是生物化学组成中的重要元素，而且在整个生物圈的经济学中起着核心作用（第 19 章）。在后面的章节中，我们会经常讨论与氮相关的话题。在本章的应用案例，我们将会看到硝化细菌如何解决老金矿场造成的污染问题，以及其他细菌和真菌如何促进这类污染问题的解决。

化能合成型自养生物和光合型自养生物开启了生物演化的历程——它们可以利用有机分子来满足自身对碳和能量的需求。这种方式使另一类生物得到了演化与发展，我们称这类生物为异养生物。

── 概念讨论 7.2 ──────■

一般来说，化能合成产物的化学能与反应物的化学能相比，什么必须保持一致？例如，图 7.7 所示的产物 S（硫元素）的化学能与反应物 H_2S 的化学能。

寒冷含氧的海水与热泉喷口的富含 H_2S 的温水混合

大型管蠕虫借助血红蛋白吸入 O_2 及 H_2S，血红蛋白使管蠕虫呈鲜红色

管蠕虫组织中的化能合成型自养硫氧化菌占管蠕虫生物量的 60%

硫氧化菌氧化 H_2S，生成 S，这是一个产生能量的反应

寒冷含氧的海水 O_2

$1\ \mu m$

$2\,H_2S + O_2 \longrightarrow$
$2\,S + 2\,H_2O +$ 能量

热泉喷口的温水

O_2
H_2S

H_2S

大型管蠕虫

释放的能量用于合成有机分子。这个反应以 CO_2 为碳的来源

$1\ m$

图7.7 深海中的化能合成型自养细菌以 H_2S 作为能量来源

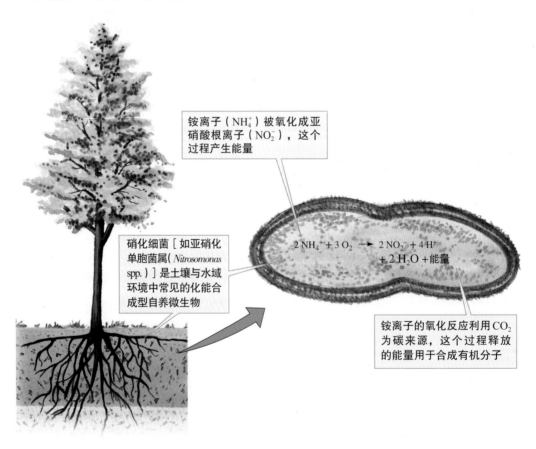

铵离子（NH_4^+）被氧化成亚硝酸根离子（NO_2^-），这个过程产生能量

硝化细菌［如亚硝化单胞菌属（*Nitrosomonas* spp.）］是土壤与水域环境中常见的化能合成型自养微生物

$2\,NH_4^+ + 3\,O_2 \longrightarrow 2\,NO_2^- + 4\,H^+$
$+ 2\,H_2O +$ 能量

铵离子的氧化反应利用 CO_2 为碳来源，这个过程释放的能量用于合成有机分子

图7.8 土壤中的化能合成型自养细菌以铵离子为能量来源

7.3 异养生物

异养生物利用有机分子作为碳来源和能量来源。 它们最终依靠的能量与碳几乎全部由自养生物来固定，因此，异养生物演化出数种摄食方法。生态学家发明出数种术语来描述异养生物的摄食方法，这也促进了异养生物营养多样性的发展。有些术语在前面已经讨论过。例如，第 2 章提到过地中海型林地与灌丛地的啃食者；在第 3 章讨论詹姆斯·卡尔的生物完整性指数时，我们定义了杂食动物、食虫动物及食鱼动物。若要列出所有的摄食方式，清单可能太长，而且对于本节的讨论也没有必要。因此，本节将主要集中讨论三种生物：一是**食草动物**（herbivore），指以植物为食的生物；二是**食肉动物**（carnivore），指主要以动物为食的生物；三是**食碎屑动物**（detritivore），指摄食非活体有机物（通常为植物残体）的生物。虽然这些依据摄取食物方式的分类并不能完全涵盖自然界中所有的营养多样性，但也非随意而为。食草动物、食肉动物及食碎屑动物必须从根本上解决不同的问题，才能获得充足的能量补给和养分补给。

化学组成及养分需求

我们可以通过研究生物的化学组成来了解它们的养分需求。生物学家发现，生物的化学组成极为相似。植物、动物、真菌和细菌的 93%～97% 生物量由碳（C）、氧（O）、氢（H）、氮（N）和磷（P）5 种化学元素组成，但生物组合这些元素的形式非常不同。在上述 4 种生物中，植物的养分组成最变化多端。植物组织通常含有大约 45% 碳及相当低的氮和磷。在植物叶片中，氮占 2%，磷不超过 0.3%。与之相反，无脊椎动物、细菌和真菌的氮含量平均在 5%～10%，磷大约为 1%。脊椎动物含有相当高的钙和磷，因为要满足生长的需要和保持富含矿物质的骨骼。生长快速的生物相对于生长缓慢的生物而言，需要更多富含养分的资源，才能满足组织形成时所需的养分。因此，生物如何组合化学元素是自身对这些元素需求的结果。

生态学家利用化学计量学原理（测量化学元素），来研究食物的元素比值和食用这些食物的生物体内的元素比值之间的关系。这样的研究属于**生态化学计量学**（ecological stoichiometry）的范畴。生态化学计量学关注的是多种化学元素在生态交互作用下的平衡，例如，化学元素在植物和食用这些植物的动物之间的平衡。在这个例子中，植物的 C∶N 远远高于食草动物。由于元素组成存在这么大的差异或不平衡，消费者必须吃更多的食物来获得有限的养分，如本例的氮元素。组织或食物中的元素比差异显著地影响着生物吃什么、消费者的繁殖速度以及生物的分解速度（第 19 章，444 页）。

如果 C、O、H、N 和 P 构成生物生物量的 93%～97%，那么其余部分是什么呢？生物的组织含有数十种其他元素，主要包括：钾（K）、钙（Ca）、镁（Mg）、硫（S）、氯（Cl）、铁（Fe）、锰（Mn）、硼（B）、锌（Zn）、铜（Cu）及钼（Mo）。这些元素对其他生物也相当重要。除此之外，有些生物还需要其他养分。例如，动物还需要钠（Na）和碘（I）。

植物可以从经气孔进入体内的空气中获得碳，通过根系从土壤获得其他重要元素；大部分动物从食物中获得所需能量和养分。下面，我们将会讨论食草生物、食碎屑生物及食肉生物的能量与养分。

食草动物

当一群斑马在非洲草原上吃草，或海龟在热带潟湖中食用海草时，人们会误认为它们的生活很安逸，但这些景象并不代表食草动物的真实生活。食草生物面对的实际问题从养分化学含量开始。

食物中的养分含量与生物生长和代谢所需的养分存在很大的差距，食草动物必须缩小这种差距。食草动物与它们食物间的养分不平衡为何普遍存在呢？詹姆斯·埃尔瑟和他的同事（Elser et al., 2000）寻找这个问题的答案。他们收集了大量植物和食草昆虫的 C∶N 和 C∶P 数据，并发现食草昆虫在碳与其他元素的比值上必须克服 5～10 倍的差异（图 7.9）。为了弥补这些元素的比值差异，昆虫必须消费大量高 C∶N 和高 C∶P 的植物，才能满足它们对氮、磷的需求。

食草动物还必须克服植物的物理防御和化学防御。有些植物的物理防御很明显。例如，硬刺使一些食草动物无法进食，也会使另一些食草动物减缓进食速度（图 7.10）。除此之外，植物还有更多微妙的物理防御措施。例如，禾草类的组织含有大量粗糙的 SiO_2，它除了造成食草动物进食困难之外，还对食草动物产生选择性——只有具备特殊齿系的食草哺乳动物方能取食。许多植物含有大量使组织硬化的纤维素（cellulose）及木质素（lignin），从而产生富含纤维而难以咀嚼的叶片。

利用纤维素及木质素增强组织也是植物的一种化学防御。增加纤维素及木质素含量，可提高组织的 C:N，进而降低植物组织的营养价值。有些植物组织的 C:N 远高于图 7.9 的平均值。例如，松林植物组织的 C:N 远高于图 7.9 的平均值。例如，松林

的生物量主要由树干组成，而树干的 C:N 超过了 300:1（图 7.11），远高于树枝或针叶的 C:N。松林针叶的 C:N 和森林下木层草本植物的 C:N 不相上下。

另外，多数动物无法消化纤维素或木质素，那些可以消化的动物需要依赖消化道内的细菌、真菌与原生动物的帮助，因此，我们可以推测，纤维素与木质素可能是植物抵御食草生物的第一道化学防线。不过，大部分食草动物通过其他生物的协助将这道防线突破。

当生态学家谈及植物的化学防御时，一般将化学防御分为两类：毒素与消化抑制物质。毒素会杀死、伤害或驱除大部分消费者；消化抑制物质则是指一般的酚类化合物，如鞣酸类（tannin）。它们会

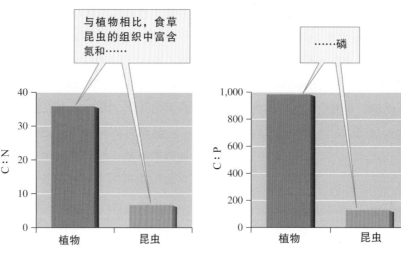

图 7.9 比较植物和食草昆虫中的 C:N 和 C:P。与食用植物的昆虫相比，植物富含碳，缺乏养分（资料取自 Elser et al.，2000）

图 7.10 食草动物必须克服植物演化出的多种物理防御与化学防御。例如，长颈鹿进食时，必须小心避开阿拉伯树胶树枝上的刺以及强力的化学防御

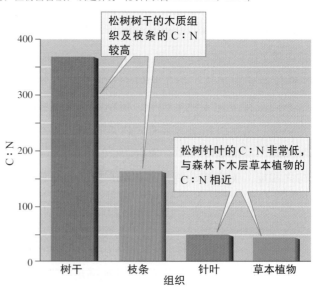

图 7.11 在许多松类组织中以及松树木质部组织与森林底层的草本植物之间，C:N 的差异相当大（资料取自 Klemmedson，1975）

和植物蛋白质结合，抑制酶分解蛋白质，进一步降低植物组织内的氮有效性。

化学家已从植物组织内分离出数千种毒素，而且种类还在增加中。由于毒素的种类繁多，我们很难描述和概括它们的共同特性，但有趣的是，含有毒生物碱的热带植物多于温带植物（图7.12），且热带植物的生物碱毒性更强。尽管热带植物的化学防御水平非常高，但食草动物消费的热带植物叶生物量仍为11%～48%，而它们消费的温带叶生物量仅为7%，这说明热带植物化学防御受到的自然选择压力比较大。

和热带植物一样，通常海藻类也有较强的化学防御。罗宾·波尔舍及马克·海伊（Bolser and Hay, 1996）验证了以下假说：热带海草比温带海草具有更强的化学防御。他们在北卡罗来纳州的温带海岸及热带巴哈马群岛（Bahama Islands）采集数种海草，并细心地挑选出两地的相同物种或同属物种。他们利用温带海胆及热带海胆来验证海草的相对适口性。

研究人员小心翼翼地保护海草的化学防御物质。他们先在船上将海草清理干净，然后把它们保存在 -20℃ 的冰柜中；上岸后，他们再将海草转入 -70℃ 的冰柜中，以尽量减少它们的化学改变。

为了排除不同物理因素产生的混淆效应

（confounding effect），波尔舍与海伊制造人工海草来验证他们的假说。他们先将两种海草样品冷冻干燥，并放入咖啡机中研磨，接着将海草粉和琼脂混合成浓度为每毫升琼脂含 0.1 g 海草的液体，再把温热的混合物倒入带网格的模子内。混合物凝成胶状，黏附在网格上，形成人工海草条。波尔舍与海伊将每种人工海草条切割成大小相同的方块，然后将相同数目的海草块投食海胆，这种方法便于计算海胆的实际进食量。

研究成果显示，海胆对温带海草具有明显的偏好（图7.13）。如果能获得大量海草，海胆消耗的温带海草是热带海草的 2 倍。除此之外，无论是温带海胆，还是热带海胆，都偏好取食温带海草。造成热带海草低适口性的原因是什么？波尔舍与海伊的另一实验显示，热带海草具有较高的化学防御潜力。由此可知，这个研究的结果与有关热带植物和温带植物的研究结果一致。热带植物及藻类均具有较强的化学防御能力。

不过，防御总有缺失之处。大部分植物的防御都只能对抗部分食草动物，而不是所有的食草动物。举例来说，烟草利用烟碱（一种有毒生物碱）来驱逐食草昆虫，因为大部分昆虫吸收烟碱后会马上丧命，然而，某些昆虫却善于摄食烟草，可以避开烟碱的影响：有些昆虫可直接排出烟碱；有些则可以将烟

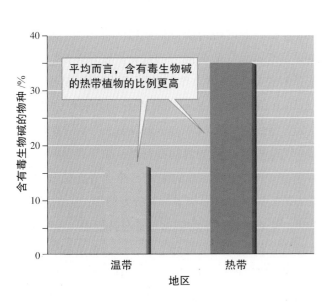

图7.12　含有毒生物碱的温带植物和热带植物的比例，生物碱是防御食草生物的利器（资料取自 Coley and Aide, 1991）

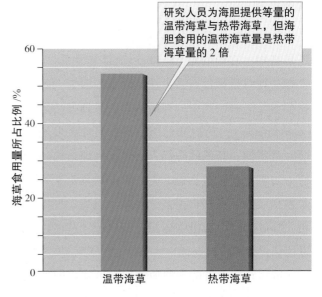

图7.13　海胆对温带海草和热带海草的偏好说明热带海草具有更好的抵抗海胆攻击的防御能力（资料取自 Bolser and Hay, 1996）

碱转化为无毒的分子。类似地，瓜科植物（cucumber family）制造的毒素及驱虫剂可驱逐大部分食草昆虫，却会吸引斑点瓜金花甲虫（spotted cucumber beetle）。这种甲虫专门以瓜科植物为食。此外，有些食草生物甚至以植物毒素为养分来源。

我们眼中看到的世界都是绿色的，但对食草动物而言，只有某些绿色可以食用。植物的防御及食草生物为克服这些防御而演化的适应方式是相当复杂的。

食碎屑动物

食草动物在寻觅能量和养分时面临的困难和以死植物为食的食碎屑动物面临的困难有关。因为食碎屑动物在养分循环过程中发挥着重要作用（第19章），所以它们对于维持地球生命的可持续性非常重要。这些生物消耗的食物富含碳和能量，但缺乏氮。事实上，活植物组织的含氮量就已经相当低了（图7.9及图7.11）。因此，一旦它们从植物上脱落变为碎屑（detritus），它们的含氮量将更低。基思·基林贝克及沃尔特·惠特福德（Killingbeck and Whitford，1996）从热带雨林、沙漠及温带森林等不同环境中采集各种植物的活叶和死叶，测量它们的平均含氮量。结果显示，各种环境的活叶含氮量约为死叶含氮量的2倍（图7.14）。

食肉动物

食肉动物消费养分丰富的猎物。不管是捕食者还是猎物，它们的C∶N和C∶P都非常低。然而，食肉动物对猎物没有多少选择余地，因为大部分动物都善于防御，其中一种最基本的防御方法是伪装（camouflage），动物通过伪装不被捕食者发现，从而躲避猎捕。其他的防御方法包括生理结构防御和行为防御。前者包括刺、壳、驱虫剂及毒素等；后者包括飞翔、在洞穴避难、群聚、假死、打斗、艳色、释放臭味、发出嘶嘶声或嗥叫等，这些行为足以使捕食者的胃口变坏！

猎物对捕食者的威胁通常以颜色鲜艳的外表或其他醒目的方式来展现。例如，许多难以下咽或有毒的蝴蝶、蛇及裸鳃亚目动物（nudibranchs），会

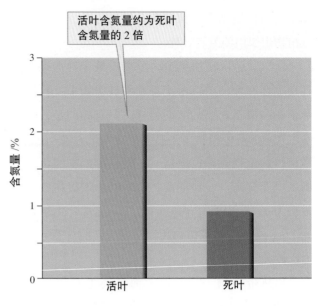

图7.14　活叶与死叶的含氮量（资料取自 Killingbeck and Whitford，1996）

以鲜艳或警戒的颜色警告捕食者："吃了我，你会有灾难。"警戒色通常由对比鲜明的橙色（或黄色）和黑色组成。许多有毒生物（如有螫针的蜜蜂和胡蜂、毒蛇及毒蝶）会相互模仿。这种有毒生物之间的共同拟态（comimicry）被我们称为米勒拟态（Müllerian mimicry）。另外，许多无毒物种会模仿有毒物种。例如，王蛇（king snake）模仿小眼镜蛇（coral snake），食蚜蝇（syrphid fly）模仿蜜蜂，这类拟态被称作贝氏拟态（Batesian mimicry）。在贝氏拟态中，有毒物种为模型［图7.15（a）］，无毒物种是一种拟态［图7.15（b）］。

猎物种群的防御能力是如何演化的呢？捕食者通常是改善猎物防御能力的媒介。在众多探讨自然选择对猎物防御能力作用的研究中，K.凯特威尔（Kettlewell，1959）的研究最透彻。他发现鸟类的捕食偏好导致桦尺蛾（Biston betularia）产生伪装能力，即鸟类会吃掉比较醒目的桦尺蛾，留下伪装得较好的个体（图7.16）。总的来说，捕食者会捕获防御能力较差的个体，而留下具有较好防御能力的个体，结果，猎物种群的平均防御水平与日俱增。

随着猎物的防御能力上升，捕食者的捕食成功率逐渐下降。例如，在苏必利尔湖区的罗亚尔岛（Isle Royale）上，狼群猎捕驼鹿的成功率仅为总捕食次数的8%。贝恩德·海因里希（Heinrich，1984）发

(a)

(b)

图7.15 （a）有毒的米勒拟态（蜜蜂）；（b）无毒的贝氏拟态（食蚜蝇）

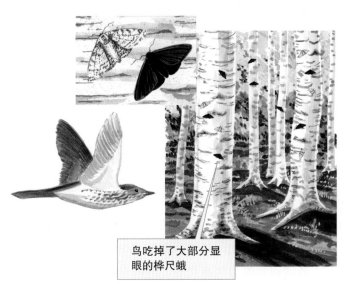

鸟吃掉了大部分显眼的桦尺蛾

鸟留下的种群由伪装得较好的个体组成

图7.16 鸟类与其他捕食者扮演自然选择的媒介，改善动物的防御能力

现白脸大黄蜂（bald-faced hornet）的捕食成功率更低。白脸大黄蜂一般在植物间快速飞行，突击可能的猎物，但由于猎物伪装良好，大黄蜂碰上的通常是无生命的物体。海因里希曾观察到，在大黄蜂的260次出击中，72% 的出击攻击无生命的目标，如鸟粪、叶的褐斑等；另外的 21% 则是攻击昆虫，如熊蜂及其他胡蜂等，但这些昆虫的防御能力都很好，大黄蜂无法捕获它们；最后的 7% 才是攻击潜在的猎物。它捕获到两只猎物：一只蛾和一只蝇。海因里希的观察显示，大黄蜂的捕食成功率低于 1%。

尽管难以捕获，但食肉动物的猎物在养分含量上往往很相似。由于食肉动物的地理分布广泛，它们的猎物会因地而异。例如，欧亚水獭（*Lutra lutra*）遍布欧洲、北非、亚洲北部和中部，它们的食物因当地猎物的有效性而不同。曼纽尔·格拉察及 F. X. 费兰德·德阿尔梅迪亚（Graca and de Almeida，1983）从欧洲北部往南，比较了水獭的食物（图 7.17）。在苏格兰的设得兰群岛（Shetland Islands），水獭的食物 91% 是鱼类，其余几乎全是甲壳动物；英国水獭的主要食物除了鱼类之外，还有青蛙、哺乳动物及鸟类；在葡萄牙中部，鱼类在水獭食物中的比重小于 1/3，其他则为青蛙、水蛇、哺乳动物及水生昆虫等。而令人惊奇的是，格拉察及德阿尔梅迪亚发现，在水獭所吃的各种食物中，碳、氮及磷的总含量几乎相等，只是来源不同罢了。

由于捕食者必须捕捉并制服猎物，它们对猎物的选择通常受到自身体形的影响，生态学家称这种行为为**体形选择捕食**（size-selective predation）。基

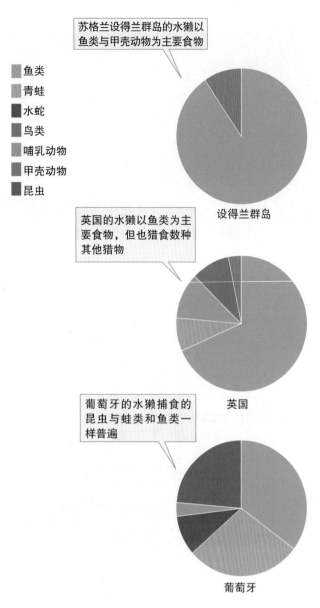

鱼类
青蛙
水蛇
鸟类
哺乳动物
甲壳动物
昆虫

苏格兰设得兰群岛的水獭以鱼类与甲壳动物为主要食物

设得兰群岛

英国的水獭以鱼类为主要食物，但也猎食数种其他猎物

英国

葡萄牙的水獭捕食的昆虫与蛙类和鱼类一样普遍

葡萄牙

图7.17 正如许多其他分布广泛的食肉动物，水獭的猎物具有很大的地理差异（资料取自 Graca and de Almedia，1983）

图7.18 一头美洲狮在雪地里前行。美洲狮以秘密行动而著名，也是美洲最有效率的捕食者之一

于这种行为，猎物的大小往往和捕食者的体形显著相关，对于独行捕食者（solitary predator）更是如此。美洲狮（*Puma concolor*）便是独行捕食者之一（图7.18），它们的分布范围很广，从加拿大的育空到南美洲南部。美洲狮的体形沿纬度梯度发生变化。奥古斯汀·伊里亚特及同事（Iriarte et al.，1990）发现，美洲狮的体形越大，它们捕获的猎物的平均体形也越大（图7.19）。美洲狮的猎物中，90%以上都是哺乳动物。在北美洲北部，美洲狮体形较大，主要猎物是大型哺乳动物，以鹿为主；在热带地区，美洲狮的体形变小，它们主要捕食中型及小型猎物，以啮齿类动物为主。为何美洲狮会根据体形捕食大小不同的猎物呢？其中的一个原因是，大型猎物难以制服，甚至对捕食者造成伤害，但小型猎物可能难以找到或捕捉。正如我们在本章稍后讨论的，体形选择捕食行为也可能是从能量的角度来考量的。

总而言之，捕食者要捕食养分丰富的猎物，但又往往因为猎物的防御能力过于优异而失败。结果，捕食者和猎物陷入共同演化的竞赛中。在这个竞赛中，捕食者捕获防御能力差的猎物，造成猎物平均防御能力的提升。当平均防御能力提升后，捕食能力较差的动物因饥饿而繁殖较少的后代，最后捕食者的捕食能力也演化了，进而又造成猎物种群的选择淘汰。在第4章的"群体遗传学和自然选择"中，

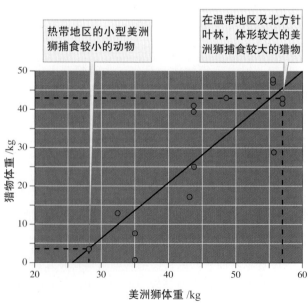

热带地区的小型美洲狮捕食较小的动物

在温带地区及北方针叶林，体形较大的美洲狮捕食较大的猎物

图7.19 美洲狮及其猎物的体形大小随着纬度而变（资料取自 Iriarte et al，1990）

我们已经集中讨论过这种自然选择。

正如我们已经知道的，生物的营养多样性是巨大的，但所有生物至少有一个共同的生态特征：不管生物属于哪种营养群，摄取能量的速率是有限的。

───── 概念讨论 7.3 ─────■

1. 从化学计量学的角度出发，与食草动物（如鹿）相比，为什么美洲狮在捕食猎物方面面临的挑战比较少？

2. 参考 166 页图 7.14，比较食碎屑生物和食草生物面临的食物挑战。

3. 无毒的贝氏拟态者［如图 7.15（b）中的食蚜蝇］，如何通过自然选择从无毒的祖先演化而来？

7.4 能量限制

生物摄取能量的速率是有限的。 在孩提时代，许多人总会幻想如果能自由地拿取商店里的糖果或冰激凌，一定会毫无节制地吃掉这些东西。可即便有此机会，我们的摄入率还是有限的，这并非供给量的问题，而是我们处理食物的速度问题。在生活中，大部分小孩吃糖果或冰激凌的速度受到供应量的限制（至少在短期内是这样），自然界亦然。假若生物不受环境中能量有效性的限制，它们摄取的能量也会受到内在的限制。曾有人通过研究进食率随食物有效性的增加如何变化，证实动物的潜在能量摄取速率是有限的。植物能量摄取速率的有限性可通过研究光子通量密度与光合速率的相关性得到证实。

光子通量及光合响应曲线

植物生理学家通常在理想的环境条件下测试某一植物的光合潜力。理想的环境条件包括充足的养分及水、正常的 O_2 浓度及 CO_2 浓度及理想的温度和湿度。如果逐步增加植物在该环境条件下的光照强度，即增加光子通量密度，植物的光合速率会逐渐上升到某一峰值，然后保持不变。一般在低度光照条件下，光合速率和光子通量密度呈正相关关系；在中度光照条件下，光合速率的上升会变慢；最后在高度光照下（仍低于全光照强度），光合速率不再增加。具有这种光合响应曲线的生物包括陆生植物、地衣、浮游藻类及底栖藻类。

不同植物的光合响应曲线的第一个差异是，曲线呈现水平状态时的最大光合速率不同，这个最大光合速率在图 7.20 中以 P_{max} 表示；第二个差异是，达到最大光合速率时所需的光子通量密度或**辐照度**（irradiance）不同。光合作用饱和时的辐照度为图 7.20 中的 I_{sat}。

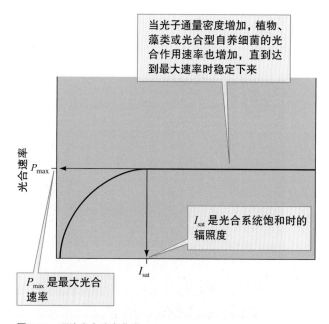

当光子通量密度增加，植物、藻类或光合型自养细菌的光合作用速率也增加，直到达到最大速率时稳定下来

I_{sat} 是光合系统饱和时的辐照度

P_{max} 是最大光合速率

图 7.20 理论光合响应曲线

生态学家利用光合响应曲线的差异将植物划分为阳生物种或阴生物种。阴生植物的光合响应曲线显示，自然选择偏好低辐照度。阴生植物的光合响应曲线在低辐照度下就呈现水平状态，而且阴生植

物易被强辐照伤害。在极低光照下，阴生植物比阳生植物具有较高的光合速率。派克·诺贝尔（Nobel，1977）以铁线蕨（*Adiantum decorum*）为研究对象，测定该植物的光合响应曲线。铁线蕨一般生长在光照强度较低的森林中。根据派克的一个实验结果，这种植物**净光合作用**（net photosynthesis）的最大速率（P_{max}）大约为 9 μmol/（m^2·s）。净光合作用可以用光合作用的总 CO_2 摄入量减去植物呼吸作用产生的 CO_2 来计算。达到最大光合速率所需辐照度（I_{sat}）约为 300 μmol/（m^2·s）（图 7.21）。由此可知，铁线蕨的 P_{max} 及 I_{sat} 均远低于在阳光环境中演化的植物。

草本植物及短寿命多年生灌丛已演化为在阳光环境下生活，它们在高辐照度（I_{sat}）下达到最大光合速率（P_{max}）。扁果菊便是其中之一，分布在北美洲的热沙漠中。詹姆斯·伊尔林格和同事（Ehleringer et al.，1976）发现，扁果菊的最大光合速率约为铁线蕨的 4 倍。另外，在辐照度约为 2,000 μmol/（m^2·s）时，扁果菊的光合速率才达到最大值（图 7.21）。在沙漠环境中，当水分充足时，高 P_{max} 及高 I_{sat} 的组合可使扁果菊在短时间内快速固定能量。

无论阳生植物或阴生植物，它们的光合响应曲线最终都会呈现水平状态。换言之，光合型生物摄取能量的速率都是有限的。同样，动物摄取能量的速率也是有限的。

食物密度及动物的功能反应

假如你给饥饿的动物逐渐增加食物，它的进食量会慢慢增加，然后保持不变，这种关系被称为**功能反应**（functional response）。生态学家利用图表来描述这种反应。例如，C. S. 霍林（Holling，l959）描述了功能反应的三种类型，它们在达到最大进食率后均保持不变（图 7.22）。

Ⅰ 型功能反应：随着食物密度增加，进食率呈直线上升，然后突然在某一最大进食率保持平稳状态。具 Ⅰ 型功能反应的动物，通常是那些食物需求量少或没有时间去处理食物的动物，如某些捕食小型猎物的滤食性水生动物。

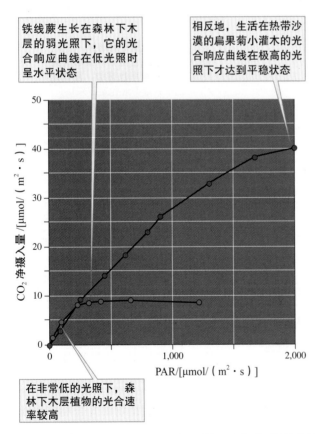

铁线蕨生长在森林下木层的弱光照下，它的光合响应曲线在低光照时呈水平状态

相反地，生活在热带沙漠的扁果菊小灌木的光合响应曲线在极高的光照下才达到平稳状态

在非常低的光照下，森林下木层植物的光合速率较高

图7.21 截然不同的光合响应曲线表明植物适应极其不同的光照条件（资料取自 Ehleringer，Björkman and Mooney，1976；根据 Nobel，1977）

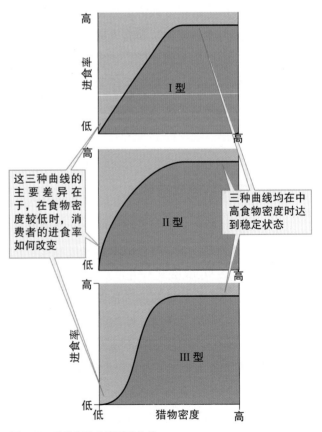

这三种曲线的主要差异在于，在食物密度较低时，消费者的进食率如何改变

三种曲线均在中高食物密度时达到稳定状态

图7.22 三种理论功能反应曲线

Ⅱ型功能反应：在食物密度较低时，进食率呈直线上升；食物密度中等时，进食率上升减缓；最后在高密度时，曲线保持平稳状态。在食物密度较低时，进食率显然受限于动物寻找食物的时间；在食物密度中等时，进食率既受限于动物寻找食物的时间，又受限于动物处理食物的时间。所谓的"处理"是指敲碎果核或蜗牛的壳、去除不好吃的腺体，或是制服急欲逃脱的猎物等行为。在猎物密度较高时，动物不必寻找食物，进食率几乎完全取决于动物处理食物的速度有多快，换言之，动物拥有"所有能处理的食物"。

Ⅲ型功能反应是 S 形。在食物密度较低时，进食率的增长趋势慢于Ⅰ型功能反应或Ⅱ型功能反应。食物密度中等时，进食率突然快速增加；最后食物密度较高时，进食率达到最高值，然后保持不变。霍林的研究为后来研究动物功能反应的实验打下了理论基础。

在生态学家发表的成百上千条功能反应曲线中，最为普遍的是Ⅱ型功能反应。举例来说，约翰·格罗斯及其同事（Gross et al., 1993）设计了一组严格控制的实验，研究 13 种食草哺乳动物的功能反应。研究者通过为每一种食草动物提供不同数量的新鲜紫苜蓿（*Medicago sativa*）来控制食物密度，而进食率是以食物最初供给量和最后剩余量之差来计算的。格罗斯及其同事对每种食草动物分别进行了 36～125 次实验，共计 900 次实验。实验结果表明，不论是驼鹿、旅鼠（lemming）还是土拨鼠（prairie dog），每种食草动物的功能反应均为Ⅱ型。图 7.23 显示的是驼鹿的Ⅱ型功能反应。

格罗斯及同事的研究是在完全可控的实验环境下进行的，那么自然环境中的消费者是否也表现出Ⅱ型功能反应呢？为了回答这一问题，我们研究捕食驼鹿的狼（*Canis lupus*）的功能反应。弗朗索瓦·梅西尔（Messier, 1994）在驼鹿为主要大型猎物的地区，研究了北美洲的狼与驼鹿之间的交互作用。研究者将各地驼鹿的密度和狼的捕食速率以散点图绘制出来，结果明显为Ⅱ型功能反应曲线（图 7.24）。

Ⅱ型功能反应曲线与植物的光合响应曲线（图 7.21）不仅相似，而且具有相同的含义。即使某一动物可以获得无限的食物，它的能量摄取速率达到某一最大值后也不再上升，因为此时的摄取是受内在限制而非外在限制。下一节我们将要讨论最优觅食理论。有限的能量摄取是最优觅食理论的基础假设。

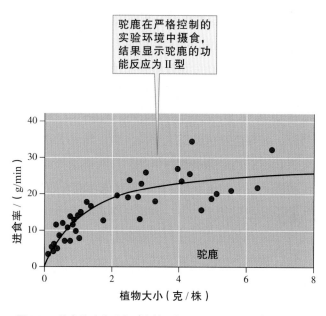

图7.23　驼鹿的功能反应（资料取自 Gross et al., 1993）

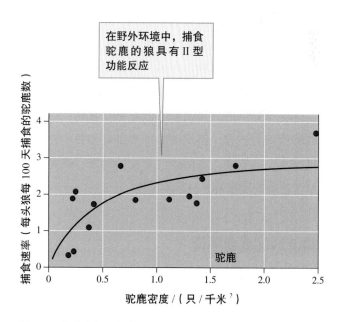

图7.24　狼的功能反应（资料取自 Messier, 1994）

1. 在食物密度较低时，与 Ⅰ 型和 Ⅱ 型功能反应相比，Ⅲ 型功能反应进食率较低的原因是什么？

2. 苔藓之类的植物虽然生长在低光照的密集森林下木层，但它们的光合速率却比较高。为什么它们不能长期生长在全日照的环境中？

3. 从植物的光合响应曲线和动物的功能反应曲线的相似性中，我们可以得出什么结论？

7.5 最优觅食理论

最优觅食理论把摄食行为模拟为一个优化过程。 演化生态学家预测，如果生物可摄取的能量是有限的，那么自然选择会偏好种群中能有效摄取能量的个体。这个预测开启了生态学研究中的一个理论——**最优觅食理论**（optimal foraging theory）。该理论假设，如果能量供给是有限的，则生物将无法同时最大化所有的生命功能。例如，若将能量分配到某一功能（如生长或繁殖）上，则其他功能（如防御）所分得的能量便会减少。因此，在需求竞争中，各功能必须有所退让。这种能量分配之间无法避免的冲突，被称为分配原则，我们已经在第 5 章中介绍过（107～108 页）。

最优觅食理论试图将生物摄食的过程模拟为一个优化过程，这个过程将某一数值最大化或最小化。在某些情况下，环境有利于某些以高速率吸收能量或养分的个体，如某些滤食性浮游生物或生活在扰动环境的一年生植物；在另一种情况下，自然选择偏向于失水最少者，如沙漠中的仙人掌及毒蝎。最优觅食理论试图预测消费者会吃哪些食物，以及在何时及何处进食。该领域的早期研究多集中在动物行为上。近年来，借助经济理论的构思，研究者模拟了植物的能量及养分吸收过程。

验证最优觅食理论

我们如何验证最优觅食理论呢？不幸的是，我们无法直接通过一个大规模的实验来验证这一理论或其他复杂的理论，因此，研究者只能通过验证该理论的某些特别预测结果，将问题拆分研究。利用最优觅食理论预测动物的食物组成是研究中最具成效的一个方法。

当生态学家考虑消费者的潜在猎物时，会试着确定影响捕食者能量摄取速率的猎物属性。其中一个最重要的属性就是潜在猎物的多度。在其他条件相同的情况下，数量多的猎物比起不常见的猎物可以产生较高的能量回报。在最优觅食理论的研究中，一般以捕食性动物在单位时间内遇到的猎物量来表示猎物多度（N_e）；另一个猎物属性是捕食性动物找寻猎物所花费的能量或成本（C_s）；最后一个影响捕食性动物能量回报的潜在属性是捕食性动物处理猎物所花费的时间，如动物进食前的破壳、打斗、除去有毒腺体等行为花费的时间都为处理时间（H）。生态学家的问题是：假设动物寻找及处理猎物的能力正常，环境中也存在某些猎物，动物是否以最大能量摄取速率来选择猎物？我们可以采用 N_e（猎物多度）、C_s（寻找成本）、H（处理时间）参数用数学模型来表示这个问题。

猎物选择模型

我们对捕食者的摄食行为提出的一个最基本问题是，它们的食物中包括几种猎物。换言之，在特定环境条件下，哪种猎物搭配方式可最大化捕食动物的能量摄取速率？这个问题涉及的理论已被麦克阿瑟与皮安卡（MacArthur and Pianka，1966），以及恰尔诺夫（Charnov，1973）发表。我们可以用 E/T 表示捕食性动物的能量摄取速率。其中，E 代表能量，T 代表时间。厄尔·沃纳及加雷·米特尔巴赫（Werner and Mittelbach，1981）针对捕食性动物捕食一种猎物的能量摄取速率，给出以下数学模型：

$$\frac{E}{T} = \frac{N_{e1}E_1 - C_s}{1 + N_{e1}H_1}$$

式中，N_{e1} 是捕食者在单位时间内遇到第一种猎物的数量；E_1 是捕食该猎物获得的净能量；C_s 是寻找猎物的成本；H_1 是处理该猎物的时间。这个公式又可表示某捕食性动物捕食特定猎物的能量摄取净速率。

当捕食性动物捕食两种猎物时，它的能量摄取速率又会怎样呢？计算如下：

$$\frac{E}{T} = \frac{(N_{e1}E_1 - C_s) + (N_{e2}E_2 - C_s)}{1 + N_{e1}H_1 + N_{e2}H_2}$$

这是第一个公式的拓展，该式中加入了捕食者遇到的第二种猎物的数量（N_{e2}）、捕食第二种猎物所得的能量回报（E_2），以及处理第二种猎物的时间（H_2）。式中假设第二种猎物的寻找成本（C_s）和第一种猎物的寻找成本相同。

某捕食者捕食多种猎物时的能量摄取速率可由下式表示：

$$\frac{E}{T} = \frac{\sum_{i=1}^{n} N_{ei}E_i - C_s}{1 + \sum_{i=1}^{n} N_{ei}H_i}$$

式中，$\sum$ 表示"总和"，i 等于 1，2，3，…，n，在此，n 是猎物的总数。请记住这个公式是用来估算能量摄取速率的。最优觅食理论的问题是：生物是否能以最大化能量摄取速率（E/T）的方式摄食？

如果下式成立，最优觅食理论预测捕食性动物只捕食一种猎物，不会考虑其他的猎物。

$$\frac{N_{e1}E_1 - C_s}{1 + N_{e1}H_1} > \frac{(N_{e1}E_1 - C_s) + (N_{e2}E_2 - C_s)}{1 + N_{e1}H_1 + N_{e2}H_2}$$

上式表示的意思是，假如捕食性动物仅捕食一种猎物，则能量摄取速率较大；假如捕食两种猎物，则能量摄取速率降低。

当下式成立时，最适取食理论预测捕食性动物将捕食两种猎物：

$$\frac{(N_{e1}E_1 - C_s) + (N_{e2}E_2 - C_s)}{1 + N_{e1}H_1 + N_{e2}H_2} > \frac{N_{e1}E_1 - C_s}{1 + N_{e1}H_1}$$

在式中，相对于捕食单一猎物，捕食性动物捕食两种猎物的能量摄取速率较高。一般的预测是，捕食性动物会不停地增加猎物的种类，直到达到最大能量摄取速率，这个过程被称为**优化**（optimization）。

现在让我们回到根本问题：动物是否以最大化能量摄取速率的方式来选择食物呢？为验证这一假说，我们需要借助大量信息。幸运的是，诸如上述的数学模型有助于我们把实验与观察的焦点放在少数几个变量上。

调查求证 7：数据散点图和变量间的关系

生态学家常常对两个变量间的关系感兴趣，这两个变量通常被称为 X 和 Y。例如，在本章中，我们探讨美洲狮的体形大小（X）是否与猎物的体形大小（Y）有关（图 7.19）。图 7.19 的散点图显示了两个变量之间多种相关关系中的一种。

我们考虑两个变量间的三种可能关系，如图 1 所示。最基础的散点图是 X 与 Y 不存在相关性［图 1（a）］。因此数据分布接近圆形。与之相反，在图 1（b）中，当 X 增加时，Y 减少，它们的关系是向右下角倾斜的线性关系。在第 8 章中，降雨量和绿林戴胜繁殖力的关系（图 8.17）就是这种关系，我们称 X 和 Y 是负相关关系。还有一种相反的关系如图

1（c）所示，X 和 Y 为正相关关系，即当 X 增加时，Y 也随之增加。例如，当美洲师体形变大时，美洲狮捕捉到的猎物体形也变大（图 7.19）。

实证评论 7

假设在一个野外研究中，你发现了某一变量 X 与另外一个变量 Y 之间呈现正相关关系。例如，迁徙橙尾鸲莺组织中的 ^{13}C 同位素的浓度越高，橙尾鸲莺到达北方繁殖地的时间越晚（第 1 章，5 页）。这种正相关关系能说明 X 的提高直接导致 Y 的提高吗？

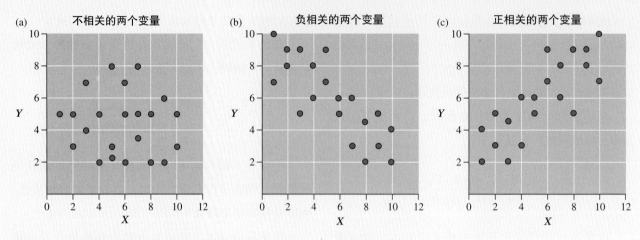

图1 散点图是研究任意两个变量（*X*和*Y*）之间关系的有用工具

蓝鳃太阳鱼的觅食

在许多验证最优觅食理论的研究中，最详细的是蓝鳃太阳鱼（*Lepomis macrochirus*）的研究。蓝鳃太阳鱼的体形中等，原产于北美洲东部及中部，栖息在多样的淡水栖境中，分布范围从小溪到各种大小湖泊的岸边。蓝鳃太阳鱼主要以底栖甲壳动物、浮游甲壳动物及水栖昆虫为食，捕食的食物因体形、生境、捕捉和控制的难易度而异。蓝鳃太阳鱼通常根据体形选择猎物，即只捕食某一尺寸的生物，忽略其他尺寸的生物。这种行为有利于生态学家以相当简单的方法来描述有效猎物（available prey）的组成及理论最适猎物的组成。

沃纳和米特尔巴赫利用已发表的研究，推算蓝鳃太阳鱼寻找与处理猎物所需的能量（C_s），并用实验室实验估算蓝鳃太阳鱼处理各种猎物的时间（H）及遇到的猎物数量（N_e）。他们为了计算猎物的能量含量，将湖泊和池塘中有效猎物的体长换算成质量，再根据已发表的数据将质量转换成能量。

图7.25 显示了劳伦斯湖（Lawrence Lake）的蓝鳃太阳鱼的食物构成。其中上图为植被中潜在猎物的大小分布；中间图显示最优觅食理论预测的蓝鳃太阳鱼的最适食物组成；下图显示了劳伦斯湖内蓝鳃太阳鱼猎物的实际组成。蓝鳃太阳鱼在植物中捕食的猎物不常见，而且猎物体形大于平均体形。劳伦斯湖中蓝鳃太阳鱼的最适食物组成与实际的猎物

组成非常吻合。蓝鳃太阳鱼在开放水域中捕食浮游动物时也出现类似的情形。

沃纳与米特尔巴赫发现，最优觅食理论合理地预测了蓝鳃太阳鱼的猎物选择。对于植物，生态学家也已发展出一种类似的预测方法。

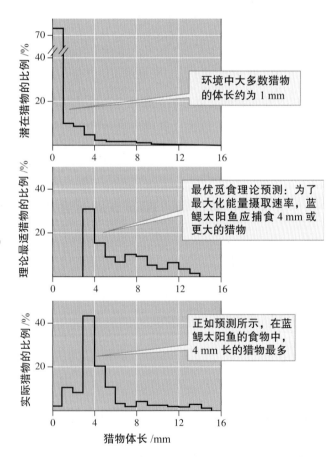

环境中大多数猎物的体长约为 1 mm

最优觅食理论预测：为了最大化能量摄取速率，蓝鳃太阳鱼应捕食 4 mm 或更大的猎物

正如预测所示，在蓝鳃太阳鱼的食物中，4 mm 长的猎物最多

图7.25 最优觅食理论预测蓝鳃太阳鱼的食物组成（资料取自 Werner and Mittelbach，1981）

植物的最优觅食

植物究竟如何"找寻食物"？植物通过生长寻找食物，正如动物通过行为找寻食物。植物是通过生长和定向结构来找寻食物的。这些结构可捕获能量和养分。它们长出叶子及其他绿色表面来获取阳光，长出根群来获取养分。陆生植物从阳光中获取能量，从土壤中获取养分及水。根据植物所处环境的结构与资源的分布情况，植物可同时由上述两个方面获得食物。但是，植物和动物一样，面临能量供给与养分供给有限的问题，所以植物也面临平衡能量的多种竞争需求的问题。若将能量分配到叶与茎，便减少供给根部生长的有效能量；如果增加根部生长所需的能量，就必须减少提供给叶与茎的有效能量。

在某些环境（如沙漠），植物虽有充足的阳光，却面临缺水的问题；而在其他环境（如温带森林的下木层），阳光稀少，但土壤却含有充裕的水及养分。面对这种环境异质性，植物如何分配能量？根据经济理论，阿诺德·布卢姆和同事（Bloom et al.，1985）提出了以下假说：植物采取同等限制的方式给所有生长部位分配能量。他们预测，植物在养分充足、阳光稀少的环境下，会在茎与叶片的生长上投资较多能量，给根部分配较少能量，以配合能量与养分的供给；反之，在阳光充足而养分缺乏的环境下，植物会为根部投资较多能量。

这个基于经济学的预测模型已获得许多研究的支持。这些研究显示，植物在光线不足的环境中会投资较多能量于地上部；在养分缺乏的环境中，植物则会投资较多能量于地下部。因此，植物为了生长，会分配能量到某些结构上，这些构造在某一特殊环境下可获取影响植物生长的最重要资源。这些模式与尤斯图斯·利比希（Justus Liebig）于19世纪中期提出的概念非常吻合（第18章，420页）。有关沿养分有效性梯度生长的植物的研究可谓是这些预测的最佳验证。

研究显示，同一种植物在富饶的土壤和贫瘠的土壤中生长，后者的根生物量与茎生物量之比（即根茎比）高于前者。例如，H. 赛泰莱及 V. 胡赫塔（Setälä

and Huhta，1991）分别在含氮量高与含氮量低的北方针叶林土壤中栽种桦木幼苗。凡在低氮土壤中生长者，均含有较高的根茎比（图7.26）。

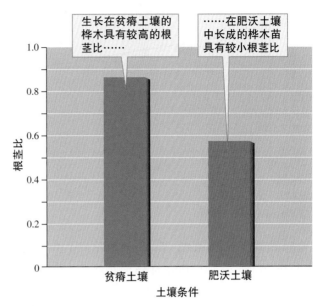

图7.26　土壤肥力及根茎比（资料取自 Setälä and Huhta，1991）

大卫·蒂尔曼及考恩（Tilman and Cowan，1989）在含氮量不同的土壤中栽植4种禾草及4种杂草，也得到相似的结果。他们以不同的比例混合3种土壤，制造出氮含量梯度。这3种土壤分别是：心土（B土层，图2.7），含氮量约为25 mg/kg；表土（topsoil，A土层），含氮量为350 mg/kg；黑壤土（black loam）的表土（A土层），含氮量为5,000 mg/kg。他们将这些土壤混合成7种含氮为125～1,800 mg/kg的土壤，且每种土壤中均加入数种其他养分，以确保养分不会限制实验植物的生长。

蒂尔曼及考恩用504个 30 cm×30 cm 的花盆进行实验。他们在7种混合土壤中各播下4种禾草及4种杂草的种子。栽植密度分为高密度种植（每盆100株）和低密度种植（每盆7株）。每种植物有6盆低密度种植和3盆高密度种植。

在含氮量较高的土壤中生长的植物含较多氮，不论是疏植或密植，植物的根茎比都较低。图7.27显示了高密度种植的黄假高粱（Sorghastrum nutans）的根茎比。该植物与其他植物一样，在含氮量较高时，根生物量下降，茎生物量上升。在有关北美洲大平原植物的研究中，尼科尔·拉利文－布里尔茨

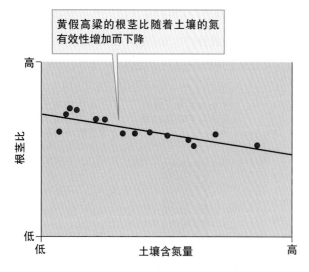

黄假高粱的根茎比随着土壤的氮有效性增加而下降

根茎比（纵轴，高/低）
土壤含氮量（横轴，低/高）

图 7.27 黄假高粱的根茎比随着氮有效性梯度而改变（资料取自 Tilman and Cowan，1989）

与马利欧·比翁迪尼（Levang-Brilz and Biondini，2002）发现，在他们研究的 55 种植物中，当氮有效性降低时，62% 物种的根茎比会上升。这些结果表明许多植物会调整其内在结构来适应环境条件，朝着经济理论预测的方向改变。

简言之，生态学家利用简单的摄食行为模型成功地预测生物（捕食性动物与植物）摄食行为的巨大差异。许多动物倾向于以最大化能量摄取速率的方式捕获食物，而各种植物（从白桦到温带禾草及杂草）为各生长部位分配能量的原则是以最少的能量提高植物获取生长所需资源的速率。尽管最优觅食理论距离营养生态学尚远，但这一实质性的进步已经超越了人们对众多物种的食物组成及摄食习性的了解。

在下面的应用实例中，我们会看到生物学家如何使用本章前面讨论的模式与概念来解决重要的环境问题。

── 概念讨论 7.5 ──────■

1. 根据最优觅食理论，在什么条件下，捕食者应增加一种新的猎物到它们的食物中？

2. 蓝鳃太阳鱼的摄食模式（图 7.25）是否表明这些消费者忽略了某些潜在的猎物？

3. 为什么蒂尔曼和考恩要在每一种生长条件下对每一种植物种植几盆？

应用案例：生物修复——利用细菌的营养多样性解决环境问题

假设你置身于人口稠密的地区，并且要处理数千桶渗漏汽油或矿渣污染的地下水，你会如何解决这些环境问题？要向何处求援？实际上，我们越来越倾向于求助自然界本身的清洁队——细菌。例如，环境管理者通常利用细菌的高营养多样性来解决许多环境日常问题。

地下储油槽的泄漏

汽油及其他石油衍生物一般储存在全球各处的地下油槽之中。若油槽泄漏，将会造成严重的污染。马里贝丝·沃特伍德及克里夫·达姆（Watwood and Dahm，1992）探索利用细菌清除油槽泄漏污染的土壤及含水层的可能性。他们工作的第一步是确定自然界中是否存在能分解复杂石油衍生物（如苯）的细菌种群。

沃特伍德与达姆采集了含水层的沉积物。每克沉积物中含有 8.5×10^8 个细菌细胞，且其中的 6.55×10^4 个细菌细胞以苯为唯一的碳来源与能量来源。若将苯加入含水层的沉积物中 6 个月，研究人员发现苯降解菌的种群增加了将近 100 倍。

这些细菌分解苯的速度究竟有多快呢？沃特伍德与达姆发现，细菌种群可在 40 天内分解实验瓶中 90% 的苯（图 7.28）。将苯加入沉积物中，则可提高细菌的分解速率。

简而言之，本研究证实自然界中存在一些细菌种群，它们可以快速分解地下储油槽泄漏的苯。换言之，这些细菌无须人工控制，即可清除汽油泄漏造成的有机污染。然而，在下一个例子中，环境管理者发现，他们必须巧妙地处理环境，才能促进细菌清除污染物。

废矿渣中的氰化物及硝酸盐

在 19 世纪及 20 世纪早期，许多金矿因采矿技术低而无利可图被弃置了。后来到了 20 世纪 70 年代，人们发展出从低品位矿物中提炼黄金获得经济利益的技术，其中的一种冶炼技术便是利用氰化物（CN^-）浸出矿石。水溶性 CN^- 能与黄金或其他金属形成化学络合物。将含金的 CN^- 溶液收集后，再利用活性炭过滤溶液，便可析出金及 CN^-。

这个新方法虽然解决了技术问题，却造成了土壤与地下水的污染问题。因为浸出过程完成后，废矿堆在一起，还留下大量 CN^-。有几种细菌能分解 CN^- 产生 NH_3，NH_3 是硝化菌的能量来源，能产生 NO_3^-（第 19 章的"氮循环"，441 页）。因此，浸出金矿及后续的微生物活动产生含有剧毒的 CN^- 及 NO_3^-，造成土壤与地下水的污染。

卡尔顿·怀特及詹姆斯·马克维斯（White and Markwiese，1994）研究经 CN^- 浸出处理的金矿，发现浸出处理过的矿石会逐渐释出 CN^- 及 NO_3^- 到环境中。于是，研究人员利用细菌来解决这一环境问题。首先，他们用诊断培养基（diagnostic medium）寻找细菌，并建立 CN^- 降解生物的档案。培养基包含的 CN^- 是细菌唯一的碳与氮的来源，因此，他们估计每克矿石中含有 $10^3 \sim 10^5$ 个能分解 CN^- 的生物细胞。

这些废金矿可以 CN^- 及 NO_3^- 的形式为细菌提供丰富的氮，但矿石中的有机碳非常少。他们预测，在残余的废金矿中加入碳可提高细菌分解 CN^- 的速率，进而降低环境中的 NO_3^- 浓度。为何在环境中加入含碳量高的有机分子可增加细菌利用氮的速率呢？细菌的 C：N 为 5：1，换句话说，在细菌的生长与繁殖中，每个氮原子需要 5 个碳原子。

怀特与马克维斯在实验室中验证了他们的想法。在一次实验中，他们在废矿中加入足量的蔗糖，将 C：N 调整为 10：1。这个实验包括两个对照组，皆为不加蔗糖且经浸出处理的矿渣，但其中一组经过消毒杀死了其中的细菌，另一组则没有消毒。

在处理组中，细菌在 13 天内将矿渣中的 CN^- 全部分解；而在未消毒的对照组中，细菌只分解了少量的 CN^-；在已消毒的对照组中，CN^- 则未被分解（图 7.29）。研究人员为何要设置已消毒的对照组呢？因为这可以说明观察到的 CN^- 分解属于生物过程。

图 7.29 显示在矿渣中加入蔗糖后，CN^- 的分解速率增加了，但是这个处理会产生 NO_3^-。加入蔗糖除去了 CN^-，却产生了 NO_3^-，这岂不是用一种污染取代另一污染吗？其实不然。怀特与马克维斯的实验指出，加入蔗糖会提高异养细菌和真菌对 NO_3^- 的吸收速率。这类生物利用有机分子（如本例中的蔗糖）为能量来源，利用 NO_3^- 为氮来源。细菌和真菌吸收的氮会转变成生物量中的复杂有机分子。这种氮会在微生物群落中循环，且不会造成环境污染。

怀特与马克维斯建议，将蔗糖加入金矿渣中，可促进细菌分解 CN^- 与吸收 NO_3^-。这种净化环境的设计之所以能成功，是因为研究人员熟知细菌与真菌的能量与养分，另一个成功的关键则是细菌的营养多样性高。将来，细菌会在解决让人烦恼的环境问题中继续扮演重要角色。

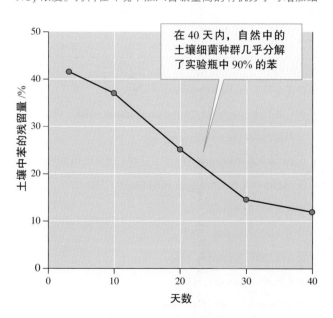

图7.28　苯被土壤细菌分解（资料取自 Watwood and Dahm，1992）

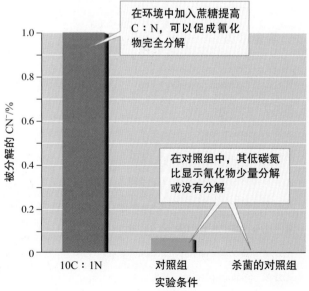

图7.29　处理碳氮比可加快 CN^- 的分解（资料取自 White and Markwiese，1994）

光合型自养生物以 CO_2 为碳来源，以阳光为能量来源合成有机分子。光合植物和藻类利用 CO_2 为碳来源，并以波长 400～700 nm 的光作为能量来源。我们称这个波长范围的光为光合有效辐射（PAR），它的能量约占海平面光谱总能量的45%。PAR 可以用光子通量密度来量化，单位为 $\mu mol/(m^2 \cdot s)$。基本上，植物有三种可选择的光合途径：C_3 光合作用、C_4 光合作用与 CAM 光合作用。C_4 植物及 CAM 植物的水利用效率高于 C_3 植物。

化能合成型自养生物以 CO_2 为碳来源，以无机分子为能量来源合成有机分子。化能合成型生物由多样性较高的细菌和古菌组成。原核生物是生物圈中营养多样性最高的一类生物。

异养生物利用有机分子作为碳来源和能量来源。食草生物、食肉生物与食碎屑生物面对的营养问题完全不同。食草动物所吃的植物组织往往含有大量碳和少量氮。食草动物还必须克服植物的物理防御和化学防御。食碎屑生物主要以死植物为食，死植物的含氮量低于活植物组织。研究生态交互作用（如营养交互作用）中多种化学元素的平衡属于生态化学计量学的范畴。食肉生物主要以养分丰富但防御力极强的猎物为食。

生物摄取能量的速率是有限的。因为摄取能量的速率受到生物内在或外在的限制。光子通量密度与植物光合速率之间的关系被称为光合响应。生存于多日照生境的草本植物与寿命短的多年生灌木在高辐照度时达到最大光合速率，然后保持不变。生活在阴暗环境的植物的最大光合速率最小。动物进食率与食物密度之间的关系被称为功能反应，它一般可分为三种类型。光合响应曲线和 II 型动物功能反应曲线非常相似。能量限制是最优觅食理论的一个基本假设。

最优觅食理论把摄食行为模拟为一个优化过程。演化生态学者预测，假如生物可获得的能量有限，那么自然选择往往会偏好那些高效取得能量与养分的个体。许多动物以最大化能量摄取速率的方式来选择食物。植物分配能量给茎或根的原则是以最小的能量提高植物吸收限制生长的资源的速率。例如，植物在土壤肥沃但光线不足的环境中，会投入较多能量于茎与叶的生长，投入较少能量给根部；反之，在光量充足但土壤贫瘠的环境下，植物投入较多能量用于根部的生长。

细菌的营养多样性对生物圈的健康发挥关键作用。细菌可以解决某些充满挑战性的废弃物处理问题。细菌可清洁石油制品（如苯）污染的土壤与含水层，并可消除矿渣造成的污染。这些项目的成功要求生态学家了解细菌的能量与养分。将来，细菌会在处理令人困扰的环境问题上继续扮演重要的角色。

复习思考题

1. 植物为何不利用高能量的紫外光进行光合作用？植物是否无法演化出利用紫外光的光合系统？昆虫看见紫外光的事实是否改变你的想法？是否可利用红外光进行光合作用？（提示：光合型细菌可利用波长接近红外光的可见光。）

2. 什么样的环境存在 C_3 植物、C_4 植物或 CAM 植物的优势种？请解释在一个地区中，为何会有两种甚至三种光合植物共存？（提示：思考第 5 章及第 6 章所讨论的微气候变异。）

3. 本章我们强调 C_4 光合作用如何节水，某些研究者认为低 CO_2 浓度对 C_4 植物比较有利，对 C_3 植物不利。在 CO_2 浓度较低时，C_4 植物有何优势？在第 23 章，我们知道大气中的 CO_2 浓度在 20 世纪一直在上升，如果这个趋势无法停止，而且 C_3 植物及 C_4 植物之间的交互作用受大气 CO_2 浓度的影响，那么 C_3 植物及 C_4 植物的地理分布会如何改变？

4. 说明食草动物、食碎屑动物或食肉动物的相对优势和劣势。哪些生物不属于上述三者中的任何一种？寄生物应属于哪种类型？人类又属于哪种类型？

5. 警戒色给有毒猎物带来什么益处？多种米勒拟态者警戒色的趋同性对不同种个体的适合度有何作用？在贝氏拟态中，模仿者与被模仿者的成本与利益分别是什么？

6. 设计一个完全以化能合成作用为基础的行星生态系统。你可以选择一个尚未被发现的星球，也可以选择太阳系的行星，或是当今、远古、未来的星球。

7. 具有 Ⅰ 型、Ⅱ 型或 Ⅲ 型功能反应的动物都有哪些？对于善于防御的猎物，自然选择如何影响它们的功能反应曲线的高度？对于高效捕食者，自然选择又如何影响功能反应曲线的高度？自然选择对猎物与捕食者的功能反应曲线的高度有什么净效应？

8. 葡萄牙中部的河流被形似淡水龙虾、体长 $12 \sim 14\ \text{cm}$ 的美国路易斯安那螯虾（*Procambarus clarki*）入侵。它们的种群在河流中大量繁殖。格拉察与弗兰德·德阿尔梅达（Graca and de Almeida，1983）曾对这些河流进行研究。河流中的水獭能轻易抓到并制服这些螯虾。水獭的食物种类从图 7.17 中的多样化（包括鱼类、青蛙、水蛇、鸟类与昆虫）转变为以螯虾为主。请利用以下猎物选择模型，解释这种变化。假设螯虾的处理时间短、遭遇率高以及能量含量高。

$$\frac{E}{T} = \frac{\sum\limits_{i=1}^{n} N_{ei} E_i - C_s}{1 + \sum\limits_{i=1}^{n} N_{ei} H_i}$$

9. 根据伊里亚特及其同事（Iriarte et al.，1990）的数据，美洲狮的猎物的体形大小受美洲狮的体形影响（图 7.19）。然而，美洲狮的体形随纬度而异，例如，体形较大的美洲狮分布在高纬度地区。因此，这种体形差异曾被诠释为受温度调节的自然选择结果。在高纬度地区，恒温动物的体形通常较大，我们称此模式为贝格曼法则（Bergmann's rule）。大型动物的表面积与质量之比较小，理论上有利于保温；小型动物的表面积与质量之比较大，利于散热。由此可知，决定捕食性动物体形大小的因素是什么？捕食性动物的体形大小取决于气候，或是捕食性动物和猎物之间的交互作用，还是两者皆有？试设计一个关于环境如何影响恒温捕食性动物体形大小的研究。

10. 植物给根、茎分配能量的方法和植物调节体温及水分的方法（我们在第 5 章和第 6 章讨论过）有何相似之处？请在内稳定（homeostasis）的前提下，讨论这些过程。（提示：内稳定是指生物维持比较稳定的体内环境。）

第 8 章

社会关系

没有什么地方比热带珊瑚礁更容易让人观察到动物的社会互动及其他行为了。夕阳西下，落日余晖透过清澈的海水斜照在一座珊瑚礁上，海水中的部分居民突然忙碌了起来。已经在潟湖待了一整天的一大群鱼，开始有条不紊地往珊瑚礁的空隙游去。它们要离开潟湖的庇护，游向汪洋，揭开夜间觅食活动的序幕。这种成群结队的生活方式有利于保持成员之间的一致性。在水中，鱼群仿佛是一幅巨大透明的帷幔，上面印满了数千个相似的鱼类图案。这群鱼的背部为暗色，腹部则为银白色。颜色、体形大小相近，游泳动作一致，加上数量众多，使它们在群体的保护之下免遭被捕食的厄运。虽然海鸟及捕食性鱼类仍会对鱼群发动攻击，但鱼群中的鱼实在太多，要追踪其中一条鱼的游动并非易事，因而只有小部分鱼被吃掉。这群鱼犹如一只随时变形的巨大生物，慢慢地通过连接潟湖的甬道，到达外海，并在破晓时分往回游，在第二天黄昏降临之际又重复外海之旅。这样的来回交替充分展现了珊瑚礁的生命律动。

就在此时，珊瑚礁边的雀鲷（damsel fish）各自为政。它们对各自拥有的领域具有很强的排他性。那是由珊瑚残砾、活珊瑚和沙粒构成的领域。雀鲷独享着各自领域内的资源，而且在领域边界巡逻，驱赶任何入侵的鱼类，尤其是那些想侵占它们领域的雀鲷，或是想吃掉领域内的卵或食物的其他鱼类。但每天的这个时刻，雄雀鲷占据的领域会有雌雀鲷光顾。它们相互求爱，并在雄雀鲷构筑的巢中产卵和排精；当交配完成后，雄雀鲷再次独自捍卫领域内的食物和巢中刚受精的卵。

在珊瑚礁的上方，一只双带锦鱼（bluehead wrasse）正与该领域内的一只雌鱼交配。双带锦鱼的头为蓝色，鱼身为绿色中带着黑色横条纹。雌鱼的鱼身以黄色为主，背鳍上有一块大黑斑。当这只双带锦鱼排出精子与雌鱼的卵结合之时，许多体色与雌鱼相似的雄性小双带锦鱼在它们的旁边来回游动，并排出一团精子。因此，雌鱼的一部分卵与大雄鱼的精子结合，一部分卵则与黄色小雄鱼的精子结合。除了在体色及求偶行为上有所差别外，这两种雄鱼还有截然不同的生活史。黄色小雄鱼在刚孵化时就是雄性，而大双带锦鱼在刚孵化时却是雌性。当领域中的雄双带锦鱼被捕食或遭到其他不幸时，体形

◀ 为什么雄麋鹿的鹿角每年都在长大，而雌麋鹿却没有鹿角？达尔文曾苦思过雄性装饰物（如鹿角）的演化问题，最后他得出结论：雌性选择交配对象的行为和雄性竞争交配对象的行为是鹿角演化的原因。

最大的雌鱼会变成雄鱼并占据领导地位，它的体色也由黄色变成蓝色。在1个星期内，原是雌性的雄鱼会产生精子，使领域内雌性的卵受精。

当雄双带锦鱼在领域内巡逻以及雄雀鲷为自己的领域在边界与其他鱼类斗争时，在礁石的其他地方，褐虾（snapping shrimp）相互依赖地生活在一个虾群里。虾群中大约有300只褐虾，大多为稚虾和雄虾，只有一只负责繁殖的雌虾。这只雌褐虾就如同蚁巢中的蚁后，不停地繁殖着。因此，根据它的成熟卵巢或腹下的卵堆，雌虾很容易被认出。褐虾群内的大部分雄虾可能从未与雌虾交配过，而是努力地保卫虾巢，为虾后与稚虾驱赶入侵者。在褐虾社会中，大部分雄虾为虾后和群体服务，保护虾后的子代及它们的海绵栖所。虽然虾后大量繁殖，但许多雄虾几乎没有繁殖的机会；虽然虾群仍在持续繁衍壮大，但繁殖机会仅限于种群中的少数个体。

社会关系研究属于**行为生态学**（behavioral ecology）的范畴。该学科专门研究生物与其行为影响的环境之间的各种关系。就社会关系而言，某物种的个体是某特定环境的一部分。在生物学中，研究社会关系的分支被称为**社会生物学**（sociobiology）。无论是优势关系，还是繁殖互动和合作行为，这些社会关系都相当重要，因为它们直接并显著地影响着个体对未来世代的繁殖贡献——达尔文论的关键组成之一或演化论所说的适合度。适合度可定义为生物个体对未来世代贡献的子代数量或基因数量。种群内的社会关系对适合度产生深远的影响。

个体间最基本的社会互动发生在有性生殖期。它们互动的时机与本质深受物种繁殖系统的影响。因此，行为生态学家思考以下几个问题：种群是否进行有性生殖？它们是两性分离吗？不同性别的个体是如何分布的？同一性别的个体是否有多种生长型？这些疑问已经引起生物学家的关注，因为达尔文（Darwin,1862）曾写道："对于性别（sexuality）到底是因何而起的，我们可以说是完全不懂。为何必须通过两性的结合来产生新个体，单性生殖方式（即由未受精卵产生后代）为何不行……所有这些问题的答案仍晦暗不明。"下面你将会看到，自从达尔文发表上述论述后，在大约一个半世纪内，行为生态学家和演化生态学家已经了解到更多有关生殖演化及生态学的知识。然而，仍有许多奥秘尚待发现。

由于哺乳动物及鸟类都进行有性生殖，从人类的角度来看，有性生殖是正常的。然而，无性生殖在许多生物群体里很常见，如细菌、原生动物、植物及一些脊椎动物等都进行无性生殖。只不过，在大部分已被研究的动物及植物中，雄性、雌性功能有时分属于不同的个体，有时则属于同一个体。这带给我们一个基本的生物学问题：何谓雌性？何谓雄性？从生物学的角度来说，答案很简单。**雌性**（female）产生耗费较多能量的大配子（卵或卵细胞）；**雄性**（male）则产生耗费较少能量的小配子（精子或花粉）。由于雌性产生的配子需要耗费较多能量，雌性的生殖力必然受到资源的限制；相对来说，雄性的生殖一般受制于可得到的雌性配偶。生物学家早就认为在配子投资上积极主动交配的雄性与具高度选择性的雌性有天壤之别。

尽管雌性和雄性之间存在上述差异，但在自然界中区分两性往往会遇到困难。若雌、雄个体的外表存在相当大的差异，它们就不难区分；但若它们的长相非常相似，仅凭外表去判断性别就非常困难。有些物种是**雌雄同体**（hermaphrodite），即同一个体兼具雌性和雄性的功能（图8.1）。最常见的雌雄同体生物是植物，大多数植物的花朵同时具有雌性器官和雄性器官。

显然，将种群分成两性的方法会影响社会关系，进而影响个体的适合度，尤其是影响个体的繁殖率。社会关系的研究提供了无数关于社会互动间复杂关系的案例，例如，生物个体如何选择配偶与适合度之间的关系。

(a)

(b)

图8.1 雌性功能与雄性功能：（a）雌加拿大大雁和雄加拿大大雁的外表非常相似（雌雄大雁都是单形）；（b）"完美花"同时具有雄性（雄蕊）与雌性（雌蕊）两部分功能

8.1 择偶与捕食

其他资源的自然选择可降低雌性择偶对雄性装饰物演化的影响。达尔文（Darwin，1871）认为社会环境，特别是择偶环境对生物的特征有重大的影响。他特别好奇"第二性征"的存在。他认为第二性征的存在，除了有利于个体竞争配偶之外，没有其他更好的解释。达尔文所谓的"第二性征"指的是不直接参与繁殖过程的雌性特征或雄性特征。他心中所想的特征包括"艳丽的色彩、多样的饰物……有魅力的歌声，以及其他特征"。但我们要如何解释雄鹿的巨角、雄孔雀耀眼的扇尾、雄海象的巨大鼻子等特征呢？为了诠释第二性征，达尔文提出了**性选择**（sexual selection）的概念。性选择是因个体间交配成功率的不同而造成繁殖率存在差异的结果。

从两个方面来看，性选择相当重要。首先是**性内选择**（intrasexual selection），它是指性别相同的个体竞争配偶。例如，雄山羊（mountain sheep）或海象（elephant seal）为了竞争它们的优势地位或交配领域而打斗，通常身强体壮者获胜。这种情况下，通常是体形较大或拥有较强武器（如角和牙）的个体胜出。这种选择是同性间竞争的结果，故被称为性内选择。

有些个体依据某些性状在异性个体中选择配偶，这种择偶因涉及雌雄两性，被称为**性间选择**（intersexual selection）。例如，雌鸟依据雄鸟的某些性状（鲜艳羽毛或歌声）选择雄性配偶。达尔文认为，一旦个体以某些体征或行为性状为依据选择配偶，性选择就会强化该性状。例如，雄鸟的羽毛会越来越鲜艳，歌声会愈加嘹亮，或两者都越来越好（图8.2）。

图8.2 孔雀开屏求偶。许多羽毛鲜艳的雄鸟（如这只孔雀），向雌性潜在伴侣展示它们的精致羽毛

然而，性选择要把性状特征演化到什么地步，才不会使种群中的雄性因为其他因素的自然选择而死亡呢？达尔文认为，性选择使某一性状越来越复杂精致，直到与其他自然选择（如捕食）达成平衡为止。自从有了达尔文早期的性选择说法之后，许多研究已揭示了生物择偶和性选择的准则。其中，有关孔雀鱼（*Poecilia reticulata*）的研究堪称最佳典

范之一。

孔雀鱼的择偶与性选择

除了孔雀鱼（图8.3），对"择偶与性选择"感兴趣的生态学家实在很难再找到更适合的动物做实验。孔雀鱼原产于加勒比海东南部的特立尼达岛（Trinidad）和多巴哥岛（Tobago）的河流，以及南美洲大陆附近的河流。从清澈的山涧溪流到浑浊的低地河流，均能发现孔雀鱼的踪迹。沿着这种物理环境梯度，孔雀鱼遇到各种生物环境。在瀑布上方的河流源头，孔雀鱼的生境缺少捕食性鱼类，或存在哈氏溪鳉（*Rivulus hartii*）。哈氏溪鳉主要捕食孔雀鱼的稚鱼，它们捕食成鱼的效率非常低。相反地，在低地下游中，孔雀鱼就面临多种捕食性鱼类的威胁。例如，阿尔泰矛丽鱼（*Crenicichla alta*）依靠视觉即可高效地捕食孔雀鱼成鱼。

不管是在种群内还是种群间，雄孔雀鱼的颜色差异都相当大。造成雄孔雀鱼颜色变异较大的因素是什么呢？研究结果显示，如果有机会，雌鱼会与颜色较为艳丽和具行为优势的雄鱼交配（Kodric-Brown，1993；Houde，1997）。为什么雌鱼喜欢与

这样的雄鱼交配？与雌鱼成功交配的雄鱼所具备的特征——颜色艳丽和行为占优势，是雄鱼结构特征的组合，也是雄鱼健康和营养状态的综合反映。雌鱼与这样的雄鱼结合，可增加繁殖更完美后代的概率。后代的免疫系统更加稳健，觅食能力更强，与其他种群成员竞争的能力更强。另外，我们知道孔雀鱼的颜色具有很强的遗传率。因此，与颜色鲜艳的雄性交配，雌孔雀鱼更易于繁殖颜色鲜艳的雄孔雀鱼，而颜色鲜艳的雄孔雀鱼更易吸引到雌性。换言之，雌孔雀鱼与颜色艳丽、行为占优势的雄性交配，繁殖的后代具有高适合度。

然而，颜色艳丽的雄鱼比较容易被视觉捕食者攻击。因此，体色具有高交配成功率的优点和易遭捕食的弱点，这两者间的权衡使得不同栖息地的雄性体色存在较大差异。体色最鲜艳的雄孔雀鱼分布于天敌较少的环境；当处于捕食者（如阿尔泰矛丽鱼）较多的环境中，雄孔雀鱼的体色就不会那么鲜艳（Endler，1995）。因此，雄孔雀鱼的体色由捕食者的自然选择与雌鱼的择偶这两个因素的共同作用来决定。

孔雀鱼的体色是雌性择偶和捕食者的自然选择相互权衡的结果。尽管野外观察与这个理论吻合，

图8.3　孔雀鱼

但若有实验来验证将更令人信服。约翰·恩德勒进行了一个实验，研究自然选择对孔雀鱼体色的影响（Endler，1980）。

实验验证

恩德勒进行了两个实验：其中一个实验在普林斯顿大学（Princeton University）温室的人工池（图8.4）内进行；另一个为野外实验。在温室实验中，恩德勒建了10个水池。这些水池的环境近似于特立尼达北部山脉中的溪流水潭。其中，4个水池的大小为2.4 m×1.2 m×40 cm，与阿尔泰矛丽鱼栖息的小溪流水潭的大小很相近。在实验后期，恩德勒往这4个实验池中各放入1条阿尔泰矛丽鱼。另外6个水池的大小为2.4 m×1.2 m×15 cm，与源头溪流的水潭大小相近。恩德勒往其中的4个水池分别放入6条哈氏溪鳉，将剩下的2个水池作为对照组，没有放入捕食性鱼类。恩德勒为什么要设计这一系列水池和加入不同的捕食者？因为这3组水池代表了捕食压力的3个层次：高捕食压力（阿尔泰矛丽鱼）、低捕食压力（哈氏溪鳉）及无捕食压力。

恩德勒在放入捕食者之前，将每个水池设置成相似的环境，然后在其中加入经过谨慎挑选的孔雀鱼。他在水池底放置买来的彩色砾石，并确保各种颜色砾石的比例相同：黑色31.4%，白色34.2%，绿色25.7%，蓝色、红色及黄色均为2.9%。

恩德勒在每个实验池中放入了200条孔雀鱼，它们是特立尼达及委内瑞拉的18个不同种群的后代。之所以放入这么多种群，是因为他要确保实验种群包含大量的颜色变异。正如我们在第4章所述（82页），遗传变异是种群演化变异的一个必要条件。

恩德勒的第二个实验在阿里波河（Aripo River）（图8.5）的水系中进行。他在阿里波河的几千米内见到了3种明显不同的现象。在阿里波河的干流中，孔雀鱼与多种捕食者共栖，其中包括阿尔泰矛丽鱼，因此阿里波河的干流为高捕食压力栖息地。在高捕食压力栖息地的上游，有一条汇入干流之前流经数

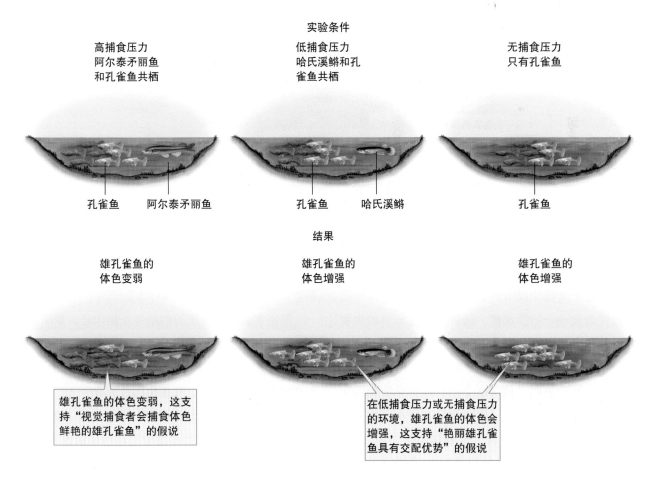

图8.4　温室实验的设计和结果（资料取自Endler，1980）

实验设计

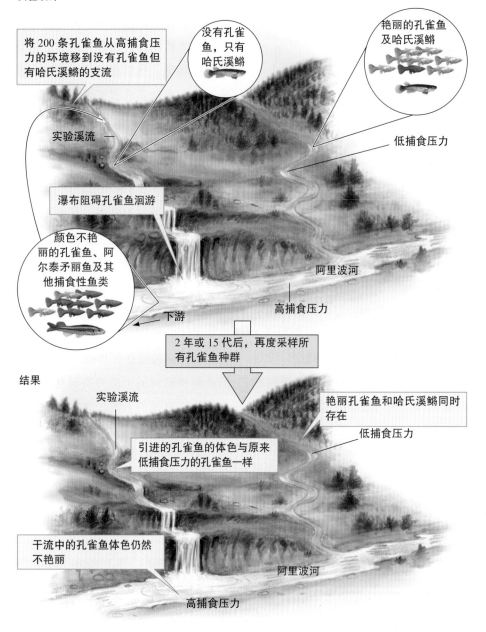

将200条孔雀鱼从高捕食压力的环境移到没有孔雀鱼但有哈氏溪鳉的支流

没有孔雀鱼，只有哈氏溪鳉

艳丽的孔雀鱼及哈氏溪鳉

实验溪流

低捕食压力

瀑布阻碍孔雀鱼洄游

颜色不艳丽的孔雀鱼、阿尔泰矛丽鱼及其他捕食性鱼类

阿里波河

下游

高捕食压力

2年或15代后，再度采样所有孔雀鱼种群

结果

实验溪流

艳丽孔雀鱼和哈氏溪鳉同时存在

引进的孔雀鱼的体色与原来低捕食压力的孔雀鱼一样

低捕食压力

干流中的孔雀鱼体色仍然不艳丽

阿里波河

高捕食压力

图8.5　野外实验探讨捕食对雄孔雀鱼体色的影响（资料取自 Endler，1980）

个瀑布的小支流。由于瀑布阻止大部分鱼洄游到小支流，这个支流中没有孔雀鱼，但存在威胁较小的捕食性鱼类——哈氏溪鳉。这种低捕食压力的生境为追踪雄鱼体色演化提供了理想的条件。第三个地方在更远的上游，是一条小支流。在这条小支流中，孔雀鱼和哈氏溪鳉共栖，这个栖息地为恩德勒的研究提供了低捕食对照区。恩德勒从高捕食压力栖息地中捕获了200条孔雀鱼，观察它们的体色之后，再将它们放入没有孔雀鱼的栖息地。6个月之后，引进的孔雀鱼及它们的后代遍布于先前没有孔雀鱼的

支流中。2年之后，孔雀鱼繁殖了大概15代，恩德勒重新对这3个实验点采集样本。

温室实验与野外实验的结果互相印证。如图8.6所示，在无捕食者与存在哈氏溪鳉的温室水池内，雄孔雀鱼身上的色斑增加了；在放入阿尔泰矛丽鱼的高捕食压力水池中，孔雀鱼的色斑减少了。图8.7为恩德勒的野外实验结果总结。他比较了高捕食压力栖息地及低捕食压力溪流中雄鱼色斑的改变。值得注意的是，引进的雄鱼与低捕食对照环境中的雄鱼相比，它们的体色逐渐接近。换言之，当孔雀鱼

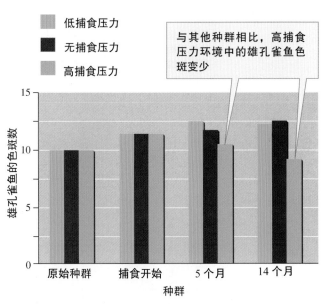

图8.6　温室实验结果。实验环境分别为没有捕食压力、低捕食压力（哈氏溪鳉）及高捕食压力（阿尔泰矛丽鱼）（资料取自 Endler，1980）

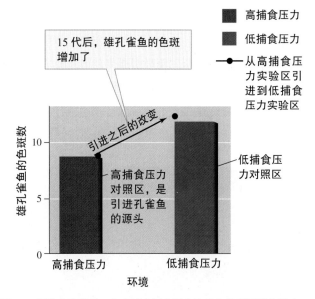

图8.7　野外实验结果。将高捕食压力区的孔雀鱼移到低捕食压力环境（哈氏溪鳉）（资料取自 Endler，1980）

没有捕食压力时，雄鱼的平均色斑数大幅增加。这些结果和温室实验的结果都支持以下假说：捕食会减少孔雀鱼种群中雄性的炫耀色斑，进而调节性间选择（雌性择偶）对雄性装饰物的影响。

在恩德勒的研究中，影响雌性择偶的主要特征是体色和斑点，它们属于结构特征。现在让我们看一下择偶系统中另一个吸引雌性的复杂行为：雄性为雌性提供重要的资源——食物。

——概念讨论 8.1 ——

1. 为什么约翰·恩德勒要很小心地把比例相同的各种彩色砾石放入每个温室水池中（图 8.4）？

2. 在恩德勒的野外实验（图 8.5）中，当没有捕食压力时，为什么雄性的体色会更加艳丽，而不是保持不变？

3. 雌孔雀鱼与体色鲜艳的雄孔雀鱼交配，可以获得什么好处？

8.2　择偶与资源供给

有些物种的雌性依据雄性提供重要资源的能力来择偶。研究人员在蝎蛉类昆虫中观察到了这种行为。蝎蛉（图 8.8）属于长翅目（Mecoptera），与毛翅目的石蛾、鳞翅目（Lepidoptera）的蛾和蝶关系密切。蝎蛉之所以被如此命名，是因为雄蝎蛉经常将它们的外生殖器举起超过腹部，状似毒蝎高举尾刺。尽管有这样的外表，雄蝎蛉对人类完全无害。与蛾或甲虫等昆虫相比，目前存活的蝎蛉物种数较少。然而，蝎蛉类为行为生态学，尤其是交配系统的生态学及演化，提供了丰富的信息。兰迪·桑

希尔是研究动物择偶和性选择方面的重要学者，他的多个有关蝎蛉交配系统的研究更被视为交配系统生态学及演化的经典研究（如 Thornhill，1981；Thornhill and Alcock，1983）。

蝎蛉属（*Panorpa*）的成年蝎蛉主要以森林下木层的灌丛或草丛中的死节肢动物为食。有证据显示，因蝎蛉的食物很有限，蝎蛉（尤其是雄性）之间对死节肢动物的竞争非常激烈。桑希尔发现蝎蛉甚至会为了偷取蜘蛛网上的死节肢动物而丧命。雄蝎蛉之间为什么会发生如此激烈的竞争甚至冒着生命危险去获取死节肢动物呢？其中的一个原因是，雄蝎蛉以死节肢动物来吸引雌蝎蛉。如果一只雄蝎蛉发现

一只死节肢动物并成功地抵挡住其他雄蝎蛉的抢夺，它会守着这个食物，并分泌一种荷尔蒙，以吸引数米之外的雌蝎蛉。受荷尔蒙吸引而来的雌蝎蛉在与雄性交配时，吃掉死节肢动物。倘若没有死节肢动物作为献礼，雄蝎蛉会从胀大的唾液腺分泌唾液团来吸引雌性。最后，没有献礼的雄蝎蛉还可能强行交配。

图8.8 雄蝎蛉为争取雌蝎蛉会发生激烈的竞争

桑希尔进行了一系列的实验研究，深入探讨雄蝎蛉的各种交配策略及相关的生态条件。在一个研究中，他思考：当雄蝎蛉采取不同的交配策略时，交配成功率是否有所不同。为了控制死节肢动物的供应量和竞争死节肢动物的雄蝎蛉数，桑希尔设计了一个封闭的环境。他在 12 个容量为 10 US gal 的饲养箱中设置了相同的环境，并在每个饲养箱内放入 6 只死蟋蟀——大、中、小各 2 只，以及 12 只雄蝎蛉（*P. latipennis*）。放入雄蝎蛉后不久，抢夺死蟋蟀的殊死战斗就开始了，大约持续 3 小时。战斗结束后，6 只雄蝎蛉各自赢得 1 只死蟋蟀，并且在胜利品旁释放荷尔蒙。在剩下的 6 只雄蝎蛉中，大部分分泌唾液团，并守在一旁，而有些雄蝎蛉则没有求偶献礼。

一旦雄蝎蛉间的竞争有了结果，桑希尔就放入 12 只雌蝎蛉，而且每小时记录一次交配活动。他一共记录了 3 个小时。他在 12 个实验箱中总共放入了 144 只雄蝎蛉与 144 只雌蝎蛉。其中，72 只雄蝎蛉获得死蟋蟀，45 只分泌唾液团，27 只无求偶献礼。这几组雄蝎蛉的交配成功率有何不同呢？图 8.9 显

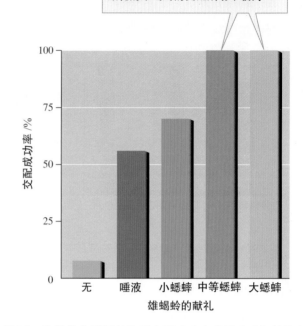

与以小蟋蟀、唾液团为献礼或无献礼的雄蝎蛉相比，以中蟋蟀、大蟋蟀为献礼的雄蝎蛉的交配成功率较高

图8.9 雄蝎蛉的不同献礼对交配成功率的影响（资料取自 Thornhill，1981）

示，与获得小蟋蟀为献礼、以唾液团为献礼及无献礼的雄蝎蛉相比，获得大蟋蟀和中等蟋蟀为献礼的雄蝎蛉具有明显的优势。

雌蝎蛉与提供较大蟋蟀的雄蝎蛉交配，会得到什么益处呢？最明显的益处就是，雌蝎蛉有了蟋蟀就可以不用自己寻找食物，从而避免在森林中飞行觅食时被蜘蛛或其他捕食者吃掉的风险。另外，食用较大的食物有利于雌蝎蛉的繁殖。桑希尔证实，雌蝎蛉若与提供死蟋蟀的雄蝎蛉交配，产出的卵多于那些与提供唾液团者交配的雌蝎蛉；那些与没有提供献礼者交配的雌蝎蛉则产下更少的卵。为什么会产生这样的不同呢？桑希尔的研究结果表明，死节肢动物中所含的养分高于唾液，无献礼的雄蝎蛉则没有提供养分。

接着，桑希尔开始思考：决定雄蝎蛉成功竞争到死蟋蟀、分泌唾液团或无献礼的因素是什么？一个经常被问到的基本问题是，雄蝎蛉是否有特定的行为模式？也就是说，竞争失败没有获得死蟋蟀的雄蝎蛉如果有机会获得一只死蟋蟀，会不会分泌荷尔蒙来宣告它拥有一只死蟋蟀？针对这个疑问，桑希尔利用封闭饲养箱进行一系列控制实验。他再次

向每个饲养箱中分别放入 6 只中等体形的死蟋蟀和 12 只雄蝎蛉。如同上述实验，在每个箱中，6 只雄蝎蛉分别获得一只死蟋蟀，另外 6 只没有获得死蟋蟀。同样地，没有获得死蟋蟀的 6 只雄蝎蛉会分泌唾液团，并守在一旁。此时，桑希尔移走那 6 只获得死蟋蟀的雄蝎蛉。在半小时内，几乎所有剩下的雄蝎蛉都会离开唾液团，爬到无主的死蟋蟀旁，并分泌荷尔蒙（图 8.10）。这一实验结果表明，只要有机会，雄蝎蛉就会去争夺并守护死蟋蟀。

在竞争的环境中，什么因素决定雄蝎蛉能够成功地宣示它拥有死节肢动物？雄蝎蛉在竞争死节肢动物时，通常先向对方展示自己的身体，这种视觉展示会迅速使战斗进入白热化阶段，双方均用毒蝎状的生殖球和一双尖尾脚鞭打攻击对方。雄蝎蛉的尾脚相当有力，能撕裂对方的翅或身体的其他部分。因此，战斗对双方都有很高的危险性。因为同种群雄蝎蛉个体间的体形差异很大，争夺死节肢动物的打斗往往是肉搏战，所以桑希尔预测大体形的雄蝎蛉在竞争中会赢得胜利。

桑希尔以另一个实验来验证雄蝎蛉的体形大小与雄蝎蛉成功夺得并守住节肢动物能力的关系。这一次，他在实验区的森林地面上设置了 14 个 3 m × 3 m × 3 m 的网箱。由于网箱没有底部，他们只是圈定了 9 m² 的植物生长区。事实上，这些网箱包含了蝎蛉的部分栖息地。桑希尔在其中的 7 个网箱内分别放入 4 只蟋蟀，在另外的 7 个网箱放入 2 只蟋蟀，接着在每个网箱中分别放入 10 只雄蝎蛉和 10 只雌蝎蛉，这个密度接近蝎蛉的自然种群密度。每个网箱中的雄蝎蛉包括 3 只大型雄蝎蛉（55～64 mg）、4 只中型雄蝎蛉（42～53 mg）及 3 只小型雄蝎蛉（33～41 mg）。因为蝎蛉是夜行昆虫，所以桑希尔利用夜视装置从日落监测到日出，如此夜以继日地观察了 1 个星期。在此期间，他时常放入刚死的蟋蟀，取走死雄蝎蛉或死雌蝎蛉，并加入新个体，以维持种群的密度不变。

野外实验的结果明确地支持了以下假说：在竞争死节肢动物时，体形大的雄蝎蛉占优势。图 8.11 显示了小型雄蝎蛉、中型雄蝎蛉、大型雄蝎蛉竞争 2

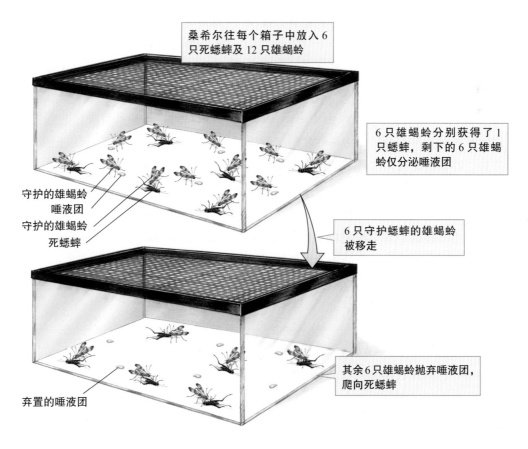

桑希尔往每个箱子中放入 6 只死蟋蟀及 12 只雄蝎蛉

6 只雄蝎蛉分别获得了 1 只蟋蟀，剩下的 6 只雄蝎蛉仅分泌唾液团

守护的雄蝎蛉 唾液团
守护的雄蝎蛉 死蟋蟀

6 只守护蟋蟀的雄蝎蛉被移走

其余 6 只雄蝎蛉抛弃唾液团，爬向死蟋蟀

弃置的唾液团

图 8.10　实验验证雄蝎蛉的献礼对成功交配的影响（资料取自 Thornhill，1981）

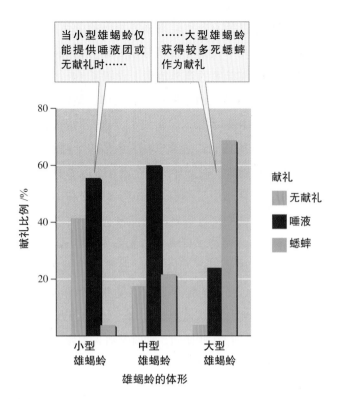

图8.11　献礼类型对雄蝎蛉的成功交配具有显著的影响（资料取自 Thornhill，1981）

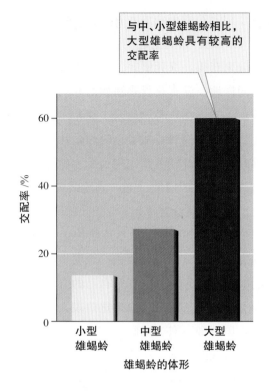

图8.12　雄蝎蛉的体形对雄蝎蛉交配成功率具有显著的影响（资料取自 Thornhill，1981）

只蟋蟀的结果。多数小型蝎蛉没有获得献礼或只能分泌唾液团；中型蝎蛉则分泌唾液团或少数成功竞争到小蟋蟀；大型蝎蛉一般都能竞争到蟋蟀，仅少数分泌唾液团或没有获得献礼。

桑希尔的研究揭示了雄蝎蛉竞争献礼的能力存在差异的机制。大型雄蝎蛉之所以可以成功地守卫获得的节肢动物，是因为它们在攻击中占据优势。那么，这种献礼的差异是否转化为雄性之间交配成功率的差异？答案就在图8.12中。该图为桑希尔在放入2只蟋蟀的网箱中观察到的雄性交配率，大型雄蝎蛉的交配成功率为60%，中型雄蝎蛉的交配成功率为27%，小型雄蝎蛉的交配成功率为13%。显然，大型雄蝎蛉获得高质量献礼的能力直接导致它

们的交配成功率较高。

为什么雌蝎蛉偏好选择能够为它们提供食物的雄性呢？正如我们之前看到的，桑希尔发现体形较大、质量较好的献礼可提高雌蝎蛉的产卵量。另外，选择这样的雄性可能还有其他好处。在食物供应有限的情况下，如果雄蝎蛉可以竞争获得食物，那就表明这只雄蝎蛉具有很强的竞争力。进一步说，这种竞争力是可遗传的，可以提高雌性后代的适合度。

下面现在来看植物的例子。虽然我们对植物的交配行为了解甚少，但是它们的繁殖生态学也包含择偶及性选择。在相关的研究中，有关野萝卜（*Raphanus sativus*）交配系统的研究最经典。

——概念讨论 8.2 ——

1. 有什么证据可证明蝎蛉食用的死昆虫在自然界中是有限的？

2. 雄蝎蛉的择偶成功率与雄性提供的献礼质量紧密相关。桑希尔得到以上结论的根据是什么？

3. 什么结果可表明性内选择影响雄蝎蛉的成功择偶？

8.3 植物种群的非随机交配

野生植物种群的交配是非随机的。 在有关植物交配系统的研究中，有关野萝卜的研究是最好的研究之一。美国加州的野萝卜是一种一年生野草，多见于路边或非耕地（图8.13）。野萝卜在加州地中海型气候（图2.20）的第一场冬雨后萌芽，在1月开花，花期可以延长到晚春或初夏，这取决于雨季的长短。在开花期间，野萝卜依靠各类昆虫来传授花粉，这类昆虫包括蜜蜂、食蚜蝇（图7.15）和蝴蝶等。它们为野萝卜传授花粉时，会带来其他植物的花粉。因此，野萝卜的配偶有时达7个。野萝卜是雌雄同体，一朵花上同时有**雄蕊**（stamen）与**雌蕊**（pistil），可产生花粉与胚珠，但是同一株野萝卜是无法自行授粉的，这种现象被称为**自交不亲和性**（self-incompatibility）。野萝卜花必须与其他野萝卜花交配，这有利于研究人员操控不同植株间的交配。

戴安娜·马歇尔（Diana Marshall）研究了野萝卜子代的产生是否为随机过程。换句话说，一株典型的野萝卜有7个花粉提供者，那么这7个花粉提供者使胚珠受精的机会是否相等？非随机交配或许表明野萝卜存在择偶和性选择。什么机制导致野萝卜出现非随机交配呢？非随机交配是母系控制受精过程的结果，还是花粉间竞争的结果，或是两者同时作用的结果？如果植物真的发生了非随机交配，那么非随机交配为植物的性选择提供了必备条件。然而，正如马歇尔及福尔瑟姆（Marshall and Folsom，1991）指出的，虽然动物的性选择已获得了证实，但植物的性选择却仍是一个存在争议及尚未解决的问题。

尽管植物的性选择仍是一个存在争议的问题，但是证实植物非随机交配的文献却不少。马歇尔和她的同事已经反复证实了野萝卜的非随机交配。例如，马歇尔（Marshall，1990）的温室实验证实植物间发生非随机交配。她利用3个雌株（即种子母株）与6个不同的花粉提供者（即提供花粉的植物）进行非随机交配。

马歇尔利用这6株植物的花粉进行了63种交配组合，即6种简单的一对一交配及57种混合花粉交配。她的交配实验包括了1～6个花粉源的所有可能组合。所有的授粉工作皆在温室中靠人工完成。在凉爽怡人的早晨，花刚刚绽放，研究人员开始进行人工授粉。他们轻摇花朵，在培养皿上收集花粉，然后将花粉混合，再以棉纸包住的镊子将花粉涂在

图8.13 野萝卜已成为研究植物交配行为的模型

母株的柱头上，并确保每个柱头都覆盖足量的花粉。每个花粉提供者的花朵数均相同。根据花粉交配组合的类型，每种交配都重复2～20次。因此，每棵植物的总授粉数达300次。

马歇尔通过观察花粉提供者的表现来判断非随机交配发生的可能性。她依据下列3个方面来评估花粉提供者的表现：（1）混合交配繁殖的种子数；（2）种子的部位；（3）种子质量。实验结果参见图8.14。从该图可知，花粉提供者的表现存在极大差异。换句话说，该实验中的交配是非随机的。

上述实验是在温室中进行的，那么野外环境是否同样会发生非随机交配？换言之，马歇尔记录的非随机交配是温室环境中人为的结果吗？马歇尔与欧拉·富勒设计了一个实验来回答这一问题（Mashall and Fuller，1994）。为何非随机交配可能只限于温室环境？马歇尔和富勒两人指出，当植物暴露在严酷多变的自然环境中，母株所处的环境对种子的产量、质量等产生非常重要的影响。在此情形下，温室内产生种子质量差异的非随机授粉将不易察觉，而且在生物学上的意义并不大。

马歇尔和富勒选择了4个雌株，在野外环境下培养它们的后代，将其他3株当作花粉提供者（A、B、C三系）。在野外授粉完成前，这些植物都用细孔尼龙袋罩住。马歇尔和富勒利用前述的镊子和棉纸进行多种人工授粉，包含3株花粉提供者的所有交配组合。一旦人工授粉结束，他们会移走花上的尼龙袋。

这个实验的结果清楚地显示野外环境中同样会发生非随机交配。如图8.15所示，在混合授粉中，花粉提供者C1繁殖的种子比例（56.5%）远高于A1（24.8%）和B1（18.7%）。这一发现明确指出，原先在温室环境中观察到的非随机交配并非人为结果。

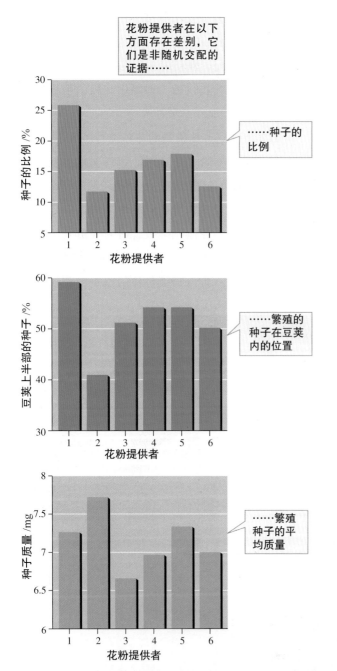

图8.14　在温室环境中，野萝卜花粉提供者的不同表现（资料取自 Marshall，1990）

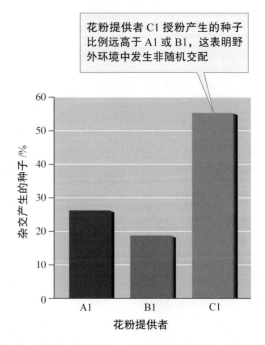

图8.15　在野外实验环境中，野萝卜花粉提供者的成功交配存在差异（资料来自 Marshall and Fuller，1994）

虽然植物间的生态交互作用没有动物间那么明显，但通过精心设计的实验（如马歇尔和同事所做的实验），我们可知植物也具有如动物般丰富迷人的交互作用。

在本章的前三节，我们看到鱼、昆虫及植物等

生物如何为择偶而竞争。虽然这种择偶竞争可能相当剧烈，但在大多数种群中，绝大部分成熟的雌性都会进行交配，大部分雄性也有机会交配。不过，在已演化出高度社会性的种群中，交配的机会往往仅局限于种群中的少数个体。

─── **概念讨论 8.3** ───◼

1. 温室实验和野外实验在研究野萝卜的交配类型中各起什么作用？

2. 如果花粉提供者在每一种花粉组合交配中的表现一致，你会在图 8.14 中的看到什么结果？

8.4 社会性

许多物种的社会性演化受高质量领域的群体防御需求和（或）配偶及幼体的保护需求所驱动。在第 5 章和第 7 章中，我们专门描述了个体生物的生态学，重点研究生物个体如何解决环境问题。我们考虑的一些问题包括，动物如何在温度多变的环境中维持体温，或者植物如何在维持高光合速率的同时，避免失水过多。在第 8 章的前几节，我们也专门讨论个体生态学，探讨个体如何选择配偶。然而当个体开始以群居方式（蚁群、兽群）生活，并与其他个体开始合作，种群内个体间的关系会发生根本上的改变。个体间的合作一般包括交换资源或各种形式的互助。例如，个体为所属群体抵御捕食者。群居生活及合作是**社会性**（sociality）的开始。物种的社会性程度从简单地相互理毛（mutual grooming）或共同保护年幼个体，到极为复杂、等级分明的社会，如白蚁群。后面这类较复杂的社会行为被认为是社会性演化的极致，被称为**真社会性**（eusociality）。真社会性常包含 3 个主要特征：（1）个体共同生活的时间超过一代；（2）个体共同照顾幼小；（3）个体被划分为不育（或无繁殖力）和具有繁殖力的社会阶层。

因为社会性物种个体繁殖的机会显然少于非社会性物种的个体，所以这种社会性的演化深深吸引行为生态学家。由于社会性个体的繁殖机会明显减少，"个体的适合度取决于个体产生的后代数量"这

一概念也受到了挑战。社会性如何挑战适合度的概念呢？挑战来自以下观察：在许多情况下，社会性物种的个体本身并不繁殖，而是协助种群中的其他个体繁殖。我们该如何解释这种乍看之下像是自我牺牲的行为？这类行为理应很快就被种群淘汰，但在一些真社会性物种（如蜜蜂种群和蚂蚁种群）中却已存在数百万年。因此，行为生态学家认为：在某些情况下，社会性的利益必定超过了它所需的成本。

行为生态学家认为，我们可通过仔细评估社会性的成本及利益来了解社会性演化的关键所在。一直以来，社会生物学的最终目标就是建立一个完整的理论体系来解释各种社会性的演化，尤其是最具特点的真社会性种群的演化。然而，为了建立这一理论体系，我们该从哪里入手评估社会性的成本和利益呢？大卫·利根（Ligon, 1999）曾指出："与合作繁殖系统相关的大部分问题……都与社会性的成本和利益有关。"遵循利根的建议，这一节的概念介绍就从合作繁殖者开始。

合作繁殖者

群居物种在繁殖子代的过程中往往相互合作，包括保卫领地、保护幼体、修筑巢穴及喂养幼体等。但是受照顾的幼体并非协助者的后代，所以关于这种繁殖系统，最基本的问题是：协助者为何要帮忙？换句话说，协助者在互助中获得什么利益呢？

社会生物学家提出了两个原因。首先，通过提高近亲者的存活率与繁殖率，协助者的演化或遗传适合度可以得到提高。社会生物学家指出，协助者投入时间及能量等资源在与它有遗传关系但非它自己的子代身上，如它的同胞兄弟、表亲、外甥等，可提高自身的**广义适合度**（inclusive fitness）。这个概念是由威廉·汉密尔顿（Hamilton, 1964）提出的。个体的广义适合度（或整体适合度）取决于个体本身的存活率与繁殖率，以及其他与其共有相同基因个体的存活率与繁殖率。在某些情况下，协助提高遗传相关者的存活率及繁殖率，可以增加个体的广义适合度。因为协助的对象是它们的亲戚或与协助者有亲缘关系，所以这类协助行为的演化力量被称为**亲缘选择**（kin selection）。汉密尔顿推测，协助者得到的利益通常以亲属的存活率与繁殖率来计算，当协助者获得的利益超过协助者付出的成本时，自然选择就会分出一部分资源给其亲属，这就是著名的**汉密尔顿法则**（Hamilton's rule）。汉密尔顿法则可用数学公式表达为：$R_g B - C > 0$。R_g 代表协助者和受援者之间的遗传相关性；B 是受援者得到的繁殖利益；C 是协助者的繁殖成本。

第二个原因是，协助可提高协助者本身的繁殖成功率。因为协助者在帮助受援者时可以从中获得育幼经验，这有助于协助者成功养育自己的幼儿和召集属于自己的协助者。再者，适宜繁殖的生境有限，通过帮助繁殖个体，协助者将很有可能继承繁殖领域。再次重申，协助最终增加了协助者抚育自己幼儿的机会。

哪些物种进行合作繁殖呢？大约有 100 种鸟类是合作繁殖者。此外，有些哺乳动物（如狼、澳大利亚野狗、非洲狮及狐獴等）也是合作繁殖者（图8.16）。现在让我们来了解两个比较深入的研究，它们已经证实了合作繁殖的益处。

绿林戴胜

大卫·利根及桑德拉·利根（Ligon and Ligon, 1978，1982，1989，1991）对绿林戴胜（*Phoeniculus purpureus*）进行了开创性的长期研究，使我们对绿林戴胜的合作繁殖及生态学有了进一步的了解。成

图8.16 狐獴。狐獴（*Suricata suricatta*）原生于南非，它们的合作繁殖群体一般由30多个个体组成。一群狐獴一般称为一个"团体"。在其中，一只优势雌性和一只优势雄性繁殖大部分后代，它们和其他成年狐獴一起保护"团体"、照顾幼崽

年绿林戴胜的喙和双足为橘红色，羽毛为黑色中点缀着绿色和蓝紫色金属光泽，但绿林戴胜幼鸟的喙与双足则为黑色，这种差异有助于利根在野外区别成鸟与幼鸟。林戴胜属共有 8 种，只分布在非洲撒哈拉沙漠南部，绿林戴胜是其中最常见和分布最广的一种。绿林戴胜的栖息地极其多样化，海拔高度从海平面到超过 2,000 m。然而，最常见的栖息地是开阔的稀树林，因为稀树林中有大树供绿林戴胜筑巢栖身。例如，利根长期研究的实验地就是以黄皮相思树（yellow-barked acacia）为优势种的稀树林，它位于肯尼亚非洲大裂谷中心的奈瓦沙湖（Lake Naivasha）附近。

树洞是绿林戴胜的庇护所。藏在其中，绿林戴胜不仅在夜晚可以保暖，还可以避开捕食者的追捕。这种栖息于树洞的习性使绿林戴胜成为研究者野外研究的理想对象。为了在绿林戴胜身体上绑上独特的色带，利根夫妇只需要在天黑之后将透明塑料袋放置于洞口，待到早上绿林戴胜离开树洞时便可将它们捉住。利用这一方法，他们将 386 只绿林戴胜绑上不同的色带。通过长期观察这些被标记的绿林戴胜的活动及交互作用，利根对绿林戴胜的社会关系有了进一步了解。例如，他们探明了研究区内93% 绿林戴胜的亲子关系、每群鸟的子代数与命运，并鉴别出每个群的所有繁殖鸟及非繁殖鸟。这个结果为研究合作繁殖的成本及利益提供了线索。

利根夫妇发现，占领领域并进行防御的绿林戴胜群由 2～16 只个体组成。在他们研究期间，各个

鸟群的鸟数变化平均为4～6只。各群内只有一对绿林戴胜负责繁殖，其余均为协助者。雄鸟大约比雌鸟大20%，强势地捍卫着它们的繁殖领域。利根夫妇（Ligon and Ligon，1989）认为雄鸟的体形大小影响着雄鸟之间对领域和雌鸟的竞争程度。领域防御非常重要，因为领域的质量差异很大。

不同领域最明显的一个差异是树洞的质量。树洞的质量非常重要，因为绿林戴胜最主要的死因是在树洞中栖息或筑巢时被捕食。利根夫妇记载了雄鸟的年死亡率为40%，雌鸟为30%，其中大部分都死于被捕食。捕食雏鸟的动物包括矛蚁（driver ant）、鹰和猫头鹰。成鸟在晚上会被矛蚁及大斑獴（large spotted genet）攻击，其中大斑獴是一种与獴具有亲缘关系的小型细长动物。由此可知，雏鸟及成鸟的易受攻击程度取决于树洞的质量，特别是洞深、洞口大小及木质坚固度等。

绿林戴胜一般在它们的**出生领域**（natal territory）附近活动。在利根夫妇观察的雌鸟中，有38只在绑上色带时还是雏鸟或亚成鸟，待到观察时已经开始繁殖。其中，18只在出生领域内繁殖，14只在邻区繁殖，6只在距离出生地2～3个领域的地区繁殖。另外，雄鸟的扩散也有限。换句话说，绿林戴胜有强烈的**恋巢性**（philopatry）。恋巢性顾名思义是"眷恋某地"，是行为生态学家用来描述某些生物终生留在同一地区的术语。

绿林戴胜为何留在出生领域协助养育亲属的雏鸟，而不扩散到他处去繁殖自己的后代呢？利根夫妇认为，绿林戴胜之所以有如此高的恋巢性，主要是因为在肯尼亚高地中，绿林戴胜赖以为生的树洞相当稀少。绿林戴胜的雏鸟留在巢洞内，在夜晚，既保暖，又安全，而且将来也会继承这个领域和树洞。

利根夫妇在研究期间发现91%雌鸟和89%雄鸟在死后均无后代，但他们也记录到有些个体的繁殖成功率非常高。研究区内繁殖成功率存在差异主要有两个原因：空间和时间的差异。每年繁殖成功率的差异主要是由降雨量的变化引起的，降雨量对绿林戴胜的食物供应产生影响。绿林戴胜雏鸟的食物是在土壤中破茧的蛾幼虫，但这些幼虫对土壤的湿度极为敏感。旱季的降雨往往会导致蛾幼虫死亡，造成绿林戴胜雏鸟食物的短缺。因此，旱季降雨会导致绿林戴胜繁殖失败（图8.17）。

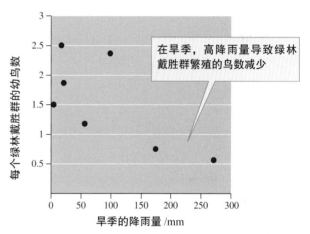

图8.17 降雨对绿林戴胜群繁殖率的影响（资料取自 Ligon and Ligon，1989）

调查求证8：利用回归分析估算遗传率

我们已知，遗传变异决定一个性状的表型变异程度，是该性状自然选择演化的潜力。换句话说，某个性状的演化潜力受到该性状遗传率的影响。我们如何估算某个性状的遗传率呢？常用的一种方法是回归分析（regression analysis）。回归分析是一种统计方法，可以探讨一个**自变量**（independent variable，通常以符号X表示）如何决定另一变量——**因变量**（dependent variable，通常以符号Y表示）。

在回归分析中，我们会建立一个X-Y图，就像先前探讨散点图及数据相关性时所用的方法一样（第7章173页的"调查求证"）。不过，回归分析用于建立**回归线**（regression line）的方程式。回归线代表X和Y之间的最佳关系。当X和Y之间的关系呈一直线时，回归方程式表示如下：

$$Y = bX + a$$

式中，a是回归线与Y轴的交点，称为Y的截距；b为

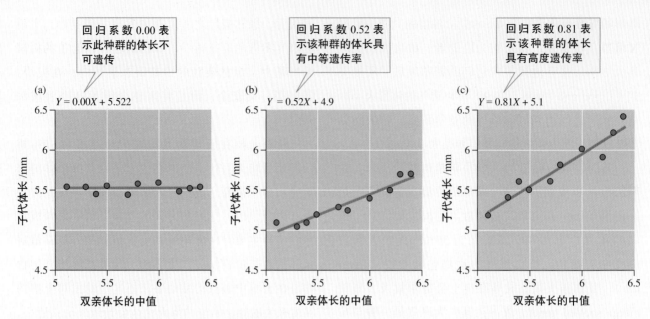

图1 有关3个睡莲萤叶甲假设种群的体长遗传率的回归分析

回归线的斜率，即回归系数（regression coefficient）。

我们以一个自然系统来认识回归分析和回归分析在遗传率研究中的作用。在遗传率研究中，让我们感兴趣的是：亲代性状对子代性状的影响程度。例如，荷兰的一个研究小组（Pappers et al.，2002）研究睡莲萤叶甲的体长，探讨睡莲萤叶甲体形的遗传率。正如我们在兰迪·桑希尔的研究中看到的，雄蝎蛉的体形明显影响着交配成功率（图8.12）。为了确定体长的遗传率，他们以亲代的体长为自变量，以子代的体长为因变量，进行回归分析。由于双亲都给子代贡献了基因型，这里的亲代体长取双亲体长的中值（mid-parent body length），也就是双亲体长的平均值。现在，让我们来想想亲代体长与子代体长之间的关系，并利用回归分析来估算睡莲萤叶甲假设种群的遗传率。

分析一下图1中的3张散点图以及散点图中的直线。这

3张图与我们在第7章中所做的散点图非常相似，只是多了一条回归线。每张图中的回归系数代表3个假设种群的遗传率。a种群的回归系数为0.00，表示亲代体长与子代体长毫无关系。这个结果在最左面的散点图中一目了然，无论亲代的体长如何，它们都可能繁殖长子代或短子代。在这样的种群中，子代体长的变异显然完全由环境因素来决定。与之相反，b种群的体长遗传率为0.52，c种群的遗传率为0.81，这些数值代表什么意义呢？b种群的遗传率为0.52，我们可以说b种群子代的体长变异一半源自遗传因素，一半源自环境因素，譬如食物、温度等；而c种群的回归系数为0.81，表示该种群中子代的体长变异主要来自遗传因素。

实证评论 8

图1表明了什么演化模式？

造成繁殖成功率存在差异的第二个原因是领域质量的差异。利根夫妇发现，领域可明显地分成两类：高质量领域及低质量领域。领域的质量取决于为鸟类提供保护、使其避免被捕食的树洞数量。图8.18比较了绿林戴胜在高质量领域和低质量领域中每年平均产下的幼鸟数目。从图中可看出，不管是好年或坏年，绿林戴胜在高质量领域中产下的子代数量是低质量领域的2倍。

虽然绿林戴胜无法掌控旱季的降雨，但它们可以竞争领域。竞争到最佳领域的鸟群具有明显的繁殖优势。现在回到我们前面的问题，为什么绿林戴胜要留在领域中协助抚育幼鸟呢？第一个原因是，通过协助抚育幼鸟及保护近亲，协助者可以增强它们的广义适合度（Hawn，Radford and du Plessis，2007）。利根夫妇发现，协助者抚育的所有幼鸟包括全同胞（full sibling）和半同胞（half sibling）。平均而言，

同胎兄弟姐妹与协助者共享的基因多达 50%，这个比例与协助者和子女间共享的基因相同。第二个原因，也是协助者获得的最明显好处是，由于高质量领域的数量有限，继承出生领域和在领域中成功繁殖的概率明显高于到其他地方再寻找适合的领域进行繁殖。

最近有研究显示，绿林戴胜在照顾鸟巢的过程中存在延迟繁殖的现象，这对雌性和雄性产生完全不同的影响。阿曼德·哈文、安德鲁·拉德福德和磨内·都·迪普莱西（Hawn，Radford and du

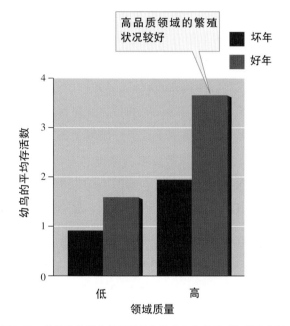

图8.18 绿林戴胜群的领域质量与繁殖率的关系（资料取自 Ligon and Ligon，1989）

Plessis，2007）利用一项关于南非绿林戴胜的 24 年研究结果探索延迟繁殖对**生命周期繁殖成功率**（lifetime reproductive success）的影响。生命周期繁殖成功率指动物一生中繁殖的后代总数。他们发现雄绿林戴胜的繁殖模式正如人们所预料：雄性开始繁殖的时间越早，生命周期繁殖成功率越高，即能产下更多活到羽翼丰满的后代［图 8.19（a）］；与之相反，如果雌绿林戴胜将繁殖时间推迟到较大年龄，则生命周期繁殖成功率较高［图 8.19（b）］。换言之，雌性开始繁殖的年龄和生命周期繁殖成功率呈正相关。原因如下：在 1～3 岁开始繁殖的雌鸟与延迟到 4～6 岁繁殖的雌鸟相比，前者的死亡率要高得多。在繁殖年龄较小的雌鸟中，超过 60% 的雌鸟在繁殖后的 1～2 年内死亡，而较大年龄才开始繁殖的雌鸟仅有 30% 死亡。哈文、拉德福德和迪普莱西也指出，雌性的延迟繁殖也使它们有更多的时间以协助者的身份建立紧密的亲缘关系，这明显增强了它们的广义适合度。

我们还可从其他物种中了解合作繁殖演化的信息吗？非洲撒哈拉沙漠南部存在数种合作繁殖的物种。例如，与绿林戴胜栖息在同一景观中的非洲狮，也是因多种环境因素而形成合作社会的物种。

非洲狮

就在利根夫妇研究绿林戴胜合作繁殖的同

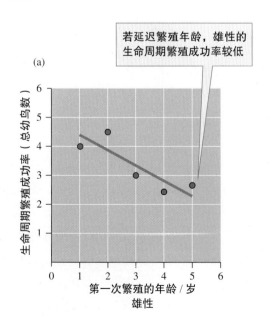

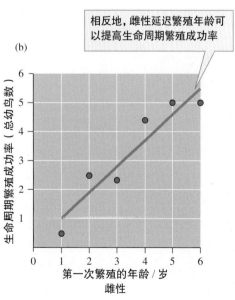

图8.19 雄性、雌性绿林戴胜第一次繁殖的年龄与生命周期繁殖成功率的关系（资料取自 Hawn，Radford and du Plessis，2007）

时，克雷格·帕克及安妮·普西则在塞伦盖蒂（Serengeti）研究非洲狮的合作行为（Packer and Pusey, 1982, 1983, 1997; Packer et al., 1991）。他们的研究揭示了非洲狮社会系统的复杂性。许多具有亲缘关系的雌狮以群居方式生活在被称为"狮群"的团体中（图8.20）。在狮群中，雌狮通常为3～6只，但也可能多达18只，或少到仅有1只。狮群除了包含成年雌狮外，还包括依赖它们生存的幼狮，以及成年雄狮联盟（图8.21）。雄狮联盟通常由近亲成员或无亲缘关系的雄狮个体组成。

狮群中存在多种合作形式。雌狮相互养育彼此的幼狮。在追捕斑马、非洲野牛等不易猎杀的猎物时，雌狮也会相互合作。另外，雌狮会联合起来抵抗其他外来入侵的雌狮，以保卫自己的领域。然而，雌狮间最主要的合作形式是共同抵抗捕杀幼狮的雄狮。这类捕杀幼狮的攻击行为，通常发生在它们的雄狮联盟被其他入侵的雄狮联盟取代之际。单靠一只雌狮很难抗衡体形比它大50%的雄狮，但相互合作的雌狮往往能成功抵抗雄狮的攻击。因此，雌狮

会联合起来驱赶其他入侵的雄狮，解除雄狮对后代产生的危机。它们也共同防御其他捕食性动物，如鬣狗（hyena）等。行为生态学家一直以来面临的挑战是，他们要确定这些各式各样的合作形式是否与演化理论相符。

由于狮群中的雌狮之间存在近亲关系，它们的合作行为可以用"亲缘选择"的理论构架来诠释。雌狮共同抚育或保护幼狮以抵抗雄狮的猎杀，这有利于它们自己的后代和近亲的成长及存活；共同狩猎及分享猎物的行为也对幼狮和近亲有益。所有这些都可以提高雌狮个体的广义适合度。

相反，雄狮联盟有时由近亲组成，有时则不是。故联盟内部的合作行为对演化理论构成较大的挑战。然而，帕克等人（Packer et al., 1991）经过仔细思考后，发现雄狮联盟的形成和行为规律与演化理论预测的结果一致。事实上，单一雄狮无法拥有并保护雌狮群。因此，雄狮必须与其他雄狮组成联盟，这是雄狮面对多种选择时受到的一种生态制约。如果雄狮群由同胞兄弟或堂表亲组成，那么增加联盟

图8.20 雌非洲狮群。这些雌狮在捕食、养育幼崽和保护狮群方面进行合作

图 8.21　成年非洲雄狮的鬃毛在性选择和自然选择的影响下演化。雌性的选择（性间选择）和雄性中的竞争（性内选择）青睐长且颜色深的鬃毛，然而炎热的赤道却偏向于短且颜色浅的鬃毛

的后代数量和存活率的合作行为可提高每只雄狮的广义适合度。然而，从理论上来说，在没有亲缘关系的联盟内，雄狮必须产下属于自己的后代，否则它不过是以牺牲自身的适合度为代价来增加其他雄狮的适合度而已。

我们提出的第一个问题：联盟中的所有雄狮都有相等的繁殖机会吗？如果联盟内的所有雄狮都具有相等的繁殖机会，那么与非亲缘雄狮结成联盟更符合演化理论。然而，如果联盟内的繁殖机会存在显著差异，那么与非亲缘雄狮的合作就不符合"各雄狮皆试图最大化自己的广义适合度"的理论推测了。事实上，雄狮能否生育幼狮取决于雄狮在联盟中的地位及该联盟的大小。如图 8.22 所示，在由 2 只雄狮组成的联盟中，它们各自繁殖的幼狮比例相差较大。在由 3～4 只雄狮组成的联盟中，地位较高的 2 只雄狮繁殖的幼狮比例近似于由两只雄狮组成的联盟，但位居联盟第三位或第四位的雄狮却几乎没有繁殖幼狮。帕克与他的团队从这些资料中得出

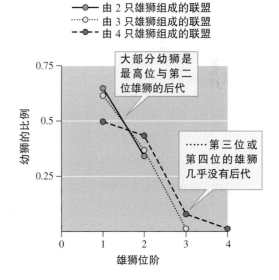

图 8.22　在不同大小的狮联盟中，雄狮的位阶和雄狮繁殖幼狮的比例关系（资料取自 Packer et al.，1991）

结论：由 3～4 只雄狮组成的联盟和由 2 只雄狮组成的联盟相比，前者的繁殖成功率变异要高许多。换句话说，前者雄狮的繁殖机会不相等。

帕克的有关非亲缘雄狮联盟的研究结果说明了

什么呢？它说明了，在由3只或3只以上无亲缘关系的雄狮组成的联盟中，雄狮冒着浪费时间和能量的风险协助维持狮群，因为它可能没有繁殖机会，无法提高自己的广义适合度。换言之，雄狮要避免加入非亲缘雄狮联盟，这正是帕克及他的同事发现的结果（图8.23）。图8.23为非亲缘雄狮在不同规模联盟中的比例。从该图中可看出，非亲缘雄狮联盟的成员多为2只或3只；在4～9只雄狮组成的大联盟中，成员之间几乎都存在亲缘关系。

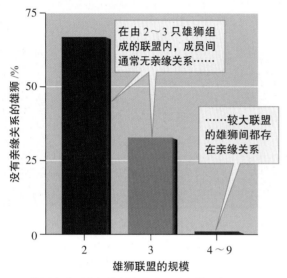

图8.23 非洲狮联盟的规模与亲缘关系（资料取自Packer et al., 1991）

总而言之，绿林戴胜和非洲狮的合作行为是它们为了成功生存对环境条件做出的反应。就绿林戴胜而言，稀少的高质量领域及群体间对领域的激烈竞争，使它们偏向于停留在出生领域，并协助抚养与它们存在亲属关系的幼鸟，这样它们日后有机会继承该领域。帕克与普西（Packer and Pusey, 1997）掌握非洲狮群的生存环境后，写下了一篇非常吸引人的文章——《分则亡：狮子间的合作》（Divided We Fall: Cooperation Among Lions）。为了生存、繁殖和成功抚育幼儿至成年，非洲狮必须形成合作的群体。落单的雄狮面对生态挑战根本毫无机会，因为塞伦盖蒂不仅包括侵略性极强的雌狮群，还有极具攻击性及捕杀幼狮的雄狮联盟。然而，正如我们看到的，在环境的限制下，绿林戴胜和非洲狮以积极影响它们的整体适合度的方式生活。

虽然历经数十年，非洲狮与绿林戴胜的复杂社会关系才被发现，但与蜜蜂、白蚁、蚂蚁等真社会物种中纷杂的生命相比，它们则显得相形见绌。现在，我们通过进一步探讨动物种群的真社会性，洞悉这类复杂社会系统的演化，并介绍演化生态学上最具价值的一种研究方法：比较法。

概念讨论 8.4 ■

1. 利根夫妇发现，协助者帮助的年轻绿林戴胜是协助者的全同胞或半同胞。如果全同胞与协助者的遗传相关性是50%，那么协助者与半同胞之间的遗传相关性是多少？

2. 根据汉密尔顿法则，协助者通过亲缘选择为全同胞或半同胞提供同等帮助，它们能从中获得更多好处吗？

3. 大雄狮联盟几乎全由具有亲缘关系的雄狮组成（图8.23），其演化意义是什么？

8.5 真社会性

亲缘选择和生态制约在真社会性演化中扮演重要角色。 行为生态学家既关心特殊社会系统如何运转，又要确定导致特殊社会系统演化与维持的机制。但大多数生物性状的演化根源在过去是深藏不露的，生物学家无法直接观察到演化过程，那么科学家如

何建构演化假说，验证假说，最终建立演化理论呢？许多方法可用于这个过程中，我们已经采用了其中一种比较基本的方法。我们在以孔雀鱼、蝾螈和野萝卜为案例探讨择偶和性选择的过程中，就运用了这种方法。它对演化生物学家而言是最有价值的工具之一，被称为**比较法**（comparative method）。比较法是一种通过比较不同物种或种群的特征，从

中找出令人感兴趣的特殊变量或特征（如社会性）的方法。

让我们来看一个有关真社会性昆虫与真社会性哺乳动物间趋同性的典型案例。这种比较是比较法的基础，若能够量化并重复应用到许多物种上，将有助于解开复杂特征的演化之谜，这其中也包括社会系统的演化。

真社会性物种

被研究得最透彻的真社会性物种应该是蚂蚁。分类学家已描述了大约 9,000 种蚂蚁，它们均属于蚁科（Formicidae）。蚁科与近亲——蜜蜂和胡蜂均为膜翅目（Hymenoptera）昆虫的一员。20 世纪末，霍尔多布勒与威尔逊（Hölldobler and Wilson，1990）合写了一本关于蚂蚁的巨作。书名很简单，名为《蚂蚁》（*The Ants*）。该书汇总了当时已知的有关蚂蚁的所有知识。然而，尽管有了该书的问世，而且后来出现了数百个有关蚂蚁的研究，但这种被霍尔多布勒和威尔逊称为"昆虫演化巅峰的物种"仍存在许多未解之谜尚待人们发现。

切叶蚁（leaf-cutter ant）是社会性最复杂的蚁类之一。目前已描述的 39 种切叶蚁属于两个属（genera），它们分布的区域只限于美洲地区，从美国南部到阿根廷。切叶蚁把树叶切碎并运送回蚁巢中，使碎叶发酵成易于真菌生长的基质，因为真菌是切叶蚁赖以生存的主要食物来源。

在各种切叶蚁中，人类研究最透彻的一种属于切叶蚁属（*Atta*）。它们主要分布在中美洲及南美洲的热带地区。然而，其中至少有两种切叶蚁分布的范围往北远至美国的亚利桑那州与路易斯安那州。切叶蚁是热带生态系统的重要消费者。它们搬运大量的土壤到蚁巢内，并在巢中处理大量植物叶子。切叶蚁蚁巢的规模可说是相当庞大。例如，六刺芭切叶蚁（*A. sexdens*）的巢包含 1,000 个巢口和近 2,000 个在用和废弃的蚁室。研究人员曾挖掘一个六刺芭切叶蚁的蚁巢（Hölldobler and Wilson，1990）。他们估计该巢的切叶蚁搬运了 22 m^3 的土壤，土壤的重量超过 40,000 t。在这个巢中，切叶蚁大约储存了

6,000 kg 叶子。一个成熟的蚁巢包括一只蚁后和数只长翅的雄蚁及雌蚁，后两者会扩散到他处进行交配，建立新群体。此外，蚁巢中还有 500 万～800 万只工蚁。

另外还有一个物种，虽然它的个体数远不及蚂蚁多，但它的群体与蚂蚁的群体极为类似，那就是裸鼹鼠（*Heterocephalus glaber*）。裸鼹鼠是少数真社会性哺乳动物物种之一。虽然它们的俗名为"裸鼹鼠"，但它们并非全身无毛。它们既非鼹鼠（mole），也非地鼠。它们虽和鼹鼠一样栖息于地下，却属于啮齿动物，而且裸鼹鼠所属的啮齿科与豪猪和毛丝鼠（chinchilla）的亲缘关系更近，与地鼠的关系比较远。

裸鼹鼠群体栖息在肯尼亚、索马里与埃塞俄比亚的干旱地区。每个群体通常包含 70～80 只裸鼹鼠，有时可达 250 只。一个裸鼹鼠群体的潜穴系统非常庞大，面积可达 100,000 m^2，约有 20 个足球场那么大。维持这么庞大的潜穴系统，主要靠裸鼹鼠的牙齿及大颚来完成挖土工作。因此，裸鼹鼠颚部的肌肉约占全身肌肉的 25%，这相当于用人类的大腿肌肉来武装你的下颌。

裸鼹鼠和切叶蚁类都是社会性动物，所有成员分成数个社会**等级**（caste），每个等级分别执行极为不同的活动。社会等级是指群体中身体构造特别且从事专门活动的一组成员。E. O. 威尔逊（Wilson，1980）在实验室中饲养了六刺芭切叶蚁群体，并用 8 年的时间研究了切叶蚁各个等级的劳力分配。在这期间，他仔细归类群体成员的行为。该群体生活在封闭的透明塑料箱内，这有利于威尔逊研究它们的行为。除了记录它们的行为外，为了估算从事各活动成员的体形，威尔逊还测量了切叶蚁的头宽。他利用已知体形大小的六刺芭切叶蚁标本作为标准组，进行目视比较，精度可达 0.2 mm。

当威尔逊比较六刺芭切叶蚁和其他 3 种非切叶蚁时，发现切叶蚁存在较多社会等级，它们从事的活动也比较多样（图 8.24）。威尔逊鉴别出切叶蚁一共从事 29 种明显不同的工作，而其他 3 种非切叶蚁平均只有 17.7 种。他发现，六刺芭切叶蚁主要根据体形大小来划分等级，这可能是因为切叶蚁需要执行大量专门的活动。因此，切叶蚁具有蚁类中最

复杂的社会结构，而且是体形大小范围最广的种类之一。在六刺芭切叶蚁的群体中，最大个体的头宽（5.2 mm）是最小个体的头宽（0.6 mm）的9倍。依据头宽，威尔逊辨别出切叶蚁群体存在4种社会等级。但随着年龄增长，某些等级的工作发生改变。因此，他又发现了3个临时性或发展中的等级，群体的等级增加到7个。相比之下，非切叶蚁物种的等级平均只有3个。

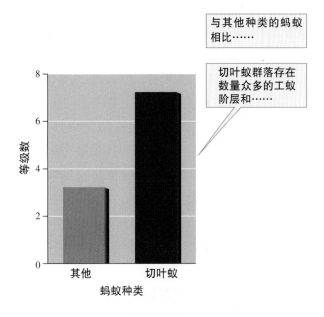

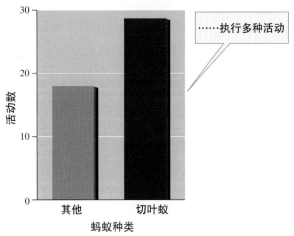

图8.24 有关六刺芭切叶蚁与其他3种蚂蚁群落的社会等级数和活动数的比较（资料取自 Wilson，1980）

由于等级存在如此大的差异，科学家们可在切叶蚁运送新鲜碎叶回巢的路途中观察切叶蚁的体形和行为的多样性。中等体形的蚂蚁将碎叶举起高过头顶，负责搬运工作；体形最大的蚂蚁则排列成队，如卫兵般站在搬运叶片的蚂蚁纵队旁，随时准备抵

御外侵；体形娇小的蚂蚁则爬在叶片上，协助搬运叶片的蚂蚁免受空中寄生蝇的攻击；其他体形的蚂蚁在巢中处理叶片、抚育稚蚁、维护真菌园等。通过观察实验群体中小蚂蚁的活动，威尔逊对切叶蚁有了透彻的了解。

许多仔细深入的研究均表明切叶蚁与裸鼹鼠的社会结构具有惊人的相似性。南非开普敦大学的珍妮弗·贾维斯（Jarvis，1981）教授最先在《科学》（Science）上发表了裸鼹鼠的社会行为。她的文章是基于6年的实验室观察结果。与威尔逊设置的切叶蚁实验室类似，贾维斯从地下挖出数个裸鼹鼠群体，并将它们移至实验室环境中。大约1年后，她才开始量化裸鼹鼠的行为。当裸鼹鼠渡过了适应期之后，她花了大约100个小时详细地记录实验室裸鼹鼠种群的生活情况。

贾维斯刻画的裸鼹鼠社会群体立即受到了许多行为生态学家的高度关注。裸鼹鼠群体和蚂蚁群体的社会性相似度远超过它与其他已知哺乳动物种群的相似度。贾维斯在《科学》上发表的论文吸引了数十位科学家研究裸鼹鼠和其他相关物种。他们的研究成果有助于我们深入地了解动物社会性行为的演化。一个裸鼹鼠群体仅靠一只雌鼠及少数雄鼠便可进行繁殖，其他群体成员均无繁殖功能。行为生态学家发现，整个裸鼹鼠群体的生活重心便是这只鼠后及它的后代，鼠后的行为似乎也是维系该群体的关键所在。它是群体中最活跃的成员，事实上，整个群体的活动都靠它推动。当群体中有工作要做或群体受到了威胁需上阵抵御时，它会催促成员行动。鼠后的攻击性也可维系鼠后的主控地位，避免群体内的其他雌性进入繁殖状态。如果鼠后死了或被移走，该群体中的另一只雌鼠会接替鼠后的位置。倘若群体中有2只或3只雌鼠竞争后位，它们会在新的社会等级建立过程中，争得你死我活。

在切叶蚁群体中，工蚁全为雌性。与此相反，裸鼹鼠群体中的雌性和雄性都要工作。贾维斯发现，裸鼹鼠的分工和切叶蚁类似，均根据体形来划分。然而，与切叶蚁不同的是，裸鼹鼠群体的工鼠体形只有大型与小型两种。小型工鼠最忙碌，负责挖地道，构筑比大部分地道还要深的鼠巢，并用植物铺设巢穴。另外，小型工鼠还负责觅食（主要是植物的根与块茎），并运送食物给鼠后及其他成员。由于大型不繁殖工鼠多数时间都在睡觉，它们究竟扮演什么角色还是一个谜，直至研究者终于在野外观察到了大型不繁殖工鼠的行动。原来，大型工鼠的角色就如同蚂蚁群体中的大型蚂蚁，专门负责防守。如果地道因别的群体成员入侵而遭到破坏，大型工鼠会立即从休息处冲出来抵御入侵者。它们用自己的身体堵住缺口，并堆积大量土壤筑成土墙，将入侵者阻挡于外。事实上，它们最重要的防御对象是蛇。蛇对裸鼹鼠来说，可谓最危险的捕食者。若与蛇狭路相逢，大型工鼠会设法将蛇杀死，或将泥土泼在蛇身上，直到将蛇驱逐或掩埋为止。

真社会的演化

尽管切叶蚁和裸鼹鼠的演化史及其他生物性状存在巨大差异，但威尔逊和贾维斯的研究却指出两者在社会组织结构上存在令人感兴趣的相似性（图8.25）。其中的一个相似性为根据体形大小分工。小型个体专司觅食、维护巢穴和挖掘庞大的潜穴系统；大型个体则专司防御之职。另外，这两个物种的繁殖都只由一只王后及配偶群完成。这两种截然不同的生物物种在社会组织上的相似性，有助于我们了解真社会性演化的原动力。这类比较研究是比较法的基础。

对切叶蚁和裸鼹鼠的社会性演化与维系产生重要影响的因素是什么呢？亲缘选择可能只是其中的一个重要因素。切叶蚁类与其他膜翅目昆虫（如蜜蜂与胡蜂）的遗传系统为**单倍二倍性**（haplodiploidy）。单倍二倍性与雄性、雌性体内的染色体组数有关。

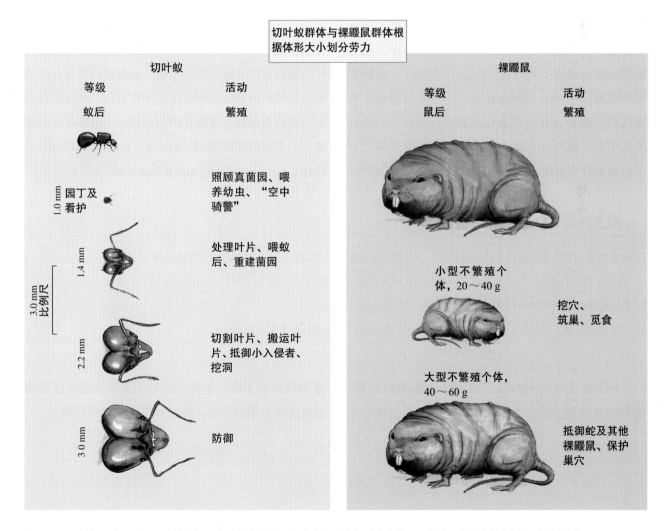

图8.25 六刺芭切叶蚁与裸鼹鼠社会等级中的劳力划分。蚂蚁的体形大小以从事某项工作的工蚁的头宽为指标（资料取自 Wilson，1980；Jarvis，1981；Sherman，Jarvis and Braude，1992）

在单倍二倍性系统中，雄性由未受精的卵发育而成，为单倍体（haploid）；雌性由受精卵发育而来，故为二倍体（diploid）。单倍二倍性衍生的一个结果是：群体中的工蚁在遗传上非常相似。在蚂蚁群体内，一只蚁后只与一只雄蚁交配。因此，与工蚁和后代之间的亲缘关系相比，工蚁间的亲缘关系更接近。W. D. 汉密尔顿在 1964 年首次指出：在这种情况下，工蚁间的遗传相似性是 75%，工蚁与后代的遗传相似性仅为 50%。

如此高的遗传相似性源于哪里？蚁后只在飞行交配阶段进行交配，并储存它接收到的精子，使卵受精，然后产生后代。若蚁后只与一只雄蚁（单倍体）交配，所有雌性后代都得到相同的父系基因。因此，在工蚁的基因中，50% 均来自父系，且完全相同；25% 来自蚁后，也完全相同。故工蚁之间的遗传相似性平均为 50% + 25 % = 75%。当然，在蚁后与多个雄性交配的群体中，成员之间的遗传相似性会降低。在许多高度社会性的膜翅目物种中，女王通常和多个雄性交配（Strassmann，2001），蜜蜂和切叶蚁群体中的女王就是如此。这个发现弱化了亲缘选择对物种真社会性演化的影响。然而，一直以来，单倍二倍性在真社会性演化中的重要作用受到了白蚁真社会性的挑战，因为白蚁不是单倍二倍性。

另外，我们在其他非单倍二倍性生物中也发现了真社会性现象。这些生物包括虾、甲虫和蜘蛛及我们这里讨论的裸鼹鼠等（Gadagkar，2010）。

然而，非单倍二倍性种群可保持高度的遗传相似性。例如，虽然裸鼹鼠群体对于外来者而言是相对封闭的，但是群体内的裸鼹鼠却如切叶蚁群体的工蚁那般，它们的基因非常相近。保罗·薛尔曼、珍妮弗·贾维斯与斯坦顿·布劳德（Sherman, Jarvis and Braude，1992）指出，约 85% 裸鼹鼠群体的交配发生在亲代与子女之间或同胞之间。因此，近亲交配使个体间的遗传相似性约为 81%。这暗示着亲缘选择可能是无繁殖力的裸鼹鼠个体留在群体里的原因。

除了亲缘选择外，还有什么因素造成真社会性的演化呢？研究蚂蚁及其他膜翅目动物的学者强调亲缘选择的重要性，而研究哺乳动物合作繁殖的学者则强调生态制约的影响。切叶蚁与裸鼹鼠面对的共同生态制约是什么呢？其中最明显的制约是地下庞大潜穴系统的挖筑、维护以及防御外来竞争者和捕食者的工作。我们对社会性动物越了解，就越明白单靠几个简单的机制来解释社会性演化是不可能的。亲缘选择和生态制约在真社会性演化中的作用是当前演化生态学研究中争议颇多的议题（Nowak, Tarnita and Wilson，2010；Ratnieks, Foster and Wenseleers，2011）。

—— **概念讨论 8.5** ——■

1. 蚁王或其他真社会性膜翅目昆虫的女王与多个雄性的交配如何影响群体中工蚁的遗传相似性？如果说这种情况在社会性膜翅目昆虫中很普遍，那么女王与多个雄性的交配对亲缘选择造成的潜在影响又如何影响膜翅目动物的真社会性演化？

2. 喜欢群体生活的切叶蚁和裸鼹鼠面临哪两个生态挑战？

3. 群体结构提供了什么证据证明切叶蚁和裸鼹鼠必须全力以赴抵御捕食者和入侵者？

行为生态学已经取得了许多令人激动的成果，使我们对动物复杂行为（如真社会性）的演化有了更为深入的了解。然而，行为生态学也提供了许多具有实用价值的信息，特别是在生物保护领域。

应用案例：行为生态学与生物保护

生态学家们越来越关注行为生态学在生物保护中的作用。然而，韦恩·林克莱特（Linklater，2004）指出，虽然行为生态学在生物保护中已经发挥重要作用，但还具有更大的潜力。为了发挥这种潜力，林克莱特建议，应该更均衡地发展尼可·廷伯根（Tinbergen，1963）提出的行为生态学概念框架。

廷伯根的概念框架

廷伯根指出，要完全地理解某种行为，需要回答下列 4 个基本问题：

1. 引发该行为的机制是什么？
2. 包括学习在内的发展如何影响该行为？
3. 该行为的演化史是什么样的？
4. 该行为对于适合度有什么贡献？

当代行为生态学关注的内容和本章的核心概念基本上集中在最后一个问题，即行为的适应性意义。但林克莱特建议，若要了解生物保护的关键信息，需要更多注意廷伯根提出的其他 3 个问题。接下来，我们将讨论行为的发展如何受动物饲养环境的影响。

环境丰富度与行为的发展

物种保护计划经常采用圈养繁殖和放归野外相结合的方法保护动物，但菲奥娜·马修斯和她在剑桥大学生物保护研究所的同事（Mathews et al.，2005）指出，大多数圈养繁殖动物重返自然后无法成功生存。他们认为，不成功的一个原因或许是圈养行为降低了它们的生存概率。马修斯和她的同事发现，圈养繁殖的欧鼩不会加工它们的重要食物（榛子），而且与野外捕捉到的欧鼩相比，它们的优势少了许多。因此，研究者建议提高圈养环境的复杂性，即**环境丰富度**（environmental enrichment）。这种方法有利于圈养动物保持原有的野外生存技能。一项有关圈养鱼类的研究支持了他们的建议。

在一组设计漂亮的实验中，爱丁堡大学的维多利亚·布雷思韦特和卑尔根大学的安妮·萨尔瓦内斯（Braithwaite and Salvanes，2005）发现，环境丰富度提高了圈养繁殖的

大西洋鳕鱼（*Gadus morhua*）的行为灵活性。基于他们的研究结果，他们认为，丰富孵化场的环境可以提高鱼类放养的成功率。孵化场圈养繁殖与放养是渔业管理中常见的一种做法，目的是消减过度捕捞与环境恶化带来的影响。然而圈养繁殖的鱼类在野外的存活率通常很低。布雷思韦特和萨尔瓦内斯认为，这种现象归结于鱼类在标准统一的孵化条件下产生的行为。为了验证这个观点，他们把鳕鱼仔饲养在 4 种不同的环境条件下：（1）孵化场，传统无遮蔽的孵化箱，有一个固定点连续提供少量饲料；（2）食物变化，在无遮蔽的孵化箱里，喂食的饲料在空间和时间上有变化；（3）空间变化，孵化箱用天然石头和海草铺底，连续定量提供饲料；（4）食物和空间均变化，孵化箱用天然石头和海草铺底，饲料供应发生变化。

布雷思韦特和萨尔瓦内斯在每种环境下饲养 100 尾鱼仔。鳕鱼在传统孵化环境下比在其他实验环境中生长得都快。但是在变化环境中生长的鳕鱼放养时，能更快地融入到其他野生鳕鱼中；它们在生理上也能更快地从模拟的捕食攻击中恢复过来（图 8.26）；它们对活鱼饵的反应更快，能更快地适应从颗粒状人工饵料到活饵的转换。很显然，环境变化影响鳕鱼行为的发展，而鳕鱼的行为影响它们在野外的生存概率。关于鳕鱼和其他相似物种的研究还有更大潜力，而这种行为研究无疑将提供更多有利于生物保护的信息。

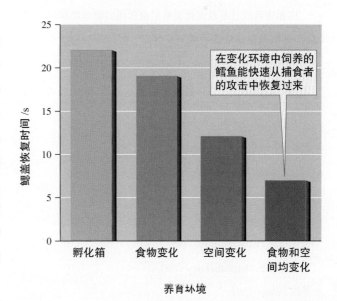

图8.26　饲养环境对孵化圈养的大西洋鳕鱼从模拟捕食攻击中恢复所需时间的影响。恢复时间以鳃盖恢复静息水平所需的时间来测定（资料取自 Braithwaite and Salvanes，2005）

社会关系很重要，因为它直接且显著地影响个体对未来世代繁殖的贡献程度，是适合度演化的一个关键因素。适合度是指一个生物个体对未来世代贡献的子代数量或基因数量。个体间最基本的一种社会互动关系发生在有性繁殖中。

其他资源的自然选择可降低雌性择偶对雄性装饰物演化的影响。交配成功率的差异导致个体间的繁殖率差异，从而产生了性选择。性选择靠性内选择或性间选择来完成。性内选择为同性别个体之间的竞争，而性间选择是指一个性别的成员根据某一性状从另一个性别的成员中选择配偶。实验研究支持以下假说：雄孔雀鱼的体色是由捕食者的自然选择与雌性择偶的动态交互作用来决定的。在捕食者的压力下，体色不鲜艳的雄孔雀鱼的存活率较高；在雌性择偶的压力下，体色鲜艳的雄性的交配成功率较高。

有些物种的雌性依据雄性提供重要资源的能力来择偶。在蝎蛉中，大型雄蝎蛉在肢体冲突时占有优势，能成功地守住它们的节肢动物献礼。因而，与没有献礼的小型雄蝎蛉相比，大型雄蝎蛉拥有更多交配机会。

野生植物种群的交配是非随机的。由温室实验和野外实验的结果得知，野萝卜为非随机交配，并且不同花粉提供者之间存在竞争。

许多物种的社会性演化受高质量领域的群体防御需求和（或）配偶及幼体的保护需求所驱动。物种的社会性程度从简单的互相理毛或集体保护幼儿，到高度复杂、等级分明的社会组织（如白蚁群）。后面这种复杂的社会性行为被认为是社会性演化的极致，又称为真社会性。真社会性通常包含下列 3 个特征：（1）个体共同生活超过一代；（2）个体共同照顾幼小；（3）个体被划分为不育（无繁殖能力）与具有繁殖能力两个阶层。

绿林戴胜之间及非洲狮之间的合作，是它们对环境条件产生的反应，它们需要相互合作才能成功生存。就绿林戴胜而言，稀少的高质量领域及群体间对这些领域的激烈竞争，使它们留在出生领域，共同抚养亲属的幼鸟，因为日后有继承该领域的机会。为了生存、繁殖及成功抚育幼狮至成年，非洲狮必须以雌狮群与雄狮联盟的合作方式生活。

亲缘选择和生态制约在真社会性演化中扮演重要角色。比较法已被用于切叶蚁和裸鼹鼠等许多动物的真社会性演化研究。这两个物种以群居的方式生活，其中的个体分属于不同的等级，执行不同的工作。在切叶蚁群体中，工蚁均为雌性。与之相反，在裸鼹鼠群体中，雌性、雄性都需要工作。和切叶蚁群体一样，裸鼹鼠群体成员间的工作依据体形大小而定。促进切叶蚁和裸鼹鼠真社会性演化的因素有很多，包括亲缘选择和生态制约。

行为生态学为生物保护提供了很多具有实用价值的信息，如环境对生物行为发展的影响。

——复习思考题——

1. 第 8 章的前言简述了几种鱼类的行为和它们的社会系统。试用本章学到的概念回顾这些案例，并预测每一物种的性选择类型。

2. 第 8 章的论述基于一个基本假设：繁殖方式会显著影响种群内的社会交互作用。试问无性繁殖种群与有性繁殖种群的交互作用有何不同？雌雄异体的个体与雌雄同体的个体如何影响种群内的社会交互作用类型？某种群中的同性个体具有多种体形，如大型雄性与小型雄性，试问它们会如何影响种群内行为交互作用的多样性？

3. 恩德勒（Endler，1980）指出，虽然野外观察印证"捕食者对孔雀鱼体色产生自然选择作用"的假说，但其他环境因素也会影响孔雀鱼种群中雄性的体色。试问还有哪些因素（尤其是物理因素和化学因素）会影响雄鱼的体色？

4. 恩德勒设置了两个实验：一个在温室中进行；一个在野外的阿里波河开展。试问温室实验与野外实验的优缺点各是什么？

5. 讨论蝎蛉的交配系统。特别注意蝎蛉的性内选择和性间选择的潜在作用。

6. 很多研究结果均指出，植物在某些情况下发生非随机交配。这些结果引发了不少关于非随机交配的生物机制的疑问：母体植物如何控制或影响种子的亲子关系？花粉间的竞争在非随机交配中发挥什么作用？

7. 实验设计的细节关乎着室内实验及野外实验的成败，研究结果常依赖于细微的设计。例如，贾维斯在设置研究裸鼹鼠的室内实验时，为何要在实验群体建立 1 年后才正式着手量化裸鼹鼠室内种群的行为？若在群体建立后不久即开始量化该群体的行为，可能得到什么结果？

8. 行为生态学者曾对裸鼹鼠是否为真社会性动物有过争议。真社会性的主要特征有哪些？裸鼹鼠具有其中的哪些特征？

9. 试从社会关系生态学中选择一个问题，并提出一个假说，再设计一个实验来验证此假说。请采用两种研究方法：第一种利用野外实验与室内实验验证假说，第二种采用比较法。

第三篇
种群生态学

第 9 章

种群的分布与多度

生物种群的分布及动态变化存在很大的差异。有些种群非常小，且分布的区域相当有限；有些种群的数量则以百万计，而且遍布全球各地。站在美国加州中部太平洋的陆岬上，我们可以观赏到一群灰鲸（*Eschrichtius robustus*）正向北游去，时而跃出海面喷水。这个由雌鲸和幼鲸组成的灰鲸群正在绕过这个陆岬，前往阿拉斯加和西伯利亚外海的索饵场。幼鲸是在前一年冬天于加州半岛沿岸的越冬栖息地出生的。春天，这个由 20,000 多只灰鲸组成的种群再次经过这个陆岬，前往白令海和楚科奇海（Chukchi Seas）。一年两次，灰鲸从这端穿越到另一端，整个旅程大约 18,000 km，涵盖了加州半岛南部到亚洲东北岸的沿海地区。

在我们观看鲸鱼的陆岬上有片松林，它是另一群长途旅行者——大桦斑蝶（*Danaus plexippus*，又称帝王斑蝶）的越冬栖息地（图9.1）。这些亮橘色中带着黑斑纹的大桦斑蝶慵懒飞舞的样子，很难让人联想到它们强大的迁徙能力。这些蝴蝶是在前一个秋天从遥远的加拿大南部的落基山脉飞到这片松林的。就在我们观看鲸鱼的同时，雄蝶正在追求雌蝶，进行交配。交配后，雄蝶死亡，雌蝶则开始往北方内陆迁徙。在途中，一旦遇到马利筋（milkweed），蝴蝶会停下来产卵，最后死去。它们的子代会继续这

图9.1 大桦斑蝶。沿加州海岸，大桦斑蝶飞行了几千米，从落基山脉来到这个冬季栖息地。与之相反，辐射松种群仅分布在加州海岸的5个小区域

▲ 亚利桑那州图森市附近的巨柱仙人掌国家公园中的巨柱仙人掌种群。巨柱仙人掌的自然分布仅限于索诺拉沙漠，从亚利桑那州中部延伸到墨西哥北部。由于对冰冻很敏感，巨柱仙人掌往北和在高海拔地区的分布均受低温的制约。

个迁徙旅程。大桦斑蝶的幼虫以马利筋为食，迅速结茧、化蛹、羽化，而后交配，并和上一代一样飞向北方内陆。随着一代代往北方内陆的推进，一些大桦斑蝶最后到达加拿大南部的落基山脉，这里距离它们祖先展翅飞翔的出发地——覆盖松树的陆岬非常遥远。

随着秋天的到来，白昼渐短，大桦斑蝶又启程前往西南方，开始返回加州南岸越冬栖息地的长途旅行。有些蝴蝶的飞行距离可能超过 3,000 km，有些会在迁徙途中丧命。成功抵达松树林的大桦斑蝶悬挂在特定的松木上度过冬季，并在春天交配，然后重新开始上述迁徙循环。

尽管灰鲸和大桦斑蝶看起来如此不同，但它们却有着类似的生活方式。在大桦斑蝶的越冬栖息地、灰鲸每年两次经过的陆岬上，辐射松（*Pinus radiata*）有着完全不同的生活方式。辐射松种群世代无须迁徙，而且分布范围相当有限。目前，它的自然分布范围仅限于加州中部海岸、北部海岸的少数区域，以及墨西哥西岸的两座岛屿。这些分散的辐射松种群是末次冰期寒冷气候的残存者，沿着加州海岸绵延分布超过 800 km。从辐射松的生活史可知，它们的分布随着时间发生动态变化。

我们可借上述 3 个例子来思考种群生态学。生态学家通常将**种群**（population）定义为栖息在某特定区域内的单一物种的群体。一个植物种群或动物种群可能分布在一座山顶、一畦河流盆地、一片海岸湿地或一座岛屿。这些都是由天然屏障界定的区域。不过，生物学家研究的通常是人为界定区域（如特定的国家、县或国家公园）内的种群。种群栖息的区域从一个腐烂的苹果中细菌所占的几立方厘米，到一个迁徙鲸群所覆盖的几百万平方千米，范围很大。因此，生态学家研究的种群可能是某物种所有种群中极具代表性的群体，也可能是某物种在分布区域中的所有个体。

生物学家研究种群出于很多原因。种群研究有助于我们了解和拯救濒临绝种的生物、控制有害动物种群、管理渔业和狩猎动物；种群研究也为我们了解和控制流行性疾病提供线索；最后，对于生物多样性及生物圈完整性而言，最大的环境挑战仍是种群问题——人类种群的增长。

所有种群都具有下面几个共同特征。第一个特征是种群的**分布**（distribution）。种群分布探讨的问题包括种群所占面积的大小、形状及分布区域的地理位置。种群在分布范围内通常具有独特的空间分布模式，它通常以分布范围内的个体数和它们的**密度**（density）——单位面积内的个体数来表示。其他特征还包括个体的年龄分布、出生率和死亡率、迁入率和迁出率及增长率，这些是第 10 章与第 11 章的主题。本章我们将集中讨论分布和**多度**（abundance）这两个种群特征。多度指的是某一种群在某一特定区域内的全部个体数或生物量。

9.1 分布的限制

环境限制了物种的地理分布。第 5 章、第 6 章、第 7 章的主题是生物个体为应对环境变异，演化出生理特征、结构特征和行为特征。个体通过调节体温、体内含水量，采用高能量摄取方式进食来弥补环境的时间和空间变异。然而，个体能够补偿的程度仍然有限。

虽说地球上很少存在无生命的环境，但没有一个物种能忍受所有环境。对于某个物种而言，有些环境太热，有些环境太冷，有些环境太咸或存在其他不适合生存的因素。正如我们在第 7 章所见，个体摄取能量的速率有限。有时为了弥补环境变异所需的代谢成本，生物甚至消耗了过多的储备能量。或许就是因为能量的制约，物理环境限制了种群的分布。一个物种所受的环境限制与它的**生态位**（niche）有关。生态位这个词在生态学上已经应用很长时间了，它最早最原始的意思是指墙壁上的壁龛，可用于放置或展示某个物件。然而，一百多年来，生态学家为这个词赋予了更广泛的含义。对生态学家来说，生态位是影响物种的生长、生存和繁殖的环境因素的统称。换句话说，一个物种的生态位由它生存所需的所有因子组成，包括时间、地点和方式。

约瑟夫·格里内尔（Grinnell，1917，1924）和查尔斯·埃尔顿（Elton，1927）分别提出了生态位的概念。他们的生态位概念略有不同。在早期的文章中，格里内尔的生态位概念主要集中在物理环境的影响；而埃尔顿的早期生态位概念则包括生物的交互作用和非生物因子。尽管他们的构思和强调的重点有所不同，但我们可以清楚地看到这两位研究者的观点存在许多共同点，我们今天的生态位概念也是基于他们的开拓性工作而建立的。

现在我们以伊夫琳·哈钦森（Hutchinson，1957）发表的一篇论文为代表来总结生态位的概念。在这篇重要文章的"结束语"中，哈钦森把生态位定义为一个 n 维超体积体（n-dimensional hypervolume）。这里的 n 代表对物种生存和繁殖起重要作用的环境因子的个数。哈钦森将影响物种生存和繁殖的几个环境因子确定的超体积体定义为该物种的**基础生态位**（fundamental niche）。在基础生态位定义的物理条件下，物种和其他生物间没有交互作用，但哈钦森认为竞争等交互作用限制物种生存的环境，所以他称这种更严峻的条件为**实际生态位**（realized niche）。它是物种的真实生态位，这时的物种分布受各种生物作用限制，包括竞争、捕食、疾病和寄生等。简单说，生态位几乎包含我们在第二篇和第三篇讨论的大部分内容。在这一节，我们我们要考虑的是环境因子如何影响物种的生长、生存、繁殖、分布和多度，这是一个我们在面临全球变暖的生态后果时必须讨论的热门话题。

大袋鼠的分布及气候

袋鼠科（Macropodidae）包括大袋鼠（kangaroo）和沙袋鼠（wallaby），它们是有名的澳大利亚动物。然而，这群大脚哺乳动物包含了许多不太相似的种类，比如鼠袋鼠（rat kangaroo）和树袋鼠（tree kangaroo）。虽然有些长脚袋鼠物种在澳大利亚几乎随处可见，但没有一种袋鼠能遍布整个澳大利亚，它们全都局限分布于某些气候区和生物群系中。

G. 考格利和他的同事（Caughley et al.，1987）

发现，澳大利亚 3 种体形最大的袋鼠的分布与气候存在密切的关系（图 9.2）。东部灰袋鼠（*Macropus giganteus*）仅分布在澳大利亚东部，占据澳大利亚 1/3 区域，该区域包含了许多生物群系（第 2 章）。灰袋鼠分布区域的东南部是温带森林，北部是热带森林，中部则是气候多变的山区（图 2.11、图 2.25）。区别这些不同生物群系的气候因素是季节性变化较小的降雨或集中于夏季的降雨。西部灰袋鼠（*M. fuliginosus*）主要生活在澳大利亚的南部和西部，它们的分布大多与地中海型林地和灌丛地生物群系的分布相符。这一生物群系的气候特征为明显的冬季降雨（图 2.20）。红袋鼠（*M. rufus*）则漫游于澳大利亚干旱及半干旱的内陆，这些地区以热带稀树大草原和沙漠为主（图 2.14 及图 2.17）。在这 3 种大袋鼠中，红袋鼠分布的区域最热也最干旱。

尽管这 3 种大袋鼠的分布区域几乎涵盖整个澳大利亚，但正如你在图 9.2 中看到的，澳大利亚的最北部并没有袋鼠种群。对此，考格利等人认为，对于东部灰袋鼠而言，北部地区太热；对红袋鼠而言，

图9.2 气候与3种大袋鼠的分布（资料取自Caughley et al.，1987）

北部地区又太湿；对西部灰袋鼠而言，北部地区的夏天太热，冬天太干。但他们也谨慎地指出，气候并非直接制约物种的分布，而是通过影响食物产量、水的供应和生境间接影响物种的分布。同时，气候也会影响寄生生物、病原体和竞争者的作用范围。

然而，不管气候如何发挥影响力，气候与物种分布之间的关系总能维持长期稳定。东部灰袋鼠、西部灰袋鼠和红袋鼠的分布已持续稳定至少百年了。至于下面要讨论的虎甲，它和气候间的稳定关系也有 1 万～10 万年的历史。

寒冷气候下的虎甲

我们已经多次讨论过虎甲。在第 5 章，我们看到新西兰炎热黑海滩上的虎甲如何调节体温；在第 6 章，我们比较了栖息在亚利桑那州沙漠草原和河岸生境的虎甲的失水率。现在我们来研究一下栖息在最寒冷区域的一种虎甲的分布情况。

与北美地区的其他虎甲物种相比，长唇虎甲（ *Cicindela longilabris* ）分布的纬度最靠北，海拔最高。从加拿大西北部的育空地区到加拿大东部大西洋的沿海诸省，都有长唇虎甲的踪迹（图 9.3）。虎甲的分布带恰好与北美地区的北部温带森林和北方针叶林的分布区域（图 2.25 及图 2.28）一致。尽管长唇虎甲亦分布在南部的亚利桑那州和新墨西哥州，但南部种群仅分布于高山的针叶林。如第 2 章所述，这些高山地区的气候与北方针叶林的气候非常相似（图 2.34）。

生态学家认为，在末次冰期，长唇虎甲的分布界线比现今还要往南一些。由于气候变暖及冰河消退，虎甲随着它偏好的气候北移，到达北美洲西部的山区。因此，现在南方的长唇虎甲分布于隔离的种群中。这个假说已被多种甲虫化石记录证实。

由于对长唇虎甲的分布与历史非常感兴趣，托马斯·薛尔兹、迈克尔·昆兰和尼尔·哈德利（Schultz，Quinlan and Hadley，1992）着手研究这些已长期分离的长唇虎甲种群的环境生理学。由于分离数千年，种群应该已接触了极其不同的环境体系，自然选择势必会在种群间产生显著的生理差异。

于是，研究者从缅因州、威斯康星州、科罗拉多州和亚利桑那州北部等地采集长唇虎甲种群样本，比较了它们的生理特征，包括失水率、代谢率和体温偏好等。

薛尔兹等人发现，与其他已被研究过的虎甲相比，长唇虎甲的代谢率比较高，而且嗜好低温环境。这些差异支持了"长唇虎甲适应北方针叶林和山区森林的寒冷气候"的假说。除此之外，研究者还发现，长唇虎甲种群间的生理特征并无显著差异。从图 9.4 可看出，相距 3,000 km 或者说 10,000 年之遥的不同长唇虎甲种群的偏好体温非常相近。这些研究结果证实了"物理环境限制物种分布"的说法，也证明了这种限制可长时间地保持稳定。

现在，我们以美洲西南部干旱与半干旱区域的植物为例，看看物理环境如何限制植物的分布。

随温湿梯度变化的植物分布

在第 5 章，我们讨论了扁果菊属植物的软毛对

长唇虎甲在北美洲的分布表明它们仅分布于寒冷、潮湿的栖境

在较远的北方，长唇虎甲遍布北美洲的北方针叶林

在南方的北方针叶林中，长唇虎甲仅分布于高山森林及湿草甸

图 9.3 长唇虎甲仅分布于寒冷的环境。进行生理研究的种群以黄点标示（资料取自 Schultz，Quinlan and Hadley，1992）

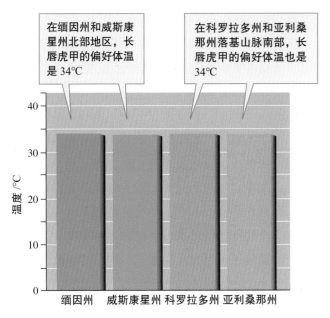

在缅因州和威斯康星州北部地区，长唇虎甲的偏好体温是34℃

在科罗拉多州和亚利桑那州落基山脉南部，长唇虎甲的偏好体温也是34℃

图9.4　虽然长唇虎甲种群的地理分布广泛，但它们的偏好温度却一致（资料取自Schultz，Quinlan and Hadley，1992）

叶片表面温度的影响。从美国加州海岸往东，随着温湿梯度的改变，扁果菊种群的分布亦发生变化，扁果菊的叶面软毛也因此发生改变（Ehleringer and Clark，1988）。加州扁果菊叶面软毛最少，分布于加州南部到加州半岛北部的狭长海岸带（图9.5）；往内陆延伸，叶面软毛稍多的犟扁果菊（E. actoni）取代了加州扁果菊；再往东，木扁果菊（E. frutescens）和银色扁果菊取代了犟扁果菊。

这些物种地理分布的局限性与温度和降水量的

变化有关。加州扁果菊生活的海岸相当凉爽，但这些地区的平均年降水量则存在很大差异，从南部的近100 mm到北部的超过400 mm。犟扁果菊所处的环境相对暖和一些，但降水量却较少。木扁果菊和银色扁果菊分布区的降水量虽与犟扁果菊和加州扁果菊分布区的降水量相似，但环境却相对炎热许多。

然而，叶面软毛的差异并非完全取决于扁果菊属分布区域的大气候。木扁果菊的叶面软毛几乎和生活在海岸的加州扁果菊一样稀疏，但却和银色扁果菊一起生长在世界上最酷热的沙漠之中。另外，由于叶面软毛稀疏，木扁果菊叶片吸收的辐射能远多于银色扁果菊（图9.6），但在相同的条件下，木扁果菊和银色扁果菊的叶温却几乎相同，那么木扁果菊如何避免过热呢？事实上，它们的蒸腾速率非常高，所以它们是通过蒸发来降温的。

虽然蒸发降温解决了一个生态难题，却也带来了另一个问题：这两种灌木生长在世界上最炎热、最干旱的沙漠中，木扁果菊从哪里获取足够的水分来满足叶片蒸发降温的需要呢？在地理上，木扁果菊和银色扁果菊的分布虽大部分重叠，但两者的微环境（microenvironment）却存在极大差异。如图9.7所示，银色扁果菊主要生长在高地山坡，而木扁果菊则大多分布于间歇性河道或沙漠冲积滩。沿着冲积滩，径流河水渗透到深处的土壤中，增加土中的含水量。这个例子让我们想起了第5章中提到的一个法则：

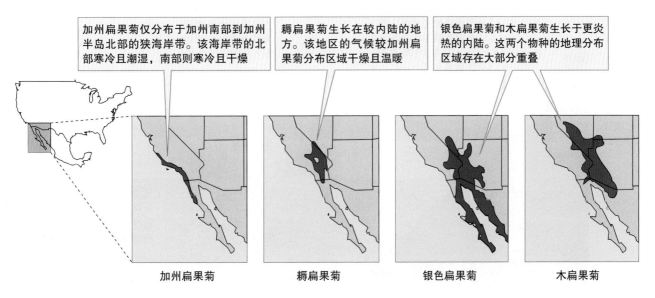

加州扁果菊仅分布于加州南部到加州半岛北部的狭海岸带。该海岸带的北部寒冷且潮湿，南部则寒冷且干燥

犟扁果菊生长在较内陆的地方。该地区的气候较加州扁果菊分布区域干燥且温暖

银色扁果菊和木扁果菊生长于更炎热的内陆。这两个物种的地理分布区域存在大部分重叠

加州扁果菊　　犟扁果菊　　银色扁果菊　　木扁果菊

图9.5　4种扁果菊在北美洲西南部的分布（资料取自Ehleringer and Clark，1988）

生活在同一大气候下的生物，可能会因为局部区域的一些细微差异而经历完全不同的微气候。以下我们要探讨的两种藤壶也充分地说明了这一点。

随潮间带暴露梯度变化的藤壶分布

从岸边到海洋，潮间带的物理环境变化极大。如我们在第 3 章所见，无论潮汐如何变化，高潮位的生物总是暴露在外，而低潮位的生物只有在最低潮时才会暴露出来。因此，潮间带生物的暴露程度随生物所在高度的不同而存在差异。干燥程度是造成潮间带生物呈带状分布的主要因素，而潮间带生物

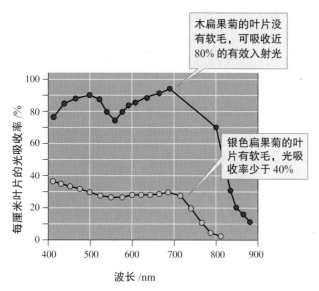

图9.6 银色扁果菊和木扁果菊叶片的光吸收率（资料取自 Ehleringer and Clark，1988）

对干燥程度已演化出不同的抵抗力（图 3.16）。

藤壶是最常见的潮间带生物，它们在潮间带的带状分布模式非常独特。约瑟夫·康奈尔（Connell，1961a，1961b）发现苏格兰沿岸的星状小藤壶（*Chthamalus stellatus*）成体仅分布于潮间带的较高潮位，而龟头藤壶（*Balanus balanoides*）成体则分布于潮间带的中、低潮位（图 9.8）。在这两个物种的带状分布中，物种的抗干燥能力扮演了何种角色呢？一次极低的潮汐和罕见的平静晴朗天气为康奈尔洞察这个问题提供了机会。1995 年的春天，天气温暖，海面风平浪静且潮位极低，同时分布着这两种藤壶的上潮间带没有被海水淹没。在这期间，上潮间带龟头藤壶的死亡率远高于星状小藤壶（图 9.9），而下潮间带的龟头藤壶则维持平常的死亡率。在这两种藤壶中，龟头藤壶显然较易受干燥的影响。因此，高度干燥会使龟头藤壶无法在上潮间带生存。

然而，龟头藤壶和星状小藤壶的带状分布模式并不能完全以它们不耐干燥来解释。星状小藤壶无法在下潮间带生存的原因是什么呢？尽管星状小藤壶的幼虫能固着于下潮间带，却很少有成体能够存活。康奈尔将星状小藤壶的成体移植至下潮间带来研究这个问题，发现移植的成体在下潮间带生长得很好。如果不是物理环境排斥星状小藤壶进入下潮间带，那是什么原因造成这种现象呢？答案是：星状小藤壶与龟头藤壶的竞争将星状小藤壶赶出下潮间带。我们将在第 13 章介绍种间竞争时再来讨论竞

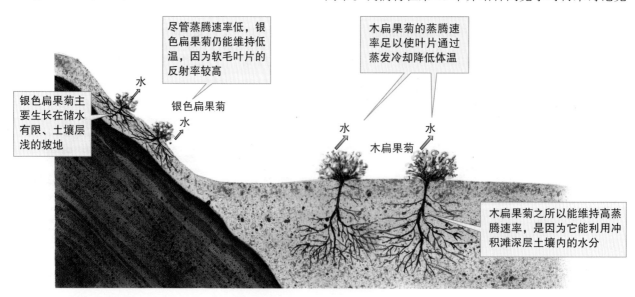

图9.7 银色扁果菊与木扁果菊在不同微环境下的分布与温度调节

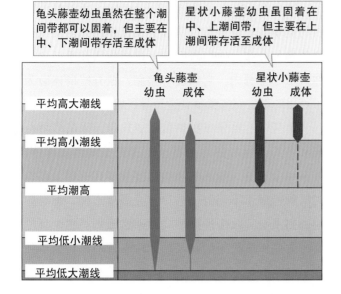

图9.8 龟头藤壶与星状小藤壶在潮间带的分布（资料取自Connell，1961）

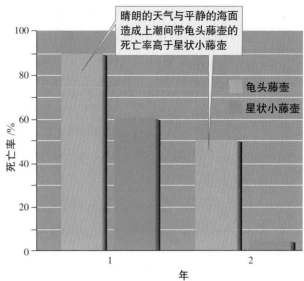

图9.9 龟头藤壶与星状小藤壶在高潮间带的死亡率（资料取自Connell，1961）

争排斥的机制。

　　藤壶的例子提醒我们，环境不仅包括物理因子和化学因子，生物生活的环境还包括生物因子。许多时候，在决定物种的生态位进而影响物种的分布与多度上，生物因子与物理因子同等重要，甚至比物理因子更重要。

　　讨论了限制物种分布的因子之后，下面我们将要探讨个体在区域中的分布型。我们首先介绍3种基本的分布型。

—— 概念讨论 9.1 ——■

1. 物种如何应对气候变化？

2. 环境的生物因子和物理因子如何共同影响物种的地理分布？

9.2　小尺度环境下的分布型

　　在小尺度环境下，种群个体的分布型包括随机分布、均匀分布或聚集分布。我们已经了解了物种的分布如何受环境的限制。在绘制物种分布图时，如澳大利亚红袋鼠的分布图（图9.2）或星状小藤壶和龟头藤壶在潮间带的带状分布（图9.8），图上的分界线即表示物种的分布范围。换句话说，图上显示了哪些地方有物种个体存活，哪些地方没有。以"有"或"无"来表示物种的分布范围是很有用的，但无法告诉我们组成这个种群的个体在该区域是如何分布的。个体在区域范围内是随机分布，还是均匀分布？其实，生态学家观察到的种群分布型深受研究尺度的影响。

尺度、分布和机制

　　生态学家经常提到**大尺度现象**（large-scale phenomena）和**小尺度现象**（small-scale phenomena）。"大"与"小"是根据生物个体的体形大小或其他生态现象的大小而定。在此，小尺度是指小距离的范围，对于被研究的生物，小尺度环境没有什么改变。大尺度则是指发生很大实质变化的区域。因此，大尺度可以指整个大陆的变化，也可以是山坡的梯度改变。下面先以小尺度的分布型开始我们的讨论。

小尺度中观察到的分布型包括以下 3 种：随机分布、均匀分布或聚集分布。**随机分布**（random distribution）是指种群个体在区域中任何一处的出现概率都是均等的。**均匀分布**（regular distribution）是指个体均匀地分布在区域内。**聚集分布**（clumped distribution）是指个体在某些区域出现的概率比较高，在某些区域则不然（图 9.10）。

这 3 种基本的分布型是种群个体之间的交互作用或物理环境结构或两者综合作用产生的结果。种群个体可能会彼此"吸引、排斥或忽略"。个体相互吸引会产生聚集或集合的分布型；个体彼此排斥或独享一块景观时，会产生均匀分布；既不吸引也不排斥的中间反应则形成随机分布。

社会交互作用形成的分布型可被环境结构强化或削弱。若环境中的养分、巢位（nesting site）、水资源等呈块状分布，则会助长聚集分布；若环境中的资源分布相当均匀，且伴随频繁或随机的干扰（或混合），则有助于强化随机分布或均匀分布。现在，让我们来研究一下自然界中影响物种分布的因素。

热带蜂群的分布

斯蒂芬·哈贝尔和莱斯利·约翰逊（Hubbell and Johnson，1977）记录了一个令人印象深刻的例子，这个例子以无刺蜂科（Trigonidae）无刺蜂种群内的竞争与巢位分布说明社会交互作用如何促成种群的均匀分布。他们研究的无刺蜂生活在哥斯达黎加热带旱生林内。它们没有螯刺，但有些群体会为了可用的巢位而与竞争者进行激烈地战斗。

无刺蜂主要分布在热带和亚热带，采集多种花蜜和花粉为食。通常上百至上千只工蜂组成群体，并在树中筑巢。哈贝尔和约翰逊观察到有些无刺蜂对同种但属于不同群体的个体充满攻击性，但有些物种则不会。攻击性高的物种通常成群觅食，且主要采食高密度聚集的花朵；无攻击性的物种则单独或小群地采食分布广泛的花朵。

哈贝尔和约翰逊研究了数种无刺蜂，想知道攻击性与群体分布型是否有关联。他们预测高攻击性物种的群体呈均匀分布，而无攻击性物种的群体则呈随机分布或聚集分布。他们的实验在一片占地 13 hm²、分布着 9 种无刺蜂的热带旱生林内进行。

虽然哈贝尔和约翰逊关注无刺蜂的行为如何影响群落分布，但他们认为巢位的有效性也是影响因素之一。因此，他们研究的第一步便是绘制森林内适合筑巢的树木的分布图。结果显示，研究区内适合筑巢的树木呈随机分布，而且巢位也比无刺蜂群体多出许多。

在这 9 种无刺蜂中，哈贝尔和约翰逊可以绘出 5 种无刺蜂蜂巢的确切位置。其中，4 种无刺蜂蜂巢的

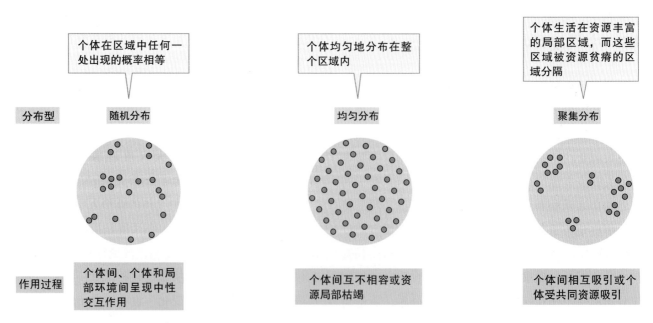

分布型	随机分布	均匀分布	聚集分布
	个体在区域中任何一处出现的概率相等	个体均匀地分布在整个区域内	个体生活在资源丰富的局部区域，而这些区域被资源贫瘠的区域分隔
作用过程	个体间、个体和局部环境间呈现中性交互作用	个体间互不相容或资源局部枯竭	个体间相互吸引或个体受共同资源吸引

图 9.10 随机分布、均匀分布和聚集分布

分布很均匀，而且正如他们先前预测的，这4种无刺蜂全都对同种但属于不同群体的个体充满攻击性。第5种无刺蜂为有背无刺蜂（*Trigona dorsalis*），不具攻击性，且它们的蜂巢随机散布在整个研究区内。图9.11对比了有背无刺蜂的随机分布和具攻击性的黄腹无刺蜂（*T. fulviventris*）的均匀分布。

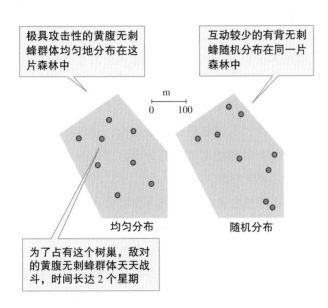

极具攻击性的黄腹无刺蜂群体均匀地分布在这片森林中

互动较少的有背无刺蜂随机分布在同一片森林中

均匀分布　　　　随机分布

为了占有这个树巢，敌对的黄腹无刺蜂群体天天战斗，时间长达2个星期

图9.11　热带旱生林中无刺蜂群体的均匀分布与随机分布（资料取自 Hubbell and Johnson，1977）

此外，研究者也调查了攻击性物种建立新群体的过程。通过观察黄腹无刺蜂，他们了解了无刺蜂建立和维持巢位均匀分布的机制。黄腹无刺蜂和其他攻击性物种利用外激素来标记预期的巢位。所谓**外激素**（pheromone）是指某些动物为了和其他成员沟通所分泌的化学物质。这些无刺蜂分泌的外激素可以吸引同群体的成员聚集到它们想要获取的巢位处。然而，外激素同时也会吸引其他蜂巢的工蜂。

如果两个群体的工蜂到达同一巢位，它们会为了占有这个巢位开始打架。战斗甚至持续升级，演变成持久战。哈贝尔和约翰逊曾观察到一场持续了2个星期的战斗。每天清晨，15～30只来自敌对群体的工蜂抵达要争夺的巢位。双方成群对峙，相互展示力量并打斗。展示力量时，无刺蜂两两面对面，缓慢地向上飞到约3 m的高度，然后互相搏斗直至落到地面。撞到地面后，两只蜂随即分开，再对峙，再完成另一次空中展示。在这种明显仪式化的打斗中，无刺蜂不会受伤。这两大群无刺蜂在每天早上8

点或9点时放弃战斗，并在第二天拂晓时重新组团开始战斗。如果是为了争夺一个尚未被占用的巢位，这样的争夺战一般不会造成明显伤亡；但如果是为了争夺已被占用的巢位，有时仅一场决战就可能造成超过1,000只无刺蜂伤亡。这些热带蜂通过激战来分配群体的空间。下面，我们将看到植物以更为巧妙的方式来分配自己的空间。

沙漠灌丛的分布

在半个世纪以前，沙漠生态学家认为灌丛的均匀分布是由沙漠灌丛间的竞争造成的。当你横跨北美洲西部无边无际的莫哈韦沙漠（Mojave Desert）时，你就可以看到早期生态学家获得灵感的植物分布型。石炭酸灌木（*Larrea tridentata*）灌木是这个沙漠中最常见的一种植物，是这几千平方千米面积的优势植物。远眺这片由石炭酸灌木组成的景观系统，我们会发现这些灌木的空间分布是非常均匀的，因为在很多地方，它们排列得整齐划一，仿佛经过某个细心园丁的刻意栽植。然而，视觉印象是会骗人的。

对石炭酸灌木和其他沙漠灌丛的分布进行的量化采样与统计分析曾引发一场争论，这场争论持续了20年才有定论。简言之，不同研究团队对沙漠灌丛的分布进行量化研究，得到的结果不一样。有些团队发现沙漠灌丛的分布如早期生态学家所报告的那样，属于均匀分布；有些团队则认为是随机分布或聚集分布；还有人认为沙漠灌丛的分布兼有3种类型。

虽然我们大多习惯一个问题一个答案，但生态问题的答案往往很复杂。唐纳德·菲利普斯和詹姆斯·麦克马洪（Phillips and MacMahon，1981）的研究显示，石炭酸灌木的分布型会随着灌丛长大而改变。他们绘制并分析了索诺拉沙漠和莫哈韦沙漠中9个研究区的石炭酸灌木和其他数种灌丛的分布图。由于曾有早期研究指出石炭酸灌木的分布随水有效性而变化，菲利普斯和麦克马洪根据平均降水量来选择研究区。最终他们挑选的研究区的降水量为80～220 mm，7月的平均温度为27～35℃。他们还谨慎地挑选了具有相似土壤和相似地形的研究区。这些研究区的坡度均小于2%，土质均为没有明显表面径流的沙质土或沙质壤土。

他们的研究结果表明，沙漠灌丛的分布型随着灌丛的长大，由聚集分布发展为随机分布，最后演变成均匀分布。年幼的灌丛基于以下3个原因倾向于聚集分布：（1）种子在有限的"安全地"萌发；（2）种子的传播不会离母树太远；（3）无性生殖产生的子代肯定在母树的周边。菲利普斯和麦克马洪指出，一些聚集分布的个体随着植物的长大而死亡，降低了聚集程度。逐渐地，灌丛的分布变得越来越随机。然而，幸存植物之间的竞争使相邻植株的死亡率较高，进一步疏散了成群的灌丛，最终形成均匀分布型。图9.12总结了这个过程。

菲利普斯、麦克马洪和其他生态学家认为，沙漠灌丛主要争夺水和养分，因此，它们的竞争主要发生在地下。我们如何研究这些地下的交互作用呢？雅克·布里森和詹姆斯·雷诺兹（Brisson and Reynolds，1994）绘制了一张石炭酸灌木地下根系分布的量化图。他们小心地在奇瓦瓦沙漠挖出32株石炭酸灌木，并绘制了它们的分布图。他们认为，如果石炭酸灌木间存在竞争，那么它们的根系应该避免与邻近个体的根系重叠。

在新墨西哥州拉斯克鲁塞斯市（Las Cruces）附近的荒漠长期生态研究站（Jornada Long Term Ecological Research Site），有32株石炭酸灌木占地4 m×5 m。石炭酸灌木是这个研究区内唯一的灌丛种类。它们的根系仅30～50 cm深，这恰好是硬碳酸钙质层发育的深度。由于不必挖很深，布里森和雷诺兹能够比先前的研究者绘制更多的根系图。尽管如此，他们仍为开挖与制图工作密集劳动了2个月。

根系分布的复杂模式证实了研究者的假说：石炭酸灌木的根系以减少与邻近植株根系重叠的方式生长（图9.13）。你有没有注意到，与假想的圆形根系相比，石炭酸灌木的实际根系少了许多重叠。于是，布里森和雷诺兹得到以下结论：相邻灌丛间的竞争影响石炭酸灌木根系的分布，因为石炭酸灌木竞争的是地下资源。

对这种植物进行了20多年的持续研究后，沙漠生态学家更清楚地了解影响小尺度环境下个体分布的因素。在小尺度环境下，石炭酸灌木的分布型包括聚集分布、随机分布和均匀分布。哈贝尔和约翰逊也指出，无刺蜂群体的分布型取决于群体间的攻击性（Hubbell and Johnson，1977）。然而，我们将在下一节看到，在大尺度环境下，个体的分布型都是聚集分布。

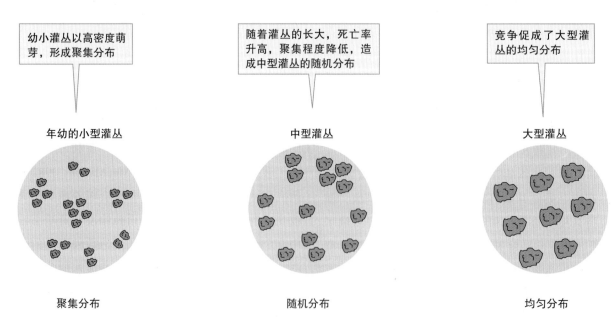

图9.12 灌丛的分布随着灌丛长大而改变

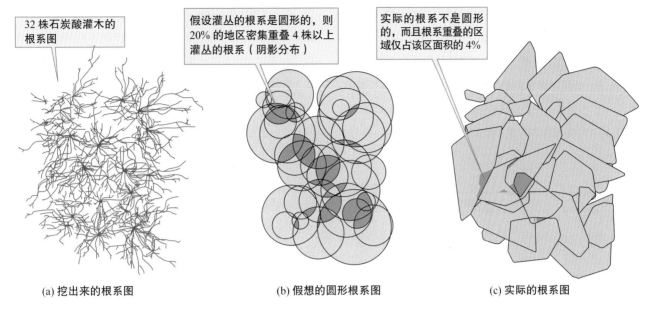

(a) 挖出来的根系图   (b) 假想的圆形根系图   (c) 实际的根系图

图9.13　石炭酸灌木的根系分布：假设根系的重叠与实际根系的重叠（资料取自 Brisson and Reynolds，1994）

——概念讨论 9.2 ——■

1. 对于所有生物而言，小尺度概念和大尺度概念都是否相同？

2. 如何证明石炭酸灌木根系的低度重叠是持续竞争的结果（图 9.13）？

3. 在有关无刺蜂群体分布的研究中，为什么必须测量可筑巢树木的数量和分布？

调查求证 9：聚集分布、随机分布和均匀分布

　　假设为了确定个体的分布型，你正在栖息地内采样植物种群或动物种群。你可能会问到一个最基本的问题：种群个体在研究区域内是如何分布的？在本节中，我们讨论了 3 种基本类型：聚集分布、随机分布和均匀分布。要对这 3 种分布型做统计分析，第一步是种群采样，并估算研究区域内种群密度的平均值（20 页）及方差（91 页）。理论上，聚集分布、随机分布和均匀分布的密度平均值和方差的关系如下：

分布型	方差与平均值的关系
聚集分布	方差＞平均值，或方差／平均值＞1
随机分布	方差＝平均值，或方差／平均值＝1
均匀分布	方差＜平均值，或方差／平均值＜1

　　我们如何将这些关系与我们看到的实际情形联系起来？

　　在聚集分布的种群中，许多采样点没有个体或包含少数个体，有些采样点则包含大量个体。因此，采样点间的差异很大，密度方差会大于平均值。相反地，在均匀分布的种群中，各采样点的个体数都非常相近，所以样本的密度差异很小，方差小于平均值。在随机分布的种群中，栖息地内的密度方差几乎等于密度平均值。

　　看看下面 3 个不同沙漠草本植物的种群样本。每一个样本为随机选取的 1 m² 区域内的个体数。

样本	a	b	c	d	e	f	g	h	i	j	k
物种 A 的数量	6	2	6	5	2	5	7	3	5	9	8
物种 B 的数量	5	6	6	5	5	5	5	6	4	5	5
物种 C 的数量	20	1	2	1	15	3	1	1	10	2	2

物种A、B、C样本的个体分布差异很大。譬如，物种B的各采样点的个体数接近；相反地，物种C的各采样点的个体数差异最大；物种A则介于物种B和物种C之间。物种A、B、C样本给我们的印象是：它们分别为随机分布、均匀分布与聚集分布。通过计算A、B、C这3个物种的密度样本平均值与样本方差，我们可以将这种视觉印象加以量化：

统计值	物种 A	物种 B	物种 C
样本平均, $\overline{X}$	5.27	5.18	5.27
样本方差, s^2	5.22	0.36	44.42
$\dfrac{s^2}{\overline{X}}$	0.99	0.07	8.43

虽然这3个物种的样本平均值非常相近，但样本方差却相差很大，因此，样本方差与样本平均值的比值 $\dfrac{s^2}{\overline{X}}$ 也就不同。物种A的比值接近1，物种B的比值远小于1，物种C的比值则远大于1。这个结果表明，在我们研究这3个物种的样本时，$\dfrac{s^2}{\overline{X}}$ 可以非常直观地量化我们对随机分布、均匀分布和聚集分布的印象。那么通过计算 $\dfrac{s^2}{\overline{X}}$，我们可以得到"物种A是随机分布，物种B是均匀分布，物种C是聚集分布"的结论吗？虽然看起来的确是如此，但在科学研究中，每个结论都应附上概率。为了给这一结论附上概率，我们必须以统计学的观点来研究物种A、B、C的样本。我们将在第10章对这些样本进行统计检验（250页）。

实证评论 9

根据菲利普斯和麦克马洪的研究结果，沙漠灌丛在年幼期、成熟期及老龄期（图9.12）的密度方差与密度平均值之比（方差／平均值）分别是多少？

9.3　大尺度环境下的分布型

在大尺度环境下，种群个体的分布型均为聚集分布。通过研究无刺蜂在几英亩森林内的分布和灌丛在一小块区域内的分布，我们已经了解种群个体在小尺度环境下的分布型。现在，让我们看看在有明显变异的大尺度环境下，种群个体是如何分布的。譬如，在一个物种的整个分布范围内，个体密度如何改变？种群个体是均匀地分布在整个区域内，还是以高密度方式分布在几个中心区域、以低密度方式出现在外围区域？

跨越北美洲的鸟类种群

特里·鲁特（Root，1988）利用"圣诞节鸟类统计"（Christmas Bird Counts）的资料，绘制了整个北美洲鸟类多度的模式图。这些鸟类记录是少数几个足以研究整个北美洲鸟类分布模式的资料之一。"圣诞节鸟类统计"始于1900年，统计了每年圣诞节前后的鸟类数量。27位观鸟人参与了第一季"圣诞节鸟类统计"，他们分别在26个地点进行统计，其中的2个点位于加拿大，其余则分布在美国的13个州内。在1985—1986年的那一季，38,346人参加了统计，统计地点达到1,504个，遍布整个美国及加拿大的大部分地区。在2000年，"圣诞节鸟类统计"举行了100周年纪念活动，它仍继续为北美洲越冬鸟类的分布与种群密度留下独一无二且珍贵的记录。

鲁特主要分析了346种鸟类的分布图和种群密度图，这些鸟类在美国和加拿大境内过冬。虽然记录的物种从天鹅到麻雀，差异很大，但它们的分布图和密度图都显示了相同的分布模式：从整个北美洲的尺度来看，它们都是聚集分布。从分布广泛的短嘴鸦（*Corvus brachyrhynchos*）到分布较窄的鱼鸦（*C. ossifragus*），它们都是聚集分布。虽然短嘴鸦在冬季几乎遍及整个北美洲，但多数个体集中分布在少数地区。这些高密度分布区或热点（hot spot）在图9.14（a）中以红点表示。短嘴鸦种群的热点集中在河谷，特别是坎伯兰河、密西西比河、阿肯色河、蛇河和里奥格兰德河。在远离这些热点的地区，短嘴鸦的冬季多度迅速下降。

鱼鸦种群的分布范围虽比短嘴鸦小许多，但仍有几处集中区域［图9.14（b）］。鱼鸦仅分布在墨西

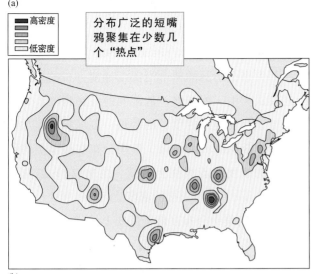

(a)

分布广泛的短嘴鸦聚集在少数几个"热点"

高密度
　　　
低密度

(b)

在有限的分布范围内，鱼鸦聚集分布在3个高密度区

图9.14 （a）短嘴鸦的冬季分布图；（b）鱼鸦的冬季分布图（资料取自 Root，1988）

哥湾海岸附近和美国大西洋海岸南半部的开放水域。然而，在这有限的分布范围内，大部分鱼鸦聚集分布在少数几个热点区。其中一个热点位于密西西比河三角洲（Mississippi Delta），另一个位于佛罗里达州塔拉哈西市塞米诺尔湖（Lake Seminole）的西部，还有一个位于佛罗里达州南部的沼泽地。和分布广泛的短嘴鸦一样，鱼鸦的多度自高密度分布的中心向外锐减。

　　鸟类是否只在越冬栖息地才呈聚集分布？詹姆斯·布朗、大卫·梅尔曼和乔治·史蒂文斯分析了北美洲鸟类在生殖季的多度大尺度模式（Brown，Mehlman and Stevens，1995）。他们研究的生殖季与鲁特研究的季节正好相反，使用的资料来自"繁殖鸟类调查"（Breeding Bird Survey）。这份调查受美国和加拿大的鱼类和野生动物管理署监督，由鸟类

业余爱好者于每年6月在美国和加拿大境内的2,000个地点进行鸟类标准化统计。布朗等人选择分析的鸟类大部分或全部分布在美国东部和中部，因为这些地区是"繁殖鸟类调查"研究较为详尽的区域。

　　和鲁特一样，布朗等人发现，每种鸟类的大量观察记录出现在少数研究区域。换言之，大部分鸟类均集中分布在少数几个热点区域。例如，红眼绿鹃（red-eyed vireo）在多数地区的密度很低（图9.15）。这个例子再次证明了聚集分布。统计鸟类在分布范围内的个体总数时，通常只要采样25%的地区就能推算出半数以上的种群分布。综合鲁特及布朗等人的研究结果，我们可以很有信心地说，在大尺度环境下，北美洲的鸟类种群呈现聚集分布模式。换句话说，无论哪一种鸟类，大部分个体都生活在少数几个热点区，因此这些热点区的种群密度异常高。

　　布朗等人认为，之所以形成聚集分布，是因为环境的多变性使个体群聚在适宜生存的地区。在已知发生梯度变化的环境中，种群的分布模式又是什么样呢？对此，有关植物种群的研究为我们提供了一些有趣的见解。

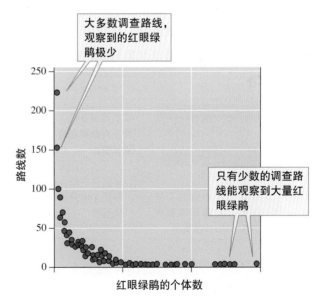

大多数调查路线，观察到的红眼绿鹃极少

只有少数的调查路线能观察到大量红眼绿鹃

图9.15 沿"繁殖鸟类调查"的调查路线得到的红眼绿鹃个体数（资料取自 Brown，Mehlman and Stevens，1995）

沿湿度梯度的植物分布

　　数十年前，罗伯特·惠特克（Robert Whittaker）在北美洲的多个山区搜集有关木本植物沿湿度梯度

分布的资料。如第2章所述（图2.34），山坡的环境随着海拔高度发生变化。这种急剧变化的环境梯度与鲁特和布朗等人研究的鸟类生存环境相似，是大洲规模环境梯度的缩影。

让我们来看看，在惠特克研究的两个山区中，树木沿湿度梯度如何分布。惠特克和威廉·尼尔林（Whittaker and Niering，1965）在亚利桑那州南部的圣卡塔利娜山脉（Santa Catalina Mountains）调查了植物沿湿度梯度与海拔高度的分布。这些山脉分布在亚利桑那州图森市（Tucson）附近的索诺拉沙漠隆起，就像是黄褐色沙海中的绿岛。索诺拉沙漠的典型植被（包括巨柱仙人掌和石炭酸灌木）生长在山脉四周的沙漠和低坡处。然而，山脉的顶部覆盖着针叶混合林，它们沿着山坡向下延伸至湿润、阴凉的峡谷。

惠特克和尼尔林发现从湿润的峡谷底部往上到干燥的西南向山坡存在湿度梯度。沿着这个梯度，墨西哥石松（*Pinus cembroides*）的多度高峰出现在西南向山坡最干燥的上坡段（图9.16）；亚利桑那草莓树（*Arbutus arizonica*）的多度在中海拔达到高峰；最后，花旗松（*Pseudotsuga menziesii*）则主要分布在潮湿的谷底。沿着湿度梯度，墨西哥石松、亚利桑那草莓树和花旗松全都呈聚集分布，在山坡的不

同位置达到各自的多度高峰。由此可见，这些位置反映了各物种不同的环境需求。

另外，惠特克（Whittaker，1956）也记录到北美东部大烟山山脉的树木沿湿度梯度分布的模式与上述模式类似。同样地，从湿润的谷底到较干燥的西南坡，存在湿度梯度。沿着这一湿度梯度，加拿大铁杉（*Tsuga canadensis*）集中分布在最潮湿的谷底，它的密度随着坡往上锐减（图9.17）；红花槭（*Acer rubrum*）在半山腰的密度最高；针刺松（*Pinus pungens*）则集中分布在最干燥的上坡段。和亚利桑那州的圣卡塔利娜山脉一样，大烟山山脉的树木分布也反映了各树种的湿度需求。

沿湿度梯度变化的树木分布和北美洲鸟类的聚集分布相似，只是尺度较小。这里提到的所有树种均沿着湿度梯度呈现聚集分布，它们的密度在聚集分布区域外围锐减。换言之，和鸟类一样，树木种群集中分布在热点区域。下一个我们要讨论的概念是个体的体形大小影响种群密度。

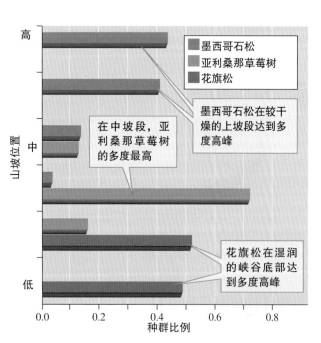

图9.16　在亚利桑那州圣卡塔利娜山脉，三种树木的多度沿湿度梯度变化（资料取自Whittaker and Niering，1965）

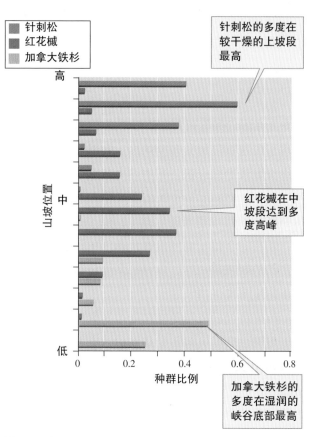

图9.17　在田纳西州的大烟山山脉，三种树木的多度沿湿度梯度变化（资料取自Whittaker，1956）

概念讨论 9.3 ————— ◼

1. 造成短嘴鸦冬季聚集分布（图9.14）的因子是什么？

2. 为什么短嘴鸦的冬季聚集分布主要发生在河谷？

3. 松树在亚利桑那州圣卡塔利娜山脉（图9.16）和田纳西州大烟山山脉（图9.17）沿湿度梯度分布，说明松林与水的关系是什么样的？

9.4 生物的体形大小和种群密度

种群密度随生物体形的增大而降低。 如果你估算自然环境中生物的密度，会发现它们的范围变化极大。例如，土壤或水中的细菌种群的密度可能超过 10^9 个/厘米^3；浮游植物的密度常常超过 10^6 个/厘米^3；大型哺乳动物和鸟类种群的平均密度很可能小于1只/千米^2。那么造成这种种群密度差异的因子是什么呢？在五花八门的生物中，它们的种群密度与体形大小密切相关。基本上，动植物的种群密度随体形的增大而减小。

小型动植物的种群密度高于大型动植物的种群密度，这是个常识，但若能将体形大小和种群密度的关系量化，则可获得更有价值的信息。首先，量化可将一个普遍的定性描述转化成更精准的定量关系。例如，你或许想知道种群密度随体形增大而下降多少。其次，测量各物种的体形大小与种群密度之间的关系，可以揭示不同生物群之间的相对关系。基本上，体形大小与种群密度之间的不同关系可以从主要的动物种群看出来。

动物的体形大小和种群密度

约翰·达穆司（Damuth, 1981）是第一个明确证实体形大小和种群密度相关的生物学家。他主要分析食草哺乳动物，包括从体重约10g的小型啮齿动物到体重超过 10^6 g的犀牛等大型食草动物。它们的种群平均密度从1个/10千米^2（10^{-1}）到10,000个/千米^2（10^4），相差将近5个等级（10^5）。如图9.18所示，达穆司发现，307种食草哺乳动物的种群密度会随着物种体形的增大而减小。图中的回归线表明平均种群密度随体形增大而降低。

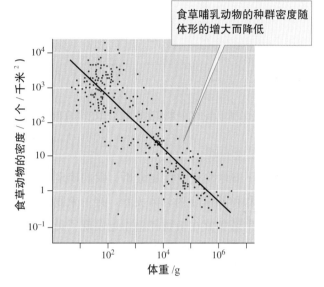

图9.18 食草哺乳动物的体形大小与种群密度的关系（资料取自Damuth, 1981）

基于达穆司的分析，罗伯特·彼得斯和凯伦·瓦森博格（Peters and Wassenberg, 1983）研究了更多种群的体形大小和种群平均密度的关系。他们分析了陆生无脊椎动物、水生无脊椎动物、哺乳动物、鸟类和变温脊椎动物。这些动物的体形大小和种群密度都跨越极大范围。动物体重为 $10^{11} \sim 10^{23}$ kg，种群密度从小于1个/千米^{2}到 10^{12} 个/千米^2。彼得斯和瓦森博格绘制了动物体重和平均密度的关系图。和达穆司一样，他们发现种群密度随着体形的增大而减小。

如果你仔细研究图9.19，便可以清楚地看到动物种群间的差异。首先，体形相近的水生无脊椎动物与陆生无脊椎动物相比，前者的种群密度高，而且常高出1个或2个等级。其次，体形相近的哺乳动物和鸟类相比，前者的种群密度也较高。因此，彼得斯和瓦森博格建议，将水生无脊椎动物和鸟类从其中独立出来，不与其他动物种群进行比较分析，

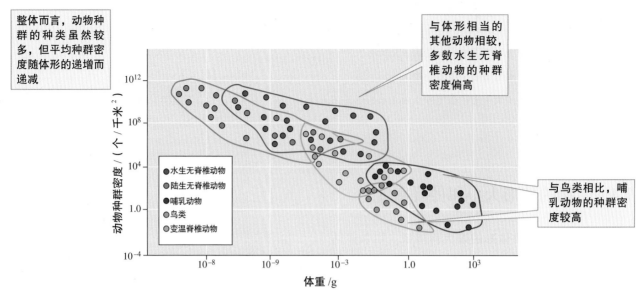

整体而言，动物种群的种类虽然较多，但平均种群密度随体形的递增而递减

与体形相当的其他动物相较，多数水生无脊椎动物的种群密度偏高

与鸟类相比，哺乳动物的种群密度较高

图例：
- 水生无脊椎动物
- 陆生无脊椎动物
- 哺乳动物
- 鸟类
- 变温脊椎动物

图9.19　动物的体形大小和种群密度的关系（资料取自 Peters and Wassenberg, 1983）

这样做可能更合理。

经过仔细地检查和反复分析，我们确定动物的体形大小和种群密度的总体关系。接下来我们会看到，植物生态学家在植物种群中也发现了类似的量化关系。

植物的体形大小和种群密度

詹姆斯·怀特（White, 1985）指出：早在 20 世纪初，植物生态学家便已开始研究植物的体形大小和种群密度的关系了。他认为，体形大小和种群密度的关系是种群生物学最基础的内容之一。怀特总结了多种植物生长型的体形大小和种群密度的关系（图 9.20）。

图 9.20 的趋势说明了植物种群密度也随体形的增大而减小。但是，与动物的"体形 – 密度"关系相比，植物的"体形 – 密度"关系隐含的生物细节却不一样。在图 9.18 和图 9.19 中，不同的点代表着不同的动物种群。然而，就一个树种而言，在它的生命周期中，它的体形大小和密度会发生很大变化。即使是世界上最大的树，譬如巨杉（*Sequoia gigantea*），也是从幼苗长成的。小幼苗以极高的密度生存，但随着树木的长大，幼苗的密度逐步降低到成树的低密度，这种现象被称为自疏（self-thinning），我们会在第 13 章讨论。因此，"体形 – 密度"的关系在植物种群内发生动态变化，随植物种群的不同生长阶段产生显著的差异。尽管经历的过程不同，但图 9.20 摘录的资料仍显示植物的体形大小与种群密度之间具有可预见的关系。

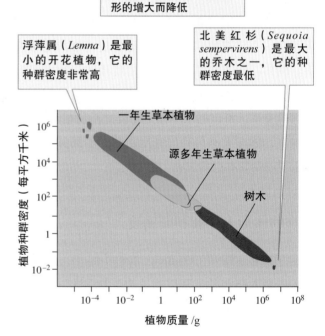

和动物一样，各种植物生长型的种群密度随植物体形的增大而降低

浮萍属（*Lemna*）是最小的开花植物，它的种群密度非常高

北美红杉（*Sequoia sempervirens*）是最大的乔木之一，它的种群密度最低

一年生草本植物

源多年生草本植物

树木

图9.20　植物的体形大小和种群密度的关系（资料取自White, 1985）

无论是对于植物还是动物，这类经验关系的价值在于它们为密度比较提供了标准，也对大自然的种群密度作出了预测。譬如说，你要到野外去测量

某种动物的种群密度，就某种体形和分类单元的动物而言，你怎么知道你测量的值是高了、低了，还是在平均值附近？如果没有图 9.19 和图 9.20 这类的经验关系图或物种密度概览表，你就无法做出评估。

种群研究要回答的另一个问题是该物种是否罕见？我们会在下面的应用案例中看到"罕见"比其字面的意思要复杂得多。

概念讨论 9.4

1. 达穆司在分析动物体形大小和种群密度的关系时，他主要研究食草哺乳动物，这有什么优点（图 9.18）？
2. 与同等大小的哺乳动物相比，鸟类的种群密度低（图 9.19）。它们的能量与养分关系怎么解释这种现象？

应用案例：罕见与容易灭绝

从地质年代的大时间轴来看，许多生物种群出现后又消失了，灭绝似乎是每个物种生活史中无可避免的宿命。然而，某些种群比其他种群更容易灭绝。为什么有些种群易于灭绝，而有些种群却能长存好几个地质时代呢？这个问题的核心在于物种的分布模式与多度。罕见物种较容易灭绝，为了了解和防止物种灭绝，我们必须熟悉各种罕见形式。

7 种罕见形式与一种常见

黛博拉·拉比诺维茨（Rabinowitz, 1981）综合 3 个要素，划分了物种的常见（commonness）与罕见（rarity）。这 3 个要素分别是：（1）物种的地理分布广泛或局限；（2）栖息地耐受性宽广或狭窄；（3）地方种群大或小。栖息地耐受性是指种可存活的环境条件的范围。例如，有些植物可以忍耐的土壤质地、pH 值和有机物质含量的范围较宽广，而有些植物只能接受单一土型（soil type）。据我们所知，虎拥有相当宽广的栖息地耐受性，但与虎同样栖息在亚洲地区的雪豹只生活在西藏高原的高山上。因此，地理分布范围小、栖息地耐受性窄和种群密度低都会导致物种罕见。

如图 9.21 所示，这 3 个因素可组合成 8 种可能，其中的 7 种至少包含一项罕见属性。多度最大、最不易受灭绝威胁的物种不仅地理分布广泛，栖息地耐受性宽，而且地方种群大。其中的一些物种，如椋鸟（starling）、褐鼠（Norway rat）和家麻雀（house sparrow），因常接近人类而被视为有害动物。不过，许多小型哺乳动物、鸟类和无脊椎动物，如鹿鼠（*Peromyscus maniculatus*）或海洋浮游动物飞马哲水

蚤（*Calanus finmarchicus*）等，虽与人类没有直接接触，但也属于常见物种。

研究地理分布范围与种群大小之间的关系后，生态学家发现它们具有相关性。对绝大多数生物种群而言，这两个变量之间呈现极高的正相关性。换句话说，物种多度高的地方通常也是该物种分布最为广泛的区域、陆地或海洋。相反，如果物种的多度很低，那么它的分布范围通常小而狭窄。生态学家伊尔卡·汉斯基（Hanski，1982）和詹姆斯·布朗（Brown，1984）最先注意到，分布范围与种群密度具正相关关系。凯文·盖斯顿（Gaston，1996；Gaston et al.，2000）指出，自汉斯基和布朗的研究 20 多年以来，生态学家已经发现许多生物的分布范围与种群密度均呈正相关关系。这些生物包括植物、蝗类、蚧壳虫（scale insect）、食蚜蝇、大黄蜂、蛾、甲虫、蝶类、鸟类、蛙类和哺乳动物等。现在已经有许多机制可以解释局部多度与分布范围的正相关关系。另外，许多机制都把重点放在栖息地耐受性的广度与种群动态差异上。然而，正如盖斯顿和他的同事（Gaston et al.，2000）所指出的，目前生态学家对其中最有可能的几个解释仍未达成共识。

绝大部分生物都不属于常见种。在分布范围、栖息地耐受性和种群大小构成的 7 个组合中，每一个组合都会造成一种罕见，因此拉比诺维茨称它们为"7 种罕见形式"。下面让我们来看看代表其中两个极端罕见形式的物种。前两个讨论涉及单个属性造成的物种罕见。不过，目前这些物种还比较安全。最后一个讨论研究极其稀少的物种，涉及造成罕见

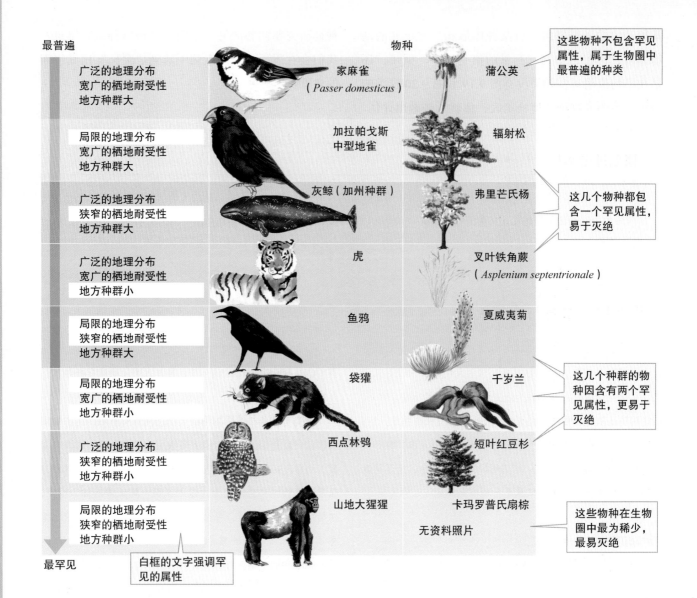

最普遍 ⟶ 物种

| | | | 这些物种不包含罕见属性，属于生物圈中最普遍的种类 |

广泛的地理分布
宽广的栖地耐受性
地方种群大
家麻雀
（Passer domesticus）
蒲公英

局限的地理分布
宽广的栖地耐受性
地方种群大
加拉帕戈斯
中型地雀
辐射松

广泛的地理分布
狭窄的栖地耐受性
地方种群大
灰鲸（加州种群）
弗里芒氏杨
这几个物种都包含一个罕见属性，易于灭绝

广泛的地理分布
宽广的栖地耐受性
地方种群小
虎
叉叶铁角蕨
（Asplenium septentrionale）

局限的地理分布
狭窄的栖地耐受性
地方种群大
鱼鸦
夏威夷菊

局限的地理分布
宽广的栖地耐受性
地方种群小
袋獾
千岁兰
这几个种群的物种因含有两个罕见属性，更易于灭绝

广泛的地理分布
狭窄的栖地耐受性
地方种群小
西点林鸮
短叶红豆杉

局限的地理分布
狭窄的栖地耐受性
地方种群小
山地大猩猩
卡玛罗普氏扇棕
无资料照片
这些物种在生物圈中最为稀少，最易灭绝

最罕见

白框的文字强调罕见的属性

图9.21　罕见形式和易遭灭绝的物种

的 3 个属性。虽说这些极其稀少的物种最容易灭绝，但任何一个罕见属性都会增加灭绝的可能性。

罕见形式 I：地理分布广泛、栖息地耐受性宽广、地方种群小

　　为什么人们着迷猎鹰这一原始的活动呢？这其实很容易理解。游隼（Falco peregrinus）以 200 km/h 的极速飞行时的英姿和发出的声音对人类而言，是一种绝佳体验（图9.22）。游隼在空中捕获猎物的景象，让人感觉它们正御风而行。虽然游隼的地理分布涵盖整个北半球，而且它们的栖息地耐受性也宽广，但它们在分布范围内却不常见。很明显，这个罕见属性就足以使游隼处于灭绝的边缘。游隼的猎物中含有大量 DDT，导致它们的蛋壳变薄和育雏失败，这更将游

图9.22　游隼遍布北半球，但各地的种群量都很低

隼逼到绝境。不过，通过控制 DDT 的使用、严禁捕捉、圈养繁殖、在已灭绝的地区再引进（reintroduction）等措施，

游隼的灭绝已得到控制。

虎（*Panthera tigris*）的分布范围曾经很广。从土耳其到西伯利亚东部、爪哇和巴厘岛，从北方针叶林到热带雨林都有虎的踪迹。分布广泛的虎种群在体形大小和毛色上的区域差异足以使地方种群被归为不同的亚种，如西伯利亚虎、孟加拉虎和爪哇虎。和游隼一样，虎的地理分布广泛、栖息地耐受性宽广，但地方种群密度低。几百年来，猎人无情的追捕使虎的分布范围急剧缩小——从占据地球最大陆地的大半面积缩减到如今的又小又破碎区域。许多地方种群已经灭绝，野生种群（如硕大强壮的西伯利亚虎）也处于灭绝的边缘。这些种群的存活似乎只能靠动物园的圈养繁殖计划了。下一个例子将说明狭窄的栖息地耐受性也会导致灭绝。

罕见形式 II：地理分布广泛、地方种群大、栖息地耐受性狭窄

欧洲人刚抵达北美洲时，邂逅了地球上数量最多的鸟类——旅鸽（passenger pigeon）。旅鸽的分布范围从现今美国的东岸延伸到北美洲中西部，而且旅鸽的种群大小是以数十亿来计算的。然而，该鸟类却有一个罕见属性：它们对巢位相当挑剔，一定要在广阔的原始森林里筑巢。因此，一旦原始森林被砍伐，不但它们的分布范围缩减了，而且猎人也更容易发现它们，更容易锁定其他巢位，最终灭绝剩余的旅鸽。1914 年，当最后一只旅鸽死于鸟笼时，这个曾是地球上数量最多的鸟类从此绝迹。由此可见，单靠广泛的分布范围和高种群密度并不能保证物种免于灭绝。

就在流经旅鸽栖息地的河流中，有一种数量众多、分布广泛但栖息地耐受性有限的鱼类——兔唇亚口鱼（*Lagochila lacera*）。兔唇亚口鱼的踪迹遍布美国中东部的大部分溪流，它们的数量如此之多，以至于早期的鱼类学家将其列为这个地区最普遍、最有价值的食用鱼之一。然而，兔唇亚口鱼和旅鸽一样，对栖息地的要求很严苛。它们只生活在水质清澈、宽 15～30 m 且铺满岩石的中型河流的大潭中。由于伐木引起河沙淤积以及农业用地不当造成土壤侵蚀，这类栖息地

逐渐消失。鱼类学家于 1893 年在俄亥俄州西北部的莫米河（Maumee River）捕捉到最后一条兔唇亚口鱼。

极度罕见：地理分布局限、栖息地耐受性狭窄、地方种群小

地理分布局限、栖息地耐受性狭窄且种群密度低的物种可谓罕见种中的罕见种。这类生物包括山地大猩猩（mountain gorilla）、中国大熊猫和加州秃鹰（California condor）。极端罕见的物种显然也是最容易灭绝的。许多岛屿物种也具有这些罕见属性，因此岛屿生物特别容易灭绝。自 1600 年以来，已有 171 种鸟类（包括亚种）灭绝，其中的 155 种仅分布在岛屿上。在夏威夷群岛上已知的 70 种鸟类（包括亚种）中，目前已有 24 种灭绝，另外还有 30 种濒临灭绝。

分布在小区域、栖息地耐受性狭窄、地方种群小的陆地物种同样也易于灭绝。这样的例子很多。在加州境内，一片兼有湿地和高地沙漠、占地 200 km² 的白蜡木草甸（Ash Meadows）分布着 20 多种动植物。在白蜡木草甸中，耀星花（*Mentzelia leucophylla*）生长在约 2.5 km² 的范围内，总种群大小不到 100 株；另一种植物——凤凰黄芪（*Astragalus phoenix*）的总种群大小少于 600 株。人类对白蜡木草甸的改变已经造成至少一种本地种——默氏裸腹鳉（*Empetrichthys merriami*）灭绝。

更令人惊奇的是，某些物种的分布范围甚至小于加州白蜡木草甸上的物种。根据 1980 年的调查，弗吉尼亚圆叶桦（*Betula uber*）种群的全部数量仅为 20 株，且仅出现在弗吉尼亚州史密斯县。在新墨西哥州索科罗县（Socorro），索科罗等足虫（*Thermosphaeroma thermophilum*）的所有栖息地仅为几平方米的一池泉水。至于只出现在夏威夷群岛毛伊岛（Maui）的卡玛罗普氏扇棕（*Pritchardia monroi*），它在自然界的总种群仅有 1 株了！

在描写濒临灭绝物种的书中，这类例子比比皆是。在所有案例中，物种存活的关键几乎都在于扩大它的分布范围和提高多度，这通常也是保护濒危物种计划的重要目标。

生态学家将一个种群定义为一群栖息于天然或人为界定区域内的同物种个体。人类面临拯救濒临灭绝生物、控制有害生物种群、管理渔业和狩猎动物等实际问题，而种群研究是解决这些问题的钥匙。所有种群都具有一些共同特征，第9章论述了其中的两个特征：分布与多度。

地球上几乎不存在没有生命的环境，也没有一个物种能忍受所有环境，因为物种总会觉得有些环境太热，有些环境太冷或太咸等。因此，**环境限制了物种的地理分布**。环境对物种的限制与生态位有关。例如，3 种大袋鼠在澳大利亚的分布便与气候息息相关。长唇虎甲只分布在凉爽的北方和山区环境。大尺度环境和小尺度环境的温度变异与湿度差异也限制了某些沙漠植物（如扁果菊属灌丛）的分布。然而，对于藤壶在潮间带的分布，物理环境的差异仅是其中的一部分原因。这提醒了我们：生物因子是生物环境的另一个重要部分。

在小尺度环境下，种群个体的分布型包括随机分布、均匀分布或聚集分布。种群的分布型是种群内的社会交互作用或物理环境结构，或二者综合作用产生的结果。社会性物种倾向于聚集分布；区域性物种则倾向于均匀分布。环境资源的斑块状分布有利于聚集分布。具攻击性的无刺蜂群体为均匀分布，而不具攻击性的无刺蜂群体则为随机分布。石炭酸灌木的分布随生长阶段而变化。

在大尺度环境下，种群个体的分布型均为聚集分布。在北美洲，不论是越冬还是繁殖的鸟类种群，都集中在少数种群密度高的热点。沿着环境梯度急剧变化的山坡，植物种群也表现出聚集分布的模式。

种群密度随生物体形的增大而降低。动物种群密度通常随动物体形的增大而下降。陆生无脊椎动物、水生无脊椎动物、鸟类、变温脊椎动物和食草哺乳动物皆呈现这样的负相关关系。同样地，植物种群密度也随植物体形的变大而降低。然而，与动物相比，植物的"体形－密度"关系所体现的生物细节完全不同。体形大小与种群密度的关系在一种树木的生命周期中会发生很大的变化。再粗大的树，也是从高种群密度的幼苗开始生命旅程的，随着树木的生长，种群密度逐渐下降至成树的低密度。

罕见种比常见种更容易灭绝。物种的罕见度可以用 3 个因素来综合表示。它们分别是地理分布广泛或局限、栖息地耐受性宽广或狭窄，以及地方种群大或小。数量最多、最不易受灭绝威胁的物种，常常兼具地理分布广泛、栖息地耐受性宽广及地方种群密度高等特征；罕见种则包含了一个或多个罕见属性。兼具地理分布局限、栖息地耐受性狭窄及地方种群小等属性的物种是罕见种中的最罕见种，也是最易灭绝的物种。

━━ 重要术语 ━━■

· 大尺度现象 / large-scale phenomena　215

· 多度 / abundance　210

· 分布 / distribution　210

· 均匀分布 / regular distribution　216

· 基础生态位 / fundamental niche　211

· 聚集分布 / clumped distribution　216

· 密度 / density　210

· 生态位 / niche　210

· 随机分布 / random distribution　216

· 外激素 / pheromone　217

· 实际生态位 / realized niche　211

· 小尺度现象 / small-scale phenomena　215

· 种群 / population　210

1. 为何银色扁果菊只分布在莫哈韦沙漠的高地山坡，而不常见于有水可用的沙漠冲积滩？为何木扁果菊可以沿着沙漠冲积滩生长，而银色扁果菊却不能？

2. 云杉属植物遍布于北方针叶林以及较南的山区。例如，从北方针叶林的核心地带——落基山脉的南部至美国南部和墨西哥的沙漠地带，都有云杉的踪迹。它们如何在从南方沙漠隆起的山区中生存？海拔和方位（第5章）如何影响它们在南方的分布？云杉在南方或北方是否被分裂成小型的地方种群？为什么？

3. 动物种群内的何种交互作用会导致聚集分布？何种交互作用会促成均匀分布？在随机分布的动物种群中，你会发现何种交互作用呢？

4. 环境结构（如不同类型和不同湿度的土壤分布）如何影响植物种群的分布型？植物间的交互作用如何影响它们的分布？

5. 假设一种植物完全依靠风媒传播种子，而另一种植物依靠茎发芽进行无性生殖。这两种不同的繁殖方式如何影响这两个种群的局部分布型？

6. 假设在不久的将来，北美洲的鱼鸦种群因栖息地的破坏而减少。现在请你回顾鱼鸦的大尺度分布与多度［图9.14（b）］，然后为鱼鸦设计一个保护区。你会将保护区设在何处？你会建议设立几个保护区？

7. 请根据达穆司（Damuth，1981）、彼得斯和瓦森博格（Peters and Wassenberg，1983）观察到的体形大小和种群密度的经验关系（图9.18、图9.19），回答下列问题：体形大小相同的鸟类和哺乳动物相比，通常哪种动物的种群密度较高？平均来说，陆生无脊椎动物和水生无脊椎动物相比，哪种动物的种群密度较低？如果食草哺乳动物体形是其他动物的2倍，它们的平均种群密度是小型物种的一半，还是比一半少或比一半多？

8. 概述拉比诺维茨（Rabinowitz，1981）根据地理分布范围、栖息地耐受性以及种群大小提出的罕见形式分类。在她的分类中，哪一种组合的物种最不易灭绝？哪一种组合的物种最容易灭绝？

9. 综合达穆司（Damuth，1981）、彼得斯和瓦森博格（Peters and Wassenberg，1983）以及拉比诺维茨（Rabinowitz，1981）的分析，你能否预测动物的体形大小与相对罕见度的关系？在拉比诺维茨定义的罕见属性中，哪两个未包含在达穆司、彼得斯和瓦森博格的分析中？

种群动态

在第 9 章中，为了探究种群的分布与密度，我们假设种群是静止的。然而，自然界的种群是动态变化的，它们的分布型和多度是多种因素动态平衡的结果。新个体会因为出生和迁入而加入种群中，也会因死亡和迁出从种群中移出。

这些过程对种群的贡献可以用一个简单的公式来表示：

$$N_t = N_{t-1} + B + I - D - E$$

式中，N_t 为种群在某时间的个体数；N_{t-1} 为种群在某时间点之前的个体数；B 为 $t-1$ 和 t 时间段内的出生个体数；I 为这段时间内迁入到种群中的个体数；D 为死亡个体数；E 为从种群中迁出或离开的个体数。

分布和多度背后的种群动态过程是第 10 章的主题。我们把这个领域的生态学称为**种群动态学**（population dynamics），它关注影响种群扩大、缩小和保持不变的因素，是生态学上最重要的领域之一，因为它是解决下列问题的关键所在：了解濒危物种并防止濒危物种种群的减少和灭绝，控制包括危害人类的寄生虫和病原菌在内的害虫，保护在经济上或文化上具重要意义的动植物种群。

虽然人们通常没有注意到，但当一个物种在明显地扩大分布区域时，种群的动态特征就会变得显而易见。例如，非洲化蜜蜂在南、北美洲的扩散就是一个很好的例子（图 10.1）。这种蜜蜂非凡的侵略性使它们的扩散不可避免地引起人们的注意。

蜜蜂主要在非洲和欧洲地区演化，它们的原生地涵盖热带地区、寒冷地区及温带地区。由于它们的分布横跨这么大范围的环境，这种蜜蜂分化为数个适应局部地区的亚种。为了提高人工饲养的蜜蜂对热带气候的适应性，巴西科学家在 1956 年引进了东非蜂（*Apis melifera scutellata*）的蜂后。巴西蜂农将欧洲蜂与东非蜂蜂后交配，产生了今天的非洲化蜜蜂。

非洲化蜜蜂在几个方面与欧洲蜜蜂存在差异。在温带环境和热带环境下演化的行为和种群动态特征显然有天壤之别。包括人类在内的巢捕食者（nest predator）具有高度多样性和高多度，迫于这种自然选择，非洲化蜜蜂演化出更强烈的攻击性。热带温暖的气候和稳定的蜜源，使欧洲蜜蜂失去储存大量蜂蜜并维持大群体过冬的优势。更重要的是，非洲化蜜蜂形成新群体的速率远比欧洲蜜蜂快。

形成群体的高速率和高扩散速率使非洲化蜜蜂

◀ 蜜蜂群。蜜蜂是成群扩散的，大群工蜂跟随蜂王离开群体，寻找新的地方，建立新的群体。个体或群体的扩散是种群动态的一个重要方面。

在南、北美洲快速扩张。它们每年的扩散速率为
300～500 km。在30年间，非洲化蜜蜂就占据了南
美洲的大部分地区、中美洲的所有地区及墨西哥的
大部分地区。据估计，仅在南美洲，野生蜂群就达
5,000万～10,000万。非洲化蜜蜂在1990年抵达美
国得克萨斯州南部，在1993年抵达亚利桑那州南部
和新墨西哥州。到1994年，它们已到达南加州，占
据了美国西南部的大部分地区。尽管非洲化蜜蜂在
2005年就扩散到佛罗里达南部，但令人意外的是，
它们并没有扩散到美国东南部的大部分地区。大约
在1983年，非洲化蜜蜂不再继续向南扩张，只逗留
在南纬34°附近的地区。不过，它们在北美洲仍不
断向北扩张，直到气候迫使它们停下来。

我们将围绕种群在时间和空间上的动态变化展
开讨论。首先我们以非洲化蜜蜂的例子介绍种群的
空间动态变化，思考扩散对种群分布和多度的影响；
接下来我们将讨论种群的时间动态变化，在这里，
我们将集中讨论种群的存活模式和繁殖模式。第11
章将介绍种群增长，所以这里的讨论是一个过渡。

10.1 扩散

扩散可提高或降低地方种群的密度。扩散是种
群动态的一个重要内容。植物种子随风或水扩散，
或被各种哺乳动物、鸟类、昆虫传播。藤壶成虫可
能终身附着在岩石上，但它们的幼虫却会随洋流漂
流到汪洋中去。大批固着的海洋无脊椎动物、藻类，
以及许多高度定栖的礁鱼类幼体也会四处扩散。有
些幼龄蜘蛛会结小丝网，乘风飞越到数百千米之外
的地方。幼龄哺乳动物和鸟类通常从出生地向其他
地方扩散，加入其他地方种群中。基于种群的这类
扩散行为（图10.2），试图了解地方种群密度的种群
生态学家不得不考虑"进"（迁入，immigration）和
"出"（迁出，emigration）对地方种群的影响。

虽然扩散很重要，但它却是种群动态研究中最
薄弱的一环。对扩散进行研究显然是一项艰难的任
务，可是却值得研究，因为许多地方种群的健康及
存活取决于这个在种群动态中不受重视的方面。扩

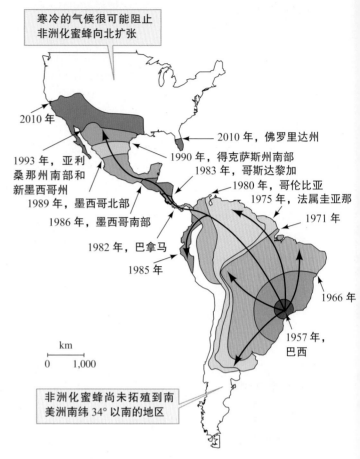

图10.1 非洲化蜜蜂从1956年到2010年自南美洲往中美洲和北美洲一路扩张（资料来自Winston，1992；美国农业部农业服务研究所，2011）

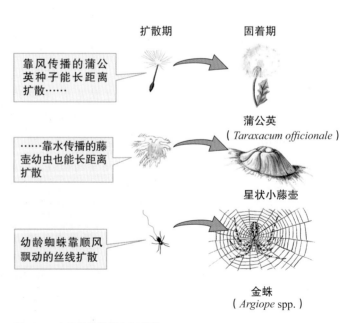

图10.2 生物的扩散期和固着期

散信息最丰富的一个来源及一些比较清楚的扩散实例都来自增长型种群（expanding population）的研究。

增长型种群的扩散

增长型种群是指正处于扩大其地理分布范围过程中的种群。为什么这类种群能够提供一些比较完整的物种扩散记录呢？这是因为当某个地区出现新物种时，这个物种很快就会被人们注意到并加以记录，尤其是当这个物种影响到当地的经济、人类健康或安全的时候。

欧亚灰斑鸠

鸟类是种群快速扩张的最佳案例。被特意引进北美洲的欧洲椋鸟和家麻雀在不到1个世纪的时间里就遍布整个北美大陆。在1900年，灰斑鸠（*Streptopelia decaocto*）从土耳其开始扩散到欧洲地区。灰斑鸠在欧洲的扩散有很多方面值得注意。首先，扩散是突然开始的，而且开始后就不再停歇。到了20世纪80年代，在西欧和东欧的所有国家，人们都可以发现灰斑鸠的踪迹（图10.3）。灰斑鸠也迅速地扩散到北美洲。在20世纪70年代拿骚（Nassau）的一次宠物店失窃中，灰斑鸠获得释放，从此巴哈马群岛上出现了灰斑鸠种群。到20世纪80年代早期，欧亚灰斑鸠已经扩散到佛罗里达附近，接着迅速扩散到北美洲，最后在20世纪90年代中期抵达加州。

灰斑鸠扩散至整个欧洲，另一个值得我们注意的地方就是它使我们对种群动态有了更充分的了解。扩散是以小跃进的方式进行的。灰斑鸠成鸟是高度定栖的鸟类，所以扩散是幼鸠的行为。多数幼鸟扩散至距离母巢几千米的地方，但少数会扩散至几百千米以外（图10.4）。幼鸟一旦找到配偶，就会开始筑巢，然后像它们的亲鸟一样定栖下来。幼鸟的扩散运动使灰斑鸠以45 km/a的速率向整个欧洲扩散。

和其他种群的扩散速率相比较，灰斑鸠的扩散速率算不算快呢？与横跨美洲的非洲化蜜蜂的扩散速率相比，45 km/a算是中等速率。不过，与大部分

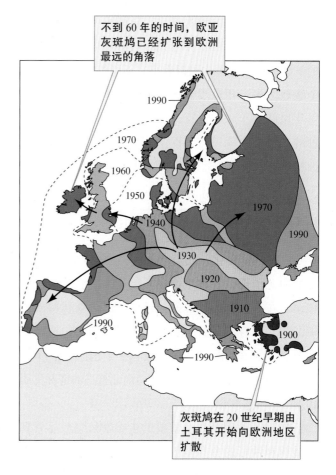

图10.3 欧亚灰斑鸠在欧洲的扩张（资料取自 Hengeveld，Baptista，Trail and Horblit，1988）

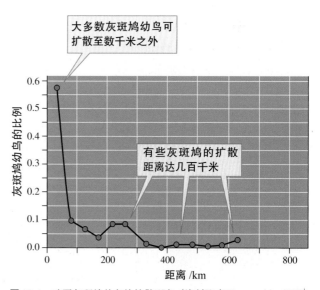

图10.4 欧亚灰斑鸠幼鸟的扩散距离（资料取自 Hengeveld，1989）

其他人们研究过的动物相比，灰斑鸠的扩散速率可算是飞快了。图 10.5 中总结了各种哺乳动物和鸟类的扩散速率。从图中可以看出，不同扩散速率相差 3 个级数之多。相对于非洲化蜜蜂和灰斑鸠这类物种每年以几十千米或几百千米的速率扩散，另一些物种的年扩散速率只有几百米。这个速率接近于北美洲树木在末次冰期后期的扩散速率。

应对气候变迁的分布范围变化

由于气候变化，北美洲冰河大约在 16,000 年前开始向北消退，各种生物也开始从冰期庇护所向北移动。在有关北向扩散的记录中，温带森林树木留下的记录保存得最好。正如第 1 章介绍的，树木变迁的记录在湖泊沉积中保存得相当完整（图 1.6）。槭树（maple）和铁杉（hemlock）向北推进的情况见图 10.6。

图 10.6 说明了几个重要的生态学信息。尽管现在槭树和铁杉的分布范围存在重叠，但它们在末次冰盛期的分布范围却并非如此。槭树从下密西西比河谷地区拓殖到目前分布范围的北部；而铁杉则从大西洋沿岸的庇护所拓殖到目前的分布范围。这两种树木的扩散速率也很不一样。槭树扩散较快，大

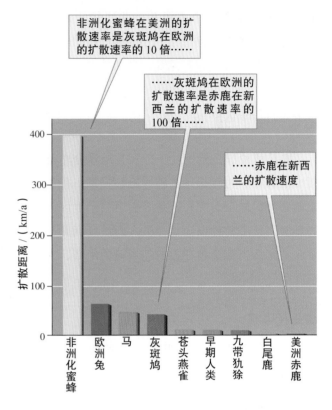

图10.5 动物种群的扩张速率（资料出自 Caugley，1977；Hengeveld，1988；Winston，1992）

约在 6,000 年前抵达现今分布范围的北界；与之相反，直到 2,000 年前，铁杉才到达目前分布范围的西北界。

根据湖底沉积保存的花粉资料，冰河退去之后，

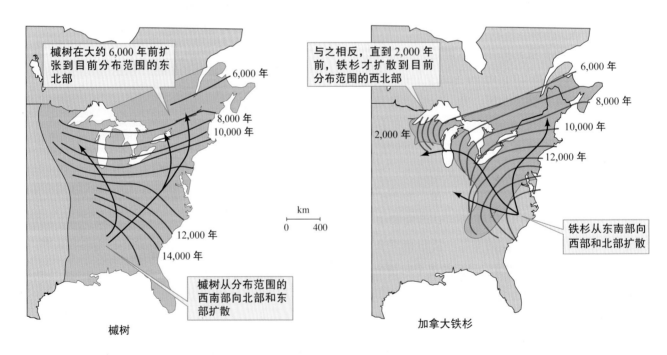

图10.6 自冰河退去之后，两种树木在北美洲向北扩散（资料取自 Davis，1981）

北美洲东部的树木以 100～400 m/a 的速率向北扩散。这个扩散速率接近于一些大型哺乳动物（如美洲赤鹿）的扩散速率。然而，这个速率只不过是欧洲灰斑鸠扩散速率的 1/100，是非洲化蜜蜂在北美洲、中美洲、南美洲扩散速率的 1/1,000。根据历史气候变化引起的物种分布范围的漂移，我们可以预知现代的气候变暖将会带来什么变化。就像全球生态学家记录的那样，从水生昆虫到鸟类和树木，各种生物分布的海拔和纬度都在快速变化中（Hickling et al., 2006；Kelly and Goulden，2008）。

前面的例子都是种群不断扩张分布范围的实例。大量扩散同样发生在分布范围不变的建成种群（established population）内部。既定范围内的移动是地方种群动态学的重要内容，下面我们将讨论两个实例。

应对食物供应改变的扩散

捕食者对猎物密度变化的反应有好几种。除了我们在第 7 章 170 页讨论过的功能反应之外，C. S. 霍林（Holling，1959）还观察到动物对猎物有效性增加产生的**数值反应**（numerical response）。数值反应是指为了应对猎物密度的增加，捕食者的种群密度发生改变。霍林研究了捕食昆虫茧（cocoon）的鼠类种群和鼩鼱种群，并认为他观察到的数值反应起因于繁殖率的提高。他指出："由于小型哺乳动物的繁殖率很高，一旦它们的食物增多，种群密度几乎立刻增加。"然而，即便是其他繁殖率较低的捕食者，一样会显现出强烈的数值反应。这种应对猎物密度变化的数值反应是由扩散造成的。

在某些年份，北方的景观中活跃着一种小型啮齿动物——田鼠（*Microtus* spp.），但在其他年份，这种田鼠在同一个地点却很难找到。在北方，通常每隔 3～4 年，田鼠种群就会出现较高的密度；但在两个高峰期之间，它们的种群密度呈现崩溃状态。然而，不同地区的种群循环并不同步。换言之，当某地的田鼠种群密度很低时，其他地区的种群密度却可能很高。

埃尔基·科尔皮迈基与凯·诺尔铎尔（Korpimäki

and Norrdahl，1991）对田鼠及其捕食者进行了 10 年之久的研究。他们的研究始于 1977 年，田鼠种群密度在这一年达到高峰，约为 1,800 只 / 千米²。在研究期间，田鼠种群密度经历了另两个高峰，它们分别发生于 1982 年（960 只 / 千米²）和 1985—1986 年（1,980 只 / 千米² 及 1,710 只 / 千米²）。研究人员估计在几个高峰期之间，田鼠密度降至 1980 年的 70 只 / 千米² 和 1984 年的 40 只 / 千米²。在这期间，红隼（*Falco tinnunculus*）、短耳鸮（*Asio flammeus*）和长耳鸮（*Asio otus*）的密度紧随田鼠的密度发生改变（图 10.7）。红隼和鸮种群的密度如何随着田鼠密度发生变化呢？

红隼和鸮随田鼠密度的改变产生数值反应的机制究竟是什么？从图 10.7 中，我们可一窥端倪。这些食肉鸟在 1977 年、1982 年和 1986 年的密度高峰与田鼠的密度高峰几乎完全吻合。如果红隼和鸮的数值反应由繁殖造成，那么红隼和鸮的数值反应多少会有延迟，也就是出现时间差。从密度的密切吻合情况看来，科尔皮迈基与诺尔铎尔认为，为了应对田鼠种群密度的增加，红隼和鸮一定会在各地间游弋。

是否有证据支持红隼和鸮的高移动率呢？在 1983—1987 年，科尔皮迈基（Korpimäki，1988）捕捉了 217 只红隼并进行标记。由于红隼种群的年存活率为 48%～66%，他预测再次捕获已标记红隼的概率应该很高，但事实不然。他重新捕获的已标记

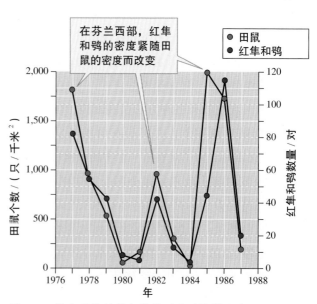

图 10.7　捕食者的扩散与数值反应（资料取自 Korpimäki and Norrdahl，1991）

雌红隼只有 3%，再次捕获的雄红隼只有 13%。这个极低的再捕获率表明，红隼不断地自研究地区向外迁徙。诺尔铎尔与科尔皮迈基根据数据得到以下结论：芬兰西部的红隼和鹃是迁徙鸟类，它们四处迁徙，以应对不断变化的田鼠密度。

这些研究记录了扩散对红隼和鹃地方种群的作用。在本节前面的讨论中，增长型种群的研究表明扩散不仅对地方种群的密度和动态产生影响，而且对许多其他地方种群也产生强烈的影响。溪流和河流是扩散对地方种群产生重大影响的环境之一。

溪流和河流里的扩散

溪流和河流环境最鲜明的特点是水流，而水流对河流生物的生活有什么影响呢？第 3 章（65 页）曾经提到水流的影响极大，水流影响着河流中的一切，包括水的含氧量以及河流生物的大小、形状和行为等。在本节中，我们不谈其他内容，只讨论水流如何影响河流种群。

我们以一个问题开始我们的讨论：流动的河水为什么不会把鱼类、昆虫、细菌、藻类和真菌等生物冲到海里去？河流生物具有各种特征，这些特征有助于它们在溪流中固定栖息位置。鲑鱼的体形呈流线型，它们可以轻松地在急流中逆游；杜父鱼（sculpin）和泥鳅（loach）等其他鱼类栖息在河底，在石头间或石头下觅食，巧妙地避开湍急水流。微生物为了避免被水冲走，附着在石头、木头和其他基质上。许多河流昆虫体形扁平，可躲开水流的主要冲力；而其他昆虫具有流线型体形，能快速地游动。

虽然河流生物有各种方法留在原位，但大量河流生物仍被顺流冲下，尤其是在山洪暴发或**洪水**（spate）泛滥时。为了观察某一生物的顺流移动，我们在溪流或河流中放入一张小网眼或中网眼的网。很快我们就会看到网拦截的碎叶和木头上附着大量河流昆虫与藻类。河流生态学家称河流生物的顺流移动为**漂移**（drift）。有些漂移是洪水导致生物易位，有些漂移却是生物主动地顺流移动。

但无论漂移的原因是什么，顺流漂移的河流生物很多。漂移为什么不会把溪流上游的所有生物都

冲走呢？卡尔·缪勒（Müller，1954，1974）提出一个假说：如果生物无法主动逆流移动来补偿漂移的后果，漂移最终会把河流种群全都冲出河流。他认为，要通过逆流扩散和顺流扩散的动态互动，河流种群才得以维系，他称这个过程为**拓殖循环**（colonization cycle）。拓殖循环是河流种群的动态过程。在这个过程中，顺流扩散、逆流扩散和繁殖都对河流种群产生重大影响（图 10.8）。

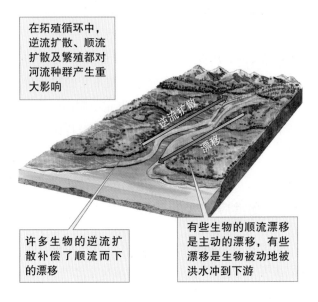

图 10.8 河流无脊椎动物的拓殖循环

许多研究，尤其是有关水生昆虫的研究，都支持缪勒的拓殖循环假说。在幼虫阶段，通过游泳、爬行和漂移，水生昆虫既能顺流扩散，也能逆流扩散。由于不断的扩散作用将河流种群重新洗牌，河流中各式各样的无脊椎动物、藻类和细菌很快在新的基质上拓殖。这些动态变化大多难以观察到，因为它们大多发生在基质里面或夜间，而且速度太快，或者包含了微生物的反应，这种反应只有在显微镜下才能直接观察到。然而，热带清澈河流中的一种螺类却让研究者直接观察到拓殖循环（Blanco and Scetena，2005，2006，2007）。

里奥克拉罗河（Rio Claro）在汇入太平洋之前，流经哥斯达黎加奥萨半岛（Osa Peninsula）上长约 30 km 的热带森林。在里奥克拉罗河中，最容易观察到的原生物种是占据下游 5 km 的阔蜒螺（*Neritina latissima*）。阔蜒螺的卵孵化成自由生活的浮游幼虫，随后幼虫顺流漂移进入太平洋。幼虫蜕变成为小螺

之后，小螺大量集结进行逆流迁移，重返里奥克拉罗河，迁移的个体可高达 50 万只。这些集结个体的移动非常缓慢，可能要花上 1 年的时间，它们才能到达种群在上游的分布界限。

丹尼尔·施耐德和约翰·里昂（Schneider and Lyons，1993）发现，里奥克拉罗河的阔蜒螺种群由迁移亚种群（migrating subpopulation）和稳定亚种群（stationary subpopulation）混合组成。这两个种群的个体彼此发生交换。有些阔蜒螺逆流迁移一段

距离后，就离开了迁移潮，加入当地的亚种群；同时，有些地方亚种群的个体加入迁移潮，向上游移动。因此，个体是逐步逆流移动的，迁出个体不断加入地方亚种群，而迁入个体从地方亚种群中移出。由于这一切都可在清澈的溪流中窥见，而且阔蜒螺的速度像蜗牛一样缓慢，我们才有难得的机会观察到这些现象。这些现象表明扩散活动强烈地影响着地方种群密度。扩散动态学虽然不易研究，但理应受到更多重视。

—— 概念讨论 10.1 ——————— ▪

1. 与加拿大铁杉和槭树相比，为什么灰斑鸠之类的种群受快速气候变化的威胁比较小？

2. 生态学家们利用带黏合剂的塑料薄膜诱捕在河面上飞行的水生昆虫。他们发现，顺流那面的塑料薄膜通常比逆流的那面薄膜诱捕到更多昆虫。请解释原因。

10.2 集合种群

持续扩散可将众多亚种群组合形成一个集合种群。许多物种种群的分布并不是单一种群的连续分布，而是许多**亚种群**（subpopulation）在空间上的间断分布。亚种群是大种群的一部分，因此个体在亚种群中的迁入和迁出受到限制。斑块状分布的亚种群通过个体交换连接，组成**集合种群**（metapopulation）。庆网蛱蝶散布在芬兰南部的干草甸上（第 4 章，97 页），是一个集合种群。在讨论这个蝴蝶集合种群之前，我们回顾一下已被详细记录的亚种群如何交换个体（Saccheri et al.，1998）。有关芬兰南部庆网蛱蝶集合种群的研究只是众多著名研究中的一个，下面介绍另外一个蝴蝶集合种群。

一个高山蝴蝶集合种群

种群生态学家开始构思集合种群的概念时，就发现集合种群随处可见。蝴蝶是集合种群研究中的最佳代表。落基山脉的帕纳塞斯山蝴蝶（*Parnassius smintheus*）是这类蝴蝶之一（图 10.9）。这种蝴蝶从新墨西哥州北部沿着落基山脉分布，延伸到阿拉

斯加的西南部。沿着分布区域，蝴蝶幼虫主要在开阔的森林和草甸中摄食景天属（*sedum* spp.）植物的花和叶子。由于它们的寄主植物分布范围非常狭窄，帕纳塞斯山蝴蝶种群经常分布在寄主植物生长的斑块中，形成集合种群。

珍斯·罗兰、妞莎·凯赫巴蒂和雪莉·福恩斯（Roland，Keyghobadi and Fownes，2000）来自加拿大埃德蒙顿的艾伯塔大学，研究了帕纳塞斯山蝴蝶集合种群。他们把注意力集中在 20 块高山草甸上，它们分布在加拿大落基山脉卡纳纳斯基斯（Kananaskis）地区的山脊，面积为 0.8～20 hm^2。有些草甸和其他草甸相邻，有些草甸则被 200 m 宽的针叶林分隔。草甸上的柳叶景天（*Sedum lanceolatum*）是帕纳塞斯山蝴蝶的寄主植物。

森林管理者的灭火措施和全球变暖使高山草甸的面积逐步缩小，同时介入林也加大了草甸之间的间隔。1952 年，研究草甸的面积平均大约为 36 hm^2；到了 1993 年，这些草甸的平均面积降到大约 8 hm^2，减少了大约 77%。这些变化引起罗兰、凯赫巴蒂和福恩斯研究小组的兴趣。在 1995—1996 年的夏季，他们研究了草甸大小和草甸隔离度对帕纳塞斯山蝴蝶运动的影响。

研究小组采用标记重捕法，估算每块草甸上蝴蝶种群的大小，追踪蝴蝶的运动。他们捕捉蝴蝶后，采用一种永久标记物，在蝴蝶的后翅标记上由3个字母组成的标识码。研究小组记录蝴蝶的性别和它们在20 m范围内的位置。再次捕捉到蝴蝶时，他们会估算捕捉地点与上一次捕捉地点的直线距离，以此作为蝴蝶的扩散距离。

罗兰、凯赫巴蒂和福恩斯在1995年共标记了1,574只帕纳塞斯山蝴蝶，在1996年标记了1,200只。他们在1995年重复捕获的蝴蝶是726只，在1996年重复捕获的蝴蝶是445只。在研究期间，帕纳塞斯山蝴蝶在20块草甸上的种群大小为0～230只。1995年，雌、雄蝴蝶的平均扩散距离大约为131 m；1996年，雄、雌蝴蝶的平均扩散距离分别是162 m和118 m。1995年，蝴蝶的最大扩散距离是1,729 m；1996年，蝴蝶的最大扩散距离是1,636 m。大多数被重复捕获的蝴蝶都在草甸内扩散。在1995年的记录中，只有5.8%的扩散运动是从一块草甸扩散到另一块草甸；1996年，蝴蝶在草甸间的扩散运动达到

15.2%。

罗兰、凯赫巴蒂和福恩斯提出的问题是：草甸大小和种群大小如何影响帕纳塞斯山蝴蝶的扩散。如图10.10所示，随着草甸面积增大，蝴蝶种群的平均大小也在增大。结果，蝴蝶离开小种群的概率大于离开大种群的概率。蝴蝶通常离开小种群，迁入到大种群中。研究者指出，这种从小种群向大种群扩散的模式也存在于其他蝴蝶种群中，包括庆网蛱蝶（492页）。他们进行持续研究的目的是找出形成这种迁移模式的原因。罗兰、凯赫巴蒂和福恩斯的研究结果指出：随着落基山脉高山草甸面积的缩小，帕纳塞斯山蝴蝶种群将逐步集中在越来越小的草甸里，直至草甸完全消失。在最近一个有关小型隼集合种群的扩散研究中，研究者也观察到了类似高山蝴蝶集合种群的扩散模式。

黄爪隼集合种群的扩散

黄爪隼（*Falco naumanni*）是一种小型迁徙隼，它们在欧亚大陆的单配群体中繁殖，在非洲撒哈拉以南越冬（图10.11）。由于数量急剧下降，黄爪隼被列为全球性濒危物种。然而，与黄爪隼的全球

图10.9 落基山脉的帕纳塞斯山蝴蝶集合种群。由于幼虫与寄主植物生长的草地关系密切，帕纳塞斯山蝴蝶生活在被森林隔开的草地斑块上。蝴蝶个体的扩散连接了这些亚种群，形成了集合种群（资料取自Matter et al.，2009）

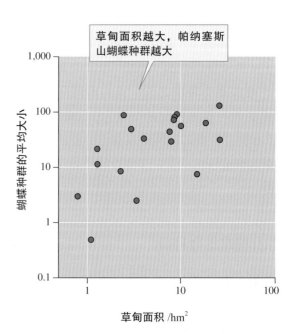

图10.10 落基山脉的草甸面积和帕纳塞斯山蝴蝶种群大小的关系。由于森林入侵落基山脉草甸，帕纳塞斯山蝴蝶种群有缩小的趋势（资料取自Roland，Keyghobadi and Fownes，2000）

状况不同，在西班牙东北部的埃布罗（Ebro River）河谷，黄爪隼种群于这几年出现戏剧性的增长。大卫·塞拉诺和约瑟·泰拉（Serrano and Tella，2003）两位生态学家对这个地区的黄爪隼种群进行了长期研究。根据他们的记录，这个地区的黄爪隼种群从1993年的4个亚种群224对，增长到2000年的14个亚种群787对。塞拉诺和泰拉认为，这个区域隼种群增长的原因是埃布罗河谷的可持续传统农业的增长。他们提醒当地的人们，该河谷的现代农业计划有可能导致隼种群像其他地区那样缩小。

在研究中，塞拉诺和泰拉利用彩色数字脚环来标记隼，并追踪隼种群个体的足迹。从1993年到1999年，他们共标记了4,901只幼鸟和640只成鸟。因为黄爪隼在群体内繁殖，所以研究者在繁殖季节很容易追踪它们的足迹。一旦找到一个群体，塞拉诺和泰拉就藏在隐蔽处观察隼的数量，记录群体中隼的对数，然后用望远镜读出它们脚环上的数字。通过这种方法，塞拉诺和泰拉能够准确获得每年埃布罗河谷的整个黄爪隼种群的数据。他们还利用这些观察数据绘制出他们看到的隼种群的移动路线图。在群体中，被标记的已知年龄的成鸟比例为60%～90%。

从塞拉诺和泰拉收集到的数据可以看出，在出生后的第一年，大多数黄爪隼幼鸟离开孵化的繁殖种群，加入其他亚种群。雌黄爪隼比雄黄爪隼更喜欢迁移。雌性幼鸟在出生后第一年的迁出率大约为30%，而雄性幼鸟为22%。与之相反，大龄成鸟在

图10.11　黄爪隼。黄爪隼在分散的群体中繁殖，这些分散群体形成集合种群。黄爪隼的种群量因农业现代化而急速下降

任何一年的迁出率均不超过4%。在研究种群中，虽然一些黄爪隼可扩散至100 km之外，但塞拉诺和泰拉发现群体间的距离和黄爪隼在群体间扩散的频率呈负相关关系。

埃布罗河谷的黄爪隼和加拿大艾伯塔落基山脉的帕纳塞斯山蝴蝶与环境之间的交互作用存在巨大差异。另外，蝴蝶种群的生活空间正在缩小，而黄爪隼种群则正在扩大。然而，这些种群具有许多共同特征。首先，它们都在空间上形成集合种群；另一个共同特点是，地方种群的大小对种群的扩散趋势和扩散方向的影响相同。和帕纳塞斯山蝴蝶一样，小亚种群的黄爪隼迁出的可能性大于大亚种群个体，而且黄爪隼更倾向于从小群体向大群体扩散。

在上面的两个概念讨论中，我们介绍了扩散对种群的影响。现在我们比较种群的存活模式，它是导致种群动态变化的另一个主要因素。

概念讨论 10.2

1. 图10.10和图21.13的上图显示了两种蝴蝶种群大小和草甸大小的关系，这两张图有什么相似之处和不同之处？（注：1 hm² = 10,000 m²）

2. 落基山脉的帕纳塞斯山蝴蝶趋向于从小草甸往大草甸扩散。为什么这个移动方向比反方向（即由大草甸往小草甸扩散）更有优势？（提示：参考庆网蛱蝶研究，第4章97页。）

3. 请比较落基山脉帕纳塞斯山蝴蝶与埃布罗河谷的黄爪隼，说明人类对集合种群的影响。

10.3　存活模式

存活曲线总结了种群的存活模式。各个物种间的存活模式存在极大差异，且取决于环境条件。即使是同一物种，存活模式也有相当大的不同。有些物种繁殖几百万幼体，但随后大部分幼体死亡；有些物种繁殖少量幼体，但在幼体的照料上投入大量精力，因此幼体的存活率很高；还有一些物种的繁殖率、亲代照顾和幼体存活率介于上述两者之间。对种群生态学家而言，明辨存活模式是一个大挑战。为了解决这个实际问题，他们发明了**生命表**（life table）的簿记方式，列出种群中的存活率和死亡率。

评估存活模式

要评估一个种群的存活模式，有 3 种主要方法。第一种，也是最可靠的方法，就是辨识大量在同一时间出生的个体，并记录它们出生到死亡的过程。在同一时间（如同一年）出生的群体，被我们称为**同生群**（cohort）；以上述方法搜集数据得到的生命表则被称为**同生群生命表**（cohort life table）。我们研究的同生群可以是一群同时发芽的幼苗，也可以是在某一特定年份出生、加入大角羊种群的羔羊。

理解和解释同生群生命表相对来说比较容易，但要获得建构同生群生命表的信息却非常困难。试想你趴在一块湿草甸上，辛苦地计算一株一年生植物的几千粒小种子，你必须标记每一粒种子的位置，而且每周都需要再测一次。这样的测量须持续 6 个月，直到这个种群的最后一粒种子死亡为止。如果你研究的是一种比较长寿的物种，如藤壶或毛茛属多年生禾草（buttercup），你必须花费几年的时间，反复地检查同生群！如果你研究的是鲸或隼之类的移动生物，问题就更多了。如果你研究的是巨红杉（giant sequoia）等极其长寿的物种，这种方法根本不可能在你有生之年完成。在这些情况下，种群生物学家只能寻求其他方法。

评估野生种群存活模式的第二种方法就是，记录大量个体死亡时的年龄。这种方法与同生群研究法的不同之处在于样本个体出生的时间不一样。这个方法可以产生一个**静态生命表**（static life table）。之所以称为"静态"，是因为它是对某个种群短时间存活个体数的统计。要做出一个静态生命表，生物学家通常需要估算个体死亡的年龄。为此，他们在个体出生时将它们加以标记，然后在个体死亡后回收标签，并记录死亡年龄，以此估算个体死亡的年龄。还有另一种方法可以大致估算死亡个体的年龄。例如，根据大角羊羊角上的生长轮，也可以估算出它们的年龄。此外，在龟背、树干、软珊瑚和硬珊瑚的茎上，我们都可以找到生长轮。

第三种方法是根据**年龄分布**（age distribution）来确定存活模式。年龄分布是指不同年龄的个体在种群中所占的比例。通过计算连续龄级（succeeding age class）的个体的比例差异，你就可以用年龄分布来评估生存模式。这种方法同样可以获得静态生命表。它假设龄级之间的个体数差异是由死亡率造成的。除此之外，利用年龄分布来评估存活模式还需要考虑哪些假设条件？另一个假设条件是，该种群既不会增长，也不会衰减。换句话说，这个种群不会因为个体迁移从外界获得新成员或失去成员。由于实际的自然种群往往不符合上述假设条件，这类数据建构的静态生命表的准确度往往不如同生群生命表。不过，静态生命表通常是唯一可获得的信息，因此它仍然非常有用。

幼龄个体的高存活率

阿道夫·缪里（Murie，1944）在阿拉斯加德纳里峰国家公园（Mount Denali National Park）研究白大角羊（Dall sheep，图 10.12）的存活模式。他总共搜集了 608 块因各种原因死亡的白大角羊的头骨。通过计算羊角的生长轮和研究羊牙的磨损程度，他测定了每个样本的年龄。这个研究基于的主要假设是：白大角羊每个龄级的头骨在所有头骨中的比例足以代表在这个年龄死亡的个体的比例。例如，在 1 岁之前死亡的白大角羊在样本中所占的比例就代表了在出生 1 年之内死亡的个体比例。这个假设固然不可能完全正确，但由此得到的存活模式却描绘了一幅相当合理的图像，可以告诉我们种群存活个

图10.12 白大角羊（*Ovis dalli*）。北美洲最北部的白大角羊是研究存活模式的经典对象

体数，尤其是当样本数和缪里研究的样本一样多的时候。

根据缪里的头骨样本，图10.13总结了白大角羊的存活模式，图的上部为缪里构建的静态生命表。表的第1栏为白大角羊的年龄，第2栏为每个龄级的存活个体数，第3栏则为每个龄级的死亡个体数。请注意，虽然缪里只研究了608块头骨，但本表的数字却以每1,000个个体来表示，这样的调整是为了便于和其他种群做比较。

图10.13的上部也显示了如何把死亡个体数转换成存活个体数。把每1,000个出生个体中的存活个体数按照年龄顺序标出，就可以得到该图下部的**存活曲线**（survivorship curve）。存活曲线可以显示一个种群的生死模式。请注意，在这个白大角羊种群里，有两个死亡率较高的阶段：1岁以内和9～13岁的阶段。换言之，这个种群的幼龄个体和老龄个体的死亡率较高，而中间年龄个体的死亡率较低。白大角羊的整体存活模式和死亡模式，与马鹿（*Cervus elaphus*）、骡鹿哥伦比亚亚种（*Odocoileus hemionus columbianus*）、非洲野水牛（*Syncerus caffer*）等其他大型脊椎动物和人类的模式颇为相似。在这些种群中，年轻个体和中龄个体的存活率较高，而老龄个体的死亡率较高。

在一年生植物和小型无脊椎动物的种群中，我们同样可以见到这种存活模式。从图10.14可以看出，小天蓝绣球（*Phlox drummondii*）种群和簇轮虫

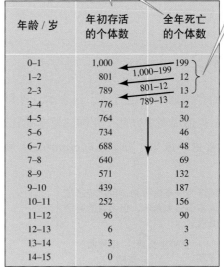

年龄/岁	年初存活的个体数	全年死亡的个体数
0–1	1,000	199
1–2	801	12
2–3	789	13
3–4	776	12
4–5	764	30
5–6	734	46
6–7	688	48
7–8	640	69
8–9	571	132
9–10	439	187
10–11	252	156
11–12	96	90
12–13	6	3
13–14	3	3
14–15	0	

为了便于和其他研究比较，将白大角羊每年存活和死亡的个体数转换成每1,000个出生个体的存活数和死亡数

将每年年初存活的个体数减去该年死亡的个体数，得到的就是下年年初存活的个体数

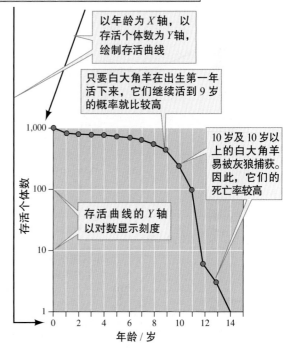

以年龄为X轴，以存活个体数为Y轴，绘制存活曲线

只要白大角羊在出生第一年活下来，它们继续活到9岁的概率就比较高

10岁及10岁以上的白大角羊易被灰狼捕获。因此，它们的死亡率较高

存活曲线的Y轴以对数显示刻度

图10.13 白大角羊：从生命表到存活曲线（资料取自Murie，1944）

（*Floscularia conifera*）种群的存活模式与白大角羊极为相似。在刚出生阶段，个体的死亡率较高；在随后的阶段，个体死亡率较低；在最后的老龄阶段，个体的死亡率偏高。然而，小天蓝绣球种群的存活模式在不到1年的时间内上演完毕，而簇轮虫种群的存活模式持续不到11天。另外，以上这些存活曲线均来源于同生群生命表。

不过，其他物种的存活模式可能完全不一样。在下一个例子中，个体并非只在老龄阶段才产生较高死亡率，而是在整个生命周期维持大致相同的死亡率。

恒定的存活率

许多物种的存活曲线几近直线，这表示这些种群的个体在整个生命周期中以几乎相同的速率死亡。这种存活模式常见于旅鸫（*Turdus migratorius*）和白冠带鹀（*Zonotrichia leucophrys nuttalli*）等鸟类种群中（图 10.15）。在同生群存活的整个期间，生命期望大致维持不变。鸟类的线性存活模式固然最为知名，但其他物种也具有这种模式。例如，图 10.15 显示东方动胸龟（*Kinosternon subrubrum*）种群也具有相同的存活模式。虽然东方动胸龟在出生第 1 年里的死亡率较高，但后续龄期的存活曲线却保持直线。

下面我们会看到，一些生物在幼龄的死亡率远高于上面任何一个讨论过的种群。

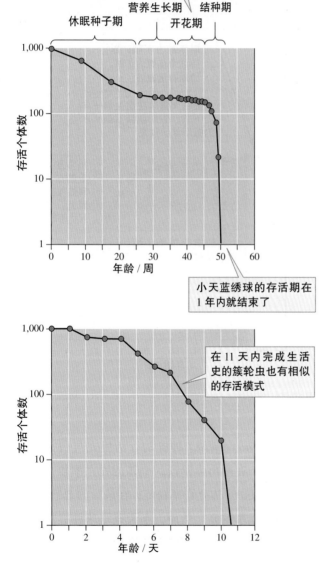

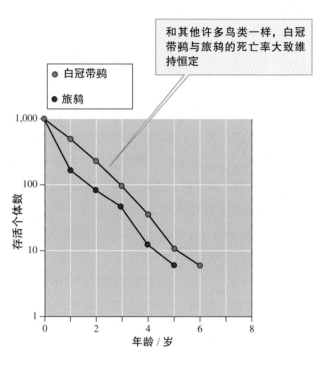

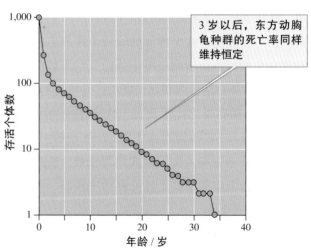

图 10.14 在植物种群与簇轮虫种群中，幼龄个体和中龄个体的存活率较高（上图取自 Leverich and Levin，1979；下图取自 Deevey，1947）

图 10.15 恒定的存活率（资料取自 Deevey，1947；Baker，Mewaldt and Stewart，1981；Frazer，Gibbons and Greene，1991）

幼龄个体的高死亡率

一些生物会繁殖大量幼体，但幼体的死亡率很高。鲭鱼（*Scomber scombrus*）等海洋鱼类产下的卵以百万计，但在每 100 万颗卵中，有超过 999,990 颗都会在生命开始的 70 天内死亡，不论它们是卵，还是已经发育成仔鱼（larvae）或幼鱼。瑞典外海的明虾（*Leander squilla*）种群也具有类似的存活率。在明虾产下的每 100 万颗卵中，能活过 1 岁的个体只有 2,000 颗左右。经过这个高死亡率的阶段之后，留下的幼虾的死亡率相当恒定。

类似的存活模式也可见于其他海洋无脊椎动物、海洋鱼类和生产无数种子的植物中。艾哈迈德·赫加齐（Hegazy，1990）研究的沙漠灌丛——白花菜（*Cleome droserifolia*）正是这类植物之一。赫加齐估计，一个由大约 2,000 株白花菜组成的种群每年可生产大约 2,000 万颗种子。在这么多种子中，大约只有 12,500 颗能够萌芽成为幼苗，其中又只有 800 株幼苗能够存活下来长成幼树。图 10.16 追踪了这种白花菜种群的存活模式（以每 100 万颗种子的存活数来表示）。赫加齐估计，在每 100 万颗种子中，大约只有 39 颗能活到 1 岁，即存活率大约只有 0.0039%。这个沙漠植物种群的存活率与前面白大角羊的存活率形成鲜明对比。由于白花菜等植物种群、旅鸫等鸟类种群以及白大角羊等大型哺乳动物种群的存活率存在鲜明差异，早期的种群生物学家提议将存活曲线分类。

存活曲线的 3 种类型

根据大量有关不同物种存活模式的研究结果，种群生态学家认为存活曲线可以分为 3 种类型（图 10.17）。其中，幼龄个体和中龄个体存活率较高、老龄个体死亡率较高的模式被称为 **I 型存活曲线**（type I survivorship curve），这种存活模式常见于白大角羊、小天蓝绣球和簇轮虫种群中（图 10.13 和图 10.14）。存活率始终恒定、存活曲线为直线的存活模式被称为 **II 型存活曲线**（type II survivorship curve），旅鸫、白冠带鹀和东方动胸龟均属这种存活模式（图

10.15）。**III 型存活曲线**（type III survivorship curve）指幼龄个体死亡率极高、随后个体存活率比较高的存活模式，沙漠植物白花菜即为 III 型存活曲线的最佳范例（图 10.16）。

上述存活曲线的分类在自然界种群中具有多少代表性呢？其实，多数种群都无法完全符合其中任一种基本类型，而是表现为各式各样的中间型。假如同一物种的存活曲线就存在如此大的差异，那么这些理想的理论存活曲线有什么用处呢？正如大部

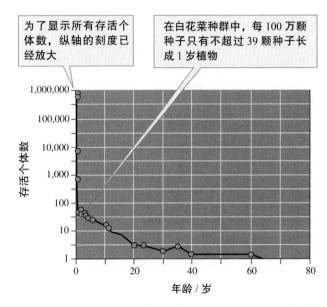

图 10.16　多年生植物种群（白花菜）幼龄个体的死亡率极高（资料取自 Hegazy，1990）

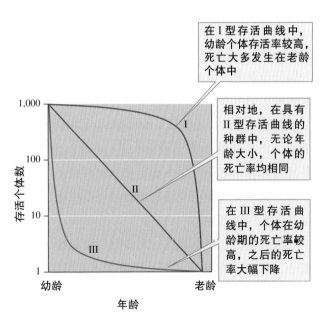

图 10.17　存活曲线的 3 种类型

分理论架构一样，这些存活曲线的最大价值在于它们设定了种群可能的存活曲线的边界。无论实际的存活曲线和理论曲线多么接近，它们都是种群存活模式的最佳总结。

我们重新回到种群的年龄分布——一个和存活模式密切相关的主题。正如我们在前面所述，种群的年龄分布可以建构静态生命表。根据生命表，我们画出存活曲线。然而，在下面我们将会看到，种群的年龄分布还可以让我们对种群动态产生其他更深刻的了解。

── 概念讨论 10.3 ──────■

1. 迁入和迁出如何影响种群存活模式的评估？这里的评估以年龄分布为基础。

2. 雌棉白杨树（*Populus* spp.）每年产生几百万粒种子。这个信息是否能为你预测它们的存活模式提供可靠依据？

3. 人类的死亡率如何变化才能使人类的存活曲线从 I 型转变为 II 型？

10.4 年龄分布

一个种群的年龄分布反映了它的存活史、繁殖史以及未来增长的潜力。种群生态学家通过研究种群的年龄分布，可以看出许多信息。年龄分布可以显示某种群成功繁殖的时期、高存活率与低存活率的时期，以及该种群中的老龄个体是否被种群自我取代或者该种群是否正在衰减。通过研究一个种群的历史，种群生态学家便可预测该种群的未来。

年龄分布截然相反的树木种群

1923 年，R. B. 米勒（R. B. Miller）发表了白橡（*Quercus alba*）种群的年龄分布数据。这个白橡种群分布在美国伊利诺伊州的一片成熟山核桃林中。在米勒的研究中，他首先确定白橡的树龄与树干直径的关系。为此，他测量了 56 棵大小不同的树木的直径，然后从这些树干中取木芯（core of wood），并通过计算木芯的年轮来确定树木的树龄。一旦有了白橡树龄和直径的关系，米勒便可以根据直径来估算许多白橡的树龄。

在米勒研究的森林里，大多数白橡的龄级都比较小，从 1 年至 50 年不等。随着树木龄级的增加，白橡也愈来愈少（图 10.18），林中最老白橡的树龄超过 300 年。换言之，在这片森林中，白橡的年龄分布偏向于幼树。我们根据这个年龄分布能推断出

什么呢？年龄分布表明当最老的树木凋零，幼树的繁殖已足以取代它们。也就是说，这个白橡种群在研究期间是稳定的，既不会增长，也不会缩小。

白橡种群的年龄分布和东方三角叶杨（*Populus deltoides* spp. *wislizenii*）的年龄分布形成鲜明对比。在美国西南部，分布最广泛的一片东方三角叶杨林生长在新墨西哥州中部里奥格兰德河的沿岸。然而，有关东方三角叶杨年龄分布的研究却指出这些种群正在衰减中，老龄树木（最老可以活到 130 年）并未被幼龄树木取代（图 10.19）。相对于伊利诺伊州的白橡种群，东方三角叶杨种群全是老龄树的天下。

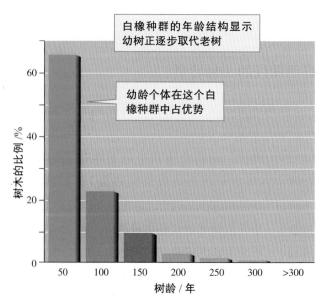

图 10.18 美国伊利诺伊州一个白橡种群的年龄分布

在图 10.19 中的研究地点，东方三角叶杨已经十多年都没有繁殖过了；在里奥格兰德河沿岸的其他研究区，东方三角叶杨在过去的三十多年也少有繁殖。

为什么东方三角叶杨无法成功繁殖呢？基本上，影响东方三角叶杨繁殖的重要因素是季节性洪水。季节性洪水起到两个关键作用。首先，洪水导致土壤大片裸露，缺乏富含有机质的表层土，这种表层土没有其他植被竞争，最适合东方三角叶杨幼苗的萌芽与定殖；其次，洪水还使这些裸露的育苗区保持湿润，直至东方三角叶杨幼苗的根深入土中，触及地下水的浅水位。一直以来，这些条件通常由春季洪水制造，而春季正好是东方三角叶杨种子随风扩散的季节。但为了控制洪水和便于灌溉，人们在里奥格兰德河建造了大坝，打断了每年苗床准备和播种的节奏。里奥格兰德河被驯服后不再发生洪水了。虽然东方三角叶杨每年还会生产种子，但年龄分布却显示这些种子难以找到合适的萌芽地点。

树木的年龄分布在几十年或几百年的时间里发生改变，其他物种种群却可以在很短的时间内发生显著变化。在加拉帕戈斯群岛上，有一个动态种群曾经被研究得很透彻。

多变气候下的动态种群

罗斯玛利·格兰特与彼得·格兰特（Grant and Grant, 1989）花费了几十年的时间研究达尔文地雀鸟种群。他们研究得最透彻的是捷诺维沙岛上的大仙人掌地雀（*Geospiza conirostris*）。捷诺维沙岛位于加拉帕戈斯群岛的东北部，距离南美洲的西海岸大约 1,000 km。加拉帕戈斯群岛的气候变化不定，这点可以从岛上生物种群的高度动态变化看出来，大仙人掌地雀就是这些种群之一。

(a) 1983 年

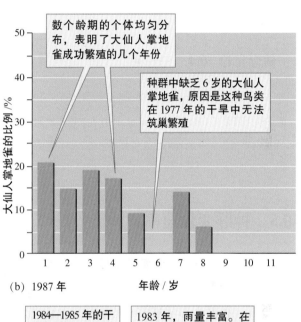

(b) 1987 年

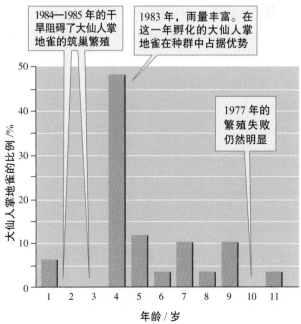

图 10.20　在加拉帕戈斯群岛的捷诺维沙岛，大仙人掌地雀于（a）1983 年与（b）1987 年的年龄分布（资料取自 Grant and Grant, 1989）

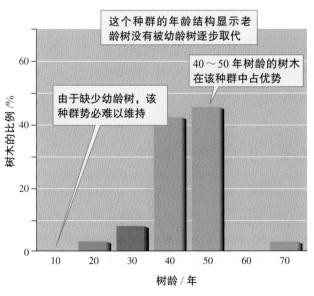

图 10.19　东方三角叶杨种群的年龄分布。它们分布在美国新墨西哥州贝伦市附近的里奥格兰德河（资料取自 Howe and Knopf, 1991）

大仙人掌地雀在1983—1987年的年龄分布显示该种群在这期间发生很大的波动（图10.20）。1983年的年龄分布显示，各龄级个体的分布相当均匀，除了种群中没有6岁年龄段的个体。这段空白是由1977年的干旱造成的，当年该种群没有一只地雀出生。通过比较1983年和1987年的年龄分布，我们可以发现在同一个种群中，时间仅相隔4年，年龄分布却截然不同。

在1987年的年龄分布中，1977年造成的空白仍然存在，而且2岁和3岁年龄段的地雀也出现了空白。后面的2年空白是因为1984—1985年的干旱导致该种群连续2年繁殖失败。另一个差异是，在

1987年的年龄分布中，4岁的地雀占据优势，它们是在1983年出生的地雀。当年潮湿的天气使地雀赖以生存的食物产量大增，从而促进地雀的繁殖。有关捷诺维沙岛上大仙人掌地雀的长期研究表明了种群的年龄结构对环境变异的响应。

本节告诉我们，年龄分布可以为种群生态学家提供许多关于种群动态的信息，包括该种群处于何种状态——增长、衰减或稳定。下一节的内容将跨越这些定性评估，种群生态学家将把存活模式与年龄结构呈现的繁殖率信息结合起来，确定种群的增长率或下降率。

—— 概念讨论 10.4 ——

1. 对于一个没有处于灭绝危险中的健康种群而言，它的年龄结构是否会出现连续繁殖失败的年份？

2. 霍韦和克诺普夫（Howe and Knopf, 1991）的研究表明，东方三角叶杨最后一次大规模自然繁殖产生了大量40～50岁的老龄树，而这次繁殖发生在里奥格兰德河大坝建造之前。是否有证据表明东方三角叶杨在大坝建造前也会出现繁殖失败（图10.19）？

10.5 种群变化速率

结合繁殖力表，生命表可以用于估算净繁殖率（R_0）、几何增长率（λ）、世代时间（T）及瞬时增长率（r）。种群生态学家关心的不只是存活率，还包括影响地方种群密度的出生率。对于哺乳动物和其他胎生生物（从鲨鱼到人类）而言，出生率（birth rate）是指每个雌体在某一段时间内生下的幼体数。种群生态学家也用"出生"这个词泛指种群新个体产生的所有过程。在鸟类、鱼类和爬行动物种群中，出生率通常以个体产下的卵数来计算。就植物而言，出生率可以是种子数，也可以是无性生殖时产生的枝条数。至于细菌类，出生率或繁殖率则是指细胞分裂的速率。

追踪种群出生率的方法和追踪存活率的方法相似。对于进行有性生殖的种群，种群生物学家需要知道每个龄级里每个雌体的平均出生数以及雌体数。在实际应用中，种群生物学家通常计算鸟类或爬行动物产下的卵数、母鹿繁殖的幼鹿数或是植物的种

子数或发芽数，然后将不同龄期亲代产下的子代数制成表格。这种表格记录了种群里不同龄期雌体的出生率，被称为繁殖力表（fecundity schedule）。如果把繁殖力表的信息和生命表的信息结合起来，我们就能评估几个重要的种群特征了。对于种群生态学家而言，其中最重要的一件事情就是，要知道一个种群究竟是在增长，还是在衰减。

估算一年生植物的繁殖率

表10.1把一年生植物小天蓝绣球的存活个体数与种子数结合在一起。第1栏 x 是以天数为单位的龄级（age interval）；第2栏 n_x 是该种群中每个龄级的存活个体数；第3栏 l_x 是存活率，是某一龄级 x 的存活个体所占的比例；第4栏 m_x 为出生率，是每个龄级中每一个体生产的平均种子数；最后第5栏 $l_x m_x$ 为第3栏与第4栏的乘积。

我们已经使用第3栏 l_x 的数据来构建植物的存活曲线（图10.14），现在，我们将存活率和小天

表 10.1　将小天蓝绣球的存活率与种子数结合在一起，计算净繁殖率

龄级 /d	某个龄级 x 的存活个体数	存活个体的比例	某个龄级中每个个体产生的平均种子数	l_x 与 m_x 的乘积
x	n_x	l_x	m_x	$l_x m_x$
0～299	996	1.0000	0.0000	0.0000
299～306	158	0.1586	0.3352	0.0532
306～313	154	0.1546	0.7963	0.1231
313～320	151	0.1516	2.3995	0.3638
320～327	147	0.1476	3.1904	0.4589
327～334	136	0.1365	2.5411	0.3469
334～341	105	0.1054	3.1589	0.3330
341～348	74	0.0743	8.6625	0.6436
348～355	22	0.0221	4.3072	0.0952
355～362	0	0.0000	0.0000	0.0000

每个个体平均留下 2.4177 个子代

数据来自 Leverich and Levin, 1979

$$R_0 = \sum l_x m_x \approx 2.4177$$

若 R_0 大于 1.0，表示该种群正在增长中

将最后一栏相加，总和即为 R_0——每一个体的净繁殖率

蓝绣球的种子数 m_x 结合起来，计算**净繁殖率**（net reproductive rate，R_0）。在繁殖率的计算中，本节假设一个种群在每个龄级的出生率和死亡率都维持恒定，也就是说，该种群具有**稳定的年龄分布**（stable age distribution）。在年龄分布稳定的种群中，每个龄级的个体在种群中所占的比例均维持恒定。一般而言，净繁殖率是指种群个体在生命周期中产生的平均子代数。在一年生植物小天蓝绣球的例子里，净繁殖率就是每个个体产生的平均种子数。我们可以把表 10.1 中最后一栏的数值相加，计算净繁殖率，结果为：

$$R_0 = \sum l_x m_x \approx 2.4177$$

若要计算该种群在研究当年生产的种子总数，可将 2.4177 乘以该种群一开始的植株数 996，得到的 2,408 即为小天蓝绣球翌年开始时的种子数。

由于小天蓝绣球的世代不重叠，我们可以用**几何增长率**（geometric rate of increase，λ）来估算该种群的增长率。几何增长率是两个时间点的种群个体数之比：

$$\lambda = \frac{N_{t+1}}{N_t}$$

式中，N_{t+1} 是后一个时间点的种群个体数，而 N_t 为前一个时间点的种群个体数（图 10.21）。

时间间距 t 可以是年、日，也可以是小时。使用哪种时间间距来计算种群的几何增长率，取决于生物及生物种群的增长率。

若要计算小天蓝绣球种群的 λ，我们该采用哪一

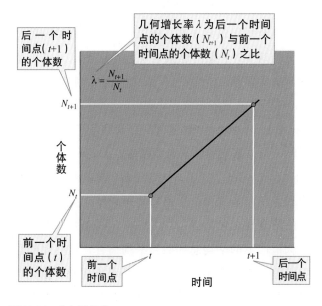

图 10.21　几何增长率

种时间间距呢？由于小天蓝绣球是一年生植物，以1年为时间间距应该最有意义。小天蓝绣球一开始的种群个体数（N_t）是996。在研究结束的那一年末，个体数是2,408，这是下一代的个体数。因此，整个研究期间的几何增长率就等于：

$$\lambda = \frac{2,408}{996} \approx 2.4177$$

这个值与 R_0 相等。不过，在匆忙下结论之前，我们得知道 R_0（每个雌体每代繁殖的子代数）并不是都等于 λ。在本例中，λ 之所以等于 R_0，是因为小天蓝绣球是世代不重叠的一年生植物。若研究对象换成世代重叠的物种，R_0 往往不等于 λ。

你认为这种植物能够继续以 λ 或 $R_0 \approx 2.4177$ 的速率繁殖多久呢？事实上不会太久，我们将在第11章再讨论这个问题。在此之前，我们可以针对世代重叠的生物做一些计算。

估算世代重叠物种种群的繁殖率

东方动胸龟种群的死亡率（图10.15）和小天蓝绣球种群的死亡率在许多方面形成鲜明对比。为了计算种群的净繁殖率，我们必须先深入了解东方动胸龟的繁殖模式。每年大约有一半（0.507）东方动胸龟筑巢，而且大部分筑巢的雌东方动胸龟每年只筑巢1次，但有些东方动胸龟每年筑巢2次，少数个体甚至每年筑巢3次，所以筑巢的东方动胸龟每年平均筑1.2个巢。也就是说，在这些东方动胸龟中，每年筑第二个巢的东方动胸龟比例为0.2（或1/5）。一只筑巢的雌东方动胸龟的平均**窝卵数**（clutch size）为3.17。窝卵数是指东方动胸龟产下的卵数。因此，每年筑巢的雌东方动胸龟产下的平均卵数为：$3.17 \times 1.2 \approx 3.8$ 个。不过，这个种群中每年只有一半雌东方动胸龟筑巢，所以每年每只雌东方动胸龟产下的卵数是 $0.507 \times 3.8 \approx 1.927$ 个，这是每只雌东方动胸龟产下的平均总卵数。平均而言，这些卵孵化为雌龟、雄龟的概率各为0.5，但种群生物学家往往只追踪雌性，并且只关注雌性子代的个数。对于小天蓝绣球种群，我们不必考虑个体的性别问题，因

为所有个体均兼具雄性生殖器官和雌性生殖器官。由于东方动胸龟种群的雌雄比例为 1：1，我们将1.927乘以0.50，便可算出种群中每只成年雌龟产下的雌卵数，也就是0.96个雌卵。这个值列在表10.2的第3栏中。

表10.2中包含了构建图10.15的生命表所需的信息，以及我们刚计算的繁殖力信息。和小天蓝绣球种群一样，$l_x m_x$ 的总和 $\sum l_x m_x$ 为雌体的净繁殖率 R_0 提供了估算值。在此例中，$R_0 = 0.601$。我们可以把这个数值解释为该种群的每个雌性个体在生命周期中产下的平均雌性子代数。如果这个数值是正确的，那么该种群雌性亲代生产的雌性子代是不足以取代亲代本身的，所以该种群处于衰减之中。这个结论是合理的，因为在该研究结束之际，东方动胸龟种群生活的美国南卡罗来纳州正经历严重的干旱。在干旱期间，埃伦顿湾（Ellenton Bay）的开阔水域从 10 hm^2 减少至 0.05 hm^2。

东方动胸龟种群的衰减趋势反映了环境品质的下降。什么样的 R_0 值才会产生稳定的东方动胸龟种群呢？在一个稳定的种群里，R_0 应该等于1.0，即每只雌东方动胸龟在生命周期中刚好被另一只子代雌东方动胸龟取代。在一个增长的种群（如夹竹桃种群）中，R_0 大于1.0。

种群生态学家也对种群的其他几个特征感兴趣，其中一个特征就是世代时间（T）。世代时间是指繁殖的平均时间。我们可以用表10.2的信息来计算埃伦顿湾东方动胸龟种群的平均世代时间：

$$T = \frac{\sum x l_x m_x}{R_0}$$

这个公式中的 x 表示龄级。要算出 T，先将表10.2的最后一栏求和，再除以 R_0。计算的结果显示埃伦顿湾东方动胸龟种群的平均世代时间为10.6年。

有了 R_0 和 T，我们就可以估算种群的**瞬时增长率**（per capita rate of increase，r）：

$$r = \frac{\ln R_0}{T}$$

$\ln R_0$ 为 R_0 的自然对数。我们可以把 r 解释为出生率减去死亡率，即 $r = b - d$。用这个方法估算埃伦顿湾东方动胸龟种群的增长率，结果为：

表 10.2　计算东方动胸龟种群的净繁殖率（R_0）与世代时间（T）

					年龄 x 乘以 $l_x m_x$				
x / a	l_x	m_x	$l_x m_x$	$x l_x m_x$	x / a	l_x	m_x	$l_x m_x$	$x l_x m_x$
0	1.0000	0	0	0	19	0.0108	0.96	0.01037	0.19703
1	0.2610	0	0	0	20	0.00945	0.96	0.00907	0.18140
2	0.1360	0	0	0	21	0.00829	0.96	0.00796	0.16716
3	0.0981	0	0	0	22	0.00725	0.96	0.00696	0.15312
4	0.0786	0.96	0.07546	0.30184	23	0.00635	0.96	0.00610	0.14030
5	0.0689	0.96	0.06614	0.33070	24	0.00557	0.96	0.00535	0.12840
6	0.0603	0.96	0.05789	0.34734	25	0.00487	0.96	0.00468	0.11700
7	0.0528	0.96	0.05069	0.40523	26	0.00427	0.96	0.00410	0.10660
8	0.0463	0.96	0.04445	0.35560	27	0.00374	0.96	0.00359	0.09693
9	0.0405	0.96	0.03888	0.34992	28	0.00328	0.96	0.00315	0.08820
10	0.0355	0.96	0.03408	0.34080	29	0.00287	0.96	0.00276	0.08004
11	0.0311	0.96	0.02986	0.32846	30	0.00251	0.96	0.00241	0.07230
12	0.0273	0.96	0.02621	0.31452	31	0.00220	0.96	0.00211	0.06541
13	0.0239	0.96	0.02294	0.29822	32	0.00193	0.96	0.00185	0.05920
14	0.0209	0.96	0.02006	0.28084	33	0.00169	0.96	0.00162	0.05346
15	0.0183	0.96	0.01757	0.26355	34	0.00148	0.96	0.00142	0.04828
16	0.0160	0.96	0.01536	0.24576	35	0.00130	0.96	0.00125	0.04375
17	0.0141	0.96	0.01354	0.23018	36	0.00114	0.96	0.00109	0.03924
18	0.0123	0.96	0.01181	0.21258	37	0.00100	0	0	0

资料取自 Frazer，Gibbons and Greene，1991

$$R_0 = \sum l_x m_x \approx 0.601 \quad \sum x l_x m_x \approx 6.4$$

R_0 值小于 1.0，表示该种群处于衰减中

$$T = \frac{\sum x l_x m_x}{R_0} = \frac{6.4}{0.601} \approx 10.6$$

将 $\sum x l_x m_x$ 除于 R_0 即得到世代时间估算值

这个种群的世代时间为 10.6 年

$$r = \frac{\ln 0.601}{10.6} \approx -0.05$$

本例的 r 为负值，表示出生率低于死亡率，故种群处于衰减之中。若 $r > 0$，表示种群处于增长中；若 $r = 0$，则表示种群处于稳定状态。虽然还有一些方法可以更准确地估算 r，但就我们的讨论而言，这个方法已经足够准确了。我们在第 11 章讨论种群增长时，再回头讨论 r。

在本节中，我们了解到生命表如何结合繁殖力表来估算净繁殖率 R_0、几何增长率 λ、世代时间 T 和瞬时增长率 r。这些都是构成种群动态的基本参数。接下来，我们讨论如何利用这些表征种群动态的关键参数来测量污染物对水生生物种群造成的亚致死效应。

—— 概念讨论 10.5 ——

1. 在图 10.18、图 10.19 和图 10.20 的 3 个种群中，哪个种群的年龄分布可能是稳定的？

2. 假设你正在管理一个濒危物种，它的数量一直在下降。如果你的目的是增大种群的大小，那么什么样的 R_0 能达到你的要求？

3. R_0 和 r 均指示埃伦顿湾的东方动胸龟种群正在衰减。在如此低的指标下，是否还有办法使这个种群延续多个世代？

调查求证 10：假说与统计显著性

我们在第 1 章里回顾了问题和假说在科学研究过程中扮演的角色。简言之，我们讨论了科学家如何利用信息来描述自然界的问题，然后把问题转化为假说。所谓的假说，就是问题的可能答案。

现在我们就用第 9 章的"调查求证"专栏（219 页）中的分布来进一步讨论科学假说的特征。在上一章的讨论中，我们从 3 个植物种群中取得样本，并计算出下列统计值。

统计值	物种 A	物种 B	物种 C
平均密度，$\overline{X}$	5.27	5.18	5.27
密度方差，s^2	5.22	0.36	44.42
方差与平均值之比 $\frac{s^2}{\overline{X}}$	0.99	0.07	8.43

请记住，在随机分布中，方差与平均值之比等于1，即 $\frac{s^2}{\overline{X}} = 1.0$。

正如我们一再强调的，科学调查的核心就是假说。以这3个种群为例，合理的假说应该是每个种群的 $\frac{s^2}{\overline{X}}$ 与1都没有"显著"差异。换言之，我们假设每个种群的分布都是随机的。这个假说和我们的统计结果是否吻合？虽然物种A的 $\frac{s^2}{\overline{X}} = 0.99$ 非常接近于1，但没有一个种群的 $\frac{s^2}{\overline{X}}$ 完全等于1。但是，表中的数值不过是对各个种群实际的方差与平均值之比的统计"估算"而已。从任何一个观察样本计算得到的 $\frac{s^2}{\overline{X}}$，都不太可能和该研究种群实际的方差与平均值之比完全吻合。由于样本数有限，我们预计 $\frac{s^2}{\overline{X}}$ 的统计估算值和理论期望值（$\frac{s^2}{\overline{X}} = 1$）多少会存在一些差别，即使是已明确知道为随机分布的种群也不例外。

这里的关键点在于找到一个判断的根据，即 $\frac{s^2}{\overline{X}}$ 的观测值与理论期望值（$\frac{s^2}{\overline{X}} = 1.0$）的差异是否为统计学上的显著差异。这种统计学上的显著差异不是偶然出现的。大多数科学调查的显著性水平通常都采用 $P < 0.05$，也就是小于 1/20 的概率来表示。

再回到我们的3个植物种群A、B、C。我们怎么分辨表中的3个 $\frac{s^2}{\overline{X}}$ 和1是否存在显著差异呢？换句话说，我们如何确定：从一个种群中随机采样，样本为随机分布的概率小于0.05？我们的做法通常是把观测值与理论推导值制成表格，然后进行比较。现在，我们可以根据自己的判断来进行预测。先看物种 A，我们观察到 $\frac{s^2}{\overline{X}}$ 的平均值为0.99。在一个随机分布的种群中，随机观察到 $\frac{s^2}{\overline{X}}$ 的平均值等于0.99的概率远高于0.05，因此，我们接受"物种A是随机分布"的假说。相对而言，物种 B和物种 C的 $\frac{s^2}{\overline{X}}$ 观测值分别为0.07与8.43，与1的差异非常大，因此，它们属于随机分布种群的概率当然不高。如果这个概率低于0.05，我们就要推翻"此种群为随机分布"的假说，并且接受其他假说：该种群若不是聚集分布，就是均匀分布。在第11章与第12章中，我们将逐步评价表中所列的 $\frac{s^2}{\overline{X}}$ 与1.0是否存在显著差异。

实证评论 10

以 0.05 表示显著性水平时，我们否定一个实际正确的假说的概率为多大？举例说，在研究种群分布时，我们否定了"种群为随机分布"的假说，但实际上种群真的是随机分布的概率有多大？

应用案例：利用种群动态学评估污染物造成的影响

许多科学家都在研究污染物的亚致死浓度（sublethal concentration）对水生生物种群生物学的影响。亚致死浓度是指污染物的浓度很低，不会在短期内使生物丧命。

英国的唐纳德·贝尔德、伊恩·巴伯与彼得·卡罗（Baird，Barber and Calow，1990），以及葡萄牙的阿马德乌·苏亚雷斯等人（Soares，Baird and Calow，1992）对一群小型浮游甲壳类水蚤（Cladocera）进行了一些很有前景的研究。他们研究的大型蚤（*Daphnia magna*）的分布横跨北半球。这些水蚤具有体形小、世代时间短、滤食（filter-feed）藻类等特性，非常适宜在实验室培养。此外，这种大型蚤通常进行无性繁殖。无性繁殖可使种群的遗传性保持一致。因此，在毒性研究中，我们可以控制生物之间的遗传变异，也可以解释研究结果是否由遗传变异引起。

该研究的主要目的是把污染物造成的生理影响和种群影响联系起来。就本书划分的组织层次而言，此类研究可填补个体生态学（第二篇）和种群生态学（第三篇）之间的缺口。以下能量平衡方程（energy balance equation）是连接生理生态学和种群生态学的关键。

生物吸收的能量 = 呼吸能量 + 排泄能量 + 生产能量

从这个方程可知，一只动物吸收（同化）的能量，等于它花费在呼吸、排泄和生产上的能量总和。用于生产的能量就是指生物分配给生长和繁殖的能量。

不过，这个方程如何把污染物对生物生理和种群的影响联系起来呢？事实上，这样的联系可以追溯到第 5 章的分配原则。分配原则假设生物可以获得的能量是有限的，并预测如果分配到某种生命功能的能量增加了，那么其他功能获得的能量就会减少。从能量平衡来看，一个生物如果处于会引起生理应激（physiological stress）的毒素中，那么它在呼吸作用上耗费的能量通常会增加。这部分能量包括排泄毒素所需的能量、把毒素转换为无毒化合物所需的能量以及修补毒素对细胞造成的损伤所需的能量。然而重点在于，增加呼吸作用的能量，就会减少生长和繁殖可用的能量。因此，繁殖和呼吸之间的能量权衡在生理生态和种群生态之间搭起了桥梁。

在寻找可靠的污染物影响指标时，苏亚雷斯、贝尔德与卡罗研究了许多种群的反应水平，最后发现最能反映污染影响的种群特征是瞬时增长率 r。他们计算 r 的方法和我们先前讨论的一样：

$$r = \frac{\ln R_0}{T}$$

研究人员如何选择 r 作为种群响应潜在污染物的指标呢？为了了解他们的选择，我们需要考虑生物面对环境挑战时产生的反应变异性（variability in response）。

首先，何谓反应变异性呢？反应变异性是指反应的差异，例如接触某种毒素的几个种群在瞬时增长率 r 上的差异。那么，决定这些差异的因素是什么呢？其中的一个因素是种群间的遗传变异，另一个因素是毒素的浓度差异（即环境差异）。此外，不同基因型对不同的环境会产生不同的反应，这正是种群生态学家所谓的遗传与环境之间的交互作用。那些无法以遗传变异、环境差异或遗传与环境之间的交互作用来解释的变异，可能是由测量误差造成的，或是由未曾测量的环境变异造成的，这种变异通常被称为残留变异（residual variation）。我们可以用一个公式来总结变异的划分，或变异的"分割"（partitioning）：

$$V_t = V_g + V_e + V_{ge} + V_r$$

式中，V_t 为总变异；V_g 为遗传变异；V_e 为环境变异；V_{ge} 为遗传与环境之间交互作用导致的变异；V_r 为无法解释的残留变异。

那么，这些变异的分割与污染物反应指标选择有何关系？最佳的反应指标应能随着环境变异而发生大幅度变化。就本例来说，环境变异是指毒素的浓度差异。各种基因型通过这种指标对污染物产生一致的反应。一般说来，特定环境产生的变异 V_e 应该大于基因型差异产生的变异 V_g。

为了区别水蚤种群的变异，苏亚雷斯、贝尔德与卡罗将水蚤的几种基因型置于几种不同的环境下。在其中的一个实验中，他们研究一种有机杀虫剂——二氯苯胺（dichloroaniline，DCA）的残毒对瞬时增长率 r 的影响。实验结果显示，水蚤的 9 种基因型的瞬时增长率 r 会随着 DCA 的浓度改变发生大幅度变化。在他们观察到的瞬时增长率 r 变异中，大约 46% 是由 DCA 的浓度变异引起的（图 10.22）。至于其余的变异，22% 可以用水蚤种群间的遗传变异加以解释，24% 可以用基因型和 DCA 浓度之间的交互作用来解释。另外，还有大约 8% 的瞬时增长率 r 变异与 DCA 浓度变异、基因型变异或基因型与 DCA 浓度之间的交互作用无关。总而言之，与研究人员可以想到的其他因素相比，环境因素对于瞬时增长率 r 的影响最大。这些结果为利用瞬时增长率 r 作为潜在污染物影响的反应指标提供了生物学基础。

其他研究的结果也指出，瞬时增长率 r 对几种毒素的反应是一致的。其中的一个实验把 3 个水蚤无性繁殖系（clone）置于几种 DCA 浓度下。图 10.23 显示了提高 DCA 浓度对于这 3 个水蚤无性繁殖系的瞬时增长率 r 的影响。杀虫剂残毒的浓度为 $0 \sim 100 \, \mu g/L$，而瞬时增长率 r 的变化范围为 $-0.2 \sim 0.4$。若要解释这些结果，你必须记住不同 r 值代表的意义：$r > 0$，表示种群正在增长；$r < 0$，表示种群正在衰减；$r = 0$，则表示种群稳定。

请注意，3 种基因型的反应颇为相似。虽然无性繁殖系 3 看起来最能承受 DCA 污染，但当 DCA 浓度达到或超过 $50 \, \mu g/L$ 时，这 3 个无性繁殖系的 r 值均为负数。从图 10.23 可以看出，9 个水蚤无性繁殖系的大部分变异都可以用 DCA

的浓度变异加以解释。

这些研究工作带给我们的启示远超过特定环境变量对水蚤种群生物学产生的影响。这些结果表明，种群过程及这些过程背后的机制可以作为预测环境改变产生的生态影响的敏感工具。重要的是，这种种群研究主要基于生物个体现象。生理生态和种群生态间的关联表明，类似的关联也可能存在于种群和更高的组织层次之间，我们在本书后面的章节中将会进行探讨。

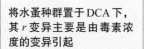

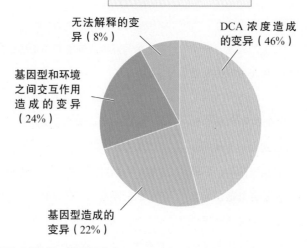

图 10.22　水蚤瞬时增长率变异的来源划分（资料取自 Soares，Baird and Calow，1992）

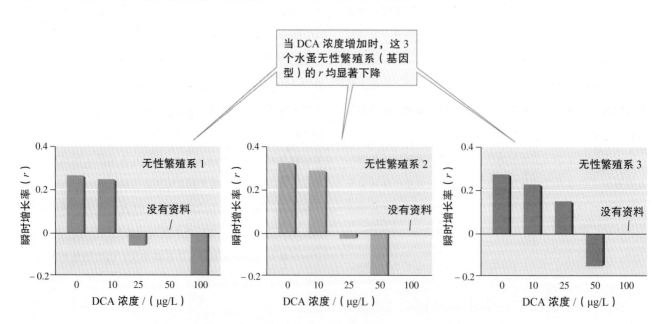

图 10.23　DCA 浓度对水蚤无性繁殖系的瞬时增长率（r）的影响（资料取自 Baird，Barber and Calow，1990）

扩散可提高或降低地方种群的密度。扩散对地方种群的密度和种群动态的作用，可从有关美洲的非洲化蜜蜂和欧洲灰斑鸠等增长型种群的研究中窥知。气候变化可以导致物种分布范围的大幅度改变。当猎物有效性发生改变时，捕食者会进行扩散，从而使地方种群的密度增加或减少。河流生物的主动逆流漂移或顺流漂移导致个体迁入或迁出，使稳定种群和迁移种群的密度增加或降低。

持续扩散可将多个亚种群组合形成一个集合种群。许多物种种群的分布不是单一种群的连续分布，而是多个亚种群在空间上的间断分布，因为这些亚种群之间会发生个体交换。生活在斑块内的亚种群通过个体交换相互连接组成集合种群。加拿大艾伯塔落基山脉的帕纳塞斯山蝴蝶种群和黄爪隼种群就是集合种群的例子。在这两个集合种群中，个体主要从较小的亚种群向较大的亚种群运动。

存活曲线总结了种群的存活模式。我们既可以通过追踪年龄相仿的同生群个体，制作同生群生命表，从而确定种群的存活模式，也可以通过记录大量个体死亡的年龄或种群的年龄分布，制作静态生命表，从而确定种群的存活模式。生命表可用于绘制存活曲线，存活曲线一般包括以下3种类型：（1）Ⅰ型存活曲线：幼龄个体的死亡率低，老龄个体的死亡率高；（2）Ⅱ型存活曲线：种群个体的死亡率一直维持恒定；（3）Ⅲ型存活曲线：幼龄个体的死亡率高，老龄个体的死亡率低。

一个种群的年龄分布反映了它的存活史、繁殖史和未来增长的潜力。种群的年龄分布不仅可以显示种群成功繁殖的阶段、高存活率与低存活率的阶段，还能显示种群的老龄个体是否被种群自我替换，或是种群正在衰减。在加拉帕戈斯群岛等多变的环境下，种群的年龄结构十分复杂，种群的繁殖也变化无常。

结合繁殖力表，生命表可用于估算净繁殖率（ R_0 ）、几何增长率（ λ ）、世代时间（ T ）和瞬时增长率（ r ）。由于这些种群参数是种群动态学的核心，了解它们的推导过程及生物学意义非常重要。净繁殖率（ R_0 ）为种群中每个个体产下的平均子代数。将某一龄级的存活率（ l_x ）与出生率（ m_x ）相乘，然后求取乘积之和，即可得到净繁殖率：

$$R_0 = \sum x l_x m_x$$

几何增长率 λ 是两个时间点的种群个体数之比。世代时间的计算如下：

$$T = \frac{\sum x l_x m_x}{R_0}$$

瞬时增长率 r 与世代时间、净繁殖率有关，关系如下：

$$r = \frac{\ln R_0}{T}$$

瞬时增长率 r 可以是正值、0 或负值，它们分别代表种群处于增长状态、稳定状态、衰减状态。

生态学家正利用种群动态特征对污染物的响应来预测污染物对种群造成的潜在生态影响。在种群动态学的各种参数中，最理想的指示参数应该对环境变异比较敏感。根据参数的环境敏感性，瞬时增长率 r 是预测潜在污染物影响的绝佳指标。这一研究结果指出，种群过程及这些过程变异背后的机制可以作为预测环境改变产生的生态影响的敏感工具。

复习思考题

1. 概要说明缪勒的拓殖循环（Müller，1954，1974）。如果你正在研究淡水阔蟹螺，会用什么方法追踪该种群的逆流拓殖潮？如何确认一些个体从地方种群加入拓殖潮中，以及一些个体从拓殖潮加入地方种群中？

2. 比较同生群生命表和静态生命表。每种生命表基于的主要假设是什么？它们分别应用于何种情况或何种生物？

3. 在存活曲线的 3 种类型中，为何Ⅲ型存活曲线的经验数据最少？这种存活模式难以研究的原因何在？

4. 虽然一些物种种群具有极高的繁殖率，每个雌体有时能生产几百万子代，但是它们的子代存活率非常低。种群生态学家一直假设这些物种的存活曲线为Ⅲ型存活曲线。为什么这是一个合理的假设？一般而言，繁殖率和存活模式间为何种关系？

5. 请分别画出增长种群、衰减种群和稳定种群的年龄结构。试说明为何繁殖期极短的种群的年龄结构易被曲解为该种群正处于衰减之中。种群生态学家如何避免这样的误解？

6. 本章第 5 节提到，我们可以利用生命表和繁殖力表的信息来估算某些种群特征（R_0、T、r）。为什么这个章节中用的是"估算"一词，而非"计算"？在整理你的答案时，先想想莱弗里奇与莱文研究的小天蓝绣球种群（Leverich and Levin，1979）。我们把 $l_x m_x$ 求和，计算这个种群的 R_0，结果 $R_0 \approx 2.4177$。假如他们准确地算出种子数和存活的植物数，那么 2.4177 是不是 996 株小天蓝绣球的平均生殖率的估算值？事实上：2.4177 并非估算值，而是 996 株个体的实际平均生殖率。那么，这里的估算是怎么回事呢？如果他们又研究了第 2 组（或第 3 组、第 4 组等）996 株小天蓝绣球，他们是否还能得到和 2.4177 完全相同的 R_0 呢？

7. 为了表明种群处于增长状态、稳定状态或衰减状态，R_0 应该分别为何值？r 又分别为何值？

8. 结合生命表和繁殖力表，我们可以估算几何增长率 λ、净繁殖率 R_0、世代时间 T 以及瞬时增长率 r。种群具有的信息非常多，要建构生命表和繁殖力表，至少需要哪些信息？

9. 霍林观察到捕食者对猎物密度的改变会产生数值反应（Holling，1959）。他认为是捕食者繁殖率的改变造成这个数值反应。试根据繁殖力表和生命表的改变，讨论一个假设种群的繁殖率与数值反应的关系，讨论要包括 R_0、T 和 r 等参数。

10. 在贝尔德、苏亚雷斯及其同事的研究中（Baird，Barber and Calow，1990；Soares，Baird and Calow，1992），他们把焦点放在有机杀虫剂（二氯苯胺）的残毒对水蚤瞬时增长率（r）的影响上。他们还发现，水蚤的 r 对一些无机污染物也有显著的反应。如果把 r 当作预测潜在污染物的生态影响指标，这些结果说明了什么？

第11章

种群增长

在适宜的环境条件下，水生生物与陆生生物表现出巨大的种群增长能力。每年春天，在全球温带海洋及湖泊中，因日照与养分的有效性增加，硅藻等单细胞藻类快速地生长、繁殖，使得硅藻类浮游种群数量剧增，这种现象被称为春华（spring bloom）；与此同时，以硅藻为食的浮游动物种群的数量也因食物充足而大幅增加。之后，日照及养分渐渐减少，竞争及捕食压力与日俱增，硅藻及浮游动物种群的数量开始下降。由此可见，生物种群的数量是动态变化的，会随着生物环境和非生物环境的变动而发生增减。

陆生生物及水生生物的种群大小都会发生波动。研究人员在加拉帕戈斯群岛上发现了波动最大的陆地生物种群。在厄尔尼诺（第23章）这一大尺度气候系统的影响下，加拉帕戈斯群岛的环境发生剧烈变化，造成岛上的生物种群也发生巨大变化。厄尔尼诺效应不仅使加拉帕戈斯群岛周围的海水温度上升，而且每10年为加拉帕戈斯群岛带来1～2次降水量高于平均值的降雨。充沛的雨水刺激植物的萌发及生长，提高植物种子的产量。植物的种子是加拉帕戈斯地雀的主要食物。由于种子量的快速增长，加拉帕戈斯地雀的种群量在1年内增加数倍。然而，加拉帕戈斯地雀种群也要经历周期性干旱的考验。在严酷的旱季，植物及地雀的种群量都会急剧下降。这种情况再次说明，不论在陆地还是海洋，生物种群都在不断变化中。

本章将探讨影响种群增长率及种群增长类型的决定性因素，同时介绍限制种群大小的环境因素。此时此刻，人类给生物圈带来的压力与日俱增，没有比种群更重要的生态主题了。

在此，我们将探讨生物种群在资源充足或资源有限的条件下如何增长、环境因素如何改变它们的出生率及死亡率。本章的概念讨论反映了种群生态学的发展历程，其中涉及该学科两个相辅相成的研究趋势：一个是利用数学模型模拟种群的增长，另一个则是聚焦实验室种群及自然界种群的研究。在模型推导及实际种群观测结果的相互印证下，我们对种群的了解不断往前推进。下面，我们先介绍在资源丰富条件下的种群增长。

◀ 一群北方象海豹正在海滩上繁殖。19世纪，人类为了获取象海豹的脂肪来制作一种油，对象海豹进行高强度猎杀，使象海豹趋于灭绝的边缘。随着禁止捕杀的保护政策出台，墨西哥湾西海岸的象海豹种群量由之前的不足100头回升到现在的超过16万头，而且象海豹种群沿着海湾向北扩散，数量仍在继续增长中。

11.1 几何种群增长与指数种群增长

当资源丰富时，种群以几何速率或指数速率增长。 假设某一种群能获得丰富的资源，包括食物、空间、养分等，那么这个种群的增长速率能有多快？假设一个植物种群、动物种群或细菌种群以最大速率繁殖，那么种群的增长模式是什么样的？不论你选择哪种生物，种群的增长模式都是相同的。以最大速率增长的种群在初期缓慢增长，随后以越来越快的速率增长。换言之，种群以加速的方式增长。

当种群以最大速率增长时，有些种群以几何速率增长，有些种群则以指数速率增长。在本节中，我们将探讨形成这两种增长模式的原因。

几何增长

正如小天蓝绣球等一年生植物种群每年以波动方式增长，一年只繁殖一代的昆虫的种群增长每年都会产生离散波动。我们可以利用**几何种群增长**（geometric population growth）模型来描述种群的离散波动增长。在几何型增长中，种群每一代的数量都以固定速率发生变化。

我们可以用莱弗里奇及莱文（Leverich and Levin，1979）研究的小天蓝绣球种群来建构几何种群增长模型。在第 10 章中，我们计算出这个种群的几何增长率 $\lambda = N_{t+1}/N_t \approx 2.4177$，并在讨论结束前提出了一个问题：小天蓝绣球种群能以这个速率继续繁殖多久？现在让我们来解决这个问题。

如第 10 章提到的，若要计算世代不重叠的生物的种群增长量，只需将某一代的起始种群量乘上 λ 即可。例如，在莱弗里奇及莱文的研究中，小天蓝绣球的起始种群量为 996 株（表 10.1），在研究期间小天蓝绣球产生的子代数为 $N_1 = N_0 \times \lambda$，即 $996 \times 2.4177 \approx 2,408$。现在，让我们根据这个公式再计算几代的种群量。下一代的种群量 N_2 应为 $N_1 \times \lambda$。因为 $N_1 = N_0 \times \lambda$，所以 $N_2 = N_0 \times \lambda \times \lambda$，即 $N_2 = N_0 \times \lambda^2$，把数字代入上式得 $996 \times 2.4177 \times 2.4177 \approx 5,822$。第三代的种群量为 $N_3 = N_0 \times \lambda^3 \approx 14,076$。换言之，几何增长的种群在某一时间（$t$）的种群量可表示为：

$$N_t = N_0 \times \lambda^t$$

在上式中，N_t 是种群在 t 时的个体数，N_0 是种群的起始个体数，λ 是几何增长率，t 为时间间隔数或世代数。该模型的说明以及公式中各项参数的定义请参见图 11.1。我们可以用这个模型来预测小天蓝绣球种群的未来大小。由图 11.2 可知，小天蓝绣球的种群量在短短 8 年间从 996 株增加至 1.16×10^6 株，即增加到百万株。以此类推，16 年后的种群量将超过 10 亿，24 年后的种群量将高达 1 兆，40 年后则可超过 10^{18}（即 1 艾）。

让我们通过计算这个正在增长的种群所占的空间来感受一下这个种群有多大。由于莱弗里奇及莱文研究的小天蓝绣球种群来自美国得克萨斯州，我们把种群的分布限制在北美洲墨西哥南部至加拿大北

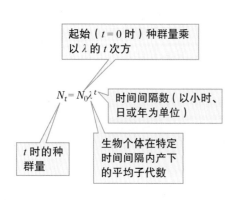

$$N_t = N_0 \lambda^t$$

起始（$t = 0$ 时）种群量乘以 λ 的 t 次方

时间间隔数（以小时、日或年为单位）

t 时的种群量

生物个体在特定时间间隔内产下的平均子代数

图 11.1 几何种群增长公式的说明

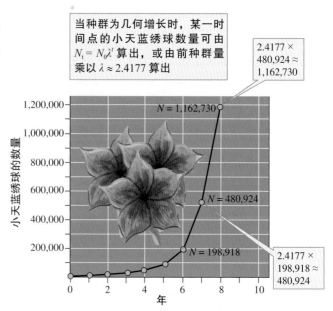

当种群为几何增长时，某一时间点的小天蓝绣球数量可由 $N_t = N_0\lambda^t$ 算出，或由前种群量乘以 $\lambda \approx 2.4177$ 算出

$2.4177 \times 480,924 \approx 1,162,730$

$N = 1,162,730$

$N = 480,924$

$N = 198,918$

$2.4177 \times 198,918 \approx 480,924$

小天蓝绣球的数量

年

图 11.2 小天蓝绣球假设种群的几何增长曲线

部及阿拉斯加间的地区，面积大约 $2,400 \times 10^4 \, km^2$。假设种群均匀分布，32 年后，北美洲小天蓝绣球的种群密度将高达 $8,000 \times 10^4$ 株 / 千米 ^{2} 或 80 株 / 米 ^{2}；再过 8 年，种群密度将高达 90,000 株 / 米 ^{2}!

然而，以上的推算并不符合实际，原因如下：首先，当种群密度过高时，植物会因缺乏养分、阳光及水而死亡；其次，种群的分布会超越它们适应的气候范围，不会只局限在固定的范围内。然而，这个不合实际的假设让我们认清自然界的两面性。很显然，自然种群具有惊人的增长能力，但任何一个种群都无法无限地增长下去。

接下来，我们看看如细菌、树木及人类等世代重叠生物种群的增长模式。由于这些生物种群的增长是连续的，几何增长模型不适用于它们。

指数增长

在资源无限的环境中，世代重叠的种群的增长可以用**指数种群增长**（exponential population growth）模型来表示：

$$\frac{dN}{dt} = rN$$

上式中的 dN/dt 代表种群增长率，即单位时间内种群量的变化（图 11.3）。种群增长率等于瞬时增长率（r）乘以种群量（N）。指数增长模型适用于世代重叠的生物种群，因为它将种群增长视为一个连续的过程。在指数增长模型中，r 为常数，N 为变数。因此，当种群量（N）增加时，种群增长率 dN/dt 也随之提高。种群增长率越来越大的原因就在于，它是常数 r 与越来越大的种群量 N 的乘积。因此，在指数增长模型中，种群增长率会随时间而递增。

以指数速率增长的种群在时间 t 时的种群量可依下式计算：

$$N_t = N_0 e^{rt}$$

式中，N_t 为 t 时的个体数，N_0 为起始种群量，e 为自然对数的底数，r 为瞬时增长率，t 为时间间隔数。指数增长模型的公式与几何增长模型的公式很类似，只是以 e^r 取代了 λ。图 11.3 为指数增长模型的两个公式的说明。

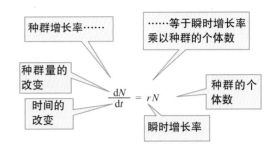

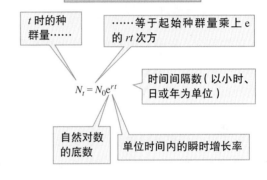

图 11.3 指数增长公式的说明

自然界的指数增长

指数增长模型中的一些假设可能不甚合理，例如，它将瞬时增长率视为常数，因此可能有人会问：自然界的种群到底会不会以指数速率增长？答案是肯定的，但必须在资源丰富的情况下，自然种群才有可能在非常短的一段时间内以指数速率增长。

树木种群的指数增长

如我们在第 1 章及第 10 章中所述（图 1.6 及图 10.6），当末次冰期结束，北半球的树木随着冰河消退而往北迁移。生态学家通过研究湖底的沉积物来证明这个现象。由于湖底的沉积物富含靠风传播的树木花粉，若其中包含某种树木的花粉，便可认为该树种曾经在湖泊附近生长。树木生长的年代可根据沉积层中有机物的 ^{14}C 浓度来判定。

花粉记录也可用于研究英国的树木种群在冰后

期的增长情况。例如，K. 贝内（Bennett，1983）通过计算湖底沉积物中植物花粉粒的数目，估计种群的大小及增长状况。通过计算每年每平方厘米沉积物所含花粉粒的数目，贝内重建了湖泊周围景观中树木种群密度的变化。贝内描绘了一幅有趣的画面，揭示英国不列颠群岛的树木种群在冰后期的增长。研究发现，自从一些树种的花粉在记录中首次出现后，它们的种群以指数速率增长了400～500年。例如，湖泊花粉记录表明，欧洲赤松（*Pinus sylvestris*）在 9,500 年前拓殖至湖泊附近，此后，该种群以图 11.4 所示的指数速率增长。

指数增长所需的条件

在自然界中，硅藻、鲸及树木等生物种群均以指数速率增长。尽管这些生物存在很大差异，但这些生物种群以指数速率增长所需的条件却相同。当环境良好且种群密度较低时，这些种群开始以指数速率增长。贝内研究的树种就是在低密度时开始出现指数增长的，因为当时这些树种正入侵原本它们不曾占据的地区。浮游硅藻的"春华"现象是硅藻种群在养分及光照的季节性增加下以指数速率增长的结果。

另外，美洲鹤（whooping crane）在受到细心的保护与管理后，种群量也呈现指数增长。猎捕与栖

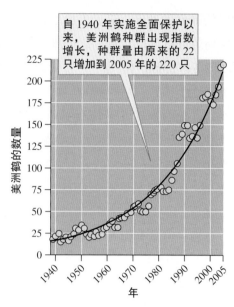

图11.5 因猎捕和栖地被破坏，北美洲特有的美洲鹤一度减少到仅剩一个小种群。后来人们的积极保护与管理才使美洲鹤的种群量回升（资料取自 USGS，2005；USFWS Whooping Crane Coordinator）

息地被破坏曾经导致美洲鹤种群量下降至 1940 年的 22 只。当时人们仅知道这些残存的美洲鹤种群在得克萨斯湾海岸越冬，却不知它们在北方何处繁殖。后来人们才发现，美洲鹤的繁殖地位于加拿大的伍德布法罗国家公园（Wood Buffalo National Park）。在美国和加拿大政府的全面保护与细心管理之下，这一迁徙美洲鹤的种群量才由 1940 年的 22 只逐渐回升至 2005 年的 220 只（图 11.5）。

这些例子表明，不论是在新环境中定殖的种群，还是正从某种人类开发中恢复的种群，或是正在利用短暂有利环境的种群，指数增长尤其重要。然而，正如我们假设的小天蓝绣球种群，自然界中的生物种群无法以几何速率或指数速率无限地增长，所有种群的增长最后都会趋于缓慢，种群量也最终平稳下来。

指数增长的减缓

第 10 章中曾提到，灰斑鸠种群在 20 世纪扩散到原分布范围之外的欧洲西部。当灰斑鸠扩散至新领域后，在后续的十多年间，灰斑鸠种群一直以指数速率增长。例如，在 1955—1972 年，不列颠群岛的灰斑鸠种群呈现典型的指数增长（图 11.6）。但是如果仔细观察图 11.6，你会发现灰斑鸠种群的增长

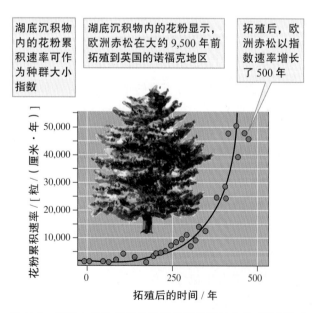

图11.4 拓殖中的欧洲赤松种群的指数增长曲线（资料取自 Bennett，1983）

在 1970 年后开始减缓。

灰斑鸠的增长模型显示，1955—1964 年，种群增长较快；1965—1970 年，种群的增长渐趋缓慢。这表明灰斑鸠种群在 1965—1970 年的增长受到环境的限制。下面介绍的**逻辑斯谛种群增长**（logistic population growth）模型将环境限制也纳入考量。

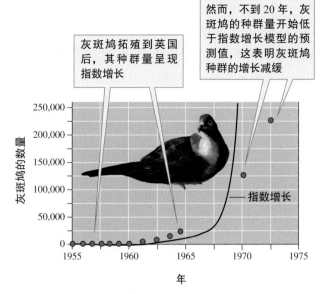

图11.6 英国灰斑鸠种群的指数增长（资料取自 Hengeveld，1988）

概念讨论 11.1 ◼

1. 贝内（Bennett，1983）利用湖底沉积物中的花粉来估计欧洲赤松冰河后期的种群大小，他基于的主要假设是什么？

2. 当许多灭绝物种［如五大湖的斑马贻贝（图 3.36）或者欧洲的灰斑鸠］入侵新环境时，为何它们的种群通常以指数速率增长？

3. 非洲一年生鳉鱼栖息在季节性池塘中，在旱季，鳉鱼把卵产在沼泥中，待到雨季池塘充满水时，卵才发育孵化；与之相反，虹鳉鱼（一种常见的观赏鱼）种群由不同年龄段的鱼组成，因此终年繁殖。对这两种鳉鱼来说，哪种种群增长模型适用于它们，是指数增长还是几何增长？

11.2 逻辑斯谛种群增长

随着资源的耗尽，种群增长减缓，最后停止。很明显，种群无法无限地以指数速率增长，终将受到环境的限制而停止增长。环境对种群增长的影响反映在种群增长曲线上。随着种群量增加，增长逐渐减缓并最终停止，种群量达到稳定，这样的增长将形成 **S 形种群增长曲线**（sigmoidal population growth curve，图 11.7）。种群停止增长时的种群量被称为**负载力**（carrying capacity），以 K 来表示，这个数值表示环境能容纳某一种群的最大个体数。当种群量达到负载力时，由于种群量维持恒定，种群的出生率等于死亡率，种群的增长量为零。

S 形种群增长曲线可见于多种生物种群。G. F. 高

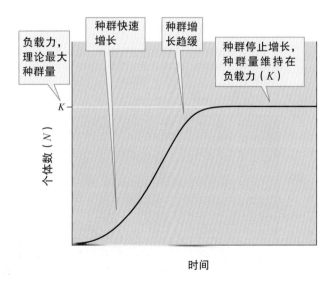

图11.7 环境限制种群大小而产生的S形种群增长曲线

斯（Gause，1934）在实验室中观察到数种少孢酵母（图 11.8）及原生动物（图 11.9）的 S 形种群增长曲线。藤壶（图 11.10）及北方象海豹（图 11.11）等生物也具有类似的增长模型。

什么原因导致种群的增长减缓并且在种群量达到环境负载力时停止增长呢？负载力概念背后的含义是，对于某个物种而言，某个特定环境就只能容纳这么多（即负载力）个体。对于 J. H. 康奈尔（Connell，1961b）研究的藤壶而言，负载力取决于岩石上可供藤壶附着空间的大小。雌北方象海豹种群的负载力也受海滩空间的限制（Le Beouf and Laws，1994）。少孢酵母以糖类为食，并产生乙醇。当少孢酵母种群密度增加时，环境中糖类的含量会越来越低，对少孢酵母有害的乙醇含量则会越来越高。因此，少孢酵母种群的负载力终将受限于自身制造的代谢废物。对大多数物种而言，负载力取决于许多因子的复杂综合作用，这些因子包括食物、寄生虫、疾病及空间资源等。虽然我们可以用普通的方法来讨论这些因子，但种群生物学的数学模型能让我们更精确地了解种群增长的过程。

当生物种群开始耗尽环境中的资源时，种群的增长模型便可以由逻辑斯谛型模型来加以说明。种群生态学家将指数增长模型（$dN/dt = rN$）稍做修改，得到逻辑斯谛增长模型。逻辑斯谛增长模型的曲线为 S 形。要得到 S 形种群增长曲线，最简单的方法

就是在指数增长公式中加入一个参数，使种群增长在种群量趋近负载力 K 时减缓下来：

$$\frac{dN}{dt} = r_{max} N \left(\frac{K - N}{K} \right)$$

要注意的是，上式中的瞬时增长率 r_{max} 有个下标"max"，它是指物种在理想的环境条件下能达到的最大瞬时增长率。在理想的环境条件下，种群的出生率、死亡率与年龄结构都是固定的。这种条件下的最大瞬时增长率（r_{max}）被称为**内禀增长率**（intrinsic rate of increase）。我们在第 10 章中利用生命表计算增长率时，得到的是实际瞬时增长率。它可能是正值、0 或负值，取决于环境条件。由于自然种群通常受到疾病或竞争等因素的影响，实际的瞬时增长率往往小于 r_{max}。P. F. 费尔思特（Verhulst and Quetelet,1838）发明了这个公式，并称其为**逻辑斯谛方程**（logistic equation）。

若将这个公式略加整理，我们可更清楚地看出种群量对种群增长率的影响：

$$\frac{dN}{dt} = r_{max} N \left(\frac{K}{K} - \frac{N}{K} \right) = r_{max} N (1 - \frac{N}{K})$$

在上式中，随着种群量（N）的增加，$1-N/K$ 的数值越来越小，因此种群增长率（dN/dt）逐渐下降。当 N 等于 K 时，上式的右边为零。因此，当种群量增加时，逻辑斯谛增长率与指数增长率之比越来

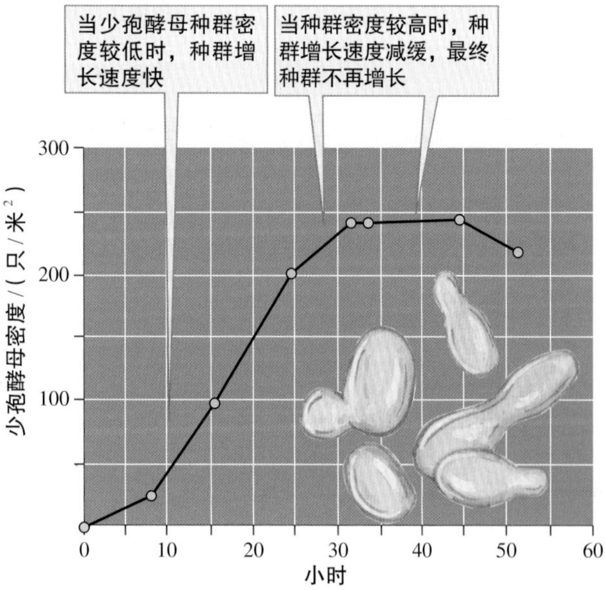

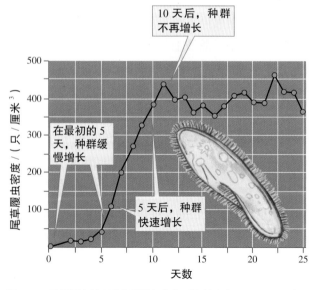

图 11.8 少孢酵母的 S 形种群增长曲线（资料取自 Gause，1934）

图 11.9 尾草履虫的 S 形种群增长曲线（资料取自 Gause，1934）

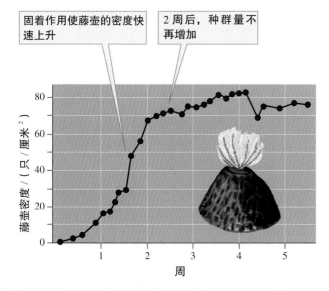

固着作用使藤壶的密度快速上升

2周后，种群量不再增加

图11.10 在潮间带固着的藤壶（资料来自Connell，1961a）

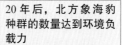
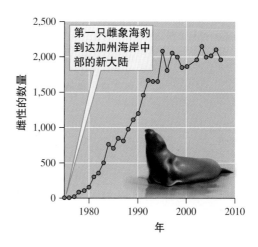

20年后，北方象海豹种群的数量达到环境负载力

第一只雌象海豹到达加州海岸中部的新大陆

图11.11 在加州海岸中部的新大陆上，北方象海豹繁殖群体的S形种群增长（资料来自Condit et al.，2007）

越小；当 $N = K$ 时，种群停止增长（图11.12）；当 $N = K/2$ 时，种群增长率达到最高值。

N/K 可视为种群增长过程中受到的环境阻力（environmental resistance）。当种群量 N 逐渐接近负载力 K 时，环境因素的作用逐渐增强，阻止种群进一步增长。

在逻辑斯谛增长模型中，实际瞬时增长率为 $r = r_{max}(1 - N/K) = r_{max} - r_{max}(N/K)$，取决于种群量。因此，当种群量 N 很小时，瞬时增长率趋近于 r_{max}。随着 N 的增加，r 逐渐变小，直到 $N = K$，实际瞬时增长率为零。在逻辑斯谛增长模型中，实际瞬时增长率与种群量呈线性关系（图11.13）。

淡水枝角水蚤（*Daphnia pulex*）与我们在第10章讨论过的大型蚤为同属水蚤。这种水蚤种群的瞬时增长率会随种群密度改变，两者之间的关系非常符合逻辑斯谛增长模型的假设。当淡水枝角水蚤的种群密度由1只/厘米³增加到32只/厘米³时，r 随种群量的递增而递减（图11.14）。正如逻辑斯谛型增长模型的假设，在种群密度最低时，种群瞬时增长率最高。当种群密度低于16只/厘米³时，瞬时增长率为正值；当密度增加至24只/厘米³和32

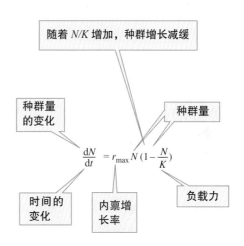

逻辑斯谛方程将种群的增长率视为 r_{max}、N 及 K 的函数

随着 N/K 增加，种群增长减缓

种群量的变化

种群量

$$\frac{dN}{dt} = r_{max} N \left(1 - \frac{N}{K}\right)$$

时间的变化

内禀增长率

负载力

图11.12 逻辑斯谛增长方程的说明

只/厘米³时，瞬时增长率为负值。

另外，环境通过改变种群的出生率与死亡率来限制种群的增长。在下一节中，我们将以一些例子来研究环境因子对种群增长的影响。

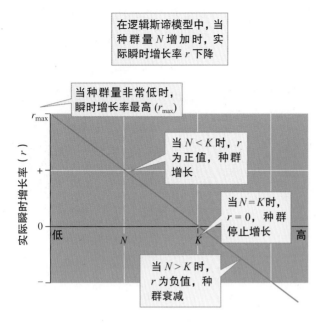

图 11.13　在逻辑斯谛增长模型中，种群量 N 与瞬时增长率 r 间的关系

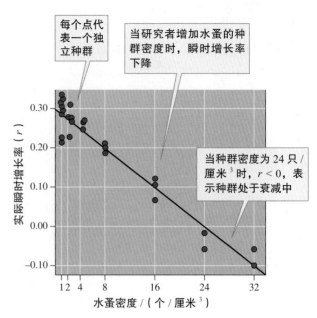

图 11.14　水蚤的种群密度与瞬时增长率之间的关系（资料取自 Frank，Boll and Kelly，1957）

——— 概念讨论 11.2 ———■

1. 请利用图 11.13 的信息说明图 11.10 的种群增长模式，并讨论种群大小和实际瞬时增长率 r 之间的关系。

2. 怎么证明"图 11.9 中尾草履虫种群的负载力受限于它们的食物——少孢酵母的有效性"这一理论假说？

3. 为什么开发重要商业鱼等生物种群的管理者总希望种群大小保持在 $K/2$，而不希望种群更小？

11.3　种群增长受到的限制

　　环境通过改变种群的出生率与死亡率来限制种群的增长。大部分人都能列举出许多影响种群大小的因子，如食物、庇护所、降雨量、疾病、洪水及捕食者等生物因子或非生物因子。生态学家一直关注这些环境因子对种群的影响，至于非生物因子与生物因子间孰轻孰重，则是生态学家长期以来争论不休的话题。疾病、捕食等生物因子的作用通常受到种群密度的影响，因此，生物因子常被归属为**密度制约因子**（density-dependent factor）。洪水、极端温度等非生物因子的作用不受种群密度的左右，因而被归属为**非密度制约因子**（density-independent factor）。然而，许多生态学家都指出，非生物因子通常表现为以密度制约的方式来影响种群的增长，如罕见严寒对死亡率的影响。当种群密度较高时，种群中大部分个体可能栖息在遮蔽较少的地方，因此高种群密度时的死亡率会高于低种群密度时的死亡率。同样地，疾病等生物因子表现为以非密度制约的方式来影响种群。举例来说，某种特殊的病毒性病菌，如榆树荷兰病（Dutch elm disease）对荷兰榆树种群的影响，不论地方荷兰榆树的种群密度为多少，一旦受感染，种群会死亡殆尽。因此，本节的重点是阐明生物因子及非生物因子通过改变种群的出生率及死亡率来影响种群的增长。有关达尔文地雀及它们的主要食物来源的研究就充分地表明了生物因子与非生物因子对种群的显著影响。

环境与达尔文地雀的出生率与死亡率

　　自 19 世纪 30 年代达尔文的探索之旅以来，加拉帕戈斯群岛为科学家们提供了丰富的生态及演化

信息。20多年前，彼得·格兰特、B. 罗斯玛利·格兰特（B. Rosemary Grant）夫妇和他们的学生、同事一起进行了一项长期研究——关于达尔文地雀的演化及生态学的研究（第10章，245～246页）。这项长期研究大大地促进了我们对地雀种群与加拉帕戈斯群岛的了解。关于环境对自然种群出生率及死亡率的影响，我们的认知是无法从短期研究中获得的。

高度变化的降雨量和植物种群的反应为地雀类研究提供了特殊的环境背景。1976年，博格与彼得·格兰特（Boag and Grant，1984a）研究了大达夫尼岛（Daphne Major）上的达尔文地雀。该岛位于加拉帕戈斯群岛中部，面积仅为 0.4 km²。研究初期，体形中等的勇地雀是大达夫尼岛上数量最多的地雀，约 1,200 只。1977年，干旱袭击了加拉帕戈斯群岛。同年年底，勇地雀只剩大约 180 只，勇地雀的种群量在短短 1 年内减少了 85%。

在那一年的干旱中，虽然有少数勇地雀迁往邻近的岛屿，但勇地雀种群量因大部分勇地雀死于饥饿而急剧下降。在干旱期间，岛上的植物无法正常

结果，以至于地雀赖以为生的种子产量严重不足。在 1977—1982 年，大达夫尼岛上地雀种群的平均数量约为 300 只。1983 年，大达夫尼岛的降雨量高于平均降雨量 10 倍，勇地雀的种群量大幅增加至 1,000 只（图 11.15）。种群增长的原因是勇地雀成鸟不仅可以食用丰富的种子，还可以捕捉到大量毛毛虫来喂食幼鸟，从而提高了出生率（图 11.16）。1977年，勇地雀种群量出现下降，因为饥荒造成死亡率远高于出生率；1983 年，由于充足的食物使种群出生率远高于死亡率，形势出现逆转。

同一时期，格兰特夫妇（Grant and Grant，1989）在捷诺维沙岛（Genovesa）上研究大仙人掌地雀。捷诺维沙岛位于加拉帕戈斯群岛的东北端，是一个相当孤立的小岛。由于这项研究持续了 10 年时间（1978—1988 年），研究者得以观察到两次干旱及两次大降雨对地雀繁殖生物学的影响。该研究显示大仙人掌地雀每年的窝卵数与年降雨量为正相关关系（图 11.17）。这项研究还显示了干湿循环和大仙人掌地雀如何影响刺梨仙人掌（prickly pear cactus）种群。

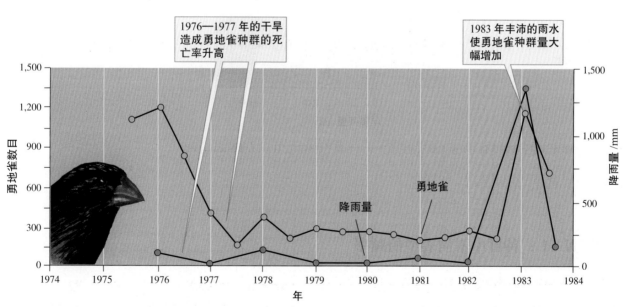

图 11.15　降雨量与大达夫尼岛上中型勇地雀种群量的关系（资料取自 Gibbs and Grant，1987）

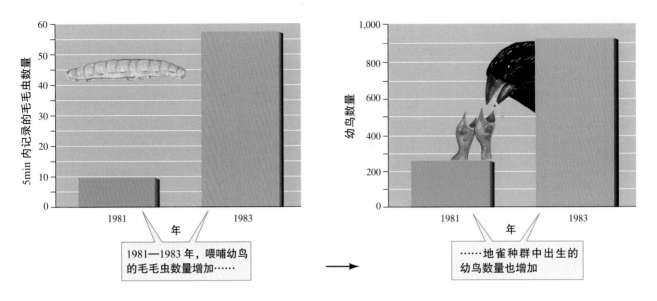

图11.16 大达夫尼岛上毛毛虫的数量与勇地雀幼鸟数量的关系（资料取自 Gibbs and Grant，1987）

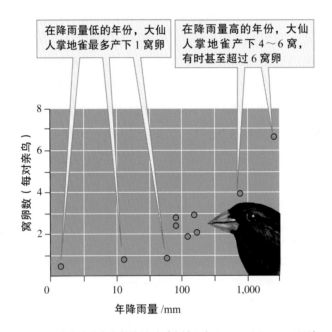

图11.17 捷诺维沙岛上年降雨量与大仙人掌地雀的窝卵数的关系（资料取自 Grant and Grant，1989）

调查求证 11：种群中不同表型的频率

生态学家经常提到以下问题：种群中个体的实际观测频率与理论频率或期望频率是否存在差异。例如，研究达尔文地雀筑巢习性的生态学家可能会对地雀在不同巢位筑巢的频率以及环境中巢位的有效性非常感兴趣；而研究某种植物生境特征的生态学家可能会对沙土、壤土与黏土的相对比例感兴趣；研究动物交配行为的生态学家则可能想要确认雄性个体的不同表型（不同身体构造或行为特征）在种群中的频率。

要研究观测频率与理论频率的关系，常会用到**卡方**（chi-square，x^2）拟合优度（goodness of fit）检验。这个验证主要用于判断观测频率分布与某假说预测的频率分布的相符程度。我们以侧斑蜥蜴（*Uta stansburiana*）种群中雄性个体不同表型的频率分布为例，说明这种验证方法。巴里·西诺瓦

（Barry Sinervo）发现，在加州中部海岸的侧斑蜥蜴种群中，雄性具有 3 种表型：高攻击力的橙喉雄性、中等攻击力的蓝喉雄性以及胆小的黄喉雄性（Sinervo and Lively, 1996）。西诺瓦等人还发现，这 3 种雄性表型的频率随时间而异。我们以下面的假设数据为例，验证"这 3 种雄性表型在种群中出现的频率相等"的假说。

雄性表型	观测频率（O）	期望频率（E）
橙喉	12	17
蓝喉	30	17
黄喉	9	17

在验证之前，我们回想一下我们要做什么。我们想知道在该蜥蜴种群中，不同雄性表型出现的频率是否存在差异。为此，我们到野外取样，从种群中捕捉了 51 只雄性蜥蜴，其中橙喉、蓝喉与黄喉的个体分别为 12 只、30 只和 9 只。这些样本是 3 种雄性表型实际频率的估计值。由于我们假设表型的频率没有差异，上表中第 3 栏的期望频率应等于 $\frac{51}{3} = 17$。

我们利用卡方（x^2）拟合优度检验来评定观测频率分布与期望频率分布之间的相符程度。x^2 的计算公式为：

$$x^2 = \sum \frac{(O-E)^2}{E}$$

在上式中，O 是某一表型的观测频率，E 是期望频率。若将表格中的数据代入，可得到：

$$x^2 = \frac{(12-17)^2}{17} + \frac{(30-17)^2}{17} + \frac{(9-17)^2}{17}$$
$$= \frac{(-5)^2}{17} + \frac{13^2}{17} + \frac{(-8)^2}{17}$$
$$= \frac{25}{17} + \frac{169}{17} + \frac{64}{17}$$
$$\approx 1.47 + 9.94 + 3.76$$
$$\approx 15.17$$

卡方检验的下一步是以上述计算的 x^2 为指标，确定观测值与期望值之间的差异是否显著。大部分统计教科书中都附有 x^2 统计表。要确定差异是否显著，我们可将计算得到的 x^2 与统计表中的 x^2 进行比较。为了从统计表中找出合适或临界的 x^2 值，我们需要知道两件事。首先，要确定显著性水平。如第 10 章（250 页）所述，我们常将显著性水平定为 $P < 0.05$。其次，要知道自由度（degree of freedom）。在这个例子中，自由度是雄性表型个数 n（3）减去 1。

$$自由度 = n - 1$$
$$= 3 - 1$$
$$= 2$$

自由度是什么意思呢？自由度是指在一组数值中，我们可以不受限制而任意选取的数值。以这个雄性蜥蜴 3 种表型的频率为例，在确定的样本数下，一旦知道其中两种表型的频率，第 3 种表型的频率无须计算便可得知了。例如，当样本数为 51 时，若橙喉与蓝喉的个体数分别为 12 只与 30 只，那么黄喉个体数就只能是 9 只。因此，在 3 种表型的样本中，自由度为 2。

从卡方值表（557 页）中，你可以查到当显著性水平为 $P = 0.05$、自由度为 2 时，x^2 为 5.991。由于我们的计算结果 x^2 为 15.17，远大于 5.991，故在此排除"3 种雄性表型在种群中的频率相同"的假说。换言之，我们发现了 3 种表型的频率存在显著差异的证据，而且该结论的概率为 $P < 0.05$。

实证评论 11

1. 如果我们选择显著性水平为 $P = 0.01$，这里描述的拟合优度检验结果是否还显著？

2. 假设西诺瓦和莱夫利（Lively）研究其他侧斑蜥蜴，种群中含有 5 种雄性表型。如果采用似合优度分析来验证"种群中的 5 种雄性表型具有相同频率"的假说，自由度是多少？$P = 0.05$ 水平下的 x^2 临界值是多少？

降雨量、仙人掌地雀及仙人掌种群

达尔文地雀从几种刺梨仙人掌中获得多种食物。仙人掌地雀（*Geospiza scandens*）及大仙人掌地雀专门以仙人掌为食。在格兰特夫妇的记载中，这些地雀获取仙人掌的方式包括：（1）在干季，啄开花苞吃花粉；（2）吃成熟花朵的花蜜和花粉；（3）吃种子的假种皮；（4）吃种子；（5）吃腐烂仙人掌中或树皮下的昆虫。作为回报，地雀帮助仙人掌传播种子和传授花粉。

然而，地雀也会破坏仙人掌花。地雀啄开花苞或半开的花朵时，会弄断花柱或破坏柱头，导致胚珠无法受精结种。格兰特夫妇发现，遭受这类破坏的仙人掌花高达78%。这些破坏活动常发生在雨季，可能会减少旱季供地雀食用的种子量。

刺梨仙人掌（*Opuntia helleri*）是捷诺维沙岛的仙人掌地雀的主要食物来源之一。1983年的厄尔尼诺严重地影响了捷诺维沙岛的仙人掌，造成3种破坏：（1）许多刺梨仙人掌吸收过量水分，导致根部无法支撑，大量仙人掌被风吹倒；（2）1983年，许多暴风雨登陆加拉帕戈斯群岛，海崖边上的刺梨仙人掌浸浴在海盐飞沫中，产生渗透胁迫（第6章）；（3）增加的降雨量刺激一种速生藤的生长，它们扼杀了许多刺梨仙人掌。这些破坏虽然不会使刺梨仙人掌全军覆没，但导致仙人掌数年的花果产量严重受创。

捷诺维沙岛上刺梨仙人掌的繁殖量（reproductive output）减少，至少有一部分可归咎于仙人掌地雀的活动。仙人掌地雀弄断柱头的破坏活动在1984年和1985年的干旱期格外严重。在正常年度，柱头的受伤主要发生在雨季初期的1—3月。在1983年降雨量极多的湿季，仙人掌花柱头的受害率就极低。然而，到了1984年及1985年的干旱期，95%的柱头都被弄断（图11.18），这种巨大的伤害严重推迟了仙人掌花果产量的恢复。直到1986年，另一次厄尔尼诺为加拉帕戈斯群岛带来丰沛的雨水，情况才得到改善。

加拉帕戈斯地雀种群及它们的食用植物是一个具有教学意义的模型，它展示了环境对出生率及死亡率的影响。有时候，物理环境的影响是明确且直接的。例如，在1983年的厄尔尼诺期间，仙人掌因吸水过多而倾倒。但有时候，物理环境通过影响生物资源（在本例中为种子）而间接影响某一种群。例如，在1977年的旱季，勇地雀因种子产量的减少而被饿死。在其他例子（如捷诺维沙岛的仙人掌果实产量减少）中，种群（在此为仙人掌种群）受到复杂且相互关联的非生物因子（干旱）及生物因子（地雀的伤害）的影响。这些详尽的研究表明生物因子及非生物因子对种群的出生率及死亡率产生重大的影响，而且这些影响常常密切相关。在上述例子中，环境变异主要改变了加拉帕戈斯地雀种群的负载力（*K*）。在本书的第二篇，我们讨论了物理环境的各个方面如何影响生物的行为表现，其中包括繁殖表现。在第四篇的第13章、第14章、第15章，我们将详细探讨生物之间的交互作用对种群的影响。在进入这些主题之前，我们先利用之前的种群概念讨论一下人类种群。

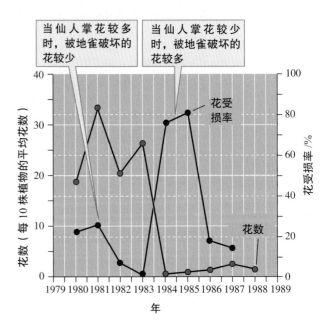

图11.18 捷诺维沙岛上仙人掌花的多度和地雀破坏程度之间的关系（资料取自 Grant and Grant，1989）

概念讨论 11.3 ▪

1. 为什么我们能确定所有动植物种群都受到环境的制约？

2. 如果为大达夫尼岛上的中型达尔文地雀设置负载力，将会出现什么情况？

3. 对于短期或偶尔的降雨量增加和降雨量持续几年甚至十多年的增加，为什么中型地雀种群的反应不同？

应用案例：人类种群

目前大部分环境问题均可归咎为人类种群对环境造成的影响。因此，学习生态学课程的学生必须了解人类种群的历史、现状以及预测未来人口的增长。让我们利用第9章、第10章及本章讨论的概念工具，回顾人类的分布、多度、种群动态及种群增长模式。

分布与多度

分布是人类种群的最大特点之一，人类无处不在。目前，人类遍布五大洲及大部分海洋岛屿，即使是极地，也可以发现科学家及研究支持人员的踪迹。除了依靠人类生存的生物之外，再也没有其他物种的分布如此广泛了。除了南极以外，今天的人类无须任何现代科技的辅助便能到达地球上的任何地方。其实早在 10,000 年前的石器时代，人类就已经到达了现在的分布边界，只有一些海洋孤岛在波利尼西亚人及欧洲人发明了复杂的航海技术之后才有人类定居。

在大尺度上，人类种群为高度聚集分布（第9章），这与其他生物种群的分布型相似。2011 年，60.3% 的全球人口——大约 42 亿人集中分布在亚洲（图 11.19）。其中，中国和印度这两个国家的人口占据了地球人口的大部分比例。其余的人口分布于非洲（15.0%）、欧洲（10.6%）、北美洲（6.7%）、中南美洲及加勒比海地区（6.9%），剩下的 0.5%分布在大洋洲，包括澳大利亚、新西兰和分散的海洋岛屿。

在各大洲内，亚洲东部、东南部及南部的人口密度最大，其他人口密度较大的地区还包括欧洲西部和中部、非洲北部和西部、北美洲东部及西部。如图 11.20 所示，世界的人口多集中于沿海地区与河谷地区。

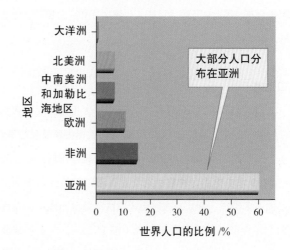

图 11.19　2011 年人类种群的地区分布（资料取自美国人口普查局的 2011 年国际数据库）

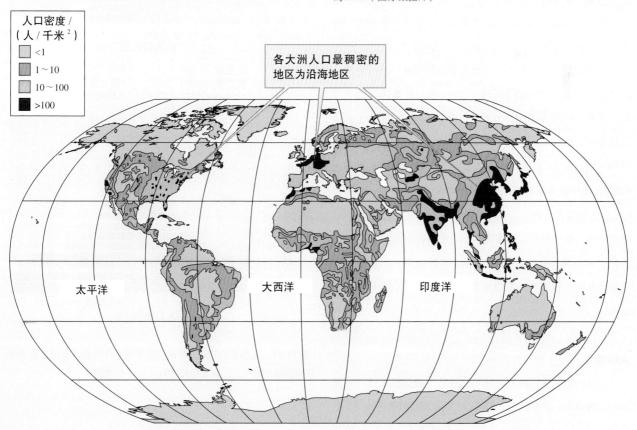

图 11.20　全球人口密度差异（资料取自美国人口资讯网）

在小尺度上，人口密度的差异更大。在亚洲，新加坡的人口密度接近 6,900 人 / 千米²，而蒙古的人口密度却只有 2.0 人 / 千米²，低于澳大利亚的人口密度 2.8 人 / 千米²；在欧洲地区，荷兰的人口密度为 500 人 / 千米²，希腊却只有 80 人 / 千米²；在北美洲，美国的平均人口密度为 30 人 / 千米²，但大部分人口集中于密西西比州以东及美国的西部海岸。从各州人口来看，美国各州人口密度的差异更大，从新泽西州的 450 人 / 千米² 到阿拉斯加州的不足 1 人 / 千米²。加拿大的平均人口密度则为 3.7 人 / 千米²。我们再次强调，在大尺度上，全球的人口为高度聚集分布，因此，不同地区的人口密度存在巨大差异，而各地的人口动态也非常不同。

人口动态

人口动态因区域及国家不同而表现出大不同。现在让我们仔细看一下 3 个国家的人口的年龄分布、出生率及死亡率。这 3 个国家的人类种群分别处于稳定、衰减与剧增状态。我们在第 10 章中提到，种群生态学家可通过年龄分布推测出种群的许多特征。例如，在瑞典人口的年龄分布图上，自底部向上，柱形条的宽度几乎一致（图 11.21），这表示瑞典的出生人口数恰好抵消死亡的人口数；再看匈牙利人口的年龄分布图，底部的柱形条较窄，代表这个国家的人口正在减少；在卢旺达人口的年龄分布图中，底部的柱形条极宽，表示人口正在快速增长。

我们对这 3 个国家人口年龄分布图的印象可通过计算它们的出生率及死亡率得到证实。2008 年，瑞典人口的个体年出生率（b）为 0.010，个体年死亡率（d）为 0.010，两者正好相等，出生率减死亡率（0.010–0.010）结果为 0，这表明瞬时增长率（r）为 0.000。与此相反，匈牙利的出生率为 0.010，低于死亡率 0.013，结果瞬时增长率（r）为 –0.003，r 为负值证实匈牙利人口处于逐渐衰减状态。卢旺达的人口动态表现为另一极端，该国人口的出生率约为死亡率的 2 倍，年瞬时增长率为 0.027。由此可知，卢旺达的人口正处于急速增长状态。接下来，我们预测这 3 个国家人口的长期增长趋势。

人口增长

图 11.22 显示瑞典、匈牙利及卢旺达的历史人口与预测人口。1950 年，卢旺达的人口远小于匈牙利或瑞典的人口。据预测，在 21 世纪，卢旺达的人口会持续增长，并于 2020 年

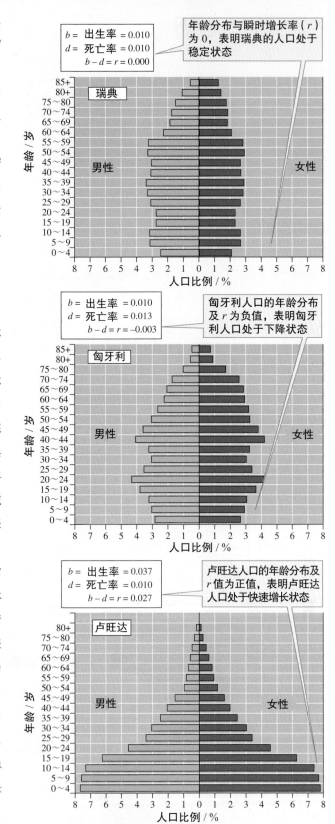

图 11.21　人口处于稳定、下降与快速增长状态的国家的年龄分布（资料取自美国人口普查局的 2011 年国际数据库）

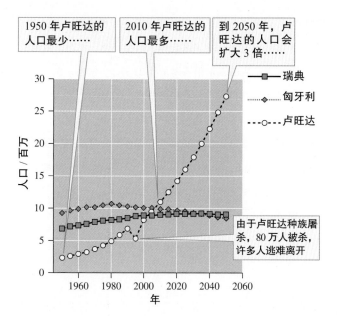

中的文字标注：
- 1950年卢旺达的人口最少……
- 2010年卢旺达的人口最多……
- 到2050年，卢旺达的人口会扩大3倍……
- 由于卢旺达种族屠杀，80万人被杀，许多人逃难离开
- 瑞典 匈牙利 卢旺达

图11.22 瑞典、卢旺达、匈牙利的历史人口和预测人口。瑞典人口稳定，匈牙利人口缓慢下降，卢旺达人口快速增长（资料取自：美国人口普查局的2011年国际数据库）

超越匈牙利和瑞典。同时，瑞典的人口维持稳定，而匈牙利人口会下降。

如果你仔细观察瑞典人口的发展趋势，会发现虽然 $r = 0$（图11.21），但瑞典人口在2010年之后仍然是增长的。瑞典的人口出生率和死亡率相等，为什么人口仍然出现增长呢？

我们在第10章对这个问题已得出答案。种群大小是出生个体数（B）、死亡个体数（D）、迁入个体数（I）和迁出个体数（E）的平衡结果，即：

$$N_t = N_{t-1} + B + I - D - E$$

简单说，在分析和预测种群的发展趋势上，除了出生率和死亡率之外，我们还需要考虑更多因素。瑞典人口缓慢增长的原因是人口迁入。移民对发达国家的人口发展有明显的贡献，特别是对欧洲联盟以及美国、加拿大和澳大利亚等国家。同时，移民也造成许多欠发达国家的人口流失。

全球人口如何变动呢？当全球许多发达国家的人口维持稳定或逐渐下降之际，大多数发展中国家的人口则持续增长，因此全球人口持续增长。如图11.23（a）所示，全球人口在过去的500年出现快速增长。实际上，全球人口的增长有时超过指数增长。为什么会这样呢？再回想一下指数增长，瞬时增长率 r 是常数（图11.3）。然而，在20世纪60年代中期，全球人口增长率不是常数，而是随着人口增长而不断提高［图11.23（b）］。

目前若干迹象表明，全球人口的增长正在趋缓。尽管全球人口仍在持续增长，但是它不再呈指数增长。从图11.23（b）可知，在过去40年间，全球人口增长率已显著地下降。因此，目前全球人口已不如以往那样急剧上升，预计在21世纪中叶会达到稳定状态。图11.23（b）也说明了全球人

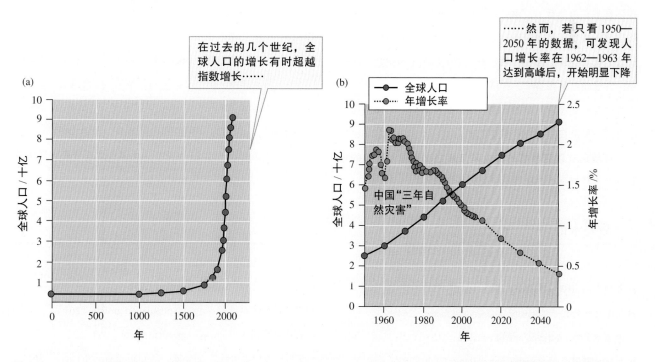

图中文字标注：
- 在过去的几个世纪，全球人口的增长有时超越指数增长……
- ……然而，若只看1950—2050年的数据，可发现人口增长率在1962—1963年达到高峰后，开始明显下降
- 全球人口 年增长率
- 中国"三年自然灾害"

图11.23 全球人口的增长趋势。（a）过去2000年来，全球人口快速增长；（b）在最近的40年间，全球人口增长的速率趋缓，且在下半世纪，全球人口仍将缓慢增长（资料取自美国人口普查局的2011年国际数据库）

口达到稳定的原因是年增长率的下降。1950—1957 年，全球人口的年增长率稳定攀升。随后，由于 1958—1961 年的"三年自然灾害"，中国的死亡人数高达 1,000 多万，全球人口因此急剧下降。在 1962—1963 年，全球人口的年增长率为 2.23%，达到最高峰；在此后的 40 年间，年增长率持续下滑，到 2008 年降至 1.15%，预测到 2050 年时会降至不足 0.5%。然而，这只是根据目前的条件与近期全球人口及区域人口的动态推测得到的结果。由于目前全球人口增长率的变幅很大，对未来全球人口的预测需要不断地调整。在过去 5 年，大部分调整都预测未来全球人口会下降。然而，目前的人口对全球环境的索求相当高（第 23 章）。但是，仅预测人口规模不足以估计人类种群对环境产生的影响，因为这种影响是人口规模和人均资源利用率的综合结果。如果你分析资源利用率，你会发现发达国家的人均资源利用率是发展中国家的 8 倍（WWF，2006）。21 世纪，人类面临的一个最大环境挑战是建立使世界可持续发展的全球人口。

━━本章小结━━

当资源丰富时，种群以几何速率或指数速率增长。生物种群的波动式增长可用几何增长模型来描述；人类种群或细菌种群的增长是一个连续过程，可以用指数增长模型来描述。自然种群的指数增长表明，不论是在新环境中定殖的种群，它是从某种开发方式中恢复的种群，或是利用短暂有利环境的种群，指数增长都是极为重要的。

随着资源的耗尽，种群增长减缓，最后停止。随着种群量增加，种群增长终究趋缓，最后停止，从而形成 S 形种群增长曲线。当种群量达到最大时，种群增长停止，这时的种群量被称为负载力，这是环境能容纳的种群个体数。S 形种群增长模型可用逻辑斯谛增长方程描述。该方程由指数增长公式修正而来，即在指数增长公式中加入了环境阻力这一项。在逻辑斯谛模型中，种群增长率随着种群密度的增加而下降。有关实验室种群的研究指出，出生率与死亡率的多种组合可使种群在负载力下保持零增长。

环境通过改变种群的出生率与死亡率来限制种群的增长。影响种群大小与种群增长的因子包括生物因子（如食物、疾病及捕食者等）与非生物因子（如降水、洪水及温度等）。生物因子（如疾病、捕食等）的作用常受种群密度的影响，故被称为密度制约因子；非生物因子（如洪水、极端温度等）可独立发挥作用，不受种群密度的影响，故被称为非密度制约因子。如前所述，生物因子及非生物因子均对种群产生重要影响，这些显著的影响可从有关达尔文地雀与其主要食物来源的研究中得到证明。

人口现状可用第 9 章、第 10 章及本章讨论的种群生物学概念工具来研究。虽然人类分布在各大洲，但人口密度却因区域不同呈现数倍差异。2011 年，全球 60.3% 的人口（约 42 亿人）集中分布在亚洲，其余则分布于非洲（15.0%）、欧洲（10.6%）、北美洲（6.7%）、中南美洲及加勒比海地区（6.9%）和大洋洲（0.5%）。不同区域的人口密度差异巨大，有些区域低至 1 人 / 千米^2，有些区域高至近 7,000 人 / 千米^2。有些国家的人口稳定，有些则日渐减少，预计 2050 年的全球人口仍将持续增长。21 世纪，人类面临的一个最大环境挑战是要建立使世界可持续发展的全球人口。

━━重要术语━━

· 负载力 / carrying capacity（K） 261

· 非密度制约因子 / density-independent factor 264

· 内禀增长率 / intrinsic rate of increase 262

· 几何种群增长 / geometric population growth 258

· 卡方 / chi-square（x^2） 266

· 逻辑斯谛方程 / logistic equation 262

· 逻辑斯谛种群增长 / logistic population growth 261

· 密度制约因子 / density-dependent factor 264

· S 形种群增长曲线 / sigmoidal population growth curve 261

· 指数种群增长 / exponential population growth 259

1. 哪些生物的增长模型为几何种群增长模型？哪些生物的增长模型为指数种群增长模型？在何种条件下，种群以指数速率增长？又在何种条件下，种群不以指数速率增长？

2. 当灰鲸种群及蓝鲸种群快速增长时，北大西洋露脊鲸种群在人类数十年的全面保护下仍岌岌可危。假设这些种群增长率的差异取决于鲸类生活史，而非外在因素（如污染等），你需要什么信息来解释露脊鲸种群的缓慢增长？（提示：雌灰鲸及雌蓝鲸每 2 年生育一次，而雌露脊鲸每 4～7 年才生育一次。）

3. 如何利用指数增长模型构建逻辑斯谛增长模型？在逻辑斯谛增长方程中，哪部分会产生 S 形种群增长曲线？

4. 在第 3 题中，你思考了逻辑斯谛增长方程如何产生 S 形种群增长曲线，现在让我们思考：什么样的自然环境会产生 S 形种群增长曲线？从环境中选择你熟悉的真实物种，并列出限制该种群增长的可能因子。

5. 瞬时增长率（r）与内禀增长率（r_{max}）之间有何关系？在第 10 章中，我们就两个物种的生命表及繁殖力表计算 r，如何估算它们的 r_{max}？

6. 生物因子及非生物因子都会影响种群的出生率及死亡率，试举例自然种群的重要调节者——生物因子和非生物因子。

7. 种群生物学家所指的非生物因子（如温度、湿度）为非密度制约因子，因为这些因子不受局部种群密度制约，可独立影响种群过程。同时，生物因子（如疾病及竞争等）被称为密度制约因子，因为这些因子的作用可能受地方种群密度的影响。请解释非生物因子如何不受局部种群密度制约而影响种群，并说明生物因子为什么受地方种群密度的影响。非生物因子的作用也可能受到地方种群密度的影响，换言之，非生物因子的作用有时与密度制约因子的作用类似，请解释原因。

8. 地球上人口密度最高的地方与人口密度最低的地方分别在哪里？无人居住的地方又在哪里？人口增长最快的地方在何处？人口稳定的地方又在何处？

9. 什么因素决定地球的人口负载力？试解释地球的长期（千年以上）人口负载力为何会低于 2050 年的预计人口负载力，并说明如何建立长期可持续的 2050 年人口。

第 12 章

生活史

各种物种生活在一起，但它们在生命周期内的繁殖率相差千百倍。在一个难得的晴天，温带雨林里的一棵北美红杉遮住了旁边小溪的阳光。夏天，它沐浴在雾里；秋天、冬天与春天，它浸润在雨水中，这棵红杉已存活了 2,000 年。当罗马帝国入侵英国时，这棵树已稳立此处。当"征服者"威廉（William）横渡英吉利海峡、入侵英格兰岛时，它繁殖种子已达 1,000 年。当衣衫褴褛的被殖民者从威廉后代手中夺得一块北美洲土地并宣称那是他们的国土时，这棵树已有 1,800 年历史。在短短 100 年之中，那些殖民叛乱者的后代已将他们的领土往西拓展了 3,000 km，并砍伐北美红杉制作木材。居住在该树附近的人们虽然也砍了一些树，却不像新来的移民者那样无情地砍光大片树林。幸运的是，因某种原因，在所有红杉消失之前，砍伐停止了，巨大的红杉林终于受到了保护。这棵红杉树还可以再接受几个世纪的夏雾和冬雨的洗礼，见证人类世界秩序的诸多变化。

在一个夏日的清晨，其他生命在附近的河流内活跃着。一只雌蜉蝣和数千只同类正蜕去幼虫期的外壳，从坚强的水生爬虫蜕变成优美的飞行成虫（图12.1）。这只蜉蝣在溪水中度过了 1 年的幼虫期，但它们的成虫期却只有短短的一天。在这宝贵的一天里，它要完成交配、在溪流里产卵的工作，然后死去。它只有这个机会来完成它的生命周期，对于成年蜉蝣而言，明天并不存在——这是唯一的机会。当蜉蝣汇集成群时，有的会被筑巢在河畔赤杨树上的鸟吃掉，有的会被栖息于巨大红杉上的蝙蝠捕获；

图12.1　成年蜉蝣通常只能活一天

◀ 迁徙中的红鲑鱼（Oncorhynchus nerka）在阿拉斯加卡特迈国家公园（Katmai National Park）的布鲁克斯瀑布（Brook Falls）中飞跃。这些鲑鱼将在一个湖泊或一条支流中产卵，然后死去。鲑鱼的后代将在湖泊中生活 3 年，然后回归大海。在海洋中，鲑鱼的后代快速生长，在 1～4 年内成熟，然后回到它们孵化的地方，完成鲑鱼的生命周期。

有的会被鱼群捕食，有的会被赤杨树与红杉之间的杜鹃灌丛中的蜘蛛网住。不过，这只蜉蝣安全地躲过了所有的捕食者，可以进行交配、产卵了。

因产卵而耗尽精力的蜉蝣掉入溪流之中，被冲往下游。在距离蜉蝣当天早晨蜕壳之处 50 m 的地方，当蜉蝣漂过一棵老红杉时，被躲在那里的鳟鱼掳走。鳟鱼激起一阵小水花，吸引了一对正在研究这条河流的男女的注意。他们对这溪流了若指掌，也知道那条鳟鱼栖息的水潭，曾多次试图捕捉那条鳟鱼。他们祖父的那一代砍伐了红杉林，后来他们的父母又努力保护这片残存的树林。这对男女孩提时曾在树林里快乐玩耍，长大成人后在这里谈情说爱。现在，他们的孩子已然成大，经常在河里捕鱼，再次享受这个地方的乐趣。

红杉、蜉蝣、鱼和人类密不可分地生活在一个生态关系网里，但彼此又在空间和时间上存在着巨大差异。这四者共同演绎着一出从悠远的过去延伸至未知未来的生态演化剧。尽管构成元素相同，基因遗传也由 DNA 以相同的基本结构编码，但这 4 个物种却过着天壤之别的生活。红杉在 1,000 多年的岁月中繁殖了数百万颗种子；蜉蝣在河里度过一生，然后蜕化离开水，产下数百颗卵；鳟鱼在数年的生命中也产下了数千颗卵；男人和女人在他们的一生中孕育两个孩子，并在两个孩子身上投下数十年的时间与精力。

究竟是怎样的选择力创造并维系了这个巨大的生物网？在什么条件下，生物选择在较早年龄和体形较小时成熟，而不是在较晚年龄和体形较大时成熟？生物可以像红杉树那样，繁殖几百万细小后代，也可以仅生产几个需要精心照料且体形较大的后代，这两种方式的成本与收益是什么？这些都是研究**生活史**（life history）的生态学家需要思考的问题。生活史主要研究各种生物的适应力，因为适应力影响到物种生物学的各个方面，包括后代数目、存活率、体形大小与繁殖年龄等。本章论述的重点是生活史生态学（life history ecology）的某些重要概念。

12.1　后代数目与体形大小

由于所有生物能获得的能量和其他资源有限，后代数目与后代的体形大小之间存在权衡关系。若后代的体形较大，则后代的数目较少；若后代的体形较小，则后代的数目较多。通过讨论植物的光合响应（图 7.20、图 7.21）与食草动物的功能反应（图 7.22、图 7.23、图 7.24），我们得到以下结论：所有生物以有限的速率摄取能量。如我们看到的，能量摄取速率不仅受到外在环境条件（如食物有效性）的限制，还受到生物内在条件（如生物体处理食物的速率）的制约。这些限制是第 5 章分配原则的基础（107 页）。分配原则强调的是，如果生物将能量分配到一种功能（如生长）上，那么便会减少其他功能（如生殖）可用的能量。这种资源需求竞争的紧张关系无可避免地促使生物在两种功能间做权衡。生物在后代数目与后代体形大小间的权衡就是其中的一种。如果生物生产较多后代，因能量有限，后代（种子、卵或活幼体）的体形均较娇小；反之，若生物生产体形较大且需精心照料的后代，则生产较少后代。鱼类是一种生活史变异特别多的脊椎动物，现在我们以鱼类为例，开始讨论生活史的概念。

鱼卵的大小和数量

由于鱼类具有极高的物种多样性（已发现的物种超过 20,000 个），而且它们生活的环境也非常多样，鱼类为我们提供了许多研究生活史的机会。基尔克·瓦恩米勒（Winemiller, 1995）指出，鱼类在许多生活史性状上的变异远多于其他动物群体。例如，它们每次产下的后代数——窝卵数变化非常大，小到鲭鲨（mako shark）的 1～2 只大型活幼体，大到海洋翻车鲀（ocean sunfish）的一窝 6 亿个卵。然而，除了后代数量和体形大小之外，从鲭鲨到翻车鲀，鱼类的其他方面也都存在不同。因此，通过分析亲缘物种（如同科或同属物种）之间的关系，我们可以获得有关鱼类的更为详细的变异模式。

镖鲈是鲈科的一种小型淡水鱼。在一项有关镖鲈种群之间基因流的研究中，汤姆·特纳和乔尔·特雷克斯勒（Turner and Trexler，1998）曾试图确定物种间的生活史变异对种群间基因流的影响程度。他们指出，这样的研究最好侧重于存在共同演化史的近缘群体。特纳和特雷克斯勒对鱼类的卵大小与卵数量（或者生殖力）的关系及种群间的基因流非常感兴趣。所谓的**生殖力**（fecundity），简单地说是指一个个体生产的卵或种子的数量。他们假设，种群的生殖力越高，种群产出的卵越多越小，种群之间的基因流也较大。

特纳与特雷克斯勒选取镖鲈作为研究对象，因为它们是理想的研究种群。镖鲈是小型、细长的底栖鱼类，主要分布于北美洲东部与中部的河流内。雄镖鲈在生殖季节通常呈现醒目的色彩（图12.2）。镖鲈共有174种，在鲈科中分为3属，是北美洲中物种最多的脊椎动物之一，其中镖鲈属（*Etheostoma*）就包含大约135个物种。然而，即使镖鲈栖息于相似的生境，有着相似的构造，但它们的生活史存在巨大差异。其中，晶鲈属（*Crystallaria*，只包含1个物种）和小鲈属（*Percina*，包含38个物种）与镖鲈属祖先最相似，但它们的体形大于镖鲈属的体形，产卵数也更多。然而，镖鲈属物种之间的生活史也存在相当大的差异。

特纳和特雷克斯勒在俄亥俄州的俄亥俄河、阿肯色州的欧扎克（Ozark）山脉及密苏里州的沃希托高地（Ouachita Highland）的河流中选了64处作为取样点。它们是北美洲淡水鱼多样性最高的核心区，且分布着地球上多样性最高的温带淡水鱼。特纳与特雷克斯勒从这些样本中选取了15个镖鲈物种样本（包括5个小鲈属与10个镖鲈属）进行了仔细的研究。这些物种的生活史性状均存在巨大差异，尤其是在体形大小、卵数及卵大小方面。

他们研究的镖鲈的体长为44～127 mm，生产的成熟卵数为49～397粒，卵的直径大小为0.9～2.3 mm。正如特纳和特雷克斯勒所预料的，镖鲈物种的体形越大，产下的卵越多（图12.3）。他们的研究结果也支持了之前的假设：后代体形大小与后代数之间存在权衡关系。平均而言，镖鲈产下的卵越大，卵数越小（图12.4）。

利用21个不同基因座产生的等位酶，特纳与特雷克斯勒通过电泳法来确定镖鲈种群的遗传结构（第4章）。他们之所以从40个基因座中挑选出21个，原因就在于基因座是多态的。**多态性基因座**（polymorphic locus）是指具有一个以上等位基因的基因座。在本例中，每个等位基因都会合成不同的等位酶。特纳与特雷克斯勒利用等位基因频率来评估遗传结构。在包含21个不同基因座的交叉研究中，

图12.2 镖鲈在鲈科中组成多样而奇特的亚科，它们只分布在北美洲

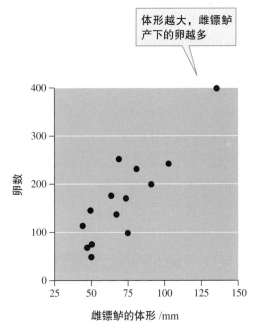

图12.3 雌镖鲈的体形大小与卵数之间的相关性，每个点代表不同的镖鲈物种（资料取自 Turner and Trexler，1998）

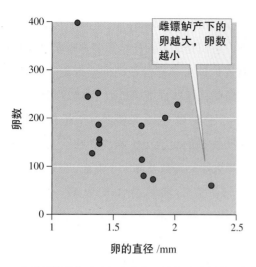

图12.4 几种镖鲈的卵大小与卵数之间的关系（资料取自 Turner and Trexler，1998）

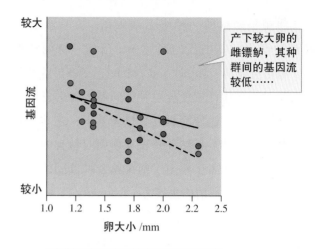

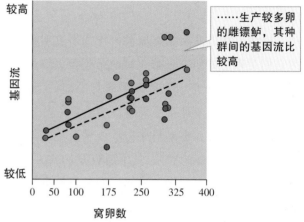

图12.5 镖鲈的卵大小与卵数、基因流之间的相关性。实线和紫色点代表用遗传方法估测的结果，虚线和绿色点代表另外一种方法测得的结果（资料取自 Turner and Trexler，1998）

测定的等位基因频率即为等位酶的频率。具有相近等位酶频率的种群被视为基因相近的种群；反之，等位酶频率不同者则为存在遗传差异的种群。因此，特纳与特雷克斯勒利用种群之间等位酶频率的相似性来评估基因流大小。

根据一系列种群合成的等位酶的数目和种类，如何确定种群间基因流大小？特纳和特雷克斯勒假设：等位酶频率不同的种群与等位酶频率相近的种群相比，前者的基因流较小。换句话说，他们假设种群间的遗传相似性是通过基因流来维系的，而种群间的遗传差异是由于缺乏基因流或基因流受限。

卵大小、卵数与种群间的基因流究竟有何关系？特纳和特雷克斯勒发现，卵大小和基因流之间呈负相关关系，但基因流和雌性产的卵数之间则为正相关关系（图12.5）。也就是说，在整个研究区内，产大量小卵的镖鲈种群与产少数大卵的种群相比，前者的等位酶差异较小。

如何把卵大小和卵数的差异诠释为种群间的基因流差异？原来，卵越大，孵化出来的镖鲈仔鱼越大。大仔鱼在较小年龄便开始捕食栖息于河床上的猎物，随波逐流的时间较短。换言之，这些仔鱼扩散的距离较短，它们的基因扩散距离也比较短。因此，产少数大卵的物种种群在遗传上与其他种群相差较大。因此，与产大量小卵的种群相比，它们在遗传上的分化较为迅速。

特纳和特雷克斯勒的研究不仅表明后代的体形

大小与产卵数之间存在权衡关系，同时也揭示了这种权衡关系带来的某些演化结果。

许多生物种群里都存在这种后代数目和体形大小间的权衡现象。例如，生态学家已经发现陆地植物的种子数与种子大小之间也存在着这种关系。

植物的种子大小与数量

和鱼类一样，植物生产的后代数目也有极大差异，有的植物生产数量众多的小种子，有的植物生产数量较少的大种子。植物种子的大小差异可超过10个量级，种子的重量小到兰科植物的0.000002 g，重达海椰子树种子的27 kg。许多兰科植物生产几十亿颗小种子，而海椰子树则只生产几颗巨大的种子。很明显，这种差异表明种子大小和种子数之间存在权衡关系，而且这种关系是由一些复杂的因素引起的（Harper，Lovell and Moore，1970）。植物学家在很久以前就描述过种子大小与种子数之间的负相关关系（Stevens，1932）。图12.6为植物的平均种子质量与种子数之间的关系。这些植物分别为菊科（Asteraceae）的雏菊（daisy）、禾本科（Poaceae）的禾草、十字花科（Brassicaceae）的白芥（mustard）及豆科（Fabaceae）的菜豆。在这4种植物中，植物产下的种子数越多，种子的质量越小。

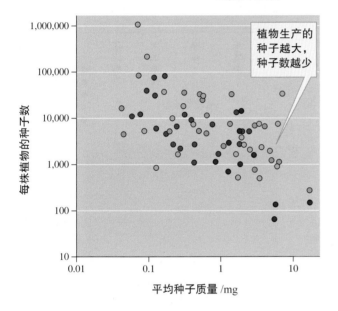

图12.6　种子质量与种子数之间的关系（资料取自Stevens，1932）

在记录了种子大小和种子数间的权衡关系后，植物生态学家便试图找出某些环境有利于产生小种子和其他环境有利于产生大种子的机制。但是，在进入植物世界后，生态学家意识到应该从植物形态上观察植物生物学的微妙之处。例如，植物的许多特征与它们的生长型（growth form）或生活型（life form）密切相关，而生长型已成为植物生活史的一个重要组成部分。因此，将兰科植物和海椰子树的种子产量放在一起比较，会混淆两个物种：前者为附生植物生长型，后者为乔木生长型。因此，这样的比较是无效的，无法令人信服，因为生长型可能会影响植物产生的种子数和种子大小。

在植物生物学中，还有哪些方面会影响种子的大小？正如第10章所讨论的，扩散是所有生物（包括植物在内）的种群生物学的一个重要方面。例如，图10.6显示了在冰河消退（大约始于14,000年前）之后槭树和铁杉向北扩散的历史，而且槭树的扩散速率比铁杉的速率快得多。造成扩散速率差异的原因是什么呢？由于植物主要依靠种子进行长距离扩散，我们或许会问：种子的特征和扩散方式之间是否存在某种关系呢？

在了解植物的生长型和扩散方式可能会影响种子特征之后，马克·韦斯特比、米歇尔·利什曼和贾尼丝·洛德（Westoby，Leishman and Lord，1996）开始研究植物生长型和种子大小之间的关系。他们研究了5个地区的196～641个植物物种的种子。在这5个地区中，3个研究区分别位于新南威尔士州西部、澳大利亚中部及悉尼；1个位于欧洲英国的谢菲尔德；还有1个位于北美洲的印第安纳沙丘国家湖岸（Indiana Dunes National Lakeshore）。

通过研究，韦斯特比、利什曼和洛德辨识了4种植物生长型。其中，禾草及拟禾草植物（如莎草和灯心草）被归类为禾草类（graminoid）；禾草类之外的草本植物被列为杂草（forb）；组织中存在木质增厚现象的植物被称为木本植物（woody plant）；最后，攀缘生长的植物和藤本植物被归为攀缘植物（climber）。他们的研究结果显示，种子大小和植物生长型之间存在明确的关系 [（图12.7（a）]。就韦斯特比等人分析的大部分植物群系而言，禾草类的种子最小，杂草的种子次之。在所有5个研究区域中，木本植物的种子远大于禾草类或杂草的种子。然而，最大的种子应属攀缘植物的种子。研究者发现，在这5个植物群系中，木本植物和攀缘植物的种子质量平均约为禾草类或杂草种子的10倍。

韦斯特比和他的合作者识别了6种传播途径。他们将没有特化传播结构的种子归类为自助传播者（unassisted disperser）；如果种子带有钩、刺或倒钩，则被归类为附着适应者（adhesion-adapted）；具有翼、细毛或其他产生空气阻力结构的种子被归为借风传播者。在研究中，依靠动物传播的种子包括借蚂蚁传播者、借脊椎动物传播者及被分散储藏者。韦斯特比、利什曼和洛德将带有油质体（elaiosome）的种子归类为借蚂蚁传播者。油质体是种子的表层结构，一般含有能吸引蚂蚁的油脂。具有**假种皮**（aril）的种子被归类为借脊椎动物传播者。假种皮为种子的肉质表面，能吸引鸟类及其他脊椎动物。最后，他们将被哺乳动物搜集并分散储藏在各处的种子归类为**被分散储藏者**（scatter hoarded）。

韦斯特比、利什曼和洛德还发现，通过不同方式传播种子的植物往往生产大小不同的种子[（图12.7（b）]。自助传播的植物生产的种子最小；借风传播者的种子则稍大；附着适应者的种子介于两者之间；依靠动物传播的种子最大。依靠动物传播的种子从小到大依序为：借蚂蚁传播的种子、借脊椎动物传播的种子、被分散储藏的种子。韦斯特比和他的团队指出，在这5个植物群系中，21%～47%的种子大小变异可由生长型和传播方式这两个因素综合解释。安吉拉·莫莱斯等人（Moles et al.，2005a，2005b）进行了拓展分析，共研究了13,000个植物物种。他们的研究不仅为种子大小和植物生长型的关系增添了证据，还表明了传播方式对种子大小的影响虽然微小但却很明显。

韦斯特比及其同事的分析显示，植物的生长型与传播方式均会影响植物间的种子大小差异。令人吃惊的是，在相隔甚远的几个地理区域，种子大小和生长型、传播方式二者之间的关系是一样的。不过，韦斯特比、利什曼和洛德指出，在这5个区域内，他们的研究并未包含种子大小差异特别大的植物物种。究竟是什么因素维持种子大小的差异呢？要维持这样的差异，大种子或小种子必然具有各自的优势和劣势。那么，它们的优势和劣势分别是什么？种子个小量多者在以下两种环境中占有优势：扰动率高的环境及植物拓殖的新环境。虽然大种子植物只生产少量种子，但它们的幼苗在困境中具有较高的存活率。幼苗面临的困境包括与其他定殖植物竞争生长空间、遮阴条件、落叶、养分短缺、深埋于土壤或枯枝落叶层中及干旱等。

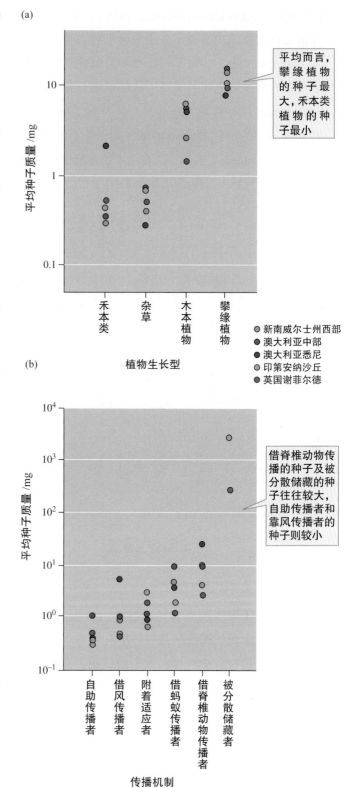

图12.7 植物生长型、传播方式与种子质量的关系（资料取自Westoby，Leishman and Lord，1996）

种子大小与幼苗表现

斯德哥尔摩大学的安娜·雅各布松与奥韦·埃里克松（Jakobsson and Eriksson，2000）以瑞典东南部半自然草地上的草本植物与禾草为研究对象，研究种子大小、幼苗大小及幼苗更新（seedling recruitment）之间的关系。为了评估种子大小对幼苗大小的影响，雅各布松与埃里克松把种子播种在装有标准混合土的盆里，并将盆置于环境经过标准化的温室中。在种子发芽 3 个星期后，他们收集幼苗并称重。**发芽**（germination）是指种子开始生长或发育产生幼苗的过程。他们的研究清楚显示，较大的种子产生较大的幼苗（图 12.8）。

雅各布松与埃里克松也利用野外实验，研究了草甸中 50 个植物物种的种子大小与幼苗更新之间的关系。在野外，雅各布松与埃里克松把种子撒在 14 个 10 cm × 10 cm 的试区里，每个试区种下 50～100 粒种子。他们把试区分成两半：一半试区在撒种之前，地表土被松动，所有枯枝落叶被清理干净；另一半试区未被扰动。除了这 14 个播撒种子的试区之外，雅各布松与埃里克松还设置了没有播种的对照区。同样地，对照区的一半受到扰动，另一半未被扰动。雅各布松与埃里克松为什么要设置对照区呢？因为有了对照区，他们可以估计，在没有播撒新种

子的情况下，每种植物会有多少种子发芽。许多植物的种子可能在土壤里长期休眠，而且其他种子也可能在实验期间传播到试区里。因此，若无对照区，雅各布松与埃里克松将无法确认，他们观察的幼苗是来自他们撒下的种子，还是来自其他种子。

在他们播种的 50 个植物物种里，有 48 种植物的种子发芽，其中的 45 种出现更新。雅各布松与埃里克松在对照区里并没有观察到植物的更新，因此他们确信，试区里的新植物来自他们播种的种子。虽然未扰动试区与扰动试区都出现了更新植物，但扰动试区出现的更新植物更多。此外，有 8 个植物物种只在扰动试区出现更新植物。

对于不同植物物种的更新率，种子的大小差异产生什么影响？雅各布松与埃里克松通过各种方法来计算更新成功率。最基本的一个方法是将某一植物物种更新的总数除以播种的种子数，便可得到产生更新植物的种子的比例。在试区里，虽然 50 个植物物种中有 45 个物种出现更新者，但更新种子所占比例为 5%～90%，差异很大。雅各布松与埃里克松发现，植物间的种子大小差异可以解释更新成功率的大部分差异（图 12.9）。平均而言，萌发大幼苗的大种子通常具有较高的更新率。因此，通过投入更多能量到一颗种子上，母株提高了种子长成一株新植物的成功率。大种子的优势在雅各布松与埃里克

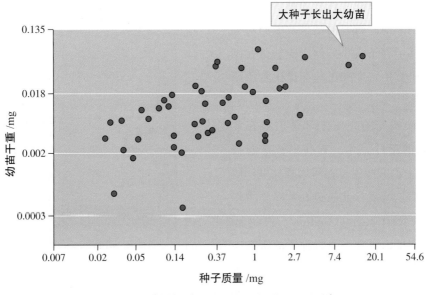

图12.8 瑞典草本植物的种子质量与幼苗质量的关系（资料取自 Jakobsson and Eriksson，2000）

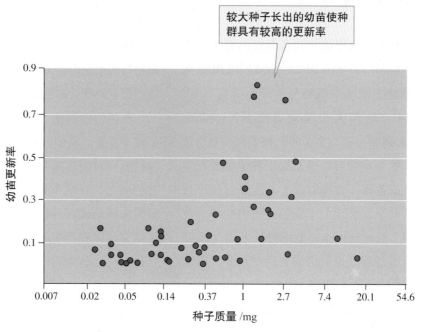

较大种子长出的幼苗使种群具有较高的更新率

图12.9　草本植物的种子质量与更新率（资料取自 Jakobsson and Eriksson，2000）

松研究的禾草地环境中非常重要，因为它们在试区中与已定殖植物的竞争非常激烈。

雅各布松与埃里克松的研究地点为禾草地。根据图 12.7（a）的分类法，在该研究区中，主要的生长型为禾草类或杂草。然而，如图 12.7（a）所示，木本植物和攀缘植物的种子远大于禾草类和杂草的种子。那么，在木本植物中，种子大小和幼苗大小的关系又会有多大变化呢？生和健司与菊泽喜八郎（Seiwa and Kikuzawa，1991）研究了北海道（日本最北部的一个大岛）上特有原生树种的种子大小与幼苗大小之间的关系。他们研究的结果及他们对结果的阐述明确地显示了种子大小如何影响幼苗在困境的生存能力。在研究中，生和氏与菊泽氏着重研究遮阴对幼苗的影响。

生和氏与菊泽氏研究的乔木全都是生长在北海道温带落叶林里的落叶乔木。有些生长在海拔 100～200 m 的山坡上，有些生长在河岸森林里。所有研究树种的种子都是搜集自北海道森林实验工作站（Hokkaido Forest Experimental Station）植物园内的乔木。在实验室里，研究小组将种子的所有肉质部除去，然后清洗干净种子，并风干 24 小时。生和氏与菊泽氏接着从 5 组种子（每组为 100～1,000 粒）中随机选取种子进行称重，并估算种子的平均

质量。一个星期后，生和氏和菊泽氏将种子播种在 1～2 cm 深的黏壤土（clay loam soil）中，每星期浇水 3 次，直到土壤含水饱和为止。

该研究结果清楚地显示，大种子的幼苗较高（图 12.10）。他们认为，大种子中储备较多能量，可促

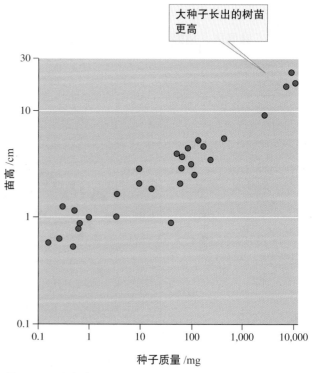

大种子长出的树苗更高

图12.10　乔木种子质量与苗高的关系（资料取自 Seiwa and Kikuzawa，1991）

进幼苗初期的生长。生和氏与菊泽氏观察到，大种子的树苗在春天会迅速展开所有叶子，并在秋天落叶。于是，他们得到以下结论：这个时间有利于大种子于春天赶在形成森林树冠层的乔木展开叶子遮蔽森林下木层之前萌芽，快速生长有助于幼苗穿出落叶林地面厚厚的枯枝落叶层，成为森林下木层的一部分。

除了后代大小与数量的差异外，生物的生殖起始年龄也存在极大差异。另外，生物在生长和维持及生殖上的能量分配也十分不同。

―――概念讨论 12.1―――■

1. 为什么韦斯特比、利什曼和洛德（Westoby, Leishman and Lord, 1996）在他们的研究中涵盖了 3 个大洲的 5 个植物群系？

2. 为什么雅各布松与埃里克松（Jakobsson and Eriksson, 2000）在温室中研究种子大小与种苗大小的关系？

3. 与小镖鲈相比，大镖鲈往往繁殖更多小卵（图 12.3 和图 12.4）。那么，在沿河流系统见到的遗传变异中，哪个物种的遗传变异更多？（提示：思考图 12.5）

12.2　成体存活率与生殖分配

当成体的存活率较低，生物较早开始生殖，并投入较大能量在生殖上；反之，当成体的存活率较高，生物则会推迟生殖年龄，并分配较少的资源到生殖上。生物的存活率和该生物开始生殖的年龄之间是否存在某种关联？影响生物成熟年龄及生物分配给生殖的能量总和（即**生殖努力**，reproductive effort）的环境因子是什么？（生殖努力是指生物分配在生殖与后代照顾上的能量、时间和其他资源。）这是生活史生态学的两个核心问题。

生殖努力一般涉及生物对其他需求（包括生长与维持）的权衡，由于这些权衡，分配给生殖的配额可能会降低生物存活的概率。不过，延缓生殖也存在风险，因为生物可能在生殖之前便已死亡。因此，演化生态学家预言，成体间的死亡率差异将与生殖起始年龄（或性成熟年龄）差异有关。他们特别指出，如果成体的死亡率较高，自然选择将有利于较早生殖的成熟者；当成体的死亡率较低时，自然选择有利于延缓生殖的成熟者。

物种间的生活史变异

死亡率、生长率及起始生殖年龄（即性成熟年龄）之间的关系已经在大量生物上得到了检验。早期有关鱼、虾及海胆的研究表明了这三者间的关联。理查德·夏因与埃里克·恰尔诺夫（Shine and Charnov, 1992）通过研究蛇类与蜥蜴类的生活史变异，确定根据有关鱼类及海洋无脊椎动物的研究得到的结论是否适用于其他生活于不同环境中的动物群。

夏因与恰尔诺夫在他们论文的开始就提醒我们，与大部分陆域节肢动物、鸟类及哺乳动物（包括人类）不同，许多动物在性成熟后还会继续生长。此外，大部分脊椎动物在达到最大体形之前便开始生殖。夏因与恰尔诺夫指出，鱼类和爬行动物等其他脊椎动物的能量收支在性成熟前后是不同的。在性成熟之前，个体将获得的能量分配给 2 个相互竞争的需求——维持与生长。然而，在性成熟之后，有限的能量被分配给 3 个功能：维持、生长及生殖。由于推迟生殖的个体将有限的能量供应到较少的需求上，它们的生长比较快速，并迅速达到较大体形。此外，由于生殖率的提高与较大体形相关（图 12.3），延缓生殖将促成较高生殖率。不过，当个体的死亡率较高时，延缓生殖会增加个体在生殖前死亡的风险。这些关系表明，死亡率在决定初始生殖年龄上发挥关键作用。

夏因与恰尔诺夫从出版文献的综述中收集了有

关几种蛇类和蜥蜴类的成体年存活率及雌性性成熟年龄的信息。在他们获得的信息中，蛇类的成体年存活率为 35%～85%，性成熟年龄为 2～7 岁；蜥蜴类的成体年存活率为 8%～67%，性成熟年龄为 8 个月～6.5 岁。由于夏因与恰尔诺夫的研究对象大多数为北美洲物种，而且均属于某一蛇科或某一蜥蜴科，他们两人提醒我们：由于没有分析其他区域的蛇类和蜥蜴类，他们的结果无法推广到一般的蛇类和蜥蜴类。不管怎样，夏因与恰尔诺夫的研究清楚地显示，随着蜥蜴类和蛇类的成体存活率提高，它们的性成熟年龄也延后了 [图 12.11（a）]。

最近的关于鱼类成体死亡率与性成熟年龄之间关系的分析结果也支持了"高成体存活率导致生殖延缓"的预测。唐纳德·冈德森（Gunderson，1997）研究了几个鱼类种群的成体存活率与生殖努力的关系。冈德森认为，在种群中，成体死亡率和生殖努力之间应该存在密切的关系，因为死亡率和生殖努力的综合效应比其他作用更能提高种群的存活率。例如，兼具高死亡率与高生殖努力的种群与兼具高死亡率和低生殖努力的种群相比，前者的存活率更高，后者则可能在短时期内灭绝。

在冈德森的分析中，生活史信息包括死亡率、预估的最大体长、性成熟年龄及生殖努力。冈德森以每个种群的**生殖腺指数**（gonadosomatic index，GSI）来估算种群的生殖努力。生殖腺指数可通过每个物种的卵巢重量除以该物种的体重求得，并根据每个物种每年生产后代的次数进行调整。例如，由于北方凤尾鱼（anchovy）每年产 3 次卵，在计算它们的生殖腺指数时，要将卵巢重量乘以 3；对于每 2 年生殖 1 次的角鲨，要将卵巢重量除以 2。不过，在冈德森的分析中，他研究的鱼种大多 1 年产 1 次卵，因此在计算生殖腺指数时，卵巢重量不需要进行调整。

冈德森分析的鱼类的体长差异巨大，小到普吉特湾平鲉（Puget Sound rockfish）的 15 cm，大到东北北极鳕鱼（northeast Arctic cod）的 130 cm。鱼类的性成熟年龄则从凤尾鱼种群的 1 岁到角鲨种群的 23 岁不等。和夏因、恰尔诺夫一样，冈德森从已发表的论文及某些鱼类专家发布的资料中搜集了有关

他要分析的鱼类的生活史信息。他查阅了 72 篇文献，然后列表总结了他研究的 28 个鱼种的生活史信息。但和夏因、恰尔诺夫不一样的是，冈德森估计的是死亡率而非存活率，而且是瞬时死亡率，而非年死亡率。不过，他的结果与夏因和恰尔诺夫的结果一样，表明成体死亡率与性成熟年龄间存在明确的关系 [图 12.11（b）]。所有这些结果都支持以下观点：自然选择根据种群以往的死亡率来调整种群的性成

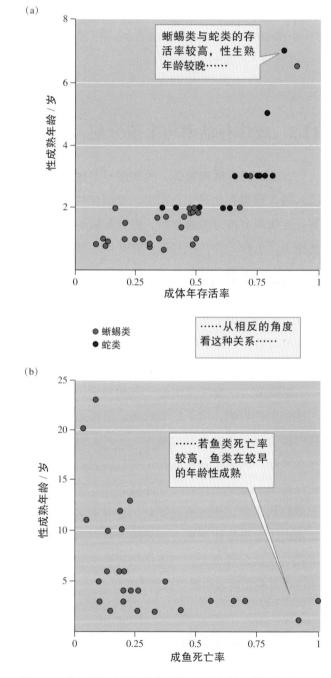

图 12.11 （a）蜥蜴类与蛇类的成体存活率与性成熟年龄的关系；（b）鱼类的死亡率和性成熟年龄的关系（资料取自 Shine and Charnov，1992；Gunderson，1997）

熟年龄。

同样地，冈德森的分析也为鱼种间的生殖努力差异提供了资料。他发现他研究的 28 种鱼类的生殖腺指数相差 30 多倍，从阿留申平鲉（rougheye rockfish）的 0.02 到北方凤尾鱼的 0.65。当冈德森绘出生殖腺指数与死亡率的关系图（图 12.12），他的结果支持了生活史理论的预测：死亡率较高的物种付出的生殖努力也较高。

物种内的生活史变异

到目前为止，我们的讨论主要强调物种间的生活史差异，如夏因与恰尔诺夫比较的蜥蜴类与蛇类[图 12.11（a）]，或冈德森比较的鱼类 [图 12.11（b）]。不同种群具有不同的成体死亡率。是否有证据显示物种内也会演化出生活史变异？夏因与恰尔诺夫分析的数据中包括了 9 个东方强棱蜥种群的数据。这些种群间的差异显示，蜥蜴种群的性成熟年龄会随着成体存活率的提高而递增。有关几个太阳鱼（Lepomis gibbosus，图 12.13）种群的比较研究为这种种内差异的演化提供了另外的证据。

柯克·柏奇与麦克·福克斯（Bertschy and Fox，1999）研究了太阳鱼的成体存活率对它们的生活史的影响。该研究的一个主要目的是验证生活史理论的预测：成体存活率的提高或幼体死亡率的降低有利于推迟性成熟及降低生殖努力。他们的研究目标是要解释物种内的生活史差异的演化。

柏奇与福克斯从加拿大安大略省南部的 27 个湖中选了 5 个湖的 5 个太阳鱼种群进行研究。由于福克斯先前研究过这些湖中的太阳鱼，他们对于选择哪些种群进行研究有可以借鉴的经验。柏奇与福克斯选择的湖泊的直径与深度近乎相等。这些湖泊非常小，便于他们估计死亡率及其他生活史特征的差异。它们的面积为 7.2～39.6 hm²，湖深为 2.6～11 m。此外，他们选择的湖泊没有大量的水流流入或流出。

柏奇与福克斯每年从研究的 5 个湖泊中各取大约 100 条太阳鱼样本来研究它们的生活史特征。每年的 5 月底或 6 月初，就在太阳鱼产卵季节刚开始时，他们利用漏斗陷阱及海滩围网在浅湖岸（0.5～2 m 深）

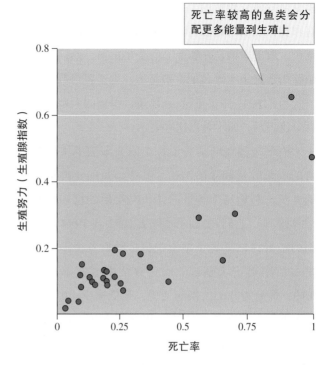

图12.12　以生殖腺指数测定成鱼死亡率与生殖努力间的关系（资料取自 Gunderson，1997）

图12.13　雄太阳鱼在湖泊与池塘的浅水处筑巢。它们会守住自己的巢，防止其他雄鱼入侵，并努力吸引同种雌鱼来产卵

取样。他们将捕获的鱼先放到碎冰中冻死，然后冰冻起来供日后分析使用。柏奇与福克斯对每个样本测量了几项参数，包括它们的年龄（计算鳞片上的生长轮）、质量（精度为 0.01 g）、长度（mm）、性别及生殖状态。由于雌鱼的生殖努力基本用在产卵上，而雄鱼的生殖努力包括保卫领域及筑巢等活动，柏奇与

福克斯只研究雌鱼的生殖性状。若雌鱼卵巢中的卵含有卵黄，说明雌鱼已达到性成熟状态。他们解剖成熟雌鱼，取出卵巢，并称重（精度 0.01 g），然后计算生殖腺指数来表示雌鱼的生殖努力。生殖腺指数的计算公式为：100× 卵巢重量 ÷ 体重，得到的生殖指数以百分比表示，而不是以比率表示。

柏奇与福克斯估算了每个研究湖泊中太阳鱼种群的成鱼数量和年龄结构。其中，鱼的年龄根据鱼的体长，利用每个种群的体长与年龄的已知关系来估算得到。他们调查的时间从 1992 到 1994 年，得到的结果为估算每个湖泊中每个种群各个龄级的成鱼存活率奠定了基础。成鱼存活率或概率最低为 0.19，最高为 0.65。换句话说，最低概率（0.19）为 5 条成鱼中有 1 条能从某一年活到次年，最高概率（0.65）为 3 条成鱼中有 2 条能从某一年活到次年。在图 12.14 中，不同的存活率曲线显示了湖泊间的巨大差异。

柏奇与福克斯估算稚鱼存活率的方法是先统计太阳鱼的巢数，然后计算某个巢中的稚鱼数。在他们研究的湖泊中，巢数为 60 到超过 1,000 个不等，巢中的稚鱼数为 10 万到超过 100 万条不等。利用同一湖泊中的稚鱼数及 3 岁以上的成鱼数，柏奇与福克斯可估算稚鱼的存活率。他们的结果显示，稚鱼的存活率为 0.004（即 1,000 条稚鱼中有 4 条成

活）～ 0.016（即 1,000 条稚鱼中约有 16 条成活）。由于柏奇与福克斯对成鱼存活率与稚鱼存活率之比非常感兴趣，他们以成鱼存活率与稚鱼存活率之比来表示湖泊种群的存活率。从图 12.15 可看出，在他们研究的湖泊中，这项比值的变化范围很大，从最低 10.6 到最高 116.8，相差 10 倍之多。

柏奇与福克斯发现，大部分湖泊的生活史特征均有显著差异。在不同的研究湖泊中，太阳鱼的性成熟年龄为 2.4 ～ 3.4 岁，以生殖腺指数表示的生殖努力为 6.9% ～ 9.3%。他们两人还发现存活率与性成熟年龄之间的关系为：种群成体存活率越高，性成熟年龄越晚（图 12.16）。基本上，存活率与性成熟年龄之间的相关性并未达到统计学上的显著性水平。然而，成体存活率与生殖努力之间的关系却非常明确且极其显著（图 12.17）。因此，柏奇与福克斯研究太阳鱼种群得到的生活史差异模式支持以下理论：当成体存活率低于幼体存活率时，自然选择倾向于为生殖分配较多资源。

讨论了后代体形大小和后代数目之间的相关性，以及死亡率对性成熟年龄和生殖努力的影响之后，我们已累积了大量有关生活史的信息。现在，让我们整理一下这些信息，以便于我们能更容易地思考自然界的生活史差异。目前已有一些研究者提出了划分生活史的分类系统。

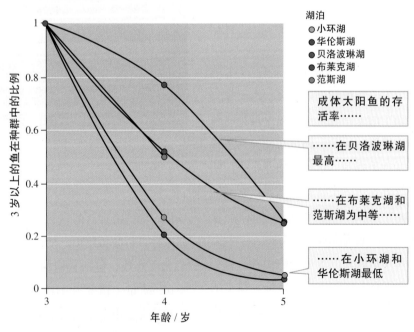

图 12.14　3 岁以上的太阳鱼在 5 个小湖中的存活率（资料取自 Bertschy and Fox，1999）

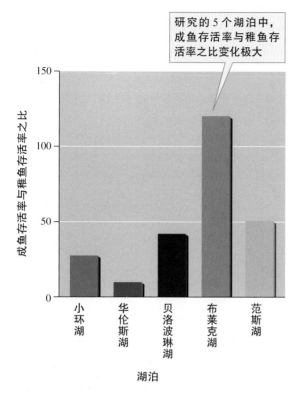

研究的 5 个湖泊中，成鱼存活率与稚鱼存活率之比变化极大

图12.15　5个小湖里的太阳鱼种群的成鱼存活率与稚鱼存活率之比（资料取自 Bertschy and Fox，1999）

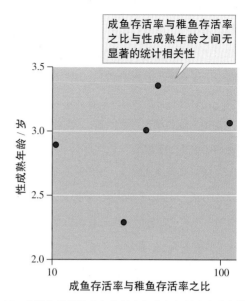

成鱼存活率与稚鱼存活率之比与性成熟年龄之间无显著的统计相关性

图12.16　太阳鱼种群的成鱼存活率与稚鱼存活率之比与性成熟年龄的关系（资料取自 Bertschy and Fox，1999）

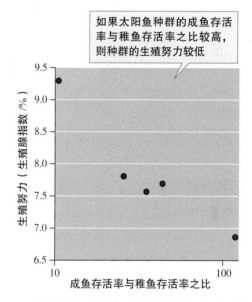

如果太阳鱼种群的成鱼存活率与稚鱼存活率之比较高，则种群的生殖努力较低

图12.17　成鱼存活率与稚鱼存活率之比与生殖腺指数表示的生殖努力之间的关系（资料取自 Bertschy and Fox，1999）

调查求证 12：种群分布型的统计检验

假设你正在某一处沙漠景观中研究 3 种草本植物的生活史。作为研究的一部分，你需要确定每个种群个体的分布型。你可能会假设整个景观内每个种群的个体为随机分布，也可能假设个体呈聚集分布或均匀分布。在第 9 章，我们曾提到过一个研究：3 个植物种群的分布型差别很大（219 页）。在这个研究中，3 个假设植物物种 A、B、C 种群的样本平均值与样本方差值如下表所示：

统计值	物种 A	物种 B	物种 C
平均密度值，$\overline{X}$	5.27	5.18	5.27
密度方差，s^2	5.22	0.36	44.42
方差与平均值之比，$\dfrac{s^2}{\overline{X}}$	0.99	0.07	8.43

在第9章，我们也讨论过如何判断种群的分布型。随机分布种群的方差与平均值之比等于1；均匀分布种群的方差与平均值之比小于1；聚集分布种群的方差与平均值之比大于1。根据上述关系及上表的$s^2/\overline{X}$，物种A为随机分布，B为均匀分布，物种C为聚集分布。然而，上表的数据为实际方差与平均值之比的统计"估计值"，我们必须进行统计检验，才能确定结果的显著性。

检验的第一步是提出假说。我们假设每个种群的方差与平均值之比为1。其次，要确定$P < 0.05$的显著性水平（250页），我们可采用卡方检验来确定样本的方差与平均值之比是否与1具有显著差异，其公式为：

$$x^2 = \frac{s^2(n-1)}{\overline{X}}$$

上式中的$n-1$为自由度，即样本数减1。以上述的植物研究为例，样本数（n）为每个种群样本的样方数，即11（219页）。

对于物种A的种群样本，卡方的计算式为：

$$x^2 \approx 9.905$$

对于物种B的种群样本，卡方的计算式为：

$$x^2 \approx 0.695$$

对于物种C的种群样本，卡方的计算式为：

$$x^2 \approx 84.288$$

我们应如何确定卡方值是否达到$P < 0.05$的显著性水平呢？我们要先确定$s^2/\overline{X}$是否显著大于1或显著小于1。因此，与第11章的分析不同的是，我们要将卡方值与两个临界值——最大值及最小值进行比较。

我们把本研究中需要考虑的条件在图1中画出来。当自由度为10（11-1=10）时，卡方的两个临界值为3.247和20.483。如图1所示，这些卡方数值形成了绿色区域的边界。绿色区域的方差与平均值之比在统计学上等于1，此时的种群为随机分布。同理，当卡方值处于蓝色区域内，种群为聚集分布；当卡方值处于红色区域内，种群为均匀分布。现在我们再看物种A、B、C的数据，物种A的方差与平均值之比（9.905）与1无显著差异，故我们的结论是物种A为随机分布。物种B的卡方值0.695，低于临界值3.247，故物种B的方差与平均值之比不等于1，物种B为均匀分布。同理，物种C（84.288）为聚集分布。

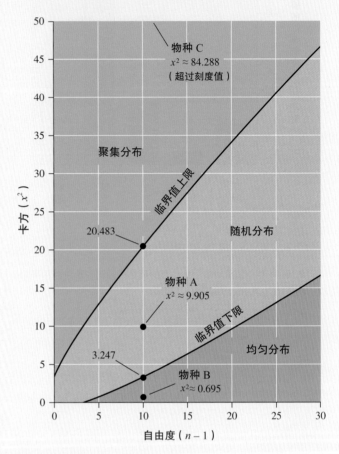

图1 确定随机分布、均匀分布或聚集分布的卡方临界值——方差与平均值之比

实证评论12

1. 物种B的卡方检验结果显示物种B种群为均匀分布种群，这个结果是毋庸置疑的吗？

2. 我们如何提高结论"物种B为均匀分布"的可信度？

1. 阿留申平鲉的 GSI 值是 0.02，北方凤尾鱼为 0.65。就这两种鱼的体重而言，它们的 GSI 意味着什么？

2. 比较柏奇和福克斯的研究（Bertschy and Fox，1992）与冈德森的研究（Gunderson，1977），它们有何不同之处？

3. 为什么柏奇和福克斯的研究要求湖泊没有大量的流水流入或流出？

12.3　生活史分类

　　丰富多样的生活史可以根据种群的几个特征来分类，这些特征包括生殖努力或后代数目、存活率、后代相对大小及性成熟年龄。即便分类系统无法包含自然界中所有生活史，但可以使研究自然界各种各样物种的工作变得较为容易。然而，在使用分类系统时务必记住：它们仅仅是自然界生活史的概括，大部分物种都处于分类系统极端型之间。

r 选择与 K 选择

　　最早试图组织整合物种极丰富多变的生活史资料的研究是以 r 选择与 K 选择为主题的研究（MacArthur and Wilson，1967）。r 选择（r selection）中的 r 是指瞬时增长率，我们曾在第 10 章计算过。根据罗伯特·麦克阿瑟与 E. O. 威尔逊的定义，r 选择是指有利于高种群增长率的选择。麦克阿瑟与威尔逊认为，r 选择最强的物种多为经常拓殖新生境或遭受扰动的物种。因此，高度扰动会导致物种持续不断地进行 r 选择。麦克阿瑟和威尔逊把 r 选择与 K 选择做了对比。K 选择（K selection）中的 K 是指逻辑斯谛增长方程中的负载力（图 11.12）。麦克阿瑟与威尔逊主张，K 选择常见于有效利用资源（如食物与养分）的生物。他们估测，当物种种群量接近负载力时，K 选择的作用最为凸显。

　　埃里克·皮安卡（Pianka，1970，1972）在两篇论文中进一步阐述了 r 选择与 K 选择的概念。皮安卡指出，r 选择和 K 选择是线性分类的两个端点，大部分生物的选择形式介于这两个极端之间。此外，他将 r 选择和 K 选择与环境特征和种群特征联系起来，同时列出了每种选择偏好的种群特征。与麦克阿瑟及威尔逊一样，皮安卡预测，r 选择应该常见于多变的环境或不可预测的环境，而 K 选择常见于相对稳定或可预测的环境。在这种情况下，r 选择物种的存活曲线接近Ⅲ型，K 选择物种的存活曲线则多为Ⅰ型或Ⅱ型（图 10.17）。表 12.1 总结了皮安卡提出的 r 选择和 K 选择偏好的种群特征。

表 12.1　r 选择与 K 选择偏好的特征

种群特征	r 选择	K 选择
内禀增长率 r_{max}	高	低
竞争力	不十分有利	高度有利
发育	快	慢
生殖时间	早	晚
体形	小	大
生殖次数	单次生殖	重复、多次生殖
后代	多、小	少、大

来源：Pianka，1970

　　通过生物细节分析，皮安卡阐明了 r 选择和 K 选择这两个极端选择截然相反的特征。当然，最根本的差别是内禀增长率（r_{max}）与竞争力。在 r 选择下，物种的 r_{max} 最高；在 K 选择下，物种的竞争力最大。此外，根据皮安卡的研究，在 r 选择下，物种发育比较快速；在 K 选择下，物种发育非常缓慢。同时，r 选择常见于生殖时间较早且体形较小的物种，而 K 选择则常见于生殖时间较晚且体形较大的物种。皮安卡预测，在 r 选择下，生物一生只生殖 1 次，但产生很多小型后代，这种生殖被称为**单次生殖**（semelparity），许多一年生杂草和鲑鱼类都为单次生殖。相反，在 K 选择下，生物常发生**多次生殖**（iteroparity），生产数量较少、体形较大的后代。多次生殖是指生物一生中出现多个生殖期，大多见于多年生植物与脊椎动物。皮安卡的对比可总结为："小而快"的生物为 r 选择物种，"大而慢"的生物

为 K 选择物种（图 12.18）。

r 选择与 K 选择的概念有助于生态学家与演化生物学家系统地思考生活史的差异及演化。然而生态学家发现，非 r 选择就 K 选择的二分法并不能包括生活史的大部分已知差异，所以他们建议采用其他分类方法。

植物的生活史

J. P. 格里姆（Grime，1977，1979）主张，环境条件的变化促使植物发展出特殊的生存策略或生活史。他选取对植物最能产生选择压力的 2 个重要变量——扰动强度和胁迫强度。格里姆综合两者，将环境分成 4 种极端类型：（1）低扰动 – 低胁迫；（2）低扰动 – 高胁迫；（3）高扰动 – 低胁迫；（4）高扰动 – 高胁迫。借助于自身渊博的植物生物学知识，格里姆认为植物可以应付前 3 种理论环境，但没有确实可行的策略来应付第 4 种环境。

格里姆接着描述了植物在前 3 种理论环境中生存所需的策略（或生活史），它们分别是：杂生策略、耐胁迫策略、竞争策略。**杂生者**（ruderal）是指生活在高度扰动生境的植物，它们在面临来自其他植物的竞争压力时，可能会依赖扰动来维持生存。格里姆把**扰动**（disturbance）定义为通过破坏植物生物量来制约植物生长的任何机制或过程。他总结了杂生者在频繁且高强度扰动的环境中生存所必备的几个特征。其中的一个特征是，杂生者具有在两次扰动的短间隔内迅速生长并生产种子的能力。仅凭这一

项能力，杂生者就能在频繁扰动的环境下持续生存。除此之外，杂生者还将大比例的生物量投资于繁殖上，生产大量种子，种子经扰动可传播到新栖境中。有时候，"杂生者"一词被当作"杂草"的同义词来使用。另外，扰动环境中的动物往往具有高繁殖率，且喜欢群居，所以它们有时也被称为杂生者。

格里姆（Grime，1977）在开始讨论耐胁迫植物的生活史时，先为**胁迫**（stress）下了定义："……限制植物全部或部分干物质的生产速率的外在条件。"换句话说，胁迫是由环境条件引起的，这些条件会限制所有或部分植物的生长。那么，什么样的环境条件会产生这种限制？其实，我们在第 5 章、第 6 章及第 7 章讨论生物与温度、水、能量及养分的关系时，均提到几个因素。胁迫是极端高温或极端低温、极端水文条件（水过少或水太多）、过少或过多的阳光、充足或贫乏的养分造成的结果。由于不同的物种适应不同的环境条件，光、水、温度等胁迫构成因素的绝对水平因物种而异。此外，导致胁迫的条件亦因不同的生物群系而异。例如，在雨林和沙漠中，引起干旱胁迫的降水量存在差异；在热带森林和北方针叶林中，引起热胁迫的最低气温也是不一样的。

然而，格里姆的重点是：在每个生物群系里，有些物种对极端环境的耐受力比较强，这就是他所谓的耐胁迫物种。**耐胁迫植物**（stress-tolerant plant）就是指那些生活于高胁迫 – 低扰动环境下的植物。格里姆认为，一般而言，耐胁迫植物生长缓慢，常绿，能保存固定碳、养分及水分，并且善于利用短暂的

图12.18 鹿鼠与非洲象分别为 r 选择与 K 选择的代表

有利条件。此外，对食草动物而言，耐胁迫植物往往难以下咽。由于耐胁迫物种必须忍耐某个特殊环境的最困难条件，它们会在难得的有利时期快速生长和繁殖。

格里姆提出的第 3 种植物策略为竞争策略。这一策略在许多方面均介于杂生策略与耐胁迫策略之间。在格里姆的分类中，**竞争植物**（competitive plant）生存于扰动强度和胁迫强度均较低的环境中。在低胁迫和低扰动的环境下，它们生存良好的可能性较高。然而，这些植物会为了生存而竞争各种资源，包括阳光、水分、养分与空间等。格里姆预测，在这种环境下，只有竞争力强的植物才能在自然选择中存活下来。

我们该如何比较格里姆的分类系统和麦克阿瑟、威尔逊及皮安卡提出的 r 选择与 K 选择呢？格里姆认为，r 选择与他的杂生策略（或杂生生活史）相符；K 选择与耐胁迫策略极为吻合；而竞争生活史则是介于 r 选择与 K 选择之间的中间类型。尽管他试图整合这两种分类，但格里姆却认为，以 r 选择和 K 选择为两个端点的线性分类无法包含生物呈现的全部生活史变异。他认为生活史的分类必须包含更多维度，而且他的三角形分类（图 12.19）也增加了一个维度。在格里姆的三角形分类中，三条边代表的因子分别为扰动强度、胁迫强度及竞争强度。其他生态学家也承认，生活史的多样性必须采用更多的维度来加以解释。

机会生活史、平衡生活史及周期生活史

在研究鱼类的生活史时，基尔克·瓦恩米勒与肯尼斯·罗斯（Winemiller and Rose，1992）根据种群动态学的一些方面（我们曾在第 10 章讨论过）对生活史进行分类。他们特别关注幼体存活率（l_x）、生殖力或后代数目（m_x）、世代时间（T）或性成熟年龄（α）等变量。表 10.2 概述了这些变量之间的关系。虽然与皮安卡及格里姆的分类有所重叠，但瓦恩米勒与罗斯的分类将种群动态学的基本元素（l_x、m_x 及 α）纳入其中，加强了生活史分类与它们的联系。

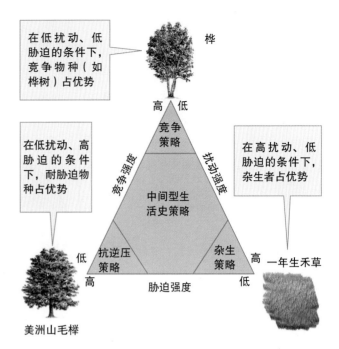

图12.19 格里姆的植物生活史分类（资料取自 Grime，1979）

正如第 12 章的开始，瓦恩米勒与罗斯以权衡的概念开始讨论。他们探讨的是生殖力、存活模式与性成熟年龄之间的取舍关系。他们两人以鱼类的生活史差异为模型，提出生活史的分类应该基于一个半三角曲面（图 12.20）。半三角曲面的 3 个端点分别为机会生活史、平衡生活史及周期生活史。机会生活史具有幼体存活率低、后代数量少及性成熟年龄早的特点，这些特点使物种在无法预测的时间或空间中的拓殖能力达到最大化。然而，我们务必记住，虽然机会种的绝对生殖量可能很低，但是它们分配给生殖的能量预算却很高。瓦恩米勒和罗斯的平衡策略则具有幼体存活率高、后代数少及性成熟年龄晚的特点。最后，周期策略具有幼体存活率低、后代数量多与性成熟年龄晚等 3 个特点。在鱼类中，采用周期策略的物种往往体形大，而且生产数量较多、体形较小的后代。由于采用周期策略的物种在漫长的生命跨度内生产大量后代，它们可以充分地利用宝贵的有利条件进行生殖。

对于瓦恩米勒与罗斯的生活史分类、麦克阿瑟与威尔逊及皮安卡的 r-K 选择，或格里姆的植物生活史三角分类，我们很难画出每种分类的准确对应图。例如，机会种和 r 选择物种及杂生物种虽有相同的特征，但因机会种每胎生产的后代数很少，它又有别于典型的 r 选择物种。平衡种具有幼体存活

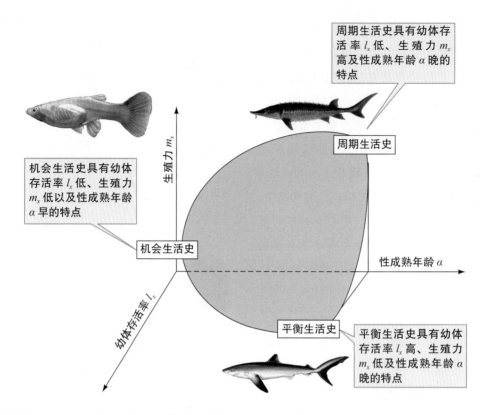

机会生活史具有幼体存活率 l_x 低、生殖力 m_x 低以及性成熟年龄 α 早的特点

周期生活史具有幼体存活率 l_x 低、生殖力 m_x 高及性成熟年龄 α 晚的特点

平衡生活史具有幼体存活率 l_x 高、生殖力 m_x 低及性成熟年龄 α 晚的特点

生殖力 m_x

性成熟年龄 α

幼体存活率 l_x

周期生活史

机会生活史

平衡生活史

图 12.20 根据幼体存活率 l_x、生殖力 m_x 及性成熟年龄 α 建立的生活史分类系统（资料取自 Winemiller and Rose，1992）

率高、后代数量少及性成熟年龄晚的特点，似乎较为接近典型的 K 选择物种，然而，瓦恩米勒与罗斯指出，许多归属为平衡种的鱼类具有小体形，而典型的 K 选择物种通常具有大体形（表 12.1）。此外，r 选择至 K 选择的线性分类并未包含周期种。同时，瓦恩米勒与罗斯划分的周期种、平衡种与格里姆的耐胁迫物种、竞争物种相比，虽然它们具有若干相同特征，但又包含其他不一样的特征。

在上述有关生活史分类方法的回顾里，我们只关注了众多方法中的 3 种。虽然只有 3 种，但要从其中一种分类转换到另一种分类非常困难。那么，这些分类存在差异的原因是什么呢？其中的一个原因是不同的生态学家研究的是不同的生物群体。麦克阿瑟和威尔逊的分类系统建立在多年的鸟类及昆虫研究上；皮安卡的分类主要建立在蜥蜴研究上；格兰姆的分类则建立在植物研究上；最后，瓦恩米勒与罗斯的观点则是受到鱼类研究的影响。这些生态学家研究的对象如此不同，他们的生活史分类无法准确地重叠也就不足为奇了。

不过，瓦恩米勒与罗斯的分析为生活史的通用理论奠定了基础。基于种群生态学最基本的几个元素（l_x、m_x 及 α），瓦恩米勒与罗斯（Winemiller and Rose，1992）建立了一套可用于分析任何生物的生活史信息的通用理论。瓦恩米勒（Winemiller，1992）将具有代表性的动物群的生活史参数分布描绘在生活史分类轴上（图 12.21），产生转化模板。他利用相同的参数将脊椎动物群之间的生活史变异描绘在相同的轴上，图 12.21 显示了这些群体的生活史变异程度。从图中可看出，鱼类的变异最大，哺乳动物的变异最小，鸟类、爬行动物及两栖动物的变异则居中。

终生生殖努力和后代相对大小：两个核心变量？

为了解决各种各样的生活史分类问题，埃里克·恰尔诺夫和罗宾·沃恩及梅拉妮·摩西（Charnov，Warne and Moses，2002，2007）一起发明了一种新的分类方法。在研究这种分类方法时，恰尔诺夫主要研究哺乳动物、留巢鸟及蜥蜴类。他希望这种分类方法能去除生物的体形大小与性成熟时间的影响，从而减少近缘物种的生活史变异的干

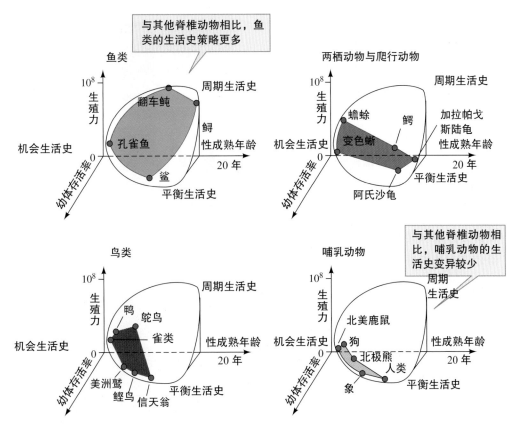

图12.21 脊椎动物的生活史变异（资料取自 Winemiller and Rose，1992）

扰。为什么要去除生物的体形大小与性成熟时间的影响呢？在讨论 r 选择与 K 选择时，我们曾强调生物的体形大小与性成熟年龄的关系（表12.1）。因此，生物的体形大小和性成熟时间使近缘物种产生许多生活史差异，如非洲象等大型哺乳动物与北美鹿鼠等小型哺乳物种的差异（图12.18）。若去除了体形大小与性成熟时间的影响，我们或许可以更清楚地找到各演化谱系之间的生活史差异。

恰尔诺夫将几个关键的生活史特征转换成无量纲的变量，其中的一个变量即为后代的相对大小。恰尔诺夫产生无量纲变量的一种方法为：将后代不依赖双亲生活时的体重（I）除以双亲第一次生殖时的体重（m），所得的结果 I/m 是以成体的体重比例表示后代的大小。此时，我们可以清楚地看到，独立生活时的大象大于同一生命期的老鼠。恰尔诺夫的方法可让我们确定何者相对较大，因为一只刚刚可自立生活的幼鼠与双亲体重之比可能和一头小象与双亲体重之比一样大。恰尔诺夫的第二种方法是将单位时间内分配用于生殖的成体体重比例（C）乘

以成体寿命（E），这种方法能够估算成体在一生中分配给生殖的体重。正如我们已经知道的，高生殖努力与短寿命相关（图12.12），所以恰尔诺夫推测，对于近缘物种而言，这些结果可能会比较相似。他之所以选择这两个无量纲参数（I/m 和 $C \cdot E$），有两个特别的原因：首先，净繁殖率 R_0（247页）是度量不增长种群个体的适合度的变量；其次，仅依据这两个参数和成体存活率，R_0 就可以重写。

在最初的生活史分类研究中，恰尔诺夫选择了研究得比较透彻的 3 类生物：哺乳动物、蜥蜴类及留巢鸟或晚成鸟（altricial bird）。留巢鸟包括麻雀、鹰等，它们出生时毫无自主能力，完全依赖亲鸟照料，直到长成独立成鸟。令人惊讶的是，恰尔诺夫的无量纲分析法显示：虽然哺乳动物、鱼类及鸟类之间的差异微小，但这 3 个动物群体之间确实存在实质性差异。从图12.22可知，鸟类的 I/m 和 $C \cdot E$ 最高。由于鸟类从幼龄期至成鸟一直被抚养，鸟类的 I/m 为 1。虽然哺乳动物和蜥蜴类的 $C \cdot E$ 相同，但它们的 I/m 相差较大（分别为 0.1 和 0.3）。

之前的生活史分类已经表明分类群存在实质性差异，如哺乳动物与鸟类的差异（图12.21），而恰尔诺夫的分类法剔除了性成熟时间和体形大小的影响，让我们看到这些分类群内部的相似性，并揭示分类群之间的实质性差异。图12.23描绘哺乳动物、蜥蜴类与鸟类的 I/m 与 $C \cdot E$ 平均值。这些分类群在二维平面的明显分离说明哺乳动物、蜥蜴类与鸟类的生活史在根本上是不相同的。请注意，蜥蜴类与哺乳动物的 $C \cdot E$ 是一样的，仅 I/m 不同。

然而，这种分析方法仅仅是个开始，因为它引发了许多疑问。恰尔诺夫非常好奇蝙蝠在生活史平面中处于什么位置，因为蝙蝠也一直养育后代直到它们长大成年。另外，他对早成鸟（precocial bird）也产生了疑问。雉类与鹌鹑类等早成鸟在出生早期便可独立生活。在生活史方面，蝙蝠是否与留巢鸟类似，而早成鸟是否与哺乳动物相像呢？另外，还有数十万维管束植物有待思考。

生活史生态学家在研究中获得的物种生活史知识产生了一个富含理论与生物细节的生态学分支。当我们保护濒危物种的工作面临挑战时，各物种的生活史理论与细节就显得无比重要。例如，生活史信息对北美洲西部河岸森林的保护发挥了关键作用。

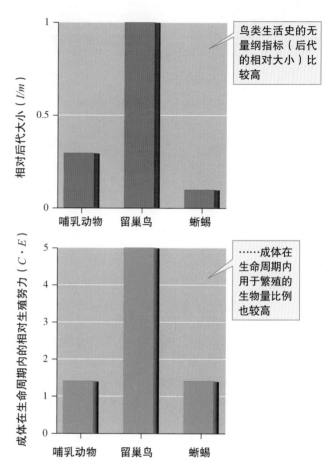

图12.22　哺乳动物、留巢鸟和鱼类的生活史特征比较（资料取自Charnov，2002；Charnov，Warne and Moses，2007）

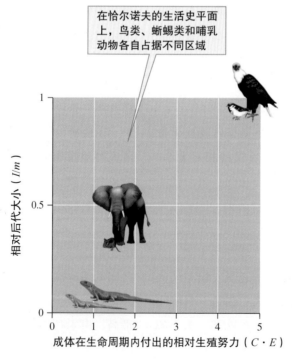

图12.23　基于 I/m、$C \cdot E$ 的蜥蜴类、哺乳动物和鸟类的分类平面图，揭示分类群之间的差异大于分类群内部的差异，尽管蜥蜴和哺乳动物的 $C \cdot E$ 平均值相等（资料取自Charnov，2002；Charnov，Warne and Moses，2007）

1. 如果一个概念，如 r 选择和 K 选择，无法完全代表物种间丰富的生活史变异，它还有科学价值吗？

2. 在格里姆的生活史分类和瓦恩米勒及罗斯的分类（图 12.19 和图 12.20）中，下列植物该处于什么位置？这个植物生活在水分充足和养分丰富的地方，它的种子靠洪水和风传播；每个个体每年平均产生几百万种子，可存活几百年，但它理想的繁殖条件每 10 年才出现一次或两次。

应用案例：利用生活史信息修复河岸森林

全球的河岸生态系统（riparian ecosystem）都受到了人类改造河流的威胁。河流改道、筑坝防洪及引道河水供农业与都市利用等工程都会对河岸生态系统产生影响。这些改造工程大幅降低了河岸景观的自然复杂度，并且消除了大部分河流的自然水流体系。这些改变对河岸带的景观结构和景观过程的影响将在第 21 章的"应用案例"中讨论。在此，我们要谈谈这些改造如何影响河岸森林的优势乔木物种，以及生态学家如何利用他们对乔木生活史的理解来修复这些森林。

如第 3 章所述，河岸带是河流水域环境与高地陆域环境之间的过渡带。栖息于此的河岸生物都适应了周期性的洪水。许多河岸物种不仅能忍受洪水，还需要依靠洪水来维持它们生活周期的健康与完整性。形成河岸生态系统主要结构的树种是最依赖河岸带的周期性洪水与干旱的生物。

河岸森林中栖息着大量物种，许多物种的种群密度非常高，特别是在干旱与半干旱的地带（图 12.24）。许多树种栖息于中纬度的河岸带，它们的数目与种类会因地区的不同而有所差异。其中两类最常见的河岸树木——柳树（*Salix*

图12.24 河岸杨树林是半干旱景观中物种多样的绿色岛屿

spp.）与白杨都是十分依赖洪水来维持种群的物种。在北美洲西部，白杨与柳树组成的河岸森林孕育了该地区的大部分生物多样性，特别是鸟类、爬行动物、两栖动物及蝴蝶、步甲虫等无脊椎动物的多样性。河岸森林也为西北部区域的大型脊椎动物［如赤鹿（elk）或美洲赤鹿（wapiti）］提供了重要的越冬栖息地。然而，在20世纪，在北美洲的整个西部，90%以上的河岸森林都消失了，其他地区的许多河岸森林也受到了威胁。

杰夫·布拉特尼、斯图尔特·鲁德与 P. E. 海尔曼（Braatne，Rood and Heilman，1996）列举了人类活动对北美洲西部的白杨和柳树河岸森林的 10 项主要影响。该区河岸森林的一个主要威胁是水坝的兴筑及随后的水流控制和引水灌溉。布拉特尼、鲁德和海尔曼记录了水坝对白杨的影响，包括白杨的生长变慢、白杨的多度降低、死亡率增高、生长型改变，以及种子发芽与幼苗定殖减少等。这些影响主要由水坝与河流管理引起的环境改变所致。环境的改变主要包括水有效性降低、洪水减少、水流变稳定，以及河道结构简单化。

在水坝及河流管理对河岸白杨树林造成的众多影响当中，最重要的一项是它们对种子发芽与幼苗定殖产生负面影响。若幼苗无法定殖，整个河岸森林终将死亡，河岸森林支持的生物多样性也将消失。能否在对水坝的流量加以管理、防止洪水造成财产损失与人命伤亡的同时，维持河岸杨树林的健康呢？约翰·马奥尼与斯图尔特·鲁德（Mahoney and Rood，1998）解决了这个棘手的问题。前者任职于加拿大艾伯塔省的艾伯塔环境保护局（Alberta Environment Protection），后者执教于同一省的莱斯布里奇大学（University of Lethbridge）。马奥尼与鲁德的研究之所以能成功，关键在于他们深谙杨树的生活史。

如第 10 章（图 10.19）所述，新墨西哥州里奥格兰德河的防洪措施大大减少了东方三角叶杨的繁殖。和其他杨树物种一样，里奥格兰德河的杨树也需要洪水为它们准备种子床——湿润裸露的土壤。只有在湿润的土壤中，杨树种子才得以发芽，幼苗才得以定殖。除了准备种子床之外，洪水还有一个至关重要的作用，那就是使土壤保持长时间潮湿，便于幼杨树的根部伸入河岸带的浅层地下水生长。

马奥尼与鲁德了解这样的背景之后，制作了一个水坝的水流管理模型。在这个模型中，水坝应该有利于杨树的发芽与定殖，而非抑制杨树的发芽与定殖（图 12.25）。在他们

的分析里，第一步是描述杨树的**物候学**（phenology）。物候学研究气候与生态事件发生时间之间的关系。生态事件发生时间包括候鸟抵达越冬栖息地的时间，或春季浮游生物大量繁殖的时间。在杨树的例子里，马奥尼和鲁德以杨树绽放新芽来标志生长季的开始，以叶落标志生长季的结束。由于他们的目标是建立一个可以预测杨树发芽与幼苗定殖时间的模型，生长季里最重要的物候学事件便是母株杨树释放种子的时间。因此，河水助长杨树发芽的时间必须和杨树释放种子的时间相符。

马奥尼与鲁德建立模型的第二步是确定淹没种子床的河流水位高度。水坝释放的水如果未能淹没种子床，将无法增加幼杨树的更新。这两步的结果产生了更新方块（recruitment box，图 12.25）。

确定洪水何时排放及必须保持的水位高度之后，马奥尼和鲁德转向研究河流管理者降低水位的最大速率，这个速率应该有利于杨树幼苗的定殖。因为他们知道发芽只是幼苗成功定殖的第一步而已。在半干旱景观里，杨树幼苗从浅层地下水吸收关键水分，所以水位下降速率不能超过幼杨树的根部生长速率。如果水流退得太快，幼树的根部还未来得及伸入地下水层里，那么它们将会死亡。马奥尼与鲁德根据他们的实验结果及其他研究者发表的成果，提出幼杨树可存活的水位下降速率为 2.5 cm/d。图 12.25 的中图和下图中的虚线即为水位下降速率。这条虚线最重要的性质是它的斜率，如果实际斜率大于图 12.25 中的虚线斜率，那么地下水水位下降速率将超过杨树幼苗的根部生长速率。

分析的下一步是确定现行管理规划方案中可行的流量释放及产生杨树繁殖。在马奥尼与鲁德研究与设计模型的北美洲西部山区，水流的峰流量（peak flow）发生于春末，接着水流量就会慢慢降低至夏末的基流量（base flow）。在北美洲西部的大部分地区，杨树在 5—7 月释放种子，这个时间与该区的峰流量期一致。在马奥尼与鲁德向河流管理者提出的建议中，有两个至关重要的因素：第一，要确保峰流量与模型中的更新方块重叠；第二，要确保春天的水位下降速率不超过幼苗的根部生长速率。水位下降速率为图 12.25 的中图和下图的虚线斜率。马奥尼与鲁德指出，为了在水位下降过程中维持这个斜率，更新方块之前的峰流量必须高于更新方块的高度。过低的峰流量会使地下水水位下降太快，导致杨树苗无法定殖。

基本上，马奥尼与鲁德的更新方块模型有助于保护和维

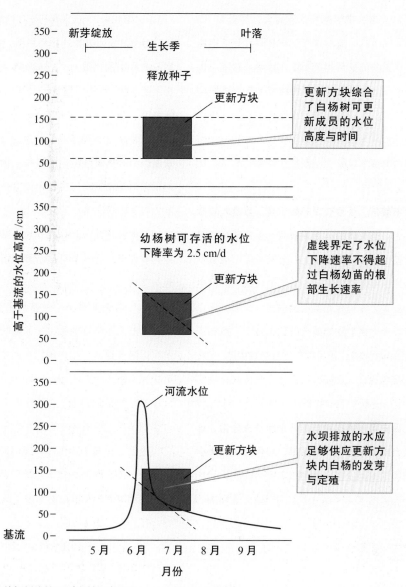

图12.25 为维护河岸杨树林的河川流管理（资料取自Mahoney and Rood，1998）

持北美洲西部的河岸杨树林，而且这个模型经过修改后，还可推广应用到不同的河岸生态系统。已有初步证据显示，如果管理者遵循该模型的建议，可以成功地使杨树林增添新树。例如，加拿大艾伯塔省的老人河（Old-man River）沿岸的杨树林和美国内华达州里诺市附近的特拉基河（Truckee River）沿岸的杨树林均成功地增添杨树幼苗。这样的实验与经验为生态学家、自然资源保护者、自然资源管理者的合作提供了模型。然而，正如马奥尼与鲁德所说，这些模型的应用也让我们进一步了解基础生态过程，如杨树的繁殖生态学。对基础生态学的进一步理解将有助于所有物种的经营管理。

本章小结

　　生活史包括生物的各种适应力，这些适应力会影响生物的各个方面，如后代数目、存活率、体形大小及性成熟年龄等。本章论述了生活史生态学的一些核心概念。

　　由于所有生物能获得的能量和其他资源有限，后代数目与后代的体形大小之间存在权衡关系。若后代的体形较大，则后代的数目较少；若后代的体形较小，则后代的数目较多。特纳与特雷克斯勒发现镖鲈的体形越大，产卵越多。他们的研究结果支持了以下假说：后代的体形大小与后代数目之间存在权衡。平均而言，镖鲈生产的卵越大，卵数越少。他们发现，镖鲈种群间的基因流与雌性所产的卵数呈正相关关系，而卵大小与基因流间呈负相关关系。植物生态学家也发现，植物的种子大小与种子数量也呈负相关关系。韦斯特比、利什曼与洛德发现，生长型和种子传播机制不同的植物生产大小不同的种子。平均而言，大种子会生产大幼苗，而大幼苗成功更新物种的概率较大，特别是在物种面临环境挑战（如遮阴与竞争）的时候。

当成体的存活率较低，生物较早开始生殖，并投入较多能量在生殖上；反之，当成体的存活率较高，生物则会推迟生殖年龄，并分配较少的资源到生殖上。夏因和恰尔诺夫发现，当成体蜥蜴和蛇的存活率提高时，它们的成熟年龄也会推迟。冈德森发现鱼类之间也存在类似的模式。此外，死亡率较高的鱼类会将较大比例的生物量分配到生殖上，换句话说，它们付出的生殖努力较高。通过物种间及物种内的比较，这些假设均能——得以验证。例如，当成体太阳鱼的存活率较低时，它们便为生殖分配较多的能量或生物量。

丰富多样的生活史可以根据种群的几个特征来分类，这些特征包括生殖努力或后代数目、存活率、后代的相对大小及性成熟年龄。最早试图组织整合物种极丰富多变的生活史资料的研究是以 r 选择与 K 选择为主题的研究。r 选择中的

r 是瞬时增长率，r 选择有利于高种群增长率。研究者预测，在扰动生境中，r 选择的作用最强。K 选择中的 K 是逻辑斯谛增长方程中的负载力，K 选择常见于有效利用食物与养分等资源的生物。格里姆描述了以下 3 种环境条件：（1）低扰动 – 低胁迫；（2）低扰动 – 高胁迫；（3）高扰动 – 低胁迫。他还提出植物在这 3 种环境条件中的策略（或生活史）为：竞争策略、耐胁迫策略及杂生策略。根据鱼类的生活史模式，瓦恩米勒与罗斯提出了一种生活史分类。这种分类是基于存活率 l_x（尤其是幼体存活率）、生殖力或后代数量 m_x，以及世代时间或性成熟年龄 α 等参数。基于上述分类系统，瓦恩米勒与罗斯建立了一套可展示和分析任何生物的生活史信息的通用理论。

恰尔诺夫发明了一种新的生活史分类。这种分类不受生物体形大小与性成熟时间的影响，有助于人们系统地研究所有近缘种群内部或之间的生活史。恰尔诺夫的分类系统以后代相对大小（I/m）和成体一生中分配给生殖的体重比例（$C \cdot E$）为分析基础。这种分类方法显示哺乳动物、蜥蜴类与留巢鸟的生活史存在实质性差异。

生活史信息在北美洲西部河岸森林的保护上发挥了重要作用。当生态学家把知识应用于濒危种群管理时，他们也加深了我们对基础种群生态学的了解。

重要术语

1. 有关种子大小与种子数的讨论主要侧重于大种子的优势。但是韦斯特比、利什曼与洛德的研究显示，在相隔很远的地区中，同种植物的种子大小存在极大差异。如果这种差异一直存在，那么生产小种子有哪些优势？

2. 在什么样的条件下，自然选择有利于那些生产大量小型后代的物种？又在什么条件下，自然选择有利于生产少数且需精心照料的后代的物种？

3. 植物学家的研究证明，在面对环境挑战时，大种子长出的幼苗存活下来的概率较大。这些环境挑战包括茂密的树荫、干旱、物理伤害及来自其他植物的竞争压力。试解释大种子长出的幼苗具有哪些优势来应对这些环境挑战？

4. 夏因与恰尔诺夫（Shine and Charnov，1992）及冈德森（Gunderson，1997）的研究解决了生活史生态学家关注的重要问题，他们的研究成果提供了详细的答案。然而，他们使用的方法与本章及其他各章中讨论的研究方法非常不同，主要的差异在于他们的研究依赖大量其他生态学家先前发表的生活史相关资料。那么之前生态学家研究的问题的本质是什么，才使得恰尔诺夫等人采用这个方法？这种综合前人发表的信息的方法最适合何种研究？

5. 有关生活史变异的讨论涉及广义的"鱼类"、"植物"或"爬行动物"等物种之间的变异。然而，柏奇与福克斯的研究成果显示了物种内生活史的重大变异。一般而言，物种内与物种间的相对变异是多少？请用自然选择影响的相对遗传变异来展开你的讨论。你可以复习一下第4章讨论过的遗传变异对演化的重要作用。

6. 格里姆根据扰动强度与胁迫强度将环境分为4种。其中，植物可以生存的环境为3种，无法生存的环境为1种，即第4种环境——高扰动 - 高胁迫环境。生物必须具有何种生活史才能生活在这样的环境里？你能想到哪种真实生物可以在这样的环境中生存甚至茁壮成长？

7. 里奥格兰德河的杨树林一旦定殖，便可存活100年以上。然而，由于它们的种子在变化莫测的时间和地点发芽，种子的死亡率非常高。每株雌杨树每年大约产2,500万颗种子，一生可产25亿颗种子。根据我们讨论的生活史分类，里奥格兰德河的杨树的生活史与哪一种分类最吻合？

8. 根据种子数与种子大小之间的权衡关系（图12.6），以及植物间的变异模式，预测不同生长型与传播策略（图12.7）生产的相对种子数。

9. 将瓦恩米勒与罗斯的生活史分类模型应用到植物上。如果你要利用瓦恩米勒与罗斯的方法将植物生活史进行精确分类，你的分析里应该包括植物的什么信息？和动物的生活史相比（图12.21），你需要研究多少种植物才能知道它们的生活史变异？试比较格里姆的植物分类与瓦恩米勒和罗斯提出的分类系统，它们存在哪些相似之处和不同之处？

10. 假设你是一位河流管理者，你的目标是确保水坝的管理有利于河岸森林的生长。假设你管理的河流沿岸的优势树木并非杨树，为了运用马奥尼与鲁德的更新方块模型，你需要了解什么信息——关于你管理的河流及河岸树种？你该如何收集这些信息？

第四篇
交互作用

第 13 章

竞 争

细心的观察与实验研究可揭示自然界物种间的竞争。沿着牙买加北海岸外的珊瑚礁，三斑雀鲷（three spot damselfish）守卫着自己不到 $1m^2$ 的领域。这些小小的领域均匀地散布在礁岩区，拥有雀鲷所需的大部分资源，如可躲避捕食者的角落及裂缝，被精心照料、生长快速的可食用海藻。在雄鱼的领域内，还有干净的碎珊瑚石堆可供雌鱼产卵。雀鲷经常巡视和检查领域，还会猛烈攻击那些威胁它们的卵、幼鱼或食物的入侵者。但如果仔细观察，你会发现并非所有的种群成员都有自己的领域。没有领域的雀鲷生活在领域的周边，在礁岩之间来回游荡。

如果你把一只占有领域的雀鲷移走，在礁岩上创造出一席空地，几分钟内，另一只雀鲷就会出现并占领该处。新来者可能和原居住者一样都是三斑雀鲷，也可能是生活在礁岩表面稍高处的可可雀鲷（cocoa damselfish）。为了争取空出的领域，新来者会发生激烈的打斗。它们彼此追逐，啃咬彼此的侧腹，并用尾部拍打对方。缠斗会在几分钟内结束，雀鲷的生活又恢复平静。获胜者通常是另一条三斑雀鲷，它可能要赶走五六个对手，才能占领这片领土。

这个例子说明了几件事情。首先，雀鲷个体要不断地竞争，才能保有各自领域的拥有权。这种竞争是**干扰竞争**（interference competition），是个体间直接激烈的交互作用。在上述例子中，三斑雀鲷和可可雀鲷发生干扰竞争的方式是积极捍卫自己的领地。有的生物通过释放对潜在竞争者有害的化学毒素来进行干扰竞争。其他干扰竞争方式还包括生长超过对方，直接伤害对手或减少竞争者获得食物、光等资源的机会。其次，虽然粗心的观察者没有发现，但适合雀鲷生存的空间非常有限，生态学家称这种限制为**资源限制**（resource limitation）。第三，三斑雀鲷会同时遭受**种内竞争**（intraspecific competition）与**种间竞争**（interspecific competition）。前者即同一物种成员之间的竞争；后者为两个不同物种个体间的竞争，会同时降低两个物种的适合度。对于竞争双方而言，竞争的影响是不一样的。竞争对某物种个体适合度的伤害可能很大，但对另一物种个体的影响可能微不足道。我们观察到经过激烈的战斗后，三斑雀鲷通常可打败可可雀鲷，这就是一个竞争能力不对称的例子。

然而，竞争并不见得都像雀鲷打斗那样激烈，也

◀ 澳大利亚大堡礁的一角长满了各种各样的珊瑚。由于空间有限，珊瑚礁通常是发生激烈竞争的地方。为了竞争空间，珊瑚采用各种各样的技能，包括生长超过邻近的珊瑚、消化相邻珊瑚的组织、在邻近珊瑚上分泌含螫刺细胞的黏液及利用细长的"扫帚"触角杀死邻近珊瑚的组织。

不是那么快就可解决（图 13.1）。在新罕布什尔州的成熟白松林间，树根遍布土中，并从土中吸收养分及水分。1922 年，詹姆斯·托米（James Toumey）设计了一个实验，探讨这些树根的高密度生长是否会抑制其他植物的生长。他们在森林中选取 2.74 m × 2.74 m 的实验区，并在实验区的四周挖掘了深 0.92 m 的沟渠。在挖掘沟渠的过程中，他共挖断了 825 条树根，消除了这些树根对实验区内的土壤资源的竞争。他们也在实验区的两侧设立了没有沟渠的对照区，然后静待实验结果。这个实验持续了 8 年，他们每隔 2 年挖沟一次，每次切断 100 多条树根。通过反复挖掘沟渠，研究人员可抑制潜在的根系竞争，维持实验条件。

最终，这个为时 8 年的实验（Toumey and Kienholz, 1931）得到了和雀鲷研究一样显著的结果。在去除根系竞争的森林地面，植被覆盖率比对照区的植被覆盖率高出 10 倍。显然，白松根系对养分和水分的种间竞争非常激烈，足以抑制其他植被的生长，特别是对于草本植物、铁杉和白松幼苗。在挖沟渠的实验区内，高密度的白松幼苗也发生了种内竞争。涉及有限资源的竞争被称为**资源竞争**（resource competition）或**利用竞争**（exploitative competition）。

生态学家一直认为自然界的种间竞争和种内竞争十分普遍。例如，达尔文认为种间竞争是自然选择的重要根源之一。尽管生态学家阐明种间竞争对许多物种的分布及多度产生显著影响，他们同时也在质疑"竞争是自然界最重要的组织者"这一假说。这种质疑引发了更多有关竞争对种群影响的详尽研究和严格验证。

图 13.1 森林内的竞争和珊瑚礁一样激烈。然而，森林内的竞争多半发生在地下土壤中，因为土壤是植物根系竞争水分及养分的场所

13.1 种内竞争

实验室研究和野外研究都揭示了种内竞争。如第 11 章所述,在高种群密度下,种群的增长会减缓,形成 S 形增长曲线,种群大小在达到负载力时趋于平稳。我们在讨论中假设:在高种群密度下,有限资源的种内竞争会减缓种群的增长。种内竞争的影响也出现在逻辑斯谛种群增长中。如果竞争是自然界中一种重要且普遍的现象,那么我们应该在同一物种的个体间或在资源需求一致或相似的不同物种的个体间观察到这种现象。因此,我们以种内竞争开始讨论竞争的概念。

植物的种内竞争

在第 7 章,我们回顾了大卫·蒂尔曼与 M. 考恩的实验(Tilman and Cowan,1989)。该实验显示植物的根茎比如何随土壤氮的有效性而改变(图 7.26)。该实验也为种内竞争提供了证据。蒂尔曼和考恩将黄假高粱分别以低密度(每盆 7 株)和高密度(每盆 100 株)栽种。在所有氮浓度条件下,低密度植株的体形均较大(图 13.2)。这个结果显示,在高密度种群中,对氮养分(资源)的竞争更为激烈。这种自然种群内的有限资源竞争经常会造成竞争植物的死亡。

植物从小苗发育为成熟个体的过程是植物竞争有限资源的过程。每年春天,当一年生植物的种子发芽时,它们的种群密度通常可达每平方米数千个个体。然而,随着时间的推进,植株慢慢长大,种群密度却逐渐降低。同样地,树木的生长也是如此。随着树木在林地的苗壮生长,生物量越来越大,但组成生物量的树木却越来越少,这个过程被称为**自疏**(self-thinning)。

自疏是由种内竞争有限资源造成的。随着植物种群的发展,由于植物个体摄取的养分、水分越来越多,所需的空间越来越大,最后只有少数植株竞争成功。在资源竞争中,失败的植株会死去,种群密度因此下降(或种群变稀疏了)。最后,这个种群便由少数较大的个体组成。

表示自疏过程的一种方法是绘出植物的总生物量与种群密度的关系图。如果我们绘出植物生物量与植物密度的对数关系图,会发现该图的斜率平均为 -1/2。换句话说,种群密度降低的速度快于生物量累积的速度(图 13.3)。

另一种表示自疏过程的方法是绘出单株植物的平均质量和种群密度的关系图(图 13.4)。图中直线的斜率平均为 -3/2。因为许多植物的自疏都接近于 -3/2 关系,故这种关系被称为 **-3/2 自疏法则**(-3/2 self-thinning rule)。-3/2 自疏法则最早由尤达及其同事(Yoda et al.,1963)提出,后经怀特和哈珀

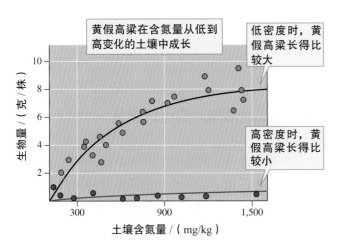

图 13.2 黄假高粱的种群密度、土壤含氮量及体形大小的关系(资料取自 Tilman and Cowan,1989)

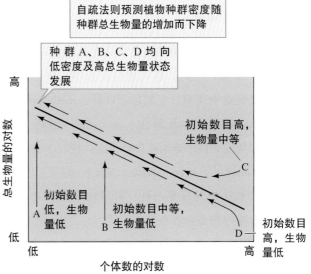

图 13.3 植物种群的自疏现象(资料取自 Westoby,1984)

（White and Harper，1970）以更多的研究证明和发扬光大（如图13.4）。从此以后，生态学家便广泛地接受了自疏法则。

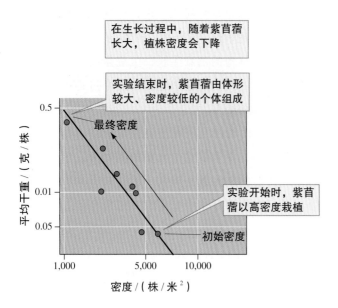

图13.4　紫苜蓿种群的自疏现象（资料取自White and Harper，1970）

最近的分析发现，某些植物种群的自疏斜率与 –3/2（或"生物量 – 个体数关系"的 –1/2）相差甚远。虽然不同植物种群的斜率并非精确地与自疏斜率吻合，但植物种群的自疏现象已一再得到证实。就我们目前的讨论来说，重点是自疏现象是种内竞争有限资源造成的结果。同样地，在许多有关动物种群种内竞争的实验中，资源限制也得到了证实。

光蝉的种内竞争

生态学家通常无法证明昆虫（尤其是食草昆虫）存在竞争现象，然而，在同翅目昆虫中，生态学家经常观察到竞争现象。它们包括叶蝉（leafhopper）、蜡蝉（planthopper）及蚜虫，罗伯特·德诺与乔治·罗德里克（Denno and Roderick，1992）通过研究蜡蝉［同翅目飞虱科（Delphacidae）］的交互作用，发现同翅目昆虫的聚集习性、种群快速增长和觅食植物汁液等行为普遍存在竞争。

德诺与罗德里克阐述了光蝉（*Prokelisia marginata*）种群的种内竞争。光蝉栖息在美国大西洋及墨西哥湾沿岸的互花米草（*Spartina alterniflora*）

中。他们在装有互花米草小苗的笼子内分别放入3只、11只及40只光蝉，这几种密度是自然界中正常的光蝉密度。在最高密度下，光蝉的存活率降低，体长缩小，发育时间延迟（图13.5）。这些预示存在种内竞争的现象是高种群密度导致食物品质降低的结果，因为光蝉栖息的植物的蛋白质含量、叶绿素含量及含水量都降低了。然而，在下面的例子中，种内干扰竞争也可能在资源不缺乏的情况下发生。

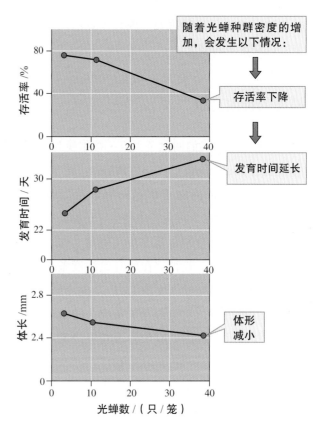

图13.5　种群密度与光蝉的表现（资料取自Denno and Roderick，1992）

陆栖等足目动物间的干扰竞争

埃德温·格罗斯霍茨（Grosholz，1992）通过一项野外实验，研究各种生物的交互作用对陆域等足目粗糙鼠妇（*Porcellio scaber*）种群生物学的影响。粗糙鼠妇与人类的活动（如农耕及园艺）息息相关。它们的足迹遍布全球，有时密度可高达2,000只/米²，因此该种群内部潜在的竞争很大。

格罗斯霍茨在野外利用铝制遮雨板将研究区隔成 48 个区域，面积均为 $0.36\ m^2$。为了控制粗糙鼠妇的行动，铝板的下部埋入土中 12.5 cm，上部则高出地表 12.5 cm。这个实验设置了两个实验条件：（1）为了验证有限食物的影响，区域内的食物——胡萝卜及马铃薯按片供应；（2）为了验证密度的影响，区域内分别放入 50 只和 100 只粗糙鼠妇。该实验结果表明，食物供应并不影响粗糙鼠妇的存活率，但是种群的高密度降低了粗糙鼠妇的存活率（图 13.6）。格罗斯霍茨认为，高种群密度时的低成活率归因于陆域等足目动物中常见的同种相食（cannibalism）行为。本研究为我们提供了一种深入且有趣的见解：在资源不缺乏的条件下，干扰在种内竞争中发挥了作用。

当我们的讨论由种内竞争转向种间竞争时，我们要回顾一下生态位的概念。我们之所以要这样做，是因为种间竞争通常发生于环境需求相近（或生态位相近）的物种之间。

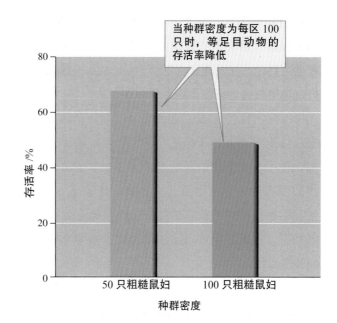

图13.6　陆域等足目动物粗糙鼠妇的种群密度与存活率（资料取自 Grosholz，1992）

—— 概念讨论 13.1 ——■

1. 如果格罗斯霍茨在实验中放入密度更高的粗糙鼠妇，他是否能观察到有限食物产生的影响？

2. 在资源不缺乏的条件下，如果采用增长率、生殖率及成体大小等参数作为竞争指标，格罗斯霍茨的结论会受到什么样的影响？

13.2　竞争排斥与生态位

竞争排斥原理认为两个生态位完全相同的物种不能共存，这表明共存的物种有着不同的生态位。正如我们之前所见（210 页），生态位的概念已经历了数十年的发展。然而，通过理解种间竞争的内涵，我们才真正意识到生态位概念的重要性。G. F. 高斯（Gause，1934）对种间竞争非常感兴趣，他的研究验证了生态位概念在现代生态学中的重要性。其中，高斯的**竞争排斥原理**（competitive exclusion principle）尤为重要。该原理说明生态位相同的两种生物无法永久并存。高斯在实验室内进行竞争实验，结果发现当两种生物竞争时，其中的一种生物能够更为有效地竞争到有限的资源——有效地将资源传递给后代。因此，这个高效的竞争者具有较高的适合度（高生殖成效），并最终消灭另一种生物的所有个体。这个竞争排斥原理赋予了生态位概念更加广泛的内涵。自高斯的实验与研究之后，描述物种的生态位就成为了解物种间交互作用的敲门砖和了解自然界组织的潜在钥匙。在种间竞争的实例中，根据竞争排斥原理，我们可以做出以下假设：共存的物种通常具有不同的生态位。我们在第 1 章介绍罗伯特·麦克阿瑟的鸟类研究时，便首次引入这一观点。

为什么我们在这里会再次提及生态位概念呢？原因是：和第一位利用这一术语的生态学家一样，我们需要利用这个概念来代表一个物种与环境之间的所有交互作用。生态位概念使我们可以超越个别物种的需求细节，思考物种间的生态交互作用。我们可以通过研究生态位的差异、相似性和互补来实现上述目标。托马斯·施恩尔（Schoener，2009）综合讨论了有关生态位本质的各种观点。

所有物种的生态位是否都可以利用哈钦森的 n 维超体积生态位进行描述？答案是否定的，因为影响物种生存及繁殖的环境因子太多。幸运的是，物种的生态位通常由少数几个环境因子决定，因此，生态学家可简化哈钦森的综合生态位概念。在动物研究中，生态学家常以动物的摄食生物学来描述它们的生态位。

达尔文地雀的摄食生态位

如第 10 章所述，合适食物的有效性对达尔文地雀的生存及繁殖产生显著的影响。换言之，食物对达尔文地雀的生态位具有重大影响。由于鸟类的食物种类大多可从鸟喙的形状反映出来，大卫·拉克（Lack，1947）把达尔文地雀的喙大小和形状与摄食生态位联系起来。基于拉克的早期研究，彼得·格兰特（Grant，1986）和同事利用鸟喙形状来分析达尔文地雀的摄食生态位。例如，小型地雀、中型地雀及大嘴地雀的鸟喙大小差异直接造成它们所吃食物的差异。大嘴地雀（*Geospiza magnirostris*）吃大种子；勇地雀吃中型种子；小地雀（*G. fuliginosa*）则吃小种子（图 13.7）。

通过简单测量鸟喙的长度便可知达尔文地雀食用的种子大小。有关大达夫尼岛勇地雀食用的种子的研究显示，在同一物种中，鸟喙的大小也会影响地雀的食物组成。鸟喙最长的个体通常觅食最硬的种子；鸟喙最小的个体则觅食最软的种子（图 13.8）。

1977 年的干旱对大达夫尼岛勇地雀种群的影响同样说明了鸟喙形状对种子利用的重要性。在第 11 章中，我们看到这场干旱造成勇地雀种群极高的死亡率（图 11.15）。然而，这一死亡率并非均匀地出现在该种群中。当种子不足时，勇地雀会先吃最小最软的种子，留下较大较硬的种子（图 13.9）。换言之，干旱之后，不仅种子的供应量减少，而且遗

留下来的种子多为不易啄破的硬种子。由于不能啄破剩下的硬种子，小喙小地雀的死亡率最高。结果，在干旱末期，大达夫尼岛上的勇地雀种群主要由体形较大且强壮的个体组成，它们通过食用硬种子存活下来（图 13.10）。

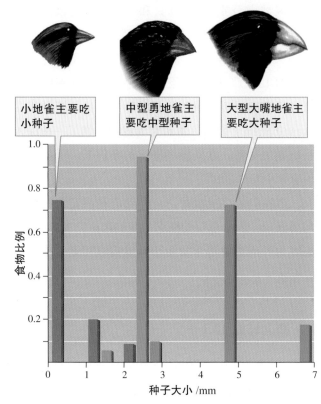

图 13.7 达尔文地雀的喙大小与种子大小的关系（资料取自 Grant，1986）

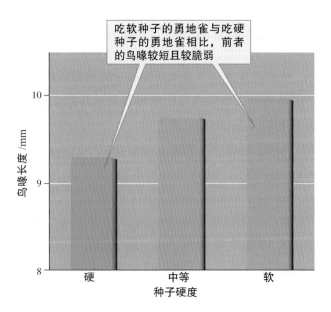

图 13.8 勇地雀食用的种子的硬度与鸟喙长度的关系（资料取自 Boag and Grant，1984b）

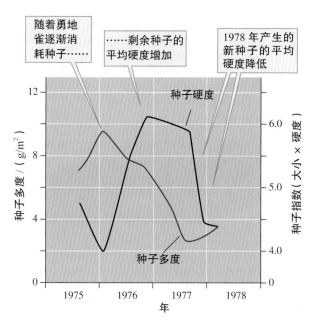

随着勇地雀逐渐消耗种子……

……剩余种子的平均硬度增加

1978年产生的新种子的平均硬度降低

在1977年的干旱期间，能啄破硬种子的较大地雀具有较高存活率

结果，在干旱后期，地雀种群主要由体形较大者组成

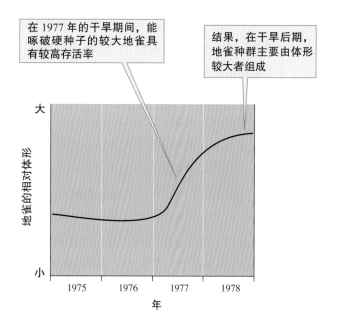

图13.9 勇地雀食用的种子数及种子平均硬度（资料取自Grant, 1986）

图13.10 在大达夫尼岛的干旱中，勇地雀食用大种子（资料取自Grant, 1986）

以上的研究显示，从鸟喙的大小，我们即可深入地了解达尔文地雀的摄食生物学。因为在这些鸟类中，食物是影响生存及繁殖的最主要因素，故我们可通过鸟喙的形状来了解它们的生态位。然而，其他物种的生态位由其他完全不同的环境因素来决定。接下来，我们要讨论一个盐沼优势种的生态位。

一种盐沼禾草的生境生态位

生物学家大约在100年前发现大米草（*Spartina anglica*），它是由**异源多倍性**（allopolyploidy）产生的新物种（图13.11）。异源多倍性是指两个不同物种杂交形成新物种的过程。这种禾草最初由欧洲米草（*S. maritima*）的欧洲种和互花米草的北美洲种杂交而成。后来，这些杂交种中至少有一种的染色体数目增加了1倍，以至于这个杂交种具有进行有性繁殖的能力，并产生新物种——大米草。大米草从起源中心——英国汉普郡的利明顿（Lymington），沿着不列颠群岛的海岸向北扩散。在此期间，这种禾草也扩散到了法国海岸，并被广泛地种植于欧洲西北部、新西兰、澳大利亚及中国沿海地区。在中国，大米草种群在1963年仅为21棵，到了1980年，覆盖面积达到几千公顷。大米草之所以被大面积种植来稳定滩涂，是因为大米草比其他盐沼植物更能

图13.11 原产于英格兰沿岸地区的大米草由欧洲种的欧洲米草和北美洲种的互花米草杂交而成，并且已扩散至世界多处

忍受周期性的洪水和水饱和土壤。在欧洲西北部，与其他盐沼植物相比，大米草生长在更靠海的地带。大米草在欧洲西北部的分布反映出大米草对环境的较强耐受力。

根据潮水及海浪引起的洪水频率和持续时间等物理参数，我们可预测大米草在不列颠群岛的分布。这类禾草在潮间带的分布上限及分布下限主要取决于大潮期间潮汐涨落的幅度。在潮汐涨落幅度很大的区域，大米草在海岸的分布上限和分布下限会较高。在不列颠群岛，这类禾草通常分布于平均大潮高潮线及平均小潮高潮线之间的潮间带（图13.12）。决定大米草地方分布的另一个因子是河口的**风区**（fetch）。水体的风区通常指风作用的最远距离，它

直接决定风引起的海浪大小。因此，如果其他因素都相同，风区越长，河口的海浪越大。结果，风区越长，为了免受海浪的干扰，大米草生长的位置越高。

在潮间带，大米草的分布上限与纬度呈负相关关系。在不列颠群岛的北部，大米草的分布位置并不像南部的位置那么高。那么，限制大米草在北部分布的因素是什么？我们必须考虑的一个因素是：大米草是 C_4 植物。回顾第 7 章，C_4 禾草通常在温暖环境中生长得比较好。因此在北部的上潮间带，大米草会被 C_3 植物取代。那么，在北部的上潮间带，大米草是否因竞争关系被 C_3 植物取代？我们在本章后面以实验方法研究竞争时，再回来讨论这个问题。

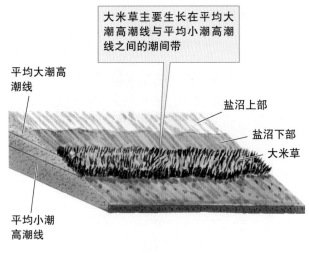

大米草主要生长在平均大潮高潮线与平均小潮高潮线之间的潮间带

平均大潮高潮线

盐沼上部

盐沼下部

大米草

平均小潮高潮线

图 13.12　大米草的生态位与潮汐涨落有关

—— 概念讨论 13.2 ——　◤

1. 竞争排斥原理表明共存的两个物种不可能具有相同的生态位。这个原理的基本假设是什么？

2. 是否只有在资源供给有限的状态下，竞争才会影响物种的生态位？

13.3 数学模型与实验室模型

数学模型及实验室模型为研究自然界的种间竞争提供了理论基础。 在有关种间竞争的研究中，数学模型及实验室模型发挥了互补作用，但这两种模型都比生态学家想要了解的自然条件简单多了。虽然牺牲了准确度，但简化的模型却使得生态学家的研究具有可控性，而这在自然条件下是无法办到的。

D. B. 默茨（Mertz, 1972）查阅 40 年来研究拟谷盗（*Tribolium*）甲虫种群的文献，并总结了通用模型和拟谷盗专属模型的特征。拟谷盗模型的特征为：（1）拟谷盗模型是抽象及简化的模型，而非真实的；（2）除了甲虫本身，其他均是人为建构的，一部分是经验结果，一部分是推断结果；（3）该模型用来了解自然现象。这些简化模型的预测可在自然界中获得验证，它们可能经得起自然界的验证，也可能经不起自然界的验证。如果自然界证明模型是错误的，那么根据新信息，我们可以修订理论模型。理想的情况是，通过理论、观察及实验之间的互动，科学认知不断向前推进。

模拟种间竞争

正如我们在第 11 章所见，逻辑斯谛种群增长模型包含了种内竞争方面的信息，但我们可将逻辑斯谛种群增长模型扩展到包含种间竞争如何影响种群增长的信息。最早这样做的研究者是维托·沃尔泰拉（Volterra, 1926）。他发展的理论基于以下现象的解释：第一次世界大战的渔业萧条导致海洋鱼类群落的组成发生改变。阿尔弗雷德·洛特卡（Lotka, 1932b）独自重复了沃尔泰拉的分析，并对其进行了拓展，利用图形来表示竞争物种的种群密度在竞争过程中的改变。

我们以第 11 章中讨论的逻辑斯谛种群增长模型为开始，追溯洛特卡及沃尔泰拉的模型推导过程：

$$\frac{\mathrm{d}N}{\mathrm{d}t} = r_{\max} N \left(\frac{K - N}{K} \right)$$

我们可用下列逻辑斯谛方程表示两个存在潜在竞争的物种的种群增长：

$$\frac{\mathrm{d}N_1}{\mathrm{d}t} = r_{\max 1} N_1 \left(\frac{K_1 - N_1}{K_1} \right)$$

和

$$\frac{\mathrm{d}N_2}{\mathrm{d}t} = r_{\max 2}N_2\left(\frac{K_2 - N_2}{K_2}\right)$$

式中，N_1 和 N_2 从分别代表物种 1 及物种 2 的种群大小；K_1 及 K_2 分别是它们的负载力；$r_{\max 1}$ 及 $r_{\max 2}$ 分别为物种 1 和物种 2 的内禀增长率。

在此模型中，随着种群大小的增加，种群缓慢增长。种内竞争的相对程度可用种群大小与负载力之比来表示，即 N_1/K_1 或 N_2/K_2。此处的假设是：由于种内竞争资源，随着种群大小的增加，资源供给会减少。此外，资源量也会因种间竞争而减少。

洛特卡和沃尔泰拉在各物种的种群增长中考虑种间竞争的影响：

$$\frac{\mathrm{d}N_1}{\mathrm{d}t} = r_{\max 1}N_1\left(\frac{K_1 - N_1 - \alpha_{12}N_2}{K_1}\right)$$

和

$$\frac{\mathrm{d}N_2}{\mathrm{d}t} = r_{\max 2}N_2\left(\frac{K_2 - N_2 - \alpha_{21}N_1}{K_2}\right)$$

在以上两个模型中，物种的种群增长率会因种内竞争及种间竞争而降低。种内竞争的影响（$-N_1$ 和 $-N_2$）已包含在逻辑斯谛种群增长模型中了，而种间竞争被包括在 $-\alpha_{12}N_2$ 及 $-\alpha_{21}N_1$ 中。α_{12} 及 α_{21} 被称为**竞争系数**（competition coefficient），表示竞争对竞争物种的影响。分开来看，α_{12} 是指物种 2 的个体对物种 1 个体的影响，而 α_{21} 则是指物种 1 的个体对物种 2 个体的影响。在此模型中，种间竞争的效应是通过种内竞争当量（equivalent）来表示的。例如，若 $\alpha_{12} > 1$，则物种 2 的个体对物种 1 的个体的竞争影响超过了物种 1 的个体之间的竞争影响。反之，若 $\alpha_{12} < 1$，则物种 2 的个体对物种 1 的个体的竞争影响就低于物种 1 的个体之间的竞争影响。

一般而言，若两个物种种间竞争的影响弱于种内竞争的影响，洛特卡－沃尔泰拉模型预测这两个物种可共存，否则，一个物种将最终取代另一个物种。这个结论来自下列分析。

在下列情况中，物种 1 和物种 2 的种群将停止增长：

$$\frac{\mathrm{d}N_1}{\mathrm{d}t} = r_{\max 1}N_1\left(\frac{K_1 - N_1 - \alpha_{12}N_2}{K_1}\right) = 0$$

和

$$\frac{\mathrm{d}N_2}{\mathrm{d}t} = r_{\max 2}N_2\left(\frac{K_2 - N_2 - \alpha_{21}N_1}{K_2}\right) = 0$$

这时：

$$K_1 - N_1 - \alpha_{12}N_2 = 0 \text{ 及 } K_2 - N_2 - \alpha_{21}N_1 = 0$$

将这些公式重组，我们可预测在下列情况下，这两个种群的增长将会停止：

$$N_1 = K_1 - \alpha_{12}N_2 \text{ 及 } N_2 = K_2 - \alpha_{21}N_1$$

上面的两个式子都是线性方程，被称为**种群零增长等斜线**（isocline of zero population growth）。在等斜线上的每一点，种群的增长停止：

$$\frac{\mathrm{d}N_1}{\mathrm{d}t} = 0 \text{ 及 } \frac{\mathrm{d}N_2}{\mathrm{d}t} = 0$$

若种群位于种群零增长等斜线的上部，种群大小衰减；反之，若种群位于等斜线的下部，种群大小会增加（图 13.13）。

种群零增长等斜线可显示环境如何被物种 1 或物种 2 的个体占满，换言之，物种 1 和物种 2 的相对种群大小如何耗尽关键资源。举一个比较极端的例子，如果物种 2 不存在，则环境完全被物种 1 占满，这时 $N_1 = K_1$；再举一个极端例子，如果物种 1 不存在，环境完全被物种 2 占满，这时 $N_2 = K_1/\alpha_{12}$。在这两种极端的中间，环境同时包含物种 1 与物种 2 的个体。同样，物种 2 的零增长等斜线图也可依此解释。

将这两个物种的种群零增长等斜线放在同一个坐标中，我们可以预测其中的一个物种是否会排斥另一个物种，或者这两个物种是否可共存。预测结果主要取决于这两个物种的种群零增长等斜线的相对走向。如图 13.13 所示，这两个物种的增长共有 4 种可能。

洛特卡－沃尔泰拉模型预测：当这两条等斜线没有交叉时，一个物种会排斥另一个物种。例如，若物种 1 的等斜线位于物种 2 的等斜线上方，则物种 1 最终将取代物种 2。这是因为所有种群增长的方向都指向终点 $N_1 = K_1$ 及 $N_2 = 0$［图 13.13（a）］。相反地，在图 13.13（b）中，物种 2 的等斜线位于物种 1 的等斜线的上方，因此，物种 2 最终将取代物种 1。此时，所有种群的增长方向都指向终点 $N_2 = K_2$ 及 $N_1 = 0$。

虽说只有等斜线相交时，两个物种才可能共存，

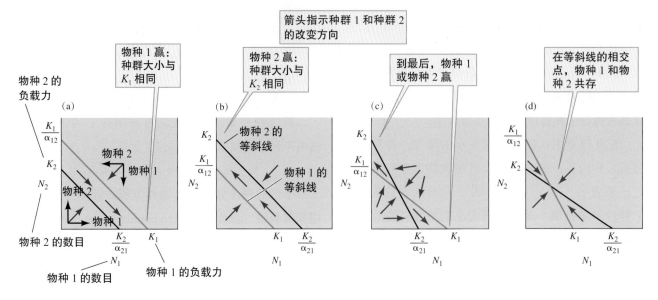

图 13.13 依据洛特卡-沃尔泰拉竞争模型，种群零增长等斜线的方向与竞争结果

但是也只有一种情况才可出现两个物种稳定共存。如图 13.13（c）所示，在两条零增长等斜线相交的那一点，两物种可以共存，但是共存不稳定。在该条件下，$K_1 > K_2 / \alpha_{21}$ 及 $K_2 > K_1 / \alpha_{12}$，大部分种群的增长仍往 $N_1 = K_1$ 和 $N_2 = 0$ 或 $N_2 = K_2$ 及 $N_1 = 0$ 发展。物种 1 及物种 2 的种群增长均可到达两线的相交点，但任何环境变动均将致使种群偏离此点，导致一个物种取代另一物种。图 13.13（d）显示了两个种群可稳定共存的唯一条件。在该条件下，$K_2 / \alpha_{21} > K_1$，及 $K_1 / \alpha_{12} > K_2$，且所有种群的增长均往种群零增长等斜线的相交点发展。

上述的"所有种群的增长均往种群零增长等斜线的相交点发展"具有什么生物学意义？它的意义为：物种 1 和物种 2 的相对多度最终会到达等斜线的相交点；在该点，两物种的多度皆大于零。在这种条件下，每个物种受该物种个体限制的程度将大于受其他物种个体限制的程度。换言之，洛特卡-沃尔泰拉模型预测，当种内竞争强于种间竞争时，两个物种可以共存。这个预测得到了有关种间竞争的实验室研究的支持。

竞争的实验室模型

草履虫的实验

G. F. 高斯（Gause，1934）利用实验室实验验证了洛特卡-沃尔泰拉竞争模型。在实验过程中，高斯曾研究过许多种生物，但其中最著名的要数草履虫。草履虫是淡水纤毛原生动物，具有适合实验室研究的几项优点。首先，草履虫的体形小，因此它们可以大量生存在狭小的空间内，而且它们的一些天然栖息环境极容易在实验室水族箱里模拟；其次，草履虫食用的微生物可以在实验室中培养，而且微生物浓度可依实验需要任意调配。

在高斯最著名的一个实验中，他研究尾草履虫（*Paramecium caudatum*）和双小核草履虫（*P. aurelia*）之间的竞争。他提出的问题是：当这两种生物在同一个微环境中竞争有限的食物，这两者中的一个物种是否会消灭另一个物种？

为了解资源限制的影响，高斯将尾草履虫种群及双小核草履虫种群分别饲养在两种不同浓度的芽孢杆菌（*Bacillus pyocyaneus*）中。高斯观察到，无论食物供应为全量还是半量，两种草履虫的种群增长曲线都呈 S 形，而且曲线都清楚地显示环境负载力（图 13.14）。当食物供应为全量时，双小核草履虫的负载力为 195；当食物供应量减半时，双小核草履虫的负载力降至 105。尾草履虫对食物浓度的反应也类似。在食物供应全量及半量的条件下，尾草履虫的负载力分别为 137 及 64。这两种草履虫的食物供应量与负载力之间呈现一一对应关系，这说明，当它们被分别饲养时，它们的负载力取决于对食物的种内竞争。这个结果为高斯的实验打下良好的基础，高斯的实验要确定对食物的种间竞争（资源受限）是否会造成两个竞争物种中的一个被排斥。

当两种草履虫在一起饲养后，双小核草履虫存活下来，尾草履虫的种群量则快速地减少。高斯在两种食物浓度条件下获得的实验结果均支持"食物竞争造成竞争排斥"的结论。在全量食物供应下，尾草履虫的种群量降低，在第 16 天，尾草履虫几近灭绝，但没有完全绝灭；相反地，在半量食物供应下，尾草履虫在第 16 天已经完全灭绝。

拟谷盗实验

拟谷盗属于拟步甲科，经常出没在储藏的谷物及谷类制品中。在一座具有 4,500 年历史的埃及法老墓穴中，人们曾在一个装着磨碎谷物的瓮中发现拟谷盗，这表明这类甲虫大行此道已有相当久的时间了。这种侵食储存谷物的习性使拟谷盗成为绝佳的实验室研究对象。由于拟谷盗全部的生命阶段都可在细磨的面粉中完成，一小罐面粉即可满足拟谷盗种群的所有环境需求。从 20 世纪 20 年代开始，R. N. 查普曼（Chapman，1928）就在芝加哥大学研究拟谷盗实验

室种群。他的研究集中在杂拟谷盗（*T. confusum*）和赤拟谷盗（*T. castaneum*）这两种甲虫上。

托马斯·帕克（Park，l954）在查普曼研究的基础上，拓展研究了这两种甲虫在 6 种环境条件中的种间竞争。其中的 2 种环境分别为：湿热环境（34℃，相对湿度 70%）、干冷环境（24℃，相对湿度 30%）。在湿热环境下，这两个甲虫种群均健康地度过了整个实验期［图 13.15（a）］，但如果在湿热环境下混合饲养这两种甲虫，赤拟谷盗会把杂拟谷盗消灭［图 13.15（b）］。相反，干冷的环境条件有利于杂拟谷盗的生存。在干冷条件下混合饲养，杂拟谷盗很快就消灭了赤拟谷盗。如果在中间环境条件下单独饲养，这两种拟谷盗的表现都很好；但混

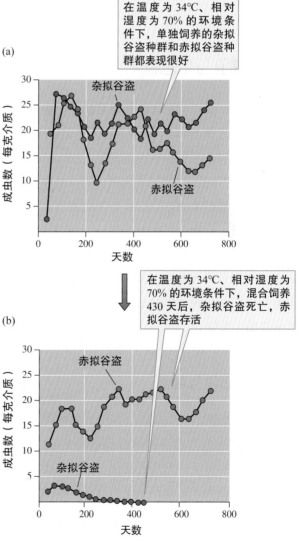

图 13.15 （a）在湿热的环境条件下，杂拟谷盗种群和赤拟谷盗种群在单独饲养时的生长情况；（b）混合饲养时的生长情况（资料取自 Park，l954）

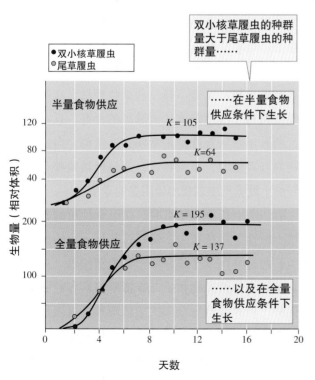

图 13.14 双小核草履虫与尾草履虫分开饲养时的种群增长及种群量（资料取自 Gause，1934）

合饲养时，种间竞争的结果却是不可预料的。在中间环境条件下，最先建立大种群的物种通常会在竞争中胜出，我们把这种现象称为**优先效应**（priority effect）。

针对上述实验室实验的结果，我们如何解释竞争对生态位的影响？若将这两个物种分开饲养，我们发现这两个物种的基础生态位包含宽广的生存条件。若将这两个物种饲养在一起，我们可以看到种间竞争将这两个物种的实际生态位限制在狭窄的环境条件中。现在，我们回过头来看看竞争如何影响自然种群的生态位。

概念讨论 13.3 ▬◀■

1. 与半量食物供应条件下的共存时间相比，双小核草履虫和尾草履虫在全量食物供应条件下可共存更长时间。这种竞争排斥在时间上的鲜明对比暗示食物供应在两个物种之间的竞争中发挥什么作用？

2. 根据数学模型和实验室实验，我们能否得出"种间竞争通常限制自然界物种的实际生态位"这样的结论？

3. 如图 13.13（a）所示，物种 1 取代了物种 2；在图 13.13（b）中，物种 2 取代了物种 1。除了上述方法，捕食者是否还有其他方法改变上述竞争结果？

13.4　竞争与生态位

竞争对物种的生态位具有显著的生态影响及演化影响。 通过将物种的生态位限制为实际生态位，竞争对物种的生态位产生短期的生态影响。尽管物种仍可能具有在宽广的环境范围内生存的能力，即我们所谓的基础生态位，但若竞争的强度加大且竞争更为普遍，竞争会使种群产生演化响应，改变种群的基础生态位。在本节中，我们将寻找有关证据，证明竞争对自然种群的生态位会产生生态及演化两个方面的影响。野外实验显示，种间竞争会限制自然种群的生态位。

植物的生态位与竞争

阿瑟·坦斯利（Tansley, 1917）最早用实验来验证竞争是否会造成两种植物在不同土壤中分离。在他的论文前言中，坦斯利指出，两种近缘植物的分离一直被归因于植物间的竞争排斥，但为了证明这种推论是正确的，设计一个巧妙的实验很有必要。坦斯利的开拓性研究要解释岩猪殃殃（*Galium saxatile*）及矮猪殃殃（*G. sylvestre*，现改为 *G. pumilum*）的互斥分布。这两种多年生的小型植物常被称为拉拉藤（bedstraw，图 13.16）。在不列颠群岛，岩猪殃殃大多生长在酸性土壤中，而矮猪殃殃常生长在碱性石灰质土壤中。

坦斯利于 1911—1917 年在剑桥植物园（Cambridge Botanical Garden）进行实验。他将这两种植物的种子单独播种或混合播种在装有酸性土和碱性土的栽植箱中。结果发现，无论是单独播种还是混合播种，这两种种子在两种土壤中都可发芽（图 13.17）。正如高斯的草履虫实验一样，若单独种植，这两种猪殃殃在两种土壤中都能长成健康的种群，且在实验进行的 6 年间一直维持正常状态。然而，当这两种植物混合种植时，坦斯利观察到每种猪殃殃在各自偏好的土壤类型中表现出很明显的竞争优势。

第一个生长季节结束时，在混合种植的石灰质土壤（碱性）栽植箱中，偏好石灰质土壤的矮猪殃殃生长超过并淘汰了偏好酸土的岩猪殃殃。在酸性土栽植箱中，情况则相反，岩猪殃殃具有较强的竞争优势，但并没有完全淘汰矮猪殃殃。这两种植物在酸性土栽植箱中生长很缓慢，直到第 6 年实验结束时，岩猪殃殃才完全覆盖栽植箱，但在碱性土栽植箱中，矮猪殃殃种群只用 1 年时间即占满栽植箱。

图13.16 两种猪殃殃分别在不同土壤中占优势：岩猪殃殃（如图）主要生长在酸性土壤中，而矮猪殃殃主要生长在碱性石灰岩土壤中

然而，坦斯利发现，长满矮猪殃殃的栽植箱里仍存有几株"相当健康"的岩猪殃殃。

坦斯利是最早通过实验方法来阐述"种间竞争会影响物种生态位"的生态学家之一。这两种猪殃殃的基础生态位包含的土壤类型远多于它们在自然界中生长的土壤类型。这个实验结果表明：种间竞争将实际生态位限制到狭窄的土壤类型范围内。我们在潮间带的植物中也观察到了同样的模式。

藤壶之间的生态位重叠与竞争

和盐沼植物一样，龟头藤壶及星状小藤壶只分布在可预见的潮间带。如第9章（图9.8）所述，苏格兰沿岸的星状小藤壶成体只分布在上潮间带，而龟头藤壶成体则密集地栖息在中潮间带及下潮间带。约瑟夫·康奈尔（Connell, 1961a, 1961b）的观察表明，龟头藤壶之所以分布在中潮间带及下潮间带，是因为龟头藤壶无法承受上潮间带长时间暴露在空气中。然而，物理因素只是影响星状小藤壶分布的一部分原因。康奈尔注意到，星状小藤壶幼体在潮间带的栖息位置低于成体的栖息位置，但它们会在相当短的时间内死亡。在野外实验中，康奈尔发现，龟头藤壶的种间竞争对星状小藤壶在潮间带的下限分布起到关键作用。

因为藤壶具有固着性，体形较小，且生长密度非常高，所以它们是野外存活实验的理想研究对象。低潮时，它们会露出水面，这也是它们便于研究的另一个优点。康奈尔在上潮间带到下潮间带之间设

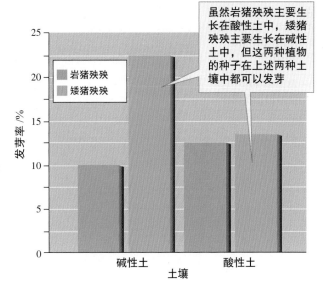

虽然岩猪殃殃主要生长在酸性土中，矮猪殃殃主要生长在碱性土中，但这两种植物的种子在上述两种土壤中都可以发芽

图13.17 岩猪殃殃和矮猪殃殃的种子在碱性石灰质土与酸性泥炭土中的发芽率（资料取自 Tansley, 1917）

了几个研究区。为了追踪藤壶种群，他定期绘制每个藤壶在玻璃板上的位置。1954年3—4月，他开始设置研究区，并赶在4月底龟头藤壶定栖之前绘制初始位置图。康奈尔将每个研究区分成两半，并用掷铜板的方式决定移除哪半边的龟头藤壶，然后把这半边研究区的龟头藤壶用刀刮走。

通过周期性地绘制研究区的藤壶位置图，康奈尔可监测这两个物种的交互作用及藤壶个体的命运。结果显示，如果中潮间带没有龟头藤壶，那么星状小藤壶的存活率较高（图13.18）。在中潮间带，龟头藤壶的幼体密度可高达49株/厘米^2，并且龟头藤壶生长迅速，很快就会将星状小藤壶排挤掉。在上潮间带，龟头藤壶的移除对于星状小藤壶的生存并没有影响，因为龟头藤壶在上潮间带的种群密度太低，对星状小藤壶无法产生竞争压力。康奈尔的实验结果直接表明，由于种间竞争，星状小藤壶被龟头藤壶排除在中潮间带之外。

种间竞争又如何影响星状小藤壶的生态位呢？如果没有龟头藤壶，星状小藤壶的栖息范围可从上潮间带扩散到中潮间带。借用哈钦森（Hutchinson, 1957）发明的术语，我们可以称这么宽广的物理环境是星状小藤壶的基础生态位。然而，由于竞争的限制，星状小藤壶仅能栖息在上潮间带，这个受限制的物理范围构成了它的实际生态位（图13.19）。

种间竞争的变异是否能完全解释康奈尔观察到

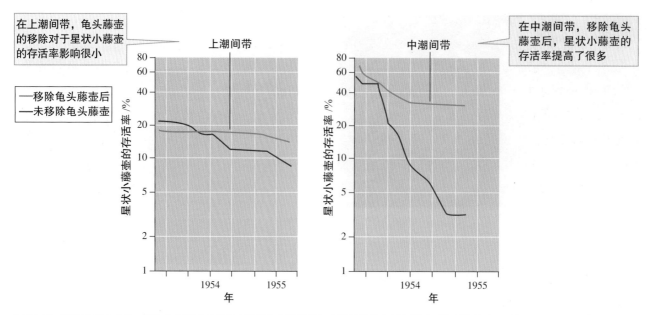

在上潮间带，龟头藤壶的移除对于星状小藤壶的存活率影响很小

移除龟头藤壶后
未移除龟头藤壶

在中潮间带，移除龟头藤壶后，星状小藤壶的存活率提高了很多

图13.18　藤壶的竞争实验：移除龟头藤壶对星状小藤壶在上潮间带与中潮间带的存活率影响（资料取自Connell，l961a，1961b）

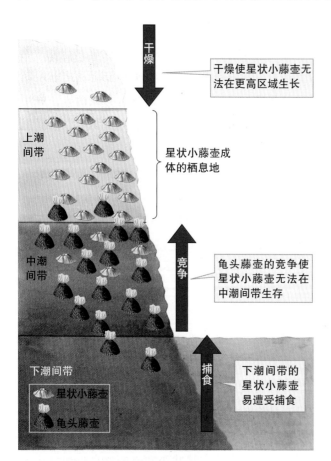

干燥使星状小藤壶无法在更高区域生长

星状小藤壶成体的栖息地

龟头藤壶的竞争使星状小藤壶无法在中潮间带生存

下潮间带的星状小藤壶易遭受捕食

图13.19　限制星状小藤壶分布在上潮间带的环境因素

的模式？在下潮间带的最低水位处，即使没有龟头藤壶，星状小藤壶的死亡率也很高（图13.18）。那么，造成星状小藤壶在下潮间带高死亡率的其他因素是什么？实验显示，星状小藤壶可忍受近2年的水淹，所以星状小藤壶无法在下潮间带生存似乎不是物理因素

造成的。事实上，下潮间带的捕食者使星状小藤壶无法在下潮间带生存的原因更为复杂了。在第14章，当我们探讨捕食者对被捕食种群的影响时，再来讨论这个问题。

一种盐沼禾草的竞争与栖息地

竞争会如何影响大米草种群？我们在本章前面曾讨论过这种禾草的生态位。根据野外实验，这种禾草和星状小藤壶一样，只分布在特定的潮间带，而且形成这种分布特征的部分原因也是大米草与其他盐沼植物的种间竞争。但和星状小藤壶不同的是，大米草在潮间带分布的种间竞争压力来自陆地（Scholten and Rozema，l990；Scholten et al.，1987）。

这种反向的竞争压力是否可以解释得通？答案是肯定的，因为在藤壶的例子里，我们曾谈到当海洋生物栖息在较高的上潮间带时，会面临较大的物理挑战。在大米草的例子中，由于大米草的祖先是陆生生物，当大米草的祖先栖息于较低的潮间带时，会面临日益增大的物理挑战。在沙漠啮齿动物中，研究人员曾进行过类似的实验。

小型啮齿动物的竞争与生态位

在生态学家开展的众多有关鼠类种间竞争的野

外实验中，最宏大最完整的实验是有关沙漠啮齿动物的研究。他们研究的沙漠啮齿动物分布在亚利桑那州波特尔附近的奇瓦瓦沙漠。这个实验由詹姆斯·布朗和他的学生、同事（Munger and Brown，1981；Brown and Munger，1985）一起完成，在很多方面都极其特别：首先，它的规模很大，20 hm² 的实验地包含 24 个 50 m × 50 m 的实验区（图 13.20）；其次，这个实验在时间和空间上都很容易复制；最后，这是一个长期研究，实验从 1977 年开始，迄今仍未结束。正是由于这个实验具有这 3 个特征，微妙精细的生态关系和现象方得以呈现。

依据体形及食性，奇瓦瓦沙漠的啮齿动物分为几类。大多数物种都是**食谷动物**（granivore），即以植物种子为食的动物。大型食谷动物由 3 种更格卢鼠科的更格卢鼠组成，它们分别是：体重 120 g 的旗尾更格卢鼠（*D. spectabilis*）、52 g 的奥氏更格卢鼠（*D. ordi*）及 45 g 的麦利阿姆更格卢鼠。另外，还有 4 种小型食谷动物也栖息在这个实验区中，它们分别是：体重 17 g 的丛尾囊鼠（*Perognathus penicillatus*）、7 g 的金色囊鼠（*P. flavus*）、24 g 的鹿鼠及 11 g 的长耳禾鼠（*Reithrodontomys megalotis*）。除此之外，还有其他 2 种小型食虫（insectivorous）啮齿动物——39 g 的北蝗鼠（*Onychomys leucogaster*）和 29 g 的食蝗鼠（*O. torridus*）也栖息于此。

在一个实验中，布朗和他的同事想研究奇瓦瓦沙漠的大型食谷啮齿动物（更格卢鼠）是否会限制小型啮齿动物的数量，以及这些啮齿动物之间是否会竞争食物。他们在 50 m × 50 m 的实验区周边围上防鼠篱。围篱由网孔为 0.64 cm 的铁丝网构成。网孔如此之小，即使是最小的啮齿动物也无法通过。此外，为了防止啮齿动物从地下挖土穿过围篱，他们还将围篱埋入土中 0.2 m 深；同时，为了防止啮齿动物从上部爬入或爬出，他们在围篱顶部盖上了铝制遮雨板。虽然工程浩大，但为了找出问题的答案，研究人员必须控制实验区内出现的啮齿动物。

接着，研究人员在实验区围篱的每一边剪出直径为 6.5 cm 的洞口，目的是便于所有体形的啮齿动物自由地进出实验区。接着研究人员每个月在实验区内活捉并标记鼠类 1 次，如此连续进行了 3 个月。经过初始监测期之后，他们将 8 个实验区的 4 个洞

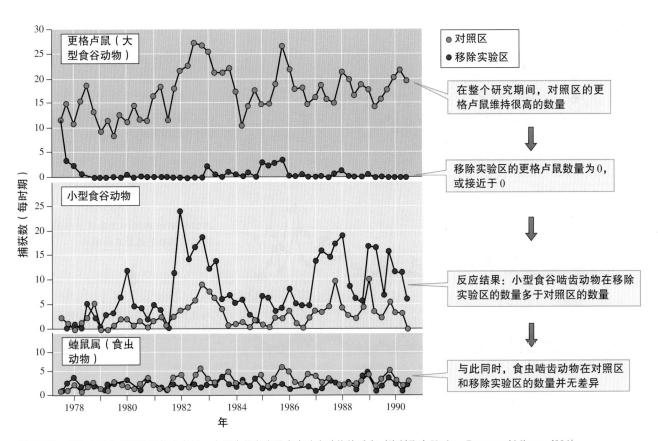

图13.20 移除大型食谷动物更格卢鼠后，小型食谷鼠类及食虫啮齿动物的反应（资料取自 Heske，Brown and Mistry，1994）

口缩小为 1.9 cm，这样做的目的是限制更格卢鼠类的自由进出，但小型鼠类仍可自由进出。布朗和他的同事将带小洞的围篱比喻为半透膜，因为这些围篱允许小型啮齿动物通行无阻，却限制了大型更格卢鼠类食谷动物的活动。

如果更格卢鼠与小型鼠类之间发生竞争，那么将大型鼠类移除后，小型鼠类种群会发生什么变化？研究人员预测，若鼠类间的竞争主要是为了食物，那么小型食谷鼠类的种群量应该会因更格卢鼠类的移除而增加，而食虫鼠类应该只有轻微反应或没有反应。

该实验的结果与研究人员的预测完全吻合。在实验的最初 3 年里，在移除更格卢鼠的实验区内，小型食谷鼠类的数量比对照区的数量多 3.5 倍，而小型食虫鼠类的种群量并没有显著增加（图 13.20）。

图 13.20 显示的结果证明了以下假说：由于种间竞争，更格卢鼠类会抑制小型食谷鼠类种群的增长。然而，在其他实验区，这些种群是否会有相同的反应呢？除非重复实验，否则我们无法确定。爱德华·黑斯克、詹姆斯·H.布朗和沙赫罗克赫·米

斯特里（Heske，Brown and Mistry，1994）重复了这样的实验。1988 年，他们选择了另外 8 个从 1977 年就开始监测的实验区，在其中的 4 个实验区设置半透膜围篱，并将这 4 个实验区的更格卢鼠移除。结果，在移除实验区，小型食谷鼠类的种群量几乎立刻上升（图 13.21）。布朗和他的学生及同事继续监测这些实验区，时间长达 30 多年。在这期间，他们不仅了解了这些啮齿动物之间的交互作用，还发现气候的变化对植被群落的影响及一些罕见的灾难性气候事件对啮齿动物种群的巨大影响。这些发现是不可能通过短期的野外实验获得的。例如，克瑟琳·H.蒂博和詹姆斯·H.布朗（Thibault and Brown，2008）曾记录了一场 2 小时的暴雨如何"重置"实验区中大型食谷鼠类和小型食谷鼠类的相对多度，以及种群多度在他们的文章发表前的 8 年间如何发生连续变化。无疑，只要这项里程碑式的研究能够继续进行，这样的发现将会继续出现。下面我们会看到，两个物种之间的长期竞争导致物种形态的演化分离。

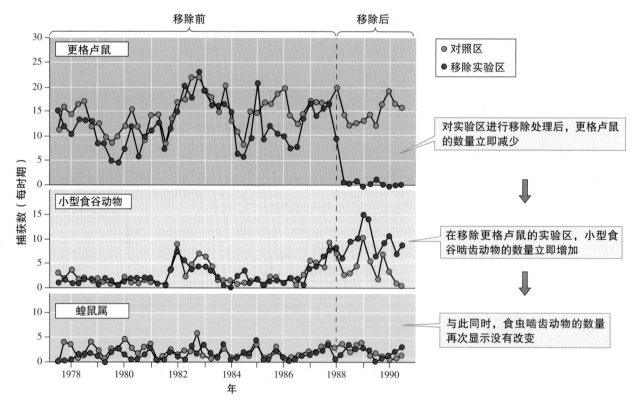

图 13.21　小型食谷及食虫啮齿动物对第 2 次移除实验的反应，该实验在移除更格卢鼠的前几年即开始进行（资料取自 Heske，Brown and Mistry，1994）

性状替换

由于种间竞争会降低竞争个体的适合度，竞争少的个体的适合度理应高于竞争多的个体的适合度。因此，有人预测种间竞争会造成**性状替换**（character displacement）。两个物种生长在同一地理环境中或独立的两个区域中，这两个物种之间的差异在同一区域中更为明显。

调查求证 13：野外实验

在评估竞争在自然界中的重要作用时，野外实验一直发挥重要作用。约瑟夫·康奈尔（Connell，1974）和尼尔森·海尔斯顿爵士（Hairston，1989）是将野外实验应用到生态学中的先驱者，他们概述了如何设计及开展野外实验。康奈尔指出，野外实验与实验室实验最明显的不同之处在于，实验室的设备可以控制所有重要因素，包括研究者感兴趣的因素；相反，在野外实验中，所有因素均发生自然变动，研究人员通常无法选择，他们只控制自己感兴趣的因素。

实验室实验及野外实验两者在生态学中都扮演重要的角色，但只有野外实验才能解开自然界中错综复杂的交互作用之谜。为何野外实验在这个方面很有用呢？康奈尔指出，与实验室实验相比，野外实验的结果能直接让我们了解自然界的关系，因为"这样的实验包含了生物的交互作用及非生物环境中的自然变动"。最佳的野外实验应该是那些对自然群落干扰最少的实验。然而，野外实验是否有效，取决于几个设计特点。

对起始条件的认识

要检验实验处理产生的变化，你必须先了解实验处理之前的情况是什么。如果实验处理之后的情况与初始条件存在差异，则表示实验处理产生了效果。例如，在研究两种藤壶种间竞争的实验中，康奈尔首先估算所有实验区中任一种藤壶的起始种群密度（图 13.18）；布朗和他的同事在移除大型食谷啮齿动物之前，也曾数次仔细地测量了实验区内所有啮齿物种的种群密度（Brown and Munger，1985；Heske，Brown and Mistry，1994）。

对照组

和实验室实验一样，野外实验也必须设置对照组。若无对照组，我们无法得知实验处理是否有效。坦斯利在他的竞争实验中，将各个存在潜在竞争的物种培育在酸性土和碱性土中。在研究沙漠啮齿动物之间竞争的实验中，对照组是什么？布朗的研究团队在实验区围上防鼠围篱，但之后又在围篱上剪出许多直径为 6.5 cm 的洞口，允许大型食谷鼠类自由进出实验区，这就制造了对照组。

重复实验

如果可能，野外实验应该重复进行。为什么？因为生态系统和环境条件在时间上和空间上均会发生变化。重复实验就是为了将变化纳入实验中。实验者提出的问题是，尽管存在这些变化，实验的结果是否仍清楚可见。生态学家通常采用统计学的方法做出判断，若没有重复实验，他们就不知道实验结果能否在时间上或空间上再现。

什么样的实验设计才能被认可？数十年以来，这个问题的答案已经发生了改变，这反映了研究者对统计学分析的熟悉程度与重视程度与日俱增。在有关种间竞争如何限制猪殃殃在特定土壤中分布的实验中，坦斯利完全没有重复实验。在他的实验中，每种条件（土壤类型）仅出现 1 次。在后来的藤壶实验中，虽然康奈尔重复了实验，但这些重复实验也仅限于每个潮位。然而，由于藤壶在每个潮位的反应具有一致性，我们仍可接受"竞争是限制藤壶在潮间带内分布的重要力量"这一结论。与早期的实验相比，布朗近期研究沙漠啮齿动物种间竞争的实验可以完全复制。此外，布朗还进行了第二次实验。

康奈尔和海尔斯顿一同编写了一个野外实验指南，这个指南指导了过去几十年的实验研究。然而，我们将在第四篇中看到，人们对大尺度实验研究的需求迫使生态学家扩展实验设计概念。

实证评论 13

为什么布朗的研究团队（315 页）通过围篱圈定完整的实验区，然后在围篱上剪出洞口允许啮齿动物自由进出实验区，由此建立对照组？为什么他们不仅仅比较周围沙漠和移除大型食谷鼠类研究区的小型啮齿动物密度？

达尔文地雀中的勇地雀及小地雀为性状替换提供了最佳的例证。当两种地雀分别栖息在大达夫尼岛和兄弟岛（Los Hermanos Islands）时，它们是**异域种**（allopatric）；当它们共同栖息在圣克鲁斯岛（Island of Santa Cruz，图 13.22）时，它们则为**同域种**（sympatric）。当这两种地雀为异域种时，它们的鸟喙大小很相似；当它们是同域种时，它们的鸟喙大小则非常不同。大达夫尼岛上异域勇地雀的鸟喙小于圣克鲁斯岛上与小地雀同域的勇地雀的鸟喙；兄弟岛上小地雀的鸟喙则大于圣克鲁斯岛上与勇地雀同域的小地雀的鸟喙。因为达尔文地雀的鸟喙大小与食物有关，所以我们可以说，这两种地雀在圣克鲁斯岛上的摄食生态位是不同的。自然选择显然

促进这两种同域种的鸟喙在形态上的分化（Lack，1947；Schluter，Price and Grant，1985；Grant，1986）。

其他研究也显示，许多动物物种之间也存在类似的性状替换模式。这些动物包括加州半岛外海岛屿的鞭尾蜥属（*Cnemidophorus*）、加勒比岛（Caribbean Island）的安乐蜥（*Anolis*）以及加拿大温哥华岛（Vancouver Island）周围小湖的棘鱼（stickleback）。研究人员也曾于实验室的菜豆象（bean weevil）种群中观察到性状替换现象。许多研究为"种群间存在性状替换现象"的假说提供了初步数据，但并没有提供确切证据。为什么呢？主要原因在于确切的证明需要大量证据，但这些证据并不是那么

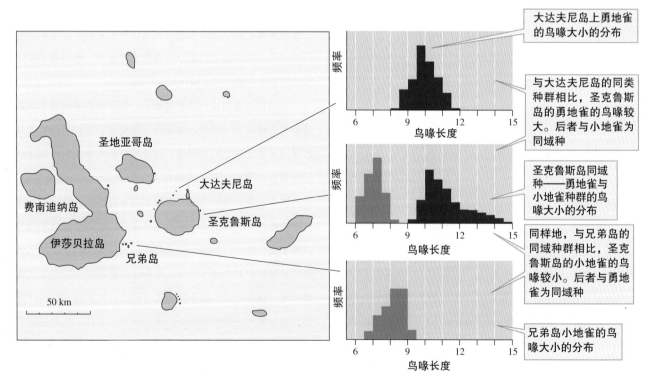

图 13.22 证实勇地雀种群与小地雀种群的鸟喙大小发生性状替换的证据（资料取自 Grant，1986）

容易获得。

马克·泰普尔和泰德·凯斯（Taper and Case，1992）列出发生性状替换必须符合的6个条件：

1. 两个同域种（如圣克鲁斯岛的勇地雀及小地雀）的形态差异必须在统计学上大于两个异域种的差异（大达夫尼岛的勇地雀与兄弟岛的小地雀）。

2. 在同域种群和异域种群间观察到的差异具有遗传基础。

3. 同域种群与异域种群的差异必须在同地区中演化形成，不能源自不同奠基者种群（founder population），因为不同奠基者种群的性状（如鸟喙大小）早在研究前就已存在差异。

4. 性状（如鸟喙大小）的变异必须对资源（如种子大小）的利用产生已知影响。

5. 在拟探讨的问题中，资源（如食物）竞争必须存在，且必须与性状的相似性（如鸟喙大小的重叠）直接相关。

6. 性状的差异不能通过同域种群及异域种群获得的食物差异来解释（如岛与岛之间种子有效性的差异）。

我们可以看到要完全符合上述6个条件有多困难。达尔文地雀的研究是符合上述6个条件的少数研究之一（Grant，1986；Taper and Case，1992），达尔文就是以这个研究开始他的全部讨论。自从这些研究开展以来，具有说服力的性状替换研究正在不断增加（Dayan and Simberloff，2005）。

自然界中的竞争证据

自从达尔文开始"竞争是自然界的组织力量"这一经久不衰的讨论以来，我们到底学到了什么？竞争研究经历了以下几个发展阶段：早期是理论阶段，接着是实验室的模拟阶段，然后是野外的密集观测及实验阶段。在这几个阶段后，竞争研究进入激烈的质疑阶段，人们对"竞争是自然界的组织力量"的假说产生了强烈的质疑。在这一阶段，比较有意义的一个研究成果是验证了与"物种随意组合"假设相左的性状替换实例，以及应用合适的统计学方法分析群落的形态变异模式（Simberloff and

Boeklin，1981；Strong，Szyska and Simberloff，1981）。这个质疑迫使研究者更注重实验细节设计，并促使研究者对过去的研究进行重新分析，重新评估现有的支持自然界竞争的证据。

托马斯·舍纳（Schoener，1983）及约瑟夫·康奈尔（Connell，1983）进行了2个实验，重新回顾之前野外实验取得的证据。其中，舍纳复查了150多个关于种间竞争的野外实验。在这些实验中，90%的研究及76%的物种存在竞争。康奈尔重新检查了527个实验，这些实验共研究了215个物种，其中40%的实验和50%的物种存在种间竞争。他们的结果为何有如此大的差异？其中的一个原因是两人分析的对象和采用的标准不一样。康奈尔只把种群密度受到影响或近缘种群受到影响作为竞争存在的证据；而舍纳则把任何不良影响（如瞬时增长率受到的影响）都作为竞争存在的证据（Schoener，1985）。尽管存在差异，但这些分析指出竞争的确是影响许多物种存活的重要力量。然而，对于自然界的竞争频率，我们的估计仍存在偏差，因为生态学家钻研物种的竞争时，已经预估研究的物种存在竞争。

10年之后，杰西卡·古列维奇及其同事（Gurevitch et al.，1992）采用不同的统计学方法分析了有关竞争的研究。她们分析了1980—1989年的研究。这些研究整体都表明了竞争的影响，但竞争的影响因生物及研究方法而存在相当大的差异。她们也发现，竞争对初级生产者及食肉动物会产生轻微至中等强度的影响，但对一些食草动物及溪流节肢动物产生强烈的影响。她们的分析同时显示，竞争对于海洋食草软体动物（mollusk）及棘皮动物（echinoderm）会产生中等程度的影响，但对陆域食草昆虫没有显著的影响。她们还发现，长期且大规模的实验获得的变异小于短期且小规模的实验。

经过近20年的批判、思考及再分析，我们对种间竞争在自然界中的盛行及重要性有何结论？有证据支持以下结论：竞争是一种普遍存在且重要的力量，有助于建构自然组织。然而，也有证据指出，竞争的重要性因生物和环境而异。那么，除了竞争之外，我们观察到的自然种群分布模式及多度还受什么其他因素影响？我们已经讨论过物理环境的影响(第一篇、第二篇及第三篇)，在第 14、15 两章中，我们将探讨两种生物的交互作用：第 14 章研究捕食、食草、寄生与疾病；第 15 章研究互利共生。但在此之前，先让我们看一下如何利用野外实验来研究本地海螺与入侵海螺之间的竞争。

── 概念讨论 13.4 ──────■

1. 如果坦斯利的实验继续进行几年，酸性土中的矮猪殃殃会发生什么？

2. 在布朗的研究区中，小型食谷动物种群增长，食虫啮齿动物种群却没有响应（图 13.21）。这说明啮齿动物之间的竞争本质是什么？

3. 为何布朗等人要重复大型食谷动物实验（图 13.22）？

应用案例：本地种与入侵种间的竞争

入侵种是当代最引人注目的环境问题之一。由于入侵种会带来生态毁坏，我们必须深入地了解入侵种入侵本地种群落的机制。这方面的研究也可增进我们对一般生态关系的理解。

入侵种之所以能入侵本地种群落，其中的一个原因是它们具有杰出的竞争能力。詹姆斯·拜尔斯（Byers，2000）在北美洲的太平洋海岸，通过野外实验研究本地海螺与入侵海螺的生态关系。本地加州蟹守螺（Cerithidea californica）的分布范围是从墨西哥的圣伊格纳西奥湾（San Ignacio Bay）到加州的塔玛莉斯湾（Tomales Bay）。曾经加州蟹守螺的多度非常大，但如今在一些海湾，加州蟹守螺的多度已下降，而入侵滩栖螺（Batillaria attramentaria）的多度却增加了。沿着加州海岸，许多地方的入侵螺密度都非常高。例如，在赤鹿角湾（Elkhorn Slough），入侵螺的密度高达 10,000 只 / 米^2，本地加州蟹守螺则完全消失。20 世纪初，随着人为引进日本蚝，滩栖螺被意外地引进加州海岸。因为滩栖螺生活史中没有浮游幼体期，所以它们的种群多集中在最初引进的那个海湾。

在蟹守螺与滩栖螺共存的几个海湾中，拜尔斯挑选距离加州旧金山北部 20 km 的波利纳斯潟湖（Bolinas lagoon）进行野外实验。在研究的第一阶段，拜尔斯测定了这两种螺对硅藻的影响，因为硅藻是这两种螺的主要食物来源。在波利纳斯潟湖，他将两种螺分别装在直径 35 cm 的笼子中，沿着潮汐通道将笼子放置在沉积泥中。这两种螺在笼中的密度分别为 0 只、12 只、23 只、35 只、46 只、69 只及 92 只。拜尔斯对每种密度各设置了几笼。

比较这两种螺对硅藻的影响后，拜尔斯发现它们对硅藻密度的影响并无差异。图 13.23 显示了 39 天后低密度笼（每笼 12 只大型螺）和高密度笼（每笼 92 只大型螺）中的硅藻平均密度。实验结果表明，当这两种螺的密度较高时，硅藻的覆盖度降低，这两种螺都有降低食物有效性的潜力。这部分的研究证实这两种螺之间存在对资源的潜在竞争。

了解螺对食物来源的影响之后，拜尔斯接着研究海螺密度对海螺增长率的影响。他发现，这两种螺的增长率都因种群密度的提高而下降。然而，在所有种群密度下，入侵滩栖螺的增长率快于本地蟹守螺。图 13.24 为这两种螺分别在 12 只及 46 只笼中的相对增长率。实验结果表明，滩栖螺能更加有效地把可利用的食物转变成自己的生物量。在 92 只海螺的高密度下，滩栖螺仍能以相当高的速率增长，但蟹守螺的体重却减轻了。

拜尔斯利用野外实验说明本地种与入侵种之间存在潜在竞争，也确定了它们涉及的机制——资源竞争。拜尔斯与戈德瓦瑟（Byers and Goldwasser，2001）在随后的研究中，利用上述实验所得的数据，建立了模拟两种螺之间交互作用的电脑模型。这个由实验数据建立的模型预测，在 55～70 年内，蟹守螺会被滩栖螺竞争排斥掉。这个预测结果与滩栖螺入侵海湾后排斥取代本地种的实际时间十分吻合。总而言之，有关本地种与入侵种间竞争的野外实验不仅为预测物种间发生交互作用的潜在途径提供了信息，还可以预测竞争排斥所需的时间。

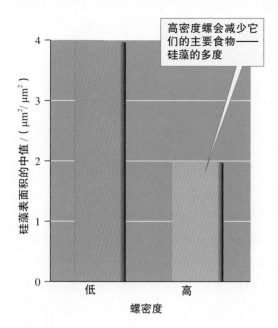

图13.23 将装有两种螺的围笼放入沉积泥中39天，以每平方微米沉积泥中的硅藻表面积来表示大型入侵滩栖螺与本地蟹守螺对硅藻多度的影响（资料取自Byers，2000）

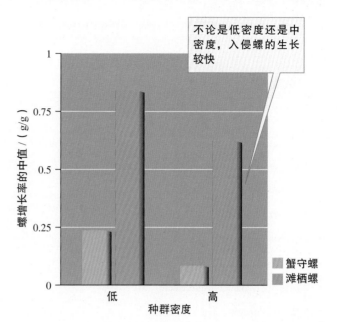

图13.24 以初始生物量来表示入侵滩栖螺（体形较大）与本地蟹守螺（体形较小）在实验围笼中60天的生长情况（资料取自Byers，2000）

本章小结

竞争是生物个体间的一种交互作用，可降低彼此的适合度。竞争通常分为种内竞争和种间竞争。前者是同种生物个体间的竞争，后者是不同物种个体间的竞争。竞争的形式包括干扰竞争（即生物个体之间的直接交互作用）或资源竞争（生物个体间争夺同种有限资源）。

实验室研究与野外研究都揭示了种内竞争。研究草本植物的实验显示，土壤养分会限制植物的生长，而且养分竞争强度随植物种群密度的增加而递增。植物的自疏现象反映了资源竞争，包括植物对水、光、养分的竞争。光蝉间的资源竞争也因种群密度而异。高种群密度会导致光蝉的存活率降低、体形减小及发育时间延缓，这些都反映了光蝉之间存在资源竞争。研究陆栖等足目动物的实验显示，即便食物充足，由干扰引起的种间竞争也非常明显。

竞争排斥原理认为两个生态位完全相同的物种不能共存，这表明共存的物种有着不同的生态位。生态位的概念在生态学发展的早期就已被提出来。直到现在，生态位在种间竞争研究中仍占据重要地位。竞争排斥原理认为：具有相同生态位的两种生物不能长久共存。物种的生态位在理论上取决于众多生物因子和非生物因子。哈钦森的 n 维超体积生态位表明，大多数物种的生态位的重要特征通常可用几个变量来进行归纳。例如，达尔文地雀的生态位主要取决于摄食需求，大米草的生态位则由潮位而定。

数学模型及实验室模型为研究自然界的种间竞争提供了理论基础。为了表示种间竞争，洛特卡和沃尔泰拉各自拓展了逻辑斯谛种群增长模型。在洛特卡－沃尔泰拉竞争模型中，物种增长率受制于同种个体数和竞争物种数。在此模型中，某物种对另一物种的影响可用竞争系数来表示。一般而言，洛特卡－沃尔泰拉竞争模型预测：当种间竞争强度弱于种内竞争强度时，不同物种可以共存。实验室内的竞争排斥表明，自然界存在潜在的竞争排斥。然而，实验室实验结果的预测性远不如洛特卡－沃尔泰拉竞争公式。

竞争对于物种的生态位具有显著的生态影响和演化影

响。研究草本植物和沙漠啮齿动物的野外实验证实了竞争将物种的生态位限制在较狭小的环境范围内，不然，物种的生态位更为宽泛。理论上，自然选择促使相互竞争的物种发生形态分离，这种现象被称为性状替换。根据数十年来研究者对竞争开展的理论研究和实验研究，我们可得到以下结论：竞争是一种普遍存在且强大的自然力量，但竞争并不是在任何时候和任何地方都会发挥作用。研究本地种与入侵种间竞争的实验加深了我们对种间竞争的整体认识。

重要术语

- 风区 / fetch　307
- 干扰竞争 / inference competition　301
- 竞争排斥原理 / competitive exclusion principle　305
- 竞争系数 / competition coefficient　309
- 食谷动物 / granivore　315
- 同域种 / sympatric　318
- 性状替换 / character displacement　317
- 异域种 / allopatric　318
- 异源多倍性 / allopolyploidy　307

- 优先效应 / priority effect　312
- 种间竞争 / interspecific competition　301
- 种内竞争 / intraspecific competition　301
- 种群零增长等斜线 / isocline of zero population growth　309
- 自疏 / self-thinning　303
- –3/2 自疏法则 /–3/2 self-thinning rule　303
- 资源（利用）竞争 / resource (or exploitative) competition　302
- 资源限制 / resource limitation　301

复习思考题

1. 设计一个温室实验，验证草本植物种群的种内竞争。请说明你研究的植物物种、土壤容积(或盆体积)、试土来源、潜在的资源限制 [如蒂尔曼和考恩（Tilman and Cowan，1989）研究的氮竞争]、如何实验，以及你将测定的植物生长参数。

2. 研究竞争的温室实验如何帮助我们理解竞争对自然界种群的重要性？研究者要怎么做才能使温室实验结果与野外实验结果更加吻合？

3. 解释野外植物种群的自疏现象如何支持"种内竞争是自然界植物种群中普遍存在的现象"的假说。

4. 研究人员利用鸟喙形状（与食物相关）确认达尔文地雀的生态位，利用所处的潮间带位置来确认大米草的生态位。如何确认赤狐、郊狼及狼等北美洲同域犬科物种或豹猫、美洲狮及美洲虎等猫科动物的生态位？什么特性或环境特征可以代表沙漠植物、温带森林植物或温带草原植物的生态位？

5. 试解释为何基础生态位高度重叠的物种发生竞争的概率大，为何实际生态位高度重叠且栖息在同一地域的物种却不会发生显著竞争。

6. 试绘出洛特卡（Lotka，1932a）的种群零增长等斜线的4种可能（图13.13），标明横、纵轴及等斜线与各轴的交点，试解释每张图中的每种条件如何造成物种被竞争排斥，或物种稳定共存或不稳定共存。

7. 在高斯（Gause，1934）的草履虫种间竞争实验中，食物供应量与负载力有何关系？当食物供应为半量时，双小核草履虫排斥尾草履虫的速度快于食物供应全量时的速度，试解释原因。

8. 在研究杂拟谷盗和赤拟谷盗之间竞争的实验中，帕克（Park，1954）发现其中的一个物种会排斥另一个物种，但哪一种被排斥取决于物理条件。在何种情况下，杂拟谷盗占有竞争优势？在何种情况下，赤拟谷盗占有优势？帕克能否准确地预测实验结果？对于自然界中的竞争，上述结果能说明什么？

9. 讨论数学理论、实验室模型及野外实验如何帮助我们了解竞争生态学，列出上述 3 种方法的优缺点。

10. 根据数十年来研究者对种间竞争的研究，下述结论似乎是正确的：竞争是一种普遍存在且强大的自然力量，但竞争并非在任何时候和任何地方都发挥作用。试列出你认为自然界中最可能发生种内竞争及种间竞争的环境条件。什么样的环境条件最不可能发生竞争？该如何验证你的想法？

第 14 章

生物间的交互利用
捕食、植食、寄生与疾病

在自然界中，消费者最终总被消费。一只驼鹿专心地啃食着深冬厚雪中冒出的柳树小枝和嫩芽（图14.1）。随着每一口的咀嚼与吞咽，驼鹿消费柳树的生物量，并将柳树的生物量储存到它又大又复杂的胃里。它的能量逐渐增加，而这些能量可以帮助驼鹿度过北方的严冬。但紧接着，驼鹿闻到到一股熟悉的气味，它先是一阵惊慌，然后一跃而逃。

突然间，在驼鹿原来进食的空地上，出现了一群向前跃进的模糊影子。它们直往驼鹿的方向奔去，原来是一群狼。一部分狼已经跑到驼鹿的前面截断了驼鹿的逃生之路。驼鹿之前曾经多次经过这里，但这一次这只老驼鹿已无路可逃。经过一阵猛烈的挣扎之后，它终于倒下，狼群安静下来食用猎物。

但是狼群并非这顿大餐的唯一获利者。狼小肠中的多种寄生虫也分到狼群辛苦赢得的大餐。它们将吸收的能量与化合物转化为感染期幼虫。这些幼虫被排出狼的体外后，再感染其他宿主，那些宿主在无意中成为寄生物的供应者。

在生物种群间，最强的联系当属食草动物与植物、捕食者与猎物、寄生生物（或致病生物）与宿主

图14.1 驼鹿利用木本植物的小枝和嫩芽来度过北方的冬天，最终可能被狼捕食，满足狼的食物需求

之间的联系了。物种间的各种交互作用如丝线般将物种联系起来。交互作用会加强一方个体（捕食者、致病生物等）的适合度，削弱被利用者（猎物、宿主等）的适合度。由于它们具有这些普遍联系，我们将这些交互作用归纳在"生物间的交互利用"这一标题下。

让我们先看看利用的常见形式。食草动物消费活植物，但不会杀死植物；**捕食者**（predator）杀死并消费其他生物，典型的捕食者通常以其他动物为食，如吃驼鹿的狼、吃小鼠的蛇等；**寄生物**（parasite）以

◄ 一只正在捕食的螳螂。没有什么关系比这种捕食者–猎物的关系更能说明生物间的利用关系了。一种生物以另一种生物为食，这种有趣的生态关系实际是经济效益的起源，我们将会在本章中讨论。

宿主的组织为生，通常会削弱宿主的适合度，但不会杀死宿主；**拟寄生物**（parasitoid）的幼虫消费宿主，并在消费的过程中，导致宿主死亡，在功能上与捕食者相同；**病原体**（pathogen）会引发疾病，使宿主衰弱。

上述这些定义看似清楚，却充满着语义问题。我们再次面临利用几个局限的定义来囊括自然界中各种各样的适合度问题。例如，并非所有的捕食者都是动物，有少数捕食者是植物，有些是真菌，还有许多是原生动物（protozoan）。若一个食草生物杀死它摄食的植物，它是否被称为捕食者？若它未将植物杀死，称它为寄生物是否更为妥当？当一个寄生物杀死它的宿主时，它该怎么称呼？它是否可以称为捕食者或病原体？面对诸如此类的问题，我们并不倡议使用太多的名词，而是希望使用少数含义更广的名词。我们经常面对的是连续有趣但却包含数百万种生物的交互作用。我们暂时搁置局限的名词定义，先去识别生态学家面对的多样性和连续变异，并了解这些交互作用的共同点：**利用**（exploitation），即某生物的生存以牺牲其他生物为代价。

14.1　复杂的交互作用

生物间的交互利用将许多种群纳入一个难以简单概括的关系网中。保守估计，生物圈中的物种达千万种。虽然这是一个惊人的数字，但物种间的交互利用关系远大于这一数字。为什么会这样？因为每一种生物都是其他数种生物的食物，也是多种寄生物及病原体的宿主。生物间的交互利用将物种纳入一个错综复杂的关系网。例如，K. E. 黑文斯（Havens, 1994）估计佛罗里达州的奥基乔比湖（Lake Okeechobee）中大约有 500 种生物，它们组成了 25,000 种交互利用关系，所以物种的交互利用关系大约是物种数的 50 倍！生物间的交互利用为自然界这幅织锦赋予了更多内容。在本节中，为了捕捉到这幅织锦的丰富景象，我们将讨论一些交互作用的自然史。

寄生物与病原体操控宿主的行为

物种间最显著的利用方式是一个生物消耗另一个生物的部分或全部。然而，其他利用方式可能比这种方式更加微妙。某些物种会改变被利用者的行为。

寄生物改变宿主的行为

有些寄生物会改变宿主的行为，以利于寄生物传播与繁殖的方式。例如，棘头虫（acanthocephalan）能改变片脚类动物（amphipod，一种水生甲壳类）的行为，使片脚类动物更容易被第二宿主捕食。棘头虫的第二宿主包括鸭、河狸、麝鼠等脊椎动物。未被棘头虫感染的片脚类动物会避开光，具有**负趋光性**（negative phototaxis）。因此，它们大部分时间都生活在池塘或湖泊的底部，远离光线充足的水面，远离脊椎动物宿主经常觅食的地方。相反地，受感染的片脚类动物喜欢光，具有**正趋光性**（positive phototaxis）。因此，它们靠近鸭、河狸、麝鼠捕食的水面（Bethel and Holmes, 1977）。更有趣的是，只有棘头虫达到感染性棘头体（cystacanth）阶段，它们才会改变片脚类动物的行为，才能感染脊椎动物。若在发育成感染性棘头体之前被吃掉，棘头虫会提前死亡，无法完成它们的生活史。

贾尼丝·穆尔（Moore, 1983, 1984a, and 1984b）研究寄生物 – 宿主的交互作用。他的研究对象包括一种斜吻棘头虫（*Plagiorhynchus cylindraceus*）、一种陆域等足目动物或鼠妇（*Armadillidium vulgare*）及一种紫翅椋鸟（*Sturnus vulgaris*）。在这三者中，鼠妇既是斜吻棘头虫的宿主，又是紫翅椋鸟的食物（图 14.2）。

研究初期，穆尔根据观察数据预测斜吻棘头虫会改变鼠妇的行为。其中的一项观察数据是斜吻棘头虫感染鼠妇和椋鸟的相对频率。野外结果显示，在相同地区，仅 1% 的鼠妇种群会被斜吻棘头虫感染，但椋鸟种群的感染率为 40%。这当中，肯定有某个因素提高了椋鸟的感染率，穆尔预测这个因素是斜吻棘头虫改变了宿主的行为。穆尔认为，斜吻棘头虫的大小就是其中的一个因素。成熟时，达到感染性棘头体阶段的斜吻棘头虫长约 3 mm，而鼠妇才 8 mm 长，所以斜吻棘头虫会占据鼠妇的大部分内部环境。

穆尔在实验室中培育鼠妇，并建立了 2 个种群：一个是未受感染的对照种群，另一个是受感染的实验种群。她利用表面带有斜吻棘头虫卵的红萝卜块喂食鼠妇，使得实验种群感染斜吻棘头虫；至于对照种群，则喂食没有斜吻棘头虫卵的红萝卜块。3 个月后，实验种群的斜吻棘头虫已长至感染性棘头体阶段。此时，穆尔将感染种群与未感染种群混合。

因为斜吻棘头虫并不会改变鼠妇的外在形态，所以必须等到实验结束后，穆尔才能通过解剖鼠妇检查它是否受感染。因此，所有研究鼠妇行为的实验均为无偏差实验，即观察者不会因事先知道实验个体来自实验种群或对照种群而产生主观上的偏差。

穆尔发现，斜吻棘头虫在以下几方面改变鼠妇的行为。首先，受感染的鼠妇停留在遮蔽处的时间缩短了，停留在湿度低且背景浅的环境中的时间变长了。这种行为的改变使鼠妇停留在空旷地的时间变长，进而导致鼠妇易被鸟类发现和捕食。

在实验室中，穆尔证明捕获的椋鸟偏好捕食浅色底基的鼠妇。她将 10 只受感染及 10 只未受感染的鼠妇置于鸟笼底部，让它们自由爬动。鸟笼的底部一半铺上黑沙，另一半铺上白沙。在这种条件下，椋鸟捕食了 72% 受感染的鼠妇，捕食了 44% 未受感染的鼠妇（图 14.3）。由于实验椋鸟主要在白沙上捕食，受感染鼠妇的正趋光性使它们较易被椋鸟捕食。

这个研究的关键在于证实受感染鼠妇的行为改变是否增加鼠妇被野鸟捕食的概率。穆尔通过收集椋鸟喂食幼鸟的节肢动物，估算椋鸟捕食鼠妇的速率。她得到的结果为椋鸟每 10 小时捕获 1 只鼠妇。如果椋鸟成鸟捕食自然种群中的鼠妇是随机的，根据椋鸟捕食鼠妇的速率及野外鼠妇种群受斜吻棘头虫感染的比例（约为 0.4%），穆尔便能预测幼鸟的感染率。椋鸟幼鸟的实际感染率约为预测感染率的 2 倍。这个结果证实了穆尔的假说：受感染鼠妇的行为改变会增加鼠妇被椋鸟捕食的概率。

穆尔强调，斜吻棘头虫不仅改变鼠妇的行为，而且以特别的方式改变鼠妇的行为，这种方式增加了最终宿主（椋鸟）的感染率。

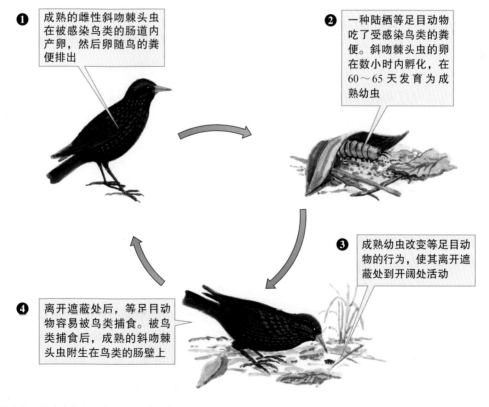

❶ 成熟的雌性斜吻棘头虫在被感染鸟类的肠道内产卵，然后卵随鸟的粪便排出

❷ 一种陆栖等足目动物吃了受感染鸟类的粪便。斜吻棘头虫的卵在数小时内孵化，在 60～65 天发育为成熟幼虫

❸ 成熟幼虫改变等足目动物的行为，使其离开遮蔽处到开阔处活动

❹ 离开遮蔽处后，等足目动物容易被鸟类捕食。被鸟类捕食后，成熟的斜吻棘头虫附生在鸟类的肠壁上

图14.2 鸟类肠道中的一种寄生物——斜吻棘头虫的生活史

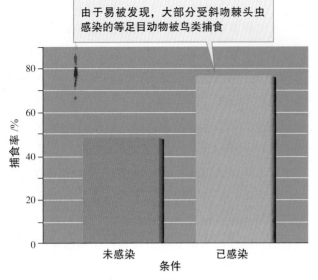

由于易被发现，大部分受斜吻棘头虫感染的等足目动物被鸟类捕食

图14.3 椋鸟捕食未感染及感染的鼠妇（资料取自Moore，1984b）

一种会模仿植物花朵的病原体

每年落基山脉南部的山坡上总点缀着色彩缤纷的野花。然而，有些并不是一般的野花。例如，一种鲜黄、味甜的花实际上是由操控宿主植物生长的病原真菌产生的花朵。这种病原体是真菌中的锈菌（rust）。因为受锈菌感染的植物表面有真菌的铁锈色孢子，所以被感染的宿主往往会褪色。这种特殊的锈菌为柄锈菌（Puccinia monoica），它们的宿主是南芥属（Arabis）芥科植物。南芥属为草本植物，常保持数月至数年的莲座期。在莲座期，南芥的生长非常缓慢，叶子很茂密，根部非常庞大，可以储存能量。当莲座期结束后，南芥快速成长（这被称为抽薹现象），然后开花。一旦授粉完成，南芥花马上结种，待种子成熟后，南芥的生活史即完成。

然而，柄锈菌却完全改变了南芥的生活史。它入侵南芥的莲座，操控其发育，使南芥产生一种利于真菌繁殖的生长型，最后杀死南芥。柄锈菌在夏末感染南芥的莲座，在冬季入侵南芥的**分生组织**（meristematic tissue），该组织负责植物的生长。当柄锈菌侵入分生组织后，会操控莲座未来的发育。翌年春天，受感染的莲座会迅速生长，整个长茎上长满密集的叶，顶端长出鲜黄的叶簇。黄色叶簇形成的假花酷似毛茛属植物的花。

受感染莲座上的鲜黄色假花由数种真菌构造

组成，包括内含精子的精子器（真菌生殖细胞）、性成熟时可接受精子的菌丝及含糖的黏稠精液（spermatial fluid）。大部分柄锈菌需要异体受精，即靠昆虫将精子由一个菌体传至另一个成熟菌体的菌丝上。巴巴拉·罗伊（Roy，1993）发现，黄色与糖液的组合吸引了多种采花昆虫，如蝴蝶、蜜蜂及蝇类等。在科罗拉多州的实验区里，常有蝇类造访假花，这表明蝇类是柄锈菌精子的有效传播者。

罗伊的研究证实柄锈菌缩短了南芥的生活史，而且在这个过程中往往会造成南芥的死亡。即使受柄锈菌感染的南芥仍能存活，也会开花，但却无法结种。因此，柄锈菌对南芥的破坏是颠覆性的。

竞争者间的利用关系错综复杂

我们通常把我们对自然的看法分门别类，如同本书的各个章节一样：我们在第13章讨论竞争，在本章讨论交互利用，在第15章探讨互利共生。但是，自然本身并非整齐排列，自然现象也并非彼此独立，一个过程通常与其他几个过程相互联系。当竞争者互相捕食时，利用与竞争之间的区别就变得模糊不清。

拟谷盗种群的捕食、寄生与竞争

托马斯·帕克及其同事（Park，1948；Park et al.，1965）在研究拟谷盗（面粉甲虫）的竞争时，发现了首个竞争者互相捕食的例子。在第13章中，赤拟谷盗及杂拟谷盗间的竞争结果取决于温度及湿度，但拟谷盗身上的一种原生寄生虫——拟谷盗阿德林球虫（Adelina tribolii）也会影响拟谷盗种群间的竞争平衡。这种寄生物产生的影响容易与拟谷盗的种间相食及同种相食的影响混淆。

帕克发现，赤拟谷盗及杂拟谷盗的同种相食率并不相同。其中，赤拟谷盗的同种相食率最大，但赤拟谷盗捕食杂拟谷盗的卵多于捕食自己种群的卵。受这种捕食行为的启发，我们不难理解为什么在过去10年的76个竞争实验中，84%的实验结果都是赤拟谷盗消灭杂拟谷盗。对赤拟谷盗而言，在没有拟谷盗阿德林球虫的影响下，这种捕食方法是最有效的策略。

拟谷盗阿德林球虫会入侵宿主的细胞并成为细胞内的寄生物。拟谷盗之所以受感染，是因为吃了含有这种寄生物卵囊的面粉或其他受感染拟谷盗的幼虫、蛹或成虫。卵囊一旦进入宿主的肠道就会破裂，释放一种子孢子（sporozoite，拟谷盗阿德林球虫的第一生活期），子孢子会穿过宿主的肠壁，进入体腔（或血腔）。一旦进入血腔，子孢子会侵入宿主的细胞内进行无性繁殖，发育成一种裂殖子（merozoite，拟谷盗阿德林球虫的第二生活期）。这种不停移动的裂殖子接着入侵宿主的其他细胞，产生雄性细胞及雌性细胞，然后雄性细胞及雌性细胞结合成合子。合子最后发育成卵囊中的新子孢子，最后卵囊再被其他拟谷盗食入，完成拟谷盗阿德林球虫的生活史。

在帕克之前，多位生物学家已经发现，拟谷盗阿德林球虫会导致拟谷盗患病，甚至死亡，但帕克是第一位证实拟谷盗阿德林球虫会降低拟谷盗种群密度及改变赤拟谷盗与杂拟谷盗之间竞争结果的生态学家。拟谷盗阿德林球虫能有效降低赤拟谷盗的种群密度，但对杂拟谷盗的影响却很有限。若无寄生物，在与杂拟谷盗的 18 次竞争中，赤拟谷盗赢了

12 次；但若存在寄生物，在与赤拟谷盗的 15 次竞争中，杂拟谷盗赢了 11 次（图 14.4）。换言之，寄生完全逆转了这两种生物之间的竞争结果。从昆虫到非洲狮，从干扰竞争升级到捕食，这是竞争者间普遍存在的现象，但帕克的拟谷盗实验显示，寄生物使捕食竞争的结果难以预料。

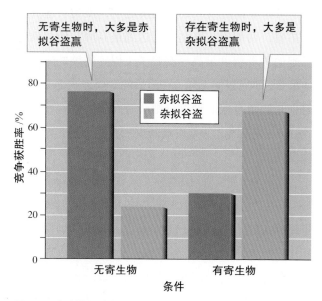

图14.4　寄生物拟谷盗阿德林球虫对赤拟谷盗和杂拟谷盗之间的竞争的影响（资料取自 Park，1948）

—— 概念讨论 14.1 ——

1. 为什么穆尔采用无偏差实验（不知道鼠妇是否感染寄生虫）观察鼠妇的行为？

2. 穆尔的实验室实验和野外实验如何互补？

14.2　利用与多度

捕食者、寄生物及病原体会影响猎物种群及宿主种群的分布、多度与结构。生态学家之所以对物种间的交互利用关系感兴趣，是因为这些交互作用具有影响猎物种群或宿主种群的潜力。最近越来越多的研究显示，捕食者、寄生物和病原体对它们利用的生物的多度产生很大的影响。

一种食草河流昆虫与它们的藻类食物

盖里·兰贝蒂与文森特·列什（Lamberti and

Resh，1983）研究了一种食草溪流昆虫对藻类与细菌种群的影响。这种食草昆虫是毛翅目北钩翅石蛾（*Helicopsyche borealis*）的幼虫，分布在北美洲大多数河流中。最特别的是，这种昆虫的幼虫会将沙粒粘成一个螺旋状便携式庇护所，它的形状宛如小螺壳。事实上，这种生物最早被归类为淡水蜗牛。北钩翅石蛾幼虫主要捕食水中石头表面的藻类或细菌。这一习性使它们停留在开阔处的时间较长，因而它们易被天敌攻击。

兰贝蒂和列什发现，加州大硫磺溪（Big Sulphur Creek）的北钩翅石蛾幼虫在夏、秋两季生长发育，

它们的种群密度可超过 4,000 只／米²。它们以这种密度占据所有底栖动物生物量的 25%。消费者的种群密度如此之高，显然会减少食物供应的密度。兰贝蒂和列什在初步实验中发现，北钩翅石蛾确实影响它们的食物供应。在第一个实验中，他们把无釉瓷砖（15.2 cm×7.6 cm）放在溪底，随后对瓷砖上的藻类及北钩翅石蛾的拓殖情况追踪了 7 周。

当这些瓷砖放入大硫磺溪之后，藻类快速在上面拓殖，两周后，藻类密度达到最高峰，而北钩翅石蛾的种群密度最高峰则晚了 1 周。藻类的生物量在第 2～5 周缓慢下降，在最后的 2 周再次上升。此时，北钩翅石蛾的种群量则一直在下降。这些结果（图 14.5）表明北钩翅石蛾幼虫一直在消耗它们的食物供应。

接下来，研究者运用排斥实验（exclusion experiment）来验证北钩翅石蛾对食物供应的影响。他们将无釉瓷砖排成两个 3×6 的网格，每个网格共 18 片瓷砖。其中一个网格直接放在溪底，另一个网格则放在倒 J 形金属棒架支持的金属板上，金属板距离溪底 15 cm，距水面 35 cm，这利于藻类及非北钩翅石蛾的无脊椎动物在瓷砖表面拓殖。北钩翅石蛾因螺状外壳很重无法在金属板上的瓷砖拓殖，只能在溪底

活动。若要爬到金属板的瓷砖上，北钩翅石蛾必须爬上倒 J 形金属棒，浮出水面，然后再返回水中，但其他无脊椎动物则可顺水漂流或浮游至瓷砖上。兰贝蒂和列什还将倒 J 形金属棒露出水面的部分涂上黏胶，防止北钩翅石蛾的成体由此爬至瓷砖上产卵。这种实验设置虽然禁止了北钩翅石蛾在金属板上的瓷砖拓殖，却没有妨碍其他无脊椎动物生长。这种对自然种群的选择性操控并不容易做到。

这一实验结果清楚地证实了北钩翅石蛾会降低食物多度。从图 14.6 可看出，金属板上的瓷砖没有被北钩翅石蛾拓殖，生长着较多的藻类和细菌。对比实验初期和后期的实验组瓷砖与对照组的瓷砖照片可知，北钩翅石蛾对食物产生巨大影响。

生物的利用对种群的影响通常在种群从利用关系中解脱出来后才最容易发现，正如我们在除去北钩翅石蛾的实验瓷砖上看到的结果。当被利用种群被引入没有捕食者、食草动物或病原体的新环境时，类似的现象也会发生。

热带森林中的蝙蝠、鸟类和草食动物

在热带森林复杂的三维结构中，节肢动物是优

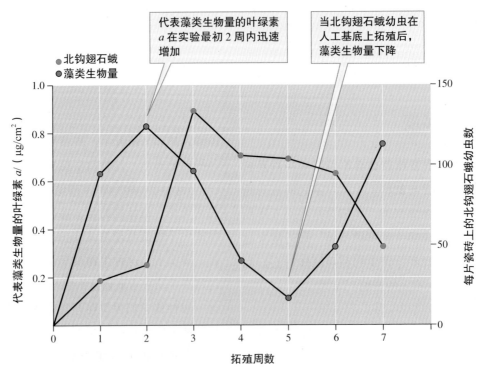

图 14.5 藻类生物量及捕食者北钩翅石蛾幼虫数（资料取自 Lamberti and Resh，1983）

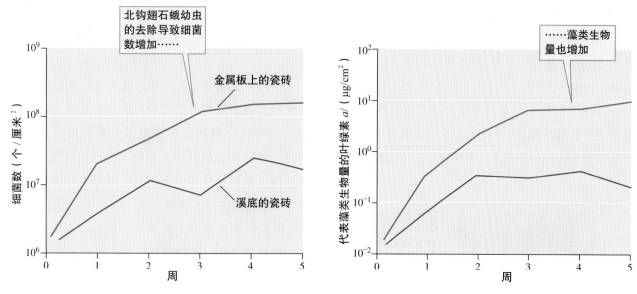

图14.6 去除北钩翅石蛾幼虫对细菌及藻类多度的影响（资料取自Lamberti and Resh，1983）

势食草动物。有时，森林中食草节肢动物的数量和生物量非常巨大，以至于它们与严峻的物理条件（如干旱）结合可导致树木大规模死亡（Kane and Kolb，2010）。捕食者能否限制森林中节肢动物的数量？许多研究者都讨论过这个问题，尤其是在鸟类降低森林节肢动物数量的潜力方面（Holmes，Schultz and Nothnagle，1979；Marquis and Whelan，1994；Van Bael，Brawn and Robinson，2008）。

在最先研究这个问题的生态学家中，玛加丽特·卡尔卡、亚当·史密斯和伊丽莎白·凯寇（Kalka，Smith and Kaiko，2008）设计实验来区分鸟类和蝙蝠对热带森林节肢动物的影响。目前已知许多种蝙蝠以树叶上的节肢动物为食，这类蝙蝠被称为"叶片搜索"蝙蝠，是热带森林中最常见的蝙蝠。卡尔卡、史密斯和凯寇把他们的实验设置在巴拿马热带雨林的一块洼地上。他们和先前的研究者一样，在植物上罩网，去除捕食节肢动物的脊椎动物的影响。和先前研究者不一样的是，卡尔卡和她的同事将植物分成两组：一组植物只在白天罩网，另一组只在晚上罩网。这样做的目的是排除白天鸟类对植物的影响及夜间蝙蝠对植物的影响。他们的研究包括43种白天罩网的植物（无鸟，有蝙蝠）、42种晚上罩网的植物（无蝙蝠，有鸟）及35种没有罩网的对照植物。在以前的研究中，研究人员利用围栏将这些植物圈起来，去除鸟类和蝙蝠，所以他

们无法区分这两种捕食者的作用。卡尔卡的研究团队对罩网植物和不罩网植物观察了10周，并统计了这3组植物上的节肢动物数。

卡尔卡的研究结果表明，鸟类和蝙蝠都明显地降低了叶片上节肢动物的多度（图14.7）。他们的结果也显示以前的研究者没有预见到蝙蝠对森林节肢动物的巨大影响。如图14.7（a）所示，排除鸟类影响但有蝙蝠光顾的植物与对照植物相比，叶子上的节肢动物密度高出65%。同时，那些排除了蝙蝠影响但有鸟类白天光顾的植物与对照植物相比，叶子上的节肢动物密度高150%。采用这个巧妙的设计，卡尔卡、史密斯和凯寇区分了鸟类和蝙蝠的影响，并揭示了蝙蝠对森林节肢动物的数量有很大影响。这是以前研究热带森林中的叶片搜索蝙蝠的生态学家没有预料到的结果。

一种病原寄生物、一种捕食者及其猎物

在仙人掌螟（*Cactoblastis*）控制仙人掌的例子中，最令人惊讶的是，它们能控制如此大面积的仙人掌种群。生态学最大的 个挑战是大尺度研究。生态学家很少有机会进行大尺度实验，但有时候，大自然就提供了现成的实验机会。这样的机会出现在瑞典：一种病原体严重地减少了赤狐（*Vulpes vulpes*）的种群量。

在瑞典厄勒布鲁郡（Örebro County）的格里姆苏野生动物研究站（Grimsö Wildlife Research Station）工作的艾瑞克·林德斯壮姆及其同事（Lindström et al., 1994）发现：1975年，首个赤狐感染疥螨（Sarcoptes scabiei）的案例在瑞典中北部发现。这种疥螨是赤狐的外部寄生虫之一，会使赤狐脱毛、患皮肤病、死亡，因此研究人员着手调查这种疥螨的蔓延情况。在抵达瑞典后的10年内，这种疥螨已蔓延至瑞典全国（图14.8），导致瑞典赤狐种群减少了70%以上。

身为野生动物生态学家，林德斯壮姆的研究团队很想知道赤狐种群的减少对猎物有什么影响。他们是否可以找到捕食者控制猎物种群的证据呢？1972—1993年，研究团队研究了数种猎物种群及赤狐种群。他们搜集了多方信息，并且在地方、区域及全国范围内进行了研究。

他们的研究结果非常清楚：瑞典的赤狐导致其猎物种群量减少。猎物包括野兔、松鸡及狍鹿（roe deer fawn）等。图14.9显示了赤狐与雪兔（*Lepus timidus*）的数量关系。赤狐种群减少后，雪兔的数量增加了2~4倍。这是十分完整且具有说服力的证据，证明了陆生脊椎动物捕食者会影响猎物种群的多度。这一研究结果还指出，赤狐显著地影响某些猎物的周期多度。猎物种群的动态变化一直是生态学家研究的课题之一，而捕食现象则是这类课题的研究重心。

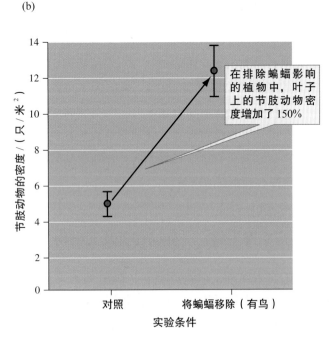

图14.7 在热带森林中，鸟类和蝙蝠的移除对节肢动物密度的影响。（a）对比对照植物和排除鸟类影响的植物的节肢动物种群密度（平均值 ± 标准误差）；（b）对比对照植物和排除蝙蝠影响的植物的节肢动物种群密度（平均值 ± 标准误差）（资料取自 Kalka, Smith and Kaiko, 2008）

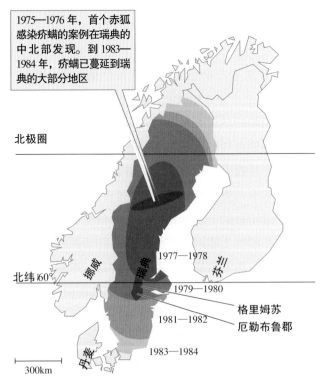

图14.8 1975—1984年，赤狐感染的疥螨在瑞典的蔓延情况（资料取自 Lindström et al., 1994）

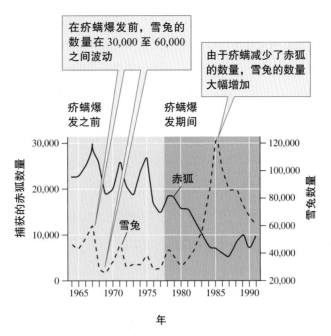

在疥螨爆发前，雪兔的数量在 30,000 至 60,000 之间波动

由于疥螨减少了赤狐的数量，雪兔的数量大幅增加

疥螨爆发之前

疥螨爆发期间

赤狐

雪兔

图 14.9 根据狩猎纪录推算赤狐及雪兔在瑞典 5 个郡的数量（资料取自 Lindström et al., 1994）

概念讨论 14.2

1. 图 14.5 的模式指出，北钩翅石蛾种群导致藻类供应下降。然而，兰贝蒂和列什不能完全确定，所以他们又进行了第二次实验。关于北钩翅石蛾对食物供应的影响，他们为什么不能根据第一次实验得出一个肯定的结论呢？

2. 如何利用实验来验证蝙蝠和鸟类对叶片节肢动物数量的综合影响及它们各自的影响？

调查求证 14：平均值的标准误差

在介绍样本平均值时，我们指出它是实际种群平均值的估计值。种群的第二批样本的平均值往往与第一批样本的平均值不同，第三批样本与第二批样本的平均值可能又不同。那么，样本平均值与种群实际平均值会相差多少呢？这个问题的答案取决于两个因素：一是种群本身的变异程度；二是样本大小。在此，我们将研究一种估算种群平均值精度的方法。首先，我们要计算一个统计值，这个统计值被称为平均值的标准误差，又称**标准误差**（standard error），以 $s\overline{X}$ 表示。标准误差由样本方差（第 4 章，91 页）和样本大小计算而得，计算公式如下：

$$s\overline{X} = \sqrt{\frac{s^2}{n}}$$

$$s\overline{X} = \frac{s}{\sqrt{n}}$$

式中，s^2 为样本方差；s 为样本标准偏差；n 为样本大小。

我们以鲦鱼（*Tiaroga cobitis*）的体长样本为例。鲦鱼是一种分布于美国新墨西哥州西南部旧金山河支流中的鲤科鱼类。假设我们要比较扁头鲶鱼（flathead catfish）入侵地区和不存在扁头鲶鱼地区的鲦鱼体形。为此，我们需要估计几个鲦鱼种群的体长。

从旧金山河流中采样的样本如下：

样本	1	2	3	4	5	6	7	8	9	10
体长 /mm	60	62	56	53	53	59	62	41	58	58

样本平均值（第 2 章，20 页）为：

$$\overline{X} = 56.2 \text{ mm}$$

这些样本的标准偏差为：

$$s = 6.2\text{mm}$$

因为我们的样本大小为 10，因此鲦鱼样本的标准误差为：

$$s\overline{X} = \frac{6.2\text{ mm}}{\sqrt{10}}$$

$$\approx \frac{6.2\text{ mm}}{3.16}$$

$$\approx 1.96\text{ mm}$$

现在，假设我们从另一条实验河流——希拉河（Gila River）获得一批鲦鱼样本，它们的样本平均值和标准偏差恰巧与旧金山河样本的样本平均值和标准偏差相等，但样本大小为 50 而非 10，所以这个样本的标准误差为：

$$s\overline{X} = \frac{6.2\text{ mm}}{\sqrt{50}}$$

$$\approx \frac{6.2\text{ mm}}{7.07}$$

$$\approx 0.88\text{ mm}$$

请注意，由于第二批样本的样本数较大，其标准误差远小于第一批样本的标准误差。换言之，第二批样本的样本平均值更接近于实际种群平均值（图1）。图1（a）中的两点代表两批样本的平均值，两点上、下的垂直线分别代表平均值加、减一个标准误差。相同的统计结果在图1（b）中以柱状图显示，柱状图通常只显示正标准误差。不论哪一种图，希拉河样本平均值的标准误差较小，这表示我们对该地鲦鱼体长平均值的估计更为准确。在第15章的"调查求证"专栏（364页），我们将以标准误差推导另一种量化精度的方法——置信区间。

实证评论 14

1. 从一个种群中取样估算种群的平均值时，从统计学角度看，为什么总是样本数越大越好？

2. 从一个种群中抽取样本时，在什么情况下，抽取较少的样本比抽取较多样本更有利？

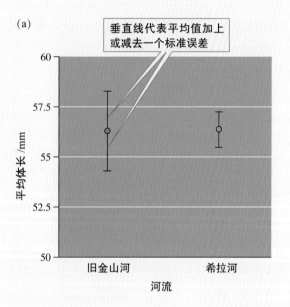

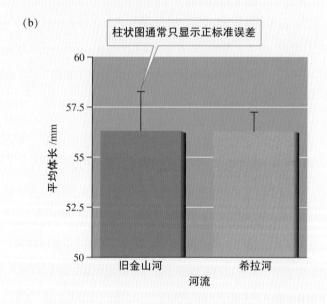

图1 从旧金山河（$n=10$）和希拉河（$n=50$）捕获的鲦鱼样本的平均体长和标准误差。希拉河的标准误差较小，因为其样本数较大

14.3 动态变化

捕食者－猎物、宿主－寄生物、宿主－病原体的关系都是动态变化的。在上一节中，我们已谈到捕食者、寄生物及病原体如何影响它们利用的生物种群。从研究中，我们知道生物间的利用关系非常

复杂。然而，在我们谈到的复杂利用关系背后，还有更深、更复杂的问题。在本节中，我们研究时间动态（temporal dynamics）变化，这是另一层次的复杂问题。各种各样的捕食者和猎物并非静态的，它们的多度会发生周期性（几天到几十年）循环。

白靴兔及其捕食者的多度循环

对于许多分布于高纬度的动物（包括旅鼠、田鼠、麝鼠、赤狐、北极狐、披肩松鸡及豪猪等），它们的种群循环早有详细的文献记录。在第10章中，我们曾谈到，田鼠的周期性大爆发导致猫头鹰与黄爪隼出现数值反应，从而使鸟类捕食者的数量在局部地区出现剧增（Korpimäki and Norrdahl，1991）。

在有关动物种群循环的众多研究中，白靴兔（*Lepus americanus*，图14.10）与捕食者——加拿大猞猁（*Lynx canadensis*）的研究是最佳的研究。这两个物种的种群循环之所以备受关注，是因为哈德孙湾公司（Hudson Bay Company）保存了18世纪、19世纪及20世纪的捕获记录。根据这个独一无二的历史记录，生态学家可以估算白靴兔和加拿大猞猁在200多年间的相对多度。图14.11显示，这个记录与这两种动物的种群循环十分吻合。

在20世纪50年代，研究者提出了几个假说来解释这些动物及其他北方动物的种群循环。其中，查尔斯·埃尔顿（Elton，1924）认为，白靴兔与加拿大猞猁的种群循环是太阳黑子循环造成日辐射变化的结果。他提出日辐射强度的改变会直接影响白靴兔种群及其食物供应，间接造成以白靴兔为主要猎物的加拿大猞猁的多度改变。

不过，太阳黑子的假说被D.麦克卢利奇（MacLulich，1937）及P.莫兰（Moran，1949）推翻。他们指出，太阳黑子的循环周期与白靴兔的种群循环周期并不吻合。第二类假说是劳埃德·基斯

图14.10 白靴兔

（Keith，1963）的"种群过量论"（overpopulation theory）。该假说认为当某种群快速增长后，种群会出现以下情形：（1）毁于疾病与寄生物；（2）高密度造成生理应激，使种群个体神经失调，从而导致种群的死亡率增大；（3）高密度造成食物的品质下降，数量减少，进而导致种群饿死。此外，还有另一种假说认为，类似白靴兔种群的种群循环是由捕食者造成的。根据这一理论，猎物增加导致捕食者数量增加，反过来，捕食者导致猎物的种群量下降。

然而，基斯发现上述假说没有一个能解释白靴兔或其他北方动物的种群循环。他指出："想要了解白靴兔种群每10年循环一次的原因，仅仅依靠理论是不够的，现在我们需要一个由各种专家组成的研究团队进行长期综合调查。"基斯随即自行组织了一个研究团队，并与北美洲和欧洲的几个研究小组一起，研究捕食者及食物供应在北方动物种群循环中扮演的角色。30年后，他们终于获得了合理的解释。

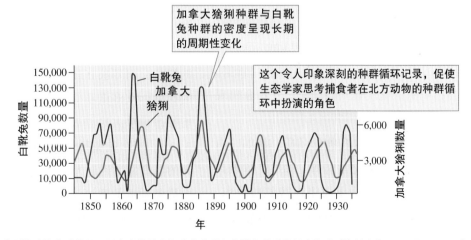

加拿大猞猁种群与白靴兔种群的密度呈现长期的周期性变化

这个令人印象深刻的种群循环记录，促使生态学家思考捕食者在北方动物的种群循环中扮演的角色

图14.11 根据哈德孙湾公司收购的皮毛数量，研究者推算出加拿大猞猁与白靴兔种群的历史波动（资料取自MacLulich，1937）

食物供应的作用

白靴兔生活在北美洲的北方针叶林。我们已知北方针叶林的优势树种为各种针叶树，如云杉、美国短叶松（*Pinus banksiana*）、美洲落叶松（*Larix laricina*），以及香脂杨（*Populus balsamifera*）、欧洲白杨（*Populus tremuloides*）与纸桦（*Betula papyrifera*）等落叶树。在北方针叶林中，白靴兔与茂密的林下灌丛息息相关，因为灌丛是白靴兔的藏身之所及最关键的食物来源。

白靴兔具有减少食物数量和降低食物质量的潜力，它们的繁殖力与野兔类齐名。在白靴兔种群循环的增长期，白靴兔的平均几何增长率（λ）高达 2.0。换言之，经过一个世代后，白靴兔的种群量会翻倍。基斯及他的同事（Keith，1984）发现，白靴兔的种群密度高达 1,100～2,300 只/千米^2，但局部地区的种群密度却是高度动态变化的。有些地方的白靴兔种群密度波动幅度可达 100 倍，而且 10～30 倍的波动非常普遍。在欧亚大陆的针叶林中，白靴兔种群也呈现明显的种群循环与类似的密度变化（Keith，l983），而高密度的白靴兔种群对当地的植被造成了相当大的破坏。

在漫长的冬天（6～8 个月），白靴兔以蔷薇类（*Rosa* spp.）和柳类等灌丛的嫩芽及小茎为食。如果积雪太深，它们会吃掉云杉或白杨的小树。这些灌木或树苗最有营养的部分是直径小于 4～5 mm 的茎。整个冬天，每只白靴兔每天大约需要消耗 300 g 茎，但在某些地区，白靴兔 1 天需要消耗的食物生物量超过 1,500 g，因为在寻找食物时，白靴兔需要消耗掉大部分食物。按这种摄食率，一个白靴兔种群就足以使食物生物量从 11 月底的 530 t/hm^2 减少到第二年 3 月底的 160 t/hm^2。许多生态学家都已证实，在冬季，当白靴兔的密度达到高峰时，食物会出现短缺现象。

另外，白靴兔也会影响食物的品质。例如，白靴兔的摄食会使植物产生化学防御。如第 7 章谈到的，植物被大量采食后，为了驱退饥饿的白靴兔，植物嫩芽中的萜烯（terpene）及酚醛树脂（phenolic resin）浓度会提高。植物体内化学防御物质的高浓度可维持 2 年。这种化学防御在植物种群减少时期导致"可食用"的食物变得更少。一些生态学家认为，植物的防御反应有如"定时器"般，引发白靴兔种群的 10 年一变。

捕食者的作用

上述加拿大猞猁种群循环的长期记录可能会误导生态学家以为加拿大猞猁是白靴兔的唯一捕食者，但事实上，白靴兔的主要捕食者还包括许多其他动物，如苍鹰（*Accipiter gentilis*）、大雕鸮（*Bubo virginianus*）、北美水貂（*Mustela vison*）、长尾鼬（*Mustela frenata*）、赤狐及郊狼（*Canis latrans*）。这些捕食动物的种群也出现循环现象，而且与白靴兔种群循环同步。虽然我们认为加拿大猞猁是捕食白靴兔的特化种，但是泛化捕食者（generalist predator）也可能捕食白靴兔，这种现象在白靴兔种群密度的高峰期特别明显。陶德与基斯（Todd and Keith，1983）曾记录，在加拿大艾伯塔省中部，67% 的郊狼食物由白靴兔组成。生态学家估计，在白靴兔种群密度的高峰期，60%～90% 的白靴兔死亡都是由捕食造成的。

马克·欧多诺霍等人（O'Donoghue et al.，1997，1998）在加拿大、阿根廷和阿拉斯加进行的研究清楚地表明，随着白靴兔密度增加，捕食者表现出功能反应（170 页）和数值反应（235 页）。欧多诺霍与同事主要研究两种以白靴兔成体为猎物的捕食者：加拿大猞猁和郊狼。他们发现，郊狼和加拿大猞猁的数量会随着白靴兔种群量的增加而呈现数值反应——增加 6～7 倍。随着白靴兔种群密度的增加，这两种捕食者也表现出功能反应。但是郊狼和加拿大猞猁的功能反应在时间和形式上都存在差异。加拿大猞猁在白靴兔种群量下降时才增加对白靴兔的捕食；而郊狼在白靴兔种群增加时加强对白靴兔的捕食。欧多诺霍等人也发现，随着白靴兔种群的增加，加拿大猞猁表现出明显的 Ⅱ 型功能反应（图 7.22）。当白靴兔种群达到中等密度，加拿大猞猁每天的捕食量达到最大值——1.2 只白靴兔。反之，当白靴兔种群的密度达到高峰，郊狼每天捕食的白靴兔可达 2.3 只，而且这种功能反应没有趋缓的迹象。当白靴兔种群度密较高时，郊狼和加拿大猞猁的捕食量均超过了它们每日的能量需求。郊狼在早冬猎杀大量白靴兔，并加以储存，等到晚冬时回来食用。有些郊狼甚至在 4 个多月后才前来食用储存的白靴兔。加拿大猞猁和郊狼的数值反应和功能反应表明这些捕食者会降低白靴兔种群的密度。

总之，数十年来的研究表明，捕食者与食物都对白靴兔的种群循环发挥相当重要的作用（Haukioja et al.，1983；Keith，1983；Keith et al.，1984）。食物有效性及捕食假说没有互相排斥，而是相互补充。随着白靴兔种群的增加，食物的数量减少，品质下降。食物的有效性下降导致白靴兔饿死或体重减轻，进而造成白靴兔的种群密度下降。而捕食造成的死亡则促进和加速了白靴兔种群密度的下降。反过来，随着白靴兔种群密度的下降，捕食者种群开始减少，植物种群慢慢恢复，为下一次白靴兔种群密度的增加铺路。白靴兔的种群循环就这样在北方森林内不断地上演，这种现象是经过一系列的长期研究才得以验证的。

实验验证食物和捕食者的影响

为了理清有关食物与捕食者影响白靴兔种群循环的矛盾证据，查尔斯·J. 克雷布斯等人（Krebs et al.，1995）进行了一项长达 8 年的大尺度研究，这项实验至今仍是规模最宏大的野外实验之一。他们的实验区包含了 9 块面积均为 1 km²、未受干扰的北方针叶林，每块样地之间至少相隔 1 km。其中 3 块样地为对照组，另外 6 块为实验处理组。为了检验食物数量的影响，研究者在整个研究期间给其中 2 块实验区的白靴兔提供无限食物；为了验证食物品质对白靴兔数量的影响，研究者在其中 2 块实验区地空投氮钾磷肥料；最后，他们以电篱笆围起 2 块 1 km² 的样地，禁止哺乳类捕食者进入，但允许苍鹰与猫头鹰自由进出。在这 2 块减少捕食者的样地中，有一块提供了额外食物。克雷布斯与同事提到，他们无法重复减少捕食者的实验及减少捕食者并提供额外食物的实验，因为这 2 块实验区的电篱笆长达 8 km，在低达 -45℃ 的冬季，每天检查研究区是不可能完成的事情。克雷布斯的研究团队维持这些实验条件的时间正好是白靴兔种群循环的一个周期。

在 8 年实验期间，研究者在所有样地中都观察到了白靴兔种群量的一次上升和下降，但是在添加肥料的样地中，植物的增长并未增加白靴兔数量。与对照组相比，在无限供应食物、减少捕食者的样地及减少捕食者并额外供应食物的样地中，白靴兔的数量均大幅增长。研究者将整个循环周期的白靴兔数量平均后发现，减少捕食者样地的白靴兔密度为对照组的 2 倍，无限食物供应样地的白靴兔密度为对照组的 3 倍，减少捕食者并额外供应食物样地的白靴兔密度为对照组的 11 倍（图 14.12）。那么，造成实验处理样地中白靴兔密度增加的因素是什么？克雷布斯与同事发现，实验区中白靴兔的高密度是高存活率和高繁殖率的结果。

经过 70 多年的研究，我们得到以下结论：白靴兔的种群循环是 3 个营养级（白靴兔、食物与捕食者）交互作用的结果。然而，克雷布斯与同事（Krebs et al.，2001）指出，要了解这 3 个营养级对白靴兔数量的控制作用，研究者必须同时研究这 3 个营养级。此外，关键实验必须在大尺度的野外环境中进行。尽管如此，仍然有许多有关这种大尺度捕食者 - 猎物关系的认识来自实验室研究和数学模型研究。

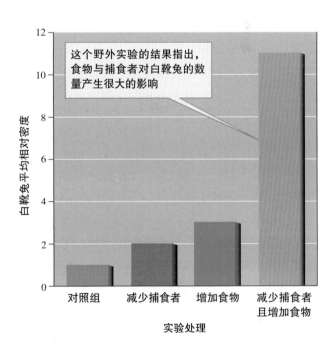

这个野外实验的结果指出，食物与捕食者对白靴兔的数量产生很大的影响

图 14.12 白靴兔种群循环周期内的平均密度。平均密度以相对不进行任何实验处理的对照组的密度来表示（资料取自 Krebs et al.，1995，2001）

数学模型和实验室模型中的种群循环

现在，让我们从广阔北方针叶林内的种群循环转向数学模型及可控实验条件下的种群循环。通过数学模型和实验室模型，生态学家能够控制野外实验中无法控制的变量。这里，我们的问题是：不考虑复杂的因素（如猎物对食物供应的影响及不可控的气候变化），数学模型和实验室模型能否产生捕食者 – 猎物、寄生物 – 宿主的种群循环？换言之，利用种群间的交互作用能否产生上述白靴兔种群那样的种群循环？答案是肯定的。

数学模型

阿尔弗雷德·洛特卡（Lotka, 1925）和维托·沃尔泰拉（Volterra, 1926）最先以数学模型模拟捕食者 – 猎物的交互作用。他们均根据对自然种群交互作用的观察结果建立模型。洛特卡印象最深的是蝶类和蛾类幼虫与攻击它们的拟寄生物种群间的交互波动（reciprocal oscillation）。沃尔泰拉则从第一次世界大战期间海洋鱼类种群对禁渔的反应中得到灵感。他发现不同的鱼类种群对禁渔的反应不同：捕食性鱼类（特别是鲨）的多度增加，而它们猎捕的鱼类多度减少。这种多度的相反变化表明，捕食者具有减少猎物多度的潜力。沃尔泰拉不仅在捕食者 – 猎物系统中观察到种群循环现象，在寄生物 – 宿主、病原体 – 宿主（包括人类）系统中也观察到了。根据他们的观察结果，洛特卡和沃尔泰拉建立了能产生自然种群循环的数学模型。

洛特卡和沃尔泰拉的捕食者 – 猎物方程证实，简单的模型也能产生捕食者及猎物的种群循环。在后面的讨论中，为了使方程中的各项参数意义更清楚，我们将"猎物"统一为"宿主"。洛特卡 – 沃尔泰拉模型假设宿主种群以指数速率增加，而且受寄生物、病原体及捕食者种群的影响。宿主种群增长方程为：

$$\frac{\mathrm{d}N_\mathrm{h}}{\mathrm{d}t} = r_\mathrm{h}N_\mathrm{h} - pN_\mathrm{h}N_\mathrm{p}$$

这个方程模拟了宿主种群量的变化。其中，$r_\mathrm{h}N_\mathrm{h}$ 为宿主种群的指数增长率。在洛特卡 – 沃尔泰拉模型中，宿主种群增长受捕食者造成的死亡影响，在方程中以 $-pN_\mathrm{h}N_\mathrm{p}$ 表示。其中，p 为捕食率，N_h 为宿主种群量，N_p 为捕食者种群量。

对于捕食者种群的增长，洛特卡 – 沃尔泰拉模型假设捕食者种群的增长率等于捕食者将宿主转化为子代（新个体）的速率减去捕食者种群的死亡率，方程为：

$$\frac{\mathrm{d}N_\mathrm{p}}{\mathrm{d}t} = cpN_\mathrm{h}N_\mathrm{p} - d_\mathrm{p}N_\mathrm{p}$$

式中，N_h 及 N_p 仍分别为宿主及捕食者的种群量。捕食者将宿主转化为子代的速率为 $cpN_\mathrm{h}N_\mathrm{p}$，它由捕食者破坏宿主的速率 $pN_\mathrm{h}N_\mathrm{p}$ 乘以转换系数 c 而得。此外，捕食者种群增加的数量必须扣除死亡的数量 $d_\mathrm{h}N_\mathrm{p}$。需要注意的是，在上述两个方程中，只有 N_h 及 N_p 为变量，p、c、d_p、r_h 均为常数。洛特卡 – 沃尔泰拉的捕食者 – 猎物模型详见图 14.13。

现在，我们再来回顾一下该模型。因为宿主种群呈指数增长，所以宿主种群增长率随种群量增加而加快，但是宿主种群增长越来越快的趋势会被利削弱。因为 N_h 增加时，捕食率 $pN_\mathrm{h}N_\mathrm{p}$ 也增加。因此，在洛特卡 – 沃尔泰拉的模型中，宿主种群的繁殖很快被捕食者摧毁。此外，捕食率 $pN_\mathrm{h}N_\mathrm{p}$ 的增大也直接导致更多的捕食者（$cpN_\mathrm{h}N_\mathrm{p}$）产生。反过来，捕食者的增加也会提高捕食率，因为 N_p 增大，$pN_\mathrm{h}N_\mathrm{p}$ 也随之增大。最终，捕食者种群的增长会减少宿主种群量，而宿主种群量的减少又导致捕食者种群量的减少。因此，和宿主一样，捕食者的成功也埋下自毁的种子。

猎物（宿主）与捕食者之间互为因果的关系使这两个种群的数量产生波动。我们可用两种方式来表示这种波动。在图 14.14（a）中，种群波动的表示方式与白靴兔和加拿大猞猁种群循环的表示方法一致（图 14.11）。图 14.14（b）则以另一种方式呈现。该图去除时间轴，两个坐标轴分别代表捕食者数量和猎物数量。我们把种群数据按照这种方式画出图形后发现，洛特卡 – 沃尔泰拉模型产生的捕食者种群和宿主种群的波动轨迹为一个椭圆，椭圆的大小取决于宿主种群与捕食者种群的起始大小。然而，不管椭圆的大小如何，宿主与捕食者的种群量以不变的轨迹不断循环。

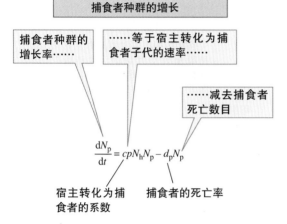

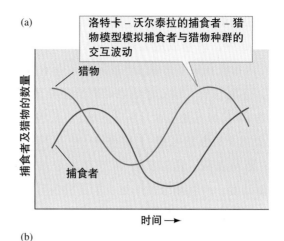

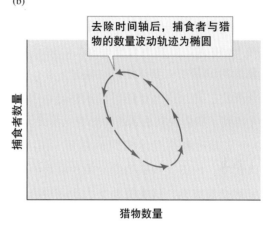

图 14.13　洛特卡－沃尔泰拉方程的图解。该方程描述捕食者种群和宿主种群的增长（为了使公式中的各项参数意义更清楚，用"宿主"代替"猎物"）

图 14.14　洛特卡－沃尔泰拉的捕食者－猎物模型图示（资料取自 Gause，1934）

很显然，种群在狭窄局限的轨迹上恒定波动，宿主种群及捕食者种群不受负载力的限制，某种群的改变立刻导致另一种群发生变化，这些都是不切实际的假设。尽管如此，对于了解捕食者－猎物关系，洛特卡及沃尔泰拉仍然作出了非常有价值的贡献。他们的研究显示，这个简单的模型以最少的假设产生了捕食者种群与猎物种群之间的交互循环现象，这与生物学家在自然种群中观察到的现象非常类似。从理论上来说，不需要借助任何外部力量（如气候变化），捕食者－猎物的交互作用就可产生种群循环现象。后来，洛特卡－沃尔泰拉模型经过改进变得更加精细，产生的预测和表现方式与自然界的捕食者－猎物系统更一致。洛特卡－沃尔泰拉方程也可用于模拟寄生物－宿主、病原体－宿主和拟寄生物－宿主的种群循环。

实验室模型

在实验室中产生洛特卡－沃尔泰拉型种群循环，最成功的研究者当属日本京都大学的内田俊郎（Utida，1957）。他研究绿豆象（*Callosobruchus chinensis*）与绿豆象攻击者——一种膜翅目断脉茧蜂（*Heterospilus prosopidis*）之间的交互作用。这种绿豆象的成虫在红豆（*Phaseolus angularis*）上产卵，孵化的幼虫以红豆为食，直到变态成蛹。成虫从蛹中孵化出来后交配，随后寻找新的红豆产卵。从卵到卵，绿豆象的整个生活史约 20 天。在绿豆象努力完成生活史时，断脉茧蜂则正在寻找绿豆象的幼虫、蛹和产卵之处，因为断脉茧蜂幼虫以绿豆象的幼虫及蛹为食。在这个过程中，断脉茧蜂杀死绿豆象。断脉茧蜂捕食绿豆象与加拿大猞猁捕食白靴兔相比，虽然两者在行为细节上不同，但生态意义是一样的。

内田氏将实验种群饲养于直径 8.5 cm、高 1.8 cm 的培养皿中，培养皿的温度为 30℃，相对湿度为 75%。内田氏在每个培养皿中放入 10 g 含水 15% 的红豆，还混合放入绿豆象成虫和断脉茧蜂成虫。A 群包含 64 只绿豆象与 8 只断脉茧蜂；C 群包含 8 只绿豆象与 8 只断脉茧蜂；E 群包含 512 只绿豆象与 128 只断脉茧蜂。内田氏每 10 天往培养皿中加入 10 g 新红豆，并将剩余的旧红豆取出放到另一个培养皿中。他连续记录了旧红豆内的绿豆象 20 天。

内田氏追踪 C 群绿豆象 47 代，约 940 天，直到一次操作失误，所有种群死亡；追踪 E 群绿豆象 82 代，约 1,640 天，直到所有种群死亡；他追踪 A 群绿豆象的时间最长，共 112 代，超过 6 年，直到种群意外死亡。通过这么长的时间观察这么多代，内田氏才得到了我们现在看到的种群变化模式。

3 个实验种群都显示相同的循环（图 14.15）。在前几代中，内田氏观察到绿豆象种群和断脉茧蜂种群呈现交互波动，这类似加拿大猞猁种群与白靴兔种群的变动（图 14.11）。经过初期的大幅波动后，两个种群保持小幅波动状态，一段时间后，再次出现大幅波动。在 A 群中，初始的大幅波动持续了 20 代，接着波动减缓持续到第 30 代，然后波动再次变大直到第 54 代，随后波动减缓。

内田氏的实验结果类似于洛特卡 – 沃尔泰拉模型的交互波动模式，但也存在该数学模型未能预测到的现象。虽然存在差别，但内田氏的实验模型与洛特卡 – 沃尔泰拉模型都显示：即使物理环境没有显著变化，拟寄生物与宿主种群仍会发生交互波动。

G. 高斯（Gause，1935）在实验室研究双小核草履虫种群捕食少孢酵母时，也发现相似的结果。他只追踪了 3 个循环，共 20 天。虽然时间比内田氏的实验时间短很多，但他同样发现种群呈现类似洛特卡 – 沃尔泰拉模型预测的波动现象。

内田氏及高斯的成功让我们觉得实验室模型似乎很容易建立，但事实上，大部分试图以实验室种群产生洛特卡 – 沃尔泰拉式波动的实验都失败了。在大多数实验中，捕食者或猎物种群在很短时间内就死亡了。若要维持种群的波动，即便是非常短时间内的波动，研究者也必须为猎物提供某种庇护。这点也表明自然界捕食者 – 猎物系统的另一个通则：若要维持捕食者与猎物的利用关系，猎物需要庇护所。

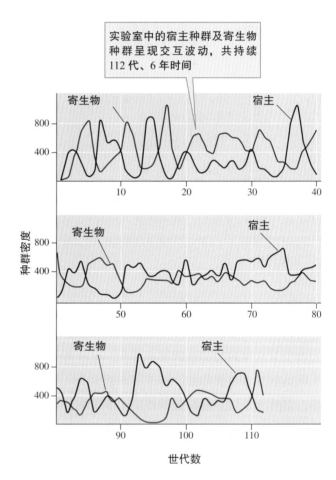

图 14.15　宿主绿豆象及断脉茧蜂的实验室种群（资料取自 Utida，1957）

概念讨论 14.3 ■

1. 当研究者首次描述加拿大猞猁和白靴兔的种群循环（图 14.11）时，许多人认为加拿大猞猁控制白靴兔种群。尽管两者之间的种群循环高度相关，为什么加拿大猞猁不是控制白靴兔种群的主要因素呢？

2. 白靴兔种群受食物和捕食者等多种因素综合控制，而不是受单一环境因素影响。为什么你认为这并不奇怪？

3. 数学模型和实验室模型都为捕食者 – 猎物系统提供了非常有价值的认识。这两种方法各有什么优缺点？

14.4 庇护所

若要维持利用关系，宿主及猎物都需要庇护所。 本节的主题是庇护所，被利用种群必须获得某种保护，才能免受捕食者或寄生物的攻击。当我们想到庇护所时，通常认为它是某个无法找到的地方，但是庇护所的类型众多，而且其中大多数与地方无关，也无法保证绝对安全，仅足够遮蔽而已。

实验室模型与数学模型中的庇护所及宿主持续性

尽管高斯在双小核草履虫与它的猎物——少孢酵母（*Saccharomyces exiguus*）中成功地产生种群循环，但我们并不了解他在实验早期遇到的困难。高斯最初尝试以双小核草履虫及它的捕食者——一种水生原生动物双环栉毛虫（*Didinium nasutum*）来模拟洛特卡–沃尔泰拉模型的种群循环。当高斯在实验室微宇宙（microcosm）中培养这两个种群时，双环栉毛虫迅速吃光了双小核草履虫（图14.16）。就是说，在缺乏庇护所时，捕食者种群与猎物种群最后都会灭绝。之后，高斯在微宇宙底部放入沉积物作为双小核草履虫的庇护所。在这样的条件下，双环栉毛虫吃光庇护所之外的双小核草履虫后，逐渐因饥饿而死亡。随着双环栉毛虫消失，捕食压力解除，双小核草履虫的种群量迅速增加。这个例子说明，一个简单的猎物庇护所可以导致捕食者的灭绝。

要在微宇宙中维持捕食者与猎物的种群循环，高斯必须定期加入这两个种群的新个体。当微宇宙中缺乏双小核草履虫所需的庇护所时，高斯必须每3天从单物种培养箱中取出1只捕食者和1只猎物加入微宇宙中，才能持续实验。只有定期补充，种群才能呈现洛特卡–沃尔泰拉模型的波动（图14.16）。换言之，要产生这样的结果，实验系统必须包含猎物的庇护所及捕食者的补充种群，高斯必须定期把新个体加到微宇宙中。

这种需求是否是人为的结果，自然种群是否也有类似的需求呢？事实上，高斯的实验结果与我们在许多自然种群中观察到的结果相符。在第9章中，

我们知道种群在大尺度环境中为聚集分布，即大部分物种在分布范围内的某处更常见；在第10章中，我们知道扩散是影响种群动态的重要因素，一些地方种群完全依靠其他地方种群的迁入来维持。一些生物学家总结了这些观察后，提出以下假说：种群有源种群（source）和汇种群（sink）之分，许多地方种群靠源种群的迁入来维持。在高斯的研究中，实验室单物种培养箱为种群热点或源种群，而捕食者与猎物共存的微宇宙为汇种群。高斯的实验结果也与后来的实验结果相符。

C. 胡法克（Huffaker, 1958）通过实验验证：在合适的生境内，如果捕食者与猎物可以自由迁移，他是否可以重复高斯的结果。他以食用柳橙的六点始叶螨（*Eotetranychus sexmaculatus*）为猎物，以西方盲走螨（*Typhlodromus occidentalis*）为捕食者。他的实验设置（他称其为"宇宙"）包含两种不同组合：一种是柳橙阵列；另一种是柳橙及橡皮球的阵列，其间以条状凡士林胶分隔，用以阻隔部分螨的迁移。

这个实验的重点是：捕食性螨必须通过爬行迁

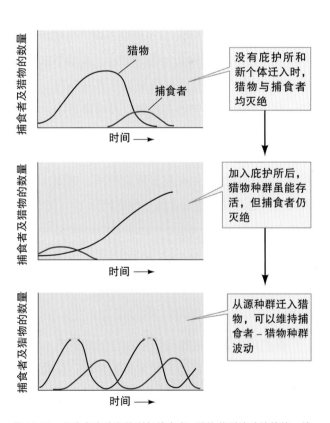

图14.16 实验室中的庇护所与捕食者–猎物种群波动的持续。捕食者为双环栉毛虫，猎物为双小核草履虫（资料取自Gause, 1935）

移，而六点始叶螨则通过爬行或空飘迁移。其中，空飘是指螨通过丝线随风飘移，因此胡法克提供小木桩作为螨空飘的落脚点，并设置风扇制造气流。

在胡法克的实验中，简单的实验设置并没有产生捕食者与猎物的种群波动，但包含 120 个柳橙的复杂设置却产生了种群波动，而且波动持续了好几个月（图 14.17）。胡法克在 6 个月内观察到 3 次波动。这种波动的持续依赖于捕食者与猎物在柳橙间扩散进行捉迷藏般的死亡游戏，猎物总是比捕食者先一步达到种群高峰。这个结果与高斯的实验结果相似，但胡法克没有直接操控扩散。在他的实验中，捕食者与猎物依靠自己的力量扩散。

洛特卡（Lotka, l932a）验证了庇护所的重要性。他把庇护所加入他的捕食者 – 猎物关系数学理论中。他的讨论以洛特卡 – 沃尔泰拉模型描述的捕食者 – 猎物方程为开始：

$$\frac{dN_h}{dt} = r_h N_h - pN_h N_p \text{ 和 } \frac{dN_p}{dt} = cpN_h N_p - d_p N_p$$

洛特卡以公式中捕食者的捕食率 p 开始讨论。他指出，在特定环境下，将 p 假设为常数是合理的，但当环境的结构不同时，p 应有所变化，特别对于庇护所有效性不同的环境，p 更应该不同。当猎物或宿主可获得较多庇护所时，p 应该较小。生物学家在分析庇护所与空间多样性在维持捕食者 – 猎物、寄生物 – 宿主种群循环中的作用时，可对洛特卡 – 沃尔泰拉的捕食者 – 猎物模型做进一步修正。虽然洛特卡的分析主要集中在陆生猎物的物理庇护所，但他也了解到自然界中存在多种庇护所。例如，飞行即为鸟类逃避陆生捕食者的一种庇护所。

被利用生物及其各种庇护所

空间

我们的大部分讨论均集中在空间庇护所上，即被利用种群的个体利用空间来保护自己，免受捕食者或拟寄生物的攻击。我们熟知的空间庇护所包括洞穴、树、天空、水（面临陆生捕食者时）及陆地（面临水生捕食者时）。然而，这些空间庇护所之间

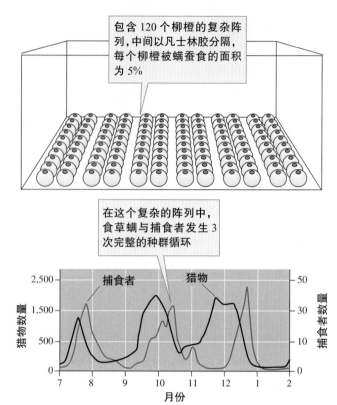

图14.17　环境复杂度与实验室中食草螨与捕食性螨种群的波动（资料取自 Huffaker, l958）

存在细微的差异。

我们在本章前面 331 页讲过，覆盖澳大利亚大部分地区的刺梨仙人掌由食草仙人掌螟及病原微生物共同控制，但是这种螟的入侵并未导致刺梨仙人掌灭绝，因为刺梨仙人掌具有多种空间庇护所。如我们所知，面积小且隔离的刺梨仙人掌种群很难被仙人掌螟发现。这是一种空间庇护所，与胡法克实验设置的柳橙相似。另外，这种螟不会攻击贫瘠土壤或海拔高于 600～900 m 的仙人掌，因为这些地区仙人掌组织的品质较差或气温较低。

美国西北部太平洋地区的贯叶金丝桃（*Hypericum perforatum*）在受到主要天敌双金叶甲（*Chrysolina quadrigemina*）的攻击时，也生存在类似的庇护所中。1900 年，贯叶金丝桃被引进克拉马斯河（Klamath River）沿岸地区。该种群增长迅速，至 1944 年已覆盖 800,000 hm²。但释放双金叶甲后，贯叶金丝桃的覆盖面积骤减至全盛时期的 1%，残存种群主要分布在遮蔽的环境中。与阳光充足的地方相比，虽然贯叶金丝桃在遮蔽地区的增长较慢，但由于双金叶甲不喜欢遮蔽的环境，贯叶金丝桃可免受攻击。

以量取胜

生活在大群体中也是一种庇护。大群体除了可吓退捕食者外，还可以降低个体被捕食的概率。这个推论是根据 C. S. 霍林（Holling，1959）的研究而得。霍林研究捕食者对猎物密度增加的反应。在第 7 章中，我们看到多种捕食者及食草生物的功能反应。简而言之，功能反应是指随着猎物密度增加，捕食者的进食率也增加；当进食率达到最大值后，维持稳定。我们曾在第 10 章中探讨捕食者的数值反应，这是捕食者的第二种反应，即捕食者密度随猎物密度的增加而递增。和功能反应一样，数值反应在某一点趋于平缓，种群密度不再随猎物密度递增。

现在，我们把功能反应及数值反应放在一起，预测捕食者在猎物密度增加时的**综合反应**（combined response）。我们将每个捕食者消费的猎物数量乘以单位面积中捕食者的数量，将两种反应综合起来。

$$\frac{被消费的猎物数}{捕食者数量} \times \frac{捕食者数量}{面积} = \frac{被消费的猎物数}{面积}$$

单位面积内被消费的猎物数量除以猎物密度（消费的猎物数量 / 面积）即可得到被捕食猎物的比例。我们将被捕食猎物的比例与猎物密度绘制图形，可发现猎物密度越高，被捕食猎物的比例愈低（图 14.18）。

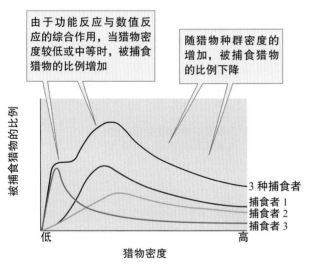

由于功能反应与数值反应的综合作用，当猎物密度较低或中等时，被捕食猎物的比例增加

随猎物种群密度的增加，被捕食猎物的比例下降

被捕食猎物的比例

3 种捕食者
捕食者 1
捕食者 2
捕食者 3

低　猎物密度　高

图 14.18 猎物密度与被捕食猎物比例的关系是捕食者的功能反应和数值反应综合作用的结果（资料取自 Holling，1959）

为何猎物密度越高，被捕食猎物的比例越低？答案藏在捕食者的功能反应及数值反应中。因为功能反应及数值反应都在猎物密度中等时趋于平缓，

当猎物密度超过这一临界值时，捕食者的密度及进食率就不再增加。随着猎物密度继续增加，被捕食的猎物数目却不再增加，被捕食猎物的比例自然就下降。霍林的研究结果显示，当猎物种群密度极高时，猎物被捕食的概率会下降。这种防御策略称为**捕食者饱和效应**（predator satiation）。该效应被昆虫、植物、海洋无脊椎动物及非洲羚羊广泛采用，其中，周期蝉的捕食者饱和效应最明显。

周期蝉的捕食者饱和效应

北美洲南部的周期蝉（*Magicicada* spp.）每 13 年羽化为成虫；北美洲北部的周期蝉每 17 年才羽化为成虫。尽管如此，北美洲东部的周期蝉几乎每年都会羽化成虫。周期蝉的羽化使得北美洲东部突然出现大量鸣叫个体，密度可达 4×10^6 只 / 公顷，转化为生物量相当于 $1,900 \sim 3,700$ kg/ hm^2，这是陆生动物自然种群生物量的最高纪录。

周期蝉为同翅目昆虫，同翅目昆虫还包括叶蝉与蚜虫。与其他同翅目昆虫一样，周期蝉以吸食植物的汁液为生，它们的若虫生活在地下长达 $13 \sim 17$ 年，以植物根部导管中的汁液为生。成熟时，若虫掘开地表的泥土蜕壳而出，成为羽翼成虫。周期蝉羽化成虫的时间非常相近，数百万只成虫在几天内羽化。羽化后，雄蝉飞到树梢上鸣叫，吸引雌蝉前来交配。交配后，雌蝉在树木或灌丛的小枝条上产卵。大约 6 周后，若虫孵化出来，坠落地面，并钻入地下，然后找到树根开始摄食，在此后的 $13 \sim 17$ 年，若虫鲜少移动。周期蝉的大量同时羽化是自然界中令人难忘的生物现象，它们的目的是产生捕食者饱和效应。

凯西·威廉姆斯及其同事（Williams，Smith and Stephan，1993）验证了阿肯色州西北部 13 年周期蝉的捕食者饱和效应。他们用塑料网做成锥状陷阱测量羽化率，用倒置陷阱测量捕食率（图 14.19）。若虫羽化时从陷阱盖住的地面钻出，会进入陷阱中。研究人员可根据捕获的周期蝉数目估计羽化率。当周期蝉成虫因各种物理因素、老化或病原体死亡从树上掉落地面时，一些周期蝉会掉入树下的倒置陷阱中。鸟类为蝉的主要捕食者。它们捕食蝉时，会

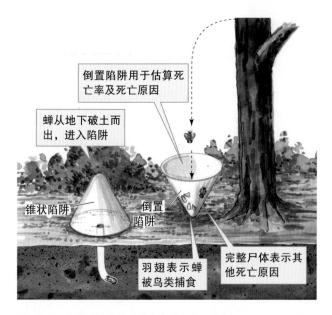

- 倒置陷阱用于估算死亡率及死亡原因
- 蝉从地下破土而出，进入陷阱
- 锥状陷阱
- 倒置陷阱
- 羽翅表示蝉被鸟类捕食
- 完整尸体表示其他死亡原因

图14.19　估算周期蝉的种群大小及鸟类的捕食率

丢弃蝉的羽翅，这些羽翅也会掉入陷阱中。因此，研究者可以根据倒置陷阱中的周期蝉数目和羽翅数目估算捕食率。

周期蝉的死亡率、捕食率与种群大小的关系证明了捕食者饱和效应。威廉姆斯及他的同事估计，在 16 hm² 的实验地中，有 1,063,000 只蝉羽化，其中的 50% 在 4 天晚上连续羽化。羽化高峰期出现在 5 月底，但在 6 月的前 2 周，羽化率迅速降低，主要原因是大量周期蝉因第一周的大雷雨而死亡。从图 14.20 可以看出，鸟类的捕食率在周期蝉羽化高峰期很低，但在周期蝉种群迅速减少的 6 月，鸟类的捕食率上升至 100%。这个结果表明，周期蝉的捕食者饱和效应降低鸟类的捕食率，使捕食率不超过周期

蝉种群的 15%。

体形也是一种庇护

我们第一次谈到"捕食者会根据体形大小选择猎物"是在第 6 章的蓝鳃太阳鱼及美洲狮例子中。然而，其他生物也会根据体形大小选择猎物。事实上，从蜥蜴到小型哺乳动物，捕食者体形与猎物的平均大小都存在显著的相关性。在这些生物中，捕食者根据体形大小选择猎物是因为猎物的捕捉与消费都要消耗体力。如第 7 章谈到的，体形会影响捕食者处理猎物的时间，进而影响能量摄取速率。对捕食者而言，某些猎物体形太大，处理起来不划算，因此捕食者不会去捕食这种猎物。

现在我们从猎物的角度来研究体形大小。若捕食者忽略体形大的猎物，那么大体形就是一种庇护。一个明显的例子发生在非洲热带稀树大草原：数种捕食者会捕食幼象或幼犀，却不会捕食成年象或成年犀，甚至成年狮会被大象杀死（图 14.21）。在小尺度环境中，罗伯特·佩因（Paine，1976）发现赭色海星（*Pisaster ochraceus*）不会捕食猎物中体形最大的加州贻贝（*Mytilus californianus*）。图 14.22 显示，赭色海星捕食的贻贝的最大体形取决于赭色海星的体形。值得注意的是，佩因观察到的成功捕食大多是中小型海星捕食体长小于 11 cm 的贻贝。大部分海星无法捕食最大型贻贝，而能捕食最大型贻贝的大海星仅分布在少数海岸。这意味着如果贻贝在体长达到 10～12 cm 前未被捕食，那么日后被海

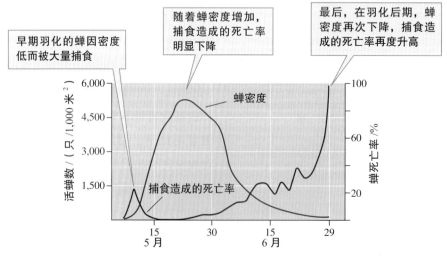

- 早期羽化的蝉因密度低而被大量捕食
- 随着蝉密度增加，捕食造成的死亡率明显下降
- 最后，在羽化后期，蝉密度再次下降，捕食造成的死亡率再度升高
- 蝉密度
- 捕食造成的死亡率

图14.20　周期蝉的种群密度及鸟类捕食造成的死亡率（资料取自 Williams，Smith and Stephan，1993）

图14.21 在逃避捕食者时，大体形是一种庇护。非洲象的幼象很容易被非洲狮捕食，但成象却不会被捕食

星攻击的概率就很低。佩因移除潮间带的海星后，贻贝的存活率提高了，贻贝可成长到较大体形（图14.23）；当佩因再将海星移回潮间带，许多贻贝的体形已很大，足以逃避海星的攻击。这个实验的结果让我们了解到，除了猎物存活率，猎物体形也很重要。

若是猎物体形超过某个临界值，捕食者就不再捕食它们，这是否意味着自然选择偏向那些在捕食者面前表现大体形的猎物呢？某些水生昆虫的表现确实如此。巴巴拉·佩卡尔斯基（Peckarsky，1980，1982）观察到，小蜉科（Ephemerellidae）的蜉蝣幼虫面对捕食者石蝇时会"站在原地"。事实上，它们不只站在原地，还会向上曲卷腹部，将尾丝指向石蝇的触角及脸部。佩卡尔斯基称这种姿势为"蝎子姿势"（图14.24）。通常，石蝇遇到这种姿势时，就不会采取攻击。虽然许多河流生态学家都观察过蜉蝣幼虫的这种行为，但佩卡尔斯基是第一位提出"蝎子姿势是一种防御策略"的生态学家。他认为蜉蝣幼虫利用这一姿势使体形变大来防御根据体形选择猎物的捕食者。

恐惧生态与庇护生态

当我们思考捕食者对猎物种群的影响时，往往侧重致命效应——捕食者会杀死猎物。然而，威廉·里普尔和罗伯特·伯史塔（Ripple and Beschta，2004，2008）指出，捕食者也可以改变猎物种群的行为。捕食者对猎物的这种行为影响被广泛称为"恐

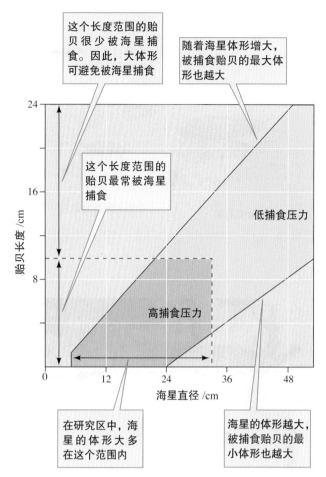

图14.22 大型贻贝不常被海星捕食（资料取自Paine，1976）

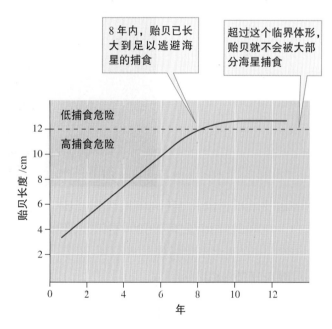

图14.23 贻贝在移除了海星的潮间带中的生长情况（资料取自Paine，1976）

小蜉科的蜉蝣幼虫呈现"蝎子姿势"，使体形看起来较大，从而吓退捕食者

捕食者石蝇　　　　　　　小蜉科的蜉蝣幼虫

图14.24　小蜉科的蜉蝣幼虫遇到捕食者石蝇时的应对姿势

惧生态"，是猎物避免处于高风险状态的结果。里普尔和伯史塔研究了1995—1996年灰狼重新入侵黄石公园后的生态后果［图14.25（a）］。马鹿是灰狼的主要猎物［图14.25（b）］，随着灰狼种群的增大，马鹿的分布已经改变。最明显的变化是，马鹿到河岸区域觅食的次数减少了，因为它们在那里更容易被灰狼猎捕。因此，灰狼为马鹿的主要食物——河岸树木［图14.25（c）］创造了庇护，尤其是柳树。它们在这种庇护下得以重新生长。这种庇护不是通过物理屏障，而是通过恐惧创建的。

（a）

（b）

（c）

图14.25　恐惧生态。（a）灰狼重新引入黄石公园前，（b）马鹿大都集中在河岸大量摄食嫩柳树和白杨树。自从灰狼出现后，马鹿离开容易遭到捕食的河岸，（c）河岸树木种群开始恢复，并沿着黄石公园的河流和溪流健康密集生长

── 概念讨论 14.4 ───────■

1. 为什么当小体形蜉蝣幼虫做出"蝎子姿势"使其体形变大时，大体形的捕食性石蝇不会捕食它？

2. 为什么周期蝉选择密集同步羽化？

应用案例：有关蝙蝠控制害虫价值的一个实例研究

在本章的前半部分，我们看到在热带森林的洼地，蝙蝠降低了植物上的节肢动物数量（图14.7，331页）。在这个研究中，研究者发现，移除蝙蝠后，植物上节肢动物的密度提高了；与未移除蝙蝠的实验相比，植物叶片受食草动物危害的程度提高了3倍（Kalka，Smith and Kalko，2008）。许多节肢动物也会危害庄稼，降低农作物产量。为了保护农作物，农场主每年花费几十亿美元来控制害虫。农场主是否可以利用蝙蝠来保护农作物呢？热带咖啡园的研究给出了肯定的答案。金伯莉·威廉-吉伦、伊维特·派菲克特和约翰·范德米尔（William-Guillén，Perfecto and Vandermeer，2008）发现蝙蝠控制了墨西哥热带旱生林（第2章，23页）咖啡园中节肢动物的数量。研究者在湿季去除蝙蝠导致咖啡园中节肢动物的密度上升了84%。

如果蝙蝠能够保护农作物免受害虫危害，那么蝙蝠控制害虫的价值有多大？一个由美国和墨西哥科学家组成的研究小组对得克萨斯州西南部的8个县展开研究，他们的研究对这个问题做出了回答（Cleveland et al.，2006）。该地区的农作物包括10,000 hm² 棉花，年均产值为460万～640万美元。这里也是巴西犬吻蝠的家，它们栖息在山洞或桥下，觅食时会成群结队飞出。在蝙蝠的生长季，得克萨斯州西南部的十多亿只巴西犬吻蝠在夜晚捕食飞行的昆虫。大多数雌蝙蝠从出生、产崽到抚育幼蝠，都生活在母系群体中。它们哺育幼崽直至幼崽成熟需要6～7周时间。在这期间，它们需要大量能量。因此，一只处于哺乳期的雌蝙蝠每天晚上需要消化的飞行昆虫重达自身体重的2/3（Kunz，Whitaker and Wadanoli，1995），其中包括大量蛾。在得克萨斯州西南部，巴西犬吻蝠食物中最常见的蛾是玉米夜蛾（Helicoverpa zea）。虽然这种蛾以多种植物为食，但它们的幼虫——棉铃虫主要以棉花和玉米为食。受棉铃虫危害的这两种植物是当地重要的经济作物。实际上，棉铃虫是美国最严重的农业害虫之一，每年会造成数十亿美元的损失（Mitter，Poole and Matthews，1993）。

上百万只蝙蝠从它们的栖息地飞出，速度高达40 km/h，每晚飞过的距离超过100 km，一名生态学家或一个生态学小组如何追踪它们的飞行轨迹呢？克利夫兰小组利用NEXRAD（多普勒雷达）跟踪蝙蝠离开和返回栖息地的轨迹。雷达图像告诉研究者蝙蝠离开巢穴捕食和返回巢穴的方位。这两组方位数据显示，蝙蝠在研究区域内的农田上空飞行捕食。当农田上空海拔200～1200 m出现大量棉铃虫蛾时，为了补充雷达数据，研究者还在地面观察并确认蝙蝠在农田上空捕食。根据该研究区的历史估算数据和最近的统计数据，克利夫兰和他的同事估计每晚约有150万只巴西犬吻蝠在该研究区的农田上空捕食。

研究小组利用可减少成本法来评估蝙蝠控制害虫的价值。他们的分析包括两种成本。第一种成本是没有蝙蝠控制害虫情况下的棉花损失；第二种是不用蝙蝠、用农药控制害虫的花费。根据一系列的计算，克利夫兰研究团队估计，每只巴西犬吻蝠每晚捕食1.5只雌蛾，不然这些蛾就在棉花上产卵。尽管一只雌蛾产600～1,000个卵，但由于蚂蚁、寄生物和病原体等捕食者的伤害，蛾幼虫的成活率比较低。因此，综合考虑各种原因造成的死亡，研究者们估计：巴西犬吻蝠每晚捕食1.5只雌蛾，可减少5只危害棉花的棉铃虫，进而避免10个棉铃受到危害。通过限制棉花上棉铃虫的数量，巴西犬吻蝠也延迟了棉铃虫种群密度达到农场主使用杀虫剂的时间，进而减少了第二种成本。

应用可减少成本法，克利夫兰研究小组估计，在他们研究期间，巴西犬吻蝠在得克萨斯西南部控制害虫的价值是74万美元。但是他们也认识到，蝙蝠控制害虫的价值每年都不同（图14.26）。在棉铃虫卵和幼虫存活率低的年份，害虫控制价值低一些，为12.1万美元；在棉铃虫存活率高的年

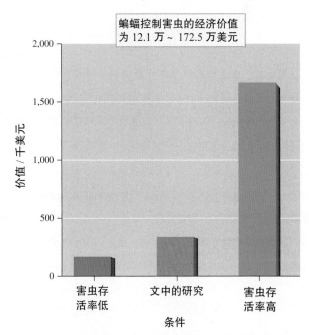

图14.26 巴西犬吻蝠在得克萨斯州西南部8个县控制棉铃虫的价值。这个生态价值的计算是基于蝙蝠捕食棉铃虫蛾从而减少的费用（数据来自Cleveland et al.，2006）

份，害虫控制价值则高达 172.5 万美元。让我们把这些数字放在下文的情境中。克利夫兰和同事的研究只考虑较小地理区域内一种捕食者（巴西犬吻蝠）捕食一种农业害虫（棉铃虫）对一种农作物（棉花）产生的影响，但是整个美国还有 41 种食虫蝙蝠，它们控制害虫的价值是多少？最近，贾斯汀·博伊尔、保罗·克赖恩、盖里·麦克拉肯和托马斯·孔斯（Boyle，Cryan，McCracken and Kunz，2011）估计这个

价值为每年 229 亿美元。这仅仅是针对蝙蝠的估算，而且这个估计值受地理和分类的高度限制。那么所有控制农业害虫的捕食者、寄生物和病原体的生态价值又是多少呢？如果不仅仅包括美国，全球的价值又是多少呢？没有人知道，无疑，这会是个天文数字。这个事实正逐渐被人们意识到。

——本章小结——

食草动物与植物、捕食者与猎物、寄生物、拟寄生物或病原体与宿主间各种各样的交互作用，均可归纳在"交互利用"的主题下，物种间的利用在提高某物种适合度的同时，会降低另一物种的适合度。

生物间的交互利用将许多种群纳入一个难以简单概括的关系网中。在生物圈中，物种间的交互利用关系远大于物种数。物种间的利用不仅是一种生物消耗另一种生物而已。例如，许多寄生物及病原体可以操控宿主的行为，以宿主的牺牲换取自己适合度的增加；棘头虫改变甲壳类宿主的行为，使甲壳类更容易被第二宿主捕食；病原真菌操控宿主植物的生长，使其产生假花构造，从而促进真菌的繁殖。在这个过程中，病原体通常会杀死宿主或造成宿主无法繁殖。一种拟谷盗捕食另一种拟谷盗的行为是一种干扰竞争，但是当存在原生动物寄生时，捕食性物种的竞争优势消失。

捕食者、寄生物和病原体会影响猎物种群及宿主种群的分布、多度与结构。例如，食草河流昆虫能控制它们的食物——藻类及细菌的种群密度。巴拿马的一项研究显示，鸟类和蝙蝠都会减少热带森林低洼地植物上的节肢动物，蝙蝠的作用更大。一种寄生物的感染使瑞典赤狐的种群量减少了70%，从而导致赤狐捕食的几种猎物种群量增加，这种寄生虫疾病揭示了捕食者对猎物种群的影响。

捕食者 – 猎物、宿主 – 寄生物、宿主 – 病原体的关系都是动态变化的。许多捕食者与猎物的种群呈现大幅度波动，

变化周期从几天到数十年。一个有关捕食者与猎物种群循环的例子是有关白靴兔及其捕食者的研究。白靴兔及其捕食者的种群循环是白靴兔种群影响食物及捕食者影响白靴兔的综合结果。洛特卡 – 沃尔泰拉的捕食者 – 猎物数学模型显示，互相利用的种群无须借助外来因素（如气候变化）的影响就能产生种群循环。在严格的实验室条件下，少数实验种群也能产生捕食者 – 猎物种群循环。

若要维持利用关系，宿主及猎物都需要庇护所。庇护所为宿主或猎物提供藏身之处，使它们的种群得以延续。大群体也是一种庇护，因为大群体能降低个体被捕食的概率。从雨林树木到温带昆虫，许多生物都会采用捕食者饱和效应进行防御。当面临根据体形大小选择猎物的捕食者时，大体形也是一种庇护。从河流昆虫、潮间带无脊椎动物到犀牛，许多猎物都以体形为庇护。捕食者的恐惧可改变食草生物的分布，从而为植物创造庇护。

在保护农作物免受节肢动物危害的过程中，蝙蝠是农场主的得力助手。例如，墨西哥咖啡园的罩网实验显示，蝙蝠降低了咖啡上节肢动物的密度。同时，巴西犬吻蝠明显有助于控制得克萨斯州西南部的棉铃虫。蝙蝠的害虫控制价值为12.1 万 ~ 172.5 万美元，取决于棉铃虫卵和幼虫的存活率。根据 2011 年的估计，美国每年利用食虫蝙蝠控制害虫的价值大约为 230 亿美元。

- 标准误差 / standard error　333
- 病原体 / pathogen　326
- 捕食者 / predator　325
- 捕食者饱和效应 / predator satiation　343
- 分生组织 / meristematic tissue　328
- 负趋光性 / negative phototaxis　326

- 寄生物 / parasite　325
- 利用 / exploitation　326
- 拟寄生物 / parasitoid　326
- 正趋光性 / positive phototaxis　326
- 综合反应 / combined response　343

复习思考题

1. 捕食是一种生物利用其他生物的过程，其他利用方式还包括植食、寄生及疾病。这些利用方式（包括捕食行为）之间的区别是什么？我们统称这些不同的过程为交互利用，因为在每一过程中，一种生物的生存总是以其他生物的牺牲为代价。你会以何种"货币"来衡量这种代价（如能量、适合度）？

2. 比较棘头虫操控宿主的行为与柄锈菌改变宿主植物生长的行为，两者有何相同之处？这两种寄生物与宿主的交互作用在细节上与非洲稀树大草原上狮子的捕食行为有诸多不同。试说明棘头虫、柄锈菌与狮子的行为有何相似之处。

3. 一种拟谷盗捕食另一种拟谷盗的行为是一种干扰竞争，但是当存在原生动物寄生时，这种捕食策略就会失效。试解释这种捕食策略为何在一种环境下会成功，在另一种环境下却失效。

4. 在第14章中，我们看到一种食草河流昆虫如何控制食物的种群密度、一种仙人掌螟幼虫及病原微生物如何共同控制入侵的仙人掌种群、赤狐种群的减少如何导致赤狐猎物种群的增加，但我们却不知道，这些种群受哪些环境因子控制。试解释为何这些因子必须存在。（提示：回顾第11章的几何种群增长和指数种群增长）。

5. 早期有关交互利用的研究大多集中在捕食者与猎物的关系上，但本章介绍了许多寄生物与病原体的例子。你认为这是作者的个人偏好，还是寄生物及病原体对自然种群原本就有很强的控制力？试证明你的答案。

6. 研究者指出，捕食者使猎物受病原寄生物严重感染的种群密度增加（Hudson, Dobson and Newborn, 1992）。试解释捕食者如何使猎物种群量增加。

7. 试解释食物及捕食者在白靴兔种群循环中的作用。许多以白靴兔为食的捕食者种群也存在明显的种群循环，试解释这些捕食者的种群循环。

8. 实验室模型及数学模型对我们了解捕食者 – 猎物种群循环有何贡献？它们各自的缺点是什么？优点又是什么？

9. 我们以空间庇护所、捕食者饱和效应和体形为例，讨论庇护所对被利用种群的持续性所起的作用。时间如何成为一种庇护？请解释自然选择如何形成时间庇护。

　　约瑟夫·卡尔普与盖里·斯克林杰（Culp and Scrimgeour, 1993）研究蜉蝣幼虫在有鱼河流和无鱼河流的觅食时间。蜉蝣幼虫在刮食石头表面的藻类时，容易被鱼类捕食。该河流中的鱼会根据体形大小捕食猎物，而且主要在白天捕食。研究发现，在无鱼河流中，小体形或大体形的蜉蝣幼虫在白天及晚上都会觅食，且以白天居多；在鱼类丰富的河流中，小蜉蝣幼虫一整天都会觅食，但大蜉蝣幼虫主要在晚上觅食。试以时间庇护和体形庇护解释这种现象。

第 15 章

互利共生

物种间的正交互作用在生物圈中随处可见。一只蜂鸟在森林边缘的红花间穿梭，当它的喙伸入一朵花内，振翅并吸取花蜜时，头部正好接触到花的雄蕊，沾上了花粉（图 15.1）。当蜂鸟再到其他花朵中采集花蜜时，会把花粉带到这些花的柱头上。所以蜂鸟为植物授粉，报酬是一顿花蜜大餐。

地下存在另一种合作关系。蜂鸟授粉的植物的根部常常和一些真菌紧密相连，形成菌根关系。菌根真菌的菌丝从植物根部向外伸展，提高植物从环境中吸收养分的能力，植物则为真菌伙伴提供糖类及其他光合产物作为交换。

一只鹿进入森林空地，来到蜂鸟刚刚采蜜的植物前面。它慢慢地咬下植物，轻轻地咀嚼，然后吞下。当植物到达鹿的胃，一些细菌和原生动物开始进行分解工作。它们分解鹿的酶无法消化的成分（如纤维素），使其释放能量。同时，细菌与原生动物则从鹿的摄食活动中得到稳定的食物供应，以及温暖潮湿的生存环境。

这些都是**互利共生**（mutualism）的例子。互利共生是一种对不同物种个体都有利的交互作用。有些

图15.1 一只雌性红玉喉北蜂鸟（*Archilocus Colubris*）从一朵红花中取食。以花蜜为食的蜂鸟把一朵花的花粉传授到另一朵花上

物种即便没有互利共生伙伴仍能生存，这种关系称为**兼性互利共生**（facultative mutualism）；有些物种则完全依赖共生关系，若缺乏伙伴便无法生存，这种关系被称为**专性互利共生**（obligate mutualism）。奇怪的是，虽然亚里士多德（Aristotle）等自然观察者早已知道这些关系，但互利共生却不像竞争或利用那样受到生态学家的重视，这种忽视是否反映出自然界的互利共生并不常见呢？在本章中，你会发现互利共生其实随处可见。

◀ 一条眼斑双锯鱼（即小丑鱼，*Amphiprion ocellaris*）及与其互利共生的海葵伙伴。眼斑双锯鱼在海葵带刺的触手间找到安全庇护所，而海葵获得眼斑双锯鱼摄食浮游生物时排泄的养分。

互利共生关系也许很常见，但是它重要吗？它对生物圈的完整性是否有重要贡献？对于这两个问题，答案是肯定的。若没有互利共生，生物圈会呈现另一番截然不同的景象。假设我们去除生物圈中一些重要的互利共生关系，看看结果如何。举例来说，地球上如果没有造礁珊瑚也就没有大堡礁（地球上最大的生物构造），也不会有点缀热带海洋的珊瑚环礁及岸礁，深海便不会有生物发光鱼及无脊椎动物。此外，海底温泉喷口处的生命绿洲（第7章，162页）也将只剩下非互利共生的微生物物种。

陆地上，如果兰科植物、向日葵、苹果等依赖动物授粉的植物不存在，那么熊蜂、蜂鸟、桦斑蝶等授粉动物也会消失，而且所有以授粉植物为食的食草动物也会消失。若缺乏动植物的互利共生，地球上生物多样性最高的陆域生物群系——热带雨林也会消失。许多依靠风媒授粉的植物会留下，但也会受损严重，因为几乎90%的植物都与菌根真菌共生。那些不依赖菌根真菌生存的植物只能生长在最肥沃的土壤中。

假设地球上只存在依靠风媒授粉和非菌根共生的植物，那么马、象、骆驼等非洲有蹄哺乳动物，甚至兔、毛毛虫全都会消失殆尽，因为食草动物及食碎屑动物均依靠微生物取得植物中的能量及养分。食草动物会变得极为稀少，食肉动物也因此而逐渐消失。如此循环，没有互利共生的生物圈将成为一个生物贫瘠的世界。

然而，互利共生缺乏造成的贫瘠远比我们想象的更严重。琳·马古利斯及其同事（Margulis and Fester, 1991；Margulis et al., 2006）搜集了可靠的证据，指出所有真核生物（eukaryote），不论是自养型还是异养型，都源自不同生物间的互利共生。真核生物由互利共生演变而来，历史相当古老，它们甚至变成了细胞中的细胞器，如线粒体（mitochondria）及叶绿体（chloroplast）。这些细胞器的起源经过很久才被发现。因此，没有互利共生，从人类到原生动物，所有真核生物都会消失，而地球的生活史及生物多度也将重回14亿年前的景象。

我们必须接受一个事实：互利共生是自然界的一部分。在本章的第一部分，我们回顾互利共生的实验研究；在本章后面的部分，我们将从理论上探索互利共生。

15.1 植物的互利共生

植物受惠于与众多细菌、真菌及动物的互利共生关系。植物是各种互利共生关系的中枢，互利共生关系也为植物提供各种益处，包括固定氮、养分吸收、授粉及种子传播等。因此，陆域生物圈的完整性完全依赖于以植物为主的互利共生关系，这种说法一点都不为过。但是要了解生态整合对互利共生关系的依赖程度，我们必须仔细地观察、研究及实验。下面我们介绍菌根研究。

植物表现与菌根真菌

化石标本显示，早在4亿年前，菌根在陆域植物早期演化时就出现了。经过演化，真菌在吸取植物根部分泌的养分的同时，使植物根部更易于获得无机盐。1885年，艾伯特·B. 弗朗克（Albert B. Frank）最早认识到菌根中包含着真菌和植物的互利共生关系。然而，直到半个世纪之后，他的创新观点才被证实和接受（Trappe, 2005）。两种最常见的菌根分别为：（1）**丛枝状菌根真菌**（arbuscular mycorrhizal fungi，AMF），共生真菌会产生**丛枝吸胞**（arbuscule）作为植物和真菌交换物质之处，还会产生**菌丝**（hyphae）与**囊泡**（vesicle）——根皮层细胞中的能量储存处；（2）**外生菌根**（ectomycorrhizae，ECM），真菌在根外部形成外膜，在根部细胞周围形成网状构造。菌根非常重要，使植物更易于获得磷、其他固定养分（土壤中不会自由移动的养分，如铜、锌），以及氮和水。

菌根与植物的水平衡

菌根真菌能够改善许多植物吸收土壤水的能力。伊迪·艾伦与迈克尔·艾伦（Allen and Allen，1986）通过比较植物叶片在有菌根和没有菌根条件下的水势，研究菌根如何影响蓝茎冰草（*Agropyron smithii*）与水的关系。从图15.2可看出，与没有菌根的条件相比，冰草在有菌根时的水势较高。也就是说，在土壤湿度相近的条件下，菌根的存在有助于冰草维持较高水势。但这个比较结果是否意味着菌根可直接提高共生冰草叶片的水势呢？事实并非如此。菌根为冰草提供了更多吸收磷的途径，使根部发育得更好，从而间接提高叶片的水势。

植物若能获得更多磷，就能发育高效吸收和输送水的根部，所以菌根真菌不是直接帮助植物吸收土壤水。凯·哈迪（Hardie，1985）为了验证这个假说，设计了一个简易灵巧的实验，研究植物生长型与菌根的关系。首先，她在养分充足的环境中培育有菌根和没有菌根的红三叶（*Trifolium pratense*）。在这种条件下，两种红三叶的叶面积及根茎比非常相似，但在这种周密控制的环境下，有菌根的红三叶与没有菌根的红三叶相比，前者的蒸腾速率比较高。

为了取得进一步结果，哈迪从有菌根的红三叶中取出一半，去除菌根真菌的菌丝。为了控制可能产生的副作用，她用示踪染料追踪根部的损坏情况，同时移植所有植物（包括对照组的植株）。结果显示，去除菌丝会显著降低红三叶的蒸腾速率（图15.3），这表明菌根真菌直接影响植物与水的关系。哈迪认为，菌根真菌不仅扩大了根系接触水的面积，也产生了更多的吸水表面，因而可改善植物与水的关系。

如此看来，植物总在菌根中获利。事实上，不一定完全如此，环境可能会改变植物和菌根真菌互利共生的获利方向。

养分有效性与互利共生的收支平衡

菌根为植物提供无机养分，换取碳水化合物，但菌根真菌为宿主植物传送养分的速率并非一致。真菌和植物的关系从互利共生到寄生，取决于环境、菌根种类，甚至同种菌根的不同种系。

南希·约翰逊（Johnson，1993）为了确定施肥能否筛选出低度互利共生的菌根真菌，设计了一些实验。在讨论她的实验之前，我们必须先了解低度互利共生由何者来维系。一般而言，低度互利共生是指共生者之间获利不平衡的互利共生。以菌根来说，低度互利共生指的是真菌获得较多光合产物，但传输较少养分。

约翰逊指出，施肥有利于低度互利共生的真菌，原因有以下几个。首先，各种植物根部分泌的可溶

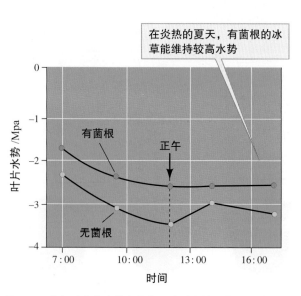

图15.2 菌根对蓝茎冰草水势的影响（资料取自 Allen and Allen，1986）

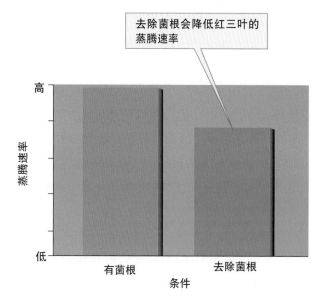

图15.3 去除菌根菌丝对红三叶蒸腾速率的影响（资料取自 Hardie，1985）

性碳水化合物量不同，因为分泌物是养分有效性的函数。在贫瘠的土壤中，植物根部分泌较多碳水化合物；在富饶的土壤中，根部分泌的碳水化合物则较少。因此，土壤施肥有利于在低养分（碳水化合物）环境中存活的真菌物种或菌系。约翰逊认为，有能力拓殖释放低碳水化合物植物的菌根真菌能够主动汲取宿主植物的碳水化合物，当然，代价由宿主植物负担。约翰逊综合温室实验与野外观察的结果得到上述结论。

在研究的第一个阶段，约翰逊研究了无机肥料对土壤中菌根真菌类型的影响。她从12块实验区中采集了土壤样品。它们位于明尼苏达州中部的锡达溪自然历史区（Cedar Creek Natural History Area），这里的农耕已经荒废了22年。其中的6块实验区已施用无机肥料8年，另外的6块实验区在此期间没有施肥。

约翰逊分别从施肥土壤和未施肥土壤中采集菌根真菌种群样本，发现实验菌根真菌的组成显著不同。在12种真菌中，巨大巨孢囊霉（*Gigaspora gigantean*）、珍珠巨孢囊霉（*G. margarita*）及美丽盾巨孢囊霉（*Scutellospora calospora*）在未施肥土壤中的密度较高；在施肥土壤中，根内球囊霉（*Glomus intraradix*）的密度较高，它的孢子占施肥土壤中孢子总量的46%，但在未施肥土壤中只占27%。

接着，约翰逊利用温室实验评估不同的真菌组成如何影响植物的表现。她选取了大须芒草（*Andropogon gerardii*）为实验对象，因为它是锡达溪自然历史区的特有植物，非常适应当地的贫瘠土壤。在实验中，她将大须芒草幼苗种植在980 g经灭菌处理的土壤中，该土壤由该地区的次表土和河沙以1:1比例混合。约翰逊还往土壤中加入实验区施肥土壤和未施肥土壤的微生物混合样本。她利用去离子水清洗施肥土壤和未施肥土壤，然后采用25 μm的筛网过滤得到微生物混合样本。

约翰逊往每盆土壤中加入30 g不同的菌根"接种物"（inoculum）：（1）施肥菌根真菌的接种物，由15 g施肥土壤混合15 g经灭菌处理的未施肥土壤而成；（2）未施肥菌根真菌的接种物，由15 g未施肥土壤混合15g经灭菌处理的施肥土壤而成；

（3）无菌根接种物，包含30 g灭菌处理过的施肥与未施肥实验土壤的混合物。其中，前两者作为大须芒草的菌根真菌来源。约翰逊实验的设计如图15.4所示。

然后，约翰逊再将实验盆分成4组进行以下施肥处理：（1）不加养分；（2）只加磷（+P）；（3）只加氮（+N）；（4）加磷和氮（+N+P）。锡达溪自然历史区次表土的氮浓度较低，磷浓度较高。约翰逊在次表土中添加养分，使其氮浓度和磷浓度大致达到施肥区表土中的磷浓度和氮浓度。

约翰逊在2个时间点重复测量每组的5盆植株。第一次在第4周，此时大须芒草正快速生长；另一次则在第12.5周，此时大须芒草已成熟。每次她会测量植物生长的几个指标，包括植物高度、茎重及根重。在第12.5周，她还记下每株植物的花序数目。

在第12.5周，植株的茎重明显受到养分供应与是否有菌根的影响，但是与菌根接种源无关（图15.5）。添加双养分（+N+P）的茎重最大，只添加氮（+N）的茎重稍小，而其他两组——不添加养分

问题：施肥土壤是否有利于低度互利共生菌根真菌？

实验设计

两种菌根真菌源

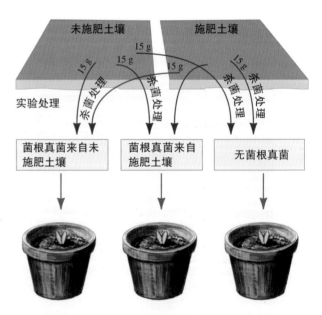

比较：3种实验处理的植物生长、根茎比及花序数

图15.4 验证长期施肥对菌根真菌与植物之间交互作用的影响

与只加磷（+P）的茎重则非常小。图15.5（a）也显示了菌根对植物的影响。不论哪一种处理，有菌根植物的茎重都大于无菌根植物的茎重。

养分及菌根也显著地影响根茎比［图15.5（b）］。如第7章（图7.26）所示，植物会根据养分有效性及光有效性，对根、茎投入不同的能量，这是为了在资源供给短缺时提高资源的供给量。例如，在缺乏养分的环境中，植物投入特别多的能量于根部，根茎比便随之提高。由此可知，这个比值会随着养分有效性的增加而递减。约翰逊实验的结果和这一理论相符，根茎比在没有添加氮的那两组（不添加养分与只加磷）最高，在添加氮（只加氮及加磷和氮）的那两组最低。换句话说，低氮处理组投资于根部的能量较高，这说明养分的限制作用在低氮处理组更加明显。

再进一步探讨约翰逊的实验结果，我们发现菌根真菌可增加植物的养分有效性。在添加氮及无添加的处理组，有菌根植物的根茎比都非常低［图15.5（b）］。有菌根植物投入到根部的能量较少，这表明有菌根植物获取养分的能力比较强。同时，我们也看到接种物会显著影响植物的表现。在菌根真菌来自未施肥土壤、添加氮和磷的处理组，根茎比稍低于菌根真菌来自施肥土壤的处理组。这说明，未施肥土壤的菌根真菌会为植物提供较多养分，让植物投资较多能量于地上部的光合组织。

花的产量最能体现接种源对植物的影响［图15.5（c）］。只有施氮处理组（+N 与 +N+P）的大须芒草开花，而且有菌根的大须芒草开花最多。不仅如此，接种来自未施肥土壤的菌根真菌且在添加氮和磷（+N+P）土壤中生长的大须芒草开花最多。

总的来说，约翰逊的研究回答了她提出的问题：土壤施肥是否有利于低度互利共生菌根真菌？接种来自未施肥土壤的菌根真菌的大须芒草在幼苗期茎部生长较快，在成熟期开花较多。这些结果显示，植物接种未施肥土壤中的菌根真菌获得更多益处。改变养分环境确实会改变互利共生的收支平衡。

约翰逊的实验结果与功能平衡模型相一致（Mooney，1972；Brouwer，1983）。这个模型提出

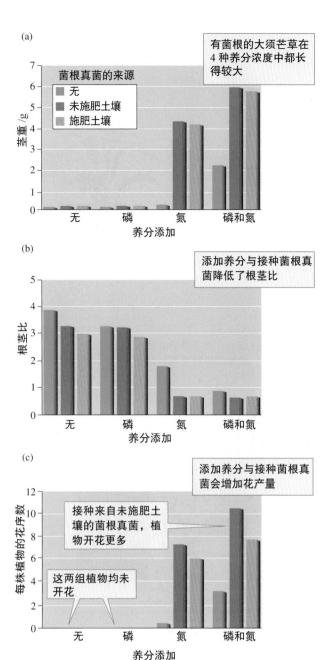

图15.5 养分添加与菌根对大须芒草的影响（资料取自Johnson，1993）

养分和水分等地下资源与地上资源（如光）的有效性控制着植物如何给根部、菌根、芽和叶片分配能量（图15.6）。根据这个模型，生长在施肥土壤中的植物分配到根和菌根的能量比较少。长时间之后，这种低能量分配将会改变菌根真菌群落的组成，促使它们适应低碳水化合物供应并与植物交换低养分。然而生态学家还没有完全了解哪些因素控制植物和菌根真菌间的资源交换。因此，全球的研究者正在各地进行一项全球规模的研究。为了更好地理解陆

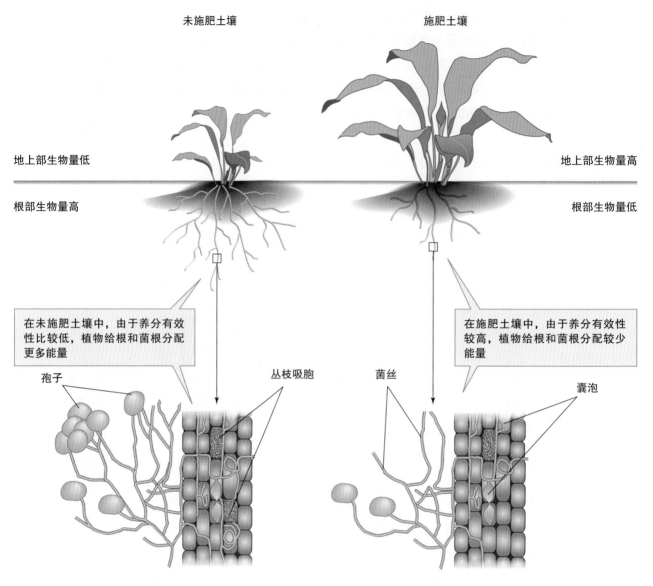

图15.6 功能平衡模型。该模型预测，在特定环境条件下，植物将光合作用的能量优先用于获得最有限的资源。在未施肥土壤中，养分常常限制生长，导致植物将能量分配到根和菌根上。在施肥土壤中，光限制生长，导致植物将能量分配到地上光合组织（资料取自 Johnson et al., 2003）

域生态系统中的互利共生，他们提出了许多不同的模型（Johnson et al., 2006）。

植物和其他许多生物存在多种互利共生关系，其中的一种关系是互利共生者保护植物，使其免遭食草动物与竞争者的伤害。丹尼尔·詹曾（Janzen, 1985）在撰写互利共生的自然史时，将"植物 – 蚂蚁的保护共生"纳入互利共生的常见类型。詹曾（Janzen, 1966, 1967a, 1967b）曾在中美洲研究蚂蚁与相思树之间著名的专性互利共生关系。

蚂蚁和牛角相思树

和相思树互利共生的蚂蚁属于伪切叶蚁亚科（Pseudomyrmecinae）的伪切叶蚁属（*Pseudomyrmex*）。这个亚科的蚂蚁大多和植物发展出密切的关系。伪切叶蚁属蚂蚁往往与树木密切相关，詹曾认为它们具有与树栖生活相关的若干特征。它们通常行动敏捷、视力佳、单独觅食。在伪切叶蚁属中，和相思树形成相思树 – 蚂蚁关系的"相思树蚁"，常常会攻击接近它们栖息树木的植物和动物。它们往往形成大群体，并在巢外 24 小时活动。这些综合特征意味着，不管是白天还是黑夜，任何食草动物若在相思树蚁栖息的相思树上觅食，马上便会遭到一大群相思树蚁的攻击。它们快速敏捷、攻势凌厉、毫不松懈。詹曾列出了 6 种和相思树形成专性互利共生关系的伪切叶蚁属蚂蚁，其中的 3 种有待研究。他的实验主要研究其中的一种锈色伪切叶蚁（*Pseudomyrmex ferruginea*）。

全世界的相思树属（*Acacia*）超过 700 种，分布在全球的热带及亚热带。和伪切叶蚁属蚂蚁形成专性互利共生关系的牛角相思树（swollen thorn acacia）只分布在美洲大陆，从墨西哥南部延伸至中美洲，再到南美洲北部的委内瑞拉及哥伦比亚。这些地区的牛角相思树主要分布在海拔 1,500 m 以下、每年旱季长达 1～6 个月的低海拔地区。它们之所以和蚂蚁形成专性互利共生关系，是因为具有以下特征：它们的粗刺内含有柔软、易于挖开的髓；终年长叶；叶上有大蜜腺；小叶尖端会转变成一种名为贝氏体（Beltian body）的浓缩食物。其中，粗刺为蚂蚁提供了生活的空间，蜜腺提供了糖类及水分，贝氏体则是油质及蛋白质的来源。因此，相思树上的蚂蚁会奋力保护这些资源，抵挡任何入侵者（包括其他植物）。

詹曾详细记载了牛角相思树（*Acacia cornigera*）与蚂蚁交互作用的自然史，生动地描述了两者间的互利关系。刚完成交配的蚁后在植被中飞行，寻找尚未被占据的牛角相思树幼苗或枝干。找到之后，蚁后在绿刺上钻洞，或利用其他蚂蚁留下的旧洞在刺里产下第一批卵，然后开始在这棵新植物上觅食。它取得的叶蜜除了自用之外，亦可喂食发育中的幼虫。它还会从贝氏体中获取固体食物。随着时间推移，工蚁越来越多，并开始肩负巢中的大部分工作，蚁后就只负责繁殖了。它的腹部越来越大，活动量越来越少。

为了获得食物及居所，蚂蚁会捍卫相思树免受食草动物及其他植物的攻击。工蚁肩负数种工作，包括为自己、幼虫及蚁后觅食，其中最重要的工作是保护宿主植物。它们会攻击、咬伤、蜇伤树上的其他昆虫，以及所有欲采食相思树的大型食草动物（如鹿、牛），也会攻击和杀死入侵相思树附近区域的植物。只要其他植物接触到相思树或在相思树下及附近生长，工蚁就会咬蜇这些植物的枝条，使它们无法在相思树附近或树下生长，这样可以防止其

他树种、灌丛或藤本植物遮蔽相思树。因此，相思树能更好地接收阳光与吸收土壤养分。

通常 9 个月后，蚂蚁群体会发展为包含 50～150 只工蚁的群体，它们不分昼夜地在宿主树上巡逻。在蚂蚁群体中，1/4 的蚂蚁随时都在活动。最后，蚂蚁群体发展壮大，占据了相思树上的所有刺，甚至可能扩散到附近的相思树。不过，蚁后往往会留在她初来的茎上。当蚂蚁群体达到 1,200 只工蚁时，就会产生大量有翅且能繁殖的雄蚂蚁和雌蚂蚁，它们会飞到其他地方交配，其中的蚁后可能会在其他牛角相思树上筑建新巢。蚂蚁群体最终可能发展至包含 30,000 只工蚁。

证明互利共生的实验证据

詹曾的研究已经清楚地揭示了互利共生的自然史，但是没有人通过实验来验证已被普遍认可的互利共生的益处有多大。詹曾的工作并不局限于自然史的描述，他还通过实验来证明蚂蚁对牛角相思树的重要性。蚂蚁需要相思树的刺，这一点非常清楚，但是相思树需要蚂蚁吗？詹曾的实验不仅着重研究蚂蚁对相思树的影响，还验证了蚂蚁驱逐食草昆虫远离相思树的效果。詹曾剪掉相思树上被蚂蚁占据的刺或枝条，去除树上的蚂蚁，然后测量有蚂蚁相思树和无蚂蚁相思树的各项指标并进行比较。各项指标包括生长速率、叶量、死亡率及昆虫的种群密度。

詹曾的实验证实蚂蚁显著地促进了相思树的生长。有蚂蚁的相思树枝条和没有蚂蚁的相思树枝条相比，前者的生长速率是后者的 7 倍（图 15.7），而且前者的质量、叶量、刺量和存活率分别为后者的 13 倍、2 倍、3 倍和 2 倍（图 15.8）。

有蚂蚁栖息的相思树的表现为什么会得到改善呢？蚂蚁提高了相思树与其他植物竞争的能力。如果没有蚂蚁的照顾，相思树受到的虫害攻击会增加。正是由于上述原因，相思树的生长存在差异。詹曾发现，如果没有蚂蚁，相思树上的食草昆虫比较多（图 15.9）。詹曾的实验强有力地证明：蚂蚁需要相思树，相思树也需要蚂蚁。这是真正的互利共生，但这种关系对于双方而言是否是必需的，还需要进

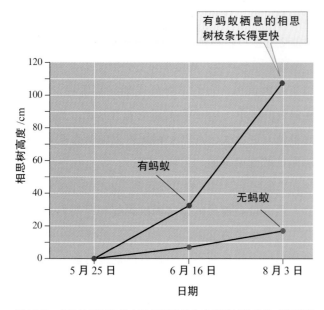

图15.7 有蚂蚁栖息和没有蚂蚁栖息的牛角相思树的生长（资料取自Janzen，1966）

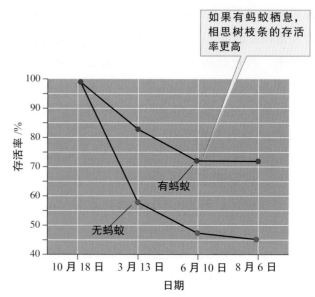

图15.8 有蚂蚁栖息和没有蚂蚁栖息的牛角相思树的存活率（资料取自Janzen，1966）

一步研究。

互利共生者之间的潜在冲突

大多数牛角相思树研究的焦点均放在蚂蚁－保护的互利共生关系上，但是牛角相思树还依赖其他多种互利共生关系。在地表下，它们的根部保护着根瘤内的固氮菌与菌根真菌。在地上，相思树保护帮助其驱逐食草动物的伪切叶蚁，但相思树的花依赖其他昆虫（主要是蜜蜂）授粉，因此相思树的伪切叶蚁雄兵可能会和授粉昆虫发生冲突。首先，蚂蚁取走花蜜，降低花对潜在授粉者的吸引力；其次，蚂蚁守住花，驱走授粉者。

各种互利共生者之间的冲突引起了奈杰尔·雷恩、佩特·威尔默和格兰姆·斯通（Raine，Willmer and Stone，2002）的兴趣。他们是英国3所大学的研究人员，在墨西哥国立大学的查美拉生物研究站（Chamela Biological Station）研究海氏相思树（*Acacia hindsii*）及它们的护卫——伪切叶蚁。雷恩、威尔默和斯通首先检查了蚂蚁与授粉者的分布，确认它们在空间或时间上是否重叠。他们发现蚂蚁与授粉者的活动在时间上有所重叠，但是当两者同时在相思树上活动时，它们活动的空间很少重叠。蚂蚁很少到花序上活动，为什么会这样呢？雷恩、威

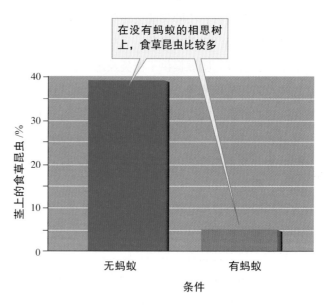

图15.9 牛角相思树上蚂蚁与食草昆虫多度的关系（资料取自Janzen，1966）

尔默与斯通发现，蚂蚁食用的叶蜜腺及贝氏体长在新枝上，而花朵则长在老枝上面。此外，与没有蚂蚁的相思树不同，有蚂蚁相思树的花不分泌花蜜。没有花蜜，花对巡视的蚂蚁自然缺乏吸引力。但由于老枝与新枝距离很近，研究人员怀疑，蚂蚁不去巡视老枝的花是否还受其他因素影响。

自从威尔默与斯通（Willmer and Stone，1997）发现某些非洲相思树的花含有驱蚁物质后，他们进一步证实海氏相思树的花是否也含有驱蚁物质。他

们验证驱蚊物质存在的方法是，用相思树的几种组织涂抹蚂蚁活跃巡视的枝条的树皮，这些组织包括新花序、老花序、叶与芽。每一种组织都涂抹在用水性笔标记的 3 cm² 树皮上，且标记区位于蚂蚁的巡逻范围内。他们还设置了对照组：一组同样面积的标记区，但没有涂抹任何相思树组织。当处理组与对照组都设置妥当后，研究人员观察巡逻的蚂蚁是进入标记区还是避开标记区。

图 15.10 为驱蚊物质实验的结果。雷恩、威尔默与斯通发现，新花序对巡逻的蚂蚁产生强烈的驱逐效果；老花序虽然也有，但排斥性较小。同时，与涂抹了叶与芽的标记区相比，蚂蚁在对照组绕道而行的频率更低。总之，由于花序和蚂蚁保护的资源在空间上不重叠，加上相思树的花序不但对蚂蚁缺乏吸引力（无蜜），且含有驱蚊物质，相思树与保护者、相思树与授粉者之间的互利共生并不冲突。

尽管植物与保护者的互利共生关系在热带地区非常常见，但温带地区也不乏植物与蚂蚁互利共生的例子，其中一个被研究得相当深入的例子是蚂蚁和小向日葵（*Helianthella quinquenervis*）的交互作用。

温带植物与保护者之间的互利共生

小向日葵生长在落基山脉的山地湿草甸上，从墨西哥的奇瓦瓦延伸至美国爱达荷州南部。小向日葵在北部的分布可低至海拔 1,600 m，在南部的分布可高达海拔 4,000 m。蚂蚁易受到小向日葵的吸引，因为小向日葵的花蜜由花外部的蜜生产结构——**花外蜜腺**（extrafloral nectary）产生。小向日葵的花外蜜腺是一种总苞片（involucral bract）结构。在花未开前，总苞片使叶子变形包住花顶；花开时，总苞片围在花的基部。尽管有人认为花外蜜腺主要作用是排泄，但一些早期的研究人员却认为它们的作用在于吸引蚂蚁。

小向日葵的花外蜜腺含有丰富的蔗糖和多种浓缩氨基酸。因此，和詹曾研究的牛角相思树一样，小向日葵也为蚂蚁提供食物。不同的是，小向日葵不提供栖息之处。这种差异正是温带地区蚂蚁－植物互利共生关系的共性，即只有食物，没有栖息之处。

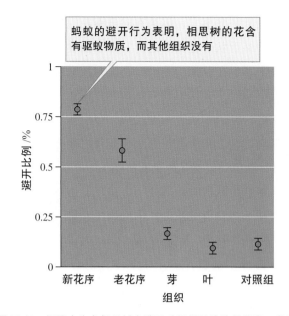

图 15.10　蚂蚁在牛角相思树上避开对照组及涂抹新花序、老花序、芽和叶的标记区的比例，以平均值±标准误差表示（资料取自 Raine，Willmer and Stone，2002）

大卫·井上及奥利·泰勒（Inouye and Taylor，1979）记录了小向日葵上的 5 种蚂蚁，它们包括西部茸蚁（*Formica obscuripes*）、丝光蚁（*F. fusca*）、棕色林蚁亚种（*F. integroides planipilis*）、黑头酸臭蚁（*Tapinoma sessile*）及红蚁属（*Myrmica* spp.）。这些蚂蚁与小向日葵之间并非专性互利共生关系，它们也会捕食其他植物上的蚜虫，或者采集其他植物的花蜜。但是井上及泰勒观察到，它们既不采集小向日葵的花蜜，也不捕食小向日葵上的蚜虫。显然，小向日葵的花外蜜腺的诱惑力非常大，研究人员在一个花柄上就观察到 40 只蚂蚁。

蚂蚁造访小向日葵的花外蜜腺是受利益所驱，但是植物从这种关系中的获益并不是很明显。蚂蚁在向日葵花朵或花蕾上游走时，向日葵能获得什么益处呢？井上及泰勒提出，蚂蚁会保护向日葵正在发育的种子，使种子免受种子捕食者的侵害。在落基山脉中部，小向日葵的种子会吸引数种捕食者，包括两种实蝇科（Tephritidae）的幼虫、一种潜蝇科（Agromyzidae）的蝇，以及一种斑螟（phycitid）蛾。在井上及泰勒研究的一个区域中，这些种子捕食者破坏了 90% 向日葵种子。

小向日葵上的蚂蚁密度这么高，虽然可以驱走一些种子捕食者，但是也可能扰乱授粉机制。然而，这种扰乱并非事实，因为在向日葵花完全成熟或形成向日葵舌状"花瓣"之前，种子捕食者往往就开始攻击了。在花蕾绽放前，当实蝇及潜蝇可能在花蕾上产卵时，大群蚂蚁将造访花外蜜腺，并巡视整个花蕾；待到舌状花完全长成，吸引熊蜂等授粉者前来时，它会在头状花序和总苞片之间形成一个栅状网，降低蚂蚁扰乱授粉者的概率。

井上及泰勒的问题是：小向日葵上的蚂蚁能否减少种子捕食者的攻击？他们利用几种方法来研究这个问题。首先，他们比较有蚂蚁与没有蚂蚁照顾的花的种子捕食率。结果显示，没有蚂蚁照顾的花遭受的攻击率是有蚂蚁照顾的花的2～4倍（图15.11）。研究人员还发现，蚁巢与向日葵的距离越远，每个花柄上的蚂蚁越少；植物上的蚂蚁越少，种子受捕食者攻击的次数就越多。

接着，井上与泰勒在花柄下放置黏性障碍，禁止蚂蚁进入，并以相邻的向日葵为对照组。井上与泰勒的实验结果显示，禁止蚂蚁接近后，向日葵的种子捕食率大幅提高（图15.12）。

正如热带牛角相思树与蚂蚁的互利共生关系，蚂蚁在获得实实在在实惠——食物的同时，也为小向日葵提供了保护，但不同的是，蚂蚁和小向日葵的关系存在一定的灵活性，这种灵活性是许多温带互利共生关系的特殊之处。

为什么向日葵和蚂蚁是兼性互利共生呢？换句话说，为什么自然选择没有强化它们形成专性互利共生关系呢？大卫·井上后来的研究为回答上述问题提供了线索。他在两个研究区估算小向日葵的多度长达20多年。这个长期研究的结果显示，每隔几年，小向日葵的头状花序会被晚霜冻死。1974—1995年，小向日葵在1976年、1981年、1985年、1989年及1992年没有长成花序，或仅有少量花序（图15.13）。井上继续监测他的实验区（Inouye，2008）并发现，由于全球变暖造成春天雪融化时间提前，小向日葵的花芽易被春霜冻死（图15.14）。因此，如果一种蚂蚁完全依赖小向日葵的花蜜存活，与小向日葵形成专性互利共生关系，那么这种蚂蚁将无法长久存活。井上指出，从长期来看，霜对小向日葵反而有益，因为霜会冻伤花序，使种子捕食者（如粉蝇）无处产卵，从而降低捕食者的种群量。在小向日葵和捕食者的共同演化关系中，物理环境发挥了显著的作用。因此，在温带地区，对于生态模式和生态过程，物理环境和生物关系的作用同等重要。

如果进入热带海洋探索其中的生物，我们会发现，热带海洋中的互利共生关系与陆生植物和合作者间的互利共生关系一样丰富。在海洋生物中，最引人注目的互利共生关系发生在造礁珊瑚上。

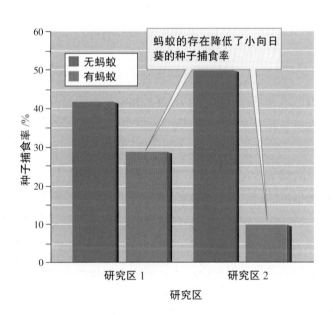

图15.11 有蚂蚁照顾或没有蚂蚁照顾的小向日葵的种子捕食率(资料取自Inouye and Taylor，1979)

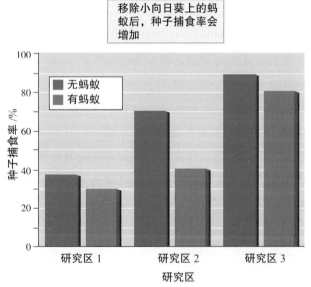

图15.12 移除小向日葵上的蚂蚁对种子捕食率产生的影响（资料取自Inouye and Taylor，1979）

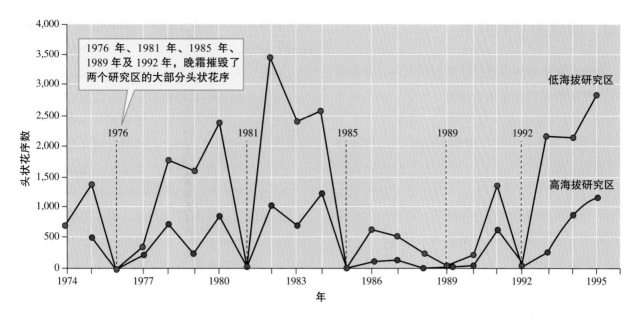

图15.13 在落基山脉生物站的两个研究区中，小向日葵头状花序年产量的变化（资料由David W. Inouye提供）

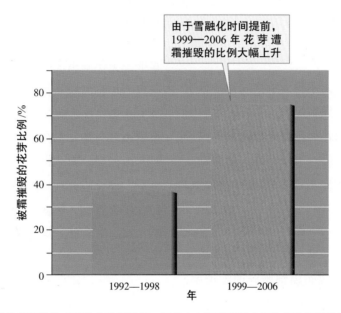

图15.14 1999—2006年，由于早春变暖造成雪融化时间提前，更多小向日葵花芽在突发的降温期间遭春霜冻伤（数据来自Inouye，2008）

概念讨论 15.1

1. 为什么约翰逊通过混合施肥区和未施肥区的杀菌土壤和未杀菌土壤产生接种菌根真菌？

2. 为什么约翰逊的对照组土壤由经杀菌处理过的施肥和不施肥土壤混合而成？

3. 在井上和泰勒的实验中，为什么对自然条件下有蚂蚁和没有蚂蚁的植物种子捕食率的比较不能充分说明蚂蚁对种子捕食率的影响？

15.2 珊瑚的互利共生

造礁珊瑚依靠与藻类和动物的互利共生及利益交换，平衡着共栖礁上的共生者。 由于互利共生在造礁珊瑚的生命中占据重要地位，珊瑚礁的生态整合完全依赖互利共生。珊瑚礁的生产力和多样性异常高。最近有人估计，珊瑚礁上的生物大约为 50 万种，而且珊瑚礁的生产力在所有自然生态系统中最高。如我们在第 3 章所述，这些惊人的多样性和生产力竟然由养分贫瘠的热带海洋产生。解释这个矛盾的关键是互利共生，在这里是指造礁珊瑚与鞭毛藻（Dinoflagellata）的单胞藻——虫黄藻（zooxanthellae）之间的互利共生。多数鞭毛藻可在海洋和淡水中自由活动，是单细胞光合型自养生物。

虫黄藻与珊瑚

珊瑚与虫黄藻之间的关系类似植物和菌根真菌的关系。虫黄藻生活在珊瑚组织内，平均密度约为 100 万个 / 厘米^2。一方面，和植物一样，虫黄藻可从共生的珊瑚礁上获取养分；另一方面，像菌根真菌一样，珊瑚可吸收虫黄藻光合作用合成的有机化合物。

关于两者的关系，有一个重要发现是，虫黄藻释放的有机化合物由共生的珊瑚来控制。珊瑚通过释放"信号"化合物改变虫黄藻细胞膜的渗透率，诱发虫黄藻释放有机化合物。相比之下，独自生长的虫黄藻只释放出少量有机化合物到环境中。然而，当虫黄藻接触到珊瑚组织释放的化学液时，它会立刻增加有机化合物的释放量。这种反应是珊瑚与虫黄藻之间特有的化学信息交流，因为虫黄藻对其他动物组织的液体没有反应。目前的研究也发现，珊瑚的组织液不会诱使其他藻类释放有机化合物。

珊瑚不但控制虫黄藻分泌有机化合物，也控制虫黄藻种群的增长率及种群密度。当虫黄藻离开珊瑚单独生长时，种群增长率是虫黄藻与珊瑚共同生长时的 1/100 ～ 1/10。珊瑚靠自身分泌的有机物来影响虫黄藻的种群密度。通常，单细胞藻类存在**均衡生长**（balanced growth）现象，即所有细胞的组成物质（如氮、碳、DNA）以同等速率增加，但是珊瑚中的虫黄藻却显示非均衡生长，它们固定碳的速率高于固定细胞的其他组成。珊瑚刺激虫黄藻分泌的固定碳可达 90% ～ 99%，这些固定碳大部分被珊瑚用于呼吸作用。除此之外，其余的固定碳被用于产生新的虫黄藻，使虫黄藻的种群量增加。

虫黄藻又能从和珊瑚的关系中获得到什么益处呢？主要的益处是，虫黄藻可获得更多养分（尤其是氮）。珊瑚以浮游动物为食，从中取得氮、磷等养分。当珊瑚分解浮游动物中的蛋白质时，会排放铵。L. 马斯卡廷及 C. 德利亚（Muscatine and D'Elia，1978）证实，不含虫黄藻的珊瑚，如圆管星珊瑚（*Tubastrea aurea*），会不断地排放铵到环境中，但鹿角杯形珊瑚（*Pocillopora damicornis*）排放的铵量低至无法测出（图 15.15）。那么鹿角杯形珊瑚分解浮游生物时排放的铵到哪里去了？马斯卡廷及德利亚认为，这些铵一经排出就马上被虫黄藻吸收了。虫黄藻不但循环利用珊瑚产生的铵，还会主动吸收海水中的铵。由于珊瑚和虫黄藻从周围环境中吸收养分，而且只释放极少量养分到环境中，它们共同积存了大量氮。因此，就如热带雨林一样，大量养分在珊瑚中积累，并保存在活生物量中。

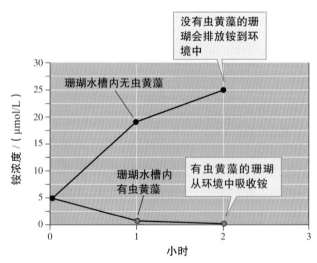

图 15.15 虫黄藻、珊瑚及铵通量的变化（资料取自 Muscatine and D'Elia，1978）

珊瑚与保护者的互利共生

珊瑚礁中的现象与前面所述的蚂蚁-相思树的互利共生极类似。鹿角珊瑚属及轴孔珊瑚属（*Acropora*）的珊瑚中寄生着许多扇蟹科（Xanthidae）螃蟹，尤其是梯形蟹（*Trapezia* spp.）、拟梯形蟹（*Tretralia* spp.）及珊瑚鼓虾（*Alpheus lottini*）。在这个互利共生关系中，甲壳动物会保护珊瑚免受多种捕食者的侵害，珊瑚则为甲壳动物提供栖息之处及食物。

彼得·格林（Glynn，1983）研究珊瑚-甲壳动物的互利共生，发现太平洋东部、中部及西部有13种被甲壳动物保护的珊瑚，这些甲壳动物包括17种螃蟹及1种虾，全都只分布在珊瑚礁上，与珊瑚礁形成专性互利共生关系。这些甲壳动物保护珊瑚免受海星捕食，尤其是棘冠海星的捕食。当海星逼近珊瑚时，螃蟹受到惊扰，然后用蟹钳夹住海星的棘与管足，上下摇晃，使其无法逃走。与珊瑚互利共生的虾也会使用它们特有的大钳攻击海星，剪去海星的棘与管足，甚至发出噼啪巨响。它们发出的声响非常大，甚至可吓晕小鱼，这种虾也因此获得"枪虾"（pistol shrimp）的美名。

格林利用实验室实验及野外实验验证甲壳动物的攻击行为能否有效击退海星。格林在关岛（Guam）深8～12 m的珊瑚礁上开展海洋实验。他在实验组中移除了珊瑚上的甲壳动物，在另一组同样数目的珊瑚中保留甲壳动物，他想看看海星在这两者之间如何选择。2天后，没有甲壳动物保护的珊瑚受到海星的频繁攻击（图15.16）。格林还在巴拿马的实验室内研究了珊瑚与甲壳动物的互利共生，并获得了同样的结果——海星攻击了85%未受保护的珊瑚。这些结果显示，与珊瑚互利共生的甲壳动物显著降低珊瑚受海星攻击的概率。

格林及约翰·斯廷森（Glynn and Stimson，1990）的观察指出，共生蟹也保护珊瑚免受其他不引人注意的动物的攻击。格林观察到螃蟹的存在改善了珊瑚组织的生存条件。斯廷森发现移除螃蟹后，珊瑚分枝的底层组织会出现死亡，不久之后，便遭到藻类、海绵及被囊类（tunicate）的入侵。除了保护珊

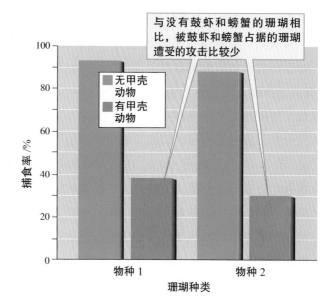

图15.16　比较有鼓虾、螃蟹和没有鼓虾、螃蟹的珊瑚受到的攻击（资料取自Glynn，1983）

瑚免受大型捕食者的攻击外，螃蟹的活动还有利于珊瑚组织的健康与完整性。如果这是一种互利共生关系，那螃蟹又能从中获得到什么益处呢？

和牛角相思树一样，珊瑚为互利共生的甲壳动物提供庇护所与食物。收留螃蟹及鼓虾的珊瑚的分枝较为茂密，可做庇护之用，而且甲壳动物可食用珊瑚分泌的黏液。保护鹿角珊瑚的最常见螃蟹——梯形蟹将足部插入珊瑚的触手中，刺激鹿角珊瑚分泌黏液，这种行为尚未在其他螃蟹中发现。珊瑚含有大量脂质，这些脂质占珊瑚组织干重的30%～40%，且会分泌黏液，该分泌物占虫黄藻每天光合产物的40%。

有甲壳动物寄生的鹿角珊瑚会把脂质浓缩成300～500 μm长的脂肪体。格林认为，鹿角珊瑚的脂肪体是互利共生关系的一部分。斯廷森通过确定螃蟹是否会影响珊瑚触手的脂肪体生产来验证这个假说。他的实验地点位于夏威夷瓦胡岛（Oahu）卡内奥赫湾（Kaneohe Bay）椰子岛（Coconut Island）的夏威夷海洋生物研究所（Hawaii Institute of Marine Biology）。他在卡内奥赫湾的中央地带收集直径8～10 cm的鹿角珊瑚，并将它们放入装有海水的桶内，再带回椰子岛的海洋实验室。在实验室内，他将珊瑚分成实验组和对照组，然后用小网把实验组的螃蟹和鼓虾捞出。接着，他将这两组珊瑚分别

养在室外储水槽中，水槽中充满流动的海水。

24 天后，斯廷森比较两组珊瑚的脂肪体数量，同时也将它们与卡内奥赫湾中自然生长的鹿角珊瑚（有共生蟹和无共生蟹）的脂肪体数进行了比较。实验结果与野外观察结果都清楚表明，无论在实验室还是野外，共生蟹的存在增加了鹿角珊瑚脂肪体的产量（图 15.17）。斯廷森也检查了寄生螃蟹的消化道，发现其中存在大量脂质。另外，存在螃蟹的珊瑚的繁殖率或增长率皆无显著下降。于是，斯廷森得到结论：珊瑚和螃蟹形成互利共生关系，两者都从中获得非常大的利益。

利益的大小可能是驱动互利共生演化的必要因素。在后面的章节中，我们会从理论上分析相对利益和成本如何影响互利共生关系的演化。

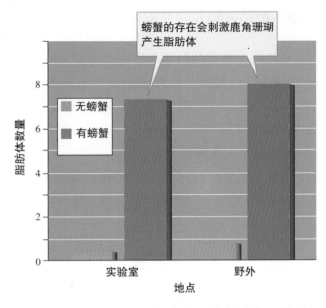

图 15.17　鹿角珊瑚在有螃蟹或没有螃蟹时的脂肪体数量（资料取自 Glynn and Stimson，1990）

概念讨论 15.2

1. 如果把造礁珊瑚放置在黑暗处，它们会驱逐组织中的虫黄藻。这表明是什么因素控制着珊瑚与虫黄藻的关系？

2. 就成本与利益而言，为什么珊瑚在黑暗中会驱逐虫黄藻？

调查求证 15：置信区间

在第 14 章中，我们介绍如何计算标准误差（$s\overline{X}$）。标准误差是某种群样本平均值的变异程度的估计值。我们现在要用标准误差计算**置信区间**（confidence interval）。所谓的置信区间是指实际种群平均值在某特定概率下的数值范围，该概率被称为**置信水平**（level of confidence）。置信水平通常等于 1 减去显著性水平（α），显著性水平通常是 0.05：

置信水平 $= 1 - \alpha$

$= 1 - 0.05 = 0.95$

利用该置信水平可计算出 95% 置信区间，计算公式如下所示：

μ 的置信区间 $= \overline{X} \pm s\overline{X} \times t$

式中，μ 为实际种群平均值；$\overline{X}$ 为样本平均值；$s\overline{X}$ 为标准误差；t 为学生氏 t 表值。

学生氏 t 表在大多数的统计学教科书中都有，汇总了著名的统计分布——学生氏 t 分布的数值。计算置信区间的 t 值由自由度（$n-1$）与显著性水平 α 决定。在本例中，显著性水平 $\alpha = 0.05$。

我们利用曾测量过的鲦鱼样本的体长平均值和第 14 章中得到的标准误差（334 页），来计算 95% 置信区间。

$\overline{X} = 56.2$ mm

$s\overline{X} \approx 1.96$ mm

这个样本包含了 10 条鲦鱼（$n = 10$）的体长，所以样本的自由度（$n-1$）为 9。由于显著性水平为 0.05，样本的自由度为 9，我们从学生氏 t 表中查得 t 值为 2.26（附录的附表 A.1，554 页），所以这个样本的 95% 置信区间为：

μ 的置信区间 $= \overline{X} \pm s\overline{X} \times t$

≈ 56.2 mm ± 1.96 mm $\times 2.26$

≈ 56.2 mm ± 4.43 mm

这个置信区间表明鲦鱼种群体长的平均值具有 95% 的概率落在 60.63 mm（56.2 mm + 4.43 mm）与 51.77 mm（56.2 mm − 4.43 mm）之间。

这个结果以图形显示在图 1 中。图 1 中还包括第 14 章希拉河鲦鱼样本的平均值与 95% 置信区间。请注意，希拉河样本的 95% 置信区间较窄。由于希拉河的样本数较大（$n = 50$），标准误差较小（$s\overline{X} \approx 0.88$），加上自由度是 49，查表得到的 t 值也较小（2.01），所以最终计算得到的置信区间就比较窄。由于样本较大，对希拉河鲦鱼种群来说，我们估算的实际种群平均值范围已缩至很小。

实证评论 15

1. 希拉河鲦鱼样本的 95% 置信区间是多少？

2. 如果样本大小是 18，显著性水平 α 为 0.05，根据表 A.1，计算 95% 置信区间的 t 值是多少？

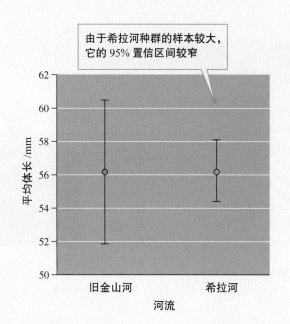

图 1　旧金山河（$n = 10$）与希拉河（$n = 50$）的鲦鱼样本的体长平均值与 95% 置信区间

15.3　互利共生的演化

理论上，只有获利大于成本，互利共生关系才会演化。 我们已回顾了陆域与海域中多个复杂的互利共生实例，其他环境中也不乏错综复杂又引人入胜的例子（图 15.18）。生态学家不但研究互利共生的现代生物学，同时也在探索互利共生演化与可持续的条件。理论分析指出，利益与成本的相对关系是影响互利共生演化的关键因素。

模拟互利共生的方法通常有两种。最早的尝试是利用修正的洛特卡 – 沃尔泰拉方程来描述互利共生种群的动态变化；另一种方法则利用成本 – 利益分析法模拟互利共生，探索互利共生演化与持续的条件。在第 13 章及 14 章讨论竞争模型和捕食模型时，我们利用种群动态来模拟物种的交互作用。现在，我们则把焦点放在互利共生的成本 – 利益分析上。

凯思琳·基勒（Keeler，1981，1985）发明了描述几种互利共生关系的相对成本及利益的模型。其中的两种互利共生关系在第 15 章中曾介绍过，即蚂蚁 – 植物保护共生及菌根。基勒的研究要求选择一个包含多性状个体的互利共生种群。它应包括以下 3 类个体：（1）成功的互利共生者（successful mutualist），该个体会付出成本，也从共生生物中获得可观利益；（2）失败的互利共生者（unsuccessful mutualist），该个体为另一种生物提供利益，但因某些原因没有获得回报；（3）非互利共生者（nonmutualist），既不付出，也不从共生者中获益。基勒的研究基于以下假设：某种群若要形成互利共生，成功互利共生者的适合度必须大于失败互利共生者及非互利共生者的适合度。不仅如此，成功的互利共生者和失败的互利共生者的适合度之和一定要大于非互利共生者的适合度。如果不符合这些条件，基勒认为自然选择最终会从种群中淘汰掉互利共生者。

总的来说，我们可以预期，只要互利共生个体的适合度高于非互利共生个体的适合度，种群中的

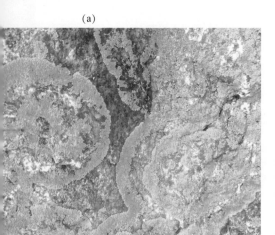
(a)

(b)

(c)

图15.18 互利共生的多样性：(a) 地衣是真菌和蓝绿菌的共生者；(b) 大豆借助根瘤内的细菌固定氮；(c) 非洲水牛借助内脏内的各种微生物获得植物组织中的能量，同时牛背鹭捕食水牛身上的虱子和苍蝇，并捕捉水牛觅食时飞出的猎物

互利共生关系便可演化并持续下去。

基勒将非互利共生者的适合度表示为 w_{nm}。

适合度在传统上以 w 表示，虽然用另一符号 f 表示得更清楚，但在这里基勒仍然采用传统符号。她又将互利共生者的适合度表示为：

$$w_m = pw_{ms} + qw_{mu} \qquad (1)$$

式中，p 为种群中成功互利共生者所占比例；w_{ms} 为成功互利共生者的适合度；q 为种群中失败互利共生者所占比例；w_{mu} 为失败互利共生者的适合度。

我们可以将基勒的互利共生演化及可维持的条件表示为：

$$pw_{ms} + qw_{mu} > w_{mu} \qquad (2)$$

或

$$w_m > w_{nm} \qquad (3)$$

基勒预测，当成功互利共生者及失败互利共生者的适合度之和大于非互利共生者的适合度时，互利共生关系就会持续下去。为什么我们要将成功互利共生者与失败互利共生者的适合度相加呢？要记住，这两者都可为互利共生参与方带来利益，但是只有成功互利共生者获得对方的回报。

如果我们用**选择系数**（selection coefficient）考虑这些因素，分析就更加方便了。选择系数是成功互利共生者、失败互利共生者和非互利共生者的相对自然选择成本：

$$s = 1 - w \ \text{及} \ w = 1 - s$$

利用选择系数，基勒将成功互利共生者、失败互利共生者和非互利共生者的自然选择成本表示为：

$$s_{ms} = (H)(1-A)(1-D) + I_D + I_A \qquad (4)$$
$$s_{mu} = (H)(1-D) + I_D + I_A \qquad (5)$$
$$s_{nm} = (H)(1-D) + I_D \qquad (6)$$

式中，H 为植物在没有任何抵御下受损组织的比例；D 为非蚂蚁抵御（比如化学防御）下植物组织受到的保护，所以 $1-D$ 为这些抵御下植物组织的受损比例；A 为蚂蚁抵御的食草动物侵害，$1-A$ 为没有蚂蚁时，食草动物对植物的侵害；I_A 为植物给蚂蚁的回馈；I_D 为植物对蚂蚁之外的防御的回馈。

应用这些选择系数，我们可以把基勒的蚂蚁－植物互利共生演化与可持续条件表述为：

$$p(1-s_{ms}) - q(1-s_{mu}) > 1 - s_{nm}$$

将（4）（5）（6）代入上式并简化，就可以得到成本相对于利益的表达式：

$$p[H(1-D)A] > I_A$$

兼性的蚂蚁－植物保护共生

基勒将成本－利益模型应用到兼性的植物－蚂蚁互利共生关系上。我们在本章第一节已经讨论过这种互利共生关系——小向日葵与蚂蚁的互利共生。向日葵具有花外蜜腺，蚂蚁保护向日葵并获得花蜜作为报酬。基勒的模型并不适合牛角相思树与蚂蚁的专性互利共生关系。另外，她是从互利共生的植物的视角描述她的模型的。我们现在从通用模型开始，逐步探讨植物 – 蚂蚁兼性互利共生生态学的各个方面。

在这个模型中，w_{ms} 是能够生产花外蜜腺并成功吸引蚂蚁来保护的植物的适合度；w_{mu} 是能够产生花外蜜腺但无法吸引足够多的蚂蚁来保护的植物的适合度。你可能还记得井上和泰勒的发现：小向日葵距离蚂蚁巢越远，吸引的蚂蚁就越少。这些植物可视为基勒模型中的失败互利共生者。除此之外，基勒也加入非互利共生植物的适合度（w_{nm}），这种植物（如小向日葵）无法产生花外蜜腺。

基勒模型将宿主植物获得的潜在利益表示为：

$$p[H(1-D)A]$$

式中，p 为能够吸引足够多蚂蚁防御的植物种群比例。

基勒模型将互利共生植物的成本表示为：

$$I_A = n[m + d(a + c + h)]$$

式中，n 为每株植物的花外蜜腺数量，m 为蜜腺结构的能量，d 为蜜腺活动的时间，a 为生产花蜜氨基酸耗费的能量，c 为生产花蜜碳水化合物耗费的能量，h 为花蜜供水的成本。

再重申一次基勒的假设，互利共生若要持续下去，利益一定要超过成本，所以在她的模型中：

$$p[H(1-D)A] > I_A$$

这个模型提出，兼性的蚂蚁 – 植物互利共生关系若要演化并持续，蚂蚁减少食草动物造成的损害所节约的能量一定要超过植物投资在花外蜜腺和花蜜上的能量。

基勒模型的细节告诉我们在什么条件下利益才会高于投入的成本。首先，也是最明显的是，植物投资在花外蜜腺及花蜜上的能量比例（I_A）必须低。也就是说，对于能量预算不宽裕的植物，如森林下层林荫处的植物，它们为了吸引蚂蚁而花费的能量应少于阳光充足的植物。在下列情况下，植物可获得较高利益：（1）吸引到蚂蚁的概率（p）高；（2）被食用的可能性（H）高；（3）其他抵御的有效性（D）低；（4）蚂蚁防御的有效性（A）高。

生态学家的任务是确定这个模型的要求如何才能更好地与自然界中的变量匹配。

概念讨论 15.3

1. 假设你发现一个不产生花外蜜腺的小向日葵突变体。对于小向日葵突变体和产花外蜜腺的小向日葵的相对适合度，基勒理论的预测是什么？

2. 根据基勒的理论，在什么条件下，不产生花外蜜腺的小向日葵突变体在种群中的数量会增多，并会取代生产花外蜜腺的向日葵？

应用案例：互利共生与人类

长久以来，互利共生在人类的生存和生活中一直发挥着重要作用。在历史上，大部分农业都依靠物种间的互利共生关系，多数农业管理为了提高农作物产量，也着重加强互利共生关系，如固氮作用、菌根及通过授粉提高农作物产量。

农业本身也被视为是人类与农作物及家畜等物种间的互利共生关系，但是这种关系和一般的农业经营及物种间的互利共生关系相比，仍存在本质上的不同。农业中的互利共生有多少是纯粹的利用，又有多少是真正的互利共生？这仍然是一个有待厘清的问题。

然而，有一种人类与野生物种的互利共生关系非常符合本章讨论中描述的概念。在这种关系中，人类与野生物种从相互交流中获利。这种互利共生关系发生在非洲传统采蜜人和黑喉响蜜鴷（*Indicator indicator*）之间。长久以来，采蜜是非洲文化中很重要的一部分，从 20,000 年前岩画艺术中的采蜜画，我们就可看出采蜜的重要性（Isack and Reyer，1989）。没有人知道非洲人何时开始采蜜，但早期人类应该很难抵挡这种甜蜜诱惑。无论何时开始采蜜，人类在寻找蜂蜜时，显然有一个充满活力且能力出众的伙伴。

导引行为

人类与黑喉响蜜鴷的互利共生关系从黑喉响蜜鴷和蜜獾（*Mellivora capensis*）的关系发展而来。蜜獾是一种猛兽，拥有可撕破蜂巢的强壮有力的爪子和健壮的肌肉，会随时跟踪黑喉响蜜鴷寻找蜂巢。蜜獾非常善于躲藏，但会因为跟踪黑喉响蜜鴷发出的叫声而被发现。非洲采蜜人也利用叫声吸引黑喉响蜜鴷，弗莱德曼（Friedmann，1955）认为，非洲采蜜人发出的叫声是模仿蜜獾的叫声。

目前，对于采蜜人与黑喉响蜜鴷的互利共生关系，肯尼亚国立博物馆（National Museum of Kenya）的 H. 伊萨克与苏黎世大学的 H. V. 雷耶（Isack and Reyer，1989）研究得最详尽，收集的数据最多。他们深入研究黑喉响蜜鴷与肯尼亚北部的博兰人（Boran）的交互作用。博兰人经常寻找黑喉响蜜鴷，并发明了一种穿透力极强的哨声吸引黑喉响蜜鴷。伊萨克及雷耶发现，这种哨声可传播至 1km 外，使采蜜人找到黑喉响蜜鴷的速度提高了 1 倍。若能吸引到黑喉响蜜鴷，采蜜人找到蜂巢的时间平均为 3.2 个小时；要是没有黑喉响蜜鴷的协助，采蜜人找到蜂巢的时间平均为 8.9 个小时。事实上，这个时间被低估了，因为伊萨克与雷耶在分析时没有计算找不到蜂巢的时间。根据他们的分析，黑喉响蜜鴷也从这种关系中获益，因为若没有博兰人的协助，96% 的蜂巢是黑喉响蜜鴷无法接近的。

黑喉响蜜鴷通过飞近采蜜人和发出叫声引起采蜜人的注意。之后，黑喉响蜜鴷会往特定方向飞去，消失 1 分钟左右。当它再度出现时，会停在显眼之处，对尾随的人鸣叫。尾随黑喉响蜜鴷的采蜜人通过吹口哨、猛敲木头和大声说话来保持鸟的兴趣。当采蜜人靠近黑喉响蜜鴷鸣叫的栖息处，它会

再次飞走、鸣叫，并展示自己的白色尾羽。和之前一样，它不久后再度出现。这一连串的"导引、跟踪、导引"行为一再重复，直到黑喉响蜜鴷及采蜜人抵达蜂巢。

伊萨克是博兰人，他访问了采蜜人，想了解他们从黑喉响蜜鴷那里获得什么信息。伊萨克与雷耶研究的主要目的是想证实采蜜人从黑喉响蜜鴷那里获得以下信息：（1）蜂巢的方向；（2）蜂巢的距离；（3）抵达蜂巢的时间。伊萨克与雷耶收集的数据都证实了以上 3 点猜想。

采蜜人说，黑喉响蜜鴷的飞行方向指向蜂巢的方向。为了证实黑喉响蜜鴷飞行指向的正确性，伊萨克与雷耶采用的一种方法是，让黑喉响蜜鴷 5 次从同一地点出发，引导他们到达相同的已知蜂巢。图 15.19（a）显示黑喉响蜜鴷 5 次导引他们到达蜂巢的路径范围非常窄。另一种方法则是让黑喉响蜜鴷从 7 个不同地点出发引导他们到达同一个蜂巢［图 15.19（b）］。结果显示，黑喉响蜜鴷每次都能引导他们到达蜂巢所在地。

博兰采蜜人说，随着蜂巢的接近，下面 3 个变量会越来越小：（1）黑喉响蜜鴷第一次消失后再出现的时间；（2）黑

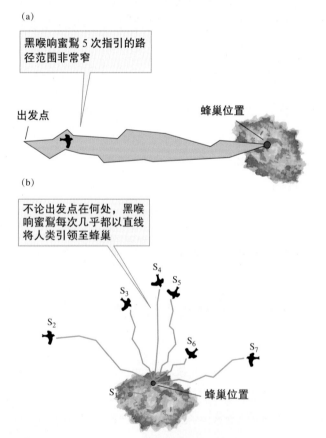

图 15.19　黑喉响蜜　指引采蜜人到达蜂巢的路径（资料取自 Isack and Reyer，1989）

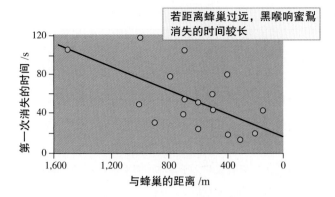

若距离蜂巢过远，黑喉响蜜鴷消失的时间较长

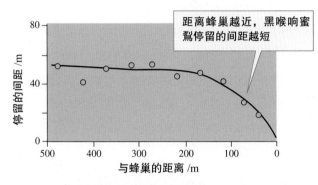

距离蜂巢越近，黑喉响蜜鴷停留的间距越短

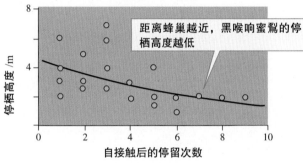

距离蜂巢越近，黑喉响蜜鴷的停栖高度越低

图15.20　黑喉响蜜　接近蜂巢时的行为改变（资料取自 Isack and Reyer，1989）

喉响蜜鴷两次停留之间的距离；（3）黑喉响蜜鴷停栖的高度。同样地，伊萨克与雷耶收集的数据也证实了这 3 个说法（图 15.20）。

采蜜人还说，根据黑喉响蜜鴷的行为及叫声的改变，他们可以判定是否已抵达蜂巢附近（图 15.21）。伊萨克与雷耶也观察到这样的改变。在飞往蜂巢的路上，黑喉响蜜鴷会发出特别的指引声，而且通过增加鸣叫的频率回应采蜜人的叫声；当抵达蜂巢时，黑喉响蜜鴷会停在蜂巢附近的树枝上，并发出一种特别的指示叫声。发出几次指示叫声后，黑喉响蜜鴷就会安静下来，不再回应人类的叫声。待采蜜人接近蜂巢，黑喉响蜜鴷会绕蜂巢飞行一圈，然后停在枝头上。

但伊萨克与雷耶观察到的一些数据无法证实博兰采蜜人的某些说法。例如，如果蜂巢距离较远（2 km 以上），黑喉响蜜鴷会以短距离停留误导采蜜人，谎报巢距。但伊萨克与雷耶也提到，他们没有理由怀疑采蜜人的说法，因为大部分说法都已被他们的数据证实。这些数据揭示了鸟类与人类之间丰富的互利共生关系。伊萨克与雷耶研究的结果激起了罗伯特·梅（May，1989）的好奇心。他想了解，究竟还有多少重要的生态知识存在于这个人口渐减的原住民种群里。有关该种群所处的热带地区的生态信息仍非常少。

抵达蜂巢后，黑喉响蜜鴷会发出几次特别的指示鸣叫声，然后静静地停留在蜂巢附近

在去往蜂巢的路上，黑喉响蜜鴷发出特别的鸣叫声，并增加频率来回应人声

图15.21　黑喉响蜜鴷与人类的声音沟通

互利共生是个体间彼此互惠的关系，是自然界中普遍存在的现象，对生命的演化作出重要贡献，也持续地影响着生物圈的生态整合。互利共生可分为兼性互利共生和专性互利共生。前者是指物种没有共生伙伴也可独自存活；后者指若没有共生伙伴，物种便无法存活。

植物受惠于与众多细菌、真菌及动物的互利共生关系。互利共生提供给植物的利益包括固定氮，增加盐分、水分的吸收，以及授粉和种子传播。90% 的陆域植物会和菌根真菌形成互利共生关系，菌根真菌利于植物的生长。菌根大部分是囊泡–丛枝状菌根或外生菌根，使植物更易获取水分、氮、磷及其他养分。作为回报，真菌则从植物中获得能量丰富的根分泌物。实验显示，养分有效性会改变植物与菌根真菌间互利共生的收支平衡。植物–蚂蚁的保护互利共生在热带环境和温带环境中均存在。在热带环境中，许多植物为蚂蚁提供食物与庇护所，以换取蚂蚁帮助它们抵御众多天敌；在温带环境中，与蚂蚁互利共生的植物不提供庇护所，只为蚂蚁提供食物，蚂蚁为植物提供保护。

造礁珊瑚依靠与藻类和动物的互利共生及利益交换，平衡着共栖礁上的共生者。热带海洋中以珊瑚礁为中心的互利共生和陆地上以植物为中心的互利共生极为类似。共生藻类（虫黄藻）在为造礁珊瑚提供能量的同时，也从珊瑚处获取养分，尤其是热带海洋中稀有的氮。珊瑚和虫黄藻的互利共生关系由珊瑚主控。珊瑚通过化学物质诱导虫黄藻释放有机化合物，并控制虫黄藻种群的增长。螃蟹与虾保护珊瑚物种免受捕食者攻击，以换取食物和庇护所。

理论上，只有获利大于成本，互利共生关系才能演化。针对植物–蚂蚁的兼性互利共生的演化与持续，基勒构建了成本–利益模型。在这个模型中，植物从共生中获得的利益以植物因蚂蚁保护不受食草动物侵害而得到的能量来表示。通过计算植物投资于花外蜜腺结构的能量，以及为花蜜供水、生产碳水化合物及氨基酸等花费的能量，这个模型可以估算植物花费在互利共生上的成本。该模型预测，当蚂蚁和食草动物的密度较高，以及其他御敌方式效率较低时，互利共生比较占优势。

人类与其他物种发展出多种互利共生关系，其中最奇特的当属黑喉响蜜䴕与传统非洲采蜜人间的关系。在这种显而易见的古老互利共生关系中，人类和黑喉响蜜䴕之间进行着复杂的沟通与合作，并互相得利。这种互利共生关系不仅提高人类发现蜂巢的速度，也使黑喉响蜜䴕能够接近原本无法挖取的蜂巢。详细的观察数据表明，黑喉响蜜䴕不仅会告知采蜜人蜂巢的方向与距离，还会告知采蜜人是否已抵达蜂巢。

重要术语

- 丛枝吸胞 / arbuscule　352
- 丛枝状菌根真菌 / arbuscular mycorrhizal fungi（AMF）352
- 花外蜜腺 / extrafloral nectary　359
- 互利共生 / mutualism　351
- 兼性互利共生 / facultative mutualism　351
- 均衡生长 / balanced growth　362
- 菌丝 / hyphae　352

- 囊泡 / vesicle　352
- 外生菌根 / ectomycorrhizae（ECM）352
- 选择系数 / selection coefficient　366
- 置信区间 / confidence interval　364
- 置信水平 / level of confidence　364
- 专性互利共生 / obligate mutualism　351

1. 试列出并简述对生物圈的生态整合有贡献的互利共生关系。

2. 菌根真菌对植物伙伴的贡献是什么？植物对菌根真菌的付出有何回报？哈迪（Hardie，1985）如何记载菌根改善红三叶的水平衡？菌根如何提高植物从环境中吸水的能力？

3. 简要说明约翰逊（Johnson，1993）的实验。她的哪些设计验证了人工肥料可产生低度互利共生的菌根真菌。约翰逊提出什么证据来支持她的假说？

4. 试解释菌根真菌如何从植物根部的寄生物祖先演化而来。约翰逊（Johnson，1993）的结果是否表明现在的菌根真菌的作用和寄生物相同？请具体说明。

5. 詹曾（Janzen，1985）极力赞成生态学家开展更多实验研究互利共生关系，试概要地列出詹曾本人研究牛角相思树与蚂蚁之间互利共生关系的细节。

6. 井上和泰勒（Inouye and Taylor，1979）研究的蚂蚁与小向日葵的关系是温带蚂蚁 – 植物保护互利共生关系的典型范例。试比较该互利共生关系与热带牛角相思树和蚂蚁的互利共生关系。

7. 以珊瑚为中心的互利共生关系与本章中以植物为中心的互利共生关系相比，两者的相似之处有哪些？不同之处又有哪些？在这两种关系中，互利共生者之间的物质交换与能量、养分及保护有关。这些因素是只影响个例，还是影响全部生物的生存？

8. 试列出基勒（Keeler，1981，1985）的成本 – 收益模型中蚂蚁 – 植物兼性互利共生的利益与成本。基勒的模型从什么视角来研究该互利共生关系？是从植物的视角还是蚂蚁的视角？如果从其他共生者的视角构建该模型，那么成本与利益又是什么样呢？

9. 如何将第 13 章的洛特卡 – 沃尔泰拉竞争模型转变为互利共生模型？得到的模型是成本 – 利益模型，还是种群动态模型？

10. 概要说明黑喉响蜜䴕 – 人类的互利共生关系如何从早先的黑喉响蜜䴕与蜜獾的互利共生关系演化而来。在非洲的许多地区，人们已放弃传统的采蜜，改为饲养家蜂，或从市场上购买精制糖取代野生蜂蜜。试解释在这种情形下，自然选择如何淘汰黑喉响蜜䴕种群的导引行为。（在采蜜活动消失的地区，黑喉响蜜䴕不再指引人类去寻找蜂巢。）

第五篇
群落与生态系统

第 16 章

物种多度与多样性

同一地区的不同区域所能承载的物种数存在很大差异。北美洲热沙漠的平原或缓坡上分布着大面积的蒺藜科石炭酸灌木。虽然其间还分布了禾草与杂草类，但石炭酸灌木的生物量是该地区的主要生物量。在该地区，即便你穿越数千米，眼前见到的仍是这单一物种组成的景观，变化很小（图 16.1）。

在这些热沙漠的其他地区，生物的丰富多样性和由石炭酸灌木构成的单调平原景观形成鲜明对比（图 16.2）。比如，亚利桑那州南部的管风琴国家保护区（Organ Pipe National Monument）分布着各种各样的植物生活型，包括自基部长出数条 2～3 m 细

干的墨西哥刺木（ocotillo）、具有绿色树干和细叶的假紫荆（paloverde tree），以及可长到中等大小

图 16.1　石炭酸灌木为索诺拉沙漠景观的优势植物

图 16.2　物种丰富的索诺拉沙漠景观

◀ 在犹他州瓦萨奇群山（Wasatch Mountains）的廷帕诺戈斯山（Mt. Timpanogos）中，野花盛开。再没有什么场景比开花高峰期的各种野花群落更能揭示生物的多样性。

的牧豆树。除此之外，还有许多种仙人掌，包括矮小的刺梨仙人掌、灌丛状泰迪熊仙人掌（teddy bear cholla）。最引人注目的是柱状刺球仙人掌（squat barrel cactus）、丛生细干状管风琴仙人掌（organ pipe cactus），以及鹤立于所有仙人掌中的巨柱仙人掌（saguaro）。在这些大型植物之间，还分布着丰富多样的灌丛、禾草与杂草。

由单一优势种石炭酸灌木占据的平原给人整齐划一的印象；由众多不同生长型构成的管风琴国家保护区则呈现了高度多样性。生态学家由此想到的是：何种因素导致了这两地之间的多样性差异呢？约瑟夫·麦考利夫（McAuliffe，1994）认为，在索诺拉沙漠景观中，木本植物的多样性和石炭酸灌木的优势性是土壤年龄、土壤受侵蚀干扰的频率和土壤深度存在差异的结果（第21章）。

从第13章到第15章，我们着重讨论两个物种间的竞争、捕食和互利共生关系。从本章开始，我们将讨论多物种的生态模式与生态过程。随着重点的转移，我们也将进入群落生态学（community ecology）的范畴。群落（community）是指某一特定地区内交互作用的生物集合。生态学家研究的群落，可以是山坡的植物群落，也可以是与某一棵树相关的昆虫群落，还可以是珊瑚礁的鱼类群落。这里的关键点是，群落通常由具有潜在交互作用的多种物种组成，而这些交互作用我们曾在第13章至第15章中讨论过。

群落生态学家试图了解环境中各类生物因子和非生物因子如何影响群落结构。一般来说，**群落结构**（community structure）包含诸多属性，如组成群落的物种数、物种的相对多度（relative abundance）和物种类型等。

由于研究大量物种并非易事，大部分群落生态学家只研究某些生物群体，如植物群落、哺乳动物群落或昆虫群落。有些群落生态学家只研究共位群。所谓的**共位群**（guild）是指生活方式相似的生物群，如沙漠某区域的食种子动物、热带雨林中的食果鸟类，或是河流中的滤食性无脊椎动物。有些共位群由亲缘相近的物种构成，有些则由不同种类的物种构成。例如，南太平洋岛屿上的食果鸟类多由各种鸠鸽构成，而索诺拉沙漠中的食种子动物则包括哺乳动物、鸟类和蚂蚁。

采用共位群概念的多为动物生态学家，而植物学家常用的类似概念是**生活型**或生长型。植物的生活型同时包含了植物的结构和增长动态，本书从第1章开始就通俗地把植物的生活型划分为乔木、藤本植物、一年生植物、革质叶植物（sclerophylous vegetation）、禾草及杂草。

和动物共位群的成员一样，生活型相似的植物也以相似的方式利用环境。因此，植物群落生态学家主要研究生活型相似的乔木、草本植物或灌丛群落的生态学。在研究动物共位群或植物生活型时，生态学家主要把精力集中在可控、一致的群落上，可控指的是物种的数目，一致指的是生态需求。

1959年，G. 伊夫琳·哈钦森（G. Evelyn Hutchinson）发表了一篇论文，名为《这是对圣罗萨利亚的敬意，否则动物物种为何如此缤纷？》（Homage to Santa Rosalia or Why Are There So Many Kinds of Animals？）。这篇论文激励了几代生态学家去研究生物多样性。直到今日，我们仍在解决的一个最基本问题是：什么因素控制生物群落的物种数和相对多度？这两个属性也恰好是第16章要讨论的重点。

16.1　物种的多度

大多数物种为中等多度，少数物种极多或极不常见。物种的相对多度是群落结构的最基本属性之一，乔治·苏吉哈拉（Sugihara，1980）称该属性为最小群落结构。本书从第9章就开始讨论物种多度，

除了探索体形大小与多度的关系之外，也论述了各种罕见形式。本节将延伸我们的理解，解决下列问题：若你进入一个群落对物种的多度进行量化，这些物种在分类上或生态上属于相关的生物群（如甲虫类、鸟类、灌丛类或硅藻类），你会有何发现？

结果是，不论你研究的是森林内的植物、蛾类

还是附近河流中的藻类，群落中的物种相对多度都有规律。如果你完整地从这些生物群落中取样，会发现某些物种的数量特别多，某些物种的数量特别少，但多数物种的多度则居中。弗兰克·普雷斯顿（Preston，1948，1962a，1962b）在仔细地研究博物馆标本和生物群落的物种相对多度后，首次提出这个模式。普雷斯顿的"物种分布的普遍性和稀有性"理论是自然群落分布模式的最佳记载之一。

对数正态分布

我们该怎样研究物种的多度？普雷斯顿建议以相对多度来表示，如某物种的多度是其他物种多度的 2 倍。依据这种简易的表示方式，普雷斯顿以频率分布图描述博物馆标本的物种分布。物种多度的级数间隔通常为 1～2、2～4、4～8、8～16，每一级间隔为前一级的 2 倍，并取对数成图（例如，$\log_2 1 = 0$，$\log_2 2 = 1$，$\log_2 4 = 2$ 等）。普雷斯顿将物种多度的对数值与每个级数内的物种数绘成图，得到图 16.3 的结果。

图 16.3（a）是沙漠植物的相对多度。罗伯特·惠特克（Whittaker，1965）的多度图采用覆盖率而非个体数，这与第 9 章的讨论相当吻合。值得注意的是，覆盖率大于 8% 或小于 0.15% 的物种很少，多数物种均为中等覆盖率。惠特克的图形最能显示普雷斯顿分布的特征，即"钟形"或正态分布，这种分布亦被称为**对数正态分布**（lognormal distribution）。

图 16.3（b）为美国俄亥俄州韦斯特维尔（Westville）地区 86 种繁殖鸟类的 10 年相对多度图（Preston，1962a）。从该图可看出，个数超过 64 只或仅有 1 只的物种都非常少。和惠特克研究的植物多度一样，多数物种为中等多度，该图呈现对数正态分布。

大部分对数正态分布只能清楚呈现部分钟形曲线 ［如图 16.4（a）及图 16.4（b）］，而不能呈现完整的正态分布曲线。不过在图 16.4（b）中，加拿大

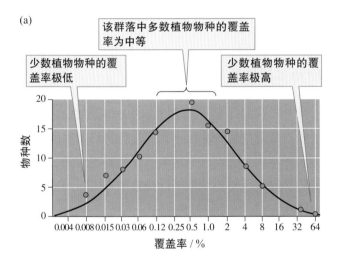

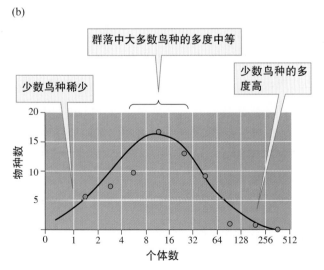

图 16.3　（a）沙漠植物的对数正态分布；（b）森林鸟类的对数正态分布（资料取自 Whittaker，l965；Preston，1962a）

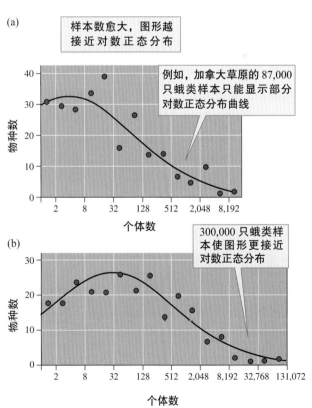

图 16.4　样本大小和对数正态分布（资料取自 Preston，1948）

艾伯塔省莱斯布里奇市附近的蛾类样本多度分布则接近于完整的正态分布。普雷斯顿认为，这两组不完整曲线间的差异是由样本大小差异造成的。萨斯卡通市的样本包含 277 个物种，共 87,000 只蛾；而莱斯布里奇市的样本则包含 291 个物种，共 303,251 只蛾。若前者的样本能采集到 300,000 只，将会得到更趋近完整的对数正态曲线。生态学家发现，群落样本越多，能找到的物种也越多；当样本数很小时，只能显示最常见的物种；若要取样到罕见的物种，必须采集更多样本。

那么我们要如何解释常见种和罕见种的对数正态分布呢？罗伯特·梅（May，l975）认为，对数正态分布是多个随机环境变量作用于众多物种种群的结果。换句话说，对数正态分布是一个统计期望值。

对数正态分布是否只是人为的数学结果？它是否反映重要的生物过程？基于罗伯特·麦克阿瑟（MacArthur，1957，1960）的开拓性研究，乔治·苏吉哈拉（Sugihara，1980）认为，对数正态分布是群落中的物种根据生态位细分空间的结果。不管成因是什么，对数正态分布都非常重要，因为它可以预测物种的多度分布。在第 22 章，对数正态分布将为我们了解自然组织提供更有价值的见解。

概念讨论 16.1

1. 为什么小样本只能显示对数正态分布的部分钟形曲线？

2. 为什么图 16.4 中的大量样本仅显示对数正态分布的一部分，而图 16.3 中的鸟类和植物研究则产生几乎完整的对数正态分布？

16.2　物种的多样性

物种数和物种的相对多度决定物种的多样性。 生态学家根据两个因子定义**物种多样性**（species diversity）：（1）群落中的物种数，或称**物种丰富度**（species richness）；（2）物种相对多度，亦称**物种均匀度**（species evenness）。物种丰富度对群落多样性的影响显而易见，一个包含 20 个物种的群落，其多样性自然比包含 80 个物种的群落要低得多；而物种均匀度对多样性的影响则比较难以察觉，但仍容易表示。

图 16.5 是两个假设的森林群落。两者都包含 5 种树，故物种丰富度相同，但群落 b 的多样性高于群落 a 的多样性，因为前者的物种均匀度比后者高。在群落 b 中，每种树的多度都相同，各占林木群落的 20%；与之相反，在群落 a 中，84% 的树木都是同一种树种，剩余的每个树种各占 4%。如果走在这两个森林中，虽然物种丰富度相同，但你马上会察觉群落 b 的物种多样性更高，而且这种感觉是可以量化的。

物种多样性的量化指数

生态学家发明了许多表示物种多样性的指数，这些指数的值会因物种丰富度与物种均匀度的高低而有所不同。我们以上述两个森林群落为例，并采用最常用的一个物种多样性指数来表示它们的物种多样性。

表示物种多样性的最常用指数是香农－维纳指数（Shannon-Wiener index）：

$$H' = -\sum_{i=1}^{s} p_i \log_e p_i$$

式中，H' 为香农－维纳指数；p_i 为第 i 个物种所占比例；$\log_e p_i$ 为 p_i 的自然对数值；s 为群落的物种数。

若要计算 H'，首先要确定所研究群落中各物种的比例（p_i），再计算 p_i 的 $\log_e$ 值。然后再计算物种 1 到物种 s 的 p_i 与 $\log_e p_i$ 的乘积之和 $\sum_{i=1}^{s}$。其中，s 为群落的物种数。

由于和为负数，香农－维纳指数常取和的负数：$-\sum_{i=1}^{s}$，使其变为正值。

群落 a 与群落 b 均含 5 个树种，但是因为群落 b 的物种均匀度较高，故它的物种多样性较高

在群落 a 的 5 个树种中，单一树种占优势，故物种多样性低于群落 b……

(a)

物种均匀度低

……群落 b 虽然同样含 5 个树种，但各个树种所占比例相同

(b)

物种均匀度高

图 16.5 物种均匀度与物种多样性

H' 的最小值为 0，表示单一物种组成的群落。基本上，H' 会随物种丰富度及物种均匀度的增加而递增。

表 16.1 为两个假设森林群落的 H' 计算过程。两个群落的 H' 值差异反映了图 16.5 中的物种均匀度差异：物种均匀度较高的群落 b 的 H' 值为 1.610，高于群落 a 的 0.662。我们也可用曲线来比较两个群落的差异。

表 16.1 计算两个假设森林群落的物种多样性

群落 a					群落 b				
物种	数量	比例 (p_i)	$\log_e p_i$	$p_i \log_e p_i$	物种	数量	比例 (p_i)	$\log_e p_i$	$p_i \log_e p_i$
1	21	0.84	− 0.174	− 0.146	1	5	0.20	− 1.609	− 0.322
2	1	0.04	− 3.219	− 0.129	2	5	0.20	− 1.609	− 0.322
3	1	0.04	− 3.219	− 0.129	3	5	0.20	− 1.609	− 0.322
4	1	0.04	− 3.219	− 0.129	4	5	0.20	− 1.609	− 0.322
5	1	0.04	− 3.219	− 0.129	5	5	0.20	− 1.609	− 0.322
总和	25	1.00		− 0.662	总和	25	1.00		− 1.610

$$H' = -\sum_{i=1}^{s} p_i \log_e p_i = 0.662$$

$$H' = -\sum_{i=1}^{s} p_i \log_e p_i = 1.610$$

调查求证 16：估算群落的物种数

群落中有多少物种？这是生态学家对群落提出的最基本问题之一。由于生物多样性正遭受着日趋严重的威胁，物种丰富度是我们要测量的最重要群落属性之一。例如，对于确定合适的保护面积、判断环境变化对群落的危害程度、识别稀有物种或受威胁物种的生境，物种丰富度的估算非常关键。然而，确定群落的物种数并非简单的工作，需要设计详细标准化的采样流程。在此，为了帮助生态学家设计采样流程、收集群落内或群落间的物种丰富度信息，我们回顾一下生态学家要考虑的基本因素。

采样投入

　　群落样本记录到的物种数随采样投入（sampling effort）的增加而递增。回顾第 6 章（142 页）中高度简化的例子，我们研究样方数如何影响落基山脉小河流中底栖物种丰富度的估计值。该例所需的采样投入相对较小，但大多数研究则需要较大的采样投入。例如，佩特里·马蒂凯宁与亚里·柯基（Martikainen and Kouki，2003）为了核实芬兰的北方针叶林是否存在受威胁的甲虫物种，需要采样 400 多个甲虫样本。另外，为了评估芬兰受威胁甲虫物种的保护面积是否适合，他们建议仅 10 个森林研究区就可能需要 100,000 多个甲虫样本。为了在估计物种丰富度时减少采样投入，群落生态学家及生物保护人士通常研究一些能够可靠预测物种丰富度的生物群。

指示分类群

　　由于查清物种多样性既耗时又费功夫，生态学家提议以各种指示分类群表示整体生物多样性。指示分类群（indicator taxa）通常选择大众熟知且常见的生物，如鸟类或蝴蝶。选择指示分类群时，必须谨慎。例如，英国皇家学院的约翰·劳顿与 12 名同事（Lawton et al.，1998）尝试沿非洲喀麦隆（Cameroon）热带森林的扰动梯度，以指示分类群来描述生物多样性。他们除了采集鸟类与蝴蝶样本外，还采集了飞行甲虫、冠层甲虫、冠层蚂蚁、落叶蚁、白蚁与土壤线虫样本。他们在 1992—1994 年完成采集，然后花费数年时间来分类与编目这 2,000 多种标本，这项工作大约耗费科学家 10,000 个人小时。不幸的是，这项庞大研究的最终结果为：没有一个分类群可表征其他分类群的物种丰富度。劳顿等人估计，他们采集的物种数占研究区总物种数的 1/100 ～ 1/10。

根据他们的经验，若要研究 1 hm² 热带森林的生物多样性，科学家需要耗费 100,000 ～ 1,000,000 个人小时。由于时间的限制，生态学家继续把焦点放在较小分类群的生物多样性上。然而，即便是针对较小的分类群采样，标准化采样方法仍非常重要。

标准化采样

　　标准化的采样投入和技术往往为比较群落间的物种丰富度提供有效依据。例如，挪威自然研究所的弗罗泽·奥德加德（Ødegaard，2006）在比较食草甲虫的物种丰富度时，采用了标准化的采样方法。他的研究对象分别是巴拿马热带旱生林和热带雨林中的食草甲虫。我们在第 1 章（7 页）中曾讨论过一种吊车，它可进入约 0.8 hm² 的森林。奥德加德正是利用这种吊车从两种森林的林冠层采样。他标准化了在两种森林的每棵树或藤本植物上采样所花的时间，并采用相同的采样技术。奥德加德在两种森林中采样的植物物种数目相近：旱生林 50 种植物及雨林 52 种植物。由于他付出的努力，从旱生林和雨林中捕获的甲虫数非常相近，分别为 35,479 只和 30,352 只。然而，他采集到的雨林甲虫物种比旱生林多 37%，雨林甲虫物种数为 1,603，旱生林的甲虫物种数为 1,165。由于奥德加德标准化了采样方法，我们可以得出结论，他研究的热带雨林的食草甲虫物种丰富度较高。如果采样投入不一致，我们可能得不到这样的结论。

实证评论 16

　　1. 迄今人类尚未完全确定地球上所有生境物种的完整名录。为什么无法确定？

　　2. 为什么大部分有关物种多样性的调查都集中在植物、鸟类或蝴蝶等几个大众熟知的生物上？

等级 – 多度曲线

　　通过制作物种的相对多度与多度等级关系图，我们可描绘群落中物种的相对多度及多样性。**等级 – 多度曲线**（rank-abundance curve）可让我们对群落的重要信息一目了然。图 16.6 为群落 a 和群落 b（图 16.5）中各树种的多度等级（abundance rank）和多度比例（proportional abundance）关系图。群落 b 的等级 – 多度曲线显示 5 种树的多度都相同，而群落 a 的等级 – 多度曲线则显示群落 a 主要由多度最大的单一树种组成。

现在我们再以两个真实的动物群落为例，看看等级－多度曲线的差异。图 16.7 是葡萄牙北部毛翅目昆虫（俗称石蛾，是一种具有水生幼虫期的昆虫）在两种水域环境中的等级－多度曲线。米拉（Mira）海岸池塘的群落包含 18 种毛翅目昆虫，雷尔瓦（Relva）山区河流群落则包含 79 种毛翅目昆虫。此外，海岸池塘的群落由少数优势物种组成，山区河流群落的各物种多度分布则较为平均。这两个群落的物种均匀度差异可以从海岸池塘群落的陡峭等级－多度曲线中看出。

加州湾的两个礁鱼群落的等级－多度曲线则显示微妙的差异。这两个礁鱼群落的物种数非常相近，分别为 52 种和 57 种，但它们的物种均匀度则存在较大差异。加州湾中部群落的物种个体分布较为均匀（图 16.8）。从图上可看出，前 10 级的物种最丰富，之后，加州湾中部的等级－多度曲线爬升至北部海湾的曲线上方。在后续讨论群落结构时，等级－多度曲线会是一种很有用的表示方法。

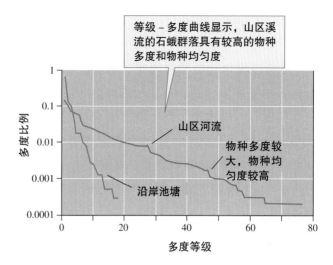

图16.7 葡萄牙北部两种水域栖境中毛翅目石蛾的等级－多度曲线（资料由 L. S. W. Terra 提供）

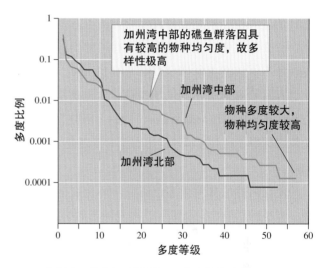

16.8 加州湾两种礁鱼群落的等级－多度曲线（资料取自 Molles，1978；Thomson and Lehner，1976；根 据 D. A. Thomson and C. E. Lehner，1976）

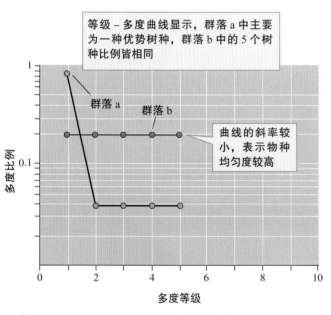

图16.6 两种假设森林群落的等级－多度曲线

概念讨论 16.2

1. 为什么河流的污染会降低毛翅目及其他河流昆虫的物种丰富度和物种均匀度，进而减少它们的多样性（图 16.7）？

2. 假设你在一个区域取样，发现了表 16.1 中的 5 种树木。它们的比例分别是：0.35、0.25、0.15、0.15 和 0.10，那么这个群落 c 的香农－维纳指数是多少？并将它与表 16.1 中的群落 a 和群落 b 进行比较。

16.3 环境复杂性

复杂环境中的物种多样性比较高。环境结构如何影响物种多样性？这是讨论群落时最基本的一个问题。一般来说，当环境的复杂性或异质性（heterogeneity）增加时，物种多样性也随之增加。然而，对某生物群落很重要的环境因子对另一生物群落未必会产生重要的影响。因此，我们必须了解物种的生态需求，才可预测环境结构如何影响物种多样性。换句话说，我们要知道各物种的生态位。

森林复杂性和鸟类物种多样性

在第 13 章中，我们了解到竞争能显著地影响物种的生态位。若是竞争可使物种的生态位产生分化，那么你在描绘关系紧密的共存种的生态位时会发现什么？依据竞争排斥原则（第 13 章），我们预测共存种具有显著不同的生态位，这也是第 1 章罗伯特·麦克阿瑟（MacArthur，1958）研究北美洲东北部森林中 5 种共生林莺的生态学时发现的结果（图 1.3）。

麦克阿瑟的林莺生态位研究与环境复杂性对物种多样性的影响有何关系呢？麦克阿瑟的结果显示，由于 5 种林莺在不同的植被层觅食，它们的分布可能会受到植被垂直结构变异的影响。为了证实这种可能，他在缅因州的芒特迪瑟特岛（Mount Desert Island）测定高 6 m 以上植被的体积和林莺物种多度的关系（图 16.9）。由于该研究区的林莺物种数随着森林高度的增加而递增，高 6 m 以上且体积较大的植被中分布着较多林莺物种。换言之，麦克阿瑟发现林莺物种的多样性随着植被高度的增加而递增。这些结果为后来研究枝叶层高度多样性如何影响鸟种多样性奠定了基础。

麦克阿瑟是首个量化研究物种多样性与环境异质性关系的生态学家之一。他运用香农-维纳指数（H'）来定量描述物种多样性和环境复杂性，并以枝叶层高度多样性代表环境复杂性。枝叶层高度多样性不仅随枝叶层数增加而递增，还随着 3 个垂直层（0～0.6 m、0.6～7.6 m 和 >7.6 m）的枝叶生物量均

匀度增加而递增。换言之，麦克阿瑟的枝叶层高度多样性和物种多样性一样，随着丰富度（枝叶层数）和均匀度（生物量在各层的分布是否均匀）的增加而递增。

罗伯特·麦克阿瑟和约翰·麦克阿瑟（MacArthur and MacArthur，1961）以北美洲东北部、佛罗里达和巴拿马的 13 个植物群落为研究对象，测定枝叶层高度多样性与鸟种多样性之间的关系。从禾草地到成熟落叶林，他们研究的植物群落非常多样。它们的枝叶层高度多样性为 0.043～1.093。枝叶层高度多样性较高的植物群落包含较多种鸟类群落（图 16.10）。麦克阿瑟和其同事继续研究从北美洲到大洋洲的温带、热带、岛屿等各种环境中，枝叶层高度多样性与鸟种多样性之间有何关系。他们再次发现两者为正相关关系。从北美洲、中美洲、大洋洲各地得到的证据综合表明这种关系并非偶然，相反，它反映了鸟类在这些环境中如何分占空间。

除了鸟类以外，环境复杂性与其他生物的多样性又有何种相关性呢？相关的生态学研究已经指明环境复杂性与众多生物群落的物种多样性均为正相关关系，这些生物群落包括哺乳动物、蜥蜴、浮游生物、海洋腹足类和礁鱼类，它们大都为动物，那么环境复杂性如何影响植物的多样性呢？

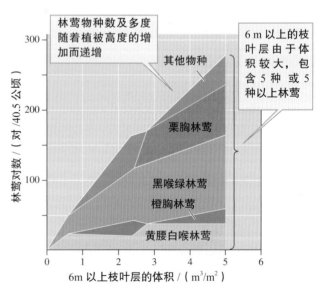

图16.9 植被结构与林莺物种数的关系（资料取自MacArthur，1958）

藻类和植物的生态位、异质性及多样性

现存的陆域植物约为 300,000 种，它们为动物的特化（specialization）提供了各种机会，因此植物的多样性可解释动物的多样性。然而，我们要如何解释初级生产者的多样性呢？G. 伊夫琳·哈钦森（Hutchinson，1961）以"浮游生物悖论"（the paradox of the plankton）来阐述这个问题。他认为浮游植物群落呈现了一种矛盾，它们生活在相对简单的环境（湖与海的开放水体）中，并且竞争同样的养分（氮、磷、硅等），但它们却能共存，没有发生竞争排斥，这种现象似乎是矛盾的，因为与竞争排斥原则相悖。陆域植物也存在类似的矛盾，这种矛盾令人百思不得其解。因此，约瑟夫·康纳尔（Connell，1978）认为环境异质性并不足以说明陆域植物的多样性，尤其是在热带雨林中。

数十年来的理论和实验研究表明，环境异质性仍可解释浮游藻类及陆域植物的大部分多样性。和研究动物一样，若要研究环境多样性对植物或藻类多样性的影响，我们必须先了解生态位的本质。

藻类和陆域植物的生态位

藻类的生态位可根据养分需求来定义。大卫·蒂

尔曼通过研究淡水硅藻间的竞争，验证了养分需求对浮游生物生态位的重要性（Tilman，1977）。他的实验与高斯（Gause，1934；第 13 章）的草履虫竞争实验极为类似。然而，除了发现竞争排斥外，蒂尔曼也发现了硅藻物种共存的环境需求。一般来说，硅藻物种间的排斥或共存取决于两种主要养分含量之比，它们是硅酸盐（SiO_2^{2-}）和磷酸盐（PO_4^{3-}）。

蒂尔曼将星杆藻（*Asterionella formosa*）及梅尼小环藻（*Cyclotella meneghiniana*）分别培养时，两者均能维持稳定的种群，但当他将两种硅藻一起培养时，有时星杆藻排斥梅尼小环藻，有时它们可共存，这取决于硅酸盐和磷酸盐之比（图 16.11）。比率较高时，星杆藻最终排斥掉梅尼小环藻；比率较低时，两者能共存；当比率最低时，梅尼小环藻的数量会超过星杆藻的数量。

我们该如何解释蒂尔曼的结果呢？其实，星杆藻吸收磷的速率远高于梅尼小环藻的速率。因此，当硅酸盐与磷酸盐之比偏高时，星杆藻会吸收环境中的磷，最终淘汰梅尼小环藻。然而，当比率较低时，由于无法吸收磷，星杆藻的增长速率受到限制，使其无法排斥梅尼小环藻。当硅酸盐与磷酸盐之比不高时，硅酸盐限制星杆藻的增长速率，而磷酸盐限制梅尼小环藻的增长速率，所以两种硅藻能够共存。

对于环境复杂性与物种多样性的关系，蒂尔曼的实验结果说明什么？该实验结果表明，如果整个

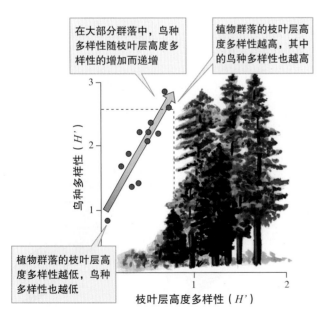

图 16.10　枝叶层高度多样性和鸟种多样性的关系（资料取自 MacArthur and MacArthur，1961）

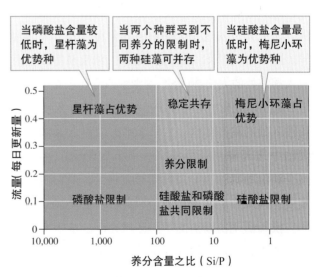

图 16.11　硅酸盐（SiO_2^{2-}）与磷酸盐（PO_4^{3-}）之比，以及星杆藻与梅尼小环藻之间的竞争（资料取自 Tilman，1977）

湖中的硅酸盐与磷酸盐之比存在差异，那么有些地方的优势种为星杆藻，有些地方的优势种为梅尼小环藻。

现在我们该如何描述陆域植物的生态位特征？在第 13 章中，我们曾讨论过坦斯利（Tansley，1917）研究猪殃殃物种间竞争的实验，该实验为我们深入洞察陆域植物的生态位提供了线索。岩猪殃殃主要生活在酸性土壤中，而矮猪殃殃主要生活在碱性土壤中。当这两种植物在同一实验园中竞争生长时，每种植物在各自偏好的土壤型中生长最佳。如同星杆藻与梅尼小环藻，岩猪殃殃与矮猪殃殃的生态位显著地受到环境（本例为土壤）化学特性的影响。

我们可以依据藻类和植物的养分需求及它们对限制其生长的物理条件或化学条件（如湿度、pH 值）的反应来定义它们的生态位。因此，从藻类或植物的特征来看，限制生长的养分（如硅酸盐和磷酸盐）的有效性，以及物理条件和化学条件（如温度、湿度、pH 值）的差异形成了环境的复杂性。

植物所处环境的复杂性

首先，让我们来看一下水域环境的异质性。马丁·利博及其同事（Lebo et al., 1993）研究内华达州皮拉米德湖（Pyramid Lake）的养分与颗粒物浓度的空间差异。该湖面积约为 450 km²，最深 102 m。

和所有湖泊一样，皮拉米德湖的湖水是非均质的。研究人员发现整个湖泊的养分存在非常大的变异。图 16.12 显示，硝酸盐（NO₃⁻）浓度从特拉基河流入湖泊处的大于 20 μg/L 到湖泊西岸和东北岸的小于 5 μg/L，变化非常大；硅酸盐（SiO₂²⁻）浓度从河流注入处的最高值——大于 300 μg/L 向北递减，在湖泊中北部降至最低值——小于 200 μg/L。另外，整个湖泊的其他养分浓度差异也很大，但它们的浓度变化模式和前述的硝酸盐、硅酸盐的模式并不相同。换句话说，湖泊的不同区域为浮游植物提供了不同的生长环境，因此环境的复杂性产生了浮游植物的多样性。

现在让我们来看看陆域环境中养分浓度的变化。

以一块废耕农田为例，我们通常认为这里的环境异质性偏低，因为犁耕、平整、施肥等农业耕作应会降低整个农田的空间异质性。

G. 罗伯森和他的研究小组（Robertson et al., 1988）定量研究了一块废耕农田的氮浓度与含水量差异。该废耕农田位于密歇根州东南部的乔治保护区（E. S. George Reserve），面积为 490 hm²，由密歇根大学经营。1870 年以前，农民把当地原生的橡树 – 山核桃林（oak-hickory forest）开垦成耕地，偶尔翻动；至 20 世纪初，大部分土地不再种植农作物，变为牧草地；1928 年，该地区不再养殖牛，并被划为自然保护区。虽然不再有牛吃草，但一群密度很高的白尾鹿（Odocoileus virginianus）仍然继续在这里食草。

罗伯森等人在这块废耕农田中划出一块面积为 0.5 hm²（69 m × 69 m）的实验区，选取 301 个采样点，测定土壤的性质，包括硝酸盐浓度、土壤含水量。在如此小面积的实验区中测定这么多采样点，为绘制详细的土壤属性图提供了充足的数据。图 16.13 显示了硝酸盐浓度及含水量呈斑块状变化。在整个实验区内，这两种土壤属性均呈现 10 倍差异。再者，硝酸盐浓度和土壤含水量不具有明显相关性，即硝酸盐浓度较高之处土壤含水量不一定就多。因

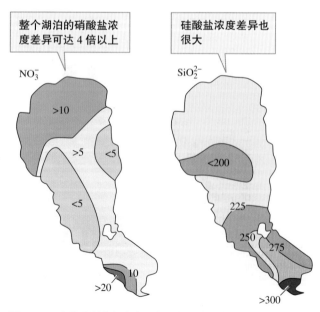

图 16.12　内华达州皮拉米德湖表层水的硝酸盐和硅酸盐浓度变化（资料取自 Lebo et al., 1993）

此，罗伯森等人得出结论：土壤属性的空间差异足以影响植物群落的结构。

根据以上研究，我们可看出藻类与植物可用的资源在整个水域环境与陆域环境中存在显著变化。接下来，我们就来看看这些资源的空间异质性如何影响植物的分布和物种多样性。

热带森林的土壤、地形异质性与植被多样性

卡尔·乔丹（Jordan，1985）研究了亚马孙森林中植被和土壤的关系。他发现可以从两个方面表示热带森林的多样性：（1）大部分热带森林群落含有非常多物种；（2）各地区皆有许多植物群落，每个群落由特别的物种组成。

乔丹的研究显示，土壤属性的差异将影响该地区植物群落的数目。土壤属性的微小差异可孕育截然不同的植物群落。在距离只有500 m、高度不超过8 m的范围内，乔丹观察到6种不同植物群落（图16.14）。该处的心土为花岗岩风化形成的黏土，其上堆积着沙土，沙土厚度因局部地形而异。地形也决定了地下水以上土壤的深度。

山顶上分布着混生林，这里的黏土层较接近地表。在地形向河床倾斜、沙层增厚的地方，森林的优势种为豆科家族的木荚苏木（*Eperua purpurea*）。

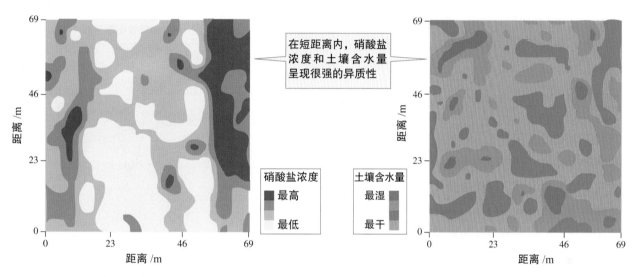

在短距离内，硝酸盐浓度和土壤含水量呈现很强的异质性

硝酸盐浓度　最高　最低

土壤含水量　最湿　最干

图16.13　一块面积为4,761 m² 废耕农田的硝酸盐浓度和土壤含水量的差异（资料取自Robertson et al.，1988）

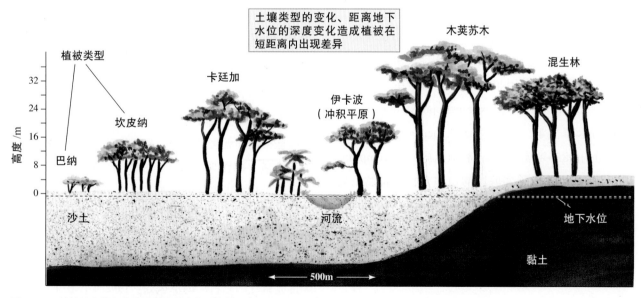

土壤类型的变化、距离地下水位的深度变化造成植被在短距离内出现差异

植被类型

巴纳　坎皮纳　卡廷加　伊卡波（冲积平原）　木荚苏木　混生林

沙土　河流　地下水位　黏土

图16.14　植被沿土壤和含水量梯度的变化（资料取自Jordan，1985）

虽然木荚苏木群落的多样性低于混生林，但木荚苏木群落中的树较高且植物增长速率也较快。此外，还有一种特殊的植物——伊卡波（igapó）生长在季节性洪水泛滥的河边。

离开河流，在沙土上，海拔的微小变化造成了水分有效性与植物群落的显著差异。在靠近溪流但高于季节性洪水泛滥区的沙土上，生长着一种名为卡廷加（caatinga）的植物群落；在高于卡廷加林所在地1～2 m的沙土上，分布着一种名为坎皮纳（campina）的矮树林。最后，在高于河流水面2 m以上的地区，由于粗质沙土的排水太快形成水分胁迫，该地区被名为巴纳（bana）的灌丛群落占据。乔丹发现，当地植物有各种各样的俗名，这与亚马孙盆地土壤属性和地形的差异有关。在温带森林中，由于土壤属性也存在差异，研究者也观察到了相似的植物群落变化。

藻类、植物的物种多样性与养分有效性

生态学家多次观察到，养分有效性与藻类及植物的物种多样性之间呈负相关关系。换言之，当养分供应量增加时，植物与藻类的多样性下降。迈克尔·休斯顿（Huston，1980，1994a）指出，在哥斯达黎加森林中，养分有效性与植物物种多样性之间呈负相关关系，非洲森林及亚洲森林中也存在类似的相关性。在加纳（Ghana）雨林中，一系列实验区均显示了这种负相关性（图16.15）。另外，硅藻多样性和养分有效性之间也存在类似的负相关关系。

将养分加入水中或土壤中，通常会降低藻类与植物的多样性。这类实验的结果表明，养分有效性与多样性之间存在因果联系。例如，在英国的洛桑实验站（Rothamsted Experimental Station）进行的公园禾草实验（Park Grass Experiment）中，研究人员自1856年起一直给禾草地施肥（Kempton，1979）。结果，施肥实验区的植物多样性持续下降（图16.16）。一百多年来，对照区的多样性维持不变，但施肥区的植物则由49种减少到3种。从图16.16中也可知，等级－多度曲线随时间的推移越来越趋陡峭，这说明物种均匀度下降。

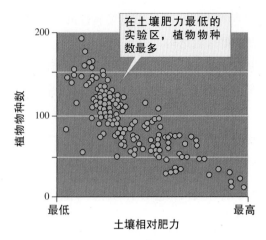

图16.15 在非洲加纳雨林0.1 hm²的实验区中，土壤肥力和植物物种数的关系（资料取自 Hall and Swaine，1976）

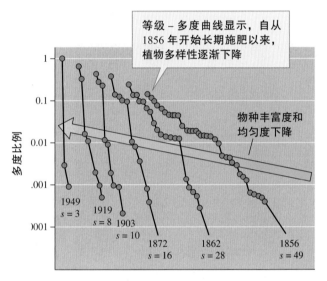

图16.16 英国洛桑实验站的施肥作业与植物多样性（资料取自 Kempton，1979；Berchley，1958）

氮富集与外生菌根真菌的多样性

生态学家研究发现，在大气氮沉降量高的地区，菌类多样性明显下降。不过，大部分这类多样性下降的观察是基于地表子实体（如蘑菇）多样性的下降。这些证据或许无法反映菌类多样性的下降，只能反映菌类由地上部转为地下部生长。为了验证这个可能，埃里克·利勒思克、提摩西·费伊、托马斯·霍顿与格雷·洛维特（Lilleskov et al.，2002）于美国阿拉斯加州基奈半岛（Kenai Peninsula）研究外生菌根真菌沿氮沉降梯度的多样性和组成。他们将研究地点设置在一个排放氨气的肥料厂的下风处。1992年，在工厂附近的森林景观，氮沉降速率为20 kg/（hm²·a）；在距离

肥料厂数千米之外，氮沉降速率则为 1 kg/（hm² · a）。

利勒思克的团队从 5 个实验区采集土壤养分（尤其是氮）和外生菌根真菌。这些实验区均生长着白云杉（*Picea glauca*）及阿拉斯加纸桦（*Betula kenaica*）的成熟林。为了辨识与白云杉根部共生的外生菌根真菌，研究团队综合利用形态学与分子生物学技术。根据他们的记载，实验区（尤其是有机层）具有明显的土壤氮梯度。随着土壤氮梯度的下降，土壤的 pH 值呈现下降趋势，外生菌根真菌的种类也减少（图 16.17）。研究人员认为，真菌多样性与组成变化的原因是，真菌种类由低氮有效性环境中能有效利用氮的特化菌类转变为高土壤肥力环境下的优势种——耐酸性外生菌根真菌。因此，研究者建议，未来有关外生菌根真菌群落的研究应紧密结合生态过程来开展。他们还建议研究氮沉降是否会降低外生菌根真菌生活环境的空间复杂性，因为氮沉降已经改变了初级生产者生活的环境。

因此，环境复杂性可解释植物的一部分物种多样性，但环境复杂性能否解释植物的全部多样性？

纵观乔丹的亚马孙实验，环境多样性可以解释大部分植物多样性，但无法解释所有，如亚马孙雨林 1 hm² 区域内有 300 多种树木共存的现象。为了解释相对均质的地区为何存在如此高的多样性，生态学家转向研究干扰的影响。

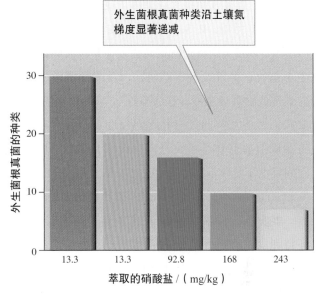

图16.17　阿拉斯加州基奈半岛附近的土壤氮（KCI 萃取）与外生菌根真菌群落多样性的关系（资料取自 Lilleskov et al.，2002）

概念讨论 16.3 ━━━━ ▪

1. 蒂尔曼发现星杆藻与梅尼小环藻在某一条件下互相排斥，而在另一条件下可共存，这是否违背竞争排斥原理（第 13 章，305 页）？

2. 我们可以把公园禾草实验中的养分有效性提高与环境复杂性降低联系起来吗？

3. 假设你发现一些鱼种栖息在一块与大片珊瑚礁分离的小礁石上。它们利用礁石的垂向空间，有些生活在底部靠近沙层的区域，有些生活在礁石稍高的区域，有些则在更高的区域。依据这种分区模式，你能否够预测礁石结构如何影响礁石上的鱼类多样性？

16.4　干扰和多样性

中度干扰可促成较高的多样性。

平衡的本质

本书的许多章节均假设环境条件或多或少保持稳定的状态，生态学家称这种状态为**平衡**（equilibrium）状态，然而平衡系统的稳定必须依靠相反的力量来维持。洛特卡－沃尔泰拉的竞争模型（第 13 章）和捕食者－猎物模型（第 14 章）均假设物理环境恒定。研究者在实验室中研究物种的竞争时，往往也维持恒定的实验条件。即使在本章，我们同样在稳定的环境平衡下探讨环境复杂性对物种多样性的影响，但实际上大部分自然环境均受到各种干扰的影响。

干扰的本质和来源

何谓干扰（disturbance）？这个问题并不像表面上看起来那么容易回答。干扰的构成因生物和环境而异。对某种生物造成严重影响的干扰对另一种生物可能毫无冲击力或影响很小。干扰的本质也因环境而异。韦恩·苏泽（Sousa, 1984）在研究干扰对自然群落结构所起的作用时，将干扰定义为"一种间断的、致命的置换或伤害，导致一个或数个个体（或群体）直接或间接为新个体（或群体）的定殖创造机会"。另外，P. S. 怀特与 S. 皮克特（White and Pickett, 1985）则将干扰定义为"在某段时间内扰乱生态系统、群落或种群结构，以及改变资源、基质有效性或物理环境的非连续事件"。然而，他们也提醒我们要注意空间尺度和时间尺度。例如，对于河流漂砾上的苔藓类（如苔藓与叶苔）群落，干扰的空间尺度不足 1 m，时间尺度是 1 年。在这个时间尺度和空间尺度下，干扰与周围的森林群落无关。

事实上，群落的潜在干扰来源多得难以计算。怀特和皮克特列举了 26 种主要的干扰来源，它们大概可分成非生物因子与生物因子两大类，前者包括火、飓风、冰暴、洪水等；后者包括疾病、捕食、人类干扰等。但不论干扰来源是什么，我们可根据少数特征将它们归类，下面我们将讨论干扰的两大特征：频率和强度。

中度干扰假说

约瑟夫·康奈尔（Connell, 1975, 1978）提出，干扰是自然界普遍存在的现象，对群落多样性产生显著影响。对于基于竞争的多样性模型假设的平衡状态，他持怀疑态度，并认为高度多样性是环境持续改变的结果，而不是平衡状态下竞争调和的结果。他提出了**中度干扰假说**（intermediate disturbance hypothesis），认为中度干扰会促成较高的多样性（图16.18）。

康奈尔认为高度干扰或低度干扰均会减少物种多样性。如果干扰频繁且剧烈，那么群落最终只剩下少数能在频繁干扰下栖息和完成生活史的物种；反之，若干扰不频繁、不剧烈，物种多样性也会减少，因为群落最终只会留下最能有效竞争的物种。所谓的"有效"是指物种能最有效地利用有限资源，或在干扰竞争中最有效利用资源。

中度干扰如何促成较高的多样性？康奈尔认为，在中度干扰下，干扰的间隔时间足以让许多物种生存下来，但又不足以产生竞争排斥。

潮间带的干扰及多样性

韦恩·苏泽（Sousa, 1979a）研究了干扰如何影响潮间带漂砾上藻类和无脊椎动物的多样性。这类群落受到的干扰主要来自冬季暴风雨引起的海浪。这些巨浪超过 2.5 m 高，足以推翻漂砾，摧毁附生在岩石表面的藻类和藤壶。重新裸露的岩石表面可供新的藻类及无脊椎动物拓殖。

漂砾的大小不同，被推翻的频率就不同，对不同高度海浪的反应也有所差异。苏泽推测，漂砾上的群落受干扰的频率取决于漂砾的大小。小型漂砾被推翻的频率高，故受干扰频率也最高；中型漂砾受中度干扰；大型漂砾受干扰的频率最低。

另外，苏泽通过测量移动不同漂砾所需的力来量化漂砾的大小与被海浪移动的概率的关系。他先测量许多漂砾的裸露表面积，接着测量移动每块漂砾所需的力。为了得到这个数值，苏泽用铁链绑住漂砾，并在铁链上安装一个弹簧秤，然后顺着海浪袭来的方向拉动漂砾，直到漂砾移动为止。当漂砾移动时，他记录下这个力（kg），并将单位换算成牛顿（N，1 N = 9.80665 kg）。很显然，漂砾的大小与

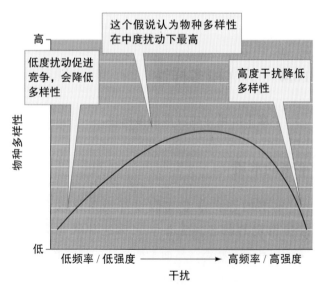

图16.18 中度干扰假说（资料取自 Connell, 1978）

移动漂砾所需之力成正比。苏泽进行这个实验时的假设是什么呢？他假设设备测出的移动漂砾所需之力和海浪移动漂砾的力成正比。

为了验证他的假说，苏泽记录了弹簧秤测量的力与漂砾被海浪移动的频率的关系。他设置了 6 个永久实验区，并测量移动每块漂砾所需的力。然后，他通过拍照的方式记录下每块漂砾的初始位置，在之后的 2 年间，他每月拍照记录漂砾的移动。苏泽根据移动漂砾所需之力将漂砾分成 3 个等级：（1）≤ 49 N；（2）50 ～ 294 N；（3）> 294 N。这些力转化为移动的频率：频繁移动（每月 42% 漂砾移动，这种干扰为高度干扰）、中度移动（每月 9% 漂砾移动，这种干扰为中度干扰），以及低度移动（每月 1% 漂砾移动，这种干扰为低度干扰）。

漂砾上的生物物种数因漂砾受干扰的频率而有所不同（图 16.19）。大多数受高度干扰的漂砾仅含有 1 个物种，少数含有 5 个物种，没有出现 6 个或 7 个物种；大多数受低度干扰的漂砾只含有 1 ～ 3 个物种，少数含有 6 个物种，但没有出现 7 个物种。物种多样性最高的漂砾大多受到中度干扰。大部分受中度干扰的漂砾含有 3 ～ 5 个物种，不少漂砾含有 6 个物种，有些甚至达到 7 个物种。

温带草原的干扰及多样性

多个物种能否共存于一项有限资源中？依据洛特卡 – 沃尔泰拉的竞争方程（第 13 章），在这种条件下，一个物种会最终排斥掉其他物种。但苏泽的研究显示，即使多个物种竞争同一资源，如潮间带的空间竞争，当干扰阻止了竞争排斥时，多个物种仍可共存。蒂尔曼（Tilman，1994）在研究北美洲草原植物的多样性时，也得到类似的结论。

草原上重要的干扰有哪些？北美洲草原上的干扰从北美野牛群的践踏到草原大火，干扰程度变化巨大，但在草原上，最重要、最普遍的一个干扰则是哺乳动物的掘洞行为。

阿普里尔·威克和詹姆斯·德特汀（Whicker and Detling，1988）指出，至 1919 年年底，土拨鼠（Cynomys spp.）在北美洲草原的分布面积达 $4,000 \times 10^4 \ hm^2$，它们是草原上的重要干扰源。土拨鼠是食草啮齿动物，成体约 1 kg，通常以群居方式生活，每个群体每公顷包含 10 ～ 55 只土拨鼠。土拨鼠挖掘的洞穴呈网状分布，深 1 ～ 3 m，长约 15 m，甬道直径为 10 ～ 13 cm，包含 2 个入口。要建成这种规模的洞穴，一只土拨鼠须挖出 200 ～ 225 kg 土，这些土堆积在洞口附近，形成直径 1 ～ 2 m 的小土堆。

土拨鼠的掘洞及啃食植物的行为在多个空间尺度显著地影响植物群落的结构。图 16.20 为风洞国家公园（Wind Cave National Park）的土拨鼠穴居图。由于土拨鼠的活动，这个地区的植物群落与邻近景

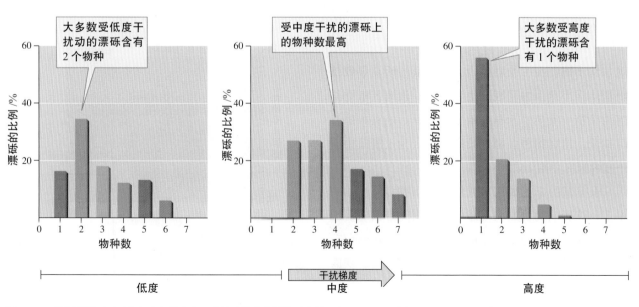

图 16.19 潮间带漂砾受干扰程度与藻类和无脊椎动物的多样性（资料取自 Sousa，1979a）

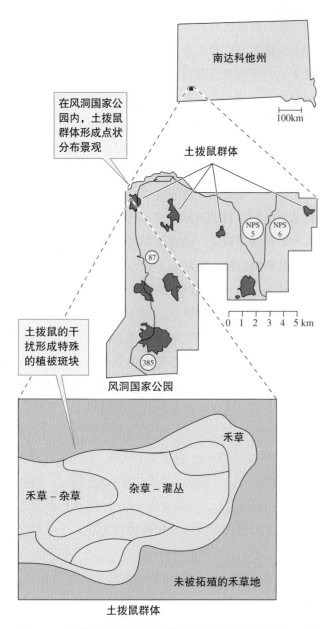

图16.20 土拨鼠的干扰与植被的斑块分布（资料取自 Coppock et al., 1983；Whicker and Detling, 1988）

斑块会被新的植物拓殖。有些植物物种在这些开放的斑块拓殖的可能性更高，其中扩散能力强的物种通常最先抵达，但它们可能被竞争力较强的后来植物取代。强拓殖力植物与强竞争力的植物依靠中度干扰持续存活。若干扰过于频繁，拓植力强的物种占据优势；若干扰频率过低，竞争力强的物种占据优势。

由于土拨鼠一直被视为对农业有害的动物，20世纪人类的各类防治措施已将土拨鼠的种群量减少了98%，也削弱了它们对植物群落的动态影响。不过，草原中尚有为数众多的其他掘洞哺乳动物，其中最重要的当属衣囊鼠科（Geomyidae）的衣囊鼠（pocket gopher）。尽管每只衣囊鼠只重 60～900 g，远小于土拨鼠，但它们对草原和干旱区群落的影响巨大。衣囊鼠在掘洞时形成的土堆，覆盖面积占地表总面积的 25%～30%，这种行为提高了光有效性及土壤氮的异质性，进而提高了植物物种的丰富度。

由于土拨鼠和衣囊鼠均为食草动物，它们两者对植物群落的影响是掘洞和食草行为综合形成的物理干扰的结果。人类的干扰又如何影响植物与动物群落的多样性呢？我们都很熟悉人类引发的高度干扰会降低生物多样性，在下一节中，我们将谈到人类的中度干扰对物种多样性的影响。

观非常不同。在一个群体内，土拨鼠的活动导致植物群落在小范围内呈现斑块状分布。该地区植物群落为杂草－灌丛、禾草及禾草－杂草。威克和德特汀推测，植物物种多样性最高的地区为土拨鼠中度干扰的地区（图16.21）。

土拨鼠的干扰如何形成较高的物种多样性？基本上，该影响的机制与苏泽研究的潮间带漂砾受影响的机制相同。土拨鼠通过挖洞、堆土，以及食草、啃断植物的行为，去除洞穴周围的植被。然后裸露

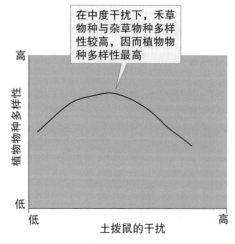

图16.21 土拨鼠的干扰与植物物种多样性（资料取自 Whicker and Detling, 1988）

1. 在一个面积为 25 km² 的山区森林中，雷电引起的定期火灾导致植物多样性降低，你能否保护这个森林？

2. 如果干扰能促成较高的物种多样性，那为什么人类的干扰通常（尽管不总是这样）会降低物种的多样性？

3. 根据中度干扰假说，与缺乏人类干扰的情形相比，人类干扰能否保持更高的物种多样性？

应用案例：人类干扰

　　人类干扰带来的影响随处可见。随着人口的不断增加，住宅区开发遍布乡村。在温带及热带地区，人类仍然以惊人的速度毁灭森林，工业污染了空气和水。人类干扰的毁灭性影响似乎超出了我们目前讨论的范围。其实不然，人类导致的自然群落毁灭是人类这个物种的干扰能够达到的极限水平（图 16.22）。因为中度干扰理论（图 16.18）指出高度干扰会降低物种多样性，所以毫无意外，人类的干扰使几千种生物面临灭绝的危险。国际自然保护联盟列出了因人类破坏领地而遭受严重威胁甚至濒危的物种，它们遍布世界各地（IUCN，2007）。然而，受人类活动干扰的环境并不缺乏生物，如欧洲的白垩土草地在人类的传统管理下维持着高度多样性（Bobbink and Willems，1987，1991）。正如我们现在看到的，

(a)

(b)

(c)

(d)

图 16.22　人类及人类活动是主要的干扰来源。例如，(a) 房地产开发项目简化生态系统；为了满足对自然资源的需求，(b) 人类从森林采伐木头；(c) 从山上开采煤炭，为人类提供电力；(d) 人类日益增长的能源需求和对化石燃料的依赖正在推动全球变暖，从而破坏远离人类活动中心的栖息地，如北极熊主要的狩猎场所——北极海洋冰雪融化

应用案例

城市环境也可以维持惊人的生物多样性。

城市生物多样性

在世界上大多数人口居住的城市环境中，城市生态学已经成为一个快速发展的生态学前沿领域。城市人口比例还在快速增长。在发达国家，城市人口的比例达到80%；在未来的50年，发展中国家的城市人口也将达到这个比例（Grimm et al.，2008）。因此，我们必须更好地了解城市的生态，包括城市生物多样性和生态系统功能（第19章，457页）。

城市化被认为是生物多样性的主要威胁。斯图尔特·皮克特是巴尔的摩长期生态研究（LTER）计划的主任，他指出正在进行的研究表明，城市生物群的多样性通常比一般想象的要高得多（Pickett et al.，2008）。城市生物多样性研究的对象通常包括植物、陆生蜗牛、甲虫、蝴蝶、蜘蛛、鱼、水生无脊椎动物和哺乳动物等，其中鸟类是研究得最多的生物群。

在菲尼克斯、亚利桑那、巴尔的摩和马里兰，城市化已经显著地减少了鸟类的丰富度和均匀度（Shochat et al.，2010）。这一影响在其他许多城市环境中也观察到了，但也有相反的情况。尽管土地利用使景观受到人类一定程度的干扰，但景观也可维持一定的鸟类生物多样性。在一项关于鸟类丰富度沿土地利用强度梯度变化的研究中，罗伯特·布莱尔（Blair，2004）曾记录，鸟类物种数最高的地区为加州北部和俄亥俄州西南部的中度利用区。从图16.23（a）可看出，在中等土地利用强度下，鸟类物种丰富度达到峰值——高尔夫球场的鸟类物种丰富度最高。鸟类物种丰富度之所以沿土地利用强度梯度变化，其中的一个驱动因素是栖息环境的改变。栖息环境从自然保护区变为商业区，乔木与灌丛的覆盖面积减少，道路与建筑物的覆盖面积增加，但高尔夫球场的草地和草坪覆盖度仍然很高。正如我们在第5章所述，城市中心的平均温度也较高（126页），这从另外一个侧面说明城市化改变了环境。

然而，物种的丰富度模式不能告诉我们故事的全部，因为鸟类群落的组成也发生了明显的变化。最明显的是，原生林地鸟类的丰富度随着加州和俄亥俄州土地利用强度的加大而降低［图16.23（b）］。随着区域内自然林地植被的逐渐减少，与之相关的鸟类被其他分布更广的品种代替。例如，许多鸟类被没有固定巢穴的麻雀（*Passer domesticus*）和椋鸟（*Sturnus vulgarus*）代替。因此，加州和俄亥俄州这两个地区的鸟类群落组成趋于简单化。越接近城市中心，简单

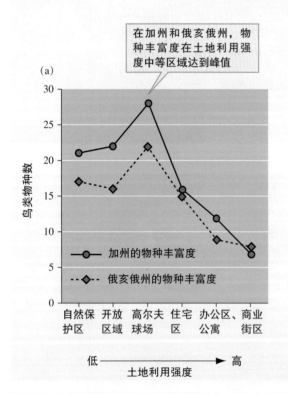

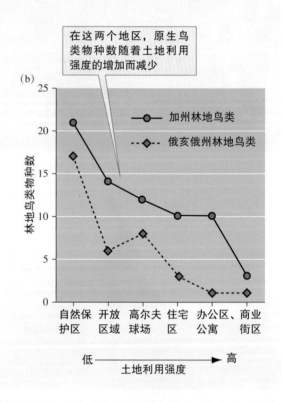

图16.23 鸟类群落随着两个土地利用梯度变化。(a) 与低度干扰区（自然保护区和开放区域）或高度干扰地区（住宅、办公区、公寓和商业街区）相比，中度干扰区（高尔夫球场）的鸟类物种丰富度更高；(b) 在所有利用强度不同的土地中均可观察到原生林地鸟类的减少（资料来自 Blair，2004）

390 认识生态

化程度越高。在城市中心，最为常见的品种便是那些最普通、分布最广泛的鸟类（图16.24）。这种模式给我们一些启示：我们更应该关注，随着城市化的不断提高，全球的生物群趋于单一化，即城市化将减少地区之间的生物多样性差异（McKinney，2002；Blair，2004）。但皮克特等人（Pickett

et al.，2008）反驳了这种担心。他们指出，地甲虫、植物等其他生物的多样性并没有受到城市化的负面影响。有关城市生态学的研究呈指数增加，或许很快会为我们提供将来解决这些分歧和补救城市化带来的生态后果所需的信息。

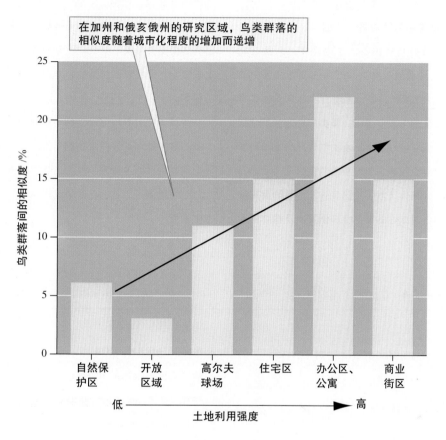

在加州和俄亥俄州的研究区域，鸟类群落的相似度随着城市化程度的增加而递增

图16.24 在加州的帕落阿尔托（Palo Alto）和俄亥俄州的牛津大学，鸟类群落间的相似度随土地利用强度的增加而递增。由于高度干扰区的鸟类多为广泛分布的鸟类，原生鸟类减少，地域分散的加州和俄亥俄州研究区的鸟类群落与高度干扰城区的鸟类群落非常相似（资料来自Blair，2004）

本章小结

群落是指特定地区内交互作用的物种集合。群落包括山坡的植物群落、与某特定树种相关的昆虫群落，或珊瑚礁的鱼类群落等。群落生态学家常研究生活方式相似的物种，动物生态学家称这些物种为共位群，而植物生态学家称之为生活型。群落生态学比较关注环境如何影响群落结构，包括物种的相对多度与物种多样性，这也是本章的主题。

大多数物种为中等多度，少数物种极多或极不常见。普雷斯顿（Preston，1948）绘制出他搜集的标本的物种多度分

布图（Preston，1948），每一级的多度是前一级的2倍。他得到的图形近似钟形，被称作对数正态分布。该分布描述了生物（从藻类、陆生植物到鸟类）的相对多度。对数正态分布可能是许多随机环境变量共同作用于大种群的结果，也可能是众多物种瓜分资源的结果。但不论形成机制是什么，对数正态分布都是描述群落生态学模式的最好方法之一。

物种数和物种的相对多度决定物种的多样性。定义群落多样性的主要因子有二：（1）群落的物种数，生态学家称之

为物种丰富度；（2）物种的相对多度，或称物种均匀度。香农 – 维纳指数是最常使用的物种多样性指数之一。

$$H' = -\sum_{i=1}^{s} p_i \log_e p_i$$

物种的相对多度和多样性也可以用等级 – 多度曲线来表示。物种丰富度的精确估计需要慎重设计采样流程。

复杂环境中的物种多样性较高。罗伯特·麦克阿瑟发现，5 种林莺在同一森林植被的不同层内觅食，而且在北美洲森林中，林莺物种数随森林树枝叶层高度增加而递增（MacArthur，1958）。许多研究者也发现，森林鸟类的多样性会随着树枝叶层高度的增加而递增。藻类的生态位可依据养分需求来定义。水域环境和陆域环境的物理异质性和化学异质性可解释大部分浮游藻类与陆域植物的多样性。亚马孙河流域的土壤属性、距离地下水位的深度强烈地影响着局部地区的植物群落。养分有效性的提高会降低藻类及植物的多样性。

中度干扰促成较高的多样性。约瑟夫·康奈尔（Connell，1975，1978）指出，高多样性是环境持续改变的结果，而不是平衡状态下竞争调和的结果。他提出了中度干扰假说，并预测中度干扰能促成较高的多样性。中度干扰的间隔时间足以使许多物种拓殖到开放的栖地，但又不足以让最具竞争力的物种排除其他物种。韦恩·苏泽（Sousa，1979a）研究干扰对潮间带漂砾上的藻类和无脊椎动物多样性的影响，他的研究结果支持中度干扰假说。草原植被的多样性在中度干扰地区较高。干扰对多样性的影响取决于扩散力和竞争力之间的权衡。

人类干扰的影响同样支持中度干扰理论。土地利用强度中等的城市景观可维持较高的鸟类多样性。高强度的城市化降低鸟类物种的丰富度，改变鸟类物种的组成。然而，对于其他生物种类，正在进行的研究揭示了一个多样性惊人的城市生物群。

重要术语

- 等级 – 多度曲线 / rank-abundance curve　378
- 对数正态分布 / lognormal distribution　375
- 共位群 / guild　374
- 平衡 / equilibrium　385
- 群落 / community　374
- 群落结构 / community structure　374

- 生活型 / life form　374
- 物种多样性 / species diversity　376
- 物种均匀度 / species evenness　376
- 物种丰富度 / species richness　376
- 中度干扰假说 / intermediate disturbance hypothesis　386

复习思考题

1. 群落和种群的差别是什么？辨识群落的特征有哪些？何谓共位群？试举例说明。何谓植物的生活型？试举例说明。

2. 试绘制典型的对数正态分布图，并正确标明横轴（x）和纵轴（y）的意义，可用本章的对数正态分布作为范例。

3. 假设你是一位国际生物保护组织的生物学家，专门研究和保护生物多样性。你的任务是研究几个地区的生物群。为此，你采集大量样本，包括北大西洋的桡足动物、新几内亚中部的蝴蝶，以及非洲西南部的地甲虫。试利用对数正态分布，预测这些生物的物种相对多度。

4. 什么是物种丰富度和物种均匀度？这两个构成物种多样性的参数对香农 – 维纳指数 H' 有何贡献？物种均匀度与物种丰富度如何影响等级 – 多度曲线的形状？

5. 比较麦克阿瑟（MacArthur，1958）研究的林莺和蒂尔曼研究的硅藻（Tilman，1977）的营养生态位。为何生态学家在研究环境复杂性与物种多样性的关系之前，要熟悉所研究生物的生态位？

6. 不同地区的群落可能有不同的组织方式。例如，C. 拉尔夫（Ralph，1985）发现，在阿根廷的巴塔哥尼亚

（Patagonia）地区，当植被的枝叶层高度多样性增加时，鸟类物种的多样性会减少。这个结果与麦克阿瑟（MacArthur，1958）及本章其他研究者的研究结果完全相反。试设计一个实验，确定拉尔夫的研究区中影响鸟种多样性变异的环境因子。

7. 根据中度干扰假说，高度干扰或低度干扰均会降低物种多样性，试解释产生这种关系的几个可能机制，并在你的讨论中包含竞争力和扩散力之间的权衡。

8. 许多河流的人工坝可在干旱期为下游提供稳定水流，并在大雨高峰期减少下游的洪灾。试利用中度干扰假说，预测这种稳定水流会如何影响大坝下游的河流生物多样性。

9. 人类在新世界热带雨林中已生活了 11,000 多年。在这期间，人类干扰已成为热带雨林的一部分。试利用中度干扰假说，说明为何现代干扰会威胁森林的生物多样性，但早期的干扰却不会。

10. 入侵的捕食性动物为何会威胁群落（如维多利亚湖）的物种多样性，而本地捕食者却不会？试从演化的时间尺度来思考并回答。

第 17 章

种间交互作用与群落结构

落内最容易记录的种间交互作用是摄食关系。南极海域是地球上生产力最高的海洋环境之一，其中的摄食关系是著名的范例。许多浮游植物（尤其是硅藻）在如此寒冷的环境中却生长得特别茂盛，它们是浮游动物的食物来源。浮游动物中最重要的一个物种是磷虾。它是外形酷似虾的甲壳动物，是许多以浮游生物为食的大型动物的猎物。这些大型动物包括食蟹海豹、企鹅、海鸟，以及许多鱼类和乌贼。须鲸是最著名的磷虾捕食者，曾经大量集结在南极海域捕食磷虾。

捕食磷虾的鱼类和乌贼也会被帝企鹅、大鱼、威德尔海豹（Weddell seal）和罗斯海豹 (Ross seal) 等捕食者捕食，而企鹅和小型海豹又会被大型食肉豹形海豹（Leopard seal）捕食。群落中的终极捕食者——虎鲸则捕食大型豹海豹，甚至会攻击和捕食须鲸。南极海域的无数种动物因这些摄食关系紧密地联系在一起。

我们如何跳过烦琐的描述，用一个简单易懂的词语来描述群落中的所有摄食关系呢？早期研究群落的一种方法是描述谁吃谁。自 20 世纪初以来，生态学家详细地描述了数百个群落中物种间的摄食关系，最终将这些错综复杂的关系称为食物网。如果我们将群落定义为交互作用的物种集合，那么**食物网**（food web）就可以定义为群落中摄食关系的总称。它是对群落结构最基本和最明确的描述，是基于摄食关系对群落的速写（图 17.1）。其他群落特征可利用竞争或互利共生等关系来描绘。

17.1 群落网

食物网是群落中摄食关系的总称。早期的食物网研究集中在一些简单的群落。最早的食物网描述了北极熊岛（Bear Island）的摄食关系。萨默海斯与埃尔顿（Summerhayes and Elton, 1923）认为北极的物种较少，所以北极是适合研究食物网的最佳地点。

萨默海斯与埃尔顿的研究结果显示，即使在北极这个动物相对稀少的群落中，物种间的摄食关系仍然相当复杂，不易研究，但与物种更多的群落相比，

◀ 生活在近海岸的海獭。这种海獭的分布范围从太平洋西北部的千岛群岛（Kuril Island）到阿拉斯加，从加拿大南部至加州。尽管它们的种群密度相对比较低，而且它们是最小的海洋哺乳动物，但海獭捕食底栖食草无脊椎动物，对这些群落产生巨大的生态影响。由于它们的影响，生态学家通常把海獭作为关键种。

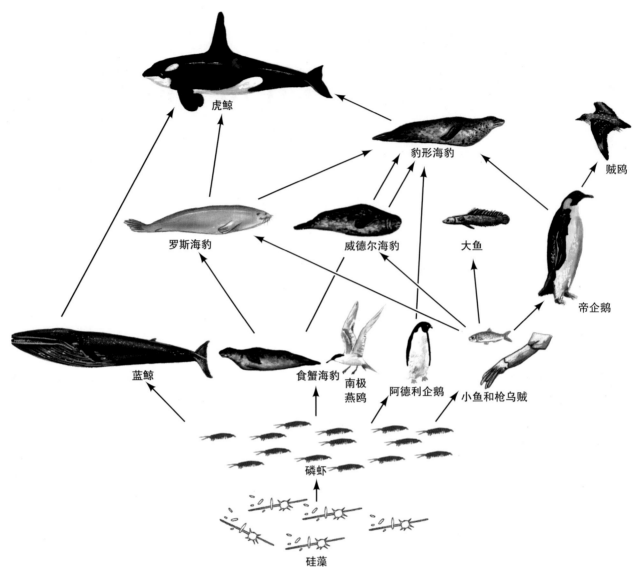

图17.1 南极海域的食物网

北极群落的食物网的可控性更高一些。

详尽的食物网揭示高度复杂性

克尔克·瓦恩米勒（Winemiller，1990）在一个研究中记载了淡水鱼的摄食关系，揭示了更为复杂的食物网。瓦恩米勒分别在委内瑞拉稀树大草原和哥斯达黎加洼地研究水域食物网。这些研究区包含20～88种鱼类，其中鱼种数最少的是卡努弗尔肯河（Caño Volcán）。它是一条中等河流，流经安第斯山山麓，包含20种鱼。

瓦恩米勒采用几种方法描述这些研究区的食物网。在一些地方，他只研究了较常见的鱼种，即总数达到他采集数量95%的鱼种，这些常见鱼种的食

物网不包括许多罕见种。此外，瓦恩米勒还绘制了顶位捕食者汇网（top-predator sink web），去除了摄食量小于1%的弱营养联系。

我们来看看最简单的卡努弗尔肯群落食物网。从图17.2（a）可看出，即使仅包含卡努弗尔肯河群落中最常见的10种鱼，食物网还是非常复杂。在图17.2（b）中，由于只留下了最强的营养联系，瓦恩米勒的食物网变得更容易理解。除了简化食物网，只留下最强的营养联系还有助于识别和强调更有生物意义的营养关系。

强交互作用与食物网结构

罗伯特·佩因（Paine，1980）指出，在许多案

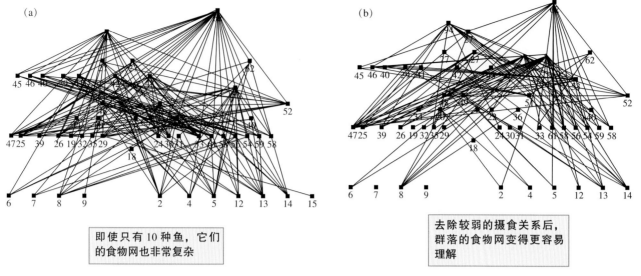

(a)

(b)

即使只有10种鱼，它们的食物网也非常复杂

去除较弱的摄食关系后，群落的食物网变得更容易理解

图17.2 委内瑞拉卡努弗尔肯河中最常见10种鱼的摄食关系构成的食物网。(a) 包含所有摄食关系的食物网；(b) 去除较弱摄食关系的食物网

例中，少数物种的摄食活动对整个群落结构产生重大影响，他将这些影响力较大的摄食关系称为**强交互作用**（strong interaction）。佩因还指出，强交互作用的定义标准不是能量流的数量，而是该交互作用对群落结构的影响程度。我们稍后会在关键种部分再谈到这一点，现在先探讨如何确认交互作用的强度能够影响食物网。

佩因将食物网中的交互作用区分为强交互作用和弱交互作用，这种方法已经不止一次在陆域食物网研究中模拟物种的交互作用。塔娅·卡恩特克（Tscharntke，1992）曾努力研究湿地中芦苇（*Phragmites australis*）的食物网。这种芦苇广泛分布在河岸和其他湿地中，是河岸和湿地的**优势种或基础种**（dominant or foundation species）。由于具有高生物量，基础种会影响群落的结构，如丛林中的大量芦苇或者礁群中的珊瑚。卡恩特克的研究区位于德国西北部汉堡附近的易北河（Elbe River）。该河沿岸的芦苇受到瘿蚊科（Cecidomyiidae）的诱导瘿蚊（*Giraudiella inclusa*）的侵袭。这种瘿蚊科幼虫会在"米粒"（rice grain）瘿内发育。此外，研究区的芦苇还会受到夜蛾科（Noctuidae）的条锹额夜蛾（*Archanara geminipuncta*）的侵害。它们的幼虫钻入芦苇的茎中，刺激芦苇长出侧枝，进而为瘿蚊提供产卵之处。

卡恩特克发现，至少有14种寄生蜂会攻击诱导瘿

蚊。在冬天，蓝冠山雀（*Parus caeruleus*，图17.3）会飞到芦苇丛中啄开虫瘿，并吃掉诱导瘿蚊的幼虫，造成诱导瘿蚊种群和拟寄生种群的死亡。

卡恩特克以食物网来表示这些营养交互作用，该食物网包含了这个群落物种间的主要交互作用（图17.4）。虽然卡恩特克的食物网同样非常复杂，但他的描述使读者的注意力集中在群落中最重要的交互作用上。图17.4中的箭头显示，蓝冠山雀的摄食行为强烈地影响拟寄生长尾啮小蜂（*Aprostocetus calamarius*）、长尾小蜂（*Torymus arundinis*）与它们的宿主——芦苇主茎上的大群诱导瘿蚊。食物网中还有其他强交互作用：另一种长尾啮小蜂

图17.3 蓝冠山雀是北美洲无冠山雀的欧亚亲属。和无冠山雀一样，它们可以从植物中拾取昆虫

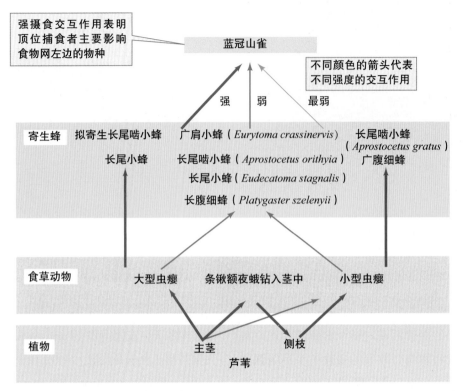

图17.4　与芦苇相关的食物网（资料取自 Tscharntke，1992）

（*Aprostocetus gratus*）和广腹细蜂（*Platygaster* cf. *quadrifarius*）会攻击芦苇侧枝上的小群诱导瘿蚊。这些侧枝是由于芦苇受到条锹额夜蛾幼虫的刺激而产生的。不过请注意，蓝冠山雀对食物网中这部分种群的影响较弱。

通过区分强交互作用与弱交互作用，卡恩特克利用简单易懂的食物网来表示群落。通过识别强交互作用，我们能确定哪些物种对群落结构产生最显著的影响。

── 概念讨论 17.1 ──────■

1. 食物网中只包含强摄食关系，其主要优点是什么？

2. 在研究蓝冠山雀和芦苇昆虫之间的交互作用时，卡恩特克主要采用什么方法简化食物网（图17.4）？

3. 卡恩特克还采用其他什么方法简化易北河湿地的营养交互作用？

17.2　间接交互作用

物种间的间接交互作用是群落的基础。食物网强调物种的直接营养交互作用。生物间的**直接交互作用**（direct interaction）包括竞争、捕食、植食和互利共生（第13章、第14章、第15章），是指一个物种在没有中间种参与的情形下对另一个物种产生的正面或负面的影响。但物种间的直接交互作用也可以导致物种间产生明显的**间接交互作用**（indirect interaction）。间接交互作用指一个物种通过第三者或中间种影响另一个物种，包括营养级联、似然竞争、间接互利共生或共栖（偏利共生）。其中，我们将在第18章（424页）详细讨论营养级联。

间接共栖

共栖（commensalism）是两个物种间的一种互相作用，一个物种获利，另一个物种既不获利，也没受到伤害。**间接共栖**（indirect commensalism）是指一个物种通过中间种使另一个物种获利，而它自身没有获利，也没受伤害。北亚利桑那大学的格雷戈里·马丁森（Gregory Martinsen）、伊丽莎白·德里贝（Elizabeth Driebe）和托马斯·惠瑟姆（Thomas Whitham）发现了间接共栖（图17.5）。美洲河狸（*Castor canadensis*）通过间接地影响棉白杨树使一种叶甲（*Chrysomela confluens*）获利（Martinsen, Driebe and Whitham, 1998）。马丁森、德里贝和惠瑟姆研究了犹他州北部韦伯河（Weber River）的甲虫种群。他们发现，在河狸觅食活动最频繁的地方，叶甲的密度比较高。在这些地区，河狸伐倒的棉白杨树桩长出树芽，叶甲就集中分布在这些树芽上。为了探索叶甲高度聚集在棉白杨树芽上的机制，马丁森、德里贝和惠瑟姆比较了没有受损的棉白杨树和河狸咬断的树桩，发现残桩上的枝芽含有高浓度化学防御物质，这是棉白杨为了驱赶河狸和其他

食草哺乳动物而分泌的物质。然而，叶甲并不排斥这些化学物质，反而利用它们作为自己的防御武器。另外，与没有受损的棉白杨相比，残桩上的新芽叶片含有更多氮，成为叶甲的最佳食物。食用这些树叶，叶甲的体形增大20%，生长速率也快10%。这是一个典型的共栖案例——河狸的活动对叶甲产生正面影响，而河狸自身没有受到影响。但由于这种影响是通过第三物种——棉白杨传递的，它们之间是间接共栖关系。

似然竞争

生态学家通常认为种间竞争——两个物种个体间的交互作用对物种的适合度产生负面影响，但他们发现，在某些情况下，一些看起来像是竞争产生的影响实际却是**似然竞争**（apparent competition）的结果。似然竞争的负面影响是由于两个物种的捕食者或食草生物相同，或一个物种为第二个物种的捕食者或食草生物提供了便利。例如，如果两种猎物的捕食者相同，那么其中一个猎物种群的增长会提高捕食者种群的数量，从而降低另一个猎物种群的数量。

约翰·霍罗克、玛莎·威特和 O. J. 赖希曼（Orrock, Witter and Reichman, 2008）发现，在加州草地上，外来入侵植物和原生美丽侧针茅之间的竞争实际上是一种似然竞争。黑芥（*Brassica nigra*）是一种外来入侵植物，一直对加州草地上的原生植物产生竞争替代，这其中包括多年生的美丽侧针茅（*Nassella pulchra*）。但霍罗克、威特和赖希曼认为，美丽侧针茅种群或许更多地受小型食草动物和食谷哺乳动物的限制。为了利用野外实验验证这个假说，他们设置了14个研究区，每个研究区与黑芥地的距离均不同。他们对研究区进行以下3项处理：（1）用围栏禁止所有小型哺乳动物进入，主要是鼠类、地松鼠和兔子；（2）有围栏的对照区，围栏的构造一样，只允许小型哺乳动物进入；（3）没有围栏的对照区。研究者在生长季把美丽侧针茅种子撒在每块实验地上，然后种子发芽，经过春、夏、秋三季，长成成熟禾草。晚夏是哺乳动物活动的高峰期，

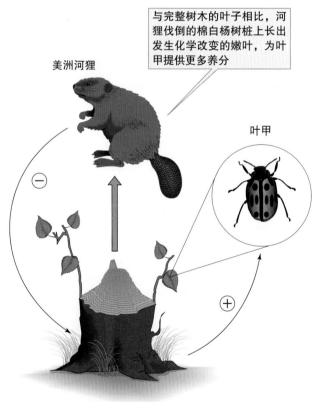

美洲河狸

叶甲

与完整树木的叶子相比，河狸伐倒的棉白杨树桩上长出发生化学改变的嫩叶，为叶甲提供更多养分

河狸伐倒的棉白杨树桩长出嫩芽

图17.5　间接共栖。河狸伐倒棉白杨，树桩长出的新芽叶片产生化学物质，该物质可驱赶河狸，但对甲虫有利。因此，河狸通过棉白杨对叶甲种群产生正面影响（资料取自 Martinsen, Driebe and Whitham, 2008）

在此期间，他们用活陷阱估计小型哺乳动物的活动。

霍罗克、威特和赖希曼得到的结果证实了他们的假说（图17.6）。小型哺乳动物在黑芥地附近最活跃，距离这种外来入侵植物越远，它们的活跃度越低。小型哺乳动物更多的是把黑芥地当成庇护所，而不是吃掉黑芥。它们吃的是黑芥地周围的植被。因此，在对照区，由于食草哺乳动物可以进入美丽侧针茅地，美丽侧针茅幼苗和成株的密度均降低。然而，在去除小型哺乳动物的实验区，美丽侧针茅幼苗和成株的密度都比较高，不管它们距离黑芥地多远。霍罗克、威特和赖希曼指出，黑芥地为研究区内的小型哺乳动物提供了庇护所，它们在周围的景观中觅食。随着研究区与黑芥地距离的增加，食草压力逐步下降，美丽侧针茅种群密度逐步增加。于是，他们得到结论：尽管分布型显示黑芥与美丽侧针茅为竞争关系，但实际上，黑芥通过为食草哺乳动物提供庇护所，间接地抑制了美丽侧针茅的生长。简单地说，这是一个典型的似然竞争案例（图17.7）。

图17.6 设计野外实验区分两个植物物种之间的直接竞争和似然竞争（资料取自Orrock，Witter and Reichman，2008）

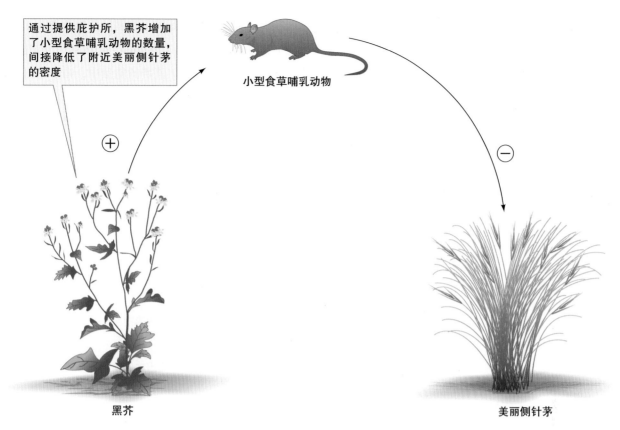

通过提供庇护所，黑芥增加了小型食草哺乳动物的数量，间接降低了附近美丽侧针茅的密度

小型食草哺乳动物

$+$

$-$

黑芥

美丽侧针茅

图 17.7 似然竞争。黑芥通过正面影响觅食美丽侧针茅种子、幼苗和成株的小型哺乳动物，对美丽侧针茅产生负面影响（资料取自 Orrock，Witter and Reichman，2008）

── **概念讨论 17.2** ──────■

1. 竞争和似然竞争有何相同之处？

2. 竞争和似然竞争有何不同之处？

3. 如果黑芥与美丽侧针茅之间是直接竞争关系，小型食草哺乳动物不起显著作用，那么图 17.6 显示的实验结果会有什么变化？

17.3 关键种

少数关键种的摄食活动可能控制群落的结构。 罗伯特·佩因（Paine，1966，1969）提出，少数物种的摄食活动对群落结构具有不同寻常的影响。他把这些物种称为**关键种**（keystone species），这个概念在稍后的进一步研究中再定义（409页）。他的这个关键种假说基于一系列的推理。首先，他认为捕食者可能会导致猎物的种群量低于负载力；其次，他推断由于种群量低于负载力，竞争排斥的可能性也随之降低；最后，他的结论是如果关键种能够降低竞争排斥的可能性，那么它们的摄食活动可增加群落内共存的物种数。换句话说，佩因推测有些捕食者可能有助于提高物种的多样性。

食物网结构与物种多样性

在研究之初，佩因首先检查食物网内的物种多样性，以及捕食者在群落中的比例。他引用的一些研究显示，随着海洋浮游动物群落的物种数增加，捕食者的比例也增加。例如，大西洋大陆架的浮游动物群落包含 81 个物种，其中捕食者占 16%；相对地，大西洋马尾藻海（Sargasso Sea）的浮游动物群落包含 268 个物种，捕食者占 39%（Grice and Hart，

1962）。因此，佩因想确定海洋潮间带群落是否也具有类似的模式。

佩因记载了美国华盛顿州马克瓦湾（Mukkaw Bay）潮间带的食物网，该地区位于北温带49°。该食物网也是北美洲西海岸岩岸群落的范例（图17.8）。它由9种优势潮间带无脊椎动物构成，包括2种石鳖（chiton）、2种帽贝（limpet）、1种贻贝（mussel）、3种橡子藤壶（acorn barnacle）、1种鹅颈藤壶（gooseneck barnacle）。另外，佩因指出，海星在其他地区还会捕

食其他两种猎物，因此该食物网的总物种数为13个。在中级捕食者（荔枝螺）消费的能量中，90%来自藤壶；在顶位捕食者（海星）消费的能量中，90%来自石鳖（41%）、贻贝（37%）和藤壶（12%）。

佩因还记载了加州湾北部（北纬亚热带31°）的食物网。该食物网包含的物种更多，共45种。如马克瓦湾的食物网一般，该亚热带食物网也只含一种顶位捕食者——太阳海星（*Heliaster kubinijii*，图17.8）。然而，该亚热带食物网包含6种中级捕

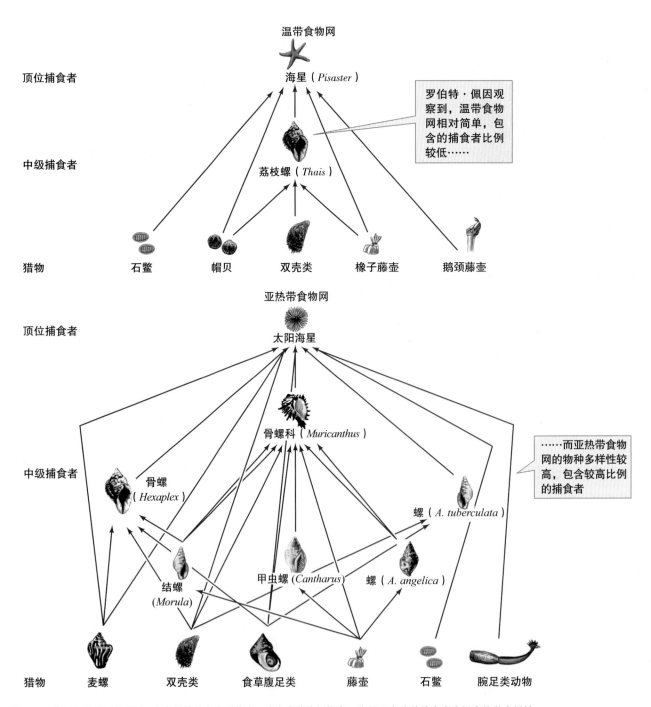

图17.8 关键物种假说的来源：在多样性较高的群落中，捕食者的比例较高，这是否意味着捕食者会提高物种多样性

食者，而马克瓦湾的食物网则只含 1 种。在麦螺科（Columbellidae）的 5 个物种中，有 4 个物种也是捕食者。因此，该亚热带食物网共包含 11 种捕食者，它们主要捕食构成这个亚热带食物网基础的 34 个物种。虽然物种这么多，但是太阳海星获取的 74% 能量来自双壳类（bivalve）、食草腹足类和藤壶，这与马克瓦湾中海星的能量来源类似。

佩因发现，随着潮间带食物网的物种数增多，食物网中捕食者的比例也随之递增。这个模式类似于浮游动物群落食物网的模式。从马克瓦湾到加州湾北部，食物网的物种数从 13 种增加到 45 种，后者是前者的 3.5 倍，但是捕食者的物种数从 2 种增加到 11 种，后者是前者的 5.5 倍。根据佩因的捕食者假说，捕食者比例的提高增加了猎物种群的捕食压力，进而提高了加州湾北部潮间带的多样性。受上述模式的激励，佩因设计了野外实验来证实他的假说：潮间带捕食者增加了物种多样性。

海星的实验移除

佩因在第一个实验中移除了马克瓦湾潮间带的顶位捕食者，然后监测群落的反应。他在中潮间带选择了两块研究区，它们在横向上沿海岸线长 8 m，深 2 m，其中的一块为对照区，另一块为实验区。佩因将实验区的海星移至他处，并每周检查，如果发现有海星侵入，他会迅速移除以防它们定殖。

佩因持续追踪这个潮间带群落对移除海星的反应，时间长达 2 年。对照区的潮间带无脊椎动物数稳定维持在 15 种，而实验区的物种数由 15 种降至 8 种，少了 7 种。物种多样性降低的结果支持了佩因的关键种假说。然而，如果物种数减少是竞争排斥的结果，那么它们竞争何种资源呢？

正如我们在第 11 章和第 13 章看到的，岩岸潮间带最有限的资源通常是空间。移除海星 3 个月后，龟头藤壶占据了实验区内 60%～80% 的可用空间。移除海星 1 年后，龟头藤壶被加州贻贝和鹅颈藤壶（Pollicipes polymerus）排斥殆尽；底栖藻类种群因无处附着而减少；食草石鳖和帽贝也因缺乏空间和食物而相继离开；此外，由于海绵被排斥消失，以海绵为

主要食物的裸鳃类动物（nudibranch）也离开了。5 年之后，实验区出现两种优势种——加州贻贝和鹅颈藤壶。

这项实验表明，海星是关键种，因为将它从实验区移除后，当地的群落便瓦解了。不过，这项研究可以表明关键种在自然界中的普遍重要性吗？我们还需要在更多不同的群落中开展更多的实验和观察。完成马克瓦湾的研究之后，佩因又在新西兰进行了类似的实验。

新西兰西海岸的潮间带群落与北美太平洋沿岸的潮间带群落非常相似：顶位捕食者为海星（*Stichaster australis*），它们捕食多种无脊椎动物，包括藤壶、石鳖、帽贝和贻贝（*Perna canaliculus*）。在佩因移除海星 9 个月后，实验区的物种数从 20 种降为 14 种，贻贝的覆盖率由 24% 增至 68%。就像马克瓦湾的实验一样，移除捕食性海星减少了当地物种的丰富度，增加了主要猎物的种群密度。同样地，实验区内物种消失的主要机制是空间资源竞争产生竞争排斥。

这项结果显示，虽然两个潮间带群落相距数千千米，没有同属、同种无脊椎动物，却受到相同生物作用的影响（图 17.9），这让寻找生态学原理的佩因更加相信他的理论。不过，这两个群落并不完全一致。在新西兰潮间带群落中，有一种大型褐藻（*Durvillea antarctica*）和贻贝激烈地竞争空间，但北美洲潮间带的加州贻贝没有面临这种竞争挑战。

在第二个移除实验中，佩因同时移除两个实验区的海星和褐藻。与只移除海星的实验相比，该实验的结果变化更大。仅仅 15 个月后，贻贝就占据绝对优势，几乎把实验区内其他动植物都排除掉了，并占据了两个实验区中 68%～78% 的可用空间。佩因在北美洲和新西兰的研究为关键种假说提供了相当充足的佐证，而且其他许多研究也正迅速地追随佩因的脚步而展开。

玉黍螺对藻类多样性的影响

简·卢布琴科（Lubchenco，1978）研究了食草玉黍螺如何影响潮间带藻类的多样性，这个实验让我们更深入地了解关键种的哪种影响起决定性作

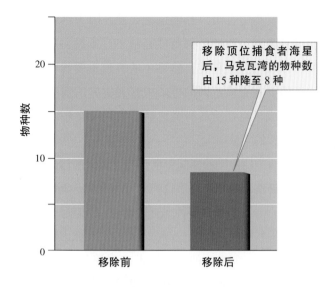

移除食物网顶位捕食者海星后，华盛顿州马克瓦湾和新西兰两地潮间带的物种数均减少

移除顶位捕食者海星后，马克瓦湾的物种数由 15 种降至 8 种

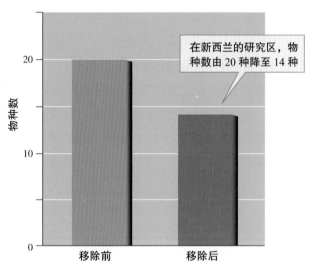

在新西兰的研究区，物种数由 20 种降至 14 种

图 17.9 移除顶位捕食者对两个潮间带食物网的影响（资料取自 Paine，1966，1971）

用。她从前人的研究中观察到，食草动物有时会增加植物的多样性，有时会降低植物的多样性，有时则是两种效果都有。她认为要解释这些看似矛盾的结果，必须先了解：（1）食草动物的食物偏好；（2）地方群落中植物物种间的竞争关系；（3）食草动物的食物偏好与植物间的竞争关系在环境中如何变化。她从这些方面研究潮间带的厚壳玉黍螺（*Littorina littorea*）如何影响藻类群落的结构。

卢布琴科先在实验室中研究厚壳玉黍螺的摄食偏好。实验结果显示，它们对藻类的摄食偏好可分为低度偏好、中度偏好、高度偏好。一般而言，

玉黍螺最偏好小型、柔软的一年生绿藻，如浒苔（*Enteromorpha* spp.）。对于那些强韧的多年生红藻，如角叉菜（*Chondrus crispus*），除非玉黍螺别无选择，不然根本不会去吃。

此外，卢布琴科也在潮池中研究藻类与厚壳玉黍螺的多度变异。她发现，当潮池中厚壳玉黍螺的密度比较低（4 只 / 米²）时，玉黍螺高度偏好的浒苔密度相对较高；当厚壳玉黍螺的密度较高（233～267 只 / 米²）时，玉黍螺不喜欢的角叉菜最占优势。于是，卢布琴科推测，当厚壳玉黍螺减少时，浒苔将强势地排斥角叉菜。为了验证这种想法，她将厚壳玉黍螺从高密度潮池中移除，转而放入浒苔占优势的潮池中，并以第三个厚壳玉黍螺密度很高的潮池为对照池。

卢布琴科的实验结果相当清楚（图 17.10）。在对照池中，角叉菜、浒苔和其他一年生藻类的相对密度基本维持稳定；在引入厚壳玉黍螺的潮池中，浒苔的密度下降；在移除厚壳玉黍螺的潮池中，浒苔迅速生长，成为优势种。此外，随着浒苔种群的增加，角叉菜种群减少。为了确定季节对摄食和竞争关系的影响，卢布琴科于秋季在另外两个潮池进行了相同的实验。这次实验的结果几乎和前次实验的结果完全相同。在引入厚壳玉黍螺的潮池中，浒苔种群减少，角叉菜种群增加；在移除厚壳玉黍螺的潮池中，角叉菜种群减少，浒苔种群增加。

厚壳玉黍螺的种群密度受何种生物控制呢？很显然，浒苔中的普通滨蟹（*Carcinus maenas*）会捕食幼厚壳玉黍螺，防止它们拓殖到潮池。成年厚壳玉黍螺通常不会被普通滨蟹伤害，但鲜少离开原栖息地拓殖到新潮池。普通滨蟹受海鸥控制，所以在这里，我们再次看到地方食物网的复杂性，以及食物网内的营养交互作用会影响群落结构。

在潮池中，浒苔可以战胜其他藻类获得空间，而浒苔又是厚壳玉黍螺非常喜爱的食物，那么厚壳玉黍螺的摄食如何影响潮池中藻类的多样性呢？厚壳玉黍螺与藻类的关系类似于佩因研究中海星和贻贝的关系。在佩因的研究中，贻贝除了是竞争力非常强的优势种之外，还是当地海星最主要的食物之一。

卢布琴科通过观察厚壳玉黍螺密度不同的潮池

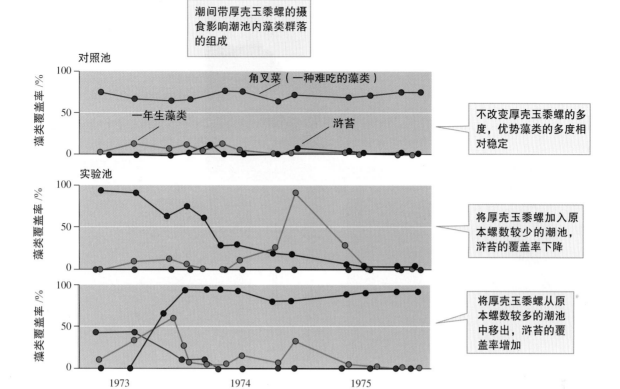

图17.10　厚壳玉黍螺对潮池藻类群落的影响（资料取自 Lubchenco，1978）

中的藻类种数，研究厚壳玉黍螺对藻类多样性的影响（图 17.11）。随着厚壳玉黍螺的密度由低密度上升到中等密度，藻类的种数也逐渐增加。之后，随着厚壳玉黍螺的密度由中等密度上升到高密度，藻类的种数却越来越少了。

该如何解释这些结果呢？当厚壳玉黍螺的密度较低时，厚壳玉黍螺的摄食不足以压制浒苔的竞争优势，因此浒苔排斥其他藻类；当厚壳玉黍螺的密度中等时，厚壳玉黍螺集中摄食浒苔，因此浒苔无法排斥其他种类，藻类多样性增加；当达到高密度时，厚壳玉黍螺的种群量太大，为了满足食物需求，它们不仅摄食最喜欢的藻类，也会摄食不喜欢的藻类，藻类多样性也因此下降。

如果厚壳玉黍螺喜欢吃的是竞争力较差的藻类，结果又会如何？这种情况正好发生在低潮时露出水面的岩石表面上。在这些出露的岩石上，优势藻类是墨角藻（Fucus）和泡叶藻（Ascophyllum），这些藻类是厚壳玉黍螺不喜欢吃的种类。厚壳玉黍螺会忽略墨角藻和泡叶藻，继续摄食浒苔等柔软一年生藻类。因此，卢布琴科发现，在这种条件下，当厚壳玉黍螺密度低

时，藻类的多样性较高（图 17.11）。

卢布琴科的研究增进了我们对不同营养交互作用如何影响群落结构的了解，并验证了消费者对食物网结构的影响取决于它们的摄食偏好、消费者的种群密度，以及猎物的相对竞争力等因素。虽然卢布琴科的研究大大超越了生态学家在佩因首次提出关键种假说时所持的观点，但是原先假说的基础并没有被推翻：消费者可以控制食物网的结构，而这样的消费者是关键种。

在潮间带以外的环境，捕食者仍可能扮演关键种的角色吗？以下是河流环境中的一个关键种例子。

鱼类是河流食物网的关键种

玛丽·鲍尔（Power，1990）在加州北部的鳗河（Eel River）验证鱼类显著改变河流食物网结构的可能性。该地的降水主要集中在当年 10 月到翌年 4 月，冬季的大雨有时会导致洪水泛滥，但在夏季，鳗河的平均流速不到 1m³/s。

初夏，鳗河中的漂砾和基岩上覆盖着细丝状的刚毛藻（Cladophora），藻类的生物量在

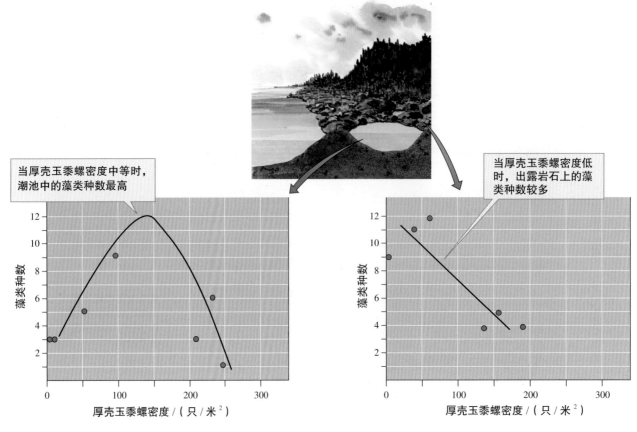

当厚壳玉黍螺密度中等时，潮池中的藻类种数最高

当厚壳玉黍螺密度低时，出露岩石上的藻类种数较多

图17.11 厚壳玉黍螺对潮池和出露岩石的藻类种数的影响（资料取自 Lubchenco，1978）

仲夏时会下降，而且剩下的藻类都状态不佳，呈网状匍匐在地。这些刚毛藻垫中栖息着高密度的摇蚊科（Chironomidae）幼虫，其中又以伪摇蚊（*Pseudochironomus richardsoni*）的多度最高。这种伪摇蚊不仅食用刚毛藻和其他藻类，还会编织藻类创建藏身之处，并在这个过程中改变藻类的外形。

伪摇蚊会被捕食性昆虫及昏白鱼（*Hesperoleucas symmetricus*）和三刺鱼（*Gasterosteus aculeatus*）的鱼苗捕食，而这些鱼苗又会被幼虹鳟，捕食性昆虫会被大虹鳟和昏白鱼吃掉，而且昏白鱼也会直接食用底栖藻类。这些交互作用构成了鳗河的食物网（图17.12）。

鲍尔想知道，鳗河食物网中的两种顶位捕食者——虹鳟和昏白鱼是否会显著影响该食物网的结构。她在河床上利用 3 mm 网眼的箱网围住 12 个面积为 6 m² 的区域进行实验。这种网眼大小的箱网既可以防止大鱼进入，又可以让水生昆虫、刺鱼和昏白鱼鱼苗自由进出。鲍尔移除 6 个箱网中的大鱼，并在另外 6 个箱网中分别放入 20 条幼虹鳟和 40 条大昏白鱼，这些鱼密度近似于开阔河段漂砾周围的鱼密度。

这两种处理的结果立现。刚开始时，藻类的密度相似，但后来移入鱼的河床藻类生物量明显降低（图17.13）。此外，在移入鱼的箱网内，刚毛藻和开阔河段的刚毛藻一样，都呈黏稠网状。

捕食性鱼类如何降低藻类的密度呢？答案的关键藏在鳗河的食物网（图17.12）中。虹鳟捕食大量捕食性昆虫及昏白鱼、三刺鱼鱼苗，降低它们的种群密度，从而使摇蚊的数量增加，继而增加这些食草摇蚊对藻类的摄食压力。鲍尔的实验证实了这个解释：在移入鱼的箱网中，捕食性昆虫和鱼苗的密度较低，摇蚊的密度较高（图17.14）。和佩因及卢布琴科的潮间带研究一样，鲍尔通过在鳗河河床上移入鱼或移除鱼的实验，证实了大鱼在鳗河食物网中扮演关键种的角色。

我们至今讨论的实例全是水生生物，陆域群落是否也存在关键种？不断增加的证据显示，陆域群落也存在关键种，特别是在产生营养级联（424页）的热带森林中（411页，图17.19）。

继佩因在华盛顿州马克瓦湾潮间带的经典研究之后，许多有关食物网和关键种的研究也相继开展。

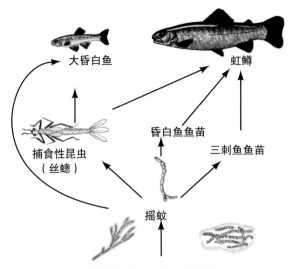

图 17.12 夏季加州鳗河中与藻类相关的食物网

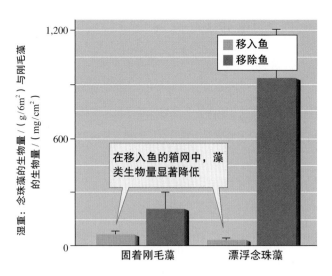

图17.13 虹鳟幼鱼和昏白鱼对加州鳗河底栖藻类生物量的影响(资料取自 Power，1990)

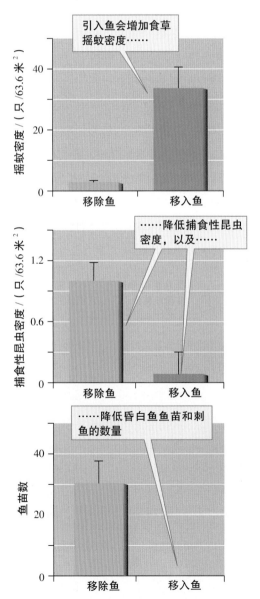

图17.14 虹鳟幼鱼和昏白鱼对昆虫、昏白鱼鱼苗和三刺鱼数量（平均值，1个标准误差）的影响（资料取自 Power，1990）

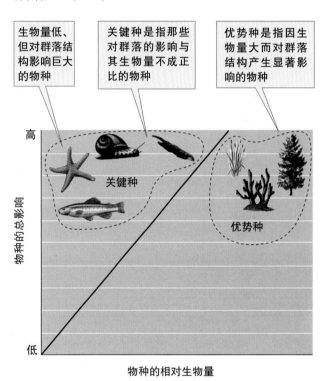

图17.15 何为关键种（资料取自 Power et al.，1996）

这些研究揭露了许多有关生物多样性的信息，促使许多生物学家提出下列问题：关键种究竟有何特征？生物学家的反应告诉我们，必须避免这个名词被滥用而失去它的意义。通过举行一系列研讨会，生物学家得到了结论，解决了这个问题（图 17.15）（Power et al.，1996）。与会者非常谨慎地区分关键种和优势种或基础种。与基础种相反，关键种是指那些生物量虽低，却对其所属群落的结构产生重大影响的物种。我们将从以下的例子看到，关键种产生的重大影响不一定是正面的，尤其是当它们包含入侵物种时。

1. 佩因发现，潮间带无脊椎动物群落的多样性越高，捕食者物种的比例越高。这个模式证实了佩因的捕食假说吗？

2. 在佩因第一次移走海星的实验中，主要的不足之处是什么？

3. 怎么解释图 17.10 中卢布琴科控制厚壳玉黍螺种群产生的结果？

4. 为什么厚壳玉黍螺在出露岩石上的摄食能降低藻类多样性？

调查求证 17 ：利用置信区间比较种群

在第 15 章中，我们回顾了如何计算种群实际平均值的置信区间，公式如下：

$$\mu \text{ 的置信区间} = \overline{X} + s\overline{X} \times t$$

在此，我们利用两个种群样本的置信区间来比较种群。

假设你正在研究一条山区河流的食物网受洪水影响后的复原情况，并估计食物网中每种消费者的生物量。其中的一种消费者是毛翅目的小型石蛾（*Neothremma alicia*）。石蛾的幼虫以山区湍流中石头顶部的硅藻为生。该河流包括两条支流，其中的一条支流在样本收集的 2 个月之前经历过洪水，另一条支流则没有经历过洪水，其他条件大致相同。下表是你从两条支流的 $0.1 \, m^2$ 样方中采集的石蛾干重（mg）：

样方号	1	2	3	4	5	6	7	8	9
经历过洪水 /mg	4.83	3.00	3.63	1.2	2.97	1.17	1.95	0.98	1.46
未经过洪水 /mg	7.08	5.18	5.97	3.64	5.14	3.05	4.23	3.14	3.73

利用上述数据，我们可以计算每个样本的平均值和标准误差，结果如下。

经历过洪水的支流（f 代表经历过洪水）：

$$X_f = 2.354 \, mg/0.1 m^2$$

$$S_{\overline{X}_f} = \frac{s_f}{\sqrt{n}} = \frac{1.329 \, mg/0.1 m^2}{3} = 0.443 \, mg/0.1 m^2$$

未经历过洪水的支流（u 代表未经历洪水）：

$$X_u = 4.571 \, mg/0.1 m^2$$

$$S_{\overline{X}_u} = \frac{s_u}{\sqrt{n}} = \frac{1.371 \, mg/0.1 m^2}{3} = 0.457 \, mg/0.1 m^2$$

根据自由度（$n-1$）和置信水平 0.95，可以从学生氏 t 表中查到 t 的临界值为 2.31，进而计算出每个样本种群的置信区间。

经历过洪水的支流：

$$\mu_f = 2.354 \, mg/0.1 m^2 \pm 0.443 \, mg/0.1 m^2 \times 2.31$$

$$\mu_f = 2.354 \, mg/0.1 m^2 \pm 1.023 \, mg/0.1 m^2$$

未经历过洪水的支流：

$$\mu_u = 4.571 \, mg/0.1 m^2 \pm 0.457 \, mg/0.1 m^2 \times 2.31$$

$$\mu_u = 4.571 \, mg/0.1 m^2 \pm 1.056 \, mg/0.1 m^2$$

上述样本的平均值和置信区间参见图 1。回顾第 15 章（364 页）中所述，种群的实际平均值落入 95% 置信区间的概率是 95%。请注意，本例中两个样本的 95% 置信区间并未重叠，这表明两个石蛾种群样本的单位面积平均生物量相等的概率小于 5%。换句话说，这两条支流的石蛾生物量在统计上存在显著差异。在第 18 章（428 页）中，我们还会介绍另外一种比较两个种群样本的统计方法。

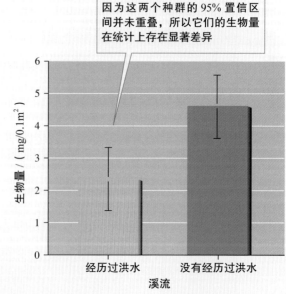

因为这两个种群的 95% 置信区间并未重叠，所以它们的生物量在统计上存在显著差异

图 1 两个石蛾（昆虫纲毛翅目）种群生物量的平均值与 95% 置信区间。这两个种群分别栖息在落基山脉的两条支流中，其中一条近期经历洪水，另一条没有经历洪水

实证评论 17

1. 为什么样本多能提高研究者确定两个种群之间是否存在统计差异的准确性？

2. 如果置信水平从 0.95 提高到 0.99，那么在经历过洪水和未经历过洪水的两条支流内，石蛾多度的置信区间将有什么变化？

17.4 互利共生关键种

互利共生者可起关键种的作用。 回顾鲍尔等研究者的分类（图 17.15），要判断物种是否为关键种，它应该满足的唯一条件是：尽管它在群落中的生物量相对较低，但对群落结构产生重大影响。近年来，生态学家逐渐发现许多互利共生者也符合这项条件，珊瑚礁中的清洁鱼（cleaner fish）即是其中一例。

清洁鱼是关键种

在珊瑚礁中，许多鱼类会帮助其他鱼种清除体外寄生物（ectoparasite），这种关系是真正的互利共生关系。裂唇鱼（*Labroides dimidiatus*）是印度太平洋地区分布最广的一种清洁鱼，它们的觅食活动非常频繁。澳大利亚昆士兰大学（University of Queensland）的亚历山德拉·格鲁特尔（Alexandra Grutter）指出，一条裂唇鱼一天可以帮助其他鱼清除 1,200 条体外寄生虫。格鲁特尔的实验也显示，在有裂唇鱼的珊瑚礁和没有裂唇鱼的珊瑚礁中，前者鱼身上的寄生等足目动物数量是后者的 4 倍（Grutter，1999）。

裂唇鱼帮助其他鱼清洁体外寄生虫的行为对珊瑚礁中的鱼类多样性有什么影响呢？剑桥大学的芮道恩·卜夏瑞（Redouan Bshary）针对这个问题进行了一系列野外研究。他在埃及的穆罕默德国家公园（Ras Mohammed National Park）研究裂唇鱼对珊瑚礁鱼类多样性的影响（Bshary，2003）。他研究的区域位于距离岸边约 400 m 的沙质海底，水深 2～6 m，其间散布着大小不一的珊瑚礁。卜夏瑞选择了其中 46 个两两相距 5 m 以上的珊瑚礁斑块。为了计算这些珊瑚礁上的鱼种数和确认有无裂唇鱼，他多次潜入海底。在研究过程中，他记录到 29 次裂唇鱼在珊瑚礁中的自然出现和消失。另外，他移除了部分珊瑚礁中的裂唇鱼，或移入裂唇鱼到原本没有裂唇鱼的珊瑚礁上。

卜夏瑞持续追踪了自然或人为移除和移入裂唇鱼对珊瑚礁鱼类群落产生的影响，并据此了解裂唇鱼这种小型互利共生者对珊瑚礁鱼类多样性的影响。图 17.16 总结了珊瑚礁鱼类群落在自然或人为移除和移入裂唇鱼 4 个月后的变动情况。卜夏瑞发现，当裂唇鱼消失后，珊瑚礁的鱼类多样性下降了约 24%；移入裂唇鱼后，珊瑚礁的鱼类多样性增加了约 24%。卜夏瑞的研究结果表明，裂唇鱼在红海珊瑚礁上扮演关键种的角色。此外，陆地上也有互利共生者为关键种的案例。

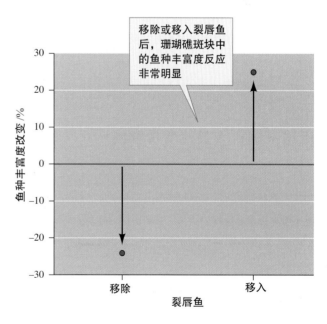

图 17.16 在珊瑚礁中，自然或人为移除和移入裂唇鱼的实验结果

传播种子的互利共生者是关键种

在南非半干旱沙地灌丛中，传播种子的蚂蚁对植物群落的结构产生巨大影响。卡罗琳·克里斯汀（Christian，2001）观察到当地原生蚂蚁帮助传播的灌丛种子占 30%。植物依靠种子中丰富的油质体来吸引蚂蚁帮助传播种子。但是克里斯汀记录到，不传播种子的阿根廷蚁（*Linepithema humile*）入侵灌丛之后，逐渐取代了许多原生蚂蚁，就像它们入侵其他地方一样。此外，她还发现受阿根廷蚁影响最大的是传播大种子的原生蚂蚁。

传播种子的蚂蚁对于灌丛植物的持续非常重要，因为它们会把种子埋藏在安全之处，使觅食种子的啮齿动物找不到，火也烧不到。地中海型灌丛地经常发生野火，而种子是灌丛植物唯一可在火中存活的生命阶段，因此蚂蚁传播种子对许多植物的存活至关重要。克里斯汀比较了火灾后幼苗的更新情况，发现在阿根廷蚁入侵之处，大种子植物的幼苗更新量明显降低（图 17.17），而小种子植物的幼苗更新量并未降低，这是因为阿根廷蚁对传播小种子的蚂蚁影响比较小。如同卜夏瑞的研究，克里斯汀的结果显示了互利共生者是影响群落结构的关键种。其他研究也揭示了其他互利共生者具有同样的重要性，如授粉者和菌根真菌也可以是关键种。

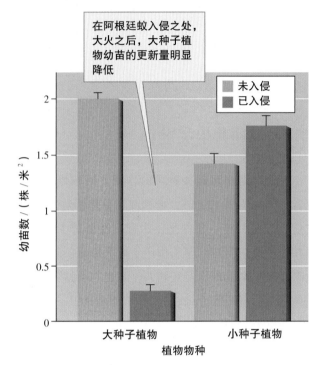

图 17.17　比较火灾之后阿根廷蚁入侵和阿根廷蚁未入侵地区的幼苗更新情况，结果显示阿根廷蚁取代了传播种子的原生蚂蚁（平均值，1 个标准误差）（资料取自 Christian，2001）

——概念讨论 17.4——◾

1. 卜夏瑞通过自然或人工方式移除和移入清洁裂唇鱼，研究鱼类物种丰富度的变化（图 17.16）。为什么他不仅仅只研究自然移除和移入清洁裂唇鱼导致的物种丰富度变化？

2. 在许多地区，原生授粉昆虫在减少。这为什么会引起生态环境保护者和生态学家的关注？

应用案例：人类改变食物网

人类自很早以前就通过摄食活动和引进、移除物种的行为操控并改变食物网的结构，他们操控和改变的对象往往是关键种。因此，无论是有意还是无意，人类本身也是群落中的关键种。

空无的森林：猎人和热带雨林的动物群落

热带雨林面临的困境早已为人们所熟知，但肯特·雷德福（Redford，1992）指出，除了少数例外，大部分生态学家在研究人类对热带雨林的冲击时，均侧重人类对植被的直接影响——砍伐森林。但雷德福研究的是人类对动物的影响，这拓宽了我们的视野。他的分析显示，人类在许多地区已经降低了雨林动物的种群密度，导致它们无法在生态系统中继续扮演关键种的角色，他称这个现象为"生态灭绝"（ecologically extinct）。

雷德福估计，在巴西亚马孙河流域，每年大约有 1,400 万只哺乳动物、500 万只鸟类和爬行动物因村民的自给式狩猎而丧命。若再加上商业狩猎者为获取皮毛、肉、羽毛每年杀死的 400 万只动物，巴西亚马孙河流域每年被猎杀的动物高达 2,300 万只。但这个数字还是低估了真正的动物死亡总数，因为许多没被猎人捉到但已受伤的动物最后可能还是难逃死亡的命运。如果再加上这些伤亡的动物，雷德福估计巴西亚马孙河流域的动物年死亡率约为 6,000 万只。

然而，人类猎杀的对象通常是少数几种大型哺乳动物和鸟类。雷德福估计，在秘鲁东部亚马孙河流域玛努国家公园（Manu National Park）的科查卡什生物站（Cocha Cashu Biological Station），猎人主要猎杀 319 种鸟类中的 9% 物种，以及 67 种哺乳动物中的 18% 物种。猎人通常猎杀体形较大的动物，这些物种比例虽小，但它们的生物量却分别占据玛努国家公园鸟类总生物量的 52% 和哺乳动物总生物量的 75%（图 17.18）。

虽然这些数字相当惊人，但关键问题在于：猎人是否真的降低了他们捕猎的鸟类和哺乳动物的种群密度？答案是肯定的。雷德福估计，雨林中的中高度狩猎压力导致哺乳动物的总生物量减少了 80%～93%，导致鸟类的总生物量减少了 70%～94%。

然而，除了大量动物死亡之外，还有更值得关注的问题。雨林中的许多大型鸟类和哺乳动物都是关键种（图 17.19），它们的死亡势必定会牵连整个群落。最早提出"雨林猎人偏好的大型动物是关键种"的人是约翰·特伯格（Terborgh，1988）。他在一篇激奋人心的论文——《主导

世界的大动物》（The Big Things That Run the World）中提出了这个假说。后续的许多研究也都支持这一假说。特伯格发现，巴拿马的巴罗科罗拉多岛（Barro Colorado Island）上并没有美洲狮和美洲虎的踪迹。与其他存在这两种大型猫科

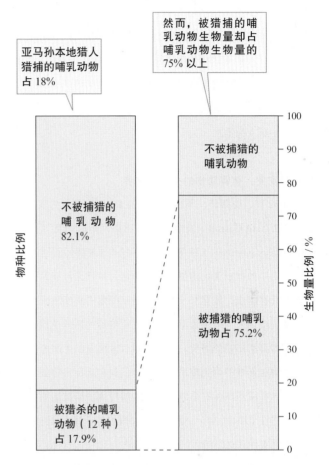

图 17.18 亚马孙原住民的高度选择性狩猎（资料取自 Redford，1992）

图 17.19 大型捕食者（如美洲虎）是热带雨林中的关键种

动物的地区相比，巴罗科罗拉多岛的中型哺乳动物数量多10倍以上。在其他研究中，特伯格和他的同事（Terborgh et al., 2001, 2006）记录了委内瑞拉的水力发电站的蓄水驱逐了大型捕食者，随着岛屿上分离出许多小型热带森林斑块，群落结构发生了巨大变化。群落结构变化如此之大，以至于特伯格和他的同事称之为"生态危机"（ecological meltdown）。基于这样的观察结果，雷德福提出警告："我们不能因为森林植物茂盛，便以为一切都没问题。"实际上，热带雨林的保护必须包括大型的潜在关键种，因为这些动物物种最易被人类捕捉。

蚂蚁与农业：有害动物的关键捕食者

1982年，史蒂芬·里施（Stephen Risch）和罗纳德·卡罗尔（Ronald Carroll）发表了一篇论文，记载捕食性火蚁（Solenopsis geminata）在墨西哥南部的玉米和菜瓜田生态系统食物网中如何扮演关键捕食者的角色。虽然天敌有时被用来防治有害昆虫，里施和卡罗尔却是从群落的角度来研究这件事情。他们引用有关食草动物对植物群落的影响及捕食者对潮间带群落影响的研究，将天敌对有害昆虫的生态控制和有关关键种影响的研究联系起来。他们的实验不仅验证了火蚁在玉米和菜瓜田生态系统中的捕食如何减少节肢动物的数量和多样性（图17.20），也揭示了火蚁如何扮演关键种的角色使当地农业获益。

虽然里施和卡罗尔的创新概念令人印象深刻，但是早在1,700年前，中国南方的农民就已经使用这种方法了。黄和杨（Huang and Yang, 1987）引用嵇含在公元304年撰写的《南方草木状》（*Plants and Trees of the Southern Regions*）中的话：

> 柑是一种味道特别甜美的橘子。交趾（位于中国的东南部与越南北部）的原住民在市场上把蚂蚁和细丝般的蚂蚁巢一起放入蒲草编成的草袋中，绑在树枝或叶子上贩卖。这种蚂蚁呈红黄色，体形比一般蚂蚁大。在南方，如果柑树上没有这种蚂蚁，果实就会被许多害虫破坏，无一幸免。

17个世纪后的今天，我们才知道嵇含观察到的是红树蚁（Oecophylla smaragdina）。直到1915年，在中国之外的其他地方，人们才知道可以利用这种蚂蚁来防治柑橘园中的食草昆虫。1915年，美国农业部的植物生理学家沃尔特·斯温格尔（Walter Swingle）被派到中国，研究柑橘溃疡病（citrus canker）的柑抗品种，因为柑橘溃疡病摧毁了佛罗里达州的柑橘园。在旅程中，他经过一个专门饲养蚂蚁的村庄。这种蚂蚁被贩卖给柑橘果农，和嵇含在公元304年描述的蚂蚁为同一种。

红树蚁是一种织巢蚁，它们利用蚁丝粘住树的枝叶筑巢，晚上待在巢中，白天在它们栖息的树上四处觅食，捕捉昆虫。农民把红树蚁和它们的巢放在果树上，并且在树间架设竹条。最后，红树蚁扩散到其他树上筑巢，布满整个果园。

红树蚁在树上捕捉昆虫，获得蛋白质和脂肪，但是它们还需要水分和糖类。它们依靠分泌蜜汁的同翅目昆虫来获得这些养分，这些同翅目昆虫包括软蚧壳虫（soft-scale insect）和粉蚧（mealy bug）。红树蚁在果树之间传输蚧壳虫并保护它们免受捕食者伤害，蚧壳虫为红树蚁提供蜜汁作为回报，因此红树蚁和蚧壳虫之间是互利共生关系。然而，由于蚧壳虫本身也会危害柑橘，早期有些农学专家对于红树蚁防治柑橘害虫的效果持怀疑态度，认为红树蚁加速了害虫的扩散。

尽管存在这些疑虑，但被采访的果农坚信红树蚁对防治害虫十分有效，蚧壳虫的危害极为有限。杨的研究显然解决了这个纷争。他比较了喷洒化学杀虫剂和红树蚁保护柑橘树的效果，发现红树蚁保护的柑橘树上的确存在较多蚧壳虫，但是蚧壳虫并未对柑橘树造成明显危害。他仔细观察这些蚧壳虫，发现它们体内寄生着大量寄生蜂幼虫，而且红树蚁并不会降低蚧壳虫的捕食者——草蛉（lacewing）和瓢虫的种群数量。因此，黄和杨的结论是，红树蚁对防治害虫非常

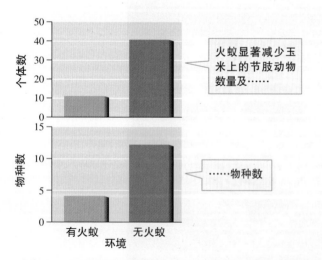

图17.20 火蚁对玉米上节肢动物种群的影响（资料取自 Risch and Carroll, 1982）

有效，因为它们在防治主要的大型柑橘害虫时，并不会减少小型柑橘害虫（蚧壳虫、蚜虫、螨类）的捕食者种群的数量（图 17.21）。

红树蚁和柑橘树的关系类似于蚂蚁和相思树的关系（第 15 章），但是亦有不同之处。人类为了维持红树蚁成为柑橘园食物网中的重要一员，不仅在很早以前就专门饲养它们，甚至还保护它们不受寒冬伤害。因为红树蚁在中国东南部的柑橘园中无法熬过寒冷的冬季，所以农民必须为它们提供过冬的栖息之处和食物。

农民可以通过混植降低维护这些红树蚁过冬所需的人力和费用。例如，在中国东南部华安县沙建村，农民通过在果园中混植柑橘与柚子，成功地保护红树蚁过冬。冬天，大部分红树蚁都躲在柚子树上，因为柚子树的枝叶宽大茂密，在冬夜降温速度较慢。如此一来，农民就不需要在春天为红树蚁增建新巢。慢慢地，红树蚁就融入柑橘与柚子混植的果园中，不再需要农民的特别照顾。

在中国东南部，农民利用红树蚁作为柑橘园食物网中关键种的历史非常悠久。然而，并不是任何一种蚂蚁都可以达到这种效果，柑橘果农需要的是具有某种行为特征的蚂蚁。我们不禁好奇，虽然嵇含于公元 304 年记载了农民利用蚂蚁的方法，但在此之前，当地的农民究竟实验了多久才发明这个方法。

图 17.21 当北美柑橘园中的害虫依靠化学杀虫剂防治时，中国利用红树蚁防治柑橘害虫已有超过 17 个世纪的历史

食物网是群落中摄食关系的总称。最早的食物网研究是在群落简单的北极岛屿上进行的。然而，查尔斯·埃尔顿等人很快就发现，即使群落简单，也存在非常复杂的摄食关系。当研究人员研究较复杂群落时，食物网的复杂度更是大幅增加。有关热带淡水鱼群落食物网的研究更显示，即使以各种方法简化，群落中的摄食关系仍然极为复杂。因此，唯有侧重强交互作用，方能简化食物网的结构和确定影响群落内大部分能量流动的主要作用。

物种间的间接交互作用是群落的基础。物种间的直接交互作用可产生具有明显生态意义的间接交互作用。间接交互作用指一个物种通过第三者或中间种来影响另一个物种，包括营养级联、似然竞争、间接互利共生和共栖。间接共栖指一个物种通过一个中间种使另一个物种获利，但物种本身没有获益也没有受伤害。在似然竞争中，一个物种对另一个物种造成负面影响是由于两个物种的捕食者或食草生物相同，或一个物种为第二个物种的捕食者或食草生物种群提供了便利。

少数关键种的摄食活动可能控制群落的结构。罗伯特·佩因提出少数物种的摄食活动对群落结构产生特别大的影响。他推测，通过降低竞争排斥的可能性，某些捕食者可以提高物种多样性。研究捕食性物种的实验已经识别了许多关键种，包括海洋潮间带的海星和玉黍螺，以及河流中的鱼类。简·卢布琴科揭示了关键种消费者对群落结构的影响取决于猎物的摄食偏好、地方种群密度和相对竞争能力。关键种是那些生物量虽低，但对其所属群落结构有重大影响的物种。

互利共生者可起关键种的作用。实验研究显示，帮助其他鱼清除寄生虫的裂唇鱼是珊瑚礁中的关键种，移除它们会降低珊瑚礁的鱼类多样性。在南非半干旱沙地灌丛中，传播植物种子的蚂蚁对当地植物的群落结构亦有巨大影响。当入侵蚂蚁取代传播种子的原生蚁时，当地群落的植物多样性在大火之后会下降。其他互利共生者也可以是关键种，比如授粉者和菌根真菌。

人类一直以来通过摄食活动或引进、移除物种的行为，操控并改变食物网的结构，而他们操控及改变的对象往往是关键种。人类在热带雨林内的狩猎活动移除了中南美洲大面积雨林内的关键动物种类。中国农民早在 1,700 年前就已经利用蚂蚁作为防治柑橘害虫的关键捕食者。

重要术语

- 共栖 / commensalism 398
- 关键种 / keystone species 401
- 间接共栖 / indirect commensalism 399
- 间接交互作用 / indirect interaction 398
- 强交互作用 / strong interaction 397

- 食物网 / food web 395
- 似然竞争 / apparent competition 399
- 优势种或基础种 / dominant or foundation species 397
- 直接交互作用 / direct interaction 398

复习思考题

1. 瓦恩米勒（Winemiller, 1990）在描述委内瑞拉淡水鱼群落时，去除了食物网中较弱的营养联系（图 17.2），试问他区分强弱营养联系的标准是什么？在更早之前，佩因（Paine, 1980）指出，生态学家可通过集中研究群落中的强营养联系来了解群落。佩因和瓦恩米勒确定强营养联系的标准有何差别？

2. 何谓关键种？佩因（Paine, 1966, 1969）在北美洲西海岸和新西兰两地的潮间带群落中研究两个关键种海星。

请描述这两地的潮间带群落有何相似之处，有何不同之处，以及这两个实验设计的差异。

3. 解释卢布琴科（Lubchenco，1978）的实验如何证明关键种消费者对群落结构的影响取决于猎物的摄食偏好、种群密度、猎物种间的竞争关系等因素。卢布琴科对关键种假说进行了什么改进？

4. 当鲍尔（Power，1990）移除了河流中的捕食性鱼类，食草昆虫的幼虫（摇蚊）密度下降。请利用鲍尔描述的食物网来解释这种现象。

5. 利用卡恩特克（Tscharntke，1992）的食物网（图17.4），

预测移除食物网中的顶位捕食者——蓝冠山雀后，哪个物种受到的影响最大？哪个物种受到的影响最小？（假设蓝冠山雀是这个群落中的关键种。）

6. 一些古生物学家提出，在10,000～11,000年前的更新世，过度猎捕是导致北美洲地区许多大型哺乳动物灭绝的主要原因。他们说的猎捕者是指当时新迁入的人类。请提出支持与反对这一假说的论据。

7. 本章所有有关关键种的研究都探讨关键种动物对群落的影响，请问其他类生物也能成为关键种吗？寄生虫和病原体能否成为关键种？

第 18 章

初级生产量及能量流动

生物与环境之间的交互作用由复杂的能量流与能量转化驱动。阳光照射到森林树的林冠层上，一部分被反射，一部分转化成热能，一部分被叶绿素吸收。生物、土壤和水中的分子吸收了红外线辐射后，分子动能增加，森林温度也提高，进一步影响森林植被的生化反应速率和蒸腾作用。

森林植物利用光合有效辐射（第 7 章）将 CO_2 转化成糖类和其他形式的生物量，这个过程称为碳固定。植物利用生物量中的化学能来满足自身的能量需求。有些固定碳被直接用于植物的生长：长新叶、伸长卷须和藤蔓、长新根等；有些生物量被储存为非结构性碳水化合物，成为根、种子或果实中的能量。

在森林植物光合作用生产的生物量中，一部分被食草生物消费，一部分被食碎屑生物消耗，一部分则成为土壤有机质。植物产生的生物量不仅为鸟类提供能量，使其能飞越树冠层，还能使蚯蚓收缩肌肉钻进森林土壤里。森林植被和所有细菌、真菌、动物及它们的活动所需的能量都由阳光转化而成（图18.1）。

图18.1　在大多数的生态系统里，阳光是所有生物活动所需能量的最终来源，图中鸣唱的树蛙和树蛙停栖植物的生长都需要阳光

我们可以把森林看作一个吸收、转化和储存能量的系统。在这个系统里，物理、化学、生物的结构和过程都不是孤立的。当我们以这种方式看待一座森林（溪流或珊瑚礁）时，常把它称作一个生态系统。正如我们在第 1 章所见，生态系统包括生物群落及影响该群落的所有非生物因子。英国的生态学家亚瑟·坦斯利（Tansley，1935）最早提出"生态系统"这一术语和定义。他认识到把生物和环境视为一个整体系统是非常重要的。坦斯利写道：

◀ 绿色世界：位于太平洋西北部华盛顿州的茂盛温带雨林。生物圈的运行依赖于大量生物量的生产，而这些富含能量的生物量由绿色植物等光合初级生产者产生。

虽然生物是我们的兴趣所在……但是我们并不能将它们从特殊的环境中剥离出来，两者结合在一起才能形成一个物理系统。从生态学家的观点来看，（生态）系统便是如此形成的，它是地球自然界的基本单位。

正如坦斯利所建议的，生态系统学家在研究生态系统的能量、水和养分的传递时，还要关注物理过程、化学过程与生物过程。他们比较感兴趣的基本领域包括初级生产量、能量流动和养分循环。本章将讨论前两个主题，养分循环则是第 19 章探讨的重点。

在第 7 章中，我们了解到植物的光合机制如何利用太阳能合成糖类，也从个体生物出发研究禾草、树木或仙人掌的光合作用。现在，让我们回顾光合作用的生化细节和生理细节，重返个体生物来研究整个生态系统的光合作用。

初级生产量（primary production）是指生态系统中自养生物生产的新有机质或生物量。**初级生产率**（rate of primary production）则是自养生物在某段时间内生产的生物量。生态系统学家将初级生产量分为总初级生产量和净初级生产量。**总初级生产量**（gross primary production）是生态系统内所有自养生物产生的生物量总和；**净初级生产量**（net primary production）则是指除去自养生物自身所需能量后剩下的生物量。净初级生产量是总初级生产量减去初级生产者呼吸作用耗费的能量，也是生态系统中消费者可利用的能量。生态学家使用不同的方法来计算初级生产量，但主要还是利用初级生产者的碳吸收率（rate of carbon uptake）、生物量或氧气产生量来计算。

在前几章中，我们已从不同的角度讨论了摄食生物学。我们在第 7 章讨论了食草动物、食碎屑动物和食肉动物的生物学，在第 14 章讨论了交互利用生态学，在第 17 章以食物网表示生物群落的营养结构（trophic structure）。虽然生态系统学家也关注营养结构，但他们讨论的方向却有别于种群生态学家和群落生态学家。

生态系统学家为了简化生态系统的营养结构，以营养的主要来源为基础，把生物物种划分为不同营养级。**营养级**（trophic level）是指物种在食物网中的等级，取决于初级生产者把能量传递到该级别所需的转换次数。初级生产者位于生态系统的第一营养级，因为它们主要利用各种无机形式的能量（如阳光）把 CO_2 转换成生物量；食草动物和食碎屑动物为初级消费者，位于第二营养级；食肉动物以食草动物和食碎屑动物为食物，是第三营养级；捕食食肉动物的动物位居第四营养级。由于每一营养级都包含几个，甚至几百个物种，生态系统学家要简化营养结构。

初级生产把能量从无机形式转化为有机形式，是生态系统中的关键过程。所有消费者（包括人类）都必须依赖于初级生产。由于它非常重要，再加上初级生产率因不同的生态系统而异，生态系统学家针对生态系统内控制初级生产率的各种因子进行研究。

对于控制这一关键生态系统过程的环境因子，初级生产的自然变异模式提供了有用的线索，而且许多研究也验证了这些控制因子的重要性。本章将讨论陆域生态系统和水域生态系统中初级生产的主要变异模式，并设计关键实验来确定这些模式的各种产生机制。在本章的最后一节，我们再详细研究生态系统的能量流动模式。

18.1 陆域初级生产模式

陆域初级生产量通常受到温度和湿度的限制。第 2 章讨论陆域生物群系时，读者已了解到初级生产率不仅因地而异，而且与环境息息相关。与陆域初级生产最相关的变量是温度和湿度。通常在温暖潮湿的条件下，陆域初级生产率达到最大。

实际蒸散量和陆域初级生产量

迈克尔·罗森茨魏希（Rosenzweig，1968）绘制了年净初级生产量和年实际蒸散量之间的关系图，估计温度与湿度对初级生产率的影响。年**实际蒸散量**（actual evapotranspiration, AET）是指一个景观系统每年蒸发和蒸腾的总水量。实际蒸散过程受温度和降水的影响。初级生产量高的生态系统一般都分布在温暖、降水较多的地区。相反地，如果生态系统的年实际蒸散量比较低，那肯定是因为降水太少或比较寒冷，或两者兼有。例如，热沙漠和冻原的实际蒸散量都比较低。

从图18.2可看出，罗森茨魏希绘制的净初级生产量与实际蒸散量为正相关关系。后来，迈克尔·卡斯帕里、肖恩·奥东尼尔和詹姆斯·克尔彻（Kaspari，O'donnell and Kercher，2000）对该图进行了修订。热带森林的净初级生产量和实际蒸散量都位居最高位；另一个极端，干热沙漠和干冷冻原的净初级生产量和实际蒸散量均最低；居中的则是温带森林、温带草原、林地和高海拔森林。图18.2表明，实际蒸散量是各种陆域生态系统的年净初级生产量发生变化的主要原因。

罗森茨魏希试图解释生态系统的初级生产量存在差异的原因。在相似的生态系统中，控制初级生

产量差异的因子是什么？奥斯瓦尔多·E.萨拉及其同事（Sala et al.，1988）在科罗拉多州立大学的研究揭示了控制美国中部草原初级生产量的几个因子。他们的研究依据是美国农业部土壤保护署（U.S. Department Of Agriculture Soil Conservation Service）从9,498个实验区搜集到的数据。为了方便整理如此庞大的数据，研究人员将这些实验区合并成100个代表区。

这些研究区东起密西西比州和阿肯色州，西抵新墨西哥州和蒙大拿州，北起北达科他州，南至得克萨斯州。初级生产量最高的地区是东部的草原，最低的是西部地区，这一东西向差异与植被由东部的高禾草原往西递变为矮禾草原的变化相符，相关的讨论参见第2章。萨拉等人发现，这几个草原生态系统初级生产量的东西向差异与降水量显著相关（图18.3）。

若比较萨拉等人的实验成果图（图18.3）和罗森茨魏希的实验成果图（图18.2），两者有何相似之处和不同之处？基本上，这两个图形的纵轴均以净初级生产量为因变量，但罗森茨魏希的图形包含的生态系统跨度大——从冻原到热带雨林，萨拉等人的图形只包括草原生态系统。此外，两者的横轴变量也不同，罗森茨魏希采用的是实际蒸散量，该变量取决于温度与降水量；而萨拉等人的图形的横轴只是降水量，因为他们发现，即使加入温度进行分析，也不会提高他们预测净初级生产量的准确度。

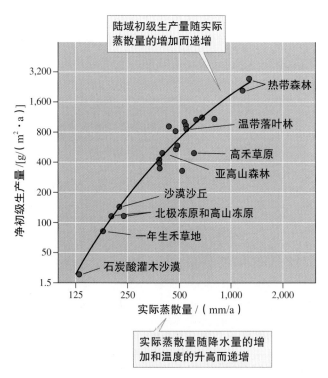

图18.2 一系列陆域生态系统的实际蒸散量与净初级生产量之间的关系（资料取自 Rosenzweig，l968；Kaspari，O'donnell and Kercher，2000）

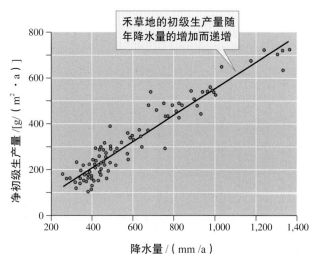

图18.3 北美洲中部禾草地的年降水量对地上净初级生产量的影响（资料取自 Sala et al.，1988）

研究人员均发现实际蒸散量或降水量与陆域初级生产率密切相关，但他们的模型却都无法完全解释生态系统间的初级生产量差异。例如，在图18.2中，当生态系统的年实际蒸散量为 500～600 mm 时，年初级生产率为 300～1,000 g/m²；在图18.3中，当草原生态系统的年降水量为 400 mm 时，年初级生产率为 100～250 g/m²。这些初级生产量的差异有待生态学家解释。

土壤肥力与陆域初级生产量

陆域初级生产量的显著差异可以用土壤肥力的差异来解释。农民早就知道土壤施肥可以增加农业产量，然而直到19世纪，科学家才开始量化单一养分（如氮或磷）对初级生产率的影响。尤斯图斯·利比希（Liebig，1840）指出，养分供给往往会限制植物的生长，而且养分对植物增长的限制可以追踪到某单一养分的限制。"单一养分控制初级生产量"的假说后来被称为利比希最低量法则（Liebig's Law of the Minimum）。但我们现在知道利比希的观点过于简单化了，因为陆域初级生产量由多种因素（包括多种养分）共同影响。尽管如此，利比希的研究提出的观点依旧是正确的。土壤肥力的差异对陆域初级生产量有显著影响。

利比希的研究及更早之前学者的实际经验大多都关注农业生态系统的生产力。在人为因素较少的生态系统（如冻原或沙漠）中，养分是否也会影响它们的初级生产量呢？对此，生态学家开展了许多实验，包括往自然生态系统添加养分，它们都证实养分的确对陆域初级生产量产生显著影响。

生态学家通过往陆域生态系统中加入养分，提高它们的初级生产量。他们实验的生态系统包括北极冻原、高山冻原、禾草原、沙漠和森林等。例如，盖乌斯·谢弗及斯图尔特·蔡平（Shaver and Chapin，1986）针对北极冻原潜在的养分限制进行研究。他们在阿拉斯加的许多冻原生态系统中加入含有氮、磷、钾的商业肥料，其中一半实验区只施一次肥，另一半实验区施两次肥。

谢弗和蔡平在首次施肥后的 2～4 年间测量了实验区及对照区的净初级生产量。结果显示，所有施肥实验区的净初级生产量均提高了23%～300%，多数实验区的施肥反应很明显。例如，初次施肥4年后，库帕鲁克山（Kuparuk Ridge）施肥区的净初级生产量是未施肥对照区的 2 倍（图18.4）。

高山冻原的养分添加实验也表明，生态系统对养分添加的反应受到先前养分有效性的影响。威廉·鲍曼与其同事（Bowman et al.，1993）在科罗拉多州聂渥特山（Niwot Ridge）的冻原中添加养分。

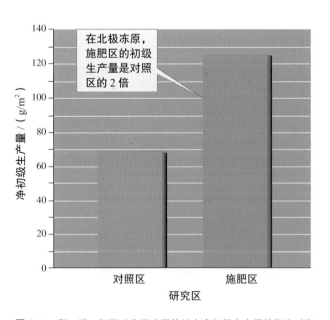

图18.4　氮、磷、钾肥对北极冻原的地上净初级生产量的影响（资料取自 Shaver and Chapin，1986）

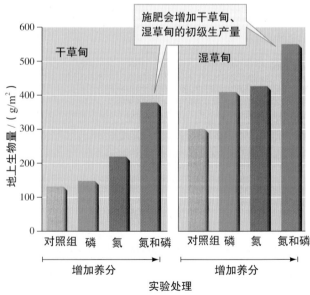

图18.5　在高山冻原的两种环境中，施磷肥或氮肥对地上初级生产量的影响（资料取自 Bowman et al.，1993）

他们在海拔 3,510 m 的干草甸及湿草甸上分别进行下列 4 项处理：（1）对照组（未加入养分）；（2）加入氮；（3）加入磷；（4）加入氮与磷。之后，研究者就在每个实验区测定土壤的氮浓度、磷浓度及年净初级生产量。

湿草甸生态系统的起始氮浓度和磷浓度都比较高。施肥只提高了湿草甸的氮浓度，没有提高磷浓度，但施肥却同时提高了干草甸的氮浓度和磷浓度。

由上可知，施肥作业对于干草甸初级生产量的提高大于湿草甸的提高量。干草甸的施氮措施使其初级生产量增加了 63%；若同时施氮与磷，干草甸的初级生产量可增加 178%。相较之下，同时施加氮与磷对湿草甸的初级生产量影响较小，但在统计上仍相当显著（图 18.5）。鲍曼等人认为，这个结果表明氮是限制干草甸净初级生产量的最主要养分，而氮和磷两者一起限制湿草甸的净初级生产量。

这类实验均指出，影响陆域初级生产率的主要因子除了温度及湿度之外，还包括养分有效性。我们在下节将讨论，养分有效性是限制水域生态系统初级生产量的主要因子。

——概念讨论 18.1——◼

1. 为什么无须用温度，仅用降水量就足以说明北美洲中部草原净初级生产量的主要变化（图 18.3）？

2. 图 18.2 中的沙漠沙丘生态系统和北极冻原、高山冻原生态系统有什么相同之处？

3. 沙漠沙丘生态系统的实际蒸散量和净初级生产量有什么关系？如果显著提高降水量，热沙漠、北极冻原和高山冻原生态系统可能有什么反应？

18.2 水域初级生产模式

水域初级生产量通常受到养分有效性的限制。 湖沼学家及海洋学家测量了许多湖泊、海岸及海洋的初级生产率及养分浓度。他们的研究产生了生物圈中资料最完整的一种初级生产模式：水域生态系统中的养分有效性与初级生产率呈正相关关系。

模式与模型

最早记录磷浓度和浮游植物生物量间定量关系的实验是日本的一系列湖泊实验（Hogetsu and Ichimura，1954；Ichimura，1956；Sakamoto，1966）。研究这个关系的生态学家发现，总磷量和浮游植物生物量之间具有很好的对应关系。

后来，狄龙与里格勒（Dilion and Rigler，1974）研究北半球的湖泊生态系统时，也发现磷浓度与浮游植物生物量间存在类似的正相关关系。其中最引人注意的是，在日本和加拿大的湖泊中，磷浓度和浮游植物生物量的关系曲线的斜率几乎相同（图

18.6）。

日本及北美洲的数据也非常支持这个假说：养

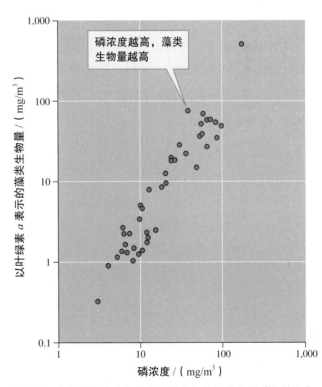

图 18.6 北温带湖泊中磷浓度与藻类生物量的关系（资料取自 Dillon and Rigler，1974）

分（特别是磷）控制着湖泊生态系统浮游植物的生物量。然而，浮游植物生物量和初级生产率之间又是什么关系呢？瓦尔·史密斯（Smith，1979）研究了北半球温带地区的49个湖泊，他的研究进一步显示叶绿素浓度与光合速率具有强正相关关系（图18.7）。此外，史密斯也验证了磷总浓度和光合速率之间的关系。水域生态学家拓展这些研究，通过操控整个湖泊生态系统的养分有效性，验证养分有效性和初级生产量间的关系。

全湖泊初级生产量实验

1968年，水域生态学家选择加拿大安大略湖的西北部作为实验湖区，研究全湖泊生态系统（Mills and Schindler,1987；Findlay and Kasian,1987）。例如，他们为了控制226号湖泊的养分有效性，利用乙烯（塑胶）布将它分隔成两个面积为8 hm²、含水500,000 m³的小湖。仔细想想这些数据，你会发现这真的是一个庞大的实验！1973—1980年，研究者往这两个小湖中施肥，改变它们的养分有效性，其中的一个小湖被加入蔗糖和硝酸盐的混合物，另一个小湖被加入碳、硝酸盐与磷酸盐。通过这些不同的施肥措施，前一个小湖的浮蝣植物生物量增加了2～4倍，后一个湖泊的浮蝣植物生物量增加了4～8倍。1980年，研究者停止了施肥，并于1981—1983

年研究它们的复原情况。

226号湖泊的两个小湖泊均对施肥产生强烈的反应。在处理之前，226号湖泊的浮游植物生物量和其他两个对照湖泊一样（图18.8）。然而，加入养分后，226号湖泊的浮游植物生物量很快就超越了对照湖泊。226号湖泊的浮游植物生物量一直保持上升状态，直到1980年年底研究人员停止施肥。在接下来的1981—1983年，该湖泊的浮游植物生物量开始显著下降。

总而言之，磷浓度与初级生产率的关系，以及全湖泊养分实验的观察结果都验证了养分有效性常常控制淡水生态系统的初级生产率。现在，让我们来看看海洋生态系统中支持这种关系的证据吧！

海洋初级生产量的全球模式

海洋净初级生产量的地理差异表明养分有效性对初级生产量产生正面影响。海洋学家观察到，海洋浮游植物的最高初级生产率通常出现在养分有效性高的地方（图18.9），如大陆架的大陆边缘及上升流出现处。在大陆边缘，养分的更新来自陆域的冲刷，以及海底沉积物的生物干扰或物理干扰。我们在第3章中已提过，上升流将深层养分丰富的海水带到表层，它们主要出现在大陆的西岸及南极洲四周。这些地区在图18.9中以深红色表示，表示初级

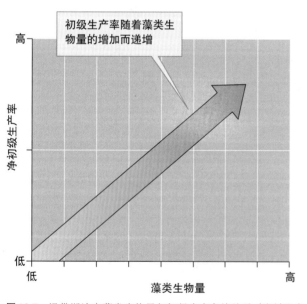

图18.7 温带湖泊中藻类生物量与初级生产率的关系（资料取自Smith，1979）

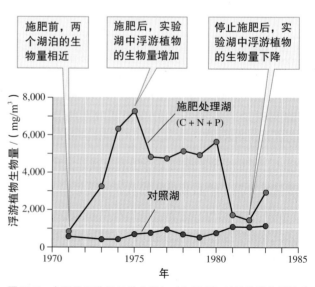

图18.8 全湖泊实验显示养分添加（C+N+P）对浮游植物平均生物量的影响（资料取自Findlay and Kasian，1987）

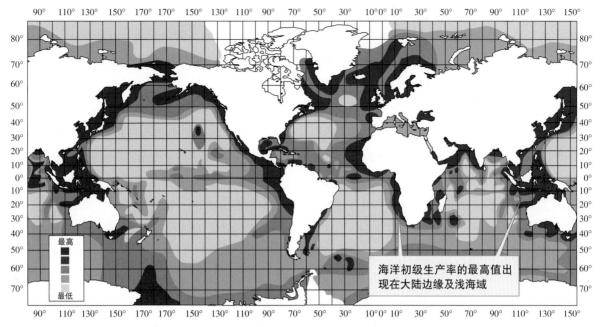

图18.9 海洋初级生产量的地理差异（资料取自F.A.O.，1972）

生产率比较高。

然而，大洋中部的养分有效性及初级生产率均比较低。表层海域的养分更新主要来自垂直混合作用，但垂直混合作用在开阔的热带海洋经常被永久温跃层阻断。因此，该海域的养分含量非常低，是海洋中初级生产率最低的区域之一。

表明养分限制海洋初级生产率的实验证据是什么呢？埃德娜·格拉内利及其研究团队（Granéli et al.，1990）利用养分富集的方法，在波罗的海验证养分有效性是否限制初级生产量。

格拉内利从许多研究点采样海水，并进行过滤，然后加入养分，其中一组实验瓶加入硝酸盐，一组加入磷酸盐，另一组什么都不加（图18.10）。他只研究一种海藻的生物量。结果显示，在添加硝酸盐的锥形瓶中，无论是哪个实验点的海水，藻类的叶绿素浓度都增加了；在添加磷酸盐的锥形瓶中，叶绿素浓度则与对照组不相上下。这个结果告诉我们什么呢？它们告诉我们：波罗的海的初级生产量的确受养分限制，但和大多数淡水湖泊不同的是，主要的限制养分是氮，而非磷。

此外，格拉内利沿一系列研究站进行类似的养分富集实验，这些研究站包括卡特加特海峡（Kattegat）、贝尔特海（Belt Sea）、斯卡格拉克海峡（Skagerrak），它们的盐度与开阔海洋相似。然而，

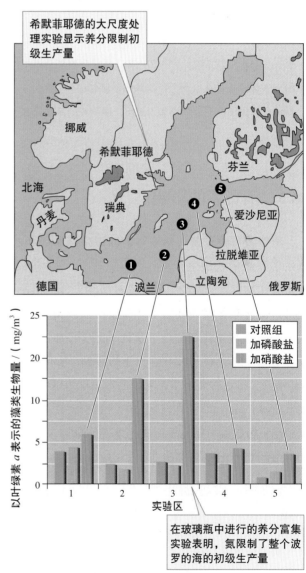

图18.10 在波罗的海中，氮控制初级生产量（资料取自Granéli et al.，1990）

在这个系列的实验中，她研究的是当地的浮游植物，而非单一的标准化实验藻类。实验再一次出现相同结果，在加入硝酸盐的锥形瓶中，叶绿素浓度高于对照组；加入磷酸盐的叶绿素浓度则和对照组没有差别。该结果再次表明氮限制整个研究区的初级生产量。

尽管在海洋环境中尚未进行过像实验湖区那样的全湖泊实验（eg., Schindler, 1990），但是研究者在瑞典的希默菲耶德（Himmerfjärden）内海进行了一项改变养分输入及浓度的实验（图18.10）。希默菲耶德内海是波罗的海的一个咸水沿岸进口，面积为195 km²。相比之下，全湖泊实验的湖盆面积甚至小于0.1 km²。他们通过改变氮磷比，证实限制初级生产率的养分由氮转变为磷。若希默菲耶德内海的磷添加量增加，氮的限制作用会增强；若磷的添加量减少，氮的添加量增加，则磷的限制作用会增强。

狄龙与里格勒指出，湖沼学家要注意回归线附近的分散点，因为这些地方显示养分浓度与浮游植物生物量不具有相关性（F.A.Q., 1972），我们称这些分散点为"残差变异"（residual variation）。在统计学上，残差变异是指那些无法被自变量（即本例中的养分浓度）解释的变异。狄龙与里格勒认为，除了养分有效性之外，其他环境因子也会影响浮游植物的生物量，浮游动物对浮游植物的捕食强度即为其一。下文将会说明，消费者也对陆域及水域的初级生产率产生影响。

─────概念讨论 18.2─────

1. 假设你在一个湖泊的一半中加入氮，没有观察到浮游生物的生物量变化，但在另一半加入磷时，浮游生物的生物量增加一倍。关于这个结果，最可能的解释是什么？

2. 假设你给湖泊施肥，分别加入氮肥、磷肥或同时加入氮和磷，浮游生物的生物量均没有变化。关于这个结果，最可能的解释又是什么？

18.3 消费者的影响

消费者可通过营养级联影响陆域生态系统和水域生态系统的初级生产率。在本章第1节，我们重点研究了物理因子与化学因子对初级生产率的影响。近来，生态学家发现初级生产率也会受到消费者的影响。生态学家将物理因子及化学因子（如温度及养分）对生态系统的影响称为**上行控制**（bottom-up control），将消费者对生态系统的影响称为**下行控制**（top-down control）。在前两节中，我们讨论初级生产率受上行控制，下面要讨论的是下行控制。

食鱼动物、食浮游生物动物与湖泊初级生产量

斯蒂芬·卡彭特、詹姆斯·基切尔及詹姆斯·霍奇森（Carpenter, Kitchell and Hodgson, 1985）提出，当养分输入决定湖泊的初级生产量时，食鱼动物（piscivorous）及食浮游生物的鱼类（planktivorous fish）会对初级生产量产生显著偏差。为了验证他们的假说，卡彭特与其同事（Carpenter et al., 1991）引用了浮游动物的大小（代表捕食强度）和初级生产量之间的负相关关系。

卡彭特与基切尔（Carpenter and Kitchell, 1988）提出，消费者对湖泊初级生产量的影响通过食物网来传递，因为他们观察到食物网的顶位消费者产生的影响会向底部传递。他们把消费者对生态系统属性产生的影响称为**营养级联**（trophic cascade）。营养级联包括捕食者对猎物的影响，该影响不仅能改变种群和群落的多度、生物量或多样性，还会改变食物网中的多个营养级（图18.11）。由于有些捕食者对生态系统属性（如初级生产量）的影响是通过中间种产生的，营养级联也包括间接交互作用（398页）。

卡彭特与基切尔（Carpenter and Kitchell, 1993）对实验湖泊中的营养级联进行了如下解释：食鱼动

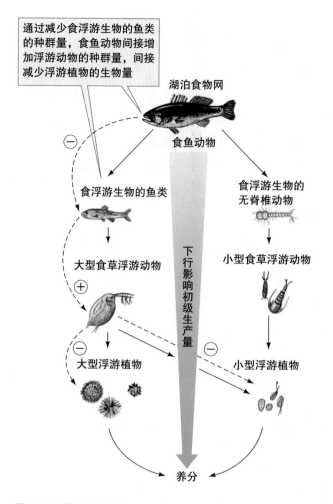

通过减少食浮游生物的鱼类的种群量，食鱼动物间接增加浮游动物的种群量，间接减少浮游植物的生物量

湖泊食物网

食鱼动物

食浮游生物的鱼类

食浮游生物的无脊椎动物

大型食草浮游动物

小型食草浮游动物

下行影响初级生产量

大型浮游植物

小型浮游植物

养分

图18.11 营养级联假说

物，如大口黑鲈（large mouth bass），主要捕食食浮游生物的鱼类及无脊椎动物。大口黑鲈通过影响食浮游生物的鱼类，间接地影响浮游动物种群。通过减少捕食浮游生物的鱼类种群数量，大口黑鲈减轻了浮游动物种群被捕食的压力。因此，食浮游生物的鱼类较喜欢捕食的大型浮游动物（第7章）迅速成为浮游动物群落的优势种，大型浮游动物的高密度种群会降低浮游植物的生物量及初级生产率。这个营养级联的解释与卡彭特与基切尔观察到的浮游动物体形大小和初级生产量呈负相关的现象一致。这个假说的总结可参阅图18.12。

为了进一步验证他们的营养级联模型，卡彭特与基切尔对2个湖泊中的鱼类群落进行实验研究，并以第三个湖泊为对照。图18.13为整个实验的设计，两个实验湖泊都有许多大口黑鲈，第三个湖泊不存在大口黑鲈（在冬季被冻死），但该湖中含有许多食浮游生物的鲦鱼（minnow）。研究者将第一个湖中90%的大口黑鲈移至第二个实验湖中，并将第二个湖中90%的鲦鱼移至第一个湖中，将剩下的那个未经处理的湖泊作为对照湖。

卡彭特与基切尔研究的湖泊对实验处理产生的反应正好支持营养级联假说（图18.13），即食浮游

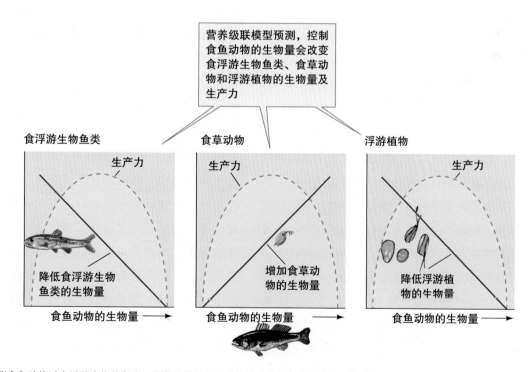

营养级联模型预测，控制食鱼动物的生物量会改变食浮游生物鱼类、食草动物和浮游植物的生物量及生产力

食浮游生物鱼类

生产力

降低食浮游生物鱼类的生物量

食鱼动物的生物量 →

食草动物

生产力

增加食草动物的生物量

食鱼动物的生物量 →

浮游植物

生产力

降低浮游植物的生物量

食鱼动物的生物量 →

图18.12 预测食鱼动物对食浮游生物的鱼类、食草动物及浮游植物的生物量与生产力的影响（资料取自Carpenter，Kitchell and Hodgson，1985）

降低食鱼动物（大口黑鲈）的生物量，
增加食浮游生物鱼类的生物量　　　　　　　实验处理　　　增加食鱼动物（大口黑鲈）的生物量，
降低食浮游生物鱼类的生物量

食草动物的种群量降低　　　　　　　　　　　反应　　　食草动物的种群量增加
浮游植物的生物量增加　　　　　　　　　　　　　　　浮游植物的生物量降低

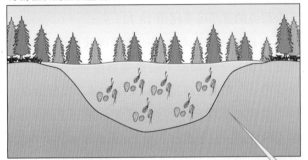

食鱼动物和食浮游生物鱼类
的生物量改变会引起食草动
物与浮游植物的生物量变化，
这验证了营养级联假说

图18.13　湖泊的实验处理及湖泊的反应

生物的鱼类种群的减少会降低初级生产率。若没有食浮游生物的鲦鱼存在，捕食性无脊椎动物——幽蚊属（*Chaoborus*）的数量将会变得非常多。由于幽蚊属大量捕食小型食草浮游动物，食草浮游动物种群的优势种由小型浮游动物变为大型物种。当大型食草浮游动物的数量大增时，浮游植物的生物量及初级生产率也随之下降。

　　另外，加入食浮游生物的鲦鱼也产生了复杂的生态反应。食浮游生物鱼类种群的增加会提高初级生产率。虽然研究者无意中增加了实验湖中食浮游生物的鱼类种群，但是不管研究者怎样努力，湖中或多或少还是会有黑鲈存在，所以他们引入的许多鲦鱼会被这些大口黑鲈捕食。当食物供应量多而大口黑鲈种群量较少时，大口黑鲈种群产生强烈的数值反应（第10章）。实验的结果是，大口黑鲈的繁殖成功率上升了50倍，它们产下大量后代，从而导致大量浮游动物被捕食。

　　对于食浮游生物鱼类（未成年黑鲈）的增加，

湖泊生态系统的反应非常令人意外。浮游动物的生物量急剧下降，食草浮游动物的平均体形缩小，而浮游植物的生物量及初级生产量均增加。

　　这个全湖泊实验的结果显示，少数物种的摄食活动对生态系统过程产生巨大影响。然而，生态学家描述的大部分营养级联都存在于以藻类为初级生产者的水域生态系统中，这个现象引发唐纳德·斯特朗（Strong，1992）的质疑：营养级联是否只存在于水域环境中？斯特朗认为，营养级联最容易发生在物种多样性低、空间和时间复杂程度低的生态系统，这恰恰是许多水域生态系统的特点。尽管存在这些限制，消费者对一些陆域生态系统的初级生产率仍然产生显著影响。我们之前已经确定了一个陆域生态系统存在营养级联，该系统包括狼、马鹿以及白杨树（Riddle and Beschta，2004；346页）。另一个陆域营养级联影响初级生产量的范例发生在塞伦盖蒂草原生态系统。

塞伦盖蒂草原中大型哺乳动物的食草与初级生产量

塞伦盖蒂－玛拉（Serengeti-Mara）草原面积为25,000 km²，横跨坦桑尼亚与肯尼亚，是世界上大型哺乳动物自由生活的最后生态系统之一。萨姆·麦克诺顿（McNaughton，1985）曾估算过塞伦盖蒂草原中主要食草动物的密度。该地区包含140万头黑斑牛羚（Connochaetes taurinus albujubatus）、60万头汤普森瞪羚（Gazella thomsonii）、20万头斑马（Equus burchelli）、5.2万头非洲野水牛、6万头转角牛羚（Damaliscus korrigum），以及其他20种食草哺乳动物。麦克诺顿估计，这些食草动物平均消耗的生物量占塞伦盖蒂草原年初级生产量的66%。由此看来，消费者对初级生产量的潜在影响非常大。

麦克诺顿对坦桑尼亚塞伦盖蒂草原生态系统研究了将近20年，非常了解该地生物因子及非生物因子的复杂交互作用。例如，土壤肥力及降雨能促进植物生产量和影响食草哺乳动物的分布。反过来，食草哺乳动物也会影响水平衡、土壤肥力及植物生产量。

正如你所料，塞伦盖蒂草原的初级生产率和降雨量呈正相关关系。同时，麦克诺顿（McNaughton，1976）也发现，哺乳动物的草食活动也会增加初级生产量。他在塞伦盖蒂草原西部的一些区域竖立围篱，探索食草动物对初级生产量的影响。大量迁徙牛羚涌入该研究区，4天后，它们吃掉了85%的植物生物量。

牛羚离开研究区1个月后，围篱内的生物量增加，而围篱外的植被生物量反而下降（图18.14）。牛羚的食草活动提高了许多禾草物种的生长速率，我们将这种反应称为补偿性生长（compensatory growth）。补偿性生长的机制包括低生物量造成低呼吸率、自遮蔽效应降低，以及叶面积的减少改善水平衡。

麦克诺顿观察到，补偿性生长在放牧强度中等的区域最明显（图18.15）。很显然，轻度放牧并不足以产生补偿性生长，高度放牧则会降低植物的恢复能力。塞伦盖蒂草原的大型食草哺乳动物对初级生产量的影响巨大。正如麦克诺顿指出的："若不将大型哺乳动物考虑在内，我们就无法了解非洲的生态系统。这些动物和栖息环境之间的交互作用非常复杂且高效，长期地影响着该生态系统。"

事实上，麦克诺顿等人描述的是陆域营养级联的最底层部分——食草动物的摄食活动对初级生产量的重要影响。完整的塞伦盖蒂营养级联应包括狮子、鬣狗、非洲野狗、豹及猎豹等10种主要食肉动物。与营养级联产生所需的条件一致，它们控制着

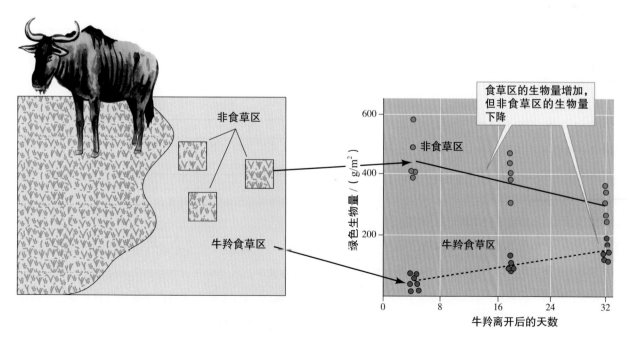

图18.14 牛羚的食草活动对禾草类产生的生长反应（资料取自McNaughton，1985）

塞伦盖蒂草原上小型、中型食草哺乳动物（体重小于 150 kg）的数量（Sinclair，Mduma and Brashares，2003）。研究者将捕食者从塞伦盖蒂草原的部分地区移走。8 年后，数据显示，5 种草食动物的种群量增加了数倍。然而，一旦捕食者再回到该区域，食草动物种群的密度就出现下降。遗憾的是，有关初级生产量在食草动物增加阶段如何变化的数据仍然缺失。

在塞伦盖蒂草原上，狮子是顶位捕食者，虽然它们偶尔会被鬣狗杀死，但草原上并无任何以狮子为主要能量来源的捕食者。在卡彭特与基切尔研究的湖泊中，大口黑鲈为顶位捕食者。生态系统中的营养级通常包含 2～5 级或 2～6 级，但某些特殊的生态系统可达 7 级或 8 级。不过，生态系统的营养级数都是有限的，那么究竟是什么因素限制营养级数呢？在下一节中，我们将探讨哪些因素影响生态系统的营养级数。

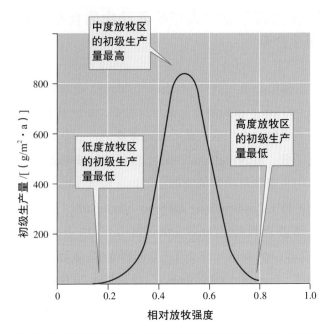

图 18.15　塞伦盖蒂草原上放牧强度与初级生产量的关系（资料取自 McNaughton，1985）

—— 概念讨论 18.3 ——　■

1. 斯蒂芬·卡彭特和他的同事在最初的研究中提出了营养级联假说，他们发现浮游动物的体形大小和浮游植物初级生产量呈负相关关系，这意味着什么（调查求证 7，173 页）？

2. 浮游生物的生物量增加会降低水的透明度。在湖泊生态系统中，如图 18.11 所示，增加捕食性鲈鱼的捕食压力会影响湖泊的透明度吗？

3. 与卡彭特和基切尔研究的湖泊相比，为什么塞伦盖蒂陆域生态系统的营养级联更难获得证据？

调查求证 18：利用 t 检验比较两个种群

在第 17 章中，我们利用置信区间比较了两个石蛾种群的生物量，并得到了以下结果：在近期经历过洪水的河流中，石蛾种群的单位面积生物量比较低。在这里，我们将运用另一种统计学方法来比较两个种群的显著性差异，该方法为 t 检验（t-test）。t 检验包括计算 t 统计值及利用 t 临界值表来比较 t 值。t 检验假设两个种群样本具有相同平均值或不同平均值。若计算出来的 t 统计值小于 t 临界值，表示这两个种群的平均值没有差异；若 t 统计值大于 t 临界值，则表示两个种群的平均值具有显著差异。

以石蛾种群的样本为例，我们利用 t 检验比较两个种群：

样方号	1	2	3	4	5	6	7	8	9
经历过洪水	4.83	3.00	3.63	1.20	2.97	1.17	1.95	0.98	1.46
未经历洪水	7.08	5.18	5.97	3.64	5.14	3.05	4.23	3.14	3.73

用于比较的 t 统计值计算公式为：

$$t = \frac{\overline{X_f} - \overline{X_u}}{s\overline{X_f} - \overline{X_u}}$$

在式中，$\overline{X_f}$ 为经历过洪水的河流样本的平均值，等于 2.354 mg/0.1 cm²；$\overline{X_u}$ 为未经历洪水的河流样本的平均值，等于 4.571 mg/0.1 cm²。$s\overline{X_f} - \overline{X_u}$ 为两个种群平均值差异的标准误差：

$$s\overline{X_f} - \overline{X_u} = \sqrt{\frac{s_p^2}{n_f} + \frac{s_p^2}{n_u}}$$

式中，n_f 为经历过洪水的河流样本的样方数，n_u 为未经历洪水的河流样本的样方数，s_p^2 为总方差估计值。

两个样本的总方差估计值计算如下：

$$s_p^2 = \frac{SS_f + SS_u}{DS_f + DS_u}$$

式中，SS_f 为经历过洪水的河流样本的平方和，SS_u 为未经历过洪水的河流样本的平方和，DS_f 为经历过洪水的河流样本的自由度，DS_u 为未经历洪水的河流样本的自由度。

我们在第 4 章计算过样本的平方和（91 页），公式如下：

$$平方和 = \sum (X - \overline{X})^2$$

利用这个公式，我们可以计算这两个种群样本的平方和，计算结果如下：

$$SS_f = 14.138\,(\text{mg}/0.1\,\text{cm}^2)^2$$
$$SS_u = 15.031\,(\text{mg}/0.1\,\text{cm}^2)^2$$

按照我们在第 11 章的计算（267 页），两个样本的自由度均为：$n-1 = 8$。利用两个种群的自由度 $DF = 8$，我们计算总方差估计值：

$$s_p^2 = \frac{14.138\,(\text{mg}/0.1\,\text{m}^2)^2 + 15.031\,(\text{mg}/0.1\,\text{m}^2)^2}{8+8}$$
$$\approx 1.823\,(\text{mg}/0.1\,\text{m}^2)^2$$

利用这个值，我们可以计算平均值差异的标准误差：

$$s\overline{X_f} - \overline{X_u} = \sqrt{\frac{s_p^2}{n_f} + \frac{s_p^2}{n_u}}$$
$$\overline{X_f} - \overline{X_u} = \sqrt{\frac{1.823\,(\text{mg}/0.1\,\text{m}^2)^2}{9} + \frac{1.823\,(\text{mg}/0.1\,\text{m}^2)^2}{9}}$$
$$\approx \sqrt{0.203\,(\text{mg}/0.1\,\text{m}^2)^2 + 0.203\,(\text{mg}/0.1\,\text{m}^2)^2}$$
$$\approx 0.637\,\text{mg}/0.1\,\text{m}^2$$

现在我们有了计算 t 值所需的全部数据：

$$t = \frac{\overline{X_f} - \overline{X_u}}{s\overline{X_f} - \overline{X_u}}$$
$$= \frac{|2.354\,\text{mg}/0.1\,\text{m}^2 - 4.571\,\text{mg}/0.1\,\text{m}^2|}{0.637\,\text{mg}/0.1\,\text{m}^2}$$
$$\approx 3.480$$

然后，我们把计算出来的 t 值与临界值进行比较。我们需要考虑的两个因素是显著性水平（$P < 0.05$）及自由度。在本例中，总自由度为：

$$DF = DF_f + DF_u = 8 + 8 = 16$$

当 $P < 0.05$ 和 $DF = 16$ 时，学生氏 t 表（554 页）中的临界值是 2.12。由于计算出来的 t 值是 3.480，大于临界值，两个种群平均值相同的概率小于 0.05。因此，我们否定了"在这两个支流内，石蛾的单位面积平均生物量相同"的假说，并得到结论：这两个支流的石蛾平均生物量不同。

实证评论 18

如果我们选择的显著性水平是 $P < 0.01$，这两个石蛾种群的统计比较结果会受到什么影响？

18.4 营养级

能量损失限制生态系统的营养级数。 在本章一开始，我们定性地了解了森林能量的收支情况：阳光照射在森林树冠层，一部分被反射，一部分转化为热能，一部分则被叶绿素吸收。生态系统的能量收支显示，每次能量的转化或转移都会损失若干能量。为了证实这些能量损失可能限制生态系统的营养级数，我们必须量化流经生态系统的能量。最早量化生态系统中能量通量的生物学家是雷蒙德·林德曼（Raymond Lindeman）。

生态系统的营养动态

雷蒙德·林德曼（Lindeman，1942）在 1941 年获得明尼苏达大学博士学位，当时，他的赛达伯格湖（Cedar Bog Lake）生态学研究提出的概念遥遥领先。1941—1942 年，林德曼从明尼苏达大学转到耶鲁大学，跟随 G. E. 哈钦森，发表了一篇革命性的论文：《生态学的营养动态》（The Trophic Dynamic Aspect of Ecology）。在这篇文章中，林德曼阐述了一个迄今仍影响生态系统的观点：能量在生态系统中流动。和坦斯利一样，林德曼指出了将生物与环境分离的困难与人为性，并推崇自然的生态系统观。他认为，生态系统的概念是研究**营养动态**（trophic dynamics）的基础，并将营养动态定义为生态系统的能量从某一处转移到另一处的过程。

林德曼建议将生态系统内的生物群体归类为不同的营养级，如初级生产者、初级消费者、次级消费者、三级消费者等。在这个架构下，每级营养级以紧邻的低一级营养级为食。通常来说，当初级生产者在光合作用中利用太阳能把 CO_2 转化为生物量时，能量开始进入生态系统。当能量由其中一级营养级转移到另一级时，有限的消费和同化作用、消费者的呼吸作用和热量产生都会导致部分能量损失。生物量中的能量由较低营养级转移到较高营养级时，能量转化的比例被称为**生态效率**（ecological efficiency），它的变化范围为 5%～20%。由于生态系统内的能量依营养级逐级递减，各营养级的能量分布形成一个金字塔。林德曼称该营养金字塔为埃尔顿金字塔（Eltonian pyramid），因为是查尔斯·埃尔顿（Elton，1927）最先提出营养级中的能量分布形若金字塔的观点。

图 18.16 为两个湖泊营养级的年初级生产量分布图，这两个湖泊分别为赛达伯格湖和威斯康星州的门多塔湖（Lake Mendota）。每级营养级的能量损失决定了这两个生态系统的营养结构。正如埃尔顿所预测的，这两个湖泊营养级的能量分布形状像个金字塔，而且两者的营养级数都是有限的，门多塔湖包含 4 级营养级，赛达伯格湖仅包含 3 级。

紧随林德曼的开拓性研究，许多生态学家也开始研究生态系统内的能量流动，其中最深入的研究首推新罕布什尔州哈柏溪实验林（Hubbard Brook Experimental Forest）的研究。

温带落叶林的能量流动

詹姆斯·戈兹及其同事（Gosz et al.，1978）研究哈柏溪实验林的能量流动，该处是美国林务署（U. S. Forest Service）的研究林场。他们主要研究 6 号集水区。由于 6 号集水区未经扰动，它可作为研究其他集水区的对照组。哈柏溪实验林的生物量和能量流的

量化单位为千卡每年每平方米（$kcal/m^2 \cdot a$），分析结果参见图 18.17。

首先，我们要确定哈柏溪生态系统的有机质分布。该森林中最大的能量库（122,422 $kcal/m^2$）主要分布在死有机质中。其中，大部分死有机质（88,120 $kcal/m^2$）分布在表层 36cm 土壤内，其余有机质（34,322 $kcal/m^2$）则分布在林地表面的植物凋落物内。活植物的总生物量为 71,420 $kcal/m^2$，其中 59,696 $kcal/m^2$ 为地上部生物量，11,724 $kcal/m^2$ 为地下部生物量。

包括死有机质及活植物的生物量在内，能量的总现存量（standing stock）为 193,862 $kcal/m^2$。戈兹等人的估算结果使生态系统内的其他部分能量显得微不足道。例如，毛毛虫种群大爆发时的能量不过是 160 $kcal/m^2$。然而，即使这个能量非常小，也远大于所有脊椎动物的总能量。研究者估计，包括花鼠、小鼠、地鼠、蝾螈及鸟类在内的所有脊椎动物的总能量不到 1 $kcal/m^2$。调查了能量的总现存量后，我们接着研究流经哈柏溪实验林的能量。

该生态系统能量的主要来源为太阳辐射能。在生长季，太阳辐射能的总输入量大约为 480,000 $kcal/m^2$（在图 18.17 中以 100% 表示）。在总输入能量中，15% 被反射了，41% 转变为热能，42% 则在蒸散过程中被叶绿素吸收了。2.2% 的总输入能量被植物固定为初级生产量，其中，植物的呼吸作用消耗了 1.2%，剩下的 1% 才是净初级生产量。换言之，在输入到哈柏溪生态系统的太阳辐射能中，只有 1% 可供第二级营养级——食草动物及食碎屑动物利用。

在哈柏溪实验林中，植物生长占用的净初级生产量约为 1,199 $kcal/m^2$，食草动物仅消耗 41 $kcal/m^2$，约占净初级生产量的 1%。消费者可利用的能量约为 3,037 $kcal/m^2$，这部分能量主要分布在地表的凋落物中，其中的 150 $kcal/m^2$ 被凋落物以有机质方式储存在林地表层，其余的则被消费者利用。另外，还有 437 $kcal/m^2$ 的碎屑能量以地下根系分泌物及凋落物形式分布在土壤中。食草动物及食碎屑动物消耗的能量大约为 3,353 $kcal/m^2$，这部分能量主要在消费者的呼吸作用中被消耗殆尽。

现在，回到本节开头的概念：能量损失限制生

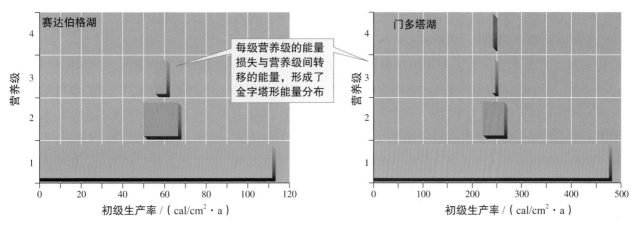

图18.16 两个湖泊营养级的年初级生产量（资料取自 Lindeman，l942）

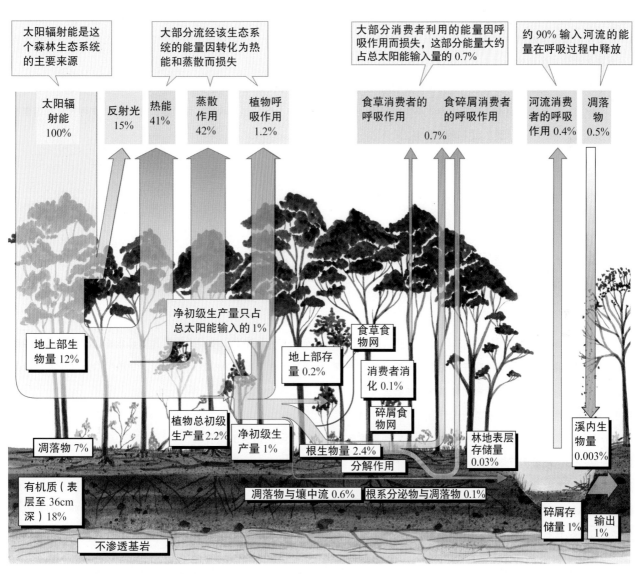

图18.17 温带落叶林的能量收支图（资料取自 Gosz et al., l978）

态系统的营养级数。戈兹等人建立的详细能量收支是我们理解这个概念的基础。哈柏溪实验林生态系统的净初级生产量比例不到太阳辐射能输入量的1%，换言之，99%可供哈柏溪生态系统利用的太阳辐射能无法被下一级营养级利用；96%可供消费者利用的净初级生产量损失在消费者的呼吸作用中，因此第三级营养级可获得的能量少之又少。正是这种沿食物链（food chain）各营养级间的能量损失限制了营养级的级数。当这些营养级间损失的能量越来越多时，最后剩下的能量就无法再支持更高营养级的种群。

我们可以从戈兹等人和其他人的研究中看出，生态系依赖于外界输入的能量。生态系虽然会储存一些能量在死有机质与活生物量上，但大部分能量都损失了。在第 19 章，我们将介绍多种养分元素（如氮及硫）在生态系统中的循环。在本章的应用案例中，我们将回顾如何利用元素的不同形式确定生态系统的营养结构。

── **概念讨论 18.4** ───────■

1. 如果我们假设詹姆斯·戈兹及其同事研究的哈柏溪实验林生态系统是一个营养级联（下行控制），那么我们能否解释为何食草生物消耗的植物净初级生产量这么少？

2. 食草生物和林地表层的凋落物摄食者（食碎屑动物）消耗的净初级生产量分别是多少？

3. 在哈柏溪实验林中，食草生物的消费效率相对较低，这是受植物的上行控制影响吗？如果是，发挥控制作用的自然因素是什么？（思考图 7.9～图 7.12 和相关内容。）

应用案例：利用稳定同位素分析追踪生态系统的能量流动

生态学家该如何研究整个生态系统的能量流动呢？首先，他们需要确定生态系统中存在哪些生物，然后确定消费者的食性。他们或许会将消费者划分到物种或者更大的分类群中。接着，他们要将生物归类到营养级，并确定：（1）每级营养级的生物量；（2）每级营养级的能量摄取速率或食物摄取速率；（3）能量同化率；（4）呼吸率；（5）捕食者、寄生物的能量损失率。最后，生态学家综合每级营养级的信息，构建类似林德曼所建的营养金字塔（图 18.16），或者构建类似戈兹等人绘制的能流图（图 18.17）。

要构建营养金字塔或能流图，最基础的一个步骤是将生物归类到各级营养级，但这项工作看起来容易，做起来却很有难度。因为我们主要根据生物的食性归类，如果食物的类别容易鉴定，而且生物的食性被研究得非常详细，且不随时空发生显著变化，那么生物学家就可以准确地确定摄食关系，并将生物准确地归类到营养级；否则，生物学家很难准确地把生物归类到特定的营养级。目前，稳定同位素分析是进行该工作的最有用工具之一。

热带河流鱼类的营养级

克尔克·瓦恩米勒（Winemiller，1990）描述的食物网（图 17.2）指出了热带河流中鱼类复杂的摄食关系。生态学家一直通过研究鱼类的胃含物来建构这类食物网，但根据胃含物，他们仅能得知鱼类最近吃了什么，而无法得知它们会吸收什么。对于食碎屑鱼类，这个问题更是不易了解。

于是，大卫·杰普森和克尔克·瓦恩米勒（Jepsen and Winemiller，2002）利用稳定性同位素分析构建热带河流的食物网。他们在委内瑞拉选择了 4 条生产力各异的河流来研究鱼类的营养生态学。其中的 3 条河流——阿普雷河

（Apure）、阿瓜罗河（Aguaro）、锡纳鲁科河（Cinaruco），流经热带无树大草原（当地名为 llano）。阿普雷河最富含养分，最具生产力，孕育了丰富的沉水植物和漂浮植物；阿瓜罗河则孕育较多沉水植物，水质较为清澈，生产力较差；锡纳鲁科河则是养分贫瘠的沙质河流，几乎没有水生植物。在这 4 条河流中，生产力最差的是帕西模尼河（Pasimoni River），它流经的茂密雨林生长在高度风化的基岩上。

杰普森和瓦恩米勒发现，有同科的鱼类生长在这 4 条河流中，甚至有同种鱼类同时生长在这 4 条河流中。利用胃含物、牙列和文献信息，他们将这些河流里的鱼类分成 4 种食性群：食草动物、食碎屑动物、杂食动物和食鱼动物。其中食草动物是以粗糙植物为食的鱼类；食碎屑动物是吸取或刮食水中物体表面有机质的鱼类；杂食动物是以植物及无脊椎动物为食的鱼类；食鱼动物主要是以鱼或部分肌肉组织为食的鱼类，如南美淡水水虎鱼（piranhas）。

尽管他们已经利用传统方法将鱼类按照食性归类，但是杰普森和瓦恩米勒仍根据稳定同位素的浓度将它们重新分类，即利用 ^{15}N 来确定每一种鱼类的营养级。从低到高，各营养级转化都富含 ^{15}N，所以 ^{15}N 非常适用于确定消费者的营养级。杰普森和瓦恩米勒首先在食物网的基础上确定每条河流中各种鱼类的 ^{15}N 浓度，接着再根据 ^{15}N 的浓度来重新分配它们的营养级。在重新归类的过程中，杰普森和瓦恩米勒假设：在食物网的每一级转化中，^{15}N 的转化率为 2.8‰。

杰普森和瓦恩米勒的稳定同位素分析表明，河流鱼类群落内及群落间的差异巨大，这些是传统方法看不到的结果。例如，^{15}N 分析结果显示，两种形态类似、以碎屑及藻类为食的鲶鱼在两条河流中属于不同营养级，其中一种鲶鱼捕食食物网的底层生物，因此被归类为食物网的低级生物；另一种鲶鱼则是捕食底层物质及动物消费者的杂食动物。还有另一个例子，同种食鱼动物在不同河流中属于不同营养级。在这两条河流中，这种鱼在传统分类方法上被认为是食鱼动物，但组织中的 ^{15}N 浓度表明它们应该属于杂食动物，而非专食鱼类的消费者。以上这些例子都表明，稳定同位素分析为营养级划分提供了新信息，以下的例子将显示生物学家如何利用稳定同位素确定能量的来源。

利用稳定同位素确定盐沼的能量来源

北美洲东部盐沼的主要能量来源为盐沼米草的初级生产量，大部分初级生产量以碎屑形式被消耗。在高潮位时，米草的碎屑被带到潮溪中，然后被螃蟹、牡蛎、贻贝等多种生物利用。当然，米草并非这些生物的唯一食物来源，盐沼的水中也含有高地植物及浮游植物的有机质。那么这些食物来源对盐沼生态系统的能量流有多少贡献呢？

布鲁斯·彼得森、罗伯特·豪沃斯及罗伯特·加里特（Peterson, Howarth and Garritt, 1985）利用稳定同位素分析，确定米草、浮游植物及高地植物对新英格兰盐沼中的优势滤食性物种——螺纹贻贝（Geukensia demissa）营养结构的相对贡献。他们指出，要确定盐沼的营养结构非常困难，因为无法以肉眼鉴定碎屑的众多潜在来源，而且生物经常会改变食性。因此，采用传统方法很难精确量化一个物种（如螺纹贻贝）的多项能量来源的相对贡献，可能会遗漏食性的短暂改变。

为了解决这个问题，彼得森和他的同事利用碳（C）、氮（N）及硫（S）稳定同位素的比例，了解多项食物来源对螺纹贻贝营养结构的相对贡献。他们之所以利用这 3 种元素的稳定同位素，是因为在浮游植物、高地 C_3 植物（第 7 章）及米草（C_4 禾草类）中，这些同位素的比例皆不同（图 18.18）。在高地植物中，$\delta^{13}C$ 含量为 -28.6‰，这表明高地植物非常缺少 ^{13}C；米草的 $\delta^{13}C$ 含量为 -13.1‰，这表明米草最不缺 ^{13}C。在这些潜在能量来源中，S 及 N 稳定同位素的含量也不同。例如，米草的 $\delta^{34}S$ 含量为 -2.4‰，这表示米草的 ^{34}S 相对浓度最低；浮游生物的 $\delta^{34}S$ 浓度最高，为 +18.8‰。

根据这些同位素的浓度差异，研究者可以确定不同食物对螺纹贻贝营养结构的相对贡献（图 18.19）。分析结果显示，螺纹贻贝大部分的能量来自浮游植物及米草，但这两者的贡献比例因地而异。在盐沼内，螺纹贻贝以米草为主食，但是在盐沼出口处，螺纹贻贝则主要食用浮游生物。这个例子告诉我们，稳定同位素分析为我们了解物种的未知生物学开启一扇窗户。

史前人类的食性

稳定同位素分析也可以帮助考古学家重建人类的历史。例如，稳定同位素分析帮助我们深入了解人类在史前生态系统中的营养级。在 6,000～7,000 年前，中美洲和南美洲的人类开始种植玉米（zea mays），后来玉米扩散到北美洲。

根据考古记录，玉米大约于 2,000 年前出现在北美洲东部的森林中（van der Merwe and Vogel, 1978），但是在很

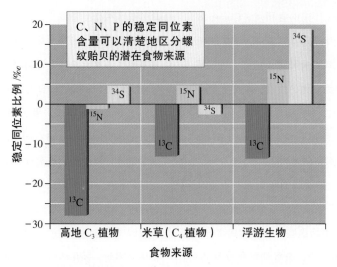

图18.18 新英格兰盐沼中螺纹贻贝的潜在食物来源的同位素含量（资料取自Peterson，Howarth and Garritt，1985）

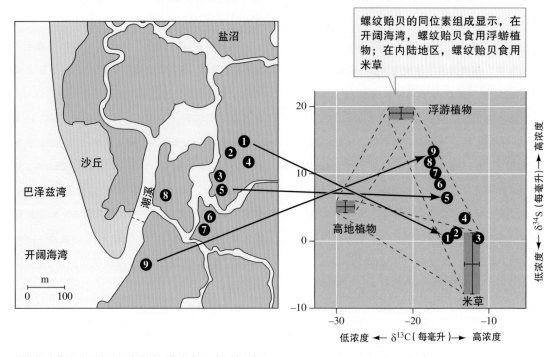

图18.19 新英格兰盐沼中螺纹贻贝体内的同位素变异（资料取自Peterson，Howarth and Garritt，1985）

长的一段时间里，栽种量一直很低。考古学家无法确定玉米于何时成为当地居民的主要食物。由于玉米为C_4禾草植物，其组织中的^{13}C含量远高于其他C_3植物，在玉米引进前，北美洲原住民依靠C_3植物维持生计。因此，通过分析人类遗骸中的碳同位素含量，考古学家可以深入了解玉米农作物对人类营养结构的影响。根据人骨胶原中的^{13}C含量，在1,000年前，玉米并不是该地区的主要食物。后来，玉米对当地居民营养结构的贡献达24%。自此，玉米的贡献才开始呈指数增加（图18.20）。截至公元1300年，玉米已占密西西比河谷地区居民粮食总量的69%～75%。

此外，稳定同位素分析已被用于分析其他史前人类的饮食结构。例如，稳定同位素分析指出，距今6,000年前，现今丹麦地区的居民食物从海洋食物转变为陆域食物。若没有稳定同位素分析工具，要准确估计史前人类的营养生态何时发生显著转变，将是一件困难重重的事情。

稳定同位素分析不断增进我们对生态系统能量流动的认识。然而，能量在生态系统中的流动是单向的，而生物依赖的元素或养分则是循环流动或重复利用的，养分循环将是第19章的主题。

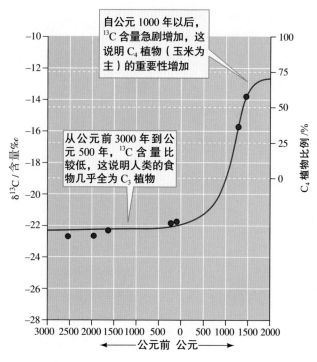

图18.20 骨头胶原中的¹³C浓度表明了北美洲东部温带森林的史前原住民的食物组成（资料取自van der Merwe，1982）

本章小结

我们可以把森林、河流、海洋视为一个可吸收、转化、储存能量的系统。在这个系统中，物理、化学、生物的结构与过程都是不可分的。当我们以这种方式来研究自然系统时，常常将其视为生态系统。生态系统是指生物群落及所有影响这个生物群落的非生物因子。

初级生产是自养生物生产生物量的过程，该过程是生态系统中最重要的过程之一，初级生产率是指生物在某段时间内产生的生物量。总初级生产量是生态系统内所有自养生物生产的总生物量；净初级生产量则是指除去自养生物自身所需能量后剩下的能量。

陆域初级生产量通常受到温度和湿度的限制。与陆域初级生产量密切相关的变量是温度与湿度。陆域初级生产率最高之处通常为温暖潮湿的环境。温度及湿度可以合并成一个参数，名为年实际蒸散量——环境中每年蒸发及蒸腾的总水量。陆域生态系统的净初级生产量与年实际蒸散量呈正相关关系。然而，陆域初级生产量的显著差异则是土壤肥力存在差异的结果。

水域初级生产量通常受到养分有效性的限制。生物圈中记载最详细的一个模式是，水域生态系统的初级生产率和养分有效性呈正相关。磷浓度通常是限制淡水生态系统初级生产率的因素，而氮浓度则为限制海洋生态系统初级生产率的因素。

消费者可以通过营养级联影响水域生态系统和陆域生态系统的初级生产率。食鱼动物可通过降低食浮游生物鱼类的密度，间接地降低湖泊的初级生产量，这种影响称为营养级联。食浮游生物鱼类的密度降低会提高食草浮游动物的密度，进而降低浮游植物的密度及初级生产率。在塞伦盖蒂草原，大型哺乳食草动物的食草行为会诱发禾草类的补偿性生长，提高禾草的年净初级生产量。

能量损失限制生态系统的营养级数。生态系统学家根据生物的主要营养来源，将生态系统的营养结构简化成营养级。营养级取决于能量由初级生产者转移到该层的次数。当能量由其中一级营养级转移到另一级时，有限的同化作用、消费者的呼吸作用及热量产生都会导致能量损失。因此，生态系统中的能量随着级数的增加而递减，并形成金字塔形的能量分布。营养级间的能量损失越来越多的结果是，能量最终不足以维持更高一级营养级的种群。

稳定同位素分析可用来追踪生态系统内的能量流动。生物体内重要元素（如 N、C）的稳定同位素比例通常因生物处于生态系统的不同位置而存在差异。因此，生态学家可利用同位素比例来研究生态系统的营养结构及能量流动。稳定同位素还可用于识别史前人类的食物组成及主要能量来源。

重要术语

- 初级生产量 / primary production　418
- 初级生产率 / rate of primary production　418
- 净初级生产量 / net primary production　418
- 实际蒸散量 / actual evapotranspiration (AET)　419
- 上行控制 / bottom-up control　424
- 生态效率 / ecological efficiency　430

- *t* 检验 / *t*-test　428
- 下行控制 / top-down control　424
- 营养动态 / trophic dynamics　430
- 营养级 / trophic level　418
- 营养级联 / trophic cascade　424
- 总初级生产量 / gross primary production　418

复习思考题

1. 种群学家、群落学家及生态系统学家主要研究生态结构与过程，但是他们各自侧重的自然特征不同。试以种群学家、群落学家及生态系统学家的观点，比较一座森林里重要的生态结构与过程。

2. M. 休斯顿（Huston，1994b）指出，年初级生产率从两极往赤道逐渐增加，该模式受低纬度地区较长生长季的强烈影响。以下数据来自休斯顿论文中的表 14.10，这些数据的最初来源是惠特克和莱肯斯的论文（Whittaker and Likens，1975）：

森林类型	年净初级生产量 / [t/（hm²·a）]	生长季长度 / 月	月净初级生产量 / [t/（hm²·m）]
北方针叶林	8	3	2.7
温带森林	13	6	?
热带森林	20	12	?

试填上这 3 类森林的月净初级生产量。说明这些高纬度、中纬度、低纬度地区的短期初级生产量和年初级生产量有什么差异，短期初级生产量如何影响我们看待热带森林与高纬度森林间的差异。

3. 许多候鸟在暖和的繁殖季栖息在温带森林中，时间长达半年，另外半年则栖息在热带森林中。根据上一题的分析和这些候鸟的特点，哪个生态系统的生产力更高？

4. 野外实验显示，土壤肥力的差异会影响陆域初级生产率。然而，我们并不能说土壤养分是最主要的控制因子，发挥主要作用的仍然是温度及湿度。为什么生态学家认为控制陆域初级生产量的最主要因子是温度与湿度？你可以参考北极冻原及热带雨林之间的初级生产率差异（图 18.2），以及养分添加改变冻原初级生产量的结果（Shaver and Chapin，1986）。

5. 谢弗与蔡平（Shaver and Chapin，1986）指出，虽然他们研究的冻原生态系统的初级生产率因施肥而持续上升，但是各物种及生长型的反应存在许多差异。其中，一些物种及生长型没有变化，一些物种和生长型在施肥后出现产量降低。为何这种个体的反应差异可以预测生态系统的差异？反过来，生态系统的差异是否可以预测个体物种或生长型的反应差异？

6. 试比较第 17 章讨论食物网时得到的营养结构图和本章的营养结构图。这两种观点有何优点和不足之处？

7. 假设你正在研究两个小型哺乳动物群落，它们分别栖息在河畔森林和半荒漠草原。你想要了解森林及草原对这两个群落的营养贡献。试设计一个实验来解决这一问题。(提示：草原的优势种是 C_4 植物，森林优势种为 C_3 植物。)

8. 大部分流经森林生态系统的能量都会流经碎屑食物链，碎屑主要由死植物组织（如叶与木材）组成。与之相反，海洋浮游生态系统或淡水生态系统的能量是通过食草食物链传递的，主要的初级生产者为浮游植物。生态学家已经了解，1 cal 或 1 J 的能量在数天内就可以流经海洋浮游生态系统，同样的能量流经整个森林生态系统则需要 25 年，试解释原因。

9. 我们在第 17 章研究关键种对群落结构的影响，在本章研究营养级联，试讨论这两种概念间的异同点。同时，也请比较生态学家在研究关键种与营养级联时采用的方法和测量参数。

10. 关于养分限制水域初级生产率的研究几乎都是以温带地区的湖泊为主。假设你是一位生态学家，非常感兴趣养分有效性是否同样控制热带湖泊的初级生产量。试设计一个实验，找出热带湖泊初级生产量的控制因子。试利用手头能找到的全部资料，包括发表的研究论文、自然变异调查，以及大尺度实验或小尺度实验。

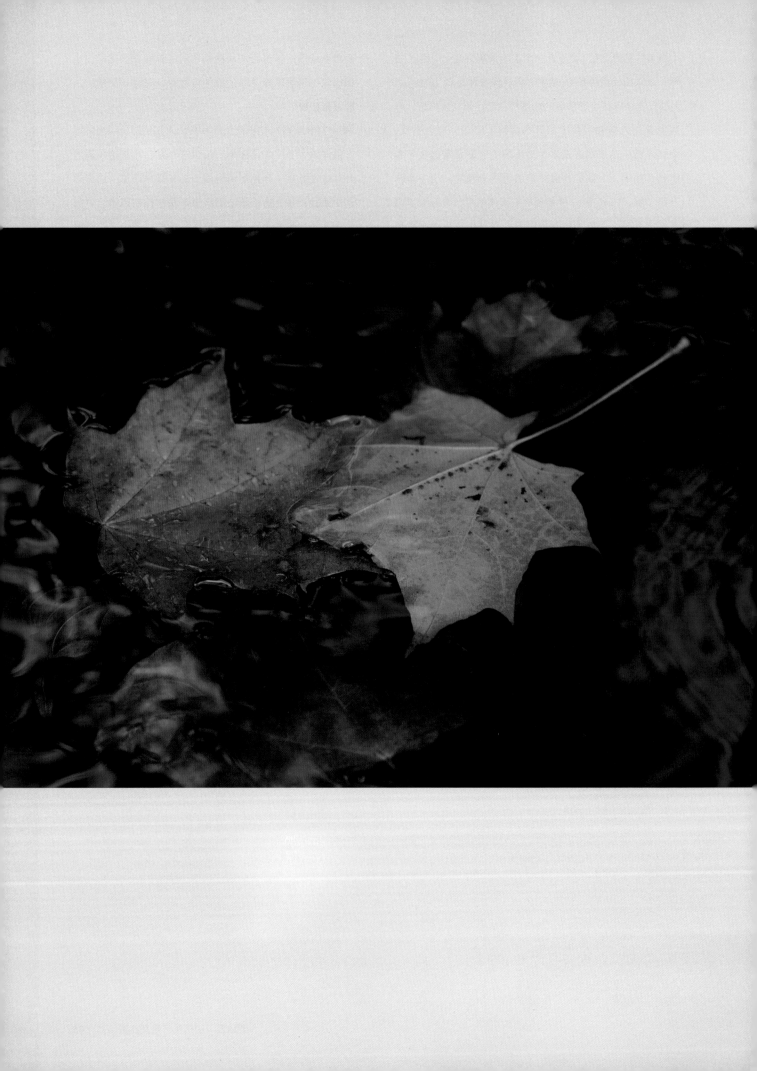

第 19 章

养分循环与固持

生物与环境之间的养分交换是生态系统的一个重要功能。生活在湖泊表层水体的硅藻从周围吸收磷酸盐。当硅藻细胞分裂、进行染色体复制时，磷酸盐被同化成为硅藻 DNA 的一部分。数小时之后，浮游动物水蚤（cladoceran）吃掉了硅藻分裂出来的子细胞，并将磷酸盐转化为其体内的 ATP 分子。2 天后，鲦鱼吃掉以浮游生物为生的水蚤。鲦鱼体内的磷酸盐与脂质结合，成为鲦鱼神经细胞膜上的磷脂（phospholipid）分子。数周后，鲦鱼被北方白斑狗鱼（northern pike）吃掉，磷酸盐成为白斑狗鱼骨骼的一部分。冬季来临时，白斑狗鱼死亡，其组织（包括骨骼）被细菌和真菌逐渐分解。在分解过程中，磷酸盐溶解于湖水之中。翌年春天，磷酸盐再次被另一硅藻吸收，继续在这个湖泊生态系统中循环（图 19.1）。

在第 18 章中，我们看到能量流经生态系统的单向旅程。与之相反，磷（P）、碳（C）、氮（N）、钾（K）及铁（Fe）等元素不断地被重复利用。生物发育、维持生命及繁殖所需的元素被称为养分。生态学家将养分在生态系统中的利用、转化、移动与再利用过程称为**养分循环**（nutrient cycling）。基于养分对生理的重要性、相对稀有性，以及它们对初级生产率的影响，养分循环成为生态学家研究的最重要生态过程之一。

我们对养分循环的理解在生态系统学家的指导下日益加深。这些生态系统学家对元素在生物圈中的运动非常感兴趣。对于他们而言，几乎没有别的事情能激励他们花那么长时间辩论：哪些主要因素通过分解作用控制质量损失率，或不同气候下微生物的养分吸收如何通过植物的生长影响植物的氮有效性。然而，人们对养分循环的热情不再局限于学术层面的循环，而是促使人们研究世界各地的生物。这种兴趣的转变主要是受人类戏剧性地改变某些关键养分循环的结果所驱动。目前，人类最著名的改变是碳循环的不平衡，这导致地球大气中 CO_2 浓度升高，以及全球变暖（第 23 章）。然而，其他的关键循环也出现了不平衡。大多数科学家认为，从健康的珊瑚礁到全球经济，生物圈的命运取决于我们如何了解和控制养分循环，特别是碳循环、磷循环和氮循环，因为这 3 个循环起着特别重要的作用。在接下来的篇幅里，我们将讨论每个循环的主要特征。

◀ 枫叶落到溪流中，树叶的分解作用很快就开始，释放的养分被漂浮的鸭草等河流初级生产者吸收利用。

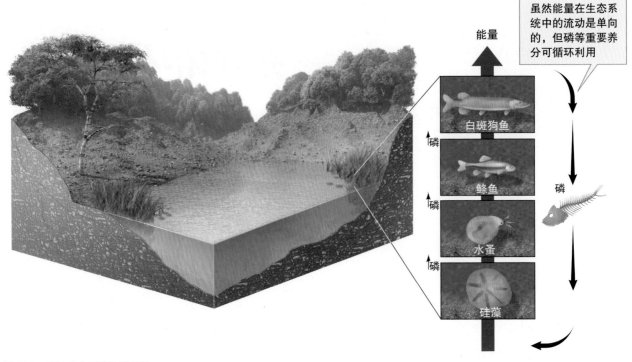

图 19.1 湖泊生态系统的磷循环

图中文字：
能量

虽然能量在生态系统中的流动是单向的，但磷等重要养分可循环利用

白斑狗鱼

磷

鲦鱼

磷

水蚤

磷

硅藻

磷

19.1 养分循环

养分循环包括化学元素在养分库或分室中的储存，以及化学元素在养分库间的流动或转移。每种养分循环不仅具有某些特有特征，也具有所有养分循环共有的特征，其中的一个共同特征是养分储存在**养分库**（nutrient pool）中。养分库是指某种养分在生态系统中的储存场所或分室。另外，顾名思义，所有养分循环都是动态的。**养分流**（nutrient flux）在生态系统的养分库之间移动养分。研究养分循环的生态学家感兴趣的是，哪些因素控制养分在养分库之间的分布和流动速率。理论上，养分在封闭的生态系统中是周而复始地循环的，就像图 19.1 所示的磷循环。然而生态系统不是封闭的，从生态系统到养分汇，养分会损失。**养分汇**（nutrient sink）是生物圈的一部分，是指养分吸收速率快于养分释放速率的地方。如图 19.1 所示，湖中的磷因不溶性沉淀而损失到湖底的沉积物中。生态系统也可以从养分源中得到养分。**养分源**（nutrient source）也是生物圈的一部分，是指养分释放速率快于养分吸收速率的地方。例如，化石燃料的燃烧是全球生态系统的碳来源。我们从磷循环开始探讨养分循环的细节。

磷循环

磷对于生命系统的能量、遗传及结构非常重要。例如，磷是 ATP、RNA、DNA 及磷脂分子的重要组成部分。虽然磷对生物非常重要，但是生物圈中的磷含量并不丰富。因此，生态系统学家非常重视磷循环（phosphorus cycle）。

与碳或氮相比，磷循环没有大气库（atmospheric pool）（图 19.2）。磷的最大库存分布在陆域矿物或海洋沉积物中。人类常开采含磷丰富的沉积岩，并将其制成磷肥用于农业施肥。土壤也含有大量磷元素，但土壤中的磷大多以植物无法直接利用的化学形式存在。

由于岩石的风化作用，磷缓慢地释放到陆域生态系统及水域生态系统中。自矿物中释出后，磷便被植物吸收，并在生态系统中循环。在陆域生态系统中，植物的菌根对磷的吸收起着关键作用。然而，

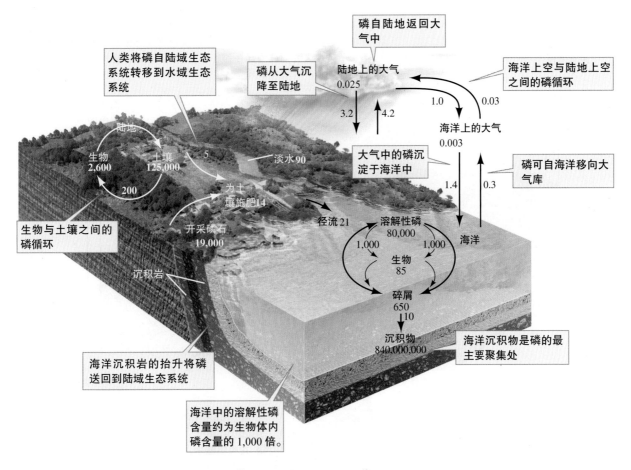

图中标注：

磷自陆地返回大气中

人类将磷自陆域生态系统转移到水域生态系统

磷从大气沉降至陆地

陆地上的大气 0.025

海洋上空与陆地上空之间的磷循环

3.2　4.2

1.0　0.03

陆地

生物 2,600

土壤 125,000

5

淡水90

海洋上的大气 0.003

200

为土壤施肥14

大气中的磷沉淀于海洋中

磷可自海洋移向大气库

生物与土壤之间的磷循环

开采磷石 19,000

1.4　0.3

径流21

溶解性磷 80,000

海洋

沉积岩

1,000　1,000

生物 85

海洋沉积岩的抬升将磷送回到陆域生态系统

碎屑 650

海洋沉积物是磷的最主要聚集处

10

沉积物 840,000,000

海洋中的溶解性磷含量约为生物体内磷含量的 1,000 倍。

图19.2 磷循环。数字代表磷库存量（单位为 10^{12} g）或磷通量（单位为 10^{12} g/a）（资料取自 Schlesinger，1991，根据 Richey，1983；Meybeck，1982；Graham and Duce，1979）

大部分磷被冲刷至河流，最终流向海洋。在海洋中，磷以溶解态存在，直至沉淀成为海底沉积物。海底沉积物最终形成含磷沉积岩，然后沉积岩历经地质抬升作用，出露海面形成新陆地。威廉·施莱辛格（Schlesinger，1991）指出，沉积岩风化作用产生的磷，至少会完成一次全球循环之旅。

氮循环

氮对生物的结构和功能同样极为重要，是氨基酸、核酸、叶绿素及血红素的卟啉等重要生物分子的组成部分。除此之外，如第 18 章所示，氮有效性可能会限制陆域环境和海洋环境的初级生产率。基于氮的重要性及稀有性，生态系统学家非常关注氮循环。

如碳循环一样，氮循环（nitrogen cycle）也包括大气库中的氮分子（N_2）循环（图 19.3）。然而，仅少数生物可以直接利用大气库中的 N_2，这些生物被称为固氮生物（nitrogen fixer），包括：（1）蓝细菌（cyanobacteria）或蓝绿藻，分布于淡水、海洋及土壤环境；（2）自由生活的土壤细菌；（3）与豆科植物共生的细菌；（4）与桤木属（*Alnus*）及其他几种木本植物的根系共生的放线菌（actinomycetes bacteria）。

由于氮分子的两个氮原子依靠强有力的三键结合，固氮作用是一个需要能量的过程。在固氮过程中，氮分子被还原成氨（NH_3）。在陆域环境和水域环境的无氧条件下，固氮生物为了获得能量，氧化糖类。固氮作用也可发生在闪电产生高压和高能量的物理过程中。生态学家认为，所有氮都经由生物的固氮作用或闪电进入生态系统的氮循环。在生物圈中，氮库很多，但进入氮固定的通道却很少。

人类已经克服了这个限制，通过改变农作物使其能进行固氮作用，以及通过工业固氮（N_2）产

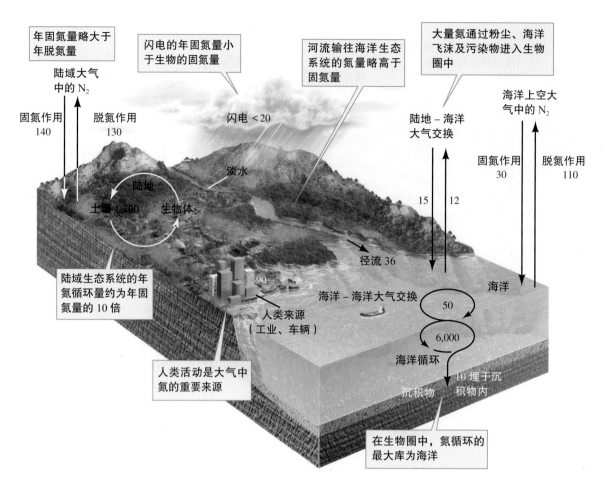

图19.3 氮循环。数字代表氮库存量或氮通量（单位为 10^{12} g/a）（资料取自 Schlesihger，1991；Söderlund and Rosswall，1982）

生铵肥，增加全球的农业产量。这些过程再加上化石燃料的燃烧使生物圈中的氮含量翻倍（第23章，542页）。

氮一旦被固氮生物固定，便可被生态系统中其他生物利用。在死亡生物中，细菌和真菌的分解过程可将组织中的氮释放出来。这些真菌与细菌通过氨化作用（ammonification）以铵（NH_4^+）形式释放出氮，铵可被其他细菌通过硝化作用（nitrification）转化成硝酸盐（NO_3^-）。铵与硝酸盐皆可被细菌、真菌或植物直接利用。除此之外，死亡生物中的氮也可被菌根真菌直接利用，然后传递给菌根真菌共生的植物。细菌、真菌与植物生物量中的氮可传递到动物消费者种群，或重返死有机质库继续循环。

氮也可经由脱氮作用（denitrification）离开生态系统的有机质库。脱氮作用是一个能量生成的过程，发生在厌氧环境下，使硝酸盐转化成 N_2。由脱氮细菌产生的 N_2 进入大气后，只有通过固氮作用才能再

进入有机质库。生态学家估计，固定氮在生物圈中的滞留时间（residence time）约为625年；相比之下，磷的平均滞留时间则长达数千年。

碳循环

碳不仅是所有有机分子的基本组成元素，还组成了许多碳化合物，如大气中的 CO_2 及 CH_4，这些气体可显著影响全球气候。大气中的碳与气候之间的关系促使全球所有国家都参与到碳循环（carbon cycling）生态学的大讨论中。

通过两个互惠的生物过程——光合作用及呼吸作用（图19.4），碳在生物和大气之间移动。光合作用从大气中吸收 CO_2，初级生产者和包括分解者在内的消费者的呼吸作用则将碳以 CO_2 形式送回大气中。在水域生态系统中，CO_2 必须先溶于水，才能被水生初级生产者利用。一旦溶于水后，CO_2 进

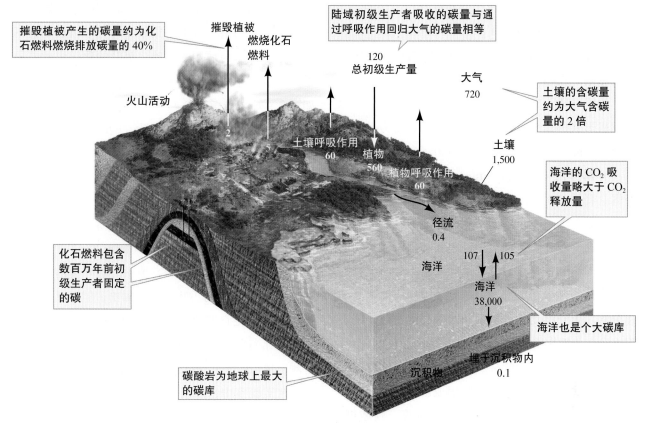

图19.4 碳循环。数字代表碳库存量（单位为 10^{15} g）或碳通量（单位为 10^{15} g /a）（资料取自 Schlesinger，1991）

入碳酸氢根（HCO_3^-）、碳酸根（CO_3^{2-}）的化学平衡。碳酸盐在溶液中可形成碳酸钙，沉淀在海洋沉积物中。

当一些碳在生物与大气间快速循环时，一些碳则以生物难以利用的形式长期滞留。例如，土壤、泥炭土（peat）、化石燃料与碳酸岩中的碳通常需要极长的时间才能回到大气中。然而，在现代，由于人类必须利用化石燃料为经济系统提供能量，化石燃料已成为大气中 CO_2 的主要来源。

从工业革命开始，化石燃料的大量燃烧已经大幅增加了大气中的 CO_2 浓度（第23章）。科学家将化石燃料燃烧排放的 CO_2 量减去已知碳汇，以预测 CO_2 的排放率。与该速率相比，工业建造的速率已经放慢了许多。如图19.4所示，海洋是一个已知碳汇，它每年吸收的碳量比释放的碳量多 20^{15} g。生态学家猜测，陆地上存在遗漏的碳汇，但是在哪里呢？目前最可靠的猜想是，遗漏的碳汇为北方森林和热带森林（Stephens et al.，2007）。然而，我们需要开展更多的研究来证明这些森林是碳汇，并估算这两种森林的碳摄入率，然后了解如何维持这种重要的 CO_2 摄入。

生态系统学家研究控制养分在生态系统中移动、储存与保持的因素，这些过程的概要参见图19.2、图19.3及图19.4。然而，仍有许多问题尚待研究，尤其是有关生态系统内与生态系统间养分交换速率的控制因素的问题。其中，分解作用对养分交换的影响极大，我们将在下一节中进行探讨。

—— 概念讨论 19.1 ——

1. 海洋是磷源还是磷汇（图19.2）？

2. 海洋和陆地的固氮通量和脱氮通量分别是多少（图19.3）？

3. 砍伐热带森林或者种植低生产力的牧草替代森林如何影响全球的碳平衡？

19.2 分解速率

分解速率受温度、湿度及凋落物与环境的化学组成影响。在陆域生态系统中，初级生产者获得养分（如氮与磷）的速率取决于养分从有机形式转化为无机形式的速率。养分由有机形式转化为无机形式的过程被称为**矿化作用**（mineralization），主要发生在**分解作用**（decomposition）中。由于有机质的分解会释放 CO_2，生态学者认为分解是一种关键的生态过程。

有机质的分解包括化学过程和物理过程，如凋落物的淋溶和破碎，以及真菌和细菌主导的生物过程。真菌的菌丝可以穿透凋落物，并释放消化酶加速分解。无脊椎动物的摄食和撕碎凋落物对分解过程也发挥关键作用。

陆域生态系统中的分解速率明显受到温度、湿度及植物凋落物和环境的化学组成影响。影响分解速率的植物凋落物化学变量包括氮浓度、磷浓度、碳氮比及木质素含量。生态学者曾研究这几个变量如何影响地中海生态系统中的落叶分解速率。

两个地中海林地生态系统内的分解作用

安东尼奥·加利亚多与约瑟地·梅里诺（Gallardo and Merino, 1993）曾研究了两个地中海温带林地生态系统的物理因子与化学因子如何影响落叶的分解速率。他们的研究地点位于西班牙西南部的多尼亚纳生物保护区（Doñana Biological Reserve）及拉绍塞达山（Monte La Sauceda）研究站。多尼亚纳生物保护区的年均温为 16.7℃，拉绍塞达山的年均温为 16.2℃。因此，这两个研究地点的平均年温度仅差 0.5℃，且这两个地区均属夏干冬湿的地中海型气候区（第 2 章，图 2.20）。然而，两地的年平均降雨量明显不同，多尼亚纳生物保护区的年降雨量约为 500 mm，而拉绍塞达山为 1,600 mm。两者的降雨量差异主要是由于海拔不同（第 2 章），多尼亚纳生物保护区的海拔仅为 20 m，而拉绍塞达山的海拔则为 432 m。因此，这两个地点非常适合研究湿度对分解速率的影响。

为了探讨凋落物的化学组成对分解速率的影响，加利亚多与梅里诺分别采集了 9 种化学组成明显不同的原生乔木与灌木的落叶。落叶的化学组成差异包括鞣酸（也叫单宁）、木质素、氮及磷的含量差异。如第 2 章所述（图 2.21），地中海型气候的多数原生植物均具有强韧或革质的硬叶，因此加利亚多与梅里诺还研究叶片的强韧度对分解速率的影响。他们测量直径 1.2 mm 的小棒穿透叶片所需的力，并据此估计每种树叶的强韧度。

加利亚多与梅里诺从每种树叶中取出大约 2 g 风干，放入尼龙网制成的落叶袋（litter bag）中，并将落叶袋分别放置于两个研究地中。落叶袋的网眼为 1 mm，因此袋中的小叶子不会漏出，但好氧微生物及小型土壤无脊椎动物均可以自由进出。加利亚多与梅里诺每隔 2 个月从每个研究点取回落叶袋进行观测，他们的研究持续进行了 2 年。

在实验室中，加利亚多与梅里诺称量每个落叶袋中残留树叶组织的质量，每种树叶都包括 6～10 个重复处理的落叶袋。如图 19.5 所示，拉绍塞达山的狭叶白蜡树（*Fraxinus angustifolia*）的叶损失量较多。分解速率较高，表明该处的降雨量较多。

虽然所有树叶在拉绍塞达山的分解速率更快，但每种树叶在这两个研究区中的分解速率差异却非常相似。例如，在这两个研究区中，叶损失量最大者皆为白蜡树，最少者皆为露西塔尼卡栎（*Quercus lusitanica*）。这 9 种植物的叶损失量差异反映出树叶的物理特性与化学特性存在差异。加利亚多与梅里诺发现，最能预测多尼亚纳生物保护区叶损失量的叶片特性为强韧度与氮含量之比，且叶损失量是这一比值的指数函数：

$$\text{叶损失量} = 545（\text{强韧度} / \text{氮含量}）^{-0.38}$$

这个方程的曲线如图 19.6 所示，表明树叶越强韧，氮含量越低，分解速率越慢。

拉绍塞达山的叶损失量较多，这说明湿度对分解速率产生了正面影响，而各物种树叶之间的分解速率差异则显示了化学组成对分解速率的影响。因为即便强韧度是物理特性，它也是化学组成（木质素含量）形成的结果。在下一个例子中，我们将看到，在温带林生态系统内，树叶的木质素含量与氮

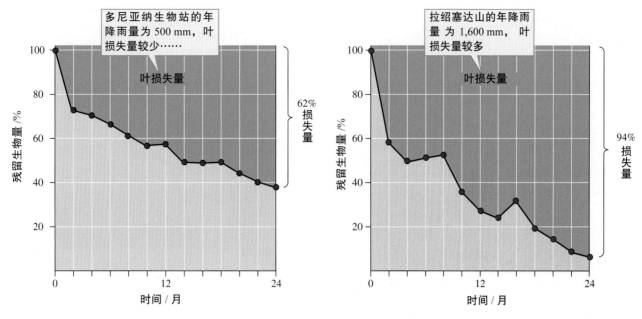

图19.5 较湿地区及较干地区的狭叶白蜡树的叶分解作用（资料取自 Gallardo and Merino，1993）

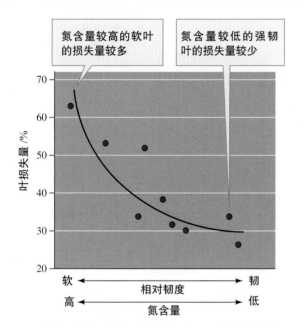

图19.6 树叶强韧度及氮含量对9种不同灌丛和乔木树叶分解作用的影响（资料取自 Gallardo and Merino，1993）

含量之比也与分解速率高度相关。

两个温带森林生态系统内的分解作用

杰里·梅利洛、约翰·艾伯与约翰·穆拉托雷（Melillo，Aber and Muratore，1982）在美国新罕布什尔州的温带森林中利用落叶袋研究 6 种树叶的分解作用。他们还将该研究结果与北卡罗来纳州温带森林中 5 种树叶的分解作用进行比较。

在新罕布什尔州与北卡罗来纳州的温带森林，研究者们发现，1 年后树叶的残留量和木质素含量 / 氮含量（% 木质素：% 氮）存在负相关关系。换言之，木质素含量与氮含量之比较高的叶片，叶损失量较少。如图 19.7 所示，北卡罗来纳州树叶的残留量低于新罕布什尔州。究竟是什么因素导致北卡罗来纳州森林的树叶分解速率较高呢？梅利洛等人认为，北卡罗来纳州森林土壤中的氮有效性较高是分解速率较高的原因。此外，北卡罗来纳州森林的高温度也可能提高分解速率。

温带及地中海地区的研究均显示，分解速率与温度、湿度呈正相关关系。我们可否将这两个因子合并为一个呢？如第 18 章所述，生态学家在研究气候对陆域初级生产量的影响时，将温度与降雨量合并成一个变量，即实际蒸散量。弗农·明特迈尔（Meentemeyer，1978）在分析实际蒸散量与分解速率的相关性时发现，两者存在显著的正相关关系（图19.8）。

若分解速率随实际蒸散量的增加而递增，那么与温带生态系统相比，热带生态系统中的分解速率会是多少？你可能会推测，热带生态系统的分解速率一般会比较快。如图 19.9 所示，热带森林的年平均叶损失量为 120%，是温带森林的 3 倍。热带森林的高分解速率反映出实际蒸散量较高，也预示叶片

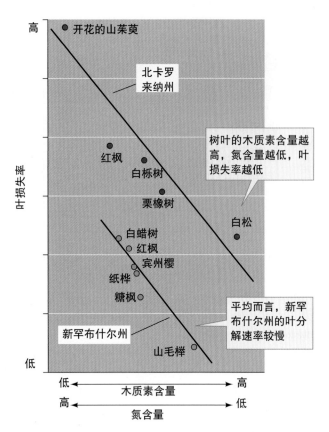

图19.7 树叶的木质素含量与氮含量对分解作用的影响（资料取自Melillo，Aber and Muratore，1982）

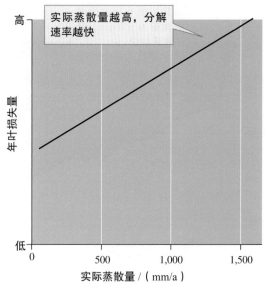

图19.8 实际蒸散量与分解作用的关系（资料取自Meentemeyer，1978）

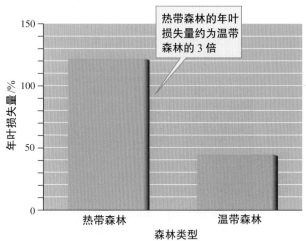

图19.9 热带森林与温带森林的分解作用（资料取自Anderson and Swift，1983）

在1年之内可被完全分解。

研究证实，热带森林土壤中的养分含量也对养分循环速率产生极大的影响。武生雅明、相场慎郎与北山兼弘（Takyu，Aiba and Kitayama，2003）利用土壤养分含量的自然变异，探索影响婆罗洲热带雨林运转的因子。他们选择的土壤形成于不同的地质条件和不同地形中，分别发育在山脊和低坡的3种岩石中。与低坡土壤相比，山脊土壤的养分含量较低。研究区中的第四纪沉积岩具有3万～4万年历史，在这种沉积岩上发育的土壤的养分含量高于其余两者（图19.10）。另两种岩石大约在4,000万年前形成，分别为第三纪沉积岩和超基性岩（ultrabasic rock）。相比之下，前者发育的土壤要比后者发育的土壤肥沃得多。

武生、相场和北山的研究清楚地显示了土壤肥力对分解速率和养分循环的影响。由于所有实验区的海拔相同，且均朝向南方，研究者才得以研究地质条件（尤其是土壤特性）的影响。他们发现，若表土的可溶性磷含量较高，该区的地上部净初级生

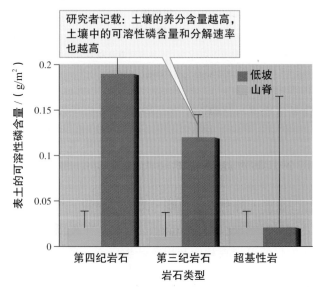

图19.10 表土的可溶性磷含量。这些表土发育在婆罗洲两种地形的3种岩石上（资料取自Takyu，Aiba and Kitayama，2003）

产率、落叶率和分解速率均较高，第三纪及第四纪低坡岩石上的土壤更是如此。这些结果说明，虽然分解速率主要受气候影响，但在同一气候下，分解速率与养分循环速率受到养分有效性的巨大影响。

总而言之，陆域生态系统的分解速率受到湿度、温度、土壤肥力及凋落物化学组成（尤其是氮含量与木质素含量）的影响。除去湿度，这些因子同样影响水域生态系统的分解速率，我们在下面的篇幅中详细介绍。

水域生态系统中的分解作用

杰克·韦伯斯特与佛瑞德·本菲尔德（Webster and Benfield，1986）曾回顾了淡水生态系统中植物组织的分解作用。在他们的分析中，最重要的因子是水域生态系统的植物种类、温度及养分含量。

韦伯斯特与本菲尔德总结了 596 种木本植物及非木本植物的叶片在水域生态系统中的分解速率。他们发现，它们的日平均分解速率相差 10 倍以上。如陆域生态系统一般，凋落物的化学组成显著地影响水域生态系统中的分解速率。

马克·格斯纳与埃里克·肖韦（Gessner and Chauvet，1994）在法国比利牛斯山（Pyrenees）的一条河流中研究凋落物化学成分对叶片分解速率的影响。研究者发现，木质素含量越高，分解速率越

慢（图 19.11）。原因何在？格斯纳与肖韦指出，如果木质素含量较高，会抑制真菌拓殖叶面，而真菌主要负责河流中的分解作用。

此外，河流养分含量也可影响分解速率。凯勒·苏伯克鲁普与埃里克·肖韦（Suberkropp and Chauvet，1995）利用北美鹅掌楸（*Liriodendron tulipifera*）树叶研究水流的化学性质对分解速率的影响。他们将树叶放置于水流化学性质不同的温带河流中。结果，落叶袋中的叶分解速率是时间的指数函数，公式为：

$$m_t = m_0 e^{-kt}$$

式中，m_t 为时间 t 时的树叶质量；m_0 为树叶的初始质量；e 为自然常数；t 为时间（天数）；k 为日损失量。

我们可以把常数 k 看作特定环境条件下的分解速率指数。苏伯克鲁普与肖韦发现，他们研究的河流的 k 具有显著的差异。在硝酸盐含量较高的河流中，叶分解速率较快，k 较大（图 19.12）。这个结果与梅利洛的土壤研究结果一致。梅利洛的结果表明，其中一个实验区的分解速率较高是由于土壤的氮含量较高。

美国佐治亚大学的艾米·罗斯蒙德等人（Rosemond et al.，2002）在哥斯达黎加热带森林中进行了类似的研究。他们选取 16 条磷浓度差异非常大的河流，分别在其中放置了中美洲河岸常见的桑

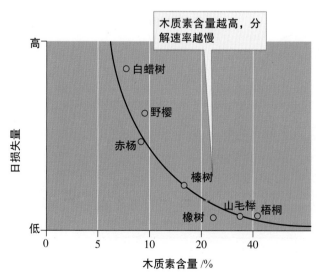

图 19.11　在水域生态系统中，树叶的木质素含量与分解速率的关系（资料取自 Gessner and Chauver，1994）

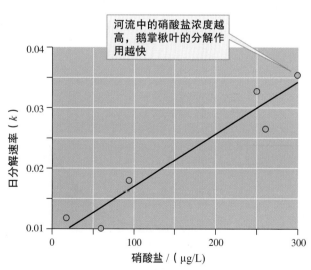

图 19.12　溪流中硝酸盐浓度与鹅掌楸叶分解速率的关系（资料取自 Suberkropp and Chauvet，1995）

科榕（*Ficus insipida*）树叶。树叶的分解速率随磷浓度递增而明显上升，当磷浓度超过 20 μg/L 时，分解速率趋于平缓（图 19.13）。

如同陆域环境，水域生态系统中的分解速率受凋落物的化学组成与环境养分有效性的影响。本节讨论的模式主要强调了物理环境与化学环境在分解过程中的作用。然而，在下一节的讨论中，我们发现动物与植物也可显著地影响生态系统的养分动态。

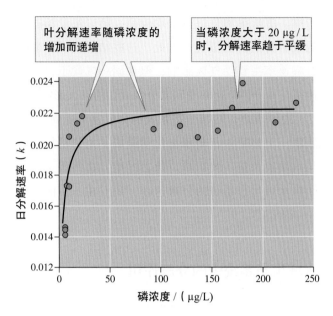

图 19.13　热带河流中磷浓度与光滑榕树叶分解速率的关系（Amy Rosemond 提供）

在第 18 章（428 页）中，

调查求证 19：统计检验的假设

在第 18 章（428 页）中，我们运用 *t* 检验比较了两个种群样本，判定这两个种群是否存在统计学上的显著差异。虽然 *t* 检验是比较两个样本的最有用工具之一，但和其他统计学工具一样，它只适用于某些条件，在其他一些条件下，则不适用，因为 *t* 检验和其他统计检验一样，是建立在多项假设之上的。

t 检验的第一项假设是：被比较的两个样本具有相同的方差；第二项假设是：每个样本皆取自于**正态分布**（normal distribution）种群。我们在第 3 章（54 页）中计算样本平均值以估测种群平均值时曾讨论过这一假设。如前文所述，我们考虑的样本平均值适用于某些种群（如幼苗高度样本），

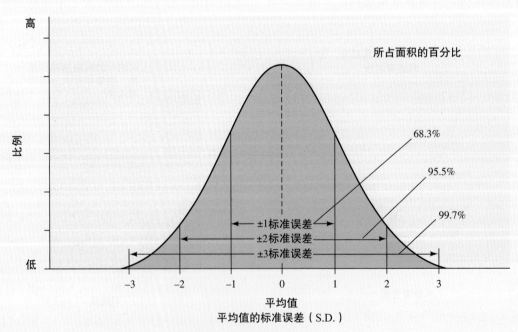

图 1　正态分布实例，显示观测值落于平均值 ±1 个、2 个、3 个标准误差内的百分比

却未必适用于另一种群（如溪流无脊椎动物的密度样本）。当计算 95% 置信区间（364 页）及进行回归分析（195 页）时，假设种群是正态分布种群。

我们进一步探讨正态分布的假设。正态分布具有特定形状，如图 1 所示，为钟形，因此观测值或实测值会按比例落于与平均值相差 1 个、2 个或 3 个标准误差的范围（第 4 章，91 页）内。如果研究的种群分布特征并非正态分布，我们便无法确定 95% 的置信区间是否正确，或以 t 检验比较的两个样本的平均值在统计学上是否存在差异。幸运的是，生态学家进行的许多测量，如个体重量、体长或附肢长度、奔跑速度或光合速率，多符合正态分布。此外，t 检验不要求测量值必须完全符合正态分布，只要测量值大致对称分布在平均值两侧，t 检验即可产生比较可靠的结果。即便样本的方差存在差异，只要样本的大小相近，t 检验仍可产生可靠的结果。

然而，在生态系统中，一些重要属性并非正态分布，这些属性包括动植物的种群密度（单位面积的个体数）、群落中不同物种的比例、动物在不同活动中花费的时间比例及凋落物分解的指数速率。在分析这些数据时，我们可利用其他不要求样本符合正态分布的统计方法。在第 3 章讨论样本中值（54 页）时，我们曾提及相关概念，更深入的探讨请参见第 20～22 章。

实证评论 19：

假设两个种群的一个特征都符合正态分布，但其中一个种群的变异比另外一个种群大很多。我们是否仍可以采用 t 检验来测定这两个种群特征的统计差异？

概念讨论 19.2 ■

1. 在过去的 30 年间，已经有上千篇关于生态系统分解作用的文章发表。为什么生态学家要花那么多时间研究分解作用？

2. 大气中的 CO_2 浓度一直是生态系统学家争先研究的课题。大气中的 CO_2 浓度日益上升，这与某些植物叶片的木质素含量增加有关系。为什么叶片化学组成的潜在变化可增加大气中的 CO_2 浓度呢？

3. 苏伯克鲁普和肖韦的研究结果（图 19.12）与罗斯蒙德的研究结果（图 19.13）有什么相似之处？又有什么不同之处？

19.3 生物与养分

动植物可改变生态系统中的养分分布与养分循环。 特殊生物能对生态系统过程产生多大影响？当全球变化与物种消失的威胁越来越明显时，这个问题便成为 21 世纪最重要的议题之一。虽然我们现在了解的知识尚无法答复这个重要问题，但是我们拥有的相关资料确实显示，某些动植物能显著地影响生态系统内的养分分布和养分动态。

溪流和湖泊中的养分循环

在讨论溪流动物如何影响溪流的养分周转动态之前，我们应该先了解溪流生态系统的特征。如第 3 章所示，溪流与河流生态系统最明显的特征就是水流。杰克·韦伯斯特（Webster，1975）最早指出，由于溪流养分随水流往下游传送，极少有养分在原地循环。因此，韦伯斯特提出溪流养分循环并非静态的，可以用涡旋来描述，他创造了"**养分涡旋**"（nutrient spiraling）这一新词来描述溪流养分动态（图 19.14）。

当溪流中某养分原子完成一个循环时，它已经经过生态系统的数个组成部分，如一个藻细胞、一只无脊椎动物、一条鱼或一片碎屑等。每个组成部分都可能被水流运往下游，从而为养分涡旋作出贡献。某养分原子完成一个循环所需的溪流长度被称为**涡旋长度**（spiraling length）。涡旋长度与养分循环速率、养分向下游移动的平均速度有关。丹尼斯·纽博尔德等人（Newbold，1983）以 S 代表涡旋长度：

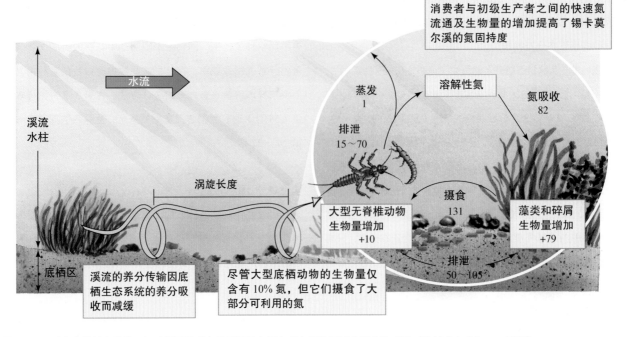

図19.14 溪流中的养分涡旋。相对氮通量以各种氮通量占锡卡莫尔溪总氮量的百分比表示（资料来自Grimm，1988）

$$S = VT$$

式中，V 为某养分原子向下游移动的平均速度；T 为该养分原子完成一个循环平均所需的时间。若速度 V 很慢，且养分完成一个循环所需的时间 T 比较短，那么涡旋长度就很短，这表示某养分原子在冲出溪流系统前可能已被多次利用。

生态系统留住养分的趋势被称为**养分固持度**（nutrient retentiveness）。在溪流生态系统中，养分固持度与涡旋长度为反比关系。涡旋长度短表示养分固持度高，涡旋长度长则表示养分固持度低。在溪流生态系统中，凡影响涡旋长度的因素皆会影响养分固持度。

溪流无脊椎动物与涡旋长度

南希·格里姆（Grimm，1988）指出，大型水生无脊椎动物显著提高了美国亚利桑那州锡卡莫尔溪（Sycamore Creek）的氮循环速率。在这条位于美国干旱西南部的溪流中，大型无脊椎动物的生物量巨大。格里姆估计，无脊椎动物种群的密度可达 11 万只/米²，干生物量可达 9.62 g/m²。在锡卡莫尔溪中，80% 以上的大型无脊椎动物生物量由摄食微小有机颗粒的聚集采食者（collector-gatherer）构成。锡卡莫尔溪中的聚集采食者主要包括：四节蜉

科（Baetidae）、三角鳃蜉科（Tricorythidae），以及双翅目（Diptera）的摇蚊科。

由于该溪流的初级生产量受氮有效性限制，格里姆量化了大型无脊椎动物对氮动态的影响。为了估算溪流无脊椎动物的氮收支（nitrogen budget），她定量计算了昆虫幼虫和蜗牛在生长过程中的氮摄食率、排泄率、分泌率及累积速率。利用这些速率及她估算的大型无脊椎动物生物量，格里姆可估算大型无脊椎动物对锡卡莫尔溪生态系统养分动态的贡献。

她的研究显示，大型无脊椎动物对养分涡旋有重要影响。为了验证这一点，我们需要什么信息？答案是：有多少氮可被大型无脊椎动物摄食。若无脊椎动物摄食了大部分氮，则它们对养分涡旋的影响极其巨大。格里姆还测量了锡卡莫尔溪的养分固持度，以此作为氮输入和氮输出的每日差异。她将固持率设定为 100%，各种通量的估算则以固持率的百分比表示（图 19.14）。结果是，大型无脊椎动物的每日氮摄食率平均约为 131%，为何日摄食率大于 100% 呢？这意味着该溪流中的聚集采食者反复摄食排泄物中的氮，这是食碎屑动物广为人知的习性。为了吸收更多养分，多数食碎屑动物须多次处理食物。

格里姆指出，大型无脊椎动物的快速氮循环提高了锡卡莫尔溪流的初级生产量。大型无脊椎动物将15%～70%氮转化为氨，进行分泌与再循环。通过提高对颗粒氮的摄食率与氨的分泌率，溪流中的大型无脊椎动物缩短了涡旋长度公式"$S = TV$"中的"T"。大型无脊椎动物生物量中存留的10%氮可降低V。因此，上述两种影响共同缩短了氮的涡旋长度，提高了锡卡莫尔溪中的养分固持度。

水域生态系统的脊椎动物对养分循环的影响

正如我们在第7章中所见，生物的养分分配方式各不相同。一般来说，某一动物的成体保持相对稳定的养分含量。大多数食草动物和食碎屑动物必须克服食物养分含量低和自身养分需求大的差距（第7章，163页）。需求量较高的元素通常从食物中沉淀到机体组织中，其他元素则被排泄或分泌出去。因此，不同物种的N∶P差异会影响循环到环境中的N∶P。

迈克尔·万尼、亚历山大·弗莱克、詹姆斯·胡德和珍尼弗·海德沃斯（Vanni et al.，2002）探索了动物物种密度和N∶P如何影响委内瑞拉玛利亚溪流（Rio Las Marías）的养分循环。他们测量了26种鱼类和2种两栖动物的N∶P。这些物种主要以藻类和碎屑为食。他们把每个物种的个体放入装有过滤溪水的塑料袋中，1个小时后，再测量水中的养分含量——氮和磷的分泌量。

万尼和同事发现分泌物中的N∶P和每个物种的N∶P呈反比关系（图19.15）。鱼类和两栖动物的N∶P为4～23。N∶P的差异主要是由于每个物种对磷的分配方式不同。例如，骨甲鲶鱼（甲鲶科，Loricariidae）的磷含量最高，但N∶P最低。与其他鱼类和两栖动物相比，这种鱼要形成骨状护甲，所以需要大量磷。因此，骨甲鲶鱼的N∶P较低，分泌的磷相对少。其他鱼类及蝌蚪对磷的需求没有这么高，所以N∶P较高。

动物跨越生态系统边界的养分传递有多重要？溯河产卵的太平洋鲑鱼（*Oncorhynchus* spp.）就是一个典型的例子，可说明动物如何影响跨越生态系统边界的养分循环（第12章）。在鲑鱼重返溪流和

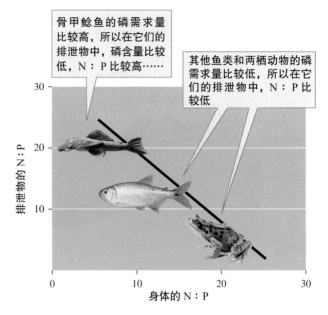

图19.15 热带溪流中脊椎消费者的养分组成和排泄物N∶P的关系（资料来自Vanni et al.，2002）

在湖泊产卵直至死亡之前，鲑鱼生命的大部分时间都在海里度过。鲑鱼每年产下的卵是哺乳动物和鸟类的重要季节性食物来源。另外，鲑鱼尸体中的海洋养分被淡水和陆域生态系统中的多级营养级利用（Naiman，2002）。

在下一节，我们会看到，消费者也影响着陆域生态系统中的养分循环。

陆域生态系统的动物与养分循环

如第16章所示，土拨鼠及衣囊鼠等穴居动物可影响当地植物的多样性。这类动物也可改变生态系统中的氮多度和氮分布。

如第16章提到的，衣囊鼠会显著影响当地的生态系统，因为它们挖出的土堆覆盖25%～30%地面。这些堆积物意味着土壤必须大规模重构，衣囊鼠投资了大量能量，因为挖掘过程耗费的能量是地表活动的360～3,400倍。据估计，衣囊鼠的地表堆积土壤量可达10,000～85,000 kg/（hm^2·a）。

南希·亨特利与理查德·井上（Huntly and Inouye，1988）发现，衣囊鼠将低氮底土翻至地表，从而改变了美国明尼苏达州锡达溪自然历史区的氮循环（图19.16）。衣囊鼠的行为增强了氮有效性的横向异质性和土壤的透光异质性。衣囊鼠对草原生

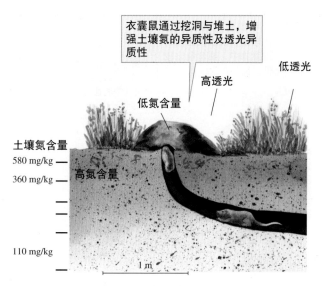

图 19.16　衣囊鼠与生态系统结构（资料取自 Huntly and Inouye，1988）

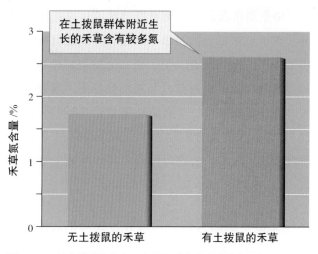

图 19.17　无土拨鼠及有小型土拨鼠群体的禾草在生长季初期的氮含量差异（资料取自 Whicher and Detling，1998）

态系统氮循环的影响可解释衣囊鼠对植物多样性的正面影响。

艾普尔·威克与詹姆斯·德特汀（Whicker and Deling，1988）曾发现，土拨鼠的摄食活动也影响了草原生态系统的养分分布。这不足为奇，因为他们估计，土拨鼠摄食或耗费了群体周围禾草的 60%～80% 净初级生产量。高度摄食导致地上部生物量减少了 33%～67%，也导致残存幼禾草的组织含有较多氮（图 19.17）。高氮含量可能会影响北美野牛的行为，使它们在土拨鼠群体附近食草的时间更长。

北美野牛与其他大型食草动物（如驼鹿、非洲水牛）也可能影响陆域生态系统的养分循环。萨姆·麦克诺顿等人（McNaughton，Ruess and Seagle，1988）曾指出，在非洲东部的塞伦盖蒂草原，食草动物的食草强度与植物生物量更新速率成正比关系。如图 19.18 所示，养分循环速率随着食草强度的增加而递增。

麦克诺顿建立的草原养分循环模型区分了分解与食草的影响。他认为，生态系统内食草动物的活动加速了养分循环速率。因此，塞伦盖蒂草原上大型食草动物的作用类似于溪流中聚集采食的无脊椎动物（图 19.15）的作用，两者均可加速生态系统的养分循环速率。我们在下节会看到，植物也可显著影响生态系统的养分动态。

生态系统中的植物与养分动态

植物并非简单被动地接受环境、动物及微生物的影响，相反，它们会通过各种各样的机制影响生态系统的养分动态。植物物种的性状差异，如养分吸收、分配和损失的差异，均会影响养分循环。

一般来说，在养分较低的生态系统中，植物为了降低养分需求，会减缓生长趋势，同时分配更多资源到根部以获取土壤中的养分。另外，为了降低分解速度和驱逐食草动物，这些生态系统的植物还会产生高木质素含量和低养分含量的凋落物。在养分有效性比

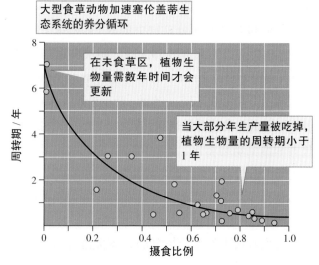

图 19.18　塞伦盖蒂生态系统的食草活动对植物生物量周转期的影响（资料取自 McNaughton，Ruess and Seagle，1988）

较高的生态系统中，植物往往加快生长速度，分配更多资源到茎和叶子中，高养分可促进凋落物的分解。

本章前面提到的研究显示，在生态系统内，不同植物叶子的木质素含量、碳含量、氮含量和磷含量表现出很大差异，影响养分的分解速率和矿化速率。接下来，我们将研究引进植物如何改变生态系统的养分水平。

一种引进树种与夏威夷生态系统

夏威夷群岛受到了大量外来动物和植物的入侵。当地原生植物约为 1,200 种，其中 90% 属于特有种。人类引入了 4,600 种外来植物。正如大家所预料的，这些外来种显著地影响了当地的生物种群、群落及生态系统。彼得·维托塞克与劳伦斯·沃克（Vitousek and Walker，1989）指出，固氮树种——杨梅（*Myrica faya*）的入侵正在改变夏威夷生态系统的氮动态。

杨梅原产于北大西洋的加那利（Canary）群岛、亚速尔（Azore）群岛及马德拉（Madeira）诸岛，生长在火山熔岩及火山土上。在 19 世纪末。这种树作为观赏或药用植物被引入夏威夷。到 20 世纪 20 年代至 30 年代，夏威夷陆域林业局（Hawaiian Territorial Department of Forestry）为了综合治理该流域，大量种植杨梅。目前该树种分布在夏威夷群岛中最大的 5 座岛屿上。杨梅的侵略性极高，扩散面积已达数千公顷。它们与固氮真菌形成互利共生关系，因此能改变夏威夷生态系统的养分动态。

维托塞克与沃克研究夏威夷火山国家公园（Hawaii Volcanoes National park）的杨梅对生态系统特征的影响。他们的研究地点位于基拉韦厄火山（Kilauea Volcano）山顶附近，海拔 1,100～1,250 m。杨梅与多型铁心木（*Metrosideros polymorpha*）是其中一个研究区的优势树种。

为了评估杨梅增加氮的速率，维托塞克与沃克估算了杨梅的固氮速率。他们不仅考虑杨梅的固氮作用，还研究生态系统中的其他氮输入。他们鉴定了本地的多种固氮来源，包括地衣、细菌与藻类。另外，降雨也是他们研究的生态系统的重要氮来源。

在杨梅与多型铁心木同为优势树种的地区，杨梅的固氮作用无疑是该生态系统的最大氮输入（图19.19）。杨梅叶的氮含量高于铁心木树叶（图19.20）。氮含量越高，分解速率越快，释放的氮越多，因此杨梅树下的土壤氮含量增加。

总之，入侵植物可显著改变生态系统中的养分动态。维托塞克与沃克认为，根据入侵物种对生态系统特征的影响，可追踪个别物种对生态系统和种群的影响。毋庸置疑，原生物种也具有类似的影响。然而，入侵物种的影响通常较明显，尤其当它们改变整个生态系统的基本特征时。

基本上，对生态系统来说，外来植物的入侵可视为一种干扰。在下节中，我们将探讨干扰如何提高生态系统的养分损失速率。

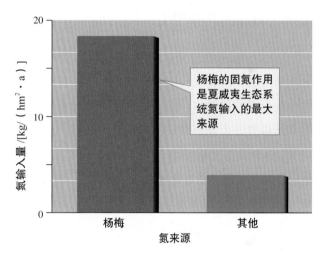

图 19.19　杨梅的引进增加夏威夷生态系统的养分（资料取自 Vitousek and Walker，1989）

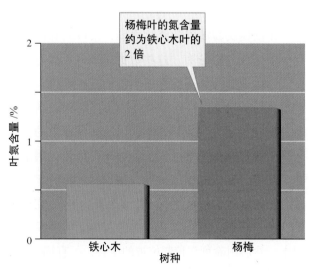

图 19.20　原生树种铁心木与引进杨梅的叶氮含量（资料取自 Vitousek and Walker，1989）

1. 北美大平原曾供养着数千万北美野牛，这些野牛的近期灭绝会怎样影响大平原的养分循环？

2. 与脊椎动物消费者相比，无脊椎动物消费者的氮含量、磷含量和排泄率有什么不同？

3. 为什么在外来植物（如杨梅）入侵夏威夷一段时间后，原生植物群落难以恢复到原来的结构？

19.4 干扰与养分

干扰通常会增加生态系统中的养分损失。在前一节中，我们知道大型无脊椎动物如何增加溪流生态系统的养分固持。我们在这一节将讨论扰动影响养分固持的证据。

干扰与森林的养分损失

正如吉恩·莱肯斯和赫伯特·博尔曼观察到的，全体工作人员砍伐了新罕布什尔州哈柏溪实验林中整个溪谷的树木。詹姆斯·戈兹和同事详细计算了该森林一个溪谷的能量收支，这在前一章（第18章，430页）已有说明。为了研究森林如何影响氮等养分的损失，莱肯斯和博尔曼设计了一个实验，砍伐这些树木正是实验的一个关键步骤（Bormann and Likens，1994；Likens and Bormann，1995）。在砍伐其中一个溪谷的树木之前，他们已经研究了这两个小溪谷长达 3 年时间。他们将没有受干扰的溪谷作为对照组，与树林被砍伐的溪谷进行比较（图19.21）。

在砍伐实验溪谷的森林之前，莱肯斯和博尔曼研究了它的养分分布。这些数据显示，在生态系统中，90% 以上的养分储存在土壤的有机物中，剩下的大部分养分（9.5%）储存在植被中。他们估计了某些生物固定大气氮的速率，以及溪流盆地的花岗岩基岩因风化作用释放养分的速率。他们还测量了降雨的养分输入和溪流的养分输出。溪流的年养分输出量比森林生态系统中的养分含量少 1%。完成这项初步工作后，莱肯斯和博尔曼砍掉了实验溪谷的树木，然后用除草剂控制植被的生长，一直持续了 3 年时间。

随着树木的砍伐，养分的损失率上升，而且这种

影响非常巨大。森林砍伐会增加养分输出，这个结果清楚地显示在流经实验溪谷和对照溪谷的溪流的养分含量图上。从图 19.22 可看出，砍伐树木后，硝酸盐的损失显著增加，实验溪谷的硝酸盐损失比对照溪谷的硝酸盐损失高出 40～50 倍。

受干扰后，植被的发育影响许多生态系统过程，包括养分循环（第 20 章）。莫妮卡·特纳和她的同事（Turner et al.，2009）在怀俄明州的黄石公园（Yellowstone National Park）研究干扰对养分固持的生物影响。1988 年，一场森林大火更新了黄石公园的森林植被。扭叶松（*Pinus contorta*）和多种下木层植物群落是这些森林的优势植被，它们在大火后很快再生（Turner et al.，2003）。有关黄石公园大火

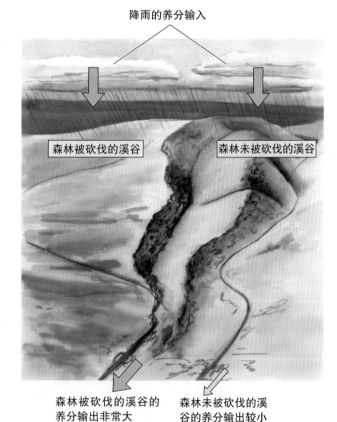

降雨的养分输入

森林被砍伐的溪谷   森林未被砍伐的溪谷

森林被砍伐的溪谷的养分输出非常大   森林未被砍伐的溪谷的养分输出较小

图19.21 溪谷实验显示森林影响东北部阔叶林的养分收支

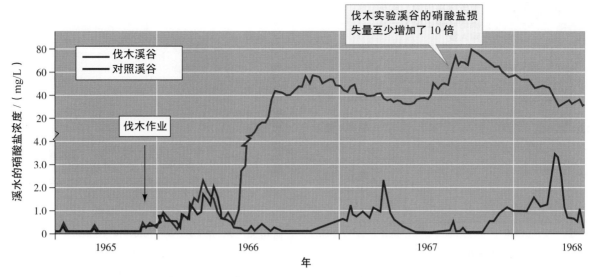

图19.22 落叶林生态系统的伐木作业与硝酸盐损失量（资料取自 Likens et al., 1970）

的研究显示，年轻且快速生长的扭叶松和下木层植被是生态系统的氮汇。特纳的工作也表明，不是所有生态系统受干扰后都会损失养分，随着时间的推移，许多因素都会影响养分固持。

关于植被在防止森林生态系统氮损失中的作用，上述实验结果说明了什么？在短期内，生态系统的植被在快速生长过程中吸收的养分可以快速减少干扰后的氮损失。

现在我们研究干扰如何影响溪流生态系统的养分损失，尤其是洪水干扰引起的突发性养分损失。

洪水与溪流的养分输出

水流量变化如何影响溪流生态系统的养分动态？茱蒂·迈尔与吉恩·莱肯斯（Meyer and Likens，1979）曾研究哈柏溪实验林毕尔溪（Bear Brook）中磷的长期动态变化。他们发现，在平均流量期，磷输出量与磷输入量之比为 0.56～1.6。磷输入与磷输出的平衡取决于溪水流量。另外，磷输出是高度阵发的，常与高流量有关。

迈尔与莱肯斯如何量化毕尔溪生态系统的磷动态呢？他们测量了溪流的磷输入量和磷输出量。磷输入主要是地质输入和气象输入，磷输出则主要为地质输出。他们按粒径把磷分成 3 类组分：（1）溶解性磷（<0.45 μm）；（2）细粒磷（0.45 μm～1 mm）；（3）粗粒磷（>1 mm）。

迈尔与莱肯斯检查了磷在毕尔溪生态系统中的移动与储存。为此，他们沿溪流测量了 12 处涌泉（地下水输入）的溶解性磷，还测量了气象输入——降水及森林凋落物为溪流贡献的磷输入。该生态系统中最明显的磷输出途径为溪水外流传送。研究人员设置量水堰（可测量流量的小型水坝）和网，收集量水堰后方堆积的有机物和 7 处网中的有机物，以此计算毕尔溪生态系统传送的颗粒物数量。另外，为了估算有机物储存的磷量，他们还在溪底上随机选取了 42 处 1 m² 的研究点，收集上面的全部有机物。

1974—1975 年，迈尔与莱肯斯估计，磷输入量为 1,250 mg/m²，磷输出量为 1,300 mg/m²，两者几乎相等。尽管磷输入与磷输出平衡，但研究显示，各种磷组分会发生转化（transformation）。输入毕尔溪中的磷基本上包含：溶解性磷（28%）、细粒磷（37%）与粗粒磷（35%），但输出磷包含 62% 细粒磷。很明显，物理过程与生物过程将溶解性磷与粗粒磷转化为细粒磷。

迈尔与莱肯斯根据他们的估计值，重建了毕尔溪中磷的长期动态变化。1974—1975 年，磷输出量与磷输入量之比几乎等于 1（1.04）。不过，根据他们发现的模式，1963—1975 年，在包含本区最干燥和最潮湿年份在内的 20 年间，磷输出量与磷输入量之比变化极大，且与溪流的年流量高度相关。该比值在最干燥年份的 0.56 和最潮湿年份的 1.6 之间变化（图19.23）。换言之，在最干燥的一年，只有 56% 年磷

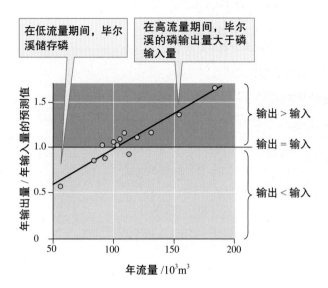

在低流量期间,毕尔溪储存磷

在高流量期间,毕尔溪的磷输出量大于磷输入量

输出 > 输入
输出 = 输入
输出 < 输入

图19.23 在美国新罕布什尔州毕尔溪中,年流量与磷输出量/磷输入量的关系(资料取自 Meyer and Likens,1979)

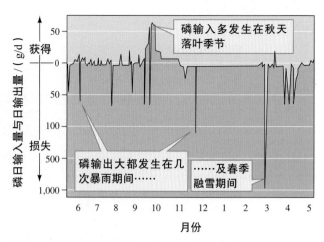

磷输入多发生在秋天落叶季节

磷输出大都发生在几次暴雨期间……

……及春季融雪期间

获得
损失

月份

图19.24 毕尔溪生态系统在1974—1975年的磷日输入量与输出量

输入量被输出;在最潮湿的一年,160%磷输入量被输出,溪流生态系统中的磷现存量也因此而大量减少。

在迈尔与莱肯斯的研究期间,毕尔溪中的磷输入量与磷输出量变动很大(图19.24)。1974—1975年,48%磷年总输入量在10天内输入毕尔溪中,67%输出量在10天内流出溪外。究其原因,磷输入的高峰与秋季落叶有关,而输出高峰与春季融雪有关。磷输出大都极为不规律,因为任何一个月都可能发生暴雨引发的洪水。如果我们视洪水为干扰,那么根据溪流生态系统的表现,我们可得到以下结论:干扰增加生态系统的养分损失。

水域生态学家研究水域生态系统(如毕尔溪)的养分动态,如第18章所示,养分有效性是水域初级生产的关键调节者。在以下的应用案例中,人类活动导致生态系统养分富集,这已成为一个全球问题。

概念讨论 19.4

1. 从莱肯斯和博尔曼的开拓性实验中,我们可得出什么结论?

2. 关于植被在预防森林生态系统氮损失方面的作用,莱肯斯和博尔曼及特纳的研究结果指出了什么?

3. 洪水对溪流和河流的控制经常被视为水生动物和河岸树林的潜在威胁,尽管洪水有助于它们的繁殖。流量调节如何改变溪流生态系统的养分动态?

应用案例:改变水域和陆域生态系统

人类活动日益影响生态系统的养分循环,农业和林业会去除生态系统中的养分;然而,人类的活动也日益增加了生态系统的养分,尤其是氮含量(第23章)和磷含量。养分富集来源于化石燃料的燃烧、农业肥料、土地清理、森林燃烧、工业排放和动物排泄。

人类活动产生的氮以气体或颗粒形式排放到大气中,污染空气。当氮通过**湿沉降**(wet deposition)或**干沉降**(dry deposition)从大气中下沉时,就会发生氮输入。在智利南部的沿海温带森林,氮沉降量为 $0.1 \sim 1.0$ kg/(hm²·a)。与之相反,在荷兰,由于人口密度较高,农业发展迅猛,森林生态系统的氮沉降量达到 60 kg/(hm²·a)。

人类活动也是水域生态系统养分输入的主要来源之

一。水域生态系统的养分富集会导致水质问题和**富营养化**（eutrophication）问题。富营养化通常会增加初级生产量和产生缺氧条件，减少生物多样性。本杰明·派尔斯和他的同事（Peierls et al., 1991）研究了江河流域的人口密度，以及42条河流的硝酸盐浓度和氮输出量的关系。这些河流将37%河水运往大海，养育的人口密度为 1 ～ 1,000 人 / 千米²。

派尔斯注意到，硝酸盐的输出量和浓度除了受复杂的生物因子、非生物因子和人为因子影响外，还受另一个因子——人口密度影响。人口密度可以解释硝酸盐浓度和输出量的大部分变化（图 19.25）。在河流生态系统中，硝酸盐富集的最可能来源是污水处理、大气沉降、农业和森林采伐。所有这些来源都会随着人口密度的增加而递增。正是因为硝酸盐的来源比较广泛，要控制硝酸盐污染是件非常困难的事情。

城市人口比例日益增加，在全球范围内，居住在城市或郊区的人越来越多。城市人口的集中会导致能源、材料和排放物在小范围内区域内集中和转化，这对养分循环产生极大影响。为了能更好地了解城市，有关养分库和养分流的生态研究（如哈柏溪实验林的研究）被应用到以人类为核心的生态系统中。

生态学家提出的第一个问题是：城市生态系统是养分源还是养分汇？彼得·格罗夫曼和同事（Groffman et al., 2004）比较了巴尔的摩生态系统长期研究计划的森林、农业区和城市的氮收支（第 1 章，3 页；第 16 章，389 页），结果令人吃惊。他们通过计算氮输入量和氮输出量构建每个流域的氮收支模型。他们测量硝酸盐浓度来表示每个流域的氮输出。正如他们所料，森林的硝酸盐浓度非常低（图 19.26）。然而，与郊区和农业区相比，密集城区的硝酸盐浓度要低许多。

那么导致农业区和郊区溪流的硝酸盐浓度较高的原因是什么呢？格罗夫曼和同事首先比较不同区域的氮输入。在这些不同流域中，大气的氮沉降量相似。氮输入存在差异的最主要原因是化肥的使用。在农业区，化肥的氮输入量最高；在城郊的草坪中，化肥的用量也非常大。格罗夫曼等人还发现，集中的城市环境卫生系统会渗漏氮，但这都是可控的。与之相反，郊区的居民腐化系统处理硝酸盐，对郊区溪流的硝酸盐浓度做出贡献。

仅依靠氮输入，无法解释这些区域的氮输出差异。格罗夫曼发现的另一个惊人结果是，郊区固持的氮输入量为75%，接近于森林的氮固持量（95%）。因此尽管郊区的氮输入量较高，但仅有 1/4 氮输出到下游溪流中。格罗夫曼及其同事把郊区的高氮固持能力归结于旺盛生长的草坪、林地和河岸树木，它们起到了氮汇的作用。该区域的可渗透土壤通过生物的吸收作用和脱氮作用，降低了排放到地表水中的氮量。研究者在亚利桑那州的大型都市——菲尼克斯也观察到了类似的高氮固持度（Baker et al., 2001）。这些结果引发了人们对以下假说的质疑：环境的人为改变限制了城市的生态过程。

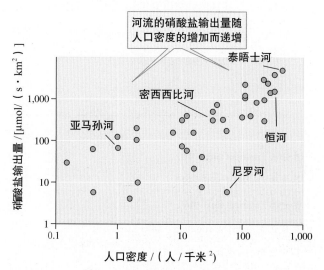

图 19.25　人口密度与河流的硝酸盐输出量的关系（资料取自 Peierls et al., 1991）

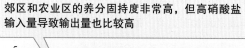

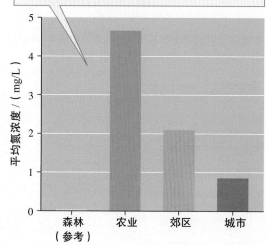

图 19.26　在马里兰州巴尔的摩市，由于土地利用方式不同，溪流中的硝酸盐输出量也不同（资料取自 Pickett et al., 2008）

如果城市能固持大部分氮输入，为什么我们观察到的却是全球的人类活动输出大量硝酸盐到河流中呢？有关城市氮收支的研究很局限，到目前为止，仍不完善。例如，巴尔的摩的氮收支没有包括食物和下水道的氮输出。废水经过处理由下水道安全输出到大型溪流和河湾中。由于缺乏合适的基础设施和计划，全球的许多城市正面临着最小化氮污染的挑战。回顾城市生态学研究，埃米莉·伯恩哈特和同事（Bernhardt et al.，2008）建议，为了最小化氮污染对水质的

影响，城市管理者应将氮降低策略纳入他们的管理计划中。然而，科学家依据他们的研究结果提出建议时，无法制定或实施政策。城市是动态复杂的社会生态系统，只有科学家、管理者和市民紧密合作，才能最小化养分污染。

总之，我们知道人类活动和生态系统的养分富集存在直接关系，养分富集会产生大量负面影响。应用生态系统方法研究城市的氮库和氮流动，增进了我们对城市生态系统养分循环的理解，但这个生态学前沿仍有许多工作要做。

本章小结

养分循环包括化学元素在养分库或分室中的储存，以及化学元素在养分库间的流动或转移。生物发育、维持和繁殖所需的元素称为养分。生态学家将养分在生态系统中的使用、转化、移动和再利用统称为养分循环。碳循环、氮循环和磷循环在养分循环研究中特别重要。科学家利用化石燃料燃烧的碳排放减去已知的碳汇，得到 CO_2 的排放率。实际上，与这个预测速率相比，大气中 CO_2 浓度的上升速率已经慢了很多。目前最可靠的推测是，遗漏的碳汇由北方森林和热带森林形成。

分解速率受温度、湿度及凋落物和环境的化学组成影响。分解速率影响养分（如氮、磷）对初级生产者的有效性。在温暖湿润的条件下，陆域生态系统的分解速率较高。陆域生态系统中的分解速率随氮含量的增加而递增，随凋落物木质素含量的增加而递减。凋落物的化学组成和环境的养分有效性也会影响水域生态系统的分解速率。

动植物可以改变生态系统中的养分分布和养分循环。溪

流的养分动态最好用涡旋而非循环来陈述。溪流中的养分原子完成一个循环所需的溪流长度称为涡旋长度。大型无脊椎动物可显著缩短溪流生态系统的养分涡旋长度。此外，动物也可改变陆域生态系统的养分分布与循环速率。不同鱼类的氮含量和磷含量影响它们分泌的 N：P；产卵鲑鱼可增加溪流和湖泊的养分有效性。固氮植物则会增加陆域生态系统的氮含量与氮循环速率。

干扰会增加生态系统中的养分损失。植被可显著控制陆域生态系统的养分固持度。大火后，植被可控制森林生态系统的养分损失；在溪流生态系统中，养分损失的波动非常大，且与洪水的干扰密切相关。

人类活动引起的养分富集正在改变陆域生态系统与水域生态系统。地球上主要河流的硝酸盐浓度及氮输出量与人口密度直接相关。相关的城市研究显示，城市的氮固持度远比预想的高。生态系统研究是改善城市管理和解决水质问题的有用工具。

重要术语

1. 生物圈中天然存在的元素众多，为何生态学家唯独比较重视碳循环、氮循环和磷循环？（提示：考虑各种有机分子的元素组成，参考第18章中有关氮、磷如何影响初级生产率的讨论。）

2. 帕门特与拉马拉（Parmenter and Lamarra，1991）曾研究淡水沼泽鱼类与水禽尸体的分解作用。他们发现，与分解速率最快的植物组织相比，鱼类与水禽的柔软组织的分解速率更快。试解释这类动物尸体易被快速分解的原因。

3. 请回顾罗森茨魏希（Rosenzweig，1968）绘制的实际蒸散量与净初级生产量的关系图（图18.2）。在同一生态系统内，分解速率在横向上如何变化？试用本章所讲的知识，设计一个实验来验证你的假说。

4. 梅利洛、艾伯与穆拉托雷（Melillo，Aber and Muratore，1982）指出，土壤肥力可影响陆域生态系统的分解速率，试设计一个实验来验证该假说。在验证土壤肥力的影响时，如何控制温度、湿度与凋落物化学组成的影响？

5. 为了改善航行条件，世界上的许多河流都被截弯取直和疏浚加深。这些改变产生的影响包括提高平均流速，减少河水流入浅河畔（如回流区和沿岸湿地）。这些改变对养分涡旋长度会造成怎样的影响？试采用纽博尔德（Newbold et al.，1983）等人的模型进行说明。

6. 莱肯斯与博尔曼（Likens and Bormann，1995）发现，在北方阔叶林生态系统中，植被显著地影响小型溪流集水区的养分损失率。试问这类森林的植被生物量与初级生产率如何影响森林调节养分损失的能力？在沙漠生态系统中，植被又如何影响养分移动？

7. 麦克诺顿、鲁埃斯与西格尔（McNaughton，Ruess and Seagle，1988）指出，在东非稀树大草原生态系统中，大型哺乳动物的食草行为提高了养分循环速率。试解释大型哺乳动物如何提高植物生物量的分解速率。在第18章中，大型食草哺乳动物也会增加稀树大草原生态系统的初级生产率。试问如果东非的大型哺乳动物消失，稀树大草原生态系统中的各种生态过程将受到怎样的影响？

8. 南非的硬叶灌丛向来以植物群落的高度多样性著称。维特科夫斯基（Witkowski，1991）指出，入侵的相思树增加了硬叶灌丛土壤的氮含量。试问土壤氮含量的增加会如何影响该生态系统的植物多样性？该预测结果的产生机制是什么？

9. 考夫曼与其同事（Kauffman et al.，1993）曾估计，热带森林焚烧造成的磷损失量为 21 t/hm^2，占总磷库的 11%～17%。若降水和干沉降贡献的磷输入量为 0.2 t/（hm^2·a）（Murphy and Lugo，1986），试问需要多长时间磷输入才能弥补考夫曼等人研究的农业焚烧造成的磷损失？假设损失率固定，要完全耗尽现有的磷库，须焚烧几次？

10. 假设生态系统的养分有效性越高，分解速率越高，试问养分富集如何影响分解速率？由于养分富集影响真菌多样性，它是否会影响生态系统的长期分解速率和短期分解速率？

演替与稳定性

当人类首次到达冰川湾（Glacier Bay）时，绝不会想到这次探险会对我们了解生物群落和生态系统作出重要贡献。1794 年，乔治·温哥华船长（George Vancouver）到达美国阿拉斯加州的一个海湾（现在称为冰川湾）。当时，他无法进入海湾，因为一座冰山挡住了水道。温哥华船长（Vancouver and Vancouver, 1798）描述了当时的情景："北美洲大陆的沿岸有两个大海湾被坚固的冰山挡住，冰山高高地矗立于海面上，往北是连绵的巍峨雪山，这些雪山从东部的费尔韦瑟山（Mount Fairweather）延伸而来。"

1879 年，约翰·缪尔（John Muir）根据温哥华船长的描述，也来到阿拉斯加州的海岸探险。他在游记（Muir, 1915）中曾提到，温哥华船长的描述虽然是非常好的指南，但是缺乏对冰川湾的相关介绍。在温哥华船长当年遇到冰山的地方，缪尔见到的却是一片开阔的水域。他和胡纳族（Hoona）的向导在烟雨细雾中划着独木舟进入冰川湾，寻找这片未知领域。终于，他们发现了冰川。缪尔估计，在温哥华船长探险该地 85 年后，这些冰川大约向上游消退了 30～40 km。

在海湾的高地，缪尔并没有发现森林。他和探险队员只能捡取一些树桩和枯木，生起营火。这些"化石木头"在冰川消退后才得以露出地面，原本是几个世纪前覆盖冰川的森林残留物。缪尔也看到了许多植物在冰川消退后的陆地上快速生长，而且温哥华船长当年发现冰山的地方早已被森林覆盖。

1915 年，缪尔发表了他的冰川湾考察结果。生态学家威廉·库珀（William S. Cooper）在同年便阅读了这份报道，并受缪尔记录的鼓舞，于 1916 年前往冰川湾，开始他的终生研究（Cooper, 1923, 1931, 1939）。在库珀的眼中，冰川湾是探讨生态演替的理想自然实验室。**演替**（succession）是指在生态系统受到干扰或产生新基质后，植物、动物和微生物群落逐渐发生的改变。冰川湾之所以是一个理想的研究场所，是因为冰川消退的历史可准确追溯至 1794 年甚至更远。

库珀一共考察了 4 次冰川湾，他和其他后来的生态学家详细地记录了冰川湾的演替现象。冰川消退 20 年后，大地裸露，许多植物物种进入该地，并形成**先锋群落**（pioneer community）。最常见的物

◀ 缅因沼泽边缘的枫树和针叶树。植物有机物的聚积逐渐充满沼泽，并随着沼泽的干枯发育为土壤，然后被禾草、灌丛和树木群落拓殖。最终，经过物理演替和生物演替，水域生态系统转变为森林。

种包括木贼（*Equisetum variegatum*）、宽叶柳叶菜（*Epilobium latifolium*）、柳树、毛果杨（*Populus trichocarpa*）、仙女木（*Dryas drummondii*）和北美云杉（*Picea sitchensis*）等。

该区域裸露30年后，仙女木矮灌丛逐渐成为先锋植物群落的优势植被，其间散生着美洲绿桤木（*Alnus sinuata*）、柳树、毛果杨和云杉等。冰川消退40年后，植物群落的优势种演变为桤木灌丛。然而，桤木成林后，毛果杨和云杉迅速超越桤木，并在冰川消退50～70年后覆盖该区50%面积。

75～100年后，该区域的植被演变为以云杉为优势种的森林，下木层长满苔藓类植物，零散分布着异叶铁杉（*Tsuga heterophylla*）和大果铁杉（*Tsuga mertensiana*）的幼苗。最后，云杉种群逐渐减少，森林演变为铁杉林。在缓坡地，铁杉林演变成泥炭沼泽地（muskeg），其中零星分布着草丛。

由于冰川湾的演替发生在新裸露的地质基底上，没有受到生物的明显改变，生态学家称这个过程为**原生演替**（primary succession）。原生演替也发生在火山爆发形成的新地表（如火山熔岩）。在干扰破坏原有植物群落但未破坏土壤的区域上产生的演替称为**次生演替**（secondary succession），如农田废耕或森林火灾后发生的演替。

生物群落的种群维持稳定后，演替就会停止，直到新的干扰发生，该演替群落被称为**顶极群落**（climax community）。顶极群落的特征取决于当地的环境条件。第2章中谈到的温带森林、禾草地等就是各气候区的顶极群落。冰川湾的顶极群落取决于它的盛行气候和局部地形。在排水良好的陡峭坡地，顶极群落为铁杉林；在排水差的缓坡地，顶极群落为泥炭沼泽地。

演替研究显示，群落和生态系统并非静态的，而是随着干扰、环境变化和自身内部的动态变化而持续变动。许多案例显示，群落结构和生态系统演变的方向通常是可预测的，至少短期的方向是可预测的。本章将讨论生物群落和生态系统特征在演替过程中的变化模式，以及产生这些变化的机制，同时也探讨另一个相关的话题：群落和生态系统的稳定性。

20.1 群落在演替过程中的变化

生物群落在演替过程中的变化包括物种多样性的增加和物种组成的改变。目前较详细的生态演替研究大多探讨森林的顶极群落演替。虽然森林的原生演替和次生演替所需时间不同，但是两者对物种多样性的改变却非常相似。

冰川湾的原生演替

我们在前文已经简述了冰川湾的原生演替，现在再来看看，冰川湾物种的多样性与组成在演替过程中发生的改变。威廉·雷内尔、伊恩·沃利与唐纳德·劳伦斯（Reiners, Worley and Lawrence, 1971）等人研究了植物物种多样性在冰川湾演替过程中的变化。他们仔细选择了8个物理条件相似、地质年龄不同的研究区。有些研究区的海拔低于100 m，有些分布在未经过分层和筛选的冰碛（glacial till）上，所有研究区的坡度都比较平缓。它们的地质年龄从冰川消退的时间起算，为10～1,500年。

研究区1最年轻，具有10年历史，先锋植物群落为散生的柳叶菜、木贼和柳树；研究区2具有23年历史，混生着先锋物种和毛果杨、仙女木灌丛；研究区3具有33年历史，优势物种为仙女木密生丛，其间也混生有柳树、毛果杨和桤木等植物；研究4具有44年历史，优势物种为仙女木密生丛，其间存在少许空地；研究区5具有108年历史，优势物种为桤木和柳灌丛，但部分林冠层出露不少毛果杨和云杉；研究区6为200年历史的云杉林。雷内尔等人采用地质方法，测定出研究区7具有500年历史，研究区8具有1,500年历史。这两个研究区皆位于普列仁特岛（Pleasant Island）。该岛位于冰川湾的湾口之外，并未经历最近的冰川作用，而该次冰川作用摧毁了海湾沿岸的森林。研究区7是老铁杉林，含有少许云杉；研究区 8 则是一块泥炭沼泽地，散生着一些扭叶松。

这 8 个研究区的植物物种数随着研究区地质年龄的增加而递增。从图 20.1 可知，冰川湾的物种丰富度在演替早期快速地增加，到了演替晚期减缓，然后维持稳定。

在整个演替期间，并非所有植物种群的多样性都增加了。图 20.2 显示，经过一个世纪的演替，苔藓类（moss）、地钱类（liverwort）和地衣类（lichen）的丰富度达到稳定状态；高灌丛和乔木的多样性只持续增加到演替中期，到演替晚期开始减少；矮灌丛和草本植物的多样性在演替期间不断增加。

物种丰富度随冰川年龄增加而递增，这是雷内尔等人描述的冰川湾演替序列模式，该模式也出现在本章的其他案例中。不过，不同生态系统的演替时间差异极大。例如，冰川湾的顶极群落演替需 1,500 年，而在下一节的次生演替例子中，顶极森林群落的演替时间为 150～200 年，约为冰川湾演替时间的 1/10。

温带森林的次生演替

北美洲东部的山麓高原（Piedmont Plateau）有一些非常适合研究次生演替的地方。3 个世纪前，该区域的落叶林曾遭到大量砍伐，甚至成为农田。后来，一些农田废耕，新森林被砍伐。如此不断地更替，该区域呈现出以下景象：不同年份的废耕农田中点缀着少数未受扰动的森林。

这种条件为亨利·奥斯汀（Oosting，1942）提供了研究地点，因为它们涵盖了次生演替的各个阶段。有关北美洲东部山麓高原次生演替的研究已经成为一个经典研究。大卫·约翰斯顿与尤金·奥德姆（Johnston and Odum，1956）描述了山麓高原的演替模式。第一批拓殖废耕地并占据优势的物种为马唐（*Digitaria sanguinalis*）与加拿大飞蓬（*Erigeron canadensis*）；第 2 年，该区域被紫菀（*Aster pilosus*）或豚草（*Ambrosia artemisiifolia*）占据；几年之后，该区域被须芒草（*Andropogon virginicus*）覆盖，其间散生着一些灌丛与矮树。松苗在第 3 年开始出现，并在 10～15 年内形成郁闭树冠层。虽然松苗无法生长在大型松树的树荫下，但许多落叶树的幼苗却可以。因此，在生长了 40～50 年的松林下，通常生长着发育良好的落叶树幼苗。这些落叶树，尤其是橡树和山核桃（*Carya*），在大约 150 年内成为优势树种，松树则逐渐减少，最后零星分布。因为橡树和山核桃的树荫不妨碍它们自行更新，所以橡树－山核桃林被认为是演替末期的顶极群落。

奥斯汀的研究显示，在山麓高原的次生演替期间，木本植物的物种逐渐增加（图 20.3）。木本植物

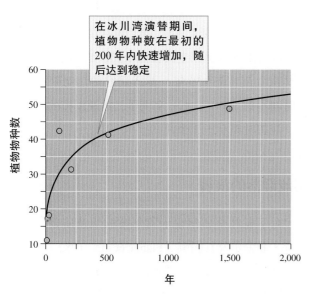

图 20.1 在美国阿拉斯加州冰川湾的原生演替期间，植物物种丰富度的改变（资料取自 Reiners，Worley and Lawrence，1971）

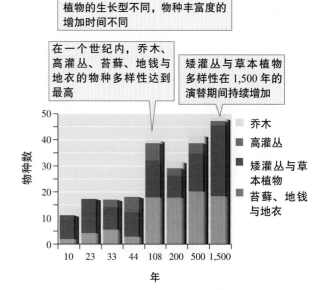

图 20.2 美国阿拉斯加州冰川湾植物生长型的演替（资料取自 Reiners，Worley and Lawrence，1971）

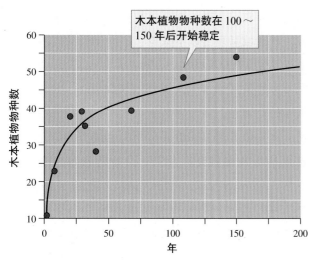

图20.3 在北美洲东部森林的次生演替期间，木本植物物种丰富度的变化（资料取自 Oosting，1942）

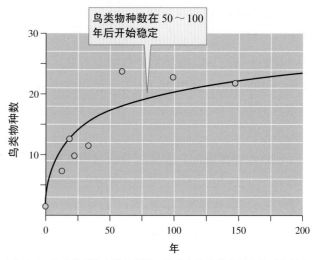

图20.4 在森林的次生演替期间，繁殖鸟类的物种数变化（资料取自 Johnston and Odum,1956）

的演替序列始于一种木本植物进入废耕地；大约 150 年后，木本植物的物种数增加至 50～60 种，开始进入稳定状态。该地的物种丰富度以对数模式增加，一如冰川湾的增加模式。

在植物演替的同时，动物物种的多样性产生了何种改变？约翰斯顿与奥德姆研究了 13 个研究区的鸟类。这些研究区总面积为 20 英亩（1 英亩 ≈ 4,046.8 米²），演替时间为 1～150 年，植被从禾草地到成熟的橡树–山核桃林，变化很大。在此演替序列期间，鸟类物种多样性的增加模式与奥斯汀观察到的植物物种多样性增加模式非常类似（图 20.4）。当演替处于禾草–杂草期，鸟类群落的组成类似于一般的禾草地，仅含两种鸟类；在禾草–灌丛期，鸟种数增加至 8～13 种；在生长了 25～35 年的松林中，鸟种数增加到 10～12 种；在演替后期——橡树–山核桃林时期，鸟种数增加到 22 种。

总而言之，在 150 年间，北美洲东部废耕地的植物群落和动物群落的演替改变主要是物种组成的改变与物种多样性的增加。这种演替现象同样发生在海洋潮间带，只是潮间带的演替时间较短——演替只需要 1.5 年，而非 150 年。

岩岸潮间带生物群落的演替

在第 16 章，我们曾讨论干扰对当地物种多样性的影响，并看到藻类与藤壶很快拓殖移除附着生物的潮间带漂砾。回顾生物群落的改变模式后，我们从演替的角度来探讨它。韦恩·苏泽（Sousa，1979a，1979b）的研究显示，第一批拓殖漂砾的物种是绿藻类石莼属（*Ulva*）和星状小藤壶，第一批拓殖的物种则为多年生红藻类，包括石花菜（*Gelidium coulteri*）、杉藻（*Gigartina leptorhynchos*）及另两种杉藻（*Gigartina canaliculata* 与 *Rhodoglossum affine*）。如果没有干扰，2～3 年后，杉藻（*G. canaliculata*）会挤走其他物种，占据漂砾上 60%～90% 的空间。

苏泽进行数个实验来探讨潮间带漂砾的植物演替。在其中的一个实验中，他清除一块小漂砾上的附着生物，并将其固定。和森林的演替一样，物种数随时间的增加而递增（图 20.5）。从图 20.5 可知，平均物种数在 1～1.5 年内快速增加，之后维持在 5 种左右。

冰川湾的森林原生演替需 1,500 年，山麓高原的森林次生演替需 150 年，苏泽研究的潮间带演替所需时间不到 1.5 年。下一个例子是沙漠溪流的生态演替，演替时间小于 2 个月。

溪流群落的演替

对于亚利桑那州锡卡莫尔溪的快速演替，斯图尔特·菲舍尔及其同事（Fisher et al.，1982）已研究了 20 年。锡卡莫尔溪是弗德河（Verde River）的支流，位于美国亚利桑那州菲克尼斯市东北部 32 km 处，流经 500 km² 山地沙漠。锡卡莫尔溪集水区的蒸发量约等于降水量，因此水流很小，时有干涸河段，但是某些河段也经常发生洪水，其威力足以完全摧毁生物群落，因而演替时常发生。

菲舍尔的团队研究某次洪水后的生态演替。锡卡莫尔溪于1979年8月6日、12日和16日发生大洪水，最高流量分别为7 m³/s、3 m³/s和2 m³/s，这种强度的洪水移动溪流内的沙石，将它们冲刷到某处沉积。在这个过程中，洪水摧毁了大部分生物。1979年8月的3次洪水使锡卡莫尔溪内98%藻类与无脊椎动物的生物量消失了。

在洪水过后的63天内，菲舍尔等人观察到藻类和无脊椎动物的多样性和物种组成的改变。初级生产者的改变尤其明显。洪水后第2天，河床大多为裸露的沙石及硅藻斑块；第5天，硅藻覆盖大半河床；第13～22天，硅藻完全覆盖整个河床；第35天，其他藻类的数量增多，尤其是蓝绿藻及刚毛藻和蓝绿藻的混生群；到了第63天，硅藻、蓝绿藻及刚毛藻和蓝绿藻的混生群斑块已经布满锡卡莫尔溪河床。硅藻与其他藻类的物种多样性以香农 – 维纳指 H'（第16章）表示，在第5天达到稳定，在第50天开始下降（图20.6）。

锡卡莫尔溪的无脊椎动物多样性受优势种——大蚊科（Tipulidae）的大蚊（*Cryptolabis* spp.）的影响很大（图20.7）。大蚊是一种身细足长、形似蚊子却不咬人的昆虫。大蚊的幼虫数量极多，降低了所

有样品的香农 – 维纳指数 H'，直到第35天，大部分幼虫孵化成虫，H' 才升高。锡卡莫尔溪的水生无脊椎动物约为48种，研究人员在63天的研究期内，每次均可采到38～43种。换言之，大多数大型无脊椎动物在洪水干扰后仍可存活。

这些大型无脊椎动物如何在1979年8月的毁灭性洪水中找到避难所呢？昆虫是锡卡莫尔溪无脊椎动物群落的优势种，其成虫为陆生昆虫。在8月洪水泛滥期间，许多成虫处于飞翔期，因此可以躲过洪水的破坏。这些飞翔的成虫正是洪水劫难后无脊

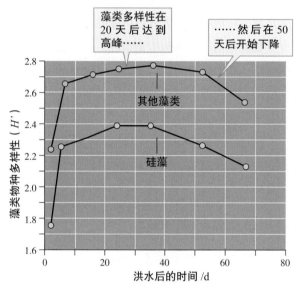

图20.6　在美国亚利桑那州锡卡莫尔溪的演替期间，藻类物种多样性的变化（资料取自 Fisher et al., 1982）

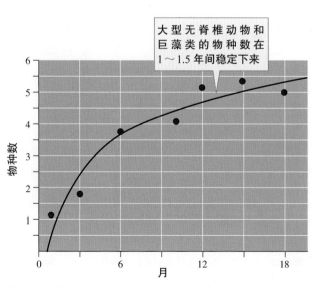

图20.5　在潮间带漂砾上，大型无脊椎动物和巨藻类的物种数演替（资料取自 Sousa, 1979a）

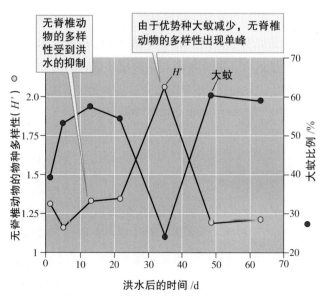

图20.7　在美国亚利桑那州锡卡莫尔溪演替期间，无脊椎动物物种多样性的变化（资料取自 Fisher et al., 1982）

椎动物群落得以恢复的根源。

如上所述，生态演替不仅包括生物群落的结构

改变，还包括生态系统结构和功能的变化。下一节，我们将介绍生态系统演替过程中发生的变化。

概念讨论 20.1 —————■

1. 为什么冰川湾的森林原生演替和美国东南部的森林次生演替的速率如此不同（比较图 20.1 和图 20.3）？

2. 森林、潮间带漂砾和溪流群落的演替速率存在较大差异的主要机制是什么？

20.2　生态系统在演替过程中的变化

生态系统在演替过程中的变化包括生物量、初级生产量、呼吸作用与养分固持度的变化。演替不仅改变生物群落的多样性和生物组成，也会改变生态系统的特征。在上一节，我们看到，植物群落和动物群落的结构如何在原生演替与次生演替期间发生变化。在这一节，我们探讨生态系统特征在演替期间发生的改变。例如，在演替期间，土壤的许多性质（如养分含量和有机质含量等）会发生改变。

冰川湾生态系统的变化

斯图尔特·蔡平等人（Chapin et al.，1994）记录了冰川湾生态系统结构在演替中的显著改变。他们的研究集中在 4 个面积均为 2 km^2 的研究区。第一个研究区的冰川在 5～10 年前消退，处于演替的先锋期；第二个研究区的冰川在 35～45 年前消退，优势种是仙女木密丛，20 多年前，雷内尔研究组研究这个地区时，仙女木刚开始入侵该区；第三个研究区的冰川在 60～70 年前消退，桤木为优势种，该研究区在雷内尔研究期间还处于幼桤木丛期，在库珀研究期间，处于先锋期；第四个研究区的冰川消退已有 200～225 年之久，在雷内尔与库珀研究期间，云杉林为优势种。

蔡平研究组测定了这 4 个研究区的几个生态系统特征，其中一个最基本的特征是土壤量。从先锋群落期到云杉期，土壤总深度和主要土壤层的深度均明显增加（图 20.8）。

土壤的许多重要性质也随着演替发生改变。如图 20.9 所示，土壤的有机质含量、湿度和氮浓度均显著增加，不过，土壤容重（soil bulk density）、pH 值和磷浓度则呈现下降趋势。

从这些生态研究中，我们可以看到生态系统的物理性质与生物性质密不可分。生物对矿物基质的作用有助于土壤的形成。有了土壤，冰川湾附近的云杉林才得以生长。反过来，土壤也强烈地影响该处的生物类型。

400 万年的生态系统变化

阿拉斯加州冰川湾的研究揭示的生态系统变化令人印象非常深刻，但是这个研究提供的**演替序列**

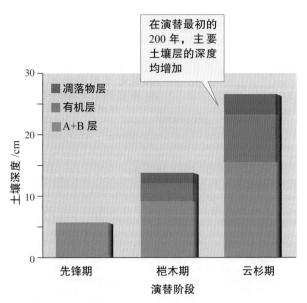

图 20.8　在美国阿拉斯加州冰川湾原生演替期间，土壤结构的改变（资料取自 Chapin et al.，1994）

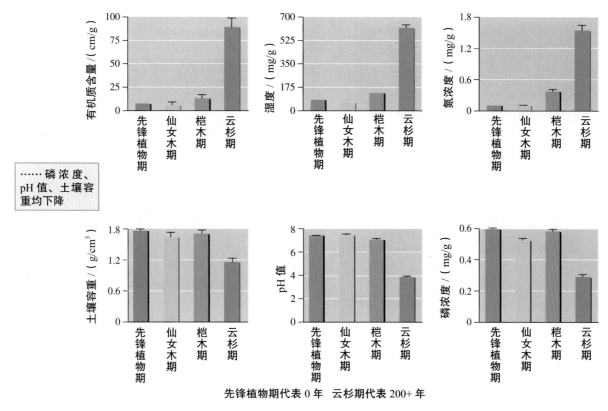

先锋植物期代表 0 年　云杉期代表 200+ 年

图20.9　在美国阿拉斯加州冰川湾演替期间，土壤性质的改变（平均值，1 个标准误差）（资料取自 Chapin et al.，1994）

（chronosequence）信息非常有限。1794 年，当温哥华船长在冰川湾的入口碰到冰壁时，在夏威夷群岛的考艾岛（Kauai），火山岩土壤上的森林生态系统已经有 400 万年历史了。夏威夷群岛形成于太平洋板块的一处地质热点，并在该板块上向西北方向移动，形成一系列地质年龄差异颇大的岛屿。其中，最年轻的岛屿是夏威夷岛，该岛屿还在这个热点上继续长大，由火山岩组成，形成这些火山岩的岩浆包括从新岩浆到具有 15 万年历史的岩浆。在夏威夷岛的西北部，还有一些更古老的岛屿。和冰川湾一样，这些岛屿上也有一群生态学者正在利用这些岛屿生态系统的发展信息，探索它们的演替序列。但比冰川湾更有趣的是，夏威夷岛的年代序列不只跨越几百年，而是几百万年！

拉斯·赫丁、彼得·维托塞克和帕梅拉·马特森（Hedin，Vitousek and Matson，2003）研究森林生态系统演替序列的养分分布及养分损失。他们研究的岛屿包括夏威夷岛、莫洛凯岛（Molokai）、考究的岛屿包括夏威夷岛、莫洛凯岛（Molokai）、考艾岛。其中，最年轻的生态系统位于夏威夷岛，分别发育在 300 年、2,100 年、2 万年、15 万年前形成的玄武岩熔岩上；莫洛凯岛上的研究区发育在 140 万年前形成的岩石上；最古老的生态系统位于考艾岛上，具有大约 410 万年历史。所有研究区的年均温约为 16℃，年降水量为 2,500 mm，且优势种都是原生树种——铁心木。

在这 6 个研究区的演替序列中，赫丁等人发现土壤的特性均发生明显变化。早期的研究记载，夏威夷森林生态系统的初级生产量在演替早期受土壤氮含量的限制，在演替晚期受磷含量的限制。虽然新熔岩中缺乏有机质，但经过 15 万年的演替序列，土壤有机质含量有所增加（图 20.10）。我们在冰川湾的演替中也发现类似的现象（图 20.9），但是在夏威夷群岛的年代序列中，土壤有机质含量在 140 万年和 410 万年时均较低。从图 20.10 可看出，土壤氮浓度的改变趋势与有机质含量的变化趋势几乎一致。

然而，土壤总磷量的改变模式完全不同（图

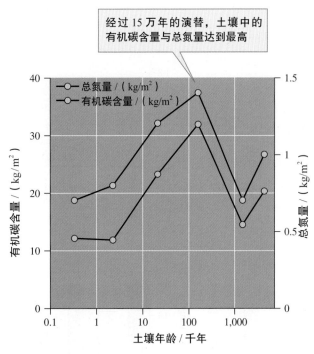

经过 15 万年的演替，土壤中的有机碳含量与总氮量达到最高

图 20.10 在美国夏威夷岛 300～410 万年的熔岩土壤中，有机碳含量和总氮量的变化（资料取自 Hedin，Vitousek and Matson，2003）

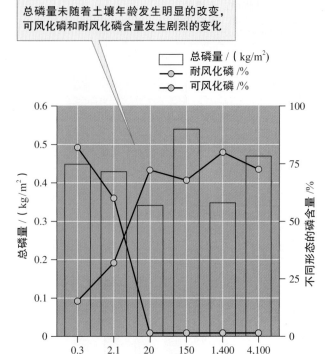

总磷量未随着土壤年龄发生明显的改变，可风化磷和耐风化磷含量发生剧烈的变化

图 20.11 在美国夏威夷岛 300～410 万年的熔岩土壤中，总磷量、可风化磷和耐风化磷（低有效性）的含量变化（资料取自 Hedin，Vitousek and Matson，2003）

20.11）。虽然土壤总磷量随演潜序列没有一定的变化规律，但是不同形态的磷含量随演替序列却有明显的变化规律。在 2 万年时，可风化矿物磷几乎已全部消耗殆尽，而耐风化磷（植物无法直接利用的磷）的比例仍在增加。在地质年龄为 2 万年或更老的熔岩中，耐风化磷占总磷量的 68%～80%。在这些老龄土壤中，磷有效性限制初级生产量。

赫丁等人发现，养分的损失率随着演替序列有所改变。在生态系统发展的四百多万年中，热带森林生态系统的氮损失率逐渐上升，磷损失率则逐渐下降（图 20.12）。换言之，在大约 2,000 年时，这些生态系统固持了许多氮，但随着氮含量增加，生态系统的氮损失率升高，且多数氮淋溶至地下水中。与之相反，当可利用磷逐渐减少，最终成为生态系统初级生产量的限制因子时，生态系统固持磷的能力增强。未受干扰的植物覆盖是森林生态系统固持养分的重要因素，这将要在下一节讨论。

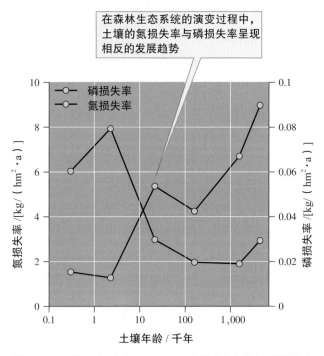

在森林生态系统的演变过程中，土壤的氮损失率与磷损失率呈现相反的发展趋势

图 20.12 在美国夏威夷岛 300～410 万年的熔岩土壤中，氮损失率和磷损失率的变化（资料取自 Hedin，Vitousek and Matson，2003）

干扰后养分固持作用的复原

在第 19 章，我们谈到哈柏溪实验林内的伐木作

业显著地加速养分损失。我们现在再回顾博尔曼和莱肯斯（Bormann and Likens，1981）的研究，探讨该研究揭示的演替和养分固持信息。

简单说，博尔曼与莱肯斯在进行实验处理前，监测了对照溪谷和实验溪谷3年，随后才砍伐了实验溪谷的树木，并用除草剂抑制植物的再生，时间长达3年（Likens et al.，1978），以此来延迟演替的发生。

当停止使用除草剂后，演替开始发生，森林生态系统的养分损失大幅减少。从图20.13中可知，除草剂持续抑制了实验溪谷内的植被生长，时间长达3年。在此期间，实验溪谷损失了大量养分，包括钙、钾和硝酸盐。

1969年，停用除草剂后，莱肯斯等人发现生态系统的初级生产量随即增加，养分损失减少。不过，

也有研究者指出，养分损失的减少并不全然归结于植物的吸收。在除草剂的施用期间，钙、钾、硝酸盐的损失达到最高，因此他们认为，停用除草剂后养分损失的减少可能是由于这类养分在生态系统中早已流失。换言之，养分损失减少了养分库。不过，养分损失的降低确实与植物的吸收有关，因为自演替开始后，实验溪谷的养分损失急速减少。虽然硝酸盐的损失在4年内已恢复到干扰前的水平，但钙和钾的损失在森林演替开始7年后仍然高于干扰前的水平。

生态系统复原模型

根据他们在哈柏溪实验林的观察，博尔曼与莱肯斯创建了一个模型描述生态系统受干扰后的复原情况（图20.14）。该模型名为生物量累积模

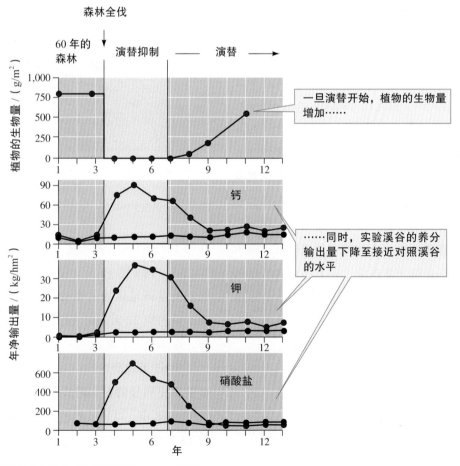

图20.13 伐木后的演替与养分固持（资料取自Likens et al.,1978）

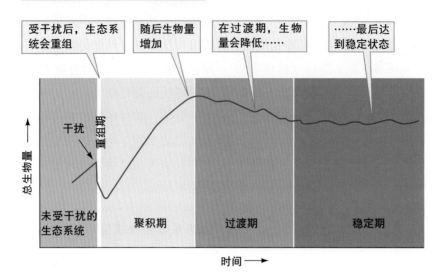

图20.14　森林演替的生物量累积模型（资料取自Bormann and Likens, 1981）

型（biomass accumulation model），将生态系统的复原分成4个阶段：（1）10～20年的重组期（reorganization phase），尽管活生物量在该时期仍在累积，但森林的生物量和养分仍会损失；（2）聚积期（aggradation phase），大约要持续1个世纪，生态系统在该时期累积生物量，最后达到生物量顶峰；（3）过渡期（transition phase），该时期的生物量比聚积期略为减少；（4）稳定期（steady state phase），该时期的生物量围绕平均值上下波动。

　　生物量累积模型在森林生态系统的演替中具有多高代表性？其他生态系统的演替过程是否也具有类似的序列阶段？例如，生态系统最终是否都会达到稳定状态？事实上，这个模型的通用性可在锡卡莫尔溪这种快速演替的生态系统中得到验证。锡卡莫尔溪这种生态系统为生态学家研究多重演替序列提供了机会。在下一节，我们可以看到锡卡莫尔溪生态系统在演替过程中的变化模式。该变化模式表明，生态系统的几个特征最终达到稳定状态。

演替和溪流生态系统的特征

　　菲舍尔等人观察了亚利桑那州锡卡莫尔溪在洪水后63天的演替，记录到与生物量累积模型类似的模式。在扰动后的前13天，藻类生物量快速增加；

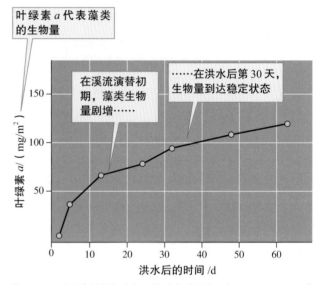

图20.15　溪流演替期间生物量的改变（资料取自 Fisher et al.,1982）

在第13～63天，藻类生物量增加的速度放慢（图20.15）；到了第63天，生物量达到稳定状态。无脊椎动物是该地区的主要动物种群，它们的生物量在洪水后的前22天内快速增加，随后和藻类生物量一样，逐渐稳定下来。

　　在63天的研究期结束之前，生态系统的代谢参数呈现更明显的稳定趋势（图20.16）。总初级生产量（第18章，以每日每平方米的O_2生产量表示）在前13天内快速增加，在随后的第13～48天缓慢增加，在第48～63天达到稳定状态。生态系统的总呼吸量（以每日每平方米的O_2消耗量表示）在洪水泛

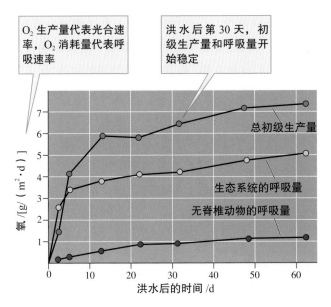

图20.16 美国亚利桑那州锡卡莫尔溪演替期间的生态系统过程(资料取自 Fisher et al., 1982)

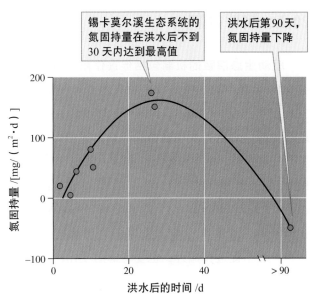

图20.17 溪流演替期间的氮固持量（资料取自 Grimm, 1987）

滥后的前5天快速增加，随后就稳定下来。无脊椎动物的呼吸量在第63天时也呈现稳定状态，最高值为生态系统总呼吸量的20%。

南希·格里姆（Grimm, 1987）研究了锡卡莫尔溪经历1981—1983年洪水扰动后的氮含量动态变化，她得到的结果类似于菲舍尔等人（Fisher et al., 1982）的研究结果。她发现，藻类生物量与整个生态系统的代谢作用在演替期间快速达到最高峰，随后稳定下来，氮含量也有同样的变化。

此外，格里姆也研究溪流演替期间的氮固持模式。为了估算每段河段的氮收支，她比较上游的氮输入量和下游的氮输出量。她研究的每段河段长60～120 m，从壤中流涌出地面开始计算，到水流流到下游消失在沙里为止。格里姆比较溶解性无机氮的输入量与输出量，以此来表示溪流生态系统的氮固持能力。

图20.17显示，在演替早期，溶解性无机氮输入量和留在格里姆研究河段的氮固持量大致相等。在演替期间，氮固持量快速增加，然后在洪水后的第28天稳定下来，达到最大值200 mg/（m²·d）。换言之，研究河段累积的氮量为200 mg/（m²·d）。在洪水后的第28～90天，氮固持量逐渐降低，最后溶解性无机氮的输出量高于输入量。

格里姆的研究结果引出了几个问题。第一，固持作用的机制是什么？她认为，锡卡莫尔溪生态系统的大部分固持作用是藻类和无脊椎动物的吸收作用，因为氮固持量和藻类及无脊椎动物组织的累积氮量一致。第二，什么原因导致研究河段的最后氮输出量比较高？格里姆认为，在洪水后的第90天，研究河段停止累积生物量，甚至开始损失生物量。

从前面的说明中，我们了解到演替不仅会改变物种组成和物种多样性，还会改变生态系统（从森林到溪流）的结构和功能。然而，还有一个关于演替过程的大问题有待解决：驱动演替的机制究竟是什么？生态学者认为驱动演替的机制可分为3类。这些机制是下一节要探讨的主题。

── 概念讨论 20.2 ──▪

1. 为什么斯图尔特·蔡平及其同事在演替期间记录的土壤性质变化如此显著？

2. 南希·格里姆研究河段（部分）的氮输出量和输入量相同，这说明什么？

3. 博尔曼与莱肯斯的生物量积累模型（图20.14）与格里姆在锡卡莫尔溪演替中观察的氮固持量变化有什么相似之处？

20.3 演替机制

驱动生态演替的机制包括**促进作用、耐受作用和抑制作用**。最早的演替变化模型是由弗雷德里克·克莱门茨（Clements，1916）提出的，强调促进作用是生态演替的驱动力。后来，约瑟夫·康奈尔和拉尔夫·斯拉特耶（Connell and Slatyer，1977）提出了3个模型：（1）促进模型（facilitation）；（2）耐受模型（tolerance）；（3）抑制模型（inhibition）。这篇经典论文扩大了生态学家研究演替机制的思路——除了促进作用外，也要考虑耐受作用和抑制作用（图20.18）。

促进模型

促进模型（facilitation model）认为许多物种都会去拓殖新的可用空间，但只有具备某些特征的物种才能定殖。那些能够拓殖新空间的物种即为前面提到的先锋物种。根据促进模型，先锋物种会改变环境，使环境逐渐变得更适合后期物种特征的演替，不适合它们自身演替。换言之，早期演替物种"促进"了后期演替物种的拓殖。当环境变得不适合先锋物种生存时，先锋物种随即消失，取而代之的是更适合环境现状的物种。这种后期物种取代早期物种的演替会持续进行，直到现存物种无法再促进其他物种的拓殖为止。经过一系列的促进与取代，演替的最后阶段产生顶极群落。

耐受模型

根据**耐受模型**（tolerance model），拓殖初期不只出现先锋物种，顶极物种的幼小个体也在演替早期出现。另外，演替早期的物种不会促进后期演替物种的拓殖，因为它们不会改变环境，使其更适合后期演替物种。后期演替物种只是更耐受演替早期的环境条件。当整个植物群落内没有其他耐受物种

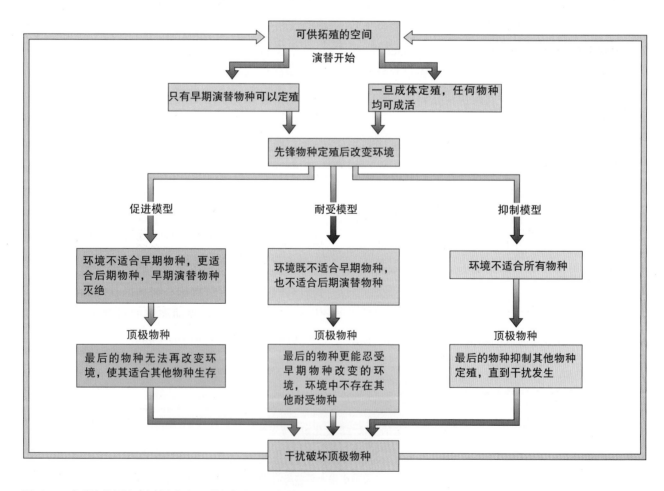

图20.18 各种演替机制（资料取自 Connell and Slatyer, 1977）

时，才能建立顶极群落。

抑制模型

　　和耐受模型一样，**抑制模型**（inhibition model）假设，在演替早期，凡是成体能拓殖的物种都能存活，但是抑制模型认为先锋物种会改变环境，使环境不适合早期物种与后期演替物种。简言之，早到达者"抑制"晚到达者的拓殖。只有环境因先锋拓殖者的干扰而产生新空间时，后期演替物种才能入侵。在这种情形下，演替的顶极生物群落由长寿和具有抵抗力的物种组成。抑制模型认为，后期物种之所以能成为一个地区的优势种，是因为这些物种长寿，而且可抵御环境中的物理因子和生物因子造成的伤害。

　　上述哪个模型更能获得自然界的佐证呢？从以下的例子可知，大多数演替研究支持促进模型或抑制模型，也有一些研究同时支持两者。

岩岸潮间带的演替机制

　　苏泽研究了潮间带漂砾上藻类和藤壶的演替，它们的演替驱动机制是什么（图20.5）？苏泽提出的机制即为康奈尔和斯拉特耶的3种模型：促进模型、耐受模型与抑制模型。他首先通过一系列实验来验证这些机制的存在。在第一个实验中，他将8块25 cm² 的小水泥块放置在潮间带。为了探讨石莼如何影响后期演替物种——红藻新个体的出现，他特意移除其中4块水泥块上的石莼，并保持其他4块不受干扰。实验结果显示，石莼强烈地抑制红藻新个体的出现（图20.19）。

　　在第二个实验，苏泽研究中期演替物种杉藻（*Gigartina leptorhynchos*）和石花菜如何影响后期演替物种——另一种杉藻（*Gigartina canaliculata*）的定殖。他选择性地移除了4块实验区内的中期演替物种，同时监测其他4块对照区。这些实验在100 cm² 的自然基底上进行，优势种是杉藻或石花菜。当苏泽移除中期演替物种后，实验区很快被石莼再度入侵，最后石莼被更高密度的后期演替物

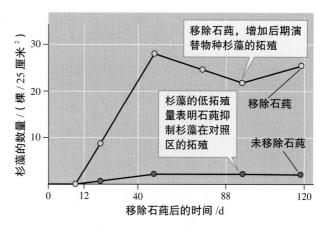

图20.19　前期物种抑制后期演替物种的证据（资料取自Sousa, 1979a）

种——另一种杉藻取代。这个研究显示，藻类群落的变化支持抑制模型。

　　演替的抑制模型认为，早期演替物种比较容易遭受多种物理因子和生物因子的影响而死亡。因此，若潮间带漂砾的藻类演替遵循抑制模型，那么早期演替物种应该比较容易因各种原因而死亡。

　　苏泽通过多个实验来研究物种相对脆弱度。在其中一个实验中，他研究潮间带的5种优势藻类面对物理胁迫（尤其是暴露在空气、强日照和风干作用下）时的相对脆弱度。他先将每个物种的30个个体贴上标签，然后监测它们在下午低潮位、气温最高时的存活率。结果显示，早期演替藻类物种石莼的存活率低于中、后期演替物种（图20.20）。

　　此外，苏泽设计了数个野外实验和室内实验，探讨食草生物的脆弱度差异。所有的实验结果均显示，演替早期的石莼比后期演替物种更容易受到伤害。这些结果和其他实验的结果均支持演替的抑制模型。

　　然而，一些潮间带演替研究却支持促进模型。特雷莎·特纳（Turner, 1983）指出，许多潮间带研究都支持抑制模型，仅有少数研究支持促进模型，而且是非专性的促进模型。不过，下面特纳研究的潮间带演替是专性促进模型的一个范例。

　　特纳描述了俄勒冈州研究区的演替序列。冬季暴风的高浪使下潮间带产生开放空间。5月，这些开放空间被石莼拓殖，该情形和1,000 km之外苏泽研究区上发生的事情相同。石莼最后被几个中期

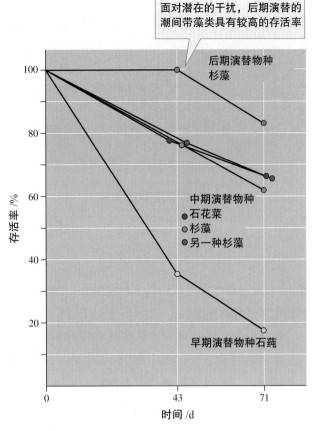

面对潜在的干扰，后期演替的潮间带藻类具有较高的存活率

后期演替物种
杉藻

中期演替物种
● 石花菜
○ 杉藻
● 另一种杉藻

早期演替物种石莼

存活率 /%

时间 /d

图 20.20 在下潮间带，气温最高时，早期、中期与后期演替物种的存活率（资料取自 Sousa，1979b）

演替物种取代，这些中期演替物种包括红藻类的松节藻（*Rhodomela larix*）、隐管藻（*Cryptosiphonia woodii*）和红藻（*Odonthalia floccosa*）。截至演替中期，俄勒冈州研究区的演替模型和苏泽研究的潮间带漂砾演替模型极为类似，但是在特纳研究的下潮间带，演替后期的优势物种并非红藻类，而是一种开花植物——虾海藻（*Phyllospadix scouleri*）。

特纳认为，虾海藻之所以能出现，是因为巨藻类的存在。虾海藻的种子很大，上面有两个平行带刺的突起，可钩住藻类，使种子附着在藻类上。附着的种子萌芽，长叶，再长根，牢固地附着在岩石上。一旦定殖，虾海藻便开始扩散，通过生长巩固空间。

为了验证附着藻类是否促进新虾海藻的拓殖，特纳移除了 8 个 0.25 m² 实验区中的附着藻类，并比较这些实验区与附近 8 个对照区的新虾海藻种子数。她没有干扰对照区的藻类种群，但在实验开始前，她移除了对照区中的所有虾海藻种子。对照区的优

势种为松节藻，是演替中期的优势种，也是虾海藻种子赖以附着的藻类。

特纳在 9 月完成实验区的设置与处理，在第二年的 3 月检查种子数。经过秋、冬两季，一种褐藻（*Phaeostrophion irregulare*）拓殖实验区。由于褐藻呈刀片状，虾海藻种子无法在上面附着。检查实验区与对照区时，她发现了 48 颗虾海藻种子，其中 46 颗种子出现在对照区，均附着在红藻（松节藻）上，仅有 2 颗种子出现在实验区（图 20.21），附着在旧松节藻新萌发的枝上。

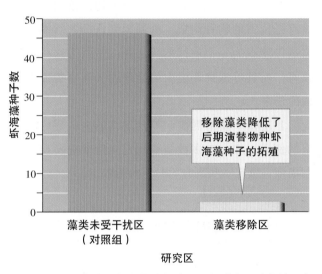

移除藻类降低了后期演替物种虾海藻种子的拓殖

虾海藻种子数

藻类未受干扰区（对照组）   藻类移除区

研究区

图 20.21 潮间带植物虾海藻的拓殖证实促进作用（资料取自 Turner, 1983）

在 3 年的研究中，特纳在面积约 200 m² 的研究区系统地搜寻虾海藻种子。她一共发现 298 颗种子，它们均附着在藻类上。这些资料支持促进模型，即中期演替藻类会促进晚期演替物种虾海藻的拓殖与种群建立，而且这种促进作用是专性的。因此，综合特纳和其他研究者的结果，我们可以说促进作用和抑制作用均出现在潮间带的演替过程中。在下一节，其他研究也表明类似的促进作用与抑制作用发生在森林演替中。

森林的演替机制

现在我们由演替仅需数年的潮间带转向温带森林。温带森林的演替需数百年，我们无法在典型的研究计划中直接观察到森林演替。因此，大多数有

关温带森林演替驱动机制的研究均集中在演替的最早期。

废耕地的演替机制

凯瑟琳·基弗（Keever，1950）研究了北卡罗来纳州山麓高原废耕地的演替。她是最早研究温带森林早期演替机制的几位研究人员之一。如本章前面所述，第一批拓殖废耕地的物种是马唐，随后为加拿大飞蓬；第 2 年，紫菀占据许多废耕地；数年后，须芒草取而代之。基弗的研究目标是找到早期演替物种被取代的原因。

基弗的研究显示，加拿大飞蓬会抑制紫菀的生长，所以紫菀取代加拿大飞蓬遵循抑制模型；然而，紫菀会促进须芒草的生长，所以这时的取代遵循促进模型。因此，北美洲东部山麓高原的早期演替包含多重机制。下面的例子表明，复杂的多重机制也出现在冰川基底的森林原生演替中。

冰川消退后的原生演替机制

蔡平的研究团队（Chapin et al.，1994）详细地研究了演替的复杂机制。他们通过野外观察、野外实验和温室实验，探索阿拉斯加州冰川湾的原生演替机制。结果发现，该地区的原生演替并不是由单一因子或单一机制决定的。

图 20.22 总结了冰川湾 4 个演替阶段对云杉幼苗

定殖与生长的复杂影响。在先锋植物期，云杉的发芽受到一些抑制。云杉幼苗一旦定殖，存活率就很高，但生长速率极低。在仙女木期，尽管云杉幼苗的生长速率上升，氮供应量略有增加，但发芽率与存活率均较低，再加上种子捕食率和死亡率的上升，抵销了促进作用。

对云杉幼苗的强烈促进作用最先发生在桤木期。此时，云杉幼苗的发芽率和存活率仍很低，种子死亡、根部竞争和光竞争非常明显，但是土壤有机物含量、氮含量、菌根活动和生长速率的增加削弱了抑制作用。因此，桤木对云杉幼苗的净效应是促进作用。

云杉对云杉幼苗的净影响是抑制作用。在云杉期，发芽率虽然很高，但这种促进作用被数种抑制作用抵消。云杉幼苗的生长速率和存活率均较低，氮有效性下降；再者，种子捕食率和死亡率上升，根部竞争和光竞争增强。

这些研究结果提醒我们，自然界远比康奈尔和斯拉特耶提出的几个模型复杂和微妙。不过，康奈尔与斯拉特耶的模型仍可以激励生态学者对演替现象进行更为深远的思考，并鼓励他们开展验证演替机制的野外实验。通过生态学家的研究，我们对生态演替过程的了解才会更深入。

在这节和前两节的讨论中，我们探讨了生物群落和生态系统的变化，以及造成这些变化的几个机制。在下一节，我们考虑另一个相关的话题：生物群落和生态系统的稳定性。

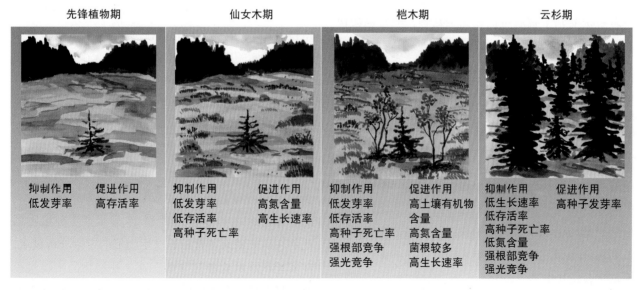

图20.22 美国阿拉斯加州冰川湾主要演替阶段对云杉的抑制作用和促进作用（资料取自 Chapin et al., 1994）

1. 干扰在康奈尔和斯拉特耶的演替模型中扮演什么角色（图 20.18）？

2. 假设杉藻以同样的速率拓殖苏泽移除石莼和保留石莼的研究区，结果仍和演替模型一致吗？

3. 在苏泽的移除石莼实验中，杉藻的拓殖模式支持促进模型吗？

20.4 生物群落与生态系统的稳定性

生物群落之所以保持稳定是因为缺乏干扰，或受到干扰时，生物群落本身具有抵抗力或恢复力。

几个定义

关于**稳定性**（stability），最简单的定义就是缺乏改变。生物群落或生态系统维持稳定的原因有许多，其中之一就是没有干扰。比如，深海的底栖生物群落之所以长期处于稳定状态，是因为环境恒定。不过，缺乏干扰形成的稳定（如果真的存在）并不是生态学家特别感兴趣的稳定。

生态学家比较感兴趣的是，处于潜在干扰下，生物群落和生态系统如何维持稳定。因此，生态学家常将稳定性定义为生物群落或生态系统面对干扰时的持续性。稳定性由两种非常不同的特性产生，它们是抵抗力与恢复力。**抵抗力**（resistance）是指生物群落或生态系统受到潜在干扰时维持结构或功能的能力；**恢复力**是指生物群落受到干扰后能够恢复原先结构的能力。一个具有恢复力的生物群落或生态系统受到干扰后可能被完全瓦解，但是也会快速恢复到原先的状态。

生态学家对生物群落和生态系统的稳定性产生许多疑问：某些生物群落和生态系统是否具有更强的抵抗力？生物群落与生态系统的抵抗力差异取决于何种因素？某些生物群落和生态系统是否具有更强的恢复力？受到干扰后，何种因素决定生物群落结构与生态系统过程的复原速率？然而，能回答这些问题的研究不多。对生物群落与生态系统的稳定性感兴趣的生态学家面临的主要问题是：需要开展长期的详细研究。符合该要求的研究并不多，公园禾草实验是其中之一。

公园禾草实验的经验

公园禾草实验可说是所有长期生态学研究的范例。该实验在 1856—1872 年开展，实验地点位于英国赫特福德郡的洛桑实验站，目的是探讨几种施肥处理对牧草群落的产量和结构的影响。该实验大约持续了一个半世纪，中间没有中断，记录了有关群落长期动态变化的最有价值信息，为人们深入理解生物群落稳定性的本质提供了独特的视角。

乔纳森·席弗顿（Silvertown, 1987）利用公园禾草实验的资料，解决了以下问题：现在的研究无法确定生态群落是稳定的。他指出，公园禾草实验是少数几个关于陆域生物群落的研究之一，非常详细，且研究时间很长，足以验证群落的稳定性。

1862 年，研究者开始监测公园禾草实验的植物群落组成。该纪录显示植物群落保持一定程度的稳定。随着实验的进行，没有新物种在禾草地上拓殖，群落的变化是实验开始时已存在物种增减的结果。

席弗顿以群落组成的变化测量群落的稳定性，并以植物群落的物种（禾草类、豆科植物和其他）比例表示群落组成。为了避开早期的各种施肥处理，组成分析仅限于 1910—1948 年。图 20.23 为禾草类、豆科植物与其他植物物种的相对比例，它们生长在 3 种不同处理的实验区：（1）实验区 3——无施肥；（2）实验区 7——施磷、钾、钠和镁；（3）实验区 14——施氮、磷、钾、钠和镁。这 3 个实验区的植被差异主要由不同的施肥处理所致，而且是在公园禾草实验早期产生的。

每年实验区内禾草类、豆科植物和其他植物物种的比例均有差异，这主要是由降水量的差异造成的。尽管存在年差异，图 20.23 显示这 3 种植物的比例在研究期间非常相近。生物量的定量分析显示，在实验区 3 和实验区 7 中，这 3 种植物的生物量没有明显差异；在实验区 14 中，只有禾草的生物量发生轻微但显著的减少。换言之，禾草类、豆科植物和其他物种的比例十分稳定。

如果以物种研究生物群落结构，公园禾草实验的 3 大类植被的稳定性是否仍然成立？结果显示，禾草类、豆科植物与其他物种的比例仍相当稳定，但个别物种的种群变动却非常显著。迈克·多德与同事（Dodd et al.，1995）利用 1920—1979 年的调查资料研究植物种群的变化趋势。分析结果显示，有些物

种的多度增加，有些减少，有些则没有改变，还有些却先增后减（图 20.24）。

席弗顿和多德得到的结果截然不同，这说明生物群落或生态系统呈现的稳定性取决于我们如何分析它。从非常粗略的角度来看，公园禾草群落处于绝对的稳定。1856 年，实验开始时，群落为禾草群落，至今仍是如此。当席弗顿提高分析精度，将禾草类、豆科植物和其他物种分开来研究，该生物群

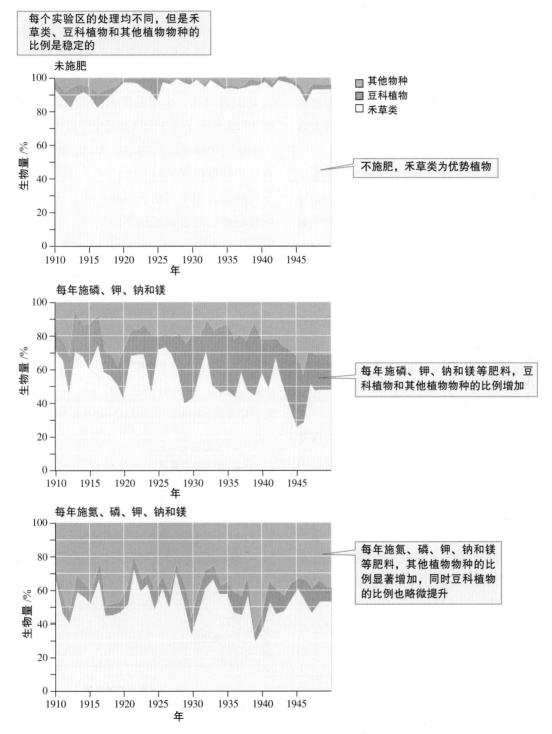

图20.23　在3种实验条件下，禾草类、豆科植物和其他植物物种的比例（资料取自Silvertown，1987）

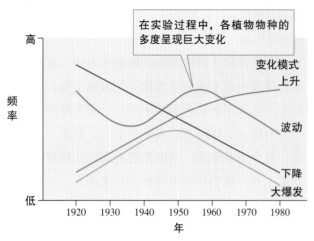

图20.24 公园禾草实验60年间的物种多度变化模式（资料取自 Dodd et al.,1995）

落仍处于稳定状态。然而，当多德及同事继续提高分析精度，研究个别物种的趋势变化时，公园禾草群落便不再呈现稳定状态了。

稳定的自然群落是否存在呢？这个问题的答案取决于测量方法。生态学家在解决有关生物群落稳定性的问题时，通常会面临几个实际问题。一般而言，要研究充分，耗时太久，这限制了重复研究的可能性。因此，解决该问题的一个办法是，选择遭受频繁干扰和具有较快恢复力的生物群落与生态系统来进行研究，如亚利桑那州的锡卡莫尔溪。这些生态系统为我们比较多次干扰后的恢复情况提供了机会。

重复干扰和沙漠溪流的稳定性

许多关于亚利桑那州锡卡莫尔溪的干扰与恢复的研究详尽地描绘了生物群落、生态系统和种群的各种反应。这些详细的描绘说明生态学家对生态稳定性细节的探索刚刚开始。其中一个研究显示，锡卡莫尔溪生态系统空间结构的抵抗力取决于生态系统恢复力的空间变异。莫里·瓦利特及其同事（Valett et al.，1994）研究锡卡莫尔溪地表水和地下水之间的交互作用，目的是探讨这种交互作用对生态系统恢复力的影响。他们假设：如果地表水和地下水存在水文联系，生态系统的恢复力较高，因为水文联系可增加氮供应量。氮之所以起控制作用，是因为氮是限制锡卡莫尔溪初级生产量的养分。

瓦利特及其同事集中研究锡卡莫尔溪的两个溪

段。它们位于中海拔区域，处于锡卡莫尔溪 500 km^2 的集水区内。瓦利特等人用水压计（piezometer）测量地表水和地下水之间的水流。水压计可测量垂直水力梯度，该梯度显示地表水和河床沉积物内部水流之间的流向。正垂直水力梯度表示水由河床流向地表，这通常发生在上升流区（upwelling zone）；负垂直水力梯度表示水由地表流向河床，这通常发生在下降流区（downwelling zone）；垂直水力梯度为 0，表示地表水和沉积物内的水流之间没有净交换，这通常发生在静水区（stationary zone）。

瓦利特及其同事沿着两个溪段测量了它们的垂直水力梯度，并绘制了水文图。研究结果显示：上游是上升流区，中游是静水区，下游是下降流区。图 20.25 显示了这 3 个区在其中一段溪流中的分布。

这两个研究溪段的地表水硝酸盐浓度直接随垂直水力梯度改变（图 20.26）。上升流区的水来自地下硝酸盐含量丰富的沉积物，故上升流区的硝酸盐浓度较高；随着水流往下游流动，经过静水区与下降流区，水中的硝酸盐浓度逐渐下降。

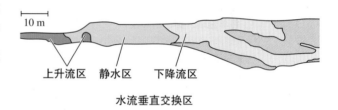

图20.25 在美国亚利桑那州锡卡莫尔溪的一个溪段内，上升流区和下降流区的分布模式（资料取自 Valett et al., 1994）

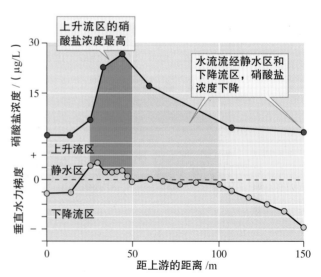

图20.26 在美国亚利桑那州锡卡莫尔溪，硝酸盐浓度和垂直水力梯度的关系（资料取自 Valett et al., 1994）

调查求证20：样本中值的变异

假设我们从一个种群内抽取样品进行观测，如果这些观测值并非正态分布，我们该怎么表示样本的变异？当我们分析正态分布观测值时，根据不同的目的，我们会选用范围、方差、标准偏差、标准误差或95%置信区间来评估与表示观测值的变异程度，但是上述这几种变异指数都不适用于非正态分布样本。

为了解决"如何表示非正态分布样本的变异"问题，我们回到第3章的"调查求证"，利用四节蜉若虫样本（表1）来加以说明。假设我们正研究这种动物种群遭受洪水干扰后的恢复情况。该样本取自特苏基溪的南部支流，特苏基溪位于美国新墨西哥州的落基山脉南麓，是一条高山溪流。在取样的前一年，取样之处曾遭受洪水干扰。

表1 在新墨西哥州特苏基溪受洪水干扰的支流中，0.1m² 溪底的四节蜉若虫数量

样方：由低到高	1	2	3	4	5	6	7	8	9	10	11	12
若虫数	2	2	2	3	3	4	5	6	6	8	10	126

下表的样本与上述样本在同一天采样，但来自同一溪流未受洪水干扰的支流。

表2 在新墨西哥州特苏基溪未受洪干扰的支流中，0.1m² 溪底的四节蜉若虫数量

样方：由低到高	1	2	3	4	5	6	7	8	9	10	11	12
若虫数	12	30	32	35	37	38	42	48	52	58	71	79

在第3章的"调查求证"中，我们确定了受干扰支流的四节蜉若虫的密度中值（表1）：

样本中值 = (4+5) /2 = 4.5

未受干扰支流的四节蜉密度中值（表2）为：

样本中值 = (38+42) /2 = 40

因此，相比受干扰支流的密度中值，未受干扰支流的四节蜉密度中值高出10倍。现在，我们该如何表示中值的变异呢？最常用的方法（如本例）是，将样本分成四等分（称为四分位，quartile），然后取最低四分位的上限值与最高四分位的下限值来代表样本的变异。它们被称为**四分位差**（interquartile range）。在表3中，我们重新将表1和表2的数据以不同的颜色划分为四分位。

表3 在新墨西哥州特苏基溪，受洪水干扰和未受洪水干扰的支流中0.1m² 溪底的四节蜉若虫数量。第1分位、第2分位、第3分位、第4分位分别涂上橘黄色、黄色、绿色和蓝色阴影

样方：由低到高	1	2	3	4	5	6	7	8	9	10	11	12
受干扰支流的若虫数	2	2	2	3	3	4	5	6	6	8	10	126
未受干扰支流的若虫数	12	30	32	35	37	38	42	48	52	58	71	79
四分位			1			2			3			4

请注意，未受干扰支流的四分位差为32～58，受干扰支流的四分位差为2～8。在每条支流的样本中，50%样方的样本观测值落于这个范围内。图1为种群的中值与四分位差，从图中可看出，它们没有重叠，那么这两个支流的密度在统计上是否存在显著差异呢？要回答这个问题，我们还需要采用另一种方法来比较非正态分布的种群样本，这将在第21章中介绍。

实证评论20

1.为什么即使样本很大，样本中值的四分位差也是不对称的？

2.为什么样本平均值的标准误差柱形图总是对称的？

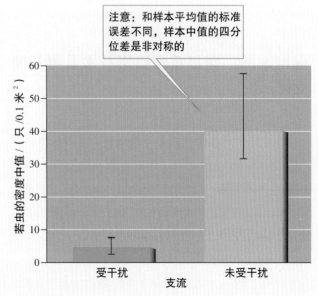

注意：和样本平均值的标准误差不同，样本中值的四分位差是非对称的

图1 在新墨西哥州特苏基溪的受干扰支流和未受干扰支流，0.1m² 底栖四节蜉若虫样本的中值和四分位差

在研究溪段的上游，高硝酸盐浓度导致藻类的生物量较高。从图 20.27 可看出，上升流区的藻类生物量累积速率高于下降流区。瓦利特及其同事利用藻类生物量的累积速率衡量生态系统受干扰后的恢复速率。由于上升流区的藻类生物量累积速率远高于下降流区，他们的结论为上升流区的恢复速率较高。这一模式支持他们的假设：上升流区的藻类群落具有较高的恢复力。

瓦利特等人也发现，当洪水彻底摧毁生物群落时，上升流区、静水区和下降流区的空间配置仍然稳定。换言之，锡卡莫尔溪溪流生态系统的空间结构对洪水具有高度抵抗力。历经无数次大洪水后，上升流区、静水区和下降流区的地理位置仍保持不变。

锡卡莫尔溪生态系统处于潜在干扰下仍保持空间稳定，这是对生态系统抵抗力的很好例证。不过，空间结构稳定性的根源是什么呢？基本上，空间稳定性可用地形学（尤其是基岩的分布）加以解释。若基岩非常贴近地表，地下水只能流向地表，锡卡

莫尔溪的上升流区就位于这种地带。由于洪水无法移动基岩，上升流区的地理位置是稳定的。由此可知，这类生态系统的稳定性由景观结构控制。生态学家若要了解锡卡莫尔溪生态系统的结构和动态，必须要考虑附近的景观结构。景观生态学正是第 21 章的主题。

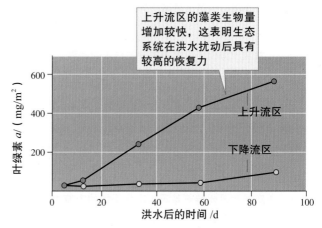

图 20.27　在洪水后，上升流区和下降流区的藻类生物量（以叶绿素 a 表示）的变化情况（资料取自 Valett et al., 1994）

概念讨论 20.4

1. 群落恢复力的根源是什么？

2. 生物分类精度——我们鉴别生物的准确度如何影响我们对群落稳定性的评估呢？

3. 瓦利特和同事采用的恢复力指数是否与博尔曼和莱肯斯的生物量积累模型一致？

应用案例：利用重复摄影技术监测长期变化

当几位研究生忙于自己的事情时，美国地质调查所（U.S. Geological Survey）的雷蒙德·特纳（Raymond Turner）和朱利奥·贝当古（Julio Betancourt）正在仔细端详一张一百多年前的沙漠景观照片。他们想在同样的地方拍摄一张相片，记录植物群落的长期改变。为此，他们必须找到同一地点，再拍摄照片。

较大的地标（如山丘和山脊）虽然可以帮助他们找到大致的位置，但他们需要更精确的参考点来找到准确的地理位置。最后，特纳在照片的前景找到一块直径约 30 cm 的漂砾。

他认为："这块漂砾应该能帮助我们接近要找的地点，那些小刺柏能帮助我们确定相机的方向。"贝当古也同意他的意见。不过，那些学生却难以相信：一个世纪过去了，他们还能找到那块漂砾与那两株刺柏。然而，根据他多年重复摄影的经验，特纳确定，尽管过去了一个世纪，他依然能在美国西南部干旱地区找到这些参考点。

经过实地考察，他们到达该处附近。仔细搜寻后，贝当古找到了那两株刺柏的残留物，它们大约死于 20 世纪后期。随后，特纳找到了那块小漂砾。他们利用几处地标作为参考

点，调整照相机的方向，然后在与一个世纪前相差不到 1 m 之处，拍下照片。

运用这一技术，特纳的研究组拍下了许多非常有价值的照片，记录了美国西南部和墨西哥西北部的植被演变过程。例如，自 1907 年起，一系列重复拍摄的照片清楚记录了墨西哥索诺拉北部麦克杜格尔（MacDougal Carter）火山口的植被变化（Turner，1990）。该火山口深 137 m，形成于 20 万年前的一次火山爆发。由于地形陡峭，该火山口没有受到人类和牲畜的影响，这层保护去除了他们观察到的植被变化包含人为干扰的可能。

1907—1984 年，研究者在麦克杜格尔火山口拍摄了一系列照片。照片中的大部分变化都非常细微，但是在照片左下角，一群巨柱仙人掌种群发生明显的改变。巨柱仙人掌在照片中细如小杆子，它们的数量在 1907 年的照片和 1959 年的照片中增加了。虽然这种变化在照片中用肉眼不易看清，但通过放大镜却看得一清二楚。

照片的近景包含更多细节。在 1959 年的照片中，当年的巨柱仙人掌生长情况欠佳，仙人掌茎有萎缩的迹象。由于这种迹象在 1984 年的照片中还能看到，可以推测这株仙人掌死于 1984—1998 年。在 1984 年的照片中，死亡的灌丛为石炭酸灌木，死亡原因显然是造成仙人掌茎部萎缩的干旱天气。

利用重复摄影技术，特纳也可以量化麦克杜格尔火山口

的植被演变，包括石炭酸灌木种群的减少及巨柱仙人掌种群的增加（图 20.28）。1907—1986 年，特纳研究区内的石炭酸灌木数量由 103 株降到 48 株；同一时间，巨柱仙人掌的数量由 38 株增至 159 株，至 1986 年又降为 140 株。

生态学家提出的许多重要问题都与生物的分布和多度变化有关。重复摄影技术容易被忽略，但可以帮助我们记录植被在过去一个世纪以来的分布和多度变化。

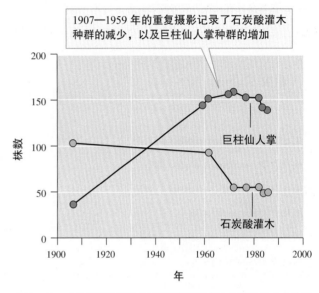

图20.28 重复摄影照相技术拍到的石炭酸灌木与巨柱仙人掌种群的变化（资料取自 Turner，1990）

——本章小结——

演替是指在一个地区遭受干扰或形成新基质后，该地区的植物、动物和微生物群落发生的改变。原生演替发生在未受到生物明显改变的新近裸露基质上。次生演替发生在扰动破坏生物群落但未破坏土壤的地区。演替最终形成顶极群落，顶极群落的种群会一直处于稳定状态，直到下一波干扰发生。

群落在演替过程中的变化包括物种多样性的增加和物种组成的改变。冰川湾的原生森林演替可能需 1,500 年，山麓高原的次生森林演替约需 150 年，潮间带的演替需要 1～3 年，而沙漠溪流的演替时间不到 2 个月。尽管演替时间存在巨大差异，但在所有这些演替序列中，物种多样性均随着时间增加。

生态系统在演替过程中的变化包括生物量、初级生产量、呼吸作用和养分固持度的变化。冰川湾的演替改变了几个生态系统属性，包括增加土层深度、有机物含量、湿度和氮含量。在同一演化序列中，土壤的几种性质，如土壤容重、pH 值和磷含量均降低。在夏威夷火山熔岩生态系统发展过程中，土壤有机质含量和氮含量在前 15 万年增加，在随后的 140 万年和 410 万年下降。土壤中的可风化磷在 2 万年时已几乎消耗殆尽，所以更老熔岩中的磷主要为耐风化磷。生态系统中的氮损失量随时间增加，磷损失量随时间递减。在

哈柏溪实验林的演替中，森林生态系统的养分固持度增加。在亚利桑那州锡卡莫尔溪流的演替中，生态系统的多个属性（包括生物量、初级生产量、呼吸量和氮含量）均发生改变。

驱动生态演替的机制包括促进作用、耐受作用和抑制作用。大多数演替研究支持促进模型、抑制模型或两者都有。促进作用和抑制作用同时发生在潮间带的演替中，也出现在森林的原生演替和次生演替中。

生物群落之所以保持稳定是因为缺乏干扰，或受干扰时，生物群落本身具有抵抗力或恢复力。生态学家一般将"稳定性"定义为生物群落和生态系统在干扰下的持续性。抵抗力是生物群落或生态系统在干扰下维持其结构或功能的能力；恢复力是生态系统在干扰后的复原能力。具有恢复力的生物群落或生态系统在干扰下可能被完全瓦解，但也可快速地恢复到原来的状态。公园禾草实验的研究显示，我们对稳定性的认识受到测量尺度的影响。锡卡莫尔溪的研究指出，恢复力有时会受到资源有效性的影响，而抵抗力则受景观结构影响。

重复摄影技术可用于观测长期的生态变化。由于大多数演替序列及大多数生物群落和生态系统需要很长时间才会对气候变化做出反应，重复摄影技术是一个有价值的工具，可帮助生态学者研究长期的生态变化。

重要术语

- 次生演替 / secondary succession　462
- 促进模型 / facilitation model　472
- 原生演替 / primary succession　462
- 抵抗力 / resistance　476
- 顶极群落 / climax community　462
- 恢复力 / resilience　476
- 耐受模型 / tolerance model　472
- 四分位差 / interquartile range　479
- 稳定性 / stability　476
- 先锋群落 / pioneer community　461
- 演替 / succession　461
- 演替序列 / chronosequence　466
- 抑制模型 / inhibition model　473

复习思考题

1. 正如我们在图 20.4 所见，约翰斯顿与奥德姆（Johnston and Odum，1956）记载，在早期植物群落为禾草类和杂草类、晚期植物群落为橡树-山核桃林的演替序列中，鸟类物种丰富度发生显著改变。试利用麦克阿瑟（MacArthur，1958，1961）的关于枝叶层高度多样性和鸟种多样性的研究，解释约翰斯顿与奥德姆观察到的多样性增加模式。

2. 图 20.5 中的物种数会无限期地保持下去吗？在苏泽的研究中，漂砾的空间大且稳定，被优势种杉藻占据，物种数为 2.3～3.5 种，而非图 20.5 中的 5 种，试解释原因。（提示：苏泽追踪大型漂砾的研究持续多久？）

3. 锡卡莫尔溪演替的多样性变异模式既不同于冰川湾的原生演替模式（图 20.1），也不同于山麓高原废耕地（图 20.3）及潮间带的藻类与藤壶的演替模式（图 20.5）。主要的差异在于，菲舍尔及其同事（Fisher，1982）在锡卡莫尔溪中观察到物种多样性先增后减，但在森林与潮间带的演替研究中，物种多样性在增加后并未出现显著减少。试问造成这种差异的原因是什么？物种的寿命差异对研究者观察到的不同模式有什么影响？（提示：试思考如果他们对生物群落进行更长时间的研究，能观察到什么结果？）

4. 在大多数森林演替研究中，包括雷内尔等人（Reiners et al.，1971）和奥思汀（Oosting，1942）的演替研究，研究者均比较不同地质年龄的研究区，该研究方法被称为"以空间换取时间"。试问这一方法的主要假设是什么？冰川湾生态系统的研究可验证其中的什么假设？为什么经常要采用这种方法？锡卡莫尔溪这样的生态系统为演替研究提供了什么便利？

5. 锡卡莫尔溪生态系统的快速演替令人印象深刻。自然选择如何影响锡卡莫尔溪生物的生命周期？假设一个溪流在每个世纪会遭遇两次洪水，那么经历一次罕见的洪水后，生物群落与生态系统多快可以恢复？请以自然选择来解释洪水对生物生命周期的影响。

6. 在有关演替机制的研究中，生态学者发现许多证据支持促进模型与抑制模型，但是支持耐受模型的证据却很少。试解释缺乏支持耐受模型证据的原因。

7. 1980 年，华盛顿的圣海伦斯火山（Mount St. Helens）爆发，创造了干扰梯度。火山口附近的浮石平原几乎被摧毁，破坏程度取决于平原与火山口的距离。试说明圣海伦斯火山附近的森林演替速率和干扰强度之间的关系。请设计一个研究来验证你的想法，包括假想的干扰区域图、研究区的位置图、要测量的变量清单、研究时间表（假设你和后继者有非常充足的时间），以及支持或否定假说的研究结果清单。

8. 生态演替常常被比喻为生物的发育，而顶极生物群落常常被比喻为超级生物。克莱门茨（Clements, 1916, 1936）是该观念的最著名倡导者。格利森（Gleason, 1926, 1939）为最早反对这种视生物群落为超级生物的观念的学者。格利森认为，物种是独立分布的，大部分的生物分布重叠纯粹是一种巧合，而非交互作用的结果。多数现代生态学者的看法和格利森的观点类似。在下面的两图中，物种沿着某环境梯度分布。哪一张图支持生物群落为超级生物的观点？另一张图如何支持格利森的"物种独立观"？（图中，A、B、C、D 代表物种沿环境梯度的分布。）

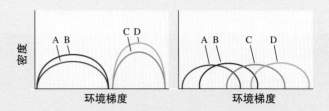

9. 在地球史上，物种因气候变化诞生和灭绝。过去的大灭绝事件曾造成超过 90% 的物种消失。关于顶极生物群落组成的长期稳定性，这种生物改变说明了什么？

10. 演替可预测生物群落与生态系统的结构变化。比较一个经常遭受干扰的生物群落或生态系统和一个未受干扰的生物群落或生态系统，试预测两者的特征。由于人口增加，生物圈受到的干扰日益增强。对此，你预测会发生什么结果？如何把中度干扰假说（第 16 章）纳入你的回答中？

第六篇
大尺度生态学

第 21 章

景观生态学

地球上的每个地区和历史上的每个阶段，人类的生存都要求人类对景观有基本的了解。在当代生态学中，**景观**（landscape）是由各种独特斑块组成的异质区；斑块被景观生态学家称为**景观要素**（landscape element），可形成镶嵌状模式。山区景观要素包括森林、草地、沼泽和溪流，城市景观则包括公园、工业区和居民区。

当我们的远祖先辈还无法清楚地定义景观时，他们的生活和活动却清楚地反映他们对景观结构和过程的了解。猎人和采集者必须熟悉他们居住的生活景观的变化。他们要知道哪里可以找到食物和草药，哪里能够发现猎物，包括猎物藏在哪里、在哪里觅食喝水，以及它们如何随季节迁徙。后来，牧民知道在哪里为牲畜寻找牧草，了解大多数牧草场的产量如何随季节、干旱年和丰雨年发生变化，还知道在哪里最有可能遭遇捕食者和其他危险（图21.1）。定居的农业生产者知道哪个区域最适合种植农作物、哪个区域最适合建果园、如何处理和塑形土地才能引导水流并避免土壤流失（图21.2）。城市建造者需要管理食物、废物和水在城市中心和周围农业、荒

图21.1　要放牧大群食草动物，必须非常了解当地景观，尤其是牧草场、水源和庇护所的位置

图21.2　农民必须对景观结构和景观过程有基础的了解。中国的水稻梯田就是人类景观工程师储存水和避免土壤流失的产物

◀ 法国普罗旺斯景观。有条理的薰衣草斑块和附近的森林斑块形成了鲜明的对比，景观结构在这种对比中非常明显。景观生态学涉及不同斑块的分布和结构，以及物质、能量和生物在斑块间的交换。

野之间的流通（图 21.3）。

随着人口造成的环境压力日益上升，人们了解景观的需求在增长，而不是下降。这种不断增长的需求产生了景观生态学这门现代科学。德国地理学家卡尔·特罗尔（Troll，1939）最早创造了这个词，此后，尽管美国亚利桑那州州立大学的邬建国和澳大利亚莫道克大学（Murdoch University）的理查德·霍布斯（Wu and Hobbs，2006）分别准确地定义了景观生态学，但目前景观生态学家仍对此持有争议。但从许多定义中，邬建国和霍布斯识别出一条可以统一这个学科的主线，并以此为基础定义**景观生态学**（landscape ecology）。他们将景观生态学定义为研究各种尺度的空间格局和生态过程相互关系的科学。尽管大多数景观生态学家都研究大空间尺度，但是景观生态学的概念已经应用到各种尺度的空间格局和生态过程中，从几米草地上的地甲虫研究（Wiens，Schooley and Weeks，1997）到几千平方千米的大规模研究。另外，景观生态学的概念已应用到陆域环境中，也应用到水域环境中。

本章阐述了景观生态学区别于其他生态学分支学科的三个方面。第一，景观生态学是高度交叉的学科。贡特尔·特雷斯、巴柏乐·特雷斯和加里·弗里（Tress，Tress and Fry，2005）指出，**交叉学科研究**（interdisciplinary research）是指多个学科的研究者在一起紧密工作，最终产生综合多个学科的结果。

图21.3 随着城市的发展，人类开始加强对景观的大尺度改造。图中是西班牙塞戈维亚的罗马高架渠，具有2,000多年历史，曾经将18km外的水传输到当地罗马古城中心

交叉学科研究包括几个学科的综合研究，或跨越自然科学的限制结合社会学和人类学的研究。第二，从一开始，景观生态学就包含了人类和人类对景观的影响。所以，在生态学家要修复退化景观时，景观生态学通常起到核心作用（应用案例，503页）。第三，景观生态学侧重于了解跨越多空间尺度的空间异质性的内容、起源和生态结果。

然而，仅仅一章内容不可能涵盖景观生态学的全部内容，我们将通过讨论景观生态学核心领域的一些研究案例来学习这个学科。在前几章中，我们讨论了种群、群落和生态系统的结构、过程和变化，在第 21 章，我们将研究景观的结构、过程和变化。

21.1　景观结构

景观结构包括景观内的斑块或景观要素的面积、形状、组成、数量和位置。生态学通常侧重研究结构与过程，景观生态学也不例外。我们都熟悉生物的结构或解剖学。在第 9 章中，我们讨论了种群的结构；在第 16 章和第 20 章中，也提到了群落和生态系统的结构。然而，景观结构的组成要素是什么呢？**景观结构**（landscape structure）主要由景观内的斑块或景观要素的面积、形状、组成、数量及位置构成。当你环顾某景观时，通常可辨认该景观内的斑块。这些斑块是不同的生态系统，由树林、农田、池塘、沼泽或城镇组成。生态学家定义**斑块**（patch）为与周围环境不相同的相对异质区，如被农田环绕的森林。景观内的不同斑块呈镶嵌状，形成景观结构。这种镶嵌状的背景被称为**基质**（matrix）。基质是景观中空间连续性最大的元素。

景观生态学中最大的问题是生态学家须量化景观结构。下面的例子将说明如何量化景观结构，有些景观结构若未经量化，则不易察知。

俄亥俄州 6 处景观的结构

G. 鲍恩和 R. 伯吉斯于 1981 年发表了一篇量

化分析美国俄亥俄州几处景观的文章（Bowen and Burgess, 1981）。这些景观由森林斑块和森林周围的各种生态系统组成。图21.4为他们所分析的6个10 km×10 km的区域。细看这几张图，你会发现，这些以邻近城镇来命名的景观的森林总覆盖率、森林斑块数、斑块平均面积及斑块形状存在非常大差异。有些景观的森林覆盖率很高，有些则非常低；有些森林斑块面积较小，有些则较大；有些景观的森林斑块形状长且窄，有些则相当宽。尽管这些差异清晰可见，但除非加以量化，否则难以精确地描述。

首先，我们看一下森林的覆盖率。6个景观的森林覆盖率差异很大。康科德（Concord）景观的森林覆盖率最低，只有2.7%；华盛顿州景观的森林覆盖率最高，为43.6%。这两个极端的差异十分清楚，但那些不怎么明显的差异该如何辨别呢？再比较图21.4中的门罗（Monroe）和萨默塞特（Somerest），哪个景观的森林覆盖率更高，高多少？萨默塞特的森林覆盖率为22.7%，是门罗森林覆盖率的2倍，而门罗的森林覆盖率只有11.8%（图21.5）。这些实质差异说明某些森林物种的存活和局部灭绝也存在差异。

接着，我们来看一下各景观的森林斑块面积。同样地，各个景观的森林斑块面积中值差异颇大。最小的是门罗景观，其森林斑块面积中值为3.6 km^2，康科德景观为4.1 km^2，最大的是华盛顿景观。

我们再仔细观察图21.4，估算哪个景观的森林斑块数最多或密度最大。萨默塞特景观共有244个森林斑块，斑块密度最高；门罗景观共有180个森林斑块，密度位居第二。非常明显的是，康科德景观仅有46个森林斑块，密度最低；波士顿景观共有86个斑块，森林斑块密度位居第五。

我们再看看景观结构的更微小特征——斑块形状。鲍恩与伯吉斯通过计算斑块周长与圆形（圆形

量化景观结构可以揭示视觉不易直接辨认的景观特征。试量化描述下列景观的视觉印象，并与图21.5和图21.6显示的一些属性进行比较

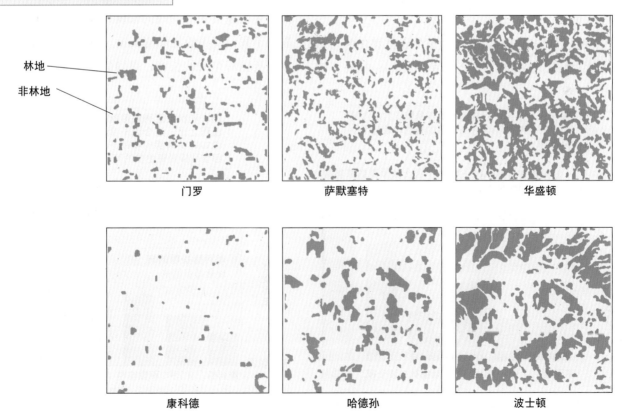

林地
非林地

门罗　　　　　　　萨默塞特　　　　　　华盛顿

康科德　　　　　　哈德孙　　　　　　　波士顿

图21.4　俄亥俄州的6个景观。图中的深绿色代表森林斑块（资料取自Bowen and Burgess, 1981）

的面积与该斑块面积相等）周长之比，量化斑块形状。计算公式如下：

$$S = \frac{P}{2\sqrt{\pi A}}$$

式中，S 为斑块形状；P 为斑块周长；A 为斑块面积。

如何利这个指标来诠释斑块形状呢？若 S 接近于 1，则斑块近似圆形；S 越大，表示斑块越狭长，即与面积相比，斑块的周长更大。换句话说，这些斑块的边缘栖息地多于内部栖息地。

就像森林斑块被农田包围一样，栖息地斑块并没有明显界限。这些栖息地的边缘地带为**生态过渡带**（ecotone），具有一种生态系统向另一种生态系统过渡的物理特征和生物特征。生态过渡带中混合栖息着两个生态系统的物种和生态过渡带的特有物种。因此，生态过渡带通常是具有特殊生态条件的区域。与生态过渡带两边的生态系统相比，生态过渡带的物种丰富度更高，这一现象为**边缘效应**（edge effect）。生态过渡带的物种被称为边缘物种，远离生态过渡带而生活在生态系统内部的物种为内部物种。我们会在第 23 章再讨论生态过渡带的生态意义（544 页）。

鲍恩与伯吉斯计算每个景观的森林斑块的形状（S），并确定它们的形状中值（median shape，图 21.6）。康科德景观的 S 中值为 1.16，森林斑块形状最圆；华盛顿景观的 S 中值为 1.6，斑块形状最不圆。我们在下一节中将会看到，景观生态学家已发展出比鲍恩与伯吉斯的经典方法更好的方法来表示景观结构。

一直以来，几何学即大地测量学（earth measurement）仅能对复杂的景观结构进行粗略的描述。如今，一个名为“分形几何”（fractal geometry）的新数学领域可以帮助我们量化复杂的自然形状的结构。分形几何由贝努瓦·曼德尔布罗特（Mandelbrot，1982）提出，可以描述蕨类、雪花和景观斑块等自然景物的形状，为我们了解自然结构提供独特的视角。

景观分形几何

在分形几何的发展过程中，曼德尔布罗特提出一个看似非常简单的问题：“英国的海岸线有多长？”这相当于估算一个景观斑块的周长。仔细思考这个问题，一开始，我们觉得只有一个准确答案，正如正方形或圆形具有光滑轮廓，它们的周长也只有一个准确的数字。然而，要估计某些复杂形状的周长，结果往往取决于测量仪器的大小。换句话说，如果要测量英国海岸线的长度，你会发现测量结果取决于我们使用的量尺的长短。如果以 1km 的尺子测量英国海岸线的长度，得到的估计值必小于你用

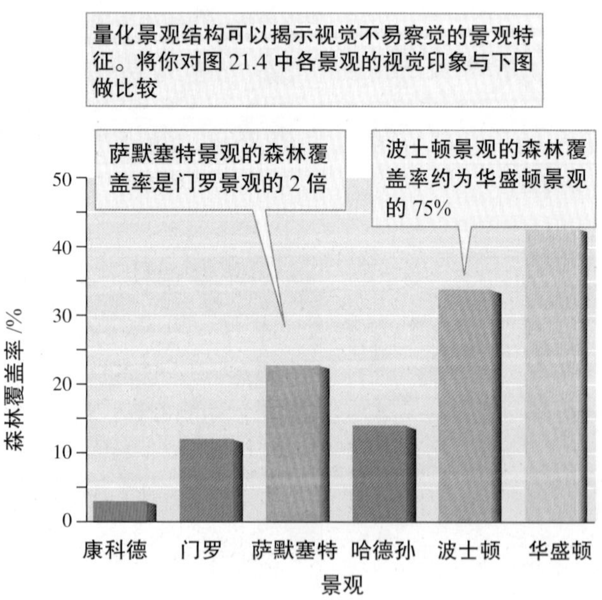

量化景观结构可以揭示视觉不易察觉的景观特征。将你对图 21.4 中各景观的视觉印象与下图做比较
萨默塞特景观的森林覆盖率是门罗景观的 2 倍
波士顿景观的森林覆盖率约为华盛顿景观的 75%
森林覆盖率 /%
0
10
20
30
40
50
康科德
门罗
萨默塞特
哈德孙
波士顿
华盛顿
景观

图 21.5　俄亥俄州 6 个景观的森林覆盖率（资料取自 Bowen and Burgess,1981）

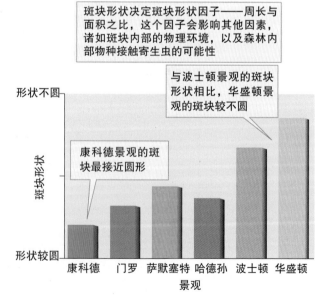

斑块形状决定斑块形状因子——周长与面积之比，这个因子会影响其他因素，诸如斑块内部的物理环境，以及森林内部物种接触寄生虫的可能性
与波士顿景观的斑块形状相比，华盛顿景观的斑块较不圆
康科德景观的斑块最接近圆形
形状不圆
斑块形状
形状较圆
康科德
门罗
萨默塞特
哈德孙
波士顿
华盛顿
景观

图 21.6　俄亥俄州 6 个景观中森林斑块的相对形状（资料取自 Bowen and Burgess,1981）

100 m 量尺测量的结果；若使用 10 cm 的尺子来测量海岸线，得到的周长可能更长。为什么使用大量尺测量反而得到较小的估计值？原因是它会忽略海岸线上的许多隐蔽角落和缝隙。这些细微的地形必须通过小量尺才能测得。

对于英国海岸线的长度问题，曼德尔布罗特的回答是："海岸线长度取决于你测量的尺度！"思考该发现对生物的意义，我们便可了解这个发现在生态学上的重要性了。布鲁斯·米尔恩（Milne，1993）曾测量过阿拉斯加东南部海岸阿德默勒尔蒂岛（Admiralty Island）的海岸线长度。他利用岛上两种极为不同的栖息动物——白头海雕［图 21.8（b）］和藤壶进行测量。

米尔恩要研究测量工具的长度如何影响该岛海岸线的长度。图 21.7 的横轴为量尺的长度，纵轴为海岸线的估算长度。图中各点连成的直线向右下角倾斜，这正如曼德尔布罗特所说：量尺的长度越大，海岸线的估计值越小。

白头海雕和藤壶采用什么"量尺"呢？在该岛上，白头海雕巢的分布距离约为 0.782 km。利用这一巢距为测量单位，我们便可通过白头海雕在该岛上的领域范围估计海岸线长度。与之相反，藤壶是定栖动物，通常在直径 1 cm 至数厘米的基质上活动。它们只需一个小小的固体表面附着，通常并排聚集在岩岸边，因此米尔恩估计一只藤壶占领的海岸线长度仅为 2 cm（0.00002 km）。

米尔恩假设白头海雕以 0.782 km 的量尺测量该岛的周长，而藤壶以 0.00002 km 的量尺测量。

他以白头海雕量尺估测的海岸线仅为 760 km。然而，若以藤壶的小尺来测量，海岸线的长度超过 11,000 km！任何一个人都能想象：藤壶种群可"看到"空间更复杂的阿德默勒尔蒂岛。不过，若不是通过曼德尔布罗特的分形几何概念，我们很难预测到以白头海雕和藤壶为量尺计算的海岸长度分别为 760 km 和 11,000 km，差距如此之大。最后在研究结论中，他提出了一个富有挑战性的问题：若以原油分子测量，阿德默勒尔蒂岛的海岸线有多长？这个海岸长度决定了彻底清除类似"瓦尔德兹"号

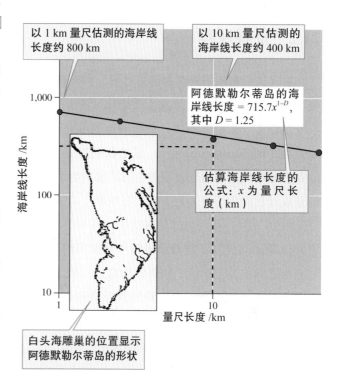

图 21.7　阿拉斯加州阿德默勒尔蒂岛的海岸线长度与量尺长度之间的关系（资料取自 Milne，1993）

(a)

(b)

图 21.8　景观透视图。分形几何告诉我们，依据（a）油轮（如"瓦尔德兹"号邮轮）泄漏的原油分子估测的海岸线长度长于根据（b）白头海雕估测的长度

（*Exxon Valdez*）油轮这样的漏油［图21.8（a）］所需的成本。

和其他学科一样，描绘景观结构（如阿德默勒尔蒂岛的海岸线长度，或俄亥俄州森林斑块的面积、形状及数目）并不是最终的目的。景观生态学家之所以研究景观结构，是因为景观结构会影响景观过程和景观变化。景观过程和景观变化是我们下一节要讨论的主题。

── 概念讨论 21.1 ──■

1. 在图 21.4 所示的景观中，哪些是斑块，哪些是基质？

2. 由于森林砍伐和森林栖息地的分裂破碎，北美洲东部的许多森林鸟类种群已经大幅减少（图21.4），而开阔草地上鸟类种群则非常兴盛。从景观的角度分析，森林演替（第20章，461～464页）如何改变这一现状？

21.2 景观过程

景观结构影响景观内的诸多过程，如能量流动、物质循环和物种移动。 景观生态学家研究景观生态系统的面积、形状、组成、数目和位置如何影响**景观过程**（landscape process）。虽然我们对景观过程的熟悉程度低于对生理过程和生态系统的熟悉程度，但景观过程产生了许多重要的生态现象。从第20章（图20.26）中，我们知道景观结构，特别是浅层基岩的位置如何控制亚利桑那州锡卡莫尔溪地下水和地表水之间的养分交换、如何影响地方初级生产率。在下面的例子中，我们可以看到景观结构如何影响其他重要的生态过程，如生物的扩散、地方种群的灭绝，以及湖水与地下水之间的水流动。

景观结构与哺乳动物的扩散

景观生态学家提出，景观结构（尤其是栖息地斑块的面积、数量及隔离度）会影响生物在合适的栖息地间的移动。举例来说，在美国西南部和墨西哥北部的隔离山脉中，沙漠大角羊种群个体在山岭间的移动非常频繁（图21.9）。沙漠大角羊亚种群分布在加州南部沙漠等地区形成集合种群。个体在亚种群之间的移动速率显著地影响景观内物种的持久性。

人类活动往往造成栖息地的破碎化，比如兴修的马路穿过森林，房地产开发减少灌丛林地或砍伐热带雨林兴建牧场。由于栖息地破碎化日益严重，生态学家开始研究景观结构如何影响生物的移动，

(a)

(b)

图21.9 破碎的景观。(a) 美国西南部及墨西哥北部小而隔离的山脉为 (b) 沙漠大角羊种群提供了岛状栖息地。大角羊在这些山脉间的移动非常频繁

它们的移动情况或许能说明种群的持续性与局部灭绝之间的差异。

詹姆斯·迪芬多弗、迈克尔·盖恩斯及罗伯特·霍尔特（Diffendorfer, Gaines and Holt, 1995）研究斑块的大小如何影响 3 种小型哺乳动物的移动。它们分别是：刚毛棉鼠（*Sigmodon hispidus*）、橙腹草原鼠（*Microtus ochrogaster*）及北美鹿鼠（*Peromyscus maniculatus*）。迪芬多弗等人在堪萨斯州（Kansas）选取 12 hm² 的草原景观，分成 8 个 5,000 m² 的小研究区，并以持续割草的方式将这些小研究区的草原植被分成 3 种破碎景观（图 21.10）。其中，破碎度最低的研究区包含 1 个 50 m × 100 m 的大斑块；中度破碎的研究区包含 6 个 12 m × 24 m 的中斑块；破碎最严重的研究区包含 10 个或 15 个 4 m × 8 m 的小斑块。

迪芬多弗等人预测，在由小栖息地斑块组成的破碎景观内，动物移动的范围最远，因为它们只有走得更远，才能找到交配的对象、食物与庇护所。他们也预测，这些动物在比较隔离的斑块中的停留时间更长。因而，动物移动的比例随着栖息地破碎度的增大而降低。

1984 年 8 月—1992 年 3 月，研究人员每月两次通过薛门氏鼠笼（Sherman live trap）活捉啮齿动物，监测研究区的种群量。他们还会标记新捉到的啮齿动物。经过 8 年的研究，迪芬多弗、盖恩斯与霍尔特积累了 23,185 次捕获记录的资料。他们以此资料重建个体动物的移动历史，验证他们先前的预测。他们采用均方距离（mean square distance）来衡量个体的活动范围（home range）和描述动物的移动。活动范围是指一只动物每天活动涵盖的区域。

在他们研究的 3 种哺乳动物中，有 2 种哺乳动物的行为支持他们的假说：在越破碎的景观内，小型哺乳动物移动的距离越远。正如他们的预测，北美鹿鼠及橙腹草原鼠生活在小斑块内。与中、大斑块内的个体相比，它们移动的距离较远（图 21.11）。然而，刚毛棉鼠在中斑块及大斑块中的移动距离没有显著的差异。

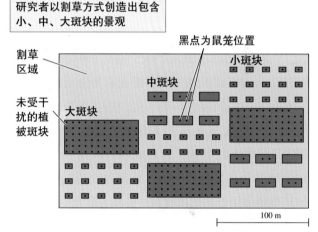

图 21.10　为研究小型哺乳动物的移动而设计的实验景观（资料来自 Diffendorfer, Gaines and Holt, 1995）

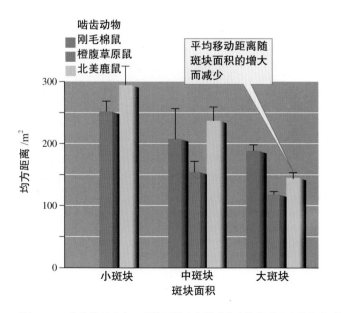

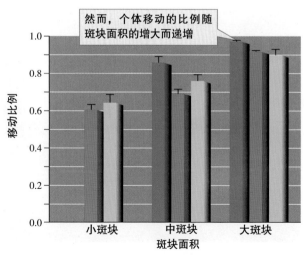

图 21.11　在实验景观内，斑块面积对小型哺乳动物移动距离的影响（资料取自 Diffendorfer, Gaines and Holt, 1995）

这 3 种动物在 5,000 m² 研究区里的移动比例表明，动物会因栖息地的破碎化而减少移动（图 21.11）。刚毛棉鼠在大斑块内的移动比例远高于在中斑块内的移动比例，但由于在小斑块内捕获的刚毛棉鼠样本数太少，他们无法统计分析刚毛棉鼠在小斑块内的移动比例。大部分北美鹿鼠与橙腹草原鼠在中、大斑块内的移动比例高于在小斑块内的移动比例。

总之，该实验表明景观结构与生物在景观内的移动具有可预测的关系。正如下面的例子所示，生物在景观内的移动对地方种群的持续性产生极其重要的影响。

栖息地斑块面积、隔离度与蝴蝶的种群密度

伊尔卡·汉斯基、米科·库萨里及马尔科·涅米宁（Hanski, Kuussaari and Nieminen, 1994）发现，格兰维尔庆网蛱蝶的地方种群密度显著地受到栖息地斑块面积和隔离度的影响。他们在芬兰西南部的奥兰岛上研究庆网蛱蝶的集合种群。研究区为面积 15.5 km² 的乡村景观，由小农场、耕地、牧场、草甸和树林构成（图 21.12）。草甸和牧场内生长着适宜该蝴蝶幼虫食用的植物——长叶车前草。

研究区包含 50 个潜在的栖息地斑块。1991 年，其中的 42 个斑块都被庆网蛱蝶占据，每个斑块的面积为 12～46,000 m²，可养育 0～2,190 只蝴蝶。每个栖息地斑块与其他斑块之间的隔离度不

尽相同，蝴蝶占据的相邻斑块之间的最近距离为 30～1,600 m。不过，汉斯基及其同事发现，在统计学上，相邻斑块间的距离与斑块内的蝴蝶数量是表示斑块隔离度的最佳指标。

栖息地斑块的面积影响着种群量和种群密度。栖息地斑块内的总种群量随着斑块面积的增大而递增，但种群密度随着斑块面积的增大而递减（图 21.13）。因此，虽然大栖息地斑块的蝴蝶个体多于小栖息地斑块的蝴蝶个体，但前者的种群密度反而较低。

研究团队还发现，在隔离度高的斑块内，蝴蝶的密度较低。隔离度之所以会影响地方种群密度，是因为部分地方种群是依靠其他斑块的庆网蛱蝶的迁入来维持的。例如，研究者在某斑块采样 1 个星期后发现，在重复捕获的蝴蝶中，15% 雄蝶和 30% 雌蝶来自周围的几个斑块。

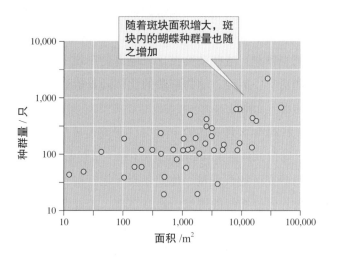

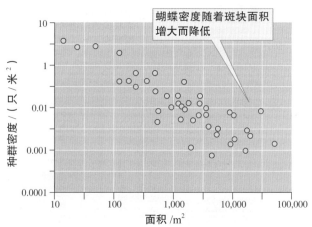

图 21.13　在芬兰奥兰岛的一个景观中，栖息地斑块面积与庆网蛱蝶种群量及密度的关系（资料取自 Hanski, Kuussaari and Nieminen, 1994）

图 21.12　芬兰西南部的大部分景观由牧场、草甸与树林构成

这个实验表明，斑块面积和隔离度强烈地影响庆网蛱蝶的种群量和种群密度。根据这些模式，我们可以得到以下结论：景观结构对于了解庆网蛱蝶的分布与多度非常重要，而且影响地方种群的持续性。1991—1992年，汉斯基和他的同事记录到3个地方种群的灭绝和5个新栖息地斑块的拓殖。所有这些灭绝和新拓殖都发生在小斑块的小种群中。

上述迪芬多弗等人和汉斯基团队的研究表明，生物的移动与地方种群的特征均受到景观结构的影响。

栖息地廊道与生物的移动

一直以来，有一个办法可减少破碎化和隔离度对种群的负面影响，那就是通过廊道（corridor）将许多破碎栖息地连接起来。廊道的环境应该和栖息地的环境相似。不管该方法的逻辑是否有问题，支持栖息地廊道有效促进斑块间的生物移动的证据还不足，实验证据尤其缺乏。不过近年来，有几个研究已经填补了这个空白，帮助我们了解栖息地廊道对生物移动的影响。

尼克·哈达德与克里斯汀·鲍姆研究了廊道如何影响蝴蝶在早期演替栖息地内的移动（Haddad，l999；Haddad and Baum，1999）。他们的研究区位于南加州国家环境研究公园内的萨凡纳河基地（Savannah River Site）。他们在树龄为40～50年的松树老林内创造了开阔的栖息地斑块。每个斑块都是正方形，边长为128 m，面积为1.64 hm^2，与附近林业砍伐区的大小相近。在萨凡纳河基地工作人员的协助下，哈达德和鲍姆建立了27个开阔斑块，其中的8个是隔离斑块，其余的19个斑块则通过开阔的廊道连接起来。每个斑块内的树木都被清除，且灌木残材均被烧毁。

研究蝴蝶在斑块间的移动时，哈达德（Haddad，1999）以鹿眼蛱蝶（*Junonia coenia*）及杂色�蝶（*Euptoieta claudia*）为主要的研究对象。它们均是栖息地内早期演替的特化种。哈达德用标记重捕技术研究蝴蝶的移动。他共标记了1,260只鹿眼蛱蝶和189只杂色翅蝶。后来，他重新捕到239只鹿

眼蛱蝶和47只杂色翅蝶。他的结果清楚地显示，廊道能增加这两种蝴蝶在不同斑块间的移动频率。在另一个对比研究中，哈达德和鲍姆（Haddad and Baum，1999）同样发现，这两种蝴蝶在廊道连接的开阔栖息地内的密度比较高（图21.14）。

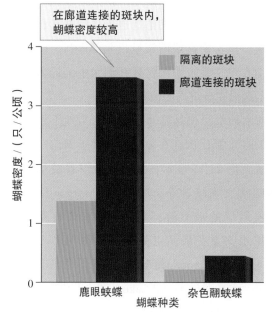

图21.14 在开放廊道连接的早期演替斑块内或松树林隔离的斑块内，鹿眼蛱蝶与杂色翅蝶的种群密度（资料取自Haddad and Baum，1999）

然而，在萨凡纳河基地内，廊道对生物在开阔斑块间移动的影响，并不只限于蝴蝶种群。由10位调查人员（Tewksbury et al.，2002）组成的一个团队开展了另一个研究。他们的结果也显示，鹿眼蛱蝶及杂色翅蝶在廊道连接的斑块间的移动速率更快。另外，他们还发现，在廊道连接的斑块中，植物依靠鸟类传播种子和授粉，具有较高的授粉率和种子传播率。总而言之，这些研究都表明，栖息地廊道有助于生物个体在隔离的破碎栖息地间移动。

我们从下一个例子看到，景观结构还会影响生态系统的化学性质与物理性质。

景观位置与湖水化学

凯瑟琳·韦伯斯特及其同事（Webster et al.，1996）在威斯康星大学的湖沼学中心和美国地质调查所（U. S. Geological Survey）探讨湖泊在景观中的位置如何影响湖泊对干旱的化学反应。干旱可影

响湖泊生态系统的许多方面，包括养分循环与溶解质离子的浓度。然而，每个湖泊对干旱的反应都不相同。例如，干旱增加了加拿大安大略实验湖区第239号湖泊的溶解质浓度，却降低了美国密歇根州内文斯湖 (Navins Lake) 的溶解质浓度。

韦伯斯特团队着手研究：湖泊在景观中的位置是否可以解释这两个湖泊遭遇干旱时截然相反的化学反应。该实验在威斯康星州北部进行。研究者根据湖泊在水文系统中的位置和湖水中的地下水比例来确定湖泊在景观内的位置。

湖泊的水源包括降水、地表水与地下水，不同湖泊的各水源比例存在差异，取决于湖泊在景观中的位置。图21.15 显示一系列湖泊沿着威斯康星州北部的水文系统分布。摩根湖（Morgan Lake）位于水文系统的最上游，大部分湖水来自降水。这种占据水文系统最高点的湖泊被称为水文顶端湖（hydrologically mounded lake），它们也是下游湖泊的水源。水晶湖（Crystal Lake）和火花湖（Sparkling Lake）位于水文系统的中游，水源主要为地下水，所以这些湖泊被称为地下水流通湖。最后，水文系统的最下游是排水湖（drainage lake），它们的水源为地表水和地下水。韦伯斯特等人认为摩根湖中没有地下水，而位于水文系统最低点的鳟鱼湖 (Trout Lake) 的35% 湖水来自地下水。

韦伯斯特等人在1986—1990年研究这7个湖泊对干旱的反应。在这4年的干旱期间，湖泊的水位均出现下降。不过，湖泊水位的下降程度与湖泊在景观中的位置有关（图21.16）。位于最上游的摩根湖，水位下降了0.7 m；位于水文系统中游的范德库克湖（Vandercook Lake）、大梭鱼湖（Big Muskellunge Lake）、水晶湖及火花湖，水位则下降了0.9～1.0 m；位于水文系统下游的鳟鱼湖和亚勒夸虚湖（Allequash Lake），水位略微下降。

此外，景观位置也显著影响湖泊对干旱的化学反应。多数湖泊的溶解质离子浓度（如 Ca^{2+}、Mg^{2+}）逐渐增加，但浓度增加最多者为水文系统两端的湖泊。然而，只有水文系统下游的3个湖泊中的 Ca^{2+} 与 Mg^{2+} 含量增加了，而位于水文系统最高位的摩根湖没有任何变化，中游湖泊的 Ca^{2+} 与 Mg^{2+} 含量要么

下降，要么维持不变（图21.16）。

研究人员的结论是：水文系统下游湖泊中的 Ca^{2+} 与 Mg^{2+} 含量之所以增加，是因为地下水和地表水的比例增加。地下水和地表水均富含 Ca^{2+} 与 Mg^{2+}。因此，大梭鱼湖的 Ca^{2+} 与 Mg^{2+} 含量减少，可能是因为湖中的地下水流入量减少。摩根湖水中的 Ca^{2+} 及 Mg^{2+} 含量能维持稳定的原因是：即使在湿季，也没有地下水注入。无论确切的机制是什么，这些湖泊对干旱的化学反应均与它们的景观位置密切相关。

我们在本章第一节回顾了景观结构的概念，在本节则探讨了景观结构和景观过程的关系。不过，

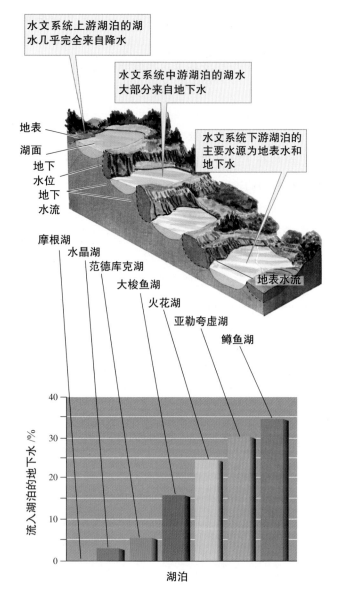

图21.15 湖泊在景观中的位置及湖泊中的地下水比例（资料取自 Webster et al., 1996）

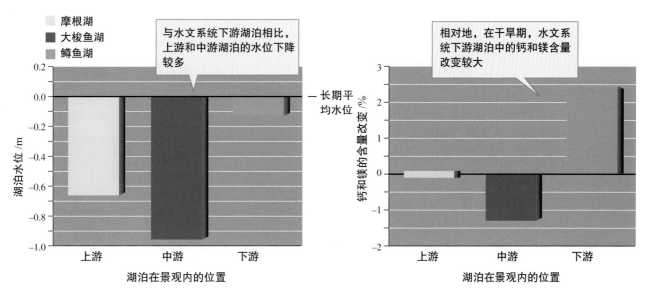

图21.16　湖泊在水文系统内的位置与湖泊对重干旱的反应（资料取自 Webster et al.，1996）

究竟是什么创造了景观结构？和种群、群落、生态系统的结构一样，景观结构会随动态过程之间的交互作用而变化。我们将在下一节讨论景观结构及其变化的根源。

调查求证 21：利用秩和检验比较两个样本

假设我们正在研究森林和溪流之间的有机物交换，该景观包含落叶林和针叶林两种镶嵌斑块。研究的目标是检验流经落叶林斑块与针叶林斑块的溪流的有机碎屑含量是否存在差异。在研究初期，我们随机测量两条溪流的有机碎屑含量，以每平方米的碎屑干重（g）来表示。其中的一条溪流流经落叶林斑块，另一条溪流流经针叶林斑块。

测量序号	1	2	3	4	5	6	7
落叶林斑块	40.6	34.2	366.5	26.9	23.1	42.8	51.1
针叶林斑块	161.1	123.5	182.3	216.6	110.9	121.2	542.4

我们的假设是：有机碎屑含量在两条溪流中没有差异。从以上数据可以看出，溪流中的有机碎屑含量并非正态分布，所以样本平均值无法准确地反映每平方米的有机碎屑含量，同时 t 检验也不适用，所以只能选择采用不要求样本满足正态分布的统计方法。另外，要比较的是样本中值而非样本平均值。曼－惠特尼检验（Mann-Whitney test）即秩和检验就是这类统计方法之一。这种方法并非直接统计比较测量值，而是将两个种群的测量值或观察值排序后再做比较。以下便是上表中的数据按从小到大顺序排序后的结果：

测量值（落叶林）	排序	测量值（针叶林）	排序
23.1	1	110.9	7
26.9	2	121.2	8
34.2	3	123.5	9
40.6	4	161.1	10
42.8	5	182.3	11
51.1	6	216.6	12
366.5	13	542.4	14
$n_d = 7$	$T_d = \sum$ 序号 $= 34$	$n_c = 7$	$T_c = \sum$ 序号 $= 71$

现在我们可以计算这两个溪流的曼－惠特尼统计值 U，先从流经落叶林的溪流开始：

$$U_d = n_d\, n_c + \left[\frac{n_d\,(n_d+1)}{2}\right] - T_d$$

$$= 7 \times 7 + \left[\frac{7 \times (7+1)}{2}\right] - 34$$

$$= 49 + 28 - 34$$

$$= 43$$

流经针叶林溪流的曼 – 惠特尼统计值可以采用同样方法计算：

$$U_c = n_d\, n_c + \left[\frac{n_c\,(n_c+1)}{2}\right] - T_c$$

或者简化为：

$$U_c = n_d\, n_c - U_d$$

$$= 7 \times 7 - 43$$

$$= 6$$

然后将上述两个曼 – 惠特尼统计值的较大者与临界值表（附录 A.2，555 页）做比较。实际的临界值由显著性水平（通常为 $P < 0.05$）以及样本数 n_1 和 n_2 来决定。在本例中，$n_d =$ 7 和 $n_c = 7$。查表 A.2，曼 – 惠特尼检验统计的临界值是 41。由于 U_d 为 43，大于 41，我们便可推翻"两个溪流的有机碎屑含量相同"的假设，并知道两条溪流的有机碎屑含量存在差异。

实证评论 21

根据这个研究，我们是否可以得到以下结论：流经落叶林与针叶林的溪流的有机碎屑含量不同？

── 概念讨论 21.2 ──────■

1. 根据图 21.11 揭示的模式，北美大草原栖息地的破碎化对刚毛棉鼠、橙腹草原鼠和北美鹿鼠种群的相对影响是什么？

2. 栖息地廊道可广泛地用于保护隔离栖息地斑块内的生物种群，为什么？

3. 栖息地廊道提高了栖息地斑块间的个体交换，这是否存在潜在风险呢？

21.3 景观结构和景观变化的根源

景观结构与景观变化是景观对地质过程、气候、生物活动及火灾的反应。景观内的斑块是如何形成的？其实，它们的形成归结于众多力量的综合作用。在本节中，我们将回顾一些实例，讨论地质过程、气候、生物活动及火如何创造景观结构。

地质过程、气候与景观结构

地质过程（如火山活动、沉积作用和冲蚀作用）产生的地质特征是景观结构的主要成因。举例来说，沿着河谷沉积的冲积物不同于附近山丘上薄且排水性好的土壤；沙质平原中的火山岩屑锥也与周围的平原不同。这些地质表面均可能发展出截然不同的生态系统，并在景观中形成不同的斑块。下面，我们将在索诺拉沙漠景观中看到截然不同的土壤如何形成不同的植被斑块。

索诺拉沙漠的土壤与植被的镶嵌景观

索诺拉沙漠内有狭长的山脉，其间点缀着盆地与峡谷。其中的许多山脉和盆地由 1,200 万 ～ 1,500 万年前的地壳运动形成。随着山脉隆起、相邻盆地下沉，山坡上的物质被冲蚀，沉积于周围盆地内，形成山麓冲积平原（bajada）或斜坡平原（sloping plain）。这些沉积物的厚度可达 3 km。

从远处看，索诺拉沙漠的斜坡平原仿佛没有变化，特别是在起伏的沙漠山丘衬托下。不过，约瑟夫·麦考利夫（McAuliffe，1994）发现，亚利桑那州图森市附近的山麓冲积平原包含了复杂的**地貌**（landform）。他的研究显示，过去 200 万年间发生的间歇性冲蚀作用和堆积作用造就了今日的复杂景观。

为了了解土壤和植物分布，麦考利夫在 3 座山脉的山麓冲积平原上设置了研究区。他发现，在这 3 个研究区内，土壤类型与植物分布存在巨大差异，且与土壤年龄和结构密切相关。

让我们来看看麦考利夫在图森山脉北端的山麓冲积平原发现了哪些土壤类型。在图 21.17 中，从左往右，首先映入眼帘的是更新世早期的土壤，土壤年龄为 180 万～190 万年；接着，沿山麓冲积平原往北，即图 21.17 的右侧，是形成于更新世中晚期的土壤，它们也历经了数十万年的岁月；接下来的是全新世土壤，沉积时间不到 11,000 年，且与名为野马冲刷（Wildhorse Wash）的间歇性沙漠河道水流有关。全新世土壤附近是更新世晚期的土壤，它们形成于 25,000～75,000 年前。

在这几千米的范围内，麦考利夫共发现 4 种土壤的斑块，它们的年龄分别是：（1）约 200 万年；（2）几十万年；（3）几万年；（4）低于 11,000 年。由于土壤形成所需时间漫长，这些土壤不仅年龄差异极大，结构差异也很大。图 21.18 为麦考利夫绘制

图21.17 亚利桑那州图森山脉的冰水沉积平原或山麓冲积平原的土壤年龄。不同颜色表示景观中不同土壤的位置（资料取自 McAuliffe，1994）

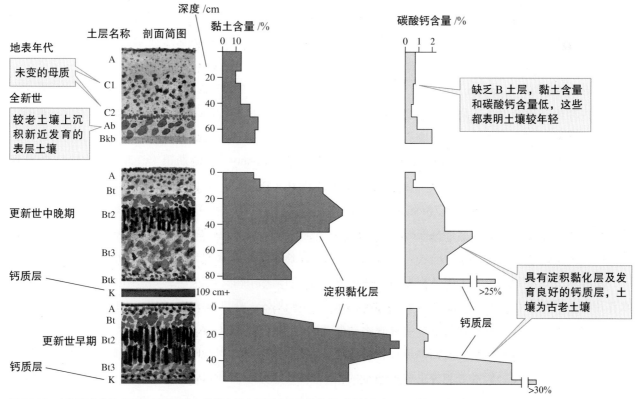

图21.18 在图森山脉的山麓冲积平原中，沙漠土壤由新到老的结构特征（资料取自 McAuliffe，1994）

的全新世、更新世中晚期和更新世早期的土壤剖面。全新世的土壤含较少黏土和碳酸钙（CaCO₃），土层发育也较差，缺乏由 $CaCO_3$ 沉淀形成的沙砾土层（钙质层）。与全新世土壤相比，更新世中晚期土壤的黏土含量更高，而更新世早期土壤的黏土含量最高。这些古老土壤剖面中的黏土层被称为**淀积黏化层**（argillic horizon）。更新世早期土壤、更新世中晚期土壤都含较多 $CaCO_3$，形成一层厚厚的钙质层。

土壤结构的差异影响了多年生植物在整个图森山脉山麓冲积平原的分布（图 21.19）。麦考利夫发现，石炭酸灌木及豚草（*Ambrosia deltoidea*）的相对多度形成多年生植物的分布变异，而且植物分布与不同年龄的土壤分布非常一致。例如，豚草多生长在更新世中晚期土壤上；石炭酸灌木则是全新世土壤及更新世早期土壤的优势植物；其他多年生植物为更新世早期冲蚀边坡上的优势物种。此外，气候也会影响景观结构。

气候与景观结构

麦考利夫的土壤研究表明，气候同样影响土壤的形成。沿着图森山脉东部的山麓冲积平原，我们可看到土壤呈镶嵌状分布，这些冲积平原由洪水冲蚀下来的沉积物斑块组成。在 200 万年前到 11,000 年前的大暴雨中，洪水及冲蚀作用形成了这类沉积物。从山坡上冲蚀下来的物质沉积在周围的冲积平原中，形成冲积层（alluvium）。

这些冲积层逐渐发生变化，其改变程度取决于气候。麦考利夫的研究发现，古土壤具有两个主要特征：富含黏粒的淀积黏化层与富含 $CaCO_3$ 的钙质层。这两个特征皆是水运输的结果。黏土颗粒以胶质悬浮在水中传输，而碳酸钙则以溶解质形态传输。所以，在土壤剖面中，胶质悬浮沉淀形成的淀积黏化层位于钙质层之上（图 21.18）。

麦考利夫观察到，虽然土壤结构形成的主因是水作用于冲积物，但只有在特殊的气候条件下，水才能将冲积物传输至景观中。我们可通过观察一些土壤的特征来获得气候线索。我们知道淀积黏化层依赖于水的沉淀作用，但麦考利夫也曾提到水的作用具有高度阵发性。另外，土壤中的淀积黏化层呈

红色，是铁氧化物聚集的结果，而铁的氧化作用只发生在氧化环境中。由于含水饱和的土壤会迅速变成缺氧环境，如果土壤中存在富含氧化铁的淀积黏化层，那就表明这些土壤形成于间歇性潮湿环境。换句话说，图森山脉山麓冲积平原的土壤形成于特定的气候条件下。因此，不同的气候环境发育不同的土壤，进而形成不同的植被分布。

当地质过程与气候奠定了景观结构的基本架构，生物的活动也会影响景观结构和景观变化。在以下的例子中，我们将讨论人类和其他物种的活动如何改变景观结构。

生物与景观结构

各种生物均能影响景观结构。通常，引起物理环境变化的生物足以影响景观、群落或生态系统的结构，这些生物通常被称为**生态系统工程师**（ecosystem engineer）（Jones，Lawton and Shachak，1994）。虽然在下面我们将重点讨论动物的影响，但植物同样创造了许多特别的镶嵌斑块。对于植物如何创建斑块，我们可以回顾第 9 章的索诺拉和莫哈韦沙漠的石炭酸灌木分布。由于灌丛树冠层的遮阴作用和凋落层，这些分布非常广的沙漠灌丛创造了温度变化小、肥力高的斑块。通过在景观中增加这些特别的斑块，石炭酸灌木改变了景观结构。

在所有物种中，人类是最主要的景观改变者。许多有关景观变化的研究都侧重于森林向农业景观的转变。在北美洲，最著名的例子是威斯康星州格林县（Green County）加的斯镇（Cadiz Township）的景观变化（图 21.20）。1831 年，加的斯镇约有 93.5% 的面积为森林；1882 年，森林面积缩减至 27%；到了 1902 年，森林覆盖面积降至不足 9%；1902—1950 年，森林总面积再减少至 3.4%。美国的中西部也发生类似的景观结构变化，不过近年来，在北美洲和欧洲的一些地区，森林景观的变化模式则有些不同。

在北美洲东部，许多废耕农地已恢复成森林，使森林覆盖面积逐渐增加。类似的森林覆盖面积增加的现象也出现在欧洲北部地区，如荷兰中部的费吕沃（Veluwe）地区。莫琳·胡斯福（Hulshoff， l995）回顾了过去 1,200 年来费吕沃地区的景观变化。费吕沃地区的景观原本以落叶混生林为主，在公元 800—1100 年，人类逐渐进入该区域并砍伐森林。森林逐渐变成以低矮灌木为优势种的欧石楠灌丛（heathland），牲畜在其中觅食。随后，小面积农田开始出现在广阔的灌丛地中。到了 10—11 世纪，一些地方因植被完全被清除而变成流沙地（drifting sand）。后来，流沙问题持续扩大，直到 19 世纪末，

荷兰政府才开始在费吕沃地区种植人工松林，这一措施一直持续施行至 20 世纪。

图 21.21 显示费吕沃地区 1845—1982 年的景观组成变化。在这期间，最大的改变是景观从灌丛地转变成森林。1845 年，欧石楠灌丛覆盖面积为 66%，森林只占 17%；到了 1982 年，欧石楠灌丛地面积只剩下 12%，森林覆盖面积已增加到 64%。从该图也可以看到，其他景观要素也发生程度轻但具重大

石炭酸灌木丛是最古老和最年轻土壤的优势物种

豚草是更新世中晚期土壤的优势物种

更新世较早期的冲蚀边坡上分布着多种植物

全新世　更新世中晚期　基岩

更新世较早期

图21.19　在图森山脉的山麓冲积平原中，土壤年龄、结构与植被的关系。不同颜色表示景观中不同土壤的位置（资料取自 McAuliffe，l994）

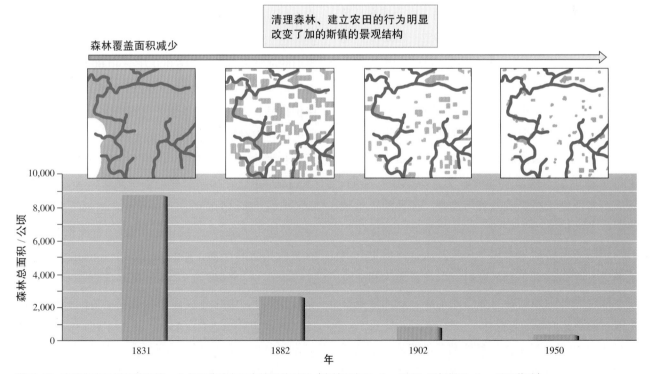

清理森林、建立农田的行为明显改变了加的斯镇的景观结构

森林覆盖面积减少

森林总面积／公顷

10,000
8,000
6,000
4,000
2,000
0

1831　1882　1902　1950

年

图21.20　在威斯康星州加的斯镇，人类活动减少了森林覆盖面积（资料取自 Curtis，1956；图根据 Curtis，1956 修改）

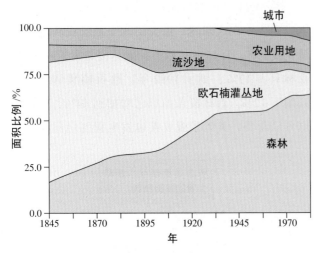

图21.21　荷兰一处景观的变迁（资料取自 Hulshoff, 1995）

生态意义的改变。景观的流沙地面积在 1898 年达到最大，然后开始缩小，在 1957—1982 年稳定维持在 3%～4%。自 1957 年开始，城市开始出现。另外，在研究期间，农业用地的改变最少，面积由 9% 增加至 16%。

当费吕沃景观内的森林及欧石楠灌丛地的总覆盖面积发生改变时，斑块数和斑块平均面积也发生改变，这些变动表明欧石楠灌丛地破碎化加重，森林破碎化减轻。例如，1845—1982 年，虽然森林斑块的数量减少，但平均面积却增加。同时，欧石楠灌丛斑块的数量则一直增加到 1957 年。1957—1982 年，随着一些斑块的彻底消失，欧石楠灌丛的斑块数出现下降。欧石楠灌丛斑块的平均面积在 1845—1931 年迅速缩小，然后在 1931—1982 年维持稳定。

在威斯康星州加的斯镇的森林覆盖面积缩小期间，荷兰费吕沃县的森林面积却一直在增大，这两个例子展示了人类活动如何改变景观结构。然而，什么因素驱使人类影响景观结构呢？在这两个景观中，驱动的因素均为经济。农业经济的发展促使加的斯镇的森林转变为农田。在费吕沃县，由于人们从澳大利亚引进人工合成肥料，以及自澳大利亚进口低廉羊毛，当地的畜牧业迅速瓦解，该地景观便由欧石楠灌丛地转变为森林。

进入 21 世纪后，由于经济利益的驱动，人类活动仍持续改变全球各地的景观结构。我们将在第 23

章从全球尺度来观察目前土地覆盖面积的变化趋势。不过在此之前，得先看看其他物种对景观结构产生的影响。

许多动物都具有改变景观结构的能力（图21.22）。非洲象食用树叶，并且时常在摄食过程中将树撞倒，导致林地逐渐变成草地。短吻鳄维持佛罗里达州大沼泽地的池塘环境，而池塘是许多生物赖以度过干旱期的景观要素。小型动物也会改变景观，如美国西南部的更格卢鼠通过挖掘洞穴，改变土壤结构、养分分布及植物分布；更格卢鼠对景观的改变甚至可从航拍图中辨识出来。另外，白蚁和蚂蚁也会对景观结构产生类似的改变。

北美河狸（图 21.23）是最擅长改变景观的高手之一。河狸通过咬断树木堵塞河道，使河水淹没周围景观来改变景观。它们在河道中筑起的屏障可增加景观的湿地面积，改变集水区的水文情况（hydrologic regime），并拦截水中的沉积物、有机质和养分。它们对树木的选择性不仅增加植物群落的斑块，还减少了树木物种的多度。这些影响为景观增加了一些新的生态系统。

河狸对景观结构的影响曾经塑造了整个大陆的地貌，它们一度改变了整个北半球所有温带气候区的河谷。河狸在北美洲的分布范围非常大，从北极冻原到墨西哥北部的奇瓦瓦沙漠和索诺拉沙漠，面积高达 $1,500 \times 10^4 \text{km}^2$。在欧洲人移民美洲之前，北美洲的河狸种群数量为 6,000 万～40,000 万只。不过，人类的猎捕使大部分地区的河狸灭绝了，直到施行保护措施，北美河狸种群才逐渐恢复，再度大面积地展现它们对景观结构的影响力。

卡罗尔·约翰逊、罗伯特·奈曼及其同事（Naiman et al., 1994）详细地记载了河狸对景观结构的影响。他们的研究区位于明尼苏达州沃亚格鲁斯国家公园（Voyageurs National Park）中面积 298 km² 的卡伯托格马半岛（Kabetogama Peninsula）。在几近灭绝之后，河狸在 1925 年再度回到卡伯托格马半岛；1927—1988 年，河狸的数目由 64 只增至 834 只，密度也由 0.2 只／千米² 增至 3 只／千米²。在这 63 年间，河狸创造了许多新生态系统，包括河狸塘、湿草甸及润草甸（moist meadow）。这些生

(a)

(b)

(c)

图 21.22　对景观结构产生显著影响的物种。(a) 非洲象控制了一些景观的树木覆盖率；(b) 短吻鳄在湿地景观中建造和维持池塘；(c) 白蚁丘为景观添加了不一样的特征

态系统的面积也由原来的 1%（200 hm^2）增加至 13%（2,661 hm^2）。同时，河狸的觅食行为也改变了 12%～15% 高地。

河狸的活动也导致卡伯托格马半岛上以北方针叶林为主的景观转变为更复杂的镶嵌状生态系统。图 21.24 显示了河狸如何改变半岛上一个面积为 45 km^2 的集水区。从图中可看出，1940—1986 年，

河狸增加了这个集水区的景观复杂度。事实上，整个半岛都发生了类似的景观变化。

奈曼和同事量化了河狸对卡伯托格马半岛的影

图 21.23　河狸是大自然中最活跃的景观工程师之一

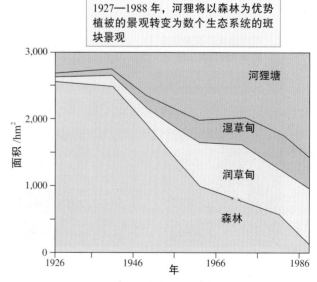

图 21.24　河狸的活动改变了明尼苏达州卡伯托格马半岛的景观（资料取自 Naiman et al., 1994）

响。他们主要研究占地 214 km² 的景观，这类景观占据了半岛面积的 72%。在这个研究区中，2,763 hm² 的低洼地被河狸用于蓄水。1927 年，森林占据了景观的大部分面积（2,563 hm²），润草甸、湿草甸及水塘生态系统只占 200 hm²；到了 1988 年，润草甸、湿草甸及河狸塘的覆盖面积超过 2,600 hm²，北方针叶林面积却缩减至 102 hm²。由此可知，1927—1988 年，河狸改变了该半岛的大部分景观。

河狸对景观的改变显著地影响了景观过程，如养分的固持作用。1927—1988 年，河狸的蓄水增加了该地区主要离子及养分的含量（图 21.25）。其中，总氮量增加了 72%，磷和钾的含量分别增加了 43% 及 20%，钙、镁、铁与硫酸盐的含量增加了更多。

奈曼等人认为，景观内主要离子和养分的含量之所以增加主要有 3 个原因：（1）河狸塘和湿草甸可以拦截从周围冲蚀下来的物质；（2）河狸塘上升的水体可以留住原先被森林植被固定的养分；（3）河狸创造的栖息环境改变了生物地球化学过程（biogeochemical process），促进了养分固持。不论确切的机制是什么，河狸的活动确实改变了卡伯托格马半岛的景观结构和景观过程。

火灾与地中海型景观的结构

从热带稀树大草原到北方针叶林，火灾对景观结构作出重大贡献。在地中海型气候区，火灾同样扮演了特别重要的角色。正如我们在第 2 章所见，地中海型气候区频繁地遭受火灾，发育地中海型林地与灌丛地。夏季干热加上富含油质的植被，非常容易发生火灾，稍有闪电或人为的火苗都会引发大火。因此，在地中海型气候区，火灾是产生大多数景观结构与景观变化的主因。

理查德·明尼希（Minnich，l983）利用卫星照片，重建加州南部、墨西哥加州半岛北部 1971—1980 年的火灾史。他发现，这两个地区的景观都由新旧交替的火烧斑块构成。虽然这两个地区的气候均为地中海型气候，且植被相似，但是它们在 20 世纪初的火灾史却相当不同。几个世纪以来，自然闪电引发的火灾有时会连续燃烧数月才自行熄灭。此外，为了改善牛羊放牧条件，西班牙人与英裔美国人会定期放火焚烧土地。然后，到了 20 世纪初期，加州南部的几个政府为了保护日渐发展的都市景观中的财富，开始抑制火灾发生。

明尼希认为，加州南部和墨西哥加州半岛北部的不同火灾史会形成不同的景观结构。他还认为，抑制火灾发生可累积更多生物量，而且一旦发生火灾，火灾将难以控制。因此，他提出这样的假说：加州南部的野火焚烧面积大于墨西哥加州半岛北部的焚烧面积。

明尼希以 1972—1980 年的卫星影像验证他的假说（图 21.26）。他发现在这期间，这两个地区的火灾总面积大致相等（图 21.27）。不过，这两个地区的火灾规模却大为不同。在墨西哥加州半岛北部，面积小于 2,000 hm² 的小型火灾发生频率较高；在加

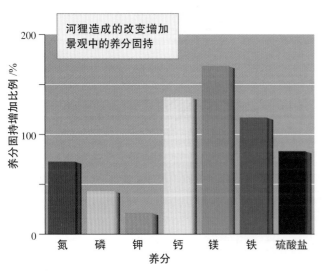

图 21.25　河狸改变了卡伯托格马半岛的养分固持（资料取自 Naiman et al.，1994）

图 21.26　加州南部的地中海型灌丛地经常发生大面积火灾，破坏人类居所

州南部，面积超过 3,000 hm² 的大型火灾发生频率较高。结果，加州南部的火灾面积中值约为 3,500 hm²，墨西哥加州半岛北部的火灾面积中值为 1,600 hm²，前者是后者的 2 倍（图 21.27）。

在本节中，我们看到了地质过程、气候、生物活动及火灾如何影响景观结构与变化。由于人类活动时常大幅改变景观结构，有关景观恢复的研究方兴未艾，这也是本章应用案例的主题。

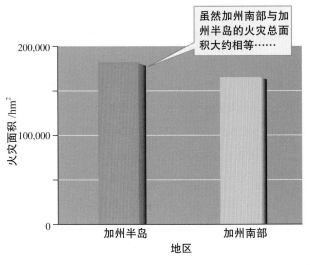
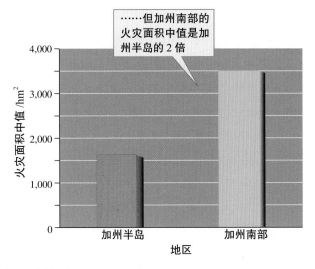

图 21.27 1972—1980 年，加州南部和加州半岛的地中海型景观的火灾特征（资料取自 Minnich，1983）

——概念讨论 21.3——■

1. 景观工程师和关键种的相似之处是什么？不同之处又是什么？

2. 森林中的树木优势种或珊瑚礁上的珊瑚优势种（图 17.15，407 页）是生态系统工程师吗？

3. 图 21.27 所示的模式支持了明尼希的假设：加州南部的火灾面积中值与加州北部不同，但是这些结果是否能表明，这两个地区火灾面积的差异是由防火管理措施的不同造成的？

应用案例：河流景观的恢复

河流与冲积平原形成复杂、高度变化的景观，这类景观包含河流、河岸森林、沼泽、牛轭湖（oxbow lake）和湿草甸等生态系统。长久以来，这些生态系统相互交换生物、无机养分及有机能量源，它们之间的关键连接是周期性洪水。

洪水连接了河流和相关的冲积平原生态系统，而且许多生态过程的发生速率和发生时间也都取决于洪水脉冲（flood-pulse）（Junk，Bayley and Sparks，1989；Bayley，1995）。洪水将泥沙沉积于冲积平原上，分隔牛轭湖，冲刷新河道，形成各种河流景观。洪水加速了冲积平原的分解作用和养分循环速率，许多河流鱼种在冲积平原上产卵、孵化，河岸植被更是需要洪水来促进萌芽和拓殖。

在 20 世纪，兴建水库、疏导河流、兴建堤防及引水灌溉等水资源管理措施截断了大多数河流与冲积平原间的历史联系。然而，人类已逐渐认识到这些历史联系在维护水质及维持生物多样性上的作用，全球各地的政府已着手推行河流修复计划。接下来，我们将讨论几个规模较大的著名计划，如在德国的莱茵河（Rhine River）及南佛罗里达州的基西米河（Kissimmee River）实施的计划。

河流修复：基西米河

基西米河从源头基西米湖往南流入奥基乔比湖（Lake Okeechobee）。一直以来，基西米河为辫状曲流河，从源头到

应用案例

河口连绵 166 km。周期性洪水经常淹没 1.5～3 km 宽的冲积平原和多个不同类型的生态系统，包括一些牛轭湖及 4 种沼泽地。94% 冲积平原被洪水淹没的周期通常为半年，有时候，基西米河的冲积平原被淹没的时间也可能长达 2～4 年。在北美洲河流中，基西米河是冲积平原淹没面积最广、淹没时间最长的河流。

在未控制洪水之前，基西米河与冲积平原的关系就像其他大型热带河流和冲积平原的关系一样，如南美洲的亚马孙河（Amazon River）和非洲的尼日尔河（Niger River）。河流与冲积平原之间的密切关系对于栖息在基西米河的鸟类、鱼类及水生无脊椎动物十分重要。基西米河中包含 48 种鱼类、16 种涉禽、22 种水鸭和其他水鸟，以及上千种水生无脊椎动物。大多数生物的生存都与周期性洪水紧密相关。洪水脉冲对养分循环和高品质河水维持也至关重要。

20 世纪 40 年代初期，人口迅速增长，再加上 1947—1948 年的大洪水，基西米河的洪水控制面临巨大压力。1962—1970 年，这条辫状曲流河变成一条由运河连接 5 座水库的辫状河（图 21.28）。6 个水流控制结构控制了自基西米湖流出的河水，这些防洪设施将这条 166 km 长的辫状曲流河变为深 9 m、宽 100 m、长 90 km 的运河（图 21.29）。工程师还去除了基西米河景观内 14,000 hm² 的湿地。大部分旧河道要么填满了兴建运河时挖出的泥土，变成无水之地，要么长满了植被，尤其是布袋莲（*Eichhornia crassipes*）等入侵的浮水植物，它们导致河水流速降低。

环境的变化严重地影响许多生物种群和生态系统过程。越冬的水鸟种群减少了 92%；重要的野生鱼种之一——大口黑鲈的种群也减少，取而代之的是耐低氧、没有渔猎价值的鱼种；河流无脊椎动物种群减少，取而代之的是湖泊和池塘生态系统无脊椎动物。消除洪水脉冲后，河流和冲积平原生态系统间的养分、有机物和生物的交换也大幅减少了。稳定的水位导致成鱼产卵与觅食的生境，以及昆虫幼虫和幼鱼的庇护所和成长环境几乎消失。生态学家估计，由于基西米河沿岸冲积平原的湿地干涸，淡水草虾（*Palaemonetes paludosus*）的损失产值达 60 亿美元。

公众很快认识到基西米河的防洪计划造成的生态恶果，并向当地政府施加政治压力，要求将河流恢复到管理前的样子（Cummins and Dahm，1995；Koebel，1995；Toth et al.，1995；Dahm et al.，1995）。这些压力促成了基西米河的修复计划。1984—1990 年，水资源管理者开展了一个小规模的修复实验，改变其中一个水库的水位，淹没 1,080 hm² 冲

积平原。另外，水资源管理者也在河道中筑堰，将河水引流至残存的旧河道，形成许多沼泽。

基西米河的冲积平原景观对初步修复措施产生了强烈的反应。外来植被和高地植被出现衰减的迹象，原生优势植物开始复苏；流经残存旧河道的河水将堆积的残枝碎屑输送到人工渠道系统；河流无脊椎动物重新拓殖残存河道；鱼类也迅速地移入河水淹没的区域，需氧量高的鱼种再度占据修复后的河流；大群的水鸟也快速地遍布新沼泽。

基于这些令人振奋的结果，水资源管理者充满信心地开始修复大部分基西米河水系。这个修复计划须花费 15 年时间及耗资 5 亿美元，但可将一段 70 km 的河道恢复为自然状态，还可恢复 11,000 hm² 湿地。基西米河的修复计划由两部分组成：第一，管理者调节源头的河水，产生自然的洪水脉冲；第二，去除大部分人工运河，使河流恢复为原本的辫状曲流河。为此，他们回填了数千米人工运河（图 21.30），并拆除一些河水控制结构。另外，为兴建人工运河而填平的 14 km 旧河道也被重新挖开。

基西米河修复的第一阶段在 2001 年完成。水资源管理者利用 920×10⁴ m³ 的土方回填 12 km（原长为 90 km）的人工运河；同时，建造了两段共 2.4 km 长的新河道，重建了 24 km 长的连续河流；他们还利用炸药拆除运河内一个主要的水流控制结构。

这个修复计划的重点是恢复景观结构与景观过程。第一，水资源管理者通过恢复复杂的河道网络和重建冲积平原的沼泽地来恢复昔日的景观结构。第二，他们恢复主要的景观过程，即昔日的洪水脉冲。洪水的恢复可重建河流与冲积平原生态系统间的水文连接，进而增加基西米河河流景观内各生态系统间的养分、能量和物种的交换。

这不仅是有史以来最大的景观恢复计划，也是史无前例的大型生态实验，也是对生态理论预测能力的重要检验。该项计划涉及预测种群、群落、生态系统和景观反应的各种模型，以及对这些反应的仔细监测工作。随着该计划的持续进行，生态学家比较预测结果与系统的实际反应是否符合。基西米河修复计划推动了另一个更大的计划——复杂的大沼泽地修复计划（Comprehensive Everglades Restoration Plan，CERP）。该计划围绕佛罗里达州中部和南部面积大约 47,000 km² 的沼泽地进行，须花费 300 年的时间及 80 亿美元。我们从基西米河修复计划和复杂的大沼泽地修复计划中学到的知识将有助于未来修复受损景观的结构和过程。

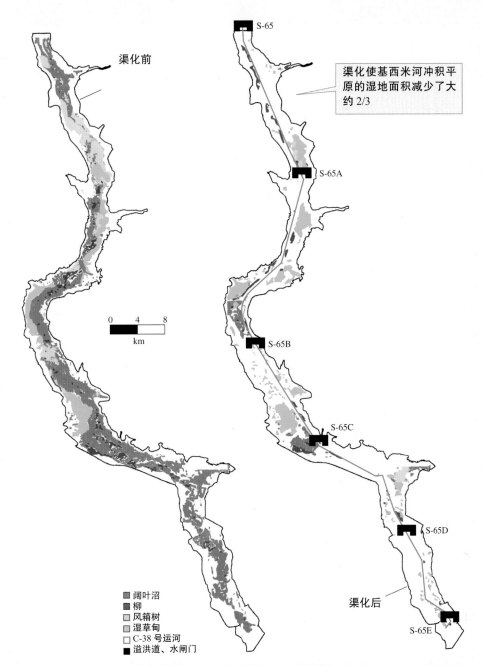

渠化前

渠化使基西米河冲积平
原的湿地面积减少了大
约 2/3

S-65

S-65A

0 4 8
km

S-65B

S-65C

S-65D

渠化后

S-65E

■ 阔叶沼
■ 柳
□ 风箱树
▨ 湿草甸
□ C-38 号运河
■ 溢洪道、水闸门

图21.28 基西米河冲积平原的河流渠化与湿地消失（资料取自 Toth et al., 1995）

图21.29 河道渠化大幅简化了基西米河的结构。试比较本图右侧平直的人工河道和左侧残存的曲流河

图21.30 基西米河景观的恢复包括重填 35 km 的人造运河，使其恢复为原来的曲流河

景观是一个由数个生态系统构成的异质区。这些生态系统构成的景观往往形成许多视觉上清晰可辨的镶嵌斑块，这些斑块被称为景观要素。景观生态学是一门研究景观结构和景观过程的科学。

景观结构包括景观内的斑块或景观元素的面积、形状、组成、数量及位置。 景观生态学的最大问题是生态学家须量化景观结构。然而，直到最近，几何学即大地测量学仅能对复杂的景观结构进行粗略的描述，而景观中的边缘效应和生态过渡带都是破碎化的。今天，数学领域中新兴的"分形几何"可用来量化复杂自然形状的结构。分形几何的一个重要发现是：复杂形状的周长取决于度量工具的大小。这一发现表明：大小不同的生物利用环境的方式也非常不同。

景观结构影响景观内的诸多过程，如能量流动、物质循环和物种移动。 景观生态学家提出景观结构，尤其是栖息地斑块的面积、数量及栖息斑块隔离度，会影响生物在合适栖息地间的移动。栖息在这些斑块中的各个亚种群会组成集合种群。有关草原景观小型哺乳动物的研究显示，在较破碎的景观内，生物个体移动较少。然而，那些个体一旦移动，移动的距离比较远。在面积较大和位置较隔离的栖息地斑块中，格兰维尔庆网蛱蝶的地方种群密度较小。这样的蝴蝶小种群和沙漠大角羊小种群比较容易局部灭绝。栖息地廊道可以提高生物在隔离斑块间的移动速率。在威斯康星湖区中，湖泊的水源取决于湖泊在景观内的位置，而不同的水源决定了湖泊对干旱的水文反应和化学反应。

景观结构与景观变化是景观对地质过程、气候、生物活动及火灾的反应。 火山活动、沉积作用和冲蚀作用与气候交互作用产生的地质特征是景观结构的主要成因。在索诺拉沙漠地区，植物分布图清晰地显示，不同年龄的土壤发育不同植被，植被与土壤斑块极为契合。地质过程逐渐改变土壤的镶嵌式分布，气候也会逐渐改变土壤的镶嵌式分布。当地质过程与气候奠定了景观结构的基本构架之后，生物（从植物到大象）的活动成为景观结构和景观变化的另一根源。此外，经济利益促使人类活动改变全球的景观结构。河狸可以迅速地改变大面积地区的景观结构和景观过程，同样地，从热带稀树大草原到北方针叶林，火灾对各种景观的结构也做出贡献，在地中海型气候区，火灾扮演尤其重要的角色。

人类活动往往在无意间改变景观的结构和过程，因此，景观修复需求日趋迫切和备受关注。目前，一些规模比较大的修复工作主要侧重于河流景观的恢复。河流与冲积平原构成复杂、高度变化的景观，该景观包含河流、河岸森林、沼泽、牛轭湖和湿草甸等生态系统。在 20 世纪，兴建水库、疏导河流、修筑堤防和引水灌溉等水资源管理措施切断了大多数河流与冲积平原间的历史联系，而基西米河景观的恢复计划是史无前例的最大生态实验之一，也是对生态理论预测能力的一大检验。

── 重要术语 ────■

- 斑块 / patch　486

- 边缘效应 / edge effect　488

- 淀积黏化层 / argillic horizon　498

- 地貌 / landform　496

- 基质 / matrix　486

- 交叉学科研究 / interdisciplinary research　486

- 景观 / landscape　485

- 景观过程 / landscape process　490

- 景观结构 / landscape structure　486

- 景观生态学 / landscape ecology　486

- 景观要素 / landscape element　485

- 生态过渡带 / ecotone　488

- 生态系统工程师 / ecosystem engineers　498

1. 与生态系统生态学及群落生态学相比，景观生态学有何不同？生态系统生态学家对森林会提出什么问题？对于同一座森林，群落生态学家又会提出什么问题？景观生态学家又会提出何种问题？

2. 农业景观的森林斑块面积会如何影响森林边缘栖息地鸟类群落的物种比例？斑块面积又会如何影响森林内部的鸟类？

3. 下图中的绿色区域代表农田周围的破碎森林斑块。其中，景观1和景观2的森林总面积相同。试问哪个景观的森林物种比较多？并阐述理由。

4. 景观的森林斑块形状如何影响森林边缘栖息地的鸟种比例？同样地，斑块形状又如何影响森林内部的栖息鸟类？

5. 思考保护景观3和景观4中河岸森林斑块的方案。这两个景观的森林总面积相同，但斑块形状不同。试问哪个景观的优势种为森林边缘物种？

6. 景观的斑块位置如何影响生物个体在栖息地斑块间及在集合种群中的移动？再次思考问题5中假设的景观，生物个体在哪个景观的森林斑块间的移动频率更高？在何种状况下，减少生物个体在整个景观内的移动是有益的？（提示：考虑种群个体受到以接触感染为主的病原体的威胁。）

7. 利用分形几何和生态位概念（第13章、第16章），阐述为何森林树冠层中的捕食性昆虫物种数多于以昆虫为食的鸟类物种数？假设鸟类和捕食性昆虫的物种数都受到竞争的限制。[提示：可以参考米尔恩在阿德默勒尔蒂岛上开展的白头海雕及藤壶的研究（Milne, 1993）]

8. 米尔恩比较白头海雕及藤壶的分析表明，不同体形的生物在不同空间尺度下与环境交互作用（Milne，1993）。以该结论思考迪芬多弗等人的研究：栖息地破碎化如何影响小型哺乳动物的移动模式（Digendorfer et al.，1995）。试思考他们的实验区面积（图21.10），若改变实验区的面积，草原鸟类的移动会受到怎样的影响？地栖甲虫的移动又会受到怎样的影响？

9. 动物的活动如何影响景观的异质性？请以河狸或人类的活动为例子说明。动物活动影响景观异质性的假说与中度干扰假说有何相似之处？哪个假说与干扰对物种多样性的影响有关？

景观1

景观2

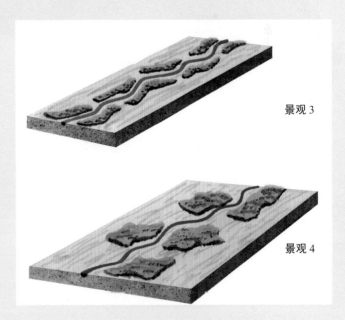

景观3

景观4

第22章

地理生态学

理生态学起源于 1799 年 6 月 5 日。当时，亚历山大·冯·洪堡（Alexander von Humboldt）和艾梅·邦普朗（Aimé Bonpland）从西班牙西北部的拉科鲁尼亚港（La Coruña）出发。他们的西班牙小船成功地穿越英国海军的封锁线，先驶向加那利群岛（Canary Islands），然后前往南美洲。洪堡是普鲁士的一名工程师兼科学家，邦普朗则是法国的一名植物学家。洪堡带着当时最好的仪器，准备系统地考察他们将要到达的地方。船出港之前的几个小时，洪堡写了一封信给朋友，概要地说明此次探险的目的："我想探明自然界的各种力量如何交互作用，以及地理环境如何影响植物和动物的生命。"

洪堡和邦普朗手持的是西班牙国王卡洛斯四世（Carlos IV）颁发的护照。有了该护照，他们可以畅行整个西班牙帝国（从北美洲的加州、得克萨斯到南美洲的南端）。他们走过这一片科学未曾探索过的土地，收获了丰硕的研究成果。因此，西班牙美洲的解放者西蒙·玻利瓦尔（Simón Bolívar）尊称洪堡为"新世界的发现者"。

洪堡的探险可以说是当时最伟大的科学探险之一。在探险期间，洪堡和邦普朗穿越了大约 10,000 km，横跨南、北美洲。他们时而徒步，时而泛舟，时而骑马，从南纬 12° 到达北纬 52°；他们还攀登到钦博拉索火山（Chimborazo）5,900 m 处，这是当时的最高登山纪录（图 22.1）。

然而，探险的壮举并不是这趟旅程的科学目的。登上钦博拉索火山后，尽管他们面对许多不确定的高海拔危险，嘴唇与牙龈都渗出血，但他们仍记录下动植物沿海拔的分布情况。后来，洪堡将它们观察到的气候和植物分布整理成简单易懂、以视觉呈

图22.1　在厄瓜多尔安第斯山脉的钦博拉索火山（高 6,310 m）山坡上，亚历山大·冯·洪堡和艾梅·邦普朗仔细地记录了植被沿海拔的分布情况

◀ 岛屿。大洋岛屿的物理分隔一直吸引着科学家的兴趣，他们想了解哪些因子影响该生物群落的多样性和组成。随着时间的流逝，人们受大洋岛屿研究的启发，将类似的研究方法拓展应用到远离海岸带的地方。

现的植物地理学（plant geography）。对于自己没能完成的工作，他也鼓励他人继续完成，其中一位追随者就是查尔斯·达尔文。达尔文表示，洪堡的南美洲探险记录改变了他的一生。

罗伯特·麦克阿瑟（MacArthur, 1972）将**地理生态学**（geographic ecology）定义为"搜索可在地图上绘制的动植物生命模式"的科学。麦克阿瑟所谓的地图可以是一组群岛，也可以是一个区域或一系列大洲。今天，我们可以补充麦克阿瑟的定义：地理生态学是在大地理尺度下研究生态结构和生态过程的科学。虽然地理生态学最早由探险家洪堡、达尔文、华莱士（C. Wallace）等人提出，远早于麦克阿瑟，但麦克阿瑟和 E. O. 威尔逊（E. O. Wilson）最先提出岛屿生物地理学（island biogeography）模型，将该学科定量化。

新一代学者运用许多新研究工具，探索可在地图上制作的生物空间分布模式，使地理生态学得以持续发展。然而，目前的当务之急是，由于全球气候发生变迁，人类迫切地想要了解控制生物的大尺度多样性分布模式和物种地理分布范围的各种力量。地理生态学的范畴非常宽广，我们在本章只讨论几个方面：岛屿生物地理学、物种多样性的纬度分布模式及大尺度区域和历史过程对生物多样性的影响。

22.1　面积、隔离度与物种丰富度

在大陆的岛屿和生境斑块上，物种丰富度随面积的增大而递增，随隔离度的增加而递减。

采样面积和物种数

地理生态学的先驱奥洛夫·阿雷纽斯（Arrhenius, 1921）最早发现面积和物种数之间的定量关系。在瑞典斯德哥尔摩（Stockholm）附近的岛上，阿雷纽斯观测了数个植物群落，并采用各种名称区分这些群落，如禾草–松林区（herb-pinus wood）、滨岸群丛（shore association）。他计算不同面积内的物种数，然后得到采样面积和物种数间的数学关系。然而，阿雷纽斯的研究尺度远小于本章要讨论的地理尺度。我们稍后会讨论第一个量化地理分布模式的研究。

岛屿面积与物种丰富度

弗兰克·普雷斯顿（Preston, 1962a）调查了西印度群岛的岛屿面积和物种数之间的关系。图22.2（a）显示，在面积最小的岛上，鸟类种数最少；在面积最大的岛屿上，如古巴岛（Cuba）和伊斯帕尼奥拉岛（Hispaniola），鸟类种数最多。但这种面积与物种数之间的关系并非只是鸟种组合（bird assemblage）产生的一种特征。西恩·尼尔森、简·本特松和斯蒂芬·奥斯（Nilsson, Bengtsson and Ås, 1988）调查了乔木、步甲及陆生蜗牛的物种分布模式。他们研究的岛屿是瑞典梅拉伦湖（Lake Mälaren）的17座岛屿。这些岛屿的面积为 $0.6 \sim 75 \text{ km}^2$，均覆盖森林。他们仔细地选择了干扰较少或无人为干扰的岛屿。他们的一个研究结果显示，岛屿面积是最能预测这3类物种丰富度的参数。图22.2（b）为岛屿面积和步甲虫物种数之间的关系。

当提到岛屿，一般人脑中出现的景象是汪洋中的一块小陆地。然而，大陆的许多生境非常隔离，也可视为岛屿。

大陆上的生境斑块：山岳岛屿

北美洲西南部的许多隔离山脉已成为大陆上的岛屿。在更新世晚期——距今 $11,000 \sim 15,000$ 年前，森林和林地生境从加州的落基山脉一直延续到内华达山脉。更新世结束后，气候回暖，森林生境与高山生境只零星地分布在美洲西南部的山巅。随着山地生境退到高海拔处，林地、灌丛地、禾草地或沙漠的灌丛植被侵占了低海拔地区。这些变化使曾经连续分布的森林与高山植被变成了一系列如岛屿般的生境斑块。这些斑块分布在各山脉间，故被称为山地（montane）。

当山地植被被局限于山顶，山地动物也随之到来。马克·洛莫利诺、詹姆斯·布朗与罗素·戴维斯（Lomolino，Brown and Davis，1989）曾研究美洲西南部隔离群峰上山地哺乳动物的多样性。他们主要研究 26 种不会飞的森林哺乳动物在 27 座山地岛屿中的分布。他们选择的山脉为昔日人们曾彻底研究过的山脉，因此，他们对该处的哺乳动物群系了如指掌。这些哺乳动物包括鼩鼱类、鼬类（ermine）、花鼠类（chipmunk）和田鼠类（vole），它们都是只分布于山地环境的特化种。

该团队发现，山地哺乳动物的物种丰富度和生境面积呈正相关关系。如图 22.3 所示，27 座山地岛屿的面积为 7～10,000 km²，山地哺乳动物的物种数为 1～16 种。不断重复的实验和分析证明了洛莫利诺等人的发现：山地哺乳动物的物种丰富度和山地面积之间具有极强的正相关关系（Lawlor，1998）。

湖泊岛屿

湖泊也可以视为一种岛屿生境（habitat island），因为湖泊的水域环境因陆地而隔离。然而，各个湖泊的隔离度相差很大。例如，渗流湖（seepage lake）没有地表水系，是完全隔离的；排水湖具有进水口和（或）出水口，是低度隔离的（第 21 章）。

威廉·托恩和约翰·马格努森（Tonn and Magnuson，1982）研究威斯康星州北部湖泊的鱼类物种组成和丰富度的模式。他们主要研究威斯康星州和密歇根州北部高地湖泊区的 18 个湖泊。威斯康星州的韦勒斯县（Vilas County）共有 1,300 个湖泊（图 22.4）。由于湖泊如此之多，托恩和马格努森挑选满足许多条件的湖泊。这 18 个湖泊的底部基质类似，最大深度也相似，但面积变化范围非常大，为 2.4～89.8 hm²。其中的 10 个湖泊为排水湖或泉水湖，8 个是渗流湖；此外，其中的 8 个湖泊在冬季的含氧量很低。

托恩和马格努森选在夏季采样了 22 个鱼种，在冬季采样了 18 个鱼种。由于鱼种有些重复，他们共采样了 23 个鱼种。若将每个湖泊冬夏两季的采样合并，绘制面积与总物种数的关系图，便可看出两者之间具有明显的正相关关系（图 22.4）。我们再次看

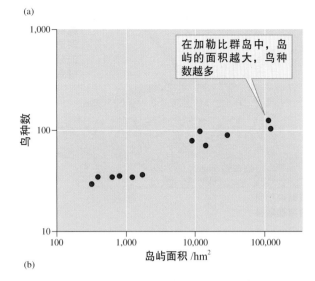

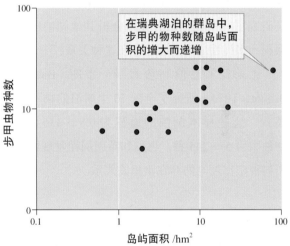

图 22.2　岛屿面积与物种数之间的关系（资料取自 Preston，l962a；Nilsson，Bengtsson and Ås，1988）

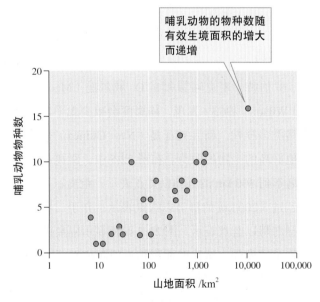

图 22.3　在美国西南部的隔离山脉上，山地面积和哺乳动物物种数间的关系（资料取自 Lomolino，Brown and Davis，1989）

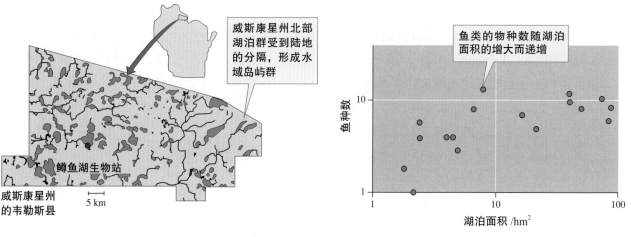

图22.4 美国威斯康星州北部湖泊的面积和鱼种数之间的关系（资料取自 Tonn and Magnuson，1982）

到，物种数随着面积的增大而递增。然而，研究者只研究了一个湖泊区，如果分析其他湖泊区，湖泊面积和多样性之间是否还存在这种关系？

克莱德·巴伯和詹姆斯·布朗（Barbour and Brown，1974）研究了全球 70 个湖泊的物种丰富度模式。这些样本湖泊的面积为 0.8～436,000 km²，物种数为 5～245 种。巴伯和布朗同样发现面积和鱼类物种丰富度之间存在正相关关系。

岛屿隔离度与物种丰富度

岛屿的隔离度与物种数通常呈负相关关系，然而，物种的扩散速率存在较大差异。同一座岛屿对于某些生物而言可能难以到达，但对于其他种生物来说可能易于抵达。

海洋岛屿

罗伯特·麦克阿瑟和 E. O. 威尔逊（MacArthur and Wilson，1963）发现，隔离度会减少太平洋群岛的鸟类多样性。新几内亚岛（New Guinea）是拓殖其他群岛的生物的源头。在图 22.5 中，距离新几内亚岛不到 800 km 的群岛以黄点表示；距离新几内亚岛超过 3,200 km 的群岛以红点表示；介于二者之间的群岛则以蓝点表示。图 22.5 如何显示隔离度影响物种丰富度呢？试比较面积相近但距离新几内亚岛不等的岛屿的相对物种数。平均而言，岛屿距离新几内亚岛越近，岛屿的物种数越多。

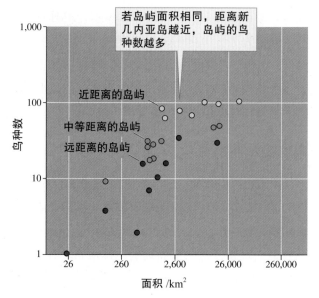

图22.5 太平洋群岛和新几内亚岛之间的距离与鸟种丰富度的关系（资料取自 MacArthur and Wilson，1963）

有关岛屿物种多样性模式的比较研究说明，不同物种具有不同的扩散能力。马克·威廉森（Williamson，1981）总结了亚速尔群岛和海峡群岛（Channel Islands）中各生物群体的物种丰富度与岛屿面积之间的关系。亚速尔群岛位于伊比利亚半岛（Iberian Peninsula）以西 1,600 km 处；海峡群岛则非常接近法国海岸。尽管这两个群岛与大陆的距离极为不同，但都为潮湿的温带气候，而且生物群系都源自欧洲大陆。因此，比较这两个群岛的生物群系可以揭示隔离度对多样性的影响。

在图 22.6 中，威廉森总结了蕨类、似蕨类植物（羊齿类）物种数与面积的关系，以及陆栖繁殖鸟类、水栖繁殖鸟物种数与面积的关系。亚速尔群岛

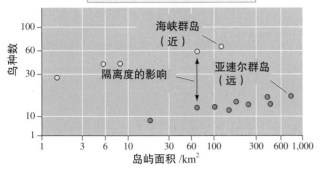

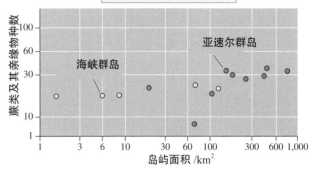

图22.6 在海峡群岛和亚速尔群岛上，隔离度对鸟类和蕨类（及其亲缘物种）多样性的影响（资料取自 Williamson，1981）

及海峡群岛上的生物均显示岛屿面积和物种多样性存在正相关关系。然而，鸟类的多样性明显受到隔离度的影响，蕨类则没有。亚速尔群岛的鸟类物种多样性低于面积相近的海峡群岛，而蕨类多样性却相近。

这些模式的差异表明，亚速尔群岛和欧洲大陆之间的 1,600 km 距离降低了鸟类的多样性，但不影响蕨类植物的多样性。隔离度影响的差异反映了这些生物的扩散速率差异。陆域鸟类必须飞越水域障碍，但蕨类植物的孢子量多质轻，极易随风传播。一种名为欧洲蕨（bracken fern）的羊齿类可自然地拓殖到全世界，包括新几内亚、英国、夏威夷、新墨西哥州。因此，当我们考虑隔离度对物种的影响时，也必须考虑生物的扩散能力。

隔离度与大陆生境岛屿

大陆生境岛屿是否也存在隔离效应？洛莫利诺、布朗和戴维斯（Lomolino, Brown and Davis, 1989）发现，在美洲西南部的山峰，隔离度和高山哺乳动物物种数之间存在强负相关关系。他们以山脉与拓殖者源头之间的距离来衡量隔离度。拓殖者是来自落基山脉南部的 23 种高山哺乳动物，以及来自莫戈永山（Mogollon Rim）的 16 种高山哺乳动物。对于接近落基山脉的山峰，隔离度以岛屿山脉到落基山脉最近点的距离来表示；对于比较接近莫戈永山边缘的山峰，研究者采用一种复合法来计算距离，即根据莫戈永山和落基山南部的高山哺乳动物多样性，加权计算岛屿山脉到莫戈永山的距离和到落基山脉

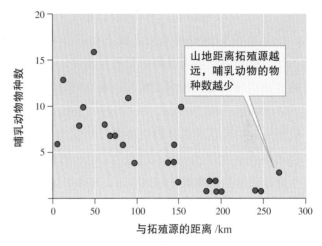

图22.7 在美国西南部，各隔离山脉和大山地之间的距离对哺乳动物物种数的影响（资料取自 Lomolino，Brown and Davis，1989）

南部的距离。图 22.7 为他们的分析结果，显示隔离度（与物种来源区的距离）和高山哺乳动物的物种丰富度具有较强的负相关关系。他们的研究也清楚地表明，面积和隔离度会影响大陆生境斑块哺乳动物的多样性。

对于地方物种组成，隔离度对山地哺乳动物的负面影响能揭示什么信息？距离落基山脉南部或莫戈永山越近，山地岛屿的多样性越高，这间接表明山地哺乳动物不断在山脉之间的林地和草原上扩散。若无迁徙，不论距离远近，同面积山脉的山地哺乳动物物种数应相近，所以这一结果表明，岛屿上的生物多样性是靠动物不间断拓殖的动态过程来维持的。岛屿多样性的动态（非静态）观是岛屿生物地理学平衡模型的基础，下一节我们将会讨论。

1. 在第 21 章中，我们从种群角度讨论栖息地破碎化的影响（图 21.11 和图 21.12）。根据本节的信息，破碎化如何影响物种丰富度，如森林斑块的鸟类物种数？

2. 在图 22.7 中，在某一距离（隔离山脉与大山地的距离），如 150 km，隔离山脉的哺乳类动物数差异很大，这种差异的根源是什么？

22.2 岛屿生物地理学平衡模型

岛屿上的物种丰富度可视为物种迁入与物种灭绝之间动态平衡的结果。 上节的例子清楚地指出了物种丰富度与岛屿面积、隔离度之间的关系。因此，科学家看到这种模式时，便开始寻求解释机制。什么机制会增加大岛屿的物种丰富度，减少小岛屿或隔离岛屿的物种丰富度呢？麦克阿瑟和威尔逊（MacArthur and Wilson，1963，1967）提出了一个模型。该模型认为岛屿的物种多样性模式是迁入率和灭绝率达到平衡的结果（图 22.8），被称为**岛屿生物地理学平衡模型**（equilibrium model of island biogeography）。

图 22.8 显示，该模型的迁入率和灭绝率是岛屿物种数的函数，那么岛屿的物种数如何影响迁入率和灭绝率呢？若要回答这个问题，必须先了解麦克阿瑟和威尔逊的迁入率和灭绝率。他们将迁入率（rate of immigration）定义为新物种抵达某岛的速率，将灭绝率（rate of extinction）定义为物种在该岛上灭绝的速率。他们认为在没有生物的新生岛上，迁入率最高，因为每个迁入的物种都是新物种，但当岛屿上的物种开始累积后，新物种抵达岛屿的数量会越来越少，迁入率便下降。当迁入曲线下降至与横轴相交时，相交点即代表迁入该岛屿的全部物种库。

此外，岛屿的物种数又如何影响灭绝率呢？麦克阿瑟和威尔逊预测岛屿的物种灭绝率会随物种数的增加而递增，原因有三：（1）存在的物种数越多，可能灭绝的物种数就越多；（2）随着岛屿的物种数增加，各物种的种群量势必会减少；（3）岛屿的物种数越多，物种间的竞争越强。

因为迁入曲线会随物种数的增加而下降，灭绝曲线随物种数的增加而上升，所以这两条曲线势必

会相交，如图 22.8 所示。这两条曲线的交点有何重要意义呢？该交点代表岛屿上现存的物种数，因此，平衡模型表示岛屿的物种多样性是物种迁入和灭绝间动态平衡的结果。

麦克阿瑟和威尔逊利用该平衡模型预测岛屿面积和隔离度如何影响迁入率和灭绝率。他们认为，迁入率主要取决于岛屿与迁入源之间的距离，如大洋岛屿与大陆之间的距离。他们还认为，岛屿的灭绝率取决于岛屿面积。这些预测可用图 22.9 表示。在该图中，面积大、距离迁入源近的岛屿支持的物种数最多，面积小、距离迁入源远的岛屿支持的物种数最少。此外，该模型预测，面积小但距离迁入源近的岛屿和面积大但距离迁入源远的岛屿均可支持中等数量物种。

岛屿生物地理学平衡模型的预测结果与上节讨论的岛屿多样性模式一致：大岛屿容纳的物种多于小岛屿；与远离迁入源的岛屿相比，接近迁入源的岛屿容纳的物种更多。平衡模型的预测结果之所以完全吻合岛屿物种丰富度的已知变化，是因为麦克阿瑟和威尔逊为了解释已知的模式才设计了该模型。那该平衡模型能否做出新预测呢？该模型做出了两个新预测：（1）岛屿多样性是物种迁入和灭绝高度动态平衡的结果；（2）迁入率和灭绝率主要由岛屿的隔离度与面积来决定。换句话说，根据平衡模型，岛屿上的物种组成并非静态的，而是随时间而变，生态学家称这种物种组成变动为**物种周转**（species turnover）。

岛屿的物种周转

贾雷德·戴蒙德（Diamond，1969）展示了加州海峡群岛上的鸟类物种周转。在 A. B. 豪厄尔（A.

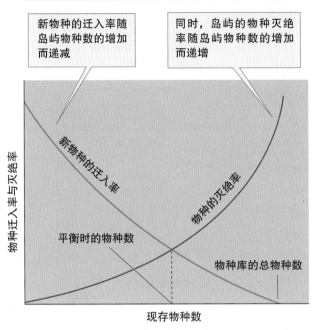

图 22.8 岛屿生物地理学平衡模型（资料取自 MacArthur and Wilson, 1963）

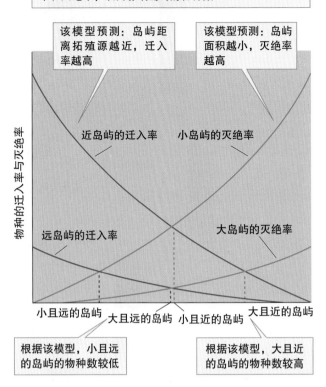

图 22.9 岛屿的距离和面积与物种迁入率和灭绝率的关系（资料取自 MacArthur and Wilson, 1963）

B. Howell）的调查完成 50 年后，戴蒙德于 1968 年调查了该群岛 9 个岛的鸟类。这些岛屿的面积为 3～249 km²，距离加州南部海岸 12～61 km（图 22.10）。由于无法取得许可，豪厄尔的调查未能包括圣米格尔（San Miguel）和圣罗莎（Santa Rosa）两个岛。除了这两个岛屿，他调查了其他所有岛屿的鸟类。不过，戴蒙德后来抵达这两个岛屿，调查了全部的陆鸟和水鸟。

戴蒙德的研究结果支持岛屿生物地理学平衡模型。在这两次相隔 50 年的调查中，加州海峡群岛的鸟类物种数大致保持不变，然而，物种数的稳定是每一座岛屿的迁入和灭绝平衡的结果（图 22.10）。戴蒙德的研究是一个非常好的例证，说明理论如何指导野外生态学。通过验证麦克阿瑟 – 威尔逊的岛屿生物地理学平衡模型，他在加州海峡群岛上发现了鸟类多样性的动态特征。该模型的更多内涵已被许多实验证实。

岛屿生物地理学实验

在戴蒙德研究加州海峡群岛之际，丹尼尔·辛

柏洛夫和 E. O. 威尔逊也在佛罗里达群岛（Florida Keys）的红树林岛上进行实验研究（Wilson and Simberloff, 1969；Simberloff and Wilson, 1969）。佛罗里达群岛有非常多红树林，优势种是美国红树（*Rhizophora mangle*）。许多红树林分布在小岛上，距最近的大红树林斑块数百米远。辛柏洛夫和威尔逊选择其中的 8 座红树林岛开展实验。这些岛屿大致呈圆形，直径为 11～18 m，高 5～10 m，距离大红树林拓殖源 2～1,188 m。

这些红树林小岛上的主要动物群系是节肢动物，以昆虫居多。辛柏洛夫和威尔逊估计，整个佛罗里达群岛约有 4,000 种昆虫，其中有 500 种栖息在红树林。在这 500 种昆虫中，又有 75 种栖息在红树林小岛上。除了昆虫以外，红树林中还栖息着 15 种蜘蛛和其他节肢动物。每座实验岛屿平均包含 20～40 种昆虫和 2～10 种蜘蛛。

辛柏洛夫和威尔逊选择其中的 2 座岛屿作为对照组，将其余的 6 座设置为实验组。在除虫之前，他们详细调查了所有岛屿。他们除虫的方法是：先

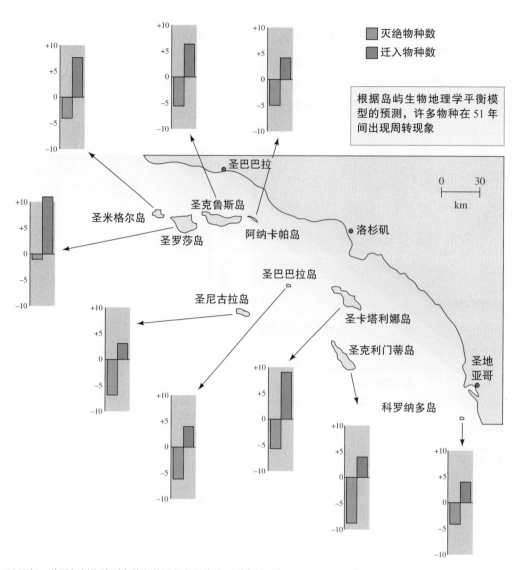

图22.10　1917—1968年，美国加州海峡群岛的鸟种迁入和灭绝情况（资料取自 Diamond，l969）

用帐幕将每座红树林岛罩起来，再利用甲基溴烟熏。烟熏工作在夜间进行，以免高温灼伤红树林。烟熏后，辛柏洛夫和威尔逊立刻检查实验岛。他们发现，除了一些蛀木甲虫的幼虫外，所有节肢动物都死亡了。在随后的一年，他们定期调查节肢动物在每座岛上的拓殖情况。

在实验开始和结束时，两座对照岛上的实际物种数并无变化，但是辛柏洛夫和威尔逊发现，它们的物种组成发生显著改变。换句话说，对照岛上出现物种周转，这个结果与岛屿生物地理学平衡模型的预测结果一致。

实验岛上的物种拓殖结果也支持岛屿生物地理学平衡模型。除虫后，所有实验岛的节肢动物物种数都增加了。除了最远的一座岛屿外，所有实验岛的物种数都恢复到实验前的物种数（图22.11），而

且岛上的物种组成发生很大改变，这表明发生物种周转现象。事实上，每一座实验岛的拓殖史均清楚地显示物种周转现象，包括许多物种出现又消失的现象。

除了可以采用辛柏洛夫和威尔逊移除动物的方法研究岛屿拓殖，我们还可以采用创造新岛屿的方法。19世纪末，在瑞典南部的一个大湖内，由于湖水水位下降，许多小岛出露水面。幸运的是，当时一些生物学家抓住这个难得的机会，研究新生岛屿上的植物拓殖。目前这项研究已经持续了一个世纪。

新生岛屿的植物拓殖

耶尔马伦湖（Lake Hjälmaren）的面积约为 478 km²，它是瑞典的一个长期研究基地（图22.12）。1882—1886年，耶尔马伦湖的水位下降了 1.3 m，许多小

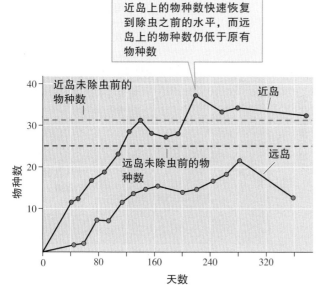

图22.11 距离潜在拓殖源较近和较远的两座红树林岛的拓殖曲线（资料取自Simberloff and Wilson，1969）

岛浮现。生物学家在 1886 年对这些新岛屿进行第一次植物调查，随后在 1892 年、1903—1904 年、1927—1928 年，以及 1984—1985 年再次进行调查。赫千·吕丁和斯文－奥洛夫·博耶高（Rydin and Borgegård，1988）总结了这些早期调查，并于 1985 年开始他们自己的研究。这一研究结果是 40 座岛屿拓殖情况的唯一长期记录。

这些岛屿的面积为 65～25,000 m²，变化很大，但岛屿的植物多样性却非常低。吕丁和博耶高估计耶尔马伦湖周边约有 700 种植物。在小岛出现后的第一个世纪内，小岛的植物物种数为 0～127 种。正如预期所料，这些小岛的物种丰富度与岛屿面积呈正相关关系。岛屿面积导致 44%～85% 物种丰富度差异。根据 1903—1904 年的调查结果，岛屿隔离度导致 4%～10% 植物物种丰富度差异。在随后的普查中，岛屿隔离度不再引起显著的物种丰富度差异。

吕丁和博耶高利用 30 座岛屿的普查结果来估计植物的迁入率和灭绝率（图 22.12）。历史上有许多关于植物迁入和灭绝的记载。在这 100 年间，中型岛屿与小型岛屿的迁入率略高于灭绝率，这说明了什么？这说明中型岛屿与小型岛屿在持续地累积物种。与之相反，大型岛屿的迁入率和灭绝率在 1928—1985 年大致相等。在此期间，每座大型岛屿上约有 30 种植物灭绝和 30 个新物种迁入。换句话说，

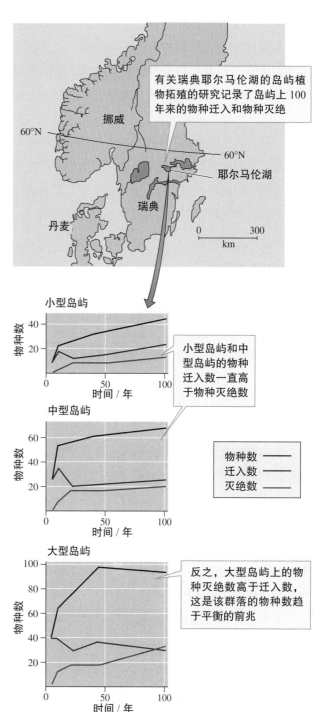

图22.12 瑞典耶尔马伦湖 30 座岛屿的物种数、迁入数和灭绝数（资料取自 Rydin and Borgegård，1988）

大型岛屿的物种数已达到平衡。

研究者观察到的拓殖模式和岛屿生物地理学平衡模型的预测相吻合。正如辛柏洛夫与威尔逊研究的红树林岛的节肢动物物种丰富度，耶尔马伦湖群岛的植物物种丰富度是迁入和灭绝之间动态交互的结果。尽管众多研究结果支持岛屿生物地理学平衡模型，但仍有许多疑问尚待解决。

例如，为何大型岛屿的物种较多？大型岛屿的物种丰富度较高是面积的直接影响结果，还是由于生境的多样性较高？吕丁和博耶高发现，生境多样性只造成 1%～2% 植物物种丰富度变异。然而，他们也指出，尽管生境较少的大型岛屿支持的植物物种较少，但一些生境多样的小型岛屿支持的植物物种丰富度超出根据面积预测的结果。要区分生境多样性和岛屿面积的影响很困难。在下面的例子中，至少有一个实验可证明物种丰富度直接受岛屿面积的影响。

变动岛屿面积

丹尼尔·辛柏洛夫（Simberloff, 1976）通过实验验证了岛屿面积对物种丰富度的影响。他调查 9 座红树林岛的节肢动物物种数。这些岛屿距离大面积红树林 2～432 m，面积为 262～1,263 m²，是之前进行烟熏实验的红树林岛面积的 5 倍，所以这些岛屿包含较多节肢动物物种。

辛柏洛夫把其中的 1 座岛屿作为对照组，将其他岛屿的面积减少 32%～76%。为了缩减岛屿面积，他们在退潮时将红树林全部砍除。工作人员砍除高潮线下的红树林，并用船将砍除的枝干运至他处，然后将它们沉入深水中（新鲜的红树林木质部比水重）。辛柏洛夫将其中 4 座实验岛的面积缩减了两次，将其他 4 座岛屿的面积缩减了一次。

辛柏洛夫的实验结果显示，面积和物种丰富度为正相关关系，当岛屿面积缩减时，物种丰富度随之下降（图 22.13）。相比之下，在没有改变面积的对照岛上，物种丰富度略为增加。另外，对于面积缩减一次和缩减两次的岛屿，不同的实验处理也提供了其他发现。例如，随着马德 2 号岛（Mud 2 island）的面积从 942 m² 降到 327 m²，节肢动物物种丰富度从 79 种降到 62 种。此后，该岛面积并未再缩减，节肢动物丰富度几乎未变。在那些面积缩减两次的岛屿上，物种数在每次面积缩减后都出现减少的迹象。根据辛柏洛夫的实验，无须增加生境的异质性，面积本身就会对物种丰富度产生正面影响。

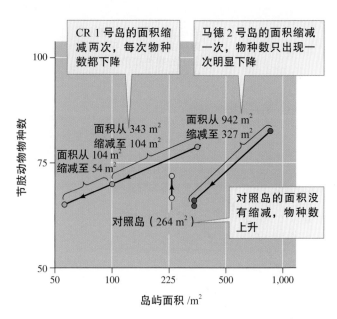

图 22.13 红树林岛的面积减少对节肢动物物种数的影响（资料取自 Simberloff, 1976）

岛屿生物地理学的发展

岛屿生物地理学平衡理论对生物地理学与生态学的影响深远。然而，自从麦克阿瑟和威尔逊提出该理论后，其他生物学家在过去的 40 年来已取得许多新发现。例如，詹姆斯·布朗与阿斯特丽德·柯德里奇 – 布朗（Brown and Kodric-Brown, 1977）发现，距拓殖源较近的岛屿的高迁入率可减缓物种灭绝。不同于麦克阿瑟和威尔逊的模型，柯德里奇 – 布朗认为岛屿与拓殖源之间的距离可以影响灭绝率。相似地，马克·洛莫利诺（Lomolino, 1990）在他主张的目标假说（target hypothesis）中拓展了平衡模型，证明岛屿面积对物种迁入率有重要影响。布朗与洛莫利诺（Brown and Lomolino, 2000）指出，许多岛屿的物种丰富度并非处于平衡状态。另外，岛屿的物种丰富度也受到种组（species group）本身的物种形成、拓殖与灭绝率的影响。在众多影响物种丰富度的环境因子中，岛屿面积与隔离度只是最重要的两个因子。布朗与洛莫利诺认为，现在正是理论变革前夕，新的理论将会取代麦克阿瑟和威尔逊的模型。若真是如此，那也是因为人们受到麦克阿瑟 – 威尔逊理论的启发，以及受到岛屿本身的吸引。

辛柏洛夫与威尔逊等进行的岛屿实验表明，它们对于寻求生态问题的答案非常有价值。然而，某些重要的生态系统模式存在于面积非常大的岛屿上，要进行实验非常困难。因此，生态学家若要研究如此大尺度的生态模式，必须依靠其他方法。在下节中，我们将讨论一个重要的大尺度生态模式：物种丰富度的纬度变异。

— 概念讨论 22.2 — ◾

1. 为什么岛屿迁入率和灭绝率的估算值实际上低估了真实的速率呢？

2. 在加州海峡岛屿的研究中，戴蒙德取得了什么成果，使他拒绝接受岛屿生物地理学平衡模型？

3. 在辛柏洛夫和威尔逊（Wilson and Simberloff, 1969）的实验及辛柏洛夫（Simberloff, 1976）的研究中，几座红树林岛屿的动物群系被去除，部分岛屿的面积缩小，这种实验是否产生伦理问题？

22.3 随纬度梯度变化的物种丰富度

物种丰富度通常从中纬度和高纬度向赤道增加。 许多生物群系在热带地区具有较高的物种丰富度。物种丰富度向赤道增加的趋势在 18 世纪中叶就被人们熟知。那时，以卡尔·林奈（Carolus Linnaeus）为首的分类学家正在研究探险家送回欧洲的热带物种。那些探险家及后来的自然学家（如洪堡、达尔文和华莱士）都描述了热带地区的高度生物多样性，然而在两个半世纪后的今天，我们依旧忙于分类这些多样性，而且对生物多样性的认知仍如沧海一粟。

图 22.14 和图 22.15 分别显示了植物物种丰富度（Reid and Miller, 1989）和鸟类物种丰富度（Dobzhansky, 1950）如何向南北两极减少。尽管有些例子是例外（图 22.16），但物种数由两极往赤道增加的模式是普遍且显著的。该模式激励生态学家去寻找机制。目前已有许多机制可以诠释物种丰富度随纬度梯度变化的模式，詹姆斯·布朗（Brown, 1988）将这些假说整理归纳为 6 类。

干扰后时间

干扰后时间假说（time since perturbation hypothesis）认为，热带物种之所以较多，是因为热带地区较为古老，且干扰频率较低。换言之，热带物种较多的原因是：（1）热带地区拥有较长的时间进行物种形成；（2）较低的干扰频率可降低灭绝率。支持该理论的生态学家认为热带环境较为稳定，中、高纬度反复受到冰川出现和消退的干扰。但是正如第 16 章

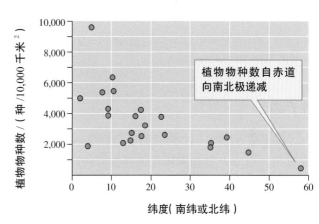

图 22.14 西半球的维管束植物物种数随纬度的变化（资料取自 Reid and Miller, 1989）

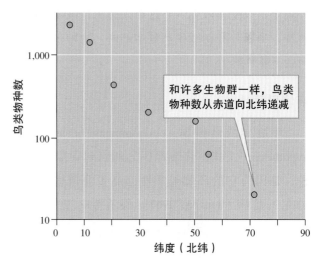

图 22.15 从中美洲到北美洲，鸟类种数随纬度变化（资料取自 Dobzhansky, 1950）

所述，中等干扰可增加局部的物种多样性。因此，约瑟夫·康奈尔（Connell, 1978）持完全相反的意见，他认为，热带雨林与珊瑚礁之所以具有特别高的物种多样性，是因为受到频繁的干扰。

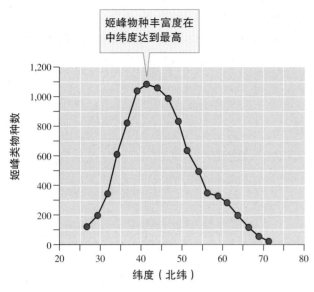

图22.16 物种数随纬度递减的例外：姬峰物种丰富度随纬度的变化情况（资料取自Janzen，1967）

图中标注：姬峰物种丰富度在中纬度达到最高

纵轴：姬峰类物种数，刻度 0、200、400、600、800、1,000、1,200
横轴：纬度（北纬），刻度 20、30、40、50、60、70、80

生产力

持生产力假说（productivity hypothesis）的学者观察到，地球上物种多样性最高的两种环境——热带雨林和珊瑚礁具有极其高的生产力。该假说认为，高生产力促成高物种丰富度。它认为：由于生物能分配的能量更多，特化消费者的种群量较大。由于大种群的灭绝率低于小种群，因此在较高生产力的环境下，灭绝率较低。不过布朗指出，该假说必须解释，当养分和初级生产量增加时，物种多样性为何会下降（第16章）。

环境异质性

环境异质性假说（environmental heterogeneity hypothesis）主张，热带地区之所以包含如此多物种，是因为它的环境异质性远高于温带地区。丹尼尔·詹曾（Janzen，1967）与乔治·史蒂文斯（Stevens，1989）指出，与高纬度物种相比，大部分热带物种沿海拔梯度和纬度梯度分布在少数环境中。

然而，迈克尔·罗森茨魏希（Rosenzweig，1992）提醒我们，我们不可以将生物与生境结构分开考虑。在多样性高的群落中，物种可将环境分割成更小的生境，因此，物种多样性和环境异质性并非独立的。例如，乔治·科克斯和罗伯特·里克莱夫斯（Cox and Ricklefs，1977）在估算巴拿马岛和

加勒比群岛的4座岛屿的鸟类生境数时，发现物种数和生境数为负相关关系。换句话说，鸟类物种越多，生境越少。

环境合适性

环境合适性假说（favorableness hypothesis）认为，与高纬度地区相比，热带地区为生物提供了更适合生存的环境。如第2章所述，高纬度环境的温度变异远大于热带环境。生物学家认为，高纬度地区的低物种多样性与环境变异之间的吻合并非偶然。尽管许多物种已经适应恶劣环境，但是绝大部分物种却无法适应。因此，生物学家认为，极端的物理环境限制了生物多样性。

生态位宽度与种间交互作用

为了解释纬度梯度的物种多样性，生物学家提出了几种涉及生态位相对宽度与种间交互作用的假说。它们包括：

1. 热带物种受制于生物因子的程度高于环境因子。

2. 热带物种受种间交互作用的影响甚于种内交互作用。

3. 热带物种的生态位重叠度高于高纬度物种的生态位重叠度，故热带物种间的竞争较为激烈。

4. 热带物种的特化程度较高，故生态位较窄。因此，它们的种间竞争程度低于高纬度物种。

5. 热带物种更易于被捕食者、寄生物和病原体控制。

6. 与温带物种相比，热带物种形成较多互利共生关系。

然而，布朗指出上述假说为生态学者带来了许多困难。值得注意的是，其中有些假说甚至彼此矛盾。此外，要验证这些假说非常困难，而且它们也没有指出热带地区和高纬度地区之间的根本差异。例如，热带物种的生态位和高纬度物种的生态位有所差异，我们应找出造成这一差异的原因。布朗认为，竞争和捕食等生物过程对物种多样性的地理梯度差异不起决定性作用；高纬度地区与热带地区之间的物理环境差异才是造成物种丰富度的地理梯度

差异的最终原因。下面的假说便是利用物理环境差异诠释物种多样性的纬度模式。

物种形成率与灭绝率的差异

　　某特定区域的物种数是新物种加入物种库的速率与物种灭绝率的差值，其中，新物种通过迁入或物种形成的方式加入种群库中。罗森茨魏希（Rosenzweig，1992）认为，当我们考量整个生物地理区域的多样性时，迁入几乎可以忽略不计，物种形成才是新物种的主要来源；而物种从物种库中消失的原因是灭绝。因此，热带物种丰富度较高是因为物种形成率较高和（或）灭绝率较低。不过，布朗在此提醒我们，应该找出造成热带地区与高纬度地区物种形成率和灭绝率存在差异的物理机制。

面积和物种丰富度的纬度变异

　　约翰·特伯格（Terborgh，1973）与罗森茨魏希（Rosenzweig，1992）认为，热带的物种丰富度较高应当归因于热带地区的面积比较大。许多人并没有注意到，分布在赤道与南、北回归线之间的热带地区，其陆域面积和水域面积大于高纬度地区的面积。这是因为普通的地图是依据墨卡托投影（Mercator projection）绘制而成的，而该投影系统增加了高纬度地区的视觉面积，但如果你观察地球仪，就可以发现热带地区更为广袤。

　　热带地区的面积比较大吗？罗森茨魏希利用电脑地图计算各纬度带的陆域面积。他将地球分为热带（纬度≤26°）、亚热带（26°～36°）、温带（36°～46°）、北方针叶林带（46°～56°）和冻原带（> 56°），然后测量这些纬度带的陆域面积，结果发现热带的陆域面积远远超过其他纬度带的陆域面积（图22.17）。

　　此外，热带地区不但陆域（和水域）面积较大，整体温度也比较均衡。特伯格将该模式应用到地理生态学中，绘制年均温与纬度的关系图（图22.18）。结果显示，纬度0°～25°地区的年均温差异很小。由于该温度模式出现在南北赤道，在热带地区50°纬度范围内，年均温变化微小。然而，在纬度25°以上的地区，年均温随着纬度的增加呈线性下降。这种温度随纬度变化的模式具有什么生物意义？其中的一个意义就是，热带生物可在气温没有显著变化的广大区域扩散。

　　气温变异如何影响物种形成率和灭绝率呢？罗森茨魏希认为，宽广的热带地区通过两种方式降低灭绝率。首先，由于热带地区的面积大，物理环境相似，热带物种分布在广阔区域，从而能获得更多庇护所躲避环境干扰；也因为分布面积大，热带物种的总种群量通常比较大，所以物种不易灭绝。

　　另外，罗森茨魏希认为，广阔的区域范围可加快异域物种形成（allopatric speciation）速率，原因是：与小范围区域相比，广阔区域中更易形成山脉

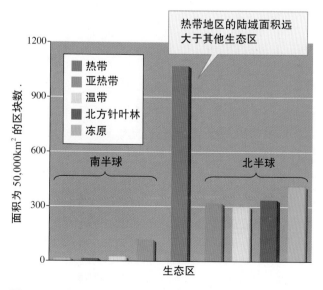

图22.17　5个纬度区的陆域面积（资料取Rosenzweig，1992）

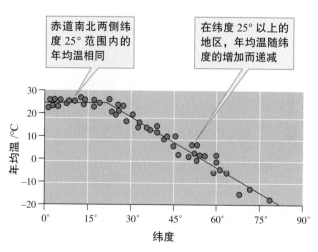

图22.18　各纬度的年均温（资料取自Rosenzweig，1992；根据Terborgh，1973）

或深谷等地理屏障。由于地理屏障有利于异域物种形成，热带的异域物种形成率比较高。

如前所述，物种丰富度随岛屿面积的增加而递增。然而，面积较大的大陆是否也容纳较多物种？这将在下一节讨论。

大陆面积和物种丰富度

卡尔·弗莱萨（Flessa，1975，1981）是第一位验证大陆面积与物种丰富度之间关系的学者。他发现，不论以目、科还是属的总数指示物种丰富度，哺乳动物的物种丰富度与大陆、大岛屿和岛群的面积呈正相关。詹姆斯·布朗（Brown，1986）也做了和弗莱萨类似的分析，但是他只分析了5块大陆及2个热带大岛屿（马达加斯加岛及新几内亚岛）的物种，也没有考虑飞行哺乳动物，只分析了属和种以上分类单元的哺乳动物多样性。同样地，布朗也发现，哺乳动物物种丰富度和面积之间存在强正相关关系（图22.19）。马达加斯加岛的面积最小，哺乳动物的丰富度最低；欧亚大陆的面积最大，哺乳动物的多样性最高；而其他大陆（大洋洲、南美洲、北美洲与非洲）的面积中等，哺乳动物的丰富度也居中。

弗莱萨和布朗的分析与热带地区的高物种丰富度有什么关联呢？罗森茨魏希认为，热带地区的面积大是多样性较高的主要原因（图22.17）。若面积的差异造成物种丰富度的差异，那么大陆面积与物种丰富度之间便存在正相关关系，而弗莱萨和布朗的研究便验证了这样的关系。现在让我们回到热带地区。

在面积不同的热带地区，物种丰富度是否存在差异？如果罗森茨魏希的观点正确，那么面积不同的热带地区应具有不同的生物多样性。罗森茨魏希研究了热带雨林中食果哺乳动物和植物的多样性模式。他研究的区域范围很大，从澳大利亚到亚马孙的热带雨林。研究结果表明面积与物种多样性之间呈正相关关系，这一结果支持了面积假说（图22.20）。在面积最小的澳大利亚热带雨林，食果哺乳动物和植物的物种数最少；在面积最大的亚马孙热带雨林，食果哺乳动物和植物的物种数最多。

总之，造成热带物种丰富度高的因素很多，包括：（1）干扰后时间；（2）生产力；（3）环境异质性；（4）环境合适性；（5）生态位宽度与种间交互作用；（6）物种形成率和灭绝率的差异。然而，多项证据支持以下假说：面积差异对于物种丰富度的纬度变异起决定性作用。我们能否得到结论：我们已完全了解物种多样性纬度差异背后的机制呢？布朗认为，尽管我们基本上了解控制岛屿间物种丰富

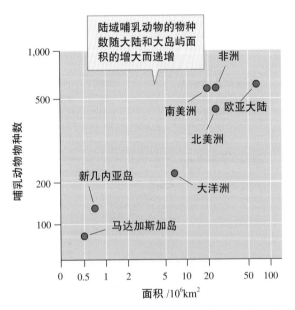

图22.19　大陆和大岛屿的面积与非飞行陆域哺乳动物物种数之间的关系（资料取自Brown，1986）

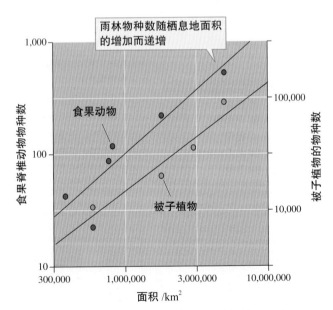

图22.20　从澳大利亚到亚马孙，雨林面积与开花植物（被子植物）、食果脊椎动物物种数之间的关系（资料取自Rosenzweig，1992）

度变异的机制，但是"大陆内的物种分布及分类单元非常复杂，其中大部分尚待发现"。我们在下一节中将会知道，一些无法解释的复杂多样性归结于大陆之间的历史差异和区域差异。

—— 概念讨论 22.3 ——————◼

1. 为什么似乎没有一个因素可以解释物种多样性的纬度差异？
2. 岛屿的物种多样性模式和大陆的物种多样性模式的共同点是什么？

22.4　历史差异与区域差异的影响

长期的历史过程和区域过程显著地影响物种的丰富度和多样性。面积和隔离度解释了岛屿间物种多样性和物种组成的大部分变异，其中，面积可以解释大陆间生物多样性的多数变异。局部地区的物种多样性变异可归结为生境异质性、干扰、捕食及地方群落演替时间的差异，这些因素请参见第16章、第17章和第20章的讨论。不过，如下面的例子所述，这类因素并不足以解释生物多样性和群落组织的诸多地理差异。罗伯特·里克莱夫斯（Ricklefs，1987）指出，在许多案例中，独特的历史因素和地理因素造成物种丰富度的区域差异。

多样性的例外模式

许多物种丰富度的巨大差异无法以面积的差异来解释，如第2章讨论的地中海型气候便是一例（图2.20）。该气候区支持地中海型林地和灌丛地，包括南非开普区（90,000 km²）、澳大利亚西南区（320,000 km²）和美国加州植物区（Floristic Province，324,000 km²）。这些地区的气候相似，面积却相差很大。在这三者中，哪个地区含的物种数最多呢？根据前面一再重申的观点——面积与物种丰富度呈正相关关系，由于澳大利亚西南区和加州植物区的面积是南非开普区的3倍多，我们肯定认为它们的生物多样性较高；另外，澳大利亚西南区和加州植物区的面积相近，所以这两个地区的物种数应该相等。但是如图22.21所示，面积最小的开普区的植物物种数是其他两个地区的2倍多。

面积无法解释物种多样性的区域差异并非只有上述这一个案例，罗杰·莱瑟姆和罗伯特·里克莱夫斯（Latham and Ricklefs，1993）指出，温带树种的多样性同样无法用面积效应来解释。如第2章所述，温带森林群系在欧洲、东亚和北美洲东部的面积很相近，分别为 120×10^4 km²、120×10^4 km² 和 180×10^4 km²。因此，我们预测这3个区域的生物多样性应该相近。然而，图22.22却显示，东亚的树种数是北美洲东部的3倍，是欧洲的6倍。

我们再看另外一个有关鸟类的例子。如第16章所述，乔木枝叶层高度的多样性与鸟类物种多样性之间呈正相关关系。这些鸟类群落的研究显示，在北美洲东北部、波多黎各、巴拿马和澳大利亚等地区，植物群落的垂直异质性（枝叶层高度多样性）越大，鸟类的物种多样性就越高（图16.10）。然而，

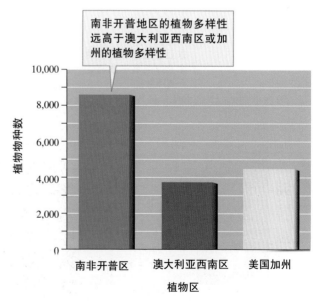

图22.21　3个地中海型气候区的植物物种数（资料取自Bond and Goldblatt，1984）

生物学家发现这种正相关关系并不具普遍性。

约翰·拉尔夫（Ralph，1985）研究阿根廷巴塔哥尼亚北部枝叶层高度多样性和鸟类物种多样性间的关系。在该研究区，沿一条50 km长的降水梯度（年降水量200～2,500 mm），植被结构从山毛榉到草原、灌丛地，再到林地，形成梯度变化。拉尔夫的研究显示，该地区与其他地区不同，枝叶层高度多样性与鸟类物种多样性间呈反比关系（图22.23），灌丛生境的多样性高于山毛榉（树叶层较高）的多样性。

历史解释和区域解释

我们该如何解释这些生物多样性的例外模式呢？何种机制造成它们与本章及以前章节描述的常规模式相反呢？在这类案例中，地理差异与历史差异都可以提供令人信服的解释。

南非开普植物区

保利娜·邦德与彼德·戈德布拉特（Bond and Goldblatt，1984）认为，南非开普植物区非同寻常的物种丰富度归因于几个历史因素和地理因素。在非洲南部，特殊地中海型植物群系的自然选择始于第三纪末期（2,600万年前）。当时的气候逐渐变得

干冷，该环境的植物具有多肉、耐火、矮小、革质叶片等特征。开普区的演化始于南非的中南部，而非开普区当地。当时，非洲位居更南方，开普区湿冷的气候支持常绿林。

随着非洲大陆往北漂移，南非的气候变得越来越干，现代南非开普区的植物群系祖先慢慢向开普区迁移。大约在上新世晚期（约300万年前），非洲大陆漂移至接近现在的纬度位置，南非的气候非常干旱，开普区变为地中海型气候区。邦德和戈德布拉特认为，在更新世气候波动期，高度破碎的景观、差异巨大的土壤类型，以及植物种群的反复扩张、缩小与隔离，有利于该地区的植物物种形成。他们认为，即使是在最干旱时期，庇护所的存在仍能降低该地区的物种灭绝率。

温带乔木的多样性

在东亚、北美洲东部与欧洲，为什么这3个地区温带森林的面积和气候相近，但树种数却存在如此大的差异？莱瑟姆和里克莱夫斯提供了令人信服的历史原因和区域原因，他们认为，我们必须考虑这3个地区的树木在末次冰期面临的环境及该环境对灭绝率的影响。

参考第2章中温带森林在东亚、北美洲东部与欧洲的分布情况（图2.25），我们在研究欧洲、东亚

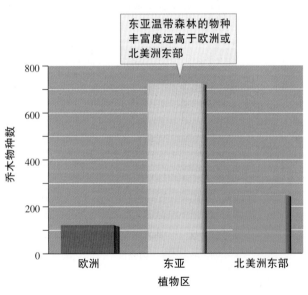

图22.22 3个温带林区的植物物种数（资料取自Latham and Ricklefs，1993）

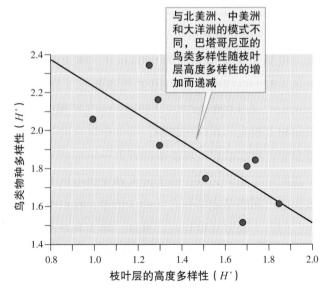

图22.23 阿根廷巴塔哥尼亚的乔木树叶层高度多样性和鸟类物种多样性的关系（资料取自Ralph，1985）

和北美洲东部的山脉分布时注意到，东亚和北美洲东部并没有大山脉阻碍生物的南北向移动，而欧洲的东西向山脉却阻碍了物种移动。试想，在末次冰期，当冰川开始前移、欧洲气候逐渐变冷时，这些树种会发生什么事情呢？这些温带树种往南扩散的路径被东西向的山脉截断了。

因此，这个假说认为，欧洲树种丰富度较低的大部分原因是冰川时期的高灭绝率。这一假说该如何验证呢？莱瑟姆和里克莱夫斯在这3个地区找寻支持灭绝假说的化石记录，并估算在3,000万～4,000万年前灭绝的树种数。根据他们的分析结果，大部分树种已经灭绝，而且欧洲树种的灭绝率远高于东亚和北美洲东部的灭绝率（图22.24）。

现在来看看北美洲东部的情况。北美洲东部的唯一山脉——阿帕拉契亚山脉是南北向的。所以，北美洲东部的温带树种面临冰川前移和气候变冷时，可以往南扩散。玛格丽特·戴维斯等古生物学家已详细记录了温带树种群面临气候变化时的迁移（图10.6）。东亚同样没有山脉阻碍树种迁移，东亚的温带树林往南迁移的距离甚至远于北美洲东部森林树种的迁移距离。

冰川时期的高灭绝率可以解释欧洲森林的低多样性，但是为何北美洲东部的树种数少于东亚的树种数呢？莱瑟姆和里克莱夫斯认为：根据化石记录及现在温带树木的分布情况，多数温带树木分类单元起源于东亚，随后扩散到欧洲和北美洲东部。此外，当东亚和北美洲东部之间的扩散途径被截断后，东亚树种的物种形成仍持续进行，因而产生多个特有亚洲种。换言之，北美洲东部的树种之所以较少，是因为大部分树种分类单元起源于东亚，且许多树种未扩散至北美洲。

南美洲山毛榉林的鸟类多样性

为何结构复杂的南美洲山毛榉林的鸟类多样性低于结构较简单的灌丛生境呢？多尔夫·施吕特与罗伯特·里克莱夫斯（Schluter and Ricklefs，1993）认为，山毛榉林的鸟类多样性较低是因为这些温带森林在南美洲的分布受到地理限制。根据拉尔夫（Ralph，1985）的记录，鸟类多样性最高的灌丛生境占据南美洲大部分区域。

除了面积较小之外，南美洲山毛榉林与亚热带森林及热带森林之间被大片干旱、半干旱植被分隔。山毛榉林的生物群是蛙类、鸟类和哺乳动物的特有种，这意味着南美洲山毛榉林已被隔离很久了。施吕特和里克莱夫斯认为，面积小与隔离度高应该是南美洲山毛榉林鸟类多样性低的原因。他们引用拉尔夫的观点，提出了"区域生境取代局部生境对物种多样性产生影响"的见解。

总的来说，物种丰富度的大部分地理变异可以用历史过程与区域过程来解释。生态学家若要了解大空间尺度的多样性模式，必须考虑大尺度过程或长期过程。我们在下一章中会看到，从大尺度和长期的角度了解全球生态学非常重要。

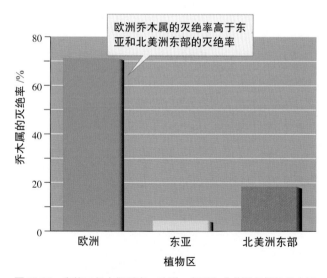

图22.24 自第三纪中期以来，欧洲、东亚和北美洲东部的乔木属灭绝（资料取自Latham and Ricklefs，1993）

1. 为什么历史对区域多样性模式产生这么大的影响?

2. 结合地中海型气候区的植物群系研究(图 22.21)和温带森林多样性研究,我们是否可以肯定:历史差异对多样性的影响超过面积的潜在影响?

调查求证:再论样本大小

在第 6 章(142 页)论述样本大小时,我们已经讨论过需要多少样本才能精确估算两个样本群落的物种数;在第 16 章(377 页),我们又在更复杂的群落中讨论相同的问题。在某些情况下,为了精确估算物种数,样本投入必须很大。一般而言,样本大小应能检测出统计学上的显著性差异或效应,故研究系统的变异越大,样本也应越大。我们现在要考虑另一个问题:什么因素决定样本大小?或者说,什么是重复观察或测量?

对于小尺度研究,这个答案非常清楚。例如,在实验室研究某动物物种的表现或某植物物种的光合速率,测量的个体数决定样本大小;在研究氮有效性如何影响植物多样性的野外实验中,处理土壤氮的研究区数便是样本大小。然而,当生物学家开始研究大尺度生态问题时,答案就不那么显而易见了。例如,在第 21 章,我们比较两条流经不同森林的溪流的有机碎屑含量(495 页),其中一条溪流流经落叶林,另一条流经针叶林。在这个比较中,各溪流有机碎屑含量的测量次数(7)为样本大小。

然而,根据这两条溪流的比较,我们能否得到以下结论:一般而言,流经针叶林的溪流的有机碎屑含量高于流经落叶林的溪流?我们无法得到这样的结论。为什么?根本原因是,我们在第 21 章中研究流经每种森林的溪流只有一条。换言之,对于森林类型与溪流有机碎屑含量的相对关系,样本只有 1 个。即使我们在两条溪流中测量了 100 次有机碎屑含量,非常精确地估算每条溪流的有机碎屑含量,但对于这个大尺度问题而言,样本大小仍然是 1。

那我们要如何增加这类研究的样本大小?我们应该先找到流经落叶林和针叶林的数条溪流,然后进行研究。理想的情况是,我们在不同景观内的不同溪流中采样,溪流数就是该研究的样本大小。要讨论比区域更大尺度的问题,我们必须在某大陆内选取数个区域。对于特别大尺度的生态学研究,一个研究者或研究团队的资源非常有限。因此,研究大尺度问题的生态学家通过基于电脑的网络系统,搜集与分析资料(本章的应用案例)。其他的方法还包括参考其他研究团队搜集和出版的信息。通过上述方法,生态学家可将局部地方研究与区域研究综合到更大的尺度下。我们将在第 23 章讨论搜索文献的几种方法(545 页)。

实证评论 22

在全球尺度下,样本大小如何影响全球生态学?

应用案例：全球定位系统、遥感技术和地理信息系统

1972年，罗伯特·麦克阿瑟将地理生态学定义为研究可以在地图上绘制的各种模式的科学。时至今日，可以绘入地图的空间分布依旧是地理生态学的核心，但"地图"的性质却已发生极大的转变。现代化工具革新了该学科。现代地理生态学家通常运用地理信息系统来记录数据，这是一个以电脑为基础，可储存、分析、展示地理信息的系统。此外，地理生态学家也会利用遥感技术与全球定位系统等工具，获得更多更精确的信息。

全球定位系统

何谓定位（location）？这是地理学家提出的最基础问题。为了测定高度、经度和纬度，科学家、工程师、航海家和探险家花费了数个世纪的时间来研究各种方法，而最近的科技进步已显著地提高了测量的精度。

地理生态学的创立者——亚历山大·冯·洪堡一定会极为赞赏这些新近的科技进步。当洪堡探险南北美洲时，他仔细地测量了重要地理特征的经度、纬度和海拔高度。例如，洪堡非常想确认卡西基亚雷河（Casiquiare Canal）的存在和位置。根据记载，卡西基亚雷河连接了奥里诺科河（Orinoco River）和汇入亚马孙河的里奥内格罗河。连接这两条大河凸显了卡西基亚雷河的特殊位置。然而，这个水道的存在与否仍是一个大疑问。

为了记录该处的经纬度，洪堡抵达卡西基亚雷河和里奥内格罗河的汇流处。等待夜晚来临时，他饱受昆虫叮蜇。幸好那晚云散开了，他可以根据星星来判断河流所在的位置，但是他在其他时侯就没那么幸运了。为了观测星象，他曾经苦等了1个月，才等到晴朗的夜晚。若在今日，通过全球定位系统，他根本无须理会天气的好坏，随时都可以测定卡西基亚雷河和里奥内格罗河汇流处的经度和纬度。

全球定位系统（global positioning system，GPS）利用许多人造卫星为参考点，测定地面各处的经度、纬度和海拔高度。这些人造卫星在距离地面约21,000 km的高空绕地球转动，不断地向地球传送位置信息和时间信息。它们的时间非常精确，由原子钟确定，每30,000年的误差小于1 s。全球定位系统可以接收人造卫星传来的信号。由于该系统本身设置了精确的时钟，根据人造卫星信号抵达接收器的时间，可计算人造卫星与地球之间的距离。通过测定4个人造卫星与地球之间的距离，全球定位系统就可以十分精确地测定地表上任何一点的经度、纬度和海拔高度（图22.25）。

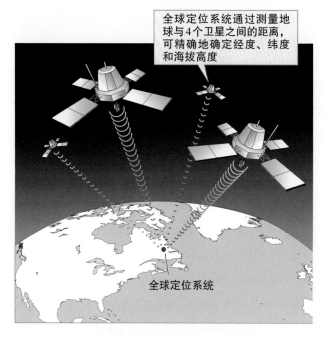

全球定位系统通过测量地球与4个卫星之间的距离，可精确地确定经度、纬度和海拔高度

图22.25 全球定位系统通过测量地球与几个卫星之间的距离，可以精确地确定经度、纬度和海拔高度

导航卫星和全球定位系统可精确测定地面地点的位置，其他卫星则提供其他富有价值的信息。这些遥感卫星传输的地表影像对于生态学家而言非常有用。

遥感技术

遥感（remote sensing）是在不接触客体（object）的情况下，通过搜集和处理客体发射或反射的电磁辐射来获得客体的信息。根据这一定义，眼睛可谓是最原始的遥感器。然而，今天的遥感科技已经发展到利用双筒望远镜、相机及星载传感器。

遥感卫星上一般安装了光学传感器。这些传感器可扫描电磁波谱的数个波段（频带），并将电磁辐射转换为电信号，电信号再经过电脑转换为可建构影像的数字信息。最早的陆地卫星（Landsat）可扫描4个波段，其中2个为可见光带（0.5～0.6 μm和0.6～0.7 μm），另2个为近红外光带

（0.7～0.8 μm 和 0.8～1.1 μm）。自发明至今，遥感卫星成像系统能扫描的波段越来越多，空间分辨率也越来越高。

以卫星为基础的遥感已可以拍摄地面上每平方米的精细影像。这些影像信息为生态学家提供了非常有用的信息，特别是在景观生态学和地理生态学方面。例如，生态学家通过遥感技术来监测植被生物量（vegetative biomass），并以绿度指数（indice of greenness）表示。在干旱的美国西南部，植被生物量可以指示潮湿山区的位置。

美国西南部的山地岛屿

诺曼·罗勒与约翰·科尔韦尔（Roller and Colwell，1986）回顾了人造卫星搜集的低分辨率信息如何指导生态调查，特别是大面积地理区域的调查。在本章前面的小节中，洛莫利诺等人调查了美国西南部山地岛屿的哺乳动物。他们依据该区域 1982 年的植被分布图来进行研究。事实上，他们也能利用该区的卫星影像来划定研究区范围。

罗勒和科尔韦尔在论文中展示了一张美国西南部的卫星影像。图中，新墨西哥州和亚利桑那州的红色斑块代表洛莫利诺等人研究的森林山地岛屿，其他红色斑块则表示灌溉农田，它们分布在亚利桑那州的菲尼克斯附近、科罗拉多河和希拉河，以及新墨西哥州的佩科斯河和里奥格兰德河。另外，黄、绿色到蓝色表示植被覆盖率依次递减。生态学家常常利用人造卫星估计和监测植被生物量发生变化的概率，这对于年降雨量和植物生产量变异非常大的地区（如美国西南部）尤为重要。

海洋初级生产量的空间观测

玛丽·简·佩里（Perry，1986）使用遥感技术来研究海洋的初级生产量。在第 21 章中，我们专门讨论了陆域环境的斑块化，但海域环境也是高度斑块化的，尤其在初级生产量方面。佩里指出，对于海域环境（尤其是外海）初级生产量的年变化，我们了解甚少。

我们对外海生产动态了解甚少的主要原因是：（1）外海生态系统过于辽阔，覆盖面积约为 33,200×10⁴ km²；（2）海洋研究船和其他海洋采样设备非常有限；（3）外海研究费用高昂。佩里认为，监测海洋颜色的遥感卫星是研究区域和全球海洋初级生产量的最佳工具。遥感影像图的颜色代表叶绿素 a 的浓度变化，叶绿素 a 的浓度可以表示浮游植物生物量的高低。遥感图像还可以展现海域的高度斑块化，浮游植物大都集中在狭长的沿岸带，且沿岸带的水温低于海上水温。沿岸带的低水温和高浮游植物生物量说明了什么？它们说明沿岸带具有上升流，因为上升流会将高养分含量的深水带到海面上。

根据佩里的记载，尽管海洋地理学家早已知悉浮游植物种群的分布呈斑块状，但对于斑块的复杂性仍一无所知。一些浮游植物斑块分布在遥远的外海，而且斑块的位置也随时间发生变化。沿岸的浮游植物斑块以 2～7 km/d 的速度离开海岸，而一般船只无法以低于 30 km 的时速获得时间和空间上极其复杂的生产模式，但是人造卫星可以拍摄影像，可以以 1 km² 的分辨率扫描 1,600 km 宽的斑块，还可在同一地区每隔 5～6 天重复取样。

以上的例子说明了以卫星为基础的遥感技术如何搜集广袤区域的大量信息，可解决大尺度生态现象的采样问题。然而，大量数据产生了另一个问题：生态学家需要一个可储存、归类、分析和展示大量地理信息的系统。这个问题的解决依赖于地理信息系统。

地理信息系统

在洪堡所处的时代，地理学家的地理数据非常少。如今通过新工具，地理学家和生态学家可收集到大量信息，但易被繁杂的数据淹没而无从下手。**地理信息系统**（geographic information system）可以帮助人们解决这个难题，它是基于计算机的系统，可储存、筛选、分析和展示大量地理数据。有些人会混淆地理信息系统和电脑化制图。实际上，地理信息系统不仅能够制作地图，还具有很多其他功能。种群生态学大多关心控制生物分布和多度的因素，却往往忽略种群的地理环境。地理信息系统可以保存地理信息，是生态学家探索大尺度种群如何应对气候变化的有用工具。

我们将在下一章中讨论，面对快速的全球变化，生态学面临如何解决大尺度环境问题的挑战。在生态学家解决这些迫切问题时，地理信息系统、遥感技术和全球定位系统成为越来越有价值的工具。

地理生态学侧重于研究生物分布与生物多样性的大尺度模式，诸如岛屿生物地理学、物种多样性的纬度分布模式，以及大尺度区域过程与历史过程对生物多样性的影响。

在大陆的岛屿和生境斑块上，物种丰富度随生境面积的增大而递增，随隔离度的增加而递减。与面积小的岛屿相比，面积大的海洋岛屿可容纳更多生物群、更多物种。隔离的大洋岛屿的物种数少于接近大陆地区的岛屿的物种数。大陆的许多生境十分隔离，可视为岛屿。这些岛屿生境（如美国西南部的山脉岛屿）的物种丰富度随面积的增大而递增，随隔离度的增加而递减。湖泊也可以视为岛屿生境，因为湖泊与其他水域环境之间被陆地分隔。鱼类物种丰富度一般随着湖泊面积的增大而递增，随隔离度的增大而递减。然而，因为各个物种的扩散速率非常不同，所以同一岛屿对于某群生物来说可能难以到达，但对另一群生物来说却易于抵达。

岛屿的物种丰富度可视为物种迁入和物种灭绝之间动态平衡的结果。岛屿生物地理学平衡模型认为，迁入率和灭绝率间的差异决定了岛屿的物种丰富度。该模型假设，岛屿的物种迁入率主要取决于岛屿与迁入源之间的距离，物种灭绝率取决于岛屿面积。佛罗里达红树林岛屿的物种周转现象及瑞典耶尔马伦湖新生岛屿的拓殖研究均验证了岛屿生物地理学平衡模型的预测结果。

物种丰富度通常从中纬度和高纬度向赤道增加。大部分生物群在热带地区的物种丰富度都比较高，可能的影响因素包括：（1）干扰后时间；（2）生产力；（3）环境异质性；（4）环境合适性；（5）生态位宽度和种间交互作用；（6）物种形成率和灭绝率间的差异。多项证据支持以下假说：面积差异对于物种丰富度的纬度变异起决定性作用。

长期的历史过程与区域过程显著地影响物种的丰富度和多样性。物种丰富度的许多地理变异可用历史过程和区域过程来解释。一些特殊的例子是独特的历史过程和区域过程的结果，这些例外包括南非开普植物区的特殊物种丰富度、东亚温带树种的高度多样性，以及南美洲山毛榉林鸟类的低度多样性。生态学家若要了解物种丰富度的大尺度模式，必须考虑大尺度过程或长期过程。

全球定位系统、遥感技术及地理信息系统是有效且重要的地理生态学工具。全球定位系统利用人造卫星为参考点，测定地表任意点的经度、纬度和海拔高度。遥感卫星一般安装了许多光学传感器，它们能够扫描电磁波谱的数个波段，并将电磁辐射转换为电信号。电信号再经过电脑转换为可构建影像的数字信息。地理信息系统是基于计算机的系统，可以储存、分析和展示地理信息。全球定位系统、遥感技术与地理信息系统逐渐成为非常有价值的工具，生态学家利用这些工具来研究大尺度生态现象，如区域性陆域初级生产量的年变化、海洋初级生产量的动态变化，以及种群对气候变化产生的可能反应。

───重要术语─── ■

· 岛屿生物地理学平衡模型 / equilibrium model of island biogeography　514
· 地理生态学 / geographic ecology　510
· 地理信息系统 / geographic information system　528

· 全球定位系统 / global positioning system (GPS)　527
· 物种周转 / species turnover　514
· 遥感 / remote sensing　527

1. 下表是西印度群岛的面积和鸟种数数据（Preston，1962a）。表中的数据以两种方法表示：面积与物种数，以及面积与物种数的对数。试根据表中数据，以面积为横轴，以物种数为纵轴，绘制物种数和面积的关系图。先以简单的测量值作图，然后以对数值作图。哪个图的相关性更强？

岛屿	面积 /km²	面积的对数	物种数	物种数的对数
古巴（Cuba）	110,900	5.045	124	2.093
伊斯帕尼奥拉岛（Hispaniola）	76,250	4.882	106	2.025
牙买加（Jamaica）	11,000	4.041	99	1.996
波多黎各	8,875	3,948	79	1.898
巴哈马群岛（Bahamas）	13,950	4.145	74	1.869
维尔京群岛（Virgin Islands）	500	2.699	35	1.544
瓜达卢佩（Guadalupe）	1,700	3.230	37	1.568
多米尼加（Dominica）	750	2.875	36	1.556
圣卢西亚（St. Lucia）	620	2.792	35	1.544
圣文森特（St. Vincent）	390	2.591	35	1.544
格拉纳达（Granada）	340	2.531	29	1.462

2. 参考图22.5，麦克阿瑟与威尔逊（MacArthur and Wilson，1963）用该图表示隔离度如何影响岛屿物种丰富度。请找一张详细的太平洋地图，从图中找到新几内亚岛，然后在地图上尽可能多地标出距离新几内亚岛近、中、远的岛屿，这会让你对岛屿的距离有些印象。试问近、中、远距离岛屿的物种数如何支持"岛屿的隔离度减少物种丰富度"的假说？

3. 戴蒙德（Diamond，1969）通过比较岛屿50年前的鸟类调查资料和他自己的鸟类调查，确定了加州海峡群岛的物种迁入和灭绝情况。他发现，除去资料不全的圣米格尔岛和圣罗莎岛，在1917—1968年，加州海峡群岛平均有6种鸟类灭绝，5种鸟类迁入。戴蒙德认为，他估算的物种迁入率和灭绝率可能低估了实际的速率。试解释为什么他的比较研究会低估实际的迁入率和灭绝率。

4. 戴蒙德（Diamond，1969）估计物种迁入数约等于灭绝数（6∶5）。这个结果是否与岛屿生物地理学平衡模型的结果一致？试解释原因。

5. 假设你将研究下图各岛屿的鸟类群落。这两座岛屿的面积相同，但与大陆之间的距离不相等。根据岛屿生物地理学平衡模型，哪座岛屿的物种迁入率较高？岛屿生物地理学平衡模型会怎样预测这两座岛屿的相对灭绝率？

6. 现在假设你将研究下图中各岛屿的鸟类群落。这两座岛屿与大陆之间的距离相等，但是面积不同。根据岛屿生物地理学平衡模型，这两座岛屿的相对迁入率出现什么结果？哪座岛屿的灭绝率较低？试解释原因。

7. 请复习主要的几个假说，并解释为何热带地区物种丰富度高于温带地区与高纬度地区的物种丰富度。每个假说如何阐明热带地区、温带地区与高纬度地区的物种形成率和灭绝率的关系？

8. 试解释物种形成率和灭绝率如何受大陆面积影响。有何证据支持你的解释？与温带地区和高纬度地区相比，热带地区的物种丰富度较高。这与面积对灭绝率和物种形成率的影响有何关系？

9. 里克莱夫斯（Ricklefs，1987）指出，竞争或捕食等区域过程并不能解释许多物种丰富度和物种组成的大尺度差异。他认为，区域生物群系的独有特征是历史差异和地理差异造成的。澳大利亚的哺乳动物（更格卢鼠、无尾熊、鸭嘴兽）便是最好的例子。相对于区域过程，历史差异和地理差异如何综合形成独特的哺乳动物？

10. 大部分本章引用的物种丰富度区域变异和纬度变异的例子都发生在陆域环境，试思考海洋生物群系的区域变异。和陆域鸟类一样，鱼类是人们研究得最多的海洋生物之一。莫伊尔与切赫（Moyle and Cech，1982）摘录了下面的鱼类物种丰富度模式：

北美洲大西洋海岸和墨西哥湾沿岸		北美洲太平洋海岸	
地区	物种数	地区	物种数
得克萨斯州	400	加州湾	800
南卡罗来纳州	350	加州	550
科德角（Cape Cod）	250	加拿大	325
缅因湾（Gulf of Maine）	225		
拉布拉多（Labrador）	61		
格陵兰岛（Greenland）	34		

如表中所示，两处海岸的鱼类物种丰富度皆向北递减。然而，太平洋海岸的鱼种数较多。这个对比结果需要通过历史差异与地理差异来加以解释。试采用海洋生物学、海洋地理学及鱼类学的信息，解释鱼类物种丰富度的对比结果。可从莫伊尔与切赫（Moyle and Cech，1982）及布里格斯（Briggs，1974）的研究入手。

第 23 章

全球生态学

1968 年 12 月末，阿波罗 8 号传回月球地平线上的地球影像，这是我们首次从太阳系中最近的邻居——月球上看到彩色的地球（图 23.1）。人们看到地球被荒凉的月球景观包围，就如阿波罗 8 号宇航员所说的："从这个角度来看，地球就是悬挂在……浩瀚太空中的一个大绿洲"。

在漆黑的太空衬托下，地球是一个闪亮的蓝色大球。这张影像立即改变了许多人的观点，也使人们更容易把地球看作一个独立的生态系统。

进入 21 世纪后，这种观点很重要，地球的快速变迁要求生态学家从全球尺度来研究生态现象。彼得·维托塞克（Vitousek, 1994）指出，我们是历史上可利用工具检验人类如何改变地球的第一代，但是他也提醒我们，我们也可能是有机会显著影响这些改变过程的最后一代。

由于许多全球尺度的现象都依靠大气调节，我们将在下面简要地介绍地球大气系统的结构和来源。

大气层与温室地球

大气层环绕着地球，使生物圈适合生命栖息。在地球表面，干净且干燥的空气中含有 78.08% 氮气、20.94% 氧气、0.93% 氩、0.03% 二氧化碳，以及不到 0.00005% 的臭氧，还含有不定量的水汽，以及微量的氦、氢、氙、甲烷及氖。这些气体的浓度随海拔高度而变。从地表至海拔 9~16 km 为**对流层**（troposphere），该层的大气浓度最高；由对流层向上至海拔 50 km 为**平流层**（stratosphere），该层的臭氧浓度最高；平流层之上是**中间层**（mesosphere）及

图 23.1　太空中的绿洲：地球自月球地平线冉冉升起

◀ 从距离地球 3,500 km 的高空俯瞰的南北美洲。为了获得应对重大环境挑战的方法和工具，全球生态学成为最活跃和最广泛讨论的科学领域之一。

热层（thermosphere）。

环绕地球的大气显著地改变了地球的环境。例如，大气减少了到达地表的紫外线，大气中的臭氧能起到屏蔽作用，这种痕量气体作用巨大。此外，大气也有助于地表变暖，这种现象即为**温室效应**（greenhouse effect）。

温室效应如何作用呢？地球辐射至太空的能量波长和强度犹如一个温度为 $-18℃$ 的物体，但地表的平均温度约为 $15℃$，实际温度与预期温度的差异高达 $33℃$，这是由于近地表的大气会吸收热量（图23.2）。吸收热量的温室气体包括水汽、二氧化碳、甲烷、臭氧、氧化亚氮及氟氯碳化物。需要注意的是，其中的几种温室气体是生物活动的产物。就像温室玻璃一样，这些气体吸收地球释放的红外辐射后，会再将大部分能量辐射回地球。

我们简要了解地球的太阳能收支情况。一般来说，30%照向地球的太阳能被云层、大气中的颗粒或地表反射回太空，70%被大气或地表吸收，这些能量将以红外辐射的方式再被释放出来。在大气释放的红外辐射中，有些辐射至太空，有些辐射到地表。至于地表释放的红外辐射，大部分均被大气中的温室气体吸收，再辐射回地表。通过将红外辐射返回地表，温室气体会吸收热量，提高地表的温度。

大气并非静态的。随着地球表面的不均匀加热，大气与海洋不停地运动。在第2章、第3章中，我们已介绍了大气循环与海洋循环的主要模式（图2.3、图2.4与图3.5），这些循环系统把生物圈的能量和物质从一处运至他处，把全球各个地区连成一个物理系统。正因为这些全球循环，地球上某处产生的污染物也会被移转至他处。

生物活动是目前地球大气组成（特别是氧、二氧化碳与甲烷）的主要成因，而生物对大气组成的影响通常与人类活动有关。不过，生物对大气的主要影响早在20亿年前就已经开始。早期的大气中缺少氧气，富含二氧化碳与氢气，但自20亿年前光合作用出现后，大气中的氧气含量便开始增加。

詹姆斯·沃克（Walker，1986）把上述大气组成改变视为"地球上有史以来最严重的污染事件"。

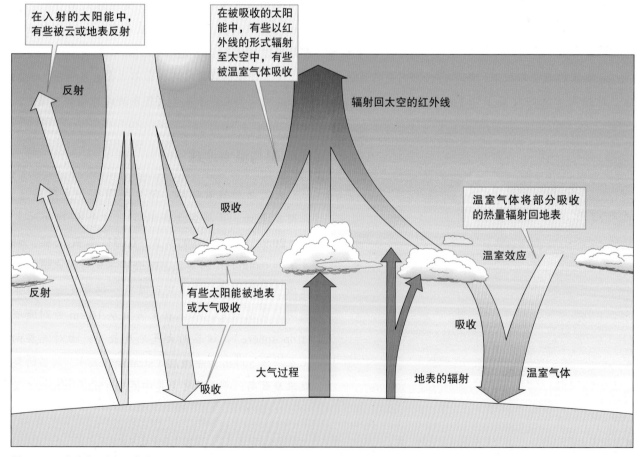

图23.2 温室效应：大气吸收热量

为什么他会把氧气视为一种污染呢？若要回答这个问题，我们必须了解20亿年前地球上生存的生物种类。最早的生活型出现在35亿年前，根据地质证据，早期的大气中并没有氧气。因此，当时地球上的生物是厌氧生物。氧气对它们而言，是一种剧毒。正如我们看到的，大气组成随着人类活动一再改变。

我们从大尺度大气－海洋系统对生态系统产生的全球效应开始讨论，同时也回顾人类活动对生物圈产生的一些重大影响。维托塞克（Vitousek，1994）从3个方面来论述人类活动造成的全球变化：（1）氮循环的变化；（2）景观的变化；（3）大气CO_2的变化。由于这些环境变化最终可能影响全球的气候及生物多样性（图23.3），我们有必要了解它们的成因及交互作用。

23.1　全球系统

　　厄尔尼诺南方涛动是大尺度的大气现象和海洋现象，影响着全球生态系统。大尺度的大气系统与海洋系统影响着全球生态系统。厄尔尼诺南方涛动（El Niño Southern Oscillation）是研究得较完整的大尺度系统之一。**厄尔尼诺**（El Niño）因该气象只出现于南美洲西海岸而得名。在厄尔尼诺期间，秘鲁西海岸在圣诞节出现一股暖流（厄尔尼诺即圣婴，基督之子）。**南方涛动**（Southern Oscillation）则是指横跨太平洋的气压振荡。在讨论厄尔尼诺南方涛动的行为与影响之前，我们必须先回顾现今我们对该系统的认识从何而来。在现在看来，我们认为这些知识是理所当然的，但人类花了20个世纪才获得这些知识。

历史脉络

　　1904年，英国数学家古尔伯特·沃克（Gilbert Walker）被派往印度气象观测所担任所长。在他到任的前不久，1899—1900年，印度发生了干旱，农作物歉收，造成大饥荒。这样的悲剧促使他开始探索方法来预测与亚洲季风相关的降水。沃克（Walker，

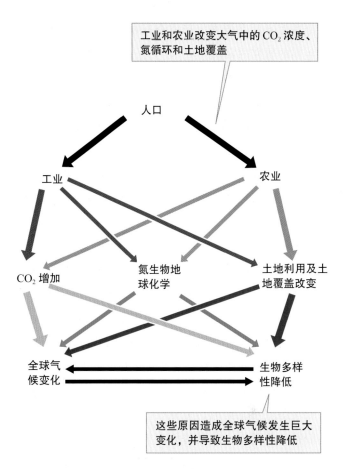

图23.3　全球环境变化的原因和结果（资料来自Vitousek，1994）

1924）终于发现，太平洋的气压与东亚季风期的降水量变化相吻合。当东太平洋气压下降时，西太平洋气压上升。同样地，当西太平洋气压下降时，东太平洋气压上升。沃克称这种气压波动为南方涛动。

　　现今的气象学家以南方涛动指数监测南方涛动，该指数值取决于塔希提岛（Tahiti）与澳大利亚达尔文岛之间的气压差（图23.4）。沃克发现，低指数值与澳大利亚、印尼、印度及非洲部分地区的干旱有关，而且加拿大的冬季温度与南方涛动也有些关联。沃克对全球气象进行整体研究，走在时代的前端。他认为相隔遥远的地区具有气候联系，尽管他的观点受到高度质疑，但他坚持己见并相信，如果相关的测量可以开展，地区间的气候联系便可获得解释。

　　后来，加州大学洛杉矶分校的教授——雅各布·比耶克内斯（Bjerknes，1966，1969）描述了厄尔尼诺南方涛动与海洋温度变化模式间的关联。比耶克内斯年轻时就在挪威研究温带地区的暴雨动态，并提出大尺度观点。后来，他的研究将厄尔尼诺与

南方涛动联系起来，形成全球观点，这正是沃克40年前的研究内容。

比耶克内斯之所以能将厄尔尼诺与南方涛动联系起来，其实源自一个意外的巧合。1957—1958年，强厄尔尼诺发生时，正逢国际地球物理年（International Geophysical Year），许多海洋研究船在太平洋和印度洋上进行同步观测。科学家首次在厄尔尼诺期间获得大量海洋数据。这些数据显示，与厄尔尼诺相关的暖流并不只出现在南美洲西岸，也延伸到太平洋。

比耶克内斯指出，跨越太平洋中部的海面温度梯度产生了在赤道面移动的大尺度大气循环系统（图23.5）。大气自暖和的西太平洋上升，在上层大气向东流动，然后在东太平洋下沉；之后，该气团随着东南信风向西流动，逐渐暖化并聚集水汽；最后，向西流动的大气在西太平洋与上升的大气汇合。这团暖湿空气上升时，形成云雨。比耶克内斯以吉尔伯特·沃克爵士之名将该大气系统命名为**沃克环流**（Walker circulation）。

和沃克一样，比耶克内斯在全球观点未受重视之前，便以全球视角研究气候变化。尤金·拉斯穆松（Rasmusson，1985）认为，比耶克内斯的模型综合了海洋循环和大气循环，是一项伟大的假说。该假说激励了后来数十年的研究，并大大增进了人们对厄尔尼诺南方涛动的了解。

厄尔尼诺与拉尼娜

厄尔尼诺南方涛动是一个高度动态变化的大尺度气象系统，涉及整个太平洋与印度洋的海面温度和气压的变化。我们之所以在此讨论厄尔尼诺南方涛动，是因为近代的发现显示：该系统带动全球气候发生许多变化，影响了北美洲、南美洲、大洋洲、东南亚、非洲及欧洲南部部分地区的气候，进而影响这些地区的生物分布、群落结构和生态过程。

在厄尔尼诺成熟期，东热带太平洋的海面温度高于平均温度，气压低于平均气压。高海面温度与低海面气压的综合作用促成东太平洋上空的暴雨。暴雨增加了北美洲与南美洲大部分地区的降水量。在厄尔尼诺期间，西太平洋的海面温度低于平均气温，气压则高于平均气压，这两个条件为西太平洋大部分地区（含大洋洲）带来了干旱。

东热带太平洋海面温度低于平均气温及气压高于平均气压的时期一般被称为**拉尼娜**（La Niña），它会为南、北美洲带来干旱。在拉尼娜期间，一股暖流深入西太平洋，并结合西太平洋的低气压产生

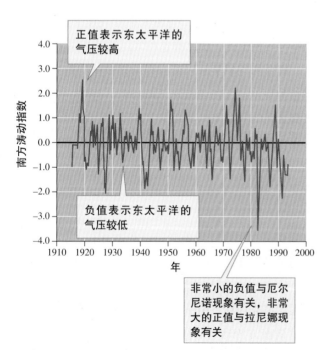

图23.4 南方涛动指数显示塔希提岛与澳大利亚达尔文岛之间的气压差异

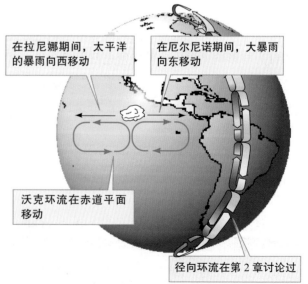

图23.5 沃克环流、厄尔尼诺与拉尼娜现象

许多暴雨。因此，拉尼娜为西太平洋带来高于平均降水量的降雨。在厄尔尼诺南方涛动循环中，拉尼娜和厄尔尼诺代表着两个极端。

厄尔尼诺南方涛动不仅影响热带地区，还会影响温带气候区。比方说，在美国西部、东南部及墨西哥周边地区，高于平均的降水量均与厄尔尼诺有关，而且这些地区的干旱与拉尼娜有关。此外，厄尔尼诺南方涛动还会影响广阔地理区域的温度。在厄尔尼诺期间，美国北部、加拿大与阿拉斯加州大部分地区的温度都高于平均气温；但在拉尼娜期间，这些地区的温度则低于平均气温。正如我们预期的，这个全球气象系统影响全球的生态系统。

厄尔尼诺与海洋生物种群

南美洲西部沿海的生物种群对厄尔尼诺产生重大的生态反应。在未发现厄尔尼诺的全球影响前，人们已知道厄尔尼诺会减少凤尾鱼（anchovie）种群与沙丁鱼（sardine）种群，以及依靠这些鱼类为生的海鸟种群。厄尔尼诺如何造成它们的种群量下降呢？厄尔尼诺通过改变海面温度变化模式与海岸环流模式影响种群。图23.6（b）为南美洲西部海岸的常态平均海面温度。在常态下，南美洲西部沿岸的水温相对较低，一股寒冷水流往西流向太平洋。这股寒冷水流被上升流带到海面。外海上升流受沃克

环流的东风驱动，而沿岸上升流受东南信风驱动。

随着厄尔尼诺发威，东风减弱，西太平洋的暖流往东移，最后抵达南美洲西岸，随后沿着海岸向北和向南两侧移动［图23.6（a）］。在厄尔尼诺成熟期，南美洲西岸的海面暖流终止了上升流。因此，由上升流传送至海面的养分供应也停止了，浮游植物的初级生产量下降，导致海岸食物网中消费者的食物减少，接着鱼类及捕食者的种群量也随之减少。

根据加拉帕戈斯群岛一带海面浮游植物色素的遥感探测结果，1982—1983年的厄尔尼诺降低了平均初级生产量，大幅地改变了"热点"生产区的位置。图23.7显示了1982—1983年厄尔尼诺前后，加拉帕戈斯群岛一带的浮游植物色素（主要是叶绿素 a）浓度。1983年2月1日的影像显示浮游植物色素正常，此时，东南信风在该群岛西侧产生上升流。在图像中，红色与橘色表示的上升流区在费南迪纳岛（Fernandina）和伊莎贝拉岛（Isabela）的西部特别明显。大面积的高浮游植物生产区从这些岛屿往西延伸150 km。2月1日，加拉帕戈斯群岛一带海面的平均色素浓度约为0.30 mg/m³。

风向的改变不仅降低了浮游植物的平均生物量，也改变了高生产区的位置。2月1日之后，信风逐渐减弱，风向也不定，至3月28日，色素浓度回升至0.28 mg/m³，但浮游植物生物量较高的地区已经往东漂移了很远。

(a)

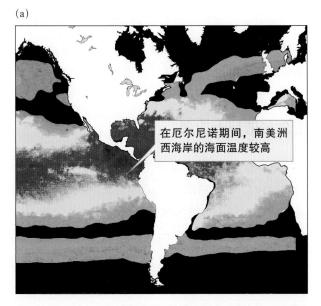

在厄尔尼诺期间，南美洲西海岸的海面温度较高

(b)

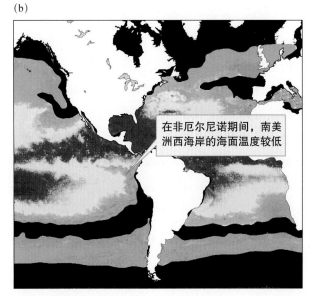

在非厄尔尼诺期间，南美洲西海岸的海面温度较低

图23.6 厄尔尼诺期间和常态下的海面温度。（a）厄尔尼诺期间的海面温度；（b）常态下的海面温度

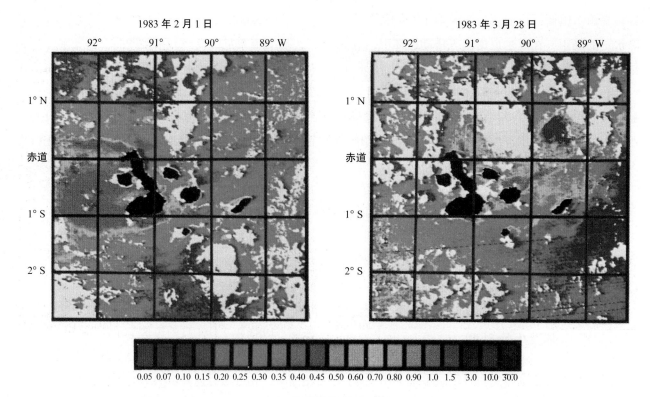

1983 年 2 月 1 日　　　　　　　　　　　　　　1983 年 3 月 28 日

色素浓度 / (mg/m³)

图23.7　厄尔尼诺与加拉帕戈斯群岛一带海洋初级生产量高的区域。2月1日，高生产区在群岛西部；3月28日，高生产区出现在群岛东部（资料取自 Feldman，Clark and Halpern，1984）

在 1982—1983 年的厄尔尼诺期间，初级生产率与初级生产量分布的改变（图 23.7）导致加拉帕戈斯群岛与南美洲西岸的海鸟繁殖失败、迁徙及普遍死亡。自厄尔尼诺出现，许多海鸟纷纷弃巢，沿着海岸往南或往北迁徙。事实上，没有鸟类进行繁殖，大部分迁徙鸟均处于饥饿状态。因此，种群量急剧下降。例如，在秘鲁海岸，1982 年 3 月—1983 年 5 月，3 种海鸟的成鸟数由 601 万只下降至 33 万只，减少了约 95%。

1982—1983 年的厄尔尼诺也对海狗（fur seal）种群和海狮（sea lion）种群造成了巨大冲击，这主要是因为食物供应剧减（图 23.8）。海狗与海狮以鱼类为食。秘鲁鳀（*Engraulis ringens*）是南美海狗（*Arctocephalus australis*）的主要食物，一般栖息在水深 0～40 m 处。但在 1982—1983 年的厄尔尼诺期，秘鲁鳀离开了海狗群体，迁移至深达 100 m 的较冷水域。

因此，海狗必须潜入深海中或捕食其他鱼类。在南美洲大陆及加拉帕戈斯群岛，雌海狗的觅食时间增加。由于雌海狗觅食时远离小海狗，这两个地区的小海狗因得不到足够的食物全数死亡。在加拉帕戈斯群岛，几乎所有成年雄海狗均死亡，成年雌海狗与没有领地的雄海狗的死亡率约为 30%。在秘鲁的圣胡安角（Punta San Juan），大海狗群落由 6,300 只减少至 4,200 只。

如上述例子所示，厄尔尼诺对南美洲沿海的生物种群产生重大影响。我们在下面将会看到，除了南美洲西海岸，厄尔尼诺还会影响其他地方。

厄尔尼诺与大盐湖

厄尔尼诺可影响远离太平洋中部大陆的气候。1982—1983 年的强厄尔尼诺为北美洲内陆带来许多暴雨。这些暴雨显著地增加了大盐湖盆地的降水量。紧接着，1986—1987 年的厄尔尼诺使大盐湖盆地又经历了一次潮湿期。降水量的增加剧烈地影响大盐湖生态系统。1983—1987 年，大盐湖的水位上升了 3.7 m，盐度由 100 g/L 下降至 50 g/L。

图23.8 南美海狗。南美海狗在岩石岛上栖息。当厄尔尼诺减少海洋初级生产量时，南美洲的太平洋海岸和加拉帕戈斯群岛的海狗种群量也减少

犹他州州立大学的韦恩·武特斯保与特雷泽·史密斯·贝里记录了大盐湖物理变化导致的生态反应（Wurtsbaugh and Smith Berry，1990；Wurtsbaugh，1992）。在 1982—1983 年的厄尔尼诺之前，由于盐度太高，大盐湖中只有少数耐盐的浮游动物群落，主要是丰年虾（*Artemia franciscana*）种群。大盐湖的盐度到底有多高呢？外海的盐度一般为 34～35 g/L，但大盐湖的盐度高达 100 g/L，几乎是前者的 3 倍。但在 1985—1987 年，大盐湖的盐度下降至 50 g/L，仅比海水高 50%，捕食性水生昆虫（*Trichocorixa verticalis*）开始入侵该湖。

武特斯保和史密斯·贝里发现，该捕食性昆虫的入侵在大盐湖水层区引发了营养级联（第 18 章，图23.9）。它们的捕食行为使丰年虾种群的密度由 12,000 只 / 米³ 下降为 74 只 / 米³。随着盐度下降，虽有其他食草浮游动物入侵，但总摄食率仍大幅下降。正如营养级联所预测的，浮游植物生物量显著增加。随着浮游植物生物量增加，湖水透明度下降，湖水养分浓度大减。

到了 1987—1990 年，大盐湖的水位下降了 2.8 m，盐度回升增至 100 g/L。随着盐度的回升，之前观察到的大盐湖生态系统的变化完全逆转。湖中的捕食性水生昆虫灭绝了，丰年虾种群随之增加，浮游植物生物量则同步下降。从这个例子可以看出大尺度气象系统如何控制地方群落和生态系统的结构与过程，同时，全球气候改变引发的生态反应因涉及生物交互作用和生态现象（如营养级联和关键种效应）而趋于复杂化。

厄尔尼诺与澳大利亚陆域生物种群

厄尔尼诺和拉尼娜对澳大利亚气候的影响，与它们对南美洲和北美洲的影响如出一辙。厄尔尼诺为澳大利亚带来干旱，而拉尼娜则带来丰沛雨量。由于厄尔尼诺南方涛动，在澳大利亚大部分地区，旱季和湿季交替。环境的变动也深深地影响了动物种群和植物种群。

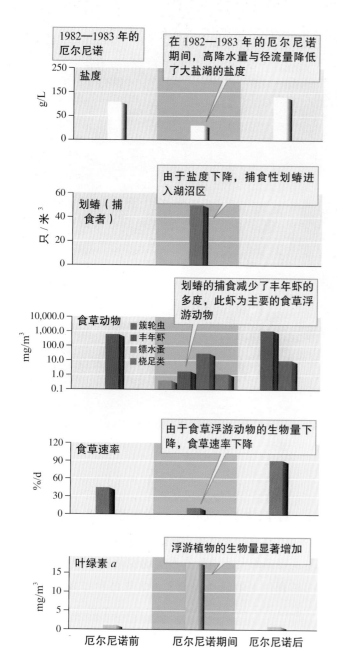

图23.9　1982—1983年的厄尔尼诺产生营养级联（资料取自 Wurtsbaugh，1992）

这种关系表明澳大利亚大多数植物群落的结构受到厄尔尼诺南方涛动的显著影响，但是我们还需要开展更多有关澳大利亚植物种群定殖的量化研究，才能完全了解植物定殖与气候系统的关系。不过，有关气候对袋鼠种群的影响，我们有较多的量化资料。

厄尔尼诺与袋鼠种群

红袋鼠的生物学清楚地反映了厄尔尼诺南方涛动对澳大利亚生物种群的影响。红袋鼠重约 93 kg，高约 2.5 m，是体形最大的袋鼠，也是澳大利亚最大的食草动物（图 23.10）。如第 9 章所述，红袋鼠分布在整个澳大利亚的干旱与半干旱内陆（图 9.2）。在这些地区，干旱中偶发短暂的潮湿期。

红袋鼠的繁殖生物学与固定的季节循环无关，但对环境变化反应迅速，尤其是当降水量及植被初级生产量增加时。内维尔·尼科尔斯（Nicholls，1992）描述了红袋鼠在潮湿期的繁殖情况。在丰水年，食物丰富，雌红袋鼠的育儿袋中有一只"袋鼠仔"（joey），同时还有一只胚胎正在等待，前者一离开育儿袋，后者立即进入。在此更替发生之时，雌红袋鼠再行交配，产生另一胚胎，该胚胎发育并等待进入育儿袋。这种更替策略使雌红袋鼠得以在 240 天的间隔内产生独立的后代。

在这种边缘条件下，雌袋鼠继续繁殖，但大多数幼袋鼠离开育儿袋后很快死亡。如果食物缺乏，雌袋鼠会停止分泌乳汁，幼袋鼠在胚胎阶段就已经死亡。红袋鼠在漫长的重干旱期停止交配，四处流

多年生植物的阵发式定殖

许多植物不常建立新的幼苗群，但在干旱和半干旱地区，植物种群的阵发式定殖尤其普遍。格拉哈姆·哈林顿（Harrington，1991）在澳大利亚新南威尔士州的半干旱禾草与灌丛群落研究土壤湿度如何影响狭叶车桑子（*Dodonaea attenuata*）灌木的存活。在 1884—1981 年的 97 年内，只在 1890—1899 年、1952 年与 1974 年，这种植物才发生大面积定殖。这 3 个时期皆与厄尔尼诺南方涛动的拉尼娜有关，

图23.10　红袋鼠种群深受厄尔尼诺和拉尼娜的影响

浪，寻找食物。雌袋鼠的流浪范围大于 18 km²，雄袋鼠的流浪范围约为 36 km²。在重干旱期，雌袋鼠虽然在 15 ～ 20 个月时已性成熟，但直到 3 岁后才会进行繁殖。

当丰沛的降雨终于降临，雌袋鼠的荷尔蒙系统迅速作出反应。雌袋鼠会快速繁殖，一旦出现大雨，幼鼠在 60 天进入袋内。尼科尔斯认为，这个策略可以确保良好条件一旦恢复，雌袋鼠能尽快繁殖新幼袋鼠，为种群添加新成员。在有利的情况下繁殖大量幼袋鼠，雌袋鼠即可增加面对未来厄尔尼诺引发的每一场干旱的成年袋鼠。

斯图尔特·凯恩斯与戈登·格里格（Cairns and Grigg，1993）定量研究了澳大利亚降水量对红袋鼠种群的影响（图 23.11）。他们研究的种群量在 1981 年达到高峰 ——2,175,000 只，在 1984 年下降为 745,000 只。种群量之所以大幅减少，是由于 1982—1983 年的厄尔尼诺引发了重干旱。后来，种群量在 1985 年反弹，至 1986 年维持稳定，但在 1987 年受到另一波厄尔尼诺的影响，略微下降。在凯恩斯与格里格研究的后期，由于 1988—1989 年的拉尼娜带来丰沛雨量和植物丰产，该种群急速增加。这项记录表明，红袋鼠种群与厄尔尼诺南方涛动密切相关。

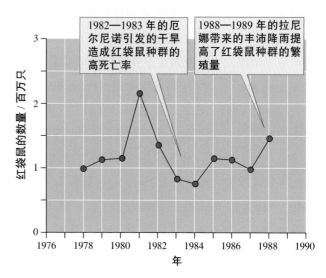

图23.11 厄尔尼诺、拉尼娜与红袋鼠种群的动态变化（资料取自 Carins and Grigg，1993）

它们的关系就如厄尔尼诺影响加拉帕戈斯群岛的地雀种群一样（图 11.15）。

在许多情况下，研究地方种群的生物学家必须考虑厄尔尼诺南方涛动这类大尺度系统的影响，而且必须逐渐重视人类活动对全球环境的影响。因为日益增加的人口和人类活动正快速地改变全球的养分循环、地貌，甚至大气组成。在下面的 3 节中，我们将讨论人口增加对全球环境的影响。

概念讨论 23.1

1. 厄尔尼诺和拉尼娜的影响与种群、群落和生态系统的下行控制及上行控制概念有何关系？

2. 厄尔尼诺和大盐湖的例子会如何混淆下行控制和上行控制的概念？

3. 关于下行控制和上行控制的概念，厄尔尼诺和大盐湖的例子可以引导我们得到什么结论？

23.2 人类活动与全球氮循环

人类活动已大幅增加生物圈氮循环的固氮量。 回顾第 19 章的氮循环，氮通过固氮作用进入循环。数百万年来，固氮生物只有固氮细菌及一些放线真菌。之后，随着人类发展集约农业及工业固氮过程，我们开始操控大尺度的氮循环。

人类活动究竟如何改变氮循环呢？在此，我们先回顾一下在人类操控氮循环之前固氮的来源及固氮量。维托塞克（Vitousek，1994）总结了固氮作用的自然固氮量：陆域自养固氮细菌与固氮植物的总固氮量约为 100 Tg/a（1 Tg = 10^{12} g），海域的固氮量为 5 ～ 20 Tg/a，闪电的固氮量约为 10 Tg/a。因此，非人类来源的总固氮量约为 130 Tg/a。

目前，人类增加到氮循环中的氮量已超过固氮的历史来源。人类操控氮循环的一个传统方法是种植固氮作物。农民已经知道轮番种植豆科植物（苜蓿和大豆类）与谷类（燕麦、玉米）可以增加农作物产量。增产的主要原因在于豆科植物可以固定氮，增加土壤含氮量。维托塞克估计固氮作物的固氮量为 30 Tg/a。此外，农民也在农田中施用工业固氮过程生产的氮肥，工业肥料的固氮量大于 80 Tg/a。维托塞克估计，汽车、卡车等各式车辆的内燃机以氮氧化物形式排放的氮量约为 25 Tg/a；V. 斯米尔（Smil，1990）则估计，所有化石燃料燃烧（包括燃煤发电厂及内燃机）排放的总氮量为 35 Tg/a。因此，这里要强调的是，人类活动的固氮量（135～145 Tg/a）高于其他来源的总固氮量（130 Tg/a）（图 23.12）。

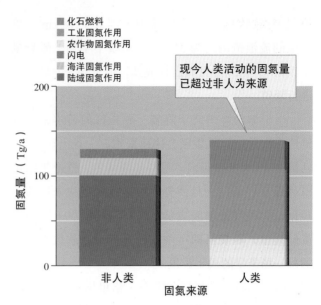

图 23.12　人类与非人类来源的固氮量（资料取自 Vitousek，1994）

人类固定大量氮，使其进入全球氮循环中，这是近代才出现的现象。举例而言，虽然工业制造氮肥始于 20 世纪初期，但维托塞克估计，在 1993 年以前生产的商业氮肥中，约有 50% 在 1982—1993 年才施用至农田中。从图 23.13 可看出，人类对全球氮循环贡献的固氮量呈指数增长。

大尺度的固氮量增加虽创造有利于某些物种生存的环境，但威胁生态系统的健康和生物多样性。在下节中，我们将看到土地覆盖的改变对生物多样性的威胁更为直接。

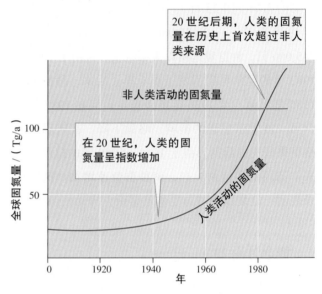

图 23.13　20 世纪人类增加的固氮量（资料取自 Vitousek，1994）

──概念讨论 23.2 ──────■

1. 人类引发的全球氮循环改变如何影响水域生态系统（第 3 章、第 18 章和第 20 章，71～73 页、432～434 页和 464～465 页）？

2. 人类引发的全球氮循环改变如何影响陆域生态系统（第 15 章、第 16 章和第 20 章，359～360 页、389～391 页和 462～463 页）？

23.3　土地覆盖的变化

全球土地利用模式的急剧改变威胁生物多样性。人类一直在改变地球的外貌。目前，农业及都市化等人类活动已经改变了地球上 1/3～1/2 无冰覆盖的土地。湿地不断被抽干和填土，变成市区或机场；

热带森林被砍伐，变为牧场；河道被改道；中亚的咸海逐年缺水，几近干涸。维托塞克指出，土地覆盖的改变对生物多样性的威胁最为巨大（图 23.3）。下面，我们回顾土地覆盖的改变，并研究这种改变威胁生物多样性的机制。关于土地覆盖的改变，人们最常引用的例子是热带森林砍伐。

热带森林砍伐

热带森林的砍伐与清除以惊人的速度持续不断地进行。热带森林砍伐之所以受到重视，是因为热带森林不仅孕育了地球上一半或更多的物种，还影响全球气候。若热带森林消失，不仅数千种有用的物种会灭绝，全球气候也会产生巨大改变。因此，我们必须准确地评估热带森林的目前状况。然而，砍伐率的估算存在巨大差异。

目前地球上还残存多少热带森林？有多少已被砍伐？目前的砍伐率是多少？大卫·斯科尔与康普顿·塔克（Skole and Tucker, 1993）提供了一些答案。据这些研究者的记载，全球共73个国家有热带森林，覆盖面积曾达到 11,610,350 km^2，但 3/4 热带森林集中在 10 个国家中（图 23.14）。巴西的热带森林面积最大，几乎占森林总面积的 1/3，但讽刺的是，巴西也是砍伐率最高的国家。

虽然人们公认巴西的砍伐率最高，但砍伐率的估计值差异很大。斯科尔与塔克利用陆地卫星在 1978 年和 1988 年拍摄卫星图像，以便准确地估计亚马孙河流域的砍伐率。陆地卫星专题制图仪（Thematic Mapper）影像为他们提供了高分辨率的信息。如图 23.15 所示，该影像清楚地显现亚马孙河流域森林砍伐、更新的面积，以及隔离森林的面积。

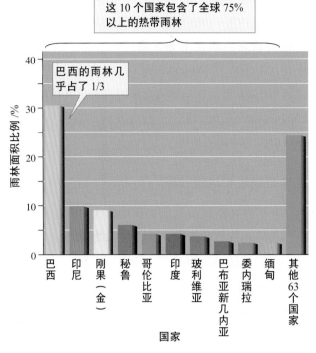

图23.14 各国的雨林分布（资料取自 Skole and Tucker，1993）

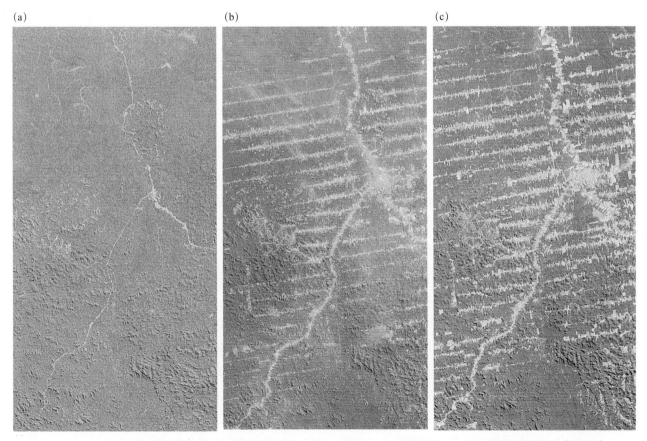

图23.15 卫星影像中的热带森林砍伐信息：巴西的隆多尼亚州在（a）1975年、（b）1986年及（c）1992年的森林砍伐区（浅色区）

斯科尔与塔克将该高分辨率影像传入地理信息系统（第22章，527～528页），制成亚马孙河流域森林砍伐电子图。

亚马孙河流域的森林究竟被砍伐了多少？斯科尔与塔克估计，至1978年，78,000 km^2 森林被砍伐，而且1978—1988年的砍伐率为15,000 km^2/a。尽管他们估测的砍伐率非常高，但远低于以前的估计值（21,000～80,000 km^2/a）。斯科尔与塔克估计，至1988年，亚马孙河流域的森林总共被砍伐了230,000 km^2。该值略低于巴西政府的官方估计值，是目前最为准确的估计。

森林斑块化和边缘效应

单从森林砍伐面积无法获得砍伐的生态影响全貌。当一片森林被砍伐，其边缘的物理环境会发生改变，如栖息地面积减少、隔离度增加，相邻的森林也会因此发生改变。我们在下面会看到亚马孙河流域森林斑块化的边缘效应特征。

1979年，巴西亚马孙国家研究院（National Institute for Research）与世界野生动物基金会（World Wildlife Fund）开展一项关于热带森林斑块化的长期研究。该研究计划利用了巴西当时比较有利的一条法律：开发亚马孙河流域时，必须保证50%的土地维持森林状态。为了研究斑块大小和隔离度对生态的影响，研究人员与牧场主合作，保留一些特定林区。他们研究的斑块面积分别为1 hm^2、10 hm^2、100 hm^2 及200 hm^2，未经扰动的对照组面积为1 hm^2、10 hm^2、100 hm^2 及1,000 hm^2。

当周围的森林被砍伐，隔离的小斑块就形成了。隔离斑块的边缘可接触到更多的日照和更强的风袭。风与太阳改变了该斑块内的物理环境，边缘的物理环境更热更干，太阳辐射也更强。这些物理变化影响森林群落的结构。在森林斑块的边缘，树木的死亡率较高，上层木减少，下层木植被的厚度增加。此外，斑块化也降低了许多动物群落的多样性。这些动物包括猴、鸟、蜂及食腐肉和粪便的甲虫，而这类动物种群的减少可能会显著影响一些关键的生态过程，如授粉与分解。

边缘效应、隔离度增加及栖地面积缩小对热带森林斑块内的生物多样性产生负面影响。斯科尔与塔克通过分析这些不利的影响，拓展分析森林砍伐的影响。他们假设边缘效应影响范围由斑块边缘向内延伸1 km，那么边缘效应的影响面积是森林砍伐面积的2倍。因此，森林砍伐的影响面积由230,000 km^2 增至588,000 km^2，这就是砍伐对亚马孙森林的影响。

全球视角

斯科尔与塔克详细描述了亚马孙河流域的土地覆盖改变。不过，全球热带森林的砍伐率又是多少呢？迄今尚无精确的答案，但最准确的估计是，52%～64%巴西以外的森林遭到砍伐。因此，保守估计，全球的砍伐率在1978—1988年约为30,000 km^2/a。

除了热带地区，其他地区的土地覆盖发生了多少改变？尽管大多数人的焦点均集中在热带地区的砍伐作业，但温带森林与北方针叶林也一直遭到破坏。如第2章所示，欧洲、中国东部、日本与北美洲的温带森林是全球人口最稠密的地区。欧洲的大面积森林在中世纪前已遭摧毁（Williams，1990）；北美洲东部的大部分森林在19世纪遭遇相同的命运（图21.20）；北美洲西北部的大部分原始温带森林也被砍伐殆尽，仅存的原始森林同样面临砍伐的威胁；另外，在俄罗斯和加拿大，大片北方针叶林的砍伐仍未中止。由此可见，森林破坏并不仅限于热带地区。

R. 凯茨、B. 特纳与 W. 克拉克（Kates，Turner and Clark，1990）估计，人类活动已经改变了全球1/2无冰覆盖的区域。在这个过程中，许多主要的陆域生物群系（第2章）高度斑块化，热带森林几乎完全消失，被开辟为耕地。由于面积缩小会对多样性造成负面影响（第22章），土地的大幅改变对全球多样性构成重大威胁。难怪维托塞克认为，人类引起的土地覆盖变化是全球多样性的最大直接威胁（图23.3）。土地覆盖变化也直接或间接导致全球气候发生快速变化。大气 CO_2 浓度的变化是森林砍伐对全球气候的影响之一。因此，下一节的主题是大气组成、人类活动与全球气候之间的关系。

调查求证 23：深入发掘已被发现的事物

在"调查求证"的系列讨论中，我们一直强调原始研究是证据的主要来源。尽管原始研究是科学赖以支撑的基础，但是被忽视的出版文献同样是最有价值的信息来源之一。所有领域的研究者都必须跟上自己领域及相关领域的发展脚步，另外，研究者可利用已出版的文献来支持或反对某些假设或理论。在第 13 章"自然界中的竞争证据"一节（319 页），我们回顾了这方面的 3 项研究。生态学的学生可利用已出版的文献，学到更多有关特定主题的知识，阅读更多他们感兴趣的研究者的论文，或找到更多文献支持自己的独立研究。然而，正如这本书的前言指出的，科学发现的爆发速度使我们难以停于现状。幸运的是，现在有许多数据库和搜索工具可以帮助我们。

可查询生态文献的数据库多如牛毛。在此，我们重点介绍 3 个数据库：生命科学暨生物医学文献数据库（*Biosis*）、剑桥科学文摘（*Cambridge Scientific Abstracts*）及科学网（*Web of Science*）。这 3 个数据库是普通大学图书馆就能查到的数据库，包含重要的生态学期刊。它们的一些特征如下表所示。

这些数据库可提供数百万篇涵盖最近几十年研究的已出版论文。当然很少有人愿意花时间去分类所有这些论文。幸运的是，每个数据库都有强大的搜寻工具，可帮助我们找到想要的文章。下面将介绍一些基本秘诀——如何利用这些工具有效地查询文献。

首先，要总结出个人感兴趣的研究主题，接着把主题分成若干主要概念或关键词。同时，要记得想一些同一主题的替代名词，例如，甲虫或鞘翅目、菊花或菊科、竞争或干扰等。接下来就是文献的出版时间，只需要数据库中的最新文献还是数据库中的所有文献？

查询生态文献可选用的电子数据库

数据库名称	包含日期	文献类型	包含的相关领域
生命科学暨生物医学文献数据库	不限	5,000 种学术期刊及会议文集	生物学、生态学、农业、植物学、环境科学、微生物学、动物学
剑桥科学文摘	不限	6,000 种学术期刊及会议文集	环境科学、水资源学、地质学、毒理学
科学网	不限	＞ 10,000 种学术期刊	覆盖整个科学领域、社会科学、艺术和人文

一旦列出了主题，选定了时间，便可利用一个或多个名词去查询。如果文献过多、过少或不是我们想要的文献，我们可用布尔逻辑运算符（Boolean Logical Operator）来调整搜索。布尔逻辑运算符主要是"与"（and）、"或"（or）及"非"（not）。运算符"或"可扩大查询，一般可获得更多文献。比方说，我们利用"菊花或菊科"搜索，便可获得关于菊花或菊科的文献。相反，运算符"与"会缩小查询范围。例如，输入"菊花或菊科与沙漠"，我们会获得关于沙漠地区的菊花或菊科文献；如果键入的是"菊花或菊科与高山"，则获得有关高山菊花的文献。若要排除某些文献，则可采用运算符"非"，如"菊花或菊科非向日葵"，便可排除关于向日葵的文献。

另一个精细搜索的有用工具是通配符（wild card）。通配符通常用于查找含不同结尾的名词或术语的文献。例如，甲虫属于鞘翅目（coleoptera、coleopteran 或 coleopterans）。在上表列出的 3 个数据库中，星号（＊）代表通配符。若在这些数据库中搜索"coleoptera＊"，将定位关于术语"coleoptera""coleopteran"或"coleopterans"的文献。相似地搜索词"dais＊"，将检索含有"daisy"和"daisies"的文献。

本文这里说明的只是一个通用的搜索文献指南。除了这里罗列的数据库，还有许多其他数据库，而且数据库的研发者都在努力改善数据库的功能。因此，各种数据库的操作细节经常发生变化。我们应定期重新了解所用数据库的检索小秘诀及说明。这里讨论的重点是，要打开丰富的生态文献之门，进入其中挖掘宝藏，借此迅速拓展我们的生态学知识，因为它们提供的知识远远超出这本教材提供的介绍。

实证评论 23

1. 什么时候需要缩小文献的检索范围，为什么？
2. 什么时候需要扩大文献的检索范围，为什么？

概念讨论 23.3

1. 为什么砍伐森林导致的森林面积缩小会对生物多样性造成威胁（第22章）？

2. 人类改变土地覆盖造成的栖息地破碎化如何威胁种群（第4章、第10章和第21章，97页、241～243页和499～501页）？

3. 与缩小森林面积的影响相比，为什么砍伐森林的生态影响要大得多？

23.4 人类对大气组成的影响

人类活动正在改变大气的组成。自1800年起，工业活动稳步增长，大气CO_2的浓度也在不断地升高。根据有关证据，大气CO_2浓度增加的主要原因是化石燃料的燃烧。维托塞克指出，近代大气CO_2浓度的增加可能影响全球气候，也会影响陆域生态系统的生物群系。关于人类活动对大气CO_2及其他气体影响的研究是最为透彻的全球生态学研究之一。

在地球历史上的大部分时期，大气CO_2的浓度一直在变动。科学家通过研究冰层中的气泡，重建大气组成。格陵兰和南极洲等地的冰川建立时，冰中的气泡保存了古代大气。法国与苏联共同组成的科学家团队提取和分析了过去160,000年间的大气组成（Lorius et al.，1985，Barnola et al.，1987）。这个国际研究团队分析了苏联科学家和工程师在南极东方站（Vostok）附近钻取的2,083 m冰芯。东方站位于南纬78°的南极洲东部，年均温为−55℃，是冰存大气样本的理想环境。不过，该地位于南极洲高原，冰层厚达3,700 m，要钻取这么长的冰芯绝非易事。钻取冰芯的壮举毫不逊色于发现冰芯中的大气记录。

为抽取保存在冰中的空气，科学家把冰芯截断放入器皿内，并把器皿抽成真空，再把真空中的冰打碎，使冰内的气体释放，然后再通过采样仪器测定器皿中的CO_2浓度。由巴尔诺拉（Barnola）等人组成的团队将冰芯分成66段，然后测定CO_2浓度。他们从850 m深度开始，每隔25 m测定一次CO_2浓度，直至冰芯底部。冰芯底部形成于50,000～160,000年前。深度850 m以上的冰芯含有许多裂缝，因此上部冰芯的采样间隔大于25 m。

图23.16为东方站冰芯的CO_2浓度变异图。根据该图，大气CO_2浓度出现两次巨大波动。总体而言，大气CO_2浓度在低浓度（190～200 μl/L）和高浓度（260～280 μl/L）之间波动。在160,000年前，大气CO_2浓度低于200 μl/L，由此可知，冰芯形成的早期是一个冰期；在140,000年前，大气CO_2浓度快速上升，这时为较温暖的间冰期；高CO_2浓度稳定持续至120,000年前，接着CO_2浓度下降并维持在较低值，直到13,000年前，大气CO_2浓度再度急剧上升。

特别要注意的是，东方站冰芯的CO_2浓度变动与温度的变异一致（图23.16），低CO_2浓度期对应低温冰期，而高CO_2浓度期对应较温暖的间冰期。

在东方站冰芯中，最新近的气泡大约形成于2,000年前，那么最近2,000年的大气CO_2浓度

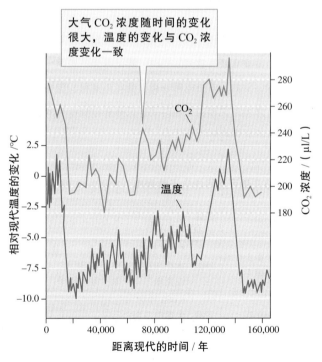

图23.16 160,000年间的大气CO_2浓度变化记录（资料取自Barnola et al.，1987）

有什么变化呢？W. 波斯特与其同事（Post et al.，1990）搜集各方资料，估计了最近 1,000 年的大气浓度（图 23.17）。首个 800 年的纪录来自南极冰芯，是瑞典伯尔尼大学的乌利奇·西根塔勒与其同事（Siegenthaler et al.，1988）的研究结果。该记录显示，CO_2 浓度大约维持了 800 年不变。伯尔尼大学的另一项研究提供了最近 200 年的 CO_2 记录（Friedli et al.，1986）。这部分 CO_2 记录来自赛普尔站（Siple）冰芯，赛普尔站位于南纬 75°。该冰芯的形成时间虽不如东方站冰芯那么久远，但也提供了有关近代大气 CO_2 浓度的详细信息。弗里德利等人认为，赛普尔站冰芯可追溯到公元 1744 年。在那时——距离现在两个半世纪以前，大气 CO_2 的浓度约为 277 μl/L，这个数值与西根塔勒研究组利用南极冰芯估计的同一时期的数值几乎相同。因此，南极洲与赛普尔站的冰芯均显示，18 世纪中期的 CO_2 浓度与东方站记录的 2,000 年前的浓度大致相同。

赛普尔站的记录显示，1744—1953 年，CO_2 浓度呈指数增加。弗里德利研究组估计 1953 年的 CO_2 浓度为 315 μl/L，但图 23.17 显示 1953 年之后的 CO_2 浓度高于 315 μl/L。后来的 CO_2 来自哪里？查尔斯·基林等人在夏威夷的冒纳罗亚山进行长达 40 年的研究，直接测量到这些结果（Keeling and Whorf，1994）。

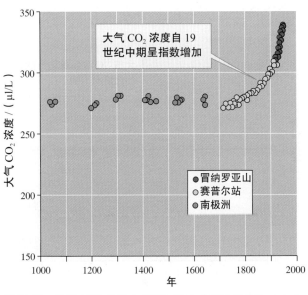

图 23.17 最近 1,000 年的大气 CO_2 记录（资料取自 Post et al.，1990）

基林的测量结果补足了东方站、南极与赛普尔站的冰芯数据，不仅将记录延伸至现代，还验证了从冰芯测量得到的 CO_2 浓度。基林的测量如何验证冰芯数据呢？请仔细观察图 23.17 的 CO_2 浓度，赛普尔站冰芯的两次测量时间与基林研究组在冒纳罗亚山的测量时间重叠，而且这两次独立测量的结果几乎相等。

图 23.17 指出，19—20 世纪，大气 CO_2 浓度急剧上升，该时期正好与工业革命时期一致。不过，如何证明是人类活动造成 CO_2 浓度的增加呢？维托塞克指出，大气 CO_2 的增加量约为 3,500 Tg/a，而化石燃料燃烧排放的 CO_2 量为 5,600 Tg/a，已高于前者。

如果仔细检查 CO_2 在 1860—1960 年的增加模式，我们会发现有关人类活动影响的其他证据。从图 23.18 可看出，化石燃料燃烧的 3 个间断期刚好与全球经济活动的 3 个低潮期吻合。这 3 个低潮期分别是第一次世界大战、大萧条时期与第二次世界大战。在每个低潮期之后，大气 CO_2 含量再度上升。这一模式提供了间接证据，但直接证据也有不少。

人类的工业活动是大气 CO_2 浓度增加的主要原因，支持这个观点的证据来自大气中各种碳同位素浓度的分析（第 18 章）。要证明化石燃料对大气 CO_2 浓度的贡献，最有用的方法是检验放射性碳同位素 ^{14}C 的浓度。由于 ^{14}C 的半衰期为 5,730 年，长埋地下数百万年的化石燃料几乎不含碳同位素。因此，化石燃料燃烧增加的 CO_2 几乎不含 ^{14}C。如果化石燃料的燃烧是大气 CO_2 浓度增加的主要原因，那么大气中 ^{14}C 的相对浓度应该下降。

美国地质学家汉斯·苏斯（Suess，1955）分析了树木的 ^{14}C 含量，最先发现大气中 ^{14}C 浓度下降。他分析不同生长期倒下的树木的 ^{14}C 含量，最后发现，19 世纪末倒下的树和 20 世纪 50 年代倒下的树相比，前者年轮中的 ^{14}C 含量更高。苏斯认为，树木的 ^{14}C 含量之所以逐渐下降，是因为化石燃料的燃烧降低了大气的 ^{14}C 浓度。由于他的先驱研究，化石燃料燃烧导致大气 ^{14}C 含量降低的现象被称为**苏斯效应**（Suess effect）。

罗伯特·巴卡斯托与查尔斯·基林（Bacastow and Keeling，1974）收集了多项关于树木 ^{14}C 含量的研究数据，并绘制树木形成年代与 ^{14}C 含量的关系图。如图 23.19 所示，树木的 ^{14}C 浓度在 1700—1850 年相当稳定，在 1850 年后显著下降。该图中的曲线是巴卡斯托与基林根据模型作出的预测。他们的模型基于化石燃料燃烧的全球模式，以及海洋、地球生物群与大气间的碳交换率预估值。

臭氧层的破坏与恢复

1985 年，英国南极洲调查所（British Antarctic Survey）的科学家发现，南极洲上空平流层中的臭氧（O_3）含量大幅减少。平流层中的臭氧能够吸收有害紫外线，尤其是 UV-B 辐射。由于高能量的 UV-B 辐射会破坏生物细胞及生命组织，臭氧层是地球生命的保护伞。英国科学研究团队分析了臭氧层的历史测量资料，这些资料清楚地表明，自 20 世纪 70 年代以来，南极洲上空的臭氧总含量逐渐下降。地球臭氧层的耗竭并非人类影响环境的第一个信号，但它却清楚地揭示，人类对环境的影响已经达到全球尺度。

即使臭氧空洞出现在远离人类居住环境的南极洲上空，但这一发现仍引起了人类的高度关注。人们担心的是，南极洲上空的臭氧层空洞只是全球臭氧层破坏的前兆。一旦全球臭氧层破坏，不管是人类还是农作物、野生动植物都会受到危害。其他科学家也提出警告，臭氧受到人类活动的威胁。然而，

臭氧空洞的发现吸引了全球人类的注意力，激发了国际性的行动。人们开始停止使用氟氯碳（CFCs）产品。氟氯碳化物含有碳、氯与氟，作为冷冻剂被广泛使用。由于氟氯碳化物是非常稳定的分子，自 20 世纪 30 年代引进后，它在大气中的浓度逐渐增加；到了 20 世纪 70 年代，大气中的氟氯碳化物已随处都可检测到。

氟氯碳化物分子在低层大气中循环许久后进入平流层，并在该层与高能量紫外线接触。氟氯碳化物分子分解时，会释放出氯原子。氯原子是破坏臭氧分子的催化剂，若无法尽快去除，将持续破坏臭氧分子。因此，即便是微量氯，也会耗尽臭氧层。

全世界都在担忧臭氧耗竭造成的危害。1987 年，180 个国家共同签署了《关于破坏臭氧层物质的蒙特利尔议定书》（*Montreal Protocol on Substances that Deplete the Ozone Layer*，简称《蒙特利尔议定书》），旨在减少、最终消除破坏臭氧层物质的人为排放，并建立一个适用于全球复杂环境问题的监测模型。由于该协议的制定，在 2003 年，全球氟氯碳化物的排放量从每年 100 万吨降至 5 万吨。

南极洲上空的臭氧空洞自 1985 年被发现至今有何改变？目前，空洞已经达到最大面积。2000 年，空洞面积约为 $2,990 \times 10^4 \, km^2$（NASA，2011）；但 2002 年，南极洲上空的臭氧空洞迅速闭合，这表明臭氧层在恢复。然而，科学家在 2003 年发现了第二大臭氧空洞，面积达 $2,820 \times 10^4 \, km^2$（图 23.20）。

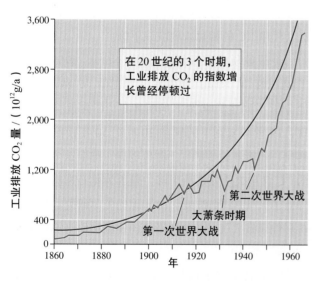

图 23.18　近代石化燃料燃烧排放 CO_2 的指数增长偏差（资料取自 Bacastow and Keeling，1974）

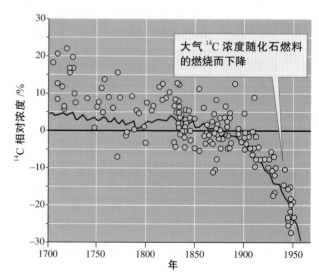

图 23.19　苏斯效应（资料取自 Bacastow and Keeling，1974）

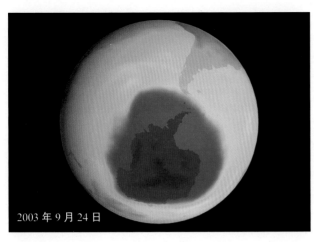

2003年9月24日

图23.20 2003年9月发现的臭氧空洞。即使科学家证实臭氧耗竭的速率减缓了，但第二大臭氧空洞仍然在南极洲上空形成

令人鼓舞的是，同年，数位科学家（Newchurch et al., 2003）找到的证据表明，1997—2003年，平流层中臭氧的损失速率逐渐减缓。到2010年，南极洲臭氧层空洞会缩小到 $2,000 \times 10^4 \, km^2$，而且面积还会继续缩小（图23.21）。这表明国际社会合作禁止氟氯碳化物的使用开始出现成效。平流层中的臭氧层恢复估计需要半个世纪的时间。然而，臭氧层恢复的消息清楚地告诉我们，人类不只具有破坏生物圈的能力，也具有恢复它的能力。

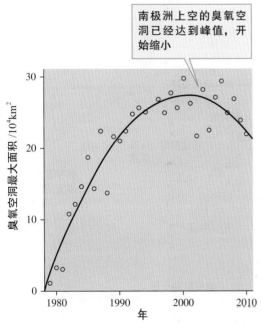

南极洲上空的臭氧空洞已经达到峰值，开始缩小

图23.21 1979—2010年的南极洲臭氧空洞的最大面积。在此期间，南极洲上空的臭氧空洞在2000年达到最大，然后开始慢慢缩小（资料来源NASA，2011）

未来

人类引发的大气组成变化如何影响生态系统？1957年，罗杰·雷维尔（Roger Revelle）与汉斯·苏斯写道："人类正进行一项空前绝后的大尺度地球物理实验。在数世纪内，我们把储存在沉积岩中数亿年的浓缩有机碳释放回大气和海洋中。如果人类能充分地探索及记录这项实验，便可更深入地了解决定气象与气候的过程。"

在雷维尔和苏斯做出预言的半个世纪后，周围的行星记录了这项史无前例的实验的结果。在过去的一个世纪，全球平均气温上升了0.7℃。虽然有人认为最近的温度回升是自然气候周期所致，但科学家们一致认为，大气中温室气体浓度的增加，特别是 CO_2 的浓度增加，是全球变暖的主要原因。此外，许多气候模型预测，如果不减少大气中 CO_2 和其他温室气体的浓度，全球气温在下个世纪会再上升 $1.5 \sim 5.5$℃。根据现有气候变暖的反应和模型研究的结果，科学家预测了环境对持续升温的众多反应，包括：

- 强飓风的发生频率增加。
- 冰川融化，海平面上升，沿海地区被淹没。
- 温带地区发生更激烈、更频繁的热浪。
- 半干旱地区的夏季干旱加重。
- 造礁珊瑚的死亡率上升。
- 昆虫传播的热带疾病（如疟疾）蔓延。
- 由于虫害和疾病的发病率增加，森林顶梢枯死。
- 森林和草原的野火频率增加。
- 植物和动物物种的大面积灭绝。
- 北极土壤释放 CO_2 和 CH_4，加速全球变暖。

由于环境的巨幅变化，各个地方的人们和政府凝聚在一起，为了减少气候对生物圈的威胁而钻研。在我们寻求方法减少和扭转人类对地球的破坏的过程中，生态学知识将发挥关键作用。在应用案例中，我们要讨论一种很有前景的方法，它可以研究全球变化的生态反应。

1. 根据图 23.16～23.19 总结的证据，我们可以得出什么结论？

2. 全球变暖的哪些方面已经广泛得到了证据的支持？

3. 关于全球变暖，还有哪些不确定的东西？

4. 自《蒙特利尔议定书》发挥成效的这些年以来，随着人类努力改变大气中 CO_2 的浓度，大气中的氟氯碳化物含量减少为什么能够激励人们？

应用案例：全球生态合作研究网络

　　如果全球气候发生快速变化，生物系统会有何反应？这种变化会如何影响生物个体、种群、群落、生态系统和整个生物群系？提出这些问题及确认它们的重要性并不难，但要获得令人满意的答案并非易事。虽然过去气候变迁产生的各种反应可提供一些线索，但也仅限于少数的物种和生物过程。

　　对科学界而言，气候发生快速变化的可能性构成重大挑战。科学家需要采用新工具与新方法进行研究。有些新工具包括新的概念和分析方法，如分形几何（第21章）；有些新工具包含高科技，如遥感卫星（第22章）及运算复杂地球模型的超级计算机。应用最新科技的设备已逐渐成为生态学家的研究工具，但是与工具等硬件同等重要的是，全球生态研究的一些重要发展需要科学"文化"发生改变。

　　要有效地解决全球变化产生的复杂问题，科学家必须重视多学科的训练，才能在多学科的工作团队中高效地工作。全球大尺度变化也要求科学家进行国际合作，只有国际化团队才能开展个人无法进行的研究。

　　美国长期生态研究网络促进了大尺度生态研究。该项计划的主要目的是在大地理区域内开展多学科的合作研究。研究区包括热带森林、北极冻原、温带森林及草原、海岸生态系统、沙漠和两座城市。这些地区从海平面至海拔 4,000 m，从南极至北极（图 23.22），分布范围极广。尽管该研究网络可应用于许多方面，但是它逐渐被应用于研究气候变化对生物系统的影响。然而，这项研究只靠美国的努力是远远不够的，故该长

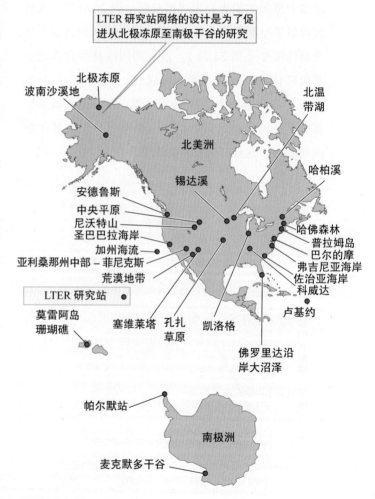

图 23.22　美国长期生态研究（LTER）网络

期生态研究网络正在与全球其他研究计划建立长期的研究合作关系。

第一届国际长期生态研究研讨会在 1993 年举行（Nottrott, Franklin and Vande Castle，1994）。来自全球的科学家相聚在一起，互相交流，使美国长期生态研究网络与全球其他研究计划之间建立长期合作关系。合作的地理区域包括北美洲、中美洲、南美洲、西欧、中欧、东欧、东亚、澳大利亚与新西兰。每个地区已开展了多个国家级研究计划，还有许多计划正在快速筹建中。这次会议的具体目标是倡导科学家进行信息交流，以及促进全球尺度的比较和建立模型。

会议提出了以下几项建议：

1. 促进全球从事 LTER 的科学家间的信息交流。

2. 建立长期生态研究站的全球名录。

3. 鼓励全球增设 LTER 站。

4. 发展合适的标准化采样法和研究设计方法，针对提出的问题开展合适的研究。

这些建议囊括了科学家对全球生态研究的最低要求。截至

2006 年，全球已有 33 个国家成为 ILTER 的成员，还有 13 个国家正在发展本国的研究网络，有望成为 ILTER 的一员。

与单一研究站相比，研究站网络可产生更多有关大尺度长期现象的信息。配置有组织的研究站可促成同步监测，也可获得机会观测气候变化的生态影响如何扩散到全区，甚至全球。这样的研究网络可确认气候事件开始和结束的地理区域，以及各区域的生态反应类型，并判定对气候变化最敏感和最不敏感的地区。所有这些信息都无法从单一研究站得到。

现代科技的发展，如遥感探测、超级计算机及全球计算机通讯网，均可使 ILTER 网络更加高效。正如维托塞克指出的，我们是可利用工具研究全球生态学的第一代。共同研究全球生态问题的国际科学家网络象征着科学文化发生改变，强调信息共享，强调以开放、多学科的团队方式进行研究。这些进步使全球生态研究能够实现。生态学家逐渐认识到全球气候变化挑战的紧迫性，也认识到若要解决全球生态问题，必须以全球化的方法来研究。

本章小结

本章的焦点是全球尺度的过程和现象，包括大尺度气候系统及人类引发的全球变化。人类是对环境产生全球影响的唯一物种。

大气层环绕着地球，使生物圈适合生命栖息。地球的大气可减少抵达地表的紫外线量，并产生温室效应维持地表的温度。温室气体包括水汽、甲烷、臭氧、氧化亚氮、氟氯碳化物与二氧化碳等。正是由于温室气体的存在，地表才更加暖和。

厄尔尼诺南方涛动是大尺度的大气现象和海洋现象，影响着全球生态系统。厄尔尼诺南方涛动是一个高度动态的大尺度气候系统，涉及整个太平洋和印度洋的海面温度及气压变化。在厄尔尼诺的成熟期，东热带太平洋的海面温度高于平均温度，气压低于平均气压。厄尔尼诺为北美洲大部分地区与南美洲部分地区带来丰沛的降水，为西太平洋地区带来干旱。东热带太平洋海面温度低于平均气温、气压高于平均气压的时期被称为拉尼娜。拉尼娜为南、北美洲的大部分地区带来干旱，为西太平洋带来高于平均降水量的降水。厄尔

尼诺南方涛动造成的气候变异对全球的海洋与陆域生物种群产生重大的影响。

人类活动已大幅增加生物圈氮循环的固氮量。数百万年以来，固氮生物只有固氮细菌和一些放线真菌。这些历史来源的固氮量约为 130 Tg/a。目前，人类活动造成的固氮量为 135～145 Tg/a，已高于非人类来源的总固氮量。尽管大尺度的氮增加创造有利于某些物种生存的环境，但却伤害了其他物种，因而可能威胁到生物的多样性。

全球土地利用模式的急剧改变威胁生物多样性。农业与都市化等人类活动已显著地改变了地球上 1/3～1/2 无冰覆盖地区。关于土地覆盖的改变，人们最常引用的例子是热带森林砍伐。1978—1988 年，巴西亚马孙河流域的砍伐率约为 15,000 km²/a；到了 1988 年，亚马孙河流域内的森林已被摧毁 230,000 km²；再加上边缘效应与隔离效应，森林砍伐影响的面积由 230,000 km² 增至 588,000 km²；1978—1988 年，全球热带森林的砍伐毁林率约为每年 30,000 km²/a。除了热

带，其他地区也有大规模的砍伐作业。由于栖息地面积减少对物种多样性产生负面影响，这种大面积的土地利用改变已经成为全球生物多样性的主要威胁。

人类活动正在改变大气的组成。根据冰芯中的大气分析，大气 CO_2 浓度在最近的 160,000 年间发生大幅变化，且与全球气温的变化非常吻合。高 CO_2 浓度对应高的全球气温。在过去的两个世纪，大气 CO_2 的累积浓度已和过去 160,000 年的浓度不同了。毫无疑问，目前大气 CO_2 的浓度显著受到化石燃料燃烧的影响。大气 CO_2 浓度的增加可能与全球温度的上升及各种各样的环境影响有关。令人鼓舞的是，国际社会对 CFCs 造成的臭氧层破坏的反应，以及最近臭氧空洞的恢复说明我们有能力处理和补救这些全球环境问题。

要研究全球生态，科学家需要开发新工具与新方法。应用最新科技的设备已逐渐成为生态学家的常用工具，但全球生态研究的一些重要发展需要科学"文化"发生改变。全球变化的复杂性与大尺度要求科学家以国家团队或国际团队的方式进行多学科研究。国际科学家网络目前正在强调以信息共享及团队合作的方式研究全球生态问题。

重要术语

- 对流层 / troposphere 533
- 厄尔尼诺 / El Niño 535
- 拉尼娜 / La Niña 536
- 南方涛动 / Southern Oscillation 535
- 平流层 / stratosphere 533
- 热层 / thermosphere 534
- 苏斯效应 / Suess effect 547
- 温室效应 / greenhouse effect 534
- 沃克环流 / Walker circulation 536
- 中间层 / mesosphere 533

复习思考题

1. 生态学家现在面临研究全球生态的挑战。人类显著地改变全球环境，我们必须从全球系统的角度认识地球的运转，但研究全球生态学的方法与传统生态学的研究方法显然不同。历史上，许多生态研究都是小区域或短期研究。全球生态研究与种间竞争研究（第 13 章）或森林演替（第 20 章）研究相比，主要的差异是什么？这些差异如何影响全球生态研究的设计？

2. 地质学家、大气学家与海洋学家研究全球生态已有些时日了。这些学科的信息在全球生态研究中具有什么作用？为何全球生态研究一般都由跨学科团队进行？生态学家如何在全球研究中担当有用角色？

3. 当厄尔尼诺发生时，太平洋的海面温度与气压有何改变？当拉尼娜发生时，又发生什么物理改变？厄尔尼诺与拉尼娜如何影响北美洲、南美洲和澳大利亚的降水量？

4. 回顾厄尔尼诺南方涛动显著影响全球种群的证据。我们在本章的讨论大多集中于厄尔尼诺南方涛动对种群的影响。参考第 18 章和第 19 章讨论的控制陆域初级生产量与分解速率的物理因子，厄尔尼诺南方涛动如何影响澳大利亚或美洲西南部的生态过程？如何证明你的想法？

5. 在本章，我们概述人类如何成倍增加了生物圈中的固氮量。在第 15 章，我们引用了南希·约翰逊（Johnson，1993）的研究，探讨施肥对菌根真菌与禾草间互利共生关系的影响。生物圈氮循环中固氮的增加（特别是雨水沉降部分）类似一项全球规模的施肥实验。请采用约翰逊的研究结果，研究固氮来源的增加如何影响菌根真菌与植物间的关系？如何证明你的想法？

6. 正如第 18 章和第 19 章所述，氮有效性控制着多项生态过程的速率。氮富集如何影响陆域环境、淡水环境和海洋环境的初级生产率与分解速率？如何验证你的想法？地理比较在该研究中起什么作用？

7. 生态学家预测，土地利用模式的改变、栖息地面积缩小和区域破碎化会威胁全球多样性。维托塞克（Vitousek，

1994）指出，土地利用模式的改变是生物多样性的最大近代威胁（图23.3）。岛屿多样性研究及大陆的物种数 – 面积关系研究（第22章）在这些预测中起什么作用？

8. 斯科尔与塔克（Skole and Tucker，1993）记录了巴西亚马孙河流域的近代森林砍伐程度与砍伐率。这是说明土地覆盖改变威胁生物多样性的重要例子。然而，布什、皮佩尔诺和克林瓦斯科（Bush，Piperno and Colinvaux，1989）指出，新世纪热带森林的农业活动始于6,000年前。造成近代亚马孙河流域森林砍伐的影响与历史活动产生的影响不同的原因是什么？根据亚马孙河流域的长期历史，哪些因素可使农业与生物多样性共存？

9. 关于化石燃料的燃烧增加近代大气 CO_2 浓度，冰芯内的大气 CO_2 浓度长期记录提供了什么证据？

10. 有何证据证明大气 CO_2 浓度变化与全球温度变化有关？近年来，全球大多数国家的政府一直致力于制订控制 CO_2 排放量的国际协议。为何这些政府如此关心 CO_2 的排放？全球温度的快速改变如何导致大量物种灭绝？全球温度的改变如何影响全球农业？

附　录

统计表

附表 A.1　学生氏 t 表的临界值

自由度	$a = 0.10$	$a = 0.05$	$a = 0.02$	$a = 0.01$	自由度	$a = 0.10$	$a = 0.05$	$a = 0.02$	$a = 0.01$
1	6.31	12.71	31.82	63.66	22	1.72	2.07	2.51	2.82
2	2.92	4.31	6.96	9.92	24	1.71	2.06	2.49	2.80
3	2.35	3.18	4.54	5.84	26	1.71	2.06	2.48	2.78
4	2.13	2.78	3.75	4.60	28	1.70	2.05	2.47	2.76
5	2.01	2.57	3.36	4.03	30	1.70	2.04	2.46	2.75
6	1.94	2.45	3.14	3.71	35	1.69	2.03	2.44	2.72
7	1.89	2.36	3.00	3.50	40	1.68	2.02	2.42	2.70
8	1.86	2.31	2.90	3.36	45	1.68	2.01	2.41	2.69
9	1.83	2.26	2.82	3.25	50	1.68	2.01	2.40	2.68
10	1.81	2.23	2.76	3.17	60	1.67	2.00	2.39	2.66
11	1.80	2.20	2.72	3.11	70	1.67	1.99	2.38	2.65
12	1.78	2.18	2.68	3.06	80	1.66	1.99	2.37	2.64
13	1.77	2.16	2.65	3.01	90	1.66	1.99	2.37	2.63
14	1.76	2.14	2.62	3.00	100	1.66	1.98	2.36	2.63
15	1.75	2.13	2.60	2.95	120	1.66	1.98	2.36	2.62
16	1.75	2.12	2.58	2.92	150	1.66	1.98	2.35	2.61
17	1.74	2.11	2.57	2.90	200	1.65	1.97	2.35	2.61
18	1.73	2.10	2.55	2.88	300	1.65	1.97	2.34	2.59
19	1.73	2.09	2.54	2.86	500	1.65	1.96	2.33	2.59
20	1.72	2.09	2.53	2.85	∞	1.65	1.96	2.33	2.58

　　上述数值由扎尔（Zar，1996：App 18）计算及论述；更多学生氏 t 表参见罗尔夫和索卡尔的文章（Rohlf and Sokal 1995：7）及扎尔的论文（Zar，1996: App 18–19）。

附表 A.2 曼－惠特尼检验统计的临界值

$\alpha = 0.10$

n_1	$n_2=2$	3	4	5	6	7	8	9	10	11	12	13	14	15	16	17	18	19	20
2				10	12	14	15	17	19	21	22	24	25	27	29	31	32	34	36
3		9	12	14	16	19	21	23	26	28	31	33	35	38	40	42	45	47	49
4		12	15	18	21	24	27	30	33	36	39	42	45	48	50	53	56	59	62
5	10	14	18	21	25	29	32	36	39	43	47	50	54	57	61	65	68	72	75
6	12	16	21	25	29	34	38	42	46	50	55	59	63	67	71	76	80	84	88
7	14	19	24	29	34	38	43	48	53	58	63	67	72	77	82	86	91	96	101
8	15	21	27	32	38	43	49	54	60	65	70	76	81	87	92	97	103	108	113
9	17	23	30	36	42	48	54	60	66	72	78	84	90	96	102	108	114	120	126
10	19	26	33	39	46	53	60	66	73	79	86	93	99	106	112	119	125	132	138
11	21	28	36	43	50	58	65	72	79	87	94	101	108	115	122	130	137	144	151
12	22	31	39	47	55	63	70	78	86	94	102	109	117	125	132	140	148	156	163
13	24	33	42	50	59	67	76	84	93	101	109	118	126	134	143	151	159	167	176
14	25	35	45	54	63	72	81	90	99	108	117	126	135	144	153	161	170	179	188
15	27	38	48	57	67	77	87	96	106	115	125	134	144	153	163	172	182	191	200
16	29	40	50	61	71	82	92	102	112	122	132	143	153	163	173	183	193	203	213
17	31	42	53	65	76	86	97	108	119	130	140	151	161	172	183	193	204	214	225
18	32	45	56	68	80	91	103	114	125	137	148	159	170	182	193	204	215	226	237
19	34	47	59	72	84	96	108	120	132	144	156	167	179	191	203	214	226	238	250
20	36	49	62	75	88	101	113	126	138	151	163	176	188	200	213	225	237	250	262

$\alpha = 0.05$

n_1	$n_2=2$	3	4	5	6	7	8	9	10	11	12	13	14	15	16	17	18	19	20
2							16	18	20	22	23	25	27	29	31	32	34	36	38
3				15	17	20	22	25	27	30	32	35	37	40	42	45	47	50	52
4			16	19	22	25	28	32	35	38	41	44	47	50	53	57	60	63	66
5		15	19	23	27	30	34	38	42	46	49	53	57	61	65	68	72	76	80
6		17	22	27	31	36	40	44	49	53	58	62	67	71	75	80	84	89	93
7		20	25	30	36	41	46	51	56	61	66	71	76	81	86	91	96	101	106
8	16	22	28	34	40	46	51	57	63	69	74	80	86	91	97	102	108	113	119
9	18	25	32	38	44	51	57	64	70	76	82	89	95	101	107	114	120	126	132
10	20	27	35	42	49	56	63	70	77	84	91	97	104	111	118	125	132	138	145
11	22	30	38	46	53	61	69	76	84	91	99	106	114	121	129	136	143	151	158
12	23	32	41	49	58	66	74	82	91	99	107	115	123	131	139	147	155	163	171
13	25	35	44	53	62	71	80	89	97	106	115	124	132	141	149	158	167	175	184
14	27	37	47	57	67	76	86	95	104	114	123	132	141	151	160	169	178	188	197
15	29	40	50	61	71	81	91	101	111	121	131	141	151	161	170	180	190	200	210
16	31	42	53	65	75	86	97	107	118	129	139	149	160	170	181	191	202	212	222
17	32	45	57	68	80	91	102	114	125	136	147	158	169	180	191	202	213	224	235
18	34	47	60	72	84	96	108	120	132	143	155	167	178	190	202	213	225	236	248
19	36	50	63	76	89	101	114	126	138	151	163	175	188	200	212	224	236	248	261
20	38	52	66	80	93	106	119	132	145	158	171	184	197	210	222	235	248	261	273

续下页

附表 A.2 曼 - 惠特尼检验统计的临界值（续表）

									$\alpha = 0.01$										
n_1	$n_2 = 2$	3	4	5	6	7	8	9	10	11	12	13	14	15	16	17	18	19	20
2																			38
3								27	30	33	35	38	41	43	46	49	52	54	57
4					24	28	31	35	38	42	45	49	52	55	59	62	66	69	72
5				25	29	34	38	42	46	50	54	58	63	67	71	75	79	83	87
6			24	29	34	39	44	49	54	59	63	68	73	78	83	87	92	97	102
7			28	34	39	45	50	56	61	67	72	78	83	89	94	100	105	111	116
8			31	38	44	50	57	63	69	75	81	87	94	100	106	112	118	124	130
9		27	35	42	49	56	63	70	77	83	90	97	104	111	117	124	131	138	144
10		30	38	46	54	61	69	77	84	92	99	106	114	121	129	136	143	151	158
11		33	42	50	59	67	75	83	92	100	108	116	124	132	140	148	156	164	172
12		35	45	54	63	72	81	90	99	108	117	125	134	143	151	160	169	177	186
13		38	49	58	68	78	87	97	106	116	125	135	144	153	163	172	181	190	200
14		41	52	63	73	83	94	104	114	124	134	144	154	164	174	184	194	203	213
15		43	55	67	78	89	100	111	121	132	143	153	164	174	185	195	206	216	227
16		46	59	71	83	94	106	117	129	140	151	163	174	185	196	207	218	230	241
17		49	62	75	87	100	112	124	136	148	160	172	184	195	207	219	231	242	254
18		52	66	79	92	105	118	131	143	156	169	181	194	206	218	231	243	255	268
19		54	69	83	97	111	124	138	151	164	177	190	203	216	230	242	255	268	281
20	38	57	72	87	102	116	130	144	158	172	186	200	213	227	241	254	268	281	295

表中的数值由密尔顿的扩展表（Milton，1964，J. *Amer. Statist. Assoc.* 59：925-934）推导而来，已获得出版商许可，请参考扎尔的论文（Zar，1996：App 86-97)，上述表格没有包括一些样本大小和显著性水平。

附表 A.3 卡方检验的临界值

自由度	$\alpha=0.10$	$\alpha=0.05$	$\alpha=0.025$	$\alpha=0.01$	自由度	$\alpha=0.10$	$\alpha=0.05$	$\alpha=0.025$	$\alpha=0.01$
1	2.706	3.841	5.024	6.635	21	29.615	32.671	35.479	38.932
2	4.605	5.991	7.378	9.210	22	30.813	33.924	36.781	40.289
3	6.251	7.815	9.348	11.345	23	32.007	35.172	38.076	41.638
4	7.779	9.488	11.143	13.277	24	33.196	36.415	39.364	42.980
5	9.236	11.070	12.833	15.086	25	34.382	37.652	40.646	44.314
6	10.645	12.592	14.449	16.812	26	35.563	38.885	41.923	45.642
7	12.017	14.067	16.013	18.475	27	36.741	40.113	43.195	46.963
8	13.362	15.507	17.535	20.090	28	37.916	41.337	44.461	48.278
9	14.684	16.919	19.023	21.666	29	33.711	39.087	42.557	45.722
10	15.987	18.307	20.483	23.209	30	40.256	43.773	46.979	50.892
11	17.275	19.675	21.920	24.725	31	41.422	44.985	48.232	52.191
12	18.549	21.026	23.337	26.217	32	42.585	46.194	49.480	53.486
13	19.812	22.362	24.736	27.688	33	43.745	47.400	50.725	54.776
14	21.064	23.685	26.119	29.141	34	44.903	48.602	51.966	56.061
15	22.307	24.996	27.488	30.578	35	46.059	49.802	53.203	57.302
16	23.542	26.296	28.845	32.000	36	47.212	50.998	54.437	58.619
17	24.769	27.587	30.191	33.409	37	48.363	52.192	55.668	59.893
18	25.989	28.869	31.526	34.805	38	49.513	53.384	56.896	61.162
19	27.204	30.144	32.852	36.191	39	50.660	54.572	58.120	62.428
20	28.412	31.410	34.170	37.566	40	51.805	55.758	59.342	63.691

上述数值由扎尔（Zar，1996：App 18）计算及论述；更多卡方表参见罗尔夫和索卡尔的文章（Rohlf and Sokal, 1995：24–25）及扎尔的论文（Zar，1996：App 13–16）。自由度大于 40 的卡方值可以非常精确地用下式计算：

$$x^2_{a,v} = v\,(1 - 2/9\,v + c\sqrt{2/9v}\,)^3$$

式中的 c 大约等于：

$\alpha=$	0.10	0.05	0.025	0.01
$c=$	1.28155	1.64485	1.95996	2.32635

参考文献

Adams, P. A. and J. E. Heath. 1964. Temperature regulation in the sphinx moth, *Celerio lineata*. *Nature* 201:20–22.

Agrawal, D. C. 2010. Photosynthetic solar constant. *Latin American Journal of Physics Education* 4:46–50.

Allen, E. B. and M. F. Allen. 1986. Water relations of xeric grasses in the field: interactions of mycorrhizae and competition. *New Phytologist* 104:559–71.

Anderson, J. M. and M. J. Swift. 1983. Decomposition in tropical forests. In S. L. Sutton, T. C. Whitmore, and A. C. Chadwick, eds. *Tropical Rain Forest: Ecology and Management*. Oxford: Blackwell Scientific Publications.

Angilletta, M. J., Jr. 2001. Thermal and physiological constraints on energy assimilation in a widespread lizard (*Sceloporus undulatus*). *Ecology* 82:3044–56.

Arrhenius, O. 1921. Species and area. *Journal of Ecology* 9:95–99.

Atlegrim, O. 1989. Exclusion of birds from bilberry stands: impact on insect larval density and damage to the bilberry. *Oecologia* 79:136–39.

Bacastow, R. and C. D. Keeling. 1974. Atmospheric carbon dioxide and radiocarbon in the natural carbon cycle: II. changes from A.D. 1700 to 2070 as deduced from a geochemical model. In G. M. Woodwell and E. V. Pecan, eds. *Carbon and the Biosphere*. BHNL/CONF 720510. Springfield, Va.: National Technical Information Service.

Baird, D., I. Barber, and P. Calow. 1990. Clonal variation in general responses of *Daphnia magna* Straus to toxic stress. I. Chronic life-history effects. *Functional Ecology* 4:399–407.

Baker, M. C., L. R. Mewaldt, and R. M. Stewart. 1981. Demography of white-crowned sparrows (*Zonotrichia leucophrys nuttalli*). *Ecology* 62:636–44.

Baldwin, J. and P. W. Hochachka. 1970. Functional significance of isoenzymes in thermal acclimation: acetylcholinesterase from trout brain. *Biochemical Journal* 116:883–87.

Baptista, L. F., P. W. Trail, and H. M. Horblit. 1997. Family Columbidae (doves and pigeons). In J. del Hoyo, A. Elliott, and J. Sargatal, eds. *Handbook of the birds of the World*. Vol. 4. Sand Grouse to Cuckoos. Barcelona: Lynx Edicions.

Barbiero, R. P. and M. L. Tuchman. 2004. Long-term dreissenid impacts on water clarity in Lake Erie. *Journal of Great Lakes Research* 30:557–65.

Barbour, C. D. and J. H. Brown. 1974. Fish species diversity in lakes. *American Naturalist* 108:473–89.

Barnes, R. S. K. and R. N. Hughes. 1988. *An Introduction to Marine Ecology*. Oxford: Blackwell Scientific Publications.

Barnola, J. M., D. Raynaud, Y. S. Korotkevich, and C. Lorius. 1987. Vostok ice core provides 160,000-year record of atmospheric CO_2. *Nature* 329:408–14.

Baur, B. and A. Baur. 1993. Climatic warming due to thermal radiation from an urban area as possible cause for the local extinction of a land snail. *Journal of Applied Ecology* 30:333–40.

Bayley, P. B. 1995. Understanding large river-floodplain ecosystems. *BioScience* 45:153–58.

Béjà, O., L. Aravind, E. V. Koonin, M. T. Suzuki, A. Hadd, L. P. Nguyen, S. B. Jovanovich, C. M. Gates, R. A. Feldman, J. L. Spudich, E. N. Spudich, and E. F. Delong. 2000. Bacterial rhodopsin: evidence for a new type of phototrophy in the sea. *Science* 289:1902–6.

Béjà, O., E. N. Spudich, J. L. Spudich, M. Leclerc, and E. F. Delong. 2001. Proteorhodopsin phototrophy in the ocean. *Nature* 411:786–89.

Béjà, O., M. T. Suzuki, J. F. Heidelberg, W. C. Nelson, C. M. Preston, T. Hamada, J. A. Eisen, C. M. Fraser, and E. F. Delong. 2002. Unsuspected diversity among marine aerobic anoxygenic phototrophs. *Nature* 415:630–33.

Bennett, A. F. and R. E. Lenski. 2007. An experimental test of evolutionary trade-offs during temperature adaptation. *Proceedings of the National Academy of Sciences of the United States of.* 104 supplement 1:8649–54.

Bennett, K. D. 1983. Postglacial population expansion of forest trees in Norfolk, UK. *Nature* 303:164–67.

Bernhardt, E. S., L. E. Band, C. J. Walsh, and P. E. Berke. 2008. Understanding, managing, and minimizing urban impacts on surface water nitrogen loading. *Annals of the New York Academy of Sciences* 1134:61–96.

Berry, J. and O. Björkman. 1980. Photosynthetic response and adaptation to temperature in higher plants. *Annual Review of Plant Physiology* 31:491–543.

Bertschy, K. A. and M. G. Fox. 1999. The influence of age-specific survivorship on pumpkinseed sunfish life histories. *Ecology* 80:2299–2313.

Bethel, W. M. and J. C. Holmes. 1977. Increased vulnerability of amphipods to predation due to altered behavior induced by larval parasites. *Can J. Zoology* 55:110–15.

Bjerknes, J. 1966. A possible response of the atmospheric Hadley circulation to equatorial anomalies of ocean temperature. *Tellus* 18:820–29.

Bjerknes, J. 1969. Atmospheric teleconnections from the equatorial Pacific. *Monthly Weather Review* 97:163–72.

Blair, R. 2004. The effects of urban sprawl on birds at multiple levels of biological organization. *Ecology and Society* 9:2 [online].

Blanco, J. F. and F. N. Scatena. 2005. Floods, habitat hydraulics, and upstream migration of *Neritina virginea* (Gastropoda: Neritidae) in northeastern Puerto Rico. *Caribbean Journal of Science* 41:55–74.

Blanco, J. F. and F. N. Scatena. 2006. Hierarchical contribution of river-ocean connectivity, water chemistry, hydraulics, and substrate to the distribution of diadromous snails in Puerto Rican streams. *Journal of the North American Benthological Society* 25:82–98.

Blanco, J. F. and F. N. Scatena. 2007. The spatial arrangement of *Neritina virginea* (Gastropoda: Neritidae) during upstream migration in a split-channel reach. *River Research and Applications* 23:235–45.

Bloom, A. J., F. S. Chapin III, and H. A. Mooney. 1985. Resource limitation in plants—an economic analogy. *Annual Review of Ecology and Systematics* 16:363–92.

Boag, P. T. and P. R. Grant. 1978. Heritability of external morphology in Darwin's finches. *Nature* 274:793–94.

Boag, P. T. and P. R. Grant. 1984a. Darwin's finches (*Geospiza*) on Isla Daphne Major, Galápagos: breeding and feeding ecology in a climatically variable environment. *Ecological Monographs* 54:463–89.

Boag, P. T. and P. R. Grant. 1984b. The classical case of character release: Darwin's finches (*Geospiza*) on Isla Daphne Major, Galápagos. *Biological Journal of the Linnean Society* 22:243–87.

Bobbink, R. and J. H. Willems. 1987. Increasing dominance of *Brachypodium pinnatum* (L.) Beauv. in chalk grasslands: a threat to a species-rich ecosystem. *Biological Conservation* 40:301–14.

Bobbink, R. and J. H. Willems. 1991. Effect of different cutting regimes on the performance of *Brachypodium pinnatum* in Dutch chalk grassland. *Biological Conservation* 56:1–21.

Bollinger, G. 1909. *Zur Gastropodenfauna von Basel und Umgebung.* Ph.D. dissertation, University of Basel, Switzerland.

Bolser, R. C. and M. E. Hay. 1996. Are tropical plants better defended? Palatability and defenses of temperate vs. tropical seaweeds. *Ecology* 77:2269–86.

Bond, P. and P. Goldblatt. 1984. Plants of the Cape Flora. *Journal of South African Botany,* Supplementary Volume No. 13.

Bormann, F. H. and G. E. Likens. 1981. *Pattern and Process in a Forested Ecosystem.* New York: Springer-Verlag.

Bormann, F. H. and G. E. Likens. 1994. *Pattern and Process in a Forested Ecosystem.* New York: Springer-Verlag.

Bowen, G. W. and R. L. Burgess. 1981. A quantitative analysis of forest island pattern in selected Ohio landscapes. ORNL/TM 7759. Oak Ridge National Laboratory, Oak Ridge, Tenn.

Bowman, W. D., T. A. Theodose, J. C. Schardt, and R. T. Conant. 1993. Constraints of nutrient availability on primary production in two alpine tundra communities. *Ecology* 74:2085–97.

Boyles, J. G., P. M. Cryan, G. F. McCracken, and T. H. Kunz. 2011. Economic importance of bats in agriculture. *Science* 332:41–42.

Braatne, J. H., S. B. Rood, and P. E. Heilman. 1996. Life history, ecology and conservation of riparian cottonwoods in North America. In R. F. Stettler, J. H. D. Bradshaw, P. F. Heilman, P. E. and T. M. Hinckley, eds. *Biology of Populus and Its Implications for Conservation and Management.* Ottawa: NRC Research Press.

Bradshaw, W. E. and C. M. Holzapfel. 2006. Evolutionary response to rapid climate change. *Science* 312:1477–78.

Braithwaite, V. A. and A. G. V. Salvanes. 2005. Environmental variability in the early rearing environment generates behaviourally flexible cod: implications for rehabilitating wild populations. *Proceedings of the Royal Society B* 272:1107–13.

Brenchley, W. E. 1958. *The Park Grass Plots at Rothamsted.* Harpende: Rothamsted Experimental Station.

Briggs, J. C. 1974. *Marine Zoogeography.* New York: McGraw-Hill.

Brisson, J. and J. F. Reynolds. 1994. The effects of neighbors on root distribution in a creosote bush (*Larrea tridentata*) population. *Ecology* 75:1693–702.

Brock, T. D. 1978. *Thermophilic Microorganisms and Life at High Temperatures.* New York: Springer-Verlag.

Brouwer, R. 1983. Functional equilibrium: sense or nonsense? *Netherlands Journal of Agricultural Science* 31:335–48.

Brower, J., J. Zar, and C. von Ende. 1990. *Field and Laboratory Methods for General Ecology,* 4th ed. Dubuque, IA.: McGraw-Hill.

Brown, J. H. 1984. On the relationship between abundance and distribution of species. *American Naturalist* 130:255–79.

Brown, J. H. 1986. Two decades of interaction between the MacArthur-Wilson model and the complexities of mammalian distributions. *Biological Journal of the Linnean Society* 28:231–51.

Brown, J. H. 1988. Species diversity. In A. A. Meyers and P. S. Giller, eds. *Analytical Biogeography* London: Chapman and Hall.

Brown, J. H. and A. Kodric-Brown. 1977. Turnover rates in insular biogeography: effects of immigration on extinction. *Ecology* 58:445–49.

Brown, J. H. and M. V. Lomolino. 2000. Concluding remarks: historical perspective and the future of island biogeography theory. *Global Ecology and Biogeography* 9:87–92.

Brown, J. H. and J. C. Munger. 1985. Experimental manipulation of a desert rodent community: food addition and species removal. *Ecology* 66:1545–63.

Brown, J. H., D. W. Mehlman, and G. C. Stevens. 1995. Spatial variation in abundance. *Ecology* 76:2028–43.

Bshary, R. 2003. The cleaner wrasse, *Labroides dimidiatus,* is a key organism for reef fish diversity at Ras Mohammed National Park, Egypt. *Journal of Animal Ecology* 72:169–72.

Bush, M. B. and P. A. Colinvaux. 1994. Tropical forest disturbance: paleoecological records from Darien, Panama. *Ecology* 75:1761–68.

Bush, M. B., D. R. Piperno, and P. A. Colinvaux. 1989. A 6,000 year history of Amazonian maize cultivation. *Nature* 340:303–5.

Byers, J. E. 2000. Competition between two estuarine snails: implications for invasions of exotic species. *Ecology* 81:1225–39.

Byers, J. E. and L. Goldwasser. 2001. Exposing the mechanism and timing of impact of nonindigenous species on native species. *Ecology* 82:1330–43.

Cairns, S. C. and G. C. Grigg. 1993. Population dynamics of red kangaroos (*Macropus rufus*) in relation to rainfall in the south Australian pastoral zone. *Journal of Applied Ecology* 30:444–58.

Calder, W. A. 1994. When do hummingbirds use torpor in nature? *Physiological Zoology* 67:1051–76.

Calow, P. and G. E. Petts. 1992. *The Rivers Handbook.* London: Blackwell Scientific Publications.

Carey, F. G. 1973. Fishes with warm bodies. *Scientific American* 228:36–44.

Carpenter, F. L., M. A. Hixon, C. A. Beuchat, R. W. Russell, and D. C. Patton. 1993. Biphasic mass gain in migrant hummingbirds: body composition changes, torpor, and ecological significance. *Ecology* 74:1173–82.

Carpenter, S. R. and J. F. Kitchell. 1988. Consumer control of lake productivity. *BioScience* 38:764–69.

Carpenter, S. R. and J. F. Kitchell. 1993. *The Trophic Cascade in Lakes* Cambridge, England: Cambridge University Press.

Carpenter, S. R., J. F. Kitchell, and J. R. Hodgson. 1985. Cascading trophic interactions and lake productivity. *BioScience* 35:634–39.

Carpenter, S. R., T. M. Frost, J. F. Kitchell, T. K. Kratz, D. W. Schindler, J. Shearer, W. G. Sprules, M. J. Vanni, and A. P. Zimmerman. 1991. Patterns of primary production and herbivory in 25 North American lake ecosystems. In J. Cole, G. Lovett, and S. F. Findlay, eds. *Comparative Analyses of Ecosystems: Patterns, Mechanisms, and Theories.* New York: Springer-Verlag.

Carroll, S. P. and C. Boyd. 1992. Host race radiation in the soapberry bug: natural history with the history. *Evolution* 46:1052–69.

Carroll, S. P., H. Dingle, and S. P. Klassen. 1997. Genetic differentiation of fitness-associated traits among rapidly evolving populations of the soapberry bug. *Evolution* 51:1182–88.

Carroll, S. P., S. P. Klassen, and H. Dingle. 1998. Rapidly evolving adaptations to host ecology and nutrition in the soapberry bug. *Evolutionary Ecology* 12:955–68.

Carruthers, R. I., T. S. Larkin, H. Firstencel, and Z. Feng. 1992. Influence of thermal ecology on the mycosis of a rangeland grasshopper. *Ecology* 73:190–204.

Case, T. J. 1976. Body size differences between populations of the chuckwalla, *Sauromalus obesus. Ecology* 57:313–23.

Caughley, G. 1977. *Analysis of Vertebrate Populations.* New York: John Wiley & Sons.

Caughley, G., J. Short, G. C. Grigg, and H. Nix. 1987. Kangaroos and climate: an analysis of distribution. *Journal of Animal Ecology* 56:751–61.

Chapin, F. S., III, L. R. Walker, C. L. Fastie, and L. C. Sharman. 1994. Mechanisms of primary succession following deglaciation at Glacier Bay, Alaska. *Ecological Monographs* 64:149–75.

Chapman, R. N. 1928. The quantitative analysis of environmental factors. *Ecology* 9:111–12.

Chapman, V. J. 1977. *Wet Coastal Ecosystems.* Amsterdam: Elsevier Scientific Publishing.

Charnov, E. L. 1973. *Optimal Foraging: Some Theoretical Explorations* Ph.D. Dissertation, University of Washington, Seattle.

Charnov, E. L. 2002. Reproductive effort, offspring size and benefit-cost ratios in the classification of life histories. *Evolutionary Ecology Research* 4:749–758.

Charnov, E. L., R. Warne, and M. Moses. 2007. Lifetime reproductive effort. *American Naturalist* 170: E129–E142.

Chiariello, N. R., C. B. Field, and H. A. Mooney. 1987. Midday wilting in a tropical pioneer tree. *Functional Ecology* 1:3–11.

Christian, C. E. 2001. Consequences of a biological invasion reveal the importance of mutualism for plant communities. *Nature* 413:635–39.

Clausen, J., D. D. Keck, and W. M. Hiesey. 1940. *Experimental Studies on the Nature of Species. I. The Effect of Varied Environments on Western North American Plants.* Washington, D.C.: Carnegie Institution of Washington, Publication no. 520.

Clements, F. E. 1916. *Plant Succession: An Analysis of the Development of Vegetation.* Washington, D.C.: Carnegie Institution of Washington, Publication 242.

Clements, F. E. 1936. Nature and structure of the climax. *Journal of Ecology* 24:252–84.

Cleveland, C. J., M. Betke, P. Federico, J. D. Frank, T. G. Hallam, J. Horn, J. D. López Jr., G. F. McCracken, R. A. Medellín, A. Moreno-Valdez, C. G. Sansone, J. K. Westbrook, and T. H. Kunz. 2006. Economic value of the pest control service provided by Brazilian free-tailed bats in south-central Texas. *Frontiers in Ecology and Environment* 4:238–43.

Coley, P. D. and T. M. Aide. 1991. Comparison of herbivory and plant defenses in temperate and tropical broad-leaved forests. In P. W. Price et al., eds. *Plant-Animal Interactions: Evolutionary Ecology in Tropical and Temperate Regions.* New York: John Wiley & Sons.

Condit, R., B. J. Le Boeuf, P. A. Morris, and M. Sylvan. 2007. Estimating population size in asynchronous aggregations: a Bayesian approach and test with elephant seal censuses. *Marine Mammal Science* 23:834–35.

Connell, J. H. 1961a. The effects of competition, predation by *Thais lapillus* and other factors on natural populations of the barnacle, *Balanus balanoides. Ecological Monographs* 31:61–104.

Connell, J. H. 1961b. The influence of interspecific competition and other factors on the distribution of the barnacle *Chthamalus stellatus. Ecology* 42:710–23.

Connell, J. H. 1974. Ecology: field experiments in marine ecology. In R. N. Mariscal, ed. *Experimental Marine Biology.* New York: Academic Press.

Connell, J. H. 1975. Some mechanisms producing structure in natural communities: a model and evidence from field experiments. In M. L. Cody and J. Diamond, eds. *Ecology and Evolution of Communities.* Cambridge, Mass.: Harvard University Press.

Connell, J. H. 1978. Diversity in tropical rain forests and coral reefs. *Science* 199:1302–10.

Connell, J. H. 1983. On the prevalence and relative importance of interspecific competition: evidence from field experiments. *American Naturalist* 122:661–96.

Connell, J. H. and R. O. Slatyer. 1977. Mechanisms of succession in natural communities and their role in community stability and organization. *The American Naturalist* 111:1119–44.

Conroy, J. D., W. J. Edwards, R. A. Pontius, D. D. Kane, H. Y. Zhang, J. F. Shea, J. N. Richey, and D. A. Culver. 2005. Soluble nitrogen and phosphorus excretion of exotic freshwater mussels (*Dreissena* spp.): potential impacts for nutrient remineralisation in western Lake Erie. *Freshwater Biology* 50:1146–62.

Cooper, P. D. 1982. Water balance and osmoregulation in a free-ranging tenebrionid beetle, *Onymacris unguicularis,* of the Namib Desert. *Journal of Insect Physiology* 28:737–42.

Cooper, W. S. 1923. The recent ecological history of Glacier Bay, Alaska. *Ecology* 4:93–128, 223–46, 355–65.

Cooper, W. S. 1931. A third expedition to Glacier Bay, Alaska. *Ecology* 12:61–95.

Cooper, W. S. 1939. A fourth expedition to Glacier Bay, Alaska. *Ecology* 20:130–55.

Coppock, D. L., J. K. Detling, J. E. Ellis, and M. I. Dyer. 1983. Plant herbivore interactions in a North American mixed-grass prairie. 1. effects of black-tailed prairie dogs on intraseasonal aboveground plant biomass and nutrient dynamics and plant species diversity. *Oecologia* 56:1–9.

Coupland, R. T. and R. E. Johnson. 1965. Rooting characteristics of native grassland species in Saskatchewan. *Journal of Ecology* 53:475–507.

Cox, G. W. and R. E. Ricklefs. 1977. Species diversity, ecological release, and community structure in Caribbean landbird faunas. *Oikos* 29:60–66.

Culp, J. M. and G. J. Scrimgeour. 1993. Size dependent diel foraging periodicity of a mayfly grazer in streams with and without fish. *Oikos* 68:242–50.

Cummins, K. W. and C. N. Dahm. 1995. Restoring the Kissimmee. *Restoration Ecology* 3:147–48.

Curtis, J. T. 1956. The modification of mid-latitude grasslands and forests by man. In W. L. Thomas, Jr., ed. *Man's Role in Changing the Face of the Earth.* Chicago: University of Chicago Press.

Dahm, C. N., K. W. Cummins, H. M. Valett, and R. L. Coleman. 1995. An ecosystem view of the restoration of the Kissimmee River. *Restoration Ecology* 3:225–38.

Damuth, J. 1981. Population density and body size in mammals. *Nature* 290:699–700.

Darwin, C. 1839. *Journal of Researches into the Geology and Natural History of the Various Countries Visited During the Voyage of H.M.S 'Beagle' Under the Command of Captain FitzRoy, R.N., From 1832–1836.* London: Henry Colborn.

Darwin, C. 1842a. *Journal of Researches into the Geology and Natural History of the Various Countries Visited During the Voyage of H.M.S. 'Beagle' Under the Command of Captain FitzRoy, N.N. From 1832–1836.* London: Henry Colborn.

Darwin, C. 1842b. *The Structure and Distribution of Coral Reefs.* London: Smith, Elder and Company. Reprinted by the University of California Press, Berkeley, 1962.

Darwin, C. 1859. *The Origin of Species by Means of Natural Selection, or the Preservation of Favored Races in the Struggle for Life.* New York: Modern Library.

Darwin, C. 1862. On the two forms, or dimorphic condition, in the species of *Primula,* and on their remarkable sexual relations. In P. H. Barrett, ed. *The Collected Papers of Charles Darwin.* Chicago: University of Chicago Press.

Darwin, C. 1868. *The Variation of Animals and Plants Under Domestication.* London: John Murray.

Darwin, C. 1871. *The Descent of Man, and Selection in Relation to Sex.* London: John Murray.

Darwin, C. and F. Darwin. 1896. *The Life and Letters of Charles Darwin, Including an Autobiographical Chapter.* New York: D. Appleton and Company.

Davis, M. B. 1981. Quaternary history and the stability of forest communities. In D. C. West, H. H. Shugart, and D. B. Botkin, eds. *Forest Succession: Concepts and Application.* New York: Springer-Verlag.

Davis, M. B. 1983. Quaternary history of deciduous forests of eastern North America and Europe. *Annals of the Missouri Botanical Garden* 70:550–63.

Davis, M. B. 1989. Retrospective studies. In G. E. Likens, ed. *Long-Term Studies in Ecology.* New York: Springer-Verlag.

Davis, M. B. and R. G. Shaw. 2001. Range shifts and adaptive responses to Quaternary climate change. *Science* 292:673–79.

Davis, M. B., R. G. Shaw, and J. R. Etterson. 2005. Evolutionary responses to climate change. *Ecology* 86:1704–14.

Dawson, T. E., S. Mambelli, A. H. Plamboeck, P. H. Templer, and K. P. Tu. 2002. Stable isotopes in plant ecology. *Annual Review of Ecology and Systematics* 33:507–99.

Dayan, T. and D. Simberloff. 2005. Ecological and community-wide character displacement: the next generation. *Ecology Letters* 8:875–94.

Deevey, E. S. 1947. Life tables for natural populations of animals. *Quarterly Review of Biology* 22:283–314.

de Leon, L. F., E. Bermingham, J. Podos, and A. P. Hendry. 2009. Divergence with gene flow as facilitated by ecological differences: within-island variation in Darwin's finches. *Philosophical transactions of the Royal Society B-Biological Sciences* 365:1041–1052.

Denno, R. F. and G. K. Roderick. 1992. Density-related dispersal in planthoppers: effects of interspecific crowding. *Ecology* 73:1323–34.

Diamond, J. M. 1969. Avifaunal equilibria and species turnover rates on the Channel Islands of California. *Proceedings of the National Academy of Sciences* 64:57–63.

Diaz, H. F. and G. N. Kiladis. 1992. Atmospheric teleconnections associated with the extreme phases of the Southern Oscillation. In H. F. Diaz and V. Markgraf, eds. *El Niño Historical and Paleoclimatic Aspects of the Southern Oscillation.* Cambridge, England: Cambridge University Press.

Diffendorfer, J. E., M. S. Gaines, and R. D. Holt. 1995. Habitat fragmentation and movements of three small mammals (*Sigmodon, Microtus,* and *Peromyscus*). *Ecology* 76:827–39.

Dillon, P. J. and F. H. Rigler. 1974. The phosphorus-chlorophyll relationship in lakes. *Limnology and Oceanography* 19:767–73.

Dillon, P. J. and F. H. Rigler. 1975. A simple method for predicting the capacity of a lake for development based on lake trophic status. *Journal of the Fisheries Research Board of Canada* 32:1519–31.

Dobzhansky, T. 1937. *Genetics and the Origin of Species.* New York: Columbia University Press.

Dobzhansky, T. 1950. Evolution in the tropics. *American Scientist* 38:209–21.

Dodd, A. P. 1940. *The Biological Campaign Against Prickly Pear.* Commonwealth Prickly Pear Board. Brisbane: Government Printer.

DOE. 2000. The Human Genome Project Information. http://www.ornl.gov/TechResources/Human_Genome/home.html.

Douglas, M. R. and P. C. Brunner. 2002. Biodiversity of central alpine *Coregonus* (Salmoniformes): impact of one-hundred years of management. *Ecological Applications* 12:154–72.

Edney, E. B. 1953. The temperature of wood lice in the sun. *Journal of Experimental Biology* 30:331–49.

Ehleringer, J. R. 1980. Leaf morphology and reflectance in relation to water and temperature stress. In N. C. Turner and P. J. Kramer, eds. *Adaptations of Plants to Water and High Temperature Stress.* New York: Wiley-Interscience.

Ehleringer, J. R., O. Björkman, and H. A. Mooney. 1976. Leaf pubescence: effects on absorptance and photosynthesis in a desert shrub. *Science.* 192:376–77.

Ehleringer, J. R., T. E. Cerling, and B. R. Helliker. 1997. C$_4$ photosynthesis, atmospheric CO$_2$, and climate. *Oecologia* 112:285–99.

Ehleringer, J. R. and C. Clark. 1988. Evolution and adaptation in *Encelia* (Asteraceae). In L. D. Gottlieb and S. K. Jain, eds. *Plant Evolutionary Biology.* London: Chapman and Hall.

Ehleringer, J. R., S. L. Phillips, W. S. F. Schuster, and D. R. Sandquist. 1991. Differential utilization of summer rains by desert plants. *Oecologia* 88:430–34.

Ehleringer, J. R., J. Roden, and T. E. Dawson. 2000. Assessing ecosystem—level water relations through stable isotope ratio analyses. In O. E. Sala, R. B. Jackson, H. A. Mooney, and R. W. Howarth, eds. *Methods in Ecosystem Science* New York: Springer.

Ehrlich, P. R. and I. Hanski. 2004. *On the Wings of Checkerspots: A Model System for Population Biology.* Oxford: Oxford University Press.

Elser, J. J., W. F. Fagan, R. F. Denno, D. R. Dobberfuhl, A. Folarin, A. Huberty, S. Interlandi, S. S. Kilham, E. McCauley, K. L. Schulz, E. H. Siemann, and R. W. Sterner. 2000. Nutritional constraints in terrestrial and freshwater food webs. *Nature* 408:578–80.

Elton, C. 1924. Periodic fluctuations in the numbers of animals: their causes and effects. *British Journal of Experimental Biology* 2:119–63.

Elton, C. 1927. *Animal Ecology.* London: Sidgewick & Jackson.

Endler, J. A. 1980. Natural selection on color patterns in *Poecilia reticulata.* *Evolution* 34:76–91.

Endler, J. A. 1995. Multiple-trait coevolution and environmental gradients in guppies. *Trends in Ecology & Evolution* 10:22–29.

FAO 1972. *Atlas of the Living Resources of the Sea.* 3d ed. Rome: FAO.

Feggestad, A. J., P. M. Jacobs, X. D. Miao, and J. A. Mason. 2004. Stable carbon isotope record of Holocene environmental change in the central Great Plains. *Physical Geography* 25:170–90.

Feldman, G., D. Clark, and D. Halpern. 1984. Satellite color observations of the phytoplankton distribution in the eastern equatorial Pacific during the 1982–1983 El Niño. *Science* 226:1069–71.

Fietz, J., F. Tataruch, K. H. Dausmann, and J. U. Ganzhorn. 2003. White adipose tissue composition in the free-ranging fat-tailed dwarf lemur (*Cheirogaleus medius;* Primates), a tropical hibernator. *Journal of Comparative Physiology B: Biochemical Systematic and Environmental Physiology* 173:1–10.

Findlay, D. L. and S. E. M. Kasian. 1987. Phytoplankton community responses to nutrient addition in Lake 226, Experimental Lakes Area, northwestern Ontario. *Canadian Journal of Fisheries and Aquatic Sciences* 44(Suppl. 1):35–46.

Fisher, S. G., L. J. Gray, N. B. Grimm, and D. E. Busch. 1982. Temporal succession in a desert stream ecosystem following flash flooding. *Ecological Monographs* 52:93–110.

Fitter, A. and R. K. M. Hay. 1987. *Environmental Physiology of Plants* London: Academic Press.

Flessa, K. W. 1975. Area, continental drift and mammalian diversity. *Paleobiology* 1:189–94.

Flessa, K. W. 1981. The regulation of mammalian faunal similarity among continents. *Journal of Biogeography* 8:427–38.

Forel, F. A. 1892. *Le Léman: Monograhie limnologique.* Tome I, Géographie, Hydrographie, Géologie, Climatologie, Hydrologie. Lausanne, F. Rouge. Reprinted Genève, Slatkine Reprints, 1969.

Frank, P. W., C. D. Boll, and R. W. Kelly. 1957. Vital statistics of laboratory cultures of *Daphnia pulex* De Geer as related to density. *Physiological Zoology* 30:287–305.

Frankham, R. 1997. Do island populations have less genetic variation than mainland populations? *Heredity* 78:311–27.

Frankham, R. and K. Ralls. 1998. Inbreeding leads to extinction. *Nature* 392:441–42.

Frazer, N. B., J. W. Gibbons, and J. L. Greene. 1991. Life history and demography of the common mud turtle *Kinosternon subrubrum* in South Carolina, USA. *Ecology* 72:2218–31.

Friedli, H., H. Lötscher, H. Oeschger, U. Siegenthaler, and B. Stauffer. 1986. Ice core record of the ^{13}C/^{12}C ratio of atmospheric CO$_2$ in the past two centuries. *Nature* 324:237–38.

Friedmann, H. 1955. The honeyguides. *Bulletin of the United States National Museum* 208:1–292.

Gadagkar, R. 2010. Sociobiology in turmoil again. *Current Science* 99:1036–41.

Gallardo, A. and J. Merino. 1993. Leaf decomposition in two Mediterranean ecosystems of southwest Spain: influence of substrate quality. *Ecology* 74:152–61.

Gaston, K. J. 1996. The multiple forms of the interspecific abundance-distribution relationship. *Oikos* 76:211–20.

Gaston, K. J., T. M. Blackburn, J. J. D. Greenwood, R. D. Gregory, R. M. Quinn, and J. H. Lawton. 2000. Abundance-occupancy relationships. *Journal of Applied Ecology* 37:39–59.

Gause, G. F. 1934. *The Struggle for Existence.* Baltimore: Williams & Wilkins. Reprinted by Hafner Publishing Company, New York, 1969.

Gause, G. F. 1935. Experimental demonstration of Volterra's periodic oscillation in the numbers of animals. *Journal of Experimental Biology* 12:44–48.

Gauslaa, Y. 1984. Heat resistance and energy budget in different Scandinavian plants. *Holarctic Ecology* 7:1–78.

Gessner, M. O. and E. Chauvet. 1994. Importance of stream microfungi in controlling breakdown rates of leaf litter. *Ecology* 75:1807–17.

Gibbs, H. L. and P. R. Grant. 1987. Ecological consequences of an exceptionally strong El Niño event on Darwin's finches. *Ecology* 68:1735–46.

Gibbs, R. J. 1970. Mechanisms controlling world water chemistry. *Science* 170:1088–90.

Gleason, H. A. 1926. The individualistic concept of the plant association. *Torrey Botanical Club Bulletin* 53:7–26.

Gleason, H. A. 1939. The individualistic concept of the plant association. *American Midland Naturalist* 21:92–110.

Glynn, P. W. 1983. Crustacean symbionts and the defense of corals: coevolution of the reef? In M. H. Nitecki, ed. *Coevolution.* Chicago: University of Chicago Press.

Gosz, J. R., R. T. Holmes, G. E. Likens, and F. H. Bormann. 1978. The flow of energy in a forest ecosystem. *Scientific American* 238(3):92–102.

Graça, M. A. S. and F. X. Ferrand de Almeida. 1983. Contribuição para o conhecimento da lontra (*Lutra lutra* L.) num sector da bacia do Rio Mondego. *Ciencia Biologica* (Contribution to the knowledge of the otter (*Lutra lutra* L.) in a sector of the Mondego River basin.) (Portugal) 5:33–42.

Graham, W. F. and R. A. Duce. 1979. Atmospheric pathways of the phosphorus cycle. *Geo chimica et Cosmochimica Acta* 43:1195–1208.

Granéli, E., K. Wallström, U. Larsson, W. Granéli, and R. Elmgren. 1990. Nutrient limitation of primary production in the Baltic Sea area. *Ambio* 19:142–51.

Grant, B. R. and P. R. Grant. 1989. *Evolutionary Dynamics of a Natural Population.* Chicago: University of Chicago Press.

Grant, P. R. 1986. *Ecology and Evolution of Darwin's Finches.* Princeton, N.J.: Princeton University Press.

Grassle, J. F. 1973. Variety in coral reef communities. In O. A. Jones and R. Endean, eds. *Biology and Geology of Coral Reefs.* Vol. 2. New York: Academic Press.

Grassle, J. F. 1991. Deep-sea benthic biodiversity. *BioScience* 41:464–69.

Grice, G. D. and A. D. Hart. 1962. The abundance, seasonal occurrence and distribution of the epizooplankton between New York and Bermuda. *Ecological Monographs* 32:287–309.

Grime, J. P. 1977. Evidence for the existence of three primary strategies in plants and its relevance to ecological and evolutionary theory. *American Naturalist* 111:1169–94.

Grime, J. P. 1979. *Plant Strategies and Vegetation Processes.* New York: John Wiley & Sons.

Grimm, N. B. 1987. Nitrogen dynamics during succession in a desert stream. *Ecology* 68:1157–70.

Grimm, N. B. 1988. Role of macroinvertebrates in nitrogen dynamics of a desert stream. *Ecology* 69:1884–93.

Grimm, N. B., S. H. Faeth, N. E. Golubiewski, C. L. Redman, J. Wu, X. Bai, and J. M. Briggs. 2008. Global change and the ecology of cities. *Science* 319:756–60.

Grinnell, J. 1917. The niche-relationships of the California Thrasher. *Auk* 34:427–33.

Grinnell, J. 1924. Geography and evolution. *Ecology* 5:225–29.

Groffman, P. M., N. L. Law, K. T. Belt, L. E. Band, and G. T. Fisher. 2004. Nitrogen fluxes and retention in urban watershed ecosystems. *Ecosystems* 7:393–403.

Grosholz, E. D. 1992. Interactions of intraspecific, interspecific, and apparent competition with hostpathogen population dynamics. *Ecology* 73:507–14.

Gross, J. E., L. A. Shipley, N. T. Hobbs, D. E. Spalinger, and B. A. Wunder. 1993. Functional response of herbivores in food-concentrated patches: tests of a mechanistic model. *Ecology* 74:778–91.

Grutter, A. S. 1999. Cleaner fish really do clean. *Nature* 398:672–73.

Gunderson, D. R. 1997. Trade-off between reproductive effort and adult survival in oviparous and viviparous fishes. *Canadian Journal of Fisheries and Aquatic Sciences* 54:990–98.

Gurevitch, J., L. L. Morrow, A. Wallace, and J. S. Walsh. 1992. A meta-analysis of competition in field experiments. *American Naturalist* 140:539–72.

Haddad, N. M. 1999. Corridor and distance effects on interpatch movements: a landscape experiment with butterflies. *Ecological Applications* 9:612–22.

Haddad, N. M. and K. A. Baum. 1999. An experimental test of corridor effects on butterfly densities. *Ecological Applicatons* 9:623–33.

Hadley, N. F. and T. D. Schultz. 1987. Water loss in three species of tiger beetles (*Cicindela*): correlations with epicuticular hydrocarbons. *Journal of Insect Physiology* 33:677–82.

Hadley, N. F., A. Savill, and T. D. Schultz. 1992. Coloration and its thermal consequences in the New Zealand tiger beetle *Neocicindela perhispida*. *Journal of Thermal Biology* 17:55–61.

Hairston, N. G., Sr. 1989. *Ecological Experiments: Purpose, Design, and Execution.* Cambridge, England: Cambridge University Press.

Hall, J. B. and M. D. Swaine. 1976. Classification and ecology of closed-canopy forest in Ghana. *Journal of Ecology* 64:913–51.

Hamilton, W. D. 1964. The genetical evolution of social behavior, I and II. *Journal of Theoretical Biology* 7:1–52.

Hamilton, W. J, III and M. K. Seely. 1976. Fog basking by the Namib Desert beetle, *Onymacris unguicularis*. *Nature* 262:284–85.

Hansen, K. T., R. Elven, and C. Brochmann. 2000. Molecules and morphology in concert: tests of some hypotheses in arctic *Potentilla* (Rosaceae). *American Journal of Botany* 87:1466–79.

Hanski, I. 1982. Dynamics of regional distribution: the core and satellite hypothesis. *Oikos* 38:210–21.

Hanski, I., M. Kuussaari, and M. Nieminen. 1994. Metapopulation structure and migration in the butterfly *Melitaea cinxia*. *Ecology* 75:747–62.

Hardie, K. 1985. The effect of removal of extraradical hyphae on water uptake by vesicular-arbuscular mycorrhizal plants. *New Phytologist* 101:677–84.

Hardy, G. H. 1908. Mendelian proportions in a mixed population. *Science* 28:49–50.

Harper, J. L., P. H. Lovell, and K. G. Moore. 1970. The shapes and sizes of seeds. *Annual Review of Ecology and Systematics* 1:327–56.

Harrington, G. N. 1991. Effects of soil moisture on shrub seedling survival in a semi-arid grassland. *Ecology* 72:1138–49.

Haukioja, E., K. Kapiainen, P. Niemelä, and J. Tuomi. 1983. Plant availability hypothesis and other explanations of herbivore cycles: complementary or exclusive alternatives? *Oikos* 40:419–32.

Havens, K. E. 1994. A preliminary characterization of the Lake Okeechobee (Florida, USA) food web. *Bulletin of the North American Benthological Society* 11:97.

Hawn, A. T., A. N. Radford, and M A. du Plessis. 2007. Delayed breeding affects lifetime reproductive success differently in male and female green woodhoopoes. *Current Biology* 17:844–49.

Heap, I. 2007. International survey of herbicide-resistant weeds. http://www.weedscience.org.

Hedin, L. O., P. M. Vitousek, and P. A. Matson. 2003. Nutrient losses over four million years of tropical forest development. *Ecology* 84:2231–55.

Hegazy, A. K. 1990. Population ecology and implications for conservation of *Cleome droserifolia*: a threatened xerophyte. *Journal of Arid Environments* 19:269–82.

Heinrich, B. 1979. *Bumblebee Economics.* Cambridge, Mass.: Harvard University Press.

Heinrich, B. 1984. Strategies of thermoregulation and foraging in two vespid wasps, *Dolichovespula maculata* and *Vespula vulgaris*. *Journal of Comparative Physiology* B154:175–80.

Heinrich, B. 1993. *The Hot-Blooded Insects.* Cambridge, Mass.: Harvard University Press.

Hendry, A. P., S. K. Huber, L. F. de Leon, A. Herrel, and J. Podos. 2010. Disruptive selection in a bimodal population of Darwin's finches. *Philosophical transactions of the Royal Society B-Biological Sciences* 276:753–59.

Hengeveld, R. 1988. Mechanisms of biological invasions. *Journal of Biogeography* 15:819–28.

Hengeveld, R. 1989. *Dynamics of Biological Invasions.* New York: Chapman and Hall.

Heske, E. J., J. H. Brown, and S. Mistry. 1994. Long-term experimental study of a Chihuahuan Desert rodent community: 13 years of competition. *Ecology* 75:438–45.

Hickling, R. L., D. B. Roy, J. K. Hill, R. Fox, and C. D. Thomas. 2006. The distributions of a wide range of taxonomic groups are expanding polewards. *Global Change Biology* 12:450–55.

Hillis, D. M., B. K. Mable, A. Larson, S. K. Davis, and E. A. Zimmer. 1996. Nucleic acids IV: sequencing and cloning. In D. M. Hillis, C. Moritz, and B. K. Mable, eds. *Molecular Systematics.* Sunderland, Mass.: Sinauer Associates, Inc.

Hillis, D. M., C. Moritz, and B. K. Mable. 1996. *Molecular Systematics.* Sunderland, Mass.: Sinauer Associates, Inc.

Hogetsu, K. and S. Ichimura. 1954. Studies on the biological production of Lake Suwa. 6. The ecological studies in the production of phytoplankton. *Japanese Journal of Botany* 14:280–303.

Hölldobler, B. and E. O. Wilson. 1990. *The Ants.* Cambridge, Mass.: The Belknap Press of Harvard University Press.

Holling, C. S. 1959. The components of predation as revealed by a study of small mammal predation of the European pine sawfly. *The Canadian Entomologist* 91:293–320.

Holmes, R. T., J. C. Schultz, and P. Nothnagle. 1979. Bird predation on forest insects: an exclosure experiment. *Science* 206:462–63.

Horn, J. W. and T. H. Kunz. 2008. Analyzing NEXRAD doppler radar images to assess nightly dispersal patterns and population trends in Brazilian free-tailed bats (*Tadarida brasiliensis*). *Integrative and Comparative Biology* 48:24–39.

Houde, A. E. 1997. *Sex, Color, and Mate Choice in Guppies.* Princeton, N.J.: Princeton University Press.

Howe, W. H. and F. L. Knopf. 1991. On the imminent decline of the Rio Grande cottonwoods in central New Mexico. *Southwestern Naturalist* 36:218–24.

Huang, H. T. and P. Yang. 1987. The ancient cultured citrus ant. *BioScience* 37:665–67.

Hubbell, S. P. and L. K. Johnson. 1977. Competition and nest spacing in a tropical stingless bee community. *Ecology* 58:949–63.

Hudson, P. J., A. P. Dobson, and D. Newborn. 1992. Do parasites make prey vulnerable to predation? *Journal of Animal Ecology* 61:681–92.

Huffaker, C. B. 1958. Experimental studies on predation: dispersion factors and predator-prey oscillations. *Hilgardia* 27:343–83.

Hulshoff, R. M. 1995. Landscape indices describing a Dutch landscape. *Landscape Ecology* 10:101–11.

Huntly, N. and R. Inouye. 1988. Pocket gophers in ecosystems: patterns and mechanisms. *BioScience* 38:786–93.

Huston, M. 1980. Soil nutrients and tree species richness in Costa Rican forests. *Journal of Biogeography* 7:147–57.

Huston, M. 1994a. Biological diversity, soils, and economics. *Science* 262:1676–79.

Huston, M. 1994b. *Biological Diversity.* New York: Cambridge University Press.

Hutchinson, G. E. 1957. Concluding remarks. *Cold Spring Symposia on Quantitative Biology* 22:415–27.

Hutchinson, G. E. 1959. Homage to Santa Rosalia or why are there so many kinds of animals? *American Naturalist* 93:145–59.

Hutchinson, G. E. 1961. The paradox of the plankton. *American Naturalist* 95:137–45.

Ichimura, S. 1956. On the standing crop and productive structure of phytoplankton community in some lakes of central Japan. *Japanese Botany Magazine Tokyo* 69:7–16.

ILTER. International Long-Term Ecological Research. http://www.ilternet.edu.

Inouye, D. W. 2008. Effects of climate change on phenology, frost damage, and floral abundance of montane wildflowers. *Ecology* 89:353–62.

Inouye, D. W. and O. R. Taylor, Jr. 1979. A temperate region plant-ant-seed predator system: consequences of extrafloral nectar secretion by *Helianthella quinquenervis. Ecology* 60:1–7.

Iriarte, J. A., W. L. Franklin, W. E. Johnson, and K. H. Redford. 1990. Biogeographic variation of food habits and body size of the American puma. *Oecologia* 85:185–90.

Isack, H. A. and H.-U. Reyer. 1989. Honeyguides and honey gatherers: interspecific communication in a symbiotic relationship. *Science* 243:1343–46.

IUCN. 2007 Red List of Threatened Species. http://www.iucnredlist.org/.

Jaenike, J. 1991. Mass extinction of European fungi. *TREE* 6:174–75.

Jakobsson, A. and O. Eriksson. 2000. A comparative study of seed number, seed size, seedling size and recruitment in grassland plants. *Oikos* 88:494–502.

Janzen, D. H. 1966. Coevolution of mutualism between and acacias in Central America. *Evolution* 20:249–75.

Janzen, D. H. 1967. Why mountain passes are higher in the tropics. *American Naturalist* 101:233–49.

Janzen, D. H. 1967a. Fire, vegetation structure, and the ant X acacia interaction in Central America. *Ecology* 48:26–35.

Janzen, D. H. 1967b. Interaction of the bull's-horn acacia (*Acacia cornigera* L.) with an ant inhabitant (*Pseudomyrmex ferruginea* F. Smith) in eastern Mexico. *The University of Kansas Science Bulletin* 47:315–558.

Janzen, D. H. 1978. Seeding patterns of tropical trees. In P. B. Tomlinson and M. H. Zimmermann, eds. *Tropical Trees as Living Systems.* Cambridge, England: Cambridge University Press.

Janzen, D. H. 1981. The peak in North American ichneumonid species richness lies between 38° and 42°. *Ecology* 62:532–37.

Janzen, D. H. 1981a. Guanacaste tree seed-swallowing by Costa Rican range horses. *Ecology* 62:587–92.

Janzen, D. H. 1981b. *Enterolobium cyclocarpum* seed passage rate and survival in horses, Costa Rican Pleistocene seed dispersal agents. *Ecology* 62:593–601.

Janzen, D. H. 1985. Natural history of mutualisms. In D. H. Boucher, ed. *The Biology of Mutualism: Ecology and Evolution.* London: Croom Helm.

Jarvis, J. U. M. 1981. Eusociality in a mammal: cooperative breeding in naked mole-rat colonies. *Science* 212:571–73.

Jenny, H. 1980. *The Soil Resource.* New York: Springer-Verlag.

Jepsen, D. B. and K. O. Winemiller. 2002. Structure of tropical river food webs revealed by stable isotope ratios. *Oikos* 96:46–55.

Johnson, N. C. 1993. Can fertilization of soil select less mutualistic mycorrhizae. *Ecological Applications* 3:749–57.

Johnson, N. C., J. D. Hoeksema, J. D. Bever, V. B. Chaudhary, C. Gehring, J. Klironomos, R. Koide, R. M. Miller, J. Moore, P. Moutoglis, M. Schwartz, S. Simard, W. Swenson, J. Umbanhowar, G. Wilson, and C. Zabinski. 2006. From Lilliput to Brobdingnag: extending models of mycorrhizal function across scales. *BioScience* 56:889–900.

Johnson, N. C., D. L. Rowland, L Corkidi, L. M. Egerton-Warburton, and E. B. Allen. 2003. Nitrogen enrichment alters mycorrhizal allocation at five mesic to semiarid grasslands. *Ecology* 84:1895–1908.

Johnston, D. W. and E. P. Odum. 1956. Breeding bird populations in relation to plant succession on the Piedmont of Georgia. *Ecology* 37:50–62.

Jones, C. G., J. H. Lawton, and M. Shachak. 1994. Organisms as ecosystem engineers. *Oikos* 69:373–86.

Jordan, C. F. 1985. Soils of the Amazon rain forest. In G. T. Prance and T. E. Lovejoy, eds. *Amazonia.* Oxford: Pergamon Press.

Junk, W. J., P. B. Bayley, and R. E. Sparks. 1989. The flood pulse concept in river-floodplain systems. *Canadian Special Publication in Fisheries and Aquatic Sciences* 106:110–27.

Kairiukstis, L. A. 1967. In J. L. Tselniker (ed.) Svetovoi rezhim fotosintez i produktiwnost lesa. (Light regime, photosynthesis and forest productivity.) Nauka, Moscow.

Kalka, M. B., A. R. Smith, and E. K. V. Kalko. 2008. Bats limit arthropods and herbivory in a tropical forest. *Science* 320:71.

Kallio, P. and L. Kärenlampi. 1975. Photosynthesis in mosses and lichens. In J. P. Cooper, ed. *Photosynthesis and Productivity in Different Environments.* Cambridge, England: Cambridge University Press.

Kane, J. M. and T. E. Kolb. 2010. Importance of resin ducts in reducing ponderosa pine mortality from bark beetle attack. *Oecologia* 164:601–09.

Karr, J. R. and D. R. Dudley. 1981. Ecological perspective on water quality goals. *Environmental Management* 5:55–68.

Kaspari, M., S. O'Donnell, and J. R. Kercher. 2000. Energy, density, and constraints to species richness: ant assemblages along a productivity gradient. *American Naturalist* 155:280–93.

Kates, R. W., B. L. Turner II, and W. C. Clark. 1990. The great transformation. In B. L. Turner II, W. C. Clark, R. W. Kates, J. F. Richards, J. T. Mathews, and W. B. Meyer, eds. *The Earth as Transformed by Human Action.* Cambridge, England: Cambridge University Press.

Kauffman, J. B., R. L. Sanford Jr., D. L., Cummings, I. H. Salcedo, and E. V. S. B. Sampaio. 1993. Biomass and nutrient dynamics associated with slash fires in neotropical dry forests. *Ecology* 74:140–51.

Kaufman, L. 1992. Catastrophic change in species rich freshwater ecosystems. *BioScience* 42:846–58.

Keeler, K. H. 1981. A model of selection for facultative nonsymbiotic mutualism. *American Naturalist* 118:488–98.

Keeler, K. H. 1985. Benefit models of mutualism. In D. H. Boucher, ed. *The Biology of Mutualism: Ecology and Evolution.* London: Croom Helm.

Keeling, C. D. and T. P. Whorf. 1994. Atmospheric CO_2 records from sites in the SIO air sampling network. In T. A. Boden, D. P. Kaiser, R. J. Sepanski, and F. W. Stoss, eds. *Trends'93: A Compendium of Data on Global Change.* ORNL/ CDIAC-65. Oak Ridge, Tenn.: Carbon Dioxide Information Analysis Center, Oak Ridge National Laboratory.

Keever, C. 1950. Causes of succession on old fields of the Piedmont, North Carolina. *Ecological Monographs* 20:230–50.

Keith, L. B. 1963. *Wildlife's Ten-year Cycle.* Madison, Wis.: University of Wisconsin Press.

Keith, L. B. 1983. Role of food in hare population cycles. *Oikos* 40:385–95.

Keith, L. B., J. R. Cary, O. J. Rongstad, and M. C. Brittingham. 1984. Demography and ecology of a declining snowshoe hare population. *Wildlife Monographs* 90:1–43.

Kelly, A. E. and M. L. Goulden. 2008. Rapid shifts in plant distribution with recent climate change. *Proceedings of the National Academy of Sciences of the United States* 105:11823–26.

Kempton, R. A. 1979. The structure of species abundance and measurement of diversity. *Biometrics* 35:307–21.

Kettlewell, H. B. D. 1959. Darwin's missing evidence. *Scientific American* 200:48–53.

Kevan, P. G. 1975. Sun-tracking solar furnaces in high arctic flowers: significance for pollination and insects. *Science* 189:723–26.

Kidron, G. J., E. Barzilay, and E. Sachs. 2000. Microclimate control upon sand microbiotic crusts, western Negev Desert, Israel. *Geomorphology* 36:1–18.

Killingbeck, K. T. and W. G. Whitford. 1996. High foliar nitrogen in desert shrubs: an important ecosystem trait or defective desert doctrine? *Ecology* 77:1728–37.

Klemmedson, J. O. 1975. Nitrogen and carbon regimes in an ecosystem of young dense ponderosa pine in Arizona. *Forest Science* 21:163–68.

Knutson, R. M. 1974. Heat production and temperature regulation in eastern skunk cabbage. *Science* 186:746–47.

Knutson, R. M. 1979. Plants in heat. *Natural History* 88:42–47.

Kodric-Brown, A. 1993. Female choice of multiple male criteria in guppies: interacting effects of dominance, coloration and courtship. *Behavioral Ecology and Sociobiology* 32:415–20.

Koebel, J. W., Jr. 1995. A historical perspective on the Kissimmee River Restoration Project. *Restoration Ecology* 3:149–59.

Kolbe, J. J. and J. B. Losos. 2005. Hindlimb plasticity in *Anolis carolinensis. Journal of Herpetology* 39:674–78.

Kolber, Z. S., C. L. Van Dover, R. A. Niederman, and P. G. Falkowski. 2000. Bacterial photosynthesis in surface waters of the open ocean. *Nature* 407:177–79.

Kontiainen, P., J. E. Brommer, P. Karell, and H. Pietiäinen. 2008. Heritability, plasticity and canalization of Ural owl egg size in a cyclic environment. *Journal of Evolutionary Biology* 21:88–96.

Korpimäki, E. 1988. Factors promoting polygyny in European birds of prey—a hypothesis. *Oecologia* 77:278–85.

Korpimäki, E. and K. Norrdahl. 1991. Numerical and functional responses of kestrels, short-eared owls, and long-eared owls to vole densities. *Ecology* 72:814–26.

Krebs, C. J., R. Boonstra, S. Boutin, and A. R. E. Sinclair. 2001. What drives the 10-year cycle of snowshoe hares? *BioScience* 51:25–36.

Krebs, C. J., S. Boutin, R. Boonstra, A. R. E. Sinclair, J. N. M. Smith, M. R. T. Dale, K. Martin, and R. Turkington. 1995. Impact of food and predation on the snowshoe hare cycle. *Science* 269:1112–15.

Kunz, T. H., S. A. Gauthreaux Jr., N. I. Hristov, J. W. Horn, G. Jones, E. K. V. Kalko, R. P. Larkin, G. F. McCracken, S. M. Swartz, R. B. Srygley, R. Dudley, J. K. Westbrook and M. Wikelski. 2008. Aeroecology: probing and modeling the aerosphere. *Integrative and Comparative Biology* 48:1–11.

Kunz, T. H., J. O. Whitaker Jr., and M. D. Wadanoli. 1995. Dietary energetics of the insectivorous Mexican free-tailed bat (*Tadarida brasiliensis*) during pregnancy and lactation. *Oecologia* 101:407–15.

Lack, D. 1947. *Darwin's Finches* Cambridge, England: Cambridge University Press.

Lamberti, G. A. and V. H. Resh. 1983. Stream periphyton and insect herbivores: an experimental study of grazing by a caddisfly population. *Ecology* 64:1124–35.

Larcher, W. 1995. *Physiological Plant Ecology.* 3d ed. Berlin: Springer.

Latham, R. E. and R. E. Ricklefs. 1993. Continental comparisons of temperate-zone tree species diversity. In R. E. Ricklefs and D. Schluter, eds. *Species Diversity in Ecological Communities.* Chicago: University of Chicago Press.

Lawlor, T. E. 1998. Biogeography of Great Basin mammals: paradigm lost? *Journal of Mammalogy* 79:1111–30.

Lawton, J. H., D. E. Bignell, B. Bolton, G. F. Bloemers, P. Eggleton, P. M. Hammond, M. Hodda, R. D. Holt, T. B. Larsen, N. A. Mawdsley, N. E. Stork, D. S. Srivastava, and A. D. Watt. 1998. Biodiversity inventories, indicator taxa and effects of habitat modification in tropical forest. *Nature* 391:72–76.

Le Boeuf, B. J. and R. M. Laws. 1994. Elephant Seals: Population Ecology, Behavior, and Physiology. Berkeley: University of California Press.

Lebo, M. E., J. E. Reuter, C. R. Goldman, C. L. Rhodes, N. Vucinich, and D. Mosely. 1993. Spatial variations in nutrient and particulate matter concentrations in Pyramid Lake, Nevada, USA, during a dry period. *Canadian Journal of Fisheries and Aquatic Science* 50:1045–54.

Ledig, F. T., V. Jacob-Cervantes, P. D. Hodgskiss, and T. Eguiluz-Piedra. 1997. Recent evolution and divergence among populations of a rare Mexican endemic, Chihuahua spruce, following Holocene climatic warming. *Evolution* 51:1815–27.

Leonard, P. M. and D. J. Orth. 1986. Application and testing of an index of biotic integrity in small, coolwater streams. *Transactions of the American Fisheries Society* 115:401–14.

Levang-Brilz, N. and M. E. Biondini. 2002. Growth rate, root development and nutrient uptake of 55 plant species from the Great Plains Grasslands, USA. *Plant Ecology* 165:117–44.

Leverich, W. J. and D. A. Levin. 1979. Age-specific survivorship and reproduction in *Phlox drummondii. American Naturalist* 113:881–903.

Levins, R. 1968. *Evolution in Changing Environments.* Princeton, New Jersey: Princeton University Press.

Liebig, J. 1840. *Chemistry in its Application to Agriculture and Physiology.* London: Taylor and Walton.

Ligon, D. 1999. *The Evolution of Avian Mating Systems.* Oxford: Oxford University Press.

Ligon, J. D. and S. H. Ligon. 1978. Communal breeding in green woodhoopoes as a case for reciprocity. *Nature* (London) 276:496–98.

Ligon, J. D. and S. H. Ligon. 1982. The cooperative breeding behavior of the green wood hoopoe. *Scientific American* 247: 126–34.

Ligon, J. D. and S. H. Ligon. 1989. Green woodhoopoe. In I. Newton, ed. *Lifetime Reproduction in Birds.* London: Academic Press Ltd.

Ligon, J. D. and S. H. Ligon. 1991. Green woodhoopoe: life history traits and sociality. In P. B. Stacey and W. D. Koenig, eds. *Long-term Studies of Behavior and Ecology.* Cambridge: University Press.

Ligtvoet, W. and F. Witte. 1991. Perturbation through predator introduction: effects on the food web and fish yields in Lake Victoria (East Africa). In O. Ravera, ed. *Terrestrial and Aquatic Ecosystems: Perturbation and Recovery.* New York: Ellis Horwood.

Likens, G. E. and F. H. Bormann. 1995. *Biogeochemistry of a Forested Ecosystem.* 2d ed. New York: Springer-Verlag.

Likens, G. E., F. H. Bormann, N. M. Johnson, D. W. Fisher, and R. S. Pierce. 1970. Effects of forest cutting and herbicide treatment on nutrient budgets in the Hubbard Brook watershed-ecosystem. *Ecological Monographs* 40:23–47.

Likens, G. E., F. H. Bormann, R. S. Pierce, and W. A. Reiners. 1978. Recovery of a deforested ecosystem. *Science* 199:492–96.

Lilleskov, E. A., T. J. Fahey, T. R. Horton, and G. M. Lovett. 2002. Belowground ectomycorrhizal fungal community change over a nitrogen deposition gradient in Alaska. *Ecology* 83:104–15.

Lindeman, R. L. 1942. The trophic-dynamic aspect of ecology. *Ecology* 23:399–418.

Lindström, E. R., H. Andrén, P. Angelstam, G. Cederlund, B. Hörnfeldt, L. Jäderberg, P. A. Lemnell, B. Martinsson, K. Sköld, and J. E. Swenson. 1994. Disease reveals the predator: sarcoptic mange, red fox predation, and prey populations. *Ecology* 75:1042–49.

Linklater, W. L. 2004. Wanted for conservation research: behavioral ecologists with a broader perspective. *BioScience* 54:352–60.

Lomolino, M. V. 1990. The target hypothesis—the influence of island area on immigration rates of non-volant mammals. *Oikos* 57:297–300.

Lomolino, M. V., J. H. Brown, and R. Davis. 1989. Island biogeography of montane forest mammals in the American Southwest. *Ecology* 70:180–94.

Long, S. P. and C. F. Mason. 1983. *Saltmarsh Ecology.* Glasgow: Blackie.

Lorius, C., J. Jouzel, C. Ritz, L. Merlivat, N. I. Barkov, Y. S. Korotkevich, and V. M. Kotlyakov. 1985. A 150,000-year climatic record from antarctic ice. *Nature* 316:591–96.

Losos, J. B. 2007. Detective work in the West Indies: integrating historical and experimental approaches to study island lizard evolution. *BioScience* 57:585–97.

Losos, J. B., K. I. Warheit, and T. W. Schoener. 1997. Adaptive differentiation following experimental island colonization in *Anolis* lizards. *Nature* 387:70–73.

Lotka, A. J. 1925. *Elements of Physical Biology.* Baltimore, Md.: Williams and Wilkins.

Lotka, A. J. 1932a. Contribution to the mathematical theory of capture. I. conditions for capture. *Proceedings of the National Academy of Science* 18:172–200.

Lotka, A. J. 1932b. The growth of mixed populations: two species competing for a common food supply. *Journal of the Washington Academy of Sciences* 22:461–69.

LTER. U.S. Long-Term Ecological Research. U.S. LTER Network Office, UNM Department of Biology MSC032020, 1 University of New Mexico, Albuquerque 87131-0001. http://www.lternet.edu.

Lubchenco, J. 1978. Plant species diversity in a marine intertidal community: importance of herbivore food preference and algal competitive abilities. *American Naturalist* 112:23–39.

MacArthur, R. H. 1957. On the relative abundance of bird species. *Proceedings of the National Academy of Sciences of the United States of America* 43:293–95.

MacArthur, R. H. 1958. Population ecology of some warblers of northeastern coniferous forests. *Ecology* 39:599–619.

MacArthur, R. H. 1960. On the relative abundance of species. *American Naturalist* 94:25–36.

MacArthur, R. H. 1972. *Geographical Ecology.* New York: Harper & Row.

MacArthur, R. H. and J. W. MacArthur. 1961. On bird species diversity. *Ecology* 42:594–98.

MacArthur, R. H. and E. R. Pianka. 1966. On optimal use of a patchy environment. *American Naturalist* 100:603–9.

MacArthur, R. H. and E. O. Wilson. 1963. An equilibrium theory of insular zoogeography. *Evolution* 17:373–87.

MacArthur, R. H. and E. O. Wilson. 1967. *The Theory of Island Biogeography.* Princeton, N.J.: Princeton University Press.

MacLulich, D. A. 1937. Fluctuation in the numbers of the varying hare (*Lepus americanus*). *University of Toronto Studies in Biology Series No. 43.*

Mahoney, J. M. and S. B. Rood. 1998. Streamflow requirements for cottonwood seedling recruitment—an integrative model. *Wetlands* 18:634–45.

Mandelbrot, B. 1982. *The Fractal Geometry of Nature.* New York: W. H. Freeman.

Margulis, L., M. Chapman, R. Guerrero, and J. Hall. 2006. The last eukaryotic common ancestor (LECA): acquisition of cytoskeletal motility from aerotolerant spirochetes in the Proterozoic Eon. *Proceedings of the National Academy of Sciences of the United States of America* 103:13080–85.

Margulis, L. and R. Fester. 1991. *Symbiosis as a Source of Evolutionary Innovation: Speciation and Morphogenesis.* Cambridge, Mass.: MIT Press.

Marquis, R. J. and C. J. Whelan. 1994. Insectivorous birds increase growth of white oak through consumption of leaf-chewing insects. *Ecology* 75:2007–14.

Marshall, D. L. 1990. Non-random mating in a wild radish, *Raphanus sativus. Plant Species Biology* 5:143–56.

Marshall, D. L. and M. W. Folsom. 1991. Mate choice in plants: an anatomical to population perspective. *Annual Review of Ecology and Systematics* 22:37–63.

Marshall, D. L. and O. S. Fuller. 1994. Does nonrandom mating among wild radish plants occur in the field as well as in the greenhouse? *American Journal of Botany* 81:439–45.

Martikainen, P. and J. Kouki. 2003. Sampling the rarest: threatened beetles in boreal forest biodiversity inventories. *Biodiversity and Conservation* 12:1815–31.

Martinsen, G. D., E. M. Driebe, and T. G. Whitham. 1998. Indirect interactions mediated by changing plant chemistry: beaver browsing benefits beetles. *Ecology* 79:192–200.

Mathews, F., M. Orros, G. McLaren, M. Gelling, and R. Foster. 2005.

Keeping fit on the ark: assessing the suitability of captive-bred animals for release. *Biological Conservation* 121:569–77.

Matter, S. F., M. Ezzeddine, E. Duermit, J. Mashburn, R. Hamilton, T. Lucas, and J. Roland. 2009. Interactions between habitat quality and connectivity affect immigration but not abundance or population growth of the butterfly, *Parnassius smintheus. Oikos* 118:1461–70.

May, R. M. 1975. Patterns of species abundance and diversity. In M. L. Cody and J. M. Diamond, eds. *Ecology and Evolution of Communities.* Cambridge, Mass.: Harvard University Press.

May, R. M. 1989. Honeyguides and humans. *Nature* 338:707–8.

McAuliffe, J. R. 1994. Landscape evolution, soil formation, and ecological patterns and processes in Sonoran Desert bajadas. *Ecological Monographs* 64:111–48.

McKinney, M. L. 2002. Urbanization, biodiversity, and conservation. *BioScience* 52:883–90.

McLachlan, A. and A. Dorvlo. 2005. Global patterns in sandy beach macrobenthic communities. *Journal of Coastal Research* 21:674–87.

McNaughton, S. J. 1976. Serengeti migratory wildebeest: facilitation of energy flow by grazing. *Science* 191:92–94.

McNaughton, S. J. 1985. Ecology of a grazing ecosystem: the Serengeti. *Ecological Monographs* 55:259–94.

McNaughton, S. J., R. W. Ruess, and S. W. Seagle. 1988. Large mammals and process dynamics in African ecosystems. *BioScience* 38:794–800.

Meentemeyer, V. 1978. An approach to the biometeorology of decomposer organisms. *International Journal of Biometeorology* 22:94–102.

Melillo, J. M., J. D. Aber, and J. F. Muratore. 1982. Nitrogen and lignin control of hardwood leaf litter decomposition dynamics. *Ecology* 63:621–26.

Mendel, G. 1866. Versuche über Pflanzen-Hybriden (Experiments in plant hybridization). *Verhandlungen des Naturforschenden Vereines, Abhandlungen, Brünn* 4:3–47.

Mertz, D. B. 1972. The *Tribolium* model and the mathematics of population growth. *Annual Review of Ecology and Systematics* 3:51–106.

Messier, F. 1994. Ungulate population models with predation: a case study with the North American moose. *Ecology* 75:478–88.

Meybeck, M. 1982. Carbon, nitrogen, and phosphorus transport by world rivers. *American Journal of Science* 282:401–50.

Meyer, J. L. and G. E. Likens. 1979. Transport and transformation of phosphorus in a forest stream ecosystem. *Ecology* 60:1255–69.

Miller, R. B. 1923. First report on a forestry survey of Illinois. *Illinois Natural History Bulletin* 14:291–377.

Mills, E. L., J. H. Leach, J. T. Carlton, and C. L. Secor. 1994. Exotic species and the integrity of the Great Lakes. *BioScience* 44:666–76.

Mills, K. H. and D. W. Schindler. 1987. Preface. *Canadian Journal of Fisheries and Aquatic Sciences* 44(Suppl. 1):3–5.

Milne, B. T. 1993. Pattern analysis for landscape evaluation and characterization. In M. E. Jensen and P. S. Bourgeron, eds. *Ecosystem Management: Principles and Applications.* Gen. Tech. Report PNW-GTR-318. Portland, Ore.: U.S. Department of Agriculture Forest Service, Pacific Northwest Research Station.

Milne, B. T., A. R. Johnson, T. H. Keitt, C. A. Hatfield, J. David, and P. T. Hraber. 1996. Detection of critical densities associated with piñon-juniper woodland ecotones. *Ecology* 77:805–21.

Milton, R. C. 1964. An extended table of critical values for the Mann-Whitney (Wilcoxon) two-sample statistical. *Journal of the American Statistical Association* 59:925–34.

Minnich, R. A. 1983. Fire mosaics in southern California and northern Baja California. *Science* 219:1287–94.

Mitter, C., R. W. Poole, and M. Matthews. 1993. Biosystematics of the Heliothinae (Lepidoptera: Noctuidae). *Annual Review of Entomology* 38:207–25.

Moles, A. T., D. D. Ackerly, C. O. Webb, J. C. Tweddle, J. B. Dickie, A. J. Pitman, and M. Westoby. 2005a. Factors that shape seed mass evolution. *Proceedings of the National Academy of Sciences of the United States of America* 102:10540–44.

Moles, A. T., D. D. Ackerly, C. O. Webb, J. C. Tweddle, J. B. Dickie, and M. Westoby. 2005b. A brief history of seed size. *Science* 307:576–80.

Molles, M. C., Jr. 1978. Fish species diversity on model and natural reef patches: experimental insular biogeography. *Ecological Monographs* 48:289–305.

Mooney, H. A. 1972. The carbon balance of plants. *Annual Review of Ecology and Systematics* 3:139–45.

Moore, J. 1983. Responses of an avian predator and its isopod prey to an acanthocephalan parasite. *Ecology* 64:1000–1015.

Moore, J. 1984a. Altered behavioral responses in intermediate hosts—an acanthocephalan parasite strategy. *American Naturalist* 123:572–77.

Moore, J. 1984b. Parasites that change the behavior of their host. *Scientific American* 250:108–15.

Moran, P. A. P. 1949. The statistical analysis of the sunspot and lynx cycles. *Journal of Animal Ecology* 18:115–16.

Morita, R. Y. 1975. Psychrophilic bacteria. *Bacteriological Reviews* 39:144–67.

Morse, D. H. 1980. Foraging and coexistence of spruce-woods warblers. *Living Bird* 18:7–25.

Morse, D. H. 1989. *American Warblers.* Cambridge, Mass.: Harvard University Press.

Mosser, J. L., A. G. Mosser, and T. D. Brock. 1974. Population ecology of *Sulfolobus acidocaldarius.* I. temperature strains. *Archives for Microbiology* 97:169–79.

Moyle, P. B. and J. J. Cech Jr. 1982. *Fishes and Introduction to Ichthyology.* Englewood Cliffs, N.J.: Prentice Hall.

Muir, J. 1915. *Travels in Alaska.* Boston: Houghton Mifflin.

Müller, K. 1954. Investigations on the organic drift in north Swedish streams. *Reports of the Institute of Freshwater Research of Drottningholm* 35:133–48.

Müller, K. 1974. Stream drift as a chronobiological phenomenon in running water ecosystems. *Annual Review of Ecology and Systematics* 5:309–23.

Munger, J. C. and J. H. Brown. 1981. Competition in desert rodents: an experiment with semipermeable exclosures. *Science* 211:510–12.

Murie, A. 1944. The wolves of Mount McKinley. *Fauna of the National Parks of the U.S., Fauna Series No. 5.* Washington, D.C.: U.S. Department of the Interior, National Park Service.

Murphy, P. G. and A. E. Lugo. 1986. Ecology of tropical dry forest. *Annual Review of Ecology and Systematics* 17:67–88.

Muscatine, L. and C. F. D'Elia. 1978. The uptake, retention, and release of ammonium by reef corals. *Limnology and Oceanography* 23:725–34.

Nadkarni, N. M. 1981. Canopy roots: convergent evolution in rainforest nutrient cycles. *Science* 214:1023–24.

Nadkarni, N. M. 1984a. Biomass and mineral capital of epiphytes in an *Acer macrophyllum* community of a temperate moist coniferous forest, Olympic Peninsula, Washington State. *Canadian Journal of Botany* 62:2223–28.

Nadkarni, N. M. 1984b. Epiphyte biomass and nutrient capital of a neotropical elfin forest. *Biotropica* 16:249–56.

Nadkarni, N. M. and M. M. Sumera. 2004. Old-growth forest canopy structure and its relationship to throughfall interception. *Forest Science* 50:290–298.

Naiman, R. J., R. E. Bilby, D. E. Schindler, and J. M. Helfield. 2002. Pacific salmon, nutrients, and the dynamics of freshwater and riparian ecosystems. *Ecosystems* 5:399–417.

Naiman, R. J., G. Pinay, C. A. Johnston, and J. Pastor. 1994. Beaver influences on the long-term biogeochemical characteristics of boreal forest drainage networks. *Ecology* 75:905–21.

NASA. 2011. http://ozonewatch. gsfc.nasa.gov/meteorology/ annual_data.html.

Neilson, R. P. 1995. A model for predicting continental-scale vegetation distribution and water balance. *Ecological Applications* 5:362–85.

Neilson, R. P., G. A. King, and G. Koeper. 1992. Toward a rule-based biome model. *Landscape Ecology* 7:135–47.

Newbold, J. D., J. W. Elwood, R. V. O'Neill, and A. L. Sheldon. 1983. Phosphorus dynamics in a woodland stream ecosystem: a study of nutrient spiraling. *Ecology* 64:1249–65.

Newchurch, M. J., E.–S. Yang, D. M. Cunnold, G. C. Reinsel, J. M. Zawodny, and J. M. Russell III. 2003. Evidence for slow down in stratospheric ozone loss: first stage of ozone recovery. *Journal of Geophysical Research* 108(D16), 4507, doi:10.1029/2003JD003471, 2003 (published online).

Nicholls, N. 1992. Historical El Niño/Southern Oscillation variability in the Australasian region. In H. F. Diaz and V. Markgraf, eds. *El Niño Historical and Paleoclimatic Aspects of the Southern Oscillation.* Cambridge, England: Cambridge University Press.

Nilsson, S. G., J. Bengtsson, and S. Ås. 1988. Habitat diversity or area *per se?* Species richness of woody plants, carabid beetles and land snails on islands. *Journal of Animal Ecology* 57:685–704.

NOAA. National Oceanic & Atmospheric Administration, U.S. Department of Commerce. http://www.drought.noaa.gov/.

Nobel, P. S. 1977. Internal leaf area and cellular CO_2 resistance: photosynthetic implications of variations with growth conditions and plant species. *Physiologia Plantarum* 40:137–44.

Norris R. D., P. P. Marra, T. K. Kyser, and L. M. Ratcliffe. 2005. Tracking habitat use of a long-distance migratory bird, the American redstart *Setophaga ruticilla,* using stable-carbon isotopes in cellular blood. *Journal of Avian Biology* 36:164–70.

Nottrott, R. W., J. F. Franklin, and J. R. Vande Castle. 1994. *International Networking in Long-Term Ecological Research.* Seattle: U.S. LTER Network Office, University of Washington.

Nowak, M. A., C. E. Tarnita, and E. O. Wilson. 2010. The evolution of eusociality. *Nature* 437:1291–98.

Ødegaard, F. 2006. Host specificity, alpha- and beta-diversity of phytophagous beetles in two tropical forests in Panama. *Biodiversity and Conservation* 15:83–105.

O'Donoghue, M., S. Boutin, C. J. Krebs, and E. J. Hofer. 1997. Numerical responses of coyotes and lynx to the snowshoe hare cycle. *Oikos* 80:150–62.

O'Donoghue, M., S. Boutin, C. J. Krebs, G. Zuleta, D. L. Murray, and E. J. Hofer. 1998. Functional responses of coyotes and lynx to the snowshoe hare cycle. *Ecology* 79:1193–208.

O'Dowd, D. J. and A. M. Gill. 1984. Predator satiation and site alteration following fire: mass reproduction of alpine ash (*Eucalyptus delegatensis*) in southeastern Australia. *Ecology* 65:1052–66.

Oosting, H. J. 1942. An ecological analysis of the plant communities of Piedmont, North Carolina. *The American Midland Naturalist* 28:1–126.

Orel, V. 1996. *Gregor Mendel: The First Geneticist.* Oxford: Oxford University Press.

Orrock, J. L., M. S. Witter, and O. J. Reichman. 2008. Apparent competition with an exotic plant reduces native plant establishment. *Ecology* 89:1168–74.

Ozanne, C. M. P., D. Anhuf, S. L. Boulter, M. Keller, R. L. Kitching, C. Körner, F. C. Meinzer, A. W. Mitchell, T. Nakashizuka, P. L. Silva Dias, N. E. Stork, S. J. Wright, and M. Yoshimura. 2003. Biodiversity meets the atmosphere: a global view of forest canopies. *Science* 301: 183–85.

Packer, C. and A. E. Pusey. 1982. Cooperation and competition within coalitions of male lions: kin selection or game-theory? *Nature* 296:740–42.

Packer, C. and A. E. Pusey. 1983. Cooperation and competition in lions: reply. *Nature* 302:356.

Packer, C. and A. E. Pusey. 1997. Divided we fall: cooperation among lions. *Scientific American* 276:52–59.

Packer, C., D. A. Gilbert, A. E. Pusey, and S. J. O'Brien. 1991. A molecular genetic analysis of kinship and cooperation in African lions. *Nature* 351:562–65.

Paine, R. T. 1966. Food web complexity and species diversity. *American Naturalist* 100:65–75.

Paine, R. T. 1969. A note on trophic complexity and community stability. *American Naturalist* 103:91–93.

Paine, R. T. 1971. A short-term experimental investigation of resource partitioning in a New Zealand rocky intertidal habitat. *Ecology* 52:1096–106.

Paine, R. T. 1976. Size-limited predation: an observational and experimental approach with the *Mytilus-Pisaster* interaction. *Ecology* 57:858–73.

Paine, R. T. 1980. Food webs: linkage, interaction strength and community infrastructure. *Journal of Animal Ecology* 49:667–85.

Pappers, S. M., G. van der Velde, N. J. Ouborg, and J. M. van Groenendael. 2002. Genetically based polymorphisms in morphology and life history associated with putative host races of the water lily leaf beetle *Galerucella nymphaeae*. *Evolution* 56:1610–21.

Park, T. 1948. Experimental studies of interspecific competition. I. competition between populations of flour beetles *Tribolium confusum* Duval and *Tribolium castaneum* Herbst. *Ecological Monographs* 18:267–307.

Park, T. 1954. Experimental studies of interspecific competition. II.

temperature, humidity and competition in two species of *Tribolium*. *Physiological Zoology* 27:177–238.

Park, T., D. B. Mertz, W. Grodzinski, and T. Prus. 1965. Cannibalistic predation in populations of flour beetles. *Physiological Zoology* 38:289–321.

Park, Y.-M. 1990. Effects of drought on two grass species with different distribution around coastal sand dunes. *Functional Ecology* 4:735–41.

Parmenter, R. R. and V. A. Lamarra. 1991. Nutrient cycling in a freshwater marsh: the decomposition of fish and waterfowl carrion. *Limnology and Oceanography* 36:976–87.

Parmenter, R. R., C. A. Parmenter, and C. D. Cheney. 1989. Factors influencing microhabitat partitioning among coexisting species of arid-land darkling beetles (Tenebrionidae): behavioral responses to vegetation architecture. *The Southwestern Naturalist* 34:319–29.

Pearcy, R. W. 1977. Acclimation of photosynthetic and respiratory carbon dioxide exchange to growth temperature in *Atriplex lentiformis* (Torr.) Wats. *Plant Physiology* 59:795–99.

Pearcy, R. W. and A. T. Harrison. 1974. Comparative photosynthetic and respiratory gas exchange characteristics of *Atriplex lentiformis* (Torr.) Wats. in coastal and desert habitats. *Ecology* 55:1104–11.

Peckarsky, B. L. 1980. Behavioral interactions between stoneflies and mayflies: behavioral observations. *Ecology* 61:932–43.

Peckarsky, B. L. 1982. Aquatic insect predator-prey relations. *BioScience* 32:261–66.

Peierls, B. L., N. F. Caraco, M. L. Pace, and J. J. Cole. 1991. Human influence on river nitrogen. *Nature* 350:386–87.

Perry, M. J. 1986. Assessing marine primary production from space. *BioScience* 36:461–67.

Peters, R. H. 1991. *A Critique for Ecology.* Cambridge, England: Cambridge University Press.

Peters, R. H. and K. Wassenberg. 1983. The effect of body size on animal abundance. *Oecologia* 60:89–96.

Peterson, B. J., R. W. Howarth, and R. H. Garritt. 1985. Multiple stable isotopes used to trace the flow of organic matter in estuarine food webs. *Science* 227:1361–63.

Phillips, D. L. and J. A. MacMahon. 1981. Competition and spacing patterns in desert shrubs. *Journal of Ecology* 69:97–115.

Pianka, E. R. 1970. On *r* and *K*-selection. *American Naturalist* 104:592–97.

Pianka, E. R. 1972. *r*- and *K*-selection or *b* and *d* selection. *American Naturalist* 106:581–88.

Pickett, S. T. A., M. L. Cadenasso, J. M. Grove, P. M. Groffman, L. E. Band, C. G. Boone, W. R. Burch Jr., C. S. B. Grimmond, J. Hom, J. C. Jenkins, N. L. Law, C. H. Nilon,

R. V. Pouyat, K. Szlavecz, P. S. Warren, and M. A. Wilson. 2008. Beyond urban legends: an emerging framework of urban ecology, as illustrated by the Baltimore Ecosystem Study. *BioScience* 58:139–50.

Podos, J. 2010. Acoustic discrimination of sympatric morphs in Darwin's finches: a behavioural mechanism for assortative mating? *Philosophical transactions of the Royal Society B-Biological Sciences* 365:1031–39.

Post, W. M., T.-H. Peng, W. R. Emanuel, A. W. King, V. H. Dale, and D. L. DeAngelis. 1990. The global carbon cycle. *American Scientist* 78:310–26.

Power, M. E. 1990. Effects of fish on river food webs. *Science* 250:811–14.

Power, M. E., D. Tilman, J. A. Estes, B. A. Menge, W. J. Bond, L. S. Mills, G. Daily, J. C. Castilla, J. Lubchenco, and R. T. Paine. 1996. Challenges in the quest for keystones. *BioScience* 46:609–20.

Preston, F. W. 1948. The commonness, and rarity, of species. *Ecology* 29:254–83.

Preston, F. W. 1962a. The canonical distribution of commonness and rarity: part I. *Ecology* 43:185–215.

Preston, F. W. 1962b. The canonical distribution of commonness and rarity: part II. *Ecology* 43:410–32.

Rabinowitz, D. 1981. Seven forms of rarity. In H. Synge, ed. *The Biological Aspects of Rare Plant Conservation.* New York: John Wiley & Sons.

Raine, N. E., P. Willmer, and G. N. Stone. 2002. Spatial structuring and floral avoidance behaviour prevent ant-pollinator conflict in a Mexican ant-acacia. *Ecology* 83:3086–96.

Ralph, C. J. 1985. Habitat association patterns of forest and steppe birds of northern Patagonia, Argentina. *The Condor* 87:471–83.

Rasmusson, E. M. 1985. El Niño and variations in climate. *American Scientist* 73:168–77.

Ratnieks, F. L., K. R. Foster, and T. Wenseleers. 2011. Darwin's special difficulty: the evolution of "neuter insects" and current theory. *Behavioral Ecology and Sociobiology* 65:481–92.

Réale, D., A. G. McAdam, S. Boutin, and D. Berteaux. 2003. Genetic and Plastic responses of a northern mammal to climate change. *Proceedings of the Royal Society of London* B 270:591–96.

Reckhow, K. H. and J. T. Simpson. 1980. A procedure using modeling and error analysis for the prediction of lake phosphorus concentration from land use information. *Canadian Journal of Fisheries and Aquatic Science* 37:1439–48.

Redford, K. H. 1992. The empty forest. *BioScience* 42:412–22.

Reichard, J. D., S. I. Prajapati, S. N. Austad, C. Keller, and T. H. Kunz. 2010. Thermal windows on Brazilian free-tailed bats facilitate thermoregulation during prolonged

flight. *Integrative and Comparative Biology* 50:358–70.

Reid, W. V. and K. R. Miller. 1989. *Keeping Options Alive: The Scientific Basis for Conserving Biodiversity.* Washington, D.C.: World Resources Institute.

Reiners, W. A., I. A. Worley, and D. B. Lawrence. 1971. Plant diversity in a chronosequence at Glacier Bay, Alaska. *Ecology* 52:55–69.

Revelle, R. and H. E. Suess. 1957. Carbon dioxide exchange between atmosphere and ocean and the question of an increase of atmospheric CO_2 during the past decades. *Tellus* 9:18–27.

Ricciardi, A. and F. G. Whoriskey. 2004. Exotic species replacement: shifting dominance of dreissenid mussels in the Soulanges Canal, upper St. Lawrence River, Canada. *Journal of the North American Benthological Society* 23:507–14.

Richey, J. E. 1983. The phosphorus cycle. In B. Bolin and R. B. Cook, eds. *The Major Biogeochemical Cycles and Their Interaction.* New York: John Wiley & Sons.

Ricklefs, R. E. 1987. Community diversity: relative roles of local and regional processes. *Science* 235:167–71.

Ripple, W. J. and R. L. Beschta. 2004. Wolves and the ecology of fear: can predation risk structure ecosystems? *BioScience* 54:755–66.

Ripple, W. J. and R. L. Beschta. 2007. Restoring Yellowstone's aspen with wolves. *Biological Conservation* 138:514–19.

Risch, S. J. and C. R. Carroll. 1982. Effect of a keystone predaceous ant, *Solenopsis geminata*, on arthropods in a tropical agroecosystem. *Ecology* 63:1979–83.

Roberston, G. P., M. A. Huston, F. C. Evans, and J. M. Tiedje. 1988. Spatial variability in a successional plant community: patterns of nitrogen availability. *Ecology* 69:1517–24.

Rohlf, F. J. and R. R. Sokal. 1995. *Statistical Tables.* 3rd ed. San Francisco: W. H. Freeman and Co.

Roland, J., N. Keyghobadi, and S. Fownes. 2000. Alpine Parnassius butterfly dispersal: effects of landscape and population size. *Ecology* 81:1642–53.

Roller, N. E. G. and J. E. Colwell. 1986. Coarse-resolution satellite data for ecological surveys. *BioScience* 36:468–75.

Root, T. 1988. *Atlas of Wintering North American Birds.* Chicago: University of Chicago Press.

Rosemond, A. D., C. M. Pringle, A. Ramírez, M. J. Paul, and J. L. Meyer. 2002. Landscape variation in phosphorus concentration and effects on detritus-based tropical streams. *Limnology and Oceanography* 47:278–89.

Rosenzweig, M. L. 1968. Net primary productivity of terrestrial environments: predictions from climatological data. *American Naturalist* 102:67–84.

Rosenzweig, M. L. 1992. Species diversity gradients: we know more and less than we thought. *Journal of Mammalogy* 73:715–30.

Roy, B. A. 1993. Floral mimicry by a plant pathogen. *Nature* 362:56–58.

Rubenstein, D. R. and K. A. Hobson. 2004. From birds to butterflies: animal movement patterns and stable isotopes. *TRENDS in Ecology and Evolution* 19:256–263.

Rydin, H. and S-O. Borgegård. 1988. Plant species richness on islands over a century of primary succession: Lake Hjälmaren. *Ecology* 69:916–27.

Ryther, J. H. 1969. Photosynthesis and fish production in the sea. *Science* 166:72–76.

Saccheri, I., M. Kuussaari, M. Kankare, P. Vikman, W. Fortelius, and I. Hanski. 1998. Inbreeding and extinction in a butterfly metapopulation. *Nature* 392:491–94.

Sage, R. F. 1999. Why C_4 photosynthesis? In R. F. Sage and R. K. Monson, eds. C_4 *Plant Biology*. San Diego, Calif. Academic Press.

Sakamoto, M. 1966. Primary production by phytoplankton community in some Japanese lakes and its dependence on lake depth. *Archive für Hydrobiologie* 62:1–28.

Sala, O. E., W. J. Parton, L. A. Joyce, and W. K. Laurenroth. 1988. Primary production of the central grassland regions of the United States. *Ecology* 69:40–45.

Schenk, H. J. and R. B. Jackson. 2002. The global biogeography of roots. *Ecological Monographs* 72:311–28.

Schindler, D. W. 1987. Detecting ecosystem responses to anthropogenic stress. *Canadian Journal of Fisheries and Aquatic Sciences* 44:6–25.

Schindler, D. W. 1990. Experimental perturbations of whole lakes as tests of hypotheses concerning ecosystem structure and function. *Oikos* 57:25–41.

Schlesinger, W. H. 1991. *Biogeochemistry: An Analysis of Global Change*. New York: Academic Press.

Schluter, D. and R. E. Ricklefs. 1993. Species diversity: an introduction to the problem. In R. E. Ricklefs and D. Schluter, eds. *Species Diversity in Ecological Communities*. Chicago: University of Chicago Press.

Schluter, D., T. D. Price, and P. R. Grant. 1985. Ecological character displacement in Darwin's finches. *Science* 227:1056–59.

Schmidt-Nielsen, K. 1964. *Desert Animals: Physiological Problems of Heat and Water*. Oxford: Clarendon Press.

Schmidt-Nielsen, K. 1969. The neglected interface: the biology of water as a liquid-gas system. *Quarterly Review of Biophysics* 2:283–304.

Schmidt-Nielsen, K. 1983. *Animal Physiology: Adaptation and Environment*. 3d ed. Cambridge, England: Cambridge University Press.

Schneider, D. W. and J. Lyons. 1993. Dynamics of upstream migration in two species of tropical freshwater snails. *Journal of the North American Benthological Society* 12:3–16.

Schoener, T. W. 1983. Field experiments on interspecific competition. *American Naturalist* 122:240–85.

Schoener, T. W. 1985. Some comments on Connell's and my reviews of field experiments on interspecific competition. *American Naturalist* 125:730–40.

Schoener, T. W. 2009. I.1 Ecological Niche. In S.A. Levin, ed. *The Princeton Guide to Ecology*. Princeton: Princeton University Press.

Scholander, P. F., R. Hock, V. Walters, F. Johnson, and L. Irving. 1950. Heat regulation in some arctic and tropical mammals and birds. *Biological Bulletin* 99:237–58.

Scholten, M. C. T., P. Blaaww, M. Stroedenga, and J. Rozema. 1987. The impact of competitive interactions on the growth and distribution of plant species in saltmarshes. In A. H. L. Huiskes et al., eds. *Vegetation Between Land and Sea*. Dordrecht: W. Junk.

Scholten, M. C. T. and J. Rozema. 1990. The competitive ability of *Spartina anglica* on Dutch salt marshes. In A. J. Gray and P. E. M. Benham, eds. *Spartina anglica: A Research Review*. London: HMSO.

Schultz, T. D., M. C. Quinlan, and N. F. Hadley. 1992. Preferred body temperature, metabolic physiology, and water balance of adult *Cicindela longilabris*: a comparison of populations from boreal habitats and climatic refugia. *Physiological Zoology* 65:226–42.

Schumacher, H. 1976. *Korallenriff*. Munich: BLV Verlagsgellschaft mbH.

Seiwa, K. and K. Kikuzawa. 1991. Phenology of tree seedlings in relation to seed size. *Canadian Journal of Botany* 69:532–38.

Serrano, D. and J. L. Tella. 2003. Dispersal within a spatially structured population of lesser kestrels: the role of spatial isolation and conspecific attraction. *Journal of Animal Ecology* 72:400–10.

Setälä, H. and V. Huhta. 1991. Soil fauna increase *Betula pendula* growth: laboratory experiments with coniferous forest floor. *Ecology* 72:665–71.

Shaver, G. R. and F. S. Chapin III. 1986. Effect of fertilizer on production and biomass of tussock tundra, Alaska, U.S.A. *Arctic and Alpine Research* 18:261–68.

Sherman, P. W., J. U. M. Jarvis, and S. H. Braude. 1992. Naked mole rats. *Scientific American* 257:72–78.

Shine, R. and E. L. Charnov. 1992. Patterns of survival, growth, and maturation in snakes and lizards. *American Naturalist* 139:1257–69.

Shochat, E., S. B. Lerman, J. M. Anderies, P. S. Warren, S. H. Faeth, and C. H. Nilon. 2010. Invasion, competition, and biodiversity loss in urban ecosystems. *BioScience* 60:199–208.

Siegenthaler, U., H. Friedli, H. Loetscher, E. Moor, A. Neftel, H. Oeschger, and B. Stauffer. 1988. Stable-isotope ratios and concentrations of CO_2 in air from polar ice cores. *Annals of Glaciology* 10:151–56.

Silvertown, J. 1987. Ecological stability: a test case. *American Naturalist* 130:807–10.

Simberloff, D. and W. Boeklin. 1981. Santa Rosalia reconsidered: size ratios and competition. *Evolution* 35:1206–28.

Simberloff, D. S. 1976. Experimental zoogeography of islands: effects of island size. *Ecology* 57:629–48.

Simberloff, D. S. and E. O. Wilson. 1969. Experimental zoogeography of islands: the colonization of empty islands. *Ecology* 50:278–96.

Sinclair, A. R. E. 1977. *The African Buffalo*. Chicago: University of Chicago Press.

Sinclair, A. R. E., S. Mduma, and J. S. Brashares. 2003. Patterns of predation in a diverse predator-prey system. *Nature* 425:228–90.

Sinervo, B. and C. M. Lively. 1996. The rock-paper-scissors game and the evolution of alternative male strategies. *Nature* 380:240–43.

Skole, D. and C. Tucker. 1993. Tropical deforestation and habitat fragmentation in the Amazon: satellite data from 1978 to 1988. *Science* 260:1905–10.

Smil, V. 1990. Nitrogen and phosphorus. In B. L. Turner II, W. C. Clark, R. W. Kates, J. F. Richards, J. T. Mathews, and W. B. Meyer, eds. *The Earth as Transformed by Human Action*. Cambridge, England: Cambridge University Press.

Smith, C. L. and J. C. Tyler. 1972. Space resource sharing in a coral reef fish community. Natural History Museum of Los Angeles County, *Science Bulletin* 14:125–70.

Smith, V. H. 1979. Nutrient dependence of primary productivity in lakes. *Limnology and Oceanography* 24:1051–64.

Soares, A. M. V. M., D. J. Baird, and P. Calow. 1992. Interclonal variation in the performance of *Daphnia magna* Straus in chronic bioassays. *Environmental Toxicology and Chemistry* 11:1477–83.

Söderlund, R. and T. Rosswall. 1982. The nitrogen cycles. In O. Hutzinger, ed. *The Handbook of Environmental Chemistry*, vol. 1, part B, *The Natural Environment and the Biogeochemical Cycles*. New York: Springer-Verlag.

Sousa, W. P. 1979a. Disturbance in marine intertidal boulder fields: the nonequilibrium maintenance of species diversity. *Ecology* 60:1225–39.

Sousa, W. P. 1979b. Experimental investigations of disturbance and ecological succession in a rocky intertidal algal community. *Ecological Monographs* 49:227–54.

Sousa, W. P. 1984. The role of disturbance in natural communities. *Annual Review of Ecology and Systematics* 15:353–91.

Spector, W. S. 1956. *Handbook of Biological Data*. Philadelphia: W. B. Saunders.

Stephens, B. B., K. R. Gurney, P. P. Tans, C. Sweeney, W. Peters, L. Bruhwiler, P. Ciais, M. Ramonet, P. Bousquet, T. Nakazawa, S. Aoki, T. Machida, G. Inoue, N. Vinnichenko, J. Lloyd, A. Jordan, M. Heimann, O. Shibistova, R. L. Langenfelds, L. P. Steele, R. J. Francey, and A. S. Denning. 2007. Weak northern and strong tropical land carbon uptake from vertical profiles of atmospheric CO_2. *Science* 316:1732–35.

Stevens E. D., J. W. Kanwisher, and F. G. Carey. 2000. Muscle temperature in free-swimming giant Atlantic bluefin tuna (*Thunnus thynnus* L.). *Journal of Thermal Biology* 25:419–23.

Stevens, G. C. 1989. The latitudinal gradient in geographical range: how so many species coexist in the tropics. *American Naturalist* 133:240–56.

Stevens, O. A. 1932. The number and weight of seeds produced by weeds. *American Journal of Botany* 19:784–94.

Stimson, J. 1990. Stimulation of fatbody production in the polyps of the coral *Pocillopora damicornis* by the presence of mutualistic crabs of the genus *Trapezia*. *Marine Biology* 106:211–18.

Stork, N. E. 2007. Australian tropical forest canopy crane: new tools for new frontiers. *Austral Ecology* 32:4–9.

Strassmann, J. 2001. The rarity of multiple mating by females in the social Hymenoptera. *Insectes Sociaux* 48:1–13.

Strong, D. R. 1992. Are trophic cascades all wet? Differentiation and donor-control in speciose ecosystems. *Ecology* 73:747–54.

Strong, D. R., L. A. Szyska, and D. Simberloff. 1981. Tests of community-wide character displacement against null hypotheses. *Evolution* 33:897–913.

Suberkropp, K. and E. Chauvet. 1995. Regulation of leaf breakdown by fungi in streams: influences of water chemistry. *Ecology* 76:1433–45.

Suess, H. E. 1955. Radiocarbon concentration in modern wood. *Science* 122:415–17.

Sugihara, G. 1980. Minimal community structure: an explanation of species abundance patterns. *American Naturalist* 116:770–87.

Summerhayes, V. S. and C. S. Elton. 1923. Contribution to the ecology of Spitsbergen and Bear Island. *Journal of Ecology* 11:214–86.

Takyu, M., S.-I. Aiba, and K. Kitayama. 2003. Changes in biomass, productivity and decomposition along topographical gradients under different geological conditions in tropical lower montane forests on Mount Kinabalu, Borneo. *Oecologia* 134:397–404.

Tan, C. C. 1946. Mosaic dominance in the inheritance of color patterns in the lady-bird beetle, *Harmonia axyridis. Genetics* 31:195–210.

Tan, C. C. and J. C. Li. 1934. Inheritance of the elytral color patterns of the lady-bird beetle, *Harmonia axyridis* Pallas. *American Naturalist* 68:252–65.

Tansley, A. G. 1917. On competition between *Galium saxatile* L. (*G. hercynicum* Weig.) and *Galium sylvestre* Poll. (*G. asperum* Schreb.) on different types of soil. *Journal of Ecology* 5:173–79.

Tansley, A. G. 1935. The use and abuse of vegetational concepts and terms. *Ecology* 16:284–307.

Taper, M. L. and T. J. Case. 1992. Coevolution among competitors. *Oxford Series in Evolutionary Biology.*

Terborgh, J. 1973. On the notion of favorableness in plant ecology. *American Naturalist* 107:481–501.

Terborgh, J. 1988. The big things that run the world: a sequel to E. O. Wilson. *Conservation Biology* 2:402–3.

Terborgh, J., K. Feeley, M. Silman, P. Nuñez, and B. Balukjian. 2006. Vegetation dynamics of predator-free land-bridge islands. *Journal of Ecology* 94:253–63.

Terborgh, J., L. Lopez, P. Nuñez, V. M. Rao, G. Shahabuddin, G. Orihuela, M. Riveros, R. Ascanio, G. H. Adler, T. D. Lambert, and L. Balbas. 2001. Ecological meltdown in predator-free forest fragments. *Science* 294:1923–26.

Terra, L. S. W. Unpublished Light Trap Data. Vila do Conde, Portugal: Estação Aquícola.

Tewksbury, J. J., D. J. Levey, N. M. Haddad, S. Sargent, J. L. Orrock, A. Weldon, B. J. Danielson, J. Brinderhoff, E. I. Damschen, and P. Townsend. 2002. Corridors affect plants, animals and the interactions in fragmented landscapes. *Proceedings of the National Academy of Sciences of the United States of America* 99:12923–26.

Thibault, K. M. and J. H. Brown. 2008. Impact of an extreme climatic event on community assembly. *Proceedings of the National Academy of Sciences of the United States of America* 105:3410–15.

Thomson, D. A. and C. E. Lehner. 1976. Resilience of a rocky intertidal fish community in a physically unstable environment. *Journal of Experimental Marine Biology and Ecology* 22:1–29.

Thornhill, R. 1981. Panorpa (Mecoptera: Panorpidae) scorpionflies: systems for understanding resource-defense polygyny and alternative male reproductive efforts. *Annual Review of Ecology and Systematics* 12:355–86.

Thornhill, R. and J. Alcock. 1983. *The Evolution of Insect Mating Systems.* Cambridge, Mass.: Harvard University Press.

Thorp, J. H., M. C. Thoms, and M. D. Delong. 2006. The riverine ecosystem synthesis: biocomplexity in river networks across space and time. *River Research and Applications* 22:123–47.

Thorp, J. H., M. C. Thoms, and M. D. Delong. 2008. *The River Ecosystem Synthesis: Towards Conceptual Cohesiveness in River Science.* Amsterdam: Academic Press.

Tilman, D. 1977. Resource competition between planktonic algae: an experimental and theoretical approach. *Ecology* 58:338–48.

Tilman, D. 1994. Competition and biodiversity in spatially structured habitats. *Ecology* 75:2–16.

Tilman, D. and M. L. Cowan. 1989. Growth of old field herbs on a nitrogen gradient. *Functional Ecology* 3:425–38.

Tinbergen, N. 1963. On methods and aims of ethology. *Zeitschrift für Tierpsychologie* 20:410–33.

Todd, A. W. and L. B. Keith. 1983. Coyote demography during a snowshoe hare decline in Alberta. *Journal of Wildlife Management* 47:394–404.

Tonn, W. M. and J. J. Magnuson. 1982. Patterns in the species composition and richness of fish assemblages in northern Wisconsin lakes. *Ecology* 63:1149–66.

Toolson, E. C. 1987. Water proflligacy as an adaptation to hot deserts: water loss rates and evaporative cooling in the Sonoran Desert cicada, *Diceroprocta apache* (Homoptera, Cicadidae). *Physiological Zoology* 60:379–85.

Toolson, E. C. and N. F. Hadley. 1987. Energy-dependent facilitation of transcuticular water flux contributes to evaporative cooling in the Sonoran Desert cicada, *Diceroprocta apache* (Homoptera, Cicadidae). *Journal of Experimental Biology* 131:439–44.

Tosi, J. and R. F. Voertman. 1964. Some environmental factors in the economic development of the tropics. *Economic Geography* 40:189–205.

Toth, L., A. D. Albrey Arrington, M. A. Brady, and D. A. Muszick. 1995. Conceptual evaluation of potential factors affecting restoration of habitat structure within the channelized Kissimmee River ecosystem. *Restoration Ecology* 3:160–80.

Toumey, J. W. and R. Kienholz. 1931. Trenched plots under forest canopies. *Yale University School of Forestry Bulletin* 30:1–31.

Tracy, C. R. 1999. Differences in body size among chuckwalla (*Sauromalus obesus*) populations. *Ecology* 80:259–71.

Tracy, R. L. and G. E. Walsberg. 2000. Prevalence of cutaneous evaporation in Merriam's kangaroo rat and its adaptive variation at the subspecific level. *Journal of Experimental Biology* 203:773–81.

Tracy, R. L. and G. E. Walsberg. 2001. Intraspecific variation in water loss in a desert rodent, *Dipodomys merriami. Ecology* 82:1130–37.

Tracy, R. L. and G. E. Walsberg. 2002. Kangaroo rats revisited: re-evaluating a classic case of desert survival. *Oecologia* 133:449–57.

Trappe, J. M. 2005. A. B. Frank and mycorrhizae: the challenge to evolutionary and ecologic theory. *Mycorrhiza* 15:277–81.

Tress, G., B. Tress, and G. Fry. 2005. Clarifying integrative research concepts in landscape ecology. *Landscape Ecology* 20:479–93.

Troll, C. 1939. Luftbildplan und ökologische bodenforschung. *Zeitschraft der Gesellschaft fur Erdkunde Zu Berlin*, pp. 241–98.

Tscharntke, T. 1992. Cascade effects among four trophic levels: bird predation on galls affects density-dependent parasitism. *Ecology* 73:1689–98.

Turner, M. G., W. H. Romme, and D. B. Tinker. 2003. Surprises and lessons from the 1988 Yellowstone fires. *Frontiers in Ecology and the Environment* 1:351–58.

Turner, M. G., E. A. H. Smithwick, D. B. Tinker, and W. H. Romme. 2009. Variation in foliar nitrogen and aboveground net primary production in young postfire lodgepole pine. *Canadian Journal of Forest Research* 39:1024–35.

Turner, R. M. 1990. Long-term vegetation change at a fully protected Sonoran Desert site. *Ecology* 71:464–77.

Turner, T. 1983. Facilitation as a successional mechanism in a rocky intertidal community. *The American Naturalist* 121:729–38.

Turner, T. F. and J. C. Trexler. 1998. Ecological and historical associations of gene flow in darters (Teleostei: Percidae). *Evolution* 52:1781–1801.

United Nations Population Information Network. http://www.un.org/popin/

U.S. Bureau of the Census, International Data Base. http://www.census.gov/pub/ipc/www/idbnew.html.

USDA Agricultural Research Service. 2006. http://ars.usda.gov/Research/docs.htm?docid=11059.

USGS. 2000. Monitoring Grizzly Bear Populations Using DNA. http://www.mesc.nbs.gov/glacier/beardna.htm

USGS, USFWS. 2005. The cranes: status survey and conservation action plan, whooping crane (*Grus americana*). http://www.npsc.nbs.gov.

US Long Term Ecological Research Network. www.LTER.edu/

Utida, S. 1957. Cyclic fluctuations of population density intrinsic to the host-parasite system. *Ecology* 38:442–49.

Valett, H. M., S. G. Fisher, N. B. Grimm, and P. Camill. 1994. Vertical hydrologic exchange and ecological stability of a desert stream ecosystem. *Ecology* 75:548–60.

Van Bael, S. A., J. D. Brawn, and S. K. Robinson. 2008. Birds defend trees from herbivores in a Neotropical forest canopy. *Proceedings of the National Academy of Sciences of the United States* 100:8304–07.

Vancouver, G. and J. D. Vancouver. 1798. *A Voyage of Discovery to the North Pacific Ocean.* London: G. G. and J. Robinson.

van der Merwe, N. J. 1982. Carbon isotopes, photosynthesis, and archaeology. *American Scientist* 70:596–606.

van der Merwe, N. J. and J. C. Vogel. 1978. ^{13}C content of human collagen as a measure of prehistoric diet in woodland North America. *Nature* 276:815–16.

Vanni, M. J., A. S. Flecker, J. M. Hood, and J. L. Headworth. 2002. Stoichiometry of nutrient recycling by vertebrates in a tropical stream: linking species identity and ecosystem processes. *Ecology Letters* 5:285–93.

Vannote, R. L., G. W. Minshall, K. W. Cummins, J. R. Sedell, and C. E. Cushing. 1980. The river continuum. *Canadian Journal of Fisheries and Aquatic Sciences* 37:130–37.

Verhulst, P. F. and A. Quetelet. 1838. Notice sur la loi que la population suit dans son accroisissement. *Corresponce in Mathematics and Physics* 10:113–21.

Vila-Aiub, M. M., M. C. Balbi, P. E. Gundel, C. M. Ghersa, and S. B. Powles. 2007. Evolution of glyphosate-resistant Johnsongrass (*Sorghum halepense*) in glyphosate-resistant soybean. *Weed Science* 55:566–71.

Vitousek, P. M. 1994. Beyond global warming: ecology and global change. *Ecology* 75:1861–76.

Vitousek, P. M. and L. R. Walker. 1989. Biological invasion by *Myrica faya* in Hawaii: plant demography, nitrogen fixation, ecosystem effects. *Ecological Monographs* 59:247–65.

Vitousek, P. M., J. R. Gosz, C. C. Grier, J. M. Melillo, and W. A. Reiners. 1982. A comparative analysis of potential nitrification and nitrate mobility in forest ecosystems. *Ecological Monographs* 52:155–77.

Vitousek, P. M., J. R. Gosz, C. C. Grier, J. M. Melillo, W. A. Reiners, and R. L. Todd. 1979. Nitrate losses from disturbed ecosystems. *Science* 204:469–74.

Vollenweider, R. A. 1969. Möglichkeiten und Grenzen elementarer Modelle der Stoffbilanz von Seen. *Archive für Hydrobiologie* 66:1–36.

Volterra, V. 1926. Variations and fluctuations of the number of individuals in animal species living together. Reprinted 1931. In R. Chapman. *Animal Ecology.* New York: McGraw-Hill.

Walker, G. T. 1924. Correlation in seasonal variations of weather, no. 9: a further study of world weather. *Memoirs of the Indian Meteorology Society* 24:275–332.

Walker, J. C. G. 1986. *Earth History: The Several Ages of the Earth.* Boston: Jones and Bartlett Publishers.

Walter, H. 1985. *Vegetation of the Earth.* 3d ed. New York: Springer-Verlag.

Ward, J. V. 1985. Thermal characteristics of running waters. *Hydrobiologia* 125:31–46.

Watwood, M. E. and C. N. Dahm. 1992. Effects of aquifer environmental factors on biodegradation of organic contaminants. In *Proceedings of the International Topical Meeting on Nuclear and Hazardous Waste Management Spectrum '92.* La Grange Park, Ill.: American Nuclear Society.

Webster, J. R. 1975. Analysis of potassium and calcium dynamics in stream ecosystems on three southern Appalachian watersheds of contrasting vegetation. Ph.D. thesis, University of Georgia, Athens.

Webster, J. R. and E. F. Benfield. 1986. Vascular plant breakdown in freshwater ecosystems. *Annual Review of Ecology and Systematics* 17:567–94.

Webster, K. E., T. K. Kratz, C. J. Bowser, J. J. Magnuson, and W. J. Rose. 1996. The influence of landscape position on lake chemical responses to drought in northern Wisconsin. *Limnology and Oceanography* 41:977–84.

Werner, E. E. and G. G. Mittelbach. 1981. Optimal foraging: field tests of diet choice and habitat switching. *American Zoologist* 21:813–29.

West, P. M. and C. Packer. 2002. Sexual selection, temperature, and the lion's mane. *Science* 297:1339–49.

Westoby, M. 1984. The self-thinning rule. *Advances in Ecological Research* 14:167–255.

Westoby, M., M. Leishman, and J. Lord. 1996. Comparative ecology of seed size and dispersal. *Philosophical Transactions of the Royal Society of London Series B* 351:1309–18.

Wetzel, R. G. 1975. *Limnology.* Philadelphia: W. B. Saunders.

Whicker, A. D. and J. K. Detling. 1988. Ecological consequences of prairie dog disturbances. *BioScience* 38: 778–85.

White, C. S. and J. T. Markwiese. 1994. Assessment of the potential for *in sutu* bioremediation of cyanide and nitrate contamination at a heap leach mine in central New Mexico. *Journal of Soil Contamination* 3:271–83.

White, J. 1985. The thinning rule and its application to mixtures of plant populations. In J. White, ed. *Studies in Plant Demography.* New York: Academic Press.

White, J. and J. L. Harper. 1970. Correlated changes in plant size and number in plant populations. *Journal of Ecology* 58:467–85.

White, P. S. and S. T. A. Pickett. 1985. Natural disturbance and patch dynamics: an introduction. In S. T. A. Pickett and P. S. White, eds. *The Ecology of Natural Disturbance and Patch Dynamics.* New York: Academic Press.

Whittaker, R. H. 1956. Vegetation of the Great Smoky Mountains. *Ecological Monographs* 26:1–80.

Whittaker, R. H. 1965. Dominance and diversity in land plant communities. *Science* 147:250–60.

Whittaker, R. H. and G. E. Likens. 1973. The primary production of the biosphere. *Human Ecology* 1:299–369.

Whittaker, R. H. and G. E. Likens. 1975. The biosphere and man. In *Primary Productivity of the Biosphere.* New York: Springer-Verlag.

Whittaker, R. H. and W. A. Niering. 1965. Vegetation of the Santa Catalina Mountains, Arizona: a gradient analysis of the south slope. *Ecology* 46:429–52.

Wiebe, H. H., R. W. Brown, T. W. Daniel, and E. Campbell. 1970. Water potential measurement in trees. *BioScience* 20:225–26.

Wiens, J. A., R. L. Schooley, and R. D. Weeks. 1997. Patchy landscapes and animal movements: do beetles percolate? *Oikos* 78:257–64.

Willems, J. H. 2001. Problems, approaches, and results in restoration of Dutch calcareous grassland during the last 30 years. *Restoration Ecology* 9:147–54.

Williams, K. S., K. G. Smith, and F. M. Stephen. 1993. Emergence of 13-yr periodical cicadas (Cicadidae, *Magicicada*): phenology, mortality, and predator satiation. *Ecology* 74:1143–52.

Williams, M. 1990. Forests. In B. L. Turner II, W. C. Clark, R. W. Kates, J. F. Richards, J. T. Mathews, and W. B. Meyer, eds. *The Earth as Transformed by Human Action.* Cambridge, England: Cambridge University Press.

Williams-Guillén K., I. Perfecto, and J. Vandermeer. 2008. Bats limit insects in a Neotropical agroforestry system. *Science* 320:70.

Williamson, M. 1981. *Island Populations.* Oxford: Oxford University Press.

Willmer, P. G. and G. N. Stone. 1997. Ant deterrence in *Acacia* flowers: how aggressive ant-guards assist seed-set in *Acacia* flowers. *Nature* 388:165–67.

Wilson, E. O. 1980. Caste and division of labor in leaf-cutter ants (Hymenoptera: Formicidae: *Atta*), I: The overall pattern in *A. sexdens. Behavioral Ecology and Sociobiology* 7:143–56.

Wilson, E. O. and D. S. Simberloff. 1969. Experimental zoogeography of islands: defaunation and monitoring techniques. *Ecology* 50:267–78.

Winemiller, K. O. 1990. Spatial and temporal variation in tropical fish trophic networks. *Ecological Monographs* 60:331–67.

Winemiller, K. O. 1992. Life history strategies and the effectiveness of sexual selection. *Oikos* 63:318–27.

Winemiller, K. O. 1995. Fish ecology. pp. 49–65. In Vol. 2 *Encyclopedia of Environmental Biology.* New York: Academic Press, Inc.

Winemiller, K. O. and K. A. Rose. 1992. Patterns of life-history diversification in North American fishes: implications for population regulation. *Canadian Journal of Fisheries and Aquatic Sciences* 49:2196–218.

Winston, M. L. 1992. Biology and management of Africanized bees. *Annual Review of Entomology* 37:173–93.

Withey, J. C. and J. M. Marzluff. 2005. Dispersal by juvenile American crows (*Corvus brachyrhynchos*) influences population dynamics across a gradient of urbanization. *The Auk* 122:205–21.

Wu, J. and R. Hobbs. 2006. Landscape ecology: the state of the science. Topic 15, pp. 271–287. In J. Wu and R. Hobbs, eds. *Key Topics in Landscape Ecology.* Cambridge, UK: Cambridge University Press.

Wurtsbaugh, W. A. 1992. Food-web modification by an invertebrate predator in the Great Salt Lake (USA). *Oecologia* 89:168–75.

Wurtsbaugh, W. A. and T. Smith Berry. 1990. Cascading effects of decreased salinity on the plankton, chemistry, and physics of the Great Salt Lake (Utah). *Canadian Journal of Fisheries and Aquatic Science* 47:100–109.

WWF. 2006. *Living Planet Report 2006.* Gland, Switzerland: WWF—World Wide Fund for Nature.

Yoda, K., T. Kira, H. Ogawa, and K. Hozumi. 1963. Intraspecific competition among higher plants. XI. self-thinning in overcrowded pure stands under cultivated and natural conditions. *Journal of Biology Osaka City University* 14:107–29.

Zar, J. H. 1984. *Biostatistical Analysis.* 2d ed. Englewood Cliffs, N.J.: Prentice Hall.

Zar, J. H. 1996. *Biostatistical Analysis.* 3d ed. Upper Saddle River, N.J.: Prentice Hall.

出版后记

近年来，水污染、雾霾、土地荒漠化、动物濒危、生物多样性减少等各种生态问题频频出现，人类和其他生物的生存环境日益恶化。因此，环境保护逐渐成为人们关注的焦点，如何解决生态环境破坏问题及污染难题，促进经济、社会与自然协调发展，是我们当前面临的重要且艰巨的挑战。人们已经意识到保护生态环境的紧迫性和重要性，然而，只有尊重自然，顺应自然，了解自然，才能驾驭自然。在这种大环境下，了解生态，研究生态，认识生态尤其重要。

生态学是研究生物与其生存环境之间相互关系的科学，是一门应用型学科。本书把生态学的各个分支整合在一起，以科学、循序渐进的风格从生物个体、种群、群落和生态系统等结构层次介绍生态学的相关概念。第一篇自然史与演化是全书的基础，介绍了陆域生命和水域生命的自然史，以及生命演化的基础；第二篇从温度、水、能量、养分及社会关系方面介绍生物如何适应环境，这是生物个体的范畴；第三篇到达种群层面，介绍了种群的分布、多度、增长以及生活史；第四篇则介绍生物间的交互作用，包括竞争、捕食、植食、寄生、互利共生等；第五篇提升到群落和生态系统层面，阐述了物种多度和多样性的影响因子、陆域和水域的初级生产模式和能量流动、生物圈的三大养分循环和养分固持，以及群落的演替模式和演替机制；最后一篇从景观结构、景观变化、岛屿生物地理模型、全球气候系统、人类的干扰等方面介绍大尺度生态学。

本书的作者小曼努埃尔·C. 莫里斯是美国新墨西哥大学的名誉教授，他曾获得借富布赖特研究奖学金、波特主席奖和美国生态学会授予的尤金·奥德姆奖。本书凝聚了作者二十多年的教学经验、研究成果，架构清晰，每章的每一小节都提出了一个主题概念，并引用大量经典的研究、实验和数据辅以论述验证。这样的设置有助于增进读者对生态知识的理解。另外，每一章都设置了两个微专栏，一个专栏系统地介绍生态研究中用到的各种统计学参数和方法，另一个专栏则介绍生态概念应用，每个应用案例都会利用文中提到的生态概念，切实地解决我们面临的实际生态问题，紧跟现代社会关注的时事热点。总而言之，本书既是一本难得的经典教材，也是一本面向大众、开阔读者眼界和思维方式的绝佳科普书。

自然总是被无形的生态法则驱动，即使是一个小自然事件，其背后也隐藏着大法则。例如，蚂蚁与相思树的互利共生揭秘了大自然的合作共赢；鱼类抢夺珊瑚礁上的生存空间展示了竞争的残酷。本书作者总结的每一个生态概念，都是操控自然的无形生态法则。它们不是理论的、无用的，而是我们在生态建设与环境保护中应该遵循的生态法则。我们人类作为生态系统中不可或缺的一部分，是生态问题的制造者、受害者，也是生态系统的拯救者。但不论是植树造林、荒漠化防治，还是治理污染、修复河道、水资源利用、害虫防治，都不应该违反生态常识。

城市化对环境有何影响？冻原是人类最后的庇护所？细菌可以解决废矿污染问题？未来亚马孙雨林可能会消失？让各地"水深火热"的厄尔尼诺现象为何频发？这些与我们日常生活息息相关的问题的答案都可以在本书中找到。本书是解决实际生态问题的实用指南。

《联合国环境方案》曾告诫世人："我们不是继承了父辈的地球，而是借用了儿孙的地球。"所以我们现在如何对待生态环境，决定了我们的后代未来面临怎样的生存环境。本书便提供了较好的解决方法：研究生态，追溯生物的自然演进历史，纵览万物与环境之间的互动，洞悉大自然平衡运转的规律，寻求与自然永续共存之路。

服务热线：133-6631-2326 188-1142-1266

服务信箱：reader@hinabook.com

后浪出版公司

2019 年 7 月